# MATÉRIAUX

POUR LA

# CARTE GÉOLOGIQUE DE LA SUISSE

PUBLIÉS PAR LA COMMISSION GÉOLOGIQUE DE LA SOCIÉTÉ HELVÉTIQUE DES SCIENCES NATURELLES

AUX FRAIS DE LA CONFÉDÉRATION

VINGT-DEUXIÈME LIVRAISON

## TERRITOIRES

DES

CANTONS DE BERNE, VAUD, FRIBOURG, VALAIS ET DU CHABLAIS

CONTENUS DANS LA FEUILLE XVII

PAR

G. ISCHER, E. RENEVIER, E. FAVRE & D^r H. SCHARDT

BERNE

EN COMMISSION CHEZ SCHMID, FRANCKE & Cⁿ. (ANC. LIBRAIRIE J. DALP)

1887

# MATÉRIAUX

POUR LA

# CARTE GÉOLOGIQUE DE LA SUISSE

PUBLIÉS PAR LA COMMISSION GÉOLOGIQUE DE LA SOCIÉTÉ HELVÉTIQUE DES SCIENCES NATURELLES

AUX FRAIS DE LA CONFÉDÉRATION

VINGT-DEUXIÈME LIVRAISON

## I

# DESCRIPTION GÉOLOGIQUE

DES

PRÉALPES DU CANTON DE VAUD ET DU CHABLAIS JUSQU'A LA DRANSE

ET DE LA

## CHAINE DES DENTS DU MIDI

FORMANT LA PARTIE NORD-OUEST DE LA FEUILLE XVII

PAR

## ERNEST FAVRE & HANS SCHARDT

AVEC UNE CARTE GEOLOGIQUE, TROIS TABLEAUX DANS LE TEXTE
ET UN ATLAS DE DIX-HUIT PLANCHES

BERNE
EN COMMISSION CHEZ SCHMID, FRANCKE & Co. (ANC. LIBRAIRIE J. DALP)
1887

Genève. — Imprimerie Charles Schuchardt.

# PRÉFACE

Le relevé géologique de la contrée dont nous publions ici la description et qui comprend la partie occidentale de la feuille XVII de la carte fédérale, a été commencé par l'un de nous (E. Favre) en 1869 et poursuivi par lui seul pendant bien des années jusqu'en 1883, date de la publication de cette feuille, dont le reste a été colorié par M. Renevier et par M. le pasteur Ischer. Pendant que M. Favre travaillait au texte explicatif et reconnaissait la nécessité de faire encore dans cette contrée des excursions, pour élucider certains points douteux et contrôler d'anciennes observations, survint en 1884 la publication du mémoire de M. Schardt sur le Pays d'Enhaut vaudois avec une carte détaillée de cette région, et, la même année, celle du mémoire de MM. de Loriol et Schardt sur la faune des calcaires à Mytilus. Ces travaux amenaient une modification importante dans la classification des terrains jurassiques admise jusqu'alors et adoptée encore dans la feuille XVII. M. E. Favre, reconnaissant l'exactitude de cette modification et se trouvant sur presque tous les autres points en conformité de vue avec M. Schardt, obtint facilement de la Commission géologique l'autorisation de s'associer pour la continuation de son travail à ce géologue, dont les connaissances relativement à cette partie des Alpes ne pouvaient que donner une grande valeur à la description géologique en préparation. C'est ainsi que, mettant en commun tous nos matériaux, nous sommes arrivés à la publication du présent volume, dans lequel nous n'avons que rarement distingué la part de collaboration que chacun de nous a apportée. Pour une grande partie du champ de travail, ce triage serait impossible à faire. **M.** Schardt s'est moins occupé des chaînes les plus extérieures sur la rive droite du Rhône. Par contre, il a voué une attention spéciale aux environs de Château d'Oex et à la région des Ormonts, et la revision qu'il a faite des montagnes du Chablais et du massif de la Dent du Midi, lui a fourni beaucoup d'observations nouvelles et qui doivent lui être spécialement attribuées.

Les documents nouveaux réunis depuis la publication de la carte, ont fait reconnaître plusieurs points sur lesquels elle aurait besoin d'être rectifiée.

La correction la plus considérable est relative aux calcaires à Mytilus, coloriés comme appartenant au jurassique supérieur, tandis que les travaux déjà indiqués les ont classés dans le dogger.

La carte du Pays d'Enhaut, à 1 : 50000, que nous avons jointe aux planches de ce mémoire, tient compte de ces changements dans la contrée où ces couches sont le plus largement représentées.

D'autres corrections importantes devraient être faites dans le massif de la Dent du Midi ; les coupes très détaillées de ce massif serviront en partie à corriger ces erreurs. Ces rectifications ainsi que les autres modifications de détail ont toujours été soigneusement indiquées dans le texte avec preuves à l'appui.

Aujourd'hui que les observateurs sont si nombreux et que les publications se succèdent si rapidement, les inconvénients de faire paraître à quelques années de distance, deux parties d'un même travail, telles qu'une carte et un texte explicatif sont particulièrement sensibles. Mais si nous regrettons ce désaccord, le retard involontaire subi par la publication du texte a eu cependant l'avantage d'enrichir la connaissance géologique de la partie à laquelle nous avons travaillé, de faits nouveaux d'une réelle importance. Nous sentons toute l'imperfection de notre travail, et nous serons heureux si les recherches que nous publions sur cette belle et intéressante contrée, servent de base à des observations nouvelles plus détaillées et peut-être plus précises.

En terminant, nous nous sentons pressés de rendre hommage à la mémoire de Studer qui avait fait de cette contrée une étude spéciale et dont nous avons pu longtemps recevoir les encouragements et les précieux conseils.

Nous désirons aussi exprimer notre reconnaissance à M. le professeur Renevier, de Lausanne, M. Alph. Favre à Genève, M. le D$^r$ C. Schmidt à Fribourg
en Brisgau, M. F. Doge à la Tour-de-Peilz, M. Schmidt, pharmacien à Montreux, M. Burnier à Cuves près Rossinières, pour des communications de
fossiles et des indications diverses qu'ils ont bien voulu nous donner. Nous
remercions aussi M. Pittier et M. Th. Rittener qui nous ont fourni de précieux renseignements, le premier sur les Alpes vaudoises, le second sur divers
points des Alpes vaudoises, du Chablais et du massif des Dents du Midi.

Genève et Montreux, Juin 1887.

Ernest FAVRE.
H. SCHARDT.

# TABLE DES MATIÈRES


Pages

Préface ............................................. v
Table des matières ......................... ix
Bibliographie ............................... xiii
Introduction ................................... 1
   Différences entre les Préalpes et les Hautes-
     Alpes ........................................ 2
   Chaînes semi-circulaires ................. 3
   Klippes .......................................... 4
   Nomenclature ............................... 5
   Tableau schématique des chaînes et vallées
     (hors texte) ................................ 10

## PREMIÈRE PARTIE

### RIVE DROITE DU RHONE

**STRATIGRAPHIE** ........ 12

Chapitre I. **Terrain triasique** ............ 14
   I. Gypse ........................................ 15
   II. Roches dolomitiques ................. 17
     Origine de la cargneule .............. 19
     Moléson ...................................... 22
     Mont-Cubli ............................... 23
     Montreux ..................................... 28
     Tinière ........................................ 28
     Tours d'Aï .................................. 29
Chapitre II. **Terrain rhétien** ............. 30
     Moléson ...................................... 31
     Montreux ..................................... 32
     Mont-Cubli ............................... 39
     Chaîne du Mont-Cray ............... 45
     Chaîne des Gastlosen ............... 48
     *Fossiles du rhétien* ................... 50

Pages

Chapitre III. **Étages liasiques** ............. 53
   I. Infralias ou Étage Hettangien ...... 53
     Taulan (Montreux) ..................... 54
     Avants, Tinière, Luan ................ 56
     *Fossiles de l'étage hettangien* .......... 57
   II. Lias inférieur, *sinémurien et liasien* .. 59
     Chaînes du Moléson et des Verreaux .... 60
     Chaînes de Cray et de Mont-Arvel ..... 61
     Chaîne des Tours d'Aï ................ 64
   III. Lias supérieur, *Toarcien* ........... 66
     Chaîne du Moléson .................... 66
     Fossiles ....................................... 69
     Chaîne des Verreaux ................. 70
     Chaînes du Mont-Cray et du Mont-Arvel. 71
     Chaîne des Tours d'Aï ................ 74
     Bex et Col du Pillon .................. 75
Chapitre IV. **Terrain jurassique inférieur,
     dogger** ...................................... 76
   I. Dogger normal, facies d'eau profonde,
     dogger à Zoophycos ..................... 77
     A. *Bajocien* (dogger inférieur) ......... 79
     Chaîne du Moléson .................... 79
     Chaîne des Verreaux ................. 79
     Chaînes du Mont-Cray et Mont-Arvel.... 81
     B. *Bathonien* (c. de Klaus.) .......... 82
     Chaîne du Moléson .................... 84
     Chaîne des Verreaux ................. 85
     Chaîne des Tours d'Aï ................ 92
     Klippes de dogger dans le flysch ....... 93
   II. Couches à Mytilus, facies littoral
     du dogger ................................... 94
     Historique des c. à Mytilus .......... 95
     Stratigraphie des c. à M .............. 97
     Substratum des c. à M ................ 98
     Niveau à matériaux de charriage ..... 101

Pages

Niveau à fossiles triturés de Polypiers. 105
Niveau à Modiola et à Hémicidaris ... 107
Niveau à Myes et à Brachiopodes..... 109
Niveau supérieur à Modiola.......... 111
Faune des couches à Mytilus ......... 113
Nota........................... 117

Chapitre V. **Terrain jurassique supérieur ou malm**........................... 119
I. Malm des chaînes du Niremont au Mont-Cray...................... 120
Terrain oxfordien .................. 120
A. Calcaire à ciment ............... 120
B. Couches noduleuses, fossiles ....... 122
Jurassique supérieur proprement dit .... 126
Gisements ........................ 127
Chaîne du Niremont Pléiades ......... 127
Faune des couches à Am. Acanthicus.... 132
Faune du calcaire lithonique ......... 133
Chaîne du Moléson.................. 135
Verreaux, Jaman, Hautandon ......... 136
Chaînes du Mont-Cray, Naye, Mont-Arvel. 142
II. Malm des chaînes des Gastlosen, Tours d'Aï, Rubli, Gummflüh ............ 147

Chapitre VI. **Terrains crétacés** ............. 150
I. Néocomien, crétacé inférieur.
A. Marne à Ptéropodes, faune ......... 153
B. Calcaire néocomien............... 159
Chaîne du Niremont, fossiles ......... 160
Chaîne du Moléson.................. 166
Chaîne des Verreaux, vallée de Montbovon............................ 167
Chaîne du Mont-Cray................ 168
II. Couches rouges crétacées, vase à Foraminifères ........................ 170
Allures dans les différentes chaînes..... 174

Chapitre VII. **Terrains tertiaires éocènes, flysch, etc.**...................... 178
Age du flysch dans les Préalpes........ 180
Zones du flysch .................... 183
Zone du Niremont-Corbettes.......... 183
Petite zone d'Allière-Estavanens ....... 185
Zone de Vert-Champ-Ayerne.......... 185
Zone du Hundsruck-Rodomont........ 190
Zone étroite de la brèche de la Hornfluh. 192
Zone de la Videman-Hornfluh ........ 194
Zone du flysch du Niesen............. 199
Roches éruptives dans le flysch des Fénils. 213

Pages

Diagnose microscopique.............. 216
Gypse et cargneule dans le flysch....... 218
Gypse et cargneule au col du Pillon..... 226

Chapitre VIII. **Terrains tertiaires miocènes**.. 228
Mollasse rouge..................... 232
Mollasse à charbon.................. 233
Formation des poudingues............ 239

Chapitre IX. **Terrains quaternaires**......... 247
I. Terrains glaciaires................. 247
II. Terrains modernes................ 257
Eboulis .......................... 258
Eboulements subits ................. 265
Cônes de déjections, dépôts lacustres... 267
Tourbe et tuf...................... 277

**DESCRIPTION OROGRAPHIQUE ET GÉOLOGIQUE**........ 280

Chapitre X. **Chaîne du Niremont-Pléiades** ... 280
Le Niremont....................... 282
Le Mont Corbettes ................. 289
Les Pléiades ...................... 294

Chapitre XI. **Massif du Moléson et Arête des Verreaux**...................... 303
Région au N.-E. du Moléson, entre le Niremont et l'Arête des Verreaux .... 303
Pied ouest du Moléson............... 306
Massif du Moléson proprement dit...... 308
Région au S.-S.-O. du Moléson jusqu'au Mont-Folly ..................... 311
Vallon de la Baye de Montreux et Mont-Cubli............................ 316
Arête des Verreaux et Dent de Jaman... 328

Chapitre XII. **Chaîne du Mont-Cray**........ 342
Tronçon de la Hochmatt .............. 344
Tronçon du Vanil-Noir............... 345
Tronçon de Corjon-Planachaux ........ 353
Tronçon de Naye et du Mont-Arvel..... 356

Chapitre XIII. **Chaîne des Gastlosen et les zones de flysch qui la bordent** ..... 366
Arête de la Dent de Ruth ............. 368
Chaînon du Rocher de la Raye........ 374
Hundsruck et Rodomont.............. 378
Massif du Mont-Laitmaire............ 379
La Braye et la vallée de Château d'Œx . 381

Massif des Tésailles et des Monts-Chevreuils .......................... 387
Groupe des Tours d'Aï ............... 389

Chapitre XIV. **Groupe du Rubli et de la Gummfluh** ........................... 405
Chaîne du Rubli ..................... 406
Région entre le Rubli et la Gummfluh ... 416
Chaîne de la Gummfluh ............... 421
Arête du Mont-d'Or .................. 426
Vallée de la Grande-Eau et ses klippes jurassiques ....................... 427

Chapitre XV. **Chaines de la région du flysch du Niesen** ...................... 434
Col des Mosses ..................... 435
Vallée des Ormonts ................. 436
Chaîne de Chaussy .................. 441
Vallée de l'Etivaz ................. 444
Chaînon de l'Arnenhorn—Wytenberghorn .............................. 445
Le Col du Pillon ................... 447


## DEUXIÈME PARTIE

### RIVE GAUCHE DU RHONE ET DU LEMAN

#### A. PRÉALPES DU CHABLAIS .. 452

Chapitre I. **Description des terrains** ........ 452
TERRAIN TRIASIQUE .................... 452
TERRAIN RHÉTIEN ...................... 455
TERRAINS LIASIQUES ................... 461
 I. Etage hettangien ................. 461
 II. Lias inférieur et moyen .......... 463
 III. Lias supérieur (toarcien) ........ 465
 IV. Jurassique inférieur.—Lias supérieur. 466
TERRAINS JURASSIQUES ................. 467
 I. Dogger à Zoophycos (jur. inférieur)... 467
 II. Couches à Mytilus ............... 468
 Fossiles des c. à Mytilus ........... 481
 III. Malm ......................... 482
TERRAINS CRÉTACÉS .................... 484
 I. Néocomien ...................... 484
 II. Couches rouges crétacées .......... 485
TERRAINS TERTIAIRES ................. 489

I. Terrains éocènes ................. 489
Lambeaux de flysch dans les chaînes calcaires ........................ 490
Formation de la brèche du Chablais... 492
II. Grès et schistes rouges plus récents que le flysch ..................... 504
Grès et marnes rouges du Bouveret ... 504
Grès et schistes rouges du Val d'Illiez.. 507
TERRAINS QUATERNAIRES.
 I. Dépôts glaciaires ................. 509
 II. Terrains modernes ............... 515
 Eboulements et éboulis ............. 515
 Dépôts d'alluvion et cônes de déjection. 516

Chapitre II. **Description orographique et géologique** ........................... 517
Massif de Mémise et de Borée ......... 518
Massif de la Dent d'Oche ............. 520
Massif du Grammont ................. 524
Chaîne des Cornettes de Bise ......... 528
 Vallon de Tanay ................... 528
 Arête des Cornettes ................ 530
 Vallon de Vernaz .................. 532
Le Mont-Chauffé et La Chaux .......... 534
Le massif de Cheilon ................ 537
Arête entre le col de Vernaz et Trevenensaz ........................ 539
Région de la brèche du Chablais ......... 544
 Arête de la Pointe de Chézery .......... 544
 La montagne de Grange .............. 547
 Vallée de la Chapelle et d'Abondance.... 548
Le Val d'Illiez .................... 549


#### B. DENTS DU MIDI ...... 554

Chapitre III. **Description des terrains** ....... 554
Terrains cristallins du Luisin et du Salentin. 554
 Gneiss ............................ 555
 Porphyre .......................... 555
Terrain carbonifère .................. 558
Terrains triasiques .................. 559
Terrains jurassiques ................. 560
Terrains crétacés ................... 561
 Néocomien ........................ 561
 Urgonien et rhodanien .............. 563
 Aptien ........................... 564
 Gault ............................ 565
 Cénomanien et Sénonien ............. 568
Terrains éocènes .................... 568

Pages

*Sidérolithique* .......................... 568
*Terrain nummulitique* ................ 570
*Flysch* ............................... 572
Terrains quaternaires .................... 572
*Erratique ou glaciaire* ............... 572
*Formations actuelles* ................. 573

Chapitre IV. **Description orographique et géologique** ........................... 574
Versant au pied de la cime de l'Est, entre Monthey et Saint-Barthélemi ........ 576
Versant nord-ouest de l'arête des Dents du Midi ............................... 578

Pages

Arête de Bonnavaux, La Vouille et les Dents-Blanches .................... 582
Vallon de Susanfe jusqu'à la Dent du Midi. 584
Vallon de Salanfe ..................... 587
Le Col du Jora et Gagnerie .............. 592
Résumé .......................... 597

Evolution géologique ................... 598
Tableaux des terrains (hors texte) ........ 606
Table alphabétique des matières et localités. 607
Table alphabétique des fossiles ....... 623
Errata et Addenda ......... 635-636

# BIBLIOGRAPHIE

*Ouvrages, notices, etc., ayant rapport à la partie occidentale de la carte géologique Feuille XVII,*
*de la Suisse, et cités dans le texte.*

**M**. Gilliéron ayant donné, dans son récent mémoire sur les Alpes fribourgeoises, un résumé historique des publications relatives à la géologie des
Préalpes, nous nous contentons d'en donner seulement une liste alphabétique. Les chiffres placés à la tête de chaque titre correspondent aux renvois
placés entre parenthèses dans le texte : (p. ex. : *45*, pag. 23).

### TITRES DE PUBLICATIONS PÉRIODIQUES CITÉS EN ABRÉGÉ DANS CETTE LISTE.

*Act. Soc. helv.* Actes de la Société helvétique des sciences naturelles. Verhandlungen der schweizerischen
naturforschenden Gesellschaft.
*Arch. sc. phys. et nat.* Archives des sciences physiques et naturelles de la Bibliothèque universelle, Genève.
*Bull. Soc. géol. Fr.* Bulletin de la Société géologique de France.
*Bull. Soc. neuch.* Bulletin de la Société des sciences naturelles de Neuchâtel.
*Bull. Soc. vaud.* Bulletin de la Société vaudoise des sciences naturelles à Lausanne.
*Jahrb. k. k. Rchst.* Jahrbuch der kaiserlich-königlichen geologischen Reichsanstalt, Vienne.
*Jahrb. S.-A.-C.* Jahrbuch des Schweizer Alpenclubes. Annuaire du Club alpin suisse.
*Mat. cart. géol. suisse.* Matériaux pour la carte géologique de la Suisse.
*Mém. Soc. helv.* Mémoires de la Société helvétique des sciences naturelles. Denkschriften der allgemeinen
schweizerischen naturforschenden Gesellschaft.

*Mém. Soc. pal. suisse.* Mémoires de la Société paléontologique suisse.
*Mittheil. d. natf. Ges. Bern.* Mittheilungen der Naturforschenden Gesellschaft in Bern.
*N. Jahrb.* Neues Jahrbuch für Geologie, Mineralogie und Paleontologie, Stuttgart.
*Revue géologique suisse* par Ernest Favre ; publiée dans les Arch. sc. phys. et nat.
*Sitzb. k. k. Akad. Vienne.* Sitzungsberichte der kaiserlich-königlichen Akademie der Wissenschaften, Vienne.


1. **Bachmann.** Quelques observations. Mittheil. Berne. 1869, 161.
2. **Bischoff,** prof. Analyse de l'eau de l'Alliaz. Prospectus de la maison C. Haaf à Berne, 1882.
3. **Blanchet, Rod.** Sur les Houillères d'Oron, Bull. Soc. vaud. t. I, 186.
4. — Dent d'Éléphant fossile, Bull. Soc. vaud. III, 25, 1849.
5. — Terrain tertiaire vaudois. Bull. Soc. vaud. IV, 85, 1853.
6. — Notice sur l'histoire naturelle des environs de Vevey, 1842.
7. — Essai         id.         id.         1843.
8a — Terrain erratique alluvien du bassin du Léman et de la vallée du Rhône, 1844.
8b — Quelques idées sur les modifications du relief de la vallée du Rhône et du Léman, 1856 ; Bull. Soc. vaud. sc. nat. 1867, t. IX, p. 157.
9. **Brinkmann.** Erratique du lac de Bret. Bull. Soc. vaud. VII, 354.
10. — Glaciaire de la Tour. Bull. Soc. vaud. 1863, VII, 354.
11. — Avalanches de St-Gingolph. Bull. Soc. vaud. 1863, VII, 359.
12. **Brunner de Wattenwyl.** C. Ueber die Hebungsverhältnisse der Schweizer Alpen. Zeitschrift d. D. geol. Gesellsch. 1851, III, 554. Arch. sc. phys et nat. 1851, XXI, 5.
13. Geognostiche Beschreibung der Gebirgsmasse des Stockhorns. Mém. Soc. helv. 1856, XV.
14. **Brélaz,** prof. Analyse d'un calcaire dolomitique gris clair de Chambly sur Montreux. Bull. Soc. vaud. 1871, t. XI, 305.
15. **Brückner, E.** Die Vergletscherung des Salzachgebietes. Geographische Mittheilungen. Hölzel, Wien, 1886.
16. **Capellini.** Mémoire sur le flysch de l'Apennin septentrional : Comptes rendus. Acad. sc. nat. Juin, 1884.
16b **Charpentier.** Essai sur les glaciers et le terrain erratique du bassin du Rhône. Lausanne, 1841.
17. **Chausson,** Dr. Antiquités de Noville. Bull. Soc. vaud. 1865, t. VIII, 318.
18. **Chavannes,** Sylvius. Age et origine des gypses et des cargneules. Bull. Soc. vaud. sc. nat. 1871, XI, 299.
19. — Gypse et cargneule du lac de Thoune jusqu'aux Ormonts. Actes Soc. helv. sc. nat. Bex, août 1877, et procès-verbaux.
20. — Note sur le gypse et la cargneule des Alpes vaudoises. Bull. Soc. vaud. 1874, t. XII, 109-183.
21. — Origine des cargneules. Actes Soc. helv. 1872, 52.
22. — Age des gypses et cargneules. Actes Soc. helv. 1875. Arch. sc. phys et nat. LIV, 1875. Bull. Soc. vaud. t. XI, 299.
23. — Gypse d'Exergillod sur Aigle. Bull. Soc. vaud. t. XII, 465. Gypse du Hohentwyl. Bull. Soc. vaud. t. X, 478, 1873.
24. — Origine des gypses et des cargneules. Arch. sc. phys. et nat. 1877, t. LX, 309.
25. — Porphyre erratique. Bull. Soc. vaud. 1856, t. V, 164.
26. — Belemnites du flysch des Ormonts. Bull. Soc. vaud. 1860, IX, 200.
27. — Nummulites du flysch. Bull. Soc. vaud. 1870, X, 341. 1860, VI, 16.

28. **Chavannes**, Sylvius. Ossements de Noville. Bull. Soc. vaud. 1870, X, 695.

29. — Notice géologique sur les environs de Montreux. Montreux et ses environs par E. Rambert. 1877.

29b — Note sur le gypse et la cargneule des Alpes bernoises. Act. Soc. helv. Bex, 1877, p. 215.

29c **Chavannes**, **F.-G.**, ingénieur. Glissement du Sepey (Ormonts). Bull. Soc. vaud. 1863, VII, p. 497.

30. **Claparède**, **A. de**. Champéry et le Val d'Illiez. Genève, 1886.

31. **Collomb**, Aug. Géologie de Jaman. Bull. Soc. vaud. 1847, t. I, 358.

32. — Lettre à M. de Buch sur la montagne de la Cherésolettaz. Act. Soc. helv. 1858, 101.

33. **Coquand**. Sur le klippenkalk du Var. Bull. Soc. géol. Fr. 1871, XXVIII, 209, 216.

34. **De la Harpe**, Jean. Tronc fossile dans la mollasse. Bull. Soc. vaud. 1856, V, 7.

35. — Éboulement d'Yvorne. Bull. Soc. vaud. 1863, VII, 3.

36. — Polis glaciaires. Bull. Soc. vaud. 1865, VIII, 179.

37. — Etude orographique de la chaîne des Tours d'Aï. Bull. Soc. vaud. 1865, VIII, 237.

38. — Roc strié et poli de Chillon. Terrasses diluviennes du lac Léman. Bull. Soc. vaud. 1865, VIII, 341.

38a — Note sur le soulèvement du Jorat occidental. Bull. Soc. vaud. 1866, IX, 165.

39. **De la Harpe**, Phil. De la formation sidérolithique dans les Alpes. Bull. Soc. vaud. 1854, IV, 232.

40. — et **Renevier**. Excursion géologique à la Dent du Midi. Bull. Soc. vaud. sc. nat. 1855, IV, 261.

41. — Feuilles dans la mollasse rouge. Bull. Soc. vaud. 1855, IV, 54.

42. — Houille kimméridgienne du Bas-Valais. Bull. Soc. vaud. 1855, t. IV, 253, 254, 304 et suiv.

43. — Flysch des Mosses. Bull. Soc. vaud. 1855, IV, 257.

44. — Os fossile de la Tour d'Aï. Bull. Soc. vaud. 1856, V, 159.

45. — Fossile de Châtel St-Denis. id. 1860, VI, 347.

46. — Flysch d'Aigremont. id. 1863, VII, 17.

47. — Géologie de la Dent du Midi. id. 1860, VI, 18, 21.

48. — Cône de déjection de la Tinière. Bull. Soc. vaud. 1870, X, 162.

49. — Etude sur les Nummulites de la Suisse. Mém. Soc. pal. suisse, t. VII, VIII et X, 1880-83.

50. — Note sur les Nummulites Partschi et Oosteri. Bull. Soc. vaud. sc. nat. 1880, t. XVII, 33.

51. — Étymologie du mot *Cornieule*. Actes Soc. helv. 1877.

52a — Nummulites du flysch. Bull. Soc. vaud. 1879, XVI, 171.

52b — Nummulites du Val d'Illiez. Act. Soc. helv. Brigue, 1880, p. 54.

52c — Sur les Nummulites des Alpes occidentales. Act. Soc. helv. Bex, 1877, p. 227.

53. **Doge**, F. Nummulites du flysch. Bull. Soc. vaud. 1883, XIX, proc. verb. II.

54. — Feuille de palmier *Sabal mayor* de la moll. rouge de la Tour de Peilz. Bull. Soc. vaud. 1880, XVII, proc. verb. p. XX.

55. — Fucoïde du lias des Verreaux. Bull. Soc. vaud. 1880, XVII, proc. verb. p. XX.

56. **Dufour**, Ch. Note sur le cône de déjection de la Tinière. Bull. Soc. vaud. 1860, VI, p. 53.

56a — Notice météorologique sur Montreux, in Montreux et ses environs par E. Rambert, etc. 1877.

57. **Favre**, Alphonse. Mémoire sur les terrains liasique et keupérien de la Savoie, 1859. Mém. Soc. phys. et hist. nat. Genève, t. XV.

58. — Recherches géologiques dans les parties de la Savoie, du Piémont et de la Suisse, voisines du Mont-Blanc. 3 vol. 1867, avec carte géologique et atlas de 33 planches.

59. — Calcaire-brèche du Chablais. Actes Soc. helv. 1848.

60. — Notice sur la géologie du Tyrol allemand et sur l'origine des Dolomies. Arch. sc. phys et nat. Mars 1849, 177.

61. — Affleurements de granit dans la montagne de Loi. Arch. sc. phys et nat. 1884, XII, 534.

61 b **Favre**, Alphonse. Carte du phénomène erratique et des anciens glaciers du versant nord des Alpes suisses et de la chaîne du Mont-Blanc. Publiée par la commission géologique suisse, 1884.

61 c — Notice sur la carte du phénomène erratique etc. Arch. sc. phys et nat. Nov. 1884, t. XII.

62. **Favre**, Ernest. Le massif du Moléson et les montagnes environnantes dans le canton de Fribourg. Arch. sc. phys. et nat. 1870, t. XXXIX.

63. — Description des fossiles du terrain jurassique de la montagne des Voirons. Mém. Soc. pal. suisse, 1875, t. II.

64. — Description des fossiles du terrain oxfordien des Alpes fribourgeoises. Mém. Soc. pal. suisse, 1876, t. III.

65. — La zone à Ammonites acanthicus dans les Alpes de la Suisse et de la Savoie. Mém. Soc. pal. suisse, 1877, IV.

66. — Description des fossiles des couches tithoniques des Alpes fribourgeoises. Mém. Soc. pal. suisse, 1880, t. VI.

67. — Coupes géologiques de la chaîne du Vanil noir et des Gastlosen. Revue géol. suisse, 1873, p. 48 et 53. Arch. sc. phys et nat. 1873, XLVI et XLVII.

68. — Coupe de la Simmenfluh près Wimmis. Arch. 1870, XXVII.

69. — Dents de poissons dans la craie rouge des Gastlosen. Revue géol. 1872, p. 53.

70. — Sur les terrains jurassiques supérieurs des Alpes de la Suisse occidentale. Bull. Soc. géol. Fr. 1875, III, p. 695.

71. **Fellenberg**, E. de. Analyse de l'eau de l'Alliaz. Bull. Soc. vaud. 1847, t. I, 180.

72. **Fischer-Ooster.** v. Die fossilen Fucoiden der Schweizer-Alpen, 1858.

73. — Mittheilungen ueber den Flysch. Verhandl. d. schw. naturf. Gesellsch. Bern, 1858, p. 60.

74. — Ueber Ichthyosaurus tenuirostris, aus den Liasschichten des westlichen Fusses des Moléson in den Freiburger Alpen. Protozoë helvetica, 1870, II, 73.

75. — Geognostische Beschreibung der Umgebung von Wimmis (Berner Oberland), Protozoë helvet. 1869, I, 5.

76. — Verschiedene geologische Mittheilungen. Mittheil. d. naturf. Ges. Bern, 1869, 184.

77. — Paleontologische Mittheilungen aus den freiburger Alpen. Mittheil. der naturf. Ges. Bern, 1871, 325.

78. — Lettre à M. Renevier. Bull. Soc. vaud. 1868, X, 174.

78 a — Plantes de la mollasse de St-Martin. Mitth. Berne, 1871, 236.

79. **Forel**, F.-A. Le lac Léman, précis scientifique. Genève, 1886.

80. — Cône de déjection de la Tinière. Bull. Soc. vaud. sc. nat. 1870, X, 50.

81. — Essai de chronologie archéologique. Bull. Soc. vaud. 1870, t. X, 559.

81 b — Vague attribuée à la chute du Tauredunum. Bull. Soc. vaud. 1876, t. XIV, p. 473.

82. **Fuchs.** Ueber die Natur des Flysches. Sitzb. d. k. k. Akad. Wien, 1877.

83. — Tiefseebildungen, N. Jahrb. f. Min. II, 1882.

84. **Gaudin et De la Harpe.** Flore fossile des environs de Lausanne. Bull. Soc. vaud. sc. nat. IV, 347. etc.

85. **Gaudin**, Ch.-Th. Nouveau gisement de feuilles fossiles à Lavaux. Bull. Soc. vaud. sc. nat. n° 47, 1859.

86 a **Gerlach**, H. Die penninischen Alpen, Beiträge z. Geologie der Schweiz. Mém. Soc. helv. sc. nat. 1869, t. XXIII et Beiträge z. geologischen Karte der Schweiz, livr. XXVII, 1883.

86 b — Bericht ueber den Bergbau in Kanton Wallis. Beitr. z. geol. Karte der Schweiz, livr. XXVII, 1883.

86 c — Das südwestliche Wallis. Mat. pour la carte géol., livr. IX, 1872.

87. **Gilliéron**, V. Notice sur les terrains crétacés dans les chaînes extérieures des Alpes des deux côtés du Léman. Arch. sc. phys et nat. 1870, XXXVII, 255.

88. **Gilliéron, V.** Craie du Simmenthal. Arch. sc. phys. et nat. 1881, VI, 285.

89. —  Notices géologiques sur les Alpes du canton de Fribourg. Act. Soc. helv. sc. nat. Fribourg, 1873, 281. 1872, 51.

90. —  Aperçu géologique sur les Alpes de Fribourg en général et description spéciale du Monsalvens. Mat. p. la carte géol. suisse, 1873, livr. XII.

91. —  Description géologique des territoires de Vaud, Fribourg et Berne, de la pl. XII. Mat. p. la carte géol. suisse, livr. XVIII, 1885.

92. —  Carte géologique, Feuille XII de l'atlas fédéral au $^1/_{100000}$, partie occidentale.

93. —  La faune des couches à Mytilus, considérée etc. Verhandl. der naturforsch. Gesellsch. Basel, 1886, vol. VIII, p. 133, etc.

95. **Guyot.** Sur la distribution des espèces de roches dans le bassin erratique du Rhône. Bull. Soc. neuch. 1843. I, p. 9, 477.

96. **Haas, Hyp.** Étude monographique et critique des Brachiopodes rhétiens et jurassiques des Alpes vaudoises et des contrées avoisinantes. 1re partie, rhétien, hettangien et sinémurien. Mém. Soc. pal. suisse, 1884, t. XI.

97. **Hébert.** Lettre à M. Studer. Bull. Soc. vaud. X, 292.

97b **Hantken, Max v.** Die Clavulina Scaboi-Schichten im Gebiete der Euganeen etc. u. die Cretacische Scaglia. Mathem. u. Naturw. Berichte aus Ungarn, t. II, 1884.

98. **Heer, Osw.** Flora tertiaria helvetiæ. Die tertiäre Flora der Schweiz, 1859.

99. —  Flora fossilis helvetiæ. Die vorweltliche Flora der Schweiz, Zurich, 1877.

100. —  Recherches sur le climat et la végétation des pays tertiaires. Trad. franç. p. Ch. Gaudin. 1861.

101. —  Le Monde primitif de la Suisse. Die Urwelt der Schweiz. Traduction française par I. Demole, 1872.

102. **Ischer.** Blick in den Bau der westlichen Berneralpen. Jahrb. des S.-A.-C. 1878, XIII.

103. —  Ueber die Geologie der Niesenkette. Actes Soc. helv. Bern, 1878, 95.

104. **Jaccard, Aug.** Description géologique du Jura vaudois et neuchâtelois. Mat. p. la carte géol. suisse, 1869, 1870, livr. VI et VII.

105. —  Considérations générales et rapport hydrologique sur la source du Plan de la Baye sur Montreux, 1870.

105b **Javelle.** Souvenirs d'un Alpiniste. Lausanne, 1886.

106. **Koby, F.** Monographie des Polypiers jurassiques de la Suiss. Mém. soc. pal. suisse, t. VII-XI, etc. 1880-1884, etc.

107. **P. de Loriol.** Monographie des Crinoïdes fossiles de la Suisse. Mémoires de la Soc pal. suisse, 1877-1879, t. IV-VI.

108. —  Echinologie helvétique ; matériaux pour la paléontologie suisse (Echinides crétacés). 1873.

109. —  et **Schardt.** Étude paléontologique et stratigraphique des couches à Mytilus des Alpes vaudoises. Mém. Soc. pal. suisse, 1883, X.

110. **Marshall-Hall.** Analyse d'une roche dolomitique du Val de Saas, du marbre brun d'Arvel et du calcaire noir de St-Triphon. Bull. Soc. vaud. 1881, XVII, 592.

111. **Martins.** Glaciers éocènes. Bull. Soc. géol Fr. 1874, II, 269.

112. **Mœsch, C.** Roches granitiques étrangères au pied de la Musenalp, Dallenwyl, etc. Actes Soc. helv. 1883. Arch. sc. phys. et nat. 1883, t. X, 531.

112 b. —  Mat. pour la carte géol. de la Suisse, livr. XIV, 1881.

113. **Maillard, G.** Notice sur la mollasse dans le ravin de la Paudèze. Bull. Soc. vaud. XVII, 1881.

114. **Morlot, A. de.** Eboulement du Tauredunum. Bull. Soc. vaud. sc. nat. 1850, III, 281, **287.** 1854, IV, 49, 1856. V, 5.

115  **Morlot, A.** Niveau du lit du Rhône. Bull. Soc. vaud. 1854, IV, 3.
116.  — Éboulement de Vers-Vey près Roche. Bull. Soc. vaud. 1854, IV, 5.
117.  — Éboulement de Berney. Bull. Soc. vaud. 1854, IV, 8, 37.
118.  — Polis glaciaires sur la mollasse. Bull. Soc. vaud. 1854, IV, 38.
119.  — Berges et terrasses diluviennes. Bull. Soc. vaud. 1854, IV, 10, 61-92, 100, 175, 185. 1856, V, 65.
120.  — Sphaerodus de Chillon. Bull. Soc. vaud. 1854, IV, 13.
121.  — Superposition du diluvien à l'erratique. Bull. Soc. vaud. 1854, IV, 39.
122.  — Roc de Taulan. Bull. Soc. vaud. 1854, IV, 57.
123.  — Fossiles du lias de Montreux. Bull. Soc. vaud. 1856, V, 220.
124.  — Ossements du diluvium glaciaire. Bull. Soc. vaud. 1854, IV, 71.
125.  — Coupe géologique près d'Oron. Bull. Soc. vaud. 1854, IV, 176.
126.  — Cône de déjection du torrent de la Tinière près Villeneuve. Bull. Soc. vaud. 1856, V, 163, 348, 1861, VI, 24, 325. 1863, VII, 31, 191, 203, 340, 352. 1867, IX, 152, 216, 303.
127.  — Dépôts glaciaires du bassin du Léman. Bull. Soc. vaud. 1861, VI, 3, 101. 1863, VII, 119.
128.  — Fossiles de Châtel St-Denis. Bull. Soc. vaud. 1861, VI, 30, 87.
129.  — Carte des environs de Villeneuve. Bull. Soc. vaud. 1861, VI, 92.
130.  — Nivellement du lac à Montreux. Bull. Soc. vaud. 1861, VI, 161.
131.  — Bloc erratique à Monthey. Bull. Soc. vaud. 1865, VIII, 32.
132.  — Polis glaciaires. Bull. Soc. vaud. 1865, VIII, 313. 1867, IX, 214, 250.
133.  — Remarques sur les formations modernes dans le canton de Vaud. Bull. Soc. vaud. 1856, V, 208.
134.  — Das graue Alterthum ; Schwerin, 1865 (Cône de la Tinière, p. 30-40).
135.  — Description du gisement de fossiles du tunnel de Lausanne. Avec coupe du tertiaire vaudois. Bull. Soc. vaud. 1853, IV, 82, 84.
136.  — Ueber Dolomit und dessen künstliche Darstellung aus Kalkstein. Naturwissenschaftl. Abhandl. gesammelt und herausgegeben von W. Haidinger. Vienne, 1847.
136a **Mortillet.** Géologie et Minéralogie de la Savoie, 1858.
137.  **Mühlberg.** F. Zerquetschte Gerölle bei Aarau. Act. Soc. helv. 1883.
138.  **Ooster.** Fossiles du lias de Montreux Lettre à M. le prof. Morlot. Bull. Soc. vaud. V, 220.
139.  — Catalogue des Céphalopodes fossiles des Alpes suisses. Mém. Soc. helv. sc. nat. 1860, XVII, 1861, XVIII. Supplément 1863.
140.  — Synopsis des Brachiopodes fossiles des Alpes suisses, 1863, Pétrifications remarquables des Alpes suisses.
141.  — Synopsis des Echinodermes fossiles des Alpes suisses, 1865. Pétrifications remarquables.
142.  — Die organischen Reste der Zoophycosschichten der Schweizer Alpen. Protozoë helvetica. 1869.
143.  — Beitrag zur Kenntniss der jurassischen Inoceramen der Schweizer Alpen. 1869.
144.  — Die organischen Reste der Pteropodenschicht. Eine Unterlage der Kreideformation in den Schweizer Alpen. Protoz. helv. 1871, II.
150.  **Pareto.** Dent du Midi. Bull. Soc. géol. Fr. 2me s. XV, 55.
151.  **Pictet-de la Rive.** Notice sur les fossiles découverts pendant l'été 1850 dans les Alpes bernoises par E. Meyrat. Arch. sc. phys. et nat. 1850, XV, 177.
152.  **Pictet et de Loriol.** Description des fossiles contenus dans le terrain néocomien des Voirons. Mat. pour la paléont. suisse, 1858.
153.  **Pittier, H.** Notes sur la nomenclature des Alpes du pays d'Enhaut vaudois. Écho des Alpes, 1879, 249.

153a **Pittier et H. Schardt.** Vallée de la Grande-Eau. Bull. Soc. vaud. 1885, t. XXI. proc. verb. p. 1.
153b **Rambert, E.** Les Alpes suisses. IIme série, 1866.
154. **Renevier, Eug.** Fossiles des Alpes vaudoises. Bull. Soc. vaud, sc. nat. 1851, III, 135.
155. — Géologie des Alpes vaudoises. Bull. Soc. vaud. 1854, IV, 204.
156. — Géologie de la Dent du Midi (v. De la Harpe).
157. — Infralias du Pissot. Bull. Soc. vaud. 1861, VI, 159. 1867, IX, 383.
158. — Conglomérat de Châtel St-Denis. Bull. Soc. vaud. 1863, VII, 348.
159. — Infralias et zone à Avicula contorta (Rhætien) des Alpes vaudoises. Bull. Soc. vaud. 1864, VIII, 39, 299-300.
160. — Echantillon de brèche des mines de Bex. Bull. Soc. vaud. sc. nat. 1883, t. XIX, proc. verb. p. xxii.
161. — Notice géologique sur le massif de l'Oldenhorn et le col du Pillon. Bull. soc. vaud. 1864, VIII, 273.
162. — Zoophycos de Chillon. Bull. Soc. vaud. 1867, IX, 383.
163. — Bouehed du Pissot. Bull. Soc. vaud. 1867, IX, 383
164. — Ammonite du flysch d'Aigremont. Bull. Soc. vaud. 1867. IX, 626.
165. — Quelques observations sur la géologie de la Suisse centrale. Bull. Soc. vaud. 1870, X, 54.
166. — Réponse aux observations de M. Hebert. Bull. Soc. vaud. 1870, X, 295.
167. — Granits sédimentaires du Sepey. Act. Soc. helv. 1864, p. 68.
168. — Note sur une grande feuille fossile du terrain kimmeridgien des Alpes vaudoises. Bull. Soc. vaud. 1863, VII, 163.
169. — Notice sur ma carte géologique de la partie sud des Alpes vaudoises et régions limitrophes. Arch. sc. ph. et nat. 1877.
170. — Notice sur les blocs erratiques de Monthey (Valais). Bull. Soc. vaud. 1877, XV, 105.
171. — Gisements fossilifères houillers du Bas-Valais. Bull. Soc. vaud. 1879, XVI, 395.
172. — Carte géologique de la partie sud des Alpes vaudoises au $1/_{80000}$. 1875. Mat. pour la carte géol. suisse.
173. — Les facies géologiques. Arch. sc. phys. et nat. 1884, XII, 297.
174. — Note sur quelques dépôts récents avec mollusques d'eau douce et terrestres. Bull. Soc. vaud. 1863, t. VII, p. 249.
175. — Facies abyssaux. Act. Soc. helv. 1885. Arch. sc. phys. et nat. Sept. 1885, p. 33.
176. — Tableau des terrains sédimentaires, etc. Bull. Soc. vaud. sc. nat. 1874, t. XII et à part.
177. — Nouveau gisement du crétacique supérieur à Semsales. Compte rendu Soc. vaud. sc. nat. Arch. sc. phys. et nat. t. XVII, p. 237, 1887.
178. **Saussure, H. de.** La grotte de Scé, âge du Renne. Arch. sc. phys. et nat. 1870, XXXVIII, 105.
179. **Schardt, Hans.** Mollasse rouge et terrain sidérolithique du pied du Jura. Bull. Soc. vaud. sc. nat. t. XV, p. 609, 1880.
180. — Couches à Mytilus (voir de Loriol).
181. — Études géologiques sur le Pays d'Enhaut vaudois. Dissertation inaugurale et Bull. Soc. vaud. sc. nat. 1884, t. XX.
182. — Sur l'origine des cargneules. Bull. Soc. vaud. sc. nat. 1884, t. XXI, proc. verb. Actes. Soc. helv. sc. nat. 1885. Arch. sc. phys. et nat., sept. 1885.
183. — Berge lacustre et squelettes humains de Montreux. Bull. Soc. vaud. t. XX, proc. verb. p. xxiii, 1884.
184. **Schmidt, E.** Analyse de l'eau de Vernex-Montreux. Bull. Soc. vaud. sc. nat. 1880, t. XVII, 15.

184b **Schmidt, C.** Geologisch-petrographische Mittheilungen über einige Porphyre der Centralalpen und die in Verbindung mit denselben auftretenden Gesteine. Neues Jahrbuch für Mineralogie, etc. 1886. Beilageband, IV, p. 388.

184c — Diabasporphyrite und Melaphyre vom Nordabhang der Schweizer Alpen. N. Jahrb. 1887, t. I, p. 58.

185. **Schnetzler, J.-B** Feuilles dans le schiste de Morgins. Bull. Soc. vaud. 1863, VIII, 7, 23.

186. — Palmier de la mol. rouge. Bull. Soc. vaud. 1869, X, 510.

187. — Notice géologique et minéralogique. Bull. Soc. vaud. 1873, XII, 439.

187b **Struve.** Description des salines du ci-devant gouvernement d'Aigle, 1804.

188. **Studer, B.** Beiträge zu einer Monographie der Mollasse. 1825.

189. — Geologie der westlichen Schweizer Alpen. Heidelberg et Leipzig, 1834.

190. — Geologie der Schweiz. Berne et Zürich, 1853.

191. — Erläuterungen zur zweiten Auflage der geologischen Karte der Schweiz. Berne, 1869.

192. — Lehrbuch der physikalischen Geographie und Geologie. 1844-1847.

194. — Index der Petrographie und Stratigraphie der Schweiz und ihrer Umgebung. Berne, 1872.

194b — Origine et but du terme *flysch*. Actes. Soc. helv. 1848. Soleure.

195. **Studer et Escher.** Carte géologique de la Suisse, 1853. 2ᵐᵉ édition, 1866.

196. **Studer, Th.** Foraminiferen aus der Alpinen Kreide. Mittheil. natf. Ges. Bern, 1869.

197. **Tawney.** Zoophycos scoparius de Chillon. Bull. Soc. vaud. 1867, IX, 383.

198. — Bonebed av. Sargodon tomicus, Pissot. Bull. Soc. vaud. 1867, IX, 383.

198a **Trey,** de. Ascension de la Dent Jaune. Écho des Alpes, 1880, p. 6.

199. **Tribolet, M.** de. Sur l'âge stratigraphique de la zone gypsifère alpine de Bex au lac de Thoune. Vierteljahrsschrift. natf. Ges. Zürich, 1878, XXIII, 160.

200. — Sur l'âge des dépôts de gypse de la rive sud du lac de Thoune (Vierteljahrschrift der natf. Ges. Zürich).

201. **Troyon.** Éboulement du Tauredunum Bull. Soc. vaud. sc. nat. 1851, III, 281.

202. **Uhlmann.** Ueber Thierreste aus dem Eisenbahndurchschnitt des Schuttkegels der Tinière bei Villeneuve. Verhandl. naturf. Ges. Berne, 1868, 85.

203. **Vacek.** Ueber Vorarlberger Kreide. Jahrb. k. k. Rchst. 1879, XXIX.

203a — Neocomstudien. Jahrb. k. k. Rchst. 1880, XXX.

204. **Vallière, E.** de. Quelques mots sur la chute du Tauredunum. Bull. Soc. vaud. 1876, XIV, 431.

204a — Les dépôts salins dans le district d'Aigle et leur exploitation. Bull. de la Soc. vaud. des ingénieurs et des architectes, 1887.

204b **Venetz.** Note sur le glacier, etc. Blocs de Noville. Bull. Soc. vaud. 1859, VI, p. 129.

205. **Waters.** Quelques roches des Alpes vaudoises étudiées au microscope. Bull. Soc. vaud. 1880, XVI, 593.

206. **Wild, Frç. Sam.** Essai sur la montagne salifère du gouvernement d'Aigle. Genève, 1788.

# INTRODUCTION

La partie de la feuille XVII de l'atlas géologique de la Suisse, dont nous donnons ici la description, comprend deux régions, séparées l'une de l'autre par la vallée du Rhône et une partie de la large et profonde dépression du Lac Léman. Nous les décrirons séparément. Toutefois, commençant par les montagnes de la rive droite, nous renverrons souvent dans la seconde partie à ce qui aura été dit dans la première.

La section située sur la rive droite du Rhône et du Léman forme l'angle N.-O. de la feuille XVII et comprend une petite partie du plateau miocène. Ses limites sont tracées par la vallée de la Grande-Eau et le col du Pillon au S.-E.; par la vallée supérieure de la Sarine au N.-E. jusqu'à Gessenay, et, à partir de là, par l'arête du Hundsrück.

La région sur la rive gauche, formant l'angle S.-O. de la feuille XVII, comprend toutes les chaînes au S.-O. du cours du Rhône, à l'exception des chaînes cristallines.

Le haut massif des Dents du Midi et la chaîne qui s'en détache vers le S.-O., avec les Tours-Sallières au S., font partie des *hautes chaînes calcaires* ou *chaînes intérieures des Alpes*. Elles sont le prolongement de la chaîne des Diablerets-Dents de Morcles. Tout le reste de notre région, sur les deux rives de la vallée du Rhône, est comprise dans ce que M. le prof. Alph. Favre a nommé les *chaînes extérieures*, auxquelles s'applique la dénomination, souvent usitée, de *Préalpes* ou *Préalpes romandes*.

Un coup d'œil jeté sur la carte géologique de la Suisse par Studer et Escher, permet de saisir sans peine les traits généraux de ces deux groupes de chaînes calcaires. Les chaînes extérieures, ou Préalpes, ne forment pas une bordure continue le long des Alpes; elles sont intercalées entre la dépression de la vallée de l'Aar et celle de l'Arve et ne se poursuivent ni au N.-E., ni au S.-O. Là, ce sont les chaînes calcaires intérieures qui viennent former la bordure le long du plateau miocène.

Les Préalpes doivent donc leur existence à des causes géologiques spéciales que nous essayerons de définir plus loin. Les chaînes calcaires intérieures, essentiellement jurassiques, crétacées et éocènes, en sont séparées par une zone de dépression, marquée par une série de cols, que l'on serait tenté de prendre pour une ligne de fracture, une faille gigantesque, car elle met en contact le lias et les terrains tertiaires des hautes Alpes. Nous verrons plus tard la signification particulière de cette zone de séparation.

Les dislocations dans les Préalpes sont bien plus compliquées qu'on le croirait au premier abord; mais elles sont loin de ressembler à ces gigantesques contournements qui font, aux yeux du géologue, la beauté et le charme des chaînes intérieures. Les chaînes extérieures sont pourtant, elles aussi, la conséquence de l'action du refoulement qui y a agi avec une intensité peut-être moindre que dans les chaînes intérieures; mais elles ont subi son effet d'une tout autre manière. Les conditions dans lesquelles se trouvaient les deux régions doivent avoir été toutes différentes depuis une époque très ancienne. Ces conditions ont aussi amené la diversité des facies des terrains sédimentaires.

L'étude stratigraphique nous montrera que les terrains tertiaires, crétacés et jurassiques, mais surtout les crétacés, diffèrent complètement dans ces deux régions pourtant si rapprochées. La différence est aussi marquée que celle qui existe dans la structure des chaînes.

Dans les chaînes intérieures, le refoulement latéral a produit surtout des replis, dus sans doute au glissement des terrains sédimentaires sur la base des roches cristallines de la croûte de solidification de la terre, alors que cette croûte se contractait de plus en plus et se repliait jusque par-dessus les roches sédimentaires, en formant des bombements et des voûtes écrasées. On croit voir dans les chaînes intérieures des ondulations tout à fait semblables à celles d'un morceau d'étoffe replié sur lui-même, ou d'une manche d'habit retroussée par un mouvement de la main. Le massif des Dents du Midi nous en fournira plus tard l'un des plus beaux exemples.

On est même tenté de croire que les roches calcaires, très compactes maintenant, ont dû être douées d'une certaine *plasticité* pendant leur plissement, tellement les courbures des couches sont régulières; les plus aiguës même ne montrent souvent pas trace de rupture.

Rien de tout cela ne se voit dans les chaînes extérieures. Il est assez rare de trouver un pli couché ou fortement déjeté qui soit formé de couches continues. Il n'en est pas un qui ne soit rompu à sa courbure convexe, et, chose curieuse, ces ruptures ont été tellement agrandies par l'érosion, que ce sont elles qui sont devenues les vallées et que, dans plus d'une chaîne, les plis en forme d'auge sont relégués au sommet des arêtes restées debout.

La première différence consiste donc dans le plissement moins intense des couches et dans les ruptures plus fréquentes des plis. A cela s'ajoutent encore de nombreux chevauchements, cassures, failles, etc., très souvent combinés avec des plis, ou alternant avec ceux-ci. Plusieurs de ces cassures ont un fort rejet et se poursuivent de plus sur une grande longueur. Un fait du plus haut intérêt, c'est que telle dislocation, faille, chevauchement, pli déjeté, pli écrasé, etc., se continue souvent sur presque toute la longueur d'une même chaîne calcaire et ce n'est que rarement que la dislocation se modifie au point d'en changer la physionomie.

Un autre caractère qui frappe à première vue, c'est la forme semi-circulaire de beaucoup de ces chaînes. Dans les chaînes crétacées, suite de celles des hautes Alpes, entre l'Arve et le lac d'Annecy, M. Alph. Favre avait déjà constaté une inflexion semi-circulaire (58, t. II, 150). Dans les chaînes extérieures, c'est un caractère général et par cela même d'autant plus frappant. Les deux sections de ces chaînes, séparées par la vallée du Rhône, ne participent pas à la même courbure.

Les chaînes qui sont comprises entre le lac de Thoune et la vallée du Rhône, décrivent, sur une longueur de 70 kilomètres, une courbure d'un sixième de circonférence environ, et toujours convexe du côté du bassin miocène.

Les chaînes de la rive gauche du Léman, jusqu'à l'Arve, ont 50 kilomètres de longueur et forment une courbure, également convexe, dans le même sens, d'un huitième de circonférence. La vallée du Rhône coïncide donc avec une convergence très frappante de la direction des chaînes, de part et d'autre de la dépression. Celles-ci forment un angle rentrant vers l'intérieur des Alpes. Cet angle devient de moins en moins aigu pour les chaînes plus intérieures. Pour celles du bord des Alpes, il varie entre 100 et 110° et s'ouvre rapidement vers l'intérieur; entre le Mont-Arvel et la chaîne de Borée il est de 150°. Pour les chaînes qui sont placées au milieu de la grande masse de terrain éocène, il n'y a pas de règle, ni dans leur direction, ni dans leur continuité. Ce sont pour la plupart de véritables *klippes* [1], écueils ou récifs, qui s'interrompent et réapparaissent irrégulièrement, combinés avec des dislocations étranges. Les chaînes du bord, et surtout les chaînes calcaires, qui succèdent à la plus extérieure, sont au contraire très continues et peuvent se poursuivre sans difficulté, depuis l'Aar jusqu'au Rhône; on croit même retrouver la suite de plusieurs d'entre elles au delà de cette vallée, dans les chaînes du Chablais. Si l'on tire approximativement les cordes dans les segments de circonférence décrits par ces chaînes, ce n'est pas sans étonnement que l'on constate qu'elles ne forment pas d'angle; *il résulte de leur juxtaposition une ligne presque droite!*

On peut conclure de ces faits, que les trois grandes vallées transversales de l'Aar, du Rhône et de l'Arve, sont dues à la même cause qui a influencé la dislocation des Préalpes et déterminé la direction des chaînes. L'inflexion de celles-ci, sur l'emplacement où est actuellement la vallée du Rhône, était probablement accompagnée d'un abaissement général des plis.

Il reste toutefois un point étrange : c'est la ressemblance absolue des terrains des deux côtés de cette dépression. L'analogie va même si loin que dans des chaînes approximativement correspondantes des deux côtés, on trouve non seulement les mêmes terrains, avec les moindres détails, mais encore les mêmes formes de dislocation.

### Nomenclature.

On appelle *Alpes du Stockhorn* la partie des Préalpes, située sur la rive

---

[1] Nous employons le mot klippe, tiré de l'allemand, pour désigner les plis complètement disloqués et interrompus au milieu des terrains éocènes (flysch). Au lieu de nous servir de la terminaison allemande, nous disons *klippes* au pluriel.

droite du Rhône; ce nom est tiré d'une sommité de leur extrémité orientale. On y comprend les *Préalpes vaudoises, fribourgeoises et bernoises*. Les chaînes de la rive gauche, situées sur le territoire du canton du Valais et de la Savoie, se nomment *Alpes du Chablais*, et dans leur extrémité S.-O. *Alpes du Faucigny*.

Ces différentes régions ont été décrites par M. Gilliéron pour la partie fribourgeoise et bernoise de la feuille XII de l'atlas fédéral (*90* et *91*[1]). M. Alph. Favre a donné une description des plus détaillées des Alpes du Chablais, comprises dans sa belle carte des environs du Mont-Blanc (*58*).

La région que nous avons à décrire est intermédiaire; elle comprend une partie seulement des Alpes du Stockhorn, la partie vaudoise (Pays d'Enhaut vaudois (*153*), Alpes d'Aigle, etc.) et une faible partie fribourgeoise et bernoise; enfin, sur la rive gauche le Chablais valaisan. Dans nos descriptions relatives à ce dernier, nous nous étendrons souvent jusqu'au cours de la Dranse, qui constitue une bonne limite naturelle.

M. Gilliéron a distingué quatre chaînes continues dans les Alpes de Fribourg, ce sont :

1° Chaîne de la Berra,
2° Chaîne du Ganterist,
3° Chaîne du Stockhorn (sens restreint),
4° Chaîne du Simmenthal.

A cette dernière dénomination nous substituerons, d'accord avec M. Gilliéron, celle de *chaîne des Gastlosen*, dénomination plus logique, puisque l'arête des Gastlosen se trouve dans cette chaîne; et plus ancienne, puisque M. Studer l'avait déjà introduite en 1837 et répétée dans sa Géologie de la Suisse.

Ces quatre chaînes sont continues et ne présentent guère d'interruptions, à part la dernière, celle des Gastlosen, laquelle se trouve souvent réduite à l'état de klippes.

Ces chaînes se retrouvent aussi dans notre région, toutefois avec quelques modifications.

Celle du Stockhorn est la plus régulière; mais vers le S.-O. elle se divise en plusieurs chaînons secondaires.

---

[1] Les chiffres entre ( ) renvoient à la liste bibliographique à la fin du volume.

La chaîne du Ganterist se modifie encore davantage. Elle a d'abord une arête culminante, formée de couches disposées en synclinale. Dans notre région le pli médian de cette chaîne s'élargit, et s'abaisse tellement qu'il vient former la profonde vallée de la Sarine, entre Montbovon et Enney; il se poursuit aussi en amont, dans celle de l'Hongrin, pour venir prendre au rocher de Hautaudon une position analogue à celle qu'il avait au sommet du Ganterist. La suite de la chaîne de la Berra se reconnaît facilement dans le Niremont et les Pléiades.

Des chaînes analogues, plus nombreuses, mais bien moins prononcées, se trouvent sur la rive gauche; leurs rapports avec celles de la rive droite sont difficiles à établir. Nous énumérerons ici brièvement, pour éviter les répétitions, les différentes chaînes et replis des Préalpes des deux côtés du Rhône, en indiquant chaque fois les zones synclinales qui les séparent. Celles-ci ne sont que rarement des vallées; car les plus grandes vallées sont transversales à la direction des plis et des axes de dislocation. Nous tenons surtout à donner une idée générale de la disposition et du nombre des chaînes de plissement, et de leurs rapports à travers les vallées transversales, qui les entrecoupent. Nous suivrons les chaînes du S.-O. au N.-E., soit de gauche à droite et à partir du bord des Alpes vers l'intérieur.

### A. *Rive droite du Rhône.*

Plateau miocène subalpin.

**I. Chaîne du Niremont.** Pléiades (1364$^m$). Corbettes (1408$^m$). Niremont (1514$^m$). Pli aigu et écrasé des terrains secondaires au milieu d'une grande masse de flysch.

— **Dépression** des cols de l'Alliaz, des Joncs et de la vallée de la Trême, marquée par une grande faille.

**II. Chaîne du Moléson.** Mont Cubli, Folly, Pralet, Tremettaz-Moléson (2005$^m$). Cette dernière sommité est formée d'un pli synclinal de malm-crétacé, assis sur un soubassement de doggeret de lias.

— **Série de vallons anticlinaux.** Bévieux, Chérésaulaz, Marivue, etc.

**III. Chaîne des Verreaux.** Jaman (1871$^m$), Cape de moine (1936$^m$). Dent de Lys (2015$^m$), les Vudalles. Arête isoclinale avec plongement S.-E.

— **Vallée d'Allière et de Montbovon.** Dépression synclinale, suivie par l'Hongrin et la Sarine. Se termine au pli synclinal de la dent de Hautaudon.

IV. **Chaîne du Mont-Cray.** Cette chaîne commence par 4 arêtes et modifie alternativement les allures de sa *double-voûte*.

Ces quatre arêtes sont, à partir du Léman jusqu'à l'Hongrin :

    1. *Hautaudon ;* rochers du bord S.-E.

    — Dent de Merdasson, anticlinale — vallon de Bonaudon.

    2. *Rochers de Naye.* — Bonaudon, plongement isoclinal S.-E.

    — Sonchaux — vallon de Naye ; synclinale.

    3. *Rochers de Longevaux ;* plongement isoclinal N.-O.

    — Vallée de la Tinière — col de Chaudes ; anticlinale.

    4. *Arête isoclinale de Mont-Arvel-Aveneyre ;* plongement S.-E.

Au N.-E. de l'Hongrin :

    1 et 2. *Rochers de la Sautaz ;* voûte.

    — Vallon de Corjon, synclinale.

    3. *Dent de Corjon ;* plongement isoclinal N.-O.

    — Col de Crau, anticlinale.

    4. *Rochers de Planachaux ;* plongement isoclinal S.-E.

Au N.-E. de la Sarine :

    1. *Dent de Bourgoz ;* plongement isoclinal N.-O.

    — Vallon de Montélon, anticlinale.

    2. 3. 4. *Mont-Cullan, Mont-Cray, Paray, Vanil-Noir.*

Pli synclinal au sommet de l'arête et se divisant au N.-E. en deux arêtes distinctes qui sont :

    2. *Folliéran-Brenleyre ;* plongement isoclinal S.-E.

    — Vallon des Morteys.

    3-4. *Arête des Tours ;* voûte.

Au N.-E. du Rio du Mont, il ne reste plus de la première voûte que la *Hochmatt* et de la seconde que la klippe de la *Goueyraz.*

— **Dépressions** de la vallée de l'Eau-froide, col d'Ayerne, vallée du Petit-Hongrin, col de Sonlemont, vallée de Château-d'Œx, col de la Sierne-au-Cuir, vallées de Vert-Champ et de la Flugimaz.

Cette dépression est caractérisée par des replis secondaires du crétacé, sortes de klippes, qui percent le flysch ; il y en a 3-4 séries, bien visibles, dans la vallée de Château-d'Œx et dans celle de l'Eau-froide.

V. **Chaîne des Gastlosen.** Tours d'Aï (2335ᵐ), Monts Chevreuils, Rochers de la Braye, Laitmaire, Rocher de la Raye (2085ᵐ). Dent de Ruth (2238ᵐ), Gastlosen.

La voûte très régulière des Tours d'Aï devient klippe aux Monts Chevreuils et confuse aux rochers de la Braye. L'arête, chevauchée à la Laitmaire, devient très tranchante au Rocher de la Raye et à la Dent de Ruth ; elle est étroite, toujours chevauchée et combinée quelquefois avec une voûte. Ces deux accidents font croire à l'existence plus loin d'une seconde chaîne. Celle-ci existe peut-être déjà dans la klippe qui suit tout le pied S.-E. de la chaîne, à partir des rochers de la Braye vers le S.-O.

— **Synclinale comblée de flysch.** Plateau de Leysin, col de la Pierre du Moëllé, plateau de la Braye, Rodomont, Hundsrück.

Cette région est sillonnée par des vallons irréguliers. Les vallées de la Manche, des Fénils et d'Abläntschen sont les seules importantes. Il y a une klippe de couches rouges crétacées au pied du Rubli, à partir du Rodosex jusqu'au Vanel et au Simmenthal.

— **Première zone de Brèche de la Hornfluh.** Cananéen — Vanel.

VI. **Chaîne du Rubli.** Mont-d'Or, Rocher du Midi et chaînon du Rubli (2307ᵐ). La voûte rompue, dans laquelle coule la Grande-Eau, en est peut-être le commencement lointain. C'est une voûte écrasée, déjetée tantôt au N.-O., tantôt au S.-E. Elle n'existe comme chaîne saillante qu'au Mont-d'Or et au Rubli, entre la Tourneresse et la Sarine ; elle se termine à la Dorffluh.

— **Deuxième zone de Brèche de la Hornfluh.** La Videman — Hornfluh.

VII. **Chaîne de la Gummfluh.** Gummfluh (2461ᵐ). — La Douvaz. Son premier commencement est probablement la Klippe de *Hautacrêtaz*, dans la vallée de la Grande-Eau.

La chaîne de la Gummfluh est une voûte écrasée, déjetée au S. Elle ne forme qu'une seule arête entre les vallées transversales de la Tourneresse et de la Sarine.

— **La grande région de flysch** du Niesen a la forme d'une vaste synclinale qui s'étend jusqu'au pied des hautes Alpes. Elle est entrecoupée de fréquentes *klippes* de terrains secondaires ; mais elles n'ont que rarement un relief indépendant. Les chaînes, irrégulièrement découpées dans le flysch de cette zone, sont :

Les chaînons de *Chaussy*, des *Arpilles*, de l'*Arnenhorn*, de la *Doggelisfluh* et de la *Palette du Mont*.

1. Parmi les nombreuses klippes de terrains secondaires, la plus haute est celle du *Chamossaire*, laquelle possède un relief indépendant.

D'autres se confondent avec les chaînons de flysch. Ce sont :

2. La Klippe du *Dard — Aigremont*.

3. La Klippe d'en *Oudioux* au *Rocher-Mourga*, au pied de Chaussy.

4. Les zones de *Lias* du col de *Pillon*.

Remarquons encore que les chaînes calcaires des Gastlosen, du Rubli, du Mont-d'Or et de la Gummfluh, sont au plus haut degré semblables à de grandes klippes.

B. *Rive gauche du Rhône* [jusqu'à la Dranse].

I. **Chaîne des Rochers de Mémise** jusqu'au Pic-Blanchard. Voûte déjetée. Cette voûte paraît être le correspondant des Rochers de Naye.
— **Vallon synclinal de Mémise.** La Plaine — Blanchard.

II. **Chaîne du Pic de Borée** [1980ᵐ], voûte très régulière. Ces deux voûtes correspondent à la double voûte de la chaîne du Mont-Cray.
— **Vallon de Neuves sur Novel.**

III. **Chaîne du Grammont** (2176ᵐ), Montagne très compliquée, formée d'une grande voûte régulière, à laquelle s'ajoutent plusieurs replis indistincts dans le relief au pied N. du Grammont même; mais qui se séparent plus loin au S.-O. et forment :
    — Col et vallon de Neuves — synclinale,
    1. *Les rochers de Neuves,*
    — Vallon du pied d'Oche, synclinale,
    2. *Dent d'Oche.* — voûte aiguë,
    — Vallon d'Oche — synclinale,      Grammont.
    3. *Château d'Oche* — voûte aiguë,
    — ? synclinale, ?
    4. *Arête de Pelluaz* — voûte régulière.
— **Vallon de Darbon — Tanay,** synclinale.

IV. **La Chaîne des Cornettes de Bize** (2244ᵐ). Pli synclinal perché au sommet de l'arête des Cornettes de Bize et du Roc-Chambairy.
    Au S.-O. cette arête forme :
    1. *La voûte de Cheilon,* très régulière.
    — Vallon de Bize.
    2. *La voûte aiguë et chevauchée de La Chaux.*
    — Synclinale d'Ubine — Antigny. — Sommet des Cornettes.
    3. Le *Mont Chauffé,* correspondant au
— **Vallon de Vernaz-Vouvry,** dépression située sur une anticlinale. [La série correspondante sur la rive droite est probablement : Vallée de la Grande-Eau, Mont-d'Or, Rubli.]

V. **Arête du Pic de Vernaz,** plongement isoclinal S.-E.

2

— **Vallon d'Arvin-Savalne,** synclinale de flysch. Le correspondant au S. du Mont-Chauffé est le *vallon de la Raye.*

VI. **Arête du Signal de Linleux** (2082ᵐ), plongement isoclinal N.-E.-N.
— **Vallon anticlinal** d'Utane — Revereulaz.

VII. **Rochers de Conche** (2405ᵐ). — Mayen ; plongement isoclinal S.-E.
— **Région du flysch** et de la **brèche du Chablais,** parsemée de klippes nombreuses. Cette région forme, entre la vallée du Rhône et celle de la Dranse, une étroite arête, allant depuis Treveneusaz au col de Vernaz. Au S.-O. de la vallée transversale de la Chapelle se trouve le massif pyramidal de la Pointe de Grange (2438ᵐ).

Les *klippes* les plus remarquables sont :

1. Un affleurement de crétacé au *col de Croix,* auquel correspond une klippe de lias au fond de la vallée.

2. Les *rochers de Treveneusaz* (2045ᵐ), voûte disloquée de malm, — sur son prolongement S.-E., klippe liasique et jurassique de *Morgin.*

3. Klippe de *lias* au *Roc d'Ayerne* (Val d'Illiez), analogue à celles du col de la Croix et du Pillon.

Au sud de la profonde entaille du Val d'Illiez s'élève le

VIII. **Massif des Dents du Midi** (3261ᵐ), séparé par la
— **Dépression** de Salanfe-Suzanfe, de celui des

IX. **Tours Sallières** (3227ᵐ), formé de couches plusieurs fois repliées et s'appuyant sur les roches cristallines de l'arête du Luisin et du Salantin.

Pour rendre plus intelligible l'exposé rapide de la nomenclature que nous venons de donner des différents accidents orographiques et du relief de notre région, nous plaçons ici un tableau d'ensemble, dans lequel les arêtes des montagnes sont indiquées par leur nom et les dépressions par des traits, représentant les cours d'eau. Ceux-ci sont tantôt transversaux à la direction des plis et forment des angles variés ; tantôt ils leur sont parallèles. Le tableau admet cet angle comme étant toujours de 90°. Les lignes de gauche à droite indiquent la direction des chaînes, que nous admettons rectilignes et orientées

# TABLEAU SCHÉMATIQUE

des relations entre les chaînes de plissement et les cours d'eau dans les Alpes Romandes des deux rives du Léman et du Rhône.

Abréviations : Né-Nécessaire, Cr-Couches rouges éocènes, Mt-Mont, R-Rocher, Rₓ-Ruisseau, ∪ Couches synclinales, ∩ voûte, ∿ Succession de voûte et de Synclinale, / Couches inclinées avec plongement N ou NO, \ Courbes inclinées avec plongement S ou SE.



**Rive gauche** — Bassin du Lac Léman

Voirons ∩
Rochers de Meillerie
Plateau de Thollon
Rochers de Mémise ∩
Pic Blanchard /
Vallon de Mémise à la Plaine ∪
Arête du Pic de Borée \
Rochers de Neuve ∩
Dent d'Oche ∩
Château d'Oche ∩
Mt Pelleuax ∩
Mont de Darbon ∪ Darbon
Cheilon ∩
Bise ∪
Arête de Lachaux ∩
Antigny ∪ Ubine
Mont Chauffé ∩
Vallon de la Raye ∪
Rochers de Tassenge
Chaînes de la Brèche du Chablais.
(Pointe de Grange etc.

Mt. de Lovenex ∿ } Grammont
Mt. de la Combe ∩
Voûte régulière des Bevardes ∩
Voûte aiguë des Bevardes de Bise ∩
Cornettes de Bise-Chambairy ∪
Arête du Pic de Vernax /
Signal de Linleux \
Rocher de Conche /
Klippe du col de Croix. Cr
Klippe de Morgins. Treveresaz
Klippe du Roc d'Ayerne

**Chaîne des Dents du Midi**

**Rive droite**

Mont Pélerin (Plateau)
Pléiades ∩   Mont Corbettes ∩   Niremont ∩
Mt. Cubly ∩  Folly ∩   Pralet ∪   Tremettaz - Moléson ∪
Les Verreaux   Cape de Moine - Dent de Lys
Dent de Jaman ∪
Hautaudon ∿
Merdasson ∩
R. de Bonaudon \
Sauchaux - R. de Nay ∪
R. de Longevaux /
Mont - Arvel - Aveneyre \
Klippe de Ne ∩
Klippe de Cr
Klippe des Ruvines (Neuromien)
Tours d'Aï ∩ Famélon
Klippe de Cr (Rouvenaz et Badaussaz)
Grands Rochers / R du Cerf
R. inf. de la Chenau \
R. sup de la Chenau ∩
Klippe de Hautacrêtaz
Mont d'Or ∩
Klippe lias du Dard
Klippe jurassique
Klippe de lias d'Aigremont
Klippe de Dogger des Ormonts (Sallaz-Rochers Mange)
Klippe
Mont Chamossaire (Klippe)
Lias de Bex - Col de la Croix

R. de la Sautaz ∩
∪ Val de Corjon
Dent de Corjon /
R. de Planachaux \
Klippe de Cr
Klippe de Cr (Cullayes) ∿
Mont - Chevreuils ∩ (La Chaux...)
Klippe de Cr (Tornettes)
Klippe jurassique (aux Vernes Raynoud)
Pierre de Maille (Klippe jurass.)
Klippe jurassique

Davalles | Vudalles
Ra. de l'Ondine
Mont - Cray - Vanil noir ∿
Dent du Bourgoz /
Dent de Brenleyre \
Tours de Dorenaz ∩
Vallon de la Dent ∪
Klippe de la Dent \ (Cr)
Klippe de Château d'Oex etc (Cr)
Klippe des Crêtes et du Pont Turrian (Cr) ∩
Laitmaire - Rayer \
Rodomont ∪ Handsrück (Flysch)
Klippe de Cr du Vanel ∩
Hornfluh (Brèche éocène)

R. de la Brayr ∿
Klippe de Cr. Rodoars, Camaröux, etc.
Chaîne du Rubli ∩
La Videman ∿ (Brèche éocène)
Gummfluh ∩
Chaîne de Chaussy (Flysch)
Lias du col du Pillon

**Chaîne des Dents de Morcles - Oldenhorn**

Dent de Broc ∪ | Mt. du Plan
Arête des Combes \ | Arête au S \
Dent du Bourgoz /
Hochmatt ∩
Col de Hochmatt ∪
Klippe de Couryraz
Klippe du Lapex ∿

La Berra ∩
Gurnigel \
Langeneckgrait
Chaîne du Ganterist ∿
Chaîne du Stockhorn ∿
Krachhorn
Simmenfluh
Bäderhorn
Niederhorn Thurnen
Spielgärten - Röthihorn

Chaîne du Flysch de la région du Niesen.

Klippes jurass. et lias du Trütlisberg, Rothhorn etc.

**Sanetschhorn - Wildhorn**

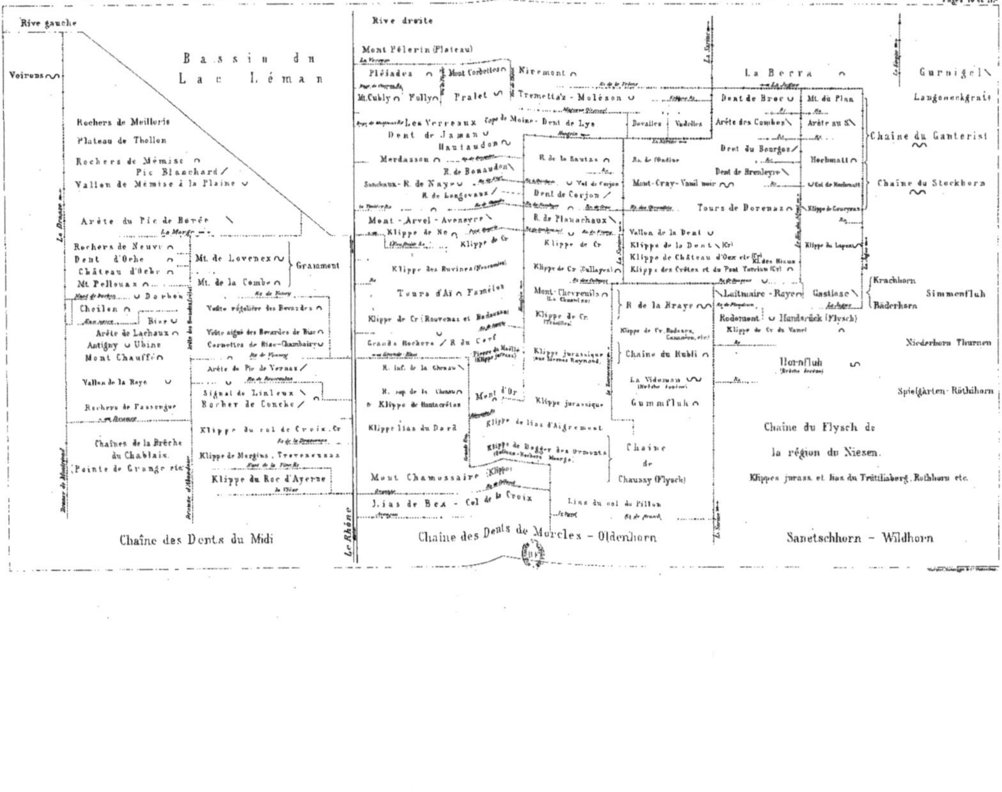

du S.-O. au N.-E. Les lignes transversales allant de bas en haut, sont les cours d'eaux transversaux se dirigeant vers le bord des Alpes.

On verra sans difficulté, que les plus importants cours d'eau, en particulier le Rhône, la Sarine, l'Hongrin, la Jogne, la Dranse, etc., sont transversaux à la direction des chaînes; les cours d'eau longitudinaux ne sont au contraire que de faibles affluents des premiers. Lorsqu'une ligne est brisée à angle droit, cela indique qu'un cours d'eau, de transversal qu'il était, devient longitudinal ou vice versâ. On voit par exemple que cela arrive deux fois pour la Sarine.

Nous indiquons en outre, au moyen de signes, quelle est la disposition des couches dans les arêtes ou les vallons longitudinaux; en voici la légende :

⌒ Anticlinale, voûte; sans distinction de l'état d'écrasement, de déjètement, etc.
⌣ Synclinale, auge ou fond de bateau, id.
∿ Succession de voûte et de synclinale, etc.
╲ Couches isoclinales; jambage S.-E. ou S.
╱ Couches isoclinales; jambage N.-O. ou N.

On voit, au moyen de ce tableau, combien les accidents orographiques sont loin d'être d'accord avec la disposition des plis. Souvent une voûte s'arrête subitement et fait place à une profonde vallée anticlinale ou bien une synclinale vient couronner le sommet d'une montagne, après avoir joué le rôle d'une vallée, etc.

Pour faciliter l'usage de ce tableau, qui renferme beaucoup de détails, entre autres les plis accessoires, klippes, etc., il est bon de le comparer avec les cartes et les profils qui sont joints à ce mémoire.

Pour la partie de la rive droite du Rhône, la carte géologique feuille XVII suffit parfaitement.

La nomenclature est mieux donnée sur la feuille IX de la carte du canton de Vaud, au 1 : 50,000, laquelle a paru avec hâchures et avec courbes de niveau.

La région de la rive gauche peut être complétée au moyen de la carte de l'état-major français, feuille Thonon, et de la carte géologique de M. Alph. Favre.

Enfin notre tableau donne encore la continuation au N.-E. des principales chaînes de notre région, en dehors des limites qui nous sont tracées.

Nous avons seulement indiqué ici les traits généraux et la disposition réciproque des vallées et arêtes, sans noter les accidents secondaires. Dans les chapitres qui suivent, chaque chaîne fera le sujet d'une étude spéciale et sera décrite en détail.

Pour ne pas trop allonger la description orographique et géologique et unir davantage les données stratigraphiques que nous avons recueillies dans cette région, nous avons décrit à part la série des terrains, et cette étude précède la description spéciale des chaînes. Enfin le massif de la Dent du Midi, qui fait partie des chaînes intérieures, sera traité à part. Un résumé donnera, en dernier lieu, des conclusions générales sur les différentes phases qu'a dû parcourir la dislocation de ces chaînes à partir de l'origine de celles-ci et après leur émersion, jusqu'à nos jours.

# PREMIÈRE PARTIE

# RIVE DROITE DU RHONE

## PLATEAU MIOCÈNE ET PRÉALPES VAUDOISES

# STRATIGRAPHIE

### DES TERRAINS DE LA RIVE DROITE

Dans les chaînes extérieures des Alpes, de même que dans le Jura, avec lequel elles ont plus d'une analogie, les affleurements des terrains s'arrêtent tous à la partie supérieure des terrains triasiques, formées par des gypses et des roches dolomitiques plus ou moins altérées. Il est singulier que les plissements, les failles et les érosions si considérables de cette région, aient si souvent atteint cette zone de gypse et de dolomie sans jamais la dépasser, tandis que la première des chaînes intérieures fait voir, à la limite même de notre région, des affleurements de terrain houiller et même des roches cristallines.

# CHAPITRE 1

## TERRAIN TRIASIQUE

Ce terrain est représenté par du gypse, des dolomies, des cargneules et des marnes vertes et rouges. Ces roches, toujours dépourvues de fossiles, sont inférieures au terrain rhétien (zone à *Avicula contorta*), auquel elles passent souvent par une transition insensible. Des observations, faites dans d'autres parties des Alpes, montrent qu'elles reposent sur des assises attribuées au terrain permien (Verrucano, calcaire de Röthi, etc.), et, à son défaut, directement sur le terrain carbonifère.

Les affleurements de gypse, de calcaire dolomitique et de cargneule apparaissent d'habitude parallèlement à la direction des chaînes, au centre des plis anticlinaux ou le long des failles qui les mettent dans bien des cas en contact avec le flysch. Cette circonstance, ajoutée à celle de la présence de ces mêmes roches dans les dépôts éocènes, rend leur classification souvent fort embarrassante et nous aurons à plus d'une reprise l'occasion de signaler des gisements incertains.

Les différentes formations du trias se trouvent habituellement dans l'ordre suivant, à partir des plus anciennes :

Gypse,

Calcaires et marnes dolomitiques et cargneules,

Marnes vertes et rouges.

Il est cependant rare de trouver tous ces terrains représentés dans la même localité; le plus souvent le gypse ou les roches dolomitiques seuls sont visibles, ces roches étant en même temps les plus caractéristiques et les plus faciles à constater.

Dans son étude sur l'infralias des Alpes vaudoises, M. Renevier regarde le gypse comme plus récent que la cargneule (*159*, p 4). Il semble que d'une manière générale, c'est plutôt l'inverse qui est vrai; car la cargneule et les calcaires dolomitiques sont presque toujours les seules roches qui affleurent le long des cassures ou des plis anticlinaux et on les trouve surmontés des couches rhétiennes ou liasiques. Ce n'est que lorsque les cassures et les érosions ont pénétré à une plus grande profondeur, que l'on voit affleurer le gypse. Cette manière de voir est en parfait accord avec les observations faites par M. Gilliéron dans la chaîne du Stockhorn et avec celles que MM. Alph. et E. Favre ont faites successivement dans les chaînes du Chablais. Il se peut du reste que la masse principale du gypse, étant inférieure à la cargneule, quelques couches ou lentilles du premier soient intercalées dans l'assise dolomitique ou lui soient même superposées. Mais cela ne concerne que la partie supérieure de la formation triasique, laquelle seule est à découvert. Il y a probablement sous le gypse encore d'autres roches appartenant au trias. M. Gilliéron a signalé, sous le gypse de la Wirtnerenfluh, une assise de 25 m. de dolomies et de marnes (*91*, p. 110).

Nous ne pouvons admettre la théorie par laquelle M. Chavannes cherche à expliquer la formation des gypses et des cargneules (*18-24, 29*). Ces roches, le gypse surtout, occupent une place parfaitement normale et assez constante dans la série des formations. Les nombreuses observations, faites sur les bords de quelques mers intérieures, et des réactions chimiques parfaitement connues, rendent très naturellement compte de leur mode de formation, sans qu'il soit nécessaire d'avoir recours à la théorie du métamorphisme.

## I. Gypse.

Ce gypse affleurant au centre des plis anticlinaux ou le long des failles, nous n'avons pu nulle part en constater l'épaisseur qui paraît être considérable. Il est du reste très probable que cette roche ne forme pas un dépôt continu, mais plutôt de grandes lentilles ; l'épaisseur en doit donc être très variable.

Le gypse triasique a toujours un aspect franchement sédimentaire. Il est formé de nombreux feuillets, dont la teinte varie du blanc au gris foncé, suivant l'abondance de l'élément marneux qui revêt leur surface et indique nettement la stratification. Sur la tranche, un banc de gypse se montre formé de nombreuses couches minces de gypse plus pur, blanc ou gris clair, séparées par des petites intercalations de gypse plus ou moins mélangé de matière marneuse. Mais on n'y trouve pas ces fragments de schiste, de grès, de calcaires, etc , qui remplissent si souvent les gypses éocènes. C'est là un caractère distinctif qui paraît présenter assez de sécurité.

*Gisements.* Il existe un petit affleurement de gypse dans la **chaîne du Moléson,** au pied N.-O. de cette montagne, au-dessous du chalet du Gros-Plané ; il occupe là le centre d'une voûte et il est recouvert par de la cargneule et des marnes vertes plongeant normalement sous les couches liasiques. L'âge de ce gisement est donc mis hors de doute et peut servir à déterminer d'une manière précise celui du dépôt de gypse de Pringy qui est sur son prolongement septentrional (feuille XII) et au sujet duquel M. Gilliéron a exprimé des doutes (*91*, 105).

La **chaîne des Verreaux** ne laisse affleurer que la cargneule ; le gypse ne se montre nulle part.

Dans la **chaîne du Mont-Cray,** laquelle s'étend depuis la Dent de Brenleyre jusqu'au Mont-Arvel, ce n'est que dans la partie méridionale, au bord de la vallée du Rhône, que l'une des voûtes de cette chaîne est assez profondément entamée pour laisser apparaître le gypse. Celui-ci présente des affleurements à la sortie de la vallée de la Tinière à l'est de Villeneuve, où il est exploité depuis longtemps. Il se trouve entièrement sur la rive gauche de la Tinière, et malgré l'incertitude résultant de la présence de nombreux éboulis et de dépôts glaciaires, on peut constater que ce terrain est bordé au N. et au S. par des calcaires dolomitiques, de la cargneule et des couches de marnes dolomitiques verdâtres.

Assez étendu dans la partie inférieure de la vallée, où la voûte est largement ouverte, l'affleurement du gypse se rétrécit graduellement en remontant la vallée, jusqu'à disparaître complètement, à mesure que la voûte se referme. M. Renevier a donné une coupe différente de cette localité. Il regarde la cargneule comme la roche la plus ancienne, recouverte par le gypse (*159*, p. 4). Mais nous avons constaté que le gypse est séparé du terrain rhétien par des dolomies et de la cargneule.

Ce dépôt de gypse disparaît sous les alluvions de la plaine du Rhône et du cône torrentiel du Pissot; mais une source sulfureuse, au pied du Mont-Arvel, en indique le prolongement.

Ce gypse est gris-clair, d'une structure finement cristalline; sa stratification est rendue très nette par des zones alternativement plus claires et plus foncées, passant tantôt les unes aux autres ou restant tout à fait distinctes. Il semble formé d'une multitude de minces feuillets, séparés par des traînées de marne dolomitique grise qui apparaissent et disparaissent sans dépasser de beaucoup un millimètre d'épaisseur. De gros fragments y font défaut.

La chaîne des **Tours d'Aï** présente un gisement très étendu de gypse au nord d'Yvorne, dans une position semblable au précédent. Il occupe le centre d'une voûte largement ouverte au S.-E. Le terrain glaciaire, l'éboulement d'Yvorne et les cultures en masquent les limites. Il se montre par-ci par-là dans les ravins et sur la route d'Yvorne à Corbeyrier. Comme l'a indiqué M. Renevier, les entonnoirs visibles à la surface du sol, aux environs de Champriond, de Beauveau et de la Praille, marquent le prolongement invisible de ce terrain. Il s'appuie à l'ouest contre la cargneule; M. Renevier pense que les formations sont ici en superposition normale. Plus loin, il disparaît sous les alluvions de la vallée du Rhône.

On n'a jamais exploité, ni trouvé de sel gemme dans le gypse triasique de cette chaîne, comme le pourraient faire croire les anciennes salines de Roche. On évaporait là de l'eau salée des sources de Panex, Chamossaire, etc., de même qu'aux anciennes salines d'Aigle. M. Wild, en 1788, proposait déjà de les réunir avec celles de Bex, pour réduire le nombre du personnel. C'est probablement la facilité d'obtenir du bois de combustion qui a déterminé l'établissement de ces salines à la sortie de la vallée de l'Eau-froide (*206*, p. 250).

## II. Roches dolomitiques.

Calcaires et marnes dolomitiques et cargneule.

De toutes ces roches, c'est la *cargneule* qui passe pour en être la plus répandue; beaucoup de géologues, en parlant des terrains triasiques des Alpes, ne citent que la cargneule et le gypse. Or, ce dernier manquant très souvent, c'est la cargneule qui est le représentant habituel du trias. Cette manière de voir est devenue peu à peu si générale que le mot *cargneule* a pris un sens presque synonyme de trias. On a même proposé de se servir de cette roche comme point de départ dans les recherches stratigraphiques. La cargneule est loin de mériter une telle confiance; malgré son aspect bien caractéristique, elle n'occupe pas toujours le même niveau et s'en servir dans le sens indiqué, serait s'exposer à commettre les erreurs les plus regrettables, ce qui est même arrivé à plus d'une reprise. Nous verrons par la suite quelles sont les raisons qui motivent ces réserves.

Contrairement à une opinion généralement admise, la cargneule n'est pas la roche triasique la plus répandue.

Les roches formant à elles seules presque toute la partie supérieure des terrains, qui viennent en dessous du rhétien, sont des bancs de *calcaire magnésien*, alternant avec des marnes friables, dolomitiques, les deux de couleur blanchâtre, grise ou jaunâtre (*182*).

A la surface du sol, sur les pentes des montagnes, dans les affleurements apparaissant au milieu du gazon, d'une forêt, etc., et parmi les roches éboulées, c'est bien la *cargneule* que l'on rencontre presque invariablement, comme seul représentant des roches triasiques. Mais aussitôt qu'une tranchée, un ravin ou gorge profonde, entame la surface du sol, on verra la cargneule disparaître et être remplacée par des bancs de calcaire dolomitique avec d'épaisses couches de marne friable. La grande épaisseur de ces bancs à Montreux et au mont Cubli, à l'Alliaz, dans la vallée de la Tinière et sur bien d'autres points, est plus qu'éloquente. La cargneule est une roche superficielle; dans la profondeur elle passe à des roches dolomitiques compactes et homogènes.

Examinons maintenant quelles sont les relations qui existent entre la cargneule et les roches dolomitiques homogènes qui apparaissent avec elle en dessous du terrain rhétien, entre celui-ci et le gypse.

La nature de la cargneule varie énormément. Le nom de *dolomie cloisonnée* indique qu'elle est irrégulièrement traversée de cloisons; celui de *dolomie celluleuse* dit que ces chambres sont souvent vides; enfin, la cargneule est encore classée généralement parmi *les brèches*.

La vraie cargneule est une *brèche dolomitique*, formée de fragments polyédriques de dolomie ordinairement friable et séparés par des cloisons plus dures, d'une composition bien plus calcaire. A la surface et même jusqu'à 10-15 cm. au-dessous, la cargneule est presque toujours vacuolaire; les chambres ou cellules polyédriques sont vides ou ne renferment qu'un peu de poussière grise ou jaunâtre, reste du fragment de roche dolomitique qui y était contenu. Il y a donc deux choses à distinguer : Les fragments d'une roche friable, de composition chimique assez semblable à la dolomie, et les cloisons qui les séparent, formées d'un calcaire magnésien. La structure de celui-ci est souvent homogène, mais très souvent finement cristalline et comme stalactique. Dans la cargneule vacuolaire, les parois de chambre sont de plus tapissées d'une couche de petits cristaux rhomboédriques de dolomie. Nous avons donc affaire à des effets d'infiltration, ce qui démontre tout d'abord que la variété vacuolaire est une modification de la cargneule bréchiforme, due à la dissolution des fragments de dolomie enfermés dans la masse plus calcaire. Ces fragments excessivement friables, à formes anguleuses, montrent bien qu'ils ne sont plus dans leur état primitif, dur et résistant. Lorsque la décomposition est incomplète, il reste souvent dans les creux, laissés par les fragments dolomitiques, une matière pulvérulente dont la composition est, d'après de nombreuses analyses, très voisine de celle de la dolomie.

Le mode de formation de la cargneule est encore très problématique. On s'est ordinairement contenté de dire qu'elle était une modification de la dolomie, puisqu'elle est presque toujours accompagnée de cette roche. Le plus embarrassant est sans contredit le fait que l'on n'a jamais encore pu surprendre la cargneule en voie de formation dans les dépôts récents, comme cela a été le cas pour les formations gypseuses et l'anhydrite, ainsi que pour certains dépôts récents de dolomie.

La cargneule bréchiforme doit dériver de la dolomie décomposée en fragments; ceux-ci ont été agglomérés et mélangés parfois avec des fragments d'autres roches qui prédominent plus ou moins. Il s'agit maintenant de savoir, si cette désagrégation de la dolomie et la recimentation des fragments, ont eu lieu au fond des eaux; ou bien pendant le redressement des

couches, ou encore plus récemment ? Pour certaines cargneules-brèches
éocènes le premier mode de formation paraît évident, vu la stratification
quelquefois très manifeste. Quant aux cargneules triasiques, qui nous occupent seules pour le moment, il y a des raisons pour admettre que dans beaucoup de cas la structure bréchiforme et l'aspect vacuolaire, qui n'est qu'une
nouvelle altération de la première, sont des modifications *in loco* de la
dolomie ; modifications qui se sont produites, non sous l'action d'un agent
métamorphique particulier, mais uniquement sous l'influence de la pression
mécanique d'abord, et de l'action dissolvante des eaux d'infiltration ensuite.

On peut remarquer, en effet, que chez quelques variétés de cargneule triasique, affleurant le long des zones de dislocation, les fragments de dolomie
qui composent cette brèche sont placées non pêle-mêle, comme c'est le cas
pour les brèches qui se sont formées dans l'eau ou à l'air, mais de façon que
les fragments paraissent à peine déplacés de leur position primitive. Ces cargneules ressemblent à un terrain légèrement fendillé dans plusieurs sens,
chez lequel les fragments auraient été recimentés, après avoir fait de très
minimes déplacements.

D'où pouvait bien provenir ce fendillement, si ce n'est de la pression. La
preuve la plus évidente ressort de ce que bien souvent on peut remarquer que
les formes des fragments cimentés sont tout à fait conformes à celles qui
doivent se présenter dans une roche fendillée par des leptoclases et désagrégée
ensuite. Cette observation peut se faire à Villeneuve, dans la gorge de la
Tinière, où, à côté de cargneule montrant la texture décrite, on peut voir de
la dolomie, fendillée seulement, de la manière la plus évidente, par des réseaux
de leptoclases et dont la conséquence sera, au moment de l'action de l'eau,
ou d'un mouvement insignifiant du banc, une décomposition en fragments
polyédriques. Ceux-ci pourront se recimenter sous l'influence des eaux d'infiltration renfermant de l'acide carbonique.

Ce mode de formation de certaines cargneules, par suite d'une modification
sur place de la dolomie, paraît d'autant plus probable qu'elle fournit la réponse
toute naturelle à deux questions également embarrassantes.

D'abord elle explique pourquoi les fragments de dolomie sont devenus
friables et le sont toujours, où que l'on observe la cargneule triasique. Cela

ne peut en être autrement, puisque ces fragments désagrégés de dolomie et de calcaire ou marne dolomitique ont dû subir, pour être recimentés, l'action d'une eau dissolvante qui leur enlevait une partie intégrante, le carbonate de chaux, en ménageant davantage le carbonate double de chaux et de magnésie; c'est pour cette raison que les fragments friables renfermés dans les cargneules, sont d'une composition très voisine de celle de la dolomie; tandis que les cloisons, résultant de la partie dissoute, sont plutôt calcaires ou de calcaire magnésien. L'origine de la cargneule cloisonnée qui devrait plutôt s'appeler *calcaire magnésien cloisonné*, et celle de la dolomie pulvérulente qui remplit souvent les vacuoles, s'expliquent ainsi facilement. Il faut remarquer en outre que dans la cargneule cloisonnée on constate souvent très nettement, dans trois directions différentes, le parallélisme des cloisons, ce qui ajoute encore une preuve en faveur de l'origine que nous venons de leur supposer.

En second lieu il n'est pas difficile de comprendre pourquoi les cargneules, telles que nous venons de les définir, se trouvent surtout sur les zones de grande dislocation et que leur extension est souvent très limitée. Il est néanmoins probable que dans bien des cas les cargneules ne se trouvent non seulement à la surface, mais s'étendent à une grande profondeur. La théorie invoquée pour expliquer leur formation ne s'y oppose nullement, d'autant plus que c'est de cette même façon, par l'action d'eaux dissolvantes, qu'ont disparu dans de nombreux terrains les coquilles de la plupart des fossiles. La présence de l'eau dite de carrière, qui se meut sous l'action puissante de la capillarité dans les roches même les plus compactes, peut expliquer ce fait, et, à plus forte raison, ce phénomène doit-il se présenter, avec plus d'intensité encore, dans des roches déjà friables et fendillées dès l'origine, telles que les dolomies du trias.

L'absence, parmi les formations actuelles, de cargneules appartenant au type propre au trias des Alpes, s'explique donc par la circonstance que la structure bréchiforme de celles-ci paraît être due à une modification postérieure à la sédimentation et simultanée au redressement lent des couches.

A la surface des affleurements, où les cargneules se sont souvent complètement décomposées en menus débris, ceux-ci sont fréquemment recimentés et forment une brèche, tout à fait semblable à la cargneule en place, que même l'œil le plus exercé ne pourrait facilement distinguer de la roche qui l'a engendrée. Cette cargneule, alors évidemment postérieure à la dénudation de l'affleurement, renferme toujours des fragments de roche du voisinage immédiat; ainsi à Villeneuve, où elle est très visible, elle est entremêlée de débris d'une marne verte affleurant justement à côté d'elle.

Dans l'un comme dans l'autre de ces cas, les cargneules sont des roches de formation postérieure à l'émersion des couches. Mais il ne serait pas bon de les séparer de la roche qui les a engendrées.

L'épaisseur des assises de cargneule est très variable, et souvent difficile à déterminer, d'autant plus que généralement les cargneules et les dolomies du trias affleurent dans des dépressions, où, grâce à leur nature friable, le terrain n'est que très peu à découvert. Sur quelques points, l'épaisseur d'un seul amas de cargneule peut atteindre 20 à 30 m.

Dans le voisinage, et à la partie supérieure de la cargneule, se rencontre souvent une certaine épaisseur de dolomie non altérée, de couleur claire, blanche ou jaunâtre, atteignant de 5-10 m.; elle alterne quelquefois avec de petits bancs de marne rouge ou verdâtre.

Cette *marne rouge* prend souvent un développement plus considérable et se trouve associée à la cargneule ou au gypse; elle est rare cependant dans notre région au N.-E. du Léman. Au pied du Moléson, dans le voisinage du Chalet du *Gros-Plané*, elle forme un horizon distinct, quoique peu épais, supérieur à la cargneule. Dans le Bas-Valais et le Chablais, elle forme à ce même niveau un horizon beaucoup plus constant. Cet horizon supérieur du trias, ainsi constitué de cargneule et de dolomie, présente dans cette région de nombreux et importants affleurements qui sont en connexion intime avec les grands traits de la géologie de ces montagnes.

*Gisements.* Le trias manque dans la première chaîne, celle du Niremont. Celle-ci est séparée de la **chaîne du Moléson** par une faille très considérable qui a mis en contact le terrain sédimentaire le plus récent de la première chaîne, le flysch éocène, avec le lias, le rhétien et le trias de la chaîne suivante. Une zone presque continue de cargneule et de dolomie, marque à l'est du Niremont la direction de cette faille; elle forme un relief plus ou moins accentué au contact du flysch et s'étend, à partir des environs d'Épagny, vers le S.-E., jusque près des chalets de Cuvigne; elle disparaît par place, mais se montre de nouveau aux Rachevys, à la Cagne, au bord de la Veveyse de Fégire, au col de l'Alliaz. La source sulfureuse des bains de l'Alliaz indique la continuation de cette zone qui disparaît sous les accumulations de terrain glaciaire, réapparaît au pied du mont Cubli sur Charnex et vient se terminer à Montreux même où on l'observe encore dans le lit du torrent de la Baye.

Au *col de l'Alliaz*, on voit très nettement le voisinage d'une série de bancs de dolomie jaunâtre et de la cargneule cloisonnée ou bréchiforme. Au-dessus de la dolomie il y a, à une faible distance, avec le même plongement, du terrain liasique, dont le contact avec la dolomie est cependant masqué par la végétation.

La cargneule de cette localité montre avec une netteté extrême le parallélisme des cloisons séparant les fragments de dolomie pulvérulente. Les échantillons que nous y avons recueillis en place, sont plus éloquents que des pages de description; leur mode de formation, dans le sens expliqué plus haut, saute littéralement aux yeux.

Une deuxième série d'affleurements triasiques marque un pli anticlinal séparé de la zone précédente par un pli synclinal. Cette bande de cargneule commence dans la vallée de la Sarine à Enney et se poursuit vers le S.-E., en passant entre le Moléson et l'arête des Verreaux. Elle n'est pas continue et disparaît par places, quand la voûte se referme, sous les couches rhétiennes ou liasiques. Elle se montre aux environs d'Enney, aux Crosets, au petit Moléson, au grand Mologi, au Pralet, à la petite Bonnavaux sur le Mont-Folly et paraît avoir sa continuation dans une bande très large de cargneule et de dolomie affleurant au milieu du lias au pied du Mont-Cubli sur la nouvelle route des Avants. Il y a au **Mont-Cubli** deux zones de roches dolomitiques : l'une, la supérieure, se montre en dessous du rhétien sur la nouvelle route des Avants, au-dessus de Charnex, près de la maison d'*En Bornon*. Elle a une grande épaisseur et la coupe en est très nette. Il y a d'abord un amas confus de cargneule, puis des alternances nombreuses de calcaires et de marnes dolomitiques grises ou jaunâtres, tantôt compactes, tantôt friables et décomposées.

Voici ce que nous avons constaté à partir d'une maison placée à l'angle de la route et d'un chemin qui descend dans la direction de Sonzier : on *remonte* la série des couches.

A 50 mètres environ en amont de la dite maison, affleure pour la première fois la cargneule ; c'est une masse considérable sortant d'en dessous des graviers erratiques et que la route coupe en écharpe. Sa structure est confuse, sans stratification apparente : on dirait une nappe d'éboulement, cimentée par des infiltrations. Quelquefois même on prendrait volontiers cette roche pour du tuf ; il n'est toutefois pas difficile de l'en séparer. Cet affleurement a environ 50 m. de longueur ; la roche est toujours confuse, pas franchement vacuolaire ; vers le milieu seulement on trouve de la cargneule typique. Tout fait croire à une forte décomposition à la surface, au contact avec l'erratique. C'est alors une roche bréchiforme jaune-roux, comme tout le reste ; couleur qui indique encore l'action oxydante des agents atmosphériques. D'autres fois, c'est une roche vacuolaire, à cloisons formant des systèmes parallèles, qui s'entrecroisent suivant des angles variables.

En s'approchant des bancs régulièrement stratifiés qui succèdent bientôt à la cargneule en amas confus, on voit apparaître au milieu de la roche des lits contournés et disjoints de dolomie plus dure. Après un nouveau massif de cargneule bréchiforme et celluleuse, on trouve un lit irrégulier de dolomie blanchâtre, pulvérulente, identique à la roche qui remplit les vacuoles de la cargneule bréchiforme. Une nouvelle masse de cargneule jaune et rousse, épaisse de 40 m., lui succède, et, vers la borne nº 259, commencent les couches régulières de dolomies et de calcaires dolomitiques. A proximité de ceux-ci, la cargneule confuse est traversée de veines irrégulières d'argile gris-bleuâtre, lesquelles se contournent et se ramifient dans l'intérieur de la roche dolomitique, comme si la masse argileuse avait été pressée dans des fissures de celle-là.

Nous avons mesuré à partir de la borne 259 :

1. *Couche terreuse,* gris-verdâtre, . . . . . . . . . . . . . . . . . . . . . . . . . . . . . . 0 à 0,30$^m$
2. *Cargneule jaune,* cloisonnée à angles constants . . . . . . . . . . . . . . . . . . . 1,80
3. *Délit marneux* . . . . . . . . . . . . . . . . . . . . . . . . . . . . . . . . . . . . . . 0,05
4. *Cargneule jaune-grisâtre,* cloisonnée . . . . . . . . . . . . . . . . . . . . . . . . . 0,60
5. *Délit pulvérulent* . . . . . . . . . . . . . . . . . . . . . . . . . . . . . . . . . . . . 0,02

6. *Dolomie gris clair*, fendillée et pulvérulente .......................... 0,70
7. *Calcaire dolomitique* plus doux, jaune et altéré à l'extérieur, traversé de fines
     cloisons ............................................................ 0,30
8. *Délit* de marne gris ardoise........................................... 0,02
9. *Dolomie* plus dure passant à de la cargneule ......................... 0,70
10. Couche *marno-terreuse*, grise ou jaune ............................. 0,10
11. *Calcaire dolomitique*, dur et jaune, passant à de la cargneule spongieuse grise;
     poussière jaune dans les vacuoles ................................. 0,50
12. *Cargneule jaune*, grossière, confuse ............................... 1,50
13. *Dolomie blanche* fendillée, peu pulvérulente et presque dure............... 0,80
14. *Calcaire dolomitique* dur, gris cendré fendillé ........................ 0,50
     *Délit.*
15. *Calcaire compact* gris cendré ou jaune clair, fendillé................... 0,30
16. *Dolomie* fendillée jaune claire et dure............................... 0,50
17. *Dolomie blanchâtre* peu dure en plusieurs couches irrégulières, peu épaisse
     et fendillée...................................................... 2,50
18. *Couche marno-schisteuse*, grise ou jaune verdâtre ................... 0,30
19. *Calcaire dolomitique* blanchâtre, fendillé et décomposé ................. 0,60
20. Deux bancs de *calcaire dolomitique* avec deux délits ou intercalations marno-
     schisteuses verdâtres............................................. 0,50
21. *Calcaire dolomitique* compact, homogène, gris......................... 0,60
22. Huit bancs de 0,30ᵐ à 0,50ᵐ de *calcaire dolomitique* dur, blanchâtre ou gris,
     séparés par des délits bien marqués ............................... 3,50
23. *Dolomie blanche* friable, quelquefois jaune imparfaitement visible........... 1,50
24. *Calcaire dolomitique* compact gris.................................... 0,50
25. *Calcaire dolomitique* gris ........................................... 0,40
26. Cinq bancs de *calcaire dolomitique gris* compact, séparés par des délits mar-
     neux peu épais. La roche est fendillée vers le haut ................... 2,10
27. *Calcaire dolomitique* gris, plus ou moins dur et fendillé................. 3,00
28. *Marne* feuilletée grise ............................................. 0,05
29. *Dolomie jaunâtre* ou grise, friable, fendillée........................... 0,80
30. *Calcaire dolomitique* en bancs peu épais et fendillés................... 1,50
31. *Dolomie terreuse*, fine, décomposée, grise............................ 0,60
32. *Calcaire dolomitique* compact. gris................................... 0,50
     *Délit.*
33. *Calcaire dolomitique*, en bancs réguliers, gris ou jaunâtre, très fendillé, avec
     quelques bancs plus durs au milieu................................ 3,50
34. *Calcaire dolomitique* gris clair, fendillé et se brisant en fragments parallé-

lipipèdes. Ce banc est très visible . . . . . . . . . . . . . . . . . . . . . . . . . . . . . 0,70
    Délit.
35. *Calcaire dolomitique* très dur, gris foncé . . . . . . . . . . . . . . . . . . . . . . . . 0,28
36. *Calcaire dolomitique* gris clair, en bancs de $0,30^m$ à $0,50^m$ d'épaisseur, séparés par des délits marneux plus ou moins apparents. Il y a 16 à 17 de ces bancs . . . . . . . . . . . . . . . . . . . . . . . . . . . . . . . . . . . . . . 7,00
37. *Marne friable*, grise et schisteuse d'abord, puis *jaune* et grumeleuse, enfin *verte et rouge panachée* plus loin et jaune en dessus . . . . . . . . . . . . . . . 1,50
38. *Calcaire dolomitique*, gris et compact . . . . . . . . . . . . . . . . . . . . . . . . . . 1,60
39. *Marne* invisible, cachée par l'erratique . . . . . . . . . . . . . . . . . . . . . . . 0,70-1
40. *Banc de calcaire dolomitique* gris compact . . . . . . . . . . . . . . . . . . . . . . . ?

A une faible distance de ce point qui se trouve près d'une rigole, après une interruption masquée par l'erratique, viennent les marnes schisteuses et les bancs de calcaires lumachelliques de l'étage rhétien. (Voir la coupe de ce terrain dans le chapitre suivant et Pl. IV, fig. 5, à gauche.)

Ces couches atteignent donc un total de plus de 40 m., sans compter l'épaisseur de la cargneule, qui est à peu près égale, mais on ne peut pas considérer celle-ci comme de la roche en place. En estimant les couches en place à 60 mètres, nous ne devons pas être bien loin de la réalité.

La plupart de ces bancs de calcaire dolomitique sont fortement fendillés et décomposés. Ils sont toujours plus clairs à l'extérieur qu'en dedans; sur la cassure fraîche leur aspect extérieur est presque blanchâtre.

Les dénominations de *dolomie* et de *calcaire dolomitique* sont sans doute sujettes à vérification par l'analyse chimique[1]. En attendant, elles seront toujours appuyées par quelques analyses, faites précédemment et par le fait connu que la plupart de ces roches gris clair qui blanchissent à l'air et se décomposent facilement sous l'action des agents atmosphériques, sont riches en magnésie. Plusieurs essais qualitatifs ont accusé une forte teneur en magnésie dans ces calcaires blancs.

Plus bas sur le flanc du Mont-Cubli, au bord de la route entre Chambly et

---

[1] J'ai recueilli de presque toutes ces couches des échantillons que j'ai numérotés pendant le lever de cette coupe. Je me propose d'en faire le dosage de la chaux et de la magnésie, résultats que j'espère faire connaître par la suite. — H. Schardt.

Chaulin, on trouve *en dessous* du *lias supérieur*, un banc de cargneule jaune, épais de 10 m., confusément stratifié et appartenant aux variétés bréchiforme et vacuolaire. Elle paraît très décomposée. Une marne dolomitique grise et décomposée, épaisse de 4 m., vient en dessous et un nouveau banc de cargneule, identique au premier, lui succède, reposant en concordance sur les schistes, grès et marnes du flysch, ainsi que le montre le croquis, fig. 6, Pl. IV, dont l'explication se trouve dans le chapitre XI.

Nous ne sommes pas en état de juger si les bancs sont vraiment de même âge que ceux que nous venons d'examiner plus haut. Leur stratification en trois lits distincts est parfaitement concordante avec le lias d'une part et avec le flysch de l'autre; rien n'autorise ici à les ranger dans le trias et pourtant, c'est très certainement la suite de la bande qui se poursuit le long de la faille entre la première chaîne et la seconde, presque sans interruption depuis Blumenstein au bord du lac de Thoune, jusqu'au bord du Léman ; en effet, il y a encore un affleurement de cargneule dans le ravin des Vaux de Charnex, laquelle appartient sans doute encore à cette zone de roches dolomitiques.

Cette bande de cargneule et de dolomie se poursuit encore au delà de la dépression du Léman, en Savoie jusqu'à la vallée de l'Arve. Les bords de la Dranse et le pied de la montagne d'Armone dans le Chablais, les environs de Boëge, montrent encore le flysch en contact avec la cargneule et celle-ci avec le lias.

Cette faille est donc évidente ; mais l'âge de la cargneule est quelquefois douteux comme dans le présent cas où elle est surmontée du lias supérieur. Toutefois il est certain qu'ici nous avons affaire à la conséquence d'une dislocation très compliquée, peut-être un effondrement ou grand affaissement du lias, ce qui permet toujours de supposer à cette roche dolomitique un âge triasique, d'autant plus qu'elle ne ressemble pas à la cargneule éocène. Le contact avec le lias supérieur est toujours une énigme difficile à s'expliquer, car on l'observe encore sur d'autres points, dans le voisinage du Moléson par exemple.

La zone supérieure de calcaires et marnes dolomitiques se poursuit en dessous du chalet Blumenthal et passe au-dessus du hameau de Pallens pour

aboutir au village de **Montreux.** Le pont qui traverse le torrent de la Baye
est bâti sur les puissants bancs de calcaire dolomitique. Les dolomies plus
friables qui interrompent ceux-ci, sont souvent fragmentées et leurs débris
recimentés en forme de brèche peu dure, laquelle n'est autre chose que la
cargneule ! Cette observation peut fort bien se faire en arrière du pont et
au delà de la Baye au pied du rocher qui s'élève en amont des moulins.
On peut suivre ici, pas à pas, le passage de la roche homogène, légèrement
friable et fendillée, puis fragmentée et enfin bréchiforme, à l'état de cargneule.
Il semble que ce sont surtout les roches dolomitiques les moins compactes
qui se prêtent le mieux à la transformation en cargneule. Ici, c'est donc bien
la formation sur place de la cargneule que nous observons ; tandis que les
amas de cargneule, comparables à des nappes d'éboulement, sont effectivement des roches dolomitiques éboulées, mais restées sur la dolomie même,
ou à son pied ; on y trouve alors des roches de diverses couleurs et degrés de
dureté. L'épaisseur de la zone dolomitique du pont de Montreux est tout à fait
conforme à l'épaisseur de ces couches sur la route des Avants ; on peut l'estimer à 60 m.

Des affleurements isolés de cargneule et de roches dolomitiques se trouvent,
l'un au-dessus de Veytaux, c'est peut-être la suite de la zone de Cubly-
Montreux ; l'autre en dessous des Gresaleys au pied de la pointe de Paccot.

Les dolomies et calcaires dolomitiques atteignent un développement incomparablement plus grand, dans la profonde vallée d'érosion de **la Tinière**
sur Villeneuve. Ces bancs forment tout le fond de cette vallée depuis les maisons du Crêt où s'arrête le sommet du cône de déjection du torrent, jusqu'au
pied du col de Chaudes, sur une longueur d'environ 5 kilomètres. Leur épaisseur est très grande et très probablement supérieure à celle des couches semblables du Mont-Cubli.

La série de ces roches est conforme à la coupe que nous connaissons ; leur
nature ne diffère en rien de ce que nous avons vu. Les alternances de bancs
de calcaire compact dolomitique, blancs à l'extérieur, gris en dedans, avec des
lits de marnes dolomitiques friables ou fendillées, se succèdent régulièrement.
On les voit au-dessus du Plan-Caudray, aux contours de la route, et, de distance en distance, plus haut sur le chemin du col de Chaudes. Sur la rive

gauche les couches peu inclinées forment, au milieu de la forêt, des escarpements bien reconnaissables à la couleur claire de leur surface; elles sont au contraire presque verticales au pied du flanc opposé de la vallée. Près du Crêt, on peut observer le passage insensible et graduel des marnes dolomitiques à la vraie cargneule bréchiforme; fait que nous avons déjà mentionné. Des masses considérables de dolomie disloquée, éboulée et décomposée, ont engendré de grands amas de cargneule sur les bords de la Tinière; cette roche est cependant moins répandue que pourrait le faire supposer le grand développement des couches dolomitiques (marnes et calcaires). On observe aussi çà et là des bancs de dolomie devenue cargneule au milieu des bancs compacts et homogènes du calcaire dolomitique.

A la partie supérieure de la formation, on observe entre les couches rhétiennes à *Avicula contorta* (Bone-bed) et les calcaires et marnes dolomitiques, des marnes verdâtres et bleuâtres, quelquefois un peu panachées de rouge. On voit ces couches à l'entrée de la carrière du Crêt et on en trouve des débris *dans la cargneule;* preuve que celle-ci est postérieure à ces marnes qui sont surmontées immédiatement par le rhétien !

La suite vers le N.-E. des affleurements de la vallée de la Tinière, se retrouve d'abord dans la cluse de la Sarine à Rossinière; gisement sur lequel nous n'avons pas encore pu recueillir des renseignements aussi complets que sur les précédents. Plus au N.-E., le pied N.-O. de la chaîne du Mont-Cray fait voir une longue bande, souvent interrompue, de cargneule et de roches dolomitiques affleurant en dessous du lias inférieur. Il est probable que là aussi la cargneule accompagne des roches dolomitiques. Nous en avons constaté la présence dans la Cluse de la Sarine et il serait étrange qu'il n'en fût pas ainsi partout. Des recherches ultérieures pourront éclaircir ce point.

La **chaîne des Tours d'Aï** fait aussi voir au centre de sa gigantesque voûte, coupée par la vallée du Rhône, la cargneule formant un dépôt important en dessous des couches du rhétien. Au-dessus d'Yvorne elle plonge au N. et à l'E. Plus à l'ouest une faille locale met ce terrain en contact avec le terrain jurassique, sur lequel la cargneule est renversée.

# CHAPITRE II

## TERRAIN RHÉTIEN

La découverte de cet horizon qui renferme les plus anciens restes d'animaux marins des Alpes vaudoises est due à M. le docteur Chausson, à Villeneuve, en 1858. M. le professeur Renevier, aidé de plusieurs explorateurs, recueillit, durant les années suivantes, un grand nombre de fossiles dans les gisements des environs de Villeneuve, d'Aigle, de Montreux, etc., et, en 1864, il fit connaître l'importance de cette faune dans sa notice sur l'Infralias et la zone à *Avicula contorta ;* cet auteur y établit avec toute évidence le parallélisme entre ce terrain et la zone à *Avicula contorta* ou *couches de Kœssen* de l'Autriche, qui sont le correspondant du *Bone-Bed* d'Angleterre. (*157, 159, 163.*)

Comme il est dit dans ce travail (*159*), on peut constater dans plus d'un gisement le passage des couches triasiques au rhétien. Celui-ci est formé par des alternances de calcaire gris foncé et de marne feuilletée. Le calcaire de la base est souvent un peu dolomitique et présente parfois une teinte jaunâtre. Les bancs en sont peu épais et séparés par des marnes feuilletées, foncées. Plusieurs couches sont remplies de fossiles et forment alors une vraie lumachelle. A mesure qu'on s'élève dans la série, les lits calcaires sont plus épais et plus espacés et les marnes feuilletées prennent plus de développement.

Les couches fossilifères du rhétien n'ont pas ordinairement une grande épaisseur. Mais il s'y ajoute vers le bas de nombreuses assises de calcaires sans fossiles qui forment la transition aux dolomies. Ces calcaires sont toujours plus ou moins magnésiens et prennent une teinte gris jaunâtre à l'extérieur. Ils passent aux vrais calcaires dolomitiques gris clair et produisent comme ceux-ci de la cargneule.

Les couches fossilifères du rhétien jouent ainsi, à cause de leur nature marneuse et leur faible épaisseur, un rôle orographique peu apparent. Leurs affleurements sont aussi très limités. Rien n'est plus facile par contre que de constater la présence de ce terrain. Le moindre morceau du calcaire lumachellique suffit pour en reconnaître l'âge. Les fossiles les plus caractéristiques, l'*Avicula contorta* et surtout les valves de *Placunopsis alpina* (*Pl. Schafhäutli*), si faciles à reconnaître, n'y manquent presque jamais!

Vers le haut, l'étage rhétien passe, par transition insensible, aux couches de l'infralias, avec lequel il a une grande analogie de facies et de faune. Ces deux terrains se rencontrent rarement l'un sans l'autre et, pour notre région, ils ne devraient pas être classés dans deux groupes différents.

Il n'y a pas de différence plus marquée entre le rhétien et l'hettangien qu'il y en a entre ce dernier et le lias proprement dit. Les deux étages sont intimement liés au système liasique. Seulement, les couches les plus inférieures du rhétien forment une légère transition aux bancs dolomitiques non fossilifères du trias. S'il s'agissait pour notre région de tracer une limite rationnelle entre le lias et le trias, il faudrait la placer *au-dessous* du rhétien, à cause de l'analogie évidente de cet étage avec le lias.

Dans la carte, les couches rhétiennes sont marquées par une teinte rouge brique, pour les distinguer des assises liasiques. Dans cette même teinte est comprise aussi une bonne partie des calcaires dolomitiques de la base, à l'exception des cargneules ; séparation qui n'a cependant pas toujours pu se faire très exactement.

On a souvent réuni au rhétien les bancs de calcaire noir cristallin et siliceux du lias, parce que dans le massif du Moléson ils sont souvent en contact avec la cargneule ; on verra plus loin pourquoi ces couches doivent être rangées dans le lias inférieur.

*Gisements.*

Il n'existe aucun affleurement de rhétien dans la première chaîne ; il se montre par contre sur plusieurs points de la zone suivante. On le trouve reposant sur la cargneule aux *Rachevys* au pied S.-O du **Moléson ;**

puis entre cette montagne et la Veveyse, dans le ravin *des Pueys*, où il forme une voûte repliée sur elle-même et rejetée au S.-E. Son affleurement est du reste très limité et n'est guère visible que dans le ravin même. Il y présente un facies qui ne se retrouve nulle part dans cette contrée. La série des couches qu'on y observe est, à partir des plus anciennes :

1. *Calcaire gris* en bancs épais, remplis de gros *Megalodon* dont la conservation est très imparfaite, mais dont les sections apparaissent nombreuses à la surface. Un de ces bancs, de couleur gris rouge, renferme beaucoup de Pentacrinus, probablement le *Pentacrinus bavaricus*, Winkl.

2. *Calcaire en bancs épais*, rempli de *polypiers* rameux qui se dessinent en blanc sur la couleur foncée de la roche.

3. *Calcaire lumachelle*, alternant avec des feuillets marneux et rempli de *Avicula contorta*, Park. et de *Terebratula gregaria*, Suess.

La zone de cargneule et de calcaires dolomitiques qui se poursuit au pied S.-E. du Moléson, est en général surmontée des terrains liasiques sans l'intermédiaire du rhétien. Il y a cependant un petit affleurement aux *Grevalets*, dont les couches sont très riches en *Terebratula gregaria*; on trouve en outre des alternances de marnes schisteuses et de bancs calcaires lumachelliques à *Avicula contorta* et *Placunopsis alpina*.

Plus au sud, sur la rive gauche de la petite Veveyse, près de l'affleurement de cargneule de la *Petite Bonnavaux*, a été trouvé un fragment de calcaire gris, pétri d'*Avicula contorta*, preuve que les couches rhétiennes ne doivent pas être loin ; elles présentent, en effet, tout près de là, dans un petit vallon, un affleurement en partie masqué par la végétation.

Près de **Montreux**, on cite le **rocher de Taulan** comme ayant fourni de nombreux fossiles rhétiens. Ce n'est pas au rocher même de Taulan qu'affleurent les couches rhétiennes; car le pied de celui-ci et même plusieurs bancs qui affleurent un peu en avant dans les vignes, appartiennent encore à l'hettangien. Les affleurements du rhétien, dans le voisinage du Sex de Taulan, sont limités exclusivement à de petits rocs qu'on observe fort bien, de loin déjà, dans les vignes en avant de ce rocher, jusque dans le fond du ravin de la Baye de Montreux. Ce sont eux, sans doute, qui ont fourni les fossiles de la collection de M. de Morlot, conservée au Musée de Lausanne ; d'après ce qu'en dit M. Renevier (*159,* p. 14), il semble que c'est aussi son opinion, puisque ni cet auteur, ni M. de Morlot, ne citent des fossiles des riches gisements que nous avons découverts à l'entrée de la gorge du Chauderon. M. de Morlot, en recueillant ses fossiles, n'avait pas eu soin de séparer les deux niveaux (rhétien et hettangien), très distincts d'ailleurs par leur nature pétrographique, et plus encore par leur situation ; l'étage hettangien étant au pied immédiat de l'escarpement de Taulan et le rhétien un peu en avant dans les vignes. M. Ooster (*123*) avait déterminé ces fossiles, au nombre de 30 espèces environ, comme appartenant plus ou moins probablement aux trois étages du lias. M. Renevier a reconnu qu'ils appartenaient, les uns, au terrain infraliasique ou étage *hettangien,* les autres à la *zone à Avicula contorta* ou *rhétien.*

Les couches rhétiennes sont bien mieux visibles en aval de Taulan, à l'entrée de la **gorge du Chauderon;** soit sur le sentier, en aval et en amont d'une maisonnette, bâtie sur un promontoire où le torrent fait un brusque contour ; soit au pied de ce promontoire même, dans le lit de la Baye. L'escarpement même du promontoire fournirait la plus belle coupe s'il y avait moyen de l'escalader jusqu'en haut. On y voit à peu près toute la série des couches rhétiennes, depuis la base jusque vers la limite de l'hettangien. La partie *inférieure* s'observe dans l'escarpement du promontoire, à partir du niveau du ruisseau ; dès qu'il devient inaccessible, on poursuit la coupe, soit sur le sentier qui suit l'arête du promontoire et conduit à la maisonnette, soit dans un petit couloir rapide qui descend un peu en amont de la maisonnette vers le fond du ravin de la Baye. On reprend la coupe de la partie *supérieure* du rhétien plus commodément sur le sentier même, d'abord en aval de la maisonnette, puis en amont de celle-ci, après avoir dépassé l'angle convexe du sentier et repris la série des couches en se servant d'un point de repère facile à trouver.

Il est aisé de distinguer dans les couches rhétiennes deux niveaux ; l'inférieur est formé d'alternances nombreuses de calcaires très durs, foncés, souvent *lumachelliques,* avec des marnes schisteuses d'un gris également foncé, quelquefois presque noir. Ces marnes qui, vers le bas, prédominent sur les bancs calcaires, n'ont plus qu'un rôle accessoire vers le milieu. Dans le haut, il y a de nouveau légère prédominance des marnes schisteuses et absence totale des bancs lumachelliques lesquels sont remplacés par des calcaires compacts, homogènes ou légèrement grenus.

Les couches les plus fossilifères dans la zone inférieure sont les bancs lumachelliques affleurant au pied du promontoire, et en outre, sur la rive opposée, sur le petit sentier conduisant depuis le pont de fer, à travers les vignes, au hameau du Chêne. Dans la zone supérieure, c'est dans les couches marneuses que se rencontrent les fossiles; il en est une qui est surtout riche et dont la faune porte un cachet particulier sensiblement différent de celui du rhétien inférieur.

Voici du *haut en bas* la série des couches rhétiennes que l'on observe à l'entrée des gorges du Chauderon, aux points que nous venons de citer.

En suivant le cours du torrent, à partir du pont de fer, qui le traverse en amont de la maisonnette, les premières couches rhétiennes qui se voient sur le sentier, sont des bancs de calcaires compacts, alternant avec des marnes schisteuses. Il n'est pas à présumer qu'une grande épaisseur de couches les sépare de la base du terrain hettangien qui doit les surmonter ; les observations faites au pied du rocher de Taulan justifient bien cette supposition. Il n'est dès lors pas possible de fixer exactement la limite entre le rhétien et l'étage supérieur.

Ces bancs sont :

| | |
|---|---:|
| 1. Bancs compacts de calcaire gris foncé | 2,00$^{m}$ |
| 2. Marne schisteuse noire | 0,10 |
| 3. Banc calcaire compact | 0,20 |
| 4. Marne schisteuse grise | 0,40 |
| 5. Sept bancs calcaires homogènes ou peu grenus | 3,40 |
| 6. Marne schisteuse gris foncé | 1,40 |
| 7. Quatre bancs de calcaire homogène, gris foncé | 1,50 |
| 8. Marne schisteuse gris foncé | 0,20 |
| 9. Cinq à six bancs de calcaire homogène peu épais, gris en dedans, jaune au dehors avec délits marneux | 1,50 |
| 10. Marne gris noir schisteuse, friable, avec quelques fossiles méconnaissables; il y en a qui ressemblent vaguement à des *Anomya* | 1,60 |

11. Quatre bancs homogènes avec délits marneux........................ 1,00
12. Calcaire dolomitique gris jaune, friable............................. 0,40
13. Calcaire gris jaune homogène..................................... 0,20
14. Schiste un peu calcaire........................................... 0,12
15. Calcaire homogène gris foncé..................................... 0,15
16. Marne schisteuse grise............................................ 0,40
17. Marne dure homogène, gris foncé, formant un banc d'apparence compact,
   épais de....................................................... 0,25

Cette couche affleure à côté d'une étable, construite dans une anfractuosité du talus (ancienne exploitation de pierres de construction). La roche est parfaitement homogène, d'un gris d'ardoise très uniforme. Elle se fend irrégulièrement suivant un plan de clivage parallèle à la stratification. Dans les dix centimètres inférieurs, la texture homogène n'est troublée que par de nombreux fossiles, très petits en majeure partie, et sous forme de valves séparées. Ils sont à l'état de moules dans la partie supérieure de la zone fossilifère et munis du test dans les 2-3 centimètres de la base de la couche. Dans ce dernier cas la coquille est remplacée en partie, ou indiquée seulement, par une matière ferrugineuse brunâtre dans laquelle est conservée, avec une netteté parfaite, l'empreinte des ornements les plus délicats. La matière ferrugineuse est malheureusement souvent détruite ou altérée à la surface par les infiltrations; alors les fossiles sont méconnaissables. Des taches brunâtres, ou couleur lie de vin, sont disséminées dans l'intérieur de la marne. Le fossile le plus caractéristique de cette couche est le *Cardita austriaca*, dont les coquilles jaunes recouvrent entièrement certains feuillets de marne. Ce fossile est ordinairement petit, quelquefois presque microscopique; mais il y a aussi de grands exemplaires. A part cette espèce qui prédomine sur toutes les autres, on y trouve encore en grande abondance : *Cardium rhæticum*, souvent avec ses ornements; *Myophoria Ewaldi; Leda percaudata; Pecten Valoniensis*, petite variété; *Arca Lycetti; Avicula contorta, Plicatula intustriata; Myophoria Emmerichü*, etc.

Ces fossiles sont cités dans l'ordre de leur abondance; le *Cardium rhæticum* étant, après le *Cardita austriaca*, le fossile le plus commun.

Dans le reste du banc, les fossiles sont plus rares et toujours à l'état de moules ou de contre-empreintes de la coquille et la matière jaune manque; celle-ci paraît du reste surtout attachée aux *Cardita*.

Le *Cardium rhæticum* en grands exemplaires, avec le *Myophoria Ewaldi* y sont très fréquents et bien conservés.

18. Schiste gris stérile ............................................. 0,50^m
19. Deux bancs calcaires, foncés, grossièrement dolomitiques, avec un mince.... a 0,30
   délit schisteux entre deux *(a et b)*.............................. b 0,18

Ces deux couches affleurent sur l'emplacement qu'occupe maintenant l'étable. La suite de la coupe peut se reprendre facilement de l'autre côté de la maisonnette, laquelle s'appuie contre les bancs calcaires et la marne grise (9 et 10). La partie de la coupe, entre les couches 9—9 est aussi mieux visible devant la maisonnette que derrière, mais elle est identique. Le banc 12 seulement qui est plus à découvert, se montre en partie transformé en *cargneule*, les débris dolomitiques, conséquence de son état fragmenté, ayant été consolidés par des infiltrations. La marne 17 se retrouve aussi de ce côté avec ses fossiles habituels.

20. Marne schisteuse gris foncé . . . . . . . . . . . . . . . . . . . . . . . . . . . . . . . . . . . . . . . . . 0,50<sup>m</sup>
21. Calcaire compact peu grenu . . . . . . . . . . . . . . . . . . . . . . . . . . . . . . . . . . . . . . . . . 0,35
22. Marne schisteuse foncée . . . . . . . . . . . . . . . . . . . . . . . . . . . . . . . . . . . . . . . . . . . . 0,25
23. Banc calcaire homogène . . . . . . . . . . . . . . . . . . . . . . . . . . . . . . . . . . . . . . . . . . . . 0,15
24. Marne schisteuse gris foncé . . . . . . . . . . . . . . . . . . . . . . . . . . . . . . . . . . . . . . . . . 0,20
25. Trois bancs calcaires gris, veinés de blanc, texture homogène . . . . . . . . . . . . . 1,00
26. Marne schisteuse . . . . . . . . . . . . . . . . . . . . . . . . . . . . . . . . . . . . . . . . . . . . . . . . . . 0,50
27. Trois bancs calcaires homogènes, séparés par des délits marneux, *Placunopsis alpina* . . . . . . . . . . . . . . . . . . . . . . . . . . . . . . . . . . . . . . . . . . . . . . . . . . . . . . . 1,50

C'est ici que s'arrête la coupe sur le sentier ; pour la suivre plus bas, il faudrait pouvoir descendre directement l'escarpement en dessous du sentier, ce qui n'est pas possible sans corde ou échelle. Une bonne partie des couches peuvent être examinées en s'élevant, autant que cela se peut, depuis le fond du ravin et dans le petit ravin qui descend obliquement juste en face de la maisonnette.

Dans ce dernier on voit une série de bancs surtout calcaires qui forment un petit escarpement et qui ne se voient pas dans le grand abrupt. On les retrouve aussi en ordre identique, le long du sentier, sur la rive opposée, où il est bien plus aisé de les observer ; on constate dans ces deux endroits :

27. Les mêmes trois bancs de calcaire compact qui sont ici un peu lumachelliques et renferment le *Placunopsis alpina* . . . . . . . . . . . . . . . . . . . . . . . . . . . . . . . . 1,80<sup>m</sup>
28. Marne schisteuse grise . . . . . . . . . . . . . . . . . . . . . . . . . . . . . . . . . . . . . . . . . . . . . 0,30
29. Cinq bancs de calcaire gris, un peu lumachellique, avec faibles délits marneux, *Placunopsis alpina*, *Pecten Valoniensis*, *Ostrea Haidingeriana*, *Avicula contorta*, etc. . . . . . . . . . . . . . . . . . . . . . . . . . . . . . . . . . . . . . . . . . . . . . . . . . . . . . . 1,00
30. Marne grise schisteuse . . . . . . . . . . . . . . . . . . . . . . . . . . . . . . . . . . . . . . . . . . . . . 0,20
31. Trois bancs de calcaire compact, grenu, de 0,20, 0,40 et 0,60<sup>m</sup> d'épaisseur, séparés à peine par des délits un peu schisteux . . . . . . . . . . . . . . . . . . . . . . . 1,20
32. Marne schisteuse . . . . . . . . . . . . . . . . . . . . . . . . . . . . . . . . . . . . . . . . . . . . . . . . . . 0,25
33. Banc calcaire compact gris un peu lumachellique. *Placunopsis alpina* . . . . . . . 0,80

34. Marne schisteuse avec alternances de petits bancs calcaires .............. 0,50
35. Calcaire compact grenu un peu siliceux à points jaunes................. 0,60
36. Marne schisteuse plaquetée........................................ 0,30
37. Calcaire compact grenu un peu siliceux et même gréseux lorsqu'il est décom-
    posé par l'eau................................................. 0,80
38. Calcaire plaqueté et marneux vers le bas.......................... 0,30
39. Calcaire grenu siliceux, banc massif.............................. 0,90
40. Marne noire schisteuse........................................... 0,20
41. Calcaire grenu siliceux........................................... 0,80
42. Alternances marno-calcaires en petits lits......................... 0,90
43. Assise marneuse, formée d'une marne schisteuse noire interrompue par des
    lits calcaires homogènes peu épais ............................. 5,00
    (Cette masse affleure tout le long du couloir.)
44. 9-10 bancs peu épais de calcaire gris irrégulièrement stratifié et fendillé.... 2,00
45. Assise marneuse comme 43, interrompue par 5-6 lits calcaires.......... 4,00
46. 3-4 bancs calcaires grenus ou lumachelliques, formant un lit massif se divisant
    en petits bancs vers le bas.................................... 0,80
47. Marne schisteuse grise.......................................... 0,20
48. Quatre bancs de calcaire compact, grenu ou lumachellique. Le plus inférieur
    des quatre est une vraie lumachelle de grands *Placunopsis alpina*, *Pecten Valo-
niensis* et *Liebigi*, *Avicula contorta*. En un seul point, sur le sentier même qui
    suit l'arête du promontoire, il a une structure un peu scoriacée vers sa base
    et renferme de grands moules de *Cardita austriaca* avec la contre-empreinte
    du test, la place occupée par celui-ci étant vide; deux autres fossiles, le *Mo-
diola minuta* et une *Cardinia*, dont le premier est plus abondant, sont dans le
    même cas. Épaisseur des quatre bancs.......................... 1,30
49. Marne schisteuse................................................ 0,30
    Les bancs qui suivent ont été observés au pied de l'escarpement, en dessous
    de la maisonnette ; le banc 50 arrive à peu près à mi-hauteur.
50. Gros banc de calcaire compact grenu avec *Placunopsis alpina*............ 0,65
51. Six petits bancs de lumachelle ou de calcaire grenu alternant avec de minces
    couches de marne noire........................................ 0,70
52. Calcaire peu lumachellique, presque compact, en deux lits, l'inférieur plus
    mince. Couleur foncée. Il contient : *Avicula contorta*, *Placunopsis alpina*, *Pecten
Liebigi*, *P. Winkleri*, *Modiola minuta*, *Leda percaudata*. Épaisseur........ 0,40
53. Marne schisteuse noire........................................... 0,60
54. Calcaire lumachellique rempli de petites *Modiola minuta* qui forment lumachelle
    à elles seules; *Placunopsis alpina*, petits et grands exemplaires; *Gervillia
inflata*, rare ; *G. præcursor*.................................... 0,15

55. Marne schisteuse noire. . . . . . . . . . . . . . . . . . . . . . . . . . . . . . . . . . . . . . . . . . 0,70
56. Lumachelle calcaire avec *Placunopsis alpina*, très grands exemplaires et variété
    à côtes plissées ; *Modiola minuta*, *Plicatula fissistriata*, *Gervillia inflata*, petits
    exemplaires ; *Cardium* sp. . . . . . . . . . . . . . . . . . . . . . . . . . . . . . . . . . . . . . . . 0,15
57. Marne schisteuse noire. . . . . . . . . . . . . . . . . . . . . . . . . . . . . . . . . . . . . . . . . . 0,30
58. Calcaire grenu avec quelques empreintes de fossiles. . . . . . . . . . . . . . . . . . . 0,25
59. Marne schisteuse. . . . . . . . . . . . . . . . . . . . . . . . . . . . . . . . . . . . . . . . . . . . . . . 0,25
60. Calcaire homogène gris foncé. . . . . . . . . . . . . . . . . . . . . . . . . . . . . . . . . . . . . 0,25
61. Marne schisteuse foncée. . . . . . . . . . . . . . . . . . . . . . . . . . . . . . . . . . . . . . . . . 0,30
62. Plusieurs petits bancs homogènes à cassure esquilleuse. . . . . . . . . . . . . . . . 0,50
63. Marne schisteuse. . . . . . . . . . . . . . . . . . . . . . . . . . . . . . . . . . . . . . . . . . . . . . . 0,20
64. Banc de calcaire compact. . . . . . . . . . . . . . . . . . . . . . . . . . . . . . . . . . . . . . . . 0,50
65. Quatre bancs calcaires, en partie lumachelliques, très rapprochés et séparés par
    de minces couches marneuses ; *Placunopsis alpina*. . . . . . . . . . . . . . . . . . . . 1,20
66. Marne schisteuse gris foncé. . . . . . . . . . . . . . . . . . . . . . . . . . . . . . . . . . . . . . . 1,50
67. Cinq alternances de calcaire homogène (d'aspect lithographique), sans fossiles,
    avec de faibles couches de marne schisteuse. . . . . . . . . . . . . . . . . . . . . . . . . 6,00

C'est ici que s'arrête la coupe, au bord du torrent, vers la pointe du promontoire. A partir de ce point, le torrent suit exactement la direction des couches, jusque vers le barrage de la scierie, où il s'introduit dans une gorge taillée obliquement dans les bancs homogènes de calcaire dolomitique avec marnes friables. Ces dernières sont transformées quelquefois en cargneule. Il n'est pas probable qu'il y ait une grande épaisseur de couches entre les bancs 67 et les assises dolomitiques du barrage de la scierie. L'aspect des premiers rappelle du reste entièrement celui de ces derniers et cela montre bien le passage insensible des couches rhétiennes aux assises dolomitiques sans fossiles qui les supportent. Ce qu'on peut affirmer avec plus de certitude encore, c'est l'absence du gypse entre ces deux niveaux.

Cette coupe si complète est intéressante au plus haut degré ; elle montre comment sont distribués les fossiles dans les différents niveaux. On constate au bas la prédominance du *Placunopsis alpina* (couche 65), puis les lumachelles riches en petites *Modiola* et en *Gervillia*, accompagnés de l'*Avicula contorta*, de *Pecten*, div. spec., etc. (couches 52-56). Plus haut les lumachelles renferment toujours des *Placunopsis* souvent même en grande abondance avec l'*Avicula contorta* et le *Pecten Valoniensis* qui devient le fossile presque habituel des calcaires du milieu de l'étage. Le banc 48 est unique. Les couches qui le surmontent, d'abord marneuses (43-45), présentent une nouvelle zone calcaire, en partie lumachellique (27-42), avec les fossiles habituels, auxquels s'ajoutent encore *Ostrea Haidingeriana*, des dents de poissons (*Sargodon*), etc. Enfin, avec la couche 27, les lits lumachelliques s'arrêtent, les bancs calcaires deviennent stériles et ce sont les marnes seulement qui renferment encore des fossiles. Dans le bas, au contraire, les marnes sont absolument sans fossiles.

**Rhétien du Mont-Cubli.** Les couches rhétiennes se continuent visiblement au N. de ces affleurements dans la direction du Mont-Cubli. Ici, en effet, elles offrent une belle coupe sur la nouvelle route des Avants entre Chambli et le Sollard. Sans la forte dislocation, compliquée par deux failles, et la lamination extrême des couches, cette coupe serait certainement une des plus complètes, car depuis les bancs dolomitiques jusqu'au lias inférieur il n'y a presque pas d'interruption dans la série des affleurements. Voici ce que nous avons pu observer ici :

Les couches rhétiennes ne sont pas entièrement visibles, entre les bancs dolomitiques et les premières couches fossilifères, qui appartiennent aux marnes et calcaires lumachelliques inférieurs, il y a une interruption de 60 pas, occupée par de l'erratique, ce qui correspond à une épaisseur de couches de 30-35 mètres. Une nouvelle interruption de 15 pas, soit de 8-9 mètres de couches, sépare les premiers affleurements du rhétien d'une nouvelle série cette fois très continue tout le long du côté gauche de la route, en montant. Cette série est troublée non seulement par de curieux froissements des strates, mais de plus par deux failles très visibles, dont la seconde met en contact le rhétien et le lias inférieur. C'est à partir de ce point que nous donnerons du haut en bas la série des bancs observés, c'est-à-dire en descendant la route ayant la tranchée à la droite. Toutes les couches plongent plus ou moins fortement au S.-E. Pour plus de clarté et pour faciliter le contrôle de nos observations, nous donnons, Pl. IV, fig. 5, un croquis, au 1 : 1000 environ, de cette coupe naturelle ; les chiffres accompagnant les couches, correspondent aux numéros d'ordre de la série ; on y verra aussi, dessinés à part, d'après des croquis faits sur place, la configuration des bancs disloqués et les failles qui les traversent (fig. A, B, C, D et E).

En partant de la faille I, on trouve en position presque verticale, plongeant de 65°-70° au S.-E. :

1. Marne grise et noire entremêlée de bancs calcaires minces, le tout fortement froissé et tourmenté. Des débris de bancs calcaires totalement disjoints sont appliqués contre la surface de la faille (fig. 5 A, Pl. IV).
L'épaisseur de cette marne est de   1,50-1,70$^m$

2. Huit à dix bancs de calcaire gris foncé, grenu et d'aspect lumachellique, à surface érodée. Ils renferment *Placunopsis alpina*, *Plicatula intustriata* et *Avicula contorta*. Ces bancs sont très rapprochés, peu épais et fortement fendillés.
Épaisseur totale . . . . . . . . . . . . . . . . . . . . . . . . . . . . . . . . . . . . . . . . . . 1,60

3. Calcaire homogène, décomposé vers le bas, couleur jaunâtre . . . . . . . . . . . . 0,80

4. Marne noire ou gris foncé avec une zone ferrugineuse au milieu . . . . . . . . . 0,50

5. Deux bancs de calcaire gris foncé, grenu et compact . . . . . . . . . . . . . . . . . . 1,50

6. Calcaire en lits irrégulièrement disposés; texture grenue et couleur gris foncé. 2,00

7. Marne noire fortement décomposée et laminée; vers la base elle renferme quelques fossiles à tests blancs entre autres : *Placunopsis alpina*, bien reconnaissable, *Pecten Valoniensis*, *Avicula contorta*; nous y avons trouvé en outre un moule d'une *Arca* . . . . . . . . . . . . . . . . . . . . . . . . . . . . . . . . . . . . . . . . 0,50

8. Calcaire homogène gris foncé . . . . . . . . . . . . . . . . . . . . . . . . . . . . . . . . . . 0,30

9. Marne peu épaisse, schisteuse, foncée, avec débris de coquilles blanchies, comme 7 . . . . . . . . . . . . . . . . . . . . . . . . . . . . . . . . . . . . . . . . . . . . . . . . . 0,06

10. Trois bancs de calcaire homogène gris foncé . . . . . . . . . . . . . . . . . . . . . . . 0,60

11. Marne gris foncé, extérieurement jaunie, interrompue par plusieurs bancs calcaires peu épais . . . . . . . . . . . . . . . . . . . . . . . . . . . . . . . . . . . . . . . 0,70-0,80
Cette couche a subi de forts contournements par suite d'un affaissement qui se trahit très nettement dans le banc suivant par une petite faille et par le plongement S.-E. moins fort dans les couches suivantes (fig. B).

12. Calcaire gris compact, en trois bancs, couleur extérieure jaune . . . . . . . . . . 1,00

13. Marne schisteuse foncée, irrégulière avec lits durs peu épais . . . . . . . . . . . . 0,35

14. Bancs calcaires gris et homogènes; jaunes à l'extérieur . . . . . . . . . . . . . . . . 0,70

15. Marne schisteuse gris foncé . . . . . . . . . . . . . . . . . . . . . . . . . . . . . . . . . . . 0,08

16. Calcaire grenu compact un peu lumachellique. *Placunopsis alpina* . . . . . . . . . . 0,12

17. Deux petits bancs de calcaire homogène . . . . . . . . . . . . . . . . . . . . . . . . . . . 0,25

18. Deux bancs de calcaire homogène un peu grenu...................... 0,60
19. Marne jaune argileuse........................................ 0,20
20. Calcaire gris foncé, oolithique un peu lumachellique................. 0,35
21. Marne schisteuse et grumeleuse gris jaunâtre...................... 0,20
22. Deux bancs de calcaire compact gris, jaune extérieurement, foncé en dedans. 0,60
23. Marne jaune ou grise avec plusieurs petits lits calcaires vers le haut et un
    dans le milieu. Cette marne est fortement froissée et repliée (C)......... 1,00
24. Calcaire homogène gris........................................ 0,20
25. Marne grumeleuse et schisteuse noire............................ 0,20
26. Deux bancs calcaires homogènes à délit marneux peu épais.............. 0,75
27. Marne peu épaisse communiquant par une fente à travers le banc suivant avec
    la marne 29............................................... 0,10
28. Calcaire compact homogène gris foncé............................ 0,35
29. Marne schisteuse gris foncé.................................... 0,10
30. Trois bancs de calcaire gris foncé un peu grenu..................... 1,25
31. Marne jaune et noire très tourmentée............................ 0,10
32. Banc calcaire gris foncé compact................................ ?
    Faille II. Crevasse large de 0,80<sup>m</sup> en bas et allant en se rétrécissant vers le
    haut. Elle est remplie de marne schisteuse noire, laminée et entremêlée de
    fragments calcaires (fig. 5 D., Pl. IV).
33. Calcaire jaunâtre homogène (dolomitique) buttant contre la faille; 3-4 bancs. 1,60
34. Marne grise schisteuse, jaunâtre en bas........................... 0,70
35. Six petits bancs de calcaire lumachellique à surface de délit rugueux et bosselé. 0,80
36. Marne schisteuse noire en bas et grise en haut...................... 1,30
37. Trois bancs de calcaire homogène............................... 1,00
38. Calcaire homogène gris se divisant plus haut en plusieurs petits bancs....... 0,30
39. Marne grise grumeleuse vers le bas, avec une couche plus compacte........ 1,30
40. Calcaire grumeleux fendillé.................................... 0,30
41. Marne noire schisteuse et grumeleuse vers le haut avec deux zones plus com-
    pactes au milieu et une plus bas............................... 1,80
42. Deux bancs de calcaire grenu foncé.............................. 0,60
    Délit
43. Calcaire homogène gris foncé................................... 0,35
44. Marne schisteuse et grumeleuse noire et grise...................... 0,70
45. Cinq bancs de calcaire homogène gris, mais décomposé et jaune à l'exté-
    rieur.................................................... 1,70
46. Marne schisteuse noire ou grise avec quelques bancs calcaires de même cou-
    leur ; la partie inférieure semble pleine de débris de tests blancs (fig. E.).. 1,00

47. Quatre bancs calcaires un peu lumachelliques; empreinte de la coquille de *Cardita austriaca* ............................................... 1,00
48. Marne schisteuse noire avec quelques lits plus durs. .................... 0,45
49. Calcaire homogène gris. ............................................ 0,40
50. Marne grumeleuse grise. ........................................... 0,10
51. Deux bancs de calcaire grenu et oolithique gris foncé (0,20 et 0,50) ........ 0,70
52. Marne schisteuse décomposée. ...................................... 0,20
53. Bancs calcaires homogènes gris avec délits marneux. ................... 1,00
54. Marne grumeleuse grise, avec trois zones jaunâtres. ................... 0,75
55. Calcaire homogène gris. ............................................ 0,30
56. Marne schisteuse et grumeleuse grise. ............................... 0,30
57. Trois bancs de calcaire homogène gris foncé avec délits marno-schisteux, couleur extérieure jaune. ............................................. 1,30
58. Marne schisteuse noire.. ............................................ 0,20
59. Bancs de calcaire compact gris et grenu avec délits marneux ............. 1,20
60. Marne schisteuse noire. ............................................. 0,10
61. Calcaire gris homogène. ............................................ ?
   Interruption de 8-9 mètres occupée par de l'erratique cachant des couches probablement marneuses.
62. Marne schisteuse gris foncé ou noire interrompue par des bancs irréguliers de calcaire homogène visible sur. ................................... 3,00
63. Banc calcaire grenu gris. .......................................... 0,30
64. Marne schisteuse noire avec petits bancs de lumachelle à *Placunopsis alpina* et *Pecten Winkleri*. ................................................ 0,50
65. Trois bancs de calcaire grenu fendillé, en partie lumachellique. ........... 0,90
66. Marne schisteuse noire avec rognons jaunes. ......................... 0,35
67. Calcaire compact en partie lumachellique. ............................ 0,20
68. Marne schisteuse noire. ............................................ 0,20
69. Lumachelle à grands *Placunopsis alpina*. ............................ 0,10
70. Schiste noir. ..................................................... 0,35
71. Calcaire lumachellique et à petits *Cardium*. ......................... 0,08
72. Marne schisteuse noire. ............................................
73. Calcaire compact peu lumachellique (*Placunopsis alpina* et *Modiola minuta*).... 0,25
74. Schiste noir en alternance avec trois bancs de calcaire gris foncé. ......... 0,90
75. Calcaire compact gris grenu. ....................................... 0,30
76. Marne schisteuse gris foncé et jaune. ............................... 0,60
77. Calcaire lumachellique à petites *Modiola* (*M. minuta*). ................ 0,15
78. Marne schisteuse noire et grise. .................................... 0,50

79. Calcaire homogène....................................................... 0,20
80. Marne jaune fendillée................................................. 0,30
81. Calcaire lumachellique à *Placunopsis alpina* ....................... 0.10
82. Marne jaune décomposée ............................................. 0,15
83. Calcaire homogène..................................................... 0,20
84. Marne noire puis jaune en haut....................................... 0,30
85. Trois minces bancs calcaires en partie lumachelliques............... 0,40
86. Schiste marneux....................................................... 0,15
87. Cinq bancs de calcaire homogène...................................... 0,80
88. Marne schisteuse alternant avec trois bancs de calcaire homogène........ 0,35
89. Calcaire gris peu grenu décomposé en jaune à la surface.............. 0,20
90. Marne noire schisteuse
91. Calcaire lumachelle à *Placunopsis alpina* et grandes *Gervillies* ........... 0,12
92. Schiste noir.......................................................... 0,30
93. Lumachelle à *Placunopsis alpina* et *Modiola* ....................... 0,20
94. Schiste noir marneux mélangé de bancs jaunes dolomitiques et décomposés,
    ressemblant à de la cargneule.................................... 1,10
95. Calcaire gris fortement décomposé en jaune ......................... 0,60
96. Marne jaune........................................................... 0,35
97. Petit banc calcaire homogène......................................... 0,05
98. Marne noire schisteuse ............................................... 0,20
99. Banc calcaire compact presque homogène, peu de fossiles, *Placunopsis alpina*. 0,25
100. Marne noire avec petits bancs calcaires homogènes au milieu........... 0,40
101. Calcaire homogène gris foncé......................................... 0,20
102. Marne invisible...................................................... 0,60
103. Calcaire plaqueté gris............................................... 0,10
104. Calcaire compact grenu un peu lumachellique......................... 0,40
105. Marne schisteuse gris brunâtre ...................................... 0,45
106. Calcaire gris foncé, finement grenu.................................. 0,30

La suite ne se voit pas à cause du terrain erratique qui occupe tout l'espace, long de 50 mètres environ, jusqu'aux bancs de calcaires dolomitiques sans fossiles, appartenant probablement au trias.

Les dislocations, mais surtout les deux failles, si nettement visibles, ne permettent pas de tirer de cette coupe les mêmes renseignements que si elle était continue. Le repère supérieur manque totalement, le terrain hettangien étant oblitéré ici par la première faille. En outre la série elle-même des couches rhétiennes est interrompue par une fracture, due apparemment à un affaissement des couches à l'ouest. Et si l'on suit attentivement la succession des assises à gauche et à droite de cette faille et qu'on les compare, on ne tardera pas à reconnaître qu'à partir d'un certain point, il y a répétition des bancs. Ainsi la marne à tests blancs 46 correspond à la couche 7 ; comme celle-ci, elle est interposée à deux séries de bancs calcaires compacts. Dans ce cas la marne 41 serait aussi le correspondant de la couche 1, acculée contre la surface des bancs du lias inférieur. Toute la série de 1 à 32 semble correspondre à la série de 41 à 59 ; l'assise 30 surtout semble identique à l'assise 57 autant en nature qu'en épaisseur.

On voit que le rejet des deux failles est en sens inverse, les deux correspondent à un affaissement des couches, à gauche pour la faille II, à droite pour la faille I, tandis que le milieu est resté en place. Cette disposition nous force à ne nous occuper que de la série 33-106 ; elle représente la partie inférieure et moyenne du terrain rhétien ; il ne doit cependant pas en manquer beaucoup, car, si nous comparons son épaisseur avec celle du rhétien dans le fond de la gorge du Chauderon, nous verrons qu'il n'y a pas une grande différence ; ici nous mesurons depuis la couche 33 jusqu'à celle 106 environ 63 m., tandis qu'au fond de la gorge elles ont 60 m. ; il paraît donc que dans les deux endroits, il manque aux couches visibles juste autant de la partie toute supérieure et de la partie inférieure.

On constate, en effet, que les bancs 62 à 106 sont tout à fait conformes aux couches du pied de l'escarpement sous la maisonnette. La couche à petites *Modiola* en particulier est unique dans les deux endroits ; c'est la couche 77 sur la route des Avants et 54 au Chauderon.

On voit aussi comment les marnes prédominent et les bancs de lumachelle sont fort peu épais dans le bas. Dans le haut au contraire les bancs calcaires sont de plus en plus épais et les marnes jouent un rôle plus subordonné. Les bancs calcaires y sont plutôt compacts, grenus et moins lumachelliques que dans le bas. Ici, comme au Chauderon, il y a une couche marneuse renfermant des fossiles à tests. Cette marne (46 et 7) pourrait bien être le correspondant de la couche 17 du Chauderon ?

Les couches de terrain rhétien contournent le pied du rocher de Glion où elles sont complètement masquées par la végétation et les éboulis. M. Renevier en a cependant constaté un affleurement dans le ravin de la Veraye, au-dessus de Veytaux-Territet.

Dans le haut de ce même ravin, entre la dent de Jaman et les rochers de Naye, un petit affleurement des couches du rhétien se trouve au pied de la dent de Merdasson dans les pâturages de Chamosallaz ; ce niveau y est bien caractérisé par la présence de l'*Avicula contorta*.

Dans la chaîne de **Branleyre-Mont-Cray** M. Gilliéron a signalé (Carte géol. suisse, feuille XII) à l'ouest du Rio du Mont, un affleurement peu visible du terrain rhétien qui se prolonge dans la vallée du Montélon. Il occupe là le centre d'un pli anticlinal formant l'axe de l'arête entre Branleyre et le Vanil noir. Son étendue est cependant très faible ; il ne se voit sur la feuille XVII que près du chalet de *la Layte*. Bien que la cargneule se montre en plusieurs points au centre de ce pli anticlinal, nous n'y avons jamais pu constater les couches rhétiennes qui paraissent décidément faire défaut ici entre la cargneule et le lias inférieur (sinémurien). La superposition du lias à la cargneule se voit surtout bien dans la vallée de la Sarine entre Rossinières et Cuves. Il faut revenir sur les bords de la vallée transversale du Rhône et du Léman pour en retrouver des gisements bien caractérisés. Celui que nous avons déjà cité, d'après M. Renevier, dans le ravin de la Veraye en est un ; il se trouve sur le prolongement de celui de la Layte, l'arête des rochers de Naye étant la continuation de l'une des deux voûtes de la chaîne de Cray. Le second pli anticlinal, devenu distinct, se trouve largement ouvert dans la **vallée de la Tinière** sur Villeneuve, où le rhétien se montre sur les deux flancs bordant au N. et au S. les dolomies, cargneules et le gypse du trias qui forment le noyau de la voûte. M. Renevier a décrit plusieurs des intéressants gisements de cette vallée dans sa notice déjà citée, sur l'Infralias et le terrain rhétien. C'est à cette étude que nous emprunterons quelques-uns des renseignements.

Sur le flanc septentrional de la vallée, les dolomies et la cargneule affleurent en couches verticales, ou légèrement déjetées au N.N.-O., dans le lit de la Tinière. On les voit redressées verticalement aux *Chaînées* en face des maisons de Plan-Caudray ; les bancs supérieurs plongeant au N.-O. passent à un calcaire gris alternant avec des marnes feuilletées, auxquels succède, au-dessus, un calcaire marneux gris foncé rempli de fossiles, parmi lesquels la *Terebratula gregaria* est le plus commun. Au-dessus vient une série de calcaires clairs à l'extérieur, en alternances avec des marnes feuilletées, le tout appartenant à la partie supérieure de l'étage rhétien; ce serait peut-être, selon M. Renevier, le correspondant de la zone à Gervillies du gisement du Pissot dont il va être question. On voit dans plusieurs des couloirs ou châbles qui sillonnent la pente occupée par la forêt des Chaînées, les couches rhétiennes superposées aux calcaires dolomitiques. Ce sont le plus souvent les calcaires lumachelliques à *Placunopsis alpina*.

Sur le prolongement des mêmes couches on trouve plus en aval, près des *Terreaux*, encore sur la rive droite, de grands rochers formés de bancs légèrement déjetés et plongeant sous la cargneule. M. Renevier a trouvé parmi les blocs éboulés des morceaux d'un calcaire grisâtre, pétri de fossiles très petits formant une vraie lumachelle. Les plus abondants sont l'*Avicula contorta* et le *Placunopsis alpina*. Les blocs éboulés sont mélangés de débris de ce calcaire spathique et grenu exploité au pied du Mont-Arvel et que M. Renevier nomme *grès d'Arvel*, et dont il sera question plus loin. Les bancs rhétiens se trouvent en place et exploités un peu en aval des Terreaux pour la fabrication du ciment. Dans la carrière ouverte près de la fabrique, se voient des bancs déjetés au nord-ouest et plongeant par conséquent sous le thalweg. Au-dessous des bancs de dolomie jaune et grise, accompagnés de cargneule, viennent des bancs de calcaire gris, alternant avec des marnes argileuses, feuilletées, de couleur verdâtre. Ce sont ces bancs qui sont exploités comme roche à ciment. Celle-ci paraît être dolomitique, car des géodes et crevasses qui traversent cette roche sont tapissées de nombreux petits cristaux de *dolomie* présentant la forme rhomboédrique caractéristique à ce minéral.

Plus bas, c'est-à-dire en remontant la série des couches renversées, les intercalations de marnes verdâtres sont remplacées par des couches schisteuses gris foncé ou noires, sans fossiles, jusqu'à ce qu'on arrive à un banc de calcaire gris foncé, très dur, à surface jaunâtre, lequel se dresse comme un mur dans la partie occidentale de la carrière. Ce banc présente à sa surface de nombreux débris de *poissons*, en particulier des dents très bien conservées, des écailles de forme rhomboïdale, des débris d'ossements, etc. C'est donc là le niveau fossilifère le plus inférieur du terrain rhétien.

Ces débris de poissons consistent en dents de *Sargodon tomicus*, très nombreuses, avec des fragments de la mâchoire, des os et des vertèbres; écailles rhomboïdales de *Colobodus varius*, Gieb.

Ce même banc renferme aussi, mais très rarement, l'*Avicula contorta*.

Dans son intérieur, il est d'une structure analogue à celle de la lumachelle qui lui succède plus haut.

C'est sans doute ce banc avec débris de poissons qui paraît correspondre au niveau, appelé *Bone-bed*, de l'Angleterre et de diverses régions du continent. M. Tawney, géologue anglais, qui avait séjourné à Montreux en 1866, avait déjà trouvé un banc à dents de *Sargodon* et *écailles de poissons* sur le flanc opposé de la vallée au pied du ravin du Pissot (*198*).

En dessous (dessus en réalité) du banc à débris de poissons, on trouve, dans la carrière du Crêt, des bancs plus foncés, alternant avec des lits schisteux, renfermant l'*Avicula contorta*, le *Pecten Valoniensis*, etc.; cela place donc ce banc du bone-bed incontestablement à la base de l'étage rhétien. Il ne faut cependant pas oublier que ces mêmes restes de vertébrés se retrouvent dans tous les niveaux du rhétien (Voir la liste des fossiles).

Le gisement de beaucoup le plus intéressant et le plus important de la vallée de la Tinière est celui du ravin du **Pissot** sur le flanc S.-E. de la vallée. C'est là que furent découverts, par le D$^r$ Chausson, les premiers fossiles rhétiens des Alpes vaudoises. Ce gisement exploité et examiné plus tard par M. Renevier a servi de base et de point de comparaison pour l'établissement des niveaux dans d'autres gisements moins bien visibles. La coupe très nette et l'abondance des fossiles, ont permis de distinguer plusieurs niveaux assez bien tranchés dans la série des couches rhétiennes.

A la base se trouve le banc du bone-bed, dont il vient d'être question. Il est assez distant du gypse et il est fort probable que celui-ci en est séparé par toute l'épaisseur des dolomies, des cargneules et des calcaires à ciment qui s'observent de l'autre côté de la vallée. Dans les couches qui suivent, M. Renevier distingue deux zones, dont l'une, la plus inférieure, est un schiste noir feuilleté surtout bien caractérisé par la *Gervillia inflata*, *Avicula contorta* et *Placunopsis alpina* ; aussi M. Renevier a-t-il nommé ce niveau *couche à Gervillies*, à cause du premier de ces fossiles qui n'a pas été retrouvé ailleurs.

Le second niveau est formé d'un banc calcaire auquel succède une série d'alternances de schistes noirs plus ou moins feuilletés et de calcaires à teinte plus claire. Les fossiles les plus caractéristiques sont *Avicula contorta, Pecten Valoniensis* et *Terebratula gregaria*. Une mince bande de calcaire plus dur qui se trouve à un mètre environ au-dessus de la couche à Gervillies, est rempli de *Placunopsis alpina*, formant lumachelle.

Il serait bon de retrouver en place la couche de calcaire scoriacé à moules et empreintes de tests de *Cardita austriaca* et un schiste gris noirâtre, moins feuilleté que les autres, renfermant une faune toute spéciale de Brachiopodes (*Spiriferina Suessi, Rhynchonella fissicostata, Rhynch. Colombi, Pentacrinus bavaricus*).

M. Renevier suppose que ces deux couches, non constatées par lui sur les lieux, pourraient bien appartenir à l'assise supérieure à la couche à Gervillies.

Dans tout son ensemble la zone à *Avicula contorta* paraît bien avoir une épaisseur assez considérable, M. Renevier ayant encore trouvé l'*Avicula contorta* bien au-dessus de la couche à Gervillies.

La **chaîne des Gastlosen** n'offre aucun affleurement du rhétien; ce n'est que dans son prolongement S.-O. dans la chaîne des Tours d'Aï et dans la profonde entaille de la Grande-Eau que les terrains sont assez fortement entamés pour laisser apparaître cet horizon. C'est encore dans des vallées accessoires à la grande vallée du Rhône que se voient ces affleurements.

Le vaste cirque de **Luan** qui termine la chaîne des Tours d'Aï au S.-O. et à la sortie duquel se trouve le village d'Yvorne, présente dans sa partie supérieure, au-dessus des dépôts de gypse et de cargneule qui en occupent le centre, une succession bien nette des terrains liasiques et jurassiques. Les assises rhétiennes se voient au *Plan-Falcon*. Elles sont analogues à celles de la Tinière et bien caractérisées par des fossiles. Les couches se prolongent certainement à l'ouest et au S.-E. où elles sont masquées par les éboulis et la végétation. Elles plongent ici sous les calcaires liasiques pour réapparaître dans des dispositions très anormales dans la vallée de la Grande-Eau.

Dans la vallée de la **Grande-Eau,** au-dessus d'Aigle, les terrains ont subi de grands bouleversements. La partie de la vallée où affleure le rhétien forme une anticlinale visiblement déjetée au N.-O. et profondément érodée par le torrent. La disposition des couches n'est pas partout bien claire; il semble que des glissements, dont il est difficile de fixer l'étendue, aient eu lieu dans les couches redressées et produit des contacts anormaux entre des couches d'âge différent; cela est surtout très manifeste sur le flanc N.-O. de la gorge où les bancs sont déjetés. M. Renevier a trouvé en dessous d'un endroit nommé la Douvaz, un échantillon d'*Avicula contorta*. Le terrain rhétien affleure encore sur plusieurs autres points le long de la nouvelle route du Sepey. Nous avons recueilli l'*Avicula contorta* en place dans des schistes marneux foncés en dessous du Ponty, près de la côte 727,7 dans le voisinage immédiat de bancs calcaires gris compacts qui doivent appartenir au malm. Un peu plus haut, en un point où la route fait un angle rentrant pour se diriger ensuite vers les maisons du Vuarguy, on retrouve les assises rhétiennes plus puissamment développées, plongeant au S.-E. et s'adossant, par une discordance très visible, contre les bancs moins fortement déjetés des couches à Mytilus (bathonien), qui elles-mêmes reposent sur la puissante assise de malm bordant le plateau éocène de Leysin. Ces couches rhétiennes se composent de marnes schisteuses et de calcaires quelque peu marneux dont les nombreuses alternances peuvent se poursuivre jusqu'au fond de la gorge de la Grande-Eau. Une couche, qui se voit au-dessus et au-dessous de la route, est surtout riche en fossiles, parmi lesquels abondent l'*Avicula contorta*, le *Pecten valoniensis* et la *Modiola glabrata*. Dans le voisinage de ces couches, un peu en aval du Vuarguy, affleure une marne feuilletée grise, dont les plaquettes sont couvertes d'empreintes de *Bactryllium striolatum*, Heer. (*181*, p. 99.)

Plus au nord, le lias inférieur paraît se confondre avec le rhétien dans la gorge inaccessible de la Grande-Eau. On voit des bancs de calcaire siliceux foncé au-dessus du Vuarguy et au-dessus du pont de la Tine. Près de ce dernier affleurent des couches marneuses, feuilletées et calcaires foncées qui font peut-être partie de l'étage rhétien, quoique cela n'ait pu être vérifié par aucun fossile.

*Fossiles du terrain rhétien.*

**Gisements.** *Taulan,* pied du rocher de Taulan (vignes ?) sous Sonzier, près Montreux. *Chauderon,* entrée des gorges ; *sch.* = schistes, près de la maisonnette ; *lum.* = lumachelle en dessous de la maisonnette et sur le sentier de la rive opposée. *Cubli,* nouvelle route des Avants au-dessus du chalet Blumenthal. *Pueys, Rachevys, Cagne, Tzermont, Mologys, Grevalets, Pralet, Creux-Gindroz,* gisements entre le Moléson et le Mont Folly. *Chaînées* (forêt), carrières du *Crêt* et *Pissot* (ravin), gisements dans la vallée de la Tinière sur Villeneuve. *Luan* (ou *Plan-Falcon*), sur Corbeyrier, au pied de la Tour d'Aï. *Vuargny,* vallée de la Grande-Eau ; route d'Aigle au Sepey.

### VERTÉBRÉS.

*Sphenodus Picteti,* Renev. — Pissot.
*Cestracionte* sp. — Pissot.
*Sargodon tomicus,* Plien. — Chaînées, carr. du Crêt, Pissot, Chauderon lum.
*Colobodus varius,* Gieb. *(Gyrolepis Alberti,* Ag.*)* Écailles,—Taulan, Chauderon sch., Pissot, Chaînées, Crêt.
*Saurichtys acuminatus,* Ag., écailles. — Pissot.
*Desmacanthus cloacinus,* Qnst. — Pissot.

### MOLLUSQUES.

*Pholadomya Lariana,* Stopp. — Pissot, Luan.
*Pholadomya Crowcombiana,* Moore. — Luan.
*Anatina arista,* Stopp. — Chauderon sch.
*Corbula alpina,* Winkl. — Pissot.
*Nucula Bocconis,* Stopp. — Pissot.
*Cypricardia Marcignyana,* Mart*. — Pissot, Chaînées.
*Cypricardia porrecta,* Dum*. — Luan.
*Cardium rhœticum,* Mer.—Chaînées, Luan, Pissot, Taulan, Chauderon sch. et lum., Cubli sch., Crêt.
*Cardium regularis,* Terq. — Taulan.
*Cardita austriaca,* v. Hauer. — Taulan, Chaînées, Pissot, Luan, Chauderon sch. et lum., Cubli lum.

*Cardinia regularis.* Terq*. — Taulan.

*Pteromya cf. simplex,* Moore. — Chaînées,

*Trigonia (Myophoria?) postera,* Qust. — Taulan, Pissot, Luan.

*Myophoria Emmerichi,* Winkl. — Chauderon sch.

*Myophoria Ewaldi,* Born. [*Axinus (Opis) cloacinus,* Qust.] — Taulan, Chaînées, Pissot,
Luan, Cubli, Chauderon sch.

*Myophoria concentrica,* Moore. — Luan, Chaînées.

*Myophoria depressa.* Moore. — Chaînées.

*Myophoria elongata,* Moore. — Chaînées.

*Leda percaudata,* Gumb. — Chaînées, Taulan, Chauderon lum. et sch.

*Arca Lycetti,* Moore. Chauderon sch.

*Megalodon,* sp. — Pueys.

*Modiola minuta,* Goldf. — Taulan, Chaînées, Pissot, Luan, Pueys, La Cagne, Mologis,
Chauderon lum., Cubli lum.

*Modiola Schafhäutli,* Stur. — Luan, Taulan, Pissot.

*Modiola ervensis,* Stopp. [ = *glabrata Dunk*]. — Luan, Chaînées, Pissot, Taulan,
Vuargny.

*Avicula contorta,* Portl. — Taulan, Chauderon (sch. et lum.); Pissot, le Crêt, Luan, Chamosallaz, Vuargny, Pueys, Rachevys, etc., dans presque tous les gisements.

*Avicula Arveli,* Renev. — Pissot, Chauderon sch(?).

*Casianella inæquiradiata,* Schafh. — Chauderon sch.

*Gervillia inflata,* Schafh. — Pissot, Taulan, Chauderon lum.

*Gervillia ornata,* Moore. — Chaînées.

*Gervillia præcursor,* Qnst. — Taulan, Cubli, Chaînées, Pissot, Luan, Chauderon sch. et lum.

*Gervillia crenatula,* Qnst. — * Luan.

*Pecten valoniensis,* Defr. — Taulan, Chauderon sch. et lum., Chaînées, Pissot, Luan,
Vuargny, Cagne, etc., presque partout.

*Pecten Liebigi,* Winkl. (esp. vois. de P. Valoniensis). Chauderon lum.

*Pecten Lugdunensis,* Mich. — Taulan.

*Pecten Falgari,* Mer. — Pueys.

*Pecten Luani,* Renev. [ = P. *Winkleri,* Stopp.?]. Pissot, Luan, Chauderon lum.

*Lima subdupla.* Stopp. — Pissot.

*Plicatula intusstriata,* Emmer. — Taulan, Chauderon sch. Chaînées, Pissot, Le Crêt,
Cagne, Pralet, Luan.

*Plicatula (? Placunopsis) fissistriata,* Winkl. (*Pl. Archiaci* Stopp.). — Pueys, Cagne,
Mologys, Luan, Pissot, Taulan, Chauderon lum.

*Plicatula Beryx.* La Cagne.

*Ostrea Haidingeriana,* Emmr. — Taulan, Chaînées, Luan, Pueys, Pralet. Chauderon lum.

*Ostrea Tinierei,* Renev. — Chaînées.

*Placunopsis alpina.* Winkl. (=*Pl. Schafhäutli* Winkl). Chaînées, Pissot, le Crêt, Luan,
Pralet, Chauderon lum, Taulan, Cubli sch.

*Anomya Picteti,* Stopp. — Chauderon sch.

*Anomya Favrii,* Stopp. — Chauderon sch.

#### Brachiopodes.

*Cyrtina Jungbrunnensis,* Petz. — Cubli (Chalet Blumenthal).

*Rhynchonella Colombi,* Renev. — Pissot.

*Terebratula gregaria,* Suess, — Pralet, Grevalets, Crêtes, Pueys, Cagne, Tzermont,
Mologys, Joux-verte-dessus, Chaînées, Pissot, Luan, Vuargny.

#### Echinodermes.

*Pentacrinus bavaricus,* Winkl. — Pissot, Pueys.

#### Zoophytes.

*Rhabdophyllia Langobardica,* Stopp. — Taulan, Luan, Tzermont.

#### Algues.

*Chondrites liasinus,* Heer. — Pissot.

*Bactryllium striolatum,* Heer. — Vuargny, Chauderon sch., Luan sch.

Les espèces suivies d'une * sont d'un niveau qui est peut-être intermédiaire
entre le rhétien proprement dit et l'étage hettangien, mais qui doit être joint
au premier à cause de la présence de l'*Avicula contorta.*

Cette liste renferme les fossiles recueillis par MM. Morlot, Renevier, etc.,
et décrits par lui (*159* gisements de Taulan, Chaînées, Pissot, Luan, vallée
de la Grande-Eau, etc.), ainsi que ceux de nos propres collections. (Gisements
du pied du Moléson, Cubli, Chauderon et de tous les autres gisements.)

On voit que certaines espèces, telles que *Modiola minuta, Avicula contorta,
Pecten valoniensis, Ostrea Haidingeriana, Placunopsis alpina, Terebratula
gregaria,* sont communes et abondantes dans tous les gisements et peuvent
passer pour les fossiles les plus typiques du terrain rhétien de notre partie
des Alpes.

# CHAPITRE III

## ÉTAGES LIASIQUES

### 1. INFRALIAS OU ÉTAGE HETTANGIEN

C'est à M. Renevier que l'on doit la connaissance et la détermination exacte dans les Alpes vaudoises de cet horizon le plus inférieur du lias, auquel il a donné le nom d'*Hettangien*.

Il l'a reconnu sur plusieurs points dans les montagnes qui bordent la rive droite du lac Léman et du Rhône. Cet horizon n'est pas partout également fossilifère et n'a du reste pas une très grande épaisseur; bien que représentant un horizon fossilifère assez distinct, il ne peut pas être séparé partout, comme étage nettement tranché, des autres horizons du lias, plus constants dans leurs caractères et toujours bien plus puissamment développés.

. Il est formé de bancs calcaires, tantôt minces, tantôt plus épais, d'une texture assez compacte, souvent noduleux à la surface et de couleur gris foncé. La surface des bancs, exposée à l'air, prend une teinte jaune. Quelquefois aussi la roche est marneuse ou encore finement cristalline; mais les couches marneuses sont plutôt rares et n'ont pas cette structure feuilletée et ces teintes foncées qui caractérisent la zone inférieure à *Avicula contorta*.

Tous les gisements de cet horizon se rencontrent aux mêmes endroits que ceux du terrain rhétien, les couches hettangiennes n'étant séparées de ce dernier que par une faible distance verticale. Malgré cela les fossiles sont assez distincts dans ces deux étages, et il n'y a que peu d'espèces qui passent de l'un à l'autre.

*Gisements.*

Le gisement le mieux connu et le plus rapproché du bord des Alpes est celui du *Rocher de Taulan*, sous Sonzier, près Montreux, où les couches hettangiennes forment la base de l'escarpement. M. Renevier a distingué parmi les fossiles trouvés par M. Morlot et plus tard par lui-même, 28 espèces appartenant au niveau hettangien ou infralias proprement dit.

Il est vraisemblable que ce niveau fossilifère existe aussi dans le ravin de la Veraye sur Veytaux entre le sinémurien et le rhétien, mais nous n'en connaissons aucun affleurement.

Les couches de l'étage hettangien du **rocher de Taulan** sont facilement accessibles et peuvent être suivies depuis le pied du rocher au-dessous de Sonzier, jusqu'à la gorge du Chauderon où le banc massif du sinémurien qui les surmonte traverse le ruisseau et forme un escarpement très élevé sur la rive opposée. Elles sont épaisses de 10 m. à 15 m., en ne comptant que celles qui renferment des fossiles. Les couches rhétiennes ne se voient pas au pied du rocher même, de sorte qu'on ne peut pas apprécier exactement l'épaisseur des bancs qui doivent rentrer dans l'étage hettangien. Ce sont des bancs alternativement durs et schisteux. Leur couleur est gris foncé ou bleuâtre, mais exposés à l'air, ils deviennent habituellement jaunâtres à la surface. Un caractère très distinctif c'est la structure grenue de plusieurs lits qui sont remplis de grains siliceux, entremêlés de paillettes de mica blanc, ce qui les fait ressembler à un véritable grès; telle est la nature d'un banc dont la surface est comme pavée de petites *Modiola*. D'autres fois le mica manque, mais la structure gréseuse est encore augmentée par des grains verdâtres remplissant toute la roche. Un banc de cette nature se trouve précisément en dessous du massif calcaire du rocher; il est rempli d'*Ostrea sublamellosa*, var. *anomala*.

D'autres couches, plutôt calcaires et homogènes, ou légèrement oolithiques, quelquefois marneuses, renferment surtout des *Brachiopodes : Terebratula perforata, Rhynch. Colombi;* des *Lamellibranches*, tels que *Lima hettangiensis, L. tuberculata, Pecten valoniensis* (très commun), *Plicatula hettangiensis,* etc.

Voici la coupe aussi exacte que possible que l'on peut observer au pied du rocher de Taulan :

1. En dessous du massif calcaire du sinémurien, facile à reconnaître par la nature siliceuse de ses lits peu épais, vient une *série de bancs calcaires homogènes* bien stratifiés, en lits superposés sans délits marneux; on peut estimer leur

épaisseur à 15-20$^m$. Ces bancs pourraient bien appartenir à l'hettangien, sans qu'il soit possible de l'affirmer, vu qu'ils n'ont pas fourni, jusqu'à présent, des fossiles certains.

Le banc le plus inférieur montre de nombreux *Pecten valoniensis* à la surface de contact avec la couche inférieure.

2. *Douze bancs de calcaire homogène*, d'une couleur bleuâtre très franche, mais passant au jaune par places, sous l'influence des infiltrations. Ces bancs sont peu épais (20-25 cm.) et séparés par de minces feuillets marneux ou schisteux. Les fossiles y abondent, mais sont très difficiles à extraire à cause de la dureté de la roche et par le fait que ce sont des moules de valves séparées. Les fossiles les plus fréquents sont : *Pecten valoniensis, Lima valoniensis* (surtout sur les faces de délit), *Plicatula hettangiensis*, des *Pleuromyes*, etc.

Épaisseur totale de ces bancs. . . . . . . . . . . . . . . . . . . . . . . . . . . . . . 3,00$^m$

3. *Banc de calcaire grenu*, siliceux, gris foncé, avec *Ostrea anomala*. Épaisseur. . . . . 0,50

Cette épaisseur a été mesurée vers le haut du rocher, sous Sonzier; au fond de la gorge, vers le sentier elle n'est plus que de 0,25 m.

4. *Marne schisteuse gréseuse*, avec *Pecten valoniensis* (Dans le fond de la gorge 0,05 m.) 0,10

5. *Banc de calcaire grenu, siliceux* parsemé de grains *verdâtres* (glauconie) et rempli d'*Ostrea sublamellosa* var. *anomala*, etc. . . . . . . . . . . . . . . . . . . . . . . . . . . . 0,35

6. *Marne schisteuse* et sableuse grise, avec petits lits de calcaire siliceux. . . . . . . . . 0,10

7. *Banc de calcaire siliceux* dur, grenu et parsemé de petites paillettes de mica. C'est le banc qui fait saillie au pied du rocher sur le passage du sentier. Il renferme ici des traînées noires rappelant des formes végétales. Dans le haut du rocher, ce même banc devient sableux et friable comme un vrai grès. Épaisseur 0,40

8. *Nombreux bancs peu épais* et plaquetés de calcaire siliceux dur, dont la surface est couverte de paillettes de mica blanc. Ils renferment *Ostrea sublamellosa*; l'un de ces bancs est riche en *Pleuromyes*; un autre est couvert de petites *Modiola*. . . . . . . . . . . . . . . . . . . . . . . . . . . . . . . . . . . . . . . . . . . . . . . . 0,30

9. *Couche de marne feuilletée*, interrompue par de nombreux bancs plaquetés de calcaire siliceux grésiforme à mica blanc visible sur. . . . . . . . . . . . . . . . 2,50

C'est la dernière couche qui affleure au pied du Sex de Taulan; à partir de cette couche les bancs ne présentent plus que le dos, le ravin de la Baye étant creusé longitudinalement aux lits en suivant précisément la zone marneuse de l'hettangien.

Le dernier banc certainement hettangien que l'on voit encore à une vingtaine de pas du pied du rocher et qui paraît être justement en dessous de la marne (9) est un banc calcaire noir, grenu, à surface bosselée et qui renferme: *Pecten valoniensis* et *Lima valoniensis;* on le trouve sur le petit sentier qui conduit depuis le chemin de Sonzier au rocher de Taulan et au fond de la gorge où l'on voit sa surface à découvert dans les futaies sur la rive droite. Une dizaine de mètres à peine paraissent séparer ce banc des couches rhétiennes, mais le contact n'est nulle part à découvert.

Les assises hettangiennes existent aussi dans le voisinage des **Avants** où une carrière a été ouverte dans les bancs de calcaire compact régulièrement stratifiés de la partie supérieure. Cette carrière se trouve un peu en dessus du hameau, à gauche du chemin de Jaman; elle montre ce terrain formé de nombreux lits, en partie peu épais, de calcaire gris foncé, compact ou légèrement grenu. Chaque banc est séparé du suivant par un délit fort bien marqué par une surface un peu bosselée, mais non marneuse. Les fossiles sont assez rares dans cette roche. Son âge hettangien paraît attesté par les fossiles suivants qui ont été recueillis en partie par M. Franç. Doge.

| | |
|---|---|
| *Pecten valoniensis,* Defr. | *Waldheimia cfr psilonoti,* Qnst. |
| *Rhynchonella Colombi,* Renev. | »         *perforata,* Piette. |

Malgré ces fossiles, dont trois sont assez caractéristiques de l'étage hettangien, ce calcaire occupe un niveau très supérieur aux couches fossilifères du rocher de Taulan; cela indiquerait qu'une partie des calcaires que l'on range habituellement dans le sinémurien appartiennent encore à l'infralias.

Ce n'est que dans la vallée inférieure de la **Tinière,** entre Sonchaux et le Mont-Arvel, que ce terrain est de nouveau bien visible au-dessus des couches rhétiennes. Les divers gisements de cette localité ont été surtout bien explorés par MM. Renevier et le D<sup>r</sup> A. Chausson.

C'est près du sentier entre Chenaux et le ravin du Pissot que ce terrain se voit le mieux. Il y est représenté par des bancs foncés calcaires et marneux parfois remplis de rognons ou concrétions calcaires. Les fossiles y sont fréquents, mais cette localité a fourni bien moins d'espèces que Taulan.

Le cirque de **Luan,** sur Yvorne, permet de constater sur plusieurs points la présence des couches fossilifères de l'hettangien au-dessus du rhétien. On les voit particulièrement bien au *Plan-Falcon,* sur Luan et sur le sentier des

*Agittes.* Ici il se compose de calcaires à rognons en bancs très minces avec de nombreux fossiles.

Dans la profonde vallée de la **Grande-Eau** sur Aigle, les couches hettangiennes sont très bien visibles sur un certain nombre de points. Ainsi à la *Douvaz,* aux *Afforets,* au *Ponty* et à l'*Ile aux Tassons,* en dessous du Vuargny ; les couches fortement redressées et déjetées ont fourni de nombreux fossiles.

### Fossiles de l'étage hettangien.

Cette liste renferme les noms des espèces recueillies par M. de Morlot et par M. Renevier dans les Alpes vaudoises (Musée de Lausanne) de même que de ceux de nos collections et d'un petit nombre qui nous ont été communiqués.

**Gisements :** *Taulan,* près Montreux ; carrière des *Avants,* sur Montreux ; ravin du *Pissot,* forêt des *Chaînées,* ces deux gisements dans la vallée de la Tinière, sur Villeneuve ; *Luan,* le gisement fossilifère est près de Plan-Falcon ; *Douvaz,* rochers dans le ravin de la Grande-Eau, sur Aigle, rive droite.

#### VERTÉBRÉS.

*Strophodus,* sp. Dent. — Luan.

#### MOLLUSQUES.

*Ammonites planorbis,* Sow. — Luan.
    »    *Johnstoni,* Sow. — Taulan.
*Pseudomelania Deshayesi,* Terq. — Taulan, Pissot.
*Cerithium rotundatum,* Terq. — Taulan.
    »    *Jobae,* Terq. — Luan.
*Turritella Dunkeri,* Terq. — Luan.
*Pleuromya Dunkeri,* Terq. — Luan.
    »    *crassa,* Ag. — Luan.
    »    *striatula,* Ag. — Luan.
*Pholadomya prima,* Qu. = *Pholadomya corrugata,* K et D. Qu. — Pissot, Luan.
? *Mactra Oosteri,* Renev.

*Solen Deshayesi,* Terq. — Luan.
*Lucina arenacea,* Terq. — Taulan.
? *Cardinia regularis,* Terq. — Taulan, Douvaz.
   »    *similis,* Ag. — Luan.
*Cardium Philippianum,* Dunk. — Luan.
? *Arca hettangiensis,* Terq. — Taulan, Douvaz.
? *Nucula navis,* Piette. — Pissot.
*Mytilus Morrisii,* Opp. = *Modiola psilonoti* (?). — Taulan, Luan.
*Modiola ervensis,* Stopp. — Luan.
*Myoconcha psilonoti,* Qnst. — Taulan, Luan.
*Pinna semistriata,* Terq. — Luan, Pissot, Taulan.
   »    *trigonata,* Mart. — Luan, Pissot.
*Avicula Deshayesi,* Terq. — Luan.
   »    *sinemuriensis,* d'Orb. — Taulan.
*Perna infraliasica,* Qnst.. — Luan.
*Lima gigantea,* Sow. — Taulan, Pissot, Douvaz.
   »    *valoniensis,* Defr. — Taulan, Douvaz, Pissot, Luan.
   »    *Hausmannii,* Dunk. — Taulan, Douvaz.
   »    *hettangiensis,* Terq. — Douvaz.
   »    *tuberculata,* Terq. — Taulan, Pissot, Luan, Douvaz, Avants.
*Pecten Thiollierei,* Mart. — Taulan, Pissot, Luan.
   »    *valoniensis,* Defr. — Taulan, Luan, (Avants ?).
   »    *lugdunensis,* Mich. — Taulan.
   »    *securis,* Dum. — Pissot.
*Plicatula intusstriata,* Emm. — Luan, Douvaz.
   »    *hettangiensis,* Terq. — Luan, Taulan, Pissot.
?  »    *Baylei,* Terq. — Luan, Taulan.
*Spondylus Delaharpei,* Renev. — Taulan.
*Ostrea Rhodani,* Dunk. — Luan.
   »    *sublamellosa,* R et D, var. *anomala* = *O. irregularis,* Munst. — Luan, Taulan, Pissot.

BRACHIOPODES.

*Rhynchonella plicatissima,* Qust. — Ile aux Tassons, Avants.
   »    *Colombi,* Renev. — Pissot, Taulan, Avants.
   »    *Maillardi,* Haas. — Ile aux Tassons.
*Waldheimia perforata,* Piette. — Ile aux Tassons, Douvaz, Avants, Pissot, Luan, Taulan.
   »    *psilonoti,* Qnst. — Taulan, Pissot, Douvaz, Avants.
   »    *Rehmanni,* Buch. — Ile aux Tassons.

Échinodermes.

*Diademopsis serialis*, Ag. — Luan.
*Millericrinus amaltheus*, Qnst. — Pissot.

Les espèces les plus abondantes sont :

| | |
|---|---|
| *Lima valoniensis.* | *Plicatula hettangiensis.* |
| » *tuberculata.* | *Ostrea sublamellosa.* |
| *Pecten valoniensis.* | |

Ces deux dernières espèces sont, de plus, éminemment caractéristiques pour cet horizon.


## 2. LIAS INFÉRIEUR

*Sinémurien et liasien.*

Exclusion faite des couches hettangiennes ou infra-liasiques, nous avons été amenés à ne distinguer dans les assises liasiques que deux niveaux, dont l'inférieur comprend les étages sinémurien et liasien réunis. De fait, même dans la chaîne du Stockhorn et du Ganterist, où les fossiles abondent dans le lias inférieur, M. Gilliéron n'est pas parvenu à établir une distinction bien tranchée entre ces deux étages. La contrée que nous décrivons est encore beaucoup plus pauvre en fossiles et nous n'avons pu établir des subdivisions paléontologiques concordant avec ces étages. D'une manière générale on peut cependant distinguer dans le lias inférieur :

I. Un **horizon inférieur,** formé de calcaires d'abord compacts, en bancs minces, réguliers, prenant ensuite une épaisseur un peu plus variable. Ces calcaires sont généralement noirs ou gris foncé, assez compacts, d'une texture grenue, avec grains de silice et quelquefois schisteux avec ou sans rognons de silex. Les fossiles sont rares dans ce niveau et appartiennent au lias inférieur (*Ammonites oxynotus* et Ammonites du groupe des *Arietites*).

II. Un **horizon supérieur,** formé de roches assez variées. Ce sont des calcaires cristallins, spathiques dans lesquels quelques bancs paraissent formés entièrement de débris de *Crinoïdes;* d'autres sont sableux ou gréseux, ces roches sont tantôt dépourvues de silex, tantôt elles en renferment des rognons disséminés ou réunis en amas irréguliers.

Lorsque sous l'action des agents atmosphériques l'élément calcaire a disparu à leur surface, quelques-unes de ces roches prennent un aspect particulier, poreux et jaunâtre ; la couche superficielle est devenue friable et présente un aspect spongieux, les éléments sableux et siliceux ayant seuls résisté à la décomposition, font saillie à la surface.

Les fossiles sont très rares et mal conservés dans cet ensemble de couches. Il est supérieur au calcaire à Arietites et inférieur au toarcien; il appartient conséquemment dans son ensemble au lias moyen.

Ces deux niveaux ne se trouvent pas toujours avec des aspects bien tranchés dans la même chaîne. Le calcaire à Entroques (II) est souvent remplacé par des bancs épais de calcaire grenu plus ou moins cristallin et gris foncé, qui se confond facilement avec les assises inférieures.

Les terrains qui appartiennent au lias inférieur sont très inégalement distribués dans les diverses chaînes de notre région. La chaîne la plus extérieure n'en présente aucun affleurement.

### Chaînes du Moléson et des Verreaux.

Au S.-O. du Moléson une voûte rompue et érodée fait apparaître les couches rhétiennes bordées de calcaires liasiques dans lesquels a été trouvé l'*Ammonites oxynotus.* C'est à notre connaissance le seul affleurement du lias inférieur sur ce versant de cette chaîne.

Le calcaire siliceux est, au contraire, très développé au N.-E. de l'arête du Moléson; il y forme, au milieu du lias supérieur, une série de petites arêtes à relief bien accentué, dont la plus orientale passe près du chalet de la *Chaux-Dessus.* Heer indique une algue fossile, la *Widringtonites liasinus,* à Tremettaz dans des couches renfermant l'*Am. fimbriatus.* Une autre zone de cette roche se montre tout le long de l'axe anticlinal qui sépare le Moléson de l'arête des Verreaux-Dent de Lys, en formant le centre de l'axe, ou s'entr'ouvrant pour laisser apparaître des affleurements de couches rhétiennes ou de cargneule. Elle se dirige ainsi d'Enney jusque vers la Salettaz. Au sud de ce dernier point cette zone de lias prend un rapide développement et se divise en plusieurs arêtes, formées des calcaires foncés et siliceux, et de lits compacts souvent homogènes. Ces roches affleurent au Mont Folly, à la Grande Bonnavaux et au Mont-Cubli. Près des chalets de Bévieux il y a des blocs, éboulés de la petite arête entre la Plaigne et le vallon de Bévieux; ils appartiennent à un calcaire gris homogène, rempli de *Belemnites* et d'*Arietites*, dont une espèce paraît être certainement l'*A. Conybeari*.

La route des Avants coupe près du Solard les bancs finement cristallins, foncés, à grains de silice, du lias inférieur; ils y ont une épaisseur de 30 m. environ (Pl. IV, fig. 5). Sur la route de la Paccoresse au-dessus de Cornaux, nous avons constaté une assez grande épaisseur de calcaire à Echinodermes identique à la roche de la Tinière et teintée comme celle-ci. Elle y est dans une position anormale et ne peut donner aucun renseignement stratigraphique, vu l'absence de fossiles (Pl. IV, fig. 8).

Le rocher de Glion montre une superposition très nette de roches du lias inférieur. Les minces bancs de calcaire grenu, en grande épaisseur, apparaissent d'abord sur l'hettangien; puis viennent des bancs plus épais de calcaire un peu cristallin ou spathique d'une couleur gris foncé et avec rognons de silex, ce qui ne les fait pas reconnaître de suite pour le représentant du niveau supérieur.

### Chaîne de Cray et du Mont-Arvel.

La profonde cluse de Rossinière qui entrecoupe la chaîne de Cray au N.-O. du château d'Œx fait voir toute la série des couches jusqu'à la cargneule qui forme la base du lias inférieur, tandis que le terrain rhétien paraît manquer.

Le lias inférieur y est représenté par une assez puissante assise de calcaire spathique à grain grossier, composé presque entièrement de débris brisés et usés d'Échinodermes, en particulier de Crinoïdes. Rarement bien conservés, il est cependant possible d'y reconnaître par-ci par-là quelques fragments d'*Apiocrinus*, spécifiquement indéterminables. La teinte de cette roche est d'un gris clair passant quelquefois au rouge pâle. En cela elle rappelle le calcaire dit *marbre de la Tinière*, dont le grain est cependant un peu plus fin et dont il sera question plus loin. Ce banc spathique à Crinoïdes se voit des deux côtés de la Sarine, où il se trahit par un escarpement bien marqué à la base des couches du dogger et du toarcien. La grande route de Bulle ainsi que le chemin de Rossinières à Cuves l'entrecoupent; cela a permis de trouver parmi les blocs détachés un bon nombre de fossiles, permettant de fixer le niveau de cette assise. La roche n'est pas partout d'une texture spathique, elle devient quelquefois assez homogène; celle-ci, autant que la roche à Échinodermes, prend souvent une teinte rose, ou franchement rouge, très prononcée, ce qui augmente encore davantage la ressemblance de cette roche avec le marbre, dit de la Tinière.

Les fossiles trouvés dans cette couche sont :

*Ammonites* [*Ægoceras*] *planicosta*, Sow.
   »     »   *cf. raricostatus*, Ziet.
*Ammonites* [*Lytoceras*] *fimbriatus*, Sow.
*Waldheimia cf. Waterhousi*, Dav.
*Rhynchonella variabilis*, Schl. var. triplicata, Phill.
  »   *belemnitica*, Quenst.
  »   *Calderini*, Parona.
  »   *discoidalis*, Parona.

Enfin, encore plusieurs fossiles indéterminables, tels que *Pecten*, *Turbo*, *Belemnites;* un seul fossile assez fréquent, un *Spondylus* ou *Hinnites*, se rapproche du *Sp. velatus*, Goldf., lequel est une espèce toarcienne.

Cette faune est intéressante au plus haut degré; d'abord, parce qu'elle est *unique* pour notre région; le marbre de la Tinière n'ayant fourni jusqu'alors aucun fossile déterminable. L'intérêt en est encore augmenté par la présence de quatre espèces de *Rhynchonelles*. Les deux premières se rencontrent assez abondamment dans le sinémurien des environs de Bex, dont la roche est totalement différente de celle de Rossinières. Les deux autres espèces ne se trouvent pas à Bex et n'ont du reste jamais été trouvées dans les Alpes vaudoises; mais bien au pied sud des Alpes, dans les calcaires rouges et gris d'âge cymbien de Gozzano et de Saltrio. Nos échantillons sont *absolument identiques* à ceux de ces dernières localités et cela non seulement pour la taille mais encore pour la couleur de la roche et l'état de leur conservation.

En dessous de cette assise affleure de la cargneule dont des blocs éboulés bordent le chemin jusque vers Rossinières. Elle n'est pas triasique, mais elle paraît résulter de la décomposition d'un banc de calcaire dolomitique du lias; car en dessous, il y a dans le lit de la Sarine des couches très difficilement accessibles et qui sont probablement du lias inférieur. Près du pont de Rossinières, M. Rittener croit même avoir reconnu les couches de calcaire micacé grésiforme de l'hettangien, observation qui mérite d'être vérifiée et appuyée par des fossiles. En elle-même, elle n'a du reste que des probabilités. Il y a des possibilités que la gorge de la Sarine sous Rossinière offre même du rhétien.

D'après les fossiles cités, le niveau du calcaire à crinoïdes gris ou rouge, appartiendrait donc au lias moyen, c'est-à-dire à la partie supérieure du lias inférieur tel que nous le concevons. L'association de l'*Am. fimbriatus* avec les *Am. planicosta* et *raricostatus*, et des *Rhynchonelles* citées, montre que ce banc correspond à la fois aux zones à *Gryphœa Cymbium* et à *Am. oxynotus*.

Vers le haut, ce calcaire devient foncé, bien stratifié, et prend une texture finement grenue, modification qui forme le passage insensible au toarcien lequel vient par-dessus. L'ensemble des bancs rentrant dans ce groupe du lias inférieur, atteint dans la cluse de Rossinières environ 50-60 m. Quant aux couches inférieures du sinémurien, leur existence, quoique probable, mais non encore positivement constatée, ne nous permet pas d'en dire davantage pour le moment.

Dans le prolongement S.-O. de la chaîne du Mont-Cray, la **vallée de la Tinière** coïncidant avec l'un des plis anticlinaux profondément rompu et érodé de cette chaîne, ramène au jour les puissantes assises liasiques qui se poursuivent même dans la large vallée du Rhône, ici transversale à la direction des plis.

On y voit surtout le calcaire cristallin à silex, qui plonge rapidement vers le nord, au pied du mont Sonchaux et des rochers de Naye. Sur le versant opposé de la vallée, il longe la plus grande partie du flanc du Mont-Arvel depuis le pied du Petit Tour jusqu'en face du village de Rennaz. Il est connu là sous le nom de pierre d'Arvel ou de la Tinière et les différentes assises qui le constituent sont exploitées sur le bord de la vallée du Rhône, dans trois grandes carrières. Les assises à silex servent de pierre de construction, tandis que certains bancs de texture spathique [débris de Crinoïdes], et sans silex, sont susceptibles d'un beau poli et fournissent un marbre très dur, de couleur gris rose ou violacée, très recherché depuis quelques années.

Les bancs plus pénétrés de silice ont un aspect gréseux et fournissent d'excellents pavés. Les fossiles y sont très rares; ce ne sont que quelques bivalves, mal conservés et des *Belemnites* que M. Renevier croit pouvoir rapporter au *B. niger*, List. du lias moyen (*159*, p. 7).

Les calcaires inférieurs n'ont fourni que fort peu de fossiles, et ceux-ci n'ont que rarement été trouvés en place. M. Ooster cite comme provenant de là l'*Ammonites catenatus*, Sow. M. Renevier l'*Ammonites Conybeari*, Sow. ou espèce voisine du groupe des *Arietites*. Ce même fossile se trouve aussi dans la chaîne des Verreaux dans un calcaire gris où il est accompagné de nombreuses Belemnites. La vallée de la Tinière a encore fourni une Ammonite, conservée à l'école de Villeneuve et qui se rapproche de l'*Am. raricostatus;* mais sa médiocre conservation ne permet pas une détermination positive.

### Chaîne des Tours d'Aï.

La belle voûte des Tours d'Aï, largement entr'ouverte et ravinée sur son flanc N.-O., laisse voir au milieu des terrains jurassiques un affleurement de lias qui constitue une bonne partie des escarpements de ce versant.

Les couches inférieures sont formées de calcaires gris, souvent même presque blancs à la surface, disposés en bancs minces dans lesquels sont disséminés quelques rognons de silex. Par ce caractère même cette roche a une ressemblance très prononcée avec le calcaire jurassique supérieur. M. Gilliéron a déjà remarqué l'aspect particulier de ce terrain dans la chaîne du Stockhorn, ce qui fait de cette roche un facies un peu différent des assises liasiques inférieures. Elle y est aussi recouverte par le calcaire cristallin gris foncé à silex.

— 65 —

A l'extrémité S.-O. de cette chaîne, le cirque de Luan et d'Yvorne met à découvert une bande semi-circulaire de terrain liasique qui cependant est oblitérée sur une partie du versant ouest par suite d'une faille. Les bancs du malm sont directement en contact avec la cargneule.

Les assises liasiques constituent une bonne partie des escarpements au fond du cirque et sur son flanc est. Les calcaires compacts, surmontés des bancs cristallins à silex s'enfoncent au N.-E., sous les Tours d'Aï; puis, en s'avançant au S.-E., elles se contournent pour plonger au S.-E. Les calcaires à silex disparaissent dans les escarpements du Luiset et de Prafonde où l'on ne trouve plus que des calcaires foncés en bancs minces. Ces couches se dirigent jusqu'aux environs d'Aigle, où les nombreux ravins et châbles qui descendent sur le flanc de la montagne permettent d'en constater l'énorme épaisseur. On y a trouvé plusieurs Ammonites du s. g. *Arietites*. Sur Aigle, les assises du lias se redressent subitement, en passant en dessous du plateau de Leysin, pour venir percer, en position renversée, dans la vallée de la Grande-Eau. De Fontaney au Vuargny, elles s'appuyent sur le flanc droit de la gorge, où elles viennent souvent s'appliquer directement contre le malm. M. Ooster et M. Studer citent les fossiles suivants dans cette contrée; ces déterminations demanderaient peut-être vérification; mais elles indiquent avec suffisamment d'évidence la présence du sinémurien dans la vallée de la Grande-Eau.

| | |
|---|---|
| *Ammonites raricostatus*, Ziet. | *Ammonites Kridion*, Hehl. |
| »    *Conybeari*, Sow. | *Pholadomya decorata*, Hartm. |
| »    *bipunctatus*, Rœm. | |

Une grande *Ammonites* trouvée dans les éboulis entre Yvorne et Aigle est conservée au collège de cette dernière localité. C'est un bel exemplaire d'*Ammonites bisulcatus*, fossile du sinémurien inférieur.

9

### 3. LIAS SUPÉRIEUR

*Toarcien.*

Les assises du lias supérieur sont en général formées de calcaires marneux d'un gris foncé, prenant à l'air une teinte plus claire. Ces calcaires sont toujours plus ou moins schisteux et accompagnés de marnes de même couleur. Il est rare de trouver ce terrain bien à découvert; quoiqu'il soit facilement entamé par les eaux, il ne forme nulle part un relief bien accentué et les pentes douces et ondulées auxquelles sa présence donne lieu, sont habituellement couvertes de végétation.

Le lias supérieur se distingue très nettement du sinémurien, dont la nature plus calcaire et plus résistante produit un contraste facile à constater; mais il passe par une transition insensible aux assises du jurassique inférieur lequel n'est qu'un peu plus calcaire et d'une teinte un peu moins foncée, de sorte qu'il est bien difficile d'établir une limite, là où les fossiles ne se trouvent pas pour l'indiquer naturellement.

Les dépôts paraissent s'être succédés régulièrement et normalement dans des conditions identiques, dès lors il n'y a presque pas de différence de facies entre le lias supérieur et le dogger.

*Chaîne du Moléson.*

C'est dans cette chaîne seulement que le lias supérieur est développé sous forme d'un horizon paléontologique bien déterminé et nettement tranché des assises qui lui succèdent. Les fossiles y sont relativement abondants sur quelques points et dans quelques niveaux. Il n'est néanmoins pas possible d'y établir une séparation entre les deux zones, si distinctes ailleurs, à *Posidonomya Bronni* et à *Ammonites jurensis*. On y reconnaît cependant deux niveaux, formés, l'inférieur, de calcaires marneux et schisteux, le supérieur, de marnes à nodules plus durs. Ces assises constituent la majeure partie du lias supérieur de cette région et s'étendent surtout au pied N.-E. du Moléson et dans le haut de la vallée d'Erbivue. Elles y forment en général deux grandes selles synclinales reposant sur le lias inférieur et sur la cargneule ; elles entourent ainsi le massif du Moléson comme une ceinture et les escarpements de cette montagne les surmontent de toutes parts. Sur le flanc N.-O. leur développement est plus considérable qu'au S.-E. ; une faille locale les fait même disparaître par places en mettant le dogger en contact avec le lias inférieur. Le niveau supérieur se présente le long du pied ouest du Moléson sous forme de marnes feuilletées contenant des lits de rognons argileux colorés en jaune par de l'oxyde de fer. Cet horizon, épais de quelques mètres seulement, se voit au-dessus des chalets de Villaz, se poursuit jusqu'au Gros-Plané et se voit de nouveau dans le haut de l'Erbivue. Les fossiles y sont mal conservés; ce sont des *Ammonites* et des *Posidonomyes*.

Près d'Enney les couches du lias supérieur ont fourni l'*Ammonites costula*, Rein.

Près du Petit Moléson :

| | |
|---|---|
| *Ammonites cornucopiæ.* | *Ammonites* cf. *Normanianus.* |
| »　　*serpentinus.* | |

Le principal gisement de fossiles du lias supérieur est celui de **Teysachaux** (pr. Teyatzaut), au pied de la partie du Moléson nommée Trémettaz. Ce terrain prend là un aspect qui rappelle sous bien des rapports celui des *schistes à Posidonomyes* des environs de Boll, sans cependant être bitumineux comme dans cette dernière région. Les plaques de schiste marneux, couvertes d'empreintes d'Ammonites et de Posidonomyes, y alternent avec des bancs minces de calcaire noduleux compact, assez dur, de couleur un peu plus claire et dont la pâte fine renferme des débris indéterminables d'organismes. La partie supérieure de ces assises est très riche en fossiles, parmi lesquelles les *Ammonites* sont au premier rang; les plaques de schiste foncé en sont couvertes et les échantillons comprimés présentent la plus grande ressemblance dans leur apparence avec les Ammonites qui ont été figurées par Zieten.

On y trouve beaucoup de *Sépies* de très grandes dimensions, malheureusement déformées et imparfaitement conservées. Les plaques sur lesquelles elles sont, ne laissent guère juger que de leurs grandes dimensions.

Enfin, pour compléter l'analogie, ces couches renferment aussi des restes de vertébrés parmi lesquels ceux d'un bel *Ichthyosaure* que M. de Fischer-Ooster a rapporté à l'*Ichthyosaurus tenuirostris*, Conyb.

Dans les couches inférieures du lias supérieur, les fossiles sont bien plus rares.

Le ravin de Teysachaux et celui des Pueys qui n'en est pas bien distant, donnent de très bonnes coupes de ce terrain.

Le banc fossilifère de Teysachaux affleure encore dans le lit de la Veveyse un peu en amont de la jonction avec le torrent de Malliertzon et y présente les mêmes caractères. Plus loin au S.-O. le toarcien disparaît sous les amas glaciaires et reparaît de nouveau près de la Cierne au Boucle au bord de la petite Veveyse, où il a fourni quelques fossiles.

Après une nouvelle interruption, due au développement considérable des dépôts glaciaires, le lias supérieur réapparaît à l'est des Pléiades, au pied du Mont-Folly, où il est renfermé dans plusieurs plis synclinaux séparant le Mont-Folly, le Mont-Molard et le Grand-Caudon ; plus au sud il contourne le Mont-Cubli et se montre de nouveau sur le flanc S.-E. de celui-ci où les travaux de correction de la route des Avants l'ont mis récemment à découvert. Les fossiles, quoique rares et écrasés ont cependant suffi pour en fixer l'âge avec certitude, ce sont :

| | |
|---|---|
| *Ammonites aalensis.* | *Inoceramus undulatus.* |
| » *insignis.* | *Zoophycos scoparius.* |

De ce point, il se dirige toujours au S.-E. et se retrouve au pied du Mont-Cau, dans le lit de la Baye de Montreux, près du Pont-de-Pierre.

Des calcaires schisteux, alternant avec des marnes feuilletées qui paraissent se rapporter au lias supérieur, ont été entamés sur plusieurs points par la nouvelle route de l'Alliaz, sur le versant N.-O. du **Mont-Cubli.** Les fossiles y sont rares et, au surplus, mal conservés. Ils consistent en mauvaises empreintes d'Ammonites, dont les mieux conservées pourraient bien appartenir à l'*Amm. aalensis;* les fragments de *Belemnites* n'y sont pas rares; mais, faute d'exemplaires complets, ces fossiles ne peuvent être déterminés. Il y a en outre, dans certains bancs, de nombreuses empreintes végétales tout à fait méconnaissables.

Le groupement des fossiles du lias supérieur de la chaîne du Moléson indique un mélange intime des espèces caractérisant ailleurs les zones de l'*Am. serpentinus* et de la *Posidonomya Bronni*. En voici la liste :

*Ichthyosaurus tenuirostris*, Conyb. — Teysachaux.
*Belemnites fallax*, May; (B. tripartitus pars). — Teysachaux.
   »     *apicicurvatus*, Blv. —Teysachaux.
   »     *umbilicatus*, Blv. — Tabousset (Hongrin).
   »     *acuarius*, Schl. — Teysachaux.
   »     *paxillosus*. Schl. — Pueys.
   »     *charmouthensis*, May. — Teysachaux, Pueys.
*Nautilus toarcensis*, d'Orb. — Teysachaux.
*Ammonites* (*Phylloceras*) nov. sp. — Teysachaux.
   »     (*Lytoceras*) cornucopiæ, Y. et B. — Teysachaux, Pueys, Petit-Moléson.
   »     (*Stephanoceras*) *anguinus*, Rein. — Teysachaux, Pueys.
   »        »     *annulatus*, Sow. — Teysachaux.
   »        »     *Desplacei*, d'Orb. -- Teysachaux.
   »        »     *altus*, Haan. — Teysachaux.
   »     (*Harpoceras*) *bifrons*, Brug. — Teysachaux, Pueys.
   »        »     *serpentinus*, Rein. — Teysachaux, Pueys.
   »        »     *subplanatus*, Opp. — Teysachaux.
   »        »     *concavus*. — Pueys.
   »        »     *radiosus*. Seeb. — Cierne au Boucle.
   »        »     *aalensis*, Ziet. — Cierne au Boucle, Avants.
   »        »     *thouarsensis*, d'Orb. — Teysachaux.
   »        »     *undulatus*, Stahl. — Cierne au Boucle.
*Aptychus sanguinolarius*, Quenst. — Teysachaux.
   »     *lythensis*, Quenst. — Teysachaux.
*Solemya Voltzii*, Rœm. — Teysachaux.
*Posidonomya Bronni*, Goldf. -- Teysachaux.
*Inoceramus Falgeri*, Mer. — Teysachaux (cité par Ooster).
   »     *undulatus*. — Les Vaux sous les Avants.

Le lias supérieur de cette même chaîne a fourni encore plusieurs fossiles dont la détermination est incertaine. M. de Fischer a cité, entre autres :

| | |
|---|---|
| *Pholadomya decorata*, Ziet. | *Pecten tumidus*, Ziet. |
| *Pinna Hartmanni*, Ziet. | *Cyclolithes tintinnabulum*, Quenst. |

On trouve encore dans ces mêmes bancs de nombreux restes de poissons que M. de Fischer-Ooster a rapportés aux genres *Dapedius, Tetragonolepis, Eugnathus, Leptolepis* et *Macropoma*. Il a déterminé une espèce comme *Leptolepis Bronni.*

Parmi les restes d'*Octopodes* abondants et de grandes dimensions, l'un peut être rapporté au *Loliginites bollensis,* Quenst.

Il faut ajouter encore le *Zoophycos scoparius,* F.-O., qui ne manque presque nulle part, ainsi que quelques autres empreintes végétales, probablement des Algues; mais dont les déterminations sont incertaines.

### *Chaîne des Verreaux.*

Les caractères pétrographiques sont sommairement les mêmes que dans la chaîne du Moléson; mais les fossiles y sont bien moins nombreux. Les affleurements sont plus rares; la zone qui existe, presque sans interruption, depuis Enney jusqu'au pied de la Dent de Jaman, étant souvent masquée par les éboulis et les terrains erratiques. Les principaux gisements qui ont fourni des fossiles sont les Salettes, au pied de la Dent de Lys, le Pontelle, les Guédères, le Grand-Caudon, le Solagne et le Pontet, au pied de la Cape de Moine. Le calcaire cristallin du sinémurien délimite bien ces couches par son relief plus accentué. A sa partie supérieure, la série du jurassique inférieur (dogger) débute par la zone à *Am. opalinus* assez fossilifère.

Quelques Ammonites falcifères ont été trouvées dans le bas des ravins de Chérésaulaz, elles rappellent la faune si caractéristique des Pueys et de Teysachaux; il en est de même d'un gisement qui renferme les mêmes fossiles, quoique bien moins abondants, près du Solagne et des Pontets, au bord de la Baye de Montreux, au pied de la Cape de Moine.

C'est à cette zone qu'il faut probablement attribuer quelques fossiles du Musée de Berne, indiqués comme provenant d'un endroit appelé Béverêt.

Les environs de Bévieux, les Pontets, etc., ont fourni les fossiles suivants :

*Belemnites ferox*, May (*apicicurvatus* Blv.) — Béverêt.
»     *longissimus*, Mull. — Béverêt,
»     *charmoutensis*, May, — Béverêt.
*Ammonites serpentinus*, Schloth. — Pont de Jaman.
»     *aalensis*, Ziet. — Chenaux.
»     *radians*, Rein. — Pontets.
»     *insignis*, Ziet. — Chenaux.
*Inoceramus undulatus*. — Chenaux.
*Zoophycos scoparius*, F.-O. — Partout.
*Chondrites divaricatus*, F.-O. — Bévieux.

Au *Bévieux*, M. Doge a trouvé dans ces couches une vingtaine de vertèbres d'*Ichthyosaure* appartenant très probablement à l'*Ich. tenuirostris*, Conyb.

Au **Mont-Cau,** le lias supérieur est très difficile à distinguer du dogger; il ne renferme que quelques fossiles, *Ammonites* et *Belemnites*, tout à fait indéterminables.

### Chaîne du Mont-Cray et du Mont-Arvel.

Dans cette chaîne, le lias supérieur ne présente aucune différence d'avec celui des chaînes précédentes, sauf qu'il est encore plus pauvre en fossiles. Il a une épaisseur considérable, atteignant bien 200$^m$. Quant à ses caractères pétrographiques, il est inutile de les répéter ici.

Un caractère assez général, c'est la présence d'empreintes de fucoïdes et autres algues marines dans les couches supérieures. On en trouve de très nombreuses dans le schiste gris sur le sentier de Rossinières à Cuves, et dans un couloir, sur la rive opposée de la Sarine, au-dessus des Planches.

Voici les espèces les plus fréquentes de ces fucoïdes :

*Helminthopsis labyrinthica*, Heer.      *Palaeodictyon alpinum*, Heer.
»     *intermedia*, Heer.      *Zoophycos scoparius*, Fischer-Ooster.

Ces fossiles se retrouvent encore dans d'autres gisements et dans d'autres chaînes que nous aurons à citer plus tard. On est frappé de la ressemblance extrême des trois premières formes avec des genres et espèces analogues du flysch éocène. Peut-être leur distinction n'est-elle basée que sur des considérations stratigraphiques? Le fait est que les *Helminthopsis* sont très voisines des *Helminthoidea* du flysch et le *Palaeodictyon alpinum* ne diffère en rien du *P. textum* des schistes éocènes; cela est d'autant plus vrai que son nom n'a été créé qu'après qu'on eût constaté que les couches renfermant ces fossiles n'étaient pas éocènes mais bien liasiques!

D'après une communication qui nous a été faite, il semble que certains bancs calcaires diffèrent toutefois du reste de l'étage; c'est une roche grise, calcaire, à cassure irrégulière et dont nous ne connaissons pas le gisement. M. Burnier, instituteur à Cuves, a eu la bonté de nous envoyer des morceaux d'un bloc qu'il avait trouvé éboulé dans le ravin du torrent de l'Ondine, près Cuves. Ce calcaire est rempli de *Posidonomyes* et nous a fourni encore quelques *Ammonites*. Voici les fossiles que nous en avons extraits :

| | |
|---|---|
| *Ammonites Nilssoni*, Heb. | *Posidonomya Bronni*, Goldf. |
| »    *subplanatus*, Oppel. | *Rhynchonella fimbria*, Sow. |

Il y a de nouveau, vers le bas du lias supérieur, une modification très notable dans l'aspect des couches. Parmi plusieurs alternances marneuses et calcaires, où les marnes prédominent, il y a, près de Rossinières, une couche de marne noduleuse grise et jaunâtre à l'extérieur et qui est remplie de moules de petits bivalves. On trouve cette couche aussitôt après avoir dépassé, sur le sentier de Cuves, le calcaire à Crinoïdes et le massif de calcaire gris qui lui succède. La roche répand sous le choc une odeur fétide très intense et contient même des gouttes de bitume visqueux, remplissant des fissures.

Les fossiles, tous à l'état de moules, sont peu déterminables, quoique leur état de conservation, comme moules intérieurs, ne soit pas trop mauvais et que leur grande abondance permette toujours d'en trouver de très bons exemplaires.

Le fossile le plus commun est un petit moule difficile à définir M. Gilliéron a cru y voir une *Mactromya*, tandis que M. de Loriol attribue ce moule à une *Astarte*. Il y a également des Pleuromyes, dont l'une est très probablement identique à la *Pl. crassa*, Ag. laquelle se retrouve dans un autre gisement que nous allons décrire, avec la *Pl. striatula*, également assez commune à Rossinières.

M. Gilliéron a encore trouvé dans ce gisement un fragment d'*Am. anguinus* Rein., fossile caractéristique de la *pierre fétide* des *schistes à Posidonomyes* de la Franconie (lias ε).

Dans la suite de cette chaîne, le lias supérieur est peu apparent, car il se confond entièrement avec le dogger, et, parmi les trop rares fossiles, nous n'avons rien de nouveau à citer, jusqu'à l'extrémité de la chaîne, au pied du Mont-Sonchaux, dans la vallée de la Tinière. Ici, on trouve, dans la carrière supérieure du Crêt, sur Villeneuve, un lambeau de toarcien, éboulé par-dessus le rhétien. C'est tout une grande masse de marnes et de calcaires toarciens, en couches presque horizontales, placés dans le haut de la carrière supérieure, juste devant et par-dessus le rhétien, dont les couches sont verticales et déjetées. Parmi ces bancs se trouve justement, par un hasard des plus curieux, la marne à moules d'*Astartes* de Rossinières, avec des fossiles absolument identiques à ceux de ce dernier gisement et en bien plus grand nombre et mieux conservés. Les *Pleuromyes* sont ici bien plus communes que les *Astartes*. Voici ce que nous avons recueilli dans ce gisement :

*Astarte* sp., parfaitement identique aux échantillons de Rossinières. De même taille et dans le même état de conservation. Plusieurs échantillons présentent l'empreinte des ornements sous forme de stries concentriques.

*Pleuromya striatula*, Ag. assez ressemblante avec les figures d'Agassiz.

     »    *crassa*, Ag., échantillons bien typiques.

*Homomya cf. ventricosa*, Ag.

*Belemnites*, Sp.

La roche qui renferme ces fossiles est absolument semblable à celle du gisement de Rossinières. Les fossiles se ressemblent à tel point, qu'en les mélangeant on ne saurait plus distinguer les deux gisements.

M. Renevier cite le *Bel. tripartitus* du Mont-Arvel.

*Chaîne des Gastlosen et Tours d'Aï.*

La chaîne des Gastlosen ne présente pas d'affleurement du lias dans tout le tronçon de la Dent de Ruth, jusqu'à la Laitmaire; ce n'est que dans la voûte qui supporte les *Tours d'Aï* que ces couches sont fort bien développées, mais, malheureusement, sans fossiles appartenant à des mollusques. Les couches qui paraissent devoir être rangées dans le toarcien, sont ici des calcaires foncés, en lits peu épais et renfermant des rognons siliceux. Ils sont surmontés d'alternances nombreuses de calcaires en bancs minces, séparés par des marnes feuilletées, dans lesquelles on trouve beaucoup d'*empreintes de fucoïdes*. Leur épaisseur est d'environ 100-150$^m$, mais il paraît y avoir assez de variation. L'absence d'autres fossiles sera toujours un obstacle à une classification correcte de ces couches.

C'est avec les caractères indiqués qu'on voit ce terrain en série nombreuse d'alternances marno-calcaires et schisteuses, en montant depuis Lioson, au pied N.-O. des Tours d'Aï, vers le col qui sépare la Tour d'Aï de la Tour de Mayen. On retrouve également ces bancs dans les escarpements sur Yvorne; ils renferment ici une quantité tout à fait extraordinaire de *fucoïdes*, couvrant les grandes plaques de calcaire qui tombent constamment des rochers. Les espèces les mieux caractérisées sont :

| | |
|---|---|
| *Theobaldia circinalis*, Heer. | *Palæodictyon alpinum*, Heer. |
| *Helminthopsis labyrinthica*. Heer. | *Zoophycos scoparius*, Thioll. |
| »　　　　*intermedia*, Heer. | |

Le *malm* vient immédiatement par-dessus ces couches (voir encore chap. IV).

Dans la vallée de la **Grande-Eau,** le toarcien est encore caractérisé par ces mêmes végétaux. Les schistes et calcaires, affleurant au bord de la route d'Aigle au Sepey, en sont particulièrement riches. Ils sont, de plus, dans le voisinage immédiat du dogger ou bien du malm, d'une part, et du sinémurien, d'autre part, circonstance qui indique une réduction considérable de l'épaisseur des couches. Dans cette vallée, les bouleversements sont très grands et les contacts les plus extraordinaires sont fréquents. Il n'est, dès lors, pas possible de savoir si cette faible épaisseur du toarcien est réelle ou si elle est uniquement la suite d'une dislocation, glissement ou étirement des couches.

Sur le flanc gauche de la vallée de la Grande-Eau se trouve une bande de lias, laquelle suit continuellement la pente très rapide du Mont-Chamossaire; elle est bordée en dessus et en dessous, les couches étant déjetées au N.-O. et presque couchées, par du flysch très bien caractérisé. Le dogger et le malm manquent absolument entre deux. Ce terrain renferme des *Belemnites* et, à juger de sa nature surtout schisteuse et plaquetée, il doit être du lias supérieur. Il se poursuit jusqu'au-dessus de Panex, où il est accompagné de lias inférieur, près d'en Biot.

Un autre affleurement de toarcien se trouve en dessous d'*Aigremont*, sur le prolongement N. du précédent. Ce sont les schistes noirs à *Posidonomya Bronni* et à *Ammonites radians*. On les trouve dans le ravin de la Rionzette, tout près de sa réunion avec la Grande-Eau; les couches presque verticales s'enfoncent comme un coin entre les bancs de marnes et de brèches du flysch.

### Bex et Col du Pillon.

Enfin, nous citerons encore le terrain toarcien des environs de **Bex**. Il affleure au milieu du gypse en contact direct avec celui-ci, à l'endroit appelé Entre les deux Gryonnes. Les couches qui renferment ici l'*Ammonites radians* et des *Posidonomya Bronni*, montrent à leur partie supérieure des empreintes d'algues, tout à fait analogues à celles des Tours d'Aï.[1]

Près du Coulat, la *Posidonomya Bronni* est d'une abondance prodigieuse dans un schiste marneux, très peu en dessous du gypse. Ce fossile y est accompagné de l'*Am. radians*. La même couche se retrouve au delà de la voûte liasique, vers le Fondement, où elle est de nouveau dans le voisinage du gypse.

---

[1] Ces mêmes couches ont fourni un peu plus bas, une Ammonite du sous-genre *Ægoceras*, mais indéterminable.

Le lias du **Col du Pillon** se trouve sur le prolongement de celui des environs de Bex. Ce n'est que le niveau *toarcien* qui y est représenté; les autres étages n'affleurent pas. Comme à Bex, le toarcien est ici en contact avec le gypse ou avec la cargneule. Il y a donc lieu de supposer que le lias inférieur se trouve en dessous du toarcien, point que nous aurons à examiner de plus près en décrivant le gypse et la cargneule de cette région. Le toarcien du Col du Pillon se compose de marnes et surtout de schistes marneux se divisant en feuillets minces comme du papier-carton. Sa couleur est le gris foncé ou le gris jaunâtre plus ou moins clair. Les feuillets ont à leur surface un éclat lustré et on croit y remarquer de petites paillettes de mica ou de talc. Le toucher est doux et un peu gras. Tout semble indiquer une lamination extrême des couches, suite de la compression énorme que ces terrains ont dû subir avec une intensité d'autant plus forte qu'ils sont placés entre la grande masse de flysch et le haut massif de l'Oldenhorn, dont les couches éocènes ont été élevées à une très grande hauteur. Les fossiles sont naturellement mal conservés, déformés et totalement aplatis, désavantage auquel s'ajoute encore celui de leur extrême rareté.

En 1882, MM. Rittener et Schardt (*181*, p. 53) y ont trouvé deux *Ammonites* et quelques empreintes de *Posidonomyes*. Les premières font hésiter entre *Am. radians* et *Am. aalensis*, les secondes appartiennent plus sûrement à la *Posidonomya Bronnii*.

# CHAPITRE IV

## TERRAIN JURASSIQUE INFÉRIEUR

### (DOGGER)

Nous réunissons sous cette dénomination tous les horizons géologiques, compris entre le toarcien et l'oxfordien. Notre dogger comprend donc les équivalents des zones à *Am. opalinus*, *Murchisonœ*, *Humphriesianus*, *Parkinsoni* et *macrocephalus*. Ces divers niveaux, si tranchés dans la plupart des régions du Jura, ne le sont qu'imparfaitement dans les Alpes; souvent même l'un ou l'autre de ces horizons, bien caractérisé par ses fossiles, l'emporte en importance sur les autres, moins fossilifères. Ou bien encore, tel horizon, représenté par ses fossiles dans l'une des chaines, fait totalement défaut dans une chaîne voisine.

Il arrive aussi que, d'une chaîne à l'autre, le dogger présente un aspect totalement nouveau, si différent même, qu'on se croirait volontiers en présence d'un terrain d'âge tout autre. Ce ne sont plus de simples variations dans la distribution des fossiles et dans leur abondance, comme nous l'avons constaté pour le lias, mais bien de véritables changements de *facies* qui font apparaître le même terrain sous une forme nouvelle et avec une faune toute différente.

Il nous suffit de rappeler la remarquable faune des *couches à Mytilus*, qui, pendant longtemps, a été considérée comme étant kimméridgienne, et dont M. de Loriol a enfin établi l'âge réel, en démontrant qu'elle appartenait au terrain bathonien (*109*). Ce *facies littoral* n'a néanmoins pas une seule espèce fossile commune avec les couches de Klaus qui sont le facies normal du bathonien pour notre région. Les paléontologistes seront certainement appelés encore souvent à relever des erreurs de ce genre et à établir ainsi des contrastes de facies, dont les sondages profonds, opérés récemment, pourront probablement fournir l'explication.

Pour plus de clarté nous préférons traiter à part dans deux sections distinctes les couches appartenant à ces deux facies.

### I. DOGGER NORMAL, FACIES D'EAU PROFONDE

*Dogger à Zoophycos.*

Ce facies se présente fort bien développé dans les chaînes extérieures des Alpes au N.-O. de celle des Gastlosen, soit dans les chaînes du Moléson, des Verreaux, du Mont-Cray, des Rochers de Naye et du Mont-Arvel[1]. Il constitue une puissante série de couches assez uniforme dans toute son épaisseur qui atteint parfois 400$^m$ et même davantage. Ce sont des alternances de bancs calcaires parfois grenus et de lits schisteux et marneux, de teintes également grises. Dans la partie inférieure les marnes l'emportent en général sur l'épaisseur des alternances calcaires; tandis que l'inverse a lieu dans le haut. Mais ce n'est pas une règle absolue; suivant les localités, on trouvera des différences et celles-ci se portent non seulement sur le rapport des couches marneuses et des couches calcaires au point de vue de leur fréquente répétition, mais aussi sur l'épaisseur absolue des lits. En effet, si en général les lits de marnes feuilletés et de bancs calcaires varient entre 0,25 à 1$^m$ d'épaisseur, on rencontre par place et surtout dans le milieu de cette formation, des interruptions de massifs calcaires épais de plusieurs mètres. La partie supérieure a un aspect plus uniforme.

A ce caractère s'ajoute encore une rareté désespérante de niveaux fossilifères; et là où se trouvent des fossiles, ceux-ci, au lieu de marquer nettement l'une ou l'autre des 5 zones qui composent la division du dogger, en indiquent ordinairement plusieurs à la fois. Dans ces circonstances, il eût été fâcheux de vouloir introduire la subdivision en étages, établie pour le Jura; il a fallu se contenter de distinguer d'une manière sommaire dans les assises du dogger de ces chaînes deux niveaux qu'il est souvent même difficile de reconnaître.

Le **niveau inférieur** comprend les zones à *Am. opalinus* et à *Am. Murchisonœ*.

Le **niveau supérieur** embrasse tout le reste du dogger depuis la zone à *Am. Humphriesianus* jusqu'à celle à *Am. macrocephalus*.

La division inférieure du dogger correspond à peu près au grand étage *bajocien*. La supérieure représente le *bathonien;* ce sont les couches que M. de Hauer a nommées *couches de Klaus.*

D'après la fréquence du *Zoophycos scoparius* dans presque tous les niveaux de ce facies, on pourrait le nommer *dogger à Zoophycos,* dénomination que nous emploierons souvent.

---

[1] D'après quelques fossiles du musée de Berne, indiqués comme provenant de Châtel-Saint-Denis, le dogger existerait aussi dans la chaîne de Niremont. Selon toute apparence il y a là une erreur.

## A. DOGGER INFÉRIEUR (Bajocien).

*Zones à Ammonites opalinus et à Am. Murchisonæ.*

Nous avons déjà fait remarquer que la roche qui forme cet horizon inférieur du dogger ne diffère que peu dans sa nature de celles qui composent le lias supérieur. C'est la continuation d'une formation qui s'est effectuée à peu près dans les mêmes conditions. Les calcaires marneux et schisteux sont seulement de couleur un peu plus claire et font une transition insensible aux couches supérieures. Lorsque les fossiles manquent, la ressemblance de la roche avec le lias supérieur d'un côté et avec le bathonien de l'autre ne permet pas de déterminer une limite exacte de cet horizon.

### Chaîne du Moléson.

Dans cette chaîne, le dogger inférieur est assez bien développé; les espèces caractéristiques ont été trouvées par l'un de nous dans un gisement situé au bord de l'Erbivue au pied N.-E. du Moléson. Ce sont :

> *Ammonites tatricus*, Pusch.
> » *Murchisonæ*, Sow.
> » *opalinus*, Schl.

### Chaîne des Verreaux.

La pente N.-O. de l'arête découpée des Verreaux laisse apercevoir toute la série des couches jurassiques.

A l'inverse de la chaîne du Moléson, le pied de cette chaîne présente de nombreux gisements fossilifères qui permettent de suivre cet horizon de la Marivue jusqu'au pied de la Cape-de-moine et au delà. L'un de nous, M. E. Favre, a déjà fait connaître ces gisements (62) et, si les espèces ne sont pas bien nombreuses, il y en a par places de très abondantes. Les divers gisements, la Marivue près Cernioz, la Pontelle sous Chérésaulaz, le Grand-Caudon, etc., ont fourni les espèces suivantes :

*Ammonites latricus*, Pusch. — Espèce très commune. Marivue, Béverêt, le Paccot.
    »     *nov. spec.* (du S.-G. *Lytoceras*). — Marivue, Grand-Caudon.
    »     *Aalensis*, Ziet. — Marivue, Pontelle, Paccot, Cherésaulettaz, Chérésaulaz-
        devant, Grand-Caudon.
    »     *Murchisonæ*, Sow. — Gobalet, Marivue, Pontelle, Béverêt, Grand-Caudon,
        Folly.
    »     *cf. costula*, Rein. — Grand-Caudon.
    »     *opalinus*, Schl. — Marivue, Pontelle, Paccot, les Hugonins, Bévieux.
*Aptychus sp.* — Grand-Caudon.
*Lima sp.* — Grand-Caudon.
*Inoceramus sp.* (aff. *rostratus* Goldf.). — Marivue, Grand-Caudon.
*Posidonomya sp.* — Grand-Caudon.
*Zoophycos scoparius*, Thioll. — Marivue.

Une *Ammonite* très voisine de l'*Am. Humphriesianus*, mais très comprimée et conséquemment d'une détermination douteuse, est indiquée par M. de Fischer-Ooster comme provenant du Vu de Myrio (Marivue). Toutefois cette indication demanderait confirmation.

L'association de l'*Am. Humphriesianus* à la faune de la zone de l'*Am. opalinus* n'est pas un fait insolite et la présence du fossile en question dans ce niveau de la chaîne des Verreaux ajouterait un intérêt de plus à un fait semblable, dont il sera question plus tard à propos du gisement du Pâquier-Burnier.

Le gisement du Béverêt a encore fourni une espèce très voisine de l'*Ammonites fallax*, Ben. Nous n'osons cependant affirmer la présence bien constatée de cette espèce dans cette zone en nous basant sur ce seul échantillon.

L'association dans presque tous ces gisements des *Ammonites latricus, Aalensis, opalinus* et *Murchisonæ* est parfaitement positive. Bien que cette dernière espèce caractérise en général un horizon plus élevé, elle a souvent aussi été trouvée dans les Alpes associée à l'une ou à l'autre des espèces citées. Quant à la présence dans la chaîne des Verreaux de l'*Am. Humphriesianus*, elle est possible; l'ornementation des deux échantillons connus étant bien caractéristique; toutefois leur écrasement complet ne permet pas d'être plus affirmatif sur l'identité de cette espèce.

### Chaînes du Mont-Cray, des Rochers de Naye et du Mont-Arvel.

Bien que des fossiles, recueillis dans des gisements divers, permettent d'affirmer positivement la présence de niveaux du bajocien dans ces chaînes, leur rareté ne permet pas d'étendre les conclusions à toute cette région relativement considérable.

Les couches que nous attribuons au bajocien se voient en dessous des couches de Klaus dans presque toutes les entailles ou *ruz* qui sillonnent les flancs de la chaîne du Mont-Cray et du massif de Corjon. Ce sont des bancs calcaires, foncés, assez durs et disposés assez irrégulièrement. La rareté des niveaux fossilifères ne permet pas de fixer exactement les limites de cet étage qui se relie intimement aux couches de Klaus par la présence de ces mêmes grandes empreintes de *Zoophycos*, lesquelles se trouvent déjà abondamment dans le toarcien. Il n'est donc pas possible de lui donner une épaisseur même approximative.

Dans la cluse de Rossinière sur la pente O. du Mont-Cray, on avait mis à découvert, il y a une dizaine d'années, lors de la construction d'un chalet, une couche fossilifère appartenant à l'étage bajocien. Les fossiles sont contenus dans un calcaire marneux à rognons ou nodules très durs. Les nombreux fossiles y sont fortement engagés et en général mal conservés. Ils ont été recueillis par M. le prof. Renevier et par un nommé Hercot, de Château d'Œx. La localité se nomme le Pâquier-Burnier. La faune, composée exclusivement de *Céphalopodes*, présente un intérêt tout particulier. Voici la liste des espèces que nous y avons constatées :

*Belemnites cf. Blainvillei*, d'Orb. — Commun.
*Ammonites Humphriesianus*, Sow. — Très abondant, plusieurs formes et variétés.
    »    *Murchisonæ*, Sow. — Assez rare.
    »    *cf. concavus* (?), Sow. — Un seul échantillon trop mal conservé pour être déterminé avec certitude.
    »    *tatricus*, Pusch. — Commun.

On voit que des fossiles appartenant à des zones très distantes se trouvent mélangés ensemble dans ce gisement. Nous y trouvons réunis l'*Am. tatricus* de la zone à *Am. opalinus*, l'*Am. Murchisonæ* très bien caractérisée, et l'*Am. Humphriesianus* en grand nombre, fossile qui marque d'habitude la partie moyenne du dogger, soit la base du bathonien. Des associations semblables d'espèces de divers horizons ne sont du reste, pas rares dans les Alpes : nous aurons l'occasion d'en constater de nouveaux exemples pour l'oxfordien, le néocomien, etc.

Pour les prolongements au S.-O. de cette chaîne, savoir les arêtes au delà du massif du Corjon. Les renseignements sur la présence de ce même horizon plus au sud dans les Rochers de Naye et Mont-Arvel nous manquent presque complètement. La seule indication consiste en une *Am. cf. opalinus* que M. Renevier cite comme ayant été trouvée dans les éboulis du pied de cette dernière montagne.

## B. DOGGER SUPÉRIEUR (Bathonien et callovien).

Zones à *Ammonites Humphriesianus. Parkinsoni*, etc.

### COUCHES DE KLAUS.

Au-dessus des couches fossilifères du bajocien s'élève une puissante masse de calcaires marneux gris foncé, dont l'ensemble peut atteindre 200-300 m. Extérieurement ils contribuent à la formation de la partie supérieure du talus peu incliné qui marque les couches toarciennes. Cette pente devient de plus en plus rapide et finit par devenir un véritable abrupt couronné par les rochers calcaires du malm. Les caractères de cette masse sont peu variés.

Les alternances calcaro-marneuses ont des épaisseurs variables, plus variables même que l'aspect général du terrain pourrait le faire supposer. Tantôt des couches de faible épaisseur, calcaires, marnes, schistes, forment des alternances nombreuses; tantôt les bancs calcaires plus épais ne sont séparés que par de faibles délits schisteux et forment des abrupts; tantôt enfin, les marnes délitables forment des bancs presque homogènes de plusieurs mètres d'épaisseur, interrompues seulement par des lits de calcaire marneux un peu plus dur.

Lorsque des bancs calcaires d'une épaisseur de 0<sup>m</sup>,50 à 1 m. d'épaisseur alternent avec des marnes ou marnes schisteuses de même importance ce qui est le cas le plus fréquent, les eaux, en désagrégeant ces dernières, font ébouler les bancs calcaires qui se brisent suivant un « longrain[1] » à peu près perpendiculaire à la stratification en formant des blocs plus ou moins cubiques amoncelés au pied du talus[2].

Sur la cassure fraîche, les roches des couches de Klaus sont d'un gris bleuâtre foncé, marqué quelquefois de petites taches noires; mais exposées à l'air, elles prennent une teinte gris clair, passant quelquefois au jaune, surtout lorsque la roche est plus marneuse. Cette modification pénètre souvent assez profondément dans les bancs ou blocs de nature calcaire, pour que, sur la cassure fraîche, on voie au milieu du bloc le noyau de roche non altérée, entourée d'une bande gris jaune, due à la couche extérieure décomposée. Chez les marnes, si le délitement ne met pas continuellement de la nouvelle roche à découvert, l'altération atteint parfois près d'un mètre de profondeur.

Stratigraphiquement ces couches occupent dans nos Alpes les zones comprises entre celles à *Am. Murchisonæ* et le terrain oxfordien (zone à *Am. transversarius*). Elle représente donc un certain nombre de zones, savoir celles à *Ammonites Humphriesianus*, *Am. Parkinsoni* et *Am. macrocephalus*. L'uniformité de leur composition et la rareté des fossiles n'a pas permis jusqu'à présent de les subdiviser. Bien que les fossiles soient assez abondants sur certains points, ils ont été recueillis pour la plupart dans les éboulis au pied des talus et escarpements. Il n'est guère possible d'en trouver de bien conservés en assez grand nombre dans la roche en place pour pouvoir reconnaître des niveaux paléontologiques distincts. M. Gilliéron a été plus heureux pour les Alpes fribourgeoises, où les fossiles plus nombreux et des recherches persévérantes lui ont permis de distinguer un étage correspondant au callovien, à la partie supérieure des couches de Klaus. La plupart des fossiles qui nous ont servi à établir l'âge des couches bathoniennes ont

---

[1] Jannetaz, *Bull. Soc. géol. de France*, III<sup>me</sup> série, t. XII, p. 221, v. longrain.
[2] Cette même fragmentation se rencontre aussi dans les calcaires toarciens.

été recueillis par des collectionneurs et sont depuis longtemps dans divers musées; celui de Berne en renferme le plus grand nombre; cependant, si nous ne sommes pas parvenus à séparer les horizons divers dans cet ensemble de couches de nature homogène, nous avons pu cependant reconnaître que les assises les plus inférieures ne renferment que les espèces les plus anciennes, telles que l'*Am. Humphriesianus*, tandis que les couches supérieures voisines de l'oxfordien contiennent en majeure partie les types du callovien, (*Belemnites hastatus, Am. macrocephalus*, etc.).

### Chaîne du Moléson.

Sur tout le pourtour du massif du Moléson les couches bathoniennes forment un talus couronné par les calcaires du malm. Elles surmontent presque partout régulièrement la zone à *Am. opalinus* et le toarcien, sauf au S.-E., où il y a contact, par suite d'une faille, avec le lias inférieur. Les caractères pétrographiques rentrent tout à fait dans l'aperçu général que nous venons de donner; la roche est presque partout homogène, rarement les calcaires sont grenus. Les fossiles sont fréquents sur tout le pourtour de la montagne; les points les plus riches se trouvent au N.-O. au Grand-Teysachaux, au Villars de Tremettaz; sur le versant S.-E., en Pétère, au Tzoatzo-dessous, au Mifory et à la Belle-Chaux.

Voici les espèces recueillies dans ces gisements :

*Belemnites hastatus*, Montf. — Moléson.
*Ammonites flabellatus*, Neum. — Moléson, Mifory.
　　　　» 　　*Kudernatschi*, Hau. — Moléson.
　　　　» 　　*disputabilis*, Zitt. — Tzoatzo-dessous.
　　　　» 　　*viator*, d'Orb. — Tzoatzo-dessous. Pétère.
　　　　» 　　*heterophylloides*, Opp. — Moléson.
　　　　» 　　*mediterranneus*, Neum. — Moléson.
　　　　» 　　*Zignodianus*, d'Orb. — Moléson. Tzoatzo-dessous.
　　　　» 　　*Adeloïdes*, Kud. — Moléson.
　　　　» 　　*tripartitus*, d'Orb. — Moléson.
　　　　» 　　*oolithicus*, d'Orb. — Moléson.

*Ammonites Martinsi*, d'Orb. — Moléson.
    »     *cf. Backeriæ*, Sow. — Tzoatzo-dessous.
    »     *Humphriesianus*, d'Orb. — Grand-Teysachaux.
    »     *cf. hecticus*, d'Orb. — Moléson.
*Posidonomya alpina*, Gras. — Moléson, Pétère, Mifory, Teysachaux.
*Zoophycos scoparius*, Thioll. — Partout en abondance.

### *Chaîne des Verreaux.*

Les couches bathoniennes surmontent en puissantes assises la zone à *Am. opalinus* du pied de l'arête des Verreaux. De même qu'au Moléson, leur présence donne lieu à un talus assez uniforme, se confondant dans le bas avec la pente douce des marnes toarciennes et devenant dans le milieu et vers le haut relativement plus rapide, pour passer finalement au crêt abrupt du jurassique supérieur qui la domine. Tout le long de cette zone, les couches plongent régulièrement au S.-E., sous un angle variant entre 30-45°. Il en est ainsi depuis Enney, au bord de la Sarine, jusqu'au pied de la Dent de Jaman. Cette longue bande de couches de Klaus est étroite d'abord dans sa partie N.-E., où la chaîne est peu élevée, mais vers le S. O. elle acquiert rapidement un grand développement en largeur. Les bords de la Marivue en donnent une excellente coupe. Il y a souvent des feuillets de charbon dans ces couches.

De nombreux et riches gisements fossilifères se succèdent depuis le ravin de la Marivue, qui en est l'un des plus riches, jusqu'au pied de la Dent de Jaman. Ce sont du N.-E. au S.-O. :

La Marivue (M), les Cergnaules (C), la Salettaz (S), la Dent de Lys (L), le Paccot (P), la Chéresaulaz-d'Enhaut (Ch. h.), les Hugonins (H), la Chéresaulettaz (Ch), la Chéresaulaz-devant (Ch d.), le Grand-Caudon (GC), la Cape de moine (Cm), Bévieux (B).

Voici la liste des nombreux fossiles fournis par ces divers gisements; les lettres qui suivent les noms des fossiles correspondent aux abréviations placées entre parenthèses après les gisements :

*Nautilus* sp. — L.
*Belemnites hastatus*, Blv. — Ch, L, S.
   »    *Sauvanausus*, d'Orb. — Ch, GC, L.
   »    *baculoides*, Oost. — Ch.
*Ammonites flabellatus*, Neum. — L.
   »    *Kudernatschi*, Hau. — GC, L.
   »    *disputabilis*, Zitt. — GC, Cm.
   »    *mediterraneus*, Neum. — C, Ch, H, L, S.
   »    *Zignodianus*, d'Orb. — GC, L, Ch.
   »    *viator*, d'Orb. — Ch, GC, S.
   »    *Hommairei*, d'Orb. — Ch, L.
   »    *cf. Eudesianus*, d'Orb. — Ch, L.
   »    *heterophylloides*, Opp. — C, B.
   »    *Adeloides*, Kud. — Ch, GC, L.
   »    *subobtusus*, Kud. — C, Ch, GC, L.
   »    *oolithicus*, d'Orb. — Ch, L.
   »    *Humphriesianus*, d'Orb. — Cm, Ch, GC, L, M.
   »    *rectelobatus*, Hau. — GC.
   »    *Brackenridgii*, Sow. — GC.
   »    *linguiferus*, d'Orb. — Ch, GC.
   »    *Blagdeni*, Sow. — GC.
   »    *Gervillei*, Sow. — GC.
   »    *Parkinsoni*, Sow. — Ch.
   »    *banaticus*, Zitt. — S.
   »    *Martinsi*, d'Orb. — Cm, Ch, L, S.
   »    *cf. Bakeriæ*, Sow. — Chd, L.
   »    *anceps*, Rein. — GC, Ch, Chd, L, S.
   »    *dimorphus*, d'Orb. — M, GC.
   »    *coronatus*, Brgn. — Ch, GC.
   »    *krakoviensis*, Neum. — L.
   »    *cf. fuscus*. Qnst. — Cm.
   »    *hecticus*, d'Orb. — Cm, Ch, GC, L, P, Chd.
*Posidonomya alpina*, Gras. — C. Ch, GC, H, L, M, P, S.
*Zoophycos scoparius*, Thioll. — C, L, M presque partout.


Il faut ajouter encore à cette liste un bon nombre de fossiles indéterminables on non décrits, *Pecten, Lima, Brachiopodes, Crinoïdes, Fucoïdes*, etc.

*Chaîne du Mont-Cray. (Brenleyre, Rochers de Naye et Mont-Arvel).*

Dans cette chaîne et dans les divers rameaux qui en sont la continuation au S.-O., les couches de Klaus se font aussi remarquer par leur puissance qui est d'environ 250 m.

**Tronçon du Vanil-noir.** Dans le tronçon de cette chaîne, compris entre le Rio du Mont et la cluse de la Sarine, les couches de Klaus offrent de vastes affleurements. Mais, si dans l'aspect général, elles sont tout à fait analogues aux mêmes couches des chaînes que nous venons de parcourir, il y a à faire des réserves importantes sur la nature pétrographique de certaines couches et la fréquence des fossiles. Ceux-ci sont d'une rareté excessive et malgré les nombreux affleurements sur les deux flancs de la chaîne (surtout au pied des Tours de Dorenaz, dans le cirque de Paray et dans les ruz de Combettes, de la Lévraz, de la Vausseresse, etc., sur le flanc S.-E.), nous n'avons pu réunir qu'un nombre fort restreint de fossiles. Les bancs calcaires, qui alternent avec les bancs schisteux et marneux, bien qu'ils conservent la teinte gris foncé si caractéristique, sont fréquemment d'une texture grenue et renferment, outre des fragments spathiques, dus à des *Crinoïdes*, des grains de quartz arrondis. La surface des bancs est presque toujours couverte d'empreintes de *Zoophycos scoparius*. Vers le haut, les bancs calcaires ont souvent une texture franchement *oolithique* et prennent en même temps une teinte jaune ou roussâtre. Ceci est en particulier le cas dans le cirque de Paray au pied du Vanil-noir. Dans ces mêmes parages les couches de Klaus contiennent fréquemment, ce qui n'est pas toujours le cas ailleurs, des feuillets de *charbon brillant, véritable houille,* qui n'occupe cependant aucun niveau fixe, mais qui ne paraît pas dépasser de beaucoup le milieu de l'étage. Les bancs calcaires qui l'accompagnent répandent au choc une odeur fétide, bitumineuse. Ce charbon ne forme pas de véritables couches; ce sont des minces feuillets de quelques millimètres d'épaisseur ou des traînées qui affectent cependant, à la surface des bancs, des formes bien nettement végétales, sans qu'il soit possible de dire si ce sont des restes de plantes marines ou de plantes terrestres. Elles sont très fréquentes dans les couches marneuses qui affleurent au-dessous des lits oolithiques et qui alternent avec les bancs grenus à *Zoophycos*. On en trouve beaucoup à Dorenaz et à Paray-Charbon.

Il y a quelque possibilité que ces traces charbonneuses soient dues à des végétaux terrestres, lorsqu'on considère que les dépôts de Paray et de Dorenaz sont si rapprochés des assises bathoniennes à *Mytilus* de la Laitmaire et du Rocher de la Raye. Des îles, couvertes d'une riche végétation, ont marqué, dans cette dernière chaîne, le commencement de l'époque bathonienne et y ont donné lieu à de véritables couches de houille. Ne serait-il pas possible que des courants marins aient entraîné quelques-uns de ces troncs de *Zamites* et de *Thuites* loin de la côte et du faciès littoral, dans la mer où se formait le dépôt d'eau profonde des couches de Klaus? Cette supposition rencontre quelque probabilité dans le fait que ces traces de charbon ne se voient pas dans les couches de Klaus du massif de Corjon, beaucoup plus éloigné des dépôts à Mytilus. Toutefois nous avons vu qu'on en retrouve dans la chaîne des Verreaux.

S'il était possible de déterminer exactement la nature et peut-être le genre des végétaux auxquels appartiennent ces traces, il y aurait là peut-être un moyen de démontrer d'une manière directe la contemporanéité des couches de Klaus et des couches à Mytilus, ce qu'il n'a jusqu'à présent pas été possible de faire; la faune des couches à Mytilus ne renfermant aucune espèce des couches de Klaus.

Les bancs inférieurs et moyens de cet étage renferment souvent des *Ammonites* écrasées, presque toujours indéterminables et des *Belemnites* qui ne sont guère mieux conservées. Quelques fragments de *Crinoïdes* appartenant au genre *Apiocrinus* ont été fournis par les bancs à débris spathiques. Le haut dès couches de Klaus est formé, à Paray-Dorenaz, par des lits un peu plus homogènes, schisto-calcaires, d'un gris plus clair qui renferment des *Belemnites hastatus*, bien conservées et une *Ammonite* voisine du groupe de l'*Am. plicatilis*.

Le premier fossile et le second surtout permettraient de rattacher ce niveau à l'oxfordien — ce serait peut-être le correspondant du calcaire à ciment de Châtel-Saint-Denis — mais il paraît plus naturel de ne pas le séparer du reste du bathonien duquel il se rapproche par son faciès. C'est peut-être du callovien.

La large zone de couches de Klaus qui forme sur le versant N.-O. de la chaîne une double bordure au N. et au S. des affleurements du lias, est bien mise à découvert par les érosions. La vaste surface occupée par ce terrain n'a fourni encore qu'un petit nombre de fossiles. La bande qui longe le S.-E. du noyau liasique de la voûte est séparée d'abord de celle du versant sud-est par les assises de malm et de néocomien de la synclinale des Morteys, qui, de plus en plus resserrée, finit par s'éteindre presque complètement à la Dent de Paray où il y a jonction entre ces deux zones.

La deuxième bande du versant N.-O. de la chaîne se poursuit entre les assises redressées du malm et des couches liasiques du centre de la voûte, jusqu'à la cluse profonde de Rossinière. Ici, l'érosion considérable a opéré la réunion de cette bande de couches de Klaus avec celle du versant sud-est en montrant aussi la continuité des couches dans le sein de la chaîne.

La nature pétrographique des couches bathoniennes du versant N.-O. est à peu près identique à celle des mêmes couches du flanc opposé. Nous n'avons pas constaté l'existence de feuillets charbonneux; les couches à texture oolithique y paraissent aussi moins développées. Les fossiles sont déjà un peu plus abondants, surtout dans le haut de l'assise. Ce sont des *Belemnites* assez fréquentes, près de Grand-Villars, dans des couches peu inférieures à l'oxfordien. Ces couches exploitées forment de grandes dalles de calcaire gris clair, séparées par des délits schisteux. Elles occupent le même niveau que la couche de Paray-Dorenaz qui paraît callovienne. Un autre gisement fossilifère, beaucoup plus riche, se trouve dans la cluse de Rossinière au-dessus du hameau de Cuves, dans le haut du ravin de l'Ondine, au pied du sommet du Mont-Cullan. Les couches fossilifères appartiennent à un niveau inférieur aux lits dont nous venons de parler, mais occupant toujours la partie supérieure des couches de Klaus. Les bancs affleurent un peu au N.-E. du chalet de Sonlemont, dans une position presque verticale; le torrent en les entamant dans le sens de leur direction en a mis la surface à découvert sur de grandes étendues, ce qui a permis d'y recueillir de nombreux fossiles, constituant une faune de Céphalopodes remarquable. L'*Ammonites tripartitus* y est surtout abondante. Ce fossile y est accompagné de l'*Am. Parkinsoni*, toujours comprimé, mais dont la détermination nous paraît certaine.

**Tronçon du massif de Corjon.** Cette partie de la chaîne du Mont-Cray, découpée par la Sarine et l'Hongrin, présente sur ses flancs N.-O. et S.-E. de beaux affleurements du dogger. Malgré cela, nous ne possédons que fort peu de fossiles de cet endroit. L'énorme épaisseur des couches, la rareté des fossiles, la ressemblance des bancs inférieurs avec le toarcien, rendent la subdivision en étage difficile, le bajocien doit certainement y être représenté. Les couches forment une voûte au-dessus des chalets de Crau, situés eux-mêmes sur les bancs inférieurs du dogger. L'épaisseur de celui-ci est donc très grande. De loin déjà, on peut distinguer dans ces couches deux niveaux qui se font remarquer par la nature de la roche. Une série de bancs calcaires, ressortant fort bien, sépare une épaisse assise marno-calcaire, inférieure, d'une épaisseur non moins puissante de couches qui viennent par-dessus et dont la nature est un peu moins marneuse.

L'un de ces bancs calcaires, roche d'un grain spathique, excessivement dure, d'une couleur gris foncé, renferme des *Pecten,* des *Terebratules,* etc., indéterminables. Un des lits inférieurs est rempli de *Zoophycos scoparius,* très beaux, étalés sur les plaques et montrant leur dessin finement sculpté.

Une *Ammonite,* trouvée dans les éboulis au pied des rochers de Planachaux paraît appartenir à l'*Am. Parkinsoni.* Elle pourrait bien provenir du niveau supérieur aux bancs calcaires, niveau qui correspondrait à la zone supérieure du bathonien et dans laquelle nous avons déjà trouvé cette même *Ammonite,* associée à l'*Am. tripartitus.*

La série des couches de Klaus se voit encore fort bien au pied des **Rochers de Naye,** du côté de Jaman et sur le versant du col de Chaude, près de Longevaux. A Hautaudon, elles renferment de beaux *Zoophycos scoparius.* M. Doge possède de cette région une *Am. Humphriesianus.*

La coupe de ces assises est bien plus complète au pied des **Rochers d'Aveneyre;** mais elles sont toujours pauvres en fossiles. Le passage du Petit-Tour qui conduit du col de Chaude aux pâturages d'Aveneyre permet d'en étudier la série et de recueillir quelques fossiles, *Ammonites Humphriesianus, Am. tripartitus, Posidonomya alpina,* etc.

En partant du point, où le sentier venant de Chaude rejoint celui qui vient du chalet du Petit-Tour, on traverse d'abord des bancs calcaires compacts à odeur de naphte, perceptible pendant quelque temps sur la cassure fraîche. On traverse ensuite des calcaires et des schistes à *Zoophycos scoparius* et des calcaires à *Am. Humphriesianus* et *Posidonomya alpina*, *Nautilus* sp. Au pied de l'escarpement viennent des bancs de calcaire compact, foncé, à rognons siliceux. Le calcaire bréchiforme de l'oxfordien vient par-dessus.

Les fossiles, trouvés dans les différents gisements de cette vaste région, ne sont pas très nombreux. Nous donnons ici la liste de tout ce que nous connaissons. Ils proviennent pour la plupart d'un gisement indiqué, sous le nom de *Mont-Cullan* d'où un chercheur de fossiles les a rapportés. Ce gisement, très riche, est très probablement le même que celui que nous avons cité près du chalet de *Sonlemont* sur Cuves, dans lequel abondent les Ammonites, ainsi que nous avons pu nous en convaincre dans notre passage rapide par le ravin de l'Ondine qui vient du pied du Mont-Cullan.

**Gisements :** C = Mont-Cullan, Sl = Sonlemont, Pr = Praz, près Grandvillars, Ar = Arvel, M = Morteys?, Cr = Crau, D = Dorenaz, Pt = Petit-Tour, N = Naye, Ch = Chillon, T = Ruisseau de la Tine, près Cuves, H = Hautaudon.

*Nautilus sp.* — Pt, N.
*Belemnites hastatus,* Blv. — C, D, Pt.
    »    *Gillieroni,* May. — T.
*Ammonites flabellatus,* Neum. — M.
    »    *subobtusus,* Kud. — C.
    »    *viator,* d'Orb. — C.
    »    *mediterraneus,* Neum. — C.
    »    *Zignodianus,* d'Orb. — C.
    »    *cf. Adeloïdes,* Kud. — C.
    »    *subradiatus,* d'Orb. — C.
    »    *Humphriesianus,* d'Orb. — C, Ch, Pt, T, N.
    »    *Deslongchampsi,* d'Orb. — C.
    »    *Brakenridgii,* d'Orb. — C.
    »    *macrocephalus,* Schl. (?) — C.
    »    *Parkinsoni,* d'Orb. — C, St, Cr.
    »    *dimorphus,* d'Orb. — C.

*Ammonites Martinsi,* d'Orb. — C.
    »     *tripartitus,* d'Orb. — Pr, C, Sl, N, Pt.
    »     *anceps,* d'Orb. — C.
    »     *sp. (aff. Bakeriæ).* — Grande Ammonite assez fréquente. — Dorenaz, Cuves.
*Posidonomya alpina,* Gras. — C, Pt, H.
*Pleuromya sp.* — T.
*Apiocrinus* sp. — D, Pt, Chaudes.
*Bouclier céphalothoracique* de la carapace d'un *Crustacé,* assez bien conservé; couche à
    *Am. tripartitus,* du Petit-Tour.
*Zoophycos scoparius,* Thioll. — Partout.

### Chaîne des Tours d'Aï.

La présence du dogger dans la chaîne des Tours d'Aï est encore problématique; à moins que l'on ne considère comme équivalent de ce terrain une partie des *couches à fucoïdes* avec *Helminthopsis* dont nous avons parlé plus haut (page 74), et qui sont partout immédiatement surmontées du malm. Cette chaîne se trouve dans la région où devraient exister les *couches à Mytilus*; or, celles-ci manquent en dessous du malm, et nous avons des observations bien certaines qui démontrent que sur d'autres points les couches à Mytilus reposent précisément sur ces mêmes couches à fucoïdes! La carte au $^1/_{100000}$, il est vrai, indique le bathonien dans une partie de la chaîne des Tours d'Aï et non dans une autre. C'est la présence du *Zoophycos scoparius,* dans ces couches qui a motivé cette indication; mais on sait que ce fossile se trouve aussi bien dans le lias supérieur que dans le dogger et qu'il est dans ces deux terrains absolument identique. Ceci ne constitue pas pour nous une preuve de la non-équivalence d'une partie des couches à *Helminthopsis* et du bathonien. Ce qui est vrai pour les *Zoophycos* doit l'être aussi pour les autres fucoïdes. Ces couches à fucoïdes ne seraient-elles pas un nouveau facies du dogger, intermédiaire entre les facies des couches de Klaus et celui des couches à Mytilus? Ne serait-ce pas là cette *zone des Laminaires* qui sépare les formations de mer profonde des formations côtières? Or, étant donné que les couches de Klaus sont une formation de mer profonde, que les *Helminthopsis* en forme de longs rubans, ont plus d'une analogie avec les *Laminaires*, et que les couches à Mytilus sont un facies côtier des mieux caractérisés, cette supposition n'a rien d'extraordinaire. Il y a là une question qui n'est pas encore résolue; il arrive souvent que les facies passent d'un étage à l'autre et donnent la plus grande ressemblance à des étages qui ne sont pas synchroniques.

Il est d'ailleurs probable comme nous le verrons qu'il y a une lacune stratigraphique dans la région dont il s'agit. Il est donc bon d'attendre que des fossiles plus caractéristiques que des Algues, viennent donner des renseignements certains.

### Klippes de Dogger dans le Flysch.

Il existe dans la vallée des Ormonts des affleurements de jurassique inférieur au milieu du flysch. Il en est un qui va depuis les chalets d'en Oudioux sur le col des Mosses, jusqu'au Rocher de Mourga, près de Vers-l'Église et recommence, au delà de la vallée, au Trocher de ruchaud. Ce sont des bancs épais d'un calcaire, bréchiforme à la surface seulement, où il a été évidemment corrodé et décomposé par la formation du flysch. Dans l'intérieur c'est une roche gris foncé, compacte, avec de rares grains jaunâtres; ses bancs épais alternant avec des marnes et des schistes gris foncé.

L'épaisseur de ce terrain est de **200-300 m**. Ses bancs plongent au S.-E. de 45° et reposent sur le flysch qui les surmonte également, toutes les couches plongent sensiblement dans le même sens, sauf celles du bas qui sont plus fortement redressées, ce qui indique vaguement une voûte. Nous exposerons plus loin notre opinion sur ces affleurements de dogger dans le flysch et en même temps aussi sur ceux du lias. C'est au-dessus du Reposoir sur le plateau des Voètes que l'on voit le mieux ces assises dans un couloir qui monte jusqu'au chemin d'en Oudioux. La roche est certainement jurassique ou liasique. **MM.** Pittier et Schardt y ont trouvé plusieurs *Belemnites*. Les bancs calcaires sont grenus; les marnes schisteuses ne diffèrent en rien de celles du lias ou du dogger. Aux chalets d'en Oudioux, la roche est légèrement gréseuse, grenue et siliceuse, caractères qu'elle revêt encore à l'endroit appelé le Rocher et aux Teis sous Chérésaulaz. Au Rocher Mourga, la roche est un calcaire gris, spathique, avec petites taches jaunes. Il renferme quelques fossiles; Rhynchonelles et Terebratules.

Au Truchaud, du côté opposé, la roche est la même; elle est bréchiforme à la surface ce qui tient évidemment aux effets de l'érosion que ces klippes ont dû subir. Cette structure bréchiforme au contact du flysch, n'est du reste pas sans signification pour la formation des brèches calcaires éocènes et son existence est suffisamment motivée par la brèche polygénique qui entoure tout ce rocher.

Tout le massif du Chamossaire sur la rive gauche de la Grande-Eau n'est qu'une énorme klippe, dont le bouleversement est loin d'être entièrement compris. La roche dominante est le même dogger, calcaire grenu foncé à taches jaunâtres et veiné de blanc. Elle est aussi accompagnée de marnes schisteuses. En dessous du dogger il y a du lias bien certain.

La carte indique, sur la partie coloriée par M. Renevier, un affleurement de dogger sur la rive gauche de la Grande-Eau, depuis le Pont de la Tine jusqu'à un autre pont en dessous du Sepey. Ce n'est pas du dogger, mais bien du jurassique supérieur, vrai malm, qui forme d'abord deux bandes séparées par du flysch; elles se réunissent pour se terminer au pont sous le Sepey et disparaître sous le flysch.

### II. COUCHES A MYTILUS, FACIES LITTORAL DU DOGGER

Ce n'est que dans la chaîne des *Gastlosen* et dans celle du *Rubli* et de la *Gummfluh* que se rencontre ce terrain. La différence si frappante qui existe entre les couches de Klaus et les assises bathoniennes à Mytilus, ressort encore davantage par le rapprochement extraordinaire de ces deux facies. N'est-il pas étrange que précisément dans la chaîne accidentée des Gastlosen, qui se poursuit sur une vingtaine de kilomètres parallèlement à la chaîne du Mont-Cray, le terrain bathonien soit représenté par des couches qui n'ont rien de commun avec les calcaires à *Zoophycos?* Et pourtant la chaîne des Gastlosen n'est souvent distante que d'un kilomètre à peine de celle du Mont-Cray, et cette distance serait à peine triplée, si l'on se représentait les couches dans leur disposition normale.

Nous aurons plus tard l'occasion de parler des causes de cette divergence et de la configuration que le pays devait présenter à l'époque de la formation des couches à Mytilus.

Toutes les études faites jusqu'en 1883 au sujet des couches à Mytilus avaient conduit à la conclusion que ce terrain devait être d'âge *kimméridgien* ou tout au plus *oxfordien*. Il a fallu une étude longue et délicate de la part de M. P. de Loriol pour s'assurer positivement du fait que la faune des couches à Mytilus ne renferme aucune espèce du jurassique supérieur et qu'à part un certain nombre d'espèces nouvelles, *elle est entièrement composée d'espèces bathoniennes.*

Outre la mauvaise conservation des fossiles, presque toujours à l'état de moule, les difficultés de l'étude paléontologique étaient encore augmentées par l'absence totale des Céphalopodes et d'Échinides (excepté une espèce propre à ce facies). Ces circonstances, ajoutées à celles d'un groupement des genres, tout à fait analogue à celui qu'on observe dans le kimméridgien du Jura, ont été autant d'obstacles qui font comprendre pourquoi la faune des couches à Mytilus a présenté pendant plus de 50 ans une énigme indéchiffrable.

Historique des couches à Mytilus.

Les assises, connues sous les noms de *couches* ou *calcaire à Mytilus, couches à Hemicidaris alpina, schistes à charbon* et plus encore sous celui de *kimméridgien*, ont dès longtemps attiré l'attention des savants et premièrement celle des industriels.

La houille exploitable de Boltigen et de Weissenburg (Berne) ainsi que celle de Darbon, de la Callaz et de Combre au col de Vernaz, dans le Chablais furent connues dès le siècle dernier. Actuellement les exploitations de ce combustible sont généralement abandonnées, quoique à Boltigen et à Combre la houille soit de très bonne qualité, mais évidemment en quantité trop faible pour une exploitation fructueuse.

M. le prof. B. Studer a, le premier, découvert et fait connaître en 1827, la faune remarquable qui caractérise les couches voisines des assises à charbon dans les Alpes bernoises, vaudoises et du Chablais. Les recherches qu'entreprit cet éminent géologue pour sa *Géologie des Alpes occidentales de la Suisse*, parue en 1834, lui firent connaître la plupart des gisements fossilifères des deux côtés du Léman, en particulier ceux des montagnes du Simmenthal, des Spielgärten et du Rubli. Il n'avait pas échappé à ce savant que plusieurs des fossiles du massif du Rubli (Wildenmannskuppe, Videman) se rapprochaient beaucoup d'espèces du cornbrash (bathonien). Les déterminations des fossiles, faites par Thurmann, Thirria, Voltz, etc., prévalurent cependant; tous ces savants attribuèrent cette faune à l'étage kimméridgien.

Dans sa *Géologie de la Suisse*, M. Studer reconnaît parfaitement que les couches à Mytilus forment un facies particulier limité très nettement à la région alpine comprise entre l'Aar et l'Arve (Alpes romandes) et que, dans cette région même, ce facies ne dépasse pas une zone étroite comprenant la chaîne de la Simmenfluh, des Gastlosen jusqu'aux Tours d'Aï, et celle des Spielgärten et du Rubli, dont les prolongements lointains se retrouvent dans le Chablais, entre la Dent d'Oche et le Mont-Chauffé. En parlant du gisement du Vuargny, sur la route d'Aigle aux Ormonts, M. Studer est surpris à juste titre de la proximité des couches à Mytilus et du lias.

Si, dans les deux ouvrages cités et dans un grand nombre de notes publiées dans divers recueils, M. Studer s'était plus spécialement occupé des Alpes au N.-E. de la vallée du Léman, les chaînes au S.-O. de celle-ci trouvèrent aussi leur explorateur. M. le prof. Alph. Favre fit dès 1842 d'importantes recherches dans les parties de la Savoie et de la Suisse voisines du Mont-Blanc.

Les couches à Mytilus, bien développées dans les chaînes du Chablais (Mont-Chauffé, col de Vernaz, Darbon, etc.) furent le sujet d'études minutieuses de la part de ce savant. Les fossiles qu'il y recueillit furent examinés par M. P. Mérian qui conclut que cette faune devait bien correspondre à celle du kimméridgien, mais que quelques espèces paraissaient indiquer un niveau un peu plus ancien.

M. Oppel conclut, après avoir visité la collection de M. Alph. Favre, que l'horizon des couches à Mytilus devait être compris entre l'oxfordien supérieur et le kimméridgien. M. Brunner de Wattenwyl dans son étude sur le massif du Stockhorn range aussi les couches à Mytilus dans le kimméridgien; tandis que M. Desor exprime la supposition que ces couches pourraient peut-être correspondre au dubisien ou bien au purbeckien, probablement à cause de l'aspect lacustre de certaines couches. Dans les travaux paléontologiques de M. Ooster le niveau des couches à Mytilus n'est pas autrement discuté.

En somme l'âge kimméridgien ou tout au moins jurassique supérieur des couches à Mytilus paraissait bien démontré, lorsque, en 1868, M. E. Renevier publia une note sur la constitution géologique de la Simmenfluh près Wimmis, note qui souleva une vive discussion. Une année auparavant, un géologue anglais, M. Tawney, avait découvert le riche gisement de la Laitmaire près de Château d'Œx. M. Renevier, identifiant les fossiles de cette localité avec ceux de Wimmis, conclut que cette faune avait une certaine ressemblance avec celle du kimméridgien du Havre. Confondant alors les couches rouges du crétacé supérieur avec celles de l'oxfordien, M. Renevier pensa que les assises à Mytilus pouvaient appartenir à l'oxfordien inférieur ou être plus anciennes encore. Cette assertion, contestable au point de vue de l'argument sur lequel elle se basait, fut relevé l'année suivante par M. Coquand qui avait constaté une ressemblance remarquable entre les fossiles des couches à Mytilus et ceux des couches de Saint-Hubert et de Brague près du Biot (Var), appartenant au bathonien. A Saint-Hubert les couches, considérées comme bathoniennes, sont aussi dans le voisinage immédiat d'un lit de charbon. La supposition de M. Coquand qui voyait dans les couches à Mytilus l'analogue des couches bathoniennes du Biot, se rapprochait singulièrement de la vérité, et, comme elle ne fut suivie d'aucune étude, ayant pour base une comparaison directe des fossiles et leur étude spéciale, cette supposition, si hardiment exprimée, ne fut pas relevée. Plus de dix ans se sont écoulés et les couches à Mytilus sont restées kimméridgiennes jusqu'en 1883, où l'étude de M. de Loriol est venue trancher définitivement cette question si controversée.

### Stratigraphie des couches à Mytilus.

On peut distinguer dans les couches à Mytilus des Alpes vaudoises, cinq

13

niveaux bien distincts par leurs fossiles et par leur nature pétrographique, dont les variations indiquent de remarquables changements de facies. Ce sont du haut en bas[1] :

    A. Le niveau supérieur à Modiola.
    B. Le niveau à Myes et à Brachiopodes.
    C. Le niveau à Modiola et à Hemicidaris.
    D. Le niveau à fossiles triturés et à polypiers.
    E. Le niveau à matériaux de charriage.

### *Le substratum des couches à Mytilus.*

Si les assises sur lesquelles reposent les couches à Mytilus et qui en forment le substratum, avaient été faciles à découvrir et à reconnaître, ces couches n'auraient probablement pas été rangées pendant si lontemps et avec tant de conviction dans l'étage kimméridgien. Des recherches entreprises tout spécialement dans ce but n'ont pas conduit à des conclusions aussi explicites que l'étude paléontologique de la faune. Dans la plupart des cas des dislocations très compliquées ont porté les couches à Mytilus dans des situations telles qu'il est absolument impossible de voir les assises qui forment leur base. Ceci est en particulier le cas pour toute la chaîne des *Gastlosen* (à l'exception de la Simmenfluh). Dans cette chaîne, des failles chevauchées avec rejet très considérable, ont mis les couches à Mytilus presque invariablement en contact avec le flysch éocène, et, dans quelques cas, elles paraissent reposer presque sans discordance sur ce dernier terrain. Sur quelques points au pied de la Wandfluh et au Sattel, on voit apparaître à la base des couches à Mytilus des affleurements de cargneule et de brèche calcaire accompagnées de lits de gypse. Ces terrains, étant également représentés dans le flysch qui les borde d'un côté, ne peuvent fournir aucune donnée chronologique.

[1] Dans l'étude paléontologique et stratigraphique de MM. de Loriol et Schardt [*109*], les niveaux de couches à Mytilus sont toujours énumérés du haut en bas et désignés par les lettres A à E que nous maintenons ici pour l'uniformité. Nous ne donnons ici qu'un aperçu général de ces couches et renvoyons au travail cité, pour tous les détails paléontologiques et stratigraphiques, ainsi que pour la bibliographie spéciale.

Dans l'arête élevée du Rubli, où les couches à Mytilus affleurent au centre d'une voûte rompue, on devrait s'attendre à des renseignements plus précis. Mais là encore, il n'en est rien; la voûte de la chaîne du Rubli est complètement écrasée, si bien que les jambages sont parallèles et présentent même une disposition divergente en éventail. On ne voit donc nulle part les couches profondes. Ce n'est qu'au Rocher pourri, en dessous des brèches et conglomérats de la base des couches à Mytilus qu'on peut observer des assises assez puissantes de calcaires jaunâtres, d'aspect dolomitique, dont des fragments se trouvent précisément dans les conglomérats. Ces bancs sont cependant sans fossiles et touchent au massif calcaire du malm de l'autre jambage de la voûte; on ne voit donc pas les couches sur lesquelles ils reposent. Les chevauchements extraordinaires de l'arête des Gastlosen et les voûtes écrasées de la chaîne du Rubli permettent cependant une conclusion assez significative. Pour que de pareilles dislocations aient pu se former, il faut supposer un mouvement horizontal considérable dans les couches calcaires, lesquelles en ont été disloquées, mouvement horizontal qui n'a certainement pas soulevé et disloqué les couches profondes. De plus, il faut nécessairement admettre que les couches, formant le substratum des couches à Mytilus dans les chaînes mentionnées, sont de nature passablement *marneuse*, ce qui leur a permis d'amortir le mouvement horizontal qui a agi sur elles autant que sur les couches à Mytilus et le malm [*181*, p. 160]. Or, le lias est le seul terrain de cette nature et assez puissant pour avoir pu jouer le rôle indiqué; ses couches sont du reste puissamment développées dans les prolongements de ces chaînes, où cependant les couches à Mytilus n'existent pas toujours.

Il est donc assez probable que le substratum des couches à Mytilus, ou des calcaires qui en forment la base, est partout du lias. M. B. Studer avait dès longtemps fait remarquer qu'au pont de Wimmis des couches, ayant fourni des fossiles liasiques, se trouvaient dans le voisinage et en dessous des couches à Mytilus, quoique séparées de celles-ci par une assez grande épaisseur de couches d'âge indéterminé, que M. Gilliéron a désignées dans la feuille XII de la carte géologique de la Suisse par Jm L (Jura moyen Lias); l'âge réel des couches à Mytilus n'ayant alors pas encore été déterminé.

Au Vuargny sur Aigle, les couches à Mytilus sont en contact avec les assises fossilifères du *rhétien à Avicula contorta*. Il est vrai que ce contact est dû visiblement à une dislocation, sorte de faille, suivant un plan de rejet *très oblique* à la stratification. Cette circonstance même indique sans autre que primitivement les couches à Mytilus ne devaient pas avoir été séparées du rhétien par une trop puissante masse de couches. Et ces couches devaient nécessairement appartenir au lias, qui est visible sur plusieurs points de la route d'Aigle au Sepey. Ce sont des couches marno-schisteuses à fucoïdes toarciens qui sont bien souvent en contact avec les calcaires du malm ; ceux-ci étant déjetés, se trouvent en dessous des couches plus anciennes. Les dislocations, dont la vallée de la Grande-Eau a été le théâtre, laissent cependant toujours quelques doutes au sujet de ces phénomènes de contact qui peuvent être rapportés soit à des failles, soit à des glissements.

Dans les rochers au-dessus d'Yvorne, à l'ouest d'Aigle, les couches toarciennes, renfermant de nombreux fucoïdes propres à ce terrain, sont, sur une grande longueur, en contact immédiat avec le malm. Les couches à Mytilus paraissent y faire totalement défaut. Ce serait là l'endroit d'un de ces îlots qui ont dû exister pendant la formation des couches à Mytilus et où par conséquent ces couches ne pouvaient s'être formées. De là le contact en superposition normale, entre le lias et le malm. Toutefois, l'âge toarcien de ces calcaires à fucoïdes n'est pas attesté par des mollusques et ils pourraient bien être l'équivalent d'une partie des couches à Mytilus. Si cela était, ce serait même une nouvelle preuve de l'âge bathonien de ces dernières, car les couches à fucoïdes reposent sur des assises *certainement* liasiques !

Dans d'autres régions, en dehors des limites que la feuille XVII nous trace, la superposition des couches à Mytilus au lias pourra certainement être démontrée avec plus d'évidence que cela a été possible pour les Alpes vaudoises. Les chaînes du Chablais savoisien donneront sur ce point de précieuses indications. Nous verrons qu'aux environs du Col de Vernaz, les terrains qui se trouvent au contact des couches à Mytilus, doivent être attribués au lias [Voir IIme partie : les couches à Mytilus dans les montagnes de la rive gauche du Rhône].

*Niveau à matériaux de charriage* (E).

Cet horizon, le plus inférieur des couches à Mytilus, est assez peu constant dans ses caractères; il est formé en bonne partie de débris de roches charriées. Son épaisseur totale est aussi très variable. Très puissant sur un point, il devient presque imperceptible sur d'autres, fort rapprochés et manque parfois complètement. Il existe dans tous les gisements du Pays d'Enhaut vaudois; mais il n'a pas encore été constaté avec les mêmes caractères dans les chaînes du Chablais.

Ses couches sont absolument dépourvues de fossiles marins et portent dans leur ensemble au plus haut degré l'empreinte d'une formation terrestre; ce que prouve encore la présence de débris végétaux, formant fréquemment de vraies couches, peu épaisses du reste, de charbon plus ou moins pur, intercalées dans les alternances de marnes, argiles, schistes, grès, brèches et conglomérats qui constituent l'ensemble de ce niveau.

A cause de leur nature arénacée, on est parfois tenté d'attribuer ces couches au flysch, erreur qui serait d'autant plus facile à commettre que par suite de dislocations diverses, ces deux terrains semblent en plusieurs points se trouver en superposition normale. Mais aussi grande que soit leur ressemblance, cette association n'est pas possible, à cause de la présence dans ces couches du *Zamites Renevieri*, plante de la famille des Cycadées, qui se trouve au Vuargny dans l'assise B avec les fossiles marins des couches à Mytilus. Parfois aussi, les brèches calcaires de ce niveau ressemblent à s'y méprendre aux brèches éocènes de la Hornfluh et prennent, comme celles-ci, une structure rappelant celle de la cargneule. Il est donc facile de se trouver dans l'incertitude, lorsqu'il s'agit de tracer sur la carte ou dans les coupes la limite inférieure de ce terrain qui, dans la chaîne des Gastlosen, est presque constamment en contact avec les terrains éocènes. On s'explique ainsi facilement l'embarras qu'a aussi éprouvé M. Gilliéron, en rencontrant ce terrain détritique à la base des couches à charbon des Alpes fribourgeoises, au pied S.-O. des Gastlosen, etc. Après l'avoir assimilé provisoirement aux terrains analogues du flysch, ce géologue a pu s'assurer que ces roches étaient si concordantes dans leurs dispositions, avec les schistes à charbon et à Mytilus qui les surmontent, qu'il ne pouvait plus être question de les en séparer, d'autant plus que près de Purpel sur la nouvelle route du Bruch, entre Jaun et Boltigen, ce conglomérat se voit en alternance avec les schistes et le charbon [*91*, p. 186].

L'étendue des couches à matériaux de charriage est assez variable, comme l'a aussi remarqué M. Gilliéron dans la partie des Alpes fribourgeoises et bernoises qu'il a explorées et décrites avec tant de soin et de talent.

Si la limite inférieure de ce niveau est difficile à tracer, il n'en est pas de même pour celle qui le sépare des niveaux supérieurs, où le changement de facies de la roche est généralement bien caractérisé. Mais lorsqu'il y a passage insensible, il convient de placer la limite supérieure du niveau à matériaux charriés là où apparaissent pour la première fois des fossiles marins.

La conclusion qui ressort tout naturellement de l'examen de ces couches, c'est que les couches à Mytilus reposent sur un terrain à facies terrestre ou bien, lorsque celui-ci manque, sur des couches d'âge *probablement* liasique.

**Gisements.** Dans la chaîne des Gastlosen, les plus intéressants gisements se trouvent au **Mont-Laitmaire** près Château d'Œx, où sont représentés du reste tous les autres niveaux des couches à Mytilus dans une superposition des plus régulières et des mieux visibles.

Sur le versant faisant face à Château d'Œx, à la *Grand'-Combe* au bas du couloir, la couche la plus inférieure visible est un banc de conglomérat calcaire se trouvant dans le voisinage du malm qui est ici déjeté et plonge sous la montagne en s'appuyant sur le crétacé et le flysch. Des lits de grès calcaire et siliceux, puissants de plus de dix mètres, lui succèdent. Ce grès renferme de nombreux débris charbonneux (Zamites). Un nouveau banc de conglomérat, surmonté d'une assise marneuse et schisteuse, termine la série vers le haut.

A l'est du sommet de la Laitmaire, près du chalet du même nom, le grès calcaire et siliceux à végétaux s'élève sous forme d'une petite arête au-dessus des conglomérats calcaires qui s'appuyent sur le flysch. Ce grès diffère peu de celui de la Grand'Combe. Il est d'un grain grossier, jaune ou gris et rempli de traces charbonneuses. Il a quelquefois l'aspect d'une mollasse grossière. L'un des bancs, plus fin et plus marneux, qui affleure près d'une petite source au N. du chalet, renferme de bonnes empreintes du *Zamites Renevieri*. Il est cependant rare que le grain du grès soit assez fin pour que l'empreinte charbonneuse présente toute la netteté désirable. Souvent même les débris sont si nombreux que la surface des plaques en paraît totalement couverte. Cette même couche a fourni dans ce gisement l'empreinte d'un *fruit*, dont la forme rappelle bien celle de certains fruits de Cycadées. Au-dessus du grès à végétaux, on remarque près du chalet de la Laitmaire, des argiles grises, jaunes ou blanches avec nodules ferrugineux et quelques feuillets de charbon terreux.

Sur le flanc S.-E. du Mont-Laitmaire, au-dessus du hameau de *Monchalon*, le grès à Zamites existe également à la base des couches à polypiers. Les empreintes y sont moins nettes. Une seule rappelle vaguement la forme du *Zamites*.

C'est sur le chemin qui conduit des *Granges*, sur la route de Rougemont, au village de *Gérignoz*, que l'on trouve la coupe la plus complète des couches à matériaux de charriage. Elles se composent de vingt-cinq lits divers, parmi lesquels sept de charbon plus ou moins pur; ils ont tous pu être mesurés. Les couches qui accompagnent le charbon sont des schistes argileux arénacés ferrugineux ou siliceux; il y a aussi quelques lits bréchiformes, calcaires, parfois tuffacés, ressemblant alors à de la cargneule. Un banc de grès sableux gris, épais de 60 cm., renferme des empreintes de végétaux, parmi lesquelles plusieurs qui appartiennent au *Zamites Renevieri*. Vers le bas, les lits de poudingue et de grès se répètent plus fréquemment en alternant avec des schistes marneux, et la dernière couche visible est un calcaire bréchiforme foncé. Cette répétition de couches de même nature, et surtout l'alternance de grès, brèches, argiles et charbon, est bien propre à nous faire supposer que nous avons là un *dépôt terrestre*, formé dans une lagune ou dans un marais dans l'intérieur d'une île.

Au **Rocher de la Raye,** dans le prolongement N.-E. de la chaîne des Gastlosen, la base des couches à Mytilus est occupée par des couches tout à fait semblables à celles de la Laitmaire. Sur le crétacé supérieur, par-dessus lequel a été poussé toute la série des couches à Mytilus avec le massif du malm, repose une assise épaisse d'environ 10 m., d'un conglomérat calcaire qui a passablement de ressemblance avec ceux du flysch. Il est suivi d'un lit de grès siliceux, gris clair avec traces de végétaux (Zamites?); enfin vient une couche d'argile jaune ou grise, au milieu de laquelle est un lit de charbon; elle est surmontée du banc à polypiers du niveau suivant. Près de ce gisement, dans le *Creux-rouge* au pied de la pointe du rocher de la Raye, des couches d'une argile jaune, sableuse se trouvent comprises entre le banc à polypiers et des couches de grès gris qu'on ne saurait méconnaître comme flysch. Au pied du talus se trouvent des débris de charbon, dont on ne peut pas voir la couche en place.

Nous avons trouvé un nouveau gisement de ce niveau près du **Perte à Bovay,** au N.-E. du Rocher de la Raye, sur le sentier qui conduit à travers ce passage dans la vallée de Vert-Champ. On y observe du haut en bas, en dessous du schiste gris du niveau E et des éboulis :

Une couche de *charbon terreux*,

*Marne brunâtre*, siliceuse, se cassant irrégulièrement et renfermant des grains de quartz et des rognons calcaires. Cette roche est remplie de restes de végétaux à l'état d'empreintes charbonneuses, noires et brillantes.

Une *couche marneuse* plus dure suit, et une

*Couche de charbon* la sépare d'une nouvelle

*Marne brune* identique à la première et renfermant les mêmes restes.

*Charbon terreux* reposant sur un grand amas de

*Grès siliceux* assez dur avec empreintes de végétaux; couleur jaune ou grise. Ce banc repose sur le crétacé supérieur.

Les deux couches de marne brune sont surtout remarquables par la bonne conservation des empreintes de plantes qu'on y trouve; outre les feuilles du *Zamites*, très nettes, nous y avons reconnu encore des fragments *de tiges*, montrant les cannelures de l'écorce et des débris nombreux, s'entrecroisant dans tous les sens dans l'intérieur de la marne.

Dans l'**arête du Rubli** le niveau E paraît être représenté par des couches sans fossiles, épaisses de plus de 20 mètres, reposant sur un banc de poudingue à matériaux calcaires grossiers. Dans le bas c'est une marne argileuse grise, tandis que dans le haut l'assise est formée de nombreux bancs calcaires, peu épais, alternant avec des couches schisteuses et marneuses de faible épaisseur.

*Niveau à fossiles triturés et à polypiers* (**D**).

Les couches de ce niveau sont en général faciles à reconnaître et occupent une place assez constante dans la série des couches à Mytilus. Elles sont composées d'une multitude de bancs calcaires, séparés par de faibles feuillets marno-schisteux, qui sont formés parfois presque entièrement de débris de fossiles divers tels que : fragments de coquilles de *Modiola imbricata* qui se reconnaissent facilement à la surface des bancs ; débris de radioles de *Hemicidaris alpina,* petits *Ostracés* en grand nombre (*O. costata*) et habituellement aussi des *polypiers*. On peut citer comme tout à fait caractéristique pour ce niveau, la petite *Astarte rayensis,* dont les valves séparées, entières ou brisées, couvrent souvent la surface des plaques calcaires et schisteuses. Ce niveau peut même être appelé celui de l'*Astarte rayensis.*

Les *polypiers,* souvent très bien conservés, qui se rencontrent dans tous les gisements, appartiennent tous à des espèces nouvelles. Ils n'ont pas de position fixe dans le niveau D et leur fréquence dans les diverses couches est variable. Tantôt ils sont limités à un seul banc, où ils sont alors très nombreux, tantôt ils sont disséminés dans toutes les couches et mélangés aux autres fossiles.

Les lits de charbon qui n'occupent du reste pas de niveau constant dans les couches à Mytilus se rencontrent habituellement aussi dans les couches à fossiles triturés ; ce sont même ces couches-là qui ont été exploitées à la Klus près Boltigen et à Combre près du col de Vernaz (Valais).

**Gisements.** Les couches de ce niveau sont de nature assez dissemblable dans les différentes localités. Au **Mont-Laitmaire,** l'épaisseur des couches à fossiles triturés atteint 20 mètres à la Grand'Combe. C'est surtout vers le bas que ces couches prennent leur aspect typique et présentent des feuillets dont la surface paraît souvent comme pavée de valves d'*Astarte rayensis* et de *Modiola imbricata* brisées. Les polypiers n'y sont également pas très rares.

Les couches supérieures de cette assise sont un peu moins bien caractérisées. Leur aspect les rapproche du niveau suivant, les débris de fossiles y sont plus rares et la fréquence de l'*Astarte rayensis* diminue beaucoup.

14

La partie inférieure de ce niveau présente encore une coupe très nette au-dessus de Montchalon sur le versant sud du Mont-Laitmaire. Plusieurs des couches renferment des *polypiers*, d'autres sont riches en débris de *Hemicidaris alpina, Modiola imbricata, Ostrea costata*, etc.

Le chemin de Gérignoz fait voir aussi une coupe partielle très intéressante de ce niveau, à la suite des couches à matériaux de charriage. La partie inférieure seule en est visible ; la partie supérieure, ainsi que les autres niveaux, sont oblitérés par suite d'un glissement qui a mis en contact le malm et les couches à fossiles triturés. Au-dessus des couches à matériaux charriés vient un banc de calcaire gris jaune, auquel succède une couche épaisse de 30 cm. de charbon graphitoïde, luisant, assez dense, qui donne beaucoup de cendres et brûle mal en dégageant de l'acide sulfureux, ce qui est dû à une forte contenance de pyrite. Une couche de marne grise, renfermant de petits fossiles (Modiola, Gastéropodes, etc.) mal conservés, succède immédiatement au charbon et est suivie d'une série d'alternances marno-calcaires (env. 13$^m$) pauvres en fossiles. Une mince couche de marne jaune fortement froissée et presque réduite à rien par places, à cause du frottement qu'elle a subi, termine les couches à Mytilus du côté du massif calcaire du malm. Cette couche marneuse et feuilletée est remplie de débris d'*Astarte rayensis, Modiala, Ostrea*, etc.

Au **Rocher de la Raye** le niveau à fossiles triturés présente son développement le plus typique.

Deux séries d'alternances de couches marneuses et calcaires (20$^m$), remplies de débris de fossiles habituels à ce niveau, en forment la majeure partie. L'*Astarte rayensis* y est surtout bien conservée. A la base de l'assise se trouve un banc de calcaire jaune rempli de *polypiers*. Un gisement qui se trouve à l'ouest du Rocher de la Raye (près de l'endroit coté 1878$^m$) offre ce banc passablement décomposé. Ses débris recouvrent le sol, entremêlés de polypiers déjà dégagés de la roche. M. le professeur Koby, qui a entrepris l'étude des polypiers des couches à Mytilus a reconnu parmi ceux du Rocher de la Raye au moins vingt-cinq espèces, toutes nouvelles [1].

Dans la **chaîne du Rubly,** le niveau à fossiles triturés se retrouve

---

[1] Les genres de cette faune caractérisent plutôt les étages supérieurs du terrain jurassique; M. Koby a même constaté des espèces qui ont des congénères très voisins dans les terrains crétacés.

avec ses caractères habituels. Ses couches ont une épaisseur totale d'une vingtaine de mètres. Leur aspect est le même qu'ailleurs, à part la couleur qui est souvent plus foncée. Les polypiers y sont aussi plus rares. Vers le bas existe un lit de charbon terreux de près d'un mètre d'épaisseur.

Dans la vallée de la **Grande-Eau** le gisement du *Vuargny* ne permet pas de constater ce niveau avec quelque certitude, à cause de la dislocation qui s'est produite entre les couches à Mytilus et le terrain rhétien. Des bancs, dont la surface est souvent couverte de débris de Crinoïdes (Pentacrinus), ne peuvent être rangés, sans autre preuve, dans le niveau D.

Au-dessus du *Pont de la Tine* on voit, au bord de la route, des couches marneuses, accompagnées de feuillets charbonneux et qui renferment des tests indéterminables. D'après leur position au-dessous d'un banc calcaire renfermant des fossiles du niveau B, ces couches pourraient plutôt appartenir à l'assise suivante (C).

C'est avec plus de certitude que l'on peut attribuer au niveau D des alternances de bancs calcaires et de marnes qui se voient près du pont en-dessous des Afforets et du Ponty sur la route d'Aigle au Vuargny. Elles sont intermédiaires entre le toarcien et le malm. On y trouve des débris d'Échinodermes, en particulier des fragments de radioles d'Oursins, tout à fait semblables à ceux du *Hemicidaris alpina*.

### Niveau à *Modiola* et à *Hemicidaris* (C).

Ce niveau est facile à reconnaître par sa disposition en bancs nombreux, peu épais et séparés par des feuillets marno-schisteux, rappelant ainsi la disposition des couches de l'étage argovien du Jura. Sa puissance totale n'est que de 10 à 12 mètres et varie suivant les gisements. Ce niveau renferme ordinairement du charbon, soit en minces couches, soit comme traces de tiges de végétaux plus ou moins distinctes (*Thuites Ilieri*, etc.) On y rencontre aussi des débris de vertébrés, tels que dents de *Strophodus* et de *Sauriens*. Un mollusque bivalve (*Modiola imbricata*) et un oursin (*Hemicidaris alpina*) y sont très abondants; mais limités presque exclusivement à certains bancs, qui en sont pétris, tandis que d'autres n'en présentent que de rares traces.

Les fossiles les plus caractéristiques sont :

*Natica Minchinhamptonensis*, P. de Lor.
*Modiola imbricata*, Sow.; très commune.
   »    *Sowerbyana*, Lycett; assez commune.
*Ostrea costata*, Sow.; commune.
*Hemicidaris alpina*, Ag.; tests et radioles communs.

En somme ce niveau ne renferme pas de fossiles qui lui appartiennent exclusivement, car ils se retrouvent tous dans la couche B; mais, à l'exception de *Nat. Minchinhamptonensis* et de l'*Ostrea costata*, ils y sont rares ou mal conservés. Le petit nombre d'espèces est compensé par la fréquence des individus, ainsi la *Modiola imbricata* est souvent d'une abondance vraiment prodigieuse.

**Gisements.** Au **Mont-Laitmaire,** au gisement de la Grand'Combe, ce niveau a une puissance de près de 12 m. Ce sont des alternances de calcaires gris avec des couches marneuses. La couche supérieure gris bleuâtre et feuilletée, renferme la *Modiola Sowerbiana* et *Ceromya concentrica*. Une seule couche de 0m,70 d'épaisseur est riche en *Modiola imbricata* et *Hemicidaris alpina*. Toutes les autres couches sont pauvres en fossiles.

Au **Rocher de la Raye** le niveau C présente à sa base un lit de marne schisteuse foncée, suivie d'une couche peu épaisse de charbon terreux; une marne noire schisteuse, feuilletée et charbonneuse, qui lui succède, est remplie de valves ouvertes de *Modiola imbricata* avec le test très bien conservé. Il semble que ces mollusques sont morts au fond d'une eau tranquille et que leurs valves se sont ouvertes ensuite, car elles sont, à peu d'exception près, tournées toutes du même côté. Des marnes et des bancs calcaires pauvres en fossiles suivent en montant, et l'assise se termine vers le haut par une marne très riche en *Modiola imbricata* et *Hemicidaris alpina*.

Dans les gisements de la **Chaîne du Rubli** le niveau C est aussi remarquable par une couche très riche en *Modiola*. Au pied de la pointe du Rubli, dans le creux d'*Entre-deux-Sex*, c'est une couche de calcaire noir marneux et délitable, épaisse de 30 cm. qui se trouve vers le haut de l'assise; la *Modiola imbricata*, de la petite variété, y est excessivement abondante et accompagnée d'une espèce de *Perna* (*P. cf. rugosa*, Lycett ?). Le *Rocher à*

*Pointes* et le *Rocher pourri*, présentent encore des gisements, où le niveau C est riche en fossiles. — Au pied sud du Rocher à Pointes, séparé de celui-ci par un lambeau de cargneule, le rocher de la *Videmanette* présente une série assez complète de la partie supérieure des couches à Mytilus. Parmi les bancs du niveau C on remarque un lit marneux riche en *Modiola imbricata* et en *Ostrea costata*.

Ce niveau est également assez riche en fossiles dans la vallée de la **Grande-Eau,** au Vuargny. Le bouleversement des couches ne permet pas de connaître l'épaisseur des couches qui en font partie. L'un des bancs est remarquable par la fréquence de l'*Ostrea costata* et du *Hemicidaris alpina ;* ce dernier fossile se trouve écrasé à la surface du banc quelquefois avec des radioles en place. Un autre banc plus inférieur est plutôt riche en *Modiola imbricata*.

### Niveau à Myes et à Brachiopodes (B).

C'est le niveau le plus constant des couches à Mytilus, car il se retrouve avec les mêmes caractères dans tous les gisements.

Il se présente habituellement sous forme d'une couche épaisse de trois mètres environ, de nature calcaréo-marneuse, de teinte grise ou gris foncé, suivant les gisements. La roche répand au choc une odeur bitumineuse fétide assez prononcée.

Quelquefois une faible épaisseur, plus marneuse dans le milieu de l'assise, renferme de nombreux petits fossiles (*Brachiopodes, Ostracés, Lima, Mytilus,* etc.), tandis que le reste contient surtout de gros fossiles (*Pholadomyes, Homomyes, Ceromyes,* etc.).

Cette couche, si peu puissante qu'elle soit, renferme une faune très remarquable, surtout par un certain nombre d'espèces qui lui sont exclusivement propres ; les plus caractéristiques sont :

| | |
|---|---|
| *Pholadomya texta,* Ag. | *Mytilus laitmairensis,* P. de Lor. |
| *Homomya valdensis,* P. de Lor. | *Lima cardiiformis,* Sow. |
| » *laitmairensis,* P. de Lor. | » *Schardti.* P. de Lor. |

| | |
|---|---|
| *Ceromya concentrica,* Sow. | *Eligmus polytypus,* Desl. |
| » *plicata,* Ag. | *Rhynchonella Orbignyana,* Oppel. |
| *Cardium laitmairense,* P. de Lor. | *Terebratula ventricosa,* Zieten. |

Le *Mytilus laitmairensis* et l'*Eligmus polytypus* appartiennent tout spéciale-ment à cette couche. Les *Modiola imbricata* et *Hemicidaris alpina,* si abon-dants dans le niveau précédent, ne se trouvent ici qu'à l'état de débris; mais le premier apparaît de nouveau en grand nombre dans le niveau A.

**Gisements.** C'est encore au **Mont-Laitmaire** près Château d'Œx que ce niveau des couches à Mytilus est le mieux développé et le mieux connu. Les fossiles abondent au gisement de la *Grand'Combe* et y sont géné-ralement bien conservés. Une petite zone marneuse au milieu de l'assise est riche en *Mytilus laitmairensis, Eligmus polytypus, Lima,* etc. On peut poursui-vre cette couche sur une grande longueur en dessous de la Grand'Combe, où elle forme la première corniche au haut du couloir.

Au **Rocher de la Raye,** la couche à Myes est moins riche qu'à la Laitmaire; elle se divise en deux lits, l'inférieur calcaire, le supérieur mar-neux; ce dernier renferme seul des fossiles un peu nombreux. Ce sont les mêmes qu'au Mont-Laitmaire.

Le niveau à Myes se poursuit avec des caractères peu variables dans toute la longueur de la chaîne des Gastlosen au N.-E. du Rocher de la Raye, on la trouve au pied des pointes des Pucelles, de la Dent de Savigny, de la Wand-fluh et près du Sattelberg, le long du pied des rochers qui portent le nom de Gastlose ou Courcys.

Dans la **chaîne du Rubli,** les plus riches gisements se trouvent dans le tronçon à l'est du vallon de la Gérine. Le niveau B se poursuit, sous forme d'une bande presque ininterrompue, depuis le Rocher pourri, où les couches sont interrompues par une petite faille, à travers le Creux de Pralet, les deux couloirs à l'ouest et à l'est du Rocher à Pointes, le creux d'Entre-deux-Sex, jusqu'au pied de la pointe du Rubli et au delà de celui-ci, en passant à mi-hauteur de l'escarpement sud. Les fossiles sont nombreux sur toute la longueur, mais en général mal conservés, à cause du fort boulever-sement des couches; c'est à cette dernière influence qu'est due peut-être la couleur généralement plus foncée de la roche.

Les couches affaissées de l'escarpement sud du sommet méridional du Rocher à Pointes, présentent aussi le niveau B ; mais les fossiles y sont encore plus mauvais.

A la *Videmanette*, klippe sortant de l'éocène au S. de ce rocher, la couche B est passablement riche en fossiles bien conservés. Ce n'est qu'aux Rochers *de Coumattaz*, à l'extrémité ouest du massif du Rubli, près de la jonction de la chaîne du Rocher du Midi avec celle de la Gummfluh que l'on retrouve des couches renfermant la faune des couches à Mytilus, mais au milieu d'un tel bouleversement que la distinction des différents niveaux ne pourrait facilement être établie avec certitude. Un lit renfermant des *Myes, Modiola imbricata* et *Mytilus laitmairensis*, paraît correspondre au niveau B.

Dans la vallée de la **Grande-Eau,** le gisement du Vuargny offre des affleurements assez étendus renfermant la faune de l'assise B. Cette localité est remarquable par la multitude d'*Ostracés* qu'on y recueille ; parmi ceux-ci l'*Ostrea vuargnensis*, P. de Lor., est l'espèce la plus abondante. Les mêmes couches renferment de nombreux restes de végétaux sous forme de tiges carbonisées de plusieurs mètres de longueur et surtout assez fréquemment de belles feuilles de *Zamites Renevieri* et des tiges de *Thuites Itieri* (?) [*168*].

### *Niveau supérieur à Modiola* (A).

Ce niveau, supérieur à celui à Myes et à Brachiopodes, n'a été définitivement constaté que pendant l'impression du Mémoire de MM. de Loriol et Schardt. Il est probable qu'il existe dans la plupart des gisements ; mais il n'a été observé d'une manière certaine que dans la chaîne du Rubli, où il y a une extension très constante ; ce n'est que l'extrême bouleversement des couches dans ce massif qui pouvait rendre difficile sa séparation d'avec les autres niveaux renfermant les mêmes fossiles.

Cette zone se présente sous forme d'une assise marno-calcaire, composée de couches plaquetées, schisteuses et marneuses, renfermant de nombreuses empreintes de *Modiola imbricata*. Une couche marneuse, située à la base de l'assise est surtout remarquable par l'abondance de *Modiola imbricata* de très grande taille (jusqu'à 12 cm. de longueur) accompagnée de nombreuses

*Homomyes*, *Ceromyes*, etc., pour la plupart écrasées et indéterminables. Un massif calcaire, épais de 15 à 20 m., sépare cette couche du niveau B.

**Gisements.** Cette assise se voit entre le deuxième et le troisième sommet du Rocher à Pointes. La base couronne l'extrême sommité de ce même rocher.

A la *Videmanette*, on la voit bien caractérisée par d'immenses *Modiola*, et, dans la suite de la bande continue, elle se trouve dans l'escarpement méridional du Rubli et se poursuit depuis là jusqu'au-dessus de la Mariaz sur Rougemont.

La chaîne de la **Gummfluh** se rattache par sa situation intimement à celle du Rubli. Le niveau du dogger n'y est cependant pas représenté par les couches à Mytilus, mais par un facies qui en diffère sensiblement, sans toutefois se rapprocher des couches de Klaus. Il y forme de puissantes assises de bancs calcaires gris foncé, séparés par des marnes de même couleur. Ils sont très pauvres en fossiles. En dessous de la pointe du Brecâcâ, sur le versant sud de l'arête, ces couches ont fourni des radioles d'oursin, se rapprochant de ceux du *Hemicidaris alpina*, ainsi que de petites huîtres mal conservées qui paraissent identiques à l'*Ostrea costata* des couches à Mytilus.

Les différents niveaux que nous venons d'énumérer sont bien établis pour les Alpes vaudoises, situées au N.-E. de la vallée du Léman. Il est probable que la succession n'est pas identiquement la même et qu'elle n'est peut-être pas même analogue pour des régions situées en dehors de notre champ d'exploration et dont l'étude ne pouvait rentrer dans le cadre de ce travail. M. Gilliéron [*91*, p. 165, etc.] qui a étudié avec beaucoup de détails ces mêmes assises dans le prolongement N.-E. des chaînes, dont nous venons de parler, n'y a pas pu établir une succession si régulière de facies. Les niveaux des *conglomérats, schistes à charbon* et du *calcaire noir*, dont parle cet auteur, nous paraissent correspondre, le premier, à l'assise E, le second, aux assises D et C, et le troisième aux assises B et A. Au point de vue des faunes, les observations de M. Gilliéron montrent une concordance un peu moins claire. Ceci paraît ressortir d'abord de ce que tous les fossiles indiqués par lui, sont déterminés comme étant du jurassique supérieur. Mais en établissant la synonymie d'après les nouvelles déterminations de M. de Loriol, nous pouvons constater que le premier groupe représente assez bien la faune du niveau C, à l'exception du *Mytilus striatus*, Goldf. (*M. laitmairensis*, P. de Lor.) qui ne se trouve dans nos gisements que dans le niveau B et A (= *calcaire noir* de M. Gilliéron).

Le second et le troisième groupe réunis, correspondent à la faune du *niveau à fossiles triturés* et à *polypiers*.

Les genres de polypiers indiqués sont, à part quelques exceptions, bien les mêmes que ceux du rocher de la Raye, de la Laitmaire, etc. L'existence d'*Astartes* rend cette assimilation encore plus évidente. Les couches avec mollusques à tests noirs, et celles à tests blancs, rappelant la forme des *Corbules*, *Cyrènes*, etc., le tout ayant un aspect lacustre, se retrouvent aussi dans le niveau D, tel que nous l'avons caractérisé.

Quant au niveau du calcaire noir, les fossiles se trouvent, comme le dit bien M. Gilliéron, seulement à la base du massif, ce qui parlerait déjà bien en faveur de la correspondance de sa faune avec celle du niveau B. Les fossiles cités sont du reste les mêmes que ceux du niveau à *Myes* et à *Brachiopodes*.

La répétition de couches fossilifères, séparées par des massifs calcaires, montre bien que notre niveau A a probablement aussi son représentant au Rocher de la Raye et à la Laitmaire, ce que des recherches ultérieures démontreront peut-être.

La partie supérieure du calcaire noir doit être ce massif calcaire que nous réunissons au malm à défaut d'autre argument; car les mauvaises *Nérinées* qu'il renferme ne permettent aucune classification et ne fournissent pas d'arguments pouvant motiver sa réunion aux couches à Mytilus.

# LA FAUNE DES COUCHES A MYTILUS

### COMPARÉE A LA SUCCESSION DES FACIES

La faune des couches à Mytilus comprend, d'après la monographie de M. de Loriol, cinquante-quatre espèces de *Mollusques*, de *Brachiopodes* et d'*Échino-*

*dermes*. A ce nombre il faut ajouter deux *Vertébrés*, vingt-cinq *polypiers* et deux *plantes*, sans compter une dizaine d'espèces indéterminables.

Ainsi que nous l'avons déjà fait remarquer, ces espèces ne sont pas réparties également dans toute l'épaisseur des couches à Mytilus. Il y a au contraire une diversité remarquable qui ne permet cependant pas de subdiviser le terrain en *étages*. Il y a, en effet, dans toute l'épaisseur des couches fossilifères, deux fossiles qui ne manquent nulle part et dans aucun niveau ; ce sont :

*Modiola imbricata*, dont la fréquence peu commune a valu leur nom aux couches à Mytilus, et

*Hemicidaris alpina*.

Le fossile qui cependant a la plus grande extension verticale est le *Zamites Renevieri*, qui se trouve à la Laitmaire dans le niveau E et se retrouve au Vuargny dans les bancs de l'assise B et peut-être même encore au-dessus de celle-ci.

L'étude et la comparaison de la nature des couches de ce remarquable facies bathonien et des fossiles y contenus, conduit à des conclusions très importantes, dont nous ne ferons que rappeler ici les principaux traits :

Il ressort de la nature du niveau le plus inférieur des couches à Mytilus et de la présence de plantes terrestres dans toutes les assises de ce terrain que des terres émergées ont existé pendant toute la durée de sa formation. Ces terres devaient avoir la forme d'îles peu élevées, couvertes de végétation et entourées d'une mer peu profonde qui roulait sur une large grève des débris détachés de la rive. Dans les anses tranquilles ou dans des lagunes intérieures, se formaient les couches de charbon et les assises argileuses qui les accompagnent. Ces îles ne pouvaient être distribuées que parallèlement à la direction des chaînes actuelles.

Cette disposition de la mer autour des îles donne en même temps les conditions dans lesquelles se sont formées les couches du niveau à fossiles brisés et à polypiers. Les couches plus homogènes, renfermant des *Modiola*, *Échinides*, *Brachiopodes*, indiquent par leur extension générale et uniforme un mouvement d'affaissement du sol; mais pendant ce temps-là les îles n'avaient pas disparu, preuve en sont les couches de charbon et les débris de végétaux terrestres.

Le niveau B nous montre le facies vaseux répandu presque uniformément, les traces de charbon deviennent rares, la submersion des îles continue et devient enfin complète avec le dépôt des couches de l'assise A, dont les grandes *Modiola* indiquent des conditions d'existence plus uniformes.

Voici la liste des fossiles des couches à Mytilus des Alpes vaudoises et leur distribution dans les différents niveaux et gisements :

*Abréviations.* Ltm = Laitmaire; Raye = Rocher de la Raye; Rub = Rubli, (sans distinction des gisements du Rocher pourri, Rocher à Pointes et de la pointe du Rubli). R. pte = Rocher à Pointes, sommet. Mar = Mariaz; Vidm. = Videmanette. Vgn = Vuargny (Grande-Eau). Cm = Rochers de Coumattaz. Gstl. = Gastlose. PB = Perte à Bovay.

VERTÉBRÉS.

Dents de *Strophodus, spec.*, vois. de *St. subreticulatus*, Ag. — B. Ltm, Rub.
Dent de *Saurien* (*Plesiosaurus?*). — B. Ltm.

MOLLUSQUES.

*Niso cfr. Roissyi*, d'Archiac. — B. Ltm.
*Natica cfr. ranvillensis*, d'Orb. — B. Ltm. Vgn.
*Natica Minchinhamptonensis*, P. de Lor. — B. Ltm, Raye, Rub, Vidm. — C. Ltm.
*Chenopus laitmairensis*, P. de Lor. — B. Ltm.
*Thracia viceliacensis*, d'Orb. — B. Ltm.
*Ceromya lens*, Ag. — B. Ltm.
    »     *concentrica*, Sow. — A. R. pte? — B partout. — C. Raye Ltm.
    »     *plicata*, Ag. — B. Ltm, Rub, Vidm, Vgn, Cm, Gstl.
    »     *laitmairensis*, P. de Lor. — B. Ltm.
    »     *Pittiri*, P. de Lor. — B. Ltm, Rub., Vgn.
*Gresslya truncata.* Ag. — B. Ltm, Rub., Vgn.
*Pleuromya Ritteneri*, P. de Lor. — B. Ltm.
    »     *cfr. elongata*, Ag. — B. Ltm.
*Pholadomya texta*, Ag. — B. Ltm, Raye, Rub.
*Homomya laitmairensis*, P. de Lor. — B. Ltm, Gstl.
    »     *valdensis*, P. de Lor. — B. Ltm, Rub, Mar, Gstl.
*Arcomya Schardti*. P. de Lor. — B. Ltm, Rub, Gastlose.

*Cypricardia* (?) *nuculiformis*, Morr. et Lyc. — B. Ltm.
*Cypricardia cfr. rostrata*, Morr. et Lyc. — B. Ltm.
*Anisocardia laitmairensis*, P. de Lor. — B. Ltm.
*Cardium laitmairense*, P. de Lor. — B. Ltm, Rub, Vidm, Gstl.
   »    *Ritteneri*, P. de Lor. — B. Ltm.
   »    *Maillardi*, P. de Lor. — B. Ltm.
   »    *cfr. cognatum*, Lycett. — B. Ltm, Rub.
*Tancredia Schardti*, P. de Lor. — B. Ltm. — C. Ltm.
*Unicardium Pittieri*, P. de Lor. — B. Ltm, Rub, Gstl.
   »    *valdense*, P. de Lor. — C. Ltm.
*Unicardium* (?) *rubliense*, P. de Lor. — B. Rub.
*Corbis Lycetti*, P. de Lor. — B. Ltm.
*Lucina laitmairensis*, P. de Lor. — B. Ltm, Rub.
*Astarte Maillardi*, P. de Lor. — B. Ltm.
*Astarte rayensis*, P. de Lor. — D. Ltm, Raye, Rub, etc.
*Arca, cfr. Pratti*, Morr. et Lycett. — B. Ltm.
*Mytilus laitmairensis*, P. de Lor. — B. Ltm, Rub, Raye, etc., partout.
*Modiola imbricata*, Sow. — A. Rub, R. pte, Vidm, Mar. etc. — B. Ltm, Rub. — C. partout abondant. — D. Ltm, Raye, Rub.
*Modiola Sowerbyana*, d'Orb. — B. Rub. — C. Ltm, Rub.
*Eligmus polytypus*, Deslongch. — B. Ltm, Rub. Gastl.
*Pteroperna costatula*, Deslongch. — B. Ltm.
*Lima cardiiformis*, Sow. — B. Ltm, Rub, Vgn. — C. Ltm, Rub.
   »    *impressa*, Morr. et Lycett. — B. Ltm, Rub, Vgn.
   »    *Schardti*, P. de Lor. — B. Ltm, Raye, Rub, Vgn, Vidm, Mar.
   »    *rigidula*, Phill. — B. Ltm.
   »    *cfr. semicircularis*, Goldf. — B. Ltm, Vgn.
*Hinnites abjectus*, Morr. et Lyc. — B. Ltm, Vgn.
*Ostrea costata*, Sow. — B. Ltm, partout. — C. Ltm, Raye, etc. — D. partout.
   »    *vuargnensis*, P. de Lor. — B. Ltm, Rub, Vgn, Tine.
   »    *cfr. Marshii*, Sow. — Vgn.
   »    *cfr. Sowerbyi*, Morr. et Lyc. — Vgn.

BRACHIOPODES.

*Terebratula ventricosa*, Ziet. — B. Ltm, Raye, Rub, Vgn, Mar, Gstl.
*Waldheimia cfr. Mandelslohi*, Oppel. — Vgn.
*Waldheimia obovata*, Sow. — B. Ltm, Vgn. — C. Ltm.

*Rhynchonella Orbignyana*, Oppel. — B. Ltm, Rub, Vgn, Mar, Gstl.
    » *spathica*, Lamarck. — B. Ltm, Vgn.

## ÉCHINODERMES.

*Hemicidaris alpina*, Ag. — B. Ltm, Vgn. — C. partout en abondance. — D. partout en
    débris.
*Pentacrinus* sp. — C. Vidm, Vgn.

### *Polypiers* du niveau D (Raye, Ltm, etc.).

*Convexastrea Schardti*, Koby.
    » *alveolata*, Koby.
    » *Gillieroni*,
    » *nov. sp.*
*Cryptocœnia Lorioli*, Koby.
*Cryptocœnia tenuistriata*, Koby.
*Diplocœnia decemradiata*, Koby.
*Favia ornata*, Koby.
*Astrocœnia Renevieri*, Koby.
*Codonosmilia elegans*, Koby.

*Baryphyllia glomerata*, Koby.
*Thecosmilia Schardti*, Koby.
*Montlivaultia Gillieroni*, Koby.
    » *Bachmanni*, Koby.
    » *Schardti*, Koby.
*Leptophyllia*, 4 à 6 espèces nouvelles.
*Microsolena*, 3 espèces nouvelles.
*Thamnastrea*, 2 espèces nouvelles.
*Dimorphastrea*, spec.

## VÉGÉTAUX.

*Zamites Renevieri*, Heer. — B. Vuargy; E. Ltm, Raye.? Perte à Bovay.
*Thuites* cnf. *Itieri*, Saporta. — B. Vuargny. — C. Ltm.

NOTA. — Les conclusions de M. de Loriol sur l'âge bathonien des *couches à Mytilus* ont été mises en doute par M. le Dr V. Gilliéron, dans son récent mémoire sur les Alpes fribourgeoises (*91*, Mat. pour la carte géol. de la Suisse, livr. XXI, texte pour f^lle XII). L'auteur, tout en étant de l'avis que les couches à Mytilus ne sont pas kimméridgiennes, ne se sent pas assez convaincu pour les ranger dans le bathonien et choisit un intermédiaire, — il pense que ces couches représentent peut-être l'oxfordien inférieur et le callovien. Il considère ainsi la question de l'âge exact des couches à Mytilus comme non encore résolue définitivement.

Les objections que formule M. Gilliéron (page 330 du mémoire cité) contre les conclusions de M. de Loriol et moi, ne me sont pas nouvelles, car elles se sont présentées dès l'abord à moi-même tout aussi naturellement qu'à lui. Je ne m'arrêterai guère aux objections 1 et 2,

concernant la paléontologie spécialement. « Parmi les espèces fossiles des couches à Mytilus,
dit M. de Loriol, il n'en est aucune, en particulier, qui puisse être identifiée à quelque
espèce du terrain kimméridgien ou de l'étage oxfordien » [*109* p. 92]. Quant au caractère
récent de la faune de polypiers qui se trouve à la base de l'assise, il constitue un cas qui
n'est certainement pas insolite. Puisque toute la faune de mollusques des couches à Mytilus
a un caractère étrange qui en fait une exception parmi toutes les faunes jurassiques connues,. pourquoi se heurterait-on précisément aux polypiers, dont aucune espèce ne se
retrouve ailleurs ? Nous sommes là évidemment en présence d'une variation de *facies*, dont
j'ai déjà eu l'occasion de définir le caractère très spécial.

Pour infirmer en quoi que ce soit la conclusion de M. de Loriol, il faudrait opposer aux
15 espèces qu'il a déterminées, comme étant *sûrement bathoniennes*, un nombre égal d'espèces
oxfordiennes !

Je ne puis qu'accepter l'objection 3 ; et, si je l'accepte, cela ne diminue en rien la validité
de ce que j'ai reconnu sur d'autres points. Les couches sans fossiles qui sépareraient ainsi à
la Simmenfluh les couches à Mytilus du lias bien déterminé, ne sont pour cela pas un argument contre l'âge bathonien de celles-ci ; M. Gilliéron les ayant désignées jusqu'alors par
*Jurassique moyen-Lias* (Jm-L).

L'objection 4 pourrait être d'un certain poids, s'il y avait moyen de prouver que le
substratum des couches à Mytilus est formé par les couches de Klaus, comme on les voit
dans la chaîne de Cray, la plus voisine de celle des Gastlosen, ou bien par tout autre terrain
dont l'équivalence avec les couches de Klaus peut être indubitablement démontrée. L'objection ressort tout naturellement de ce que j'ai dit à plusieurs reprises à ce sujet. Je me pro-
mets du reste de reprendre ces études sur d'autres points, afin d'établir, s'il y a lieu, par la
superposition de couches fossilifères, quelle est la position stratigraphique des couches à
Mytilus en dehors de la région étudiée jusqu'alors ; j'essayerai de découvrir enfin, de la même
manière, les relations qu'il pourrait y avoir entre ces couches et les assises fossilifères des
chaînes du voisinage de celles où existent les couches à Mytilus. En attendant ce résultat, assez
problématique du reste, car on connaît les difficultés que rencontrent des études de ce
genre dans les Alpes, il faudra en rester là, plutôt que d'élever des doutes sur des études
faites, sans leur substituer une autre manière de voir, suffisamment appuyée. J'avoue que ce
que dit M. Gilliéron dans sa remarque 4, m'a également frappé, mais il n'en est pour cela
pas moins vrai que le terrain oxfordien, puissant de plus de 90 mètres dans la chaîne des
Verreaux, diminue de plus en plus d'épaisseur en s'approchant des chaînes plus intérieures ;
et dans celle du Mont-Cray, la plus voisine de la chaîne des Gastlosen, il n'a plus que
10 m. d'épaisseur. Au profit de quelle autre assise s'est-il pareillement réduit ? La réponse
ne manque pas: Cette couche oxfordienne y repose directement sur les couches de Klaus avec
*Zoophycos* et fossiles calloviens, correspondant ainsi au bathonien supérieur. La réduction de
l'oxfordien ne peut donc s'être faite qu'au profit du calcaire qui le surmonte ; ceci est le cas

pour la chaîne du Mont-Cray jusqu'aux Rochers de Naye. On est tout autorisé d'admettre que la couche oxfordienne a continué à s'amincir vers le S.-E. et que, dans la chaîne des Gastlosen, elle s'est entièrement confondue avec le massif calcaire qui y surmonte les couches à Mytilus. Dès lors il n'y a plus rien de surprenant que celles-ci renferme une faune bathonienne. J'avoue que cette considération est tout aussi théorique que la remarque 4 de M. Gilliéron. Pour en prouver l'évidence, il faudrait pouvoir suivre les couches sans interruption depuis l'une des chaînes jusqu'à l'autre, mais cela n'est pas possible dans aucun endroit de la région qui m'est connue.

H. Schardt.

# CHAPITRE V

## TERRAIN JURASSIQUE SUPÉRIEUR OU MALM

Les assises appartenant au malm ne se composent pas dans les chaînes extérieures des Alpes, de niveaux aussi distincts que ceux du Jura. Le malm ne forme souvent qu'un puissant massif calcaire. La seule limite habituellement facile à tracer, est celle qui le sépare du dogger ; elle est marquée dans les chaînes au N.-O. de celle des Gastlosen, par des niveaux fossilifères très constants et aisés à reconnaître. La limite supérieure du côté des terrains crétacés est aussi bien prononcée, et c'est déjà beaucoup de pouvoir établir, bien nettement, l'étendue verticale des assises qui composent le malm, dans une région où les facies sont si uniformes dans les terrains d'une même chaîne, où les fossiles sont si peu abondants, et en outre mal conservés.

La différence dans la succession des facies qui, nous l'avons vu, se montre avec tant d'évidence dans le dogger des chaînes des Gastlosen, du Rubli, etc., d'une part, et celui des chaînes du Mont-Cray, de la Dent de Lys, au Moléson d'autre part, se manifeste aussi dans les couches du malm, quoique peut-être d'une manière un peu moins prononcée dans les allures extérieures de ce terrain. Cela nous forcera néanmoins de diviser l'étude stratigraphique du malm en deux parties, comprenant chacune les deux séries de chaînes indiquées.

### I. MALM DES CHAINES DU NIREMONT, MOLÉSON ET DU MONT-CRAY-ARVEL

On peut établir dans ces chaînes deux divisions dans les assises jurassiques supérieures : l'inférieure correspond approximativement à l'ensemble des couches de l'*oxfordien*; la supérieure forme par contre l'équivalent du *jurassique supérieur proprement dit*. Comme dans la plupart des chaînes du Jura, le jurassique supérieur des Alpes forme un massif calcaire, tandis que l'oxfordien est de nature plus marneuse, mais il ne joue pas, vu sa faible épaisseur, un rôle orographique aussi considérable que les couches équivalentes du Jura.

## TERRAIN OXFORDIEN

Nous réunissons sous ce nom deux terrains différents par leur nature pétrographique et n'affleurant pas toujours ensemble dans les mêmes chaînes, mais dont les fossiles ne laissent pas de doutes sur leur âge oxfordien. Ce sont :

Le *calcaire à ciment* et les *couches noduleuses*.

### A. CALCAIRE A CIMENT

Ce terrain n'affleure que sur un seul point dans la chaîne du Niremont et manque entièrement dans les chaînes plus intérieures. Il se montre dans les escarpements du bord de la Veveyse, à *Plagnières* près Châtel-St-Denis, et y forme l'horizon le plus ancien qui soit visible dans cette chaîne. Il repose, par suite d'une dislocation, en discordance sur le flysch; il est recouvert immédiatement par des couches d'un calcaire grumeleux gris, qui appartient aussi à l'oxfordien et en forme la partie supérieure. Le calcaire à ciment est peu épais, sa nature tendre fait qu'il disparaît rapidement sous les éboulis, c'est là sans doute le motif pour lequel on ne le retrouve pas sur d'autres points de la chaîne du Niremont.

Il est formé d'alternances de bancs calcaires et de faibles couches marneuses d'un gris foncé. La pâte est très fine et uniforme. L'épaisseur des bancs calcaires varie entre 0^m,30 et 0^m,60. La cassure est conchoïde. Le passage aux interstratifications marneuses, homogènes et peu schisteuses, n'est pas brusque, mais plutôt graduel et insensible. C'est avec ces mêmes caractères que le calcaire à ciment se retrouve dans la chaîne de la Berra. A Plagnière, deux bancs de cette roche fournissent un excellent ciment et donnent lieu à une exploitation très active.

Les fossiles de ce calcaire sont connus d'ancienne date ; ils sont très abondants, mais généralement mal conservés. Les *Ammonites* sont toujours écrasées et déformées, ce qui modifie leurs dimensions et rend leur détermination très difficile, sinon impossible. Ceci est en particulier le cas pour les espèces du groupe des *Perisphinctes*, qui y sont nombreuses.

Voici les espèces qui ont pu être déterminées d'une manière précise (*64*). Elles proviennent toutes de l'exploitation de Plagnière :

| | |
|---|---|
| *Belemnites hastatus*, Blv. | *Ammonites plicatilis*, d'Orb. |
| »  *monsalvensis*, Gill. | »  *Pralairei*, E. Favre. |
| »  *redivivus*, May. | »  *Hominalis*, E. Favre. |
| »  *Dionysii*, Favre. | »  *sp. ind.* |
| »  *Lorioli*, Ooster. | *Aptychus, 2 spec.* |
| *Rhynchoteuthis Brunneri*, Oost. | *Rhynchonella monsalvensis*, Gill. |
| *Ammonites Manfredi*, Oppel. | »  *fastigata*, Gill. |
| »  *mediterraneus*, Neum. | *Rhabdocidaris Herculis*, Desor. |
| »  *tortisulcatus*, d'Orb. | *Phyllocrinus spec.* |
| »  *cf. callicerus*, Oppel. | *Eugeniacrinus Dionysii*, Oost. |
| ».  *Dionysii*, Mœsch. | |

Les indications paléontologiques, fournies par ces fossiles, ne permettent pas de préciser exactement l'horizon auquel appartient le calcaire à ciment. M. Gilliéron (*90*, p. 86) dit à cet égard : « Stratigraphiquement il est en dessous de la zone *Ammonites transversarius* et par conséquent il peut en représenter la partie inférieure ou bien représenter l'horizon des *Ammonites Lam-*

*berti* et *cordatus.*» Dans son dernier mémoire sur les Alpes fribourgeoises *(91)*, **M.** Gilliéron cite l'*Ammonites arduennensis*, ce qui appuyerait passablement cette dernière alternative, quoique les fossiles déterminés sous ce nom diffèrent sensiblement du type de l'*Am. arduennensis.*

Il se pourrait que le calcaire à ciment fut l'équivalent d'une partie des couches noduleuses des chaînes suivantes, soit du calcaire noduleux rouge. En effet, ces deux terrains ne se trouvent nulle part ensemble en superposition directe. Ils semblent s'exclure mutuellement et sont, l'un et l'autre, recouverts par le calcaire gris. Dans les chaînes au S.-E. de celle du Niremont, le calcaire noduleux repose directement sur les couches de Klaus à **Z**oophycos *scoparius* et le calcaire à ciment fait ainsi totalement défaut. La faune du calcaire noduleux nous donnera des renseignements plus précis qui nous permettront de le rapporter définitivement au terrain oxfordien inférieur.

B. COUCHES NODULEUSES

Ces couches, essentiellement calcaires, assez peu marneuses, ont été nommées par **M. E.** Favre *couches grumeleuses (64)*, à cause de la facilité avec laquelle certains bancs se réduisent en nodules isolés ou grumeaux. **M.** Gilliéron les nomme *calcaire noduleux;* ce dernier nom est en effet préférable, puisque ces couches ont toujours un aspect noduleux, même lorsque la roche est résistante et presque compacte [*90* et *91, 181*, p. **81**].

Ce niveau est facile à reconnaître par la présence de lits d'une roche à surface inégale et rugueuse, composés de petits *nodules* ou *rognons calcaires*. Ils sont très durs, de formes variées et ordinairement de petites dimensions, variant entre la grandeur d'une noisette et celle d'une noix. Ces nodules sont réunis par un ciment marno-calcaire de couleur *rouge*, *verdâtre* ou *gris*. La couleur variable de ces couches est due probablement à un différent degré de combinaison du fer qui serait à l'état de carbonate dans la roche verdâtre et sous forme oxyde dans le calcaire rouge. Ces deux teintes se remplacent souvent dans une même couche. Nous insistons sur le fait que c'est uniquement le ciment qui varie de couleur, car les nodules, quoique rouges au dehors ne le sont pas toujours à l'intérieur et l'on remarque seulement des zones rouges autour des bords lorsqu'on les casse par le milieu; l'intérieur reste souvent gris. Ils ont tout à fait l'aspect de concrétions calcaires; il n'est cependant pas facile de se faire une idée bien nette de leur mode de formation, vu qu'elles composent presque toute la roche. Ce que nous avons dit des nodules se rencontre aussi chez les fossiles qui ne sont souvent pénétrés que partiellement par la teinte rouge.

Cette observation nous permet de supposer qu'au moment du dépôt la roche était grise et que la couleur rouge n'aurait pris naissance que plus tard par la décomposition du carbonate de fer, alors que les nodules avaient déjà acquis un certain degré de dureté.

Ces lits sont souvent assez compacts, d'autres fois ils se décomposent facilement en un amas de *nodules* ou *grumeaux*.

Dans son étude sur les fossiles des terrains oxfordiens des Alpes fribourgeoises, l'un de nous, M. E. Favre (*64*), a reconnu que les fossiles du calcaire grumeleux représentaient deux niveaux différents et que ces deux niveaux étaient marqués par la répartition différente des couleurs rouge et grise dans la roche. Il a constaté positivement que l'ensemble des fossiles de couleur *rouge* marquait plutôt un horizon inférieur; tandis que ceux de couleur *grise* avaient un caractère plus récent. L'étude de ces couches sur le terrain et dans les divers gisements, indiqués comme étant ceux des fossiles étudiés, ne nous a pas permis de tomber d'accord, à première instance. D'abord on constate, il est vrai, que là où l'oxfordien grumeleux est très épais, la couleur rouge apparaît de préférence vers la base ; cela se voit le mieux dans la chaîne des Verreaux. Mais souvent, et surtout dans les chaînes où il n'existe qu'un seul lit peu épais de roche noduleuse, la couleur rouge n'est pas constante ; elle est fréquemment remplacée par une teinte gris verdâtre qui l'interrompt irrégulièrement et donne quelquefois à la roche un aspect panaché. Il va sans dire que les fossiles sont sujets alors aux mêmes variations de couleur, et celle-ci ne peut plus servir de contrôle bien certain pour la distinction des niveaux; le désaccord dans lequel nous nous sommes trouvés, provient encore de la circonstance que les fossiles décrits dans le mémoire cité, ont été recueillis pour la plupart par des chercheurs de fossiles peu consciencieux qui avaient fait confusion de gisements, ou en avaient inventé eux-mêmes. Les gisements de calcaire noduleux rouge de la chaîne de Paray-Dorenaz, où la teinte rouge n'est qu'accidentelle et les fossiles d'une rareté désespérante, sont dans ce dernier cas.

Il est à supposer, et nous en avons presque la certitude, que les fossiles indiqués comme provenant de ces gisements douteux et de bien d'autres encore, ont été trouvés ailleurs, en particulier dans les chaînes fribourgeoises (Moléson, Verreaux, etc.), où la couleur rouge se trouve *de préférence* à la base de l'oxfordien et où les fossiles sont moins rares.

Cela étant, notre point de litige tombe tout naturellement. La conclusion de M. E. Favre conserve toute sa portée et sa valeur stratigraphique, mais ne s'appliquerait qu'aux trois chaînes extérieures des Alpes : Niremont-Corbettes, Moléson et Verreaux-Jaman. L'étude que nous allons faire de ces couches oxfordiennes, montrera encore combien il est bon de restreindre la division de l'oxfordien en deux niveaux aux chaînes d'où proviennent réellement les fossiles étudiés.

Nous donnons ci-dessous la liste des fossiles des couches noduleuses en indiquant, d'après le mémoire de M. Favre, la teinte de la roche ; mais sans indiquer les gisements, vu leur incertitude :

| | Rouge. | Gris. |
|---|---|---|
| *Notidanus* sp | | — |
| *Sphenodus longidens*, Ag | — | |
| *Serpula* sp | — | |
| *Belemnites hastatus*, Bl | — | — |
| » *Sauvanausus*, d'Orb | — | |
| » (*cfr.*) *semisulcatus*, Munst | | — |
| » *argovianus*, May | | — |
| » *Mulleri*, Gill | | — |
| » *monsalvensis*, Gill | | — |
| » *voironensis*, E. Favre | | — |
| » *neirivensis*, E. Favre | | — |
| » *Dionysii*, E. Favre | | — |
| » *Lorioli*, Ooster | | — |
| *Nautilus franconicus*, Opp | — | |
| *Rhynchoteuthis Brunneri*, Oost | — | |
| » *Escheri*, Oost | — | |

| | Rouge. | Gris. |
|---|:---:|:---:|
| *Rhynchoteuthis sp. ind* | — | |
| *Ammonites (Phylloceras) plicatus*, Neum. | | — |
| » » *saxonicus*, Neum. | | — |
| » » *Manfredi*, Opp | — | — |
| » » *mediterraneus*, Neum | — | — |
| » » *tortisulcatus*, d'Orb | — | — |
| » » *molesonensis*, E. Favre | — | |
| » (*Lytoceras*) *polyanchomenum*, Gem | — | |
| » (*Harpoceras*) *Arolicus*, Opp | | — |
| » » *Henrici*, d'Orb | — | |
| » (*Oppelia*) *callicerus*, Opp | | — |
| » » *flexuosus*, Munst | | — |
| » (*Haploceras*) *Erato*, d'Orb | — | — |
| » (*Perisphinctes*) *plicatilis*, Sow | —? | — |
| » » *Bachmanni*, E. Favre | — | |
| » » *lucingensis*, E. Favre | | — |
| » » *colubrinus*, Rein | | — |
| » » *birmensdorfensis*, Mœsch | | — |
| » » *2 spec. indét* | — | |
| » (*Aspidoceras*) *Œgir*, Opp | | — |
| » » *cfr. rupellensis*, d'Orb | | — |
| » » *cfr. Babeanus*, d'Orb | — | |
| *Ammonites (Aspidoceras) dornasensis*, E. Favre | — | |
| » » *caudonensis*, E. Favre | — | |
| » (*Peltoceras*) *berrensis*, E. Favre | | — |
| » » *bimammatus*, Quenst. | | — |
| » » (*cfr.*) *transversarius*, Quenst | — | — |
| » » *arduennensis*, d'Orb | — | |
| » » *Eugenii*, d'Orb | — | |
| » » *Gruyerensis*, E. Favre. | — | |
| *Ancyloceras Ischeri*, E. Favre. | | — |
| » *sp* | | — |
| *Aptychus latus*, Opp | | — |
| » *sparsilamellosus*, Gumb. | | — |
| » *Meyrati*, Oost | — | |
| » *sp* | — | |
| *Inoceramus Oosteri*, E. Favre | — | |

|  | Rouge. | Gris. |
|---|---|---|
| *Pecten pilatensis*, E. Favre. | — | |
| *Lima dornasensis*, E. Favre. | — | |
| *Rhynchonella monsalvensis*, Gill. | | — |
| » *fastigata*, Gill. | — | — |
| *Terebratula* (*cfr.*) *rupicola*, Zitt. | — | |
| *Cidaris filograna*, Ag. | — | |
| *Rhabdocidaris spinosa*, Ag | — | |
| *Collyrites Voltzii*, Ag. | — | — |
| » *friburgensis*, Oost. | — | — |

On voit que chacune de ces listes, la seconde surtout, renferme des fossiles d'âge assez distant. Cela peut être attribué à ce que cette seconde liste renferme des noms de fossiles provenant des parties *grises* des couches inférieures, qui sont habituellement rouges. Le triage ne peut plus avoir lieu maintenant ; il faudrait pour cela une étude toute nouvelle sur le terrain et recueillir des fossiles en place. On voit cependant assez clairement que le niveau inférieur, où la teinte rouge est la plus répandue, et conséquemment aussi les fossiles rouges, correspond aux couches oxfordiennes inférieures c'est-à-dire au niveau de l'*Ammonites transversarius* et probablement encore à celui de l'*Am. cordatus;* comme le prouve le mélange de fossiles appartenant à ces deux zones. Le niveau supérieur, à fossiles surtout gris, semble s'étendre depuis la zone à *Am. transversarius*, jusqu'à celle de l'*Am. bimammatus*, qui caractérise les couches à *Hemicidaris crenularis*. On peut donc dire que l'ensemble des couches noduleuses représente tous les niveaux de l'oxfordien, depuis les couches à *Am. cordatus*, jusqu'à la base du séquanien ; leurs fossiles appartiennent pour la plupart à la zone à *Am. transversarius*.

JURASSIQUE SUPÉRIEUR PROPREMENT DIT

(Séquanien-Portlandien).

Ce terrain est formé en majeure partie de calcaires compacts en gros bancs, dont l'ensemble atteint parfois une grande épaisseur. Mais celle-ci, autant que la nature pétrographique et les caractères paléontologiques, subit beaucoup de variations d'une chaîne à l'autre. En général, c'est ce terrain qui forme, parfois accompagné du néocomien, le revêtement supérieur des montagnes et le sommet des abrupts.

Dans la plupart des chaînes, il y a lieu de subdiviser ce terrain en deux étages, dont l'inférieur correspondrait assez nettement au séquanien ou zone à *Ammonites ocanthicus*, le supérieur représente l'étage portlandien et prend souvent le *facies tithonique*.

Cette distinction de deux niveaux paléontologiques ne peut cependant bien se faire que pour les trois premières chaînes, partout ailleurs la rareté des fossiles, ne permet pas d'assimiler avec certitude les assises à des niveaux ou étages.

## GISEMENTS

Après ces indications générales sur la nature et la position stratigraphique du malm dans notre région, nous passerons à l'étude spéciale de ce terrain dans les diverses chaînes, pour mettre en évidence la nature particulière qu'il affecte dans chacune d'elles.

### *Chaîne du Niremont-Pléiades.*

Dans cette chaîne le malm se compose du haut en bas des assises suivantes :

Couche tithonique,
Calcaire à Ammonites acanthicus, } Portlandien-séquanien.
Calcaire grumeleux gris, )
Calcaire à ciment, } Oxfordien.

On remarquera que le calcaire noduleux n'est représenté ici que par un seul niveau, le *calcaire grumeleux gris* ; le calcaire rouge manque totalement, et il est à présumer que le calcaire à ciment, moins développé ailleurs, en tient lieu. Quoique ses fossiles soient pour la plupart différents de ceux du calcaire noduleux rouge, ils indiquent, comme nous l'avons déjà fait ressortir, un niveau voisin, un peu plus ancien que la zone à *Am. transversarius*,

Les roches jurassiques apparaissent dans cette chaîne sous forme d'affleurements allongés perçant à la base ou au milieu des anticlinales du néocomien, ou apparaissant au milieu du flysch [klippes]; c'est dans les ravins
qui entaillent le versant N.-O. que les meilleures coupes sont à découvert.

Le **ravin du Dat**, où se voit également une belle coupe du néocomien,
montre un escarpement de roches jurassiques d'où le ruisseau se précipite
en cascade. On y observe :

1. Le *calcaire gris grumeleux* oxfordien, peu épais ; il renferme: *Ammonites tortisulcatus*, d'Orb.,
   *Ammonites bimammatus*, Quenst., *Aptychus latus*, Park., *et punctatus*, Voltz.
2. *Calcaire compact*, épais de 20-30$^m$, en lits de 30-60 cm. séparés par des feuillets marneux et contenant quelques rognons siliceux. Il renferme des fossiles : Un *Perisphinctes*
   (spec. ind.) et *Aptychus punctatus*. C'est la zone à *Am. acanthicus.*
3. Le *calcaire tithonique*, calcaire marneux blanchâtre un peu grumeleux, épais d'environ
   3$^m$ avec nombreux fossiles, (voir la liste) [Pl. II, fig. 1, couches 4-7].

Au-dessus du hameau des **Prayouds** se présente une nouvelle coupe
du jurassique, on y constate du *bas en haut*, les assises suivantes (Pl. II,
fig. 3).

Oxfordien :
1. *Calcaire compact* en bancs d'épaisseur variable, peu noduleux.
2. *Couche marneuse et grumeleuse* grise, remplie de petits fossiles. Son épaisseur est de
   0$^m$,40. C'est le gisement principal de la zone à *Am. bimammatus*, les principaux fossiles qu'on trouve ici sont :

| | | | |
|---|---|---|---|
| *Belemnites hastatus*, Bl. | | *Ammonites plicatilis*, Sow. | |
| » | *Mulleri*, Gill. | » | *lucingensis*, Favre. |
| » | *monsalvensis*, Gill. | » | *colubrinus*, Rein. |
| *Ammonites Manfredi* Opp. | | » | *bimammatus*, Qu. |
| » | *mediterraneus*, Neum. | » | *berrensis*, Favre. |
| » | *tortisulcatus*, d'Orb. | *Aptychus latus*, Park. | |
| » | *Arolicus*, Opp. | » | *sparsilamellosus* Gumb. |
| » | *callicerus*, Opp. | *Collyrites Voltzii*, Ag. | |
| » | *flexuosus*, Munst. | » | *friburgensis*, Oost. |
| » | *Erato*, d'Orb. | | |

L'*Ammonites tortisulcatus* et le *Collyrites friburgensis* sont particulièrement abondants.

3. *Calcaire compact* noduleux, pauvre en fossiles, épaisseur $2^{m}$.
4. *Calcaire marneux grumeleux*, contenant en abondance les mêmes fossiles que la couche 2. Le *Collyrites friburgensis* y abonde.

*Zone à Am. acanthicus.*

5. *Calcaire compact noduleux*, peu grumeleux à *Am. trimerus* et *tortisulcatus*. Ép. $1^{m},50$.
6. *Calcaire compact* en bancs d'épaisseur variable, à surface noduleuse, mamelonnée; l'intérieur des bancs est aussi rempli de fissures longitudinales, irrégulières, très visibles lorsque la roche est un peu altérée et desquelles résulte aussi l'inégalité de la surface. Quelques-uns des bancs plus marneux se désagrègent facilement; d'autres sont plus compacts et très durs. A l'extérieur la roche est d'un gris foncé, et à l'intérieur, sur la cassure fraîche, elle est plus claire. On trouve les fossiles principalement à la surface des bancs; ce sont généralement des moules, dont la face libre est bien conservée, tandis que le côté adhérent à la roche est fort altéré; tantôt le fossile est fortement engagé dans la roche, tantôt il peut en être séparé, grâce à un petit feuillet marneux, mais alors les ornements ont disparu. Les *Aptychus* et les *Ammonites* abondent dans ce gisement, qui est l'un des principaux de la zone à *Am. acanthicus*. L'ensemble des couches a $15^{m}$ d'épaisseur. On y trouve les fossiles suivants :

| | |
|---|---|
| *Ammonites benacensis*, Cat. | *Ammonites polyolcus*, Ben. |
| » *mediterraneus*, Neum. | » *hybonotus*, Ben. |
| » *tortisulcatus*, d'Orb. | » *longispinus*, Sow. |
| » *Loryi*, Mun. | » *acanthicus*, Opp. |
| » *Orsinii*, Gem. | » *cyclotus*, Opp. |
| » *carachteis*, Zeuchn. | *Aptychus punctatus*, Voltz. |
| » *Frotho*, Opp. | » *latus*, Park. |
| » *Holbeini*, Opp. | » *obliquus*, Qast. |
| » *compsus*, Opp. | *Terebratula Bouei*, Zeuschn. |
| » *trimerus*, Opp. | » *janitor*, Pict. |
| » *platynotus*, Rein. | *Collyrites Voltzii*, Ag. |
| » *Agrigentinus*, Gemm. | |

7. *Calcaire en bancs très minces*, bien détachés les uns des autres, peu de fossiles (les mêmes que dans 6), épaisseur $8^{m}$.
8. *Calcaire à surface grumeleuse* en bancs de 15-20 cm., épaisseur $3^{m}$.

La couche *tithonique* n'affleure pas ici.

Ces terrains affleurent en outre, avec des caractères fort analogues, dans le ravin de la Veveyse.

Dans la **carrière de Plagnière** on constate à la base des couches jurassiques :

1. Le *Calcaire à ciment;* c'est un *calcaire compact* gris avec intercalation de feuillets de marnes (voir fig. 4 et 5 : pl. II). Les couches de calcaire espacées dans la partie inférieure se rapprochent de plus en plus dans la partie supérieure. En A et B [fig. 4] sont deux exploitations de calcaire à ciment; roche marneuse à pâte très fine feuilletée. Les fossiles y sont nombreux, mais fortement comprimés et conservés seulement sur l'une des faces; leur détermination est difficile et peu certaine (voir la liste plus haut).
2. Au-dessus du calcaire à ciment vient le *calcaire grumeleux* gris (ox.), qui a environ 6$^m$ d'épaisseur. Les fossiles sont petits.

| | |
|---|---|
| *Ammonites tortisulcatus,* Gemm. | *Ammonites lucingensis,* E. Favre. |
| » *Erato,* d'Orb. | *Aptychus latus,* Park. |
| » *plicatilis,* d'Orb. | *Collyrites friburgensis,* Oost. |
| » *bimammatus,* Quenst. | |

Ces couches forment l'étage *oxfordien*. On constate à leur suite en montant :
*Zone à Am. acanthicus.* (ac)

3. *Calcaire compact* en bancs épais avec rognons de silex et nombreux *Aptychus* dans la partie supérieure. Les bancs varient de 30-60 cm. d'épaisseur, ils sont séparés dans la partie inférieure par de petits lits marneux entremêlés de lits grumeleux qui deviennent de plus en plus rares. La roche est gris clair. Épaisseur totale 30$^m$.

Outre les *Aptychus* ces couches renferment une riche faune de la zone à *Am. acanthicus* les plus abondants des fossiles sont :

| | |
|---|---|
| *Belemnites dispar,* Mayer, | *Ammonites Doublieri,* d'Orb. |
| *Ammonites tortisulcatus,* d'Orb. | » *Favaraensis,* Gemm. |
| » *Frotho,* Opp. | *Aptychus punctatus,* Voltz. |
| » *Basilicæ,* E. Favre. | » *latus,* Park. |
| » *Agrigentinus,* Gemm. | » *obliquus,* Quenst. |

Certains bancs sont remplis de fossiles.

Des couches de même nature et avec les mêmes fossiles se montrent sur la rive opposée de la Veveyse, reposant sur le calcaire grumeleux oxfordien.

Dans la **carrière du Vuavre** sur Riondanaire on constate :

1. Le calcaire à *Am. acanthicus* avec nombreux fossiles :

| | |
|---|---|
| *Ammonites mediterraneus,* Neum. | *Aptychus latus,* Park. |
| » *tortisulcatus,* d'Orb. | » *punctatus,* Voltz. |
| » *pugilis,* Neum. | *Collyrites friburgensis,* Oost. |
| » *acanthicus,* Opp. | » *Voltzii,* Ag. |

Les **carrières de Riondanaire** présentent à la fois l'oxfordien et la zone à *Am. acanthicus.*

L'*oxfordien grumeleux* y est tout particulièrement riche en *Belemnites hastatus, Am. bimammatus, Collyrites friburgensis,* etc.

La *zone à Am. acanthicus* est formée par des bancs calcaires d'épaisseur variée, à surface noduleuse et irrégulière. L'apparence est bien celle de cet étage dans les autres gisements, mais la teinte est plus foncée. Les fossiles sont nombreux ici, peu comprimés et assez bien conservés; l'ornementation est généralement bien distincte sur l'une des faces au moins.

L'un de nous a recueilli dans la carrière de Riondanaire :

| | |
|---|---|
| *Sphenodus longidens,* Ag. | *Ammonites teres,* Neum. |
| *Belemnites semisulcatus,* Munst. | » *acanthicus,* Opp. |
| *Ammonites tortisulcatus,* d'Orb. | *Aptychus punctatus,* Voltz. |
| » *ptychoicus,* Quenst. | » *sparsilamellosus,* Gumb. |
| » *Holbeini,* Opp. | » *latus,* Park. |
| » *compsus,* Opp. | » *obliquus,* Quenst. |
| » *Basilicæ,* E. Favre. | *Collyrites friburgensis,* Oost. |

Le ravin de la **Veveyse de Fégire** laisse voir sur sa rive gauche une coupe assez complète du jurassique, perçant au milieu du néocomien. Sa nature ne diffère pas de celle des autres gisements.

Dans le chaînon des **Pléiades** il n'y a rien de saillant ni de nouveau dans les allures du malm. L'*oxfordien* ne s'y voit plus et la *zone à Am. acanthicus* y est formée par des bancs peu épais avec rognons de silex. Les fossiles n'y abondent pas. Le **ravin des Chevalleyres** a cependant fourni une belle série de fossiles dans un banc de calcaire foncé gris noir :

| | |
|---|---|
| *Belemnites semisulcatus,* Munst. | *Ammonites isotypus,* Ben. |
| » *Argovianus,* Mayer. | » *mediterraneus,* Neum. |

| | |
|---|---|
| *Ammonites tortisulcatus*, d'Orb. | *Ammonites Basilicæ*, E. Favre. |
| » *tenuilobatus*, Opp. | » *Herbichi*, V. Hauer. |
| » *Frotho*, Opp. | » *Favaraensis*, Gemm. |
| » *pseudoflexuosus*, E. Favre. | » *acanthicus*, Opp. |
| » *Holbeini*, Opp. | *Aptychus punctatus*, Voltz. |
| » *nobilis*, Neum. | » *sparsilamellosus*, Gumb. |
| » *dentatus*, Rein. | » *latus*, Park. |
| » *colubrinus*, Rein. | *Collyrites Voltzii*, Oost. |

L'*assise tithonique* apparaît aussi assez bien à découvert dans ce même ravin. Elle a 2-3 m. d'épaisseur et sa nature est identique à celle qu'on observe à la Veveyse, on y trouve :

| | |
|---|---|
| *Belemnites ensifer*, Pill. | *Aptychus punctatus*, Voltz. |
| » *semisulcatus*, Munst. | » *Beyrichi*, Opp, |
| *Ammonites Loryi*, Mun. Chal. | » *latus*, Park. |
| » *trachynotus*, Opp. | |

Ces petites listes spéciales des fossiles de chacun des principaux gisements, montrent fort bien que la faune ne varie pas davantage que la nature pétrographique d'une extrémité de la chaîne à l'autre. On peut en conclure que ces dépôts se sont formés dans des conditions presque identiques. Il n'en sera pas de même, dans les autres chaînes, comme nous aurons l'occasion de le constater, dans les pages suivantes.

Les autres chaînes étant très pauvres en fossiles, nous préférons donner ici la liste générale des fossiles recueillis dans cette première chaîne et décrits par M. E. Favre dans deux mémoires spéciaux sur la faune de la *zone à Am. acanthicus* et sur celle du *terrain tithonique* des Alpes fribourgeoises (*65* et *66*).

*Faune des couches à Ammonites acanthicus*, dans la chaîne du Niremont-Pléiades.

| | |
|---|---|
| *Sphenodus longidens*, Ag. | *Ammonites isotypus*, Ben. |
| *Rhynchoteuthis sp. indét.* | » *benacensis*, Cat. |
| *Belemnites semisulcatus*, Munst. | » *mediterraneus*, Neum. |
| » *Argovianus*, Mayer. | » *polyolcus*, Ben. |
| » *dispar*, May. | » *Silesiacus*, Opp. |

*Ammonites tortisulcatus,* d'Orb.
»     *Loryi,* Mun.
»     *ptychoicus,* Quenst.
»     *Orsinii,* Gemm.
»     *carachteis,* Ziet.
»     *tenuilobatus,* Opp.
»     *Frotho,* Opp.
»     *pseudoflexuosus,* E. Favre.
»     *Holbeini,* Opp.
»     *compsus,* Opp.
»     *nobilis,* Neum.
»     *dentatus,* Rein.
»     *Eudoxus,* d'Orb.
»     *trimerus,* Opp.
»     *colubrinus,* Rein.
»     *Basilicæ,* E. Favre.
»     *platynotus,* Rein.
»     *contiguus,* Cat.
»     *Agrigentinus,* Gemm.

*Ammonites teres,* Neum.
»     *Herbichei,* v. Hauer.
»     *favaraensis,* Gemm.
»     *Doublieri,* d'Orb.
»     *hybonotus,* Ben.
»     *longispinus,* Sow.
»     *acanthicus,* Opp.
»     *contemporaneus,* E. Favre.
»     *cyclotus,* Opp.
*Aptychus punctatus,* Voltz.
»     *sparsilamellosus,* Gumb.
»     *latus,* Park.
»     *obliquus,* Quenst.
»     *sp. indét.*
*Terebratula Bouei,* Zeuschn.
»     *janitor,*
*Collyrites Voltzii,* Ag.
»     *friburgensis,* Oost.

Ces fossiles proviennent, pour la plupart, des environs de Châtel-Saint-Denis, des gisements cités précédemment.

Cette faune a dans son ensemble une grande ressemblance avec celle des couches du même âge et de même nature de la montagne des Voirons.

*Faune du calcaire tithonique.*

*Lepidotus maximus,* Wagn.
*Sphenodus impressus,* Zittel.
*Belemnites conophorus,* Oppel.
»     *strangulatus,* Opp.
»     *Gemellaroi,* Zitt.
»     *semisulcatus,* Munst.
»     *ensifer,* Opp.
»     *Zeuschneri,* Opp.
»     *datensis,* Gill.
»     *Pilleti,* Pict.

*Belemnites tithonius,* Opp.
*Ammonites (Phylloceras) ptychoicus,* Quenst.
»     »     *Kochi,* Oppel.
»     »     *mediterraneus,* Neum.
»     »     *Silesiacus,* Opp.
»     »     *Loryi,* Mun. Ch.
»     *(Lytoceras) sutilis,* Opp.
»     »     *quadrisulcatus,* d'Orb.
»     *(Haploceras) carachteis,* Zeuschn.
»     *(Oppelia) trachynotus,* Opp.

Ammonites (Oppelia) Fallauxi, Opp.
» (Perisphinctes) colubrinus, Rein.
» » Lorioli, Zitt.
» » Richteri, Opp.
» » transitorius, Opp.
» » Calisto, d'Orb.
» » Carpathicus, Zitt.
» (Olcostephanus) pronus, Opp.
» (Hoplites) cf. progenitor, Opp.
Aptychus punctatus, Voltz.
» Beyrichi, Opp.
» cf. exsculptus, Schaur.
» latus, Park.
Neœrea Picteti, Zitt.
Corbula Pichleri, Zitt.
Terebratula janitor, Pict.
» Rouei, Zeuschn.

Terebratula Euthymi, Pict.
» cf. Carpathica, Zitt.
» Bilimiki, Suess.
» Bieskidensis, Zeuschn.
» Datensis, E. Favre.
Megerlea Wohlenbergi, Zeuschn.
Hynniphoria globularis, Suess.
Rhynchonella cf. Malbosi, Pict.
» spoliata, Suess.
» capillata, Zitt.
» tatrica, Zeuschn.
Cidaris, sp.
Rhabdocidaris, sp.
Collyrites friburgensis, Oost.
Metaporhinus convexus, Cat.
Balanocrinus subteres, Munst.

Cette faune contient donc 53 espèces, y compris 4 *Aptychus*, dont les noms devraient être joints à ceux de leurs *Ammonites*. On peut y ajouter encore, deux espèces : le *Collyrites Voltzii* et le *Phyllocrinus nutantiformis*, provenant d'un gisement à nous inconnu. Elle renferme 10 espèces caractéristiques du lithonique inférieur, 4 espèces caractéristiques du lithonique supérieur et 15 espèces communes aux deux horizons, soit 29 espèces exclusivement lithoniques et 20 communes aux couches lithoniques et à des horizons plus anciens des terrains jurassiques, spécialement aux couches à *Am. acanthicus*, mais dont la plupart y sont très rares. L'*Am. quadrisulcatus*, ainsi que les *Terebratula janitor*, *Euthymi*, les *Rhynchonella Malbosi* et *spoliata*, se rencontrent aussi dans le néocomien. Le *Terebratula janitor* est commun dans tous les gisements.

On voit ainsi que ces bancs, fort peu puissants, renferment un mélange de fossiles des deux horizons tithoniques bien distincts ailleurs, mais avec une forte prédominance des espèces de l'horizon inférieur. Cette faune présente une affinité très étroite avec le *terrain jurassique* tandis qu'elle n'est guère unie que par des rapports peu marqués avec le terrain crétacé.

Les deux mémoires déjà cités (*65* et *66*) renferment encore de nombreux détails sur les faunes du jurassique supérieur ; détails que nous ne pouvons pas reproduire ici sans dépasser les limites tracées à notre travail.

### Chaîne du Moléson.

Dans cette chaîne le jurassique supérieur se présente sous un aspect bien différent de ce que nous venons de voir. Son épaisseur est beaucoup plus grande et il dépasse souvent 100 mètres sans compter les couches oxfordiennes qui en mesurent au moins 50-70.

Les *assises noduleuses* de l'*oxfordien* forment une ceinture presque continue autour du massif du Moléson et de la pointe de Tremettaz. Grâce à la teinte rouge de la partie inférieure, on peut voir déjà de loin ces couches et le massif calcaire du jurassique supérieur qui les surmonte.

La *partie inférieure* des couches noduleuses est tout particulièrement marquée par la teinte *rouge,* et, quoique très visible et apparente, elle manque par places et la roche paraît alors souvent panachée de rouge et de gris verdâtre. L'épaisseur de la partie rouge est de **10-12** m. environ, la texture grumeleuse n'est pas constante ; on observe souvent des lits compacts et vers le bas quelques feuillets schisteux de couleur rouge. Les fossiles sont assez abondants, mais pas toujours bien conservés. Cette structure grumeleuse de la roche paraît se prêter fort mal à la conservation des fossiles. Les gisements sont nombreux ; on peut trouver des fossiles partout où ces couches sont accessibles. Les gisements les plus productifs sont le voisinage du chalet de Mifori, la montée du Gros-Plané au Moléson (Bonne-Fontaine) et les escarpements de Tremettaz. Les fossiles qui abondent le plus sont :

| | |
|---|---|
| *Belemnites Sauvanausus,* d'Orb. | *Ammonites arduennensis,* d'Orb. |
| » *hastatus,* Blainv. | » *tortisulcatus,* d'Orb. |
| *Ammonites Manfredi,* d'Orb. | |

Les *couches noduleuses grises* sont de texture absolument semblable ; assez compactes à la partie inférieure et très visiblement noduleuses, elles alternent, vers le haut, avec des calcaires schisteux. Les fossiles y sont plus rares, les Ammonites prédominent surtout les *Am. Manfredi, tortisulcatus, mediterraneus*, etc.

L'épaisseur est bien plus considérable que celle du niveau inférieur rouge, mais elle ne peut-être déterminée avec exactitude, parce que vers le haut les bancs grumeleux alternent avec des lits compacts qui deviennent de plus en plus épais en établissant ainsi un passage graduel au *calcaire compact supérieur* [1]. Ce dernier est gris clair, très compact et rempli de rognons de silex à formes bizarres. Dans son ensemble, il paraît massif ; les bancs très épais ne sont pas séparés par des délits visibles. Dans les escarpements il paraît former une seule assise. Son épaisseur est d'environ 100 m. Les fossiles y sont fort rares ; pour cette raison déjà il n'est pas possible de distinguer dans ce terrain les deux niveaux que nous avons établis dans la chaîne du Niremont-Pléiades. On trouve quelques fragments de *Belemnites* (*B. semisulcatus ?*) des *Aptychus latus* et *punctatus*.

*Arête des Verreaux. — Dent de Jaman. — Hautaudon.*

Dans cette chaîne le terrain oxfordien forme le pied des escarpements. Sa partie supérieure, riche en bancs compacts, se confond avec les abrupts ; tandis que l'inférieure, plus marneuse et grumeleuse, passe insensiblement au jurassique inférieur. Le calcaire supérieur forme, comme au Moléson, un escarpement qui couronne le haut de l'arête.

**Arête des Verreaux. Oxfordien.** Grâce aux éboulis et à la végétation très vivace sur la pente peu escarpée du dogger et de l'oxfordien, ce dernier n'est pas souvent à découvert dans toute son épaisseur. Ce sont les bancs les plus supérieurs qui se voient le mieux. On observe par contre ces couches infiniment mieux dans les nombreux ravins qui entrecoupent le revêtement néocomien sur la pente S.-E., et y ont entamé non seulement le

---

[1] Ces alternances ne sont pas sans analogie avec ce qu'on observe au pied de la Dent de Jaman et de la Dent de Hautaudon, où les couches noduleuses sont très puissantes. Il faudrait pouvoir relever la coupe de l'oxfordien du Moléson, en mesurant couche après couche et en séparant leurs fossiles.

calcaire compact, mais aussi toutes les couches de l'oxfordien et même la partie supérieure du dogger.

L'épaisseur totale des couches oxfordiennes dépasse ici 60 m. Elles sont formées de nombreuses alternances de calcaire compact, surtout vers le haut, et de calcaire noduleux gris assez dur ; dans le bas, où la couleur rouge devient de plus en plus fréquente et souvent presque prédominante, les couches grumeleuses sont plus délitables, les nodules se séparent plus facilement de la masse marneuse, qui les englobe et les bancs calcaires sont moins épais.

C'est ici qu'on voit s'associer aux derniers bancs grumeleux, des marnes schisteuses rouges, rarement grises, dont l'épaisseur atteint 2 à 3 mètres. Elles paraissent établir le passage entre le dogger et l'oxfordien.

Les fossiles sont assez fréquents dans ce terrain, mais d'une conservation déplorable. Ce sont surtout des *Ammonites* et des *Bélemnites*.

Au *col de Pierre-Percia*, nous avons trouvé dans les couches rouges inférieures : *Ammonites mediterraneus*, Neum., *plicatilis*, d'Orb., *Belemnites hastatus*, Blv.

Dans l'un des ravins au S.-E. des Verreaux, ces couches sont particulièrement bien visibles; outre les *Am. mediterraneus* et *Am. Erato*, tous deux très communs, on trouve là assez souvent le *Collyrites friburgensis*.

Un exemplaire de l'*Am. arolicus* a été trouvé sur Allière par M. Doge.

Quant au calcaire **jurassique supérieur** compact on peut le diviser en deux niveaux.

I. Le *niveau inférieur* ou *calcaire gris* à rognons siliceux informes correspond aux couches à *Am. acanthicus*. Les fossiles y sont rares, à part le *Belemnites semisulcatus*, qui se rencontre un peu partout dans le massif du malm. A mi-hauteur à peu près de ces bancs, on trouve un lit, épais de 2 m. environ, à la surface duquel il y a une couche continue de silex de 10 cm. d'épaisseur. Il renferme, associés à des grumeaux calcaires, des fragments de petites *Ammonites* (*Perisphinctes*), de *Belemnites semisulcatus*, des *Aptychus latus* et *punctatus* et des *Rhynchoteuthis*.

C'est ici probablement que commence :

II. Le *tithonique*, dans lequel les fossiles cités sont tout particulièrement fréquents et dont on exploite les bancs calcaires dans une carrière sur le sentier de la gorge de Neirivue. Ce sont des bancs épais de 40 cm. à 1 m. de calcaire compact gris ou gris bleuâtre très homogène. Leur délit est ordinairement formé d'un mince feuillet de marne argileuse vert bleuâtre ou grise, dans laquelle sont logés quelques grumeaux ou nodules calcaires qui se détachent facilement en même temps que les fossiles. La surface des lits est bosselée et très rugueuse. On trouve dans cette carrière :

| | |
|---|---|
| *Ammonites,* sp. | *Aptychus punctatus,* Voltz. |
| *Belemnites semisulcatus,* Munst. | » *Beyrichi,* Opp. |
| *Aptychus latus,* Park. | |

Ailleurs, à l'extrémité S.-E. de l'arête, près du col de Jaman, au pied les rochers des Courcys, M. Doge a trouvé, dans les blocs éboulés, plusieurs échantillons bien caractérisés de *Terebratula Bieskidensis,* Zeuschn. (cf. E. Favre. Terr. tithonique, pl. IV, fig. 10) et une variété plus aplatie et plus large, appartenant sans doute à la même espèce.

A la **Dent de Jaman,** le malm se montre avec un développement absolument conforme à celui des Verreaux. Cette localité a de plus l'avantage de permettre une étude minutieuse, couche par couche, du terrain *oxfordien,* qui y est bien plus puissant qu'on ne l'a supposé jusqu'à maintenant.

Nous donnerons ci-dessous la coupe complète relevée par MM. Rittener et Schardt. Chaque couche a été mesurée distinctement, en séparant les fossiles qui y sont contenus. Malheureusement ces derniers ne sont qu'en petit nombre; mais ils suffiront pour fixer l'âge de ce terrain. Nous commençons l'énumération des couches à partir du premier banc noduleux en dessous du massif calcaire, là où commence une série de corniches au pied de l'escarpement sud.

Premiers bancs du massif calcaire à rognons siliceux.
1. Couche noduleuse grise, sans fossiles . . . . . . . . . . . . . . . . . . . . . . . . . . . . . . . 0$^m$50
2. Banc de *calcaire homogène* . . . . . . . . . . . . . . . . . . . . . . . . . . . . . . . . . . . . . . 3 —
3. Bancs *noduleux* durs, alternant avec des bancs grumeleux, délitables, gris. . . . . 5 50
4. Bancs de *calcaire fendillé homogène,* à texture très serrée, analogue aux calcaires
    lithographiques ; teinte gris bleuâtre cendré . . . . . . . . . . . . . . . . . . . . . . . 4 —
5. *Quatre alternances* de calcaire grumeleux, délitable, gris et de bancs calcaires

homogènes, en lits de 0,20 à 0,40$^{cm}$ d'épaisseur ; dans la roche grumeleuse, il y a quelques rognons de silice et *Belemnites* cf. *hastatus*. . . . . . . . . . . . . . . 2 25

6. *Calcaire gris* homogène . . . . . . . . . . . . . . . . . . . . . . . . . . . . . . . . . . . . . . . . . . . . . 6 —

7. *Calcaire noduleux* dur, couleur grise . . . . . . . . . . . . . . . . . . . . . . . . . . . . . . . . 1 50

8. *Calcaire homogène* gris . . . . . . . . . . . . . . . . . . . . . . . . . . . . . . . . . . . . . . . . . . . . 2 50

9. *Couche grumeleuse* grise . . . . . . . . . . . . . . . . . . . . . . . . . . . . . . . . . . . . . . . . . . . 0 50

10. *Banc calcaire* gris . . . . . . . . . . . . . . . . . . . . . . . . . . . . . . . . . . . . . . . . . . . . . . . . . 0 40

11. *Couche grumeleuse* grise avec les fossiles suivants : *Belemnites hastatus*, Blv. *Ammonites Pralairei*, E. Favre. *Am. OEgir.*, Opp. *Am. Erato*, d'Orb. *Am. tortisulcatus*, d'Orb. . . . . . . . . . . . . . . . . . . . . . . . . . . . . . . . . . . . . . . . . . . . . 1 80

12. *Calcaire schisteux* feuilleté gris, avec taches rouges . . . . . . . . . . . . . . . . . . . . 1 80

13. *Banc calcaire gris* . . . . . . . . . . . . . . . . . . . . . . . . . . . . . . . . . . . . . . . . . . . . . . . . 1 60

14. *Banc noduleux* gris, dur à sa base et assez délitable vers le haut. Il renferme peu de fossiles parmi lesquels nous n'avons pu déterminer que l'*Am. mediterraneus*. 2 —

15. Calcaire *plaqueté* et *schisteux* . . . . . . . . . . . . . . . . . . . . . . . . . . . . . . . . . . . . . 2 50

16. Calcaire *compact* gris . . . . . . . . . . . . . . . . . . . . . . . . . . . . . . . . . . . . . . . . . . . . . 1 —

17. Calcaire *grumeleux* délitable, nombreux fossiles. *Belemnites hastatus*, Blv. *Ammonites mediterraneus*, Neum. *Am. OEgir* Opp. *Am. tortisulcatus*, d'Orb. *Am. plicatilis*, d'Orb. *Am. Orsinii*, Gemm. *Am. sp. ind.* (cfr. *64*, pl. IV, fig. 13). 1 70

18. Calcaire *compact* gris. . . . . . . . . . . . . . . . . . . . . . . . . . . . . . . . . . . . . . . . . . . . . . 0 80

19. Couche *noduleuse grise*, dure, avec grosses concrétions calcaires à sa partie supérieure ; elles contiennent dans leur intérieur des rognons siliceux. Cette couche est alternativement compacte et délitable et contient quelques bancs de calcaire compact peu épais ; elle se distingue au bas par un lit grumeleux bien marqué. Un grand spongiaire (?) au bas de la couche . . . . . . . . . . . . . 7 —

20. *Banc calcaire* gris compact . . . . . . . . . . . . . . . . . . . . . . . . . . . . . . . . . . . . . . . . 0 80

21. *Couche grumeleuse* gris verdâtre . . . . . . . . . . . . . . . . . . . . . . . . . . . . . . . . . . . 0 50

22. Calcaire *schisteux* d'abord, puis *grumeleux*, avec quelques interstratifications calcaires et schisteuses. Une faible couche grumeleuse de 0,30$^m$ se trouve au bas de l'assise ; elle est en dessous d'un lit calcaire plaqueté avec silex. Cette assise renferme un peu plus à l'ouest une large *zone rouge* très voyante, de 1$^m$ d'épaisseur ; cette teinte se répète de loin en loin, sans affecter autrement la nature pétrographique de la roche. Cette assise a fourni au pied O. de la Dent un bel exemplaire d'*Aptychus punctatus*, Park. . . . . . . . . . . . . . . . . . 2 80

23. Calcaire *compact gris* avec rognons allongés de silex. . . . . . . . . . . . . . . . . . . 3 —

24. Calcaire *noduleux* gris avec une petite zone calcaire à la base, *Belemnites hastatus* Blv. . . . . . . . . . . . . . . . . . . . . . . . . . . . . . . . . . . . . . . . . . . . . . . . . . . . . . . 1 —

25. Calcaire *schisteux*, compact vers la base avec silex en rognons allongés. . . . . . . . . 3 —

26. Calcaire *marneux-grumeleux;* quelques fossiles rares. *Ammonites Erato* d'Orb...   0 30
27, *Schiste marneux,* gris clair .................................... 0 90
28. Calcaire *plaqueté* à silex, avec une intercalation grumeleuse grise au milieu ; c'est une lentille grumeleuse, qui se termine plus loin, comme les lentilles compactes dans les couches grumeleuses ......................... 3 50
29. Banc *grumeleux marneux rouge* et *gris*, panaché, plutôt gris vers le haut. Les deux teintes se remplacent alternativement. Il y a dans le milieu deux zones ou lentilles calcaires grises avec silex. Nombreux *Belemnites hastatus*, Blv. avec *phragmocônes* bien conservés. Cette couche se trouve au haut d'une sorte de corniche et se voit déjà de loin ................................. 3 —
30. Calcaires *compacts* et *schisteux* gris, imparfaitement visibles.............. 7 —
31. Couche *grumeleuse grise*, marneuse .............................. 1 à 2
32. Calcaire gris, *schisteux* et *plaqueté*, un peu grumeleux par-ci par-là, avec quelques rognons de silex. Il y a souvent passage entre le schiste et la marne grumeleuse. *Belemnites* sp. ind....................................... 10 —
33. Couche *noduleuse, grise* d'abord, puis *rouge* foncé et *grise* alternativement. La nature argilo-schisteuse prédomine au bas ....................... 5 40
34. *Schiste marneux rouge* ......................................... 0 30
35. Schiste gris verdâtre, marneux................................. 2 —
36. Couche *noduleuse grise* avec *Ammonites* sp., *Belemnites* et un *oursin*, indéterminables.................................................. 1 30

Épaisseur totale de l'oxfordien.......... 90<sup>m</sup>35

Suivent des bancs de calcaire gris foncé en alternance avec des marnes schisteuses de même couleur; c'est le bathonien à *Zoophycos*.

Les trop rares fossiles que renferment ces couches ne permettent pas de trancher définitivement la question de la limite de l'oxfordien inférieur et supérieur (rouge et gris), et du calcaire jurassique supérieur qui surmonte ces couches. A partir de la couche 22, jusqu'au bas, la couleur rouge domine et ces couches paraissent représenter un horizon inférieur. Malheureusement à partir de cette couche, les fossiles sont rares, à part les *Belemnites*, dont la seule espèce déterminable, le *Bel. hastatus*, n'est pas caractéristique.

Les fossiles trouvés dans la partie supérieure 1-21 indiquent un niveau oxfordien assez récent.

Les *Am. Erato, mediterraneus* et *tortisulcatus*, se trouvent dans les deux niveaux rouge et gris. Par contre l'*Am. Oegir* est indiqué exclusivement parmi les fossiles gris. Il se trouve à la fois dans la zone à *Am. transversarius* et dans celles à *Am. bimammatus*. L'*Am. Pralairei* se trouve aux Voirons dans la couche à *A. bimammatus* et à Plagnière dans le calcaire à ciment. Il paraît donc certain que la série de couches alternativement noduleuses, compactes ou schisteuses, de la couche 21 à la couche 11, appartiennent encore à l'*oxfordien*. A partir de cette couche jusqu'à la limite supérieure du facies noduleux, il n'y a plus qu'une faible épaisseur ; il est conséquemment permis d'admettre que le terrain oxfordien commence au-dessus du dogger avec le *facies noduleux* rouge et se termine en haut par ce même facies presque exclusivement gris, lequel se distingue nettement du calcaire compact supérieur.

Il est à espérer que des recherches futures dans l'arête des Verreaux, au Moléson, etc., produiront des résultats plus positifs relativement aux subdivisions de ces assises en faisant découvrir des fossiles plus nombreux et surtout mieux conservés; mais ils ne modifieront guère les conclusions que nous avons pu tirer de la coupe de la Dent de Jaman ; ils serviront probablement à établir un accord plus complet avec les coupes de ces couches que M. Gilliéron a relevées dans les Alpes fribourgeoises au N.-E. de la Sarine et dans lesquelles ce savant distingue plusieurs niveaux de calcaire noduleux.

M. Doge a également exploré le pied de la Dent de Jaman ; ils nous communique les fossiles suivants, recueillis sans distinction de niveaux :

| | |
|---|---|
| *Ammonites Erato*, d'Orb. | *Belemnites hastatus*, Blv. |
| »  *tortisulcatus*, d'Orb. | |

De nombreux fossiles ont encore été recueillis sur la surface nord, vis-à-vis de Hautaudon; l'espèce la plus commune est l'*Am. mediterraneus*, Neum.

Enfin, une série de fossiles recueillis par M. Collomb, au pied de la Dent de Jaman, est mentionnée dans le *Bulletin de la Soc. vaud. sc. nat.* (*31*); ces fossiles proviennent de la coupe de l'escarpement sud.

Le *massif calcaire supérieur* de la Dent de Jaman est en tous points identique à celui des Verreaux; on n'y trouve cependant que le niveau à rognons siliceux; le calcaire tithonique fait défaut au sommet de la pyramide. Vers le bas, dans le voisinage de l'oxfordien, les bancs compacts ont souvent encore une structure noduleuse ; mais les nodules sont parfaitement juxtaposés, sans que les interstices soient remplis d'une matière marneuse. Cette structure se voit le mieux dans les blocs éboulés et sur l'arête des Verreaux.

Le massif de la **Dent de Hautaudon,** montre sur la face tournée vers Jaman de beaux affleurements des couches grumeleuses *oxfordiennes* redressées presque verticalement. La coupe y est aussi complète qu'à la Dent de Jaman et en tous points identique. Les couches grumeleuses et marneuses sont moins facilement accessibles à cause de l'érosion qui les a fait disparaître assez profondément entre les bancs compacts qui forment autant de murailles. La base de ces couches est bien caractérisée par la couleur rouge qui s'efface totalement vers le haut.

A la base, presque au contact avec le dogger à *Zoophycos*, se voit un banc épais de 5-6 m., formé de nodules gris réunis par un ciment rougeâtre. Il y a en outre de gros fragments calcaires gris et des rognons de silex. C'est le banc correspondant au n° 33 de la coupe de Jaman.

Les fossiles sont assez fréquents dans les éboulis qui bordent le pied des rochers de Hautaudon. Nous y avons recueilli :

| | |
|---|---|
| *Belemnites hastatus*, Blv. | *Ammonites tortisulcatus*, d'Orb. |
| *Ammonites arolicus*, d'Orb. | » cf. *birmensdorfensis*, Mœsch. |

### Chaîne du Mont-Cray-Naye-Arvel.

Le tronçon de la chaîne du Mont-Cray, entre le Rio du Mont et la cluse de la Sarine à Rossinière, présente trois zones de malm ; l'une suit le bord de la vallée de la Sarine, l'autre remplit le pli médian de la chaîne et la troisième borde les vallées de Vert-Champ et de Château d'OEx.

La **première** bande se prête le mieux à l'étude aux environs du Grand-Villars, où les couches sont dans une position exactement verticale. On n'y voit qu'imparfaitement l'**oxfordien noduleux,** qui n'a plus la grande puissance que nous lui connaissons dans la chaîne précédente. C'est à peine s'il a 15-20 m. d'épaisseur, et, ce qu'il y a de plus étonnant, on ne voit fréquemment qu'*une seule* assise, tantôt rouge, tantôt grise ; de temps à autre seulement elle est interrompue par un ou deux lits compacts, affectant la forme de lentilles. C'est avec cet aspect que ce niveau se présente près du chalet de Sonlemont, sur l'arête entre Cuves et Montbovon.

Les fossiles sont très rares, nous ne connaissons de Sonlemont qu'un *Belemnites hastatus*, bien conservé.

. La route de Montbovon à Château d'OEx traverse entre le Ruisseau-Rouge et la Tine toute l'épaisseur du malm. L'oxfordien est bien visible sous forme de plusieurs alternances, épaisses de 15 à 20 m., de calcaires noduleux et compacts. Les fossiles y sont rares. Nous n'en connaissons que les *Am. mediterraneus* et *plicatilis* (?) et des empreintes indéterminables, ainsi que des *Belemnites*. La couleur de la roche est partout grise ou gris verdâtre.

Nous rappelons encore ici que les couches déjà décrites à propos du jurassique inférieur, et qui renferment, près de Grand-Villars, de bons *Belemnites hastatus*, représentent *peut-être* le calcaire à ciment. Elles sont surmontées des couches oxfordiennes.

Dans sa partie *inférieure*, le **massif calcaire** supérieur est tout à fait identique à celui des Verreaux, c'est un massif relativement peu épais, de 30-35 m., de calcaire gris à rognons siliceux. C'est le niveau correspondant à la zone de l'*Am. acanthicus*.

Le **calcaire tithonique** qui le surmonte est encore mieux développé ici que dans la chaîne des Verreaux. Épais de 25-30 m., il est exploité comme pierre de taille dans plusieurs carrières près de Grand-Villars. Il se compose de bancs très réguliers, de 0,20 à 1 m. d'épaisseur et même plus, d'un calcaire à pâte fort homogène, gris clair, un peu bleuâtre, dont la surface est bosselée et le délit ordinairement marqué par une matière argileuse bleu verdâtre, devenue souvent jaune par décomposition. Elle renferme des fossiles très abondants, ainsi que des rognons ou nodules calcaires. Mais la pâte du calcaire lui-même n'est pas grumeleuse ou noduleuse, comme pourrait le faire croire l'examen superficiel de cette roche.

Parmi les fossiles que nous avons recueillis dans cette assise, les *Belemnites* sont de beaucoup les plus fréquents; ils appartiennent presque exclusivement à une seule espèce; on y trouve, un peu moins fréquemment des

*Aptychus,* une variété de la *Terebratula dyphia,* fossile typique du facies tithonique, enfin de rares *Perisphinctes,* d'une conservation fort mauvaise, et des
dents de *poissons.*

Cette faunule se distingue plutôt par l'abondance des échantillons que par
le nombre des espèces ; ce sont :

*Sphenodus cfr. impressus,* Zitt. Bel échantillon, long de 30ᵐᵐ (en complétant la pointe
qui est émoussée sur 1ᵐᵐ environ); largeur 11ᵐᵐ à la base et 9ᵐᵐ à égale distance de la
pointe et de la base. Les bords sont excessivement tranchants et l'épaisseur n'est que de
2ᵐᵐ,1. On observe une flexion légèrement sinueuse dans le sens de l'épaisseur, et deux
impressions profondes et très rapprochées se voient à la base, près de la ligne médiane de
la face la moins bombée; elles s'éteignent aux 2/5 de la hauteur. Deux exemplaires de
cette espèce ont été trouvés dans le tithonique du Niremont [*66* p. 9].

*Sphenodus cfr. longidens,* Ag. Échantillon douteux; espèce différente de la précédente.
Longueur 22ᵐᵐ, largeur moyenne 6ᵐᵐ; épaisseur moyenne 2ᵐᵐ,5. L'un des côtés étant
presque plat, la coupe en serait presque semi-circulaire. Il n'y a pas d'impressions sur le côté
le moins bombé et les bords sont peu tranchants et émoussés.

*Belemnites semisulcatus,* Munst. Espèce très abondante, de toutes les dimensions et variétés.

*Belemnites cfr. ensifer,* Opp.; très douteux. Peut-être une variété aplatie de *B. semisulcatus;*
les caractères distinctifs ne peuvent pas s'observer.

*Ammonites Lorioli,* Zitt.

   »  cfr. *Orsinii.* Gem.

   »  sp. indét.

*Aptychus punctatus,* Voltz; très commun.

   »  *Beyrichi,* Opp., rare.

   »  *punctatus,* Voltz, assez abondant.

*Terebratula diphya,* var. *Catulloi,* Pict. Grands échantillons, abondants.

*Rhynchonella,* sp. indét.

Voir pour la plupart de ces fossiles la monographie paléontologique de M. E. Favre
[*66*].

**La zone médiane** de malm et celle du versant S.-E. sont toutes deux
conformes à celle du N.-O., dont nous venons d'esquisser les caractères.

L'*oxfordien* est toujours réduit à une *seule* couche, moins épaisse encore
que celle du versant N.-O., car elle mesure tout au plus 10 m. Il est tantôt
rouge, tantôt gris, noduleux et grumeleux, et souvent interrompu par des

lentilles plus compactes. Les fossiles y sont excessivement rares. Dans les ravins qui sillonnent cette chaîne et dans le cirque de Paray et au pied de l'arête de Dorenaz, cette couche nous a fourni le petit nombre de fossiles suivants [1] :

| | |
|---|---|
| *Belemnites hastatus*, Blv. | *Ammonites tortisulcatus*, d'Orb. |
| *Ammonites mediterraneus*, Neum. | *Rhynchonella sp.*, probablement nouvelle. |

Ces fossiles ne permettent pas de dire si cette couche unique représente la partie supérieure ou inférieure de l'oxfordien, ou bien si elle correspond à tout l'ensemble des couches grumeleuses, si puissantes dans les Verreaux. Elle est probablement l'équivalent de la *base* de l'oxfordien, c'est-à-dire de la *zone rouge*, comme l'indique sa couleur rouge, si fréquente dans ce niveau, et le fait que cette couche est presque immédiatement superposée au dogger à *Zoophycos*; une faible épaisseur seulement de couches la sépare de ce dernier terrain. Ce sont ces bancs calcaires et schisteux gris foncés que nous avons déjà mentionnés à Grand-Villars et qui renferment sur le versant S.-O., sur Dorenaz, en dessous de l'escarpement de l'arête des Tours, *Belemnites hastatus*, Blnv. bien conservé, et *Ammonites cf. plicatilis*, d'Orb.

Ici encore, il n'est pas possible de décider, si ces couches sont le représentant du calcaire à ciment, ce qui est possible, et même probable ; ou s'il faut les considérer comme équivalant au callovien; doute que nous avons déjà exprimé ailleurs.

La grande réduction des couches oxfordiennes semble donc être faite ici au profit du massif calcaire supérieur. Ce dernier est, en effet, relativement puissant ; mais nous n'avons pas encore constaté le niveau tithonique, quoique aucun motif nous autorise à croire à son absence sur ce versant de la chaîne.

Sur le versant S.-E., du côté du Vert-Champ et de Château d'Œx, ce massif est de nouveau très réduit et atteint tout au plus 60 mètres. On y trouve beaucoup de *Belemnites semisulcatus*.

---

[1] Les fossiles cités de ces localités et qui se trouvent au musée de Lausanne proviennent certainement d'autres gisements.

Le calcaire tithonique existe aussi de ce côté, sans toutefois se distinguer pétrographiquement du reste du massif, comme l'indique de la trouvaille, faite par M. Tawney, d'un exemplaire bien conservé de la *Terebratula diphya* v. *Catulloi*, dans les éboulis de Paray.

Le malm du tronçon de **Corjon-Planachaux** ne présente rien qui le fasse différer de celui que nous venons de décrire. Il ne présente pas de gisements d'un intérêt spécial.

Il en est de même pour la suite de la chaîne au delà de l'Hongrin :

Dans l'**arête de Naye** le malm se compose :

D'une *seule* couche *oxfordienne* grumeleuse bien visible le long du pied de l'escarpement, vis-à-vis de la Dent de Merdasson et de Jaman. La partie inférieure de la couche est grise; le rouge le recouvre et ces deux teintes se confondent et se remplacent constamment sans régularité. L'intérieur des nodules rouges est gris ; nous n'en connaissons *aucun* fossile jusqu'à présent, sauf une vague empreinte d'*Ammonite*. Cette couche, interrompue quelquefois par des lentilles calcaires, est épaisse de 12-14 m. et repose *directement* sur les couches à *Zoophycos*.

On la retrouve avec les mêmes caractères sur le versant opposé des rochers de Naye du côté du col de Chaude.

Le *massif calcaire* présente ici les mêmes allures que dans la partie N.-E. de la chaîne. Le niveau du tithonique ne se distingue pas. Le calcaire, rempli partout de rognons informes de silex, nous a fourni plusieurs échantillons d'*Aptychus* et de *Belemnites semisulcatus*. On connaît encore une belle dent de *Lepidotus maximus*, trouvée au mont Sonchaux sur Veytaux. Le sentier qui conduit depuis le *Plan Durand*, sous Sonchaux, à travers la forêt au Chalet d'En Lunery, traverse les bancs verticaux du malm qui se distingue par sa couleur blanche et une texture nettement *coralligène;* on y trouve des débris de fossiles indéterminables.

L'arête des rochers d'Aveneyre et du **Mont-Arvel** correspond au versant S.-E. de la chaîne du Mont-Cray. Le malm y est peu épais. L'oxfordien ne s'y distingue qu'à peine par un calcaire *bréchiforme* gris, que l'on rencontre en traversant le passage du *Petit-Tour* (Perte d'Aveneyre). Les bancs compacts à gros rognons siliceux viennent par-dessus.

A part quelques *Belemnites*, toujours le *B. semisulcatus*, cet épais massif calcaire n'a fourni jusqu'à présent que de forts rares *Aptychus*, et quelques *Pecten* et autres bivalves dans les carrières de Roche.

Des indications fautives d'un chercheur de fossiles avaient fait croire pendant quelque temps à l'existence d'une couche fossilifère, appartenant à la zone à *Am. acanthicus*, près de la *Pertusaz* dans la vallée de l'Hongrin. Ces fossiles ont été décrits dans la monographie paléontologique des couches de cette zone par M. E. Favre [*65*]. Ils proviennent probablement tous de l'un des gisements de la chaîne du Niremont.

## II. MALM DES CHAINES DES GASTLOSEN, TOURS D'AI, RUBLI, GUMMFLUH

Le malm de ces chaînes n'a de commun avec celui des chaînes précédentes que son aspect massif, et il l'est encore bien plus que ce dernier ; car la stratification si nette de celui-ci lui paraît même souvent faire défaut. Aucune variation ne motive une subdivision de ce massif uniformément calcaire, sauf l'apparition isolée, à sa partie supérieure, d'un *facies coralligène*, riche en *Dicéras* et *Nérinées*, le corallien de la Simmenfluh. A sa base, ce massif calcaire repose directement sur le bathonien (couches à *Mytilus*); l'oxfordien, encore si distinct dans la chaîne précédente, y fait donc absolument défaut comme facies distinct. Ce massif calcaire représente ainsi dans ces chaînes l'ensemble de tous les étages du malm, depuis le portlandien jusqu'à l'oxfordien le plus inférieur inclusivement.

**Chaîne des Gastlosen.** Dans toute cette chaîne le malm ne forme qu'un massif de calcaire gris, homogène dont l'épaisseur varie de 150-200 m. La structure en est massive et la stratification peu apparente.

C'est dans le haut de ce massif que se trouve, en dehors de notre région, à la Simmenfluh, la remarquable faune à *Diceras*, qui a fait classer ce terrain dans le tithonique. Nous ne possédons jusqu'à présent aucun indice de l'existence d'une couche de ce genre dans la partie de la chaîne comprise dans la feuille XVII, ni dans son prolongement au S.-O.

Cette roche est généralement d'un gris plus ou moins foncé; mais vers le bas, à l'approche du dogger, elle prend une teinte plus foncée et devient assez fortement bitumineuse pour répandre au choc du marteau une forte odeur fétide. Ces allures sont parfaitement les mêmes dans toute la longueur de la chaîne, depuis la Dent de Ruth, jusqu'à la Laitmaire et aux Rochers de la Braye près Château d'OEx. Elle se présente sous forme d'immenses assises au-dessus de la voûte des Tours d'Aï et de Mayen, où l'on peut admirer à la fois leur puissance et leur nature régulière. Ici toutefois la stratification est très apparente. Le malm des *Tours d'Aï* est formé d'une série de très gros bancs calcaires de 3-10 m. d'épaisseur, à délit très marqué, que des corniches gazonnées rendent encore plus apparents.

A part quelques rares *Nérinées*, trouvées dans la partie inférieure du massif on n'a pas constaté de fossiles dans aucun endroit de cette longue chaîne.

**Chaîne du Rubli.** L'épaisseur du massif calcaire est ici encore bien plus considérable qu'aux Gastlosen; elle dépasse habituellement 200 m. et atteint souvent plus de 300 m. Son aspect est moins massif et la stratification est mieux marquée; mais les autres caractères pétrographiques sont les mêmes. Quelques lits marneux et feuilletés s'intercalent même entre les assises calcaires.

La partie supérieure de ce calcaire gris présente encore dans ce chaînon une de ces exceptions de facies que l'on a cru pendant longtemps n'exister qu'à la Simmenfluh. On y trouve sur les surfaces érodées des coupes de fossiles qui se rapprochent tout à fait de *Diceras* ou de *Nérinées*.

En un point même, la roche se remplit littéralement de ces fossiles. Ce gisement se trouve au pied oriental du Rubli, près de Gessenay et a été découvert par M. E. Favre, qui l'a aussi fait exploiter. Malheureusement les fossiles recueillis ne sont jamais arrivés à leur destination. Depuis lors il ne nous a plus été possible de faire de nouvelles fouilles.

Les fossiles étaient des *Diceras* nombreux et des *Nérinées*, contenus dans un rocher en place au bord du chemin. Dans sa situation, cette couche est donc tout à fait analogue à celle du corallien de la Simmenfluh. Elle est en dessous des couches rouges crétacées. Il est donc probable qu'elle correspond, comme la couche de la Simmenfluh et celle du Salève, au tithonique inférieur (couches d'Inwald).

Sur un autre point, au *Rocher du Midi*, dans la partie ouest du chaînon du Rubli, une zone de calcaire plaqueté renferme des moules de *Gastéropodes* indéterminables.

Sur le prolongement du Rocher du Midi, vers le S.-O., se trouve le **Mont-d'Or,** entièrement formé de malm, lequel se rapproche infiniment de celui du Rocher du Midi. Il est formé de lits calcaires gris clairs interrompus parfois par des marnes de même couleur. La roche est fort peu fétide et ne renferme pas de fossiles.

Enfin sur les deux rives de la **Grande-Eau,** en aval du Sepey, apparaissent des affleurements de malm appartenant à deux voûtes distinctes et qui paraissent être le prolongement lointain du chaînon du Rubli et peut-être de la Gummfluh. C'est encore du calcaire massif gris, fétide. Il est peu puissant sur la rive droite aux Grands-Rochers; il n'y semble formé que d'un seul banc épais de 60 à 80 m. tout au plus. Sur la rive opposée, il y a deux points à distinguer : le contre-jambage de la voûte des Grandes-Roches, conforme à celui-ci ; puis la seconde voûte, dont les bancs de calcaire gris, quelquefois fétide et plus ou moins foncé, sont très bien stratifiés et se poursuivent jusqu'à la colline de Plantour. Nous ne connaissons aucun fossile ni de l'un ni de l'autre de ces massifs calcaires. A la colline de Plantour seulement nous avons trouvé une *Serpule* indéterminable.

**L'arête découpée de la Gummfluh** est formée par un puissant massif de malm qui dépasse encore en épaisseur celui du Rubli. Sa couleur est plus claire et l'odeur fétide au choc fait totalement défaut. Les bancs sont très réguliers et atteignent plusieurs mètres d'épaisseur. Il est aussi stérile que celui de la chaîne du Rubli. Nous n'en connaissons qu'une empreinte indéterminable de *Pecten*, trouvée dans les éboulis du versant sud.

Le chaînon de la Gummfluh est la dernière apparition du malm avant la chaîne des Hautes-Alpes. Le crétacé supérieur s'arrête déjà sur le flanc nord; seulement au sommet même de la Gummfluh, M. Rittener a constaté une *brèche* de débris calcaires et de roche rouge, celle-ci faisant ciment. Ce terrain appartient au crétacé supérieur et prouve que ce dernier passait en forme de voûte par-dessus la Gummfluh, ce qui démontre qu'il y en avait aussi sur le versant sud de cette chaîne. De plus, chose remarquable, le malm du versant nord de la Gummfluh est singulièrement épais, tandis que sur le versant sud, au contact du flysch, il est excessivement réduit; le crétacé fait aussi défaut entre deux; il n'y a que de la cargneule qui fait séparation entre le flysch et le malm. Dès lors, on peut admettre que ce dernier a été enlevé en partie par l'ablation pendant la formation du flysch. Ce fait, rendu ainsi très probable, nous explique les affleurements de lias et de dogger au milieu du flysch, avec absence totale de malm entre deux. La disparition de ce dernier est suffisamment démontrée par la présence de roches calcaires en énormes blocs qui se rencontrent en si grande quantité dans la brèche d'Aigremont, de Chaussy, du Meilleret et, plus au nord, en plus petits fragments, dans le Hornfluhgestein. Les affleurements du lias sont fort probablement des vestiges de voûtes disloquées, que la mer du flysch a rongées et réduites presque entièrement en fragments. Les chaînes du Mont-d'Or et de la Gummfluh sont restées debout, tandis que d'autres, celles du Chamossaire et du Rocher Mourga par exemple, ont totalement perdu leur enveloppe de malm; d'autres encore ont été érodées jusqu'au lias, ainsi les affleurements d'Aigremont, du Dard, etc. Il se pourrait cependant que ces derniers soient des couches sorties sous l'énorme pression à travers une rupture des couches supérieures plus dures. Toutefois cela ne paraît pas être très probable, étant donnée la bonne conservation des fossiles qu'on y trouve. C'est ainsi que l'on peut expliquer l'absence du malm dans cette vaste région éocène qui sépare la Gummfluh du pied de l'Oldenhorn, où cependant les affleurements de roches secondaires plus anciennes ne font pas défaut.

---

# CHAPITRE VI

## TERRAINS CRÉTACÉS

### I. NÉOCOMIEN

*Crétacé inférieur.*

Les assises du *néocomien* ou *crétacé inférieur* des chaînes extérieures des

Alpes vaudoises appartiennent sans exception à ce facies que l'on a nommé *facies méditerranéen*, qui diffère complètement du facies du néocomien, tel qu'il se présente dans le Jura et dans les chaînes intérieures des Alpes. Ses caractères pétrographiques sont d'une uniformité surprenante et il n'y a pas possibilité d'y établir des étages analogues à ceux du néocomien du Jura, etc.

L'aspect des roches néocomiennes est presque partout le même. Ce sont des bancs de calcaires gris ou gris foncé, peu épais, superposés en grand nombre soit directement, soit en alternance avec de faibles délits marneux de même couleur. Il est rare, et cela ne se rencontre que localement et à de certains niveaux, que la nature marneuse y prédomine.

Les variations de facies que subissent les couches néocomiennes d'une chaîne à l'autre, sont parfois considérables, sans cependant influencer sensiblement le rôle orographique que joue ce terrain. Les variations dans l'épaisseur sont bien plus sensibles et plus frappantes, car le néocomien peut avoir environ 50 mètres d'épaisseur sur l'un des versants d'une chaîne, et 200 mètres sur le versant opposé. Comme dans les assises du jurassique supérieur, les rognons siliceux sont très fréquents dans certaines régions.

Le néocomien n'existe pas dans toutes les chaînes. Il est surtout bien développé dans les chaînes près du bord des Alpes où il est aussi le plus fossilifère. Il diminue d'épaisseur vers l'intérieur, en même temps que sa faune devient de plus en plus pauvre, et, à partir de la chaîne si remarquable des Gastlosen, il fait complètement défaut, non sans avoir subi une diminution d'épaisseur très considérable sur le flanc S.-E. de la chaîne précédente, celle du Mont-Cray.

Cette disparition subite du néocomien, sans changement de facies et sans interposition de dépôts littoraux entre la chaîne du Mont-Cray et celle des Gastlosen, a frappé à juste titre les géologues qui se sont occupés jusqu'à présent de notre région. Ce fait est d'autant plus remarquable que le crétacé supérieur, qui recouvre le néocomien, loin de s'arrêter avec celui-ci, gagne au contraire d'importance dans les chaînes du S.-E., pour s'éteindre enfin dans le voisinage des hautes Alpes. C'est là un phénomène qui est encore loin d'être expliqué définitivement.

Nous aborderons cette question après avoir étudié successivement la nature des couches du néocomien et des couches rouges crétacées dans les diverses chaînes de notre région.

Les premiers travaux relatifs au terrain néocomien alpin sont dus à MM. Pictet, de Loriol et Ooster [*139* à *141, 144, 151, 152*].

Le premier de ces auteurs, en publiant la description des fossiles néocomiens des Voirons, fixait stratigraphiquement la position exacte de ce terrain en le comparant à la série crétacée du Jura et en utilisant les recherches faites dans le Dauphiné par M. Lory sur des terrains de même nature.

Plus tard M. Ooster donnait un catalogue descriptif des fossiles de sa riche collection, recueillie en majeure partie aux environs de Châtel-Saint-Denis et en faisant connaître une faune nombreuse, dont M. Brunner de Wattenwyl avait déjà signalé antérieurement la présence plus au nord dans le massif du Stockhorn [*14*].

Après avoir été constaté définitivement dans la chaîne du bord des Alpes, où il est le plus riche en fossiles, le néocomien a été aussi découvert par MM. Gilliéron et E. Favre dans les chaînes qui se trouvent plus au S.-E. [*62*]. Les fossiles, bien plus rares dans cette partie des Alpes, rendaient difficile une classification de ce terrain et sa séparation du jurassique supérieur, auquel on l'avait réuni jusqu'alors.

Les études de M. Gilliéron ont beaucoup contribué à la connaissance du terrain néocomien [*90, 91*]. Il a pu distinguer dans le massif de Monsalvens des couches de faciès différents, indiquant des invasions de faunes du faciès jurassien dans la région où se déposait le néocomien alpin du faciès mediterranéen. Les fossiles recueillis dans ces diverses couches ont permis de fixer approximativement l'âge des dépôts néocomiens alpins qui, dans leur ensemble, correspondraient aux étages valangien, hauterivien et urgonien inférieur. Ces enchevêtrements sont des faits locaux, car nous n'avons rien remarqué d'analogue dans notre région, sauf dans les environs de Châtel-Saint-Denis, où cependant le fait est moins caractérisé qu'au Monsalvens.

### *Chaîne du Niremont.*

Si l'uniformité des couches néocomiennes ne nous a pas permis d'en tenter une classification, il est cependant une chaîne, celle de Niremont, qui fait une heureuse exception. Non seulement les fossiles y sont très abondants, mais il existe dans cette chaîne, à la base du néocomien, une assise marneuse à laquelle M. Ooster a donné le nom de *marne à Ptéropodes*. Cette couche est surmontée d'assises néocomiennes très puissantes qui, dans toute la longueur de la chaîne, constituent la masse principale des roches calcaires qui y affleurent.

### A. *Marne à Ptéropodes.*

C'est une marne d'un gris foncé, assez compacte, parfois un peu schisteuse, difficile à attaquer au marteau, surtout lorsqu'elle est humide. Quand elle est sèche, son aspect est tout à fait terreux. Sa couleur uniformément grise est parsemée de grains noirs.

Les fossiles sont de très petites dimensions; rares dans certaines places, ils sont au contraire très abondants dans d'autres. Il y a surtout une quantité d'articles de *Crinoïdes*. Beaucoup de ces fossiles appartiennent à des espèces dont la conservation est très délicate. M. Ooster, qui a fait une étude consciencieuse de cette faune, y a reconnu entre autres deux espèces de *Ptéropodes*, qui lui ont fait donner le nom que nous lui conservons, quoiqu'il soit peut-être un peu mal choisi.

La petitesse des échantillons, le mauvais état de conservation d'un grand nombre, en rendent la détermination difficile; aussi M. Ooster a fait des réserves formelles sur les noms donnés à un bon nombre d'entre eux.

Tous les gisements de la *marne à Ptéropodes* se trouvent dans la chaîne du Niremont. M. Ooster cite cependant deux gisements dans d'autres chaînes. L'un près du lac d'Omeynaz, ou lac Noir, et l'autre sur la route de Rossinière au Sepey. Ces indications sont probablement fautives.

La *marne à Ptéropodes* repose partout sur le jurassique supérieur, dont les derniers bancs renferment la faune tithonique. Son épaisseur est peu considérable, et, comme la roche est moins dure que celle des terrains qui l'encaissent, elle est rarement à découvert; aussi les affleurements en sont-ils rares et très épars, quoiqu'il n'y a pas à douter que la couche est continue. Elle apparaît :

1º Dans le ravin du *Dat*, où elle forme le replat supérieur à la cascade [Pl. II, fig. 1].

2º Dans le ravin de la *Veveyse*; elle y est visible à la *Riondanaire* en amont des couches tithoniques à 150–200 m. de la carrière de chaux hydraulique.

3º Dans le ravin de la *Veveyse de Fégires* en amont de la première zone jurassique dans la même position que dans le ravin de la grande Veveyse.

4º Dans le ravin des *Chevalleyres* sur le versant ouest des Pléïades. Elle y forme au-dessus des couches tithoniques un léger replat. Les fossiles décrits par M. Ooster ne proviennent que des gisements 1 et 3. Celui de la Riondanaire n'est pas cité par lui. Ce sont les gisements du Dat et celui de la Veveyse de Fégires qui sont de beaucoup les plus riches.

Voici la liste donnée par M. Ooster :

VERTÉBRÉS.

*Odontaspis infracretacea*, Oost. — Dat.
    »    *sichelensis*, Oost. -- Prov. incert.
*Oxyrhina*, sp. — Veveyse [1].

CRUSTACÉS.

*Crustacés*, (fragments de pinces). — Veveyse, Dat.
*Pollicipes Bronni*, Rœm. — Dat.

ANNELIDES.

*Serpula parvula*, Goldf. — Veveyse.
    »   *antiquata*, Sow. — Veveyse, Dat.
    ▸   *gordialis*, Schl. — Veveyse, Dat.
    »   *quadrilatera* Goldf. — Veveyse, Dat.

MOLLUSQUES CÉPHALOPODES.

*Belemnites bipartitus*, Blv. — Dat.

---

[1] L'indication *Veveyse* se rapporte au gisement nº 3, celui de la Veveyse de Fégires. Les fossiles des gisements douteux portent l'indication : *provenance incertaine*; mais il est certain qu'ils proviennent soit du Dat, soit de la Veveyse.

*Belemnites pistilliformis,* Blv. — Veveyse, Dat.
» *latus,* Blv. — Veveyse, Dat.
*Aptychus Studeri,* Oost. — Veveyse, Dat.
*Ammonites Grasianus,* d'Orb. — Veveyse.
» *infracretaceus,* Oost. — Veveyse.
» *Dalmasi,* Pict. — Dat.
» *privásensis,* Pict. — Veveyse, Dat.
» *datensis,* Oost. — Dat.
» cfr. *Malbosi,* Pict. — Dat.

### MOLLUSQUES GASTÉROPODES.

*Triptera infracretacea,* Oost. — Veveyse, Dat.
» *ornata,* Oost. — Veveyse. Dat.
? *Acteonina* infracretacea, Oost. — Veveyse.
? » *icaunensis,* Pict. et Camp. — Veveyse.
*Acteon albensis,* d'Orb. — Veveyse.
? *Nerinea valdensis,* Pict. et Camp. — Veveyse.
» sp. — Veveyse.
*Pseudomelania Jaccardi,* Pict. et Camp. — Veveyse.
*Cerithium aubersonense,* P. et C. — Veveyse.
» sp. — Veveyse.
? *Scalaria albensis,* d'Orb. — Dat.
*Turbo valdensis,* P. et C. — Veveyse.
*Trochus* sp. — Veveyse.
*Solarium* sp. — Veveyse.
*Pterocera* sp. — Veveyse.
*Emarginula neocomiensis,* P. et C. — Veveyse.
» *valangiensis,* P. et C. — Dat.
*Helcion infracretaceum,* Oost. — Veveyse.
» *subquadratum,* d'Orb. — Veveyse.
*Dentalium valangiense,* P. et C. — Dat.

### MOLLUSQUES ACÉPHALES.

? *Venus obesa,* d'Orb. — Dat.
*Cardium Jaccardi,* P. et C. — Veveyse.

*Lucina vermicularis*, P. et C. — Veveyse, Dat.

? *Astarte Germani*, Pict. et Camp. — Dat.

? » *Marcousana*, P. et C. — Veveyse, Dat.

? » *elongata*, d'Orb. — Veveyse.

*Opis neocomiensis*, d'Orb. — Veveyse.

*Cardita cfr. Studeriana*, de Lor. — Prov. incert.

*Trigonia ornata*, d'Orb. — Veveyse.

*Arca aubersonensis*, Pict. et C. — Veveyse.

» *Sanctæ-Crucis*, Pict. et C. — Veveyse.

*Mytilus Sanctæ-Crucis*, Pict. et C. — Veveyse.

» *Carteroni*, d'Orb. — Veveyse, etc.

*Lithodomus ornatus*, Pict. et C. — Dat.

*Chama* sp. — Veveyse,

*Monopleura valangiensis*, Pict. et Camp. — Veveyse, Dat.

*Lima longa*, Rœm. — Veveyse, Dat.

» *neocomiensis*, d'Orb. — Veveyse.

» *undata*, Desh. — Veveyse.

» *arzierensis*, de Lor. — Veveyse.

» *vigneulensis*, Pict. et C. — Dat.

» *Germani*, Pict. et C. — Veveyse.

» *gemmata*, Pict. et C. — Veveyse.

? » *Nicoleti*, Pict. et C. — Dat.

» *Tombeckiana*, d'Orb. — Veveyse, Dat.

» *exquisita*, de Lor. — Dat.

? » *infracretacea*, Oost. — Veveyse, Dat.

*Pecten Archiaci*, d'Orb. — Veveyse.

*Pecten Cottaldinus*, d'Orb. — Veveyse, Dat.

» *infracretaceus*, Oost. — Veveyse, Dat.

» *datensis*, Oost. — Dat.

? » *Euthymi*, Pict. — Prov. incert,

*Janira valangiensis*, Pict. et C. — Veveyse, Dat.

*Spondylus Rœmeri*, Desh. — Dat.

» *bellulus*, de Lor. — Veveyse.

» *complanatus*, d'Orb. — Dat.

*Plicatula asperrima*, d'Orb. — Dat.

*Ostrea Boussingaulti*, d'Orb. — Veveyse, Dat.

### BRACHIOPODES.

*Terebratula hippopus*, var. *infracretacea*, Oost. — Dat.
    »     *biauriculata*, d'Orb. — Dat.
*Waldheimia pseudojurensis*, Leym. — Veveyse, Dat.
*Rhynchonella Desori*, P. de Lor. — Veveyse, Dat.
*Thecidium valangiense*, de Lor. — Veveyse.

### BRYOZOAIRES.

*Stomatopora granulata*, M. Edw. — Veveyse, Dat.
*Proboscina Jaccardi*, de Lor. — Veveyse, Dat.
? *Heteropora sp.* — Veveyse, Dat.
? *Idmonea pinnata*, Rœm. — Veveyse.
? *Fusicellaria*, sp. — Veveyse.

### ÉCHINODERMES.

*Pentacrinus neocomiensis*, Desor. — Veveyse, Dat.
    »    spec. — Dat.
*Antedon infracretaceus*, Oost. — Veveyse, Dat.
*Bourgueticrinus Oosteri*, de Lor. — Dat.
*Millericrinus Oosteri*, de Lor. — Veveyse, Dat.
    »    *valangiensis*, de Lor. — Dat.
*Cyclocrinus Renevieri*, de Lor. — Dat.
? *Peltastes stellulatus*, Desor. — Dat.
? *Goniopygus decoratus*, Desor. — Dat.
*Cidaris pretiosa*, Des. — Veveyse.
   »   *pustulosa*, Gras. — Dat.
   »   *spinigera*, Cott. — Veveyse, Dat.
   »   *meridanensis* Cott. — Veveyse, Dat.
   »   *lineolata*, Cott. — Veveyse, Dat.
*Rhabdocidaris* spec. — Dat.
*Acrocidaris minor*, Ag. — Veveyse.
*Pseudodiadema Caroli*, de Lor. — Veveyse, Dat.
?    »    *incertum*, de Lor. — Dat.

#### POLYPIERS.

*Latosmeandra* sp. — Veveyse, Dat.
*Trochoseris* sp. — Veveyse.
*Astrocœnia* sp. — Veveyse.
*Baryphyllia* sp. — Veveyse.
*Diplocœnia* sp. — Veveyse.

#### PROTOZOAIRES.

? *Amphistigma* sp. — Veveyse.
? *Nodosaria linearis*, Rœm. — Dat.
? *Spirulina æqualis*, Rœm. — Dat.
? *Globigerina spec.* — Dat.

#### SPONGIAIRES.

? *Siphonocœlia cylindrica*, de From. — Veveyse.
*Discœlia porosa*, de From. — Veveyse, Dat.
? *Tremospongia valangiensis*, de Lor. — Dat.
? *Actinofungia Arzierensis*, de Lor. — Dat.
? *Cupulochonia exquisita*, de Lor. — Veveyse, Dat.
?      »      *nummularis*, de Lor. — Veveyse, Dat.
?      «      *cupuliformis*, de From. — Dat.

Cette faune remarquable contient donc, déduction faite des espèces incertaines, encore plus de cent espèces, appartenant presque toutes au terrain crétacé inférieur. Dans quelques-unes d'entre elles, M. Ooster a cru reconnaître des types jurassiques. D'autres se retrouvent dans les couches de Berrias. Mais les plus nombreux, et de beaucoup, sont identiques aux espèces valangiennes du Jura neuchâtelois et vaudois. Aussi M. Ooster a-t-il conclu, à juste titre, que ce terrain devait être l'équivalent de l'*étage valangien* du Jura. Le fait même que cette couche, peu épaisse, à facies littoral, ne pénètre pas dans l'intérieur des Alpes, mais se trouve seulement à sa limite occidentale, nous indique qu'elle a dû se former sur le bord oriental d'une mer qui s'étendait vers l'ouest. Nous sommes donc ici en présence d'une invasion locale, de faible durée, de la mer et de la faune crétacée du Jura, dans la région à faciès alpin. Ce cas est donc analogue, à celui qu'a signalé M. Gilliéron, au Monsalvens, pour des couches néocomiennes plus récentes.

M. Mœsch a cru retrouver, dans les Alpes de la Suisse orientale (Frohnalp, Glärnisch, Churfisten), l'équivalent de la couche à Ptéropodes de M. Ooster [*112* b., p. 93, 235, 273]. Ce sont des calcaires schisteux oolithiques, en bancs minces, nommés *schistes de Balfries*, et dont l'âge a été longtemps indéterminé; ils avaient été classés dans le terrain jurassique. Ils renferment beaucoup de très petits fossiles et de débris de coquilles qui donnent à la roche un aspect oolithique. Les oolithes y sont en réalité peu nombreuses; mais c'est du premier des gisements cités seulement que M. Mœsch a pu retirer quelques fossiles déterminables. Ces couches reposent sur les calcaires tithoniques à *Terabratula janitor*, comme celles des environs de Châtel-Saint-Denis; mais elles sont recouvertes par des schistes à *Aptychus*, équivalents des couches de Berrias, et que surmontent les couches valangiennes et et le néocomien proprement dit. Elles seraient donc inférieures aux couches de Berrias, ce qui ne concorde guère avec les conclusions et les fossiles indiqués par M. Ooster.

### B. *Le calcaire néocomien*

qui surmonte la couche à *Ptéropodes* dans la chaîne du Niremont, se poursuit sans interruption, grâce à son épaisseur considérable, des environs de Semsales jusqu'au bord du Léman, à Montreux. Cette bande régulière de néocomien suit le flanc ouest du Niremont, des Corbettes, des Pléiades, tantôt reposant sur les couches tithoniques ou la marne à Ptéropodes, tantôt se montrant isolée au milieu du flysch.

La roche dominante est un calcaire à pâte fine, à cassure esquilleuse d'une teinte gris clair, souvent parsemée de taches ou traînées plus foncées, imitant vaguement des formes de végétaux.

Ce calcaire est en bancs minces, surtout comparé aux lits massifs du jurassique sur lequel il repose.

L'épaisseur du néocomien dans cette chaîne n'est guère inférieure à 100<sup>m</sup>. Il est difficile de l'apprécier exactement à cause des lissements nombreux qu'ont subis ces couches. Très réduite en apparence sur un point, la puissance du néocomien semble atteindre 100<sup>m</sup> et plus sur un autre point à faible distance; ceci peut facilement se constater en poursuivant ce terrain dans le sens de la longueur de la chaîne.

La teinte gris clair est remplacée quelquefois par une teinte plus foncée; dans plusieurs couches fossilifères où la roche est d'une nature plutôt schisteuse. Dans le lit de la Veveyse, en particulier, le néocomien marneux et schisteux est très foncé; il renferme, outre d'autres fossiles, de nombreux restes de poissons, en sorte qu'il y a lieu d'admettre que la décomposition des matières organiques est la cause de cette modification de la couleur de la roche.

Les fossiles, nombreux dans cette région, ne sont pas également répandus dans toute l'épaisseur des couches néocomiennes; mais ils appartiennent plus spécialement à certains niveaux et gisements en dehors desquels ils manquent presque complètement.

## Gisements.

### *Chaîne du Niremont.*

Le principal gisement de la chaîne du Niremont se trouve dans le lit de la Veveyse, en amont de Châtel-Saint-Denis. Divers collectionneurs y ont exploité les couches fossilifères, qui ont fourni de cette façon d'abondants échantillons, lesquels se trouvent répartis surtout dans les musées de Berne, de Zurich, de Lausanne, de Genève, etc. La plupart de ces fossiles portent seulement l'indication *Veveyse*, et comme ils ont été recueillis sans qu'il fût tenu compte de leur distribution dans le terrain fossilifère, il est impossible maintenant de savoir s'ils proviennent d'une seule ou de plusieurs couches. Ces fossiles sont presque toujours très comprimés et dépourvus de leur test. Pictet en a décrit une partie, mais la plupart de déterminations sont dues à **M.** Ooster, qui en a figuré de nombreuses espèces dans sa monographie des *Céphalopodes* des Alpes suisses [*139*]. Toutes ces déterminations auraient besoin d'une sérieuse revision. L'étude des matériaux contenus dans les diverses collections, jointe à de nouvelles recherches stratigraphiques dans les nombreux gisements, et une bonne comparaison de ceux-ci, donneraient lieu à une monographie des plus intéressantes.

Dans les environs de Châtel-Saint-Denis, au Niremont, etc., les couches néocomiennes se composent de calcaires en lits nombreux de 10-30 cm. d'épaisseur, séparés de faibles couches marneuses. Les calcaires sont homogènes, les marnes renferment souvent des rognons de silice.

C'est avec les mêmes caractères que le néocomien se retrouve au Mont Corbettes. Le ravin de la Veveyse de Fégires, qui sépare cette montagne du chaînon des Pléiades, présente des gisements fossilifères assez riches.

L'arête des Pléiades offre, sur son versant ouest, de beaux affleurements du terrain néocomien. Une coupe très complète peut se voir dans le ravin des Chevalleyres. Au-dessus de la couche à Ptéropodes viennent des alternances de calcaires gris et de marnes feuilletées avec peu de fossiles. Trente mètres plus haut, au milieu de couches plus foncées, apparaît un calcaire noir, grenu et spathique à grain grossier, comme formé de débris de crinoïdes. Un peu plus haut, succède un banc de brèche à fragments calcaires anguleux ou roulés, entremêlés de débris d'*Échinodermes* (fragments d'articles de Crinoïdes, etc.), le tout empâté dans une masse homogène foncée. Après une nouvelle série d'alternances marno-calcaires et schisteuses, avec *Ammonites* assez fréquentes, viennent des bancs d'un calcaire gris, assez massif, avec de nombreux petits *Aptychus* et des *Bélemnites*. Des roches calcaires, en lits peu épais, alternant avec des marnes schisteuses, présentant la teinte grise habituelle, forment le reste du néocomien sur une épaisseur considérable qu'il n'est pas possible d'apprécier, à cause des plissements intérieurs. On peut néanmoins estimer l'épaisseur des couches néocomiennes des Pléiades comme n'étant pas inférieure à 100$^m$. Les fossiles, assez communs dans ces couches, se composent surtout de *Bélemnites*, d'*Ammonites* et d'*Aptychus*.

A l'extrémité S.-O. des Pléiades, on voit surtout des marnes souvent pauvres en fossiles.

Dans le lit de la Baye de Clarens, le néocomien a une assez grande étendue, sous forme d'alternances de calcaires et de couches marneuses puissantes, mais tellement disloquées et contournées que leur superposition est fort peu claire. En faisant abstraction de l'état de dislocation dans lequel ces couches apparaissent au milieu du flysch, on peut y voir trois zones très distinctes : 1° Une zone de *bancs calcaires* gris, homogènes, à cassure esquilleuse, montrant à la surface des empreintes souvent assez nettes de fucoïdes. Ces bancs alternent avec des lits de marnes feuilletées. 2° Un *massif calcaire* avec rares Bélemnites. Et 3° des *marnes schisteuses*, avec faibles lits calcaires, dont l'ensemble est très épais (Pl. II, fig. 16, aux points *a*, *b* et *c*, = 1, 2, 3).

La zone néocomienne va en s'amincissant à partir de ce point; elle ne se montre plus que de distance à distance sous forme de bancs calcaires gris peu épais, avec quelques feuillets marneux.

Près des Vuarennes, sur Montreux, dans le ravin des Vaux de Charnex, on voit encore le calcaire spathique à débris d'Échinodermes, et, près de la gare de Montreux, pour la dernière fois, le calcaire homogène en lits réguliers, dans lequel M. Renevier a trouvé des fossiles.

Voici la liste des fossiles des gisements de la chaîne du Niremont. Nous tenons à rappeler encore que les déterminations mériteraient une revision qui en modifierait probablement un bon nombre.

*Abréviations des gisements* [1].

*Dat* = Ravin du Dat, sur Montalban, entre Semsales et Châtel-Saint-Denis. *Tr* = *Les Troncs*, près Semsales. *CrM* = *Crets-Moryz*, au-dessus du Prayoud. *Vev* = *Veveyse*, gisements divers dans le ravin de la Veveyse, le principal se trouve près de *Riondanaire* (Riond). *Ch* = *Châtel-Crésus*. *Pl* = *Pléiades*, ravin des Chevalleyres. *BCl* = *Baye de Clarens*, près Sous-Mont. *PB* = *Praz Betay*, près Brent.

VERTÉBRÉS.

*Spathodactylus neocomiensis*, Pict. — Vev., Cr. M.

---

[1] Les gisements de *Chatel-Crésus* et de *Sous-Mont*, nous sont inconnus; nous n'avons rien pu en trouver

*Crossognathus Sabaudianus*, Pict. — Vev.
*Clupea voironensis*, Pict. — Vev.
   »   *antiqua*, Pict. — Vev.
*Aspidorhynchus genevensis*, Pict. — Vev.
*Sphenodus Sabaudianus*, Pict. — Vev.
*Notidanus* sp. — Vev.

## MOLLUSQUES.

*Belemnites dilatatus*, Bl. — Vev., Riond., CrM., Tr.
   »      *polygonalis*, Bl. — Vev., Riond.
   »      *bipartitus*, Blv. — Vev., Riond., CrM., Tr.
   »      *bicanaliculatus*, Blv. — Vev., Riond.
   »      *latus*, Blv. — Vev.
   »      *pistilliformis*, Bl. — Vev., Riond., Dat, CrM., Tr., Ch.
   »      *Orbignyensis*, Bl. — Vev.
*Nautilus neocomiensis*, d'Orb. — Vev.
*Rhynchoteuthis Sabaudianus*, Pict. et L. — Vev., CrM., Pl.
   »      *fragilis*, Pict. et L. — Vev., Dat, Tr.
   »      *Cardinauxi*, Oost. — Vev.
   »      *Picteti*, Oost. — Vev.
*Sidetes Morloti*, Oost. — Vev.
*Ammonites cultratus*, d'Orb. — Vev., Riond.
   »      *Leopoldinus*, d'Orb. — Pl.
   »      ? *Duvalianus*, d'Orb. — Vev.
   »      *Honnoratianus*, d'Orb. — Vev. ?
   »      ? *Juilleti*, d'Orb. — Vev.
   »      ? *lepidus*, d'Orb. — Vev.
   »      *Parandieri*, d'Orb. — PB.
   »      *strangulatus*, d'Orb. — Vev.
   »      *quadrisulcatus*, d'Orb. — Vev.
   »      *subfimbriatus*, d'Orb. — Vev., Dat, CrM., Ch.
   »      *Moussoni*, Oost. — Vev., Riond., Ch., BCl.
   »      *Rouyanus*, d'Orb. — Vev., CrM., Ch., Pl., BCl., PB.
   »      *Thetis*, d'Orb. — Vev.

sur les cartes. Ce sont des indications données par des chercheurs de fossiles et sont tirées des notes accompagnant les fossiles du Musée de Berne.

*Ammonites difficilis*, d'Orb. — Vev., Dat, CrM., BCl., PB.
»    *Grasianus*, d'Orb. — Vev., Riond., Dat, CrM,
»    *ligatus*, d'Orb. — Vev., Ch.
»    *radiatus*, Brug. — Vev.
»    *Favrei*, Oost. — Ver.
»    *Rutimeyeri*, Oost. — Vev., CrM.
»    *Astierianus*, d'Orb. — Vev., Riond.? Dat, CrM., Tr.
»    *bidichotomus*, d'Orb. — Vev., Dat.
o    *Carteroni*, d'Orb. — Vev., Dat.
»    *Heeri*, Oost. — Vev., Ch.
»    *Hugii*, Oost. — Vev., Pl.
»    ? *Belus*, d'Orb. — CrM.
»    *cryptoceras*, d'Orb. — CrM., Tr., Pl.
»    *Cassida*, d'Orb. — CrM.
»    *Jeannoti*, d'Orb. — Vev..
»    *cf. incertus*, d'Orb. — Riond.
»    *Arnoldi*, Pict. et C. — Vev.
»    *castellanensis*, d'Orb. — Riond., CrM., Tr.
»    *Didayanus*, d'Orb. — Vev.
»    *berriasensis*, Pict. — Ch.
»    *neocomiensis*, d'Orbr — Vev., Riond.
»    *Dumasianus*, d'Orb. — Vev.
»    *angulicostatus*, d'Orb. — Vev., CrM., Ch., Pl., BCl.
»    *Mazylæus*, Coq. — Vev.
*Hamites* [*Hamulina*], *subnodosus*, Rœm. — Vev.
»    »    ? *Meyrati*, Oost. — Vev.
»    »    *hamus*, Qust. — Vev., Dat.
»    »    *cinctus*, d'Orb. — Tr., Ch.
»    [*Ptychoceras*] *cf. Emericianus*, d'Orb. — Vev.
»    »    *friburgensis*, Oost. — Vev.
»    »    *Morloti*, Oost. — Vev.
»    [*Baculites*] *neocomiensis*, d'Orb. — Vev., Ch.
»    »    *Renevieri*, Oost. — Vev.
*Crioceras* [*Ancyloceras*] *Emerici*, d'Orb. — Vev., CrM.
»    »    *Perezianus*, d'Orb. — Vev.
»    »    *Couloni*, Oost. — Vev.
»    »    *dilatatus*, d'Orb. — Vev., Dat, Tr.
»    »    *Duvalianus*, d'Orb. — Vev.

*Crioceras* [*Ancyloceras*] *Escheri*, Oost. — Vev.
    »        »        *Fourneti*, Art. — Vev.
    »        »        *Villersianus*, Art. — Pl., PB.
    »        »        *gigas*, Sow. — Vev.
    »        »        *Heeri*, Oost. — Vev.
    »        »        *Hillsii*, Sow. — Vev.
    »        »        *Honnorati*, Oost. — Vev., Dat, Ch.
    »        »        *Jourdani*, Ast. — Vev., Dat.
    »        »        *Lardyi*, Oost. — Vev., Ch.
    »        »        *Matheronianus*, d'Orb. — Vev.
    »        »        *Meriani*, Oost. — Vev.
    »        »        *Morloti*, Oost. — Vev.
    »        »        *Moussoni*, Oost. — Vev., Tr.
    »        »        *Picteti*, Oost. — Vev., BCl.
    »        »        *pulcherrinus*, d'Orb. — Vev.
    »        »        *Quenstedti*, Oost. — Vev. Tr.
    »        »        *Sabaudianus*, Pict. et L. — Vev., BCl.
    »        »        *Tabarelli*, Ast. — Vev., Tr., BCl.
    »        »        *Van der Heckei*, Ast. — Vev.
*Aptychus Didayi*, Coq. — Riond., CrM., Tr.
    »    *Studeri*, Oost. — Vev., Riond., CrM., Pl.
    »    *angulicostatus*, Pict. et L. — Vev., Riond., Dat, BCl., PB.
    »    *Seranonis*, Coq. — Vev., Tr., Pl.
    »    *radians*, Coq. — Vev.
*Pecten alpinus*, d'Orb. — CrM., Tr.
*Terebratula diphyoides*, d'Orb. — Vev., CrM.

### ÉCHINODERMES.

*Cidaris friburgensis*, de Lor. — Vev.
    »    *punctatissima*, Ag. — Vev.
*Hemicidaris Gillieroni*, de Lor. — Dat, Tr.
*Collyrites Meyrati*, Oost. — Vev., Dat.
    »    *cf. ovulum*, d'Orb. — Vev., Dat.
    »    *Meriani*, Oost. — Vev.
*Dysaster calceolatus*, Oost. — Vev., Riond.
*Pentacrinus neocomiensis*, Desor. — Riond.
*Phyllocrinus helveticus*, Des. — Vev.
    »    *Oosteri*, de Lor. — Riond.

*Chaîne du Moléson.*

Dans cette chaîne, le néocomien se compose de nombreuses couches, de faible épaisseur, de calcaire gris clair, à pâte très fine et à cassure un peu esquilleuse. Ce calcaire est parfois presque blanc et souvent tacheté de petites veines bleuâtres. On y trouve, disséminés dans le sens de la stratification, des rognons de silex, de couleur blanchâtre, gris et opaques à l'extérieur, foncés et translucides en dedans. Ils sont souvent très abondants.

Les bancs du néocomien n'atteignent jamais de très grandes épaisseurs; ce terrain se distingue facilement de loin déjà des assises du jurassique supérieur sur lesquelles il repose; cette distinction est encore facilitée par la présence de nombreux petits replis ou ondulations, qui sont la conséquence du refoulement latéral, lequel s'est prononcé plus fortement sur les minces couches compactes du calcaire néocomien que sur les bancs massifs du malm. Cette différence est frappante lorsqu'on peut observer leur superposition sur des parois escarpées, telles que les présente le massif du Moléson. Cependant la limite précise entre les deux terrains est quelquefois difficile à déterminer; les couches néocomiennes présentant à l'érosion des points d'attaque bien plus nombreux, à cause de leur disposition en bancs minces, qui devait faciliter singulièrement l'infiltration des eaux, ont été bien plus ravinées et érodées que les assises jurassiques qui les supportent; aussi voit-on habituellement dans les escarpements, dont le socle est formé par le malm, les couches du néocomien un peu en retrait et présentant une pente un peu plus douce.

L'épaisseur de ce terrain est sensiblement plus grande que dans la chaîne précédente; on ne peut l'évaluer à moins de 150-200ᵐ.

Le néocomien est ici bien plus pauvre en espèces et échantillons que dans la première chaîne. La seule localité qui ait fourni un nombre un peu considérable de fossiles, est la Combe de Bonnefontaine, près du sommet de Moléson; ce sont les fossiles suivants :

*Belemnites dilatatus,* Blv.          *Belemnites bipartitus,* Blv.

| | |
|---|---|
| *Rhynchoteuthis Meriani,* Oost. | *Aptychus Didayi,* Coq. |
| *Ammonites subfimbriatus,* d'Orb. | »    *Studeri,* Oost. |
| »    *Moussoni,* Oost. | »    *Seranonis,* Coq. |
| »    *Asterianus,* d'Orb. | »    *radians,* Coq. |
| *Hamites (Baculites?),* sp. | *Inoceramus spec.* |
| *Crioceras Emerici,* d'Orb. | *Terebratula diphyoides,* d'Orb. |

### *Chaîne des Verreaux et vallée de Montbovon-Grandvillars.*

D'immenses dépôts néocomiens remplissent la vaste synclinale entre l'arête des Verreaux et la chaîne du Mont-Cray, en revêtant les deux versants de la belle vallée qui s'étend depuis Grandvillars à Montbovon, où elle se rétrécit graduellement vers la combe d'Allière et vient s'éteindre au Col de Jaman. L'épaisseur de ces dépôts ne peut pas être inférieure à 200ᵐ; elle paraît plus considérable encore à cause des nombreux replis intérieurs qui ne se trahissent que rarement dans le relief du sol. C'est sur le versant N.-O. de la vallée que les couches néocomiennes sont le mieux visibles. Elles s'élèvent jusqu'au haut de l'arête de la Dent de Lys et des Verreaux et sont découvertes sur de grandes surfaces. Elles sont visibles dans toute leur épaisseur, grâce à de nombreux ravins et gorges qui entrecoupent cette arête aiguë. Sur le versant opposé, au pied de l'arête du Vanil-Noir-Mont-Cray, elles ressortent moins bien à cause de leur position presque verticale. Au milieu de la vallée, plusieurs collines, dues à des replis du néocomien, en présentent de beaux affleurements.

Ces assises se composent essentiellement de calcaires gris clair, homogènes, à cassure esquilleuse, en lits peu épais, ne dépassant guère 30 cm.; caractères généraux qui, du reste, sont les mêmes presque partout.

Par places, la série des bancs calcaires est interrompue par des zones plutôt marno-schisteuses qui renferment fréquemment des fossiles. Près de Montbovon, vers le haut du néocomien, se voient des marnes foncées interrompues par quelques bancs calcaires; on y trouve des *Belemnites.* Au-dessus suivent des couches marno-schisteuses grises, renfermant de nombreux rognons de pyrite à structure fibro-rayonnante (marcasite); ce dernier minéral se rencontre avec les rognons siliceux, très abondamment dans toute l'étendue des couches néocomiennes. Souvent la pyrite est oxydée et on voit alors des taches jaunes autour d'un noyau plus foncé de fer hydraté qui occupe la place où était le rognon de pyrite.

Les fossiles sont rares. On en trouve au bord de la Sarine, entre Albeuve et Montbovon ; près du Pont de Grandvillars et près de celui d'Enney ; à l'ouest d'Estavanens, au pied de la Dent de Broc et le long de la route, entre Villars-sous-mont et Neyrivue.

Voici les noms de ces fossiles :

Mtb = Montbovon ; Grdv = Pont de Grandvillars. Estv = Estavanens. Enn = Pont d'Enney, Neyr = Neyrivue.

*Belemnites dilatatus*, Blv. — Mtb.  
   »    *cfr. latus*, Blv. — Neyr.  
   »    *pistilliformis*, d'Orb. — Mtb., Neyr.  
*Ammonites Cryptoceras*. d'Orb. — Estv., Enn., Grdv., Neyr.  
   »    *neocomiensis*, d'Orb. — Estv.  
   »    *difficilis*, d'Orb. — Enn., Grdv.  
*Ancyloceras* spec. — Mtb.  
*Aptychus Didayi*, Coq. — Enn.  
   »    *cfr. Mortilleti*, Pict. — Grdv.  
*Janira cfr. atava*, d'Orb. — Grdv.  
*Terebratula diphyoides*, d'Orb. — Enn.


### Chaîne du Mont-Cray.

Dans la vallée de Vert-Champ et dans celle du Château d'Œx, le terrain néocomien revêt le pied S.-E. de la chaîne de Cray et se poursuit dans le prolongement S.-O. de celle-ci, sur le versant S.-E. de Plana chaux (massif de Corjon) et du mont Arvel. Il remplit complètement la synclinale médiane de cette chaîne qui est formée par un double pli. On le trouve au pied de la Hochmatt et dans le vallon des Morteys, à la pointe du Vanil-Noir, à Sur Combe, jusqu'au sommet de la pointe de Paray. Il revêt les deux versants du haut vallon de Corjon et, au delà de la Sarine, celui de Naye et se poursuit plus loin jusqu'à Sonchaux. Une faible étendue de néocomien, que l'on pourrait rapporter aussi à la zone de la vallée de Montbovon, existe dans un pli écrasé, au sommet du massif de *Hautaudon*, entre les rochers de Naye et le col de Jaman.

Le terrain néocomien de ces deux ou trois zones est, par sa nature pétrographique, tout à fait analogue à celui de la vallée de Grandvillars-Montbovon. Il est très puissant dans le pli médian de la chaîne, dans le vallon des Morteys et au Vanil-Noir, de même qu'à Corjon et aux rochers de Naye, où l'on peut estimer son épaisseur à 150m ou 200m; il est par contre très réduit sur le versant S.-E. de cette même chaîne, où elle ne dépasse guère 50-60m. Sur le versant S.-E., les rognons siliceux sont bien plus abondants qu'ailleurs. Ils sont très visiblement distribués pans le sens de la stratification en affectant les formes les plus bizarres. Malheureusement les fossiles font presque totalement défaut dans cette région. Nous n'en connaissons que de mauvaises *Belemnites*, qui peuvent être rapportées au *Bel. pistilliformis*, d'Orb. A part la nature pétrographique et la position stratigraphique entre le malm et le crétacé supérieur, ce fossile est la seule indication sur l'âge des couches en question. Il est probable que l'étude des Foraminifères, dont quelques échantillons de roche polie nous ont prouvé l'existence, donnera, à défaut d'autres fossiles, des renseignements qui ne pourront que confirmer l'âge néocomien de ces roches.

Dans la chaîne des **Gastlosen,** dans celle de la **Gummfluh,** du **Rubli** et des **Tours d'Aï,,** le néocomien n'existe pas; par contre, les couches rouges crétacées, ailleurs superposées au néocomien, sont puissamment développées et reposent directement sur le malm, sans qu'on observe un passage entre les deux terrains. Cela indiquerait assez nettement qu'il y a changement de facies, en ce sens que le néocomien ne s'est peut-être pas déposé sous sa forme habituelle, mais qu'il a été remplacé soit par le jurassique, soit par les couches rouges crétacées, qui, tous deux, ont une grande épaisseur. On ne connaît toutefois aucun argument paléontologique en faveur de l'une ou de l'autre de ces suppositions.

Nous ne pouvons admettre que la partie inférieure des couches rouges représente le terrain néocomien là où la facies ordinaire de celui-ci fait défaut. Les couches rouges forment un ensemble qu'il n'est pas possible de subdiviser; la découverte de fossiles néocomiens dans leur partie inférieure pourra seule justifier une opinion contraire. Le passage insensible que l'on observe souvent entre le néocomien et le malm; la ressemblance de facies, exprimée par l'abondance de rognons de silex dans ces deux terrains; enfin le passage de certains fossiles du terrain tithonique au néocomien, semblent appuyer plutôt la supposition que dans ces chaînes le néocomien est plutôt lié au malm. Cela paraît encore ressortir de ce que le néocomien et les couches rouges crétacées sont toujours très nettement distinctes sur leur contact et n'offrent *pas de passage* de l'un à l'autre. Quoi qu'il en soit, il n'est pas probable que l'époque néocomienne ait coïncidé dans ces chaînes avec un arrêt de sédimentation; mais nous ne pouvons dire quel est le terrain qui en tient lieu.

Dans la chaîne des **Gastlosen**, depuis la Dent de Ruth jusqu'aux Tours d'Aï, les couches rouges crétacées sont très épaisses et interrompues, dans leur milieu, par une assise de bancs calcaires gris en lits minces qui ressemblent d'une manière frappante au néocomien. Sur la feuille XVII, ces couches sont indiquées comme appartenant au néocomien à Sur-le-Grain, aux Tésailles, des deux côtés de la Tourneresse, à la sortie de la vallée de l'Étivaz. L'étude microscopique a démontré, dès lors, que ce terrain ne diffère, par ses Foraminifères, ni des couches rouges qui le surmontent, ni de celles qui le séparent du malm, et qu'il doit être considéré comme faisant partie de l'ensemble des couches rouges crétacées.

## II. COUCHES ROUGES CRÉTACÉES

*Facies d'eau profonde, vase à Foraminifères.*

Dans presque toutes les chaînes des Préalpes on a constaté, au-dessus du néocomien, et lorsque celui-ci manque, directement sur le malm, une assise très distincte par sa couleur rouge. Le flysch la recouvre invariablement.

Pendant longtemps, l'absence de fossiles visibles à l'œil nu, n'a pas permis d'assigner un niveau exact à ces couches; on les réunissait tantôt au flysch, tantôt au jurassique. Leur position, par rapport à ces deux terrains, était parfaitement connue de MM. B. Studer et Alph. Favre, bien avant qu'on les supposât d'âge crétacé. Après bien des hésitations et des recherches, on a fini par les classer définitivement dans cette dernière formation.

L'âge crétacé des couches rouges n'est plus douteux, malgré tout ce qui a été avancé pour le contester. La première observation qui ait été faite à ce sujet, par M. Hébert, en 1878, a été pleinement vérifiée par les travaux de MM. Th. Studer, Mérian, Gilliéron et par les nôtres, de sorte que nous pouvons nous dispenser de revenir sur ce débat [*87, 89, 97, 165. 166. 1. 181*, p. *165, 196, Revue géol.*, 1879, etc.].

Dans notre région, ce faciès du crétacé forme un niveau des plus constants et facile à reconnaître. Il peut servir, avec une grande sécurité, à faire connaître les dislocations des couches jurassiques, etc. Grâce à sa couleur particulière, ce terrain a donné lieu, en différents endroits où il affleure, à des dénominations de localités, par exemple : Rodosex, Rougepierre, Rodovanel, Chenau-rouge, etc.

La couleur rouge ne s'étend pas uniformément sur toute l'épaisseur de ces couches; elle est souvent remplacée par une teinte gris verdâtre qui s'enchevêtre quelquefois irrégulièrement avec le rouge.

Les roches sont très variables dans leur nature pétrographique. Le caractère général de ces couches est leur disposition en bancs très minces, ce qui leur a valu aussi le nom de *schiste rouge*. La schistosité est souvent le résultat de la lamination. La roche est disposée en minces bancs irréguliers, calcaires et marneux, rarement compacts. Même les bancs calcaires, d'aspect massif, ont presque toujours une dureté relativement faible. Les marnes schisteuses sont très fréquentes.

La roche de teinte *gris verdâtre*, bien moins répandue, est identique à la rouge dans sa nature pétrographique. Dans quelques chaînes, la roche devient grise, plus calcaire et plaquetée, et se rapproche beaucoup du néocomien, par son aspect et par son développement considérable.

La couleur rouge est due à de l'oxyde de fer et l'association du rouge et du gris verdâtre n'est pas insolite ; nous l'avons déjà constatée dans l'oxfordien, dans les marnes rouges et vertes du trias, etc. On retrouve cette teinte gris verdâtre, très caractéristique, presque toujours en alternance avec la couleur rouge dans les niveaux les plus variés ; preuve qu'elle doit tenir à une même cause due, sans doute, à un état différent de combinaison du fer, lequel serait contenu sous forme de carbonate dans la roche gris verdâtre, supposition (*181*, p. 67) qu'il faudrait vérifier par des analyses. On peut voir dans cette matière ferrugineuse le produit de sources ferrugineuses contemporaines de ce dépôt. Plusieurs observations l'attestent, en effet ; c'est d'abord l'existence d'un petit amas de minerai de fer mamelonné au pied de la Gummfluh, dans la Chenau-rouge. Au pied de la chaîne de Cray, la base des couches rouges est marquée par une roche très ferrugineuse avec rognons siliceux. Une vraie couche de minerai de fer s'intercale dans ce terrain, au col de Riss, dans le Chablais.

On verra par la suite que les caractères des différentes assises des couches rouges crétacées varient considérablement d'une chaîne à l'autre, tandis qu'ils sont, au contraire, d'une constance remarquable le long de la même chaîne ou de la même zone de dislocation.

De tous les caractères, celui qui est le plus constant et qui se retrouve dans toute l'épaisseur de ces couches, c'est la présence d'une multitude de *Foraminifères* microscopiques dans l'intérieur de la roche, qu'elle soit rouge ou grise, compacte, marneuse ou schisteuse.

Le moindre morceau de ces roches en renferme des milliers, et ce sont les mêmes espèces que celles du *Calcaire de Seewen* (sénonien) et du *Gault* [*101*, p. 240-248]. Cette circonstance s'accorde parfaitement avec la découverte de fossiles sénoniens (*Echinides* et *Inocerames*), à la Simmenfluh. Elle nous dit en premier lieu, et avec toute certitude, que les couches rouges, avec *fossiles sénoniens* et *Foraminifères* microscopiques, doivent être le correspondant du Seewenerkalk de la Suisse orientale et de la craie de la Savoie, roche calcaire grise qui se trouve supérieure au gault ou au cénomanien ; elles représentent donc chez nous le **crétacé supérieur.**

Le fait que ces couches reposent régulièrement sur le néocomien ou crétacé inférieur, fait croire qu'elles représentent à la fois le *sénonien* et le *crétacé moyen* jusqu'au gault. Cette supposition, déjà exprimée par M. Schardt [*181*, p. 72], a pour elle le fait que les Foraminifères du sénonien se trouvent déjà dans ce dernier terrain.

On pourrait aller plus loin et dire que dans les chaînes où le néocomien n'existe pas, et que, par conséquent, les couches rouges reposent sur le malm, celles-ci doivent être l'équivalent de toute la série crétacée depuis le sénonien jusqu'au néocomien inclusivement; mais ce n'est là qu'une hypothèse qui n'est pas encore confirmée par des preuves positives.

Le facies des couches rouges a un caractère bien défini. Il y a lieu de l'assimiler à la *vase à Foraminifères* qui se dépose dans les mers actuelles, entre 1000 et 3000ᵐ de profondeur et même plus. Reste la coloration rouge, pour laquelle nous avons déjà indiqué une cause, sans être persuadés qu'elle soit la seule; il est possible, en effet, qu'il y en ait d'autres, analogues à celles qui déterminent la couleur rouge des vases du fond de l'Atlantique, sur les côtes du Brésil, et que l'on attribue à l'argile rouge que les fleuves déversent dans la mer. On sait aussi que l'on a constaté à de grandes profondeurs dans l'Océan la présence de vase argileuse rouge ou grise avec concrétion d'oxyde de fer et de manganèse.

Nous ne ferons qu'indiquer brièvement ce qui nous reste à dire sur ces couches rouges et grises renfermant une *faune microscopique de Foraminifères* qui appartiennent aux genres *Lagena*, *Textilaria*, *Nonionina* et *Oligostegina*; ces fossiles ont été cités par Kaufmann sous les noms suivants :

| | |
|---|---|
| *Lagena sphærica*, Kaufm. | *Nonionina Escheri*, Kaufm. |
| » *ovalis*, Kaufm. | » *globulosa*, Ehrb. |
| *Textilaria globulosa*, Ehrb. | *Oligostegina lævigata*, Kaufm. |

Ces espèces ne sont pas les seules. Les coupes de roches, provenant de plusieurs centaines d'échantillons, nous ont démontré qu'outre ces 6 espèces identiques à celles qui sont figurées par Kaufmann dans l'ouvrage de Heer [*101*, page 240, etc.], il y en a encore un grand nombre d'autres.

De tous les échantillons examinés, il n'en est pas un seul qui ne se soit pas trouvé littéralement rempli de coquilles de Foraminifères, soit entières, soit brisées.

Les coupes polies de la roche, rougie au chalumeau, ont le même aspect que celles figurées dans Heer (*101*, page 541, f. 104 et 105). Elles sont en outre absolument identiques à deux échantillons figurés par M. v. Hantken [*97* b, p. 137, Pl. IV], dont l'un (fig. I) provient du calcaire gris ou rougeâtre de la *scaglia* des Enganées, et le second (II), d'un niveau un peu supérieur, appartenant probablement au crétacé supérieur, comme la Scaglia. Les coupes anguleuses de la fig. I, que M. V. Hantken attribue à la *Discorbina canaliculata*, se retrouvent aussi dans les couches rouges et dans le calcaire de Seewen (*101*, fig. 105, à gauche, en bas). Les coquilles à tests épais et perforés de nombreux pores [fig. II] sont très communes dans les couches rouges et se trouvent en compagnie de *Nonionines*, *Textilaria* et de la *Discorbina*.

Il serait intéressant d'examiner aussi les rognons siliceux qui se trouvent dans le néocomien et à la base des couches rouges, pour voir s'ils sont également ment formés de *Radiolaires* comme ceux de la *Scaglia*.

Il y aurait là toute une étude à faire sur la faune microscopique des couches rouges. Ce sera à elle de répondre aux questions qui nous embarrassent constamment et auxquelles les théories les plus ingénieuses ne parviendront pas à donner une réponse satisfaisante. Elle pourra probablement suppléer à l'absence d'autres fossiles et décider si les couches rouges représentent tout le crétacé ou seulement sa partie moyenne et supérieure.

### ALLURES DES COUCHES ROUGES (ET GRISES) CRÉTACÉES DANS LES DIFFÉRENTES CHAINES ET VALLÉES

**Chaîne du Niremont-Pléiades.** Dans la partie de cette chaîne, comprise sur la feuille XVII, ces couches n'ont pas encore été constatées, sauf un petit affleurement au N.-E. de Semsales. M. Gilliéron les indique dans le voisinage de notre région sur la feuille XII. De grands affleurements se trouvent plus au N.-E.

**Chaîne du Moléson.** Les couches rouges n'ont pas encore été constatées sur cette sommité, mais bien à la Dent de Broc qui en est la suite au

N.-E. Ce terrain a disparu par suite de l'ablation considérable dans cette région.

**Vallée de la Sarine.** Dans cette large dépression synclinale les couches rouges ont atteint un assez grand développement. Elles sont pincées dans les replis du néocomien. Ce sont des couches marno-calcaires, se divisant facilement en feuillets irréguliers, légèrement grenus. La roche est d'un rouge foncé et montre quelquefois des taches grises. C'est ainsi qu'on la trouve entre Grand-Villars et Lessoc et au delà, jusque vers Montbovon. Ici la bande devenant plus large et plus épaisse, on constate qu'entre les bancs rouges se montrent des lits clairs. Ainsi près de l'embouchure de l'Hongrin, les couches rouges sont suivies à leur partie supérieure d'une assise grise de roche homogène, presque compacte (fig. 8, pl. V). On la retrouve dans la suite de la synclinale, vers le pont de l'Hongrin, sous Allière. Les bancs rouges deviennent souvent assez durs et compacts. On peut s'en assurer sur le sentier dit du ruisseau rouge, qui traverse toute la synclinale. Cette roche, parfaitement identique, se retrouve au sommet de la Dent de Hautaudon. Les Foraminifères abondent partout.

La **Chaîne de Cray** renferme dans son *pli médian* des lambeaux isolés de couches rouges, accompagnées dans le haut de couches grises; leur nature est essentiellement marno-calcaire; elles sont en petits bancs, légèrement schisteux ou feuilletés. A part la couleur, la roche grise est identique à la rouge. Ce terrain existe au col de la Hochmatt, à l'extrémité N.-E. de la chaîne à l'entrée de la vallée des Morteys, et plus au S.-O. dans le haut vallon de Corjon, et dans celui de Naye, d'où il se prolonge jusqu'au Mont-Sonchaux, toujours avec une zone grise à la partie supérieure. Dans cette dernière localité la roche grise a une tendance à devenir plaquetée.

Sur le flanc S.-E. de cette chaîne les couches rouges sont très constantes dans leur nature et leur épaisseur. Ici le contact tranché entre le néocomien et les couches rouges est des plus prononcés. On trouve d'abord immédiatement au-dessus des bancs peu épais du néocomien à rognons siliceux gris, une couche, épaisse de 15-20 cm., très ferrugineuse et remplie de rognons siliceux rouges, qui se touchent presque. La marne ferrugineuse qui les englobe est presque un vrai minerai de fer, semblable à de l'hématite impure.

Ces rognons siliceux manquent absolument dans le reste des couches rouges.

Par-dessus vient le calcaire rouge assez marneux par places et généralement d'une structure schisteuse feuilletée. Vers le haut la couleur grise et gris verdâtre est assez répandue et s'enchevêtre souvent dans la roche de couleur rouge.

La bordure crétacée se poursuit sans interruption depuis la vallée de Vertchamp, jusqu'à la vallée du Rhône sur toute la longueur de ce flanc de la chaîne de Mont-Cray et partout le caractère de la roche est le même. Toutefois, par places, elle est plus compacte, plus dure et paraît tout à fait homogène, alors qu'au microscope elle se montre remplie de Foraminifères. Elle se montre sous cet aspect dans plusieurs affleurements au milieu de la vallée de Château d'Œx, au col d'Ayerne, et surtout au-dessus de Roche près du Pont Dégraz. L'épaisseur moyenne de ce terrain ne dépasse guère 50$^m$.

La **chaîne des Gastlosen** est bordée des couches rouges sur ses deux flancs. Très régulière et continue au S.-E., cette roche ne se montre qu'accidentellement au N.-O., à cause des dislocations étranges de cette chaîne. La bordure du S.-E. est très épaisse; on peut l'estimer à près de 100 mètres. Elle se compose de différents bancs, tantôt rouges tantôt gris. Une zone moyenne essentiellement grise, est surtout remarquable, parce qu'elle ressemble d'une manière frappante aux assises néocomiennes; étant formée d'une succession de bancs peu épais de calcaire gris très homogène, bien stratifié et quelquefois plaqueté, mais sans rognons siliceux.

Ces trois séries de couches se retrouvent dans le tronçon de la chaîne depuis la Dent de Ruth, jusqu'au Rocher de la Raye. Au pied S.-E. de ce dernier, près des chalets des Rayes, on constate à la base du crétacé, au-dessus du malm, une assise de calcaire schisteux rouge, épaisse de 10$^m$; au-dessus vient du calcaire gris, en bancs très réguliers, mais peu épais; roche homogène, très dure; épaisseur 20$^m$. Une nouvelle assise rouge succède, c'est du calcaire plaqueté ou schisteux, quelquefois un peu compact, d'une épaisseur de 50$^m$ au moins. Cette série apparaît encore bien plus nettement sur la route de Château d'Œx à l'Etivaz, laquelle traverse toute l'épaisseur de ces assises, formant une voûte régulière et recouvrant un bombement jurassique. Le second repli des rochers de la Braye, que cette route entrecoupe est entièrement formé de crétacé rouge. D'abord massif et compact, rouge ou panaché de gris, il devient schisteux et plaqueté vers le haut, où apparaît aussi la teinte gris verdâtre. Le grand développement du calcaire gris sur le plateau des Teises-Joeurs qui occupe le sommet de cette voûte, au delà de l'Hongrin, pourrait faire croire, en effet, à la présence du terrain néocomien. Mais il y a toujours, en dessous de ce calcaire d'aspect néocomien, une couche rouge qui le sépare du malm. Ces trois niveaux renferment absolument les *mêmes Foraminifères*. Comme l'un de nous, M. Schardt, l'a déjà fait remarquer [*181*, p. 70], on pourrait considérer comme représentant le néocomien, la couche de calcaire gris, qui en a l'aspect, et la couche rouge inférieure, et ne mettre dans le crétacé supérieur que l'assise rouge supérieure.

Sur le prolongement de la chaîne des Gastlosen, les trois niveaux sont aussi constamment très distincts. Ils se montrent au col de la Forclettaz entre la Tour Famelon et la pointe éocène de Lézay et se continuent jusqu'au-dessus d'Yvorne en formant la bordure du plateau de Leysin.

Depuis le **Vanel,** par l'arête de **Cananéen,** jusqu'au **Rodosex,** se poursuit une nouvelle zone, peu saillante, de crétacé rouge. Ces couches y sont très épaisses et très compactes bien plus que partout ailleurs; on voit de vrais rochers entièrement rouges et quelquefois gris, où les bancs sont massifs, comme la roche du jurassique supérieur. Tel est le cas du Rodosex, du rocher de Cananéen et des rochers qui bordent la Sarine au Pont des Praises, près Rougemont. Au Vanel la roche visible est surtout grise, mais moins plaquetée que dans la zone précédente,

Le crétacé de cette zone, en passant en dessous du flysch, réapparaît au pied de la chaîne du **Rubli,** où il est tantôt rouge, et plus rarement gris.

Au sud de cette chaîne, dans le massif de la **Gummfluh,** le crétacé rouge n'apparaît plus que par lambeaux, restes laissés par l'érosion pendant la formation du flysch et réduits encore davantage par des érosions plus récentes, ainsi que le témoignent les nombreux blocs erratiques dans le vallon de la Gérine. On pourrait aussi croire à une extinction graduelle du crétacé vers le S.-E., comme paraît l'indiquer l'absence totale de cette roche au pied S. de la Gummfluh. Nous nous sommes déjà posé ces questions en parlant du malm et nous avons pensé alors que la principale cause de sa disparition devait être l'érosion, opérée pendant la formation du flysch. Cette ablation des roches secondaires est pour ainsi dire certaine pour le malm, et même pour le dogger, et, par conséquent à plus forte raison pour le crétacé.

Il y a un affleurement tout à fait isolé de couches rouges schisteuses et très marneuses à la **Videman** au milieu de l'éocène et dans le voisinage d'une klippe probablement liasique. Au pied de la Gummfluh, à la **Chenau-rouge,** se voit un lambeau de ce terrain, entre la brèche calcaire éocène et le malm. Il se compose de schistes laminés rouges, dans lesquels apparaissent des traînées gris verdâtre, où la roche est très feuilletée et onctueuse au toucher, comme un talc-schiste, quoiqu'elle soit calcaire. C'est sans doute l'extrême compression qui en est la cause et la lamination de la roche. Les Foraminifères y sont presque tous déformés, preuve du déplacement qu'opère la pression, même dans les extrêmes particules des roches.

Des lambeaux isolés et déchirés sont resserrés entre les rochers de malm au pied de l'arête de la Gummfluh, et entre celles-ci et le Rocher du Midi Ici encore, les Foraminifères abondent, mais ils sont presque toujours déformés.

Il est certain que le crétacé supérieur ne s'arrêtait pas au N. de la Gummfluh. Au sommet même de celle-ci, M. Rittener a trouvé une brèche de calcaire jurassique, englobée dans une masse rouge remplie de Foraminifères. C'est sans doute le dernier vestige d'une voûte qui allait rejoindre la suite du dépôt, disparu maintenant, du pied sud. Ce cas est tout à fait analogue à ce qu'on observe au sommet des rochers de Tréveneusa [Bas-Valais, voir IIe partie].

# CHAPITRE VII

## TERRAINS TERTIAIRES ÉOCÈNES, FLYSCH, etc.

Le terrain du flysch est le seul horizon qui représente les dépôts tertiaires dans les chaînes extérieures de la rive droite du Léman et du Rhône. Les couches du calcaire nummulitique proprement dit ne se rencontrent pas dans cette partie des Alpes, quoique ce terrain apparaisse, avec un développement considérable et une faune fort riche, dans la région des chaînes intérieures ou hautes Alpes calcaires, dont notre région est bordée au S.-E.

L'âge évidemment éocène de ces dépôts de flysch est attesté par la présence de *Nummulites* dans les grès du flysch de la Berra, du Gurnigel, du Niremont, des environs du lac Noir, des Ormonts et des Voirons. [*58*, t. I, 433].

Au point de vue pétrographique, le flysch est fort nettement caractérisé comme *facies littoral* d'une mer assez peu profonde et alternativement calme ou agitée par les vagues. Par sa nature, le flysch se rapproche parfois singulièrement des formations miocènes du plateau suisse, au point même de se confondre avec elles sur le bord des Alpes, où ces terrains se touchent.

Souvent, l'uniformité des assises est interrompue par des bancs de grès durs. D'autres fois les grès sont remplacés par des roches détritiques plus grossières, des poudingues, des brèches qui, dans quelques régions, sont en prédominance sur les roches marneuses et schisteuses.

La composition minéralogique varie beaucoup suivant les localités et, à ce point de vue-là, on peut distinguer une série de *zones de flysch* qui s'alignent avec une certaine uniformité le long des chaînes de plissement. Il y a des zones où les matériaux calcaires prédominent, d'autres où le facies schisteux et marneux est plus prononcé; d'autres encore montrent une plus grande abondance des éléments siliceux; ailleurs les débris de roches cristallines forment d'immenses bancs de brèche.

Quant à l'épaisseur de la formation du flysch, elle est aussi variable que la composition minéralogique de ses roches.

Les différentes zones sont séparées les unes des autres, au moins pour la plupart, par des roches calcaires, et leur épaisseur est en proportion de leur largeur. L'épaisseur maximum du flysch ne doit pas être inférieure à 1500 mètres; elle paraît même être supérieure par suite de plissements, ou peut-être des chevauchements.

Les fossiles trouvés dans le flysch de notre région, ne nous fournissent pas de renseignements bien positifs sur la nature de cette formation. De fait, outre les *Nummulites*, déjà mentionnés, quelques *dents de poissons* sont les seuls restes d'animaux qu'on en connaît.

Les autres fossiles appartiennent tous au règne végétal et consistent en *algues marines* très variées et dont la conservation est souvent des plus délicates. Du reste, les couches qui renferment les algues les mieux conservées, sont des schistes argileux à grain fin, des marnes durcies ou des calcaires argileux excessivement homogènes, roches qui doivent dériver de limons très fins. L'abondance de ces fossiles indique que le flysch s'est formé à une faible profondeur.

Ce qui est démontré d'une façon absolument certaine, c'est que les diverses zones de flysch, que nous distinguerons, étaient déjà séparées lors de leur formation par des replis des terrains secondaires, qui se sont accentués pendant le refoulement et sont devenus des arêtes aiguës et découpées. Peut-être même y avait-il dans certaines parties des affleurements de roches cristallines, granites, gneiss, micaschistes, etc. Il nous paraît donc évident que le flysch, tel qu'il se présente chez nous, ne peut être considéré comme une formation de mer profonde, ainsi que le pense M. Th. Fuchs (*83*). Nous ne pouvons non plus nous rattacher une autre théorie de ce même auteur, tendant à voir dans le flysch le produit d'actions éruptives, analogues aux volcans de boue, et expliquant par le même procédé la présence des *blocs exotiques*, qui seraient sortis de l'intérieur de la terre sous l'action de la force volcanique (*82*).

### Age du flysch dans les Pré-Alpes.

S'il n'est pas facile de subdiviser les assises du flysch, il serait encore plus téméraire de vouloir le faire rentrer dans l'un des étages de série éocène. Sur toute l'immense épaisseur que les dépôts du flysch atteignent dans certaines régions, leur faciès est constamment le même et du bas en haut on trouve invariablement les mêmes répétitions de couches et les mêmes fucoïdes.

Un point cependant est certain, c'est que dans notre région le flysch rentre *exclusivement* dans la série éocène. Les couches les plus inférieures reposent constamment sur le crétacé supérieur et, lors même que parfois le flysch soit en contact avec les couches néocomiennes ou jurassiques, et quelquefois même avec des terrains plus anciens, tels que le lias, ces accidents peuvent s'expliquer facilement par des transgressions ou bien par des contacts mécaniques, dus à des dislocations, failles, chevauchements, etc.; ou bien encore, ce qui paraît être plus fréquent qu'on ne le pense, ces contacts sont dus à des *érosions*, produites par la mer du flysch sur les terrains émergés, soit au milieu de la mer, soit sur ses bords. On ne pourrait en effet expliquer autrement le fait que le long d'une même zone de flysch, ce terrain est superposé, tantôt à une grande épaisseur de crétacé supérieur, tantôt au néocomien ou bien au malm. Dans le grand bassin du flysch qui s'étend au pied de la chaîne des hautes Alpes, le flysch enveloppe fréquemment des lambeaux ou klippes de malm, de dogger ou de lias, alors que sur d'autres points, il a ménagé des lambeaux de crétacé supérieur. Quels prodigieux effets d'érosion ne fallait-il pas pour faire disparaître la couverture des terrains supérieurs et faire affleurer le lias au milieu du flysch? Nous y reviendrons plus loin; qu'il nous suffise d'en avoir fait mention ici, pour faire voir combien il serait hasardé de dire que le flysch de notre région a commencé à se former dès l'époque liasique, parce que ce terrain repose quelquefois sur le lias. La présence du terrain crétacé sur un seul point suffit pour effacer toute supposition de ce genre; les chaînes de terrains secondaires qui séparent actuellement les diverses zones de flysch sur presque toute leur longueur, ne formaient pas de barrières aussi continues à l'époque de la formation de ce terrain. Les bassins éocènes communiquaient alors largement ensemble, et cela dénote encore qu'ils doivent être du même âge. Du reste, les doutes sur l'âge éocène du flysch ne peuvent exister que pour le grand bassin du flysch du Niesen à cause des affleurements de terrains anciens qui se trouvent dans son milieu. Partout ailleurs le crétacé supérieur est presque constamment à sa base.

L'âge du flysch n'est donné que par les limites extrêmes, à savoir que le flysch du bord des Alpes est *plus récent que le sénonien* et *plus ancien* que les couches *miocènes inférieures* (aquitanien).

Même pétrographiquement, on ne peut pas, dans la plupart des cas, établir des subdivisions ou niveaux dans une même zone de flysch. Nous en avons déjà fait remarquer les raisons. Cela est d'autant plus surprenant que la puissance de ce terrain atteint dans quelques régions au moins 1500 mètres, sinon davantage.

*Zones de flysch.*

D'après la distribution des chaînes calcaires, les dépôts de flysch se divisent en 5 zones, depuis le bord des Alpes jusqu'au pied de la chaîne du Wildhorn-Diablerets.

Ces zones sont assez nettement distinctes par la nature pétrographique et minéralogique des roches qui les forment. Une petite zone intermédiaire, réduite à quelques lambeaux, porterait le nombre à 6. Cette distribution en zones a déjà été établie avec beaucoup de clarté par B. Studer, dans sa *Géologie der Schweiz (190 p., 120 etc.)*.

La première zone est celle du **Niremont-Corbettes,** qui se poursuit au N.-E. en dehors de notre région dans la chaîne de la Berra et du Gurnigel.

Dans la vallée synclinale de la Sarine, entre Allière et Estavanens, se trouvent deux affleurements très réduits de flysch, qui semblent être les derniers vestiges d'une zone autrefois continue.

La double voûte de la haute chaîne calcaire de Corjon-Vanil-Noir (chaîne du Mont-Cray) sépare totalement ces affleurements des zones suivantes :

2° La **zone de Vert-Champ-Ayerne.** Elle est encaissée entre la chaîne du Mont-Cray et l'arête découpée des Gastlosen ; elle traverse la vallée de Château d'Œx et se poursuit au pied N.-O. du Mont-d'Or et des Tours d'Aï pour se terminer aux Agittes.

3. La **zone du Hundsrück-Bodomont** atteint son plus grand développement au Hundsrück et se poursuit, en s'amincissant, entre les chaînes des Gastlosen et du Rubli. Elle se confond avec la zone du Niesen au col des Mosses (pied S.-E. du Mont-d'Or).

4. La **zone de la Videman-Hornfluh** commence à la Hornfluh et se termine entre les chaînes du Rubli et de la Gummfluh, avec une ramification suivant le pied nord du Rubli.

5. La plus étendue des zones du flysch est celle **du Niesen,** qui remplit tout l'espace entre les hautes Alpes et la chaîne de la Gummfluh et du Mont-d'Or.

Ces quatre dernières zones communiquent toutes ensemble plus ou moins largement et forment un tout au milieu duquel les chaînes calcaires n'affleurent que fort disloquées et réduites, pour la plupart, à l'état de grandes klippes.

### Zone du Niremont-Corbettes.

Cette région de flysch borde constamment la chaîne des Alpes depuis Blumenstein, près du lac de Thoune, où elle commence, jusqu'au bord du Léman près de Montreux. Son prolongement lointain, au delà du bassin du Léman, se retrouve dans le Faucigny, aux Allinges et aux Voirons. Des affleurements plus ou moins étendus de terrains secondaires apparaissent souvent au milieu de cette zone et contribuent à lui donner un certain relief.

Le flysch qui s'y rencontre a été décrit à plusieurs reprises (*62*, p. 44, *190*, p. 120 etc.). Ce sont des marnes feuilletées, généralement grises plus ou moins foncées et quelquefois rougeâtres. Elles sont tantôt pures, tantôt entremêlées de schistes sableux et de bancs de grès très minces. On y trouve fréquemment des traces charbonneuses, soit isolées, soit recouvrant en grand nombre les surfaces des plaques.

Quelquefois ces marnes deviennent moins feuilletées, plus compactes, plus fines et homogènes, et prennent une teinte gris clair. C'est dans des bancs de cette nature qu'on trouve les *fucoïdes* les plus abondants et les mieux conservés. Les grès sont aussi très développés, tantôt en bancs minces, tantôt en lits plus puissants.

Les éléments en sont parfois très fins et forment alors une roche compacte ; d'autres fois, ils sont d'un grain plus grossier, ce qui rapproche leur structure de celle d'un conglomérat. La roche de cette nature se désagrège plus facilement et on la trouve habituellement fortement corrodée à sa surface et réduite en sable grossier par les agents atmosphériques.

Les bancs calcaires sont plus rares et passent aussi par transition insensible au grès ou à la marne ; ils ne sont que rarement bien purs.

Toutes ces roches alternent les unes avec les autres, sans ordre apparent. En général, il n'est pas possible de dire qu'un élément prédomine sur les autres en prenant l'aspect d'un niveau distinct.

Cependant, par places, on trouve des assises puissantes de grès, interrompues seulement par de faibles feuillets marneux. Le niveau du *grès du Gurnigel*, moins développé dans le Niremont et le Mont-Corbettes, est dans ce cas. Nous n'avons pas trouvé dans ce chaînon aucun *bloc exotique*, comme il s'en voit dans le massif du Gurnigel.

Les coupes complètes du flysch sont rares; les affleurements ne se laissent pas facilement poursuivre sur une grande longueur. Les éboulements et les dépôts glaciaires, conjointement avec la végétation qui empiète rapidement sur ce terrain meuble, les ont rendus invisibles pour la plupart, soit sur le flanc des montagnes, soit dans les nombreux ravins qui séparent les massifs du Niremont, Corbettes, etc., ou en sillonnent les pentes.

Une coupe des plus complètes peut s'observer dans le ravin de la Baye de Clarens, entre Brent et le « Sex que pliau. » En aval du passage à gué, sous Brent, affleure la mollasse rouge, plongeant à l'est de 20°. A 50ᵐ de distance, en amont du passage vient le flysch, sous forme de couches feuilletées, marneuses et micacées, de couleur grise, assez foncée et alternant avec des lits de grès marneux et de grès durs, en bancs de 10-30 cm. d'épaisseur (pl. I, fig. 2). Certains feuillets renferment de nombreuses traces charbonneuses. Ces couches sont d'abord presque horizontales et, plus en amont, plongent fortement à l'est ou sont presque verticales. Elles sont très puissantes, et, c'est sur plus de 300 mètres, qu'on peut les poursuivre, soit à gauche soit à droite du torrent. Un des affleurements sur la rive gauche montre ce terrain fortement décomposé. Le talus au pied de l'affleurement est couvert de plaquettes minces sur lesquelles on trouve des traces de vagues (ripple-marks), excessivement délicates. C'est encore un argument qui fait voir que le flysch n'est pas une formation d'eau profonde. — Le néocomien affleure au milieu de cette zone et, après l'avoir traversé, on retrouve une seconde bande de flysch, formée de couches un peu plus foncées. Ce sont des alternances régulières de grès compacts, en lits de 5 à 40 cm. d'épaisseur et de couches de marnes feuilletées micacées. Des bancs épais de grès compacts passant à des conglomérats et rappelant l'aspect d'une mollasse grossière viennent s'intercaler dans les schistes et les marnes. Les matériaux calcaires sont souvent assez abondants.

C'est dans le prolongement de cette zone, dans le massif éocène de la Berra, que M. F. Doge a trouvé des Nummulites.

### *Petite zone de flysch dans la synclinale Allière-Montbovon-Estavanens.*

Cette zone de flysch se réduit à deux lambeaux peu étendus qui affleurent aux deux extrémités de la synclinale indiquée. C'est au milieu d'énormes dépôts de néocomien et de crétacé supérieur qu'apparaissent les deux affleurements, qui sont sans doute les derniers vestiges d'une zone autrefois continue, mais qui ne devait cependant pas avoir une largeur notable.

L'un de ces affleurements est au nord d'Estavanens, entre la dent de Bourgoz et la dent de Broc ; il est situé sur la rive droite de la Sarine, un peu en dehors de la vallée. L'autre affleurement se montre sur la rive droite de l'Hongrin, entre Allière et Montbovon au-dessus du hameau du Pichon. Le flysch repose dans ces deux localités sur les couches rouges de la craie, qui forment une synclinale bordée elle-même de néocomien.

Les caractères de ce flysch ne le font pas différer de celui de la première zone ; il se compose de marnes feuilletées et de bancs peu épais de grès micacés grisâtres, disposés en plaquettes.

M. Gilliéron a noté sur la feuille XII la suite de l'affleurement d'Estavanens.

### *Zone de Vert-Champ-Ayerne.*

Cette zone suit exactement la chaîne du Mont-Cray qui la borde au N.-O., tandis qu'au S.-E. ce sont l'arête des Gastlosen, puis celle du Mont-d'Or et enfin, à l'extrémité S.-O., les Tours d'Aï, qui en forment la bordure. On voit, d'après la carte, que dès le cours de l'Hongrin, jusqu'à l'endroit où apparaît la voûte des Tours d'Aï, cette zone est confondue avec la suivante. Le flysch qui la compose a donc été déposé dans une anse qui communiquait largement avec la mer au S.-E., mais très probablement peu ou pas du tout avec celle où s'est déposé le flysch de la première zone. Cela explique déjà la ressemblance des dépôts de flysch de la deuxième et de la troisième zone et leur divergence assez grande avec la première. Il serait difficile de dire si les deux lambeaux isolés de la vallée de Montbovon se sont formés dans un golfe, dépendant de l'une ou l'autre des zones voisines.

Les marnes feuilletées et micacées de cette zone, ses grès durs ou marneux, de couleur grise, ne diffèrent que fort peu des dépôts que nous avons rencontrés au Niremont, aux Corbettes et sur le flanc des Pléiades. Mais un élément nouveau apparaît ici vers la base du flysch de cette zone; ce sont des bancs d'un poudingue à gros *cailloux calcaires roulés*, renfermant quelques rares galets de silex. Ce poudingue est fréquemment accompagné de gros bancs d'un grès calcaire ou siliceux gris, auquel il passe insensiblement.

Les cailloux roulés, composant le poudingue calcaire, sont faciles à reconnaître pour des roches du jurassique supérieur et du néocomien, et les morceaux roulés de silex gris ou verdâtre, proviennent sans doute des rognons siliceux qui remplissent le malm et le néocomien de la chaîne du Mont-Cray. Tous ces débris sont fortement agglomérés par un ciment sableux et calcaire; la roche prend ainsi l'aspect d'une véritable *nagelfluh*, tel qu'on en rencontre dans les terrains miocènes. Cette roche a été décrite pour la première fois par Bernhard Studer [*189*, pag. 304 etc., *194*, p. 159]. Ce savant géologue mentionne ce poudingue avec les schistes, marnes, grès, etc., qui l'accompagnent, sous le nom de *Mocausagesteine*. Les seconds étant les roches ordinaires du flysch, nous croyons devoir restreindre ce terme au conglomérat seul en le nommant *poudingue de la Mocausa* [1]. La grande ressemblance de cette roche avec la nagelfluh de la mollasse, n'avait pas échappé à cet habile observateur, et il remarque fort bien, qu'outre les galets de calcaire gris, de silex et de quartz verdâtre, communs dans les chaînes du voisinage, cette roche renferme encore des fragments d'un grès dur, dont les surfaces brisées ont un aspect lustré, ainsi que des dolomies à grain fin, roches dont les gisements ne peuvent être précisés. On ne trouve dans ce poudingue aucuns fragments de roches cristallines. A l'exception des morceaux de grès et de dolomie qui

---

[1] *Mocausa* [La moqueuse] est un synonyme peu usité actuellement de *la Verdaz*, partie supérieure de la vallée de Vert-Champ, où la roche en question est fort répandue.

y sont fort rares, tous les éléments du poudingue de la Mocausa paraissent provenir des chaînes du voisinage où cette roche a été déposée.

Dans le haut de la vallée de Vert-Champ, le flysch se trouve resserré, d'une part entre le massif de la Hochmatt et une petite arête néocomienne dominant la Goucyraz, et d'autre part, entre celle-ci et l'arête des Gastlosen (Dent de Savigny). Au petit col, qui se trouve entre l'arête de la Goucyraz et la Hochmatt, on rencontre un banc de poudingue de la Mocausa, accompagné de grès et de schistes qui contiennent, vers la base, près du contact avec les couches rouges, un lit de silex rouge, gris ou verdâtre. Cette roche, nommée *Hornstein* (Silex corné) par Studer (*194*, p. 126. — *189*, p. 247), se fait remarquer par son singulier clivage. Exposée aux agents atmosphériques, elle se désagrège en fragments polyédriques, ressemblant à des cubes, à des prismes, etc.

Là où elle affleure, le sol est habituellement couvert de ces débris. Cette fragmentation provient de ce que cette roche est traversée par plusieurs systèmes de fissures parallèles, qui s'entrecroisent suivant des angles variables, quelquefois presque à angle droit. Ces fissures sont souvent visibles à l'œil et alors elles sont indiquées par un remplissage de calcite ; d'autres fois, et c'est le cas le plus fréquent, elles sont invisibles, mais alors même on peut les rendre visibles en plongeant les fragments dans de l'acide chlorhydrique. La faible quantité de calcite qui remplit la fissure, se trahit par un dégagement de bulles d'acide carbonique.

Entre la Goueyraz et l'arête des Gastlosen et sur toute la pente de la vallée de Vert-Champ, depuis les pâturages de Pralet jusqu'à la Verdaz, le poudingue de la Mocausa apparaît régulièrement intercalé dans le flysch. On peut en constater deux bancs, séparés par des schistes et des grès, en montant depuis la Verdaz aux pâturages de Pralet. On le retrouve en descendant du Perte à Bovay et près de la Ginaz. Il se poursuit sur la pente S.-E. de la vallée de Vert-Champ, toujours au milieu des schistes et marnes du flysch, qui s'enfoncent sous l'arête calcaire du rocher de la Raye. On le voit surtout bien aux Siernes-Piquats, à la sortie de la vallée, où il est surmonté de calcaires en plaquettes et de schistes, au pied desquels il forme une corniche, dont de grands blocs se sont éboulés au fond de la vallée.

Le banc de poudingue se retrouve sur la rive opposée du ruisseau de Vert-Champ ; on le voit affleurer aux Jœurs. Au col de la Sierne-au-Cuir, entre le Mont-Laitmaire et la chaîne de Cray, le flysch est composé principalement de marnes, de schistes marneux et de grès, dont il existe de nombreux affleurements. Au S.-E. de ce col le poudingue de la Mocausa affleure près de *Sous-plat* et y forme un escarpement suivi d'un replat très prononcé. Il s'y fait remarquer par le volume considérable des cailloux roulés qui le composent et qui dépassent quelquefois 30 cm. de diamètre. Il est surmonté de schistes et de bancs calcaires grisâtres, très homogènes, qui doivent cependant lui être inférieurs, car les couches sont visiblement renversées. Au haut d'une ravine, un banc homogène renferme de nombreux *fucoïdes*, fort bien conservés.

En descendant du col de la Sierne-au-Cuir, on retrouve le poudingue calcaire près du Mont, séparé du crétacé supérieur par des schistes et des marnes.

La large *vallée de Château d'OEx* est couverte sur ses deux flancs de dépôts de flysch et les assises puissantes de ce terrain ferment cette synclinale au N.-E. et au S.-O. Il suit exactement les replis nombreux du crétacé au milieu de la vallée. Près de la Frasse, sur le versant N.-O., le ravin du ruisseau des Mérils laisse voir une coupe partielle du flysch. Celui-ci entame d'abord, en sortant du crétacé supérieur, des schistes et des marnes sableuses ; il met ensuite à nu un banc de grès compact, ressemblant à de la mollasse marine et qu'on exploite en la faisant sauter à la poudre. Des bancs de poudingue, également exploités, lui sont superposés et sont suivis d'une série épaisse de marnes et de schistes marneux gris ou gris foncé.

D'autres affleurements démontrent encore que le poudingue de la Mocausa se trouve de préférence vers la base du flysch. Aux Esserugnys et au bord de la Sarine, où il mesure plus de 35 mètres d'épaisseur, ce poudingue se trouve dans le voisinage immédiat des couches rouges crétacées. Il occupe une position analogue au col de Sonlemont, entre les Monts-Chevreuils et la pointe de Planachaux. Les couches rouges y sont surmontées de calcaires plaquetés gris, de schistes noirs et de grès, puis vient le poudingue, qui est lui-même recouvert par une puissante masse de schistes marneux feuilletés et de calcaires en plaquettes.

Ce poudingue se montre de nouveau assez puissamment développé à l'occident du chemin de Sonlemont, près du Taboussel, un peu au-dessous des Crêts; il apparaît encore au delà de l'Hongrin, où M. Pittier l'a trouvé dans le ravin du ruisseau du Leyzay, en dessous du chalet du Grand-Débat. C'est le dernier affleurement que nous en connaissions. Il est cependant possible qu'on le retrouve encore ailleurs dans cette région. Un bloc erratique de cette roche existe dans la vallée de l'Eau-froide en dessous du chalet de l'Ortier, au bord du chemin du col d'Ayerne; il paraît provenir du pied des Tours d'Aï.

L'épaisseur du poudingue de la Mocausa est fort variable. On a vu qu'au lieu d'un banc unique, ce qui est le cas normal, il peut y avoir deux bancs. Son épaisseur varie entre 8 et 10 mètres; ce n'est qu'exceptionnellement qu'elle atteint un chiffre supérieur, comme c'est le cas au Pont-Turrian.

Dans toute la vaste étendue qu'occupe le flysch entre le Mont-d'Or et l'arête d'Aveneyre, il n'y a plus, à part l'affleurement cité du ravin du Leyzay, que des masses feuilletées, compactes et homogènes, des schistes et des grès en couches minces. Des assises de même nature enveloppent le pied des Tours d'Aï, en pénétrant dans les divers replis et en séparant les klippes calcaires si fréquentes dans cette région. Ainsi la klippe de la Pierre-du-Moëllé est séparée du Mont-d'Or par des grès et des schistes homogènes du flysch, du gypse et de la cargneule. Une synclinale manifeste, comblée de flysch, la sépare d'autre part du pied de la Tour-Famélon.

A la Barmaz, au pied N. de Famélon, le flysch entoure des klippes calcaires et, au Col des Ruvines, il pénètre dans une synclinale très resserrée, où il est accompagné de couches rouges crétacées. Ce point est intéressant parce que les marnes micacées du flysch sont franchement rouges ou panachées de rouge à leur base, au contact avec le crétacé supérieur; cela prouve qu'il y a eu remaniement de ce dernier terrain pendant le dépôt du premier. Les autres couches visibles dans cette étroite bande de flysch, se composent de grès micacés, de schistes marneux; certains feuillets renferment, à leur surface, des débris charbonneux.

Le plateau de Leysin et de Veyge est aussi constitué par du flysch, qui n'est autre chose qu'une ramification de la masse de flysch de la dépression entre le Mont-d'Or et l'arête d'Aveneyre, mais qui correspond, peut-être, à la troisième zone de flysch, laquelle s'arrête au ravin de la Tourneresse. Sur ce plateau le flysch ne présente aucun aspect nouveau. Il semble cependant que les roches calcaires et les marnes durcies y soient plus fréquentes qu'ailleurs. A part ces roches il y a encore des schistes renfermant des fucoïdes et des grès. Il y a peu d'affleurements à cause du grand développement de l'erratique.

### Zone du Hundsrück-Rodomont.

A l'est de la chaîne des Gastlosen se trouve une étendue de flysch, dont les couches atteignent une grande épaisseur. M. Gilliéron lui a donné le nom de *Zone du Simmenthal*, parce que le Simmenthal est entièrement creusé dans cette zone, à partir de Weissenbach près Boltigen, jusqu'au défilé de Wimmis. Cette zone atteint son plus grand développement au Hundsrück; dos de montagne très élevé, dont les pentes rapides rappellent, dans un certain degré, les formes du Niesen.

Plus au S.-O., elle forme le Rodomont, puis, en s'amincissent rapidement, le plateau de la Braye, au delà de la Gérine, et s'arrête enfin à la vallée de l'Étivaz. La base de cette masse puissante de flysch ne diffère guère de celle de la zone précédente. Essentiellement marno-schisteuse, elle est formée d'une multitude de couches minces de calcaires plaquetés, de marnes et de grès, dans lesquels il y a une assez grande abondance de fucoïdes. A mesure qu'on s'élève dans la série des couches, la consistance des matériaux augmente. Des bancs épais de grès dur et de poudingue, identique à celui de la Mocausa, succèdent aux roches marneuses. De nombreux lits de grès siliceux, gris ou noir, très fin, à ciment calcaire, s'y mêlent fréquemment et alternent avec des couches marno-schisteuses de même couleur. C'est avec ces caractères que les couches de la base du flysch se présentent dans les vallées de la Manche, des Fénils (Griesbachthal) et au pied des Gastlosen, où de nombreux ravins mettent à découvert la succession des assises. Les fucoïdes sont très abondants dans plusieurs gisements au pied de la Wandfluh et au-dessus d'Abläntschen, de même que près de la Grande-Combe, sur le sentier du Perte-à-Bovay.

Le poudingue de la Mocausa occupe une zone assez constante dans cette masse de flysch. C'est dans la vallée des Fénils qu'on le voit le mieux développé. Il y est moins près de la base que dans la vallée de la Verdaz et il y forme une assise épaisse de 10-15 mètres qui traverse obliquement le fond de la vallée, en plongeant au N.-E. Les galets de silex verdâtre et gris y sont plus abondants que dans celui de Vert-Champ.

La partie supérieure de la masse de flysch du Hundsrück présente un caractère un peu différent : Aux schistes qui surmontent en grande épaisseur la zone du poudingue, succèdent des gros bancs de grès, plus ou moins grossier, qui devient parfois un vrai conglomérat. Ces bancs qui ont une teinte foncée, brune ou noirâtre à l'extérieur, forment de petits escarpements sur la pente du Hundsrück. Le grès est essentiellement siliceux ; il renferme de petits fragments de calcaire marneux qui se décomposent facilement ; lorsque ceux-ci sont un peu nombreux, la roche prend un aspect vacuolaire à la surface, tandis que l'intérieur reste compact.

La puissance totale de cette masse de flysch ne doit guère être inférieure à 1000 ou 1200 mètres dans la région du Hundsrück. Il faut même admettre que des replis intérieurs ont augmenté l'épaisseur verticale, pour s'expliquer la hauteur de 2049$^m$ qu'atteint ce terrain au sommet du Hundsrück et celle de 1877$^m$ au Rodomont. Il ne nous a cependant pas encore été possible de nous assurer de l'exactitude de cette supposition ; car, jusqu'à présent, nous n'avons encore pu, nulle part, constater une répétition du banc de poudingue, qui en serait pourtant la preuve la plus évidente, à défaut d'un profil naturel. Il semble au contraire, qu'au Rodomont, les assises du flysch forment un fond de bateau très régulier, dont les deux flancs s'appuient, au N.-O. sur le crétacé de la chaîne des Gastlosen, et au S.-E. sur des couches de même âge qui forment, au milieu du flysch, une anticlinale. On peut poursuivre ces couches crétacées, malgré quelques interceptions, depuis la colline de Cananéen au pied du Rubli, jusqu'à Rougemont, et, à travers le col des Saanenmöser, jusque vers le Schwarzensee sur Zweisimmen.

Dans le haut du Rodomont, les grès bruns sont déjà moins puissants qu'au Hundsrück, et, à mesure que la zone devient plus étroite, la puissance du flysch diminue. Dans le vallon transversal de la Gérine, qui la coupe au pied de la chaîne du Rubli, on trouve une assez grande épaisseur de calcaire argileux homogène, à cassure conchoïde qui est accompagné de marnes et de schistes de même couleur, avec absence totale de grès en gros bancs. Ce sont ces mêmes couches qui forment au S.-O. de ce vallon le plateau de la Braye où le flysch affecte très manifestement la disposition en fond de bateau, avec un faible repli en forme de voûte au milieu (Pl. VI, fig. 5).

Il y a dans cette zone de flysch, sur plusieurs points, des *marnes schisteuses rouges* très délitables, qui possèdent la même couleur rouge brique que le crétacé supérieur, à tel point que sans examen minutieux, sur place, on pourrait facilement les assimiler à ce dernier. Ces schistes affleurent sur une assez grande longueur dans un chemin creux sur l'arête S.-O. de Rodomont et près de la scierie des Pacots dans le vallon de la Gérine. Ils sont partout complètement entourés de flysch normal. Leur nature très marneuse, leur toucher onctueux et la présence de mica, ne permettent pas de les assimiler au crétacé supérieur, et cela d'autant moins qu'ils sont totalement dépourvus de débris de Foraminifères, qui ne manquent jamais dans ce dernier terrain. Cette roche ressemble au plus haut degré à ces couches marno-schisteuses rouges, qui surmontent le crétacé supérieur au S.-O. des rochers de Treveneusa et le néocomien près de Monthey (à Choëx), etc., et qui appartiennent sans doute au flysch (voir IImᵉ partie). On pourrait attribuer la couleur rouge de ces couches soit à un remaniement des couches rouges crétacées, soit à des sources ferrugineuses sous-marines.

### Zone étroite de la brèche de la Hornfluh.

Cette zone particulière de terrain éocène est formée d'une roche tout autre que celles rencontrées jusqu'ici. C'est une brèche calcaire grossière, foncée, disposée en gros bancs dans la petite synclinale qui suit le pied de l'arête du Rubli, depuis le Cananéen jusqu'au Schwarzensee. Cette roche manque totalement dans la zone du Hundsrück et n'apparaît que dans cette synclinale formée par les couches rouges du crétacé supérieur. En l'examinant de près on ne tarde pas à reconnaître que cette roche est identique à la *brèche de la Hornfluh,* ou *Hornfluhgestein,* qui est si puissamment développée sur le flanc de la Hornfluh sur Gessenay (Saanen), montagne d'après laquelle B. Studer l'a nommée. Cette zone n'est pas entièrement séparée de la précédente, ni de la suivante ; elle ne se trouve pas indiquée sur la feuille XVII par une teinte spéciale, mais son étendue est tracée exactement sur la carte géologique du Pays-d'Enhaut vaudois, jointe à ce mémoire.

Les puissantes assises de brèche que nous rencontrons dans cette zone étroite, sont formées de fragments anguleux d'un calcaire foncé fétide, qui sont réunis par un ciment calcaire. Ces fragments se rapprochent par l'odeur fétide, bitumineuse qu'ils répandent au choc, de la roche calcaire du malm constituant le massif du Rubli ; ils paraissent, en effet, provenir de cette chaîne découpée et fortement disloquée.

La brèche prend à l'air une couleur grise ou jaune, et, vu sa texture excessivement compacte, on la prendrait facilement à première vue pour du jurassique supérieur. Les fragments calcaires ne sont pas tous de même nature ; il y en a de plus foncés, de plus clairs, et d'autres qui sont plutôt jaunâtres, etc. Ces assises de brèche noire sont fort bien stratifiées et alternent quelquefois avec des bancs de marne ou de grès. Elles se montrent le mieux dans la colline de Cananéen, à la Yacca et en dessous des Martignys ; elles se prolongent, par la côte aux Rayes, jusqu'au delà de la Sarine, où elles forment la colline du Vanel et se rapprochent plus loin des dépôts du même genre qui composent la Hornfluh, pour réapparaître au delà des Saanenmööser au Schwarzensee.

Quoique M. Ischer, dans sa partie de la feuille XVII, l'ait coloriée comme appartenant au malm (Jb), la position stratigraphique de cette brèche la désigne d'une manière évidente comme terrain éocène. Les bancs, parfaitement réguliers, se superposent au crétacé supérieur qui affleure des deux côtés de la zone. Cela se voit en Cananéen, à la côte aux Rayes et au Vanel. Depuis le col de Cananéen jusqu'à la côte aux Rayes, le crétacé supérieur sépare constamment ces couches du malm de la chaîne du Rubli. Ici, du moins, l'âge éocène de cette brèche calcaire n'est pas sujet au moindre doute, puisqu'elle repose comme le flysch sur le crétacé supérieur ! (Pl. VI, fig. 4).

Les bancs de brèche calcaire sont ordinairement séparés du crétacé supérieur par une faible épaisseur de marnes, de schistes et de grès calcaires ;

on les voit affleurer près d'Unter-Port, en dessus de Saanen, au pied du Rocher-Pourri et en Cananéen. Sur les assises mêmes de brèche, épaisses de 200-300$^m$, reposent de nouveau des lits de marnes et de calcaires en plaquettes, bien visibles sur la route de Rougemont à Saanen.

### Zone de la Videman-Hornfluh.

Dans le voisinage des chaînes déchirées du Rubli et de la Gummfluh, et avec un développement bien plus considérable au N.-E. de celles-ci, apparaît une nouvelle masse de dépôts d'âge éocène, caractérisés encore par la brèche de la Hornfluh. Au N.-E. de la Hornfluh, ces dépôts bréchiformes se continuent et pénètrent confusément entre les arêtes déchiquetées des Spielgärten et du Niederhorn. Nous n'aurons à nous occuper ici que de la partie comprise entre le Rubli et la Gummfluh, à laquelle se rattache la zone étroite, déjà décrite, de cette même brèche, qui suit le pied nord du Rubli, et se confond au N.-E., comme la zone de la Hornfluh elle-même, avec le flysch du Simmenthal (zone du Hundsrück).

Dans sa *Geologie der westlichen Schweizeralpen*, B. Studer a donné de ces roches une excellente description à laquelle nous n'aurons à ajouter que peu de faits nouveaux.

La roche principale est une brèche à matériaux calcaires, anguleux, de grosseur variable, mais le plus souvent de petit volume, et n'atteignant que fort rarement les dimensions de 10-20 cm. Ce sont des fragments d'un calcaire gris, plus ou moins foncé, et si fortement agglutinés, qu'on ne peut presque pas voir s'il y a présence d'un ciment ou non. Des fragments dolomitiques et des roches jaunes plus tendres y sont fréquemment mêlés ; ce qu'il y a de plus frappant, c'est l'absence totale du mica, minéral qui ne manque presque jamais dans les dépôts détritiques éocènes. A part les roches mentionnées, on y trouve aussi, mais localement, des fragments de schiste noir marneux, souvent assez gros, et qui paraissent renfermer des paillettes de mica ou de talc.

Par places la brèche de la Hornfluh renferme des amas de cargneule. B. Studer a déjà exprimé l'hypothèse assez vraisemblable que cette cargneule est une transformation de la brèche à laquelle elle est intimement liée par des passages insensibles. Cette supposition s'accorde avec ce que nous avons dit de la formation des cargneules triasiques. En effet, il suffirait que la proportion des débris dolomitiques, friables ou marneux, fût plus grande, pour que leur décomposition donnât naissance à une roche qui ne différerait pas d'une vraie cargneule. On observe du reste que cette brèche prend, exposée à l'air, une teinte jaune qui ressemble beaucoup à celle de la cargneule.

L'arête de la Videman (Wildenmann) qui réunit le Rubli à la Gummfluh, fournit une très bonne coupe de roches de cette zone.

Au pied nord de la Gummfluh, un petit rocher de cargneule, faisant saillie au milieu d'un col, où aboutit un couloir rapide nommé la Chenau-rouge, sépare le crétacé supérieur des premières couches de brèche; celles-ci sont grises, très compactes d'abord, puis elles deviennent bientôt franchement bréchiformes. Les fragments sont souvent si fortement agglutinés par la masse calcaire qu'il est difficile de reconnaître leurs contours sur la cassure fraîche. Ces lits sont recouverts par les couches compactes qui forment la pointe de la Chenau-rouge, près de laquelle un petit col laisse affleurer des schistes marneux gris foncés, brillants, presque lustrés, qui présentent des traces semblables à des fucoïdes. Après une nouvelle assise de calcaire blanc et de brèche, on retrouve sur un second col des schistes noirs, sur lesquels repose une grande épaisseur de bancs de brèche calcaire, à fragments bien détachés, qui forment la pointe de la Tzao-i-bots. C'est bien là le type de la brèche de la Hornfluh. Elle affleure avec les mêmes caractères à la Pierreuse, et ses bancs très réguliers, redressés presque verticalement forment la colline de la Tête de la Minaudaz, qui correspond à Tzao-i-bots (Pl. VI, fig. 13). En montant des Leyssalets à la Pierreuse, à travers les couches en place ou les blocs éboulés, on peut observer les différents types de cette brèche calcaire. Toutes les variétés y sont représentées, depuis la brèche à fragments gros comme une noix, jusqu'à celle où il n'y a que des débris menus comme des grains de sable, mais toujours si fortement agglutinés que la cassure est unie et traverse les fragments comme si c'était une roche homogène. Ces observations ne peuvent se faire aussi nettement à la Tzao-i-bots, où la roche y est très décomposée jusqu'à une certaine profondeur.

Au sud de la Tzao-i-bots, on trouve ensuite des bancs de brèche, un peu siliceuse cette fois, alternant avec des couches de schistes foncés dans lesquels il y a des fucoïdes, et on arrive à un affleurement de schiste rouge calcaire, fortement tourmenté, qu'il n'est pas difficile de reconnaître pour du *crétacé supérieur*. Cet affleurement se poursuit obliquement à l'arête, du côté de la Verraz. Mais ce qui est le plus curieux, c'est de trouver au col qui sépare Tzaoi-bots de la pointe de la Videman, en contact avec ces couches crétacées, un calcaire spathique noir ou gris, fortement fétide au choc, formant une petite arête qui se poursuit du côté du chalet de la Videman et au delà de l'arête vers le S.-E. Ce calcaire spathique n'a aucunement l'aspect de la brèche de la Hornfluh ; il semble formé de fragments de crinoïdes, et, en effet, sa texture est tout à fait celle d'un calcaire à entroques. M. Schardt a été tenté de l'assimiler au malm, puis a fini par le réunir provisoirement et avec réserves, à la brèche, à cause du passage de ces roches de l'une à l'autre ; mais il est fort possible qu'il y ait là, dans le voisinage du crétacé supérieur, un affleurement d'un terrain plus ancien, provenant d'une voûte disloquée (klippe). Nous indiquerons plus loin les relations qu'il paraît y avoir entre ce petit affleurement et d'autres du même genre. Deux faits cependant paraissent décisifs. On connaît de cette roche un fossile, qui n'a pas même été trouvé en place, mais qui provient du cône d'éboulement de la Videman. C'est un fragment de *Pecten* dont l'ornementation ressemble beaucoup à celle du *P. Valoniensis*. Ce calcaire spathique, en contact avec le crétacé supérieur et avec la brèche éocène, pourrait donc peut-être appartenir au lias ou à l'infralias ; sa texture se rapproche en effet à certaines couches de cet âge.

En montant de ce col à la pointe de la Videman, on traverse des bancs de brèche, accompagnés de schistes, de marnes, etc. Les premières renferment des fragments de calcaire homogène, fétide et de ce même calcaire foncé spathique dont nous venons de parler. Dans un autre affleurement de calcaire compact, sans doute une nouvelle klippe, M. Rittener a trouvé une *Bélemnite* et M. E. Favre une *Ammonite*. Cet affleurement se trouve un peu au S.-E. du sommet de la Videman au milieu de la brèche calcaire. Au sommet de la Videman, il y a des bancs de brèche, fort bien développés ; ils se poursuivent dans une petite arête vers les chalets de Rubloz, tandis qu'aux nord ils buttent contre les couches à Mytilus du bathonien, qui sont elles-mêmes séparées du

— 197 —

malm par de la cargneule ; l'origine de celle-ci ne paraît pas étrangère à la brèche calcaire. Près de Rubloz affleurent des lits de *dolomie* qui semblent interstratifiés au Hornfluhgestein, car les chalets eux-mêmes sont sur la brèche calcaire. C'est probablement cette même roche que B. Studer a signalée comme se trouvant au sud du massif du Rubli et qu'il supposait appartenir au malm. Depuis les chalets de Rubloz, la brèche, toujours fétide au choc, se poursuit au N.-E. et forme une colline boisée au sud-est de la Dorffluh. Entre le malm qui forme le rocher de la Dorffluh et les assises de la brèche, se trouvent des couches schisteuses et des grès en minces bancs, caractéristiques du flysch typique, et renfermant des fucoïdes (*Chondrites intricatus*).

On retrouve aussi au-dessus de la brèche calcaire des couches qui se rapprochent sensiblement du flysch normal ; ainsi près du chalet de la Verraz, dans un ravin, on voit affleurer des couches de schiste gris avec de nombreux *fucoïdes* éocènes ; le *Chondrites intricatus* y est surtout bien reconnaissable.

Puisque, entre le massif du Rubli et celui de la Gummfluh, la brèche calcaire de la Hornfluh repose, soit sur le crétacé supérieur, soit sur les schistes renfermant des fucoïdes, qui la séparent du malm, il ne peut plus être question de la confondre avec ce dernier terrain. Quelque grande que soit parfois sa ressemblance avec les calcaires compacts jurassiques, sa nature toujours bréchiforme et les schistes à fucoïdes qui l'accompagnent, ne permettent plus de doute ; ce terrain est d'âge éocène et contemporain du flysch, qui entoure ces chaînes, soit au nord, soit au sud. Il nous est permis d'étendre aussi notre conclusion à la masse beaucoup plus grande de Hornfluhgestein qui forme, à l'est de notre partie de la carte, la Hornfluh et qui se poursuit encore plus à l'est parmi les rochers déchirés des Spielgärten et du Niederhorn ; ici la position de cette roche rappelle beaucoup celle qu'elle occupe entre le Rubli et la Gummfluh. M. le professeur V. Gilliéron s'est parfaitement accordé avec notre manière de voir ; il a colorié la brèche de Hornfluh comme terrain éocène, se trouvant à la base du flysch et se confondant avec celui-ci ; car en s'avançant encore davantage vers l'est ce terrain s'éteint peu à peu et passe au flysch normal. Il est regrettable que sur la partie Est de la feuille XVII, M. Ischer ait colorié ce même terrain comme jurassique.

Comment ces amas immenses de brèches calcaires ont-ils pu prendre naissance et d'où proviennent tant de débris calcaires? L'un de nous, M. Schardt, a déjà exprimé son opinion sur ce point (*181*, p. 21). Certes il ne faut pas chercher bien loin. Les rochers déchiquetés et disloqués qui bordent ces dépôts comme des murs en ruines nous le disent clairement. Les arêtes encore fraîchement anguleuses des fragments ne permettent pas d'admettre un transport lointain, et pourtant la stratification des bancs de conglomérat indique une sédimentation régulière sous l'eau.

On constate que la brèche du pied nord de la Gummfluh est composée presque exclusivement de calcaire gris clair ou blanc, non fétide, comme celui du puissant massif de malm qui constitue cette chaîne jusqu'aux rochers de la Douvaz et de Coumattaz ; par contre, la brèche qui se trouve au sud et au nord de l'arête du Rubli, prend une teinte plus foncée et répand au choc une odeur fétide, les matériaux qui la composent proviennent évidemment de cette chaîne où le malm et le dogger sont formés de calcaires ayant précisément la même couleur et la même propriété. On peut donc admettre sans hésitation que les matériaux, qui composent ces brèches, ont été détachés des chaînes mêmes qui bordent actuellement ces dépôts.

B. Studer avait déjà émis en 1834 (*189*, p. 292) une théorie analogue à celle que nous venons d'exposer. Ne pouvant pas voir la continuité entre les masses calcaires du Niederhorn et de celles du Röthihorn (Flle. XII) et établir par cela la superposition du Hornfluhgestein au jurassique supérieur, et, d'autre part, ne pouvant pas croire à une interstratification de cette brèche dans le jurassique supérieur, M. Studer conclut que ces roches bréchiformes devaient provenir de la désaggrégation de l'intérieur de la montagne elle-même. Il supposait que le noyau de la montagne calcaire s'était réduit en fragments qui furent recimentés ensuite. Cela lui parut d'autant plus probable que les parois calcaires du Niederhorn et des Spielgärten sont le plus étroites là où la brèche est la plus développée. Cette supposition, à laquelle le savant géologue de Berne rattache encore la formation probable de la cargneule, ne diffère que sur un seul point de notre manière de voir. Elle laisse croire à une désaggrégation spontanée des montagnes, tandis que c'est à l'action des eaux et des influences atmosphériques qu'il faut l'attribuer, peut-être aussi au bouleversement des couches.

Entre le Röthihorn et le Niederhorn, **M.** Gilliéron a trouvé la brèche calcaire reposant sur le crétacé supérieur. Cette brèche se présente partout nettement stratifiée et en alternance avec des schistes, grès, marnes, etc.

On peut donc admettre que ces roches, étant postérieures au crétacé supérieur, sont d'âge éocène et se sont formées dans des golfes ou fiords pénétrant entre les chaînes calcaires et peut-être même dans l'intérieur de voûtes totalement rompues et disloquées.

D'après ces conclusions les chaînes de la Gummfluh et du Rubli étaient déjà en voie de formation et émergeaient de la mer du flysch. Les débris détachés des rives se stratifièrent dans les eaux et formèrent la brèche que nous connaissons. Les matériaux détachés de part et d'autre du Rubli et de la Gummfluh ne se sont pas mélangés; ils se sont déposés au pied des chaînes mêmes d'où ils provenaient.

Le développement extrême que cette brèche atteint à la Hornfluh pourrait être attribué à des arêtes calcaires complètement disparues et nivelées, mais cela ne serait guère compatible avec la grande extension des couches crétacées dans cette même région. Peut-être les matériaux venus du N.-E. et du S.-O., se sont-ils déposés ici en plus grande épaisseur qu'ailleurs, dans un fond où il n'y avait pas de chaînes calcaires.

Nous ajouterons encore que la brèche de la Hornfluh a la plus grande ressemblance avec la *brèche calcaire du Chablais,* qui atteint un si grand développement au sud du bassin du Léman entre les chaînes intérieures et extérieures (Voir II^me partie).

### Zone du flysch du Niesen.

Ce n'est qu'une bien faible partie de cette zone si étendue que nous aurons à traiter ici. Elle est comprise entre le cours supérieur de la Sarine et la vallée des Ormonts. D'après sa situation, et en y comprenant le flysch du flanc sud de la vallée des Ormonts, nous pouvons l'appeler *Zone des Ormonts;* elle est sur le prolongement de la grande zone du Niesen. On l'a aussi désignée du nom de *Zone de Chaussy,* car c'est dans cette montagne que ce flysch atteint son développement typique pour cette région.

Les dépôts de flysch de la zone de Niesen ont donné lieu à de nombreuses discussions, et, si maintenant on est à peu près d'accord sur l'âge de cette puissante formation, en la considérant, avec raison comme étant d'âge éocène, on est loin d'avoir découvert des réponses plausibles et indubitables à toutes les questions que nous suscitera l'étude de ce terrain.

Notre partie de la zone du Niesen forme un quadrilatère limité au nord par l'arête calcaire de la Gummfluh, à l'ouest par celle du Mont-d'Or, au sud par la dépression des Ormonts et le col du Pillon, qui se poursuit au pied de la chaîne de l'Oldenhorn-Sanetschhorn ; enfin à l'est par la vallée supérieure de la Sarine, qui sépare notre tronçon de la suite de la zone au N.-E. Dans cette direction, son importance va en diminuant, et, en s'approchant du lac de Thoune, elle ne forme plus qu'une seule haute arête, celle du Niesen.

Dans son aspect extérieur cette région trahit une constitution toute différente de celle des autres zones de flysch. Et de fait, elle présente des arêtes distinctes et des chaînons tout à fait indépendants des montagnes calcaires environnantes.

Mais à part les grès grossiers et les conglomérats polygéniques du Niesen, riches en roches cristallines, on trouve dans les assises de cette zone les mêmes roches que celles qui composent le flysch des autres régions ; dans leur nature générale, elles se rapprochent surtout de celles du Hundsrück, où le flysch se fait remarquer aussi par sa grande épaisseur dépassée encore dans la zone du Niesen. De même que pour la zone du Hundsrück, il est possible que cette puissance énorme ne soit qu'apparente et que des replis intérieurs en soient la cause. Il est néanmoins étrange de voir que des montagnes éocènes forment des arêtes isolées hautes de 2450$^m$ comme le Hohniesen et de 2550$^m$ dans la chaîne de Chaussy où cette formation atteint son point culminant à la montagne du Tarent.

Par sa situation, relativement aux chaînes de roches secondaires qui l'entourent, le flysch de la zone du Niesen occupe une place analogue à la brèche calcaire du Chablais.

Au nord comme au sud, les couches qui forment la base du flysch du Niesen reposent fréquemment sur du gypse, sur de la cargneule, ou en leur absence, sur le malm, sur le nummulitique ou sur le crétacé (au sud), et quelquefois aussi sur le lias. Le phénomène le plus intéressant de cette région, c'est l'apparition au milieu de ces dépôts, de couches anciennes, soit de dogger, soit de lias, qui forment des affleurements, souvent très restreints, et dont un petit nombre seulement est connu et bien étudié.

Dans leur ensemble, ces couches du flysch simulent entre les chaînes calcaires intérieures et extérieures la disposition d'un fond de bateau, ayant l'aspect d'une vaste synclinale. Les affleurements de terrains anciens dans leur milieu sont un indice certain de leur disposition compliquée.

Les découpures irrégulières de cette région ne permettent pas d'observer une coupe suivie qui permette de se faire une idée un peu juste de la superposition des assises.

Nous donnerons des détails sur quelques coupes partielles, prises dans les différents niveaux et déjà publiées in-extenso dans un travail de M. Schardt [*181*, pag. 23, etc.].

Les couches de la base du flysch peuvent être observées sur la route qui conduit du village de l'*Etivaz* au col des Mosses. La série y est fort imparfaitement à découvert. Entre le pont de l'Etivaz et le torrent du Bourrati, il y a des marnes, des schistes marneux avec des calcaires noirs en lits de 20-30 cm. d'épaisseur, auxquels succèdent des gros bancs de grès siliceux compacts à ciment calcaire, exploités comme pierre de construction. La route coupe la série descendante des couches. Au delà du torrent du Bourrati viennent des lits épais de grès friable avec des grains de silice translucide ; ils alternent avec des schistes gris ; le tout repose sur des assises puissantes de marnes schisteuses. Après de nombreuses lacunes dans la série, on remarque enfin près du contour sous la Lécherette des bancs gréseux, micacés, superposés au gypse et qui ont le même plongement que lui ; enfin, entre le gypse et une klippe calcaire à l'ouest de la route, il y a de nouveau des schistes et des grès du flysch, ce qui constitue un indice non équivoque de l'âge à attribuer à ce gypse.

Tous ces lits, essentiellement marneux et friables, forment la dépression du col des Mosses et se poursuivent jusque vers le village du Sepey, où ils reposent sur des amas épais de cargneule. En se dirigeant de ce village vers l'est sur la route des Ormonts-dessus, on peut poursuivre la série ascendante des assises qui commence précisément avec ces mêmes bancs compacts de grès siliceux noirs, que nous avons cités dans la coupe précédente. Nous ajouterons cependant qu'il n'est pas possible de dire, si réellement il y a là superposition *stratigraphique* où si ces couches sont repliées, car le plongement est le même partout.

Aux couches de grès siliceux, un peu micacé, succèdent des bancs de conglomérat, épais de 0$^m$,50 à 1$^m$,50; lorsque les matériaux sont plus fins, cette roche ressemble à un grès grossier, mais d'ordinaire c'est un vrai poudingue, formé de fragments peu volumineux et ordinairement plus ou moins arrondis, de micaschiste, de talcschiste verdâtre, de protogine chloriteuse et de calcaire gris ou noir, mêlé de schiste noir. Ces bancs sont séparés par des lits de schiste gris avec Helminthoïdes.

A mesure qu'on s'avance vers l'est les bancs de poudingue deviennent plus puissants en même temps que les matériaux qui les composent sont de plus en plus volumineux; près de la maison de Champ-Pèlerin, on y trouve déjà d'assez grands blocs de *protogine* à chlorite d'une belle couleur verte. A partir de là, les bancs de conglomérat se renouvellent et alternent avec des lits de schiste et de calcaires en plaquettes, jusqu'à la bifurcation de la route des Mosses, dont les lacets sont taillés dans ces bancs. En suivant cette route, on voit fort bien les alternances de poudingue et de schiste. Ces derniers y sont fort riches en fucoïdes et surtout en belles empreintes de *Helminthoïdes*. Depuis le dernier lacet jusque près de la Comballaz la route suit les bancs de conglomérats.

A la bifurcation que nous venons de quitter, la route des Ormonts-dessus est taillée dans les bancs de poudingue; une ancienne exploitation met encore ceux-ci bien à découvert. Des blocs très volumineux apparaissent ici dans le conglomérat; un grand bloc anguleux de protogine se fait surtout remarquer sur la tranche d'un banc qui renferme encore des fragments de schiste noir. La masse marneuse qui réunit les fragments, lorsque ceux-ci ne paraissent pas simplement juxtaposés, est habituellement laminée par la compression; elle est quelquefois remplacée par un grès fin qui remplit les interstices.

En suivant la coupe à partir de la bifurcation vers la scierie d'Aigremont, sur la route d'en bas, on trouve sur 60-70 m. de longueur un grès foncé, grossier, à grains siliceux, renfermant de grandes paillettes de mica, de petits fragments verdâtres et des nodules jaunâtres. Ce grès, en devenant plus grossier, se rapproche parfois d'un véritable poudingue. Il se continue jusque dans le voisinage de la scierie d'Aigremont. A l'endroit où commence le contour rentrant de la route, on trouve des lits de marne noire, argileuse et grumeleuse, laquelle se délite avec grande facilité. Son plongement est sensiblement plus fort que celui des couches précédentes. Ce terrain ne ressemble pas à ceux qu'on trouve habituellement dans le flysch. Nous y avons trouvé des *Bélemnites*, des fragments d'*Ammonites*, et, à plusieurs reprises on a cité de cette localité des fossiles liasiques ; ils proviennent probablement de cette même couche (*26, 164*). B. Studer est le premier qui ait cité des Bélemnites d'Aigremont (*189*, pag. 303). La roche qui renferme ces fossiles n'a pas l'aspect d'une roche liasique, car, à part sa nature très friable et l'abondance de grandes paillettes de mica blanc, elle renferme des lits de grès très grossier, faciles à reconnaître pour un grès du flysch et dont le ciment est formé par cette même marne, un peu plus dure cependant. Il renferme de plus des paillettes de mica blanc. Il est presque évident que cette marne avec les fossiles qu'elle contient est le produit d'un remaniement des couches liasiques sur lesquelles le flysch s'est déposé, en se mélangeant avec les débris du lias, sans les transporter au loin et sans user les fossiles. Cela a été démontré, avec beaucoup d'évidence, par la découverte des couches toarciennes en place avec *Posidonomya Bronni*, près de cette localité, mais plus bas, non loin de la Grande-Eau.

Avec cette marne nous sommes arrivés de nouveau à la base du flysch. Les couches entre le Sepey et la scierie d'Aigremont ne paraissent donc pas être en superposition normale, mais semblent plutôt former une synclinale déjetée à l'ouest. En effet, après avoir franchi le torrent de la Rionzette, on trouve des schistes marneux gris, fortement froissés, qui contiennent, outre les fucoïdes habituels du flysch, *des fragments isolés*, anguleux ou arrondis de roches cristallines: granites, micaschistes, talcschistes, etc. Ces fragments sont lités séparément au milieu du schiste homogène (Pl. IX, fig. 2). On voit ces couches se relever sensiblement et prendre un plongement inverse. Elles sont surmontées d'immenses bancs d'une brèche des plus curieuses, qui forme le haut du *Rocher d'Aigremont,* dont une partie s'est écroulée au XVI^me siècle. Ces bancs de brèche sont tout à fait analogues, dans leur composition, à ceux du Champ-Pèlerin, mais ils en diffèrent par les dimensions colossales des fragments de roche qui s'y rencontrent. Ce ne sont plus de petits débris, ou des cailloux, mais de véritables *blocs* anguleux, dont quelques-uns mesurent plusieurs mètres de longueur; ils appartiennent en majeure partie à des roches cristallines, granits, gneiss, micaschistes, talcschistes, etc., fort variés, auxquels s'ajoutent, en plus faible proportion, des blocs calcaires gris, également anguleux.

Voici les principaux types de roches que l'on rencontre dans cette brèche gigantesque :

1. *Granit,* formé de grands grains de quartz blanc et transparent, et d'une proportion double de feldspath oligoclase blanc verdâtre; orthose rare. La roche, d'une teinte vert clair, est parsemée de paillettes verdâtres et foncées de chlorite (ou de talc ?).

2. *Granit,* variété également *verdâtre,* avec une proportion plus grande de paillettes verdâtres, mais pour la plupart décomposées avec une couleur brune à éclat métallique, rappelant celui du mica.

3. *Granit,* variété à peine verdâtre, orthose plus abondante et grains de quartz plus grands ; pour le reste comme 1.

4. Variété de *granit* à feldspath blanc grisâtre, peu de chlorite et quelques cristaux de pyrite cubique.

5. *Granit* à grains de quartz et d'oligoclase, mêlés d'une forte proportion de paillettes de chlorite foncée, ce qui donne à toute la roche une teinte vert foncé ; il y a en outre des petits cristaux de sphène.

6. Variétés diverses de *granit* à quartz laiteux et cristaux d'orthose et d'oligoclase blancs parmi lesquels se trouve de la chlorite verte pulvérulente et des cristaux cubiques de pyrite.

7. *Granit* à quartz laiteux, oligoclase peu verdâtre, peu d'orthose; se distingue de n° 1 par la présence d'un mica brun tombac.

8. *Granit* à grain très fin; le mica brun et la chlorite sont disséminés dans le magma en très petites paillettes.

Il y a encore plusieurs variétés de granit qui se groupent les uns autour du type n° 1 qui est le plus abondant; d'autres se rapprochent de 4, de 6 et de 7. L'état très avancé de décomposition de ces roches, les fait différer souvent très sensiblement dans leur aspect et leur composition, alors que primitivement elles devaient appartenir à de mêmes types.

Parmi les *gneiss* aussi, il y a plusieurs espèces à distinguer :

9. *Gneiss* à quartz peu abondant; oligoclase blanc laiteux, en grands cristaux et à facettes très nettement striées; peu d'orthose(?); mica blanc en grandes paillettes contiguës, mêlées d'un peu de chlorite (?)

10. *Gneiss* à grain plus fin, quartz, orthose et mica blancs.

11. *Gneiss* à mica brun et verdâtre, suivant l'état de décomposition.

A ces roches s'ajoutent encore :

12. *Micaschiste* à grandes paillettes contiguës de mica blanc ou peu jaunâtre.

13. Plusieurs variétés de *schiste argilo-talqueux*, de couleur verdâtre.

14. Des *roches chloriteuses*, schisteuses, également verdâtres.

15. Des *quartzites* et des roches *pétrosiliceuses* ou felsites verdâtres.

Les granits forment les plus gros blocs tandis que les gneiss, les micaschistes, talcschistes, etc., se trouvent en prédominance parmi le menu matériel.

Il y aurait encore un grand nombre de roches à distinguer. Il faudrait pour cela une étude pétrographique spéciale. Une étude de ce genre conduirait certainement à des résultats fort intéressants et faciliterait beaucoup la recherche des gisements primitifs de ces roches.

Parmi les roches franchement sédimentaires, dont on rencontre des fragments, on remarque surtout :

1. De grands blocs de calcaire gris, homogène, compact, légèrement fétide au choc. Il provient sans doute des terrains jurassiques (malm ou dogger);

2. Du schiste noir, rarement en grands morceaux, qui se rencontre de préférence dans les bancs à menus fragments.

Tous ces débris sont parfois triés d'après leur volume ou bien mélangés. Mais toujours est-il qu'ils sont disposés en bancs réguliers, séparés par des lits de schistes gris ou noirs, renfermant les fucoïdes typiques du flysch, tels que *Chondrites intricatus*, *Ch. affinis*, etc. Sur la tranche de ces bancs on peut admirer les formes anguleuses et les dimensions gigantesques de ces blocs qui se touchent parfois directement sans l'interposition d'un ciment, ainsi que l'a déjà fait remarquer B. Studer. Dans les bancs à gros blocs il y a aussi habituellement des débris de grès et d'autres roches en fragments de la grosseur du poing. Mais, alternant avec ces bancs, il y en a d'autres, composés exclusivement de menu matériel où prédominent les fragments de micaschistes, les grains de quartz et de feldspath, de schiste noir et de petits morceaux de calcaire.

Ces bancs se poursuivent avec les mêmes caractères sur la rive opposée de la Grande-Eau, sous la Forclaz et se terminent à la montagne du Plan-au-Saviot. Mais on les voit réapparaître, dans toute leur beauté, avec des blocs non moins volumineux et de même nature qu'au rocher d'Aigremont, près de *Vers-l'Église* au Rocher du Sasset (Ormonts-dessus).

En s'élevant depuis Aigremont sur l'arête de Chaussy, on trouve, en quittant la brèche polygénique, du flysch normal qui forme le petit plateau des Voëtes. Un affleurement de calcaire jurassique, véritable *klippe*, interrompt momentanément ces dépôts sur la pente rapide de la chaîne, en dessus des maisons du Reposoir. Cette klippe passe en dessous du hameau de Chérésaulaz, et, au-dessus de cet endroit, tout le reste de la montagne est formé de grès polygéniques plus ou moins grossiers, de bancs de grès compacts, de schistes, de marnes et de calcaires plaquetés de couleur grise plus ou moins foncée. On trouve dans ces couches beaucoup de fucoïdes. Le haut de la chaîne est presque exclusivement formé de nombreuses alternances de gros bancs, ayant de 2-10 m. d'épaisseur, et de marnes ou schistes d'épaisseur relativement faible. Mais ces bancs de grès et de conglomérat sont ordinairement réunis en grand nombre, de manière à former des massifs de 100-150 mètres d'épaisseur qui sont séparés par des zones marneuses et schisteuses, renfermant des lits de grès, pouvant atteindre une épaisseur à peu près égale à celle des massifs de conglomérats. Depuis la pointe de Chaussy jusqu'à la Tornettaz, on traverse 4 ou 5 de ces zones alternatives ; chaque massif de conglomérat correspond à une des pointes de cette chaîne. A partir de la Cape-au-Moine le plongement des couches change et des alternances semblables se retrouvent en plus petit nombre dans l'arête de la Cape au Moine-Arnenhorn-Palette du Mont, laquelle domine le col du Pillon.

Le grès ou conglomérat de Chaussy est une roche très caractéristique qui peut se reconnaître sur le plus petit fragment. C'est un conglomérat polygénique, composé de débris de roches cristallines, calcaires et siliceuses, auxquelles se mêlent des morceaux de schiste noir et des fragments dolomitiques jaunâtres. Les roches cristallines consistent surtout en fragments de talcschiste verdâtre, très apparents, en gneiss, micaschiste, etc. Les premiers sont souvent en si grande proportion que la roche en prend un aspect verdâtre. La prédominance des schistes noirs lui donne quelquefois un aspect foncé, tandis que l'abondance des débris calcaires et dolomitiques produit par suite de la décomposition de ceux-ci une roche très semblable à de la cargneule. Nous reviendrons à parler de ce dernier accident.

C'est avec ces caractères que le grès de Chaussy se rencontre dans l'arête de Chaussy, dans celle des Arpilles, de l'Arnenhorn, du Wytenberghorn et de la Palette du Mont. En général c'est au type correspondant à la première définition qu'appartiennent la plupart des bancs de cette région ; les variétés foncée et dolomitique sont plus rares. Ce n'est que le volume des débris qui subit quelque variation ; d'un vrai grès, à matériaux de la grosseur d'un grain de blé, on observe tous les passages à un vrai conglomérat ou brèche formé de fragments du volume d'une noisette. C'est même cette dernière roche qui est la plus abondante et la plus facile à reconnaître.

Même les gros blocs ne manquent pas complètement ; le massif des couches de conglomérat, qui forment la paroi à l'est du lac Liozon, renferme des blocs anguleux, irrégulièrement disposés dans le sens de la stratification et dont les dimensions sont assez grandes pour qu'on puisse les voir d'assez loin.

La compression a agi si fortement sur ces bancs qu'il n'est le plus souvent pas possible de savoir si l'on a affaire à un poudingue ou à une brèche. Les fragments semblent avoir pénétré les uns dans les autres. On a souvent même peine à distinguer les débris calcaires du ciment qui les réunit.

L'origine de ces débris de roches cristallines, en particulier celle des grands blocs, a donné lieu à plus d'une supposition, et la réponse n'est pas encore donnée.

Dans tous les cas ces roches ne se sont pas formées dans leur gisement actuel ; ce ne sont point des roches sédimentaires, comme l'observation superficielle pourrait le faire supposer, mais bien des granits, des gneiss, etc., qui ont fait partie de montagnes élevées, comme les Alpes cristallines et d'où ils ont été arrachés. L'hypothèse de l'origine sédimentaire de ces roches cristallines doit être absolument écartée.

Avant d'essayer de chercher une réponse à cette question, il faudrait trouver les gisements de ces roches. Il est vrai qu'on a observé à plusieurs reprises que ces granits qui se trouvent sous forme de blocs immenses dans le flysch des Alpes, ceux du Habkerenthal par exemple, sont des granits étrangers, qui ne se rapportent à aucun des granits des massifs centraux des Alpes.

Il n'en est pas de même pour les granits, etc., de notre région ; le granit à orthose rose du Habkerenthal y manque totalement ; plusieurs se rapprochent singulièrement des granits du massif de la Bernina et de l'Albula par exemple ; les gneiss, micaschistes, talcschistes, etc. ne diffèrent en rien des roches du Valais.

Néanmoins, la question peut se poser de deux façons : Ou bien ces roches cristallines ont été amenées de loin, et dans ce cas il doit y avoir possibilité de retrouver leur gisement primitif et le moyen de transport par lequel elles sont parvenues dans leur position actuelle, au milieu des dépôts du flysch ; ou bien elles ont été arrachées à des montagnes ayant existé au milieu de la mer même du flysch, et qui ont été disloquées à tel point qu'elles ont entièrement disparu sous leurs propres débris que la mer a peu à peu stratifiés.

Nous ne pouvons donner de réponse suffisamment appuyée ni à l'une, ni à l'autre de ces deux hypothèses.

Si, comme l'a supposé M. Schardt, dans une publication antérieure (*181*, p. 29) la première mérite la préférence, l'intervention du transport par les glaciers devient nécessaire et il s'agirait de retrouver les gisements des roches les plus caractéristiques. Nous renvoyons à la publication citée où sont exposées toutes les considérations qui donnent quelque probabilité à cette manière de voir [1].

---

[1] Pour adopter l'hypothèse de l'existence de glaciers éocènes, il faudrait pouvoir se représenter approximativement la configuration de la région des Alpes à l'époque éocène. Il est certain que les chaî-

La seconde opinion a cependant pour elle quelques observations récentes. Plusieurs savants qui ont parlé du flysch, ont déjà eu l'idée que les roches et blocs, dits exotiques, pourraient bien provenir de montagnes disparues. M. Bachmann a défendu cette idée en parlant des poudingues miocènes du bassin helvétique. Un nouveau fait vient donner quelque raison à cette hypothèse. Il n'a pas été observé dans la région dont nous parlons maintenant, mais dans son prolongement S.-O. au delà du Léman, dans les environs de Taninges au bord de la vallée du Giffre (Haute-Savoie). Il s'agit de trois affleurements de granit découverts dans la montagne de Loi au S.-E. de Taninges et dont M. Alph. Favre a fait connaître la situation exacte (*61* b). Ces affleurements sont au milieu des schistes du flysch et se trouvent à 20 kilomètres du massif cristallin le plus rapproché; il ne peut s'agir ici de blocs de grand volume, car le principal affleurement a 1200$^m$ de longueur. Rappelons encore qu'il y a du terrain carbonifère dans le voisinage de cette montagne, à Taninges même. Puisqu'il peut y avoir des masses de roches cristallines au milieu d'une région occupée par des terrains sédimentaires récents, rien ne s'oppose à admettre qu'il puisse y en avoir eu aussi dans la région des Ormonts où existent ces brèches à blocs de granits. En attendant de nouvelles preuves, cette seconde manière d'expliquer l'origine des roches cristallines des brèches éocènes, restera tout aussi problématique que la théorie de leur transport par les glaciers.

Nous ne saurions où chercher ailleurs une réponse à cette question; ni courants d'eaux, ni celle des volcans, comme le pensait M. Th. Fuchs, ne nous paraissent pouvoir être invoquées à ce propos.

Nous nous contentons d'ajouter ici quelques mots au sujet des blocs calcaires et des débris de schistes contenus dans les brèches du flysch de Chaussy. Leur origine n'a pas besoin d'être démontrée. Les montagnes calcaires, qui entourent ces dépôts, et les klippes qui affleurent au milieu du flysch, sont des témoins indiquant assez clairement où il faut chercher le gisement pri-

nes calcaires de la bordure nord des Alpes ne se sont soulevées et plissées définitivement qu'après cette époque et avec elles *peut-être* les massifs centraux. En ce moment les grands massifs granitiques du pied sud dominaient de part et d'autre les mers éocènes et pouvaient fort bien fournir des matériaux à des glaciers s'avançant vers le nord; car le granit du Habkerenthal est absolument identique à ceux du pied sud des Alpes.

H. S.

mitif de ces roches. Ces klippes nous paraissent être, en effet, des montagnes complètement disloquées et en outre érodées pendant le dépôt du flysch. C'est pour cette raison que tantôt ce sont des couches liasiques, tantôt des couches plus récentes qui affleurent au milieu des dépôts éocènes. Néanmoins, les grands blocs calcaires que l'on trouve associés aux roches cristallines, doivent avoir déjà subi un certain transport pour pouvoir se mélanger aux secondes, à moins qu'on suppose d'immenses éboulements qui auraient entraîné et mélangé ces débris de différente nature.

L'origine des grands blocs calcaires, dits *exotiques*, qui se trouvent dans le flysch du bord des Alpes, et dans lesquels on a même rencontré des fossiles, reste encore sans explication. Pour eux la théorie du transport par des glaces est la seule qui puisse être invoquée; à moins qu'il n'y ait des forces ou des phénomènes dont la portée nous est encore inconnue, comme l'était celle du phénomène glaciaire avant de Charpentier et Venetz.

*Restes organiques contenus dans les dépôts du flysch.*

Les restes organiques, découverts jusqu'à présent dans les dépôts du flysch, n'offrent pas une grande variété. A part les algues marines, heureusement assez nombreuses, on ne connaît dans notre région que quelques débris insignifiants d'animaux. Le grès grossier de Chamossaire (Ormonts) a fourni quelques *dents de poissons*, fortement roulés, et qui pourraient même provenir du remaniement d'un terrain plus ancien.

Le flysch des Ormonts a fourni à M. S. Chavannes des *Nummulites*, dont un gisement, au Meilleret, est passablement riche.

La première zone, celle de la Berra, en possède aussi, et M. Doge (*53*) en cite d'assez abondantes dans un grès grossier affleurant au-dessus du lac Noir. M. Brunner en cite dans d'autres localités de cette même chaîne; Ph. de la Harpe a décrit celles du Gurnigel (*50*).

Ce même auteur pense cependant que les *Nummulites*, trouvées dans les grès du flysch, pourraient bien n'être que des fossiles remaniés provenant du calcaire nummulitique. Toutefois ce n'est qu'une supposition; nous aimons croire, au contraire, que ces Nummulites sont bien des fossiles du flysch.

Ceci paraît d'autant plus évident que les Nummulites du grès du Gurnigel, déterminées par Ph. de la Harpe, d'après des échantillons de la collection de M. Alph. Favre, sont identiques à deux espèces d'une brèche polygénique superposée au grès de Vienne (Wienersandstein) (*50*, p. 35).

Rien ne nous autorise pour le moment d'émettre des suppositions au sujet de l'absence complète d'autres fossiles animaux dans notre flysch. C'est un fait étrange que de trouver une si puissante formation sans la moindre trace de mollusque, ni d'échinoderme, alors que son origine marine est clairement démontrée par de nombreux fucoïdes fort délicatement conservés.

Parmi ces derniers le genre *Chondrites* est surtout remarquable par le grand nombre d'espèces qui le représentent et dont l'état de conservation ne laisse aucun doute au sujet de leur nature végétale.

Tantôt ces algues sont étendues à la surface des feuillets de schiste, ou bien, comme cela se rencontre parfois dans des couches homogènes, elles sont répandues dans l'intérieur de la roche, leurs ramifications se dirigeant dans tous les sens; cette disposition est bien en accord avec le mode de végétation des algues actuelles, dont le pied est parfois déjà enfoncé dans la vase pendant que la partie supérieure de la plante continue à se développer.

Quels que puissent être les doutes émis par divers savants, dont les noms font autorité dans la science, sur la nature végétale des algues fossiles, il n'y a pas à hésiter au sujet des empreintes décrites sous le nom de *Chondrites*. Elles ne peuvent pas être assimilées à des traces de vers ; leurs ramifications si délicates, leur apparence absolument identique aux espèces vivantes du genre *Chondrus* et la découverte même des corps fructifères, sont des preuves de toute évidence. La trace noire de ces fucoïdes est du reste bien *charbonneuse* ce qui ne serait pas le cas pour une trace de ver. Elle disparaît lorsqu'on calcine la roche au chalumeau, et devient au contraire d'autant plus visible sur des plaques foncées, lorsqu'on plonge celles-ci dans un acide étendu (HCl); la roche foncée prend une teinte plus claire et le fucoïde reste noir.

Tout ce qui a été publié au sujet des prétendues traces de vers, ne peut donc pas s'appliquer aux fucoïdes du genre *Chondrites*, mais tout au plus à ceux connus sous le nom de *Halymenites, Palaeodictyon, Helminthoidea*, et encore on reconnaît dans les deux premiers genres une nature franchement charbonneuse. Ce ne sont que les *Helminthoïdes* dont l'origine peut être discutée car en faisant agir l'acide sur une plaque où se trouvent, à la fois, divers genres d'empreintes, eux seuls prennent la couleur de la roche, tandis que les autres restent noires. Ajoutons encore que fort souvent les empreintes des *Helminthoïdes* sont en creux ou en relief à la surface des plaques (empreinte et contre-empreinte).

On trouvera dans les ouvrages de M. de Fischer-Ooster (*72*) et surtout dans ceux d'Osw. Heer (*98, 99, 101*), les plus précieux renseignements sur la nature et la répartition des fucoïdes dans les terrains éocènes de la Suisse.

Nous donnerons ci-dessous les listes des espèces observées jusqu'à présent dans cette partie des Alpes, avec l'indication de leurs gisements respectifs.

*Gisements et explication des abréviations :* Fr. = Pont de la Frenière sous Aigremont (Ormonts); Aigt. = Rocher d'Aigremont; Sep. = lacets de la route du col des Mosses, sur le Sepey; Ls. = Leysin; Lt. = Laitmaire près Château d'Œx; Ps. = Gorge du Pissot (Etivaz); Ch. = Col de la Chenau; Abl. = Abläntschen; Pb. = Perte à Bovay; Jb. = Gros Jabloz (sur l'Etivaz); Cb. = Corbettes; Sm. = Semsales; N. = Niremont.

ALGUES.

*Chondrites cæspitosus*, F-O. — Fr., Ch.
   »   *affinis*, Stb. — Fr., Lt., Ch.
   »   *patulus*, F-O.
   »   *inclinatus*, Brng. — Fr., Aigt., Cb.
   »   *Targionii*, Br.
   »     »   *genuinus*, Br. — Fr., Lt., Aigt.
   »     »   *expansus*, F-O. — Fr.
   »     »   *arbuscula*, F-O. — Fr., Cb., Ls., Sep.
   »   *intricatus*, Brng.
   »     »   *genuinus*, Heer. — Fr.
   »     »   *Fischeri*, Heer. — Fr., Lt., Ch., Ps., Pb., La Verraz.
*Halymenites lumbricoïdes*, Heer. — Fr.
   »   *flexuosus*, F-O. — Sm.
*Palæodictyon textum*, Heer. — Fr., Jb., Sep.

*Taonurus flabelliformis,* F.-O. — Cb.
*Munsteria* sp. — Fr.


EMPREINTES DE VERS.

*Helminthoidea labyrinthica,* Heer. — Fr., Abl., Pb.
      »    *crassa,* Heer. — Fr., Aigl., Ch.

Les *Nummulites* trouvées par M. Doge au Schweinsberg, près du lac Noir, dans les Alpes fribourgeoises appartiennent à des espèces assez semblables à celles décrites par M. Ph. de la Harpe du Gurnigel et du Michelsberg (*50*). L'une d'elles, assez grande, a quelque ressemblance avec l'espèce du grès du Gurnigel, donnée par Ph. de la Harpe, sous le nom de *N. Partschi* (*50*, pl. III, 1). Les échantillons que M. Doge nous a communiqués sont toutefois trop mal conservés pour permettre une détermination correcte.

Il n'en est pas de même pour une espèce plus petite, la *Num. Oosteri*, De la Harpe (*50*, pl. III, II), dont la surface, couverte de granulations saillantes disposées en spirale, constitue l'un des caractères des plus sûrs. Elle est très abondante dans un grès grossier, à nombreux grains de quartz translucide, dont le gisement a été découvert par M. Doge au Schweinsberg.

Dans ce même grès se trouve encore une autre espèce, plus rare et plus grande que la *N. Oosteri*, elle est très aplatie et sa surface, couverte de fines granulations très serrées, a un aspect chagriné. Nous n'en avons remarqué qu'un seul échantillon dans la roche que nous avons examinée et son état ne permet pas d'en définir l'espèce.


## ROCHES ÉRUPTIVES DANS LE FLYSCH DE LA VALLÉE DE FÉNILS (GRIESBACHTHAL).

L'affleurement, dont nous allons parler, est le seul de son genre dans notre région ; situé au milieu du flysch et apparemment contemporain ou peu postérieur à ce terrain, nous préférons le décrire à la suite des terrains éocènes plutôt que d'en faire un chapitre à part.

Bernh. Studer a signalé le premier, vers le bas du Griesbachthal, la présence d'une roche verdâtre qu'il appelle *amygdaloïde dioritique* (*189*, p. 310) et dont il décrit fort bien la situation et la nature.

L'un de nous, M. Schardt, a déjà donné une description très détaillée de la situation et des allures de cet affleurement (*180*, p. 15, etc.). Nous ne ferons que la reproduire ici en peu de mots :

Cette roche éruptive se présente sous forme d'un petit rocher, haut de 8 mètres, qui ressemble à un grand bloc isolé, de sorte qu'au premier abord, on serait tenté d'y voir un bloc erratique ou un de ces blocs exotiques qu'on rencontre si souvent dans le flysch. Cette roche est cependant bien en place et, quoique dégagée de trois côtés, on constate cependant du côté opposé au chemin qui suit son pied, le contact direct avec les schistes du flysch. Dans cet état, ce terrain se présente actuellement sous forme de *dyke* ; on peut poursuivre la direction de ce filon sur une certaine distance au N.-E. de l'affleurement principal, qui a lui-même environ 50$^m$ de longueur. Ce sont des petits rochers qui percent, sans relief notable, au milieu de terrains remaniés et éboulés.

La roche est très résistante ; elle a une texture homogène ou légèrement grenue ; à la surface des fragments on distingue une texture finement cristalline produite par des petites surfaces de clivage à peine visibles à l'œil. La teinte est quelquefois d'un vert très vif, mais le plus souvent elle est vert sombre ou rouge brun. On y remarque par places des vacuoles de la grosseur d'un grain de chanvre jusqu'à celle d'un pois, qui sont remplis de calcite.

Le contact avec le flysch est surtout intéressant ; il est visible vers le haut du rocher, sur la face opposée au ruisseau. A l'approche du flysch la masse éruptive, d'abord verte, devient fortement rouge ou brune ; sa surface est bosselée, inégale et recouverte, sur toute la zone de contact, d'une pellicule d'hématite rouge, qui pénètre dans la roche elle-même. D'un autre côté, les schistes du flysch, gris d'habitude, ont pris, sur la zone de contact seulement, une teinte rouge-brique, comme s'ils avaient subi une sorte de *cuisson* au contact de la roche éruptive et de la matière ferrugineuse qui l'accompagne. Des rognons de cette dernière ont même pénétré dans les schistes éocènes. On constate un passage insensible de la teinte rouge à la couleur grise normale du schiste qui n'a plus en cet endroit son plongement normal; il est redressé presque verticalement. L'étendue fort limitée de l'affleurement ne permet pas de voir si cet accident s'étend plus loin; il semble que ce n'est pas le cas, car sur la rive opposée du Griesbach le plongement est le même que dans tout le reste de la vallée.

Dans les petits affleurements alignés au N.-E. du rocher principal, le contact avec le flysch n'est pas visible. Un de ces rochers est remarquable par la structure franchement vacuolaire et amygdaloïde de la roche verdâtre.

Quoique la situation générale de ces rochers et les circonstances qui accompagnent leur gisement, ne laissent guère de doutes sur leur nature éruptive, il était cependant indispensable d'avoir des renseignements plus précis sur la texture intime de la roche, renseignements que le microscope polarisant et l'analyse chimique étaient seuls capables de fournir.

En 1883, M. le professeur Alph. Favre a eu la bonté de communiquer quelques échantillons de cette roche à M. Michel Lévy. Le savant minéralogiste de Paris en a donné une courte diagnose que nous reproduisons ici :

« La roche est un magma exclusivement composé d'oligoclase arborisé et microlithique, analogue à celui des globules de la variolite de la Durance. Allongement suivant $pg'$ = et très voisin du plus grand axe $a$ (inverse d'élasticité). Il rappelle donc entièrement le magma de seconde consolidation des variolites. Il y a en outre de très petits granules ferrugineux et de nombreuses mouches secondaires de calcite.

« L'essai à la flamme après traitement par l'acide chlorhydrique, indique la teneur en soude de l'oligoclase, mais une analyse chimique plus approfondie serait nécessaire pour affirmer positivement l'oligoclase. »

(Lettre du 12 décembre 1883).

Nous avons le plaisir de joindre à cette diagnose le résultat d'une étude plus détaillée encore, portant sur plusieurs variétés de la roche. Elle a été faite par M. le D$^r$ C. Schmidt au laboratoire pétrographique de l'Université de Strasbourg.

*Diagnose microscopique de la roche éruptive du Griesbachthal.*

I. **Échantillon** de la partie la plus compacte du grand affleurement au milieu du filon (extrémité N.).

La roche verdâtre, traversée de veines de calcite, se compose d'aiguilles longues et nombreuses de feldspath, et de substances chloritiques renfermant des grains opaques, qui remplissent les interstices entre les aiguilles de feldspath.

Les AIGUILLES DE FELDSPATH montrent partout une décomposition assez avancée; tantôt elles sont disséminées irrégulièrement dans la roche, tantôt elles ont une tendance à se grouper en faisceaux, aigrettes, houpes ou étoiles. Les aiguilles qui ne sont pas entièrement décomposées permettent encore de voir la striation hémitrope; toutes ont du reste les mêmes caractères morphologiques, et il paraît ainsi très probable que nous avons affaire exclusivement à un *plagioclase* qui, par la faible obliquité des directions d'extinction de toutes les aiguilles, semble se rapprocher de l'*oligoclase*. Michel-Lévy compare ce feldspath aux aiguilles d'oligoclase qui remplissent les sphéroïdes d'une variolite de la Durance (cfr. Fouqué et Michel-Lévy, *Minéralogie micrographique*, Pl. XXIV, fig. 2).

Les SUBSTANCES CHLORITIQUES apparaissent sous deux formes; elles se montrent en mouches assez grandes ayant une faible teinte brunâtre. Entièrement parsemées de grains opaques, elles remplissent les vides entre les aiguilles de plagioclase. On rencontre en outre, répandus dans toute la roche, des grains de calcite et des aiguilles de feldspath, des lamelles et aiguilles vert clair, ordinairement privées d'inclusions, et présentant un faible pléochroïsme et une extinction parallèle.

En attaquant la coupe avec de l'acide chlorhydrique chaud, les matières chloritiques se dissolvent et les grains du minerai opaque restent intacts. On voit en outre, sur la coupe attaquée, quelques lamelles brun rougeâtre, parfois d'assez grandes dimensions, qui pourraient être considérées comme un mica totalement décomposé et entièrement masqué, avant l'action de l'acide, par les substances chloritiques.

II. Un **second échantillon**, provenant de la salbande du filon, accuse une augmentation très notable du feldspath, si bien que toute la roche acquiert l'aspect d'un aggrégat d'aiguilles de plagioclase qui montrent une vive polarisation; en même temps on voit diminuer sensiblement la dimension des aiguilles, qui tendent à prendre un groupement fibro-rayonnant, sans qu'il se forme cependant de vrais sphéroïdes (varioles).

Les substances chloriteuses n'existent plus ici qu'en grandes lamelles verdâtres, qui montrent un pléochroisme très net, une extinction parallèle et souvent des plans de clivage parallèles, ainsi que des vives couleurs d'interférence. Les grains du minerai opaque se rassemblent en larges bandes traversant toute la masse.

III. Un **troisième échantillon** provient d'un filon sortant comme un récif à une distance d'environ 20 mètres du grand filon. Sa couleur est grise, il est traversé par des veines de calcite et renferme de nombreuses mouches ou amygdales du même minéral.

Sa structure est identique à celle de la roche du grand affleurement (éch. I); seulement la décomposition des composants basiques est encore plus avancée et les interstices entre les cristaux de feldspath sont ici entièrement remplis par les grains de la substance opaque, entre lesquels on aperçoit encore çà et là des amas de matières chloritiques.

Des paillettes brunâtres de fer hydraté se montrent disséminées dans toute la roche et recouvrent parfois les lames de plagioclase de même que les grains isolés de calcite qui se font reconnaître par leurs contours rhomboédriques. Les amygdales de calcites sont entourées d'une zone brunâtre assez large, due à la même substance.

Pour examiner de plus près la nature du *minéral opaque*, une partie de la roche pulvérisée a été traitée à l'aimant; une très faible partie seulement de la poudre fut attirée.

Il est ainsi à supposer que le minérai est du fer oxydé non magnétique, dont le degré d'oxydation ne peut être déterminé sans une analyse plus détaillée.

Qu'on se figure maintenant les mouches chloriteuses remplacées par de l'*augite*, comme composant basique primitif de la roche, et l'on verra celle-ci prendre la structure nettement ophitique, qui caractérise les *diabases*. En effet, son aspect semble prouver jusqu'à l'évidence que nous avons affaire à une diabase, dont le composant basique (augite) s'est totalement transformé en *chlorite*. La forte altération que la roche a subie, ne permet plus de décider si elle était primitivement basique ou non, et, par suite, si c'était une diabase ou une porphyrite diabasique; mais la première alternative paraît la plus probable.

Les caractères (habitus) de cette roche (structure ophitique, amygdaloïde, forte décomposition chloritique) sont tout à fait ceux d'une roche *prétertiaire* et néanmoins la position du filon ne permet pas de douter de la contemporanéité de cette roche avec le flysch éocène. Nous aurions là un nouvel exemple de ce fait que des roches éruptives, relativement récentes, peuvent revêtir l'aspect de roches anciennes!

Strasbourg, 30 janvier 1885. — Institut pétrographique de l'Université.

C. SCHMIDT.


Ainsi qu'on le voit, les analyses microscopiques sont tout à fait en accord avec l'observation sur les lieux et avec les remarques publiées déjà en 1834 par M. B. Studer. Les résultats obtenus sont plus que suffisants pour mettre hors de doute l'origine éruptive de cette roche et sa nature spéciale.


### GYPSE ET CARGNEULE DANS LE FLYSCH


Nous ne retracerons pas toute l'histoire de la découverte des dépôts de gypse et des roches dolomitiques de la nature des cargneules dans le milieu des bassins du flysch, ou sur le bord de ceux-ci, entre le flysch et les roches secondaires. Le fait est acquis que beaucoup de dépôts de gypse et de cargneule des Alpes doivent rentrer dans les terrains éocènes qu'ils accompagnent invariablement. Nous renvoyons pour de plus amples détails à un travail que M. Schardt a publié sur le Pays d'Enhaut vaudois (*181*, chap. II et V).

Les importants travaux de M. le prof. Alph. Favre avaient démontré qu'il y avait dans les Alpes de la Savoie de nombreux dépôts de gypse et de roches dolomitiques intermédiaires entre le terrain carbonifère et le lias et qui lui paraissaient représenter, à juste titre, le niveau du trias (keuper). Mais on commit l'erreur de généraliser ces résultats et de rapporter au trias tous les gypses et cargneules que l'on rencontrait dans les Alpes. Il a fallu longtemps avant que le jour se fasse sur cette question de la géologie alpine. Ne fallait-il pas avant tout que l'âge du flysch fut définitivement établi? Il n'y a pas bien longtemps que les géologues sont arrivés sur ce point à un commun accord.

Les dépôts de gypse et de roches dolomitiques peuvent se trouver dans tous les niveaux; cela étant, on ne peut d'emblée nier qu'il y ait des roches de ce genre dans les assises du flysch; d'autant plus que l'on sait que ce terrain s'est formé à une faible profondeur.

Les gisements les plus importants et les plus caractéristiques sont situés dans la partie de notre région comprise entre les chaînes du Mont-Cray, Mont-Arvel et la grande région du flysch du Niesen. Ces dépôts ne s'y présentent pas sous forme de sédiments continus et réguliers, mais plutôt en amas; apparaissant toujours dans le même niveau, ils simulent des zones, souvent interrompues, mais atteignant quelquefois plusieurs kilomètres de longueur.

Dans la plupart des affleurements les dépôts de gypse sont accompagnés de cargneule, celle-ci semble séparer le gypse du calcaire jurassique en servant de base au premier. Quelquefois cependant le calcaire jurassique n'est pas directement en contact avec la cargneule, mais en est séparé par une épaisseur plus ou moins considérable de flysch.

Le **gypse** éocène de la base du flysch atteint quelquefois un développement considérable et alors il est à croire par la structure des parties profondes qu'il ne s'est pas déposé partout comme gypse ($Ca\ SO_4 + 2H_2O$), mais bien comme anhydrite, et que la transformation en gypse n'est que superficielle et locale. Si nous continuons à parler de gypse c'est que dans la plupart des affleurements, on ne voit que le *gypse* et il faudrait des recherches toutes spéciales pour s'assurer si dans la profondeur il y a de l'anhydrite. Il semble aussi possible que certains dépôts se soient formés à l'état de gypse déjà hydraté.

Le gypse des dépôts peu étendus est toujours impur. Les nombreux feuillets ou couches excessivement minces, qui le font ressembler pour l'aspect aux dépôts du flysch, sont mêlés de matériaux étrangers, sables, fragments de calcaire, de schiste noir, de grès, etc., diversement teintés, qui sont distribués dans le sens de la stratification. Des matériaux plus fins sont souvent intimement mélangés avec le gypse et lui donnent des teintes variées, tirant surtout sur le gris. On y trouve aussi des fragments calcaires ou dolomitiques plus grands et qui semblent s'être brisés de nouveau dans l'intérieur de sa masse; en sorte que l'on voit à la surface du banc de gypse les divers fragments d'un même morceau, à peine déplacés et séparés par des fissures remplies de gypse cristallisé. Ce fait serait-il dû à une action mécanique, suite de l'hydratation de l'anhydrite?[1]. Quant à l'origine de ces débris, elle est loin d'être inexplicable. La stratification régulière de tous les débris, leur triage qui se remarque bien dans les feuillets de gypse, ne laissent pas de doutes; ils ont été détachés des montagnes environnantes et stratifiés dans le bassin même où se déposait le gypse ou l'anhydrite. Ce n'est que dans les dépôts très étendus de gypse que les assises paraissent moins impures. Mais alors, malgré l'absence des impuretés, qui salissent les petits dépôts locaux et leur donnent parfois l'aspect de grès, etc., le gypse a une stratification fort nette; les bancs présentent des lignes parallèles, marquées sur la tranche par des nuances d'un gris plus ou moins prononcé. Lorsque le gypse n'est pas décomposé à la surface, il a une texture grenue ou finement cristalline.

La **cargneule** qui accompagne le gypse éocène diffère notablement de la roche dolomitique du trias portant le même nom. Elle n'est pas, comme celle-ci une brèche monogénique; elle est formée au contraire d'un mélange de roches les plus diverses, parmi lesquelles les débris dolomitiques sont naturellement en prédominance; mais il y a encore des grains de sable, des morceaux de grès, des fragments de calcaire gris ou noir et des débris d'un schiste vert talqueux qui y sont *généralement* répandus et s'observent presque partout. Le schiste vert est cette même roche talqueuse qui se trouve dans le grès éocène de Chaussy.

Dans quelques endroits les amas de cargneule sont interrompus par des lits de calcaire magnésien et de dolomie grise sableuse.

---

[1] C'est aussi l'opinion de M. Gilliéron pour expliquer la fissuration des feuillets de dolomie séparant les lits de gypse (*91*, p. 105, 194, pl. V, f. 1).

Il arrive souvent que la cargneule se trouve seule et non en compagnie du gypse. Elle forme alors des affleurements intermédiaires entre le flysch et le malm, et, dans un cas même, entre le flysch (brèche de la Hornfluh) et le *crétacé supérieur*.

La couleur de la cargneule n'est pas toujours la même; elle peut être jaune, c'est le cas le plus fréquent, ou passer au jaune clair, au gris plus ou moins clair, pour devenir presque blanche. Il arrive quelquefois que les débris non dolomitiques font entièrement défaut; elle ressemble dans ce cas à la cargneule triasique.

Il y a donc généralement, soit dans les terrain éocènes, soit dans les terrains du trias, une corrélation fort apparente entre les dépôts de gypse et la cargneule. Toutefois la règle n'est pas absolue, car, comme nous l'avons vu, la cargneule triasique est une formation superficielle, le plus souvent monogénique, tandis que celle de l'éocène est une brèche polygénique, à débris divers qui sont parfois assez bien stratifiés et paraissent avoir été primitivement une brèche riche en fragments dolomitiques, ayant subi peu à peu une modification analogue à celle de la cargneule triasique, modification qui a dû être singulièrement favorisée par le voisinage de dépôts de gypse. Il est possible que dans beaucoup de cas les cargneules accompagnant le gypse de la base du flysch, se soient formées de la même façon que celles du trias, c'est-à-dire par la fragmentation *in loco* de lits de dolomie et leur recimentation et décomposition lente sous l'action des infiltrations. Les fragments dolomitiques, dans l'un ou dans l'autre des cas, paraissent provenir de bancs de même nature appartenant à des assises supérieures du malm qui sont parfois magnésiennes.

Nous allons passer rapidement en revue les principaux gisements de gypse et de cargneule de la base du flysch.

*Gisements de gypse et de cargneule éocènes.*

Au nord du **Rocher du Midi** (chaîne du Rubli) la cargneule forme un amas sur la limite du malm et du flysch. Elle renferme beaucoup de roches calcaires et le malm, étant lui-même fortement fendillé et traversé de veines spathiques, il semble que c'est lui qui a fourni une bonne partie des matériaux qui composent cette roche. Sur le versant opposé (sud) de la même chaîne la cargueule réapparaît dans la même position et se continue jusqu'au col de la Basaz.

Au pied sud du sommet des *Rochers à Pointes*, elle est pincée entre le malm et les couches à Mytilus, dans une position difficile à expliquer. Le voisinage de la brèche éocène de la Hornfluh qui est parfois dolomitique et renferme elle-même des lits dolomitiques, ne paraît pas être sans signification à cet égard. De fait, ces lits de calcaire dolomitique peuvent fort bien donner lieu à des cargneules comme le font ceux du trias.

Au *Col de la Basaz* et sur les pentes qui y conduisent, la cargneule se montre en affleurements assez étendus. Au col même, elle se trouve, du côté N., entre le malm et le flysch, qui y est représenté par des schistes et des grès micacés, tandis qu'au pied des rochers de Coumattaz, c'est le gypse qui occupe la place correspondante; ce gypse est impur et grisâtre et forme des couches nombreuses et minces, presque feuilletées. Le flysch typique le sépare de la cargneule du versant opposé.

Nous avons déjà mentionné le petit affleurement de cargneule de la *Chenau rouge* au pied de la Gummfluh, entre la brèche de la Hornfluh et le crétacé supérieur. Ici il semble que cette roche se soit formée aux dépens d'une zone dolomitique de la brèche éocène, car sur toute la longueur de la zone de contact on ne trouve de cargneule que précisément au haut du couloir de la Chenau rouge.

La cargneule longe, sous forme d'une bande presque continue, le pied sud de l'arête de la **Gummfluh,** depuis les pâturages du Gros-Jable, jusque vers le village de l'Étivaz. Elle renferme beaucoup de morceaux calcaires, des grains de sable siliceux et du schiste vert; on dirait que c'est une brèche dolomitique devenue vacuolaire. La couche affleure dans de nombreux couloirs entre le malm et le flysch à fucoïdes; elle est bien stratifiée, sa couleur est jaune.

A la *Dierdaz* près l'Étivaz un éboulement a mis à découvert entre la cargneule et le flysch un bel affleurement de gypse, dont les couches renversées plongent sous les bancs jurassiques de Coumattaz. Ce gypse est par places d'un beau blanc et présente des zones marquées par la fréquence des fragments anguleux de calcaire noir et de grès fin. Non loin de cet endroit affleurent des schistes et des grès durs du flysch, qui plongent sous le gypse et lui sont conséquemment supérieurs. La bande de cargneule déjà décrite les sépare.

Une galerie qu'on a creusée vis-à-vis de ce gisement, près de l'endroit nommé *Les Bains*, pour la captation d'une source sulfureuse, a rencontré le gypse à 15$^m$ environ de profondeur; il y est identique à celui de la Dierdaz et appartient sans doute à la même masse, étant sur le prolongement de la direction des couches de ce dernier affleurement.

C'est encore à cette même bande que se rattache le grand affleurement de gypse qui commence en dessous de la **Lécherette**, près du contour de la route et se continue au sud-ouest jusque vers le cours de l'Hongrin, près du *Gros-Pâquier*. A son origine, près de la Lécherette, ce gypse est très positivement *interstratifié au flysch* et ne touche point au jurassique qui affleure dans le voisinage; la cargneule manque également. Le gypse est très épais et affleure dans de nombreux entonnoirs ou creux d'effondrement, où il est ordinairement possible de voir des surfaces fraîches et non corrodées par les eaux. On y peut constater que les feuillets se distinguent facilement, comme partout ailleurs, par leurs différents degrés de pureté, auxquels sont dues les diverses nuances de la roche; dans la profondeur celle-ci est à l'état d'anhydrite. (pl. VI, fig. 3).

Des deux côtés de l'arête abrupte du **Mont-d'Or** le gypse et la cargneule se montrent continuellement et y occupent de grandes surfaces. L'affleurement du Gros-Pâquier paraît se continuer au delà de l'Hongrin, pour se rattacher aux masses considérables de gypse des *Charbonnières* au pied nord-est du Mont d'Or (pl. VI, fig. 8). Le gypse semble former ici une sorte de golfe au milieu du flysch qui l'enclave; car après un fort développement en largeur, la bande s'amincit brusquement au sud-ouest et au nord-est. Le gypse y est très puissant; ses bancs nombreux affleurent dans des ravines, où cependant on ne voit pas de surfaces fraîches et non décomposées. Il est en tout point identique à celui de la Lécherette-Gros-Pâquier. Un massif de cargneule, en contact avec le gypse, forme une colline boisée au pied même du Mont-d'Or; mais elle n'est nullement appuyée sur les roches du malm; elle en est séparée par une épaisseur notable de schistes et grès fins micacés, ayant tout à fait le facies du flysch. Une zone de cargneule assez épaisse est interposée au milieu du gypse et affleure près du chalet des Charbonnières. Elle paraît due à la décomposition d'une zone de roche dolomitique interstratifiée au gypse.

Entre le col de la *Pierre du Moëllé* et le sommet du Mont d'Or, on peut observer l'une des coupes des plus intéressantes, sous le rapport de la situation des cargneules (pl. VI, fig. 7). En partant de la klippe jurassique de la Pierre du Moëllé vers le sud-est, on trouve d'abord des schistes et des calcaires plaquetés, suivis de marnes et de véritables grès micacés du flysch. Ici, comme aux Charbonnières, le plongement de toutes les couches est dirigé au sud-est sous le Mont d'Or, il y a donc renversement très évident. Au-dessus du flysch, près d'un petit étang, affleurent les lits nombreux et presque feuilletés du gypse, suivis de cargneule affleurant en dessous d'un chalet détruit, et en dessus de celui-ci. Le second banc a 10ᵐ environ d'épaisseur et il est suivi d'un lit de *calcaire dolomitique* fort bien stratifié, au-dessus duquel la cargneule réapparaît avec une puissance plus grande encore. Le contact avec le jurassique supérieur n'est pas visible; il est masqué par une brèche très dure, formée de fragments anguleux stratifiés en apparence. MM. Rittener et Schardt pensaient voir dans cette brèche le correspondant de la brèche éocène de la Hornfluh; un nouvel examen la caractérise cependant plutôt comme étant plus récente et formée de masses éboulées fortement agglutinées par des infiltrations calcaires; leur plongement étant parallèle à la plus forte pente de la montagne et conséquemment différente de celui des lits de cargneule.

La bande de cargneule qui suit le pied sud-est de la même montagne, se montre bien à découvert entre le malm et le flysch, dont elle a le même plongement sud-est. La nature de la roche est identique à celle de la cargneule de la Pierre du Moëllé; au-dessus de la *Sonnaz* on y remarque une interstratification de dolomie sableuse. De ce côté de la montagne, le gypse paraît exister dans sa position habituelle entre la cargneule et le flysch; il n'est cependant pas à découvert, mais il se trahit par une dépression présentant des entonnoirs d'effondrement, et par deux sources sulfureuses.

Aux environs du **Sépey**, la cargneule occupe une place franchement intermédiaire entre le flysch et le malm. A l'exception de quelques interruptions où elle est masquée par des éboulis, elle peut se rattacher à celle du Mont d'Or, sans qu'il soit toutefois possible de dire de laquelle des deux bandes elle est le prolongement, car elle se rapproche si bien des deux bandes qui vont en convergeant vers le sud, que l'extrémité du Mont d'Or semble entourée d'une ceinture de cette roche, en majeure partie couverte par les éboulements. Cette hypothèse est possible, si l'on admet que le Mont d'Or était une klippe au milieu de la mer éocène. C'est au Sépey et tout près de ce village, au Cergnat, à la Balme et au Vélard que la cargneule atteint son développement vraiment typique. Elle renferme de nombreux fragments de roches calcaires, évidemment détachés des montagnes et klippes calcaires qu'elle borde et qu'elle sépare du flysch.

Sa position est ici si évidente que si l'on ne veut pas y voir une roche éocène, on ne peut la prendre que pour une formation plus récente encore!

La cargneule du Sépey se rallie visiblement à celle qui occupe, sur la rive gauche de la Grande-Eau, une position très constante entre le malm et le gypse du plateau de **Plambuit,** de **Salins** et de **Panex.** A *Exergillod*, entre le Sépey et Plambuit, MM. Pittier et Schardt ont constaté que le gypse forme une synclinale très évidente, au milieu de laquelle affleure du flysch non moins évident (fig. 6, pl. VI). Du côté de Chamossaire, le gypse s'appuie sur de la cargneule et le malm, et, du côté de la Grande-Eau, également sur du malm qui repose lui-même sur le lias et le rhétien ; une faible épaisseur de cargneule se trouve localement entre deux.

Le gypse croît toujours en importance à mesure qu'on s'approche de la vallée du Rhône. Sur Panex il forme la colline élevée de la **Glaivaz,** dont les assises toutes gypseuses se rattachent, sans contredit, à celles d'Ollon et de la **région salifère de Bex.** Des recherches spéciales faites par M. Schardt (*181*, p. 53, etc.) l'ont conduit à reconnaître que les dépôts très étendus de gypse et d'anhydrite salifère qui occupent presque complètement cette région, paraissent être plus récents que les couches liasiques affleurant dans leur milieu. Cette manière de voir se trouve en opposition avec l'opinion, généralement admise, que ces terrains appartiennent au trias. Nous n'avons pas à discuter ici le pour et le contre de cette nouvelle opinion, laquelle se base exclusivement sur des études de la superposition et de la dislocation des terrains, le gypse étant absolument sans fossiles. Il en résulterait que dans cette région le gypse est toujours intermédiaire entre le flysch et les terrains secondaires (lias, dogger, etc.) et ne touche qu'accidentellement au lias inférieur, soit par suite d'une dislocation (contact mécanique) ou par suite d'une disposition transgressive. Cela ressort déjà tout naturellement de la connexion de ces dépôts de gypse avec ceux de Panex et de Plambuit qui se trouvent absolument dans la même situation et sont, de plus, superposés au malm. La partie de la carte entre la Grande-Eau et Martigny sera décrite par M. Renevier. Nous n'avons donc pas à parler plus longuement de la région de Bex, mais il fallait en faire mention à cause des gypses du col de Pillon, dont il va être question.

### Gypse et cargneule du Col du Pillon.

(voir la petite carte pl. VIII, fig. 10.)

La région de la feuille **XVII** que nous avons à décrire, comprend encore le col du Pillon, dont les dépôts de gypse et de cargneule ne sont que le prolongement de ceux de Bex-Ollon et s'y rattachent très visiblement par ceux du col de la Croix. La conclusion de M. Schardt au sujet du gypse de Bex concerne aussi ceux du col de la Croix et du Col du Pillon. Nous ne pouvons que relater ici brièvement la description que donne ce dernier dans ses études géologiques sur le Pays d'Enhaut (*181*, p. 53).

Il y a, au col du Pillon, du lias, (toarcien à *Posidonomia Bronni*) en contact, de part et d'autre, avec de la cargneule, bordée de gypse des deux côtés. L'une des bandes de gypse, celle du sud, s'appuye sur une masse de cargneule, formant le pied de l'Oldenhorn et touchant probablement (sous les éboulis) à l'urgonien et au nummulitique. A la bande de gypse au nord du lias, succède dans cette direction une nouvelle bande de cargneule et à celle-ci du toarcien, identique au premier et recouvert par le flysch. D'autres fois, cette zone de toarcien manque et le flysch repose directement sur la cargneule.

Entre le gypse et la cargneule, il y a souvent des schistes gris. Si le voisinage de la cargneule et du lias est un argument pour mettre la cargneule et le gypse dans le trias, en les considérant comme inférieurs au lias, l'âge toarcien de celui-ci n'est pas sans importance, car le plongement parallèle de toutes les couches (elles plongent toutes au N-NO entre 30-35°) permet d'expliquer leur répétition à volonté par des voûtes ou par des synclinales; le flysch repose en transgression sur cet ensemble.

L'absence totale de sinémurien, d'hettangien et d'infralias, semble prouver que les affleurements du lias au milieu de la cargneule et du gypse sont des voûtes et non des synclinales, et que par conséquent ce gypse et ces cargneules sont plus récents que le toarcien. Cela est d'autant plus probable que les fossiles toarciens ont été trouvés dans le voisinage de la cargneule. (Pl. VI, fig. 9, 10, 11, 12).

Quant à sa nature pétrographique, la cargneule du Pillon est en tous points identique à la cargneule éocène et diffère nettement de la roche triasique. Elle est bréchiforme, jaune ou grise et renferme presque toujours des débris non dolomitiques: schiste vert, grains de quartz, débris calcaires et par places, des cailloux roulés et des fragments calcaires si nombreux qu'on la prendrait facilement pour un conglomérat plutôt calcaire que dolomitique.

Le gypse ne diffère pas de celui de la Lécherette et du pied du Mont d'Or; il forme des affleurements étendus et paraît être à l'état d'anhydrite dans la profondeur. Des deux bandes de gypse, l'une s'arrête vers Aiserin (Iserin), avec les zones de cargneule qui la bordent. Elle ne sont pas de même importance; celle du sud est la plus large et le gypse paraît y atteindre non loin de 200ᵐ d'épaisseur.

La position stratigraphique de ces couches, leur connexion avec d'autres dépôts de même nature et leurs caractères minéralogiques nous autorisent également à classer ces roches dans le terrain éocène.

# CHAPITRE VIII

## TERRAINS TERTIAIRES MIOCÈNES

L'angle N.-O. de notre district comprend une faible partie du bassin miocène suisse. La description que nous sommes appelés à donner des terrains qui y affleurent, sera nécessairement incomplète au point de vue du terrain miocène en général. Les problèmes qui se présentent au sujet de la superposition et des rapports stratigraphiques de la mollasse rouge, de la mollasse à charbon, de la mollasse grise et des poudingues, ne peuvent pas être résolus par l'étude d'un district aussi restreint.

La structure géologique de cette région est relativement simple. Aux roches miocènes plongeant constamment au S.-E. avec une intensité variable, se superposent les dépôts glaciaires très puissants. Deux cours d'eau ont fortement raviné cette région; ce sont la Veveyse au S.-E., au pied immédiat des Alpes, et la Broye, au N.-O., qui coule d'abord vers le S., pour retourner vers le N.-O.

Un nombre proportionnellement grand de petits ruisseaux accessoires se réunissent à ces deux principaux collecteurs et ont sillonné profondément les terrains miocènes très friables et sujets à l'érosion. Dans la région de la mollasse, les moindres ruisseaux, surtout du côté S.-O, coulent au fond de profonds ravins.

Le relief est assez accidenté. Il est rendu saillant au S. par la présence du Mont-Pèlerin (1077$^m$), colline formée presque entièrement de grandes assises de poudingue ou nagelfluh, roche très résistante que l'érosion n'a que peu entamée. Des collines moins élevées de cette même roche se continuent au N.-E. du côté de Châtel-St-Denis; leur altitude varie entre 800 et 900$^m$.

Quant à la nature des roches miocènes, notre région se divise en trois sections : au N.-O. la région de la *mollasse à lignite* ou à *charbon* et de la *mollasse grise;* au centre, depuis le bord du Léman jusqu'à Semsales, la *région des poudingues,* qui suit exactement la rive droite de la Veveyse et à laquelle s'ajoute encore une petite bande, sur la rive gauche, entre St-Légier et le château du Châtelard sur Tavel; enfin la région de la mollasse rouge au S.-E. et, sur une grande longueur, le long du ravin de la Veveyse.

Ces trois régions se trouvent à l'orient de cette ligne de fracture, nommée *axe anticlinal,* dont le parcours est indiqué sur la feuille XVI, où il a été tracé par M. le prof. Jaccard; il passe à l'orient et en dessous de Lausanne et aboutit en dehors de notre carte près des Essertes. Une seconde fracture, vraie faille, tracée sur la même carte, est fort bien visible dans le ravin de la Paudèze où elle met en contact la mollasse grise et la mollasse rouge; elle passe parallèlement à l'axe anticlinal et aboutirait aux Essertes même. Il n'est toutefois pas probable qu'elle continue plus loin, car M. Gilliéron n'indique rien de semblable sur la feuille XII et nous n'avons pas vu de fracture analogue au delà des Essertes. M. Gilliéron n'a tracé que l'axe anticlinal qui coincide bien avec celui qui passe au S.-E. de Lausanne.

Nous donnons ici un court résumé des dispositions des couches miocènes et de leur répartition, pour ne pas y revenir dans la seconde partie de ce mémoire.

Déjà Morlot en avait indiqué les traits généraux dans une coupe théorique reproduite par Heer (*98,* pl. 156, f. 5). M. J. de la Harpe (*38ª*) l'a résumé dans une note qui s'accorde avec les vues de Morlot. Ces deux auteurs constatent à l'ouest de Vevey la présence d'une faille qui fait apparaître la mollasse rouge et la met en contact avec la mollasse à charbon et les poudingues. Cette faille, qui commence aux Gonelles près de Vevey, se prolonge dans la direction de Châtel-St-Denis; mais les bords sont souvent difficiles à observer; on peut la constater le long de la rive droite de la Veveyse. Notre région est ainsi divisée en deux sections : à l'ouest se trouve la grande épaisseur du système à lignites et des poudingues reposant sur la mollasse rouge, qui plongent au S.-E. contre les Alpes. Cependant dans le voisinage de la faille, ce plongement se modifie beaucoup. Les couches se relèvent au S.-E., s'enfoncent vers le nord, tantôt faiblement, tantôt avec une pente plus forte. A l'est de la faille le plongement est, à part quelques troubles, toujours au

S.-E. de 30-40°. Ce n'est qu'en contact avec le flysch, renversé par-dessus le miocène, que ce dernier a subi quelques bouleversements.

Les terrains miocènes de notre région appartiennent exclusivement au miocène inférieur ou mollasse d'eau douce inférieure dont ils représentent trois facies différents :

I. La *mollasse rouge*, à la base, marnes et grès rouges.

II. Les *grès et marnes à lignite* (houille) [1].

III. Les *poudingues ou nagelfluh*, qui paraissent représenter au pied immédiat des Alpes non seulement le niveau de la mollasse grise, qui manque absolument chez nous, mais encore, vers le bas, la mollasse à charbon, et vers le haut, peut-être une partie de la mollasse marine supérieure (étage helvétien) comme cela est certainement le cas pour la Suisse centrale et orientale, où cette formation va même plus loin, en se poursuivant dans l'étage des calcaires d'Œningen (mollasse d'eau douce supérieure).

Un fait certain, c'est que la mollasse grise — étage langhien — qui se superpose à l'aquitanien aux environs de Lausanne, fait défaut dans notre région et est représentée en entier par les poudingues du Mont-Pèlerin et de Châtel-St-Denis. L'étage aquitanien, encore nettement développé aux environs d'Oron, etc., perd aussi son aspect normal vers le sud, et au pied des Alpes il se confond, lui aussi, en partie, sinon entièrement, avec la formation des poudingues, comme le prouvent les alternances de cette roche avec des bancs de marne du facies aquitanien et renfermant une flore aquitanienne. Cela ressort de l'étude qu'a faite Osw. Heer des plantes de Rivaz qui proviennent de marnes intercalées aux poudingues. Les plantes du gisement supérieur de Rivaz (Moulin-Monod) sont encore aquitaniennes, seuls les mollusques montrent un certain rapprochement de la faune langhienne. C'est sur ces bancs que vient s'asseoir la grande masse de poudingues du Pèlerin et de Châtel. En un seul endroit, entre Châtel-St-Denis et Semsales, à ce que nous écrit M. Renevier, il y a un petit affleurement de mollasse marine, superposée aux poudingues, et si, comme le croit M. Renevier, ce

---

[1] Le terme *mollasse à lignite* est fautif. Le combustible que l'on retire de ce terrain est une vraie *houille*. La dénomination *lignite* provient de l'ancienne conception qui n'admettait pas de houille d'âge tertiaire. Mieux vaut dire *mollasse à charbon*.

— 231 —

gisement n'est pas recouvert par le poudingue, ce dernier, jusqu'à preuve du contraire, doit rentrer dans le facies d'eau douce du miocène, soit dans les étages aquitaniens pour la partie inférieure, et langhien pour la partie supérieure. A part ce petit lambeau cité, la mollasse marine n'a pas encore été constatée ailleurs dans notre région. Jusqu'à présent, nous ne connaissons pas de fossiles marins dans les bancs de notre poudingue, ce qui exclut le parallélisme avec les poudingues supérieurs de la Suisse orientale.

Nous arrivons ainsi pour notre région subalpine à la classification stratigraphique suivante, que nous plaçons en regard avec la série des terrains des environs de Lausanne, au milieu du bassin et avec celle du pied du Jura:

| | PIED DU JURA | LAUSANNE ET JORAT | ZONE SUBALPINE |
|---|---|---|---|
| *Étage Helvétien.* | Manque. | Grès de la Molière, avec *Lamna*. Gros bancs avec *feuilles*. Le Mont, Epalinges, etc. | Mollasse marine à Châtel-Saint-Denis. Peut-être une partie des poudingues ? |
| *Étage Langhien.* | Gros bancs de mollasse à *feuilles* de Champvent ? | Gros bancs de mollasse grise avec *feuilles* et *Aceratherium incisivum*. Tunnel, Solitude, Sauvabelin, Signal. | Grande masse supérieure des poudingues calcaires (Nagelfluh) du Pèlerin, Châtel-St-Denis, Mont-Cheseaux. |
| *Étage Aquitanien.* | Grès et marnes à gypse de Grandson, d'Essertines, etc. | Marnes et grès avec *Linnées*, *Planorbes* et *Néritines*. Mollasse à Néritines. <br> Grès et marnes à gypse du ravin de la Paudèze. | Alternance de poudingues et de marnes avec *feuilles*, du Moulin-Monod, Rivaz, etc. Poudingue de Lavaux ; les 5 bancs inférieurs. |
| | Grès, marnes et calcaires bitumineux avec mollusques (*Limnées, Planorbes, Helix Ramondi*), de Villars-sous-Champvent, Grandson, etc. | Grès, marnes et calcaire bitumineux avec feuillets de houille (Rochette, Conversion). *Helix Ramondi, Unio flabellata, Anthracotherium, végétaux nombreux.* | Poudingue des Crêtes ? Mollasse à charbon d'Oron et de Palézieux. Alternances de grès, marnes et calcaires bitumineux et de combustible, comme à Rochette. |
| | Mollasse rouge de St.-Christophe. Marnes rouges, grès et gompholithe d'Orbe, Montcherand, Arnex-Pompaples. *Helix rugulosa.* Fossiles crétacés remaniés. | Mollasse rouge de la Paudèze, sous Belmont. Grès et marnes rouges et gris. | Mollasse rouge de Vevey et de la Doge. — Grès rouge et gris, marnes rouges. *Sabal major.* Grès et marnes rouges de Bouveret-St-Gingolph (?). |

### LA MOLLASSE ROUGE

L'aspect de ce terrain est partout le même dans notre région. Ce sont des alternances de marnes et de bancs de grès durs, compacts, presque toujours micacés. Ces couches, les marnes surtout, ont presque toujours une couleur rouge assez vive; ils sont quelquefois violacés et d'autre fois verdâtres. Par leur plus grande vivacité de couleurs, les marnes donnent ainsi l'aspect caractéristique à cette formation. Elles sont friables, un peu schisteuses, plus rarement tout à fait feuilletées. Leur nature est souvent argileuse, d'autres fois plutôt sableuse. Les grès, très durs d'habitude, sont en lits réguliers, très épais. Lorsqu'ils ont été fendillés, les fissures sont remplies de carbonate de chaux, dont la couleur blanche contraste bien avec la roche foncée. On ne rencontre parmi ces bancs, ni grès grossier, ni conglomérats. Ils sont d'un grain fin très uniforme.

Du côté du lac, ces bancs forment très visiblement des gradins successifs qui s'abaissent insensiblement vers le bassin du Léman entre Vevey et Clarens, et qui se continuent très visiblement sous la surface de l'eau. La succession des couches peut le mieux s'observer entre Burier et Clarens dans le voisinage du petit tunnel.

On a longtemps discuté l'âge de la mollasse rouge. Jusqu'à présent on n'en possède que des plantes terrestres; aucun mollusque n'en est connu. Déjà en 1842, M. R. Blanchet (6, p. 5) signala des plantes aux environs de Vevey (*Sabal, Cinnamomum*). Plus tard M. Morlot en a indiqué aussi des Crêtes près Clarens (*Cinnamomum*) et plus récemment M. Doge (54) en a signalé à la Tour (*Sabal major*, feuille longue de 0,42ᵐ).

En 1859 Osw. Heer dans sa *Flora tertiaria* (99, III, p. 221), indique 6 espèces de plantes dont deux ;

*Laminaria (?) latilobata* et *Cyperites Blancheti*

ne sont connues que dans la mollasse rouge. Les 4 suivantes :

| | |
|---|---|
| *Sabal Lamanonis.* | *Cinnamomum spectabile.* |
| » *major,* | *Acer angustilobum.* |

se retrouvent dans l'étage aquitanien, et déterminent ainsi définitivement l'âge de ce terrain, en le plaçant à la base de l'étage inférieur de la mollasse d'eau douce (*Aquitanien*).

Une grande feuille de palmier (*Sabal*) se trouve à l'état d'empreinte à la surface d'une dalle du mur du jardin de la Maladeyre près de Clarens. Ce bloc doit provenir des environs de Clarens, de l'une des carrières ouvertes dans le voisinage, ou peut-être du lieu même où il gît, car la Maladeyre est sur la mollasse rouge, coupée à pic du côté du lac.

Les autres endroits où cette formation se prête aux études sont d'abord le ravin de la Veveyse, où l'on pourra surtout bien observer les dislocations et les contacts qu'elles ont produits entre ce terrain et les poudingues supérieurs. [voir pl. 1, fig. 3 et 4,]. Puis le ravin de la Baye de Clarens, dans lequel il est presque possible de voir le contact entre la mollasse rouge et le flysch. Les gros bancs de la première plongent au S.-E. et sont à proximité immédiate du flysch (pl. I, fig. 2).

### LA MOLLASSE A CHARBON

Ce terrain qui représente chez nous la partie supérieure de l'étage aquitanien, se trouve réduit presque entièrement à l'angle N.-O. de notre région. De très rares affleurements, fort peu épais du reste, en ont été constatés entre la mollasse rouge et les poudingues au pied des Pleïades et au Châtelard.

Étant dans une région peu accidentée, ce terrain est peu visible ; les dépôts glaciaires en recouvrent la majeure partie. Le long du ravin de la Mionnaz, près de Palézieux, cet étage présente des alternances de grès, de marnes sableuses, de marnes feuilletées, etc. Les rives de la Broye, entre Palézieux et Châtillon, laissent aussi voir quelques affleurements, dont les couches plongent régulièrement au S.-E.

Il a été ouvert dans les environs d'Oron de nombreuses exploitations pour l'extraction de la houille, combustible d'assez bonne qualité, dont les feuillets, malheureusement peu épais, sont fréquents dans cette mollasse. De ces exploitations, les unes sont encore en activité, d'autres sont abandonnées, faute d'un rapport suffisant.

Une d'elles, aujourd'hui délaissée, se trouve en dessous de Châtillon, sur la rive droite de la Broye, au Vernet; une autre est un peu plus à l'ouest, entre Châtillon et la Chervettaz, sur la rive droite du Légervet. A l'entrée de la ville d'Oron, du côté sud, il y a une mine encore en exploitation. Dans une autre mine ouverte à Oron-le-Château, la galerie traverse d'abord une grande épaisseur de mollasse sableuse, puis de marnes, dans lesquelles on a rencontré une petite veine de houille, puis plus loin, deux lits du même combustible, séparés par un banc calcaire. (3)

Le plus grand nombre de ces mines se trouve dans le vallon de la Mionnaz au S.-E. de St-Martin. On trouve là, en remontant le ruisseau, une première exploitation, abandonnée maintenant, près des Esserts, au S.-E. de Bussigny, sur la rive gauche et encore sur territoire vaudois; plus en amont encore, il y a cinq mines sur la rive gauche du ruisseau, elles sont sur la feuille XII. L'une de ces mines, celle du *Frémi*, a fourni une série de plantes fossiles qui se trouvent au musée de Berne. M. de Fischer-Ooster (79) les rapporte aux espèces suivantes :

| | |
|---|---|
| *Glyptostrobus Urgeri*, Hr. | *Salix longa*, Brong. |
| *Widdringtonia helvetica*, Hr. | » *media*, Hr. ? |
| *Taxodium dubium*, Hr. | *Populus heliadum*, Ung. |
| *Grewia cordata*, Hr. | *Banksia longifolia*, Hr. |

Un peu plus au nord se trouve la mine de la *Combaz* dans laquelle les galeries ont été poussées très profondément. On y a rencontré 10 couches de houille, toutes trop minces et trop mêlées de calcaire pour permettre une exploitation fructueuse. Il y a aussi quelques lits très minces de marne alunifère, intercalées dans les grès et les marnes. Les bancs de houille exploités maintenant, ont l'un 0,30$^m$ et l'autre 0,23 d'épaisseur.

Entre la Combaz et St-Martin, on voit au milieu du terrain glaciaire, divers affleurements de la mollasse avec plongement au S.-E. Au Villard il y a des bancs de grès puissants qui alternent avec des marnes; on en retrouve des affleurements au bas de la forêt près d'Oron-le-Châtel, et dans la tranchée du chemin de fer. On a ouvert une mine de charbon peu productive sur le bord de la Broye, près de Châtillens. Entre Châtillens et Palézieux, la ligne du chemin de fer passe dans des alternances de marnes, de calcaire marneux et de grès durs.

La mine de *Prazmontaise* a été poussée très loin dans l'intérieur de la montagne. Le propriétaire nous a communiqué le manuscrit d'une coupe complète des couches traversées et qui a été relevée par M. Morlot. Cette coupe est probablement celle dont parle M. Morlot dans le *Bulletin de la Société vaudoise des sciences naturelles* (*125*). Il estime qu'elle comprend seulement le tiers de toute l'épaisseur de la formation, quoiqu'elle n'ait pas moins de 1050 pieds d'épaisseur, avec 150 couches différentes, représentées par des alternances de grès, de schistes, de marnes et calcaires bitumineux, dans le voisinage des filets de charbon, dont cette galerie a rencontré une dizaine; en comptant séparément chaque filet charbonneux, dont il y avait souvent 4 à 5 à quelques centimètres de distance, on arrive à 19. La plupart de ces petits filets de charbon ont moins de 1 cm. et ne dépassent pas 10 cm.; deux seulement arrivent à une épaisseur notable ; l'un, nommé le *petit filon*, a 8 pouces ou 26,5 cm. et l'autre, le *grand filon*, varie entre 13 et 60 cm.

Les renseignements paléontologiques que cette coupe a fournis, se réduisent à peu de choses; on y trouve quelques *Helix, Planorbes, Unio ;* une couche de marne renfermait de belles empreintes de *feuilles.*

Nous donnons ici cette coupe in extenso, à cause de l'intérêt qu'elle présente et de l'exactitude avec laquelle les couches sont mesurées.

Ce manuscrit porte pour titre :


*Plan géologique de la galerie de Prazmontaise,*
*levé en Juin 1854 par MM. Ginsberg, Piccard et Morlot,*
à l'échelle de 1 : 100.


La galerie est presque horizontale, les couches sont inclinées au S.-E., d'environ 45° ; les mesures sont données, à partir de l'entrée de la galerie, en pieds (') et pouces (") fédéraux 3' 3" 3''' = 1^m.

Mollasse grise, dure et fine; au fond de la galerie.
Marne arénacée, 5-6' ; marne schisteuse 4'.

Calcaire bitumineux 1′ ; marne 8″-2′-3′.

Charbon 1-8″, passant au schiste bitumineux.

Calcaire bitumineux avec tige de roseaux 1′.

Charbon du *Gros filon* (n° 6), épaisseur très variable, 4-10-20″.

Marne schisteuse dure 3 ¹/₂′.

Charbon 1-4″, sans calcaire bitumineux.

Marne schisteuse dure 2′.

Charbon 2″, avec calcaire bitumineux.

Marne schisteuse dure 2′.

Charbon. *Petit filon,* (n° 5) 8″.

Marne 1″-4′, grès dur.

Charbon 1 ¹/₂″.

Marne sableuse 1′, grès dur.

50′... Marne schisteuse dure, marne alunifère et marne en bancs tendres et durs 50′.

100′... Marne peu dure par bancs de 4′ = 11′.

Marne dure et tendre, 5′.

150′... Grès marneux 7 et marne 2; grès dur 25′ = 34′.

Marne par bancs de 2-4′ = 17′. — Grès 7′.

Marnes tendres et dures 5′.

Grès 20′.

200′... Marne stratifiée 4′, marne alunifère 5″.

Alternances de grès et de marnes 34 ¹/₂′.

Grès marneux et schisteux 7′ ; marne tendre 4′.

250′... Marne tendre 8′; marne dure 2′, grès 5″.

Marne tendre 25′, grès 10′.

300′... Grès 4′, — marne 3′. — grès 8′.

Marne avec couches de grès 6′, grès dur 14′.

Grès marneux 10′; marne dure 5′.

350′... Alternance de grès et de marnes 42′.

Marne en bancs 8′.

400′... Marne par bancs 10′; calcaire bitumineux 2″.

Marne et grès alternants 34′ ; marne dure 6′.

450′... Marne dure 17′.

Alternance de marnes et de grès 33′.

500′... Id.            id.         14′.

Calcaire bitumineux 2″ avec filet de charbon de 1″.

Grès plus ou moins dur 21 ¹/₂′ ; marne tendre 2 ¹/₂′.

Calcaire bitumineux 2″ ; marne 5′.

Calcaire bitumineux 3″; charbon 1″; marne 3″.

Grès 7′.

550′ ... Grès 23′.

Marne dure 4′; grès 21′; marne 2′.

600′ ... Marne 2′; grès 7′.

Schiste charbonneux alunifère 4″.

Marne compacte avec quelques coquilles blanches 2′.

Alternance de marnes et de grès avec une couche de marne alunifère (6 bancs) 38′.

650′ ... Grès 24′; marne et grès 4′; marne 11′.

Marne tendre alunifère 1′.

Calcaire bitumineux 6″; charbon 1″; calcaire bitumineux $^1/_2$′.

Charbon $^1/_2$″; calcaire bit. $^1/_4$′; charbon 1″; calcaire bit. 2″; charbon 2″.

Marne très tendre 16′.

700′ ... Marne 5′; grès 11′; marne bitum. 2′; grès 12′.

Marne schisteuse dure 7′; grès 13′.

750′ ... Marne 5; grès en bancs alternativement durs et tendres 27′.

Cinq lits de calcaire bitumineux, alternant avec autant de filets de charbon, variant les uns et les autres entre $^1/_4$″ et 2″; marne brune $^1/_2$″; total 1 $^1/_2$′.

Charbon, *Filon Gillot* ou de la *Tuilerie* (n° 4).

Marne et grès 2′.

Calcaire bitumineux deux fois répété avec deux filets de charbon de 1 à $^1/_2$″, marne dure 8″ = 11″.

Charbon du *Filon Hartweek* (n° 3).

Grès 11 $^1/_2$′.

800′ ... Grès 16′; marne schisteuse 3′.

Schiste alunifère 2′ et filet de charbon avec schiste.

Calcaire bitumineux 2 $^1/_4$″ et marne noire.

Marne et grès alternants 31′.

850′ ... Marnes et grès alternants, décombres.

900′ ... Décombres 33′; grès 11′.

Grès et marnes alternants 6′.

950 .... Marne dure schisteuse 3′.

Marne dure avec gros rognons de grès dur 19′.

Grès dur en couches peu épaisses 16′.

Marne 9′; calcaire bitum. 7′; marne schisteuse 3′.

1000′ ... Marne schisteuse 19′.

Calcaire bitum. 1′; charbon 1′; marne 3′.

Charbon du *Filon de la Crétaz* (n° 2).
Grès et marnes en alternance 31′.
1050′...


Au-dessus de la mollasse à charbon se trouve, dans le ravin de la Paudèze, une zone de marnes traversées de veines de gypse fibreux surmontée d'autres marnes, renfermant des coquilles de mollusques aquatiques, *Limnées, Planorbes*, etc., espèces aquitaniennes, et dans un mince banc de grès marneux, outre ces mêmes fossiles, une multitude de *Néritines* à coquilles couleur ambre, très nettement tachetées; c'est la *Neritina Ferrussaci* (citée sous le nom de *N. fluviatilis*, Maill. *113*, p.91). Ces deux niveaux, les marnes à gypse et les marnes à Néritines, si toutefois ces dernières peuvent être considérées comme un niveau distinct, n'ont pas encore été constatées aux environs d'Oron. L'extension considérable du niveau des marnes à gypse est connue. On les trouve depuis le pied du Jura jusqu'au milieu du bassin miocène et même au delà. Quant au second, il doit plutôt n'être qu'un facies local, se rattachant aux marnes à gypse; car il n'a été reconnu jusqu'à présent que dans les environs de Lausanne et à part les *Néritines*, tous les autres fossiles se trouvent invariablement dans la mollasse à charbon.

Il est plus que probable que ces niveaux supérieurs de l'Aquitanien sont confondus dans notre région avec les couches de poudingue, ainsi que paraît l'indiquer la réduction graduelle de l'épaisseur du facies à charbon dans la proximité immédiate des Alpes. Il est vrai que les environs d'Oron, où cette formation est encore très puissante, sont bien près de la première chaîne alpine; mais il ne faut pas oublier qu'entre cette mollasse et le flysch des Pléïades, se trouve la puissante formation des poudingues, sous forme d'une synclinale, et qu'entre ces poudingues et les couches suivantes, composées d'une mollasse rouge et d'une nouvelle zone de poudingues, il y a une faille considérable; enfin un grand renversement a superposé les couches éocènes et secondaires aux assises miocènes et nous ne savons pas jusqu'à quelle profondeur celles-ci s'enfoncent en dessous des couches de la première chaîne. Il résulte de cette considération qu'à l'époque de la formation de la mollasse d'Oron, cette partie du bassin était peut-être à une distance triple ou quadruple du bord des Alpes, émergées alors. Les poudingues peuvent donc bien correspondre à la partie supérieure de cette formation et, dans le voisinage immédiat des Alpes, à la formation presque entière. C'est ce que nous allons examiner de près dans les pages qui suivent.

### LA FORMATION DES POUDINGUES

Nous avons déjà indiqué la région occupée par cette puissante formation qui est l'analogue de la nagelfluh de la Suisse orientale et forme, comme celle-ci, un facies correspondant à la fois à plusieurs des niveaux miocènes. Cette circonstance ne facilite pas la classification et ne permet pas de faire de cette formation un étage à part. La plus grande masse de ces roches se trouve sur la rive droite de la Veveyse, et, en l'observant depuis le lac, on croit y voir une disposition en synclinale. Les bancs plongeant au S.-E. du côté de Rivaz, se relèvent sensiblement dans le voisinage des Alpes. Cette disposition n'est probablement pas due à la forme en bassin du fond où se sont déposés ces graviers; mais nous sommes portés à croire que c'est là un pli postérieur au dépôt de ces graviers et qui doit être en relation avec la faille du ravin de la Veveyse.

La distribution et l'extension de ce terrain ressortant des indications que donne la carte, nous n'avons donc plus besoin d'en parler spécialement.

L'aspect général est celui d'un immense amas, qui va en se rétrécissant vers le nord. Dans le bas ce terrain présente un passage graduel à l'aquitanien, par suite du développement de plus en plus grand des intercalations marneuses, de grès fins, schisteux ou marneux et de quelques feuillets de charbon. Les marnes sont moins répandues dans la grande masse du Mont-Pèlerin et dans le prolongement de celle-ci, vers Châtel-St-Denis et Semsales. Les bancs de poudingue sont très réguliers et atteignent jusqu'à 10 ou 15$^m$ d'épaisseur; on les voit se dessiner le long de la côte, sous forme de corniches s'abaissant insensiblement vers l'est.

C'est une roche très solide et résistante, composée de graviers bien arrondis, variant de la grandeur d'une noisette jusqu'à celle d'une courge. Ils sont plus gros dans la région de Châtel-St-Denis qu'à une plus grande distance des Alpes. Les graviers sont très fortement agglutinés par un ciment sableux, très dur. Le tout forme un béton d'une dureté si grande, que les blocs que l'on fait sauter à la poudre, se brisent comme une roche compacte, en fendant les galets que le ciment n'abandonne pas. On remarque aussi parmi les bancs de poudingue, des lits de grès très dur, exploités comme pierre à pavés. Au bord de la route près d'Attalens, il y a deux grandes carrières. La roche exploitée est un grès très dur contenant des cailloux de petites dimensions

**Nature pétrographique.** Les matériaux contenus dans le poudingue sont des roches essentiellement calcaires. En quelques places seulement on trouve des cailloux de roches cristallines, protogines et variétés de granit, gneiss, serpentines, etc. Ces roches sont plus abondantes du côté de Châtel qu'à Lavaux.

Les roches sédimentaires qui se trouvent englobées comme graviers dans cette nagelfluh, sont aussi de nature extrêmement variée.

Les *calcaires* prédominent partout, mais ils sont loin d'appartenir à la même roche. Il y en a de clairs, de foncés et de toutes les nuances intermédiaires. Ce qui frappe immédiatement chez ces calcaires, c'est qu'ils ne diffèrent en rien des *calcaires alpins* du *lias* et du *jurassique* et de ceux du *crétacé* et de l'*éocène*. Comme dans la Suisse orientale, nous trouvons ici, dans les poudingues du miocène, des galets appartenant, sans contredit, au *calcaire noir* du lias; d'autres pourraient provenir du dogger et du nummulitique (?). Des galets homogènes gris plus ou moins foncé, sont identiques aux roches du *néocomien* et du *jurassique supérieur*. M. Gilliéron a même constaté des morceaux provenant des couches rouges du *crétacé supérieur*.

Aux roches calcaires s'ajoute une très grande proportion de matériaux empruntés au *flysch*. Ce sont des fragments de *grès gris* ou foncé, assez dur, à grain fin et d'aspect homogène. D'autres grès sont extrêmement durs et parsemés de petites parcelles de mica; ils ont une teinte verte ou rouge comme certains bancs de grès compact du flysch. Les galets du *grès compact et foncé* de ce dernier terrain sont fréquents. A Lavaux on trouve, quoique rarement, des morceaux de *marne rouge* micacée et un peu schisteuse qui ressemblent soit aux marnes de la mollasse rouge, soit au schiste marneux rouge de la base du *flysch*, ainsi que les marnes rouges du val d'Illiez et des montagnes au N. de la vallée de Morgins.

Parmi les galets les plus répandus, il faut comprendre encore ceux du *silex corné* gris ou blond, dans lesquels on reconnaît sans difficulté des débris de *rognons de silex du néocomien* et du *malm*.

Les galets de poudingue englobés dans le poudingue de Châtel cités par Renevier ne sont évidemment que du *poudingue éocène alpin (158)*.

Il y aurait encore une multitude de roches à citer et à trouver. Une étude aussi complète que celle qu'ont publiée MM. Gutzwiller, Kauffmann et autres sur la mollasse de St-Gall, Zurich, etc,, serait fort à désirer pour la mollasse vaudoise, en particulier pour les poudingues subalpins.

On a remarqué, à plus d'une reprise, que les galets du poudingue miocène de Lavaux étaient *impressionnés*. Nous avons observé que c'était même un fait presque général. Il ressort le mieux lorsqu'on parvient à séparer de son ciment sableux l'un des galets calcaires. Sa surface est parsemée de nombreux petits creux, correspondant aux grains de sable du ciment. Les graviers calcaires sont souvent impressionnés par les galets de quartz; le calcaire lui-même impressionnera un morceau de schiste ou de marne, etc. Les schistes et marnes sont presque toujours totalement écrasés. On voit la masse marneuse pénétrer entre les galets plus durs, comme si elle faisait partie du ciment, pourtant celui-ci est uniformément sableux. L'impression des cailloux est encore plus forte dans les poudingues éocènes des Alpes, lesquels ont subi des compressions plus intenses. C'est bien à la compression sous l'action du refoulement que l'on doit attribuer, dans une certaine mesure, l'impression des galets contenus dans les poudingues. Cette cause n'est certainement pas la seule. M. Mühlberg *(137)* a aussi découvert des cailloux *impressionnés*, *fendus* et *écrasés*, dans le diluvien près d'Aarau. Ici, le refoulement ne peut pas être la cause de la pression, car ces graviers sont à peine agglutinés par quelques infiltrations. Serait-ce la pression verticale exercée par la masse elle-même ou une augmentation de volume des galets, provoquée par une décomposition chimique (hydratation, oxydation)? La question est très importante, car l'impression des galets des poudingues miocènes peut être rattachée à cette même cause. Si elle n'était due qu'à la pression du refoulement, elle ne serait que locale; mais elle est presque générale, la cause doit conséquemment être générale. L'eau de carrière pénètre partout et son action, combinée surtout avec celle de l'air et de la température, peut produire sur certaines roches une augmentation de volume[1].

Le poudingue passe souvent au grès. En poursuivant un même banc, on voit de grandes variations dans les dimensions des matériaux et même la transition graduelle au grès dur exploité comme pierre à pavés. Nous avons déjà cité les carrières d'Attalens. Au-dessus de Corsier, les grès qui alternent avec les marnes, renferment beaucoup de cailloux calcaires roulés et disséminés irrégulièrement dans le grès fin. A la hauteur de Jongny, les grès sont en bancs presque horizontaux et alternent avec des marnes dans lesquelles M. Blanchet a constaté une veine de charbon et des empreintes végétales. Les marnes qui affleurent près de la Tuilerie d'Attalens nous ont également fourni quelques empreintes.

Les fouilles, faites pour la fondation de l'église de Châtel, ont amené la découverte de plantes fossiles dans les marnes qui alternent avec le poudingue. La coupe mise à découvert par ces travaux est du haut en bas la suivante:

1. Poudingue normal renfermant quelques bancs lenticulaires à éléments plus fins, passant à un grès dur (pl. I, fig. 8).

2. *Grès tendre*, alternant avec quelques couches marneuses, 1m,20.

3. *Marne compacte*, bréchiforme, avec bancs minces de grès, 1m. Elle renferme quelques amas de charbon.

Ces trois bancs sont traversés par une fissure de 0,4 d'épaisseur, perpendiculaire à la stratification et remplie de charbon, c'est fort probablement un tronc d'arbre.

4. *Grès bleuâtre*, peu dur, alternant avec des couches marneuses tendres et se divisant en plaques parallèles, 5m. C'est la couche qui renferme les feuilles. Les plus communes appartiennent aux espèces suivantes :

*Sequoia Langsdorfii*, Heer.  *Cinnamomum polymorphum*, Heer.

---

[1] On constate à la surface des bancs de mollasse miocène, près de Rochette, des boursoufflures, creuses en dessous, formées par suite de l'augmentation de volume de la couche superficielle, exposée aux agents atmosphériques.

5. Poudingue normal, très dur, avec lentilles de grès dur, à cassure concoïdale.

Au Mont du Plan, et le long du pied ouest du Mont-Cheseaux, on voit les bancs de poudingue, recouvrant les grès et marnes de la mollasse à charbon. La transition est graduelle. Quelques bancs de grès grossier et quelques couches minces de conglomérat se montrent déjà dans les marnes de l'étage inférieur, en dessous du premier banc de poudingue. La limite du poudingue passe au S. du hameau de Granges, en s'infléchissant au S.de la vallée de la Biordaz, puis elle se dirige de nouveau vers le nord et passe à Bossonens (fig. 7, pl. I).

Près de Bossonens, il y a une exploitation ouverte dans les grès et conglomérats, intercalés au milieu des poudingues. Ce sont des bancs minces d'un conglomérat à grains fins et de grès très dur alternant avec les bancs de nagelfluh à matériaux peu volumineux et parsemés de cailloux noirs.

Les **fossiles,** qui ne manquent pas dans la formation des poudingues, ne permettent pas encore de trancher la question des limites de l'âge de ce terrain.

La partie inférieure, comprenant les cinq grands lits de poudingue, visibles à Rivaz, doit appartenir à la partie supérieure de l'*Aquitanien*. Ceci est acquis pour Rivaz; mais on ne sait pas s'il en est de même partout. En effet, l'extension de cette formation doit varier dans les deux sens. Elle doit empiéter plus ou moins sur l'étage aquitanien suivant l'éloignement des Alpes.

Les fossiles, sous forme d'empreintes de feuilles de rameaux entiers, fruits, etc., sont d'une abondance prodigieuse dans divers gisements près de *Rivaz* et au *Moulin Monod*. Près de 200 espèces ont été constatées dans le riche matériel, réuni par MM. Gaudin et de la Harpe (*84*) et décrites par Heer dans la *Flora tertiaria Helvetiæ* (*89*).

Nous ne répéterons pas les précieux renseignements qu'ont publiés ces savants géologues avec bien d'autres qui ont exploré à nouveau ces gisements. Tout ce qui s'y rapporte est résumé dans la description du Jura vaudois et neuchâtelois par le prof. Aug. Jaccard (*104*, p. 57 etc.).

Une florule analogue à celle du Moulin-Monod se retrouve, avec une moindre abondance en espèces, à un niveau plus élevé (entre le quatrième et le cinquième banc de poudingue). Cette couche affleure au niveau du chemin de fer à l'est du village de St-Saphorin. M. Gàudin (85) a constaté parmi les espèces recueillies là, 17 espèces, qui se trouvent, sauf une, déjà dans la marne de Moulin-Monod; ce sont :

*Lastræa styriaca*, Ung.
*Pinus palæostrobus*, EH.
*Cyperus Chavannesi*, Hr.
*Cyperites alternans*, Hr.
*Phœnicites spectabilis*, Ung.
*Carpinus grandis*, Ung.
*Alnus gracilis*, Ung.
*Laurus primigenia*, Ung.
*Cinnamomum polymorphum*, Br.

*Cinnamomum lanceolatum*, Ung.
   »    *spectabile*, Hr.
*Daphnogene Ungeri*, Hr.
*Eugenia Hœringiana*.
*Dryandroides lævigata*, Hr.
*Rhamnus Gaudini*, Hr.
*Juglans bilinica*, Ung.
*Acacia Parschlugiana*, Ung.

Les fossiles sont beaucoup plus rares dans les marnes intercalées au poudingue dans le haut de la formation; nous avons cité les gisements où il en a été trouvé.

D'après tout ce que permettent de dire les fossiles, ce poudingue subalpin a commencé vers la fin de l'époque aquitatienne et s'est continué pendant toute l'époque langhienne et jusqu'à celle de l'helvétien. Il est probable même qu'il ait continué à se former pendant cette dernière époque. Toutefois, M. Renevier, dans son tableau des terrains sédimentaires met toute la formation des poudingues dans l'étage aquitanien. Il pense aussi que les poudingues de Châtel-St-Denis doivent être plus récents que ceux de Lavaux, parce qu'il y a trouvé des galets d'un poudingue analogue à ceux de Lavaux, et provenant, selon lui, des matériaux arrachés par les eaux de cette dernière roche. Nous ne pouvons partager cette manière de voir. Les galets sont évidemment originaires des Alpes où les dépôts éocènes du flysch renferment des roches presque identiques aux poudingues miocènes (poudingue de la Mocausa); c'est aussi le cas des galets de grès du poudingue de Châtel (*158*).

**Les poudingues de la rive gauche de la Veveyse** appartiennent au triangle de terrain miocène, qui est séparé de la grande masse par la faille de la Veveyse. Nous avons déjà décrit la mollasse rouge de cette région, parce qu'elle est contiguë à celle du ravin de la Veveyse. Nous ne mentionne-rons plus que les poudingues. Ceux-ci, en effet, sont tout à fait séparés de ceux de Lavaux et de Châtel. Ils forment une bande étroite allant depuis La Chiésaz, sur Vevey, jusqu'au Châtelard.

Ce poudingue ne diffère en rien de celui de Châtel, etc.; il est seulement remarquable par la grande proximité de la mollasse rouge. Quelques bancs de mollasse et de marnes le séparent à peine de celle-ci.

Au Châtelard, on voit fort bien des bancs de poudingue et des lits épais de mollasse grise. Au pied de l'escarpement on a signalé une veine de charbon. Dans une carrière, ouverte dans le voisinage de Tavel, on trouve fréquem-ment des restes de plantes. Le poudingue affleure à la base des bancs de grès dur exploités; un faible filet de charbon les sépare. Entre la route de Chailly et celle de Brent, il y a un rocher de poudingue bien caractérisé. Ce terrain traverse la Baye de Clarens entre les deux villages cités. En amont du pont de Chailly il y a de la mollasse rouge[1] et en aval du poudingue; la mollasse rouge se retrouve plus bas, au pied du château des Crêtes bâti sur une colline de poudingue et de mollasse grossière. Il paraît donc évident qu'ici le pou-dingue est renfermé dans un repli en forme d'U de la mollasse rouge (pl. I, fig. 2). La faible épaisseur de mollasse à charbon, qui l'en sépare, semble indiquer que la formation des poudingues représente ici presque la totalité de l'aquitanien. Ceci est appuyé par la fréquence de lits de grès gris, véri-table mollasse, tout à fait semblable aux grès qui accompagnent les poudin-gues de Lavaux.

Au-dessous de Blonay, le poudingue et les grès gris se montrent superposés à la mollasse rouge. Plusieurs carrières sont ouvertes dans ces bancs (fig. 5, pl. I). Les grès sont d'un grain fin avec des lentilles de cailloux dans leur milieu; il y a aussi des bancs d'un conglomérat à éléments plus fins. Les cail-loux sont souvent aussi disséminés dans le grès fin. Des bancs de marne feuil-letée se répètent en alternance avec ces grès. Le village de la Chiésaz est con-struit sur ces bancs.

Un peu à l'ouest de St-Légier, on a découvert un gisement de feuilles dans un banc de marne. M. de Fischer-Ooster indique de cette localité :

---

[1] La bande de mollasse rouge qui sépare le poudingue du flysch, n'est pas indiquée sur la carte, f. XVII.

*Woodwardia Rössneriana,* Ung.
*Lastræa styriaca,* Ung.
*Aspidium Meyeri,* Hr ? ou Escheri Hr.
*Taxodium dubium,* Hr. cc.
*Glyptostrobus Ungeri,* Hr.

*Populus mutabilis,* Hr.
*Populus balsamoides,* Göpp. ?
*Cinnamomum lanceolatum,* Hr.
*Cinnamomum polymorphum,* Hr.
*Quercus Charpentieri,* Hr.

Sur le plateau au pied des Pléiades, les bancs de poudingue se distinguent par les petites dimensions des matériaux qui les composent (fig. 1, pl. I). Il y a beaucoup de grès en gros bancs plongeant régulièrement au S.-E. Au-dessous de la maison des Chevalleyres, une carrière est ouverte dans une mollasse grise en bancs épais. Ce grès a un grain fin, et renferme des lentilles et des bancs de conglomérat fin. Une autre carrière, ouverte près d'en Sonmont, à l'extrémité N. des Pléiades, montre ce même terrain, sous forme d'un grès grossier, quelquefois compact et fin.

En descendant de ce plateau vers le ravin de la Veveyse on rencontre alternativement des affleurements de mollasse compacte, sans intercalations de marnes, et de conglomérat à petits cailloux. La roche très résistante est exploitée comme pierre de construction. Les bancs supérieurs seulement alternent avec des marnes feuilletées.

Il nous semble certain que les poudingues miocènes sont des formations comparables aux cônes de déjections que les fleuves forment à leur embouchure dans un lac. Les eaux qui ont amené ces matériaux dans le bassin miocène provenaient certainement des *Alpes.* La configuration de cette chaîne, actuellement toute différente de ce qu'elle était à l'époque miocène, ne nous permet pas de préciser l'embouchure des cours d'eau qui ont déposé ces poudingues; les dislocations, si compliquées au bord des Alpes, sont un obstacle encore plus sérieux.

Le maximum de la sédimentation des poudingues tombe au milieu de l'époque langhienne; elle avait commencé après le dépôt de la mollasse rouge au pied des Alpes et, après la formation de la grande masse de poudingue du Pèlerin, elle s'est localisée de nouveau au pied des Alpes avec le commencement de l'époque helvétienne.

La forme et l'étendue de ce cône de déjection peut être déterminée assez

exactement, pour ce qui en reste au N. du bassin du Léman. Il s'étendait probablement bien en avant dans le bassin miocène et les masses de graviers,
amenés périodiquement avec plus ou moins de vitesse et d'abondance, alternent pour cette raison avec des couches de marnes à feuilles, des couches de
de charbon et des grès fins.

Il y a eu là une série de phénomènes identiques à ceux qui se passent à
l'embouchure d'un grand fleuve se déversant dans un bassin peu profond.
Comme nous l'avons dit, les renversements des terrains secondaires et éocènes par-dessus le miocène sur le bord des Alpes, ne permettront guère de
préciser les contours des anciens rivages et les emplacements où des anciens
fleuves débouchaient dans la plaine, il serait pourtant étonnant que les lits
de ces derniers ne coïncident pas plus ou moins avec ceux des cours d'eaux
de l'époque actuelle.

# CHAPITRE IX

## TERRAINS QUATERNAIRES

### I. TERRAINS GLACIAIRES

Les dépôts erratiques ou glaciaires de notre région ont été formés en
majeure partie par le grand glacier du Rhône et par ses nombreux affluents,
parmi lesquels un des plus importants est celui de la Sarine.

Nous nous bornerons donc à donner un court aperçu de la distribution des
dépôts morainiques, blocs erratiques, etc., laissés par le glacier du Rhône, en
ajoutant les observations que nous avons pu recueillir sur les dépôts locaux
des glaciers accessoires; ceux-ci seront, du reste, toujours mentionnés dans
la description géologique et orographique, et nous renvoyons pour plus de

détails sur ce sujet à la publication spéciale que prépare M. le prof. Alph. Favre, et qui servira de texte explicatif à la belle carte que ce savant vient de publier (*61, b.* et *c.*).

Les plus grands dépôts erratiques, et en même temps les plus réguliers et les plus typiques, sont ceux qui recouvrent l'angle N.-O., soit la région miocène ou du **Jorat**, jusqu'au pied du Mont-Pléiades.

Ils remplissent le fond des dépressions entre les collines de mollasse et de poudingues miocènes, dont ils recouvrent souvent encore le flanc. Tout le long du pied de la chaîne du *Niremont-Pléiades*, s'étend une nappe de terrain glaciaire, composé essentiellement de roches du glacier du Rhône, mélangés à celles que les glaciers accessoires des deux Veveyses lui ont amenées. Les blocs erratiques y sont généralement de petites dimensions; il y en a un de $6^m$ de long, $5^m$ de large et $3^m$ de haut, à une faible distance de la route, près du Crêt Métay, au pied des Pléiades. C'est un des plus grands que nous connaissions dans cette région; il est formé de *poudingue de Valorsine* et se trouve à $848^m$. Cette roche est excessivement répandue parmi les blocs erratiques, plus rarement parmi les galets; ceux-ci sont formés de roches cristallines provenant du Valais, *gneiss, quartzites, serpentine, calcaire compact noir, calcaire nummulitique*, etc., puis de roches *néocomiennes, jurassiques* et surtout de débris du *flysch*.

La base des moraines est souvent formée par la véritable *boue glaciaire*, argile plastique à cailloux striés. Sur les roches qui servent de base aux graviers erratiques, il n'est pas rare de découvrir de beaux polis glaciaires; c'est sur les poudingues miocènes que ces traces sont ici le mieux conservées. On a pu voir une très belle surface polie et striée près du petit lac Lussy au N. de Châtel-St-Denis.

Aux environs de cette localité, on remarque surtout des blocs de *poudingue de Valorsine* et de *poudingue rouge*[1]. Les granits n'apparaissent en grand nombre qu'à une certaine distance du pied des Alpes. Il y a d'assez grands

---

[1] Nous nommons cette roche *poudingue rouge d'Outre-Rhône*, puisque ce sont les rochers au-dessus de Collonges et d'Outre-Rhône qui ont fourni les blocs répandus sur la rive droite du Léman. M. Renevier l'appelle *poudingue des Gorges* et M. Gilliéron *poudingue rouge de Valorsine*. Les *poudingues gris* de Valorsine proviennent de la même région au pied des Dents de *Morcles* et sont d'âge carbonifère; le poudingue rouge est plus récent et identique au *Sernifitconglomerat* des chaînes glaronnaises.

blocs aux environs de Bossonens et de Vuarat, mais, comme partout, les exploitations en ont bien diminué le nombre. Près de Vuarat, il y a un bloc de poudingue de Valorsine, long de 8 mètres.

Une nappe, assez régulière, de boue et de gravier glaciaires recouvre le fond de la *dépression de la Broye*, au nord du Mont-Pèlerin, jusque vers Oron. Le Mont-Pèlerin lui-même en est en partie recouvert. Près de Jongny, où ce terrain est bien visible, M. Blanchet a observé des surfaces polies et striées sur le poudingue miocène. La même observation a été faite sur d'autres points du Mont-Pèlerin. Les blocs de poudingue de Valorsine sont très répandus; c'est du reste la roche la plus fréquente parmi les grands blocs de la surface des dépôts glaciaires.

Le terrain glaciaire est aussi très développé aux environs de Puidoux, Bossonnens, en Drugex et Mont-du-Plan. L'église de Puidoux est construite sur une moraine, et près de là gisent deux blocs de calcaire alpin, dont l'un est très grand.

Entre le Jordil et Progins, il y a à l'est de la route une moraine presque entièrement formée de *poudingue miocène*; on n'y voit que fort peu de blocs de poudingue de Valorsine.

On a aussi trouvé des blocs de poudingue miocène entre le Blignon et Franex, près de la Broye.

La plupart des torrents qui descendent du pied des Alpes vers la vallée du Rhône, traversent, sur une certaine longueur de leur cours, des amas morainiques très puissants.

Ainsi la **Veveyse** coule sur une grande longueur dans les graviers erratiques, surtout dans son cours inférieur.

Une gravière ouverte à la Chiésaz, sur Vevey, au pied des Pléiades, a fourni deux molaires et un fragment de crâne d'*Elephas*, ainsi qu'une dent de *bœuf*. Cette exploitation montre la moraine confusément stratifiée, formée de sables et de graviers, reposant sur de l'argile (*3, 124*).

Sur les pentes du côté du lac, les graviers glaciaires sont souvent déposés sous forme de moraines régulièrement disposées et affectant la forme de paliers le long de la pente, de manière à ce qu'on les prendrait facilement pour des terrasses lacustres.

Le torrent de la **Baye de Clarens**, ayant profondément raviné son lit, a mis à découvert de fort beaux dépôts erratiques, qui forment tout le fond du ravin, depuis le Scex-que-pîlliau, sur Brent, jusqu'au Col de l'Alliaz. A la base des graviers se trouve un épais lit d'*argile glaciaire*, très homogène et plastique, entremêlée de petits galets striés. Outre les graviers et galets calcaires, éocènes, etc., il y a dans cette moraine de beaux galets de *serpentine*, presque toujours striés. On voit souvent, pris au milieu de la moraine, des blocs arrondis de grande dimension.

A la surface de cette moraine se voient aussi des blocs erratiques; il y en a d'assez nombreux sur la pente du Mont-Cubli; et au Plan de la Paccoresse, au Villard, etc. Ce sont des poudingues de Valorsine, grès de Taveyannaz, etc. Le passage du glacier du Rhône à travers le col de l'Alliaz (1200$^m$) est prouvé par la présence d'un grand bloc de *poudingue rouge* d'Outre-Rhône, près de la *Fontannaz-David;* les roches du glacier du Rhône sont du reste très répandues dans la vallée de la Veveyse de Fégires, même en amont du col en question.

En descendant sur l'ancien chemin qui conduit depuis la Paccoresse à Brent, on trouve un des plus grands blocs erratiques de cette région; il est long de 8$^m$, large de 4$^m$ et haut de 3$^m$, et se voit à droite du chemin, à une hauteur de 880$^m$; c'est du calcaire foncé un peu grenu qui a l'apparence, soit du nummulitique, soit du néocomien compact de la chaîne des Diablerets.

Dans le marais de Cornaux existe aussi un beau bloc de *poudingue rouge* d'Outre-Rhône (745$^m$).

M. Morlot avait cru trouver une preuve de l'existence de deux époques glaciaires dans la superposition de graviers stratifiés à l'erratique près du cimetière de Clarens (*121*). Cette observation manque de la preuve décisive, c'est-à-dire de la superposition d'un nouveau dépôt erratique à ces graviers stratifiés.

En effet, M. Morlot avait pris ceux-ci pour de l'alluvion ancienne, de même âge que celui de Genève. En réalité, nous avons affaire là tout simplement au cône de déjection de la Baye de Clarens qui est néanmoins postérieur aux dépôts morainiques ou à la terrasse lacustre que nous avons déjà mentionnée à Montreux, etc.

La moraine qui leur sert de base est composée de graviers et d'une grande épaisseur de boue glaciaire; c'est une argile grise avec cailloux striés que les travaux de construction entre Clarens et Montreux mettent toujours à découvert en dessus de la route.

M. Morlot y a remarqué un grand bloc de mollasse, provenant probablement de la colline du Châtelard, la plus rapprochée de ce dépôt, et en même temps la dernière saillie que fait ce terrain avant sa disparition au bord du lac.

En-dessus de **Montreux,** les dépôts erratiques forment plusieurs zones très marquées; on dirait une succession de moraines, tant elles sont régulières. Le premier lacet de la route de Charnex en entame une en dessous des *Vuarennes,* ici on trouve de nombreux blocs de poudingue du flysch de Chaussy (Ormonts). Un second palier, lequel se poursuit jusqu'à *Pallens,* se voit fort bien en dessus des Vuarennes; enfin vient une troisième zone, laquelle forme un plan très prononcé au-dessus de *Pertit,* jusqu'au pied du rocher de Taulan, et à l'ouest jusque vers Charnex. Partout, les roches du flysch des Ormonts sont mélangées avec les roches calcaires des chaînes extérieures, et les roches du Valais, parmi lesquelles le poudingue de Valorsine est en prédominance sous forme de blocs gisant à la surface. A Pertit, il y a un bloc au bord du chemin, et à Charnex, près de l'école, un autre qui est en place, enclavé dans le mur au bord de la route [1] (570ᵐ).

Aux environs des **Avants,** on observe de très belles moraines et de beaux blocs erratiques, tous de poudingue de Valorsine; il y en a un près du Sollard, en dessus de la nouvelle route (880ᵐ); plusieurs autres sont en-dessous du même endroit (800ᵐ). A l'endroit où la route franchit le ravin des *Chenaux,* elle est taillée dans un dépôt morainique vraiment typique, formé de grands galets et de sable légèrement agglutinés. On trouve là de nombreux cailloux de calcaire gris homogène, pour la plupart très nettement *striés.* Tout le petit *plateau des Avants* est recouvert d'erratique; il en est de même de tout le *fond de la Baye de Montreux,* depuis le Pont-de-Pierre jusqu'au pont de Jaman. Les deux flancs du ravin font voir l'immense épaisseur des graviers

---

[1] Les habitants nomment ce bloc, *le fourneau,* parce que, étant noir, il absorbe beaucoup plus vite la chaleur solaire que le mur blanchi.

erratiques et, dans le fond, dégagés du menu matériel qui les entourait, gisent d'énormes blocs de *poudingue de Valorsine* et de *poudingue éocène de Chaussy* (Ormonts). Ils sont si nombreux qu'on pourrait les compter par centaines, les grands seulement; plusieurs dépassent 3 à 4 mètres.

Sur les pentes du *Mont-Folly*, de la colline d'En Jor, au-dessus des Avants et du Mont-Cau, on peut apprécier approximativement la hauteur qu'a dû atteindre le glacier du Rhône, grâce à plusieurs blocs erratiques situés très haut. Il y en a un, de *poudingue éocène de Chaussy*, au-dessus du pont de Jaman, sur le chemin de Bévieux, à 1230ᵐ; des dépôts morainiques montent à environ 100-150ᵐ plus haut et sont très bien visibles sur le sentier de Jaman, où l'on voit de beaux cailloux striés. Un autre bloc plus remarquable, de la même roche, gît à 1475ᵐ, à 50ᵐ environ au-dessus d'un petit chalet sur le sentier qui conduit de Cau à *Chamosallaz*. Il est long de 2ᵐ, large de 1ᵐ et haut de 0ᵐ,50. Ce bloc est le plus élevé que nous ayons remarqué parmi ceux appartenant *certainement* au glacier du Rhône. Plus haut se trouvent encore de nombreux blocs calcaires, qui peuvent être attribués au glacier local.

On pourrait attribuer ce bloc de poudingue éocène au glacier de l'Hongrin, affluent de celui de la Sarine, et qui charriait presque exclusivement des blocs de cette roche.

Étant donné que le col de Jaman n'a que 1485ᵐ d'altitude, c'est-à-dire dix mètres seulement de plus que le bloc observé, il se pourrait que le glacier de l'Hongrin eût dépassé le niveau de ce col; mais dire qu'il ait franchi le col de Jaman et déversé ses blocs et graviers sur le glacier du Rhône, c'est là une supposition qui n'est guère probable. En effet, sous quelle impulsion aurait-il pu remonter l'étroit vallon de Jaman pour arriver sur le versant occidental de l'arête du Mont-Cau? On peut donc admettre avec certitude que ce bloc de flysch des Ormonts a été déposé là par le glacier du Rhône, et que celui-ci a atteint et dépassé peut-être le niveau de 1475ᵐ. Cette altitude considérable explique l'abondance des roches du Valais dans le ravin de la Veveyse de Fégires et dans le haut de celui de la Baye de Clarens (Paccoresse, etc.); le glacier ayant dépassé de 300ᵐ le sommet du Cubli et de 400ᵐ environ les cols de Sonloup et de l'Alliaz. Il n'est pas probable, par contre, qu'il ait franchi le col du Grand Caudon, entre le Mont-Folly et les Verreaux (1580ᵐ).

Nous n'avons pas trouvé jusqu'à présent de roches du Valais dans le haut du ravin de la Veveyse de Fégires.

Une belle *surface polie et striée* par le glacier a été mise à découvert près du **rocher de Chillon,** par suite des travaux de construction du chemin de fer en 1860. La surface était inclinée au sud, 50°, et le striage d'une délicatesse remarquable. Par-dessus le roc poli, il y avait des graviers nettement stratifiés par les eaux, preuve que ce roc a été *en dessous* du niveau du lac après le retrait des glaciers; il se trouve à 8-9<sup>m</sup> au-dessus du niveau actuel.

Dans la **vallée de la Tinière,** les *poudingues de Valorsine* se trouvent en grand nombre et à une grande hauteur; ils ont pénétré profondément dans l'intérieur de la vallée. Les plus avancés se trouvent près des Clavons, à 1000<sup>m</sup> environ. On est surpris, à juste titre, de trouver ces blocs aussi haut dans la vallée, en un point où l'arête de Naye a 1700<sup>m</sup> d'altitude et celle du Mont-Arvel, justement opposée, 1930<sup>m</sup> au signal de Malatrait. Le point 1718 de l'arête de Naye, les blocs erratiques et le signal de Malatrait se trouvent presque exactement sur une ligne droite. Or, il n'est pas admissible que le glacier soit venu par-dessus l'arête de Malatrait qui a encore 1600<sup>m</sup> à deux kilomètres au S.-E., hauteur que le glacier n'avait pas dans cette région. Il est ainsi probable que la glace du grand glacier a réellement *refoulé* celle du petit affluent de la Tinière en formant une sorte de golfe dans la vallée. Des dépôts étendus de galets calcaires mélangés de roches du Valais existent dans la partie supérieure de la vallée, en dessous de Noirmont, de Hautferrus, etc., jusqu'à 1100<sup>m</sup> d'altitude sur le versant opposé aux grands blocs cités. Avant de ressortir de la vallée, il fallait que le glacier revînt un peu en arrière pour contourner ensuite le Mont-Sonchaux à une altitude de 1450 à 1500<sup>m</sup>, laquelle se trouve à un kilomètre environ au S.-E. de la pointe 1718<sup>m</sup>.

Près des *Chevalleyres,* il y a un bloc de 5<sup>m</sup> de long, 5<sup>m</sup> de large et 2<sup>m</sup> de haut (poudingue de Valorsine).

Un bloc d'un grès noir, très fin et compact (nummulitique?), gît près du *Terreau,* sur la rive droite de la Tinière. Ses dimensions sont à peu près les mêmes que celles du précédent.

Plus au sud, le cirque de **Luan** et de **Corbeyrier** est rempli de masses erratiques, mélangées de terrains éboulés postérieurement et qui sont assis sur une base de boue argileuse. En dessous de Corbeyrier, on a découvert de belles surfaces polies. En amont de ce village, les dépôts glaciaires renferment des roches du Valais (granits) et des galets urgoniens.

La plupart des petits glaciers qui devaient sortir des ravins mentionnés jusqu'à présent, ont dû être refoulés considérablement par celui du Rhône et ne se mélanger que peu à peu avec ce dernier. Preuve en est la présence de blocs du Valais, etc., dans le haut de ces ravins. Il est cependant une de ces vallées accessoires sur la rive droite qui a fourni au glacier du Rhône un véritable affluent; c'est la **vallée de la Grande-Eau.**

Dans la partie inférieure de cette vallée, sur le plateau de Veyge-Leysin et sur la rive opposée, à la hauteur de Panex, Plambuit et de la petite arête de Plan au Saviot, il y a partout des dépôts erratiques et des blocs isolés, en particulier de *poudingue de Valorsine.* Au-dessus de Panex, ceux-ci dépassent 1500$^m$ et atteignent fort probablement 1550$^m$. Dans le fond de la vallée il ne reste plus que des amas locaux; derrière Aigle, on les voit cimentés en poudingue grossier; près des Afforets, il y a un dépôt entamé par la route, où les graviers et les sables sont stratifiés irrégulièrement, tantôt dans un sens, tantôt dans un autre. Il y en a encore au Vuargny.

Dans la **vallée des Ormonts,** entre le Sépey et les Ormonts-dessus, il n'y a plus guère de roches du Valais, et, sans les débris de roches cristallines, provenant des brèches éocènes, dont les micaschistes et les talcschistes sont identiques à ceux du Valais, on pourrait affirmer que les roches du glacier du Rhône manquent ici absolument. Les derniers galets de *poudingue et de grès de Valorsine* se trouvent dans la petite moraine du Vuargny, presque entièrement formée de roches locales du glacier de la Grande-Eau.

Les roches les plus caractéristiques que le glacier de la Grande-Eau a amenées au glacier du Rhône, sont surtout les blocs et galets de *grès et poudingue polygénique du flysch* de la chaîne de Chaussy, faciles à reconnaître par leur mélange de débris calcaires, dolomitiques, quartzeux, et surtout de schiste vert talqueux et chloriteux qui n'y manque jamais. On trouve aussi parmi ces roches des calcaires du malm et du dogger des chaînes calcaires des Ormonts-dessous, ainsi que des cargneules de cette même région; tandis que du pied des Diablerets et de l'Oldenhorn sont venus les calcaires compacts blancs de l'urgonien, les schistes et calcaires foncés néocomiens et nummulitiques et les grès de Taveyannaz, si faciles à reconnaître.

S'il y a prédominance des poudingues de Valorsine sur la rive gauche de la Grande-Eau, en-dessus de Panex, sur la rive droite, ce sont les poudingues de Chaussy qui en tiennent lieu; ils recouvrent en grand nombre le plateau de Leysin, surtout aux environs des Larrets; et, à partir du point de jonction entre les deux glaciers, on trouve toujours ces deux espèces de poudingue mélangés, soit dans les graviers, soit parmi les blocs erratiques disséminés; ils sont du reste toujours faciles à distinguer.

Il semble qu'à un certain moment, le glacier de la Grande-Eau ait eu une existence presque indépendante. Il est clair que sa grande masse devait retarder longtemps le mélange de ses matériaux avec ceux du glacier du Rhône; c'est à lui qu'est dû en majeure partie la formation d'une sorte de moraine latérale qui se poursuit sur la rive droite jusqu'à l'orifice de la vallée du côté d'Yvorne. On y trouve aussi des roches du Valais, mais il y a prédominance notable des roches des Ormonts.

Le **plateau des Mosses** a dû être entièrement recouvert par l'ancien glacier. Il était occupé probablement par un vaste *glacier réservoir* communiquant au S.-E. avec le glacier de la Grande-Eau, et lui envoyant bon nombre de blocs de poudingue de Chaussy. D'autre part, il a engendré le *glacier de l'Hongrin* et un fort rameau de celui de *la Tourneresse*, les deux affluents du glacier de la Sarine. Pendant le retrait des glaciers, la jonction entre ce glacier réservoir et celui de la Grande-Eau a dû être interrompu de bonne heure; c'est alors probablement qu'il a déposé les moraines de roches locales, si répandues aux environs de la Comballaz et vers les Voëtes, sur Aigremont, de même que les nombreux blocs erratiques de poudingue éocène dont ce plateau est parsemé.

L'un des plus importants affluents de l'ancien glacier du Rhône était le **glacier de la Sarine.** Les plus beaux dépôts que ce dernier ait laissés dans la vallée même de la Sarine, se voient aux environs de Rougemont et de Château-d'Œx. Ils se composent surtout de roches de la haute vallée de la Sarine, parmi lesquelles les roches du flysch et surtout la brèche de la Hornfluh, sont très caractéristiques, à côté des blocs et galets de calcaire jurassi-

que et de crétacé rouge. Le fond de la vallée est couvert de ces graviers, souvent remaniés par les torrents. Ils s'élèvent sur ses flancs jusqu'à 1500ᵐ et
même à 1600ᵐ, par exemple sur le Rodomont, vers le Rubli, sur la Laitmaire
et surtout sur le plateau de la Braye, incliné en sens inverse du mouvement
du glacier, ce qui a déterminé le dépôt de nombreux matériaux et de blocs
erratiques volumineux. Nos recherches ne s'étendent que sur une partie du
réseau du glacier de la Sarine, la partie moyenne, depuis la vallée de Gessenay jusqu'à Enney. Sur ce parcours, le glacier recevait de nombreux petits
affluents. Entre le Rubli et la Gummfluh descendait le petit glacier du *Kalberhöhni*, qui a laissé des dépôts bien caractérisés par des cailloux striés près
de *Comborsin* et à la sortie de la vallée. Le petit vallon de *la Rytte* et celui de
*la Gérine*, coupant la chaîne du Rubli, étaient tous deux parcourus par des
glaciers. Dans le vallon de la Rytte, sur Rougemont, se trouvent de nombreux
blocs erratiques de brèche de la Hornfluh, et, dans le vallon de la Gérine,
cette roche est accompagnée de blocs de malm et de crétacé rouge. Les glaciers
peu inclinés, sans doute, des vallons de *la Manche* et *des Fénils*, se sont joints
au glacier de la Sarine et lui apportaient surtout des débris du flysch.

Les plus grandes masses de roches paraissent cependant être venues par
les glaciers de la *Tourneresse* et de l'*Hongrin*, qui avaient leurs névés dans
les hautes chaînes de flysch. Celui de la Tourneresse, encaissé entre la
chaîne de l'Arnenhorn et celle des Arpilles, recevait des rameaux latéraux
du flanc nord de la chaîne de Chaussy. Outre les roches habituelles du
flysch et les blocs calcaires de la Gummfluh, ce glacier transportait des masses prodigieuses de blocs de *poudingue polygénique à schiste vert* de Chaussy.
Ils sont disséminés par centaines sur le flanc de la vallée et les pentes
des Monts-Chevreuils, sans compter ceux qui ont glissé au fond de la gorge
de la Tourneresse. Cette roche, peu répandue jusqu'alors à l'état erratique
(car le glacier de la Sarine en recevait aussi des montagnes de Lauenen et de
Gsteig) devient excessivement fréquente à partir de la jonction des deux glaciers et plus encore après la réunion avec celui de l'Hongrin.

Dans le bas de la vallée de l'Étivaz, le glacier de la Tourneresse a laissé de
vraies moraines, formées de graviers et galets striés, et d'argile plastique. A
une certaine hauteur (1400ᵐ environ) se trouve une sorte de moraine laté-

rale, sous forme de terrasse que l'on observe très bien, sur le flanc sud, en dessous de la pointe de la Corne. Il en est de même dans la vallée de l'Hongrin; les moraines et blocs erratiques sont excessivement répandus sur les deux flancs, mais surtout au sud. On trouve encore des blocs de poudingue de Chaussy dans le vallon de Jaman, à 1250m.

Après avoir reçu ce dernier glacier, celui de la Sarine pouvait s'étendre largement dans la vallée de Montbovon, jusqu'à Enney, aussi ses dépôts montent moins haut. De petits glaciers accessoires venaient déposer leurs moraines à sa surface, tels sont ceux qui descendaient de la chaine du Vanil-Noir-Mont-Cray et deux autres qui descendaient sur le flanc opposé, à travers des gorges étroites, depuis le pied du Moléson; ils sont intéressants par les moraines considérables de roches locales qu'ils ont déposées à l'entrée supérieure des gorges, probablement pendant l'époque du retrait. Les glaciers du côté opposé sont probablement dans le même cas; nous avons observé de grands dépôts locaux dans le ravin de la *Taouna* sur Grandvillars.

Enfin le pied du Moléson a fourni encore au glacier de la Sarine de nombreux débris, venus par les glaciers de la *Trême* et de l'*Erbivue*, auxquels correspondait, du côté opposé, le glacier de la *Jogne*, dont le névé supérieur était dans la vallée d'Abläntschen, au pied du Hundsruck et des Gastlosen.

M. Gilliéron s'est basé sur le poudingue de Chaussy pour établir les limites entre les dépôts du glacier de la Sarine et ceux du glacier du Rhône (*94*, p. 229, etc.). Il a constaté une série d'oscillations sur la zone de rencontre de ces deux glaciers. Ces recherches auraient pu se faire avec plus de sécurité en se guidant exclusivement d'après la brèche de la Hornfluh, dont il n'existe pas un seul fragment dans les dépôts du glacier du Rhône, tandis que celui de la Sarine en charriait de grandes quantités. Le glacier du Rhône, nous l'avons vu, a déposé des grandes masses du poudingue de Chaussy tout le long du pied des Alpes et a dû en déposer également aux environs de l'embouchure du glacier de la Sarine.


## II. TERRAINS MODERNES, ALLUVIONS, ETC.

Les dépôts que nous aurons à décrire dans ce chapitre ont une importance fort variable. La plupart d'entre eux continuent encore à se former sous nos yeux, mais il nous est souvent impossible de préciser l'époque du commencement de leur formation, une bonne partie de ces terrains se confondant insensiblement avec les dépôts diluviens sous-jacents ou étant mélangés avec ceux-ci. On appelle généralement terrain diluvien tout dépôt formé pendant l'époque de la grande extension des glaciers et pendant le retrait de ceux-ci dans les vallées alpines.

Si cette classification est applicable pour le plateau il n'en peut certainement pas être de même pour une région alpine. Car il n'est pas possible d'y préciser le commencement des dépôts de charriage, d'alluvion, etc. Dans la grande vallée du Rhône par exemple, il est bien certain que l'atterrissement, qui la comble de plus en plus à l'embouchure du fleuve, a commencé à une époque bien antérieure à l'extension des glaciers.

Nous tenons donc à dire d'avance que, pour nous, les termes diluvien et moderne n'ont pas le sens chronologique qu'on leur attribue généralement. Dans les Alpes les dépôts des glaciers ne se sont certainement pas formés en même temps que ceux qui recouvrent le plateau; par conséquent ils ne peuvent pas servir de point de repère pour fixer logiquement la date d'une formation. Beaucoup de ces dépôts modernes sont contemporains, dans leurs couches les plus anciennes des dépôts diluviens glaciaires ou préglaciaires du plateau.

### Éboulis et cônes d'éboulement.

Dans un pays occupé par des chaînes calcaires ou éocènes, de toutes parts exposées aux agents atmosphériques, les dépôts d'éboulement ne sont pas une rareté; ils atteignent un grand développement, surtout le long du pied de ces longues arêtes calcaires, où, formés entièrement de roches compactes, ils tardent longtemps à se couvrir de végétation. A part ces dépôts, dès longtemps en voie de formation, nous rencontrons dans notre région un bon nombre de ces grands amas de débris de roches attribués à des *chutes subites de montagnes*, mais dont nous ne savons souvent que fort peu de chose, à part l'extension approximative du cône d'éboulement.

**Éboulis.** Dans la chaîne du **Niremont-Pléiades,** les débris d'éboulement recouvrent une bonne partie du pied occidental de la montagne, en se confondant dans le relief avec les amas de graviers erratiques. Ces dépôts, assez étendus pour qu'il eût été possible de les indiquer sur une carte, ne le sont cependant pas autant que dans le prolongement N.-E. de notre chaîne, au pied de la Berra et du Gurnigel où M. Gilliéron leur attribue une étendue considérable. Ce géologue indique une assez grande masse de flysch éboulé au pied de l'extrémité N. du Mont-Niremont, ce que nous n'avons pas fait pour la partie de la chaîne qui se trouve sur notre territoire. Il eût été, en effet, fort difficile d'attribuer une limite quelque peu exacte à ces dépôts qui affleurent presque aussi rarement que le flysch lui-même qu'ils recouvrent; ils se confondent du reste si intimement avec les roches transportées par les glaciers qu'il nous a paru préférable d'indiquer du glaciaire là où ces derniers étaient en prédominance, et du flysch là où il y avait lieu de le supposer à une faible profondeur sous les masses éboulées.

Au pied des arêtes calcaires du **Moléson** les débris éboulés des roches jurassiques et crétacées se sont entassés en formant des talus d'éboulement assez réguliers; il en est de même pour le pied N.-O. de l'arête des **Verreaux-Dent de Lys.** Ici, des masses assez considérables paraissent s'être détachées parfois de l'escarpement aigu. Mais ces éboulements remontent à un âge assez reculé; bien souvent ils sont complètement masqués par la végétation, en ne laissant voir que la forme des plus gros blocs. Il semble même que, dans la dépression qui sépare le Moléson de la Dent de Lys, les éboulements se soient presque arrêtés depuis le retrait des glaciers; on voit dans cette vallée de beaux dépôts glaciaires mélangés de fort peu de débris éboulés; ces amas de matériaux glaciaires occupent la partie la plus basse de la vallée et les pentes qui les dominent sont couvertes de végétation.

Sur la pente S.-E. de l'arête, où les couches descendent graduellement vers la vallée d'Allière-Montbovon-Grandvillars, les grands ravins qui découpent le flanc de la montagne au-dessus d'Allière jusqu'à la Dent de Lys, sont jonchés dans leur partie supérieure d'immenses blocs de calcaire jurassique entremêlés de débris plus menus de roches néocomiennes. On voit très nettement le haut des ravins, très élargi, former le *champ collecteur* de l'éboulement, où se réunissent tous les matériaux tombant des rochers qui le bordent, tandis qu'un canal relativement plus étroit et plus rapide, *le canal d'éboulement* ou *de déjection*, conduit les roches sur le *cône d'éboulement*, lequel s'étend jusque vers le fond de la vallée. Le petit vallon de Jaman, dernière extrémité de la synclinale d'Allière, est en partie comblé par des éboulis détachés des Verreaux, mais surtout de la Dent de Jaman et de celle de Hautaudon; son fond en est couvert et la couche de débris est si épaisse que le ruisseau qui s'écoule du lac de Jaman, dû au barrage opéré par les éboulements, s'y perd et ne réapparaît qu'à une distance assez forte du lac (Pl. VII, fig. 1). De même dans le ravin de Bonaudon, entre les rochers de Naye et l'arête de Hautaudon, les eaux disparaissent promptement sous les masses considérables de roches éboulées qui comblent le fond du vallon. Ce n'est que près de son issue vers le vallon transversal de l'Hongrin qu'apparaissent les eaux recueillies par ce vallon anticlinal.

Les cônes et talus d'éboulement sont incomparablement plus étendus et plus nombreux dans la chaîne suivante, celle du **Mont-Cray,** qui s'étend orographiquement depuis la Hochmatt jusqu'au Mont-Arvel, au bord de la vallée du Rhône.

Cette chaîne, fortement ravinée sur ses deux flancs, offre aux agents atmosphériques de nombreux points d'attaque, en sorte que le haut de tous les ravins est rempli de masses de débris. L'intérieur de cette chaîne étant formé par les couches très aquifères du dogger, les torrents qui en sortent emportent d'habitude assez promptement les débris éboulés en les déposant plus bas sur des cônes de déjection torrentiels; ce faible transport n'a souvent guère modifié l'état des fragments de rochers; l'usure est presque imperceptible, et ainsi il est difficile de distinguer un cône de déjection torrentiel d'un cône d'éboulement, lorsque le torrent du premier est à sec.

A l'extrémité N.-E. de la chaîne, dans le vallon des Morteys, les roches éboulées forment des dépôts considérables, cette dépression étant entièrement creusée dans les roches calcaires du néocomien et du jurassique. Les deux flancs sont bordés de talus d'éboulement. Dans la partie inférieure de la vallée, les talus des deux flancs se sont rencontrés et remplissent le fond.

Le versant S.-E. de l'arête des Tours a aussi fourni de considérables masses d'éboulis qui recouvrent, sous forme de gros blocs amoncelés, le palier qu'a produit la mise à jour du dogger au-dessus des pâturages de Paray-Dorenaz et de la Leytaz.

L'étroite arête des Tours paraît avoir donné lieu, à plusieurs reprises, à des éboulements subits qui ne se sont pas bornés à recouvrir les pâturages de Paray-Dorenaz, mais qui ont précipité nombre de blocs par-dessus la pente jusque dans la vallée de Vert-Champ, où le Chalet de la *Gétaz des Pierres* tire son nom du groupe d'énormes blocs de calcaire, derrière lesquels il s'abrite. Plusieurs d'entre eux ont de 6 à 8ᵐ de hauteur hors de terre.

Les rochers abrupts qui dominent le cirque de *Paray-Charbon* sont bordés à leur pied d'un talus d'éboulement très régulier, formé exclusivement de roches du malm et du néocomien. Ce n'est que vers le S.-O., au-dessus de Charbonnet, que les couches du dogger s'élèvent au-dessus du talus et mélangent leurs débris aux premiers. C'est aussi là que l'éboulement est le plus actif, et il en est de même dans l'autre courbure du cirque au pied de Paray-Dorenaz, tandis qu'au milieu la végétation tend à empiéter sur le talus (Pl. V, fig. 13). A part le ravin de Combettaz, tous les autres ravins ou Ruz de la chaîne de Cray, ceux de la Levraz, de la Vausseresse et des Merils, sont trop rapides pour laisser séjourner des débris d'éboulement; ceux-ci sont emportés par les torrents qui en sortent. Il n'en est pas ainsi dans la profonde cluse de Rossinière, qui livre passage à la Sarine à travers cette chaîne. Sur la pente N.-E. de cette chaîne, les pentes sont presque complètement couvertes de végétation, ou sont trop rapides pour permettre l'amas des débris éboulés ; mais sur le flanc opposé, entre l'arête de Planachaux et la Dent de Corjon, le *vallon de Crau* est totalement rempli de roches éboulées, se ralliant à un talus très régulier, qui se poursuit d'une part au pied de Planachaux et, d'autre part au pied de la Dent de Corjon.

Un talus très régulier borde le pied des pentes rapides des rochers d'Aveneyre et de Longevaux, de l'autre côté de l'Hongrin, jusque dans le voisinage du Col de Chaude.

La vallée de la Tinière étant considérablement plus rapide, le creusement du torrent agissant encore actuellement sur la roche en place, il n'y a presque pas de dépôts d'éboulement à citer, sauf dans le haut de la vallée, au pied des rochers de Naye, et dans le voisinage du col de Chaude.

La chaîne des **Gastlosen**, à cause de sa faible élévation, n'offre dans notre région que peu de dépôts d'éboulement ayant quelque étendue. Seulement au N.-E., au pied de la Dent de Savigny, un petit vallon qui s'ouvre vers la Flugimaz est entièrement comblé de gros blocs amoncelés, sur lesquels la végétation n'a pas encore pu prendre. Cet amas est dû à la chute d'un pan de la *Dent de Savigny*, à une époque qui ne peut pas être précisée. Un grand amas de blocs gît au pied du *Gros-Rocher*, un peu au S.-O. de la Dent de Savigny, près du Perte à Bovay; des éboulements continuels partant de ce rocher en augmentent encore l'étendue.

Sur les flancs du *Rocher de la Raye* s'observent aussi des cônes d'éboulement très réguliers; celui qui descend du *Creux Rouge* offre, avec une netteté parfaite, les trois parties dont nous avons parlé plus haut.

Un éboulement d'une grande largeur s'étend au pied N.-O. du *Rocher de la Raye*. Il commence déjà près du Perte à Bovay et borde tout le pied du massif escarpé du Rocher de la Raye jusqu'au-dessus des chalets des Sauges; son plus grand développement est au S.-O. du chalet de la Porsogne. C'est un amas d'immenses blocs qui descend du pied des rochers (1700ᵐ) jusqu'au fond de la vallée (1380ᵐ), en couvrant toute la pente de la montagne. Le dépôt d'éboulement ne frappe pas d'abord, car il est presque entièrement couvert de forêts. Les grandes dimensions des blocs et l'étendue de terrain qu'ils couvrent, ainsi que la végétation arborescente qui s'y est développée (chose rare dans cette contrée où l'on a tout transformé en pâturages, sauf les parties trop escarpées et précisément les surfaces couvertes d'éboulis) nous font supposer que c'est là le cône d'une ancienne *chute de montagne*. Deux échancrures très visibles dans la paroi du rocher, l'une droit au-dessus de la Porsogne, l'autre au-dessus du chalet des Sauges, un peu au N.-E. de celui-ci, correspondent exactement à deux talus plus accentués qui aboutissent au fond de la vallée.

Des cônes d'éboulement, de beaucoup les plus beaux, en pleine activité se trouvent dans les chaînes calcaires très élevées et aiguës du **Rubli** et de la **Gummfluh.** Ici la nature éminemment compacte du matériel fait que les cônes ne se couvrent que très lentement de végétation, et on peut observer là cette lutte incessante entre les diverses plantes des éboulis et les pierres qui roulent incessamment vers le bas. Chacun des grands couloirs ou ravins qui coupent la chaîne du Rubli loge dans son fond des débris éboulés en mouvement. C'est ainsi que le ravin de *la Mariaz*, ceux d'*Entre-deux-Sex* et de *Creux-de-Pralet*, conduisent vers le bas les roches et débris qui leur arrivent de leurs champs collecteurs respectifs.

Le pied méridional du Rubli est bordé d'un talus d'éboulement très régulier; de même le rocher du Midi, sur ses deux flancs.

Dans la chaîne de la *Gummfluh*, le plus grand cône d'éboulement est celui de *Comborsin*, dont le champ collecteur embrasse les pentes E. et S.-E. de la Gummfluh. Ce cône est en pleine activité et descend comme un fleuve vers le vallon de Comborsin, en décrivant un majestueux demi-cercle.

Le cône d'éboulement de la *Pierreuse*, dans le haut du charmant vallon de la Gérine, se distingue par sa parfaite régularité. Il commence à se couvrir de végétation; sa forme de demi-cône ressort très nettement. C'est en réalité un cône secondaire, car les matériaux dont il est formé proviennent de plusieurs cônes situés plus haut entre la Gummfluh et le Biollet, et qui se réunissent dans le creux de la *Potzé-di-Gaulés* (la poche des dévaloirs), dont le trop-plein seulement se précipite sur le cône de la Pierreuse. Un troisième cône, non moins régulier et plus élevé que celui de la Pierreuse, se voi au-dessus de la *Planaz*. Il descend entre le Biollet et la pointe de la Douvaz. En dessous de son champ collecteur qui s'élève entre ces deux sommités jusqu'à 2200$^m$, ce cône s'abaisse jusqu'à 1480$^m$. Un cône de moindre importance se trouve au pied de la *Douvaz* et un talus continu se poursuit depuis cette pointe, le long des rochers de Coumattaz, jusqu'au col de la Basaz, en contournant le plan de la Douvaz. Le pied méridional de la Gummfluh offre aussi des éboulis importants. Les découpures étant cependant moins nombreuses de ce côté-là de l'arête, les cônes d'éboulement se sont moins concentrés et forment plutôt le long de toute l'arête un talus plus ou moins continu. Il en est un cependant, celui du *Gros-Jable*, au pied même de la Gummfluh, qui a une assez grande dimension et d'après son aspect il paraît à plusieurs reprises avoir été augmenté par des chutes subites de grandes masses de rochers.

Un magnifique cône d'éboulement, dont la partie inférieure est déjà envahie par la végétation, descend du *col de la Basaz* vers la vallée de l'Étivaz. D'immenses blocs couvrent la pente que l'on franchit pour arriver à ce passage. Mais ce n'est que dans sa partie supérieure que l'éboulement est encore en activité. Il y a même lieu de croire que les amas de grands blocs sont le reste de quelque éboulement subit détaché du rocher du Midi ou de ceux de Coumattaz.

L'arête exclusivement calcaire du *Mont d'Or* est tout particulièrement riche en dépôts d'éboulement. Le profond ravin au-dessus de la Sonnaz a donné naissance à un cône d'éboulement assez régulier. Mais le plus considérable de cette chaîne est celui de l'*Ecualaz* au-dessus de Larzay. Les matériaux qui le composent proviennent d'une sorte de cirque entaillé dans le flanc de la montagne, droit en dessous du sommet, *Le Mont* (2178$^m$).

La région supérieure seule est encore en pleine activité et les roches éboulées s'accroissent toujours par des débris venant du champ collecteur. Les débris éboulés s'étendent bien plus loin que la partie encore active. Depuis la sortie du ravin, jusqu'en dessous du Larzay, la pente assez faible, occupée par une forêt clairsemée, est couverte de grands blocs amoncelés qui paraissent être dus à la chute d'une partie de la montagne dans le haut du cirque ou ravin. C'est d'autant plus probable qu'ici les bancs plongent au S.-E. et, privés une fois de leur point d'appui inférieur, ils devaient facilement pouvoir glisser dans le sens de la plus forte pente; c'est ainsi qu'a pris naissance, selon toute apparence, le grand ravin lui-même.

L'extrémité S.-O. du Mont d'Or est formée par une pente complètement couverte d'éboulis; à partir du pied des rochers, ils s'étendent, à travers la forêt du Commun du Mont, jusque vers le passage de Solepraz. Sur le versant N.-O. de l'arête, les bancs étant coupés à pic et offrant partout une égale facilité d'attaque, les nombreux couloirs ou dévaloirs qui sillonnent l'escarpement, réunissent leurs matériaux en formant des talus d'éboulement continus. Tel est celui qui s'étend depuis la Pierre du Moëllé jusqu'aux Charbonnières et un second qui couvre la pente au-dessus des Anteines, jusque dans le voisinage de l'Hongrin.

Dans la chaîne des **Tours d'Aï,** les plus beaux dépôts de ce genre se trouvent dans le cirque de Luan sur Corbeyrier. Le fond de la combe de Lioson est tout rempli de grands blocs détachés des Tours d'Aï, de même que le petit vallon d'en Taney et que ceux qui séparent les trois sommets de cette chaîne.

Les **chaînes de flysch,** ne demandent pas d'étude spéciale des terrains d'éboulement. Il n'est pas de talus, de ravin ou de cheminée qui ne soient comblés de débris de ces montagnes si décomposées. Les chaînes de Chaussy, de l'Arnenhorn et de la Palette du Mont en fournissent les plus beaux exemples. Nous parlerons plus tard de l'éboulement d'Aigremont dans la vallée des Ormonts.

Après des pluies abondantes, on peut voir parfois sur de grandes surfaces les débris éboulés du flysch se mettre lentement en mouvement, alors même qu'ils avaient l'air d'être déjà consolidés par la végétation. Ceci par exemple a eu lieu à plusieurs reprises aux environs du *Sépey*, à l'endroit nommé la Frasse, sous le Cergnat. Ici les débris du flysch sont mélangés avec de l'erratique, du moins à la surface, et reposent sur des schistes du flysch qui affleurent sous le Cergnat. Toute la masse sur 700$^m$ environ, s'est mise en mouvement avec les arbres et les bâtiments (*29*, c.). Au même endroit la route des Ormonts a été interrompue plusieurs fois après la fonte rapide des neiges, surtout pendant l'hiver peu froid de 1882-83.

**Éboulements subits.** Ces accidents ne sont heureusement pas nombreux dans notre région. Nous en avons déjà mentionné quelques cas parmi les grands éboulements qui se continuent encore insensiblement. Nous indiquerons ici quelques éboulements anciens, et dont l'histoire ou les traditions ont conservé le souvenir. Ils se trouvent presque tous sur les versants de la grande vallée du Rhône, ce qui n'est du reste pas surprenant, puisque c'est la vallée la plus profonde, que dominent conséquemment les plus hautes pentes rocheuses. Tous ces éboulements ont eu lieu à des époques très reculées et les renseignements parvenus jusqu'à nous sont souvent inexacts et exagérés. Plusieurs savants s'en sont occupés; il y a quelques dizaines d'années, M. R. Blanchet (8 *b*) a donné une liste accompagnée de dates, de tous les grands éboulements de la vallée du Rhône; la plupart sont hors des limites de notre territoire.

On cite un éboulement, dont la date est inconnue, dans le grand couloir qui domine le hameau de **Vers-Vey** près Roche. Il a été décrit par Morlot (*116*). On voit au bas de ce couloir une masse de pierres éboulées, qui ne dépasse pas cependant le pied de la montagne.

Au delà on trouve dans la plaine une zone marécageuse traversée par la grande route, et plus loin une zone de tertres de rocailles formant un demi-cercle irrégulier, dont la concavité est tournée du côté de la montagne. Un peu au delà se trouve une seconde zone concentrique, formée par un terre-plein régulier, sur lequel est le hameau de Vers-Vey. Au delà on ne trouve plus que quelques blocs épars. La totalité des roches éboulées sont calcaires. Des travaux agricoles ont mis à découvert sous ce tertre un tronc d'arbre renversé et du terreau ancien.

**L'éboulement de Luan.** On indique dans le cirque de Luan, sur Corbeyrier, les traces d'un grand éboulement, nommé dans la contrée *Ovaille* ou *Availle,* dénomination appliquée maintenant à une grande forêt, occupant le fond très incliné de la dépression de Luan jusqu'à Corbeyrier. D'après les indications de M. J. de La Harpe (*35*) cet éboulement a eu lieu le 4 mars 1548. Le doyen Bridel en a aussi donné un récit dans le *Conservateur suisse,* (t. VII, 248, 1815). La tradition l'attribue à un tremblement de terre qui aurait produit la chute de la montagne de Luan et aurait recouvert le village de Corbeyrier. Il ne paraît pas cependant qu'il en ait été ainsi. Cet éboulement n'est pas une chute de montagne, mais bien un *glissement* très étendu de matériel fragmenté. Le fond du cirque de Luan était occupé par des roches désagrégées et des éboulis, tombés du flanc des Tours d'Aï et qui s'étaient accumulées dès longtemps sur l'argile glaciaire très abondante dans cette vallée. La surface était couverte d'une forêt. Les eaux de pluie filtrant facilement à travers les éboulis, se rassemblaient à la surface du béton argileux et formaient un ruisseau assez considérable.

En 1584, à l'époque de la première fonte des neiges, ces amas éboulés commençaient à se mettre en mouvement sur la surface glissante de la base d'argile. Au bout de quelques jours, le mouvement s'étendait sur toute la masse qui finit par recouvrir les pentes inférieures d'un amas de débris. Les gros blocs et débris de rocailles glissèrent de côté et s'accumulèrent à mi-côte, tandis que la masse terreuse continuait à couler et couvrit le vignoble sous Corbeyrier.

Après l'éboulement, la vigne recouverte, dit la chronique, ressemblait à un champ fraîchement labouré et uniformément incliné. On voit encore maintenant, au-dessus de Luan, la surface de glissement avec quelques sapins isolés.

L'éboulement d'**Aigremont** qui a eu lieu au XVI<sup>me</sup> siècle, est encore bien visible au pied du rocher portant la ruine du château de ce nom, dans les Ormonts. C'est une grande masse de blocs tombés du haut du rocher et jusque dans le fond de la vallée de la Grande-Eau. On voit fort bien la place d'où le terrain s'est détaché. Celui-ci a été arraché aux puissants bancs de brèche éocène à blocs granitiques, qui sont superposés à des marnes et des schistes noirs recouvrant un affleurement de lias. Le torrent de la Rionzette, en enlevant cette masse peu solide, a sans doute provoqué la chute de la montagne.

### Cônes de déjection et dépôts torrentiels et lacustres.

Les dépôts formés par les torrents s'amassent à la sortie de leurs gorges ou ravines sous forme de cônes très réguliers, dont le sommet s'appuie contre la montagne tandis que le bas s'étale en forme d'éventail dans la vallée. Dans certains cas, les cônes de déjection torrentiels se confondent assez facilement avec les cônes d'éboulement, en particulier lorsque l'eau intervient temporairement dans la formation de ceux-ci. Il n'est néanmoins pas difficile de tracer une limite assez nette entre ces deux sortes de dépôts qui par leur apparence ont une si grande analogie. Un dépôt ou cône torrentiel est presque toujours dans des conditions telles, que les matériaux qui le composent ne peuvent pas arriver jusqu'à lui par leur propre chute, mais seulement avec le concours de l'eau. On constate, en effet, que l'eau entraîne les matériaux de transport sur des pentes très faibles où leur déplacement par éboulement ne pourrait pas avoir lieu. Cela se voit le mieux dans les lits de torrents de montagne qui sont desséchés pendant une partie de l'année. Dans ce cas c'est ordinairement le trop plein d'un cône d'éboulement qui arrive dans le lit du torrent; tout mouvement y est arrêté pendant le tarissement du torrent, mais aussitôt qu'un orage éclate, ou qu'au printemps la neige se fonde rapidement, le transport recommence.

Pour ces mêmes raisons la pente des cônes de déjection torrentiels est sensiblement plus faible que celle des cônes d'éboulement, autant du moins qu'il ne s'agit que de cônes non immergés. Même lorsqu'un torrent intervient temporairement dans la formation d'un cône d'éboulement, c'est le plus souvent pour l'entamer et en diminuer la pente. C'est ce que l'on constate par le ravinement qui se produit dans la partie supérieure du cône, auquel correspond un surplus de dépôt à son pied.

Dans la **vallée de Château-d'Œx,** traversée par la Sarine, les torrents des Mérils, de la Vausseresse et de la Lévraz ont déposé au pied de la chaîne de Cray de puissants amas de débris charriés qu'ils entament de nouveau maintenant, en y mélangeant des graviers erratiques remaniés. Ces trois cônes de déjection paraissent être de formation assez ancienne; il est même probable qu'ils ont commencé à se former déjà avant l'investissement de la vallée par les glaciers.

Le remaniement qui se fait actuellement dans les dépôts erratiques ne permet pas d'être très affirmatif sur ce point. Les deux derniers des cônes cités, ceux des torrents de la Vausseresse et de la Lévraz n'atteignent pas la Sarine, mais ils s'arrêtent sur le plateau éocène des Bossons; leur étendue n'est du reste pas très grande. Ce fait semble toutefois indiquer qu'ils se sont produits à une époque où le lit de la Sarine était moins profond qu'actuellement. Le cône de déjection du torrent des Mérils est le plus considérable des trois. Il s'étend depuis le Château-Cottier jusque vers le hameau des Moulins où l'eau de la Sarine l'a découpé à sa base en forme de berge. C'est aussi là que paraît avoir été autrefois l'embouchure du torrent. Celui-ci a changé de cours à cause de l'importance des dépôts de graviers et se réunit maintenant à la Sarine à l'angle oriental du cône.

Les cônes de déjection de beaucoup les plus considérables se trouvent le long de la **vallée du Rhône** et du *bassin du Léman.* Grâce à la profondeur de cette vallée et à la très longue durée de l'activité des eaux, ces dépôts y ont pris un développement extraordinaire. Nous ne parlerons que des cônes de déjection émergés, car tous les torrents qui se jettent directement dans le lac Léman, forment à la suite du cône émergé un cône submergé de matériaux charriés et dont la pente est plus forte que celle du cône émergé, en raison de la diminution du poids des matériaux recouverts par les eaux.

Le premier cône de déjection que l'on rencontre en allant de l'ouest à l'est est celui de la **Veveyse,** Il s'avance dans le lac, comme une presqu'île et se joint, à l'est, à celui du petit torrent qui descend du pied des Pléiades. Chaque année, lors des crues du printemps la Veveyse, endiguée maintenant, dépose à son embouchure dans le lac un grand amas de graviers, nommé le *mont*, qui se termine au large par une forte pente; de temps en temps les forts ouragans parviennent à faire glisser ces bancs de graviers vers la profondeur en sorte que l'atterrissement est bien moins sensible que l'on pourrait le croire.

La presque totalité des graviers que charrie ce torrent proviennent des dépôts erratiques qu'il entame sur son parcours [1].

La **Baye de Clarens** a aussi formé un fort beau cône à son embouchure dans le lac. De même que la Veveyse, ce torrent a des crues très fortes, pendant lesquelles il charrie des masses considérables de matériaux. En remontant son lit on peut constater combien est intense le ravinement de ses eaux sur leur passage à travers les dépôts glaciaires. Le cône de déjection commence à l'endroit où le torrent quitte son lit étroit, creusé dans les bancs de la mollasse rouge et du poudingue miocène. Il s'étale ensuite régulièrement jusqu'au bord du lac en présentant une douce pente, sur laquelle est bâti le village de Clarens. Actuellement ce n'est que le cône submergé qui s'accroît encore, car ce torrent a été endigué sur toute sa partie inférieure. Son cours actuel suit le bord occidental du cône.

Moins étendu que le cône de la Baye de Clarens, celui de la **Baye de Montreux,** torrent qui sort de l'étroite gorge du Chauderon, a une très grande régularité.

Ce torrent est endigué seulement à sa partie inférieure, ses crues subites

---

[1] M. Blanchet a observé dans la ville de Vevey même, qui est construite sur la partie orientale de ce cône, un affleurement de mollasse surgissant au milieu des alluvions et allant du N. au S. de la rue de Lausanne jusqu'à l'ancien port.

présentant moins de danger que celles du torrent de Clarens. Comme ce dernier, il se jette dans le lac à l'angle occidental de son ancien cône, dont la présence se trahit par une sensible montée de la route de Villeneuve. Au N.-O. et au S.-E., il se confond avec la terrasse ou berge lacustre, à pente plus forte, laquelle se poursuit régulièrement entre les deux cônes et se voit encore dans le voisinage de Territet. En amont de l'ancien pont de Crin, le torrent est assez profondément encaissé dans les dépôts erratiques qui forment sur ses deux rives des pentes très inclinées et s'appuyent au N.-E. contre les bancs du rhétien. Sur une assez grande étendue la moraine fortement inclinée vers le lac est recouverte à sa surface par des graviers stratifiés presque horizontaux, appartenant probablement aux dépôts de charriage du torrent de la Baye. Cela se voit derrière les maisons de la Rouvenaz à Montreux, qui s'appuient toutes contre la terrasse lacustre, reposant elle-même sur la moraine. La construction de la maison Allamand (1886) à la Rouvenaz a permis de constater la superposition du cône de déjection de la Baye à la moraine sous-lacustre.

Près de **Veytaux**, s'étale le cône de déjection du petit torrent de la *Verraye* presque complètement recouvert par des cultures et des constructions. Il n'a qu'une faible étendue; le torrent lui-même endigué jusqu'au lac, est souvent presque à sec.

Le cône de déjection de la **Tinière** près Villeneuve a acquis une certaine renommée par les travaux de Morlot et par la discussion très animée que ceux-ci ont provoquée.

Il y a une trentaine d'années, lors de la construction de la ligne de chemin de fer de Lausanne à St-Maurice, le passage de la voie ferrée nécessita le creusement d'une tranchée dans le cône de déjection de la Tinière. Cette tranchée avait un peu plus de 10$^m$ de profondeur dans la partie la plus haute du cône. En coupant celui-ci dans une direction à peu près exactement transversale à son axe, elle faisait voir sa très grande régularité sur une longueur de plus d'une centaine de mètres. M. de Morlot a constaté d'abord, à la base la partie entamée du cône, au-dessus d'une couche de gravier, un lit de terreau ancien de 2 cm. d'épaisseur (à 5$^m$,70 de profondeur), il renfermait des fragments de poterie grossière, du charbon et des ossements concassés. Cette même couche a fourni, sur un autre point de la tranchée, des fragments de poterie ornée et un squelette à crâne épais.

Un peu plus haut, à 3m en dessous de la surface se voyait, interposé aux graviers, un nouveau sol noirâtre, renfermant des objets en bronze et des poteries de la même époque. Un troisième ancien sol apparaissait à 1m,14 en dessous de la surface : on y a trouvé des tuiles romaines et une monnaie.

La rencontre sur un même point de trois couches de terreau superposés, renfermant des restes d'industrie humaine attestant leur âge historique approximatif, est certainement un fait des plus rares. Il n'est donc pas étonnant que Morlot, entraîné par l'enthousiasme que lui causait sa découverte, en ait voulu profiter pour établir une chronologie absolue des actions d'atterrissement des torrents de montagne. Nous ne pouvons entrer ici dans tous les détails que ce savant a donnés sur ce sujet; ils se trouvent dans une dizaine de notices et d'opuscules publiées dans le *Bulletin de la Société vaudoise des sciences naturelles* et sont résumées dans les *Etudes géologico-archéologiques en Suisse et en Danemark*, du même auteur (*126, 134*).

D'après ses calculs, M. de Morlot a attribué une antiquité

de 29 à 42 siècles à la couche du bronze,

de 47 à 70 siècles à la couche de la pierre, et

de 70 à 100 siècles au cône entier.

S'il s'était agi ici d'une succession de couches faisant partie d'un dépôt sous-lacustre, peu à peu émergé, le calcul chronologique aurait eu une base bien plus certaine; mais dans un dépôt de déjection émergé, qui s'accroît très irrégulièrement, la sécurité dans un calcul d'approximation est bien amoindrie. Il n'est dès lors pas surprenant que les conclusions de M. de Morlot aient trouvé de nombreux contradicteurs.

Peu d'années après la publication des premières notices de Morlot, M. Charles Dufour (*56*) les conteste et essaie de les réfuter. Il y oppose des citations historiques démontrant l'endiguement déjà très ancien de la Tinière et des observations faites sur les lieux, qui, jointes à la considération qu'un cône de déjection émergé ne peut en aucun cas s'accroître régulièrement sur toute sa surface à la fois, infirment considérablement certaines bases des calculs de M. de Morlot.

Les ossements d'animaux, trouvés dans la couche dite de l'âge de la pierre, n'ont pas vérifié les présomptions de Morlot. M. le D^r Uhlmann, qui en a fait l'examen, les a trouvés être plus récents que ceux que renferment les stations de l'âge de la pierre. La forte proportion d'espèces domestiques fait même supposer un âge plus récent que celui du bronze; car il n'y a dans les ossede la Tinière aucune espèce sauvage (*202*).

Plus récemment encore, le D^r F.-A. Forel (*80*) a repris cette question. Il a ajouté de nouvelles objections à celles déjà formulées et essaie de démontrer que depuis une époque très reculée, le torrent de la Tinière ne peut avoir pu divaguer sur la partie S.-E. de son cône, dont le pied est bordé par une berge ou falaise, ne portant aucune trace d'érosion, qui puisse être attribuée au torrent.

Il résulte néanmoins des observations de Morlot que la partie du cône entamée par la tranchée du chemin de fer, était d'une disposition très régulière et que, dans cette partie là du moins, l'apport des matériaux s'est fait d'une manière fort uniforme. Cela ressort de la continuité des trois couches à débris, dont l'auteur a donné une coupe. A l'heure qu'il est, les deux talus de la tranchée sont recouverts par la végétation et cette intéressante station sera pour longtemps fermée à de nouvelles recherches (voir *126*, *134*, *80*, *81*, *202*, *56*).

Des **terrasses lacustres** ont été constatées le long du bord du Léman entre Vevey et Villeneuve. Leur position est assez régulière, à 7-10^m au-dessus du niveau actuel du lac. Entre Montreux et Clarens leur existence est fort bien marquée par une sorte de palier qui s'étend depuis leur bord supérieur, avec une faible inclinaison, jusqu'à la pente plus forte de la montagne. Il n'est pas possible de constater avec certitude une seconde et une troisième terrasse, comme en dessous de Lausanne. A 25 ou 30^m au-dessus du lac, on croit voir à l'ouest de Montreux, une nouvelle terrasse aboutissant, encore plus à l'ouest, au cimetière de Clarens qui se trouve sur le cône de déjection de la Baye de Clarens. Cette observation n'est pas appuyée par la présence de graviers stratifiés, aucun affleurement du sous-sol n'étant à découvert dans cette région.

La terrasse de 7-10^m est le mieux visible à Montreux même (*183*) derrière les maisons de la *Rouvenaz* qui s'appuyent toutes contre la berge, inclinée naturellement de 20 à 30° du côté du lac. La construction des maisons donne lieu chaque fois à de belles coupes dont l'examen n'est pas sans intérêt. Derrière l'hôtel du Léman on a pu constater en 1884 et 1885, à la base de cette berge, un vrai dépôt morainique, formé de graviers et de grands galets striés, mélangés avec du sable grossier, mais non stratifié. Il y a toute apparence que cette moraine a été déposée dans l'eau à une époque où le niveau du lac était sensiblement plus élevé. Au-dessus de la moraine viennent des graviers stratifiés, d'abord avec une pente d'environ 30-35° du côté du lac, puis cette inclinaison diminue de plus en plus et, vers le haut de la berge, des graviers, plus petits et bien stratifiés, sont presque horizontaux; ils ont, de plus, une couleur blanchâtre. Il est possible que ceux-ci appartiennent au cône de déjection de la Baye de Montreux, ou qu'une source calcaire les ait colorés ainsi. Par-dessus ces graviers vient une couche de terre brune ou rousse, épaisse de 1$^m$,50, dans laquelle on a trouvé à 1$^m$ de profondeur des squelettes humains de l'âge de bronze, accompagnés de poterie et de parures (aiguilles et bracelets) en bronze. C'est là une preuve qu'à l'âge du bronze le niveau du Léman n'était pas beaucoup plus élevé que de nos jours, car ces squelettes se se trouvent à 6$^m$ au-dessus du niveau actuel du lac. Quelques connaisseurs d'antiquités attribuent ces objets de bronze à l'époque celtique.

D'après M. de Morlot cette terrasse appartiendrait au niveau de la terrasse moyenne de Lausanne, soit à la terrasse de 30 pieds (*119*). Ce même auteur en signale une autre aux environs de Vevey, près de Corsier et de Saint-Martin à une élévation d'environ 20$^m$ au-dessus du lac; M. Blanchet considère celle-ci comme une moraine du glacier du Rhône, explication du reste très probable (*6*, p. 5).

Dans le voisinage de Clarens, M. de Morlot a constaté une intéressante coupe de dépôts lacustres, pendant le creusage du puits du chalet Mirabaud, à 40$^m$ environ du bord du lac (*Bull. soc. vaud.*, IV, p, 49).

Terre végétale. . . . . . . . . . . . . . . . . . . . . . . . . . . . . . . . . . . . . . . . . . . . . . . . . . 1,33$^m$
Graviers entraînés par les eaux et provenant des terrasses supérieures. . . . . . . . . . 2
Sable jaunâtre étranger à la localité, identique au sable du Rhône. . . . . . . . . . . . . 6
Limon bleuâtre identique au limon du marécage de la plaine du Rhône. . . . . . . . . 0,65

Ce limon descendait encore plus bas que le niveau du lac. On a trouvé dans ce limon des morceaux de bois, dont deux pièces travaillées, appartenant à l'arolle, des cônes de mélèze, une feuille de *Populus nigra*, beaucoup de coquilles palustres, telles que : *Planorbis marginata, Paludina tentaculata, Valvata piscinalis*, etc. M. de Morlot voulait voir dans ce dépôt une conséquence de l'éboulement du Tauredunum.

Ce même auteur avait déjà remarqué que les dépôts lacustres des terrasses et des graviers des cônes de déjection de Clarens, étaient superposés à l'erratique, observation qui est tout à fait en accord avec ce que nous avons constaté à Montreux (*121*).

Les dépôts lacustres les plus intéressants et les plus étendus sont, sans contredit, ceux de la **plaine du Rhône,** entre Massongex et Villeneuve-Bouveret. C'est une grande plaine d'atterrissement formée au fond d'une coupure transversale et dont la partie limitrophe au lac est tout à fait comparable à un delta. De Villeneuve jusqu'à Noville, la plaine est parfaitement unie et formée par des alluvions du fleuve, sables et limons, qui sont très régulièrement stratifiés.

A Noville on voit apparaître des petites ondulations, collines peu élevées, quelquefois boisées, et irrégulièrement disposées; on dirait de petites collines morainiques. Elles sont beaucoup plus marquées au S.-O., où s'étend une région toute couverte de monticules jusque vers le cimetière de Chessel. Elle suit la rive droite du Rhône jusque dans le voisinage de Crébelley qui en marque la limite Est.

Les premières de ces ondulations renferment du sable quartzeux et des sables stratifiés, mais plus au nord sont des monticules formés par l'entassement de blocs de diverses grandeurs, ayant jusqu'à 2$^m$ de longueur, mélangés de fragments toujours anguleux. Ces matériaux appartiennent pour la plupart à une roche calcaire grise à texture cristalline, identique au calcaire liasique qui forme une partie du Grammont. On n'y trouve aucuns cailloux, ni roulés ni striés; ce n'est donc ni du terrain d'alluvion, ni de l'erratique. Il est probable que c'est un grand *dépôt d'éboulement*. Beaucoup de géologues y voient le résultat de la chute de la montagne du **Tauredunum** à laquelle les récits des historiens, devenus légendaires, attribuent tant de désastres. Le large couloir de la *Dérochiaz* qui s'ouvre sur le versant ouest de la vallée indique tout naturellement l'endroit où il faut chercher la provenance de ces blocs.

L'effet de la pression de ces blocs sur les graviers et sables qui les supportent, est très visible aux alentours de Noville. Les lits primitivement horizontaux de ces dépôts, sont plissés en zigzag, suivant une ligne en forme de dents de scie, le dos des plis étant tourné du côté de l'éboulement. L'explication que donne M. de Morlot de ces replis, très bien visibles près du village de Noville, paraît très plausible. M. Alph. Favre donne un croquis intéressant de ce phénomène de refoulement sur les sables stratifiés (*58*, Pl. VII, fig. 3, tome II, p. 90). Une partie de l'éboulement a dû s'enfoncer dans la masse de ces terrains meubles, en refoulant les couches du voisinage et en les soulevant même légèrement. C'est à cette réaction sans doute que sont dues les premières petites collines de sable stratifié à la sortie du village de Noville.

Près de ce village on a trouvé dans les graviers stratifiés, à 1ᵐ de profondeur, des antiquités, consistant en fragments de poterie, de tuiles, une baguette de fer, quelques ossements et un squelette humain presque entier. M. Chausson qui a rendu compte de cette découverte (*14*) rapporte ces débris à l'époque helvéto-burgonde.

Plus tard, M. Chavannes a fait près de cet endroit une trouvaille plus considérable. Cinq crânes humains, des débris de bœuf, de cerf et de porc ont été trouvés dans un lit de sable non remanié. Il pense que ces restes ont été flottés par les eaux et déposés là à la suite d'une débâcle. Il rattache aussi ces débris à la suite de la chute du Tauredunum (*28*).

D'après les citations, faites à plus d'une occasion, on attribue à la chute du Tauredunum une foule d'effets qui sont certainement étrangers à cette catastrophe. Il n'est pas même certain que l'éboulement, dont nous venons de parler, soit celui du Tauredunum, cité par Marius d'Avenches et Grégoire de Tours. Plusieurs géologues cherchent l'emplacement de cette catastrophe aux environs de Saint-Maurice et l'attribuent à la chute d'une partie de la Dent du Midi et des rochers de Gagnerie, appelés autrefois Mont Taurus (*58*, II, p. 89). L'obstruction du Rhône qui a certainement été opérée par la chute de cette montagne, est très propre à expliquer les inondations et les mouvements des eaux du lac Léman, après la rupture de l'obstacle, bien plus que la chute du Grammont dans la plaine du Rhône.

On remarque que cette masse de blocs calcaires est absolument isolée des amas d'éboulement qui remplissent le large couloir de la *Dérochiaz* sur la face orientale du Grammont. Le Rhône coule entre deux et le terrain qui les sépare, est absolument plat. Les géologues qui ont parlé de ce dépôt ont pour la plupart conclu que l'éboulement venu du sommet du Grammont, se serait précipité dans la plaine du Rhône, peut-être encore occupée par le lac et aurait détruit sur son passage le fort du Tauredunum et de nombreuses habitations. On indique l'an 563 comme étant celui de la catastrophe. Les recherches minutieuses de Morlot (*114*) et de Troyon (*201*) ont ajouté beaucoup de probabilités à ce récit. Ces savants ont notamment démontré l'existence de ruines romaines près de la Porte du Sex; ils supposent que c'est là que se trouvait le fort du Tauredunum. Or ce serait une preuve que le Rhône coulait déjà alors dans son lit actuel, car autrement un fort en cet endroit n'aurait pas eu sa raison d'être. La plaine du Rhône était donc déjà émergée et l'éboulement en question ne peut pas avoir eu pour effet d'agiter le lac et de produire des inondations, la largeur de la plaine ne permettant pas de supposer un barrage du Rhône.

Supposons un instant que cet éboulement ne soit pas celui du Tauredunum, mais qu'il ait eu lieu à une époque bien plus ancienne, soit vers la fin de l'époque glaciaire, alors que dans chaque vallon il y avait encore des glaciers en voie de retrait. Le couloir de la Dérochiaz avait probablement aussi un de ces petits glaciers et c'est sur ce pont naturel que l'éboulement a pu glisser jusque dans le milieu de la plaine du Rhône, sans laisser de traces au pied immédiat de la montagne; le cône d'éboulement des Evouettes est certainement de date plus récente et se compose de roches très mélangées venues peu à peu par des éboulements de moindre importance. Dans cette supposition, nous nous rencontrons avec l'idée de *M. Venetz* père, qui attribue ces blocs à un dépôt morainique (*204 b*). Ce dépôt ne peut être venu que du couloir de la Dérochiaz, les blocs étant tous de même nature que la roche de cette montagne.

Plus récemment, M. l'ingénieur de Vallière (*204*) en constatant qu'en 1818 l'arrivée subite dans la vallée du Rhône de 22 millions de mètres d'eau, venus du lac temporaire du glacier de Gietroz, n'a eu aucun effet sur le lac, ne pense pas qu'un barrage du Rhône par la chute de la Dent du Midi, aurait pu avoir un effet assez appréciable pour produire des inondations; il place le Tauredunum au Grammont et conteste l'idée de M. Forel qui cherche la cause de l'agitation du lac dans un tremblement de terre (81 b). Un mouvement seismique d'une intensité assez grande pour agiter le lac au point, de détruire les localités riveraines n'aurait certainement pas passé inaperçu.

### Dépôts de tourbe et de tuf.

La **tourbe** est très répandue près de *Châtel-Saint-Denis*, dans la région marécageuse du lac Lussy. Elle y donne lieu à d'actives exploitations dans la *tourbière de la Rogivue*, où elle atteint 2-3ᵐ d'épaisseur. Dans beaucoup de dépressions marécageuses, arrosées par des eaux fraîches, la formation de la tourbe est très avancée. Cela se voit surtout sur les cols ou partages d'eau, par exemple près des *Ténasses* à l'est des Pléiades, au col de l'Alliaz, au col des *Mosses*, dans le vallon de la *Verdaz* et au col de la *Scierne au Cuir* au N.-E. de Château-d'Œx, et en si grand nombre de points qu'il faudrait faire mention de presque chaque vallon élevé, et de chaque col de montagne. La plupart de ces dépôts sont formés de tiges et de racines de cypéracées et de mousses, on n'y trouve que rarement des troncs d'arbres. Les insectes y sont également bien rares, de même que les mollusques.

M. Renevier (*174*) a cité un dépôt tourbeux aux Gonelles près de Vevey. Cette formation est en même temps tuffacée et renferme des mollusques terrestres actuels (*Helix*, 4 sp., *Clausilia* et *Acme*) et une espèce d'eau douce.

Le **tuf** est une formation qui atteint une grande importance sur plusieurs points de la vallée du Rhône. On le rencontre, en particulier, dans les ravins qui sillonnent le flanc de la vallée.

L'un des plus importants est l'amas de tuf du *Sex-que-Pliau* dans le lit de la Baye de Clarens, en amont de Brent. Il commence à 30ᵐ environ au-dessus du niveau du torrent, au pied d'un banc de graviers erratiques agglomérés par les infiltrations calcaires en forme de poudingue grossier. Ce sont des sources qui sortent au contact de l'erratique et du flysch, et de l'argile glaciaire, qui en sont la cause. Ces sources jaillissent en minces filets du bord du banc de poudingue surplombant, de là le nom *Sex-que-Plliau* (Rocher qui pleut); ou bien ce sont des sources qui passent dans l'intérieur même du tuf et se réunissent plus bas au torrent. Le dépôt lui-même ne fait que commencer au Sex-que-Plliau, car il s'abaisse jusqu'au fond du ravin de la Baye, en formant des rochers creusés de petites cavernes. Il a en outre une grande largeur, car il existe encore, très épais et pur, un peu à l'ouest du Sex-que-Plliau. Il renferme d'assez nombreuses coquilles de mollusques terrestres ; ce sont : *Helix arbustorum, H. sylvatica, H. plebeia, H. rotundata, H. pulchella, Zonites nitens, Carychium minimum, Bulimus lubricus,* etc. On y trouve aussi de nombreuses feuilles, fruits, etc., des arbres de la forêt, où se trouve cette formation.

Au-dessus de Chaulin, de Cornaux et de Charnex, toutes les sources qui jaillissent là sur la limite du flysch et du lias ou des calcaires dolomitiques, ont formé des dépôts de tuf plus ou moins étendus.

Un dépôt, bien plus considérable, est situé sur la rive droite de la Baye de Montreux, en dessous du hameau des *Avants* au lieu dit *la Tuffière*. Cette roche y est exploitée depuis nombre d'années et fournit un matériel de construction excellent. Ce terrain y est aussi disposé en forme de nappe sur l'erratique qui lui sert de base et s'abaisse jusqu'au fond du ravin. On voit le contact entre l'erratique et cette roche, sur le sentier qui conduit depuis la Tuffière aux Avants. Le tuf sous forme d'un banc épais est superposé aux graviers erratiques. De grands blocs de tuf se sont éboulés à mesure que le torrent entamait la base de graviers et d'argile glaciaire. C'est ce dernier qui servait de couche imperméable à la source, maintenant captée, qui a engendré ce dépôt. Tout le pied de la berge, depuis la Tuffière, jusqu'à 500 mètres au moins en aval, est couvert de ces grands blocs éboulés, qui jusqu'alors ont seuls été exploités. Ce dépôt paraît être très ancien. Car outre les coquilles de mollusques terrestres, les feuilles et les fruits, très communs, on y a trouvé deux *dents*, que M. l'ingénieur Gygax, propriétaire de l'exploitation, a bien voulu nous remettre. Ce sont : Une canine supérieure et une molaire, appartenant toutes deux à l'*Ursus spelœus*. Ces fossiles témoignent de la haute antiquité de ce tuf ; ce qui est prouvé encore par les érosions considérables occasionnées par le torrent de la Baye dans les dépôts erratiques qui lui servent de base.

Tout près du même ravin, au pied du *Rocher de Glion*, l'église de Montreux est bâtie sur un épais rocher de tuf, au bas duquel existe une grotte. Un autre rocher se voit près de l'hôtel de *Mont-Fleury*, sur la route de Glion. Dans les deux cas les sources génératrices du tuf sortent à la base du lias inférieur ; celles de l'église de Montreux sont captées et servent à l'alimentation du village. La seconde se nomme source de la *Tovère*.

# DESCRIPTION OROGRAPHIQUE ET GÉOLOGIQUE

## DES MONTAGNES DE LA RIVE DROITE

## CHAPITRE X

## CHAINE DU NIREMONT-PLÉIADES

La chaîne du Niremont est le prolongement méridional de celle de la Berra. Comme cette dernière, elle forme le premier gradin des Alpes, en dominant de ses pentes, souvent escarpées, les collines mollassiques du Jorat. Elle se dirige assez exactement du nord au sud, et, à mesure qu'elle se rapproche du lac Léman, elle diminue de largeur et de hauteur en devenant plus escarpée. Quoique interrompue par la profonde dépression du Léman, cette chaîne reparaît dans une position tout à fait analogue au pied des chaînes du Chablais et du Faucigny, où l'arête des Voirons en est le prolongement lointain.

La partie de cette première chaîne des Alpes qui rentre dans le cadre de la feuille XVII, est formée en majeure partie de grès, marnes et calcaires du flysch éocène; elle a des formes arrondies qui contrastent avec les arêtes découpées et dentelées des chaînes calcaires plus intérieures. Cependant, une longue bande de calcaires secondaires (malm et néocomien) perçant au milieu du flysch, donne au versant occidental, qui fait face au plateau miocène, un relief plus accentué et y détermine des escarpements. Sur le versant oriental les pentes sont plus douces.

Cette chaîne est couverte de forêts et de pâturages. Elle est limitée à l'ouest par une ligne facile à tracer et qui court presque directement du N. au S. en déviant légèrement à l'ouest; elle passe un peu à l'est de Semsales et de Châtel-St-Denis jusqu'à la Chiésaz, où grâce à la dépression du Léman elle dévie à l'est, en faisant un angle de 40° avec son ancienne direction, pour aboutir enfin au bord du lac à Montreux. Cette ligne marque le contact de la mollasse avec le flysch.

A l'est, cette chaîne n'est pas moins nettement limitée par le contact du flysch avec une bande de cargneule ou avec le lias. Ce contact est dû à une faille qui suit le fond de la dépression entre cette chaîne et le Moléson, passe par le col entre le Mont-Corbettes et le massif des Grevalets, par le col de l'Alliaz au pied occidental du Mont-Folly et se prolonge jusqu'à Montreux.

Cette première chaîne est divisée en plusieurs tronçons par de profonds ravins. Les principales sommités sont le *Niremont* (1514m), le *Mont-Corbettes* (1408m), les *Pléiades* ou *Playades* (1368m). Entre les deux premières coule la grande Veveyse ou Veveyse de Châtel et entre les deux secondes la petite Veveyse ou Veveyse de Fégires. La montagne des Pléiades se termine au ravin du torrent de la Baye de Clarens, au delà duquel, elle ne présente plus aucun relief distinct, de sorte que le terrain glaciaire, les vignobles et les constructions de toute nature rendent très difficile l'observation des affleurements.

Les terrains qui constituent la chaîne du Niremont-Pléiades sont :

Terrain glaciaire, $gl$[1].
L'éocène (flysch), $fl.$
Terrain crétacé supérieur, couches rouges, $cr.$
Terrain crétacé inférieur, néocomien, $ne.$
Terrain tithonique, $ti.$
Zone à Ammonites acanthicus, $ac.$ } $js.$ }
Calcaire noduleux gris, oxfordien, $ox.$ } malm.
Calcaire à ciment, $ci.$ }

Prise dans son ensemble, cette chaîne a, à part quelques anomalies locales,

---

[1] Abréviations employées sur la planche II.

une structure assez uniforme. Les couches plongent régulièrement vers l'est ou au S.-E. et sont brusquement arrêtées par la faille qui suit le pied est de la chaîne.

Le même plongement s'observe aussi dans les couches de la mollasse au pied ouest de la chaîne, lesquelles semblent constamment s'enfoncer en dessous de celle du flysch.

La disposition des couches que nous venons d'indiquer, se retrouve, presque sans changement, dans la continuation de notre chaîne au delà du Léman. Elle reparaît d'abord par affleurements, sans relief, au milieu des terrains quaternaires dans les environs de Thonon ; puis en masses plus considérables dans la colline des Allinges ; enfin dans la montagne des Voirons, dans laquelle apparaissent aussi, outre les couches éocènes, des assises jurassiques et néocomiennes, qui se présentent dans une disposition très analogue à celle de la montagne des Pléiades. Comme celle-ci, la chaîne des Voirons est bordée, à son pied oriental par une faille qui suit la vallée de l'Arve.

### Le Niremont.

La feuille XVII ne renferme que la partie méridionale du massif du Niremont ; la partie septentrionale se trouve sur la feuille XII.

Le torrent de la Trême le parcourt du sud au nord et sépare de la masse principale une colline de flysch, haute de 1390$^m$, qui s'appuie contre le pied du Moléson.

Le Niremont proprement dit à l'ouest de la Trême, s'élève d'abord à 1415$^m$ dans la sommité des Alpettes ; puis à 1514$^m$ à la pointe du Niremont. Dans la partie supérieure affleure partout le flysch ; mais vers le bas de la montagne il est presque constamment masqué par les éboulis ou par les dépôts glaciaires, lesquels s'élèvent par places jusqu'à 1250$^m$.

Sur le versant ouest de la chaîne apparaissent irrégulièrement au milieu de l'éocène en place, ou entourés d'éboulis de cette roche, de nombreux affleurements de néocomien et de crétacé supérieur, dont M. Gilliéron a constaté de très remarquables dans l'extrémité N.-E. de la montagne.

Plusieurs de ces affleurements sont assez riches en fossiles, entre autres ceux des Troncs, de la Savoyardaz et de Moyon. M. Gilliéron a constaté un affleurement de crétacé supérieur sur la rive gauche du ravin qui descend vers Semsales au N.-E. en dessous de la cote 1211ᵐ.

Ce terrain indiqué par ce savant sur plusieurs points de la feuille XII ne se retrouve pas au S. de Semsales; à la hauteur de Montalban on ne voit, en traversant le Niremont de l'ouest à l'est, absolument que les couches du flysch, marnes, schistes et grès, dont les premiers renferment de nombreux fucoïdes.

En avançant vers le sud, on rencontre un affleurement de calcaire néocomien au milieu du flysch du versant occidental. Peu épais d'abord, il s'entr'ouvre bientôt, pour laisser apparaître les bancs du jurassique supérieur. A partir de cet endroit, le versant ouest conserve une pente plus forte et souvent même escarpée. En gravissant la montagne le long du ravin du **Dat** près Semsales, on observe la coupe suivante (Pl. II, fig. 1) :

La partie inférieure de la montagne est recouverte en grande partie d'éboulis, de terrain éocène et de dépôts erratiques; puis apparaît le *flysch* (*fl* 1 et 3), au milieu duquel se montre, au *Molard*, un récif ou une *klippe* de calcaire *jurassique supérieur* avec Ammonites acanthicus (*js* 2). Après la seconde bande de *flysch* (3) vient du *néocomien* (*ne*, 4)[1] calcaire marneux très homogène, comme un calcaire lithographique; il est plus ou moins schisteux par places, et ne renferme que peu de fossiles dans le ravin même du Dat, mais ils sont très abondants au *Crêt-Moryz*, sur le prolongement méridional de ces couches.

Les bancs du néocomien sont dominés par un escarpement presque vertical de *calcaires jurassiques*, duquel le ruisseau du Dat se précipite en cascade. Il est formé, du bas en haut des couches suivantes : *Calcaire gris noduleux* (*ox*, 5) peu épais au pied de l'escarpement, en partie masqué par la végétation; il renferme *Ammonites tortisulcatus*, d'Orb., *Am. bimammatus*, Qu., *Aptychus latus* et *punctatus*. — Cette couche est suivie de 25 à 30ᵐ de *calcaire compact* (*js*, 6) en bancs réguliers de 20-30 cm. d'épaisseur, séparés par des feuillets marneux et contenant quelques rognons de silex; on y trouve un *Perisphinctes* sp. ind. et l'*Aptychus punctatus*. Ces couches, très fossilifères plus au sud, appartiennent à la zone à *Ammonites acanthicus*.

[1] Les chiffres 4 et 5 ne correspondent pas sur le dessin fig. 1 Pl. II, avec les couches correspondantes : *ne* = 4, *ox* = 5.

Un peu en retrait sur ces calcaires compacts vient le *calcaire lithonique* (7) un peu marneux, blanchâtre et noduleux, dont l'épaisseur est d'environ 4$^m$; il contient de nombreux fossiles (voir page 128). La *couche à Ptéropodes* (8), marne foncée à grains noirs et remplie de petits fossiles, occupe le fond du ravin 6$^m$.

Une épaisse assise de *terrain néocomien* (9), semblable à la couche 4, forme une nouvelle pente plus forte. Il renferme de nombreux fossiles (page 160). Enfin le flysch (10), en puissantes couches de grès, marnes, schistes, etc., forme le reste de la montagne jusqu'au sommet, de même que tout le versant oriental (Pl. II, fig. 2). Les marnes feuilletées prédominent et y sont presque partout assez riches en *fucoïdes*. Le plongement des couches est invariablement dirigé au sud-est. A part les schistes marneux à fucoïdes, il y a des bancs de grès compacts à surface mamelonnée. On trouve beaucoup de débris charbonneux à la surface des bancs.

En dehors de quelques ravins, les couches à *Am. bimammatus*, le tithonique et la marne à *Ptéropodes* sont difficilement visibles, parce que le flanc de la montagne est couvert d'une épaisse végétation, partout où il n'est pas escarpé. Mais on peut facilement constater de loin le prolongement des calcaires jurassiques et néocomiens, jusqu'aux carrières des Prayouds ou de Praz de la Chaux. Ils se présentent sous forme d'un banc de calcaire jurassique, bordé des deux côtés de néocomien, qui est limité lui-même par deux zones de flysch. Le contact immédiat du jurassique avec la bande inférieure du néocomien n'est nulle part bien visible; la végétation ou les éboulements recouvrent partout la zone de contact. Le néocomien de la zone inférieure est même entièrement recouvert sur une certaine longueur par un grand éboulement, s'étendant entre le Molard et le Crêt-Moryz jusque vers les chalets des Praz.

Une nouvelle coupe fort intéressante se montre un peu au sud du Dat, vers le hameau des **Prayouds** (Pl. II, fig. 3). Au-dessus du flysch, plongeant au S.-E. en partie caché par les terrains quaternaires, viennent les couches du néocomien qui affleurent avec de nombreux fossiles au *Crêt-Moryz*. Le gisement se trouve à peu près au milieu de la bande inférieure. La roche fossilifère est tout à fait semblable à celle du néocomien du Dat. Au-dessus du

Crêt-Moryz s'élève une pente couverte d'éboulis et de déblais provenant de carrières ouvertes dans le terrain jurassique. Il est ainsi impossible de voir les couches qui séparent le calcaire exploité du néocomien fossilifère (*ne*).

Les bancs jurassiques ont une faible inclinaison au S.-E. et présentent la série suivante d'assises :

1. *Calcaire compact* en bancs d'épaisseur variable, un peu noduleux.
2. *Couche marneuse* et *grumeleuse*, remplie de petits fossiles. Cette couche est une des plus fossilifères des gisements de la zone à *Am. bimammatus*. On y trouve de nombreux *Belemnites*, *Ammonites*, *Aptychus* et *Collyrites* (voir page 128).
3. *Calcaire compact*, noduleux, pauvre en fossiles, 2ᵐ.
4. *Calcaire marneux* et *grumeleux*, contenant en abondance les mêmes fossiles que la couche 2; le *Collyrites friburgensis* est surtout abondant.
5. *Calcaire compact*, noduleux, 1ᵐ,50, avec *Ammonites trimerus*, Opp. et *Am. tortisulcatus*, d'Orb.
6. *Calcaire compact*, en bancs d'épaisseur variable, surface noduleuse, mamelonnée et fissurée.

   Les *Aptychus* abondent dans ces bancs qui sont le plus important gisement de la zone à *Am. acanthicus*. Leur ensemble atteint 15ᵐ.
7. *Calcaires* en bancs très minces, bien détachés les uns des autres, pauvres en fossiles, 3ᵐ.
8. *Calcaires* en bancs de 0ᵐ,15-0ᵐ,20 d'épaisseur à surface grumeleuse, sans fossiles, 3ᵐ.

Les bancs de 1 à 4 appartiennent au terrain oxfordien; les bancs 5 à 8 au séquanien.

Les couches tithoniques ne se voient pas dans cette coupe; elles sont masquées par la végétation. Plus haut dans la montagne, on voit de nouveau affleurer le terrain néocomien.

Cette carrière a fourni de très nombreux fossiles et, comme le terrain tithonique, dont la roche est d'ailleurs très différente, ne s'y voit pas, on peut être certain que tous les fossiles de ce gisement appartiennent à la zone à *Am. acanthicus* ou au terrain oxfordien. Ceux de ce dernier terrain sont d'ailleurs faciles à distinguer par la nature de la roche. C'est dans ces conditions favorables qu'ont été recueillis à diverses époques tous les fossiles conservés depuis longtemps dans les collections comme provenant des *Prayouds* ou *Praz de la Chaux*.

En avançant au sud, la coupe se complique davantage, en même temps que la zone des roches calcaires s'élargit graduellement.

On constate une coupe très intéressante, en suivant le chemin qui longe la Veveyse de Châtel-Saint-Denis à Plagnière, s'élève à ce hameau sur les escarpements de la rive droite et passe par Maudens, en côtoyant le flanc de la vallée de la Veveyse; on y observe la série suivante d'assises :

Après avoir abandonné le poudingue miocène sur lequel est construit le village de **Châtel-Saint-Denis** et traversé les alluvions de la Veveyse, on arrive, dans le voisinage d'un four à chaux, à une marne feuilletée, dont les feuillets marneux et gréseux sont très redressés; un peu au delà du four à chaux, cette marne renferme deux grands blocs calcaires irréguliers qui paraissent appartenir au terrain néocomien et autour desquels se moulent les feuillets de la marne. Plus loin, près du pont (Pl. II, fig. 4 *a* et *b*), on voit même un banc de néocomien qui affleure au bord du sentier de Plagnière; les couches plongent à l'est, sous un grès dur, compact, à gros grains, identique à celui du flysch et qui a 20 à 30 mètres d'épaisseur. Dans ce grès se trouve, sous une des maisons du hameau de Plagnière, une intercalation d'une roche tout à fait semblable à la roche néocomienne. A ce grès grossier succède un grès plus fin alternant avec des bancs des bancs feuilletés, ayant, les deux, l'aspect caractéristique du flysch.

Les maisons supérieures de **Plagnière** sont sur le calcaire jurassique qui se superpose au flysch. Les bords de la Veveyse, que nous décrivons plus loin, montrent le contact des deux formations ainsi que toute la série des couches jurassiques, que l'affleurement de Plagnière ne permet pas de voir bien nettement. Cet affleurement, du reste, ne se prolonge guère au nord; le lacet du chemin entre Plagnière et Maudens le parcourt presque dans son entier; il se termine en pointe entre Maudens et les maisons de au Crey, entre le flysch et le néocomien.

Ces couches néocomiennes (*ne*, 2 et 4) qui lui succèdent à l'est et sur lesquels est construit Maudens, sont le prolongement de la zone néocomienne inférieure du Dat. A partir du Crêt-Moryz cette zone acquiert, vers le sud, une largeur de plus en plus grande; elle occupe tout l'espace compris entre les chalets de Belmont et de Praz de la Chaux. S'ouvrant encore davantage, elle laisse affleurer un lambeau de calcaire jurassique (*js*, 3) qui se voit au-dessus des maisons de Maudens, sur le chemin de Châtel au Moléson. Cet affleurement est très restreint; il commence un peu au nord du chemin et se termine avant le cours de la Veveyse; nous n'en connaissons pas de fossiles.

Le chemin rentre ensuite dans les calcaires marneux du néocomien qui ont fourni sur les bords de la Veveyse une grande abondance de fossiles. Puis il pénètre dans les calcaires jurassiques (*js*, 5) qui sont le prolongement direct de la zone des Prayouds; leur épaisseur est considérable. Ils se prolongent au sud dans la direction de la Veveyse, mais sans arriver jusqu'au bord du torrent avant lequel ils sont arrêtés par une faille. Une nouvelle zone néocomienne succède (*ne*, 6); c'est le prolongement de la zone supérieure de la coupe du Dat et des Prayouds. Les couches plongent à l'est comme les précédentes et disparaissent bientôt sous le flysch qui a le même plongement.

Au delà des chalets de la Frasse, le chemin entre dans le flysch (*fl*, 7) et l'argile glaciaire (8) à cailloux striés; laquelle remplit tout le fond de la vallée de la Veveyse, fait qui se retrouve dans la plupart des vallées qui s'ouvrent vers le plateau suisse ou la dépression du Léman. Le chalet de la Cergne du Bon-Riaux (1048ᵐ) est sur ce terrain, celui du Bon-Riaux un peu plus haut (1115ᵐ) est assis sur le flysch.

Le sentier de Maudens aux carrières de la Chaux donne une coupe un peu différente des précédentes, et dans laquelle tous les terrains, plongeant au S.-E.. sont traversés obliquement. Cette coupe présente trois alternances de flysch et de calcaire néocomien.

Les escarpements au bord du torrent de la Veveyse que nous avons quittés au chemin qui monte à Plagnière, donnent une coupe très nette des terrains qui forment la masse du Niremont. On y peut constater les terrains suivants (Pl. II, fig. 4 *b*) :

*fl. Flysch*, normal, plongeant fortement au sud.

*ne.* Calcaire néocomien peu épais.

*fl. Flysch;* grès à gros grain, 20ᵐ.

*ne. Néocomien* calcaire; deuxième intercalation peu puissante.

*fl. Flysch;* grès à grain fin, alternant avec des marnes, plongeant rapidement au S.-E. et s'étendant jusqu'à la carrière, où il est recouvert en discordance par les terrains jurassiques qui se composent des couches suivantes :

*ji.* *Marne feuilletée* foncée, avec bancs calcaires très rares, sans fossiles, appartenant probablement au terrain jurassique inférieur. Plongement faible à l'Est. Elle repose en discordance évidente sur le flysch.

*ci.* *Calcaire compact* avec bancs marneux feuilletés intercalés; fossiles nombreux (voir page 130).

Cette roche est exploitée pour la fabrication de chaux hydraulique; deux carrières sont ouvertes aux points A et B, fig. 5, pl. II.

*oxf.* *Oxfordien. Calcaire grumeleux gris,* ayant environ $6^m$ d'épaisseur et contenant des fossiles de petite dimension.

*Ac.* *Calcaire compact* en bancs épais, contenant des rognons de silex dans les lits supérieurs. Les *Aptychus* sont nombreux dans la partie supérieure, mais ils sont difficiles à extraire et leur ornementation a habituellement disparu.

Ces couches se prolongent avec une faible inclinaison en remontant la rivière qui y est encaissée. A $150^m$ plus en amont, elles sont recouvertes par les

*ti.* *Couches tithoniques,* visibles sur $2^m$ d'épaisseur environ, de couleur blanchâtre, riches en fossiles, semblables à ceux du Dat. Cette roche se continue au nord dans la direction du Crey.

*npt.* *Marne à Ptéropodes,* roche compacte de $5^m$ à $6^m$ d'épaisseur contenant les mêmes fossiles qu'au Dat.

*ne.* *Terrain néocomien* occupant une grande largeur. Il correspond à la zone néocomienne inférieure au calcaire jurassique de Praz de la Chaux; il entoure un peu au nord un lambeau de calcaire jurassique. Ce néocomien se compose de calcaires marneux et schisteux de couleur foncée; les bancs se délitent en plaques à la surface ou dans l'intérieur desquelles se trouvent des fossiles nombreux. Ce point est le principal gisement de fossiles néocomiens de cette contrée, quoique les échantillons ne soient que des moules, habituellement déformés (voir p. 162).

En continuant à remonter le torrent, on voit le néocomien plonger sous une zone calcaire qui traverse la Veveyse pour se terminer brusquement au delà sur la rive gauche. Cet affleurement est formé du calcaire à *Am. acanthicus* (*js*); il est le prolongement de celui des Prayouds, bien qu'il en soit séparé par une faille transversale, le long de laquelle s'est effectué un déplacement assez sensible des formations.

Une nouvelle zone néocomienne (*ne*) repose sur ces calcaires; elle est recouverte par le flysch (*fl.*) qui disparaît bientôt sous des masses considérables de terrain glaciaire (*gl.*).

Le flysch atteint une très grande étendue dans la partie N.-E. du Niremont. Cette montagne est presque entièrement constituée par les schistes, marnes et grès de cette formation. Sur le versant N.-E. qui fait face à Bulle, ils plongent régulièrement au S.-E. (S. 5° E.); mais cette région est aussi en partie recouverte de terrain glaciaire qui occupe d'assez grands espaces, surtout vers le bas. On voit aux environs de Part-Dieu les marnes du flysch alternant avec de puissants bancs de grès, à la surface desquels on trouve beaucoup de vermiculations, et de couches qui renferment des traces charbonneuses. Le lit de la Trême est presque entièrement creusé dans cette formation. Près du chalet des Joux-derrières, le flysch renferme un grand nombre de fucoïdes.

Plusieurs rochers calcaires, portant tous les caractères des *klippes*, se montrent au milieu du flysch, près du chalet de la **Joux-derrière** (Pl. III, fig. 4); leurs couches plongent au S.-E. parallèlement à celles du flysch. Trois d'entre eux sont à peu près sur le même alignement. Le quatrième, situé plus à l'est, non loin du chalet des Joux-devant, et dont les couches plongent dans le même sens, est placé à la limite même du flysch, sur le bord de la faille, si bien qu'il est en contact avec les marnes rouges des terrains triasiques et sous lesquelles il paraît plonger.

### *Le Mont-Corbettes.*

Le massif du Mont-Corbettes forme un tronçon de chaîne très nettement découpé par les ravins profonds des torrents de la Veveyse de Châtel et de la Veveyse de Fégires. Sa structure générale concorde en tous points avec celle du Niremont et ressort déjà assez nettement de la carte et des coupes (Pl. II, fig. 6 à 11).

Le **pied nord** du Mont-Corbettes offre dans le lit de la Veveyse de Châtel une coupe complète de cette montagne (Pl. II, fig. 6). Cette série de couches ne diffère que peu de celle de la rive opposée.

A l'angle que forme la Veveyse, au point où elle dirige son cours vers le sud, on voit en face du village de Châtel (Pl. II, fig. 6 *a*) un affleurement de calcaire grumeleux à *Am. bimammatus (ox)*, dont les couches d'abord horizontales, se coudent et plongent enfin à l'est. On y trouve beaucoup de fossiles de

37

petites dimensions et des fragments de *Belemnites*. Cet affleurement est dans la même situation que ceux du Niremont et disparaît bientôt sous les marnes feuilletées et les grès du flysch (*fl.*) qui s'étendent jusqu'au pont de Plagnière.

Les premières couches de ce terrain sont d'abord feuilletées et renferment des traces charbonneuses; elles sont recouvertes par un grès compact dur qui disparaît sous les alluvions (*al*); il reparaît dans le voisinage du pont sur le chemin du Vuavre à Fruence.

Au delà du *Pont de Plagnière* on trouve sur le bord même du torrent la succession suivante, comprise entre A et B de fig. 6 *a.* et détaillée en fig. 7, Pl. II :

*fl. Flysch.*

*ne. Terrain néocomien*, peu épais.

*fl. Flysch.*

*ne. Terrain néocomien,*

*fl. Flysch* en couches moins inclinées et discordantes avec le néocomien, mais plongeant en apparence concordante sous des marnes feuilletées pouvant appartenir au jurassique inférieur,

*ci. Calcaire à ciment.*

*ox. Calcaire grumeleux* en bancs épais.

*js. Calcaire compact* de la zone à *Am. acanthicus*, en couches peu inclinées. Il est difficilement abordable et n'a fourni que peu de fossiles.

A partir de ce point, la série est tout à fait la même que sur la rive opposée, bien qu'une faille en ait troublé sur un point la continuité (Voir Pl. II, fig. 6 *a* dès le point B).

*ti. Couches tithoniques,* qui, étant recouvertes par la végétation sur la rive droite, sont ici bien mieux visibles; elles se composent d'un calcaire marneux de couleur blanchâtre, noduleux ; les nodules sont unis par un ciment marneux. La roche est exactement semblable à celle du Dat. Bien que les couches n'aient que deux mètres d'épaisseur, elles ont fourni de nombreux fossiles. Ce gisement est désigné d'habitude par *Maudens* ou *Riondanaire*, noms des maisons les plus voisines.

*npt.* Marne à *Ptéropodes.*

*ne.* Terrain néocomien, très fossilifère (page 162).

*js.* Calcaire jurassique supérieur.

*ne.* Terrain néocomien.
*fl.* Flysch.
*gl.* Terrain glaciaire.

Si, du Pont de Plagnière, on prend le sentier de la **Riondanaire,** on gravit une colline qui paraît formée en majeure partie de terrain néocomien, plongeant à l'est; mais en avançant un peu plus au sud, on trouve dans cette même colline un affleurement de terrain jurassique supérieur exploité dans une petite carrière, celle du *Vuavre*. La base de cet affleurement jurassique est formée par le calcaire grumeleux à *Collyrites friburgensis* et *Am. tortisulcatus*, recouvert par une certaine épaisseur de couches de la zone à *Am. acanthicus*, dans lesquelles les fossiles sont nombreux.

Après avoir gravi cette colline, on arrive dans un petit vallon dans lequel se voient quelques blocs de poudingue de Valorsine et un très grand bloc de calcaire schisteux noir néocomien. Le bord est du vallon est formé par un crêt jurassique, dans lequel ont été ouvertes les carrières de la *Riondanaire*. Il présente la zone à *Am. acanthicus*, dont les bancs, d'épaisseur variée, noduleux et irréguliers à la surface, ont le même aspect que dans tous les autres gisements, mais avec une couleur un peu plus foncée. Les fossiles y sont nombreux, non comprimés, mais bien conservés sur l'une des faces seulement; les *Aptychus latus* et *punctatus* sont particulièrement nombreux.

Les bancs jurassiques de la Riondanaire sont surmontés par les assises néocomiennes, sans qu'on voie entre deux les couches tithoniques, les fossiles abondent aussi dans ces couches.

Au-dessus du néocomien se trouve une assez grande étendue de terrain glaciaire au milieu duquel on voit encore, au Pralet, un affleurement néocomien ce qui indique que ce terrain forme ici une zone assez large (Pl. II, fig. 6 *b*.).

On ne peut reconnaître ici aucun affleurement jurassique de la zone supérieure, la zone des Prayouds qui, déjà disloquée par une faille sur la rive droite de la Veveyse, se termine dans les escarpements de la rive gauche et ne vient plus affleurer sur ce plateau.

Le terrain néocomien s'enfonce sous le flysch près du chalet de Mayen et ce dernier terrain est lui-même recouvert par le glaciaire. Le chemin qui remonte le flanc gauche du ravin jusque vers la *Rosali* (1128ᵐ), est entièrement dans le glaciaire, et, depuis ce chalet, il faut remonter d'environ 100ᵐ sur le flanc des Corbettes pour retrouver le flysch en place. Ces dépôts glaciaires renferment beaucoup de protogine, de gneiss et de poudingue de Valorsine.

Les bancs jurassiques des carrières de la Riondanaire se continuent au sud et forment un escarpement sur lequel est construite la chapelle de *Fruence* (Pl. II, fig. 8).

Plus haut dans la montagne on trouve un nouvel horizon de calcaire jurassique supérieur qui affleure au milieu du néocomien; les couches en sont redressées et plongent fortement à l'est. C'est une voûte rompue et déjetée. Le néocomien s'étend ensuite jusqu'aux chalets de *Praz-Mogis* où il est recouvert par le flysch qui forme le sommet du Mont-Corbettes (1408ᵐ).

Un peu au sud les deux zones jurassiques sont interrompues et le néocomien seul est visible (Pl. II, fig. 9); puis elles réapparaissent à la hauteur du Chaussin et de la Briaz (fig. 10). Elles se montrent de même dans le lit de la **Veveyse de Fégires** (fig. 11) où l'on peut suivre la succession suivante de couches :

Au vieux pont de *Figires* se montre, dans les escarpements de la Veveyse, une *marne feuilletée* de couleur foncée avec de petits bancs de *grès jaunâtre intercalés* (*fl*). Nous pensons qu'il faut rapporter ces couches au flysch, quoiqu'elles n'aient pas tout à fait l'aspect normal de ce terrain. Elles ont une assez grande analogie avec certaines couches du *grès de Ralligen*. Quoiqu'il en soit, elles appartiennent au terrain tertiaire. Elles plongent rapidement à l'est sous le calcaire *néocomien* (*ne*), avec lequel elles sont en concordance. Ce dernier est formé d'une roche *calcareo-marneuse feuilletée* ou un *calcaire en bancs minces*, de couleur claire, séparés par de petits lits de marnes feuilletées en couches sinueuses, plongeant à l'est, ainsi que les couches suivantes :

    *js. Calcaire jurassique* supérieur, affleurant à Chaussin. Roche compacte, peu fossilifère, en bancs minces. C'est la même zone que celle qui domine Fruence, quoique n'étant pas en connexion visible avec celle-ci,

    *npt. Marne à Ptéropodes*, compacte, ayant les mêmes caractères que dans le Niremont (7-8ᵐ).

    *ne. Terrain néocomien.* Calcaires et marnes en bancs ondulés minces, plus ou moins schisteux et alternant avec des bancs de marne feuilletée. Ces couches sont riches en fossiles.

*js.* *Calcaire jurassique supérieur* en bancs minces, identique à celui de la zone précédente. On voit très distinctement sur le bord de la Veveyse ces calcaires se recourber dans leur partie supérieure de manière à former une voûte complète, déjetée, et dont les deux jambages plongent parallèlement à l'est.

*ti.* *Terrain tithonique,* semblable à celui du Dat et de la grande Veveyse; riche en fossiles.

*né.* *Terrain néocomien,* calcaire marneux, semblable à celui de la zone précédente.

*fl.* *Flysch;* peu visible sur la rive gauche, mais très apparent sur la rive droite, la première étant en grande partie occupée par le terrain glaciaire. Les grès et les marnes de ce terrain plongent en moyenne au sud-est; mais les divers feuillets montrent de nombreux plis intérieurs. La surface des bancs de grès présente beaucoup de concrétions irrégulières et des vermiculations. Sur la rive droite, ce terrain s'enfonce bientôt aussi sous le glaciaire.

Au-dessus de l'escarpement jurassique et néocomien, on ne trouve plus, dans le haut du Mont-Corbettes, que du *flysch,* dont les couches de marnes feuilletées, les grès, etc., ont l'aspect normal de cette chaîne. Le chemin qui longe la Veveyse de Fégires, est tracé dans ce terrain, à partir du point où il quitte le néocomien à la Briaz, jusqu'au revers est de la montagne près du chalet des Crêtes. Le bas, au contraire, du côté du torrent, est plutôt occupé par le terrain glaciaire (Pl. II, fig. 12).

Le *chalet des Crêtes,* dont le nom n'est pas sur la carte, se trouve à peu près au point où le chemin sort du flysch, pour s'engager dans le terrain glaciaire; il est dominé par un rocher néocomien, dont les couches plongent fortement à l'est, en faisant saillie au milieu du flysch, caché par les dépôts glaciaires. Dans sa disposition et sa situation, ce rocher nous représente bien une klippe analogue à celles du Niremont, citées plus haut. Un second rocher, semblable à celui-ci, se trouve sur son prolongement méridional, entre le chalet de la Sierne au Boucle et le bord de la Veveyse de Fégires. Ces deux affleurements sont près de la faille qui limite à l'est la première chaîne alpine; elle ne peut cependant pas être constatée avec évidence sur le point même, car la zone de contact, entre le flysch et le lias de la chaîne suivante, est masquée par le terrain glaciaire qui occupe toute la dépression entre les deux Veveyses et remonte jusqu'à 1200ᵐ sur le flanc du Mont-Corbettes. Le ravin qui descend au *Rosali*, ne laisse voir que le terrain erratique et dans le haut du col qui relie les deux Veveyses, on remarque plusieurs beaux blocs erratiques.

Le petit lac des Joncs (1236ᵐ), situé sur le flanc de cette montagne, est dans le flysch à une faible hauteur seulement au-dessus de la limite de la nappe glaciaire (Pl. II, fig. 12).

### Les Pléiades [1].

Dans son ensemble, cette arête qui se poursuit jusque vers le bassin du Léman, montre une structure analogue à celle des deux massifs de la première chaîne alpine que nous venons de décrire. La coupe prise le long du ravin de la Veveyse de Fégire nous en a déjà fait connaître la constitution sommaire, en même temps que celle du Mont-Corbettes. Mais en parcourant la pente de la rive gauche du torrent de la Veveyse, on voit la zone supérieure du terrain jurassique disparaître promptement, de sorte qu'on ne trouve plus au sud qu'une seule bande de calcaire jurassique au milieu du néocomien. La zone inférieure seule se prolonge sur presque toute la longueur de cette arête.

Lorsqu'on prend, près des maisons de *Saumont*, le chemin qui conduit à la partie supérieure de la Veveyse, on traverse d'abord des calcaires néocomiens en bancs minces, de couleur claire, à plongement S.-E.; ils sont recouverts par la zone calcaire jurassique (*js* fig. 14, Pl. II) qui est ici peu épaisse et forme un escarpement d'abord assez peu prononcé, auquel succède une nouvelle série de couches néocomiennes identiques aux précédentes. Après les avoir suivies sur une bonne longueur, le chemin entre dans le flysch dont les couches très marneuses, feuilletées, disparaissent bientôt sous le revêtement glaciaire, très puissant et bien caractérisé par les nombreux cailloux striés.

---

[1] *Pléiades* n'est pas le vrai nom de cette montagne. Il provient par corruption de *La Playaux*, nom du chalet près du Sommet et qui n'a rien affaire avec la mythologie. Le mot Pléiades étant sur presque toutes les cartes et employé par la plupart des gens, nous sommes forcés de le conserver. Mieux vaudrait adopter l'orthographe *Playades*.

La zone néocomienne inférieure au calcaire jurassique se prolonge tout le long du pied occidental des Pléiades, et augmente d'épaisseur vers le sud. Elle acquiert le relief le plus accentué à égale distance environ entre la Veveyse et le torrent de la Baye de Clarens, à la hauteur de Chevalleyres, où elle forme un monticule en avant de la montagne (Pl. II, f. 14). Elle occupe ici exactement la même position que dans le lit de la Veveyse ou au Crêt-Moryz, près des Prayouds. Les couches plongent constamment au S.-E.

L'escarpement jurassique, qui domine le néocomien, se montre très nettement à mi-hauteur environ de la montagne, sous forme d'un abrupt presque vertical de 15 à 25$^m$; tandis que le néocomien qui le surmonte, donne lieu à une pente rapide, le plus souvent gazonnée. Ce massif jurassique est interrompu sur une petite longueur, au milieu de la montagne, au-dessus des chalets de la Chaux et des Chaudalles par une faille transversale et perpendiculaire à la direction des couches, en sorte que la zone jurassique paraît un peu plus haute dans sa partie septentrionale; le rejet est d'environ 50 mètres. Le sentier qui gravit la montagne passe par cette rupture et évite ainsi l'escarpement qui serait infranchissable autrement.

Comme aux environs de Châtel, ce calcaire jurassique, en bancs peu épais, renferme quelquefois des rognures de silex; mais il n'est pas très fossilifère dans cette partie de la chaîne; on ne peut guère citer que quelques *Aptychus* et des fragments indéterminables d'*Ammonites* (*Perisphinctes* et *Phylloceras*).

Le long de toute la montagne, les bancs jurassiques, plus compacts que ceux du néocomien, forment au pied de ceux-ci une sorte de corniche, sur laquelle sont alignés de nombreux chalets et granges. Les pentes rapides du néocomien, avec leurs pâturages et taillis, s'élèvent au-dessus de ce replat jusque près de l'arête de la montagne. Les bancs minces du néocomien plongent assez faiblement à l'est ou au E.-SE. Seulement au-dessus du massif jurassique on trouve, dans le voisinage de la faille indiquée, un contournement de couches en même temps le plongement est plus fort.

Le flysch a une importance moindre aux Pléiades que dans les montagnes des Corbettes et du Niremont. Il ne forme qu'une faible épaisseur des couches du sommet de l'arête, mais il recouvre régulièrement le flanc S.-E. de la montagne.

Quoiqu'il n'y ait en réalité qu'une seule zone jurassienne néocomienne on retrouve un second affleurement de néocomien un peu au N.-E. du sommet des Pléiades au-dessus des chalets des Tenasses. C'est peut-être une réapparition de la seconde bande du Niremont et des Corbettes, due à un repli de ce terrain (Pl. II, fig. 13).

Un peu au sud de la Chaux, se trouve le ravin rapide des *Chevalleyres*, qui offre une coupe complète des terrains néocomien et jurassique qu'on y observe (Pl. II, fig. 14).

Les maisons même des Chevalleyres sont sur le terrain glaciaire. En suivant le sentier qui traverse les bois du pied de la montagne, on trouve par place des marnes feuilletées du flysch plongeant à l'Est.

Le néocomien de la zone inférieure (*ne*) leur est superposé en épaisseur considérable. En contournant la colline boisée qu'il forme au pied de l'arête, on s'engage dans le ravin au bas de l'escarpement jurassique. Quoique peu riche en fossiles, le terrain jurassique (*js*) a fourni au pied du ravin une belle série de fossiles dans un banc de calcaire gris noir, semblable à celui de la Riondanaire et appartenant à la zone à *Am. acanthicus*. L'oxfordien noduleux n'affleure pas sur ce point. Dans le haut de l'escarpement jurassique apparaît le calcaire tithonique (*ti*), analogue à celui de la Veveyse. Quoique ce soit le seul point de la montagne des Pléiades où ce terrain ait été constaté jusqu'à présent, il n'est pas douteux qu'il existe ailleurs encore entre le jurassique et le néocomien. Des coupes de bois ou des tranchées de chemins amèneront certainement peu à peu la découverte de nouveaux gisements de ce terrain que sa faible épaisseur rend difficile à observer; car elle ne dépasse guère 2 à 3$^m$. La faune de ce gisement est exactement la même que celle du Dat et de la Veveyse.

En continuant à gravir le ravin des Chevalleyres, on trouve, reposant sur ces couches, un faible lit de marne d'un gris foncé, tachetée de points noirs laquelle correspond évidemment à la marne à *Ptéropodes* du Niremont (*pt*); elle n'a cependant pas fourni de fossiles.

Le couloir très rapide conduit vers le haut de la montagne et traverse une coupe suivie du terrain néocomien, auquel succède le flysch qui forme le sommet.

Grâce aux alternances de bancs calcaires et marno-schisteux qui plongent au S.-E. vers l'intérieur de la montagne, on peut gravir le couloir très incliné comme sur des escaliers naturels. Dans son milieu, il est interrompu par un épais banc calcaire plus clair que la teinte générale du néocomien; il estriche en *Aptychus Didayi* et renferme aussi quelques petites *Belemnites*. Le petit escarpement qu'il forme est facile à franchir et au-dessus le ravin s'élargit de nouveau. Un peu plus haut, on remarque sur ses deux flancs, mais surtout sur celui du nord, un repli ou contournement des couches néocomiennes, qui se présente sous la forme d'un *N*; on peut fort bien constater d'abord le repli en V puis celui en Λ après quoi les couches reprennent leur plongement primitif.

Le haut du couloir se termine par une sorte de cirque, formé par les bancs néocomiens coupés à pic et dont il n'est pas aisé de sortir; on y réussit cependant en suivant la surface d'un banc riche en *Ammonites*, lequel s'élève au nord avec une forte inclinaison et conduit tout près du sommet (1364ᵐ). De là on descend vers le sud, presque continuellement sur le néocomien, la zone de flysch allant en s'amincissant de plus en plus. Le chalet d'en *La Playaux* se trouve environ sur la limite de ces deux terrains. Mais bientôt les dépôts glaciaires masquent de nouveau tous les affleurements et ce n'est que sur la pente plus rapide, vers la Baye de Clarens, que le néocomien reparaît de même que sur la face nord.

Le *flysch* qui forme toute la partie occidentale de ce massif n'est pas généralement visible. Un épais manteau de graviers glaciaires recouvre le bas de la montagne et les pâturages qui occupent toute la surface, ne laissent guère voir d'affleurements un peu étendus. Il ne donne également pas lieu à un relief propre, comme c'est le cas pour les Corbettes et le Niremont; ce n'est qu'au N.-E. qu'il forme la petite colline du *Pautex*, séparée des Pléiades par le vallon tourbeux des *Tenasses*, où on a ouvert une exploitation de tourbe assez bonne.

Tout près du Pautex, on voit le contact presque immédiat des grès et marnes du flysch avec la dolomie et la cargneule du trias. De gros bancs de grès, semblables à de la mollasse, affleurent au bord du chemin de l'Alliaz, tout à fait dans le voisinage des cargneules (page 23).

L'existence de cette fracture qui sépare la première chaîne de la seconde n'est pas douteuse. Un peu plus bas, la source sulfureuse de l'Alliaz trahit l'existence du gypse, quoiqu'elle paraisse sortir du flysch.

Malgré le développement des dépôts glaciaires dans le ravin de la *Baye de Clarens*, on peut constater, en remontant le cours de ce torrent, une série importante de contacts successifs entre le miocène et le flysch d'une part et le flysch et le néocomien d'autre part. On voit, en effet, en dessous du village de Brent, un peu en aval du passage à gué, des bancs puissants de grès rougeâtres, interrompus par des marnes de même couleur; ce sont les bancs de la *mollasse rouge* (*mr*), identique à celle des environs de Vevey; plongement 20° E. (Pl. I, fig. 2). En amont du passage, à 50 mètres environ de distance, on trouve sur la rive gauche une épaisseur de couches micacées grises, foncées, feuilletées et marneuses interrompues de quelques lits de grès durs de 20-30 cm. d'épaisseur. Certains feuillets sont couverts de débris charbonneux. Ces couches sont d'abord presque horizontales et plongent même légèrement en sens inverse aux bancs de la mollasse rouge. Bientôt leur plongement change, et, un peu plus loin, on les voit s'enfoncer à l'E.-S.-E.

Nous considérons cette roche comme du *flysch* (*fl*), mais l'aspect général de ces assises, rappelant celui du miocène, laisse quelques doutes sur leur âge.

Cette roche se poursuit sur 250-300 mètres en remontant le torrent de la Baye, affleurant tantôt à gauche tantôt à droite; elle est facile à reconnaître aux plaquettes très régulières qu'elle produit en s'éboulant et dont le pied des berges, où elle affleure, est recouvert. Beaucoup de ces plaquettes présentent des traces de vagues (*ripple-marks*) d'une netteté remarquable. D'autres fois ces mêmes feuillets, irrégulièrement repliés, montrent les contorsions les plus curieuses, grâce à leur faible épaisseur et à la netteté de leurs délits.

A 50ᵐ environ en aval du premier petit torrent qui descend de la rive droite, ces couches marneuses et micacées feuilletées s'arrêtent et font place à des assises puissantes de couches calcaires grises avec alternances marno-schisteuses; c'est le *néocomien* (*ne*). On peut constater en remontant le lit du petit torrent mentionné, que ces bancs correspondent bien aux assises néocomiennes de l'arête des Pléiades; c'est presque sans interruption que l'on peut les poursuivre au nord jusque vers la maison du *Signal*, où elles forment un très singulier repli à quelques pas au nord de la maison; il ressemble à un M étiré et est sans aucun doute la suite du pli en N du couloir des Chevalleyres, (Pl. II, fig. 15 *a*). Dans le ravin de la Baye de Clarens, ces couches sont fort pauvres en fossiles; elles n'ont fourni que quelques mauvais fragments de *Belemnites*, et certains bancs marno-calcaires sont couverts de taches foncées simulant la forme de fucoïdes; elles ne sont cependant pas assez nettes pour qu'il soit possible d'affirmer que ce soient des algues marines.

La disposition de ces couches néocomiennes est très curieuse. D'abord l'épaisseur totale de la zone semble être singulièrement réduite par rapport à l'importante largeur qu'elle a dans le haut de l'arête des Pléiades. Elle est en outre tellement disloquée que nous jugeons utile de donner un croquis de l'aspect que présente l'affleurement le plus important sur la rive gauche du torrent (Pl. II, fig. 15 *b*).

Les couches plongent dans le même sens que le flysch feuilleté, soit de 35-40 E. (*a*). Elles se relèvent bientôt et on voit des couches presque verticales, interrompant les premières et présentant une schistosité transversale à la stratification, dirigée à peu près dans le même sens que la stratification des couches précédentes. Les couches verticales, quoique passablement masquées par la végétation, semblent reprendre l'ancien plongement à l'est en se repliant en forme d'A; mais à quelques pas plus en amont apparaissent de nouveau des bancs verticaux; cette fois ce sont des bancs calcaires (*b*) avec quelques intercalations compactes, qui décrivent très visiblement une voûte, dont un des jambages est interrompu subitement par une faille. Plus loin viennent des couches marneuses foncées (*c*), en feuillets nombreux, interrompues par quelques lits plus durs et fortement repliés.

Ces dernières assises, grâce à leur nature marneuse, n'ont pas participé aux replis aigus des couches calcaires. Elles paraissent passer au contraire par dessus celles-ci en conservant le plongement S.-E.; leur plasticité, relativement bien plus grande, n'a déterminé dans leur masse que des froissements, sans changer la direction générale du plongement.

Le *flysch* (*fl*) apparaît à une centaine de mètres en amont, juste à l'endroit où un second petit torrent se réunit sur la rive droite avec la Baye de Clarens. La nature pétrographique des couches qui affleurent un peu avant d'arriver près de ce torrent, les caractérisent suffisamment comme flysch typique, assez différent de la roche essentiellement feuilletée que nous avons précédemment réunie à ce terrain. Ce sont des alternances régulières de grès compacts, en lits de 5-40 cm. d'épaisseur, accompagnés de couches de marnes feuilletées micacées assez foncées (plongement E. 30°).

Le second torrent a creusé son ravin dans le flysch qui affleure de même un peu plus haut à l'endroit où un chemin de dévestiture traverse le petit ravin. Immédiatement après avoir dépassé l'embouchure de ce petit torrent, on trouve un nouvel affleurement de flysch, cette fois sur la rive gauche. Cet affleurement offre des lits marneux, feuilletés et schisteux gris interrompus par des lits de grès compacts assez minces. Les couches ont subi des plissements divers forts intéressants. Les marnes schisteuses contenant les grès en bancs minces reposent en discordance sur des couches épaisses de grès compact. Ayant été poussées contre ceux-ci, les premières ont été repliées de la façon la plus curieuse, ce que la fraîcheur de l'affleurement permet de constater aisément. Le croquis (Pl. II, fig. 16), pris sur place, montre l'effet différent que la pression latérale a produit sur les couches de nature variée.

Les masses schisteuses et marneuses se sont plissées et ont surtout augmenté d'épaisseur, tandis que les lits de grès dur, tout en se repliant parfois et cela avec bien plus d'intensité que les premières, se sont brisées fréquemment et se sont chevauchées ensuite. Cet exemple, d'une beauté rare, est un complément aux expériences qu'on a essayé de faire avec de l'argile pour démontrer le mécanisme de certaines cassures de l'écorce terrestre.

En continuant à remonter le ravin de la Baye, on rencontre encore un bon nombre d'affleurements de flysch. Le premier est sur la rive gauche, il n'a qu'une faible étendue et est suivi d'un grand amas de *tuf*, vis-à-vis duquel on voit de nouveau le flysch, formé de gros bancs de grès calcaire, passant à un conglomérat à galets de quartz. Les bancs sont séparés par des délits marneux. Le plongement qui était à l'affleurement précédent de 25° E. est ici de 45-50°, dans le même sens. A la suite de ces bancs de grès grossier, ressemblant parfois à de la mollasse marine, viennent des couches de grès en lits plus minces à surface bosselée et à figures arborescentes en saillie. Elles sont suivies d'une grande épaisseur de marnes micacées interrompues seulement par quelques lits de grès plus durs; un petit affleurement des mêmes couches leur fait face sur la rive gauche. Dès ce point, l'erratique remplit complètement le lit du torrent la Baye, et n'est interrompu qu'un peu plus loin par un important dépôt de tuf qui s'étend depuis le *Sex-que-pliau* jusqu'au bord du torrent en formant de pittoresques rochers traversés de nombreuses grottes. Les sources qui en sont la cause, jaillissent sur la limite du terrain erratique et du flysch. Plus en amont encore, le torrent est encaissé entre les amas erratiques, profondément ravinés de tous les côtés. Ils font voir à leur base la *boue glaciaire*, argile très fine, avec des cailloux striés, au-dessus de laquelle s'élève, sur une cinquantaine de mètres d'épaisseur, la moraine bien caractérisée.

A partir du ravin de la Baye de Clarens, la zone de flysch et de néocomien que nous avons vu former la première chaîne alpine, perd totalement son relief; elle se confond avec la pente et jusqu'au bord du lac on n'en voit plus que de faibles traces qui peuvent servir à en fixer le parcours. Aux alentours de Brent il n'y a aucun affleurement en dehors de ceux que nous avons déjà cités.

En face du marais de Corneaux, un petit mamelon boisé en marque encore le dernier relief. Le tracé de la nouvelle route de Charnex à Brent a mis à découvert le néocomien qui a fourni, à un gisement indiqué sous le nom de Praz-Betai, des fossiles caractéristiques. Il se trouve dans le voisinage immédiat du lias qui affleure au pied du Mont-Cubli et tout près de la faille qui sépare ces deux zones. Une source sulfureuse, au milieu du marais de Corneaux, prouve l'existence du gypse. Ces circonstances montrent que le flysch doit être ici extrêmement réduit.

En remontant la route des Avants qui conduit de Chaulin à Chamby, on trouve le flysch accompagné de cargneule (voir page 27), qui sépare le terrain éocène du lias; ici la cargneule paraît superposée à l'éocène; elle est surmontée par le lias supérieur et aucune faille n'est visible entre ces trois terrains (voir la coupe détaillée, page 323).

Près de Charnex, on trouve affleurant au bord de la route des schistes foncés avec empreintes de fucoïdes (*Palæodictyon*) qui pourraient bien appartenir au flysch.

Le néocomien apparaît de nouveau à Charnex à l'entrée du village, ainsi que sur plusieurs points encore dans le village même et en dessous de celui-ci. Une masse de calcaire, fortement disloquée et fendillée, paraît appartenir même au terrain jurassique, Les amas glaciaires interrompent cette zone, puis elle reparaît encore au ravin des Vaux-de-Charnex, dans un rocher de calcaire grossièrement spathique, comme il s'en trouve parfois dans les dépôts néocomiens. Tout près de là il y a de la cargneule.

M. Renevier a reconnu, d'après plusieurs fossiles trouvés en place, que le néocomien forme la base des constructions d'une partie de Montreux (Vernex-dessus). Ce terrain a été mis à découvert à plusieurs reprises par les travaux de fondation pour des bâtiments. Actuellement il a disparu presque complètement sous les nombreuses constructions. On en voit encore les escarpements près de la gare et à côté du bâtiment de la poste au pied du jardin de l'hôtel Bellevue.

Plus bas, en s'approchant du lac, disparaissent encore ces derniers vestiges du relief de notre chaîne. La terrasse lacustre qui borde la côte n'est pas interrompue à l'endroit où la zone calcaire aboutit au lac. On en a cependant mis à découvert des couches schisteuses noires à Vernex-dessous, près de l'Hôtel suisse et ce bâtiment lui-même est construit sur le rocher calcaire, dans le voisinage immédiat du lac.

# CHAPITRE XI

## MASSIF DU MOLÉSON ET ARÊTE DES VERREAUX

(Folly, Mont-Cubli, etc. Pl. III et IV).

Cette région a une structure assez compliquée au point de vue topographique et plus encore sous le rapport de l'orographie. Elle comprend le massif du Moléson, l'arête des Verreaux jusqu'à la Dent de Jaman, et les montagnes et collines boisées qui se trouvent entre l'arête des Pléiades et le ravin de la Baye de Montreux.

Le massif du Moléson (2005$^m$) forme une double pyramide irrégulière, dans laquelle toutes les couches plongent vers l'intérieur, soit vers l'axe longitudinal de la montagne. Elles se relèvent donc au N.-O. et au S.-E., où elles présentent leur tranche dans de beaux escarpements. A ces couches coupées à pic il n'y a pas de coupe correspondante du côté du Niremont; une énorme faille les met en présence du flysch.

Au S.-E., au contraire, la chaîne des Verreaux présente un escarpement considérable, dont les couches correspondent exactement, dans l'ordre de leur superposition, à la coupe du Moléson. Entre deux s'ouvre une vallée où les bancs sont disposés en anticlinale et au centre de laquelle les couches dolomitiques du trias ont formé de la cargneule.

Au N.-E. et surtout au S.-O. du massif du Moléson, les assises jurassique et crétacées qui couronnent celui-ci ont été enlevées et le sol a été irrégulièrement découpé en collines, séparées par de nombreux ravins.

Les terrains de cette région sont les mêmes que dans la chaîne précédente on y constate en plus, en descendant :

> Jurassique inférieur, couches de Klaus, *ji.*
> Lias supérieur, toarcien, *ls.*
> Lias inférieur, *li.*
> Dolomie et cargneule, *dol* et *ca.*

*La région au N.-E. du Moléson, entre le Niremont et l'arête des Verreaux,* est constituée en majeure partie par le terrain liasique supérieur au milieu duquel apparaissent quelques affleurements de lias inférieur et de cargneule triasique. Celle-ci forme une bordure continue le long de la faille; cette dernière elle-même ne se voit que rarement à cause des terrains éboulés du flysch et de l'erratique qui couvrent la zone de contact, située au fond d'une dépression. Quelquefois seulement le lias est au même niveau que le flysch et les roches dolomitiques n'affleurent pas.

A partir du contact, depuis le chalet des **Clefs** d'en bas, on trouve la coupe suivante (Pl. III, fig. 2) :

*fl.* Flysch venant butter contre la cargneule.
*ca.* Cargneule et roches dolomitiques.
*ls.* Lias supérieur, marnes feuilletées gris bleu.
*li.* Lias inférieur, calcaire cristallin, siliceux, avec plongement S.-E.
*ls.* Lias supérieur, calcaire marneux avec rognons. *Ammonites serpentinus, complanatus, etc.*

Cette zone se prolonge au N.-E. et se termine à la Craudaz (flle XII). Vers le sud, elle forme une voûte qui s'efface près du Chalet de la Chaux-dessus, pour réapparaître, un peu plus au sud, au chalet de la Clef d'En-haut. Elle se dirige ensuite vers le pied du Moléson et se termine peu avant le Petit-Plané.

Au-dessus du chalet de la **Joux derrière**, se voit une série de terrains, dont nous représentons le profil (Pl. III. fig. 4) ; en voici l'explication :

*mr.* Marne rouge séparée du flysch du Niremont par la faille citée.
*ca.* Cargneule en grande épaisseur.
*gy.* Gypse. Cette roche est exploitée au-dessus du ravin de la Joux-devant. Son étendue est restreinte.
*ca.* Nouvelle zone de cargneule,
*mr.* Marne rouge (la lettre *mr* ne se trouve pas sur la figure),
*ls.* Lias supérieur, dont la partie supérieure porte le chalet du petit Plané.
*ji.* Terrain jurassique inférieur, couches à *Am. tripartitus*, formant les pentes du Moléson.

Les ruisseaux affluents de l'**Erbivue** ont creusé de profonds ravins dans les schistes foncés et tendres du lias supérieur. Ce terrain forme deux plis synclinaux entre lesquels apparaissent des affleurements de lias inférieur en voûtes très resserrées.

Une de ces voûtes, s'ouvrant vers le nord, permet de voir de la cargneule recouvrant du gypse exploité près de Pringy (flle XII).

Les pâturages de la Chenaux sont sur le lias supérieur touchant à une bande de cargneule qui passe près du chalet de Pélève. Le centre du pli anticlinal, depuis le Crozet jusque vers la Sarine au N.-E., est de nouveau occupé par de la cargneule et des dolomies. Le ruisseau de l'*Afflon* en sort et ses rives donnent la coupe suivante (Pl. III, fig. 1) :

Par suite d'une petite faille, le lias supérieur (*ls*) plongeant au S.-E., vient butter, près du chalet de *Bœna*, contre un banc de dolomie blanchâtre (*d*) qui porte lui-même un lambeau de lias inférieur (*li*); cette dolomie semble recouvrir de la cargneule (*ca*) qui affleure à son pied, dans le lit du ruisseau et dans celui de l'un de ses affluents. Elle plonge ensuite sous les terrains de l'arête des Verreaux en s'enfonçant sous le lias inférieur (*li*), suivi de la série normale des terrains jurassiques (lias supérieur, *ls* et dogger, *ji*).

Le crêt liasique, sortant au milieu des dolomies et de la cargneule et qui porte le chalet de la *Pélève*, est composé de calcaire siliceux du *lias inférieur* accompagné de schistes et de calcaire lumachelle *rhétiens*, avec *Pecten*, *Terebratula*, *Lithodendron*, etc. Suivent au S.-E. :

Calcaire dolomitique blanchâtre.
Cargneule.
Calcaire dolomitique.
Rhétien.
Calcaire liasique inférieur.
Schiste liasique supérieur. ·

La voûte est ici complète et l'on constate que sous le rhétien, il se trouve encore, outre de la cargneule, des bancs de calcaire dolomitique ou magnésien, ce qui est plus souvent le cas qu'on ne le pense.

On retrouve les couches de la coupe précédente plus au S.-O., dans le voisinage du chalet des Traverses et du petit Moléson. Plus loin, la cargneule disparaît et le lias inférieur se referme sur elle. La fig. 3, pl. III, indique la disposition de ce terrain, suivant une coupe qui passe par le Petit Moléson et le Gros Tzermont. Depuis le pied du Moléson, jusque vers le ravin de l'Erbivue, le lias supérieur plonge au N.-O. et vient butter au fond du ravin, contre de la cargneule; celle-ci est recouverte par les calcaires siliceux du lias inférieur que surmontent les marnes du lias supérieur. D'abord horizontales, ces couches se relèvent au S.-E., le lias supérieur cesse et l'arête qui domine le Gros Tzermont est formée par les couches redressées du lias inférieur, disposées en éventail.

39

C'est là le centre du pli anticlinal entre le Moléson et les Verreaux. Le lias supérieur de cette région est toujours facile à reconnaître par les empreintes d'*Ammonites falcifères*, pour la plupart spécifiquement indéterminables.

Le terrain erratique prend un développement considérable, le long des ravins de l'Erbivue. Ce terrain remonte ici jusque vers 1130$^m$. Ce sont surtout des roches du Moléson et des Verreaux qui le composent; il s'y associe des brèches et grès du flysch de la vallée de l'Étivaz et de Château d'Œx. De même plus bas, vers Épagny, Montbarry, les Pàquiers, le terrain erratique recouvre de grandes surfaces (flle XII). On remarque, en aval d'Épagny, une petite moraine transversale parallèle à l'Erbivue.

### *Pied ouest du Moléson.*

Les schistes tendres et marneux du lias supérieur entourent la plus grande partie du Moléson; un accident local les rend seulement invisibles au pied S.-E.; c'est une faille qui met en contact le lias inférieur et le dogger.

Sur le flanc N.-O. les terrains rhétien et liasique sont bien développés. Lorsqu'on vient de Châtel-St-Denis, en remontant le cours de la Veveyse, on trouve au pied du Moléson, à la jonction des deux bras de la Veveyse qui viennent de Malliertzon et de la Cuvaz, le terrain liasique inférieur à *Am. oxynotus* et *Belemnites*; c'est un calcaire marneux dur et schisteux.

Plusieurs grands ravins descendent des flancs du Moléson et c'est dans ces ravins que la structure de la montagne peut le mieux être étudiée. Celui des Pueys qui vient du Petit Moléson, donne du bas en haut la coupe suivante (Pl. III, fig. 5).

*gl. Terrain glaciaire.*

*ls. Lias supérieur*, marne feuilletée plongeant au S.-E.

*li. Lias inférieur.* Calcaire cristallin foncé avec rognons de silex et traversé de veines de calcite.

*rh. Calcaire compact*, probablement *rhétien*, en lits de 15-60 cm. d'épaisseur, qui deviennent de plus en plus verticaux, puis plongent au N.-E. en formant visiblement une voûte.

    *Calcaire lumachelle* foncé, rempli de fossiles difficiles à extraire : *Avicula contorta, Pecten valoniensis, Terebratula gregaria, Pentacrinus*, etc. Ép. 5$^m$.

*Calcaire gris* formé de *Lithodendron* qui se dessinent en blanc sur la roche. Bancs de 0,60-1ᵐ d'épaisseur.

*Bancs calcaires épais*, remplis de *Lithodendron*, de *Megalodon* de grandes dimensions et de *Pentacrinus*.

*Calcaire gris et roux.*

*Calcaire lumachelle* avec *Terebratula gregaria, Mytilus*, etc.

*eb.* Des éboulis interrompent la suite de la coupe.

Après avoir dépassé les éboulis, en suivant le ravin, on retrouve, au Petit Mologi, le lias supérieur, (*ls*) surmonté par le terrain *jurassique inférieur* (*ji*) à *Am. tripartitus.*

Au pied de ce ravin, on ne peut pas constater le contact des couches du massif du Moléson avec celles du massif du Niremont. Le ravin de Malliertzon qui les sépare, est entièrement occupé par le terrain erratique. Ce contact est toutefois visible un peu plus haut près des chalets de Malliertzon où la faille se voit distinctement.

Le **ravin du Villaz** qui suit au nord, au pied de la pointe de *Téyatzaux* (ou Teysachaux), donne une nouvelle coupe à peu près analogue (Pl. IV, fig. 2) :

*ca.* *Cargneule* en contact avec le flysch, et dont l'escarpement domine ce terrain de 20ᵐ environ. Elle n'occupe pas une grande étendue le long du ravin et, plus haut, entre le Rachevy et le Gros-Plané, c'est le terrain liasique qui borde la faille et se trouve en contact avec le flysch.

*li.* *Terrain liasique inférieur* plongeant au S.-E. Il ne dépasse pas le ravin du Villaz.

*ls.* *Terrain liasique supérieur*, calcaires marneux foncés et plus ou moins schisteux ou feuilletés. Les couches plongent d'abord fortement au S.-E. et deviennent moins inclinées à mesure qu'on s'élève. Elles sont interrompues par des bancs plus durs renfermant des rognons argileux. On y trouve dans le bas, l'*Am. serpentinus* (couches 1 et 2). On y distingue plus haut plusieurs autres niveaux fossilifères : Une couche à débris de *poissons* (3) ; une couche à *poissons* et *Ammonites* (4) ; banc (5) où a été trouvé l'*Ichtyosaurus tenuirostris*, décrit par Fischer-Ooster (*74*, p. 73) et une couche à grandes *Ammonites* (6).

La faune de ces couches caractérise la zone à *Am. radians* et *serpentinus*. Dans les couches inférieures, les fossiles ont la même couleur foncée que la roche, tandis que dans les supérieures ils se distinguent en blanc sur la roche foncée. Les nombreux fossiles trouvés ici, ont été mentionnés plus haut (pages 68 et 69).

Cette zone de lias forme la base de l'escarpement du Moléson et s'étend dans la direction du Villard, du Cheval brûlé, de Tremettaz-dessous et du Gros-Plané. Sa limite supérieure passe entre le Gros et le Petit Teysachaux, au Villaz et au Mormothey.

Près du Cheval-Brûlé la cargneule n'affleure pas le long de la zone de fracture et le terrain liasique supérieur est seul en contact avec le flysch du Niremont.

### Massif du Moléson proprement dit.

Il s'élève sur le soubassement de terrains anciens que nous venons de décrire. Les couches, jurassiques et crétacés présentent de tous les côtés de cette montagne des escarpements abrupts. Les couches qui le composent, accusent un plongement synclinal très manifeste vers l'intérieur de la montagne. On peut sans difficulté se rendre compte de cette structure.

Ce massif, isolé au milieu de dépressions assez considérables, présente deux sommités : la sommité du N.-E., nommée le **Moléson** (2005m), est séparée de celle de **Tremettaz ou Teyatzaux** (1911m), au S.-O., par le vallon d'érosion de Tremettaz qui entame profondément les couches crétacées et jurassiques. A part quelques différences dans le plongement des couches, les deux parties de la montagne présentent le même profil.

Au-dessus du chalet du **Gros-Plané**, au N.-O. du Moléson, on constate une coupe assez nette des assises qui forment la partie moyenne et supérieure de la montagne (Pl. III, fig. 6).

Le chalet lui-même est sur le *lias inférieur* (*li*); un peu au-dessus de celle-ci on observe la série suivante :

*ls.* Lias supérieur; *marnes argileuses* feuilletées, dans lesquelles sont des rognons argileux disposés en lits et renfermant des fossiles; une petite *Posidonomya* y abonde.

*ji*, *Couches marneuses* feuilletées et bancs compacts intercalés; sans fossiles, c'est peut-être l'équivalent de la zone à *Am. opalinus*.

*Calcaires marneux*, tachetés sur la cassure fraîche et alternant avec des bancs compacts. *Ammonites tripartitus, Posidonomya alpina, Zoophycos scoparius;* ce sont les couches bathoniennes typiques. Leur épaisseur est très considérable (*ji*).

o. *Couches noduleuses rouges de l'oxfordien;* on ne les voit pas bien sur le sentier même, mais elles sont faciles à reconnaître dès qu'on s'en écarte un peu. Les *Ammonites arduennensis, Manfredi, tortisulcatus, Belemnites Sauvanausus* y sont abondants. 10ᵐ.

o'. *Couches noduleuses grises* de texture tout à fait semblable.

js. *Massif calcaire* du jurassique supérieur, correspondant à la zone à *Am. acanthicus* et au tithonique de la première chaîne. C'est un calcaire gris avec nombreux rognons siliceux, peu fossilifère (quelques *Belemnites* et *Aptychus*). Son épaisseur est de 100 à 150ᵐ. Les escarpements presque verticaux qu'il forme sont surmontés par le

ne. *Néocomien* dont les nombreux lits, peu épais, de calcaire gris à rognons siliceux, sont fortement repliés en zigzag ou plus ou moins ondulés, ce qui se voit surtout bien sur les pentes de la combe de Bonnefontaine, creusée entièrement dans cette roche. Les formes orographiques font facilement reconnaître la présence de cette roche qui se trahit surtout par des pentes plus douces.

A l'entrée de la combe de Bonnefontaine, les couches plongent au S.-E., 60°. Elles deviennent marneuses vers la partie supérieure et renferment alors beaucoup de fossiles. Un des plus importants gisements est justement en face du chalet. MM. Gilliéron et de Fischer-Ooster ont cité de nombreux fossiles de cette localité (*87*, p. 270 et *177*, p. 325).

Un peu plus à l'est, les couches ont subi un froissement, elles sont très plissées, et présentent une fracture qui s'observe depuis le grand escarpement septentrional jusqu'à la pointe de *Tremettaz.* Au delà de cette cassure les couches plongent N. 75° O. Le point culminant du Moléson est encore dans le néocomien (2005ᵐ).

De quel côté que l'on fasse l'ascension du Moléson, on trouvera une coupe à peu près identique. Sur les couches liasiques s'élèvent invariablement les couches du jurassique inférieur, couches de Klaus, avec *Am. tripartitus* et *Zoophycos scoparius.* Leur plongement est en général très faible. Les gisements les plus fossilifères sont près de Petère, Mifori, Grand Teyatzaux, etc. Les calcaires noduleux de l'oxfordien qui forment la base de l'escarpement jurassique supérieur, se dessinent en ceinture bien visible tout autour du massif. On les voit le mieux et avec nombreux fossiles, près du sentier qui mène à Tremettaz, au-dessus du Gros-Plané et dans l'escarpement du flanc nord de la montagne.

Le pli synclinal, si net au sommet du Moléson, devient de moins en moins aigu vers le sud. Il passe sur le versant S.-E. au-dessus des chalets de *Tsoual-zau* (*Suacho* sur la carte fîle XVII), (Pl. IV, fig. 4), puis obliquement au S.-O. Il se montre encore dans le vallon de Tremettaz (Pl. IV, fig. 3) et vient se terminer dans une grande anfractuosité sur le flanc de l'arête de ce nom. Il en résulte que les couches de cette pointe ne présentent pas une disposition synclinale aussi nette que dans le reste du Moléson, mais que l'ensemble des terrains est incliné ici au S.-O. (Pl. IV, fig. 2).

Les assises du sommet se composent d'une grande épaisseur de jurassique inférieur (*ji*, Pl. IV, fig. 2) qui affleure à partir du chalet de Villaz (voir plus haut la coupe du ravin du Villaz) et supportant l'oxfordien grumeleux rouge (*oxr*[1]) et gris (*oxg*), suivis de l'escarpement du malm (*js*) et d'une assez grande épaisseur de néocomien (*ne*).

Ce pli synclinal, dans une position si extraordinaire, au sommet d'une montagne érodée sur ses deux flancs, a sans doute été bordé primitivement de deux voûtes. Celle du S.-E. peut se reconstituer encore quoique une vallée d'érosion occupe sa place, tandis que celle du N.-O. est remplacée par une faille.

Dans la **Combe de la Marivue,** qui sépare le Moléson de la Dent de Lys, le jurassique inférieur du pied du Moléson s'appuie sur du lias inférieur qui plonge bien plus fortement dans la même direction (S.-O.) en s'adossant à une zone de cargneule sur laquelle est construit le chalet de la Pétère (Pl. IV, fig. 1).

Cette roche disparaît au S.-E. sous les couches liasiques inférieures de l'autre flanc de la voûte, qui sont surmontées par les calcaires marneux du lias supérieur.

Plus au sud, le calcaire du lias inférieur réapparaît, en formant une pente assez rapide, sur laquelle se trouve le chalet de la Sallaz. Leur plongement est fortement S.-E., et elles se trouvent sur le prolongement de celles du Gros-Tzermont.

[1] Par erreur *oxz* au lieu de *oxr* sur Pl. IV, fig. 2.

— 311 —

Après avoir disparu sur une certaine longueur par suite d'une faille locale qui met en contact le dogger avec le toarcien, le lias inférieur réapparaît et laisse percer dans une voûte rompue, les couches de cargneule et de dolomie du trias; cette voûte est sur le prolongement de celle qui aboutit près d'Enney, On observe dans les environs de **Belle-Chaux** et du **Gros-Mologi** la coupe suivante, en partant du pied du Moléson :

1. *Terrain liasique* inférieur, calcaire cristallin avec rognons de silex, formant la colline de Belle-Chaux; il se poursuit au N.-E. vers le Gros Moléson en se rétrécissant; au S.-O. il s'élargit au contraire et augmente d'élévation pour former une partie du massif du Pralet.
2. Calcaire dolomitique blanc sur lequel est le Gros Mologi.
3. Cargneule.
4. Dolomie blanche.

Ces trois couches, appartenant sans doute au trias, disparaissent près de la Joux-verte-dessous, sous le lias inférieur pour reparaître au Pralet. Elles se prolongent davantage au N.-E. vers le Petit-Moléson.

5. Lias inférieur identique à 1.
6. Lias supérieur dont les couches plongent d'abord au N.-O., puis sont verticales et plongent finalement au S.-E., sous la chaîne des Verreaux en formant ainsi un éventail renversé.

Il y a donc là une voûte complète sur laquelle viennent se superposer de chaque côté les calcaires jurassiques et crétacés du Moléson et de la chaîne des Verreaux (Dent de Lys, Vanil-blanc, etc.).

### Région au S.-S.-O. du Moléson jusqu'au Mont-Folly.

Les dépressions de la Veveyse de Châtel et de la Veveyse de Fégires sont occupées dans toute la partie profonde par le terrain glaciaire. Mais la partie supérieure en est ordinairement dépourvue et présente des coupes très nettes. Le cours supérieur de ces torrents sépare le **massif du Pralet** (1569ᵐ) du pied du Moléson d'une part et du massif du Mont-Folly d'autre part.

Le premier terrain que l'on rencontre en remontant le torrent de la Veveyse de Fégires, après avoir quitté le flysch du Mont-Corbettes, est un calcaire marneux bleuâtre du *lias supérieur*, dont les couches alternent avec des bancs plus schisteux et des bancs noduleux. Ce terrain occupe ici un grand espace[1] et se trouve sur le prolongement des couches qui se voient au Rosali. Il plonge rapidement à l'E., sous le *lias inférieur* dont les bancs de calcaire cristallin très dur, de 15-30 cm. d'épaisseur, sont remplis de rognons de silex. Il forme un escarpement sur lequel le torrent tombe en cascade.

Au-dessus vient la *cargneule* qui alterne avec des bancs de *dolomie*. L'affleurement n'est pas très étendu, depuis le fond du ravin, où cette roche affleure au bord du chemin, elle paraît s'élever dans la montage dans la direction de la Cagne. Leur direction est S.15° E. et leur plongement S.75° E. Le chemin suit ces bancs pendant quelque temps, puis il arrive au delà des Cuédères dans les calcaires foncés du lias supérieur qui sont le prolongement de ceux des Salettes. Il y a quelques rares fossiles (*Am. serpentinus* bien conservé et une *Posidonomya*). Cette zone forme le fond du ravin au pied des Verreaux. Ainsi le massif du Pralet présente une voûte de terrain liasique assez fortement déjetée à l'ouest; elle est la continuation de celle du Gros-Mologi au pied E. du Moléson.

En parcourant le massif du Pralet, on trouve la même série de couches. La cargneule du bord de la Veveyse disparaît près de la Cagne sous le lias inférieur; elle réapparaît sur une plus grande étendue, dans la dépression qui sépare les Grevalets du Pralet; elle y est accompagnée de bancs dolomitiques jaunes et séparée du lias inférieur par une certaine épaisseur de terrain rhétien, bancs schisteux foncés, alternant avec des lits de lumachelle à *Avicula contorta*, etc., qui disparaissent au N.-E., mais se montrent à nouveau près de la Joux-verte-dessous.

Sur la rive gauche de la Veveyse de Fégires, le terrain glaciaire est bien plus développé. La berge du torrent accuse l'épaisseur considérable de ce terrain, rempli de blocs erratiques et de cailloux striés. Il s'élève jusqu'en Fontannaz-David, où il y a un beau bloc de *poudingue rouge d'Outre-Rhône*,

---

[1] Par suite d'une omission ce terrain ne se trouve pas indiqué sur la carte.

et s'avance jusqu'au col de l'Alliaz et dans le haut de la vallée de la Veveyse jusqu'au Petit-Caudon, où cependant les matériaux du Valais font défaut.

Près du **col de l'Alliaz,** on voit la cargneule, accompagnée d'épais bancs de dolomie et de calcaires dolomiques, dans le voisinage du flysch des Pléiades. Elle est surmontée par les calcaires foncés du lias. Une dépression bien marquée suit la zone de fracture entre les Pléiades et le Mont-Folly. Un peu en dessous du col de l'Alliaz (1036ᵐ) le terrain erratique masque de nouveau les affleurements; la *source sulfureuse* qui alimente les bains de l'Alliaz, sort précisément sur le prolongement de l'axe de fracture; elle trahit de plus l'existence du gypse en dessous de la cargneule et des dolomies, d'autant plus que l'analyse de cette eau a démontré une très forte teneur en sulfate de chaux, dans une proportion de 1,54 gr. par litre, soit les ⁷/₄ des matières minérales solides contenues dans cette quantité d'eau. Des analyses complètes ayant été faites, nous en donnons ici les résultats, vu la valeur positive et l'intérêt que ces renseignements peuvent avoir pour des recherches géologiques :

### Source de l'Alliaz.

Plusieurs analyses ont déjà été faites de l'eau de l'Alliaz, afin de déterminer la nature de ses propriétés curatives. Une première analyse a été faite en 1812 par le Dr Ruegger et H. Struve, puis par M. de Fellenberg en 1846 (71) et la plus récente a été exécutée en 1882 par M. le prof. Bischoff à Lausanne (1).

La *température* de l'eau est :

D'après Ruegger et Struve .................................... 8,125 C
    de Fellenberg 12 et 13 juin 1846 .................. 8,44  C
D'après nos propres observations 19 oct. 1884 ............... 8,30  C

Le *volume* de cette source n'est pas très considérable; elle varie assez peu. D'après Struve et Ruegger elle donnait par minute 8-9 pots en temps normal et 11-12 pots en temps de pluie. Depuis qu'elle a été mieux captée, en excluant des eaux d'infiltration, elle donne 7 ¹/₂ litres par minute.

La *densité* de cette eau est selon Ruegger et Struve 1.0025 pour l'eau fraîche et 1,0028 pour l'eau reposée.

Les analyses faites en 1846 et en 1882 s'accordent sensiblement dans les résultats principaux :

|  | De Fellenberg 1846 | Bischoff 1882 |
|---|---|---|
| Sulfate de chaux | 1,5824 | 1,5360 Grammes |
| Carbonate de chaux | 0,2236 | 0,3002 |
| Sulfhydrate de chaux | — | 0,0033 |
| Hyposulfite de chaux | — | 0,0032 |
| Sulfate de strontiane | 0,0118 | 0,0132 |
| —         magnésie | 0,1996 | 0,2166 |
| Carbonate de magnésie | 0,0259 | 0,0279 |
| Sulfate de potasse | 0,0144 | 0,0054 |
| —         soude | 0,0133 | 0,0231 |
| Chlorure de sodium | 0,0033 | 0,0030 |
| Silice | 0,0223 | 0,0144 |
| Phosphate de fer | — | 0,0025 |
| Phosphate de fer et de chaux | 0,0036 | — |
| Lithine | traces | traces |
| Ammoniaque | — | traces |
| Matières solides dans un litre | 2,1002 | 2,1789 grammes |

Un litre de cette eau contient en outre à 0° et sous une pression barométrique de 760$^{mm}$ :

|  | De Fellenberg | Bischoff |
|---|---|---|
| Hydrogène sulfuré | 6,379 ccm. | 9,8 ccm. |
| Acide carbonique libre | 145,68 » | 116,8 » |
| Azote | 24,314 » | |

Les faibles différences entre ces deux analyses, ou plutôt la concordance presque complète, dans la plupart des résultats, montrent que cette source n'a presque pas varié dans sa composition minérale depuis 1846 jusqu'à 1882.

Au sud du col de l'Alliaz, le terrain glaciaire prend un grand développement. On y trouve beaucoup de blocs erratiques du Glacier du Rhône. Les dépôts de celui-ci pénètrent même dans les divers ravins qui se réunissent vers le plan de la Pacoresse, où il y a plusieurs blocs de grès de Taveyannaz, l'un des blocs les plus élevés, observés dans le ravin du Lanteret, appartient à cette roche.

La principale partie du **Mont-Folly** (1734$^m$) et du **Mont-Molard** (1755$^m$) est formée de lias.

On constate dans ces massifs le terrain liasique inférieur et au-dessous le terrain rhétien. Au-dessus du lias inférieur à rognons siliceux, renfermant des écailles de poissons et des corps informes, qui sont peut-être des coprolithes, on trouve, dans le ravin du Lanteret, le lias supérieur avec *Am. aulensis, A. serpentinus* et des *Posidonomya*.

Au-dessus du chalet du Lanteret apparaît un affleurement de cargneule qui se poursuit jusqu'au Plan-du-Châtel; les couches plongent au S.-E., contre le Mont-Folly. Les pentes de cette montagne présentent une terrasse qui domine les escarpements du côté de la vallée de l'Alliaz et se dirige par Montbrion vers la Petite Bonavaux. La cargneule, masquée à Montbrion, se montre de nouveau dans le ravin de la Petite Bonnavaux, où elle est bordée de rhétien, riche en *Avicula contorta* dans le calcaire lumachelle; plus bas, ces terrains disparaissent sous le terrain glaciaire du ravin de la Veveyse.

La colline boisée qui porte le chalet de la Grande Bonnavaux est formée par les calcaires noirs siliceux qui plongent à l'E. et qui se montrent dans la longue arête vers les chalets de Rosé et d'Adverson, où ils plongent sous l'erratique.

Un vallon profond sépare le Mont-Folly (1734$^m$) du Mont-Molard (1755$^m$). On trouve dans cette dépression une zone marneuse du lias supérieur. Cette zone qui sépare aussi le Folly de la Grande Bonnavaux, se prolonge aussi à l'E. d'Orgevaux et se dirige vers les Avants. Comme le Mont-Folly, l'arête du Mont-Molard est formée par le calcaire cristallin siliceux du lias inférieur plongeant au S.-E. Près du chalet de Chessy, sur le revers E. du Mont-Molard, les couches ont par une anomalie locale, le plongement ouest; elles reprennent plus bas l'inclinaison normale au S.-E. Entre ce chalet et le Gros-Caudon, un nouveau vallon marque encore un repli des couches liasiques inférieures dans lequel se trouvent prises les marnes du lias supérieur (plongement S.-E.). L'arête du Gros-Caudon est de nouveau du lias inférieur; elle se continue jusqu'à la Plaigne sur les Avants.

Ainsi qu'on le voit, la structure très simple du massif du Pralet devient considérablement plus compliquée dans celui du Mont Molard-Folly. Plusieurs replis existent ici en laissant affleurer alternativement le lias supérieur, le lias inférieur et même le terrain rhétien, depuis le bord de la faille au col de l'Alliaz, jusqu'au pied de la Cape de Moine, où une voûte régulière se dessine. Les affleurements sont trop peu nombreux, à cause de l'étendue des forêts, pour qu'il nous ait été possible de faire un profil un peu précis de cette partie si embrouillée. Nous n'en donnerons pour le moment qu'un *profil théorique*, presque idéal, nous réservant d'en donner un meilleur, relevé plus exactement, après de nouvelles recherches; car il est à espérer que la construction d'une route qui se fait actuellement pour l'exploitation de la forêt du Réservoir, mettra quelque intéressant affleurement à découvert (Pl. IV, fig. 9).

### *Vallon de la Baye de Montreux et Mont-Cubli.*

La région qui s'étend à l'ouest de l'extrémité méridionale de l'arête des Verreaux, est irrégulièrement découpée par le ravin de la Baye de Montreux et les torrents qui s'y réunissent. Les pentes de la rive droite du profond ravin s'élèvent jusqu'au Mont-Cubli en formant à mi-hauteur le plateau de Sonzier, celles de la rive gauche, sensiblement plus rapides, sont dominées par le contrefort verdoyant du Mont-Cau.

A la sortie de ce ravin, nommé *gorge du Chauderon* dans sa partie inférieure, se trouve le village de **Montreux.** Une partie de celui-ci (la Rouvenaz et le Trait) est construit sur le cône de déjection du torrent de la Baye, lequel se développe régulièrement en demi-cercle à partir des maisons de Crin jusqu'au bord du lac; il se trahit même très facilement par la faible montée que présente la route sur son passage. La partie occidentale du cône est coupée en falaise derrière les maisons de la Rouvenaz. Le reste du village est assis, soit sur le terrain erratique (Vernex-dessus et Sâles), soit sur la terrasse lacustre et l'ancienne grève du lac (Vernex-dessous), soit enfin sur le lias, le rhétien et le trias (le Chêne et les Planches). Une sorte de récif de calcaire néocomien perce la nappe glaciaire de Vernex près du bâtiment de la poste et de l'Hôtel suisse; dans ce dernier endroit, lorsqu'il n'affleure pas, il se trouve au moins à une faible profondeur.

C'est avec une régularité non moins grande qu'on trouve à l'ouest de Montreux le cône de déjection de la Baye de Clarens, au centre duquel est construit le village de ce nom. Au-dessus commence la nappe glaciaire qui couvre toute la région des Vignes entre Tavel et Montreux et se montre surtout bien aux environs des Vuarennes, Pertit, Pallens, etc. C'est à peine si elle laisse affleurer quelques lambeaux des terrains sous-jacents; il faut déjà monter à la hauteur de Charnex pour en découvrir des traces. Seulement dans le ravin des Vaux de Charnex, on trouve d'abord un affleurement de calcaire à débris d'entroques du néocomien, puis un peu plus haut, un amas de cargneule, dont la position ne peut pas être fixée.

Il existe à Montreux une *source minérale alcaline* connue et utilisée depuis fort longtemps. Elle sort de l'erratique dans la partie occidentale du village (Vernex-dessus). Voici le résumé des recherches faites par M. E. Schmidt, pharmacien à Montreux (*184*), qui a analysé cette eau en 1880.

Température moyenne 11,3°.
Un litre de l'eau contient 0,496 gr. de matières solides

| | |
|---|---|
| Azote à la température et pression normales . . . . . . . . . . . . . . . . . . . | 27,96 cmc. |
| Oxygène » » . . . . . . . . . . . . . . . . . . . | 11,17 cmc. |
| Acide carbonique libre . . . . . . . . . . . . . . . . . . . . . . . . . . . . . . . . . . . | 0,056 |

| | En admettant des carbonates neutres. | En admettant des bicarbonates. |
|---|---|---|
| Sulfate de chaux . . . . . . . . . . . . . . . . . . . . . | 0,0431828 | |
| Carbonate de chaux . . . . . . . . . . . . . . . . . | 0,307785 | 0,44291 |
| » de magnésie . . . . . . . . . . . . | 0,04767 | 0,726 |
| » de potasse . . . . . . . . . . . . . | 0,017872 | 0,022094 |
| » de soude . . . . . . . . . . . . . . . | 0,03074 | 0,04346 |
| Chlorure de sodium . . . . . . . . . . . . . . . . | 0,024681 | |
| Phosphate tricalcique . . . . . . . . . . . . . . . | 0,002015 | |
| Oxyde ferrique . . . . . . . . . . . . . . . . . . . . . | 0,0012 | |
| » manganique . . . . . . . . . . . . . . . | traces | |
| Alumine . . . . . . . . . . . . . . . . . . . . . . . . . . . | 0,0054 | |
| Silice . . . . . . . . . . . . . . . . . . . . . . . . . . . . . | 0,01105 | |
| Acide azotique . . . . . . . . . . . . . . . . . . . . . | traces | |
| | 0,4895958 gr. | |

Lorsqu'on pénètre dans la **gorge du Chauderon,** en suivant le chemin ordinaire, on verra d'abord, en passant sur le pont de Montreux, que celui-ci est assis sur un épais massif de bancs calcaires, formant une gorge étroite, que le torrent franchit en écumant. Ces calcaires forment la base du terrain rhétien; ils sont dolomitiques et appartiennent au trias. Il n'est dès lors pas surprenant de trouver de la cargneule dans leur proximité (voir page 28). A moins de suivre le fond de la gorge, ce qui est assez difficile, il faut quitter le ravin pour y pénétrer latéralement par un sentier qui commence au milieu du village des Planches. Aux bancs que nous venons de voir, succèdent des alternances de marnes et calcaires du *rhétien* et les lits lumachelliques qui les accompagnent. Les fossiles sont très abondants à l'entrée de la gorge, près de la première maisonnette (voir chapitre II, pages 33, etc.). Ces couches rhétiennes sont dominées par le massif calcaire du lias inférieur qui forme le socle du rocher de Glion. Les bancs qui composent ce rocher suivent d'abord la rive gauche de la Baye, en formant un escarpement vertical, mais en dessous de Sonzier, ils passent sur la rive opposée et y forment le **Rocher** ou **Sex de Taulan,** dont les couches de la base appartiennent au terrain hettangien. Une étroite gorge s'ouvre alors; elle est creusée transversalement dans les bancs du lias inférieur, plongeant fortement au S.-E. C'est là la gorge proprement dite du Chauderon avec ses marmites de géant, ses tourbillons et ses cascades, dont l'attrait et l'intérêt sont encore augmentés par la belle végétation qui couvre les pentes et les rochers abrupts. Ces bancs compacts supportent les villages de Sonzier et de Glion qui sont à peu près au même niveau. Après avoir traversé ce massif, la gorge s'élargit, les escarpements à gauche et à droite font place à des pentes couvertes de prairies qui s'élèvent vers le plateau de Glion et vers celui de Sonzier. Cet élargissement est dû à la présence du terrain *liasique supérieur.* Un peu plus loin jaillit une source fort abondante, la source du Plan de la Baye ou du Pont de Pierre qui a été conduite à Lausanne par un aqueduc en partie souterrain.

Le terrain glaciaire a un grand développement dans cette partie du ravin. Il y a de beaux blocs de poudingue de Valorsine et dans la suite de ces dépôts on peut observer de beaux exemples de ravinement. En passant plus loin, on pénètre bientôt dans une nouvelle gorge étroite à parois abruptes également, formée par le lias inférieur, le même que nous retrouverons plus haut au-dessus des Avants. Ce calcaire de texture cristalline est en bancs presque horizontaux. Mais ils disparaissent bientôt sous d'immenses amas glaciaires qui remplissent dès lors presque tout le fond du ravin, jusqu'au pied de la Dent de Jaman. Un seul affleurement de calcaire liasique s'observe encore en dessous des Avants dans le fond du ravin. Un peu en aval de cet affleurement, existe un grand dépôt d'excellent tuf. Ce dépôt très étendu est dû, sans doute, à la source dite des Avants, maintenant captée et conduite à Vevey et à Montreux. Il forme une nappe à la surface de la moraine. Une partie des graviers glaciaires ont été agglutinés par le dépôt calcaire et forment un bel exemple de poudingue récent.

L'élargissement du plan de la Baye correspond à une dépression fort bien marquée qui se voit sur le flanc du Mont-Cubli entre le Sollard et les Avants; c'est le ravin des Chenaux. Il sépare le petit plateau de Sonzier de celui des Avants situé à quelques cents mètres plus haut.

L'examen que nous venons de faire des terrains qui affleurent dans la profonde entaille de la gorge du Chauderon, nous facilitera l'étude du Mont-Cubli dont la structure est excessivement compliquée. Il en est de même avec le massif de Glion-Mont-Cau. La disposition des couches y est très nette dans le bas, et se complique plus haut; nous le décrirons à la suite de la Dent de Jaman, dont la Dent de Merdasson et le Mont-Cau sont des dépendances.

Le **Mont-Cubli** (1193ᵐ et 1165ᵐ à la ruine de Saleucé) est formé par les mêmes terrains qui affleurent dans le fond du ravin de la Baye de Montreux. Ces roches sont dans un état de bouleversement extrême, qui nécessitera une étude plus détaillée des différentes parties de cette montagne. Elle s'élève entre les dépressions de la Baye de Montreux et de la Baye de Clarens, dans une position analogue à celle du massif de Merdasson-Mont-Cau sur la rive opposée de la Baye de Montreux.

Le Mont-Cubli se rattache indirectement au Mont-Folly par une étroite arête qui se poursuit au N.-E. vers le Gros-Devens et le Petit-Chessy, en dessus de la Plaigne, mais dont il est séparé par le col de Sonloup, au-dessus des Avants. La masse principale de la montagne est formée par un puissant massif de lias inférieur, la continuation directe de celui du Sex de Taulan et de Sonzier; on le voit s'élever depuis le fond du ravin de la Baye pour venir couronner le sommet du Cubli.

A ce massif de lias inférieur se superpose, vers le Sollard, du lias supérieur schisteux, dont les affleurements se continuent, presque sans interruption, sur la nouvelle route de Avants, et sur l'ancien chemin à partir du chalet Blumenthal et encore un peu en dessous de celui-ci sur le chemin de Sonzier; on y trouve de rares empreintes d'Ammonites. Au contour que fait la nouvelle route pour traverser le ravin des Chenaux, ces couches affleurent dans une position presque verticale; on y trouve l'*Ammonites aalensis* et des empreintes de *Zoophycos scoparius*.

Sur la route nouvellement tracée, ces couches liasiques supérieures sont bien à découvert jusque vers les Avants. Elles présentent de nombreux replis qu'il est souvent difficile de raccorder, tellement les ondulations sont écrasées et combinées avec des glissements. Il y a lieu de croire que ces couches liasiques continuent jusqu'au hameau des Avants, recouvertes par les dépôts erratiques, et se relient à celles qu'on voit affleurer au *col de Sonloup* où un grand massif de lias inférieur (calcaire grenu et siliceux) les sépare de la zone, également toarcienne, du petit *vallon de la Plaigne* sur les Avants. La présence des couches toarciennes dans le voisinage des Avants et au col de Sonloup, fait supposer qu'une dislocation, peut-être une faille transversale, les a séparées de celles du vallon de la Plaigne, situé exactement sur le prolongement de ces bancs qui viennent se terminer eux-mêmes au pied du massif calcaire du lias inférieur; celui-ci forme un escarpement au N.-E. des Avants, en dessous de la Plaigne. On voit très bien le repli synclinal de ce massif et, en poursuivant le vallon de la Plaigne, on arrive *aux Pontets* où ces couches du lias supérieur renferment des Ammonites falcifères pendant qu'au N.-O. et au S.-E. il n'y a que du lias inférieur.

On a ouvert en amont des Avants une carrière dans les assises calcaires du *lias inférieur* (Pl. V, fig. 4). Les bancs de la base appartiennent à l'étage hettangien. Une petite faille traverse toute l'épaisseur des assises, sous forme d'une crevasse bien visible, de laquelle s'échappe, au bas de l'escarpement, une abondante source, maintenant captée, et un peu plus bas sort, de la même fissure sans doute, la grande *source des Avants*. M. Jaccard parle déjà de la première de ces sources dans son rapport hydrogéologique sur les sources des Avants et du Plan de la Baye (*105*). La carrière des Avants présente à de rares intervalles le curieux spectacle d'une source temporaire jaillissant de la même crevasse droit au-dessus de la carrière; ce phénomène n'a lieu qu'après de longues pluies très abondantes; on le nomme dans le pays le *Rio qui saute*, mais il ne dure jamais longtemps. Plusieurs sources de moindre volume sourdent entre les dernières maisons des Avants et la carrière, parmi les blocs éboulés. Elles sont toutes très tuffeuses et en partie captées maintenant. En déblayant les éboulis, on parviendra sans doute à établir un bien meilleur système de captage. En somme toutes ces sources mentionnées, ont au plus haut degré le caractère de *sources vauclusiennes*. La crevasse de faille sert de *fissure collectrice*, ce qui en atteste la grande étendue et l'eau pourrait bien provenir du lias supérieur du vallon de la Plaigne ou du côté des Pontets. Sortant du lias inférieur, elles rappellent la situation des sources près de l'église de Montreux, dont nous allons parler plus loin.

Depuis le col de Sonloup les calcaires marneux et schisteux du lias supérieur se prolongent encore au N. dans le vallon d'Orgevaux et se relient à ceux déjà cités, du pied oriental du Mont-Molard.

Le puissant massif de calcaire liasique inférieur, formant les deux sommets (1165$^\mathrm{m}$ et 1193$^\mathrm{m}$) du Mont-Cubli présente des escarpements au N.-O. et à l'ouest. Ce massif est recouvert par les schistes et calcaires marneux du lias supérieur qui forment l'arête du Mont-Cubli à partir d'en Fiaudière, jusqu'au col de Sonloup et même un peu plus loin à l'E. et recouvrent de même, sous la nappe glaciaire, tout le flanc S.-E. de la montagne entre le Sollard et les Avants.

La pente N.-O. et O. présente un si grand nombre d'irrégularités que nous sommes obligés, pour avoir quelques points de repère, d'examiner pas à pas les coupes qu'offrent les nouveaux embranchements de la route des Avants d'une part et la route nouvellement tracée aussi, qui conduit depuis Chamby au Plan de la Pacoresse.

Il ne faut pas oublier qu'entre Montreux et le flanc du Mont-Cubli se trouve, excessivement réduite en largeur, la zone, ailleurs si puissante de flysch et de néocomien du Niremont-Pléiades. Ce fait à lui seul joint, à l'inflexion très marquée que subit cette zone à partir de Brent, où elle traverse la Baye de Clarens, nous fait supposer d'avance de nombreuses dislocations.

Nous reprenons la coupe de la route des Avants à partir du point où elle entame le massif calcaire du lias inférieur près du Sollard (Pl. IV, fig. 7).

La route chemine d'abord dans les bancs compacts du lias inférieur, qui s'élèvent depuis le fond de la Baye. Mais ces calcaires s'arrêtent subitement et une faille, très nettement visible (faille I), les fait toucher par la tranche aux couches rhétiennes redressées. Celles-ci sont partout fortement disloquées, cela se voit surtout bien dans plusieurs couches marneuses (Pl. IV, fig. 5). Une seconde faille (faille II) ramène au niveau de la route la même série de couches rhétiennes et d'autres encore, car on peut voir, grâce à cette dislocation, une série de bancs que la première faille rendait invisibles. C'est que le rejet des deux failles est en sens inverse, celui de la faille I est représenté par un affaissement de la lèvre S.-E. de la cassure, il ne doit pas dépasser 60m. Dans la faille II, au contraire, c'est la lèvre N.-O. qui s'est affaissée et le rejet est encore moindre que dans la première. Nous avons déjà décrit la coupe détaillée des assises de rhétien de cette localité (pages 39, etc.) et mentionné à cette occasion les curieuses dislocations que cette coupe permet de voir.

Les cinq croquis spéciaux, fig. 5, A à E, dessinés d'après nature, représentent les points les plus intéressants de cette coupe. Ils mettent en évidence les replis et dislocations du terrain rhétien, dont la position générale ressort du profil du Mont-Cubli (Pl. IV, fig. 7). Il n'est pas besoin de donner une explication de chacun de ces croquis. Les deux failles fig. A. et D. sont très nettes. La succession des couches et leur correspondance des deux côtés de la faille II ont été décrites page 40 et suivantes.

Après une petite interruption, où les dépôts erratiques masquent le terrain sous-jacent, on passe dans les puissantes assises de calcaire dolomitique, dont nous avons étudié la coupe (page 24). La cargneule vient ensuite; lorsqu'on l'a traversée, on trouve, après une interruption de 100m à peine, les assises du *lias supérieur* sur une grande longueur. Rien dans les allures extérieures du sol ne trahit la présence du lias inférieur et du rhétien quoique la cargneule ne soit pas en contact visible avec le lias supérieur. Il y a donc là encore une fois une faille ou peut-être un chevauchement?

— 323 —

Le lias supérieur se poursuit jusque vers la maison de Chamby[1] où commence l'embranchement de la route de la Pacoresse; il y est recouvert par l'erratique. En descendant vers Chaulin, on rentre dans les mêmes couches; elles sont alternativement feuilletées et dures et renferment des *Belemnites*. Puis apparaît un épais massif de calcaire grenu, compact, à odeur de pétrole sur la cassure fraîche; c'est probablement du lias inférieur, car cette roche ressemble beaucoup aux bancs qui forment le rocher de Sonzier et y sont exploités. Ce massif calcaire s'arrête subitement, coupé par une faille et on voit des couches schisteuses et feuilletées à *Belemnites* du lias supérieur qui s'adossent contre sa tranche, en plongeant au N.-O., puis se relèvent en fond de bateau et montrent en dessous d'elles, en concordance parfaite de stratification, la série suivante de couches (Pl. IV, fig. 6).

*ca.* *Cargneule* sans stratification apparente; c'est une masse confuse de roche vacuolaire, bréchiforme, jaune d'un aspect fortement décomposé comme toutes les cargneules. Elle simule vaguement la forme d'un banc épais de 9-10 mètres, sortant de dessous le lias et se superposant à une couche de

*m.* *Dolomie marneuse grise*, fortement décomposée et dont on ne voit que les débris qui forment une zone très bien marquée en dessous de la cargneule. Elle a environ 3-4$^m$ d'épaisseur.

*ca$_2$.* Un nouveau *banc de cargneule* d'un mètre d'épaisseur lui est inférieur, reposant sur un *banc calcaire* dolomitique gris compact, 0,20 cm.

On observe en suite toujours avec le même plongement, et d'apparence en stratification concordante :

| | | |
|---|---|---|
| *Sch$_1$.* *Schiste plaqueté* et feuilleté | ............................................ | 1$^m$ |
| *Sch$_2$.* *Schiste feuilleté*, un peu sableux et micacé | ........................ | 1. |
| *mf.* *Marne ferrugineuse* avec nodules ferrugineuses ayant parfois un vide à l'intérieur. En dessous, il y a un lit sableux vacuolaire jaune, c'est un grès décomposé | ........................................................ | 0,30 |
| *gr.* *Grès compact* micacé gris | ............................................ | 0,15 |
| *Sch$_3$.* *Schiste micacé gris* | ............................................ | 0,50 |
| *gf.* *Grès feuilleté.* | ............................................ | 0,30 |
| *gr.* *Grès compact* | ............................................ | 0,50 |

et alternativement des grès compacts (*gr*) et des schistes micacés gris clair (*Sch*), en succession régulière sur 4-5 mètres encore.

[1] Nommé à tort *Chambly* sur la carte vaudoise flle IX.

Il n'y a pas de doutes que c'est le *flysch* qui remplit l'espace entre la petite arête néocomienne de Chaulin et le pied de Cubli en formant le fond du marais de Corneaux. On retrouve encore un affleurement de cette bande de flysch près de Charnex, au bord de la route, où il renferme des *fucoïdes*. Cette mince bande est le dernier vestige de la large zone de flysch du Niremont-Pléiades, et la cargneule est la suite de celle du col de l'Alliaz. Mais ce qui reste encore inexpliqué, c'est la superposition du toarcien à la cargneule et de celle-ci au flysch. Car on voit clairement au point que nous venons de décrire qu'*il n'y a pas de faille* entre la cargneule et le flysch. La seule explication possible serait de considérer la faille entre le lias supérieur et l'inférieur comme étant celle qui doit exister entre le flysch et le lias, et, dans ce cas, le toarcien superposé à la cargneule pourrait être considéré comme un lambeau glissé postérieurement sur le terrain récent, en se détachant des grandes assises de toarcien qui forment plus haut toute la pente du Cubli.

Ces couches, très puissantes, qui affleurent le long du chemin entre la maison de Chamby et le flysch se retrouvent sur la route qui conduit au Plan de la Pacoresse et à l'Alliaz. Nous donnons un croquis détaillé des terrains affleurant le long des trois lacets de cette route (Pl. IV, fig. 8). Jusqu'au premier contour, la route est taillée presque continuellement dans le terrain toarcien. D'abord on voit sortir de dessous l'erratique les couches du toarcien reconnaissables à la teinte bleuâtre qu'elles prennent à l'air et aux empreintes vagues de végétaux qu'on trouve à la surface des plaques. L'erratique masque de nouveau les affleurements du lias, ceux-ci se retrouvent un peu plus loin, avec de beaux polis glaciaires à leur surface, et, à part quelques petites interruptions, ces couches se continuent jusqu'au contour de la route au-dessus de Brent, en formant le talus à droite. En un point, au commencement de la montée, elles ont une tendance à devenir horizontales et à plonger même en sens inverse, soit au N.-O. Mais elles reprennent bientôt leur ancien plongement S.-E., 40-60°. Des étranglements et des froissements locaux sont fréquents dans l'intérieur de la masse marno-schisteuse. L'espace occupé par ce terrain est indiqué sur la carte comme étant du flysch. La route n'était pas encore faite à l'époque de la publication de la feuille XVII et sa construction a permis de s'assurer positivement de l'âge liasique de ce terrain ; son aspect à lui seul ne laisse guère de doutes, mais son âge est affirmé très positivement par de nombreuses *Belemnites*, des *Ammonites falcifères* (spécifiquement indéterminables, *A. aalensis* et autres problablement) et de belles empreintes de *Zoophycos*. Il y a en outre des empreintes vagues de végétaux semblables à des *fucoïdes*. Au contour de la route, celle-ci traverse un bel amas morainique (*gl*); à gauche du vieux chemin qui conduit directement au Plan de la Pacoresse, se trouve un immense bloc erratique de calcaire foncé, ayant près de 10$^m$ de longueur. Un peu après le contour, la route rentre dans le toarcien à *Belemnites*, puis elle retrouve l'erratique qu'elle suit jusqu'après le second contour. Après l'avoir dépassé, le troisième lacet de la route s'engage dans une coupe très intéressante que représente la partie supérieure du croquis (Pl. IV, fig. 8). Les premiers bancs qui sortent en dessous de l'erratique, sont presque horizontaux; c'est un calcaire gris, jaunâtre à l'extérieur, de texture homogène et traversé de veines bleuâtres. Ces veines vont en augmentant et bientôt on trouve que ce n'est pas la roche qui a cette couleur, mais que c'est une matière particulière, sorte de *bolus* ou *d'argile dure*, d'une teinte bleu clair qui en est la cause et qui remplit des crevasses dans la roche compacte. Il y a d'abord deux crevasses (*a, a*) remplies de ce bolus bleu, puis un grand bloc (*b*) qui les sépare d'une nouvelle large crevasse (*c*) totalement comblée de cette même matière; vient ensuite une zone (*d*) où il y a un mélange de bolus bleu et de blocs et fragments calcaires qui sont complètement englobés dans le bolus. En *e* est une veine de bolus presque pur; elle est suivie d'une masse calcaire *f* crevassée dont les veines en sont aussi remplies; une nouvelle bande de bolus fait suite (*g*) et, sur plusieurs mètres, on voit alors des couches calcaires confuses (*h*) traversée de veines de cette matière; enfin vient une large crevasse (*i*) pleine de bolus bleu pur, et dont la paroi nord est formée par les bancs compacts du calcaire à débris d'Echinodermes (lias inf.). Ce bolus bleu verdâtre est peu solide, il se fragmente très facilement et paraît assez homogène, car il ne renferme que fort peu de grains siliceux, très fins. Il ne happe pas à la langue; il est assez dur et d'une texture serrée, ce qui ne permet pas de le considérer comme une argile, quoique sa composition soit essentiellement argileuse. Dans son apparition et sa disposition, autant que dans sa nature pétrographique, cette roche est tout à fait analogue à certains bolus durs, quelquefois aussi bleuâtres ou bleu verdâtres, qui accompagnent le minerai de fer *sidérolithique* dans le Jura [1].

Les bancs de calcaire homogène gris clair qui sont entrecoupés par cette matière et qui la précèdent le long de la route, ne sont autre chose que les calcaires dolomitiques triasiques que nous avons vus en grande épaisseur sur la route des Avants. Leur plongement est ici, comme là, presque exactement S.-E. 35-40°. Mais ils se redressent très fortement avec l'apparition des crevasses de bolus, et le dernier banc est presque vertical. La roche qui suit est de tout autre nature; ce sont des bancs compacts qui ne diffèrent pas du calcaire à débris d'Échinodermes du lias inférieur. Leur couleur est grise ou rosée, et sous ce rapport cette roche est absolument identique au calcaire à débris d'Échinodermes, dit *calcaire de la Tinière*. Il n'y a pas de doute que ces bancs représentent le *lias inférieur*, dont nous n'avions pas vu trace entre les lits dolomitiques du trias, et le toarcien sur la route de Chamby au Sollard. Mais ce qui est extraordinaire, c'est le plongement de ces couches, lequel est inverse de celui que présentent tous les terrains dans cette montagne et des couches dolomitiques contiguës; elles plongent de 60-65° au N.-O.

Le contact entre ces deux terrains est évidemment dû à une faille, laquelle est du reste excessivement nette par le fait du plongement différent et par la fragmentation des bancs dans le voisinage du contact. La présence de cette argile bleuâtre et dure constitue encore un nouveau rapprochement avec ce qu'on observe dans les terrains sidérolithiques du Jura, où les éruptions de matières argileuses ont également eu lieu par des crevasses de failles. Ce terrain bleuâtre est donc une roche qui s'est formée pendant le redressement des couches ou postérieurement à celui-ci. Il n'est pas nécessaire d'admettre l'influence de sources thermales, la roche encaissante n'est du reste pas altérée; il est néanmoins probable que cette formation est sortie du sein de la montagne à l'état de boue épaisse et qu'elle s'est solidifiée ensuite dans la crevasse de fracture.

En poursuivant cette intéressante coupe, on rencontre une nouvelle surprise; le calcaire liasique inférieur s'arrête subitement et il lui succède

---

[1] Au Mont de Chamblon, près d'Yverdon, on observe des roches presque identiques, remplissant des crevasses dans le néocomien (*179*).

des bancs foncés, d'abord durs et finement grenus, et puis alternativement marneux, schisteux et durs; couches qu'il n'est pas difficile de reconnaître pour du lias supérieur, identique à celui qui affleure sur les deux lacets inférieurs de la route; on y trouve des *Bélemnites*. Le contact de ces couches est dû également à une faille; mais leur plongement est de nouveau parfaitement normal, soit S.-E. 45-50°. Nous sommes donc ici en présence de deux failles. La première consiste en un affaissement des bancs dolomitiques; elle doit avoir un fort rejet, puisqu'elle oblitère l'étage hettangien et le rhétien, épais dans leur ensemble d'environ 100$^m$. La seconde a son rejet dans le même sens, mais il ne paraît pas être bien grand. Si nous nous plaçons de nouveau en présence des failles déjà observées sur la route des Avants, il semble que les terrains du flanc occidental et du Mont-Cubli se sont cassés suivant plusieurs plans de fracture sensiblement parallèles et dont l'effet a été un relèvement de la lèvre occidentale, ce qui équivaut à un affaissement de la lèvre opposée. Si nous disons plutôt relèvement c'est parce que ce mode de dislocation paraît être le plus probable, puisque au pied de la montagne le flysch, le néocomien et le miocène sont enfoncés en forme de *coin* en dessous du lias; si cette circonstance n'a pas servi réellement, à produire un relèvement, elle a du moins fourni un appui des plus solides aux couches qui sont venues se renverser sur elles.

En continuant à suivre la route où nous venons de faire ces observations, on arrive au Plan de la Pacoresse, couvert entièrement de terrain erratique. Le pied nord du Mont-Cubli que cette dépression sépare du Mont-Folly, est occupé par le terrain liasique supérieur qui affleure sur le chemin du col de Sonloup et va rejoindre celui du vallon d'Orgevaux. Les bancs du lias inférieur qui forment le sommet du Cubli, paraissent être le correspondant de ceux du Mont-Folly, mais leur continuité à travers la dépression de la Pacoresse ne peut pas être constatée à cause du puissant développement du terrain erratique. On voit cependant fort bien que le ruisseau d'Orgevaux coule d'abord dans un vallon longitudinal, creusé dans le lias supérieur et fait un coude à la Pacoresse pour passer dans la Baye de Clarens.

*Arête des Verreaux et Dent de Jaman.*

L'arête des Verreaux n'est qu'une demi-voûte, restée debout et dominant des vallons anticlinaux très profonds; la moitié opposée de cette voûte a disparu presque sur toute la longueur, le Moléson en est le seul vestige resté en place. La disposition des couches dans toute cette arête est donc excessivement simple. Elles plongent uniformément au S.-E. ou S.-E.-E. et appartiennent aux terrains liasiques, jurassiques et crétacés. Les deux premiers forment le versant occidental, le jurassique supérieur couronne ordinairement l'arête, tandis que le néocomien forme le flanquement du versant oriental en s'abaissant vers la vallée de la Sarine surmonté par places du crétacé supérieur.

Cette arête est irrégulièrement découpée en forme d'une scie; les pointes les plus saillantes sont : le *Vanil-Blanc* (1835ᵐ), la *Dent de Lys* (2015ᵐ), la *Cape de Moine* (1936ᵐ) et à l'extrémité sud le dernier pointement jurassique supérieur, la *Dent de Jaman* (1871ᵐ). A partir de cet endroit, la couverture du jurassique supérieur s'arrête et le contrefort de Merdasson-Cau-Glion est encore le seul indice de la haute chaîne calcaire, qui s'abaisse ainsi graduellement vers la vallée du Rhône en mettant à découvert des terrains de plus en plus anciens.

Au N.-E., elle s'abaisse aussi insensiblement vers la vallée transversale de la Sarine et se termine, après avoir formé les derniers mamelons des Dovalles (1520ᵐ) et des Vudalles (1580ᵐ), à Enney pour se relever de l'autre côté de la vallée, dans l'arête de la Dent de Broc. L'extrémité N.-E. de l'arête entre Enney et la Dent de Lys est dirigée assez exactement du N.-E. au S.-O., les couches y plongent au-S. E.. Dans cette partie l'arête est entrecoupée par deux cluses; l'une la plus profonde, au-dessus d'Albeuve, sépare les Dovalles du Vanil-Blanc, l'autre au-dessus de Villars-sous-Mont, est entaillée entre les Dovalles et les Vudalles. Ces cluses livrent passage aux eaux qui descendent de l'anticlinale rompue entre cette arête et le pied du Moléson. Il est étonnant que ces ruisseaux se soient frayé leur chemin à travers l'arête calcaire, plutôt que de la suivre au N.-E., où elle s'abaisse vers la vallée de la Sarine.

Dans la section qui s'étend depuis la Dent de Lys jusqu'à la Cape de Moine, la direction de l'arête devient N.-N.-E. à S.-S.-O. et toutes les eaux du pied occidental s'écoulent à l'ouest par les deux Veveyses. A partir de la Cape de Moine, l'arête s'oriente exactement du N. au S. jusqu'au *col de Jaman*. Ce passage (1485ᵐ) est le plus bas, car depuis la cluse d'Albeuve, l'arête des Verreaux ne présente plus aucune entaille inférieure à 1700ᵐ. Parmi les passages les plus fréquentés se trouve le *col d'en Lys* (1750ᵐ?) sur Montbovon. Les autres passages ne sont usités que par les bergers et les chasseurs; il y en a un au-dessus d'Orgevallettaz et un autre très difficile, le *Perte à l'Étoile*, au-dessus d'Orgevaux; un troisième enfin, très facile, la *Pierre-Percia*, passe à 70ᵐ seulement en dessous de la Cape de Moine (1936ᵐ). Toutes les autres échancrures entre la Cape de Moine et le col de Jaman sont praticables, mais ne présentent aucun avantage comme passage. Elles communiquent toutes avec les nombreux et profonds ravins qui entaillent la pointe orientale de la chaîne.

Lorsque, par l'un ou l'autre de ces passages, on franchit la chaîne, depuis le pied occidental jusque dans la vallée de la Sarine, on rencontre successivement les terrains suivants :

Lias inférieur, calcaire siliceux grenu, *li.*
Lias supérieur, calcaires et marnes schisteuses, *ls.*
Marne à *Ammonites opalinus.*
Bathonien (couches de Klaus) depuis l'oolithe inférieure jusqu'au callovien. $\Big\}$ *ji*
Oxfordien grumeleux rouge et gris (*ox*), arrivant ordinairement au niveau des entailles de l'arête.
Calcaire compact gris à rognons siliceux et calcaire sans silex (tithonique) représentant le jurassique supérieur *js.*
Néocomien calcaire en minces bancs, *ne.*
Couches rouges du crétacé supérieur, *cr.*

Après cette courte esquisse des allures générales de la chaîne, nous passerons à sa description spéciale à partir de son extrémité N.-E.

La **Sarine** sort à Enney du pli synclinal de Montbovon-Grandvillars et coupe la chaîne de la Dent de Lys qu'elle sépare du massif de la Dent de Broc et de la Forcliaz qui en est le prolongement (Pl. V, fig. 1).

La rivière elle-même coule maintenant sur ses propres alluvions, mais la

42

route, taillée dans le roc en place, donne une bonne coupe des terrains qui composent ici la chaîne. Leur plongement est partout dirigé au S.-E. La zone de *cargneule* qui forme le centre du pli anticlinal entre le Moléson et les Verraux, se montre en arrière des maisons du Bugnion un peu au nord d'Enney. Elle se dirige au S.-O., vers les Liappales et s'élargit bientôt. Elle forme alors une zone centrale de cargneule, flanquée de deux bandes de calcaire dolomitique, dont l'une au nord, passe aux Esserts d'en bas, l'autre au sud suit assez longtemps le lit de l'Afflon, jusque que vers les Crosets. Au S.-O. de ce chalet elle disparaît sous le lias inférieur, calcaire cristallin, suivi du calcaire marneux et schisteux du lias supérieur et de toute la série jurassique et même du néocomien.

La colline de la Léchère au S.-O. d'Enney est formée par les mêmes terrains en succession régulière; le bathonien aboutit au village même d'Enney. Près de Bugnion le néocomien forme une colline isolée entourée des alluvions de la Sarine.

En montant depuis **Villars-sous-Mont** à travers l'étroite gorge qui conduit aux pâturages de Praz, on traverse d'abord les couches néocomiennes très repliées au pied de la montagne.

Après avoir passé le défilé creusé dans le jurassique supérieur, on trouve, près d'En Graou, un grand dépôt de *terrain erratique*, formé d'argile à cailloux striés, de blocs et graviers calcaires et de calcaire brèche sans roches cristallines. De part et d'autre de ce dépôt, qui est situé à l'orifice supérieur de la gorge, s'élèvent deux vallons, creusés dans le *lias supérieur* et qui sont dominés par un crèt de jurassique supérieur (Pl. V, fig. 2 et 3). Dans ces deux vallons de la Vaudallaz ou Vudalle et la Laureusaz, la coupe que présente la montagne est la même.

Un peu plus au sud, se trouve la seconde gorge qui entrecoupe la chaîne, elle est plus profonde que celle de Villars et traversée par le ruisseau de la Marivue qui passe à **Albeuve**, village situé juste à sa sortie, sur le cône de déjection du ruisseau. L'entrée de cette gorge présente, comme dans la précédente, une coupe complète du terrain néocomien, qui surprend par son épaisseur énorme. En un point, la gorge devient excessivement étroite; les bancs de calcaire compact redressés de 40° environ qui la forment, appartiennent au terrain *lithonique*; ils sont exploités dans une carrière à droite du chemin; on y trouve le *Belemnites semisulcatus*, des *Aptychus*, c'est la couche à *Terebratula Catulloi* (voir page 138).

Après avoir traversé le défilé, formé par le tithonique et le séquanien, on se trouve dans un fond couvert de pâturages, où se réunissent deux vallons l'un descendant du N.-E., l'autre du S.-O. et dont les eaux s'écoulent ainsi latéralement par cette demi-cluse. Ce fond est occupé par de puissants dépôts erratiques. d'autant plus puissants qu'il est notablement plus profond que celui de Graou et de Praz. Ce terrain s'étend tout le long du pied de l'arête du Vanil-Blanc, jusque vers le pied de la Dent de Lys. C'est à l'orifice de la gorge cependant qu'il est le mieux visible. Les roches qu'on y trouve proviennent exclusivement des montagnes environnantes; c'est donc un dépôt formé par un glacier local.

Le **vallon de la Marivue** qui sépare le Moléson de l'arête de la Dent de Lys, met à découvert tous les terrains qui composent cette région. Sur la pente, dans le voisinage du pied du Moléson, affleurent les *terrains dolomitiques* et *cargneules* et les *calcaires cristallins* et siliceux foncés du *lias inférieur* qui forment presque toute la pente occidentale de ce vallon. Le fond même, où coule la Marivue, est formé, jusqu'à la jonction de celle-ci avec le petit ruisseau du vallon opposé, de *lias supérieur*, terrain que l'on trouve rarement en affleurements bien à découvert.

La pente du côté de la Dent de Lys est formée par les bancs plus résistants quelquefois même compacts du *jurassique inférieur*. Son pied est couvert soit de masses éboulées, soit des dépôts glaciaires déjà mentionnés. La nature souvent très marneuse du dogger a bien facilité le développement de la végétation, en sorte que la pente, quoique excessivement rapide, est presque toujours couverte de beau gazon.

Quelques ravins et les bords mêmes de la Marivue présentent des affleurements accessibles. C'est là et dans les débris éboulés qu'on a le plus de chance de trouver des fossiles. Près de la Scierie, au bas du vallon ces couches nous ont fourni : *Ammonites viator*, *Am. Humphriesianus* et *tripartitus*, *Posidonomya alpina*.

Dans la gorge de la Marivue ce terrain se voit encore près du dernier pont avant Albeuve. Dans sa partie supérieure, il renferme une forte intercalation marneuse visible un peu au-dessous de la scierie; c'est probablement l'équivalent des couches calloviennes. L'oxfordien n'affleure pas.

Dans le **haut de l'arête,** on trouve partout le massif calcaire du *jurassique supérieur*, surmontant le terrain *oxfordien grumeleux*, fort bien visible au pied des escarpements calcaires.

La base du calcaire massif du *séquanien* renferme les fossiles suivants :

| | |
|---|---|
| *Belemnites*, sp. | *Aptychus punctatus*, |
| *Ammonites bimammatus*, | *Collyrites Voltzii*, |
| *Aptychus latus*, | » *Friburgensis*. |

Au-dessus vient une assez grande épaisseur du calcaire tithonique déjà mentionné. Cette roche est dépourvue des silex remplissant les calcaires gris compacts qui lui servent de base.

Le *néocomien* recouvre tout le flanc oriental de la montagne, venant quelquefois même couronner le haut de l'arête, et s'abaisse graduellement, souvent en couches plissées, jusque vers le fond de la vallée.

Le vallon de la Marivue est complètement fermé, au pied de la Dent de Lys, par une petite arête arrondie qui le sépare du vallon de la Joux-verte où prend naissance la Veveyse de Châtel. Sur cette arête se trouve le chalet de la *Salettaz*. Une seconde arête ferme au sud la dépression de la Joux-verte pour la séparer du vallon de la Chérésaulaz. Depuis cette arête, on monte par un petit sentier au **col d'en Lys,** assez profonde échancrure au sud de la Dent de Lys qui franchit l'arête à 1750m environ et conduit aux Chalets d'en Lys, bâtis près d'un lac qui est ordinairement à l'état de marais.

Le **vallon de la Chérésaulaz** est très semblable à celui de la Marivue; il se compose de deux branches qui commencent, l'une au pied du col d'en Lys et l'autre au N. de la Cape de Moine et dont les eaux se réunissent pour former la *Veveyse de Fégires*, qui se fraye un passage latéral à l'ouest entre les massifs liasiques du Mont-Molard et de Pralet et plus loin à travers la chaîne du Mont-Corbettes-Pléiades. Sur le flanc du Pralet et du Mont-Molard, formés de lias inférieur, vient s'appuyer le *lias supérieur*; identique à celui de la Marivue. Il renferme près du Pontelle quelques fossiles; ce sont :

une *Posidonomya*, différente de la *P. Bronni, Ammonites* cf. *Thouarsensis*, échantillon très comprimé comme tous ceux qu'on a la rare chance de découvrir dans ce terrain.

Sur le lias supérieur s'appuie le *jurassique inférieur*, dont la partie inférieure est représentée par la zone à *Ammonites opalinus* et *Murchisonæ;* ces fossiles y sont, en effet, très abondants. On les trouve aux environs de Chérésaulaz, Chéresaulettaz, au Col du Gros-Caudon, etc. La roche ne diffère presque pas de celle du toarcien.

Elle forme le pied du talus très rapide de l'arête et supporte les couches bathoniennes proprement dites, renfermant de nombreux fossiles que l'on n'a cependant pas souvent la chance de trouver en place. C'est dans les éboulis que la plupart d'entre eux ont été recueillis. Le sentier du col d'en Lys traverse toute cette série de couches et le col même est creusé dans la partie supérieure formée de calcaires plaquetés à *Belemnites hastatus*, terrain qui correspond au *callovien*. Il est surmonté de l'*oxfordien grumeleux* qui commence au niveau des Chalets d'en Lys et gagne la hauteur de l'arête au N. et au S. du col pour passer en dessous du massif calcaire des sommets qui la couronnent.

Le jurassique supérieur et le néocomien constituent ici les sommités. On peut bien s'assurer de la grande épaisseur du néocomien en descendant l'une de ces nombreuses ravines qui sillonnent le flanc oriental de la chaîne.

Les couches y sont toujours fortement redressées. La nature moins résistante du néocomien ne lui permet pas toujours d'arriver jusque dans le voisinage des sommets. Il forme plutôt des sortes de contreforts séparés les uns des autres par les dits ravins. Ceux-ci communiquent ensemble, vers le haut, par des passages assez difficiles parfois. Du ravin du col d'en Lys, on passe facilement dans celui d'*Orgevalettaz*, d'où un passage assez scabreux permet d'arriver, à travers le néocomien, dans la combe d'en Lurquay. Avant d'arriver au haut du passage, on trouve une espèce d'enfoncement rempli d'un amas de sable blanc jaunâtre, composé de grains de quartz de la grosseur de graines de millet, blancs, opaques ou translucides, ordinairement arrondis, brillants et lisses, rarement à angles vifs. Ils sont mélangés à une terre jaune formée de débris calcaires. Il semble que ce sable est le résultat de la lévigation par les eaux des roches environnantes, mais il ne nous a pas été possible de découvrir la couche d'où il provient. Du ravin d'*en Lurquay*, on arrive, à travers une surface couverte d'éboulis avec grands blocs, au pied de la Cape de Moine, où s'étendent les pâturages élevés qui dominent la combe d'Allières et la Joux des Auvres. On peut constater ici, mieux que partout ailleurs, la disposition et l'épaisseur des couches néocomiennes. Depuis ces pâturages, tout entourés de rocailles, on arrive dans un second plateau au pied immédiat de la Cape de Moine et d'un sommet sans nom au nord. Il est creusé dans les couches du jurassique supérieur et de l'oxfordien. La montée au passage de la **Pierre-Percia,** se fait entièrement dans les *couches grumeleuses* rouges et grises qui affleurent encore au col même. La pointe de la **Cape de Moine** et toutes les autres dentelures de cette arête sont accessibles. Celle de la Cape de Moine est surtout intéressante parce qu'elle domine tout le reste de l'arête jusqu'à son extrémité sud. Le malm presque vertical forme son extrême pointe et le néocomien s'en est passablement détaché (Pl. IV, fig. 9). La descente de l'autre côté du col de la Pierre-Percia se fait sur le dogger et le lias supérieur, ce dernier se montre encore au col du Gros-Caudon. C'est ici que prennent naissance les différents torrents qui forment, en se réunissant, la Baye de Montreux, laquelle coule au fond d'un vallon dirigé du nord au sud parallèlement à l'arête des Verreaux jusqu'au pont de Jaman.

Les ravins qui sillonnent la pente des Verreaux mettent à découvert la même succession de terrains qu'au pied de la dent de Lys. Au fond du vallon du Bévieux se trouve le *toarcien* qui se poursuit jusque vers le pont de Jaman. Dans l'un des ravins, tout près de ce pont, M. F. Doge a découvert des débris d'un *Ichthyosaure* (probablement l'*Icht. tenuirostris*) dont il possède une vingtaine de vertèbres. D'autres fossiles que M. Doge nous a également communiqués de cette localité sont l'*Ammonites serpentinus* et un *Chondrites.*

Au-dessus vient, comme précédemment, la zone à *Ammonites opalinus* et *Murchisonæ*, puis celle à *Am. Humphriesianus* qui est surtout riche, vers le haut, en *Am. tripartitus* et renferme partout des empreintes de *Zoophycos scoparius.* Le terrain *oxfordien*, alternativement noduleux, et compact, forme le pied des sommets, supportant les bancs compacts du malm. C'est l'extrémité de l'arête, depuis la Cape de Moine jusqu'au col de Jaman, qui se nomme tout spécialement arête des **Verreaux** ; le dernier rameau au-dessus de Jaman se nomme les *rochers des Courcys*.

Nous avons déjà décrit dans ses traits généraux l'aspect du versant oriental de l'arête. Il diffère essentiellement du versant occidental par le plongement des couches et la nature des bancs néocomiens qui le composent. Dans quelques endroits les bancs assez fortement inclinés du jurassique supérieur sont complètement dénudés et ont donné lieu à des *Lapiés* ou *Karrenfelder* assez étendus. Il s'en rencontre près du col d'en Lys, au Lurquay, au pied du col de la Pierre-Percia et sur bien d'autres points. Au Lurquay, la neige transformée en glace séjourne quelquefois pendant toute l'année dans le fond des profonds creux d'effondrement qui se sont formés dans les lapiés.

La **vallée de la Sarine** entre Enney et Montbovon est une vraie *vallée longitudinale*, dont les deux flancs et une bonne partie du fond sont exclusivement formés de terrain néocomien et de crétacé rouge que recouvrent ordinairement, soit des dépôts glaciaires, soit les alluvions de la Sarine et des torrents latéraux. Le néocomien fait de nombreux replis au milieu de la vallée ; cela explique les alternances de couches rouges et de calcaire néocomien à silex qu'on y rencontre.

Entre Grandvillars et Lessoc, on chemine constamment sur les couches rouges renfermées dans un repli synclinal, dont l'origine se voit très nettement près de Grandvillars dans la gorge de la Taouna (Pl. V, fig. 7). Ici les bancs de calcaire tithonique, riche en fossiles et exploité dans plusieurs carrières, sont dans une position exactement verticale. Ils sont singulièrement disloqués par des failles qui ont un rejet transversal aux couches et leur ont fait subir en conséquence un mouvement dans le sens de l'horizontale. Il arrive ainsi très souvent que les bancs exploitables s'arrêtent subitement et qu'il faut les rechercher, soit plus à l'intérieur, soit plus à l'extérieur de la montagne.

Le torrent de la Taouna sort précisément d'une gorge étroite taillée dans ces bancs par-dessus lesquels il se précipite en formant une belle cascade, et coule ensuite dans une gorge plus large encaissée dans le néocomien. Sur la paroi sud de celle-ci, ces couches montrent un repli très bien marqué en forme de V et présentent leur tranche du côté de la vallée.

Le trait orographique principal de la Sarine entre Estavanens et Montbovon consiste dans la présence de plusieurs replis des couches du néocomien dans la partie nord, où ils se trahissent par des collines irrégulièrement disposées au milieu de la large vallée. On peut le mieux s'en assurer entre Villars-sous-Mont et à Grandvillars. La Sarine chemine entre ces collines. Vers le sud, dans le voisinage de l'endroit où la Sarine sort de la cluse de la Tine, ces replis se réduisent à un seul, qui s'élève sous forme d'une voûte, bien marquée, au milieu de la vallée, derrière le village de Montbovon.

Au sud de *Montbovon*, on voit très distinctement deux plis synclinaux dont l'un, celui du S.-E., renferme outre les couches rouges, du flysch, visible sur la rive droite de l'Hongrin en dessus *des Pichons;* ce flysch correspond exactement à celui qui affleure sur la montée au col de la Forcliaz, sur Estavanens (Pl. V, fig. 1). Un second pli synclinal, moins régulièrement disposé, et moins constant, doit exister sur le versant occidental de la vallée. Il se continue dans la combe d'Allière et renferme des couches rouges avec plongement N.-O. en amont du hameau d'Allière.

Ici la grande synclinale commence à se resserrer, elle se poursuit vers le S.-O., où le lit de l'Hongrin est creusé soit dans le néocomien, soit dans les couches rouges; on voit, tout près de son confluent avec la Sarine, au milieu des couches rouges, repliées en V, un lambeau de couches blanches, pincées dans le repli (Pl. V, fig. 8). La grande route de Château-d'Œx à Bulle suit ces couches depuis le *Ruisseau rouge* jusqu'au village de Montbovon; on traverse également toute la largeur de cette zone en prenant le passage, dit du Ruisseau rouge, en dessous de *Vers-les-Jordans.* Le chemin qui descend de Vers-les-Jordans au pont d'Allière, est sur le *néocomien* à rognons de silex, tandis qu'au pont même, il rentre dans les *couches rouges et grises* du crétacé. Il en est de même sur la nouvelle route qui va depuis Montbovon jusqu'à ce même pont, en suivant le flanc droit du ravin où coule l'Hongrin. Cette route quitte les couches rouges un peu en amont de Montbovon, à l'endroit où elle fait un angle rentrant. On y observe bien le contact très tranché entre le néocomien et les couches rouges. Comme le chemin précédent, cette route suit le néocomien à silex jusque dans le voisinage du Pont d'Allière. La montée d'Allière se fait d'abord sur les couches rouges, puis on rentre dans le néocomien et après avoir dépassé le hameau, le chemin passe dans la seconde synclinale renfermant ici des couches rouges, dont le plongement est inverse à celui du néocomien du flanc des Verreaux.

A partir de cet endroit la situation se modifie totalement. La petite synclinale dont nous venons de parler, se poursuit au S.-E. en formant le vallon élevé de Jaman, qui se termine à la Dent de ce nom. La voûte du néocomien que nous avons vue affleurer au milieu de la vallée, tantôt entr'ouverte, tantôt fermée, est ici entamée latéralement par ce torrent, un peu en amont d'Allière, à l'endroit même où ce dernier sort d'une cluse étroite. Mais à partir de ce point, cette voûte s'élève subitement sur la rive gauche de l'Hongrin et forme le **massif de Hautaudon,** élevé de 1874ᵐ. La synclinale comblée de flysch s'élève aussi graduellement depuis le fond de l'Hongrin et vient, excessivement resserrée et écrasée, couronner ce massif à une dizaine de mètres à peine du sommet. A l'orient, le massif d'Hautaudon est séparé de la chaîne de Naye par le vallon anticlinal de Bonaudon. Ce massif est donc dans une situation des plus étranges, car il termine une vallée en portant l'ancien fond de celle-ci à un niveau plus élevé de 1000ᵐ.

Dans le vallon de Jaman, les couches qui s'appuyent contre le massif de Hautaudon, sont presque verticales; on y trouve d'abord le néocomien (*ne*, Pl. V, fig. 6), puis le malm calcaire (*js*) et, en s'approchant du petit lac de Jaman, les couches noduleuses oxfordiennes (*ox*) en très grande épaisseur. En dessous de l'oxfordien rouge vient le bathonien (*ji*) qui borde le lac de Jaman au nord et s'élève, dans plusieurs couloirs très rapides, jusque à mi-hauteur environ du massif de Hautaudon, où il affleure près d'un refuge de berger. Il se trahit encore sur une certaine longueur au N.-E. de cette case par une pente plus douce couverte de pâturages; mais ce terrain disparaît bientôt sous les couches du malm qui se referment par-dessus, sous forme d'une voûte régulière.

Le sommet de Hautaudon est formé de malm très fortement redressé, et supportant du néocomien qui termine l'extrême pointe; ce terrain forme tout le bord supérieur de la paroi verticale qui se dirige au S.-O. et va s'éteindre au col de Bonaudon. Vue en face depuis le col de Jaman, par exemple, cette paroi semble renfermer un repli des couches néocomiennes ayant la forme d'un V (fig. 1, Pl. VII). Cette disposition n'est qu'apparente ; elle est due à l'angle très aigu que fait la paroi, coupée à pic, avec la direction des couches ; c'est une ondulation latérale coupée obliquement, qui donne lieu à cet aspect. Un peu en dessous du sommet se voient les couches rouges (*cr*), et nous avons pu nous assurer sur les lieux que ces couches n'apparaissent qu'à peine dans le pli en V qui se voit sur la paroi de Hautaudon, et qu'elles passent au contraire en arrière de la paroi et viennent se terminer, pincées et repliées dans les couches du néocomien, à quelque distance au sud du sommet, au haut d'un couloir. Elles n'affectent du reste pas la forme d'un V, mais celle d'un U couché comme nous le représentons (Pl. V, fig. 5 et 6). La bordure de ce repli est formée par le néocomien, couché par-dessus les couches rouges et à peine appuyé par le malm, également déjeté, dont les rochers escarpés dominent le col de Bonaudon, par lequel les pâturages de Jaman communiquent avec le vallon de ce nom. Les couches rouges affleurent partout dans les couloirs rapides qui descendent depuis la pointe de Hautaudon vers le vallon de Bonaudon ; mais plus au nord, ce repli est un peu mieux appuyé à l'est et moins déjeté. Il forme là une sorte d'auge ou de vallon peu encaissé, qu'occupent les pâturages de Hautaudon, dont les chalets sont à 1675$^m$. Ce vallon s'abaisse, lentement d'abord, puis rapidement, comme un couloir, vers le fond de l'Hongrin [1].

La dépression du petit lac de Jaman est encaissée dans le bathonien, de même que le vallon étroit qui se poursuit jusqu'au pied de la Dent de Merdasson en contournant la *Dent de Jaman*. Ce sont des éboulements venus, soit de la paroi de Hautaudon, soit des rochers de Naye, mais surtout de la Dent de Jaman qui ont peu à peu comblé le fond de ce vallon et recouvert le dogger au pied des rochers (Pl. VII, fig. 1). Un cône d'éboulement est

---

[1] La carte au 1/100000 (feuille XVII) indique dans le massif de Hautaudon deux zones de couches crétacées, l'une au sud du sommet, l'autre au nord et se dirigeant les deux au N.-E. ; la seconde, celle qui se termine près de la lettre *n* de *Jaman*, est fautive. On n'a qu'à remplacer le vert par du bleu foncé et l'erreur sera corrigée ; car c'est là précisément que se trouve la voûte rompue qui laisse affleurer le dogger. La couleur bleu foncé est également trop étendue entre *a* (plan) et 7 (1874) ; il devrait y avoir du bleu clair avec points (malm). Voir la carte du Pays d'Enhaut, jointe à ce mémoire.

surtout remarquable; il se détache du pied oriental de la Dent et descend au N.-E. jusqu'au pied de Hautaudon; c'est cet éboulement, sans doute, qui a barré le vallon et donné lieu à la formation du lac. L'écoulement de celui-ci est souterrain en temps ordinaire; ce n'est qu'au printemps, à la fonte des neiges, lorsque les voies souterraines ne suffisent pas, que le trop plein coule par-dessus le bord. A cette époque aussi, on observe de nombreuses sources qui jaillissent parmi les énormes blocs entourant ce lac et lui donnent un charme particulier; elles se réunissent toutes avant de se jeter dans le lac. Le petit ruisseau réapparaît à une centaine de mètres plus bas que le lac et coule sur une certaine longueur dans une sorte de petit vallon, bordé au N.-E. par une petite arête de malm; ce vallon est creusé dans l'oxfordien et la partie supérieure du dogger qui suit le pied N.-E. de la Dent. A égale distance environ entre le lac et les chalets de Jaman, ce ruisseau disparaît sous terre, au milieu du malm en place. C'est une sorte d'entonnoir, au fond duquel on entend l'eau descendre avec un bruit sourd. Deux kilomètres plus bas, près des Cases de Jaman, le ruisseau réapparaît parmi les masses éboulées qui remplissent le fond de la vallée.

La **Dent de Jaman** qui domine toute cette région, est une pyramide très aiguë à trois arêtes, orientées au N., au S. et à l'E. C'est par l'arête sud qu'on fait ordinairement l'ascension de cette sommité. A l'ouest il y a une paroi abrupte qu'il est néanmoins possible de franchir par un couloir très rapide. Les autres pentes, beaucoup moins inclinées, sont aussi praticables.

Cette pyramide, entièrement formée de calcaire jurassique, est isolée sur un socle d'oxfordien, épais de 100$^m$, qui l'entoure de toutes parts, assis lui-même sur un soubassement de dogger. Ces couches sont le mieux visibles vers l'angle S.-O. de la pyramide et se poursuivent au pied de l'escarpement ouest, jusqu'au col de Jaman, d'où elles reviennent au sud, en se relevant sensiblement, couronner une corniche très prononcée qui domine le lac de Jaman, et se rattacher ensuite aux couches de l'angle S.

Ces couches ont très visiblement la disposition d'une synclinale inclinée fortement au N.-E. La carte fait voir du reste que cette sommité termine le vallon synclinal de Jaman en même temps que l'arête des Verreaux. Nous venons de dire que les couches du malm étaient fortement redressées tout le long du pied N.-E. de la pyramide, du petit lac jusqu'au col de Jaman, qui est lui-même sur le prolongement de la synclinale d'Allière et de Montbovon-Grandvillars. Il est bien étrange de voir s'effacer ainsi une vaste dépression orographique, un pli de terrain excessivement prononcé. Le croquis Pl. VII, fig. 1, représente la Dent de Jaman et les montagnes qui l'entourent. Cette synclinale au milieu de laquelle paraît assise la Dent, ne disparaît pas entièrement, elle se continue plus loin, mais sans rester apparente dans le relief du pays.

Lorsqu'on suit la petite arête conduisant de Jaman à la **Dent de Merdasson,** on traverse le dogger et le lias supérieur qui servent de base à la pyramide de Jaman. La Dent de Merdasson est formée de lias inférieur, dont les bancs plongent au S.-E., du côté des Rochers de Naye, tandis qu'ils sont verticaux sur la face opposée; cette pointe est donc bien une voûte aiguë de lias calcaire perçant l'enveloppe plus marneuse qui l'entoure. Il doit même y avoir du rhétien affleurant en dessous des couches liasiques de Merdasson.

La pointe de Paccot, un peu plus basse, est également formée de lias inférieur; entre ces deux sommets existe donc une synclinale comblée de lias supérieur qui ne peut être que celle de Jaman. Cela paraît évident lorsqu'on examine la situation orographique du pays depuis le col de ce nom. Les bancs liasiques inférieurs de Paccot descendent jusqu'au fond de la Baye de Montreux et se rallient visiblement à ceux qui affleurent en dessous et en aval du pont de Jaman.

Une seconde zone de lias inférieur se voit au fond de la Baye de Montreux en amont et en aval de la Tuffière; celle-ci est la suite des couches exploitées dans la carrière des Avants; elle s'élève sur les pentes du Mont-Cau en passant au-dessous des chalets de Gresalley et de Niremont et s'enfoncent sous le lias supérieur de Cau. Ce terrain forme un grand affleurement en passant en dessous de Gresalley et y est accompagné de cargneule.

Le massif liasique inférieur du rocher de Glion est le même que celui du Mont-Cubli. On voit ainsi que les diverses bandes de lias se correspondent de part et d'autre du ravin de la Baye de Montreux. Le toarcien du Gresalley correspond à celui des Pontets et de la Plaigne; celui de Glion à la grande étendue toarcienne entre le Sollard et les Avants. On ne voit pas ce que deviennent ces différentes bandes de lias inférieur au delà du Mont-Cau. Celle du rocher de Glion s'abaisse encore visiblement dans le ravin de la Verraye; mais il ne reste aucune trace de celles de Paccot et de Merdasson. Il est possible et même probable, vu le plongement presque toujours uniforme des couches (à l'exception de la Dent de Merdasson), que ces affleurements de lias inférieur ne soient pas dus à des voûtes autant de fois répétées qu'il y a d'alternances de lias inférieur et supérieur, mais plutôt à des chevauchements de ces bancs compacts au milieu des couches relativement marneuses du lias supérieur.

La rareté des affleurements ne permet pas de séparer les couches toarciennes du dogger. La ressemblance pétrographique et la rareté des fossiles sont des obstacles qu'on rencontre à chaque pas lorsqu'il s'agit de distinguer ces deux niveaux. A cet endroit-là, la carte n'est pas tout à fait conforme avec ce que nous avons dit. A partir de Glion elle n'indique que du dogger tandis qu'il doit y avoir aussi du lias supérieur entre Glion et Paccot.

Le **Rocher de Glion,** dernière saillie de la zone du Moléson, domine de sa croupe escarpée le riant bassin du Léman. Nous connaissons ses allures du côté de la Baye de Montreux; il nous reste encore quelques mots à dire sur la structure de la face tournée vers le lac. Ici, on distingue très bien une disposition en forme de synclinale. Le lias inférieur, suite du massif du rocher de Taulan, vient affleurer un peu en dessus de l'église de Montreux où jaillissent plusieurs bonnes sources (température 10°) à travers des crevasses de failles, sans doute, car les anciennes carrières qui sont un peu plus haut, en offrent de beaux exemples. Il y a un affleurement de calcaire dolomitique et de la cargneule un peu en dessous du Mont-Fleury au-dessus de Collonges. Le terrain rhétien ne se voit pas. Le plongement des couches est inverse à celui du lias des carrières de l'église. La *source de la Toveyre* plus haut encore, sort probablement aussi du lias inférieur, qui cependant n'affleure pas. Le village de Glion est en bonne partie construit sur le lias supérieur. La nouvelle route et le chemin de fer funiculaire entament sur plusieurs points le lias inférieur qui forme les escarpements du rocher.

Dans le haut du **ravin de la Verraye** se trouvent de grands amas de terrains éboulés; des dépôts glaciaires renfermant de grands blocs erratiques en remplissent la partie inférieure. L'étage rhétien a été cité par M. Renevier sur Veytaux et près de la gare de Chillon accompagné et surmonté du lias inférieur. Une disposition anormale se voit sur la rive gauche de la Verraye. C'est un grand rocher bordant le sentier et dans lequel celui-ci est en partie tracé; il est formé de calcaire gris clair en bancs minces tout à fait semblable au néocomien et accompagné de couches rouges qui ne diffèrent pas de celles du crétacé supérieur. C'est probablement un glissement qui a donné lieu à cet affleurement local, car un peu plus haut on rentre dans le jurassique inférieur et à faible distance plus bas se voit le lias inférieur.

Considéré dans son ensemble, le vallon de la Verraye présente la forme d'une anticlinale rompue, disposition qui est surtout bien claire dans sa partie moyenne. Il semble évident que c'est la suite du pli anticlinal qui a pour centre la Dent de Merdasson. Dans le bas, il doit y avoir plusieurs complications qui résultent de l'extinction successive des affleurements du lias inférieur entre le rocher de Glion et Paccot.

# CHAPITRE XII

## CHAINE DU MONT-CRAY

(Vanil-Noir, Corjon, Naye, Mont-Arvel. — Planche V).

Le tableau, joint à l'introduction, indique cette chaîne comme étant le prolongement de celle du Stockhorn. La section que nous en aurons à décrire s'étend depuis la Hochmatt, au N.-E. du ravin du Rio-du-Mont, jusqu'au bord du Léman. Elle n'est très franchement séparée de la précédente, que sur une certaine longueur, où la dépression de la vallée de Montbovon-Allière en marque la limite N.-O. C'est là une preuve de plus que les plissements ne coïncident pas toujours avec la disposition des chaînes et des arêtes modelées par l'érosion. Au S.-E. cette chaîne est bordée par une zone ininterrompue de flysch, qui donne lieu à une série de petites vallées longitudinales communiquant ensemble par des cols.

Nous avons vu qu'à son extrémité N.-E., à la limite de notre territoire, la cluse du Rio-du-Mont découpe de cette chaîne le massif de la Hochmatt. Deux autres cluses, bien plus larges et plus profondes, celles de la Sarine et de l'Hongrin, la découpent de nouveau un peu plus au S.-O. en isolant le massif de Corjon-Planachaux du tronçon Mont-Cray-Vanil-Noir au N.-E. et de celui de Naye et du Mont-Arvel au S.-O.

Le trait le plus caractéristique de cette chaîne est une double voûte; la synclinale médiane est souvent comblée de terrain crétacé. La voûte du N.-O., les terrains de la synclinale ou la voûte du S.-E. forment alternativement l'arête culminante. D'autres fois les deux plis se sont isolés l'un de l'autre, se sont même rompus plus ou moins profondément, de manière à former une série de petites arêtes, séparées par des vallons soit synclinaux, soit anticlinaux. C'est ce qui a lieu à l'approche du Léman.

Les terrains qui affleurent dans les diverses régions de cette chaîne sont les suivants :

Alluvions, etc., *al.*
Éboulis, *eb.*
Glaciaire, *gl.*
Flysch,*fl.*, et poudingue éocène.
Crétacé rouge, *cr.*
Néocomien, *ne.*
Tithonique, *ti.*      }
Jurassique supérieur.  }  *js.*
Oxfordien noduleux, *ox.*
Dogger à Zoophycos, couches de Klaus, *ji.*
Lias supérieur, *ls.*
Lias inférieur, *li.*
Dolomie et cargneule, *ca.*
Gypse, *gy.*

*Tronçon de la Hochmatt.*

La montagne de la **Hochmatt** a une structure dont il est surtout facile de se rendre compte en remontant le défilé du Rio-du-Mont. Cette montagne est la moitié orientale d'une grande voûte qui a son centre à la Poute-Palaz et dont le jambage opposé à la Hochmatt est le rocher du *Bovatey* (Ple XII).

A Poute-Palaz affleure le rhétien, et, après avoir quitté au Rouvenes, un peu à l'est, le calcaire cristallin du lias inférieur, on entre dans la masse puissante des calcaires schisteux du toarcien et du dogger, dont les talus, de plus en plus rapides, forment les soubassements du massif de la Hochmatt. Sur la rive gauche du défilé, on retrouve la même série dans les Dents de Branleyre et de Folliéran. Les escarpements presque verticaux du malm couronnent ces talus en surmontant une faible épaisseur de calcaire grumeleux oxfordien. Le sommet même de la Hochmatt (2156$^m$) est dans le néocomien qui plonge comme tous les autres terrains au S.-E. Le néocomien a un grand développement sur la pente S.-E. de la Hochmatt, où il se poursuit jusqu'à une autre sommité, le *Cheval-Blanc*, situé un peu au N.-E., et s'abaisse ensuite jusqu'au fond du vallon de la Flugimaz.

Un petit col, le **col de la Hochmatt** (1800$^m$), sépare au S.-O. cette montagne d'une arête étroite et aiguë qui domine le chalet de la *Goueyraz* bâti sur un second col, un peu plus bas (1726$^m$). Le col de la Hochmatt présente au N.-O., adossé contre les couches du néocomien, le terrain *crétacé supérieur*, calcaire schisteux rouge avec fort plongement S.-E. Par-dessus les couches rouges vient, au col même, une couche de grès et de silice rouge suivie de schistes gris et de poudingue, appartenant tous les trois au *flysch* (Pl. VIII, fig. 7.) De nouvelles assises de schiste s'observent en montant à la petite *arête de la Goueyraz*, et, au bord immédiat de celle-ci, affleurent les couches rouges du crétacé supérieur et un banc de silex rouge ou verdâtre, vrai silex corné ou hornstein, appartenant au flysch. Cette dernière roche est constamment fragmentée en débris polyédriques. Les rochers qui forment cette arête sont du *néocomien*, dont les bancs fortement inclinés au S.-E., s'abaissent jusque vers la Goueyraz, où ils sont surmontés du flysch.

Une singulière *klippe* de calcaire jurassique ou néocomien accompagné de couches rouges, se montre au *Lapex*, en dessous de la Goueyraz, à l'origine du vallon de la Flugimaz. C'est un puissant banc de calcaire massif, qui perce au milieu du flysch, sur la pente au S. du Lapex. Il fait deux petits replis en forme de voûte; de la synclinale qui les sépare, sort un petit ruisseau en formant une cascade. Les couches rouges affleurent à l'Est, et le flysch se voit au pied même de l'escarpement. Il n'est pas possible de saisir la connexion de cette klippe avec l'arête de la Goueyraz, dont le caractère de klippe est également très manifeste. Cette klippe disparaît totalement vers le N.-E. pour apparaître de nouveau au delà du vallon de la Flugimaz, près du *Sattel;* elle disparaît de nouveau jusqu'au Rothenkasten au delà de la Jogne, où elle a un grand développement (flle XII). Nous représentons dans le croquis (Pl. VIII, fig. 7) l'aspect de l'arête de la Goueyraz et des deux cols de la Hochmatt et de la Goueyraz, avec la klippe du Lapex.

Du côté de la **vallée de Vert-Champ,** l'arête de la Goueyraz s'abaisse visiblement et disparaît ensuite, sur une certaine longueur, sous les alluvions de la plaine de la Verdaz ou de la Mocausa. Près des chalets de ce nom, on voit surgir au milieu du flysch et des alluvions deux monticules calcaires, formés de néocomien et flanqués de couches rouges. C'est la suite de la klippe de la Goueyraz. Les bancs y sont disposés anticlinalement; il est donc à supposer que ces deux affleurements font partie d'une voûte rompue. Une plaine marécageuse, souvent inondée les sépare et contourne presque entièrement le monticule de l'ouest.

### *Tronçon du Vanil-Noir.*

Cette section de la chaîne du Mont-Cray est la plus haute et en même temps la plus large.

On n'y remarque qu'une seule arête culminante entre le *Mont-Cray* et le *Vanil-Noir.* A partir de cette sommité, la chaîne se divise en forme de fourche. L'une des arêtes qui se détache du Vanil-Noir est celle des Dents de *Folliéran* et de *Branleyre;* l'autre se nomme l'*arête des Tours.* Sur la pente N.-O. se trouvent plusieurs sommités, isolées, par suite du ravinement très prononcé sur la pente de cette large chaîne.

Les pointes les plus élevées sont :

Dans l'arête culminante : *Mont-Cray*, 2074ᵐ. — *Aiguille de la Vausseresse*, 2179ᵐ. — *Aiguille de la Lévraz*, 2209ᵐ. — *Pointe de Paray*, 2376ᵐ. — *Sur Combe*, 2377ᵐ. — *Vanil-Noir*, 2391ᵐ.

Dans l'arête des Tours : La *Tour de Dorenaz*, 2244ᵐ. — La *Tour des Bimmis*, 2161ᵐ. — Le *Rocher de la Djinnaz*, 1783ᵐ.

Dans l'arête du Folliéran : *Dent de Folliéran*, 2344ᵐ. — *Dent de Branleyre*, 2355ᵐ.

Sur le versant N.-O. se trouvent les sommités suivantes :

*Dent de Bourgoz*, 1973ᵐ. — *Gros-Merlaz*, 1970ᵐ. — *Mont-Cullan*, 1716ᵐ.

Nous décrirons ce tronçon en commençant par le versant N.-O.

**Le versant N.-O.** de l'arête du Mont-Cray-Branleyre est constitué par la voûte occidentale profondément rompue jusqu'au rhétien et les dolomies du trias; il est en même temps fortement raviné par les nombreux cours d'eau qui descendent pour se réunir, soit à la Jogne, soit directement à la Sarine.

Le centre de cette voûte rompue est formé par le *lias inférieur*, laissant affleurer par places des calcaires dolomitiques et de la cargneule, appartenant sans doute au trias. Deux zones très régulières de lias supérieur et de dogger bordent le lias inférieur au N.-O. et au S.-E. La structure générale de ce chaînon ressort déjà du premier coup d'œil jeté sur la carte; et les profils (Pl. XVI et XVII) s'expliquent d'eux-mêmes. Nous passons donc à la description spéciale des points les plus intéressants. Les endroits qui méritent le plus d'être explorés, sont les ravins qui sillonnent ce versant.

La route qui conduit le long de la Sarine par la **cluse de la Tine** jusqu'à Rossinière, dévoile le mieux les particularités de la structure intérieure de la chaîne. Sur la pente au-dessus de Lessoc, se voient les couches néocomiennes (*ne*) verticalement redressées et souvent même déjetées; elles sont de plus repliées en zigzag, ainsi que cela se voit près de Plan-Buth (Pl. V, fig. 10), et, à l'entrée de la gorge de la Tine, près de Montbovon. Le *jurassique supérieur* suit immédiatement en dessous avec ses deux niveaux que nous avons reconnus : le calcaire tithonique et le calcaire gris à silex (*js*). Ces bancs sont un peu déjetés au S.-E. et se poursuivent sur une assez grande épaisseur jusqu'au delà de la frontière des cantons de Vaud et de Fribourg. Après avoir dépassé celle-ci, on trouve les bancs *oxfordiens*, alternativement compacts et grumeleux. Les rochers presque verticaux et érodés de la rive droite opposée à la route, montrent fort bien les alternances de ces couches qui ont résisté d'une manière très inégale à l'érosion. Ces bancs s'observent de nouveau au sommet de l'arête de Sonlemont entre Cuves et Plan-Buth, où leur contact avec les couches de Klaus est presque aussi bien à découvert que sur la route de la Tine (Pl. V, fig. 10).

Les couches de Klaus (*ji*) affleurent dans le *ravin de l'Ondine* sur Cuves et y sont riches en *Ammonites;* elles se poursuivent jusqu'au sommet du Mont-Cullan et forment une large bande se prolongeant, par les pâturages du Praz et du Gros-Merlaz, jusqu'au pied de la Dent de Bourgoz, sur le flanc ouest de la vallée de Motélon. Ici les fossiles sont abondants dans le calcaire grumeleux. L'*Ammonites tripartitus* est le fossile le plus répandu dans les couches du dogger de toute cette région et peut servir à les reconnaître.

Le *lias supérieur* (*ls*) est peu visible et se confond dans son rôle orographique avec le dogger.

Le calcaire spathique du *lias inférieur* est par contre bien mieux à découvert et facile à voir sur toutes les arêtes ou frêtes qui séparent les nombreuses ravines; il y forme des saillies très accentuées. Telles sont les pointes du Gros-Martin sur Grandvillars, de la Couaz (1712$^\mathrm{m}$) près la Petzernetza et celle du Gros-Merlaz (1970$^\mathrm{m}$). Cette roche est identique à celle qui renferme la faune d'*Ammonites* et de *Brachiopodes*, près de Rossinière (page 62), mais n'appartient pas à la même zone que celui-ci, quoique la carte paraisse faire supposer qu'il y a continuité entre ces deux bandes. Celle du Gros-Martin est le noyau de la voûte N.-O. et celle de Rossinière se trouve au centre de la seconde voûte, celle du S.-E. Il faut bien saisir ici un accident qui tend à modifier sensiblement la structure de la chaîne de Cray. La voûte N.-O., profondément rompue, forme depuis le vallon de Montélon jusqu'au Mont-Cullan, la masse principale de la montagne, non par sa hauteur, mais par sa largeur, qui compense ainsi la faible élévation de cette région, dont aucune pointe n'atteint 2000$^m$. C'est cette circonstance qui a dù favoriser l'action de l'érosion à tel point que cette partie de la chaîne a été abaissée bien en dessous de la moitié S.-E. formée de la seconde voûte, beaucoup plus étroite. Or, au Mont-Cullan le rôle des deux voûtes s'intervertit complètement : celle du S.-E. devient la plus large et celle du N.-O. s'abaisse et se referme, si bien que le calcaire spathique du lias inférieur, qui occupe encore à 6 kilomètres au N.-E. un niveau supérieur à 1700$^m$, n'affleure plus dans la cluse de Cuves, dont le point le plus bas est à 800$^m$.

La carte au 1:100.000 donne ici une indication qui pourrait induire en erreur : il n'y a pas en réalité de continuité entre la cargneule de Rossinière et celle du pied du Mont-Cullan; car il y a entre deux, non seulement du lias inférieur et supérieur, mais encore du dogger, suite de celui de la synclinale du Mont-Cray. Nous renvoyons pour le figuré des terrains à la carte au 1 : 50.000, jointe à ce travail; elle représente aussi exactement que nos connaissances permettent de le faire, la situation des couches. Les profils généraux expliqueront ce qui se trouve en dehors de ses limites.

Le ravin de la **Chavaz** et du **Gros-Martin** traverse toutes les couches que nous venons d'énumérer; il est arrosé par le torrent de la *Taouna*, débouchant près de Grandvillars.

Il est probable qu'on finira par découvrir encore plus d'un affleurement du terrain *rhétien*, qui doit exister sur la limite du calcaire spathique du lias inférieur et des roches dolomitiques du trias; car il se montre dans la vallée de *Montélon* sous forme d'un calcaire foncé et lumachellique, riche en fossiles. L'affleurement le mieux visible se trouve près du chalet de la *Leyte*. Plus vers le S.-O., nous pensons qu'il est ordinairement recouvert par les éboulis des terrains qui l'encaissent, et dans ce cas, on doit nécessairement finir par le découvrir, sinon en place, au moins sous forme de blocs détachés. Autrement il faut admettre qu'une dislocation, faille ou glissement, accident très probable dans ces circonstances, s'est produite précisément le long de l'axe anticlinal de la chaîne et a oblitéré les affleurements du rhétien. Cette dernière hypothèse acquiert quelque probabilité par l'existence de dispositions discordantes que l'on observe entre le lias supérieur et le lias inférieur, près du chalet de la Chavaz au pied de la Dent de la Lévraz. Le ravin qui passe en ce point peut être remonté facilement, et, au delà des dépôts erratiques de sa partie inférieure, il fournit une bonne coupe de cette chaîne.

En amont de Grandvillars, village bâti sur les alluvions de la Sarine et sur le cône de déjection de la Taouna, on trouve d'abord le *néocomien* replié vers la cascade (Pl. V, fig. 7), et ensuite dans les carrières, le *tithonique* déjà décrit (page 143), s'appuyant avec le *calcaire à silex* sur le dogger. L'*oxfordien* ne se voit pas. Dans le dogger qui a le faciès des couches de Klaus, on trouve l'*Am. tripartitus*. A la partie supérieure un lit spathique est riche en *crinoïdes*; il affleure près de la petite chapelle. En remontant davantage le ravin, on trouve la série des couches du *dogger* et du *lias supérieur*, mais bien imparfaitement visibles. Sur la limite du lias supérieur et du calcaire spathique du *sinémurien* jaillissent de nombreuses *sources*. Après avoir traversé le *lias inférieur* et les *couches dolomitiques* accompagnées de *cargneule*, on retrouve à la Chavaz, comme dans chacun des ravins accessoires (Planriond, Petzernetza, etc.) le *lias supérieur* et par-dessus de nouveau les *couches de Klaus*.

La descente sur Lessoc, dans un second ravin situé plus à l'ouest, donne une coupe toute semblable à celle que nous venons de décrire.

En résumé, le versant occidental de la chaîne du Mont-Cray montre une grande voûte, profondément rompue, laissant affleurer dans son centre le lias inférieur, le rhétien et les calcaires dolomitiques du trias. Cette voûte, très large au pied de Folliéran, où elle est entourée par le ruisseau de Montélon, coulant longitudinalement dans un vallon anticlinal, devient de plus en plus étroite vers le S.-O., et au pied du Mont-Cullan, le dogger et le toarcien se referment par-dessus le lias inférieur.

**L'arête culminante** de la chaîne, entre le Mont-Cray et le Vanil-Noir, coïncide avec la synclinale qui sépare les deux voûtes. Cette structure s'observe nettement lorsqu'on est placé sur la Dent de la *Vausseresse* ou sur une petite pointe, nommée le *Praz de Cray*, un peu au N.-E. de la pointe de Cray. On distingue alors à la fois quatre de ces *frêtes* ou arêtes secondaires qui séparent les ravins de la pente N.-O. et sur leurs profils on voit se dessiner le *repli synclinal médian* de la chaîne, comme un croissant dont les cornes seraient tournées en haut. (Pl. V, fig. 11)[1]. Ce pli est complètement écrasé

[1] Ce croquis est pris de la *Vausseresse* et *non* de la Lévraz, comme l'indique la fig. 11 de pl. V. Le profil au premier plan est celui de la pointe de la *Lévraz*.

vers la pointe de Cray (2074ᵐ), et la *Vausseresse* (2179ᵐ). On y trouve un premier lambeau de malm, dont le bord oriental s'élève comme une muraille au-dessus de l'arête. L'*aiguille de la Lévraz* (2209ᵐ) est formée d'un second lambeau de malm, un peu plus grand et un peu moins resserré dans le pli synclinal du dogger qui le supporte; enfin à la *Pointe de Paray* (2376ᵐ) au N.-E., commence une masse très puissante de malm, surmontée par le néocomien en grande épaisseur. On ne voit pas les couches grumeleuses de l'oxfordien entre le malm et le dogger au pied de la Vausseresse et de la Lévraz; il est à supposer qu'il y a une dislocation. On le voit bien en dessous du malm de la pointe de Paray.

C'est ce malm avec le néocomien par-dessus qui forment la paroi vertigineuse, et néanmoins franchissable, qui circonscrit le cirque de *Paray* (Paroi) (Pl. V, fig. 13). Le néocomien qui commence au N.-E. de la Pointe de Paray par un petit affleurement, s'élargit de plus en plus; il constitue la région déserte de *Sur Combe* (2327ᵐ), remplit la *Combe du Vanil-Noir*, et forme enfin, fortement contourné en zigzag, toute la *frête* qui relie le Vanil-Noir à l'arête des Tours, et sur laquelle le repli en forme d'auge se dessine avec une grande netteté.

L'extrême pointe de la pyramide escarpée du *Vanil-Noir* (2391ᵐ) est formée encore par une faible épaisseur de néocomien. C'est cette roche qui est la cause de la présence du gazon jusqu'au sommet de cette pointe aiguë et qui permet de la gravir sur le côté oriental. A partir du Vanil-Noir, le repli médian s'élargit davantage, à mesure que la voûte qui supporte l'arête des Tours, s'abaisse au N.-E. En même temps, ce pli est devenu une vallée que l'érosion a approfondie en raison de sa largeur, c'est la *vallée des Morteys.*

La **vallée des Morteys** est encaissée entre deux arêtes dont le pied est flanqué de néocomien; ce terrain occupe tout le fond de la vallée et y est plusieurs fois replié, le pied du Vanil-Noir montre distinctement ces plis; cette cime élancée forme avec les deux dents jumelles de Branleire et de Folliéran un tableau très pittoresque que complète encore la vue de l'arête des Tours. Le fond et le bas des flancs de la vallée est entièrement couvert d'éboulis. Le néocomien ne s'élève pas jusque sur l'arête des Tours, mais s'arrête au pied même des gros massifs jurassiques qui couronnent celle-ci.

— 351 —

sauf à l'extrémité S.-E. où elle se relie au Vanil-Noir. Sur le versant opposé, le néocomien s'élève presque jusqu'à la cime des dents de Folliéran (2344ᵐ) et de Branleyre (2355ᵐ). Le haut de la vallée est à une altitude d'environ 2000ᵐ; son aspect est triste et désolé; de là son nom Morteys, ce qui veut dire vallée morte. La neige ne disparaît jamais entièrement du pied du Vanil-Noir et de l'arête des Tours, dont les parois verticales la protègent contre les rayons du soleil. Les névés qui résultent de ces amas de neige laissent voir à leur pied et sur leur base, lorsqu'ils se retirent par la fusion, les plus beaux exemples de *lapiés*, qui témoignent ainsi que c'est le séjour prolongé de la neige qui est la cause de cette singulière érosion des roches calcaires compactes.

Le passage de la *Selle des Morteys* (2191ᵐ) conduit du haut de la vallée des Morteys sur le flanc occidental, aux pâturages de la *Bonnavalettaz*, en profitant d'une dépression entre le Vanil-Noir et la Dent de Folliéran. Cette dépression entame toute la masse du malm et fait arriver le dogger jusque sur le côté S.-E. de l'arête.

**L'arête des Tours** que nous avons mentionnée déjà plusieurs fois, est formée d'une base de dogger que flanquent de part et d'autre des lits de calcaire jurassique supérieur et néocomien en position presque verticale et formant une couverture peu épaisse au S.-E. Le dogger est régulièrement voûté et à découvert sur toute la pente S.-E. en forme de boutonnière; car la voûte jurassique se referme au pied du Rocher de la Djinnaz. L'arête elle-même est formée par les bancs massifs du jurassique supérieur qui couronnent la clé de la voûte du dogger. En plusieurs endroits, des blocs énormes, taillés dans le massif du malm, reposent sans appui latéral, droit au-dessus du dogger qui est fortement érodé à leur pied. Au N.-E., là où la chaîne s'abaisse visiblement vers le fond de la vallée de Vertchamp, la disposition est un peu moins régulière qu'ailleurs. Des bancs, appartenant au malm du flanquement S.-E., se relèvent subitement, ferment la voûte jusqu'alors ouverte jusqu'au dogger et viennent former le *rocher de la Djinnaz* (2100ᵐ?) qui contraste par sa forme élancée, avec l'aspect massif des *Tours de Dorenaz* (2244ᵐ) et des *Bimmis* (2177ᵐ).

Partout au pied de l'arête des Tours, le calcaire grumeleux *oxfordien* est à découvert, mais peu riche en fossiles. Le *dogger* en fournit davantage, mais toujours mal conservés et rarement en place. Dans la grande entaille du *cirque de Paray* (Pl. V, fig. 13) il en est de même, la haute paroi qui le surmonte au N.-O. se rallie à une autre, moins rapide, au N.-E. sur laquelle se dessine la voûte très régulière de dogger qui supporte l'arête des Tours. Sur la paroi S.-O., le dogger est moins régulièrement voûté; il y a un petit repli aigu au sommet de la voûte. Les couches grumeleuses affleurent constamment au pied du malm; on les retrouve sur le sentier de Paray-Charbon.

Le **flanc méridional,** depuis le cirque Paray jusqu'à la cluse de Rossinière, est sillonné de *ravins* ou *ruz* très réguliers; ce sont des vallons rapides assez élargis dans leur partie supérieure, où de nombreux petits sillons indiquent l'action érosive de petits filets d'eau, qui sont ordinairement à sec; ils nourrissent un torrent qui traverse une étroite gorge, creusée dans la couverture de malm et de néocomien, avant de pouvoir arriver dans la vallée de Château-d'Œx. Il y a quatre de ces ravins, celui de *Combette* est le plus petit, ceux de la *Lévraz* et de la *Vausseresse* sont surmontés chacun des rochers du même nom, ce qui montre qu'à chaque ravin provenant de l'arête culminante, correspond une *frête* ou arête latérale. Le plus grand d'entre eux est celui des *Mérils*. Nous représentons dans un croquis (Pl. VIII, fig. 2) les trois premiers qui sont remarquables par leur régularité; on voit à droite le commencement de la paroi de Paray.

Dans la **cluse de Rossinière,** l'élargissement considérable de la voûte S.-E. et les pentes gazonnées, ne permettent pas de se rendre bien compte de la disposition des couches dans la partie S.-E. de cette coupure transversale. A l'entrée de cette cluse se voit le contact très net des couches rouges et du néocomien.

La gorge étroite par laquelle la Sarine se précipite en cascade par-dessus les bancs du malm, se nomme la *gorge de la Chaudanne.* Presque au contact du malm et du dogger, jaillit la belle et abondante source de la Chaudanne (la source chaude?) que l'on hésite à ranger parmi les sources dites vauclusiennes, bien qu'elle en ait le volume; elle a une température moyenne de 8°,2 C. Le chemin qui suit la rive droite de la Sarine jusqu'à Rossinière, entame sur une grande longueur les *couches de Klaus* et passe ensuite dans l'erratique à Rossinière. Au N.-E. de ce village, s'élèvent des pentes gazonnées formées par le *lias supérieur*. Un petit monticule au sud du village a pour base des couches appartenant probablement au lias inférieur; mais ce n'est pas certain. Le *lias inférieur* fossilifère est très bien visible un peu plus loin sur le sentier de Cuves et y est suivi du toarcien, assez riche en fossiles, dont les couches plongent au N.-E., tandis que jusqu'alors elles plongeaient au S.-E. Il y a donc à Rossinière même une voûte des couches liasiques, laquelle est surmontée des couches du dogger, formant plus haut les pentes de la pointe de Cray. C'est un peu en dessus du hameau de la Frasse que se trouve le gisement fossilifère du *Pâquier-Burnier* avec fossiles bajociens.

### *Tronçon de Corjon-Planachaux.*

L'Hongrin qui, sur une certaine longueur, chemine parallèlement à la Sarine, coupe, comme celle-ci, le double pli de la chaîne de Cray en formant une cluse plus étroite et moins profonde que celle de la Sarine, mais tout à fait semblable pour ses autres caractères. Il reste entre ces deux cluses un massif montagneux, présentant deux sommités, la *Dent de Corjon* au N. ($1969^m$) et la *Pointe de Planachaux* au S. ($1882^m$).

On retrouve dans ce tronçon les mêmes replis que dans celui du Mont-Cray, du côté opposé de la Sarine, avec cette différence cependant que la voûte N.-O., au lieu d'être largement ouverte, comme c'est le cas au-dessus de Grandvillars, est entièrement fermée et recouverte même par une calotte de malm et de néocomien; elle atteint seulement $1713^m$ à son point culminant au-dessus de la Sautaz.

Le petit **vallon de Corjon,** entièrement comblé de néocomien et de couches rouges, qui affleurent près des chalets de ce nom, est la suite du pli médian de Paray-sur-Combe. On voit que ce repli, après avoir été entièrement écrasé et privé du dernier lambeau de malm, (ce dernier se termine à la Vausseresse), a repris ici une certaine largeur, tout en s'abaissant considérablement. C'est sans doute l'interversion du rôle orographique des deux voûtes qui en est la cause; car, nous avons vu qu'à l'endroit où la voûte orientale est la plus basse et la plus étroite, la voûte occidentale est la plus large et le pli médian est également très évasé (vallon des Morteys et arête des Tours). Au Mont-Cray même, le malm a disparu du repli médian, la voûte orientale est presque aussi large que l'occidentale. Dans le massif de Corjon la voûte occidentale est très étroite et peu élevée, le pli synclinal (vallon de Corjon) a acquis de nouveau une certaine largeur et la voûte orientale est la plus large. On voit fort bien le contour en forme d'U des couches du vallon de Corjon (malm et néocomien) lorsqu'on est à Rossinière ou sur le chemin de la Chaudanne.

Le *néocomien* s'avance jusqu'au sommet de la **Dent de Corjon** (1969$^m$) qui domine, dans une situation dégagée, rappelant celle de la Pointe de Paray, la profonde dépression de Crau (Creux). Cette dépression n'est autre chose que la rupture de la voûte orientale de la chaîne.

On voit le contour des couches du *dogger*, comme la coupole d'un dôme, sur la paroi qui relie la Dent de Corjon et la Pointe de Planachaux (1882$^m$). Le **col de Crau** que traverse un petit sentier (1640$^m$) passe au centre de cette voûte; il relie les pâturages de Crau à ceux de Savoleyres et permet de descendre dans la vallée de l'Hongrin. Le pied du rocher de Corjon est bordé des couches grumeleuses de l'*oxfordien* en assez grande épaisseur. On les rencontre en suivant l'arête du col de Crau pour arriver à une cheminée rapide et étroite qui entame le rocher de Corjon et par laquelle on parvient assez facilement au sommet à travers tout le massif jurassique supérieur et une partie du néocomien. Un autre sentier conduit par de nombreux zigzags de Crau aux chalets de Corjon.

La **Pointe de Planachaux,** qui fait face au rocher de Corjon, est dépourvue de malm ; elle est formée de dogger supérieur, marnes et calcaires à *Zoophycos*. Le *malm* n'apparaît qu'un peu plus bas, au sud, près du chalet de Planachaux (1815$^m$), et vient enfin couronner l'arête au-dessus du chalet de *Beauregard*, pour descendre jusqu'au bord de la Sarine et rejoindre la bordure du tronçon du Vanil-Noir, à la Chaudanne.

**Cluse de Rossinière.** En suivant la route de Château-d'Œx à Montbovon, on peut facilement se rendre compte de la disposition de cette chaîne. A la Chaudanne on peut constater la succession régulière du flysch, du crétacé supérieur rouge, du néocomien, du jurassique supérieur et du dogger. L'oxfordien y est invisible.

Vis-à-vis du rocher de lias inférieur spathique du sentier de Rossinière, se trouve un rocher analogue, la suite évidente du premier, tantôt rouge, gris, spathique ou compact et renfermant beaucoup de fossiles; le plongement est N.-O. On voit très nettement aussi la suite de ces couches qui décrivent, sous forme de petits escarpements apparaissant de distance en distance, une voûte assez régulière et s'enfoncent ensuite au S.-E., sans toutefois affleurer de nouveau au bord de la route à cause de l'étendue du glaciaire. Par-dessus vient la belle voûte de Crau, dominée de part et d'autre par les sommets de Planachaux et de Corjon. On peut, en effet, relever presque toute la série des couches en montant au-dessus des maisons des **Planches** dans un ravin très rapide. On passe successivement par des *calcaires dolomitiques* avec cargneule, le calcaire spathique du *lias inférieur*, le *lias supérieur* à *fucoïdes*, les couches du *bajocien* et du *bathonien* qui ont une très grande épaisseur, et on arrive enfin dans la dépression de Crau.

En passant sur la route en dessous de la synclinale de Corjon, on constate la grande régularité de ce repli. A la *Tine*, on trouve les couches de Klaus après avoir dépassé le lias supérieur. Les couches forment en dessus du chalet de la **Sautaz,** vis-à-vis de Cuves, une voûte fermée, qui est légèrement compliquée par un petit repli, précisément en dessous du sommet de la courbure convexe du jurassique supérieur qui vient le recouvrir. A partir de la Tine, on traverse successivement le dogger, l'oxfordien, le jurassique supérieur et le néocomien pour trouver les couches rouges au passage du Ruisseau-rouge (page 346).

Le chemin qui conduit de Montbovon au Taboussel, en remontant l'étroite **vallée de l'Hongrin,** permet de poursuivre une coupe absolument identique à celle de la route de Château-d'Œx, mais bien plus nette. Les couches se correspondent des deux côtés du torrent. On s'engage dans l'entaille transversale un peu en amont du hameau d'Allière. La première voûte, celle de la Sautaz, est très nette. Mais le repli synclinal du malm l'est encore bien plus, un petit ruisseau sort en cascade de la courbure concave. La seconde voûte, très vaste, n'est pas bien à découvert, à cause du gazon; mais la disposition anticlinale des bancs du côté de Corjon et au pied de Planachaux est très manifeste. En sortant de la cluse près du Taboussel, on traverse la série suivante d'assises :

Couches de Klaus plongeant au S.-E.

L'oxfordien ne se voit pas.

Jurassique supérieur, calcaire à rognons siliceux.

Néocomien.

Couches rouges crétacées.

Flysch avec bancs de poudingue en dessous des Crêtes.

Le jurassique supérieur et le néocomien forment une gorge étroite, au fond de laquelle coule l'Hongrin. Au milieu de cette gorge est le confluent du petit Hongrin venant du pied des Tours d'Aï.

Les couches rouges affleurent près du pont du Tabousset (1190ᵐ) et s'élèvent ensuite sur la pente de Planachaux, jusqu'à la hauteur de 1600ᵐ environ; elles se voient au niveau du col de Sonlemont et vont rejoindre celles de la Chaudanne.

### Tronçon de Naye et du Mont-Arvel.

Cette partie de la grande chaîne du Mont-Cray n'est plus à proprement parler une seule chaîne; mais bien une série d'arêtes parallèles, séparées par des dépressions longitudinales; les unes anticlinales, d'autres synclinales, dont les premières sont toujours les plus profondes.

On y distingue deux arêtes principales : celle des Rochers de Naye et de Sonchaux et celle des Rochers d'Aveneyre au Mont-Arvel.

Pour établir les relations entre cette extrémité de la chaîne et le massif de Corjon-Planachaux, on peut se servir des observations que nous avons faites pendant le passage à travers la cluse de l'Hongrin. Tout ce que nous avons constaté sur la rive droite, se retrouve exactement sur la rive gauche. Mais du haut de la Dent de Corjon, on peut saisir, d'un seul coup d'œil, l'ensemble de ces chaînons et leur raccordement avec les différentes parties du massif précédent. En promenant son regard au S.-O., on constate que l'arête de Planachaux se poursuit au delà de l'Hongrin dans les rochers d'*Aveneyre* (2020ᵐ) et le *Mont-Arvel* (1930ᵐ). Le *col de Chaude* qu'on a en face de soi est le correspondant du col de Crau. Deux vallons profonds, celui de la *Tinière* et celui de *Chaude* descendent de part et d'autre de ce col, le premier au S.-O. vers le Léman, le second au N.-E. vers l'Hongrin. On voit sans difficulté que cette dépression (1690$^m$) tout étant plus profonde que le col de Crau, est aussi plus large; la voûte rompue qu'elle occupe étant également plus vaste.

L'arête de la Dent de Corjon a son correspondant au delà de l'Hongrin dans les *Rochers de Longevaux*, arête très découpée et étroite, bordant au S.-E. le vallon élevé de *Naye*, qui n'est autre chose que la continuation du vallon synclinal de Corjon; comme celui-ci, il est comblé de *néocomien* et de *couches rouges*. La *voûte* fermée de la *Sautaz* s'entr'ouvre sur la rive gauche de l'Hongrin. Sur son parcours se trouve le petit *vallon* anticlinal de *Bonaudon*, bordé au S.-E. par les *rochers de Bonaudon* et au N.-O. par l'escarpement jurassique de *Hautaudon* (Pl. V, fig. 6). Le vallon de Naye s'arrête à la *Pointe de Naye* (2045$^m$) et s'écrase totalement. Il n'existe plus comme dépression; l'arête des rochers de Longevaux se soude avec celle de Bonaudon-Naye. Les couches rouges affleurent encore sur un petit plateau incliné au S.-E. de Naye et passent aux chalets de *Sotodoz* sur le versant N.-O., où elles se poursuivent sans se trahir dans le relief du sol, sous forme d'un coin peu large, jusqu'à Sonchaux.

**L'arête de Naye** se continue sans interruption de l'Hongrin jusqu'à Sonchaux. Les rochers de Bonaudon en sont le commencement; ils sont formés de *néocomien* à leur partie supérieure et de *malm* à la base et sont en disposition anticlinale par rapport aux rochers verticaux du pied du massif de Hautaudon. Le vallon de Naye (Pl. V., fig. 6), qui les sépare est la suite de la voûte de la Sautaz. Le fond du vallon est comblé d'éboulis et les flancs sont formés d'oxfordien et de bathonien. L'arête jurassique du côté de Naye est très escarpée, il n'est qu'un seul endroit, un peu en dessous des chalets de Naye, où elle peut être franchie sur une corniche oblique et étroite conduisant vers le haut du vallon de Bonaudon. Le sommet du **Rocher de Naye** (2045$^m$), beau point de vue qui domine le bassin du Léman et permet de se faire une idée nette de la structure des montagnes des environs, est encore formé des couches *néocomiennes* très fortement redressées et flanquées en arrière des *couches rouges*, prolongement de celles du vallon de Naye. Au *Plan d'Arrenaz* affleure déjà le dogger, surmonté par les calcaires grumeleux et le calcaire compact du malm des rochers de Longevaux. Le pied N.-O. de l'arête de Naye est bordé sur toute sa longueur de calcaire grumeleux rouge ou gris. La série des couches de cet escarpement peut être étudiée en montant directement du col de Merdasson par un passage rapide qui aboutit à quelques pas du sommet de Naye. Près du chalet de Sotodoz, la petite synclinale se resserre complètement; on voit les couches rouges s'abaisser obliquement sur la pente N.-O. à partir du point où aboutit le sentier, dit des *Recourbes*. On les retrouve sur le sentier qui conduit du chalet de *Liboson-dessus*, jusqu'au *Sonchaux*; elles sont alors assez bas sur la pente à environ 1350$^m$, tandis qu'à Sotodoz elles sont encore à 1870$^m$. Une seconde zone de couches rouges se trouve sur le flanc occidental du Mont-Sonchaux à la place indiquée sur la carte géologique.

L'extrémité du **Mont-Sonchaux** s'abaisse rapidement du côté du lac et se termine entre Chillon et Grand-Champ. La structure en synclinale de ce massif se voit distinctement depuis le lac dans l'escarpement que forme le malm. Ce terrain plonge au S.-E. sur le côté tourné vers le ravin de la Verraye; au-dessus de Grand-Champ, il devient horizontal en faisant en même temps une légère inflexion convexe; il se relève ensuite subitement pour atteindre, suivant une ligne verticale, l'arête de Sonchaux du côté de la Tinière; selon le point d'où l'on fait cette observation, on voit même distinctement que la verticale est un peu dépassée, ce qui s'accorde absolument avec la position déjetée des bancs du pied de la montagne, à la Tinière. On traverse ces couches verticales de malm, sur un sentier qui prend au chalet de *Plan-Durand* sur Chillon, et qui conduit aux pâturages d'En Lunery sur le flanc N.-O. de la vallée de la Tinière. A l'endroit où le sentier coupe le massif calcaire vertical, on constate une roche légèrement spathique avec débris d'échinodermes et de coraux; son facies est du reste tout à fait coralligène.

Le pied du massif est couvert d'éboulements et d'erratique. Le dogger et le lias n'affleurent que dans le voisinage immédiat du lac au promontoire de Chillon et dans la direction de Grand-Champ. Droit au-dessus du Château de Chillon s'étend un vaste éboulement formé de gros blocs qui couvrent toute la pente entre les maisons de Chambabaud et Grand-Champ. Cet éboulement qui doit être fort ancien est masqué par une épaisse forêt de hêtres.

Il existe au-dessus de Grand-Champ une source abondante; elle jaillit à 107ᵐ au-dessus du niveau du lac, replié en dessous des bancs de malm. Elle sort probablement du néocomien et du crétacé supérieur renfermés dans la synclinale. Une partie de cette source alimente les fontaines de Villeneuve; sa température moyenne est, d'après M. Ch. Dufour (*56, a*) 8°,08 C.

Le **col de Chaude** est le point le plus bas d'une arête, en forme de faîte de toit, qui relie les rochers de Naye avec le pied des rochers d'Aveneyre. Il en descend deux vallons, l'un vers l'Hongrin, arrosé par le ruisseau de Chaude, l'autre bien plus large et plus profond, est traversé par la Tinière.

Le **vallon de Chaude** est creusé dans le dogger et le lias supérieur. Ses flancs sont couverts d'éboulis que dominent de part et d'autre les arêtes calcaires de Longevaux et d'Aveneyre. Le fond couvert de pâturages et d'une forêt presque impénétrable est raviné par un torrent qui se jette dans l'Hongrin près de la Pertusaz. Il y a une belle série de couches de Klaus au pied des rochers d'Aveneyre et dans la combe de Longevaux que l'arête de malm déjà citée domine de ses pointes aiguës.

Au N.-O. du passage de Chaude se trouve un rocher formant la partie la plus élevée de l'arête du col; c'est un calcaire compact, quelquefois un peu spathique. Cette roche doit appartenir au *lias inférieur* qui arriverait ainsi plus haut que ne l'indique la carte 1 : 100.000. Des couches schisteuses *toarciennes* l'accompagnent de part et d'autre. Ce calcaire se poursuit visiblement au S.-O. par plusieurs affleurements, jusque vers les chalets d'*En Herniaulaz*, dans le haut de la **vallée de la Tinière** où il forme un rocher isolé au pied duquel jaillissent plusieurs sources limpides et abondantes. A partir de cet endroit, une partie de cette zone liasique se poursuit sur le versant droit de la vallée et l'autre sur le versant gauche au pied du Mont-Arvel. Cette dernière zone a un relief bien prononcé; elle détermine une sorte de plateau au pied des pentes de dogger et de toarcien et se fait remarquer ensuite par un petit abrupt qui surmonte lui-même une pente plus douce, formée par le *rhétien* et les *roches dolomitiques* du trias. A partir d'Herniaulaz, la Tinière entre ainsi dans une voûte encore plus fortement rompue qu'au col de Chaude, et mettant à découvert les roches inférieures au lias. En descendant la route qui conduit à Villeneuve, on trouve de distance en distance de grands affleurements de calcaires et de marnes dolomitiques du trias qui se distinguent de loin déjà par leur couleur claire, même dans les petits rochers qu'ils forment au pied du Mont-Arvel. C'est au bas de la vallée, dans sa partie la plus évasée, que l'on peut le mieux étudier sa structure. On trouve donc ici une voûte largement entr'ouverte, dont le noyau est formé de *trias*, auquel succède en montant de part et d'autre, la série suivante de terrains :

Rhétien et infralias.
Lias inférieur.
Lias supérieur.
Dogger.
Malm.
Crétacé.

Le haut de l'arête de Sonchaux est formée par le malm en couches presque verticales et, du côté opposé, derrière le signal de Malatrait, on voit de loin déjà les couches rouges crétacées reposant sur le néocomien suivi de malm. Cette voûte si manifeste n'est cependant pas une voûte régulière; elle est légèrement déjetée au N.-O.; toutes les couches du pied du Mont-Arvel plongent régulièrement au S.-E. de 30-35° pendant que celle de la pente de Sonchaux sont absolument verticales ou même un peu renversées. Il y a là un exemple assez curieux de torsion hélicoïde : au col de Chaude, les couches de jambage plongent au N.-O. sous les rochers de Naye, et à l'entrée de la vallée de la Tinière elles plongent au S.-E, étant inclinées un peu au delà de la verticale. Cette observation s'accorde avec celle que nous avons faite sur la structure de l'extrémité du Mont-Sonchaux entre Chillon et Grand-Champ.

Entre Chillon et l'entrée de la vallée de la Tinière, le lias et le dogger offrent la même disposition en pli synclinal. Le plongement S.-E. des couches liasiques et du dogger au Rocher de Chillon fait place à un plongement sensiblement vertical à mesure que l'on s'approche de la Tinière. Le lias est exploité dans une carrière en arrière de l'Hôtel Byron pour la fabrication de chaux hydraulique aux usines de Grand-Champ. Près du hameau du Crêt, il y a un ravin assez étroit par où la Tinière sort de la vallée, pour se précipiter sur son cône de déjection. A droite du chemin on voit une faible élévation, formée de calcaires et de marnes dolomitiques en partie décomposés et transformés en cargneule; à gauche, de l'autre côté du ruisseau, se trouvent les carrières, ouvertes pour l'exploitation de roche à ciment pour les usines du Crêt et de Grand-Champ. Cette roche provient des bancs du *rhétien inférieur*, qui sont en position légèrement renversée, avec plongement S.-E. Dans la carrière supérieure du Crêt, on observe un singulier accident : Les bancs calcaires du rhétien sont dans la même position, sur le prolongement de ceux de la carrière inférieure. Droit devant ces bancs, qui se dressent comme un mur dans le haut de la carrière, on remarque des couches alternativement marneuses et calcaires, renfermant les mêmes fossiles que ceux du toarcien de Rossinière; on y trouve en outre de nombreuses Bélemnites. Ces couches, disposées presque horizontalement, forment un lambeau très réduit placé devant les bancs verticaux du rhétien; la surface polie de ceux-ci témoigne du frottement subi par le glissement de ce lambeau, car il a dû descendre tout d'une pièce de la hauteur (Pl. V, fig. 14, *A*). Une troisième carrière, ouverte un peu plus bas et en amont, présente des couches dans la même position, mais appartenant au rhétien avec *Avicula contorta* (Pl. V, fig. 14, *B*). Ce plongement au N.-O., 45° des couches du rhétien s'observe aussi du côté du *Plan Caudray*, dans la forêt des *Chaînées;* elles buttent contre des bancs verticaux de même âge formant la partie supérieure de l'escarpement. Il est évident que vers le haut de la vallée, où la voûte du rhétien est complète, ce plongement N.-O. n'est que normal, mais ici c'est une exception. Nous avons observé le redressement vertical des couches du malm à l'est de Plan Durand, le déjètement très visible du rhétien dans les deux carrières du Crêt, et la présence de bancs rhétiens dans cette même position au-dessus de ceux qui plongent au N.-O. Encore là il y a lieu de supposer un grand glissement, fait qui n'a rien d'anormal dans des couches de consistance relativement peu dure, qui sont dans une position voisine de la verticale et appuyées seulement d'un côté; il est probable que ce glissement n'a eu lieu *qu'après* que la Tinière avait creusé son lit, donc à une époque relativement récente. Il y a d'autant plus de motifs de croire à cet accident, que les bancs du rhétien et du lias, quoique déjetés au niveau où coule la Tinière, devaient revenir plus haut dans leur position normale pour aller rejoindre, sous forme de voûte, les couches de même âge du pied de Mont-Arvel. C'est un de ces segments de la courbure qui s'est probablement détaché et a glissé dans l'entaille, formée par le ravinement considérable dans les couches dolomitiques et gypseuses du noyau de la voûte. Cette supposition est seule en état d'expliquer la présence du lambeau de terrain toarcien dans la carrière du Crêt d'en haut et celle de couches rhétiennes, plongeant au N.-O., *au pied* d'autres déjetées et plongeant au S.-E.

En remontant le lit de la Tinière, ce ruisseau coule pendant longtemps sur la limite du rhétien et des roches dolomitiques, rarement bien visibles en place à cause de la profonde décomposition qu'elles ont subie. Ces roches sont presque toujours grises ou jaune clair, friables et couvertes à leur surface d'un aggloméral de débris éboulés et recimentés; cargneule toute récente, qui s'éboule souvent à son tour, etc. Cela se voit jusqu'en amont de Plan-Caudray. A partir de ce hameau, la route s'éloigne un peu du ruisseau; elle suit l'axe même de l'anticlinale, sur la dolomie et la cargneule qu'elle entaille de temps en temps et qui atteint une grande épaisseur et une grande largeur.

Au S.-E. du ravin même de la Tinière, en aval de Plan-Caudray, il y a un petit mamelon arrondi formé entièrement de roches dolomitiques presque toujours décomposées; il descend obliquement et vient se terminer au Crêt; on a ouvert là quelques exploitations pour combiner cette roche avec le calcaire à ciment et à chaux hydraulique. La dernière extrémité de la bande dolomitique est le rocher du Sex à l'est de Villeneuve [1]. Entre cette petite arête et le pied du Mont-Arvel, il y a un petit vallon, le vallon de *Valleyre*, lequel est peut-être un ancien lit de la Tinière; car il n'y coule pas le moindre filet d'eau. C'est là, un peu à l'est et en amont des maisons, qu'on a ouvert plusieurs exploitations dans le gypse qui se montre ainsi très franchement *en dessous* des calcaires dolomitiques. Le sentier de Valleyre au Pissot traverse toute la masse de gypse. Ailleurs le terrain glaciaire recouvre cette roche; mais, lorsqu'elle affleure, elle est facile à reconnaître à la couleur blanche qu'elle prend à l'air. Les roches dolomitiques et la cargneule doivent exister aussi du côté S.-E. de ce gypse, mais le glaciaire et le cône de déjection du torrent du Pissot

---

[1] Dans une caverne de ce rocher, MM. de Saussure et Taillefer ont découvert une station préhistorique.

ne laissent pas d'affleurements à découvert. La distance qu'il y a entre le gypse et les couches les plus inférieures du rhétien de la gorge du Pissot, est trop grande pour admettre leur absence. Deux sources sulfureuses, sortant à quelque distance, donnent la preuve du prolongement souterrain du noyau de gypse du côté du S.-O. L'une sort au pied du Mont-Arvel près de la deuxième carrière; l'autre débouche sur le cône même de la Tinière, entre la route et le lac, au-dessous de l'Hôtel Byron.

L'ascension du **Mont-Arvel** peut se faire par différentes ravines très rapides. La *gorge du Pissot* est l'un des plus intéressants de ces passages, mais non le plus commode. La partie la plus instructive n'est du reste que le bas, des maisons de Valleyre, jusqu'au pied du rocher liasique qui donne lieu à la cascade.

Dans cette partie de la gorge, on trouve successivement les étages *rhétien* et *hettangien* et on arrive au pied du rocher formé par le *lias inférieur*. La série des bancs qui se succèdent plus haut peut bien mieux s'étudier en suivant la route de Villeneuve à Roche et en visitant les carrières échelonnées le long de cette route; elles donnent les meilleurs renseignements sur les couches du *lias inférieur* et du *jurassique* dans lesquelles elles sont ouvertes.

Un autre ravin est celui que suit le sentier qui conduit au chalet de *Hautferrus* (ou Vauferuz) vis-à-vis des Chevalleyres. Le pied du ravin, à sa jonction avec la Tinière, est dans la cargneule (*ca*) et la dolomie (*dol*), masquées par place par le terrain glaciaire. Au-dessus on trouve successivement (Pl. V, fig. 10):

*rh.* *Terrain rhétien. Calcaire blanchâtre* à l'extérieur, en bancs minces alternant avec des marnes feuilletées noires.

*li.* *Lias inférieur. Calcaire cristallin*, pierre d'Arvel ou de la Tinière ayant une grande épaisseur et formant une pente très rapide.

*ls.* *Lias supérieur. Calcaire* en bancs peu puissants avec marnes feuilletées dans les intervalles.

*js.* Calcaire schisteux et marnes à *Ammonites tripartitus*, et *Zoophycos scoparius*, couches de Klaus (dogger).

*ox.* *Calcaire grumeleux oxfordien* peu épais.

*js.* *Calcaire compact* avec rognons siliceux du *jurassique inférieur*, formant la base de la pointe de Malatrait. Les bancs sont presque horizontaux au sommet et plongent ensuite rapidement an S.-E. vers le col d'Ayerne, surmontés du

*ne.* *Néocomien* calcaire en bancs peu épais formant tout le haut de l'arête depuis le Mont-Arvel jusqu'aux rochers d'Aveneyre.

*cr.* *Couches rouges* crétacées recouvrant le flanc de la montagne du côté du col d'Ayerne.

Le passage du *Petit-Tour* montre une série identique de couches, mais le chemin du col de Chaude, qu'il faut suivre jusqu'au *Raffevex,* ne permet pas d'observer avec la même netteté les couches inférieures.

L'arête des rochers d'**Aveneyre-Mont-Arvel** est la continuation de celle de Planachaux sur la rive opposée de l'Hongrin; sa structure est conforme à cette dernière et offre une série de bancs plongeant dans le même sens, au S.-E., et cela avec une intensité presque constante 35-40°. Au N.-O. depuis l'Hongrin jusqu'au Rhône, les couches présentent la tranche; nous avons déjà examiné leur série sur les passages de Hautferrus et du Petit-Tour qui nous ont conduit sur l'arête de cette chaîne. Celle-ci est étroite et aiguë à partir de son commencement au bord de l'Hongrin; elle s'élève rapidement pour venir former la *Pointe de Montérét* (2020ᵐ) qui domine une pente très rapide au N.-O.

Le malm qui forme le sommet est flanqué de néocomien et de couches rouges, qui ne se montrent que plus bas et descendent jusqu'au ravin du petit Hongrin; ce ruisseau coule presque sur la limite des couches rouges et du flysch; une petite bande de couches rouges se trouve encore sur la rive droite.

De la Pointe de Montérét au Signal d'Aveneyre (2030ᵐ) on constate un élargissement très notable de l'arête culminante; les couches du malm, au lieu de la couronner avec le même plongement que sur la pente S.-E., y sont en position presque horizontale, à peine inclinée et sont de plus surmontées du néocomien, calcaire gris en bancs minces qui forme le plateau légèrement incliné des *Prés d'Aveneyre.* Plus au N. le malm seul vient finir à l'arête (Pl. V, fig. 9, *A*). Une pointe située un peu à l'est et en arrière de l'arête est formée de néocomien, elle atteint 2030ᵐ.

Le passage du *Petit-Tour* sépare les Prés d'Aveneyre d'une nouvelle sommité, la *Pointe à l'Aiguille* (1936ᵐ); les couches du néocomien, parfaitement

horizontales, sont assises comme une pyramide sur une base de malm; au
S.-O., elles plongent de nouveau rapidement au S.-E., suivies de couches
rouges; elles forment, un peu en dessous du sommet, un pli coudé très
visible (Pl. V, fig. 9, *B*).

Au *Signal de Malatrait* (1930ᵐ) la disposition n'est pas encore très modifiée; elle tend toutefois à changer d'allure. Les bancs du sommet appartiennent au néocomien, et plongent de 35-40° au S.-E. Ils se relient au néocomien
qui forme toute la longueur de l'arête à partir de la Pointe à l'Aiguille. Un peu
en dessous du sommet, vers le chalet de Malatrait (1791ᵐ), apparaissent les
couches rouges qui recouvrent sur toute la longueur le flanc de la montagne
à mi-hauteur environ en montant plus ou moins haut. En dessous du chalet
du Petit Ayerne, cette nappe de couches rouges est interrompue longitudinalement par un repli de néocomien, qui devient de plus en plus large et
finit par former, en dessous du signal de Malatrait, un gradin bien visible,
supportant le chalet de l'*Ortier* et la grange détruite de la Cergnaz. Il existe
ainsi sur le flanc de l'arête de Malatrait une synclinale de couches rouges,
séparée de la zone de ce même terrain qui passe au col d'Ayerne, par une bande
de néocomien formant une voûte aiguë (Pl. V, fig. 15).

Un peu plus au S.-E., cette voûte de néocomien est coupée obliquement par
l'Eau-froide, phénomène qui est très facile à constater en remontant la vallée
à partir de la station forestière où le sentier passe depuis la rive gauche sur
la rive droite de l'Eau-froide.

En descendant du Signal de Malatrait vers le S.-O., on rencontre à 50ᵐ
environ en dessous du sommet les couches rouges crétacées en grande épaisseur, accompagnées d'un tout petit lambeau de flysch. Elles forment l'arête et
descendent assez bas du côté de la vallée de la Tinière, tout en recouvrant
une bonne partie de flanc de la vallée de l'Eau-froide. On distingue fort bien
ce point du bas de la montagne, grâce à la couleur très frappante du crétacé
rouge. C'est une faille qui a porté les couches rouges dans cette singulière
position en dessous du néocomien qui forme le sommet de Malatrait (Pl. V,
fig. 15, figure inférieure). Cette faille est longitudinale et continue sur toute
la longueur de l'arête; d'abord tout près de son bord, elle s'abaisse de plus
en plus sur le versant de la vallée de l'Eau-froide et finit par suivre le

fond de celle-ci où les couches rouges sont constamment en contact avec le malm sur la rive droite, tandis que sur la rive gauche elles en sont séparées par le néocomien. Cette disposition se voit encore au Pont-Dégraz où les couches rouges sont pincées entre le malm et le néocomien. Elles suivent dès lors le pied de la paroi abrupte qui domine le village de Roche; celle-ci renferme plusieurs bandes de couches de couleur rouge et il n'est pas facile d'expliquer sa vraie structure. Le flanc du Mont-Arvel est couvert de la forêt très étendue de la Joux-verte qui s'étend depuis les Folliaux jusqu'au Pont-Dégraz. Le sol de cette forêt est en bonne partie formée de malm, peut-être d'un peu de néocomien et dans le bas de couches rouges. Sur la rive droite de l'Eau-froide, entre le Pont-Dégraz et village de Roche, la surface de malm est à découvert; il n'y a point de néocomien entre ce terrain et les couches rouges et l'existence d'une faille devient d'autant plus probable que sur plus d'un point il y a discordance de stratification bien évidente entre les deux formations; plus bas le contact est masqué par des éboulis très étendus.

---

# CHAPITRE XIII

## LA CHAINE DES GASTLOSEN ET LES ZONES DE FLYSCH QUI LA BORDENT

Cette chaîne se fait remarquer à première vue par ses formes hardies qui font un contraste frappant avec l'aspect beaucoup plus massif de la précédente. Elle s'élève au milieu du flysch, comme si elle était assise sur un soubassement éocène, et sa crête jurassique, étroite et découpée, la fait ressembler à un mur crénelé ou mieux encore à une scie irrégulièrement dentée. De distance en distance, mais toujours à de rares intervalles, l'arête est interrompue par des entailles plus profondes, qui sont traversées habituellement par un cours d'eau ; d'autres fois encore, elle disparaît totalement, recouverte par le flysch.

Contrairement à la plupart des chaînes secondaires. celle des Gastlosen est caractérisée sur une grande longueur par l'absence de couches formant voûte. La partie de cette chaîne que nous avons à examiner s'étend depuis la gorge de la Jogne jusqu'au lac Léman.

Au S.-O. de la gorge de la Jogne, près Bellegarde, on peut distinguer dans cette chaîne les tronçons suivants, séparés d'autant de cluses et entailles :

Arête de la DENT DE RUTH dont l'extrémité N.-E. s'appelle les Gastlosen.
— *Perte à Bovay.*
Chaînon du ROCHER DE LA RAYE.
— *Cluse des Siernes-Piquats.*
Massif de la LAITMAIRE.
— *Cluse de la Sarine à Gérignoz.*
Rochers de la BRAYE. (Deux voûtes se dessinent.)
— *Gorge du Pissot ou de la Tourneresse.*
Plateau des TEISES-JOEURS. (Voûte régulière avec klippes crétacées.)
— *Gorge de l'Hongrin.*
La chaîne disparaît sous le flysch et forme plus au S.-O. le massif des TOURS D'AÏ qui se termine à la
— *Vallée du Rhône.*

Sur toute la longueur, depuis la vallée de la Jogne, jusqu'à celle de Château-d'Œx (Sarine), cette chaîne ne présente qu'une simple série de couches à l'exception du Rocher de la Raye. Ces couches plongent toutes au S.-E. avec une intensité variable et appartiennent à la moitié d'une voûte dont le jambage N.-O. aurait disparu. Les couches les plus anciennes sont celles du bathonien à *Mytilus*, auxquelles se superpose le massif du malm qui, flanqué du crétacé rouge, constitue la crête de l'arête proprement dite. Les *deux versants* sont bordés de masses de flysch. Celle du S.-E., la plus considérable, appartient à la III^me zone, et se superpose en concordance aux assises crétacées de l'arête calcaire. La série inverse des couches jurassiques et crétacées qui devait former le jambage N.-O. de la voûte, est à peine visible de

distance à distance. Les couches les plus *anciennes* de l'arête calcaire se superposent *directement* au flysch. Souvent on n'observe pas même de discordance
de stratification au contact de ces deux terrains, et on est tenté de les croire
en superposition normale. Tantôt la masse calcaire est placée presque horizontalement par-dessus l'éocène; tantôt elle présente une inclinaison un peu
plus prononcée, et, sur de grandes longueurs, le massif du malm, redressé
verticalement, est à peine appuyé à sa base; la chaîne ressemble alors à un
mur lézardé prêt à tomber en ruines.

Il est incontestable que cette étrange disposition est la suite d'une *faille*.
Il a été démontré d'autre part que cette faille est l'effet d'un chevauchement
dû à la dislocation d'une voûte préexistante, mais qui se serait brisée au
sommet durant le refoulement et dont l'un des jambages, celui du S.-E., a été
poussé par-dessus celui du N.-O. resté en place et caché sous le flysch [*181*,
p. 117 et 161]. L'examen des différentes parties de cette chaîne, nous fera
découvrir des faits qui démontrent que cette dislocation a dû se produire en
dessous d'une grande masse de flysch. Le contact, en superposition concordante du jurassique et du flysch n'est donc autre chose qu'un *contact mécanique*.

Les terrains qui forment la chaîne des Gastlosen sont les suivants :

Flysch, schistes, grès et poudingues, *fl.*
Crétacé rouge, *cr.*
Malm, massif de calcaire fétide, *js.*
Couches à Mytilus, bathonien, *Jy, C. à M.*
Gypse, *gy.*, cargneule, *ca.* et brèche.

### *Arête de la Dent de Ruth.*

Cette arête commence au bord de la Jogne, qui coule au fond d'une profonde gorge, séparant ce tronçon de son prolongement au N.-E., le *Krachhorn*
et le *Bäderhorn*.

Elle est d'abord très étroite, fortement découpée et formée de bancs presque verticaux. C'est cette partie de l'arête qui porte dans le pays le nom de

**Gastlosen**, nom qu'elle mérite, car il y a bien des pointes que le plus adroit grimpeur ne saurait escalader, tellement les parois sont lisses et abruptes. Ces sommets ne sont pas des plus élevés (1953ᵐ). Le *Marchzahn*, un peu plus au S.-O., n'a que 1921ᵐ, mais une sommité de 2128ᵐ, l'*Oberberg-fluh*, domine l'étroit passage de **la Praz** ou du **Trou** qui est à 1930ᵐ. Ces rochers se nomment aussi les *Courcys* ou *Garcils*. Ils sont en dehors de notre feuille. A l'est des Gastlosen, le flysch et le crétacé supérieur sont en accord parfait avec le jurassique, tandis qu'au pied N.-O. de l'arête, on rencontre sur plusieurs points, au pied de l'arête calcaire, entre le flysch et les couches à Mytilus, des amas de *gypse* accompagné de *cargneule*. Il ne nous est pas possible de dire dans quel terrain il faut ranger ces couches. M. Gilliéron [*91*, p. 197] les décrit avec le flysch. L'affleurement que nous avons examiné près du chalet de Sattel, et qui se montre au milieu d'un éboulement, ne permet pas de voir le contact, ni avec le bathonien qui apparaît environ 50 mètres plus haut, ni avec le flysch. Il ne serait pas impossible que ces terrains soient intercalés aux assises du niveau E des couches à Mytilus. Cela est au moins très probable pour la cargneule qui peut être attribuée à la décomposition des brèches, souvent dolomitiques, de ce niveau.

Au S.-O. du passage du Trou, s'élève le sommet de la **Wandfluh**, (2136ᵐ), dominant au N.-O. une paroi absolument verticale, comme les couches qui la forment. A son pied affleurent les couches à Mytilus surmontant des assises de brèche calcaire dolomitique et de cargneule. A la **Dent de Ruth** (Rudersbergfluh) (2244ᵐ), les couches sont légèrement inclinées au N.-O.; cette pyramide élancée est recouverte au S.-E. d'un revêtement de couches rouges qui s'élève jusque près de la pointe. Les couches à Mytilus bordent son pied.

La sommité suivante est la *Dent de Savigny* (2255ᵐ); elle s'élève comme une paroi au S.-E. des riches pâturages de Pralet et s'abaisse par une pente rapide vers ceux de Savigny au S.-E. Une petite encoche, la *Porte de Savigny*, facilement franchissable, passe justement à côté de cette cîme et la sépare de trois pointes presque également élevées et également fières qui se dressent un peu au S.-E.; ce sont *les Pucelles* dont l'arête vertigineuse conduit au Gros-Rocher et à la Corne-Aubert qui domine le **Perte à Bovay**, profonde entaille traversée par le ruisseau du Rio du Mont. Depuis la Dent de Savigny jusqu'au Perte à Bovay, la paroi rocheuse est presque également abrupte. D'immenses cônes d'éboulement en couvrent le pied et plus d'une fois des pans de rochers s'en sont détachés. Au-dessus de ces amas de débris, le pied immédiat de l'escarpement laisse voir une étroite bande, souvent interrompue, de couches à Mytilus avec nombreux fossiles, elle se poursuit en dessous du Gros-Rocher et des Pucelles jusque vers le passage de Savigny.

On se demande involontairement à quoi sont dues ces sommités et parois absolument verticales et sortant presque sans appui latéral du milieu des dépôts éocènes qui les bordent. Si l'on se représente le mécanisme de cette dislocation chevauchée tel qu'il est expliqué dans un travail déjà cité [*181*, p. 161] la difficulté disparaît ; les expériences faites en vue de démontrer ce mécanisme, sont concluantes. Le massif de malm, reposant sur une grande épaisseur de terrains relativement plastiques (bathonien et lias) et recouvert à son tour par l'immense épaisseur de flysch éocène, s'est rompu sans doute le long du faîte d'une voûte déjà existante sous le flysch. L'une des lèvres de la rupture a été poussée par-dessus l'autre. Cette dernière est toujours celle du N.-E. Ici le massif calcaire a dû se comporter comme un seul banc, en se disloquant dans l'intérieur de la masse de flysch. A voir les formes hardies des pointes des Pucelles, de la Dent de Ruth, et surtout des Gastlosen, on ne peut croire que ces parois verticales aient pu se redresser ainsi sans s'affaisser d'un côté ou de l'autre; on est forcé d'admettre que cette crête calcaire s'est formée dans le sein d'une masse peu résistante, qui, tout en permettant sa dislocation, l'étayait de tous côtés. Cette masse molle est le flysch, qui atteint encore maintenant et dépasse même la hauteur de la chaîne calcaire. Il a été enlevé peu à peu par l'érosion, en laissant isolés les rochers vertigineux de l'arête calcaire qui résistent plus longtemps aux agents érosifs.

Le vallon profondément encaissé de la **Flugimaz** entre la Dent de Ruth et la Wandfluh, a été creusé aux dépens du flysch qui remplissait la synclinale entre la Hochmatt et les Gastlosen. L'arête du *Sattelberg* le ferme au N.-E. et celle du Pralet au S.-O. Ces deux arêtes sont formées de flysch.

Nous avons déjà décrit les klippes de la Goueyraz et du Lapex qui apparaissent dans le flysch de Pralet (Pl. VIII, fig. 7). Ainsi fermé, il ne reste à ce vallon qu'une seule sortie, un étroit défilé qui s'ouvre à travers la chaîne de la Hochmatt, vers la vallée de la Jogne sur Im-Fang. Le flysch n'affleure pas souvent dans ce vallon. Son fond est marécageux et couvert de pâturages et de forêts.

### Chaînon du Rocher de la Raye.

Au sud-ouest du Perte à Bovay, la situation de la chaîne des Gastlosen se complique sensiblement.

En descendant le **Perte à Bovay** par l'étroit sentier qui relie les pâturages de Combettaz avec ceux de la Porsogne, on trouve sous le malm les couches à Mytilus et des couches marneuses foncées avec empreintes végétales et lits de charbon (c) alternants, reposant sur du grès, en dessous duquel on constate, non sans étonnement, une assez épaisse assise de couches rouges crétacées (Pl. VIII, fig. 5 a). Toute la pente du côté de la vallée de Vert-Champ étant couverte d'éboulis, ce n'est qu'à une certaine distance du rocher crétacé que l'on peut constater la présence du flysch. A partir de ce point nous suivrons presque textuellement la description de M. Schardt [181, p. 117 etc.] en y ajoutant les nouvelles observations faites depuis sa publication dans l'étude sur le Pays d'Enhaut.

L'étroite arête du malm qui se poursuit au S.-O. du Perte à Bovay s'élève vers le Rocher de la Raye. A son pied, on remarque une corniche bien prononcée qui commence à l'endroit même où nous avons constaté les couches à Mytilus. C'est donc le prolongement de ces dernières qui en est la cause. En dessous de cette corniche, il y a une grande épaisseur de couches rouges formant très visiblement une voûte au milieu de laquelle quelques petits affleurements de malm apparaissent comme des boutonnières (Pl. VIII, fig. 5 b). Cette voûte n'est pas très régulière; les couches rouges sont souvent fortement repliées. Au-dessus de la Porsogne elles plongent au N.-O., tandis que sous la corniche elles plongent au S.-E. comme les couches à Mytilus et le malm qui les surmontent. Un peu au N.-E. de la borne qui marque sur l'arête la frontière entre Vaud et Fribourg, cette corniche et les couches rouges aboutissent sur la hauteur de l'arête et celle-ci n'est formée dès cet endroit que par les couches rouges qui se poursuivent sur une bonne longueur au pied N.-O. du Rocher de la Raye. En même temps le malm s'arrête et le crétacé descend sur la pente S.-E. du chaînon et paraît rejoindre celui de la bande S.-E., superposé en concordance au malm. Il semble donc que l'arête de malm a disparu sous le crétacé et le flysch (Pl. VIII, fig. 5 c). Ce dernier n'est en effet qu'à une faible distance, mais il n'est pas possible de dire s'il y a jonction entre les couches rouges de part et d'autre ou bien si le banc de malm, reposant sur les couches rouges, avec le bathonien à sa base, n'a glissé que localement. Les deux cas sont possibles; mais quelle que soit la solution définitive, la carte géologique ne sera modifiée qu'en un seul point: au lieu d'une jonction entre les couches crétacées sur l'arête même, il y aurait, un peu en dessous de celle-ci, sur la pente S.-E., près du chiffre qui accompagne la courbe de niveau 1920, une bande continue de malm réunissant la petite arête que nous dessinons interrompue, avec la masse de malm du Rocher de la Raye. En attendant, nous avons de sérieux motifs pour supposer exact ce que nous avons dessiné sur la carte du Pays d'Enhaut et dans le profil (Pl. VIII, fig. 5 c).

La coupe, fig. 5 a (Pl. VIII) passe par le Perte à Bovay et donne le profil de la Corne-Aubert; 5 b passe entre le Perte à Bovay et le point où les couches rouges arrivent sur l'arête; 5 c passe au point où nous supposons les couches rouges continues des deux côtés de l'arête (cote 1920ᵐ). Cette interruption du massif chevauché du malm ne doit pas faire croire à une interruption de la dislocation chevauchée. Celle-ci a fort bien pu avoir lieu sans que ce massif soit parvenu à percer la couverture de couches rouges. Nous avons constaté dans la petite arête allant du Perte à Bovay jusqu'au pied du Rocher de la Raye, que le malm flanqué de couches rouges et ayant les couches à Mytilus à sa base, était superposé à une voûte de couches rouges, le jambage S.-E. s'enfonçant avec le même prolongement sous le malm. Les deux terrains ne sont ainsi plus en disposition anticlinale comme l'arête de la Dent de Ruth pouvait le faire supposer. Il ne peut plus être question ici d'une voûte disloquée le long d'un faîte, puisque les couches rouges nous présentent cette voûte *entière* et non chevauchée. Y aurait-il dédoublement de la chaîne, comme plus loin le Rocher de la Raye semble nous le faire supposer et comme le massif du Bäderberg, où le Bäderhorn et le Krachhorn appartiennent à deux crêtes distinctes ? Ce dédoublement a en effet lieu ; non par suite de deux voûtes distinctes, mais parce que la rupture, départ du chevauchement, n'a pas eu lieu au faîte de la voûte, laquelle est restée intacte, mais sur son jambage S.-E., en un point qu'il n'est pas possible de définir ; de là la superposition concordante du malm au-dessus de l'un des flancs d'une voûte crétacée. C'est un *chevauchement isoclinal* qui remplace ici le chevauchement anticlinal. Cette disposition est en même temps la preuve de ce que nous avons posé comme principe, que le chevauchement de l'arête de la Dent de Ruth devait avoir pour point de départ une voûte préexistante au milieu du flysch. Un chevauchement isoclinal, comme celui de la petite arête, ne doit pas avoir pour conséquence un éloignement vertical des deux zones de couches rouges plus grand que l'épaisseur du malm ; or, si en un endroit la masse chevauchée est très étroite par suite d'une rupture très oblique et si les couches rouges de la voûte lui servant de base, ont été fortement repliées pendant le glissement, ou ont même été détachées par la friction, comme un lambeau de peau, il se peut que dans ce cas les couches rouges de la base du massif et celles qui lui sont superposées normalement, viennent à se toucher ou soient au moins assez rapprochées pour faire croire à un contact. L'examen de la carte au 1 : 50000 et des coupes (Pl. VIII, fig. 5 et 6) servira à faire comprendre ce que nous venons de dire. Le massif chevauché a poussé devant lui les couches rouges reposant sur le jambage resté en place de la voûte de malm et de crétacé, comme le démontrent les curieux replis ou froissements que l'on observe dans les couches rouges un peu en dessous de l'arête sur la pente N.-O. (Pl. VIII, fig. 5 *c* et fig. 6).

Il fallait expliquer en détail la structure de cette petite arête pour mettre en évidence le passage du chevauchement anticlinal, ayant pour conséquence une arête simple, à un chevauchement isoclinal simulant l'existence de deux arêtes. La description du Rocher de la Raye en devient plus simple.

Il commence au point même de la frontière de Vaud et de Fribourg. L'étroite arête surplombante, formée par les couches rouges, se continue régulièrement au S.-O., les lits plongeant constamment au S.-E. Mais au-dessus s'élève toute la puissante masse de malm qui constitue le sommet du **Rocher de la Raye** plus élevé d'environ 160 mètres. Comme à la petite arête qui s'abaisse au Perte à Bovay, le bathonien et le malm du Rocher de la Raye sont superposés aux couches rouges disposées en concordance avec le bathonien à Mytilus. Il y a donc ici dédoublement très manifeste de l'arête de malm. Les détails que nous avons donnés plus haut, peuvent nous dispenser d'en développer la vraie cause. Le croquis (Pl. VIII, fig. 3) ainsi que les coupes (Pl. VIII, fig. 4 à 6) feront nettement comprendre cette structure.

Le Rocher de la Raye est donc également dû à un chevauchement isoclinal. Son sommet ($2087^m$) a la forme d'une tour très abrupte qu'il est facile d'escalader depuis le N.-E. et même sur la face la plus escarpée à l'ouest ; une petite corniche permet de franchir le massif du malm et d'arriver à quelques pas de la cîme. Au point où s'élève le massif du Rocher de la Raye, la chaîne tout entière s'élargit considérablement; le flysch et le crétacé supérieur, qui avaient suivi jusqu'alors pas à pas l'étroite arête calcaire, se retirent des deux côtés, surtout au S.-E., où l'on peut reconnaître la continuité de la bordure crétacée à travers les pâturages des Rayes jusqu'à la montagne aux Manges. Au pied N.-O. de la cime même du Rocher de la Raye, se poursuit une bande déjà constatée de couches à Mytilus reposant sur les couches rouges. On voit même un petit lambeau de *flysch* entre ces couches bathoniennes et les couches rouges, lesquelles sont largement à découvert dans le *Creux rouge,* cheminée très large qui débouche au-dessus des pâturages des Rayes. Elle sépare du pied S.-O. du Rocher de la Raye, un petit mamelon qui porte la cote $1981^m$.

Grâce à la présence des couches rouges et surtout du flysch au pied du bathonien, le chevauchement isoclinal n'est pas douteux. Une petite faille à rejet vertical, vraie paraclase, complique ce chevauchement, mais elle n'atteint que les couches à Mytilus. Il est toutefois certain qu'elle a traversé aussi le massif de malm, à en juger par les beaux miroirs que présente le pied de l'escarpement N.-O. (Pl. VIII, fig. 4). Dans le Creux rouge, au pied du mamelon $1981^m$, on voit le contact presque immédiat des deux parties déplacées. Cette dislocation ayant eu lieu dans des couches fossilifères, son rejet a

— 375 —

pu être déterminé; il ne paraît pas dépasser 50ᵐ et correspond à un affaissement de la masse chevauchée.

La partie inférieure de la chaîne, celle qui supporte la masse chevauchée
de la cime, est aussi proportionnellement plus élevée et présente une structure que l'examen attentif du sommet pouvait déjà faire supposer, c'est-à-dire
d'une voûte déjetée au N.-O. La petite voûte crétacée du Perte à Bovay s'élargit de plus en plus vers le S.-O. ; d'abord elle laisse voir de distance en distance des affleurements de malm. Bientôt, et cela a lieu droit en dessous du
sommet de la Raye, le massif de malm perce définitivement le crétacé rouge ;
ce dernier est rejeté au N.-O. et s'adosse, en position presque verticale, contre
des lits épais de malm également verticaux et qui sont appliqués contre la
tranche de couches appartenant au même terrain et plongeant au S.-E. Ce
sont ces couches, recouvertes de crétacé rouge, qui supportent plus haut le
massif chevauché du Rocher de la Raye (Pl. VIII, fig. 4).

Les couches affectent donc bien en cet endroit la disposition en anticlinale; mais ne forment pas une voûte normale. Cette situation doit cependant
bien dériver d'une voûte fortement déjetée au N.-O. On constate au-dessus
du chalet des Sauges, au pied de l'escarpement du flanc N.-O., sur un point
où le revêtement de couches redressées a été enlevé par un éboulement, les
couches à Mytilus qui plongent au S.-E., sous la montagne, et plus bas très
fortement au N.-O., sous le malm redressé. Il y a donc bien là une sorte de
voûte, car on rencontre à deux reprises la même couche de charbon, accompagnée d'un lit riche en *Modiola imbricata* qui se trouve une fois sur cette
couche et l'autre fois sous elle.

La position singulière des bancs de malm qui recouvrent comme une
calotte les couches à Mytilus et le malm du jambage S.-E. s'explique aisément par un *affaissement* du haut de la voûte déjetée, qui a cédé sous l'énorme
pression exercée par le massif chevauché qu'elle supporte. Cette sorte de
faille, caractérisée par une disposition chevauchée ne peut se trouver que sur
le bord d'une voûte déjetée ; M. Schardt lui a donné le nom de *chevauchement
latéral* [1].

---

[1] Les couches redressées du valangien au pied N. du Mont-Salève près Genève, rentrent dans ce même
groupe. Elles sont souvent appliquées avec leur surface contre la tranche des lits horizontaux du juras-

Au N.-O. de l'endroit que nous venons de quitter (au-dessus des Sauges) la calotte de couches redressées se referme devant les couches à Mytilus et ces bancs arrivent, en passant devant la tranche du malm du jambage S.-E., à toucher au crétacé supérieur qui le surmonte (Pl. VIII, fig. 4). Ce contact des couches redressées et du crétacé supérieur se voit le mieux près du gisement de polypiers au S.-O. du Rocher de la Raye, près de la cote 1878ᵐ (Pl. VIII, fig. 4).

A partir de ce point, les couches redressées et les bancs chevauchés se poursuivent parallèlement vers les Erpilles, tout en s'abaissant. Un couloir rapide descend dans cette même direction; il est creusé dans les couches à Mytilus qui y affleurent dans un désordre complet, accompagnées de lambeaux de crétacé rouge, entre les deux crêtes de calcaire de malm. Au bas de ce couloir, vers la côte 1763, les bancs redressés de malm s'arrêtent et disparaissent ainsi que les couches rouges crétacées, dont il ne restait qu'une bande étroite. Plus bas encore, le couloir est rempli de masses éboulées. L'arête change ensuite d'aspect. Elle reprend presque la même structure qu'au delà du Perte à Bovay. Une zone peu large de malm, bordée de couches rouges et de flysch éocène repose elle-même sur le flysch de la vallée de Vert-Champ lequel s'enfonce sous l'arête calcaire, mais avec un plongement un peu plus fort. Contrairement à une remarque faite ailleurs [181, p. 120], les couches à Mytilus continuent à se montrer entre le malm et l'éocène et se trahissent surtout par des lits de charbon, d'argile et de grès qui affleurent dans plusieurs petites ravines entre les Erpilles et la montagne aux Manges (Pl. VIII, fig. 4). Il paraît ainsi évident qu'ici la rupture s'est faite de nouveau sur le faîte de la voûte originelle; c'est grâce au chevauchement isoclinal du Rocher de la Raye que celle-ci a pu être constatée quoique dans un état sensiblement modifié. (Comparez Pl. VIII, fig. 3 et 4.)

L'arête peu accidentée qui se poursuit depuis la montagne aux Manges jus-

sique. La *Roche fendue* sur Archamp en est un exemple qui frappe par l'analogie avec ce qu'on observe au Rocher de la Raye; car le Mont-Salève est aussi une voûte déjetée et presque couchée, dont le haut s'est affaissé sur lui-même, ainsi que le prouvent les failles et glissements de la face N.-O., les bancs de l'escarpement étant plus hauts que l'intérieur. Nous donnons pour terme de comparaison un croquis de la Roche fendue (Pl. VI, fig. 14).

qu'à la cluse des Siernes-Piquats, ne laisse voir que du malm reposant sur du flysch. Celui-ci forme les deux flancs de l'arête et ne laisse percer qu'une étroite bande de malm. Ce dernier est si bien couvert de flysch qu'on en voit seulement de distance en distance quelques rochers découpés par le ravinement. La bordure de crétacé du flanc S.-E. a disparu aussi à partir de la montagne aux Manges.

La **Vallée de Vert-Champ** a été creusée dans la deuxième zone de flysch. La pente du côté du Rocher de la Raye, moins rapide que le pied des Tours de Dorenaz, est couverte de dépôts d'éboulements considérables, surtout au pied même de cette montagne; ailleurs ce sont des pâturages très productifs, qui lui ont valu ce nom. Dans le haut de la vallée coule le ruisseau du *Rio du Mont* qui s'échappe par une profonde cluse, bien large pour le petit volume de ce cours d'eau. Le ruisseau de Vert-Champ s'écoule vers le S.-O. en se frayant plus loin un chemin à travers l'arête calcaire; c'est la cluse des Siernes-Piquats entre l'arête que nous venons d'étudier et le Mont-Laitmaire. La ligne de partage des eaux entre ces deux ruisseaux se fait dans les prés marécageux de la Verdaz; elle est donc indécise et il est à présumer que des accidents divers, éboulements, glissements de terrain, ont déterminé à plusieurs reprises des changements dans le sens de l'écoulement des eaux des vallées du Rio du Mont et de Vert-Champ. L'éboulement des Sauges au pied du Rocher de la Raye a certainement produit une obstruction du ruisseau de Vert-Champ en le forçant à s'écouler du côté du Rio du Mont; inversement un éboulement à l'entrée de la cluse que traverse celui-ci a pu faire refluer les eaux du côté de Vert-Champ. C'est ainsi que le partage des eaux de ces deux bassins a pu se niveler si complètement, qu'on passe du bassin de la Jogne dans celui de la Sarine sans s'en apercevoir. Le ruisseau de Vert-Champ disparaît du reste à plusieurs reprises complètement sous les éboulis, surtout dans son cours supérieur où la pente est très faible. Le thalweg de la vallée coïncide avec la limite de l'éocène et des couches secondaires de la chaîne des Tours. Des Sauges jusque vers les Siernes-Piquats, le ruisseau coule sur la limite du néocomien et des couches rouges; il est souvent entièrement sur ce dernier terrain.

*Le Hundsruck et le Rodomont.*

Ces deux montagnes de flysch que sépare la *vallée des Fénils,* arrosée par le Griesbach, s'élèvent dans la synclinale comprise entre l'arète calcaire des Gastlosen et celle du Rubli au S.-E.

Le **Hundsruck** est une haute arète élevée de 2049ᵐ, orientée du N.-E. au S.-O. parallèlement à celle des Gastlosen, dont elle est séparée par la vallée d'Ablàntschen. Il n'est pas possible d'indiquer la structure intérieure de cette masse de flysch. Bien qu'occupant le centre d'une synclinale, il se peut fort bien qu'il y ait des plissements intérieurs. La vallée d'Ablàntschen est bordée sur son flanc N.-O. d'un revêtement de flysch que l'érosion a épargné. Les couches s'appuyent en concordance contre les couches crétacées et jurassiques des Gastlosen. Ce flanquement éocène est fortement raviné par de nombreux ruisseaux.

Sur la pente orientale du Hundsruck prend naissance le *Ruhrbach* qui coule par le Ruhrsgraben dans la Simme. Un second ruisseau qui a sa source entre le *Standhorn* (1939ᵐ) et la pointe de *Schneit* (1962ᵐ), coule également vers le Simmenthal, mais du côté des Saanenmòoser, entre deux arètes se détachant du Hundsruck; la première, l'arète du *Hubschi* (1943ᵐ), se termine près de Reichenstein et la seconde va depuis la pointe de Schneit dans la direction de Gessenay. Le Schlundibach coule entre l'arète de Hubschi et les pâturages marécageux du Neuenberg à l'origine du Ruhrsgraben.

Le massif du **Rodomont** (1877ᵐ) forme le pendant du Hundsruck. De ce côté de la vallée des Fénils, l'arète des Gastlosen est flanquée d'une bordure de flysch que l'érosion de la vallée de *la Manche,* dirigée inversement à celle d'Ablàntschen, n'a pas totalement enlevée. Ces trois vallées rayonnent presque du même point à l'est de la Dent de Ruth. Leurs torrents, qui descendent de la chaîne des Gastlosen, ont creusé de profonds ravins dans la bordure de flysch ; elles l'ont découpée en *frètes* qui s'appuient contre l'arète calcaire et qui en sont séparées par des cols permettant de passer d'un ravin dans l'autre.

Le Rodomont proprement dit est resserré entre les trois vallées de la Manche, des Fénils et de la Sarine. Il a la forme d'une pyramide à base triangulaire. Dans la vallée de la Manche, le flysch du Rodomont plonge au S.-E. et en sens contraire dans celle des Fénils. La disposition en synclinale est ici bien évidente. On constate sur plus d'un point des froissements de couches et des replis intérieurs.

La vallée des Fénils débouche dans celle de la Sarine près du Vanel à l'est de Rougemont où elle coule sur la limite même du flysch et d'une petite arête de couches rouges crétacées qui se continue au N.-E. dans la direction de Zweisimmen en séparant le flysch d'avec la brèche de la Hornfluh de la colline du Vanel. Un peu en amont du *Vanel*, près de la scierie du Griesbach, est l'affleurement déjà décrit de *diabase verte* plus connu sous le nom de variolite ou diorite amygdaloïde (voir page 213 et suiv.). A la masse de flysch du Hundsruck se rattache encore la colline de Raveyre sur la rive opposée de la Sarine; elle est formée de couches fortement redressées s'appuyant contre les couches rouges de la colline du Cananéen.

### *Massif du Mont-Laitmaire.*

Cette montagne, qui ferme obliquement la vallée de Château-d'Œx, se relie à l'arête de la montagne aux Manges. Les couches se correspondent exactement des deux côtés de la cluse des Sciernes-Piquats.

Le malm du Mont-Laitmaire a subi avec les couches à Mytilus qui sont à sa base, un chevauchement analogue à celui de la montagne aux Manges et de la Dent de Ruth. Seulement, les couches, au lieu d'être redressées plus ou moins fortement, sont presque horizontales au sommet de la montagne et descendent graduellement vers la vallée de la Sarine en plongeant au S.-E. Cette montagne a donc la forme d'un grand triangle de calcaire jurassique. La pente S.-E. formée par le malm est entièrement boisée, tandis que la face occidentale de la montagne est escarpée, celle du nord présente aussi un faible escarpement.

La grande étendue du malm sur le versant S.-E. s'explique facilement par le fait que deux cours d'eau, le ruisseau de la Manche ou de Flendruz et la Sarine ont entièrement enlevé les terrains éocènes et crétacés qui le recouvraient. Les couches rouges crétacées ne s'y voient que de distance en distance. Elles affleurent sous le Sex, sur Flendruz.

— 380 —

Le col de la *Sierne-au-Cuir*, qui sépare la Laitmaire de la chaîne de Gray, correspond exactement à la vallée de Vert-Champ, et, comme celle-ci, il est occupé par du flysch avec un épais banc de poudingue de la Mocausa.

Au **sommet de la montagne**, à l'endroit appelé les Plats sur la carte vaudoise (1681ᵐ), les couches presque horizontales du malm paraissent s'être affaissées sur le flysch du soubassement; on voit tout près de là, dans un petit vallon où se trouve le chalet de la Laitmaire, les grès à *Zamites* du bathonien en contact avec le calcaire du malm qui présente une surface de faille très nette. Au nord de la **Grand'Combe,** dans l'escarpement faisant face à Château-d'Œx et au col de la Sierne-au-Cuir, les couches à Mytilus reposent directement sur le flysch, lequel a toutefois un plongement bien plus fort. Sous les couches du sommet, parfaitement horizontales, ce terrain plonge de 60-65° environ au S.-E. En s'avançant vers la Grand'Combe, la série des couches à Mytilus devient plus complète et plus épaisse. En dessous de ce chalet, on voit d'abord, entre le flysch et les couches à Mytilus, une assise de malm et plus bas, près du Paquier-Simond, les couches rouges du crétacé qui plongent sous la montagne. Ici les couches ne sont plus chevauchées comme au sommet; elles semblent, au contraire, former une voûte couchée, ce que montre le profil (Pl. XVI, fig. 6) et les deux profils accessoires A et B, dirigés transversalement au premier, suivant les lignes A et B.

Ainsi qu'on le voit, le chevauchement est totalement effacé près de Monchalon, coupe B, pendant qu'il est encore fort net à la Grand'Combe. Cette disposition devrait être visible sur la route de Château-d'Œx à Rougemont; mais les dépôts erratiques masquent presque tous les affleurements; on y remarque des calcaires et marnes foncés et des bancs de la brèche inférieure aux couches à Mytilus. Près des Granges, un peu en dessus de la route, les bancs du malm affleurent renversés par-dessus les couches rouges et le flysch. La place que devraient occuper les couches à Mytilus est couverte d'erratique, une dépression la marque bien. Après avoir dépassé les couches bréchiformes avec traces charbonneuses, on retrouve l'erratique recouvrant les couches à Mytilus. Le calcaire fétide du malm qui affleure près du Borsalet, est traversé de veines spathiques prouvant que la roche a subi une dislocation très énergique.

On trouve les couches à Mytilus sur la pente de la montagne au-dessus de Montchalon et en descendant sur le chemin de **Gérignoz.** Ce dernier coupe toute la série de ces couches à une vingtaine de mètres en dessous de la route du Borsalet. La coupe commence, en descendant ce chemin, par les calcaires bréchiformes auxquels succèdent de nombreuses alternances de marnes, de grès avec débris de végétaux, d'argiles, de calcaires et de charbons. Les couches à fossiles triturés, riches en *Astarte rayensis*, leur succèdent, et, par suite d'un glissement, le massif de calcaire fétide du malm vient directement par-dessus ces dernières; il forme le **Rocher à Chien,** massif fortement fissuré simulant l'aspect d'une voûte qui n'existe cependant pas (Pl. VII. fig. 3).

Les assises B, C et A, partie supérieure des couches à Mytilus, ne se trouvent pas en cet endroit ; leur absence est facile à expliquer si l'on examine le contact entre le malm et le calcaire schisteux à *Astarte Rayensis*, lequel est dû à un glissement très manifeste, à en juger par l'état d'extrême lamination de la couche à Astartes.

C'est probablement sur ce point que recommence le chevauchement anticlinal qui semble exister à nouveau dans les rochers de Ramaclé, commencement de la paroi de la Braye.

### *La Braye et la vallée de Château-d'OEx.*

Le plateau incliné de la Braye, entre la paroi rocheuse de ce nom et le Rocher du Midi, est occupé par du flysch. La surface de ce plateau est quelque peu ravinée par des ruisseaux, mais autrement peu accidentée. Ce flysch n'est que le prolongement de celui du Rodomont qui s'y relie par la colline de Raveyres, correspondant à celle de Montiaux, sur la rive gauche de la Gérine qui coule entre les deux. Le **ravin de la Gérine** offre un intéressant repli des couches du flysch qui forment une anticlinale entre le hameau de Gérignoz et la scierie des Paccots (Pl. VI, fig. 5).

La faible puissance des terrains éocènes de cette région s'explique aisément par l'action de l'érosion. Cette coupe offre des schistes gris (*sch*) et des schistes plaquetés (*sch pl*) dans le voisinage du village de Gérignoz; les couches se replient ensuite en forme d'auge et la voûte qui suit, est formée de calcaire argileux homogène (*calc*) et, vers la scierie de Paccot, affleurent de nouveau des marnes (*m*) et des schistes (*sch*). Au N.-O., en amont de la scierie, se montrent, sur la rive droite du torrent, des marnes rouges (*mr*) et noires (*mn*). Au N.-O. du côté du Château-d'Œx, le plateau de la Braye est bordé par une paroi abrupte, nommée les **Rochers de la Braye,** dont la ligne de faîte fait un angle bien marqué avec la direction de l'escarpement de la Laitmaire, à laquelle ils sont rattachés par les rochers du Pont de Gérignoz. Ce changement de direction ne paraît être qu'un effet de l'érosion, car la Sarine, en coupant obliquement l'arête, a enlevé au S.-O. une partie notable de la couverture chevauchée de malm, en la ménageant davantage au N.-E. Si l'on recompose par la pensée toute la masse de terrain enlevé, on aura tout justement comblé l'angle rentrant que fait l'escarpement de la Laitmaire avec celui des rochers de Ramaclé et de la Braye. Ceux-ci se trouvent dans un état de bouleversement indescriptible. Il n'y a pas moyen d'y reconnaître aucun niveau, ni de fixer la position exacte des couches dont le plongement change de la verticale à l'horizontale. Pour comble de malheur, toute la partie N.-E. des rochers est couverte d'une épaisse forêt qui ne laisse presque pas apparaître le sous-sol. Le malm y est en contact, soit avec le flysch, soit avec le crétacé supérieur (Pl. XVII, fig. 1).

Mais au milieu de ce dédale s'opère un grand changement, dont le dénouement n'apparaît qu'à l'extrémité S.-O. de la paroi rocheuse, entre Sur-le-Grin et les Moulins. Aux rochers bouleversés de Ramaclé succède au S.-O. une paroi abrupte et unie comme une planche, formée de bancs parfaitement verticaux; quelques rares sapins croissent le long des corniches que les bancs enlevés ont produites. Un monticule un peu avancé, la colline de **Videcombe** (En Vieille-Combaz, 1320ᵐ) s'appuie à l'extrémité de cette paroi laquelle s'arrête à la **gorge de la Tourneresse.** Là, on trouve, en franchissant la gorge sur la route de l'Étivaz, ou en montant par Videcombe à Sur-le-Grin, qu'au lieu d'une arête chevauchée, résultat d'une voûte disjointe, il y a maintenant *deux voûtes*, l'une très écrasée, à jambages presque parallèles, c'est celle de la paroi de la Braye, l'autre, plus régulière, supporte le chalet de Videcombe. Entre les deux se trouve pincé un lambeau de flysch qui descend jusqu'au niveau de la route.

La voûte de Videcombe se dessine avec une régularité bien plus grande encore du côté opposé de la Tourneresse, sur la paroi gauche de la gorge du Pissot en dessous des Teises-Joeurs.

La route du col des Mosses qui pénètre dans cette gorge, est taillée dans les rochers de la paroi de droite; elle traverse successivement les terrains suivants (Pl. VI, fig. 1). A l'entrée de la gorge, un peu en dessous de la route, se trouve le flysch; avant de faire le coude à angle droit, la route suit d'abord les couches rouges (*crs*) dans leur direction même, puis au point 1042, par un brusque coude, elle les coupe transversalement. On constate premièrement quelques ondulations des couches crétacées rouges supérieures; puis apparaît la zone grise moyenne (*cgr*) recouvrant des couches rouges (*cri*); la route passe ensuite dans une voûte jurassique (*js*), encore peu nette de ce côté-ci de la gorge, mais dont on voit constamment la forme régulière sur la paroi opposée; puis les couches s'abaissent subitement; les couches rouges et grises (*cr*) reviennent un peu moins épaisses et sont suivies d'un lambeau de *flysch* dont les lits affectent la forme d'un V aigu. Tout le massif calcaire qui suit, est formé d'une grande épaisseur de couches rouges et grises (*cr*), tantôt d'aspect massif avec les deux teintes rouges et grises enchevêtrées (*crm*), tantôt en minces bancs comme le néocomien. Ces couches forment réellement une voûte écrasée et entre elles et le flysch, il y a une assez grande épaisseur de couches rouges schisteuses. De ces deux voûtes, c'est cette seconde qui est la plus élevée. Mais au point où la gorge de la Tourneresse les coupe, leur rôle se renverse. La première, celle de Videcombe, va en s'élevant et la seconde s'enfonce sous le flysch du côté opposé de la rivière, accident que nous examinerons de plus près en décrivant le massif des Monts-Chevreuils et des Tésailles.

La synclinale très érodée, qui s'étend entre la chaîne de Cray et les rochers de la Braye, forme la **vallée de Château-d'Œx.** Elle est singulièrement plus large que le col de la Sierne-au-Cuir et la vallée de Vert-Champ qui lui correspondent au N.-E. Il faut en attribuer la cause soit à l'érosion de la Sarine qui traverse cette synclinale suivant une ligne oblique de l'est à l'ouest, soit au fait que le chevauchement des rochers de la Braye tend de plus en plus à être remplacé par un *plissement multiple.* Le flysch a été presque entièrement enlevé et, là où il y en a encore, les dépôts erratiques et les déjections des torrents en occupent la surface. La paroi verticale de la Braye a certainement été appuyée par le flysch dont elle est actuellement tout à fait dégagée. Ce n'est que sur le flanc N.-O., au pied de la chaîne de Cray, que ces dépôts ont encore quelque importance.

Ces érosions de la vallée de Château-d'OEx permettent de se rendre compte de la structure du fond de ces larges dépressions synclinales, habituellement comblées de flysch. Lorsqu'on traverse cette vallée d'un flanc à l'autre, on rencontre dans sa courbure synclinale une série de replis des *couches rouges* crétacées, qui surgissent en position verticale au milieu des dépôts de flysch. Ces replis ne paraissent pas atteindre le malm et ne sont visibles que grâce à l'ablation du flysch, car ils ne doivent pas avoir une grande hauteur. Il y a lieu de les assimiler aux *klippes*, quoique ce ne soient pas des klippes dans le sens strict du mot.

Ces klippes ne sont pas isolées; elles forment tantôt de petites arêtes qu'on peut poursuivre sur une certaine longueur, tantôt leurs affleurements sont séparés les uns des autres, mais alignés parallèlement à l'axe de la vallée; cette circonstance permet de reconnaître ceux qui appartiennent au même repli.

En partant du pied de la chaîne de Cray on trouve quatre séries d'affleurements (voir la carte du Pays d'Enhaut, Pl. XVI, fig. 7 et Pl. XVII, fig. 1).

Le *pli de la Dent* se poursuit sur le flanc de la chaîne du Mont-Cray, des Chargiaux au col de la Scierne-au-Cuir, jusqu'à Rouge-Pierre près de la Chaudanne; nous aurons occasion d'en trouver même le prolongement lointain sur plus d'un point au S.-O. Ce repli des couches crétacées forme au-dessus de Château d'OEx une petite arête très aiguë nommée *La Dent,* (1240ᵐ), dont les couches verticales semblent sortir du flysch qui sépare ce crêt des pentes de la Vausseresse, et qui affleure plus bas de nouveau en Bettens. Ce repli détermine entre le torrent des Mérils et Rouge-Pierre le plateau de Chenollettes qui s'abaisse lentement pour former celui de Rouge-Pierre où l'on voit distinctement deux bandes de couches rouges, l'une au pied immédiat de la chaîne et la seconde au S. des maisons de ce nom; c'est dans cette zone qu'est taillé le chemin creux qui conduit vers ces maisons.

La même observation peut se faire à la Dent. Le croquis Pl. VIII, fig. 2 montre le parcours de cette série de klippes crétacées depuis les Chargiaux sous Combettaz, jusqu'au pied de la Vausseresse où commence la petite arête de la Dent.

Le *pli du Château-Cottier* n'est pas moins régulier. Il se trouve au milieu de la vallée et passe par le village même de Château-d'Œx en formant une série de collines assez saillantes. On y voit les couches rouges et les couches grises du crétacé supérieur. La colline du Château-Cottier est une petite arête qui se poursuit depuis le Pré jusque dans le voisinage de Château-d'Œx; elle est escarpée du côté de la Sarine, et au pied même du rocher, dans le lit de la rivière, affleurent des gros bancs de grès éocène qui s'appuient contre les couches crétacées. Sur le prolongement du Château-Cottier suit la *colline de l'Église* de Château-d'Œx, saillie assez large qui domine le village et le plateau des Riaux. Tout en suivant le même alignement, on rencontre dans le lit du ruisseau de la Lévraz près du Clot un nouvel affleurement de couches rouges qui appartient sans doute au même pli.

Une troisième série est indiquée par *l'affleurement des Riaux* à une faible distance au S.-E. du rocher de l'église. Les couches crétacées ne font pas saillie à la surface, elles n'arrivent qu'à fleur du sol, près des maisons des Riaux, et sont entourées de flysch. Malgré la grande proximité du rocher de l'église, il y a lieu de croire à la présence du flysch entre ces deux affleurements: l'abondante source de la Brigolière en est du reste un indice assez certain.

Près du *Pont-Turrian* existe un quatrième repli des couches crétacées. Elles se trouvent au bord de la Sarine sur sa rive gauche, juste au pied des Rochers de la Braye lesquels n'en sont séparés que par le petit plateau des Granges-d'Œx. Elles forment un escarpement le long de la Sarine et ont un plongement S.-E. qui les fait apparaître comme une voûte couchée. Sur la rive droite de la Sarine se trouve un grand affleurement escarpé de poudingue éocène (mocausagestein.)

Deux affleurements, alignés sur celui du Pont-Turrian, se trouvent l'un sur le plateau des Granges-d'Œx près des *Créts*, l'autre près des *Chabloz*, où il a été mis à découvert en dessous de l'erratique par la route de l'Étivaz.

Un autre affleurement de crétacé, faisant suite à ces derniers, se voit sur les deux côtés de la Tourneresse près des *Coullayes*. Sa largeur est assez grande pour que ce terrain fasse un petit escarpement au bord du ruisseau. Aux Coullayes, au delà de la Tourneresse, il détermine une petite arête et entre celle-ci et les couches rouges qui forment le revêtement de la pente des Teises-Joeurs existe un lambeau de flysch. Le flysch recouvre ce repli un peu plus haut au-dessous des Grands-Villards. L'alignement bien visible de tous ces affleurements, du Pont-Turrian jusqu'aux Grands-Villards, prouve qu'ils appartiennent tous au même repli qui forme une zone continue en dessous du flysch et de l'erratique. Déjà en 1873, M. E. Favre a reconnu et décrit trois de ces curieux plis de couches rouges dans une coupe de la vallée de Château-d'Œx. (*Revue géol.*, 1872, III, Pl. 1, fig. 2.)

On peut attribuer ces ondulations à trois causes. D'abord les couches crétacées fortement redressées peuvent s'être plissées, en glissant par suite de leur propre poids sur la pente trop inclinée du jurassique ou du néocomien; cela peut être le cas pour le pli de la Dent. La *forte courbure synclinale* peut également être l'une des causes. au moins pour ceux du milieu de la vallée; ils peuvent avoir pris naissance de la même façon que les rides de la courbure concave d'un épais morceau de cuir replié en forme d'U. Enfin les couches crétacées peuvent avoir glissé sur leur base de calcaire jurassique sous l'action d'une forte poussée, due à un *chevauchement* qui aurait refoulé devant lui ces couches et celles du flysch se trouvant par-dessus. Nous avons vu que le chevauchement des rochers de la Braye n'existe plus au-dessus des Moulins où pourtant ces plis persistent; la seconde cause serait donc ici la plus probable. La troisième devra être spécialement indiquée pour expliquer les replis analogues et plus curieux encore des Tésailles et de la Montagnettaz.

Dans son ensemble, la vallée de Château-d'Œx forme un large bassin, dont le versant occidental est occupé par les cônes de déjection des torrents descendant de la chaîne de Cray.

La Sarine ne suit pas l'axe de la synclinale, mais elle y pénètre latéralement par la gorge de Gérignoz, traverse obliquement le bassin synclinal et en ressort par la cluse de Rossinière sans avoir dévié de sa direction moyenne. Au N.-E. se dessine le profil caractéristique du Mont-Laitmaire et du col de la Sierre-au-Cuir, tandis qu'au S.-O. la synclinale est comblée par la masse de flysch des Monts-Chevreuils et du col de Sonlemont, dont il va être question.

### Massif des Tésailles et des Monts-Chevreuils.

Ce tronçon de la chaîne des Gastlosen et des deux zones de flysch qui la bordent est limité par la Tourneresse au N.-E. et l'Hongrin au S.-O. Il n'a qu'un relief peu accentué, mais sa structure interne est assez compliquée et difficile à rendre.

Après avoir décrit le singulier changement qui s'est produit dans la chaîne calcaire vers l'extrémité S.-O. des Rochers de la Braye, nous pourrons plus aisément définir la situation de ce massif qui la prolonge.

La grande et belle voûte des **Teises-Joeurs** forme le centre du massif. Elle est très large au N.-E. et forme un petit plateau peu incliné. Le noyau jurassique n'apparaît que dans la gorge de la Tourneresse où il forme la courbure régulière que nous connaissons. Le crétacé, calcaire rouge et gris, recouvre comme une calotte continue toute cette voûte; on le trouve continuellement depuis le fond du ruisseau des Coullayes, jusque vers le ruisseau de la Gleyrettaz. Il y est très épais et forme plusieurs petits escarpements (par exemple au Rodovanel). Sur le gradin supérieur des Teises-Joeurs, il y a au-dessus des couches rouges, un petit mamelon de flysch (grès, etc.) parfaitement isolé comme une pyramide; preuve que ce terrain enveloppait autrefois toute cette voûte calcaire maintenant découverte. En montant vers l'arête légèrement ondulée, on constate non sans étonnement le rétrécissement graduel du calcaire; le flysch des deux bords se rapproche de plus en plus et sur l'arête même il n'existe plus que deux petits affleurements dépendant de la grande masse de couches rouges, et deux autres traces plus petites encore, sortent du milieu du flysch, un peu à l'est, près des Tésailles; tout le reste de l'arête est formé de flysch. En suivant le chemin qui traverse le dos de cette montagne, on peut passer d'un versant à l'autre sans rencontrer un seul affleurement de crétacé, tandis qu'il est certain qu'on est au-dessus d'une voûte jurassique avec revêtement crétacé.

La voûte aiguë de la Braye, celle qui passe sur le Grin, s'abaisse rapidement à l'approche de la Tourneresse : au delà de ce ruisseau, cette zone devenue très étroite, s'enfonce aussitôt sous le flysch des Tésailles. L'affleurement oriental des Tésailles, où est la cote 1530$^m$, en est peut-être le prolongement. La faible zone de flysch, pincée entre les deux voûtes à Videcombe, se continue à travers ce dédale dans la gorge du Pissot. Elle existe encore près de la *Gleyrette* à l'embouchure du petit ruisseau (1035$^m$), entre les couches rouges de la grande voûte et un petit affleurement près du pont sous le *Devant de l'Étivaz*. Plus haut elle s'élargit et se soude avec la suivante.

La preuve que la voûte jurassique a conservé toute sa régularité, même en dessous du flysch, c'est qu'elle reparaît dans le lit de l'Hongrin, mais avec un développement moindre, à cause de la plus faible profondeur de la vallée. Elle est à découvert en dessous des *Mossettes*. Cette voûte va en s'élevant jusqu'ici, car en dessous des Teises-Joeurs, le faîte de la voûte jurassique se trouve à 1280$^m$, et aux Mossettes, il est à 1500$^m$ environ. Aux Mossettes, on constate aussi un revêtement complet de crétacé rouge et gris en forme de calotte. Une étroite bande s'en détache et arrive jusqu'à la pointe de la **Montagnette** ou de la **Chuantze** (1728$^m$) en perçant le flysch dans une position verticale. Cet affleurement est de nouveau séparé des précédents par du flysch en assez grande largeur (Pl. XVII, fig. 22).

La bordure de flysch du S.-E., suite de celle du plateau de la Braye, est fort étroite ; elle se trouve sur la pente peu inclinée qui s'abaisse du côté du col des Mosses. Un grand affleurement de calcaire jurassique se trouve entre les Tésailles et les *Siernes Raynaud*. Il ne peut être pris pour le prolongement des roches de la Braye, mais nous verrons plus loin que cette klippe se rattache au Rocher du Midi ainsi qu'un nouveau petit affleurement plus au S.-O.

De la pointe de la Montagnettaz au col de Sonlemont, on ne trouve plus que du flysch plongeant d'abord presque verticalement, puis au N.-O., et, à l'approche du col, au S.-E. Un petit affleurement de calcaire crétacé existe dans le ruisseau du Flumy aux *Rantons*, où MM. Pittier et Rittener l'ont observé. Il y en a un autre sur le chemin descendant de Sonlemont au *Taboussel* un peu en dessous de la cote 1491$^m$. C'est le prolongement du pli de la Dent de la vallée de Château-d'Œx. Comme dans cette dernière localité, la bordure de couches rouges qui suit normalement la chaîne de Cray est très bien visible sur la pente de Planachaux où elle s'élève au-dessus des Coques à la hauteur de 1600ᵐ. Au **col de Sonlemont** affleure du poudingue, du flysch accompagné de grès. La même roche se voit aux Crêtes près du chemin de Sonlemont et y atteint une assez grande extension.

Il est difficile d'expliquer la présence de ces nombreux replis des couches crétacées au milieu du flysch dans ce massif, surtout ceux qui se trouvent juste au-dessus de la voûte des Teises-Joeurs et des Mossettes. Une courbure anticlinale devrait entraîner un déchirement bien plutôt qu'un ridement des couches de son revêtement. Il faut donc avoir recours à une autre hypothèse, la dernière de celles que nous avons indiquées à propos des replis de la vallée du Château-d'Œx. Supposons une forte pression latérale exercée sur la masse de flysch et de craie recouvrant une voûte telle que la voûte des Teises-Joeurs. Ces roches seront refoulées, et le crétacé supérieur, en se décollant de la voûte jurassique, se plissera indépendamment de cette dernière. C'est ce qui paraît être arrivé pour la voûte des Teises-Joeurs. Quant à l'origine de la pression, les deux chaînes totalement disparues du Rubli et de la Gummfluh et réduites à l'état de klippes, indiquent clairement l'intensité et la direction de la poussée que nous supposons.

### Groupe des Tours d'Aï.

La région quadrilatérale encaissée entre l'Hongrin, les rochers d'Aveneyre (Mont-Arvel), le Mont-d'Or et le pied des Tours d'Aï (Tour Famelon) est presque totalement formée de terrains éocènes ; on la nomme dans le pays **Derrière la Pierre**[1]. La voûte jurassique-crétacée des Teises-Joeurs et des Mossettes se voit encore sur la rive gauche de l'Hongrin, mais s'enfonce bientôt sous le flysch qui se développe de plus en plus au S.-O. Le ruisseau du Leyzay qui prend naissance au col de la Pierre du Moëllé, traverse le quadrilatère du sud au nord dans le sens de la diagonale et n'entame pas cette

[1] D'après la *Pierre du Moëllé*, située au col conduisant aux Ormonts-dessous.

voûte calcaire qui doit pourtant exister dans le flysch. Dans toute sa longueur, jusqu'à la Joux-Cergnaz, il n'y a que du flysch normal, sauf dans le bas où affleure le poudingue de la Mocausa et sous la Jointe où se trouve une petite zone de couches rouges crétacées (suite du repli de la Dent).

Le **pied du Mont-d'Or** est occupé par de grands affleurements de gypse et de cargneule avec calcaires dolomitiques (Pl. VI, fig. 7). Le gypse (*gy*) commence au col même de la Pierre du Moëllé, entre celle-ci et le chalet détruit du *Commun du Leyzay*; il se dirige ensuite, sous forme d'une large zone, vers les *Charbonnières*, où toute la surface du petit plateau supportant les chalets de ce nom, est occupée par ce terrain (Pl. VI, fig. 8). La cargneule (*ca*) suit de plus près le pied du Mont-d'Or et est accompagnée d'affleurements de calcaire dolomitique (*dol*). Une zone de flysch (*fl*) le sépare du calcaire jurassique du Mont-d'Or. La *Pierre du Moëllé* est une klippe de malm (*js*) sortant au milieu du flysch (*fl*); elle forme un affleurement calcaire isolé, long de 40 à 50 mètres et haut de 15 mètres environ sur 25 de large. Ses bancs sont presque verticaux avec un plongement au S.-E. On ne retrouve aucune trace de la continuité de ce rocher (qui n'est pas un bloc transporté), ni au sud, ni au nord du col, au point culminant duquel il se trouve. Dans le voisinage immédiat, à quelques mètres au S.-E., affleure le flysch (*fl*) plongeant au S.-E. et du côté opposé, vers les Tours d'Aï, il y a de nouveau du flysch. Nous exprimerons plus loin, après la description du groupe du Rubli et de la Gummfluh, les suppositions que nous avons au sujet de l'origine de ce rocher et de ses rapports avec les chaînes au N.-E. Sur le versant O. du ravin du Leyzay s'élève la petite arête du Leyzay (1795^m,7) formée entièrement de flysch, plongeant au N.-O. Le vallon du Petit-Hongrin la sépare du pied des rochers d'Aveneyre où les couches plongent au S.-E. en concordance avec les couches rouges crétacées. En suivant le ruisseau du Leyzay, on constate très distinctement la disposition en forme de synclinale des couches éocènes entre la petite arête du Leyzay et le Tabousset. L'arête du Leyzay, arrondie et gazonnée, avec quelques bosquets de sapins, se termine par un petit escarpement où les couches de flysch, marnes, grès et schistes sont découverts et s'éboulent constamment. Le petit col de la *Forclettaz* qui réunit les pâturages de la Pierre du Moëllé avec ceux de la

Barmaz, se trouve à son pied. C'est en cet endroit que l'on voit sortir d'en dessous du flysch du Leyzay et de la Pierre du Moëllé (La Chaz) la gigantesque voûte des **Tours d'Aï** (Pl. VII, fig. 2).

Cette voûte commence par un affleurement très étendu de couches rouges crétacées au col de la Forclettaz même; elles se dirigent vers les Combes au S. et d'autre part à l'ouest vers la Barmaz sur le versant du petit Hongrin. Les trois niveaux y sont excessivement bien visibles, surtout à *Entre-deux-Sex* où leur plongement est dirigé au N.-E., dans le sens de la pente suivant laquelle la voûte s'élève d'en dessous du flysch. En se divisant ainsi en deux branches, les couches crétacées laissent sortir, à une faible distance déjà au S.-E. du col de la Forclettaz, le jurassique supérieur, dont le puissant massif s'élève de plus en plus en se brisant aussitôt.

Les extrêmes pointements de malm forment les Tours de *Famélon* (2148ᵐ), de *Mayen* (2325ᵐ) et d'*Aï* (2331ᵐ). Cette voûte ne peut être que la suite de celle des Teyses-Joeurs; leur alignement est très évident. Le plongement des couches de flysch au milieu du bassin entre l'arête d'Aveneyre et le Mont-d'Or indique du reste un bombement. Leur plongement est N.-O. aux Cergnes, et, au Leyzay, il est S.-E. concordant avec le gypse qui vient par-dessus. La voûte calcaire doit passer environ sous la cote 1661, près du chalet d'En-Charbonnière. Ce point est bien sur l'alignement de l'axe des deux tronçons visibles de cette voûte.

Pour bien se rendre compte du phénomène grandiose de l'apparition de la voûte des Tours d'Aï, il faut le contempler depuis le pied du Mont-d'Or, près des Charbonnières ou bien du sommet de cette montagne. Le point d'où le croquis (Pl. VII, fig. 2) a été pris est au pied du Mont-d'Or au-dessus des Charbonnières, un peu au N.-O. de la cote 1673ᵐ,6. On a devant soi l'arête éocène du Leyzay qui s'élève du fond de l'Hongrin, et vient dominer à son point culminant le col de la Forclettaz où l'on voit apparaître le crétacé rouge, tandis qu'en deçà de ce col tout est éocène. Le sentier qui en part et qui conduit au col de la Pierre du Moëllé en suivant l'arête, chemine d'abord sur les couches rouges crétacées, à Entre-deux-Sex; la cote 1810ᵐ est déjà sur le flysch et ce terrain continue sans interruption jusqu'à la Pierre du Moëllé, où affleurent les terrains que nous avons déjà décrits et dont le profil forme le premier plan du dessin. Au delà de cette crête, on voit les rochers de la Tour Famélon et plus loin la Tour de Mayen. La Tour d'Aï, tout aussi hardie que cette dernière, est cachée par elle. Nous décrirons les accidents accessoires dont rend compte ce dessin, étudiant successivement les diverses parties de ce massif.

Le **flanc nord-ouest** du massif des Tours d'Aï est d'une structure bien plus simple que le versant S.-E. Ici, on constate l'existence d'une voûte très régulière, mais légèrement déjetée au N.-O., en sorte qu'à son pied les bancs du revêtement de malm sont presque verticaux. Cela s'observe très facilement sur la descente du col de la Forclettaz vers les chalets de la Barmaz. Déjà au-dessus de ces chalets, cette voûte s'entr'ouvre. Aux chalets du Tanney affleure du lias supérieur (ou dogger?) qui gagne en largeur au S.-E, et se montre le mieux au chalet d'*En-Lioson* d'où l'on peut monter jusqu'au pied des Tours d'Aï et de Mayen, en observant la série des couches. Ce sont des schistes et calcaires foncés à fucoïdes, paraissant appartenir au lias, que surmonte directement le massif du malm dans lequel les deux Tours sont découpées. On peut passer ainsi tout autour des deux Tours, soit entre les deux, sans pouvoir mieux se renseigner sur l'âge réel des couches que nous rangeons dans le lias supérieur, tout en admettant leur parallélisme possible avec le dogger [voir page 92].

Les chalets de Lioson sont construits sur des bancs calcaires formant le noyau de la grande voûte; ce sont des bancs foncés, riches en rognons siliceux, qui représentent peut-être le lias inférieur; c'est ainsi que nous l'indiquons. La forme de cette voûte se voit bien mieux encore plus au S.-O. dans le cirque de Luan, dont nous parlerons plus bas. Plusieurs ravins descendent des pâturages d'En-Lioson et de la Chaux-Commune vers le col d'Ayerne. Ils sont parcourus par des torrents souvent à sec, qui ont mis à découvert des coupes assez nettes; on trouve régulièrement sur les bancs plus compacts du lias inférieur, qui forme la partie interne de la voûte, la zone plus tendre du lias supérieur avec fucoïdes et à l'extérieur le malm en position verticale. Ce dernier a été découpé en maints endroits et, au lieu d'une bordure continue, il ne reste plus que des rochers isolés qui se dressent de distance en distance en surpassant les couches plus tendres de l'intérieur de la montagne. Tels sont les rochers qui dominent le *Lac Pourri* et le *Lac de Nairvaux*; deux rochers, portant les cotes 1870ᵐ et 1809ᵐ, s'élèvent au-dessus des chalets de *Tompey* et un dernier domine le chalet des *Nombrieux*, il a la cote 1806ᵐ et se trouve déjà sur l'arête du cirque de Luan.

La pente qui s'abaisse vers le **col d'Ayerne** et le vallon de l'Eau-Froide n'est pas très rapide au pied des Tours d'Aï. Elle est occupée par le flysch qui y affecte la forme d'une vaste synclinale, car de part et d'autre ses couches s'appliquent en parfaite concordance contre les couches crétacées des chaînes calcaires. Le long de la voûte des Tours d'Aï, elles sont verticales, comme les couches rouges et le malm. Cette disposition s'observe depuis en Barmaz jusque vers le Lac Pourri. A partir de ce dernier, en s'avançant vers le S.-O., les bancs se déjettent peu à peu et le sont déjà considérablement au Rocher des Nombrieux, près du passage des Ruvines. Cette pente de flysch présente souvent des régions marécageuses et au pied immédiat de la chaîne calcaire sont plusieurs petits lacs. Il y en a deux en dessous des chalets d'*En-Lioson*; l'un peu profond, le *Lac Pourri* (1509ᵐ) se trouve en dessous d'un escarpement de calcaire de malm et tend à être comblé peu à peu par les éboulements et les matériaux amenés par le torrent qui s'y précipite du haut d'un rocher. Trois cents mètres plus loin, dans un fond marécageux, à un niveau de quelques mètres seulement inférieur à celui du Lac Pourri, se trouve le *Lac Rond* (1501ᵐ,4). Ce petit lac est très profond et découpé comme à l'emporte-pièce dans le pré marécageux dont les formations tourbeuses s'avancent bien en avant sur l'eau sous forme d'une nappe flottante.

L'origine de ces deux petits lacs est due à des barrages glaciaires. Il y a entre le Lac Rond et le Lac Pourri une digue formée de débris calcaires alignés en forme de moraine, qui part de l'élévation au bas de laquelle sont les chalets du Lac Pourri, et va rejoindre une seconde hauteur en passant en dessus des chalets d'En-Argnaulaz. Le Lac Rond et le marais qui l'entoure paraissent dus à un barrage analogue. Les dépôts erratiques et les roches éboulées sont excessivement répandus au pied des Tours d'Aï; ils masquent presque constamment le contact entre le malm, le crétacé et le flysch.

Le fond marécageux d'En-Barmaz a peut-être aussi été occupé autrefois par un lac; nous n'en avons toutefois pas de preuves directes.

Le petit *Lac de Nairvaux* est aussi dû à l'influence des dépôts glaciaires et des éboulements; il est facile de se représenter comment ces barrages se sont constitués, même en faisant abstraction des glaciers. Il suffit d'admettre que l'angle au pied du rocher qui surplombe le lac soit resté comblé pendant un temps assez long par de la neige transformée en glace (chose fréquente au pied des escarpements tournés au N.-O.), pour que tous les éboulis et les roches entraînées par les avalanches, de la pente supérieure, se soient déposés au pied de la pente de neige. Maintenant que le lac n'est plus protégé, il sera peu à peu comblé par les éboulements[1]. A côté des chalets de Nairvaux affleurent les couches crétacées qui sont presque constamment masquées au delà de ce point par les éboulis et les dépôts erratiques.

Le **col d'Ayerne** (1460ᵐ) a son point culminant près d'un pré marécageux entre les chalets du Jorat et du Grand-Ayerne, où s'établit le partage d'eau du Petit-Hongrin et l'Eau-Froide. Les dépôts erratiques sont très répandus dans la vallée du Petit-Hongrin, comme dans celle de l'Eau-Froide. Ces deux torrents suivent presque exactement la limite du flysch et du crétacé. Au col même, où il y a du flysch, on constate à une faible distance de la bordure de couches rouges une nouvelle zone séparée de la première par une petite dépression dans laquelle passe le sentier; ce dernier suit même les couches rouges crétacées sur une certaine longueur; elles forment près du col un petit escarpement. Un second affleurement existe un peu au N.-E., également au milieu du flysch. La carte au 1 : 100000 indique du jurassique au lieu des couches rouges qui forment la majeure partie de ces affleurements, tout à fait analogues aux klippes de couches crétacées de la vallée de Château-d'OEx, dont le col d'Ayerne est le prolongement.

Des replis non moins curieux se montrent aux environs des **Agittes,** le long du bord de l'escarpement qui termine la vallée du Rhône.

Si l'on quitte la vallée de l'**Eau-Froide,** creusée dans le néocomien, en dessous de la Rossière, on trouve d'abord une synclinale comblée de crétacé rouge, puis une voûte de néocomien formant des rochers au N.-O.

---

[1] Au printemps 1886, une avalanche de terre et de neige a presque complètement rempli ce petit bassin.

du chalet; des couches rouges dessinent un crêt juste à côté du chalet et se poursuivent jusque vers la Veillarde qui est sur le flysch. En passant de la Veillarde aux Agittes, on marche toujours sur le flysch, mais un peu au sud de ce chalet, surgit le rocher néocomien du *Crêt Daillay*, bordé de couches rouges qui remplissent une petite dépression entre le rocher et un nouveau crêt néocomien et jurassique, coté 1866ᵐ; le sentier rapide de la *Sarze* passe dans cette entaille; le chalet du même nom se trouve sur le col.

En contournant ce second rocher, on arrive, après avoir rencontré plusieurs affleurements de couches rouges, à un nouveau col resserré entre deux crêts, c'est le passage des *Ruvines* qui passe entre le rocher de la Sarze et celui des Nombrieux. Cette nouvelle synclinale renferme soit des couches rouges crétacées (*cr*), soit du flysch peu épais (*fl*), également rouge à sa base (*flr*), formant une zone toujours étroite dans laquelle sont taillés les lacets du sentier; cette zone se prolonge à travers un vrai dédale de rochers, jusque vers le petit plateau de Corbeyrier, où elle se termine. La bande de couches rouges se rétrécit toujours plus et finit un peu plus loin au *Chable-Rouge* sur Vers-Vey. Depuis le haut du passage des Ruvines jusqu'au Chable-Rouge, l'arête qui sépare le cirque de Luan du ravin de Vers-Vey, présente successivement les coupes représentées Pl. V, fig. 18-22. Dans la fig. 18, on voit le commencement de l'étroite bande de flysch, là où elle se détache de la grande zone au point culminant du col des Ruvines (1601ᵐ). Les lacets du sentier entament les schistes, marnes et grès de couleur grise ou rouge du flysch; à 1500ᵐ environ, le sentier commence à obliquer vers le S.-E. et passe dans le malm (*js*) pour traverser l'arête en dessous des Nombrieux et pénétrer dans le cirque de Luan en passant successivement dans le lias et le rhétien. Les fig. 19 et 20 sont prises un peu plus bas du côté de Corbeyrier; le crétacé supérieur accompagné d'une faible épaisseur de flysch suit l'escarpement oriental du cirque de Vers-Vey. Enfin la fig. 21 montre l'extrémité de l'affleurement crétacé au Chable-Rouge, où les couches sont excessivement froissées. Non loin de là il y a discordance entre le néocomien et les couches rouges (fig. 22)[1]. Le jurassique supérieur, toujours déjeté, plonge au S.-E. et semble reposer sur le crétacé; il se termine plus bas au cône torrentiel des Renaudes.

[1] Par erreur *fl* au lieu de *cr*, en Pl. V, fig. 22.

La région entre **Roche** et Yvorne est assez confuse. Le crétacé rouge de la vallée de l'Eau-Froide a été cité déjà à plusieurs reprises; il est accompagné du néocomien. Les couches se redressent et plongent ensuite au N.-O. Celles qui forment la base de la montagne appartiennent au jurassique supérieur. Un peu plus à l'est de Roche, l'inclinaison change de nouveau, elle devient S.-E., formant anticlinale avec l'ancien plongement.

On a ouvert plusieurs carrières dans ce calcaire et quoique la roche soit sans fossiles, on peut sans hésitation la ranger dans le jurassique supérieur. Ses bancs réguliers, l'odeur fétide qu'elle répand au choc, la caractérisent bien comme étant la suite du malm des Gastlosen. Il y a au musée de Berne plusieurs fossiles, fragments de *Pecten*, *Gastéropodes* et de *Polypiers*, indiqués comme provenant des carrières des environs de Roche. Les bancs compacts entre Roche et Vers-Vey seraient donc le centre d'une voûte à laquelle correspondraient dans la hauteur les plissements multiples des Agittes, (Ortier, Rossière, Sarze, Ruvines). Cette voûte jurassique étant bien plus basse que celle des Tours d'Aï, on peut admettre que celle-ci en se déjetant a refoulé devant elle, en le froissant, le revêtement éocène et crétacé de la première.

Il y a encore au bord du ravin de Vers-Vey une carrière de calcaire gris rosé en bancs minces qui est probablement du néocomien. En s'approchant d'Yvorne, on voit ces couches plonger sous les calcaires jurassiques qui limitent le cirque d'Yvorne.

Le sentier qui monte entre Roche et Vers-Vey, à travers l'escarpement, jusqu'au petit vallon de la Rossière et de la Veillarde, traverse entre Roche et le premier contour, d'abord du calcaire foncé gris, en bancs minces, puis du calcaire rougeâtre, vert et gris, avec rognons de même couleur, reposant sur le calcaire gris compact et massif (jurassique supérieur); le premier terrain appartient au néocomien. Le jurassique supérieur continue jusque vers l'*Etélay*, où le sentier rentre dans le néocomien et passe plus haut dans les couches rouges en faisant un contour brusque. Un peu plus loin, il retrouve le néocomien et passe une seconde fois dans le jurassique en dessous du Pré Girard. En obliquant au N.-O., le sentier rentre dans les terrains précédents et, à partir du Pré Girard. jusqu'à la Rossière, il suit le fond d'un petit vallon, dont le flanc gauche (en remontant) est formé par les couches rouges; à ces couches rouges se superpose le flysch des Agittes. Il y aurait donc à ajouter à la carte au 1 : 100000 cette zone de couches rouges qui commence au N.-E, au-dessus de Roche près de l'Etélay et chemine parallèlement à celle du fond de la vallée de l'Eau-Froide, pour aboutir entre le flysch et le néocomien à la Veillarde.

Le **Cirque de Luan et d'Yvorne** montre le mieux l'intérieur de la majestueuse voûte de la chaîne. Cette voûte est ouverte jusqu'aux terrains triasiques, qui affleurent dans son centre, de Luan à Yvorne. La profonde entaille qui détermine ce cirque commence au pied de la Tour d'Aï, le point le plus élevé de toute la chaîne, et qui domine le commencement de la rupture anticlinale qui fait disparaître le massif jurassique supérieur de l'arête culminante. Dans son ensemble, ce cirque a l'aspect d'un vaste amphithéâtre, surtout dans sa partie supérieure, autour des pâturages de Luan, où la voûte des couches liasiques se dessine avec une régularité admirable sur la pente N.-E. (Pl. XVII, fig. 5).

Bordé de tous les côtés de roches calcaires et dominé dans le haut par la masse escarpée de la Tour d'Aï, ce cirque paraît d'une structure assez régulière. Cela est bien le cas pour le haut, entre les rochers des Nombrieux et la Pointe de la Riondaz à l'est. Le plongement vertical du premier, comparé à l'inclinaison S.-E. régulière du second, prouve que la voûte est déjetée au N.-O., fait que nous avons déjà constaté pour les couches entre les Agittes et le lac de Nairvaux. Sur le flanc S.-E., la régularité est parfaite, mais elle disparaît totalement sur le flanc N.-O. du cirque; à partir du rocher des Nombrieux, dont les bancs sont déjà passablement déjetés (Pl. V, fig. 18), le plongement des couches au S.-E. devient de plus en plus accusé. Le jurassique est constamment renversé par-dessus le crétacé et le flysch, ainsi que nous venons de le constater entre les Ruvines et Vers-Vey. Dans le fond du cirque affleurent successivement en descendant la série des couches du lias, du rhétien et, dans les parties les plus basses, les roches dolomitiques du trias surtout sous forme de cargneule, et enfin, vers la sortie du cirque sous Corbeyrier et du côté d'Yvorne, le gypse, la formation la plus ancienne de notre contrée (Pl. V, fig. 17).

Cette dernière roche, peu consistante et facilement dissoute par l'eau forme une base fort peu solide pour les terrains qu'elle doit supporter; aussi les éboulements ont-ils été très fréquents dans cette vallée. Nous avons déjà cité et décrit l'étendue et les conséquences de l'éboulement de l'Ovaille, grand glissement de terrain, qui a sans doute été provoqué par un effondrement de terrain gypseux et par le ramollissement de l'argile glaciaire par l'eau. Au bas de la vallée se trouve le cône de déjection du torrent de Corbeyrier, sur lequel est bâti le hameau des Renaudes et qui est recouvert, ainsi que le reste de la pente inférieure de la vallée, de magnifiques vignobles. Une grande moraine s'étend depuis la vallée de la Grande-Eau jusqu'à Yvorne en suivant le bas de la côte. Il est à supposer que la base des dépôts erratiques et des masses éboulées des environs d'Yvorne doit être le gypse qui se montre plus haut, aux environs de Champriond.

La route qui conduit d'Yvorne à Corbeyrier, est tracée d'abord dans les roches éboulées et l'erratique, puis elle traverse en suivant le ruisseau qui descend de Champriond, une zone de roches dolomitiques et de cargneule, dans lesquelles elle reste jusque dans le voisinage de Vers-Cort, sauf dans les espaces masqués par les éboulis et le terrain glaciaire. En passant près de Champriond, elle touche à l'est à une masse de gypse, recouverte d'éboulis et d'amas glaciaires, et dont il est difficile de limiter l'étendue à cause de la rareté des affleurements.

Ce gypse forme le pied des collines de Champriond et se montre dans un ravin qui descend de ce pâturage un peu en amont du point où il est coupé par la grande route. Il n'affleure pas près des chalets de Champriond, mais les dépressions irrégulières qu'on observe dans cette partie du cirque indiquent qu'il doit avoir une étendue considérable dans la direction de Beauvau et de Praille.

La cargneule disparaît à Vers-Cort sous le terrain glaciaire, mais elle se montre de nouveau au-dessus de Corbeyrier et touche entre ces deux villages au terrain jurassique sur lequel elle repose renversée. Si c'est de la cargneule régénérée, c'est-à-dire de la cargneule éboulée et recimentée, ou bien de la cargneule d'éboulement, telle que nous en avons admis le mode de formation dans le chapitre I, ce contact n'a rien d'anormal; mais si cette cargneule est en place, c'est-à-dire sur les roches dolomitiques mêmes, qui l'ont engendrée, alors ce contact ne peut être attribué qu'à une faille que l'on doit se représenter sous forme d'un grand glissement ayant poussé les dolomies par-dessus les couches liasiques déjetées. Or c'est cette dernière alternative qui paraît être la plus probable, car le renversement presque complet du jurassique ne peut pas s'être fait sans une dislocation considérable du noyau de la voûte (Pl. V, fig. 17). La route rentre dans le terrain jurassique avant Corbeyrier qui est bâti en bonne partie sur ce terrain. En suivant un sentier qui descend dans le ravin de Vers-Vey, on observe la coupe représentée dans Pl. V, fig. 19. La zone jurassique que l'on rencontre après la cargneule est assez large et forme une série d'éminences rocheuses entrecoupées de vallons et de pâturages couverts de dépôts glaciaires avec de grands blocs erratiques.

Peu après avoir commencé la descente, on trouve une veine de houille peu épaisse, dont l'affleurement est très limité, mais qui a été l'objet d'une tentative d'exploitation. Il est probable que c'est le niveau des couches à Mytilus. Plus bas vient le crétacé rouge recouvrant une étroite bande de flysch (Pl. V, fig. 19 et 20).

En remontant de Corbeyrier vers la partie supérieure du cirque de Luan, la disposition devient plus normale. Nous avons déjà cité la coupe observée sur le sentier des Ruvines où la succession des assises est complète. Le jurassique supérieur, quoique déjeté encore, se rapproche sensiblement de la verticale et les couches plus inférieures tendent à former une voûte. La cargneule continue au-dessus de Corbeyrier jusqu'à l'entrée du bois. Là, on observe moins bien les couches inférieures. On voit à plusieurs reprises la tête de couches calcaires compactes en bancs minces qui appartiennent au lias inférieur, puis des couches de calcaires à silex de même âge, En s'approchant du couloir des Ruvines, on passe dans le bathonien et le malm ; la suite de la coupe est connue.

Les dépôts erratiques entre Corbeyrier et Luan renferment outre les roches locales qui sont en prédominance, des granits du Valais et des galets urgoniens avec *Requienia*.

Il y a un second sentier qui traverse le bord du cirque depuis les Ruvines à Luan. La coupe est la même ; seulement ce sentier-là, après avoir traversé les calcaires siliceux, pénètre dans les couches plus inférieures, calcaires en bancs minces, sans silex, remplis de traces de polypiers et de pentacrines. Plus bas vient l'étage hettangien dans lequel M. Renevier a recueilli de nombreux fossiles.

Le fond de la partie élevée du cirque de Luan est recouvert de forêts et de pâturages, qui cachent d'immenses dépôts d'éboulement; ils s'élèvent sur la pente boisée jusqu'à la hauteur de 1500ᵐ environ, où l'on commence à voir les couches en place formant une voûte régulière. Au pied de ces couches est un petit plateau occupé par les pâturages de **Plan-Falcon** (1550ᵐ); au-dessus affleure le *rhétien* avec de nombreux fossiles. L'étage hettangien vient par-dessus accompagné de toute la série du lias dont on peut suivre la coupe en montant aux pâturages d'Aï par le sentier qui se dirige au N.-E. et mieux encore, en prenant le sentier qui monte au N.-O. et traverse entre les deux rochers cotés 1809ᵐ et 1870ᵐ, pour conduire au chalet de Tompey. Il traverse l'étage hettangien et les bancs compacts du lias inférieur qui forment un escarpement à mi-hauteur du cirque; un peu avant d'arriver au col qui précède la descente du côté de Tompey ou de Nairvaux, on trouve des couches remplies de *Pentacrinus* et de polypiers. Des couches minces avec rognons de silex affleurent au col même, c'est la suite des couches que nous avons rencontrées déjà précédemment; elles se continuent dans les pâturages du côté de la *Chaux-Commune* et forment la partie un peu moins abrupte au-dessus de l'escarpement liasique. Le flanc est du cirque présente la même coupe que Plan-Falcon; les affleurements y sont bien plus rares et les pentes plus uniformes; des fossiles hettangiens et sinémuriens ont été trouvés dans les éboulis à leur pied; elles sont presque régulièrement couronnées par le jurassique supérieur formant une crête à peine interrompue. La pointe la plus saillante de cette arête est à 2052ᵐ et domine le lac d'Aï, plus au sud vient le *Luisset* ou pointe de la *Riondaz* (1978ᵐ, cotée 1984ᵐ sur la carte vaudoise). L'entaille de **Prafonde,** où le jurassique inférieur arrive sur le versant oriental, le sépare d'une nouvelle pointe, *Le Dalley* (1567ᵐ), au-dessus de Prétan, à partir de laquelle les couches se dirigent au S. et ensuite au S.-E. pour venir dominer les vignes d'Aigle où elles rejoignent celles qui s'appuient contre le plateau de Leysin (Pl. V, fig. 17).

La **région culminante** et le flanc S.-E. des Tours d'Aï sont excessivement dénudés par l'action de l'érosion sur les calcaires compacts du jurassique supérieur, qui plongent régulièrement au S.-E. De grandes étendues sont occupées par des lapiés dans lesquels ne croissent que de rares herbes. Des talus d'éboulement remplissent les ravins ; lorsque les déchirures du revêtement jurassique ont mis à découvert les couches liasiques, des pentes gazonnées contrastent agréablement avec l'aspect désolé du reste de la montagne. Au-dessus de cette sauvage contrée, s'élèvent les trois sommités, dont l'aspect est du reste surtout frappant du côté N.-O.

En montant d'Aigle vers le petit plateau éocène de **Veyge-Leysin,** on traverse le massif de malm superposé en parfaite concordance aux couches de lias. Un ravin le sépare des couches de même âge mais bien plus disloquées qui forment le flanquement S.-E. de ce plateau, du côté de la Grande-Eau ; elles sont en position renversée et plongent au S.-E. Vers les *Cuenix*, il y a un petit lambeau de crétacé entre le malm et le flysch du plateau. De Veyge à Leysin, le chemin traverse d'abord obliquement le plateau, en montant, et longe ensuite son bord supérieur en entamant les couches rouges qui forment au-dessus de Leysin un repli, car on les retrouve plus haut vers le Feyday, laissant percer dans le milieu un petit affleurement de malm qui a l'aspect d'une klippe (près des Comborchières) ; ailleurs les couches rouges sont seules à former ce repli (Pl. V, fig. 17). Ce repli ou klippe est continu, car il se retrouve au pied de la Tour de Mayen et de la Tour Famelon à la Rouvenaz et au Bar (La Combaz du Bar) où M. Pittier a constaté une voûte de couches rouges avec noyau jurassique déterminant ainsi deux synclinales (Pl. V, fig. 16). L'une, celle qui se trouve au pied immédiat de la pente rocheuse, ne renferme que les couches rouges, elle est très écrasée latéralement ; l'autre est comblée de flysch qui forme la colline du Cer ou Cerf, contre laquelle s'appuie le rocher de malm qui domine le village du Sépey. Le ravin de la Rouvenaz montre cette voûte de couches rouges (*cr*) parfaitement fermée et le malm au milieu, tandis qu'à la Combaz du Bar apparaît un rocher de malm (*js*) flanqué des deux côtés de couches rouges (*cr*).

Du Bar, on monte aisément jusqu'aux chalets de Mayen, à travers la pente rocheuse. On chemine d'abord sur les couches rouges qui pénètrent, avec des contournements singuliers, dans les anfractuosités du massif brisé et disloqué du malm. Celui-ci s'élève en gradins successifs jusque vers les chalets de Mayen, où affleure le lias (ou dogger ? *jils*) lequel contourne complètement la **Tour d'Aï** (2332ᵐ), et s'élevant entre celle-ci et la **Tour de Mayen** (2325ᵐ), rejoint l'affleurement qu'a produit la rupture de la voûte du côté de Lioson. La Tour d'Aï est donc une masse absolument isolée de malm (*js*) assise, sans appui latéral et avec un plongement S.-E. assez sensible, sur une base de lias. L'épaisseur du malm est d'au moins 150ᵐ, différence de niveau entre le pied du massif et le sommet de la Tour d'Aï.

On peut voir aussi, en passant vers les chalets d'Aï, que le terrain liasique (*jils*), rejoint dans cette direction la bordure N.-O. et S.-O. formant le haut du cirque de Luan.

Les deux charmants petits *lacs d'Aï* et de *Mayen* sont encaissés dans ce terrain, juste sur la limite du jurassique supérieur, le premier sur le col par lequel on descend à Plan-Falcon, le second, environ 70ᵐ plus bas au pied du couloir qui sépare les deux Tours.

La région qui s'étend en dessous des pâturages d'Aï et de Mayen est très rocheuse, les couches du malm, assez peu inclinées, sauf en bas, paraissent souvent brisées. L'aspect du pays devient encore bien plus sauvage lorsqu'on passe au pied N.-E. de la Tour de Mayen; ici les pentes sont couvertes de lapiés jusqu'au lac Ségray, et l'on ne voit que des rochers dénudés, sillonnés dans le sens de la plus forte pente et entremêlés de quelques touffes de verdure ou de talus d'éboulement. Toute l'arête entre la Tour de Mayen et la Tour Famelon n'est de ce côté qu'un vaste *karrenfeld*.

On est d'autant plus surpris, en dirigeant son regard au S.-E. Ici, au pied de la Tour Famelon, s'ouvre un profond creux, un ravin aux parois abruptes d'une part, et dont le fond et la pente N.-E. sont couverts de la plus belle verdure. La couverture jurassique a été rompue, le lias entamé et ce terrain très délitable a offert une bonne prise à la végétation. Une étroite bande de ce terrain aboutit au pied de la Tour Famelon sur l'arête même. Ce ravin débouche plus bas à la Combaz du Bar, à l'endroit même d'où nous sommes partis. Une surface couverte de végétation s'étend encore au delà de ce ravin entre un rocher pyramidal, nommé le *Sex-Blanc* et le pied de la Tour Famelon [1]. Un peu plus loin, le jurassique supérieur se referme. La **Tour Famelon** (2148m) est facilement accessible de ce côté. Du côté oriental, elle présente une face presque verticale; du côté occidental le pays a un aspect désolé. Une seconde arête moins haute accompagne celle de Famelon à un demi-kilomètre plus à l'ouest, et entre deux s'étend une région ravinée, découpée, couverte de rocailles et toute dénudée, plus aride même qu'un karrenfeld.

Du pied de l'abrupt de la Tour Famelon, la vue n'est guère plus réjouissante. Des lapiés, dont on admire la régularité, s'étendent sur la surface inclinée du malm. On voit le commencement de l'action dissolvante de l'eau sur les grandes dalles peu inclinées seulement. Leur surface présente des sillons peu profonds qui séparent des arêtes, les unes assez élevées, d'où partent des arêtes plus petites et ramifiées, le tout si nettement sculpté qu'on se croirait en présence d'un relief, artistiquement exécuté, représentant la topographie d'une région de montagnes. Il ressort avec évidence de ce rapprochement si frappant que, en grand comme en petit, l'érosion agit suivant les mêmes lois, et que les effets produits par les torrents en sillonnant les pentes des régions élevées, ne diffèrent en rien de ce que produit la goutte d'eau par son action dissolvante sur un seul bloc ou une arête isolée d'un lapié !

En un seul endroit, sur la pente qui descend au pied est de l'arête de Famelon, se trouvent quelques surfaces verdoyantes, taches isolées au milieu du désert rocheux. Ce sont les pâturages du *Châtel-Commun*, situés sur une arête dont la pente est un peu plus faible. La vraie cause en est cependant la présence sur cette arête de deux lambeaux de *couches rouges crétacées* séparés par une petite faille bien visible (Pl. V, fig. 23). Le lambeau supérieur (*cr*) s'étend du pied du rocher où est le Chalet jusqu'à un petit escarpement jurassique (*js*) qui le sépare de nouveau d'un petit plateau incliné, également couvert d'un chapeau crétacé (*cr*). Un nouvel escarpement, plus haut, commence au bas de celui-ci et à son pied se trouvent les couches rouges en position verticale. On voit la disposition de ces deux lambeaux dans le croquis pris de la Charbonnière (Pl. VII, fig. 2 et Pl. V, fig. 23).

[1] La carte au 1/100000 n'indique pas cet affleurement entre la Tour de Mayen et Famelon ni celui du Ravin du Bar.

Une nouvelle région rocheuse et de lapiés, entrecoupée de quelques pelouses, s'étend entre le Châtel-Commun et le petit plateau de *la Chaux*, où la présence du crétacé supérieur en couches horizontales se trahit immédiatement par un riche gazon. A en juger par les petits escarpements jurassiques qui entrecoupent les couches crétacées, il semble que le jurassique supérieur s'est brisé en fragments comparables aux morceaux de glace disloqués par la débâcle. Le crétacé continue jusqu'au *col de la Forclettaz*, dont nous avons déjà décrit la situation, ainsi que celle de l'arête qui le réunit à la pierre du Moëllé.

Il nous reste à examiner le vallon des *Combes* et de la *Badausaz*. Il est creusé sur la limite des couches rouges qui suivent le pied de la pente rocheuse et du flysch formant l'arête de la Pierre du Moëllé. Ces couches rouges sont presque horizontales à *la Chaux* entre l'extrémité de l'arête de la Tour Famelon et Entre-deux-Sex, mais à mesure qu'elles descendent, elles s'inclinent davantage et passent, en position presque verticale, en dessous du Châtel-Commun (Pl. V, fig. **23**). En *Audon*, elles affleurent au coude rentrant que fait le chemin en passant au pied du rocher. Elles contournent ensuite le rocher jurassique à la Badausaz et vont rejoindre la bande de couches rouges que nous avons précédemment constatée à la Combaz du Bar, près de la sortie du torrent qui descend du pied du Sex-Blanc. Des masses considérables de flysch s'étendent dans toute cette région; c'est la suite de celui de la Pierre du Moëllé. Il forme le fond du vallon de la Badausaz et rejoint celui du Cerf et de Feyday sur le Sépey pour se prolonger sur le plateau de Leysin.

Nous avons examiné ainsi les différentes faces de ce massif remarquable des Tours d'Aï. Nous avons vu cette immense voûte s'élever en dessous du flysch, s'entr'ouvrir sur son flanc N.-O. déjeté, puis se rompre sur l'axe même au cirque de Luan, tandis que sur le flanc S.-O., moins déjeté, la couverture jurassique est presque continue et, quoique brisée en plusieurs endroits, elle ne laisse apparaître que de faibles affleurements des couches qui forment l'intérieur de la montagne. Nous avons constaté également, jusqu'à la dernière extrémité de la chaîne, la continuité des deux zones de flysch qui la bordent et des replis des couches crétacées au milieu de ce terrain éocène.

Les ondulations entre le col des Ruvines et la vallée de l'Eau-Froide ne sont autre chose que la suite des replis ou klippes que nous avions constatés dans la vallée de Château-d'Œx et dont nous avions retrouvé des traces sur maints points intermédiaires. Ici, elles sont dégagées de leur enveloppe éocène et se montrent formées, non seulement de couches rouges, mais aussi de néocomien en grande épaisseur. La dernière extrémité du flysch de la zone des Ruvines et les couches rouges du Chable-Rouge, en dessous du malm renversé, rappellent la position qu'ont ces terrains au rocher de la Raye ce qui indique bien la parenté de ce massif, en somme si régulier, avec la chaîne des Gastlosen, dont il est la continuation lointaine. Quant au flanc est, le repli de la Combaz du Bar, de Rouvenaz et de Leysin-Comborchières est sans doute la réapparition de la voûte aiguë des rochers de la Braye, devenue klippe aux Teiscs-Jocurs et que nous avions perdue de vue à partir de cet endroit. Tout cela nous montre que ces replis secondaires sont presque aussi constants le long des grands plis que forment les chaines, que le sont ces chaînes mêmes dans leur développement longitudinal.

La masse principale des Tours d'Aï porte un cachet particulier qui la fait différer des voûtes du voisinage autant que l'arête chevauchée des Gastlosen. Il n'y a que le chaînon des Tours de Dorenaz qui puisse lui être comparé.

---

# CHAPITRE XIV

## GROUPE DU RUBLI ET DE LA GUMMFLUH.

Zone de la brèche de la Hornfluh. Mont-d'Or et klippes de la Grande-Eau.

Ce groupe de montagnes calcaires est totalement entouré par le flysch. Il est formé de deux chaines, arêtes jurassiques presque également sauvages, qui commencent séparément à l'est du cours de la Sarine, entre Gessenay et Gstaad, et se dirigent en convergeant vers l'E.-S.-E., pour se rejoindre au col de la Base. Elles se terminent là par un grand éboulement qui descend du côté de la Tourneresse, et n'apparaissent plus au delà de cette rivière que sous forme de klippes; l'arête escarpée du Mont-d'Or est certainement le prolongement de l'une ou l'autre de ces deux chaînes, de même que les rochers qui bordent les deux rives de la Grande-Eau entre le Sépey et Aigle (Grands-Rochers et Rochers de la Chenau).

Les deux chaînons distincts du Rubli et de la Gummfluh sont séparés par une zone de flysch et de brèche calcaire éocène.

Ces deux arêtes, les plus élevées de notre région, correspondent à deux autres montagnes, non moins sauvages et déchirées qui s'élèvent entre le Niesen et le Stockhorn dans les Alpes bernoises, le *Niederhorn* et le *Spielgärten*; le premier serait l'équivalent du Rubli, le second celui de la Gummfluh. La situation et les terrains qui les constituent établissent un rapport intime entre ces deux régions montagneuses, séparées par les deux vallées de la Simmen et de la Sarine. Nous ne pensons pas toutefois qu'il y ait une continuité directe entre ces deux régions, entre lesquelles s'étendent de grandes masses de flysch.

### Chaîne du Rubli.

Elle est divisée en trois tronçons. Le premier, l'arête de la *Dorffluh*, s'étend de Gessenay au ruisseau de Rubloz qui traverse le vallon de la Rytte. Cette arête atteint le point culminant de 1870$^m$ au-dessus des Douves. Le tronçon du milieu, le plus élevé, porte trois sommités : le *Rubli* (2287$^m$)[1], le *Rocher à Pointes* (2255$^m$ d'après une observation barométrique) et le *Rocher-Plat* (2262$^m$), séparées, les deux premières, par le Creux d'Entre-deux-Sex, les deux dernières par le Creux du Pralet. Le troisième tronçon s'élève au delà du ravin de la Gérine et forme le *Rocher du Midi* (2100$^m$), dont la partie orientale. la plus basse, porte le nom de *Rocher de la Siaz*.

---

[1] La carte fédérale donne 2307$^m$ pour la pointe du Rubli, nous indiquons ici les cotes plus récentes de la carte vaudoise au 1 : 50.000.

Au pied de la Dorffluh, dans son prolongement N.-E., on remarque au milieu du flysch deux klippes jurassiques qui affleurent dans le village même de Gessenay. La plus occidentale formée d'un calcaire foncé, porte l'église de ce village et ne se prolonge pas plus loin; le plus oriental est de roche calcaire un peu plus claire, très semblable à celui de la Simmenfluh. Elle ne renferme pas de fossiles; cependant la surface des bancs est couverte par places de traces en relief, souvent reconnaissables pour des coquilles turbinées de Gastéropodes, mais elles ne sont pas visibles dans l'intérieur des bancs. Ce récif qui paraît se terminer au bord des alluvions de la Sarine, est l'extrémité septentrionale du chaînon du Rubli.

Au pied immédiat de la Dorffluh, sur la rive gauche de la Sarine, vis-à-vis du village de Gessenay, est un gisement de calcaire coralligène, unique exemple dans notre région du niveau corallien-tithonique de la Simmenfluh. Les couches du crétacé rouge viennent par-dessus et plongent comme celle du jurassique au N.-O. dans une position voisine de la verticale. Cette structure se continue jusque vers le vallon de la *Rytte* et l'on constate que le rocher de la **Dorffluh** a tout à fait l'aspect d'une grande klippe; au N.-O., ses couches déchirées doivent avoir été appuyées par les assises de la brèche éocène, formant encore maintenant la colline du Vanel, mais qui a été totalement enlevée au pied immédiat de la Dorffluh par l'érosion de la Sarine; sur le versant S.-E., cette roche forme des rochers abrupts et dépasse même en hauteur l'arête calcaire.

Le tronçon moyen de l'arête est de beaucoup le plus intéressant, non seulement par les nombreux et riches gisements fossilifères des couches à **Mytilus**, qui affleurent en bande presque continue, mais encore par ses formes de dislocation étranges, par l'aspect découpé de ses sommités, dans lesquelles les bouleversements se répètent avec des formes toujours nouvelles.

On constate, en s'engageant dans le sentier qui monte depuis Rougemont et qui passe au **vallon de la Rytte,** la série suivante d'affleurements : Au *Pont des Praises* sous Rougemont se montre une klippe crétacée, large affleurement de couches rouges dans lequel la Sarine a creusé une gorge étroite. Elle appartient à la zone qui se poursuit sans relief apparent à l'ouest de la colline du Vanel jusqu'aux Raccords, à Marengo et aux Prés Charbon, à l'entrée de la vallée des Fénils.

Si, du Pont des Praises, on rejoint le sentier ordinaire qui conduit aux *Siernes-Goncet*, on ne voit que de l'erratique, tandis qu'en passant un peu plus à l'est, on peut constater l'immense épaisseur des bancs de brèche de la Hornfluh qui forment en entier la colline pyramidale de la **Côte aux Rayes** sur le prolongement de celle du Vanel. Aux Siernes-Goncet, dans un petit col entre la colline citée et la pente même du Rubli, affleurent les couches rouges crétacées plongeant au N.-O. La brèche calcaire forme ainsi une synclinale entre les deux affleurements de couches rouges. A partir de ce point, on s'engage dans le défilé de la Rytte qui traverse obliquement la chaîne du S. au N., suivant le ruisseau de Rubloz.

Les assises calcaires du malm affleurent immédiatement après et forment une arête qui s'élève graduellement au S.-O. et porte à sa partie inférieure les chalets de la *Mariaz*. Un peu au sud de ces chalets s'ouvre un ravin large d'abord et peu incliné, dont le fond est comblé d'éboulis, mais qui devient plus haut une véritable cheminée, étroite et rapide, laquelle conduit jusque vers l'arête du Rubli à une altitude d'environ 2000$^m$ ; le sentier au bas du ravin est à 1470$^m$.

Cette cheminée entame sur toute sa longueur les couches fossilifères du bathonien à Mytilus qui affleurent sur le côté droit et au fond. Elles s'appuyent contre des assises un peu jaunâtres, puis grises, d'aspect dolomitique, mais qui font place, plus à l'est, au vrai calcaire compact du malm que l'on retrouve en suivant le sentier au bas jusqu'aux chalets de Rubloz. Dans cette cheminée on ne trouve qu'une *seule série* de couches bathoniennes ; les niveaux A, B, C et D y sont très reconnaissables par leurs fossiles qui sont presque toujours écrasés. Les bancs jaunâtres sur lesquels reposent les couches à Mytilus, s'appuyent directement sur ce second massif de malm avec une concordance si frappante, qu'on prendrait volontiers ces dernières couches pour un terrain plus ancien que le bathonien. C'est en vain qu'on cherche le retour des lits fossilifères au S.-E. dans le massif rocheux qui forme la paroi S. de la cheminée et du ravin et plus loin la base de la sommité du Rubli. Et cependant il est certain que toute la chaîne du Rubli est une voûte déjetée et écrasée, dont le noyau est formé par les couches à Mytilus. La série invisible a sans doute été oblitérée sur toute la longueur de l'affleurement

par un glissement accompagné d'un étranglement, conséquence du déjètement de la voûte et de la forte pression exercée par le jambage nord, en
position normale, reposant sur le jambage déjeté du sud.

Le premier a sans doute glissé sur ce dernier en écrasant en partie les couches bathoniennes de ce côté. Cet accident est même arrivé pour les couches
du jambage nord, ainsi qu'on le constate au rocher du **Rubli.** Au creux
d'Entre-deux-Sex, sur l'escarpement S.-O. de ce rocher, on voit les couches
à Mytilus, surmontées du massif du malm, s'amincir de plus en plus à l'approche de l'escarpement sud, à mesure qu'elles s'élèvent vers l'arête. Au pied
même du rocher, là où aboutit l'arête qui relie le rocher du Rubli au Rocher
à Pointes, la couche supérieure à *Modiola* (niveau A partie supérieure) a été
entièrement laminée sur une certaine longueur.

Le creux d'Entre-deux-Sex présente de plus une bonne coupe de couches
à Mytilus, du niveau D au niveau A. Le malm qui constitue le sommet même,
est un massif épais, très disloqué ; il est assis sur les couches à Mytilus qui
passent au milieu du vertigineux escarpement S.-E., en formant une étroite
corniche qui rejoint la bande du couloir de la Mariaz. On peut se rendre compte de l'état de dislocation de cette masse rocheuse, en montant
au sommet par le passage ordinaire, dont le seul point difficile est précisément une surface de glissement, vrai miroir, incliné du côté du nord et qui
débouche au-dessus d'un escarpement très élevé ; cette surface nommée
*la planche* peut être franchie grâce à une crevasse qui l'entrecoupe presque
horizontalement.

Les **Rochers à Pointes** présentent des dislocations plus extraordinaires encore (Pl. VIII, fig. 1). Ils forment une arête étroite entre le Creux de
Pralet et le ravin d'*Entre-deux-Sex*. On y distingue trois sommets ou pointes
qui sont déterminés par la présence des couches à Mytilus. Le sommet le plus
septentrional qui est aussi le plus bas, est constitué par les bancs fortement
inclinés et brisés du malm. Une entaille étroite sépare cette pointe de celle
du milieu ; les couches marneuses du niveau A du bathonien à Mytilus y
affleurent et descendent dans deux couloirs rapides de chaque côté du rocher.
La pointe médiane est formée par l'assise calcaire inférieure du niveau A,
qui sépare les couches marneuses de ce dernier de la zone fossilifère B.

Celle-ci affleure, avec toute la série descendante des couches à Mytilus, au pied de cette pointe dans deux couloirs qui conduisent l'un dans le Creux de Pralet, l'autre dans le Creux d'Entre-deux-Sex. Les couches bathoniennes isolent ainsi la troisième pointe, la plus élevée, le *Rocher-Pointu* (2255$^m$), lequel domine la Videman.

La structure de cette arête déchirée est remarquable, surtout celle du Rocher-Pointu; les autres parties sont également très disloquées. Ne pouvant suffisamment bien rendre la disposition embrouillée des couches par les profils au $^1/_{50000}$, nous donnons l'aspect de toute cette arête dans un croquis pris du sommet occidental du Rocher-Plat (Pl. VIII, fig. 1). Ce croquis ne demande que peu d'explications, tellement la structure de cette sommité se présente clairement de ce point de vue. Le massif du malm au N.-O. est brisé par plusieurs failles parallèles avec relèvement de la lèvre S.-E. Les couches marneuses du niveau A ne sont le plus souvent que ployées autour des angles vifs des bancs faillés du calcaire. Ces mêmes ruptures, avec une netteté bien plus grande encore, se présentent dans le massif calcaire du niveau A, qui forme la pointe du milieu ; ce banc paraît comme morcelé par les fractures qu'il a subies et, ici encore, celles-ci correspondent à des plissements des couches à Mytilus plus marneuses qui sont en dessous (C, D et E).

Le niveau B reposant normalement sur les couches à Modiola (C) forme une bande presque continue au pied de ces rochers et affleure encore au col. Il participe aux cassures du massif calcaire.

Enfin vient le second massif calcaire, formé de malm, et qui supporte le Rocher-Pointu. Les couches à Mytilus viennent butter en discordance contre la paroi inclinée de ce massif, lequel se raccorde parfaitement, avec les bancs qui forment la grande surface inclinée d'environ 50° du Rocher-Plat.

Le sommet du Rocher-Pointu offre de nouveau les couches à Mytilus, non dans l'ordre inverse, comme on pourrait le croire, en supposant une voûte écrasée ou normale, mais absolument dans *le même ordre* qu'entre la première et la troisième sommité (Pl. VIII, fig. 8). On trouve d'abord, au sommet même, les couches de marnes et de calcaires marneux du niveau A dans un état de désagrégation très avancé. De grands amas de blocs menacent de s'écrouler de ce sommet. Le massif calcaire du niveau A forme le premier escarpement tourné au S.-E. En dessous de celui-ci affleure la couche à *Myes* (B) et ensuite toute la série des couches à Mytilus, jusqu'aux couches de grès E qui en forment la base et reposent sur des bancs calcaires, dont la surface jaunie est couverte par places de petits cristaux de fer oligiste.

Voici la série des couches que l'on rencontre à partir du sommet du rocher (Pl. VIII, fig. 9, partie comprise entre A et E de fig. 8) :

A.  1 *Lits marno-calcaires* gris avec grandes *Modiola* et *Myes* écrasés et souvent méconnaissables ; en partie disloqués en grands blocs.

B.  2 *Massif calcaire* gris formant escarpement.

C.  3 *Couche marno-calcaire* à *Myes* et *Mytilus laitmairensis*.

   4 *Schiste* gris sans fossiles.

D.  5 *Couche schisteuse* à *Modiola imbricata*.

   6 *Schiste* gris à fossiles triturés ; *Astarte rayensis*.

   7 *Couche charbonneuse* peu épaisse.

   8 *Schiste* foncé à fossiles brisés ; *Astarte rayensis*, etc.

   9 *Charbon* assez pur.

  10 *Schiste* noir sans fossiles.

E.  11 *Grès* jaune.

  12 *Schiste* jaunâtre.

  13 *Calcaire* gris, jaune à sa surface en bancs épais. C'est à la surface de ce calcaire que l'on trouve les petits cristaux de fer oligiste.

Cette dernière assise a 8 à 10ᵐ d'épaisseur et plonge, comme le reste des couches, au N.-O. de 25-30°, c'est-à-dire bien plus faiblement que le massif calcaire formant la base du rocher et que l'on traverse pour arriver à la Videmanette ; ce massif butte là, par une surface de faille, contre de la cargneule suivie d'une nouvelle série de couches à Mytilus dont nous parlerons plus loin.

La présence de cette nouvelle série *non renversée* de couches à Mytilus au sommet même du rocher paraît bien étrange.

On voit d'emblée que ces couches 1-13 ne sont pas en place et que leur position doit être attribuée à un affaissement. En effet, toutes les couches à Mytilus que nous venons de constater là, depuis les bancs de calcaire jauni qui les supporte, jusqu'aux lits qui forment l'extrême pointe du Rocher, ont un plongement très différent de celui des couches qui constituent la base et le flanc nord des Rochers à Pointes. D'abord faiblement inclinées au nord, ces couches deviennent bientôt horizontales en arrière de l'escarpement, sur le côté qui fait place au Creux du Pralet; elles se relèvent même en plongeant au sud, et finissent par devenir verticales en s'appuyant contre la tranche du massif calcaire qui forme le reste du Rocher-Pointu. La surface de contact est très unie, comme une vraie surface de glissement; du reste les bancs massifs du pied du rocher, qui sont très distinctement la suite de ceux du Rocher-Plat, conservent en dessous des couches affaissées le même plongement; ils n'ont donc pas pas participé à l'affaissement. C'est une couche charbonneuse qui permet surtout de bien reconnaître les plongements que prennent successivement les couches à Mytilus dans leur position affaissée.

Il y a dans la structure du Rocher à Pointes tout un problème de géologie dynamique des plus captivants. Peut-il y avoir le moindre doute encore sur le mode de dislocation de ces rochers et de l'arête du Rubli tout entière, sur l'action du refoulement latéral et les effets secondaires de la pesanteur? Pour celui qui a parcouru et étudié sur place tous les terrains indiqués dans nos croquis et établi leurs relations, ces dislocations ne paraissent pas avoir d'autre cause qu'une puissante poussée latérale; elle a eu pour effet principal de faire glisser le jambage N.-O. par-dessus le jambage S.-E. déjeté et appuyé fortement au S. par la masse du flysch et de brèche calcaire; de là le morcellement des bancs calcaires dans la partie supérieure. Ce jambage ayant glissé par-dessus l'escarpement du jambage S.-E. s'est affaissé en partie, ce qui explique l'origine du curieux lambeau de couches à Mytilus au sommet du Rocher-Pointu.

On comprend ainsi pourquoi le retour des couches à Mytilus n'est pas visible; nous avons affaire ici à un pli combiné avec un commencement de chevauchement, et, si le flysch enveloppait tout le pied du Rocher-Pointu par exemple, personne ne supposerait plus ici l'existence d'une voûte déjetée, pas plus qu'à la chaîne des Gastlosen. Cet exemple permet même de conclure que si l'on pouvait dégager suffisamment cette chaîne de son enveloppe de flysch, elle présenterait une structure assez semblable à celle du Rubli.

Voilà ce que nous avons reconnu au Rocher à Pointes; mais là ne s'arrêtent pas toutes les complications: En descendant du Rocher-Pointu vers l'arête de la **Videmanette**, on traverse un petit col creusé dans de la cargneule, formé sans doute aux dépens de la roche assez dolomitique qui constitue la base des couches à Mytilus, et on se trouve en présence d'un nouvel affleurement calcaire, situé ainsi au pied du malm, *en dehors* de la voûte couchée du Rubli. Ce sont encore les *couches à Mytilus* lesquelles buttent au S. contre les bancs de la brèche de la Hornfluh par une surface de faille bien évidente.

Ces couches bathoniennes forment une bande qui se poursuit au S.-O. du Creux du Pralet jusque vers les chalets de la Videman, où elle s'arrête brusquement. Elle ne se retrouve pas non plus à l'est de la Videmanette. Cet affleurement présente des assises semblables à celles du Rocher-Pointu; elles sont placées dans l'ordre normal et plongent seulement plus fortement au N.-O. (70-75°). Le niveau A, formé par les couches à grandes *Modiola imbricata* occupe le côté qui fait face au Rocher-Pointu et au Rocher-Plat et touche à la cargneule. Les assises B et C sont au sud; la dernière touche à la brèche calcaire repliée à son contact et qui forme tout le dos arrondi de la Videman (Pl. VIII, fig. 8).

Il est difficile d'expliquer cet affleurement par un nouveau repli des terrains jurassiques; il nous semble plus naturel de supposer que la zone de couches à Mytilus de la Videmanette n'est qu'une masse affaissée, sorte de grande corniche qui surplombait et que l'érosion aurait fait s'effondrer soit pendant soit après le dépôt de la masse éocène entourant la crête calcaire.

Entre le Rocher-Pointu et le pied de la pyramide du Rubli, le calcaire du malm, souvent fissuré, présente des veines injectées de matière ferrugineuse, dont la surface de la roche est salie et altérée. Ce fait peut être mis en relation avec les failles qui entrecoupent ce terrain.

Avec le **Rocher-Plat** (2262ᵐ), la structure de la chaîne du Rubli commence à changer notablement. Les couches compactes renversées du jambage sud constituent à elles seules le sommet de ce rocher, sous forme d'une arête aiguë et étroite; les couches à Mytilus sont refoulées au nord et forment, avec le malm du jambage nord, dont les bancs sont presque verticaux, le Rocher-Pourri qui est de 300 mètres plus bas que le Rocher-Plat. Au sommet de ce dernier, les couches plongent de 50° environ, ce qui donne à cette montagne une structure *en éventail* assez nette (Pl. VI, fig. 4). Entre le sommet (1955ᵐ) du **Rocher-Pourri** et la pente du Rocher-Plat s'étend une arête complètement désagrégée d'où s'abaisse au S.-O. une pente couverte d'éboulis. Les couches à Mytilus (*ji*) du Rocher-Plat ne présentent également qu'une seule série. Une petite faille en sépare un lambeau qui s'est affaissé un peu plus bas vers le Creux du Pralet. Le massif vertical de ce malm (*js*) qui forme le contrefort du Rocher-Pourri, peut être contourné en descendant jusqu'à la sortie du Creux du Pralet, dont le fond est rempli d'éboulis. On trouve au pied de ce rocher, dans un petit col qui le sépare de la *Tête de Cananéen* (1845ᵐ), les couches rouges du crétacé (*cr*), d'abord presque verticales, puis plongeant sensiblement au N.-O. Elles sont surmontées par les alternances de marnes et de brèche compacte de l'éocène qui constituent toute cette dernière colline. Une nouvelle zone de couches rouges crétacées affleure près de la *Case de Cananéen;* elle forme le rocher qui domine les pâturages de Raveyres ; cette zone, souvent interrompue, se poursuit au N.-E., et va rejoindre celle que nous avons précédemment constatée au Pont des Praises sous Rougemont et au Vanel ; la direction des couches est absolument la même dans ces deux endroits. Ici encore, la brèche de la Hornfluh remplit une synclinale légèrement déjetée au S.-E. et se trouve dans une position tout à fait analogue à celle de la colline de la côte aux Rayes sur Rougemont. Des collines intermédiaires, celles des *Martignys* et la *Yacca* sont également formées de la brèche éocène, dont les couches plongent rapidement au N.-O. comme à la Tête du Cananéen.

La zone de brèche de la Hornfluh qui remplit l'espace entre ces deux bandes de couches rouges, dont celle du N.-O. est un repli aigu, est très large entre le Vanel et le pied du Rubli et se rétrécit vers le S.-O. A la Tête de Cananéen sa largeur est déjà bien réduite et du côté opposé de la Gérine elle s'éteint complètement.

La masse calcaire qui s'élève au S.-O. du ravin de la Gérine, est le massif du **Rocher du Midi** (2100ᵐ). Le ravin transversal qui sépare ce dernier du Rocher-Plat et du Rocher-Pourri, ne permet pas de reconnaître la structure de cette montagne, les pentes étant de part et d'autre, surtout du côté du Rocher-Plat, couvertes d'éboulis en talus presque continu.

Ce tronçon de la chaîne du Rubli commence par le *Rocher de la Siaz* (1730$^m$). Ici, la voûte se renverse peu à peu. Au commencement du Rocher de la Siaz, les couches plongent encore visiblement au N.-O. comme au Rocher-Plat; mais à mesure qu'on s'avance à l'ouest, en suivant le pied méridional de la chaîne, les couches se redressent, deviennent verticales et finissent par se déjeter au nord. La synclinale qui doit se trouver au pied N. de ce rocher, sur la suite de celle de Cananéen entre le Rocher du Rodosex et celui de la Siaz, se resserre complètement; on y trouve de la brèche calcaire souvent décomposée et semblable à de la cargneule.

Le *Rodosex* est un rocher calcaire formé d'un noyau jurassique flanqué de des deux côtés de couches rouges. Le plongement de ses couches n'a pas suivi la modification observée dans les couches du Rocher du Midi, car du côté nord, on voit les couches jurassiques qui en sont la suite, redressées contre les bancs déjetés au N. du Rocher du Midi, ce qui donne l'aspect d'une anticlinale à la petite synclinale qui se trouve entre deux.

Le Rocher du Midi est facilement accessible de tous les côtés, sa structure est peu claire. La forme de voûte est manifeste, surtout au S.-O. dans le voisinage du col de la Basaz. Les terrains y sont absolument dépourvus de fossiles. Les couches à Mytilus y manquent, soit qu'elles n'affleurent pas, soit qu'elles soient représentées par des lits stériles, peut-être par les alternances marno-calcaires qui forment un grand couloir au-dessus du Plan d'Eythellaz.

Au *col de la Base* ou de la Basaz (1857$^m$) le pied du Rocher du Midi est bordé de cargneule laquelle est en contact avec le flysch. Cette roche réapparaît dans la même position au pied N. du rocher, au Dailler, où elle est encore plus développée. Elle y a l'aspect d'un terrain détritique semblable à des éboulis agglomérés. Un affleurement calcaire se montre un peu plus à l'ouest en forme de klippe au milieu du flysch; c'est peut-être le dernier prolongement du Rodosex. La zone des couches rouges, si constante entre le flysch et le malm, qui passe au pied N.-O. du Rubli, au col de Cananéen, au pied du Rocher-Pourri, s'arrête déjà au Rodosex et n'apparaît plus nulle part au S.-O. de ce point [1].

[1] On se demande involontairement s'il n'y a pas peut-être un certain rapport entre le Rodosex, suite

Le Rocher du Midi se termine brusquement au col de la Basaz après avoir atteint son maximum de hauteur au sommet de 2100$^m$ et s'être approché considérablement de la chaîne de la Gummfluh. Une immense pente couverte d'éboulis, de calcaire, de grès et de cargneule, descend du rocher vers la vallée transversale de la Tourneresse.

C'est ainsi que s'arrête la chaîne du Rubli, plus subitement encore qu'elle n'avait commencé près de Gessenay; elle offre dans son ensemble l'aspect d'une grande klippe.

### Région entre le Rubli et la Gummfluh.

Entre les deux chaînes-sœurs du Rubli et de la Gummfluh s'étend une région de structure compliquée. Elle doit être envisagée comme dérivant d'une synclinale, ainsi que l'indiquent l'existence des couches crétacées sur plusieurs points, notamment au pied de la Gummfluh, et la présence du flysch avec ses fucoïdes caractéristiques, qui se relie au N.-E., à celui de la zone de Niesen.

Mais il n'y a pas partout du flysch typique; une grande partie de cette dépression est comblée par la *brèche de la Hornfluh*, roche compacte, qui constitue des arêtes égalant en hauteur celles du jurassique supérieur.

Le flysch a son plus grand développement entre la vallée de la Sarine et les vallons de Rubloz et de Comborsin, dans une région qui est entrecoupée par le Kalberhöhni qui se jette dans la Sarine près de Gessenay. Il forme au bord de la Sarine une arête arrondie qui se rattache à celle de la Gummfluh, dont elle semble être le prolongement. Peut-être en effet l'anticlinale de la Gummfluh se continue-t-elle sous ce dos arrondi de flysch.

Dans toute cette région, jusque vers la combe de Comborsin, on rencontre encore le flysch normal, avec ses schistes à fucoïdes, marnes plaquetées, grès, etc., d'une couleur gris clair. Mais sur les bords du bassin, au pied de la

du pli crétacé de Cananéen, et la voûte aiguë de la Braye, formée de jurassique et de crétacé, laquelle commence à Praz-Perron, juste à l'endroit où s'arrête, à deux kilomètres au sud, le Rodosex. On ne peut dans ces circonstances penser à une continuité des couches ployées ; mais ce pli de la Braye ne serait-il pas la compensation de celui du Rodosex qui s'efface ?

Dorffluh, du Rubli, et, du côté opposé, au bas des rochers abrupts de la Gummfluh, apparaît le terrain bréchiforme presque compact, que nous avons décrit sous le nom de *brèche de la Hornfluh*.

Les pentes gazonnées, interrompues par quelques petits escarpements qui flanquent le versant S.-E. de la Dorffluh au-dessus du Kalberhöhni, sont entièrement formées de cette roche. Les bancs régulièrement disposés de cette brèche se poursuivent dans une petite arête qui s'élève depuis les chalets du Rubloz vers le sommet de la Videman, dont le dos arrondi domine les pâturages de la Verraz. Les couches y plongent fortement au N.-O. contre le malm ou contre les couches à Mytilus (Pl. VIII, fig. 8).

Un col se trouve entre le dôme de la **Videman** et l'arête de la **Tzao-y-Bots**; celle-ci va se relier à la Gummfluh, dont elle reste toutefois séparée par la cheminée de la Chenau-Rouge où affleure le crétacé rouge. Cette arête sépare le bassin du Kalberhöhni de celui de la Gérine; on y retrouve les mêmes terrains qu'à la Videman, brèche, grès et schistes, avec les caractères indiqués plus haut. On pourrait admettre pour ces bancs une disposition en bassin, en considérant ceux de la Videman comme faisant suite à ceux qui s'appliquent contre les bancs du crétacé et du malm au pied de la Gummfluh. Toutefois la structure de ce massif ne paraît pas être aussi simple, car au pied même de la pointe de la Tzao-y-Bots affleurent les couches rouges crétacées en position verticale, froissées et laminées au milieu de roches noires siliceuses et schisteuses qui passent, à une faible distance, à la brèche calcaire.

Des roches du même genre apparaissent encore jusqu'au petit col entre la Tzao-y-Bots et la Videman. Juste au point le plus bas de ce col aboutit une petite arête rocheuse, qui commence au-dessus des chalets de la Videman et dont la suite au N.-E. du col ne se voit plus. Cette petite arête est formée d'une roche spathique foncée dont nous avons déjà fait mention en parlant de la brèche de la Hornfluh; c'est peut-être du lias ou du jurassique inférieur. Un petit affleurement calcaire foncé existe aussi sur la surface S.-E. de la Videman, totalement enveloppé de la brèche calcaire. M. Rittener y a trouvé une bélemnite. C'est de cette même couche que provient une ammonite trouvée en 1872 par M. E. Favre. Nous avons affaire là à des *klippes* dont il n'est pas possible d'établir les relations, ni avec la brèche, ni avec les rochers calcaires très voisins du Rubli. Il est évident toutefois, que la roche bréchiforme les entoure de toutes parts, si bien qu'il semble avoir passage de l'une à l'autre. Ces calcaires sont probablement les débris d'une voûte disloquée, brisée et érodée, pendant la formation de la brèche, dont les matériaux ont été arrachés à cette voûte. (Voyez les profils au 1 : 50000 de M. Schardt. *181*, Pl. III, fig. 4 et *109*, Pl. B, fig. 3.) (Pl. XVI, fig. 4.)

Nous verrons plus tard que la présence d'une zone de couches à Mytilus au Rocher de Coumattaz démontre l'existence d'un repli intermédiaire entre la voûte de la Gummfluh et celle du Rubli. Le profond ravin de la Gérine ne peut pas nous renseigner sur la structure interne de l'arête de la Tzao-y-Bois. Les éboulis y recouvrent tout ce que la végétation n'a pas encore envahi. Il paraît certain qu'une masse de calcaire jurassique assez large existe au pied des escarpements du Rocher-Plat, entre le torrent de la Videman et les rochers de la Tzao-y-Bois lesquels s'abaissent jusqu'au fond du ravin et se relient très visiblement aux mêmes couches qui forment la colline boisée de la **Tête de la Minaudaz** située à l'ouest de la Pierreuse au pied de la paroi verticale du Biolley. Les bancs de brèche calcaire et de grès (*βh*) y sont presque verticaux (Pl. VI, fig. 13).

Dans le reste du vallon synclinal, entre le Rocher du Midi et l'arête de la Gummfluh, la brèche calcaire a presque totalement disparu; cette roche s'arrête avec la colline de la Minaudaz près du grand cône d'éboulement de la Planaz ; des rochers jurassiques dénudés et déchirés lui font place au pied de l'arête de la Douvaz.

Une bande étroite de grès et de schistes se continue au pied du Rocher du Midi jusqu'au col de la Base, en formant les pâturages des Montagnettes et du Plan d'Eythellaz qui sont en partie recouverts d'éboulis. Une petite arête de malm limite nettement cette zone au sud, et la sépare de la zone de brèche et de grès qui occupe les pâturages de la Planaz et de la Minaudaz ; elle se voit en dessous de la Planaz et se relie à une autre petite arête, plus élevée, qui se dirige du côté du col de la Base. A leur point de rencontre, un petit ruisseau qui sort du Gor de la Planaz, se précipite par-dessus les rochers; c'est une source vauclusienne qui jaillit au fond d'une sorte d'étang

— 419 —

près de *l* [*la* Planaz] au bord de l'affleurement calcaire. Il y a là de la cargneule formée probablement par la décomposition de la brèche de la Hornfluh; son étendue est cependant trop restreinte pour qu'il soit possible de déterminer ses relations avec cette dernière roche.

La petite arête calcaire, dont nous venons de parler, est séparée du Rocher du Midi par un petit vallon comblé de schistes éocènes qui monte insensiblement au col de la Base où les grès et schistes du flysch sont accompagnés de cargneule et de gypse.

Plusieurs autres petites arêtes se montrent encore au pied des rochers de la Douvaz et de Coumattaz; elles semblent être dues à des replis de malm complètement débarrassé ici de l'enveloppe éocène.

Le bouleversement est si grand dans toute cette région qu'on ne peut déterminer la forme exacte de ces replis dont l'existence est cependant bien indiquée par la présence des couches rouges crétacées. Des rochers verticaux, tels que le **Château aux Chamois,** présentent, soit à leur pied, soit à leur sommet, des lambeaux de couches rouges pincés entre les massifs calcaires ou collés contre les parois abruptes et dénudées.

Il n'y a pas moins de trois zones de couches rouges dans cette région. L'une, la plus régulière, suit exactement le petit vallon qui s'ouvre du côté du Gor de la Planaz et va, en se rétrécissant, se terminer un peu à l'est du col de la Base par une étroite cheminée comprise entre les cotes 1803$^m$ et 1893$^m$. Un second lambeau pénètre comme un coin dans le massif de malm qui forme le Château aux Chamois. Un troisième lambeau est resserré entre ce rocher et la paroi vertigineuse de la Douvaz où il détermine un couloir très rapide. Cette disposition, aussi curieuse qu'embarrassante, montre combien les synclinales, comblées d'habitude par les dépôts éocènes, sont loin d'avoir la structure simple et régulière qu'on leur attribue dans les profils. Cet exemple est aussi frappant que celui de la vallée du Château-d'Œx.

Ces couches rouges renferment de nombreux Foraminifères tous déformés par la compression, comme ceux du même terrain de la Chenau-Rouge.

Ces replis du malm nous aident à comprendre la nature des klippes que nous avons constatées à l'arête de la Videman et de la Tzao-y-Bots. La petite arête qui passe à côté du Gor de la Planaz est en effet sur le prolongement exact des rochers calcaires qui sont en dessous de la Videman et ceux-ci sont en dessous de la klippe de calcaire spathique du col entre la Videman et la Tzao-y-Bots. Enfin la présence des couches rouges s'explique encore plus facilement maintenant que nous connaissons la configuration du fond de la synclinale, en dessous du remplissage éocène.

Toutefois il ne faut pas se représenter les répétitions des couches rouges au pied de la Douvaz comme étant le résultat de plis réguliers du malm. Le dédale au milieu duquel ces lambeaux se montrent, fait croire plutôt à des cassures répétées dont l'origine était peut-être un commencement de replis.

Tous ces replis ou cassures n'ont pas leur correspondant exact dans l'arête des Rochers de Coumattaz qui sont pourtant sur leur prolongement. Une surface relativement plane, couverte d'éboulis et de lapiés, les en sépare; on la nomme le *Plan de la Douvaz*. Un beau talus d'éboulement borde le pied des Rochers de Coumattaz qu'une entaille, due apparemment à une synclinale, sépare de la Pointe de la Douvaz. Nous n'y avons pas constaté de couches rouges quoique des calcaires plaquetés y soient peut-être le représentant du crétacé. En franchissant l'arête par cette dépression, on peut descendre dans la vallée de l'Etivaz; les **Rochers de Coumattaz** qui s'élèvent entre elle et le col de la Base, sont une anticlinale écrasée et déjetée au S.-E., ils sont probablement la suite de l'un de ces replis dont nous avons constaté l'existence dans le vallon de la Planaz et au pied de la Douvaz. Mais la présence des couches à Mytilus aux Rochers de Coumattaz explique, mieux que toute hypothèse, l'origine de la klippe jurassique de la Videman à environ 2000$^m$ d'altitude. Il suffit, en effet, qu'un repli aigu, comme celui des Rochers de Coumattaz, fut englobé dans le flysch, pour qu'il pût se former des affleurements très limités, soit de malm, soit de jurassique inférieur au milieu de ce terrain.

Le **col de la Base** (1865$^m$) est une synclinale des plus évidentes. En quittant les couches à Mytilus des rochers de Coumattaz et se dirigeant vers le nord, on traverse, à l'approche du col, un épais massif de malm, dont les bancs plongent d'abord au N. et deviennent bientôt verticaux.

Au col même, au pied de ces rochers, il y a du gypse plongeant au S. L'assise est assez épaisse et est accompagnée de flysch, avec le même plonge, ment; une zone de cargneule est appliquée contre le malm du Rocher du Midi. La seule anomalie serait donc le plongement sud du gypse au pied des Rochers de Coumattaz, dont les assises sont verticales; il n'y a pas à s'étonner, lorsqu'on songe au bouleversement énorme que les couches ont subi dans cette étroite synclinale qui a presque le caractère d'une cheminée, resserrée qu'elle est entre deux grands massifs calcaires.

C'est ainsi que se termine ce bassin éocène entre les deux chaînes calcaires. Large d'abord de quatre kilomètres dans la région du Kalberhöhni, il n'en reste au col de la Base à peine 200 mètres; il faut toutefois se souvenir que les Rochers de Coumattaz sont sans doute le correspondant d'un repli qui a pris naissance au milieu de la synclinale. Avec celle-ci s'arrêtent aussi les deux chaînes calcaires elles-mêmes.

### Chaîne de la Gummfluh.

Vers son extrémité orientale, cette chaîne aiguë et déchirée chemine presque parallèlement avec celle du Rubli, mais bientôt elle va en convergeant avec celle-ci et se soude aux Rochers de Coumattaz.

Dans son ensemble, elle forme une voûte, d'abord presque verticale et écrasée, puis constamment déjetée au S., dans toute la partie où la direction de la chaîne est O.-E. Dans cette disposition, ses couches reposent au S. sur les énormes assises éocènes de la région du Niesen et sont adossées au N. à la masse de brèche de la Hornfluh.

D'abord peu élevée à l'endroit où elle apparaît sous la couverture de flysch près d'Eggli (1600ᵐ), cette arête s'élève rapidement et forme le rocher de **Wildenboden** (1904ᵐ); elle s'abaisse ensuite dans l'arête de l'**Esel,** où elle commence à se déjeter vers le sud, puis elle s'élève de plus en plus en formant les rochers découpés et sauvages du massif de la Gummfluh.

Les pointes les plus saillantes qui se succèdent comme les dents d'une scie, sont toutes taillées dans le malm du revêtement N. de la voûte, tandis que le dogger n'apparaît que sur le versant sud; il se montre en premier lieu au pied de la pointe du Wildenboden, suit sur une certaine longueur le pied N. de l'arête de l'Esel qui appartient au jambage S. C'est au pied N. de cette dernière arête que s'ouvre le grand dévaloir dans lequel descend le gigantesque cône d'éboulement de Comborsin.

Le premier massif calcaire que l'on rencontre à l'est de ce couloir, est la **Pointe de la Combe** (2394ᵐ) presque aussi haute que la Gummfluh. Sa pente vertigineuse s'abaisse vers le haut du vallon de Comborsin, en dominant le cône d'éboulement. La zone de dogger suit exactement le fond de l'étroite cheminée par laquelle se termine le dévaloir. A partir de la pointe de la Combe, ce terrain passe définitivement sur le versant S. de l'arête. Entre la pointe de la Combe et la Gummfluh est l'encoche de la *Grand'Combe*, passage ordinaire pour faire l'ascension de cette dernière sommité en venant depuis le nord; la pente sud, bien moins rapide, est accessible par plus d'un passage.

La **Gummfluh** elle-même (2461ᵐ), est une pyramide élancée, à base massive, dont l'aspect imposant est augmenté encore par la paroi vertigineuse de malm qui s'abaisse au N. vers les pâturages de la Pierreuse et l'étroite cheminée de la Chenau-Rouge. Une petite encoche, le Grand-Creux, la sépare de la *Pointe du Brecaca*, d'environ 250ᵐ plus basse. La pittoresque *Potze-di-Gaulès* (poche des dévaloirs) est un creux plus profond encore qui sépare le Brecaca de la pointe du Biollet, tandis qu'une étroite arête, en pleine voie d'éboulement, en forme la paroi du côté du sud et permet d'arriver presque sans descendre depuis le pied de la Gummfluh jusqu'au pied de la **Pointe du Biollet** (2326ᵐ).

Une nouvelle cheminée descend de celle-ci vers le N.-O. en isolant une arête plus découpée encore, dont le sommet le plus élevé, la **Pointe de la Douvaz** (2173ᵐ), précède un rapide abaissement de la chaîne avant sa fusion avec les Rochers de Coumattaz. Dans toutes ces sommités, le malm est presque vertical ou plonge rapidement au N.

La zone de dogger se montre clairement sur la **pente sud** en dessous de la Gummfluh et du Biollet. Les lits de calcaire foncé, interrompus de marnes peu épaisses, se distinguent franchement du massif de malm qui lui est superposé.

A trente mètres environ au-dessous de l'arête du Grand-Creux au S. du Brecaca, il y a, près de la limite du malm et du dogger un *dépôt ferru-*

*gineux* qui remplit les fentes assez larges de la roche. Ce dépôt rappelle beaucoup le sidérolithique du Jura, mais en diffère par l'absence complète de grains pisolithiques. La couleur est du reste jaune ocre, et non rouge comme chez la plupart des dépôts de sidérolithique. Peut-être était-elle rouge primitivement et la couleur jaune serait due à une hydratation postérieure.

Un second affleurement, plus restreint que le premier, existe encore à 70$^m$ plus bas sur la pente. La nature pétrographique est la même; ocre jaune, avec rognons plus denses composés probablement du fer hydraté presque pur. Malgré leur analogie apparente avec les dépôts sidérolithiques du Jura, il n'y a rien qui indique que cette formation appartienne, comme ces derniers, à l'âge éocène. Il est probable toutefois qu'elle est contemporaine de la plus forte dislocation de la chaîne.

Il est frappant de voir que le malm du jambage déjeté sud de la voûte a à peine le quart de l'épaisseur de celui du nord, lequel constitue les énormes massifs calcaires de la Gummfluh, du Biollet, etc. L'endroit où il est le plus épais est le Wildenboden et l'arête de l'Esel où cependant il n'est pas encore déjeté. Il est à supposer que l'érosion opérée pendant le dépôt du flysch en a considérablement réduit l'épaisseur et l'a fait disparaître entièrement par places avec le crétacé supérieur qui devait certainement le recouvrir, ainsi que l'indique, près du sommet de la Gummfluh, un très petit lambeau de brèche rouge, formée de fragments de malm empâtés dans une masse marneuse rouge.

De ce côté, le malm ne repose pas toujours directement sur le flysch. Il y a entre deux, sur presque toute la longueur, une épaisse zone de cargneule. Elle se montre d'abord au S. de Wildenboden, où elle longe la rive du Fallbach entre le malm presque vertical et le flysch du fond de ce ravin; on peut la suivre sur une assez grande longueur, mais les éboulis et la végétation masquent habituellement cette roche, dont le relief se fait peu remarquer. Dans le bas du ravin du Fallbach, tous les affleurements sont recouverts d'épais dépôts glaciaires, formés sans doute par un glacier qui était encaissé entre la Doggelis-Fluh et l'arête de la Gummfluh (vallon du Meyelsgrund). Il est assez étonnant de retrouver dans le bas de ce vallon, à partir de sa jonction avec la vallée de la Sarine, une zone de cargneule longeant le bas de la pente de flysch entre Flumad et Gstaad, tout le long de la Sarine. Cette bande de cargneule est sur le prolongement de celle de Wildenboden.

Si, comme nous l'avons supposé jusqu'alors, ces cargneules dérivent de brèches calcaréo-dolomitiques, modifiées par les infiltrations et formées aux dépens de chaînes calcaires pendant le dépôt du flysch, cette zone de cargneule serait bien un indice de la continuation de la chaîne calcaire; c'est la roche détritique bordant le pied de la klippe invisible sous les autres dépôts éocènes.

**Le flysch de cette région** est essentiellement schisteux; il y a aussi quelques couches bréchiformes et des schistes rouges feuilletés analogues à ceux de la scierie des Paccots dans la vallée de la Gérine. Depuis le haut du Meyelsgrund jusqu'à la dernière extrémité de l'arête, les couches éocènes plongent sous la masse calcaire déjetée. La cargneule se montre chaque fois que les éboulements ne la recouvrent pas. Elle se poursuit au-dessus du *Petit Jable* et du *Plan du Laro* et devient assez épaisse en dessus de *Beauregard*, pâturages situés sur le flysch. Entre le Gros et le Petit Jable, le flysch apparaît au milieu des éboulements en formant une arête interrompue seulement par le grand cône d'éboulement du Gros-Jable, au pied de la petite arête reliant le Wytenberghorn à la Gummfluh. Celle-ci permet de constater des contournements fort curieux du flysch, qui, pressé contre le pied de l'arête calcaire, s'est plissé et froissé ainsi que le montre le profil (Pl. XVI, fig. 6).

Entre la petite zone de flysch, au milieu des éboulis et le pied de la pente de la Gummfluh, s'étend une surface presque plane, couverte d'énormes blocs. On pourrait supposer qu'elle a été produite par un effondrement causé par la présence du gypse qui affleure plus loin. En suivant la zone de cargneule au-dessus de Beauregard, et en descendant vers le **vallon de l'Étivaz** sans quitter le pied de la chaîne calcaire, on chemine presque constamment sur le flysch, ayant plus haut, à sa droite, la zone de cargneule. A la **Dierdaz,** il y a du gypse en grande épaisseur; une source jaillit au pied même du rocher de gypse, tandis que la cargneule se trouve plus haut. C'est cette source sans doute qui a provoqué l'éboulement par lequel le gypse, invisible jusqu'alors, a été mis à découvert. Une dizaine de grandes sources, nommées sources des *Bornes*, jaillissent un peu au nord de cet endroit au pied des rochers de Coumattaz; elles ont toutes une température de 6°; deux ou trois d'entre elles ont 6°,2, augmentation due sans doute à leur cours superficiel, car elles sortent toutes parmi d'immenses blocs éboulés (28 juillet 1882).

Les deux chaînes calcaires, dont nous venons ainsi de terminer l'esquisse rapide, s'arrêtent avec la coupure transversale de la Tourneresse. L'accident qui a provoqué le passage de la rivière en cet endroit, a certainement précédé le creusement définitif de la vallée, car la Tourneresse se dirige d'abord du N. au S. comme si elle voulait franchir l'arête de la Gummfluh et rejoindre la Gérine qui coule du côté opposé exactement sur le même alignement, puis elle oblique à l'ouest, en longeant le pied de l'arête calcaire et passe enfin à l'extrémité occidentale du massif pour traverser la gorge du Pissot et rejoindre la Sarine.

**Au delà de la Tourneresse,** les deux hautes arêtes n'existent plus; on chercherait en vain ce qui pourrait correspondre à l'une ou l'autre d'elles, car le relief de la région des Tésailles jusqu'au col des Mosses est parfaitement uniforme. Seul un affleurement calcaire, vraie klippe qui se continue du fond du ravin jusque vers le signal des Tésailles, en passant au N.-O. des *Siernes-Raynaud*, semble en indiquer le prolongement; la nature de la roche est analogue à celle de la chaîne du Rubli. Un autre plus petit affleurement de calcaire compact, sort comme un récif entre le gypse et le flysch près du *Gros-Pâquier*, à l'ouest de la Lécherette. Il ne semble pas que ce soit la continuation de la klippe précédente, car la large zone de gypse qui commence aux Bains de l'Étivaz et aux Siernes-Raynaud, passe obliquement entre les deux et va rejoindre sans doute la grande zone des Charbonnières au pied N.-O. du Mont-d'Or. Les *entonnoirs* dus à l'effondrement de cavernes d'érosion, sont nombreux dans cette zone gypseuse; plusieurs d'entre eux ont formé des petits lacs (Pl. VI, fig. 5).

*Arête du Mont-d'Or.*

Sur le prolongement exact de la seconde klippe calcaire, celle qui se trouve entre le Gros-Pâquier et la Lécherette, se montre, au S.-O. de l'Hongrin, l'arête aiguë et dénudée du Mont-d'Or. Elle s'élève sur le prolongement du groupe de Rubli-Gummfluh, mais on ne peut préciser de laquelle des deux chaînes elle est la continuation; il semble du reste inutile de vouloir chercher de la régularité dans ce dédale de klippes, de débris de chaînes disloquées que le manteau éocène enveloppe de toutes parts.

Le Mont-d'Or est formé de puissantes assises parfaitement régulières de bancs calcaires interrompus par des marnes. Toutes les couches plongent au sud dans le même sens, ce qui fait penser à une voûte écrasée, déjetée au N. La *disposition anticlinale* des couches des deux versants de l'arête est effectivement bien manifeste au-dessus des **Anteines d'Enhaut**, où les bancs du jambage N. sont verticaux et accompagnés même d'un lambeau de crétacé, tandis que ceux du jambage sud sont inclinés de 45° avec plongement S.-E.

L'arête du Mont-d'Or est d'abord peu élevée. Elle est boisée dans toute la partie N.-E. depuis le cours de l'Hongrin, où elle commence, jusqu'au point coté 1847ᵐ. Près des Anteinettes jaillissent plusieurs sources qui semblent indiquer la continuation du gypse des Charbonnières jusqu'à cet endroit.

A partir des Anteines d'Enhaut, le Mont-d'Or est très escarpé sur son versant N.-O. C'est à peine s'il est possible d'en franchir l'arête au-dessus du petit lac des Charbonnières et d'arriver à la pointe 2185ᵐ. Celle de 2043ᵐ est plus facilement accessible sur une pente presque gazonnée. A partir des Charbonnières, l'abrupt est absolument impraticable jusqu'à la Pierre du Moëllé, d'où la montée est facile sur l'arête de cargneule, brèche d'éboulement, etc., jusqu'à la pointe la plus extrême nommée **Le Mont** (2178ᵐ). D'immenses talus d'éboulement couvrent le pied de l'arête de ce côté.

Le **versant S.-E.** est régulièrement incliné et moins aride, mais absolument dépourvu d'eau. Il n'y a qu'un seul chalet sur l'arête à environ 1850ᵐ. Partout ailleurs le plongement uniforme des couches et leur nature compacte ne permet pas à l'eau de s'arrêter; plus bas les éboulis l'absorbent immédiatement.

Deux ravines ou creux profonds sont entaillés dans le versant de l'arête; ce sont les creux de la *Sonnaz* et celui de l'*Écuallaz*, dont chacun a donné lieu à un grand cône d'éboulement; celui du Larzey, sortant du dernier ravin, est très grand.

Une zone de cargneule, accompagnée probablement de gypse, longe aussi le pied de l'arête de ce côté-ci. La cargneule atteint sa plus grande altitude au chalet de l'Écuallaz ($1826^m$).

A la sortie du ravin, au S.-O. de l'Écuallaz, la roche calcaire du Mont-d'Or est traversée de fissures remplies de natrolite. Il faut sans doute attribuer sa formation à des infiltrations d'une source minérale, dont nous n'avons toutefois pas pu reconnaître le parcours. Ce minéral a tous les caractères de la natrolite et ne peut pas être distinguée des échantillons provenant des gisements typiques. Voici le résultat d'une analyse qui a été faite par M. le professeur Ch. Soret :

|                        |        |
|------------------------|--------|
| Eau                    | 9,96   |
| Silice ($SiO_2$)       | 47,87  |
| Alumine ($Al_2O_3$)    | 27,38  |
| Soude ($Na_2O$)        | 15,18  |
| Chaux ($CaO$)          | traces |

L'alumine est mélangée d'un peu de fer.

La chaîne du Mont-d'Or s'arrête brusquement au-dessus du Sepey par une pente couverte d'éboulements.


### *La vallée de la Grande-Eau et ses klippes jurassiques.*

La vallée de la Grande-Eau entre le Sépey et le village d'Aigle met à découvert une série d'affleurements calcaires qui se rattachent intimement aux précédents. Bien que cette vallée forme la limite de notre territoire, nous sommes obligés de dépasser le cours de la Grande-Eau au S.-E. pour compléter notre exposé.

Entre le petit plateau incliné de Leysin et de Veyge et les pentes d'Exergillod, Plambuit, Salins et Panex, sur la rive opposée de la Grande-Eau, affleurent des rochers calcaires dans lesquels nous avons reconnu les représentants du malm, du bathonien (c. à Mytilus) du toarcien, du lias inférieur (sinémurien et hettangien) et du rhétien. Ces affleurements calcaires forment d'abord deux zones distinctes, composées exclusivement de malm, entre lesquelles affleure du gypse, de la cargneule et du flysch, terrains qui bordent également le côté S.-E. de la zone calcaire.

Aux environs du **Sépey,** la structure paraît assez compliquée. Il y a là, à l'ouest du village, un rocher calcaire de malm, en contact avec de la cargneule, laquelle affleure sur une grande longueur dans le fond du ruisseau du Sépey jusqu'à ce qu'elle disparaisse sous les amas erratiques considérables de ce vallon. Le rocher calcaire, nommé *le Sex*, s'appuie contre le flysch du Cer et se poursuit jusqu'*Aux Rochers* dans la direction de la Pierre du Moëllé; cette dernière est peut-être l'extrême pointement de cette klippe enfoncée dans le flysch?

Sans l'abondance des dépôts glaciaires, on trouverait peut-être le raccordement du chaînon du Mont-d'Or avec une seconde klippe qui commence au Pont de la Grande-Eau entre les Planches et le Vélard sous le Sépey. Cette klippe est séparée de la première par du flysch et entourée presque de toutes parts par de la cargneule; cette roche forme une épaisse assise au Vélard même, sur la presqu'île, entre la Grande-Eau et le ruisseau du Sépey. Elle a sur plus d'un point l'aspect d'un tuf bréchoïde récent.

Aux *Frasses* sous le Cergnat, il y a du flysch en place tout près d'un affleurement de malm et d'un rocher de cargneule nommé *Rocher de la Balme*. En dessous de cet endroit, au fond du ravin de la Grande-Eau, en amont du Pont de la Tine, se retrouve la seconde klippe de malm qui paraît se bifurquer, car une troisième zone de malm forme un rocher abrupt un peu plus haut et se relie visiblement à une klippe isolée qui domine le hameau d'Exergillod et supporte les maisons de **Hauta-Cretaz.** Ici, la disposition des couches devient plus claire. Une coupe prise entre les rochers du Flot et Hauta-Cretaz donne la structure bien nette de cette partie de la vallée:

En descendant du plateau de Leysin (flysch et couches rouges) à travers les Rochers du Flot, on chemine sur le *malm* déjeté ; sur la grande route du Sépey viennent les *couches à Mytilus* dans la même position, puis le *lias* et le *rhétien* (*rh*, Pl. VI, fig. 6) flanqués à leur tour de calcaires équivalents sans doute au bathonien (*ji*) et suivis de malm (*js*) identique à celui du Flot. Cette roche forme sur l'autre rive de la Grande-Eau, le promontoire des *Larrets* sous Exergillod.

Il y a donc évidemment une voûte rompue entre le plateau de Leysin et les rochers des Larrets ; cette voûte est déjetée au N.-O. La coupe représente la suite du profil à partir du rocher des Larrets, sur la rive S.-E. de la Grande Eau. Sur le malm repose une mince bande de cargneule (*cgn*), qui ne vient pas même à fleur du sol, mais ne se voit que dans le ravin à côté du rocher ; elle est recouverte d'une grande épaisseur de gypse (*gy*) et ensuite d'une bande de flysch (*fl*), grès et schistes auquel succède de nouveau du gypse (*gy*) de la cargneule (*cgn*) et enfin la klippe abrupte de Hauta-Cretaz, formée de malm (*js*) à laquelle se superpose de nouveau de la cargneule (*cgn*), du gypse (*gy*) et du flysch (*fl*) ; plus haut vient du toarcien (*ls*) suivi de schistes (*fl*) et de grès éocène (*flgr*). Cette coupe nous montre donc deux voûtes calcaires, l'une rompue, la Grande-Eau coulant entre les deux lèvres de rupture, l'autre à l'état de simple klippe, sous forme d'un rocher aigu au milieu des roches éocènes qui l'entourent. Ce profil vérifié à plusieurs reprises par MM. Pittier et Schardt est parfaitement certain et nous fournira la clé de la partie inférieure de la vallée (*153*ₐ).

La rive gauche de la Grande-Eau est bordée par les **Rochers de la Chenau** supportant le plateau de Plambuit-Panex formé de cargneule, gypse et flysch. A l'origine N.-E. de ces rochers, du côté d'Exergillod, on voit encore distinctement une voûte aiguë, correspondant à la klippe de *Hauta-Cretaz* et qui s'appuie sur la partie inférieure des rochers de la Chenau, suite de ceux des Larrets. Plus bas dans la vallée cette distinction n'est plus possible.

La **rive droite** est d'un haut intérêt. Les rochers du Flot se continuent avec les mêmes allures au S.-O. du point examiné et forment les Grands-Rochers en aval du Vuargny et plus bas ceux du Ponty, des Afforets et de l'Efflot de Veyges. Sur toute cette longueur, la Grande-Eau coule au centre de l'anticlinale rompue et déjetée au N.-O., c'est-à-dire sur les terrains liasique et rhétien. La grande route d'Aigle au Sépey suit constamment ce côté de la vallée et permet d'observer, pas à pas, les accidents du terrain et les irrégularités de ce jambage déjeté de la voûte.

Des rochers souvent impraticables se trouvent de part et d'autre de la rivière et rendent les explorations excessivement difficiles. Nous suivons cette route en la remontant, pour nous retrouver enfin au point où nous avons pris le profil transversal du Flot à Hauta-Cretaz.

La ville d'**Aigle** est construite sur les alluvions de la plaine du Rhône et sur le cône de déjection de la Grande-Eau; ce torrent étant endigué maintenant jusqu'à son embouchure dans le Rhône, son cône de déjection n'augmente plus. Après avoir passé le pont jeté sur le torrent en amont de la ville (431m,5), la route longe le pied d'une grande moraine, dont les matériaux sont agglomérés et forment un poudingue grossier, mais faiblement cohérent. Les premiers rochers que l'on rencontre, sont du lias inférieur; ce terrain s'arrête à l'endroit où une abondante source se précipite en cascade de rocher en rocher. Elle sort en dessus du hameau de *Fontanney*. Le calcaire liasique plonge au N.-O. Au delà de la cascade vient un calcaire compact avec plongement différent, presque vertical; la roche foncée, traversée de veines de calcite, semble appartenir au malm et provenir d'une masse glissée par-dessus le lias, depuis le revêtement jurassique qui commence au-dessus du Fontanney, sous la forme d'une synclinale aiguë, au milieu de laquelle sont taillés les lacets du sentier qui passe par Drapel et Veyges. Plus loin, vers le contour, il y a de nouveau du lias inférieur. Au-dessous de la route, on retrouve ces mêmes bancs et on les revoit sur la rive opposée de la Grande-Eau, en dessous du petit plateau en amont du Grand-Hôtel. D'après les fossiles qui y sont abondants, mais fort mal conservés, cette roche appartient à l'étage hettangien. Un peu plus haut, le lacet moyen de la route rentre dans le calcaire compact foncé pour repasser dans le lias après le second contour. Au contour inférieur existe un dépôt glaciaire important contenant des galets de calcaire nummulitique et de grès de Taveyannaz, venus du massif des Diablerets.

Le hameau de **Fontanney** est bâti sur ces calcaires foncés du lias et on les retrouve le long du sentier qui part du coude supérieur de la route dans la direction d'Yvorne; ils sont dominés par le malm, puissant massif, dont les couches plongent rapidement au S.-E. et qui sont ici assez nettement en discordance avec les premiers. Près de Fontanney se trouvait un gros bloc erratique de poudingue du terrain houiller, qui a été exploité en 1874.

Au delà de Fontanney, la route suit encore sur une bonne longueur le lias et traverse quelques lambeaux de terrain glaciaire. L'ancienne route presque détruite aujourd'hui, passait plus bas; elle était entièrement tracée dans le terrain hettangien et formait un lacet au contour inférieur, près duquel se montrent les mêmes bancs qui affleurent à Fontanney. Ce sont de grandes dalles peu épaisses à surface noduleuse et mamelonnée, couverte de nombreuses empreintes de fossiles; leur plongement S.-E. est voisin de la verticale. M. Renevier qui cite beaucoup de fossiles de cet endroit, indique encore un gisement de rhétien à une faible distance.

La nouvelle route est presque entièrement dans le terrain glaciaire, et profite d'un palier déterminé par les couches plus marneuses du lias, appuyées contre le malm des rochers de l'Efflot de Veyges. Ce n'est qu'après le second lacet que la nouvelle route rentre dans les couches en place du jurassique et du lias. Cela a lieu au ravin du Ponty par lequel passe un sentier qui conduit sur le plateau de Leysin. Ici, la disposition est très compliquée. En suivant l'angle rentrant que forme la route en traversant ce ravin, on trouve d'abord du flysch, schistes micacés foncés; c'est évidemment un lambeau qui a glissé par-dessus le malm dans la gorge anticlinale érodée. Le malm lui-même affleure près du pont et forme un massif visiblement disloqué avec de belles surfaces de glissement. On voit distinctement qu'il a glissé par-dessus le lias qui affleure encore en discordance à côté du malm dans le ravin où passe le sentier de Leysin. Des couches foncées avec débris d'Échinodermes, sont adossées au malm et nous paraissent être le représentant des couches à Mytilus, mais cela n'est pas certain.

Plus bas dans ce ravin, l'ancienne route passe dans les calcaires liasiques et hettangiens contenant de nombreux fossiles; les lits réguliers en dalles renferment des fragments d'Ammonites du groupe de l'*Am. rotiformis*, des *Pecten*, *Hinnites*, *Ostrea*, *Pentacrinus*, etc. Comme toutes les autres couches, ils plongent ici au S.-E. Un grand amas de terrain glaciaire s'est maintenu dans la gorge du ruisseau du Ponty.

En poursuivant la route depuis le ruisseau du Ponty, on passe dans les couches toarciennes, calcaires et schistes à fucoïdes qui sont suivis d'un massif calcaire compact, après lequel on arrive dans des schistes foncés, près du ruisseau ; ce sont les couches à *Avicula contorta*. Des bancs calcaires en grandes dalles apparaissent après le passage du ruisseau, et on trouve avant d'arriver au Vuargny, sur une pente appuyée par un mur de soutènement, de nombreux blocs de schiste éboulé, dont les feuillets sont couverts d'empreintes de *Bactryllium*. Leur forme rappelle celle d'aiguilles de conifères, ressemblance qui est augmentée encore par la couleur noire de ces empreintes à la surface du schiste gris. Ce terrain est donc du rhétien ; l'espèce la plus abondante est le *Bactr. striolatum*, Hr.

Enfin la route vient à suivre le pied même de la pente abrupte appelée les Grands-Rochers et entame sur une grande longueur les couches bathoniennes à Mytilus qui se confondent ici passablement avec le malm par leur nature assez compacte (Pl. V, fig. 24). On y distingue bien la couche à grands fossiles, *Pholadomyes*, *Homomyes*, *Ceromyes* et nombreuses *Ostrea*. Un banc pétri de *Modiola imbricata* se voit au bord du chemin et une grande surface rocheuse montre des *Hemicidaris alpina* écrasés. Près du dernier contour de la route, on se trouve en présence du problème le plus intéressant de cette vallée, c'est le contact par *discordance* du rhétien avec les couches bathoniennes et même avec le malm. Le rhétien est riche en fossiles tels que : *Avicula contorta*, *Pecten valoniensis*, *Modiola*, etc., et se poursuit jusqu'au fond de la Grande-Eau avec une inclinaison de 50° environ. Le malm et les couches à Mytilus qui sont en dessous, ont un plongement de 70-75°, en sorte que le contact des deux terrains, qui est immédiat, se fait par discordance, (Pl. V, fig. 24). Ce contact est probablement la suite d'un glissement dû à ce que les couches formant le noyau de la voûte se seraient déjetées sous la forte pression venue du S.-E. pendant le soulèvement de la masse du Chamossaire (chevauchement latéral).

Ajoutons qu'après avoir dépassé le dépôt glaciaire qui se continue jusqu'au delà du Vuargny, on rentre dans le lias qui forme une espèce de contrefort au pied des Grands-Rochers. A une faible distance au delà, nous retrouvons

— 433 —

les *couches à Mytilus* avec fossiles et lits charbonneux, au-dessus du Pont de la Tine; la Grande-Eau coule ici au fond d'une étroite gorge creusée dans le lias. Le rocher qui se trouve sur la rive gauche immédiatement à côté du pont, est bordé d'un amas de cargneule qui forme une espèce de couronnement à son sommet. Après cette roche viennent du gypse et du flysch en assez grande épaisseur.

Examinons maintenant comment les rochers du bois de la Chenau sur la rive gauche de la Grande-Eau, s'accordent avec les deux replis que nous avons constatés dans la coupe passant par Exergillod. La partie inférieure de ces rochers est certainement le jambage qui correspond à la voûte déjetée au milieu de laquelle coule la Grande-Eau. La partie supérieure se présente très distinctement sous forme d'une *voûte*, sur la pente tournée vers le ravin du Dard près d'Exergillod. Cette voûte est déjetée au N.-O. et s'applique contre les couches de malm de la base de ces rochers, en sorte que la synclinale qui les sépare est totalement *écrasée* et ne renferme que quelques lambeaux de cargneule. Les petits amas de cette roche que l'on voit de la grande route accolés contre la pente abrupte des Rochers de la Chenau, sont pour la plupart des *amas éboulés* et recimentés par des sources, car ces débris sont mélangés de graviers erratiques. D'autres se sont formés au détriment de couches dolomitiques du rhétien ou du lias et même du jurassique supérieur.

Au-dessus des Rochers de la Chenau se trouve une large bande de cargneule régulièrement superposée au malm et suivie du gypse et du flysch du plateau de Plambuit-Panex. Le gypse, en s'élargissant de plus en plus, forme en entier la colline de la **Glaivaz** au S.-O. de Panex. Le malm des Rochers de la Chenau par contre se poursuit dans la même direction en simplifiant sa structure. On le trouve encore au bord de la plaine du Rhône à la colline de Plantour, en bancs presque verticaux, contre lesquels s'appuyent les couches de gypse de la Glaivaz. Des couches liasiques foncées affleurent à plusieurs endroits entre Aigle et Plantour. On en voit près du Grand Hôtel, et, en amont de ce dernier, au bord de la Grande-Eau, il y a des petits rochers de calcaire dolomitique, dont la partie supérieure est couverte de cargneule. Ce sont probablement les calcaires dolomitiques inférieurs au rhétien, dont quelques affleurements ont été constatés dans le voisinage.

C'est ainsi que se terminent ces deux séries de klippes qui ont apparu d'abord sous forme de chaînes élevées irrégulières et découpées et qui se sont abaissées de plus en plus, en se laissant poursuivre, après maintes interruptions, jusqu'au bord de la vallée du Rhône. D'après ce que nous avons vu, les Grands-Rochers et le bas des Rochers de la Chenau, seraient le correspondant de la Pierre du Moëllé et le haut des Rochers de la Chenau avec la klippe de Hauta-Cretaz, celui du Mont-d'Or.

## CHAPITRE XV

# CHAINES DE LA RÉGION DU FLYSCH DU NIESEN

Col des Mosses, Ormonts, col du Pillon, etc.

Cette région a une forme plus ou moins quadrilatérale, déterminée par la vallée de Gsteig, les chaînes de la Gummfluh et du Mont-d'Or, la vallée des Ormonts et la dépression du col du Pillon. Son relief est très irrégulier; elle est découpée par les érosions en arêtes irrégulières, dont deux forment toutefois l'axe principal du massif.

Ce sont l'*arête de Chaussy* qui va de l'ouest à l'est, du col des Mosses au col du Pillon et l'*arête de l'Arnenhorn*, qui relie ce dernier avec le pied de la Gummfluh en formant un angle droit avec la première arête. Les arêtes de la Doggelisfluh et celle de la Palette du Mont se détachent aux deux extrémités de celle de l'Arnenhorn dans la direction du N.-E.

La *vallée des Ormonts* s'étend au pied sud de la chaîne de Chaussy; celle de l'*Etivaz* décrit une grande courbe entre l'arête de Chaussy et celle de l'Arnenhorn; le *vallon d'Arnon*, avec le charmant lac du même nom, est encaissée entre l'arête de la Palette du Mont et celle de l'Arnenhorn-Doggelisfluh; cette dernière est séparée de la Gummfluh par le *Meyelsgrund*. Enfin le col du *Pillon* et le *Reuschthal* séparent l'arête de la Palette du Mont-Wallegg du pied du massif de l'Oldenhorn.

Nous décrirons successivement ces différentes arêtes et les dépressions qui les séparent.

### Col des Mosses.

Nous avons déjà fait mention de la zone de cargneule et de gypse qui borde le pied du Mont-d'Or du côté du col des Mosses (1448$^m$). Cette dépression qui a la forme d'un vaste plateau relativement peu accidenté, est due à la nature essentiellement marneuse des assises de la base du flysch et sans doute aussi du gypse qui les accompagne.

Deux torrents descendent de ce plateau; la *Raverette* ou *Rionzette* se dirige vers le sud pour se réunir à la Grande-Eau ; elle doit son nom aux ravinements considérables qu'elle produit lorsqu'elle est grossie par la fonte des neiges ou par les pluies d'orage; elle coule au fond d'un profond ravin, la *Grande-Eau*, elle-même est appelée quelquefois aussi la *Rionze*. Le ruisseau de l'*Hongrin*, dont la source est au lac Lioson, dans la chaîne de Chaussy, coule d'abord vers le N.-E. en traversant obliquement le plateau des Mosses et se dirige vers l'est pour contourner le Mont-d'Or à son extrémité N. Un tout petit ruisseau descend de ce plateau vers la vallée de l'Étivaz; c'est le ruisseau des Siernes-Raynaud, qui sort des tourbières de la Lécherette.

Le plateau des Mosses présente peu d'affleurements des terrains qui le constituent. Les amas erratiques, dont nous avons déjà fait mention, en occupent une grande partie. Les blocs erratiques de la chaîne de Chaussy y abondent avec des amas de blocs et de graviers formant de vraies moraines. Nous ne faisons que mentionner ici la coupe du flysch sur le tronçon de la route des Mosses qui conduit du gypse de la Lécherette au Pont de l'Étivaz. Le plateau même du col est marécageux et tourbeux, surtout dans le voisinage de la Lécherette. L'extrémité sud du col est plus intéressante; entre le passage de la Crétasse qui relie le col des Mosses à la Pierre du Moëllé et le ravin de la Rionzettaz s'élève une petite colline (1444$^m$) formée de brèche et poudingue grossiers, avec galets calcaires et cristallins mélangés ; c'est la première apparition des poudingues polygéniques dans la proximité de l'arête calcaire. Ces couches plongent au S.-E, et on les rencontre constamment sur la route du Sépey à la Comballaz et mieux encore entre le Sépey et la scierie d'Aigremont.

### Vallée des Ormonts.

La coupe que nous venons de mentionner a été relevée déjà avec détails (page 201), ce qui nous dispense d'en parler de nouveau ici, au moins quant aux assises du flysch qui occupe toute la région entre le village du Sépey et le **Rocher d'Aigremont.** La présence d'une *klippe liasique* (Pl. XVII, fig. 3 et 4) dans l'entaille même du torrent de la Rionzette, est un premier indice des bouleversements singuliers que nous aurons l'occasion de constater dans cette dépression entre la chaîne de Chaussy et le massif jurassique de Chamossaire, qui paraît être assis sur un soubassement de *flysch éocène.* Dans le haut, la vallée des Ormonts se termine au pied du massif des Diablerets par le pittoresque cirque de Creux-de-Champ et communique latéralement avec la vallée du Rhône par le col de la Croix et avec la vallée de la Sarine par celui du Pillon.

Retournons dans le bas de la vallée des Ormonts. Ici comme partout le fond et les flancs de la vallée sont couverts de dépôts glaciaires provenant pour la plupart du massif des Diablerets et la chaîne de Chaussy, par le *glacier de la Grande-Eau*; il y a cependant peu de grands blocs.

Sur la rive opposée au Rocher d'Aigremont, au pied duquel on arrive en suivant la coupe de la route des Mosses, on trouve une série tout identique de terrains, formés de schistes et de bancs de conglomérat s'arrêtant au ruisseau de la Forclaz, lequel correspond exactement à celui de la Rionzette. Ce terrain se retrouve aussi sur le sentier qui conduit de la Forclaz au Pont de la Tine. Il est probable que le ravin du ruisseau de la Forclaz est dû comme celui de la Rionzette à un affleurement liasique au milieu de la brèche du flysch.

En revenant de la Forclaz à Aigremont, on traverse le *Pont de la Frenière*, sous les maisons de la Frasse ; là se trouve un riche gisement de fucoïdes, un peu en aval du pont, sur la rive droite de la Grande-Eau (ardoisière abandonnée). Le rocher même sur lequel est assise la ruine d'Aigremont, est formé d'immenses bancs de brèche grossière, à éléments gigantesques (p. 207, etc.). Ces bancs plongent d'abord au S.-E., se redressent ensuite en semblant former une voûte, puis ils reprennent leur ancien plongement du côté des Ormonts-dessus (Pl. XVII, fig. 4).

Au Rocher d'Aigremont, ces bancs s'appuyent contre les lits du lias soit remanié, soit en place qui affleurent en aval du ravin de la Rionzette et vers le confluent de ce torrent avec la Grande-Eau. La base du rocher est formée de lits tendres de schistes et de marnes, dont l'érosion, due au torrent qui coule à son pied, a donné lieu à l'éboulement d'Aigremont; on voit encore les débris ainsi que la place d'où il s'est détaché. Les blocs de granit, de gneiss, de calcaire, etc, recouvrent tout le talus jusqu'au bord de la Grande-Eau et permettent de se rendre compte de la composition de cette étrange formation détritique.

Nous ne répéterons pas ici des détails que nous avons déjà donnés (page 201, etc.), mais nous tenons à insister sur une observation que le pied du Rocher d'Aigremont permet de faire, c'est la présence de blocs de granit au milieu des schistes du flysch. Près de là un grand bloc de granit protogine qui a 1ᵐ d'épaisseur sur 4 à 5ᵐ de longueur est placé dans le sens de la stratification au milieu d'un lit de marne schisteuse avec plongement S.-E. (Pl. IX, fig. 2). En voyant cet exemple, on pourrait presque être tenté de croire à un filon de granit, ce qui n'est toutefois pas le cas ainsi que le prouve le voisinage de lits de brèche à fragments unis par une marne feuilletée et désagrégée.

Un nouvel affleurement de lias semble exister au fond du lit de la Grande-Eau, au-dessous de *Au Frachy*; c'est un affleurement de marne schisteuse, noire, qui se voit sur la rive gauche du ravin, mais nous n'en connaissons pas de fossiles. Il y a aussi des affleurements bien certains de gypse et de cargneule au milieu du flysch un peu en amont de ce point.

Le Rocher d'Aigremont forme une sorte de contrefort au pied du Pic de Chaussy, dont il est séparé par le petit plateau des **Voëtes** que traverse le chemin direct reliant le col des Mosses aux Ormonts-dessus. Ce petit plateau est entièrement dans le flysch, schistes, grès, etc., sans brèches à matériaux grossiers.

Au-dessus des Voëtes s'élève la pente de Chaussy dont la partie inférieure est boisée (bois de Folly); un second plateau bien plus petit à l'angle S.-O. de Chaussy domine le col des Mosses. Sur ce dernier se trouve le chalet d'**En-Oudioux** et plus à l'est et en même temps plus bas le plateau de **Cherésaulaz** avec ses nombreux chalets. En gravissant depuis les Voëtes cette pente boisée au-dessus des chalets du Reposoir, on quitte bientôt le flysch et on passe dans un terrain calcaire, formé de bancs foncés, légèrement grenus et traversés de veines spathiques. Cette roche est en lits réguliers, interrompus par des délits marneux et schisteux de même couleur. Nous avons déjà cité ce terrain comme devant être du jurassique inférieur à en juger par plusieurs fossiles (*Belemnites*) trouvés ici et près de Vers l'Église. C'est du reste la même roche que celle qui constitue la masse principale des rochers du Chamossaire. Son épaisseur est assez grande, car elle s'élève de la cote 1400$^m$ jusqu'aux chalets d'En-Oudioux (1703$^m$). C'est donc une épaisseur de 300$^m$ environ de terrain jurassique qui interrompt le flysch en plongeant dans le même sens que lui. Sur ce terrain reposent les bancs de brèche qui se poursuivent dès lors jusqu'au sommet du Pic de Chaussy.

Le plongement du jurassique est dirigé ici à l'E.-N.-E. 45°; ce terrain s'abaisse sensiblement au N.-O. du chalet sur la pente du col des Mosses et disparaît enfin sous l'erratique et le flysch au bas de la forêt de Mimont. Cet affleurement de terrain jurassique est très grand; il se poursuit plus loin dans la direction de *Cherésaulaz* en formant de distance en distance des rochers escarpés très visibles; on le voit *Aux Teis* et *Au Rocher*, groupes de chalets qui se trouvent au S.-E. du hameau de Cherésaulaz construit lui-même sur l'erratique et le flysch. Enfin, en s'abaissant toujours, la zone jurassique vient former près de **Vers l'Église** le *Rocher-Mourga* et reparaît sur la rive opposée au *Rocher du Truchaud*. Au Rocher-Mourga toutefois la roche est un peu différente de celle du bois de Folly, des Teis, etc. C'est un calcaire massif, gris foncé, avec taches jaunes et ayant une structure grossièrement bréchiforme, due sans doute aux dislocations que cette roche a subies[1].

---

[1] La carte au 1 : 10000 n'indique que la partie de cette zone jurassique comprise entre les Teis et

Cet affleurement de terrain jurassique accuse une épaisseur de 300ᵐ dans le bois de Folly, et depuis l'altitude de 1700ᵐ qu'il atteint En-Oudioux cette zone de terrain s'abaisse graduellement jusqu'à 1300ᵐ au Rocher-Mourga pour passer sur l'autre rive de la Grande-Eau. Il n'est, en effet, pas douteux que le Rocher de Truchaud doit être considéré comme la suite du Rocher-Mourga; la direction des couches le prouve suffisamment et plus encore l'identité parfaite entre la roche des deux côtés de la Grande-Eau. Le Rocher-Mourga et celui de Truchaud présentent au plus haut degré, comme tout l'affleurement, les caractères de *klippes*. Ces affleurements sont totalement enveloppés de flysch et s'il n'y avait pas partout dans la vallée de si grands dépôts glaciaires, il y aurait lieu de faire de très intéressantes recherches sur la situation de ces klippes; ce serait là un moyen de se rendre compte de la vraie structure du massif énigmatique du Chamossaire, cette énorme klippe dont les assises semblent reposer partout sur le flysch.

Au Rocher-Mourga, le contact avec le flysch n'est visible que du côté nord; au sud il y a des éboulements; ses couches plongent faiblement au N.-E. 15°.

Au Truchaud, la situation est assez nette; on y constate le contact presque immédiat du flysch et du jurassique. Du côté des *Iles* le rocher est abrupt et n'est séparé que par une faible épaisseur de flysch, du gypse qui se relie à celui du col du Pillon et se poursuit au S. jusqu'au col de la Croix. Près de *Sur le Rachy*, il y a du calcaire schisteux noir entre le jurassique compact et les collines que leur aspect autorise à supposer formées de flysch; les couches plongent ici à l'est 30-35°.

En descendant du Rocher de Truchaud dans le petit ravin qui débouche à l'est de **Vers l'Église,** on traverse une faible épaisseur de schistes noirs, probablement les mêmes que ceux de Sur le Rachy (que M. Renevier met cependant dans le lias) et on passe dans la *brèche polygénique éocène* à grands fragments cristallins. C'est bien la roche typique d'Aigremont, presque aussi belle que dans cette dernière localité. Elle forme d'épaisses assises plongeant au N.-NO. 20° et qui se montrent le mieux au Rocher du *Sasset*, dont le

le Rocher-Mourga; les observations qui nous permettent d'affirmer que cet affleurement commence déjà au col des Mosses en dessous du chalet d'En-Oudioux, ont été faites par MM. Pittier et Schardt; la correction sur la carte est facile à faire d'après ce qui précède (153a).

petit escarpement surmonte le village de Vers l'Église. Des blocs de plusieurs mètres de longueur se voient dans cet escarpement. Les mêmes bancs se retrouvent plus haut au *Meilleret*.

A l'ouest du Sasset, on passe peu à peu dans des couches à matériaux plus fins, grès quartzeux grossiers plongeant toujours au N.-E. et qui sont suivis de schistes feuilletés micacés appartenant probablement au flysch; nous n'en connaissons qu'une empreinte très nette de *Palœodictyon textum*. Cette roche affleure dans un ravin qui débouche à l'ouest de Vers l'Église. L'un des ruisseaux supérieurs de ce ravin est plein de blocs de cargneule, et tandis que les schistes du flysch se continuent vers le bas du ravin, sur le flanc droit, le flanc gauche offre plusieurs affleurements de gypse [1].

En dessous et en aval de Vers l'Église, le fond du lit de la Grande-Eau est formé par du calcaire jurassique qui affleure sur une assez grande longueur. Cette klippe est intermédiaire entre celles des Truchaud et du Rocher-Mourga et pourrait bien n'être qu'un affleurement de cette même zone, isolée des deux principaux rochers par de l'erratique et du flysch qui se serait déposé tout autour ou aurait pénétré entre les parties disjointes pendant le soulèvement.

La présence d'une zone aussi grande et large de terrain jurassique au milieu du flysch des Ormonts, permet de réduire déjà sensiblement l'épaisseur présumée de ce dernier; elle restera néanmoins considérable.

Il y a lieu de considérer cette zone de klippes jurassiques comme étant le correspondant du massif de Chamossaire. Ce dernier est d'une structure excessivement compliquée et si, comme il y a lieu de le supposer, le calcaire jurassique du pied de Chaussy n'est qu'une partie détachée de la masse de Chamossaire par la vallée des Ormonts, il en résulterait un renseignement précieux pour expliquer la structure de cette montagne. Elle présente dans son ensemble l'aspect d'une synclinale jurassique assise sur une base éocène. Ne serait-ce pas là un grand lacet jurassique avec noyau de lias, sorte de voûte très allongée et presque laminée, reposant en position couchée sur le soubassement éocène, comme cela se rencontre en grand à la Dent du Midi,

---

[1] La carte indique la cargneule un peu trop à l'est; elle omet le gypse qui devrait se trouver à l'endroit où est le *s* de Ver*s* l'Église.

aux Dents de Morcles, etc.? Nous nous bornons à poser cette question, mais les croquis pris par **M. E.** Favre en 1878 s'accordent si bien avec les observations faites récemment par MM. Pittier et Schardt que la solution du problème dans le sens indiqué, nous paraît excessivement probable.

### *Chaîne de Chaussy.*

Cette chaîne de flysch est caractérisée par des bancs épais de brèche et de grès, qui déterminent tout autant de pointes, séparées par des cols où affleurent les assises schisteuses et marneuses qui alternent avec elles. Elle ne le cède en rien, pour l'altitude et le pittoresque aux chaînes calcaires du Rubli et de la Gummfluh. L'aspect sombre des chaînes de flysch est dû surtout à la couleur de la roche et à la présence de la végétation cryptogamique qui a prise jusque sur les plus hautes sommités; il leur manque ainsi l'un des plus grands attraits des chaînes calcaires, la couleur blanche des escarpements qui contraste si agréablement avec les pelouses verdoyantes de leur pied.

La chaîne de Chaussy est moins longue et autrement orientée que celle du Niesen, qui se dirige parallèlement aux hautes Alpes, du S.-O. au N.-E. Elle est orientée presque exactement de l'O. à l'E., et nous ne doutons pas que la série de klippes de son pied ne soit la cause de sa direction et en même temps de sa grande hauteur; car elle dépasse dans son plus haut pic, le *Tarent* (2551$^m$) non seulement toutes les autres sommités de la région du flysch, mais encore les sommets calcaires de notre partie des Pré-Alpes. Seules les deux pointes de la Männlifluh dans la chaîne du Niesen dépassent le Tarent avec 2654$^m$ et 2577$^m$.

Du col des Mosses, où elle commence, jusqu'à la Palette du Mont, la chaîne de Chaussy présente les sommités suivantes : le *Pic de Chaussy* (2350$^m$), la *Pointe de Châtillon* ou pointe de *Praz Cornet* (2480$^m$); le *Tarent* (2551$^m$); la *Paraz* ou *Tornettaz* (2543$^m$); la *Cape au Moine* (2356$^m$). De chacune de ces sommités se détache une arête du côté du N. et quelquefois encore une seconde bien plus courte, vers le sud; entre ces arêtes se trouvent des ravins plus ou moins profonds qui aboutissent toujours à un col sur l'arête principale même. Cette disposition est due au plongement des couches; leur inclinaison au N.-E. explique le nombre et la grandeur des ravins et arêtes qui se trouvent sur le flanc nord de la chaîne et leur rareté sur l'autre versant. En gravissant l'un de ces ravins sur le versant N., on constate que les couches coupées à pic du côté oriental, qui constituent une sommité, appartiennent à un massif de poudingue, de brèche ou de grès compacts, tandis que le fond du ravin et le col sont taillés dans les schistes et marnes feuilletées délitables. Le flanc ouest est moins escarpé et montre habituellement le dos des couches d'un nouveau massif de brèche et de grès, inférieurs aux schistes du fond du ravin. Bien que le plongement général des couches soit dirigé au N.-E., on observe de nombreux accidents dans le revêtement extérieur de chaque arête. On constate ainsi de prime-abord que la chaîne semble avoir sur son versant N. la structure d'une demi-voûte coupée à l'arête même.

Le **vallon de Lioson** se prête le mieux à cette observation. En montant depuis les chalets des *Charmilles* vers le lac Lioson, on voit à gauche d'énormes bancs de brèche polygénique renfermant de grands blocs calcaires; ils forment le revêtement extérieur de l'arête et reposent sur des lits marno-schisteux et plaquetés, riches en fucoïdes, interrompus seulement par quelques bancs peu épais de grès foncé; le charmant *lac Lioson* (1851$^m$) leur doit son existence; ses eaux ont été retenues par l'obstruction de deux ravines qui se réunissent au-dessus des Crosats et qui paraissent avoir servi alternativement de voie d'écoulement au trop plein du lac.

Le *col de la Chenau*, étroite cheminée, suivant les couches schisteuses, conduit sur l'arête à 2181$^m$; à l'est de ce col s'élève la **Pointe de Châtillon** (2480$^m$), formée par le massif de brèche de la paroi orientale du vallon, tandis qu'une seconde sommité, haute de 2327$^m$, s'élève sur l'arête entre le Pic de Chaussy (2350$^m$) et Châtillon; une petite arête secondaire s'en détache au N. parallèlement à celle qui part du Pic de Chaussy; entre deux il y a un vallon étroit avec deux petits lacs.

On peut suivre le faîte de l'arête de Chaussy du Pic de ce nom jusqu'au pied de la Cape au Moine. De la Pointe de Châtillon jusqu'au pied du Tarent, on suit une arête étroite fortement érodée; des bancs peu épais de conglomérat et de grès grossier y alternent avec des feuillets marneux. L'érosion atmosphérique leur a donné des formes bizarres. D'énormes blocs de conglomérat, taillés dans l'arête, sont restés en place et ne sont soutenus que par un socle étroit de couches schisteuses, que le temps ronge peu à peu. Ces colonnes informes, simulant des hommes (Pl. IX, fig. 5) ne sont pas rares sur cette portion de l'arête et lui ont valu son nom (arête de l'Homme de Praz-Cornet).

Entre le Tarent et la Pointe de Châtillon est encaissé le ravin de la *Vaux-de Praz-Cornet* creusé dans les schistes; une puissante assise de grès et de conglomérat succède à ces schistes et forme la pointe escarpée du **Tarent** (2551ᵐ). La paroi abrupte qui se détache de cette cime et ferme à l'est le vallon de la Vaux de Praz-Cornet, laisse voir de curieux contournements dans les couches compactes, qui correspondent au repli en zigzag des couches plaquetées inférieures (Pl. IX, fig. 1).

A l'est du Tarent, une nouvelle zone schisteuse a déterminé la formation de deux ravins, qui descendent de chaque côté de la chaîne entre le Tarent et la **Pointe de la Paraz** ou **Tornettaz** (2543ᵐ); le puissant massif de conglomérat qui forme cette pointe domine la cheminée rapide, ordinairement comblée de neige, qui s'ouvre sur les pâturages d'Audallaz.

Une nouvelle dépression, plus large et plus profonde que toutes celles que nous avons trouvées jusqu'alors, s'ouvre à l'E. de la Tornettaz. C'est le col de la *Grande-Arpille* 2160ᵐ, encaissé dans d'épaisses couches marneuses et schisteuses.

Près de ce col se dresse la **Cape au Moine** (2356ᵐ), sommité abrupte découpée dans les schistes marneux, les grès et les conglomérats, dont un épais massif forme le socle qui supporte les deux cimes. Le croquis (Pl. IX, fig. 3) en est pris du col de la Grande-Arpille. Le sommet est formé de deux pointes accessibles, et dont la plus occidentale est la plus haute (Pl. IX, fig. 4). Cette dernière, dont la plateforme terminale mesure à peine quelques mètres de largeur est seule visible de l'Étivaz; celle de la seconde pointe est encore plus étroite. On remarque distinctement sur la face occidentale de la Cape au Moine, un pli des couches schisteuses qui forment la base de l'extrême pointe (Pl. IX, fig. 3).

Une arête, formée de conglomérat, relie la Cape au Moine à l'**Arnen-**

**horn** (2215$^m$) et à la **Palette du Mont** (2176$^m$) qui en sont séparées chacune par une assez forte dépression, la Palette du Mont par le *col d'Isenau* et l'Arnenhorn par le *vallon de la Floriettaz*. Cette arête est bordée d'immenses blocs de conglomérat éboulés qui descendent jusque dans les pâturages de Floriettaz.

A partir de la Cape au Moine le plongement des couches se modifie sensiblement; à la pointe même, il est encore franchement NE., mais à l'approche de l'Arnenhorn et de la Palette du Mont le plongement N.-NE. devient de plus en plus sensible et, à la Palette, il devient franchement N.-NO.

De la chaîne de Chaussy dépend encore le **massif des Arpilles** (2135$^m$), chaînon à base triangulaire, découpé dans le flysch par la vallée semi-circulaire de l'Étivaz et par le ravin étroit de l'Eau-Froide, petit affluent de la Tourneresse. Ce massif est formé des mêmes couches que la chaîne principale, bancs épais de conglomérat polygénique, absolument typiques, formant les escarpements des *Rochers à l'Ours*. Toutes les couches plongent au N.-NE.

A l'ouest du Rocher des Arpilles, sur la rive gauche du ravin de l'Eau Froide, s'étend le plateau des *Charmilles* et des *Siernes de Praz-Cornet*; c'est une région peu accidentée qui s'abaisse régulièrement vers le col des Mosses à l'ouest, et avec une pente plus rapide du côté du N.-E., vers la vallée inférieure de l'Étivaz. Deux petites sommités la *Pointe de la Corne* et la *Petite Brenleyre* s'élèvent au milieu de ce plateau; elles sont formées toutes deux de grès grossiers, dont les bancs plongent à l'est; entre deux descend le torrent du *Bourrati* qui met à nu de beaux affleurements de la moraine latérale de la vallée.

### Vallée de l'Étivaz.

Elle a une forme assez remarquable dans la partie supérieure. Du Sex-Rond, où elle a sa source, jusqu'à sa réunion avec le torrent de l'Eau-Froide à Vers la Chapelle, la Tourneresse décrit exactement une demi-circonférence. A partir de Vers la Chapelle, la vallée est orientée du S.-E. au N.-O. jusqu'à la gorge du Pissot. Une fois qu'on a bien saisi le plongement des couches, il n'est plus difficile de s'expliquer les causes de cette irrégularité.

Le fond de la vallée est presque partout couvert de dépôts erratiques qu'il est presque impossible de distinguer des terrains que les torrents charrient constamment. Les moraines sont très développées près du confluent de l'Eau-Froide avec la Tourneresse et Vers la Chapelle; on en retrouve des traces jusque vers la Molaire dans le haut de la vallée. A une certaine hauteur, entre 1400 et 1500ᵐ, on constate une moraine latérale en forme de palier. Dans le haut de la vallée elle est aussi proportionnellement plus élevée et arrive même à 1800ᵐ.

### *Chaînon de l'Arnenhorn-Wytenberghorn.*

Ce chaînon, dirigé du N. au S., forme un angle de 90° avec celui de Chaussy; il relie le pied de la Gummfluh au col du Pillon en passant à peu près transversalement à travers le bassin éocène, large d'environ huit kilomètres.

Au pied de la Gummfluh, les couches plongent au S. et au pied de l'Oldenhorn, à la Palette du Mont, leur plongement est presque exactement contraire. Ce grand bassin éocène a donc la forme d'une grande synclinale que les irrégularités de la chaîne de Chaussy ne permettent pas de constater avec autant de clarté; cette chaîne étant placée à l'endroit même où la zone de flysch se rétrécit subitement et ayant subi elle-même des bouleversements intérieurs. La structure n'en est pas aussi simple que les apparences le font supposer. Dans le voisinage des chaînes calcaires, les assises de la base du flysch sont souvent totalement repliées plusieurs fois sur elles-mêmes avant de prendre le plongement normal. Cela se voit au pied de la Gummfluh, dans la petite arête qui relie le pied de cette montagne au Wytenberghorn, en séparant les pâturages du *Gros-Jable* de ceux du *Gummberg*. On distingue nettement sur cette arête un contournement en forme de voûte (Pl. XVI, fig. 6). Entre celle-ci et la Gummfluh, les couches plongent au N. sous la cargneule et au Wytenberghorn, elles plongent au S.-S.-E.

Le **Wytenberghorn,** nommé aussi le *Grand-Meyel* (2454ᵐ) est formé de conglomérat polygénique en bancs épais et alternant avec des assises de schistes. Le même terrain se continue dans l'arête de la *Doggelisfluh* (2281ᵐ) laquelle se termine au *Staldenegg*. Les assises du flysch forment ici un grand lacet couché en forme de S. Cette observation et de nombreux plissements qui se voient dans les couches marneuses, prouvent que l'intérieur du flysch est très bouleversé, mais de telle sorte que les couches compactes ont peu dévié de leur plongement normal. Ce sont peut-être des chevauchements analogues à ceux du malm de la chaîne des Gastlosen; mais l'uniformité des couches ne permet pas de s'assurer si ces dislocations existent en réalité.

Du Wytenberghorn jusqu'à la Palette du Mont, les couches sont de nature assez uniforme; grès, conglomérats, schistes et marnes, en séries nombreuses ne font que se succéder tout le long de l'arête. Des épaisseurs plus grandes de marnes donnent lieu aux passages du *Petit-Clé* et du *Grand-Clé*. Ce dernier est à 1889m,6 et précède l'*Arnenhorn* ou *Pointe de la Floriettaz* (2215m), dont les épaisses assises de grès forment un escarpement qui domine *Saziémaz* et les pâturages de *Floriettaz*. Une dépression assez large, le *col des Anderets* (2035m), sépare l'Arnenhorn de la **Palette du Mont** (2175m); c'est un massif très rocheux et escarpé du côté du col du Pillon. Les bancs de brèche ont leur aspect normal et plongent au N.-N.E., en formant une pente douce qui s'abaisse graduellement d'abord, vers les Chalets-Vieux, situés près d'un petit lac, et ensuite plus fortement vers le fond du lac d'Arnon (1546m).

La Palette du Mont est le commencement d'une crête presque parallèle à celle de l'Arnenhorn-Doggelisfluh. Les trois principales sommités qui se succèdent au N.-E. à la suite des deux pointes de la Palette du Mont (2176 et 2058m) sont le *Seeberghorn* (2062m), le *Studelhorn* (1999m) et le *Blattihorn* (2037m), d'où l'arête s'abaisse lentement du côté du Châtelet, après la dernière pointe le *Wallegg* (2054m). Les couches plongent ici au N. et au N.-NO. et, comme dans la chaîne de Chaussy, les différentes sommités sont dues à à des alternances de massif de conglomérat compact et de schistes et de marnes.

Lors même que l'on constate dans ce grand bassin une disposition en fond de bateau, les couches ne plongent nulle part parallèlement avec celles des chaînes calcaires. Au Wytenberghorn, le plongement au lieu d'être dirigé au S., incline vers le S.-E.; à la Palette, où les couches devraient plonger en sens inverse des couches du Wytenberghorn, elles s'enfoncent vers le N.-NE.

Tout l'ensemble de la grande synclinale s'enfonce ainsi sensiblement vers l'E. ou plutôt vers l'E.-NE.

### Le col du Pillon.

(voir Pl. VI, fig. 9-12 et la petite carte Pl. VIII.)

Nous avons déjà parlé de cette curieuse région, qui n'est qu'une petite partie de la longue zone de dépression qui sépare les hautes Alpes calcaires des bassins éocènes des pré-Alpes. Nous n'avons que peu de renseignements généraux à ajouter à ce que nous avons dit de la disposition réciproque des assises de lias, de cargneule et de gypse dans cette contrée (p. 226).

Le col du Pillon est situé au pied de l'Oldenhorn et de la Palette du Mont, au partage des eaux de la Sarine et de la Grande-Eau (1550m). Du côté de la Sarine coule le ruisseau de Reusch, et le Dard, torrent de glacier, descend du pied de l'Oldenhorn vers la vallée des Ormonts.

M. Renevier pense qu'une grande faille sépare les terrains crétacés et nummulitiques du massif de l'Oldenhorn, des terrains liasiques, du flysch, du gypse et de la cargneule du col de Pillon (*161*). Peut-être n'est-ce pas une faille dans le sens strict du mot, comme cela paraît ressortir des profils joints à sa notice, mais plutôt un écrasement des terrains, dislocation de laquelle il est très difficile de donner un dessin, mais qui s'explique par la disposition presque parallèle de l'ensemble des couches. Les bancs de calcaire urgonien et nummulitique semblent sortir de dessous la cargneule du col de Pillon. Il est presque impossible de trouver un seul point où l'on voie le contact de la cargneule ou du gypse avec le nummulitique ou l'urgonien, à cause des éboulis et des dépôts glaciaires. Au pied de l'Oldenhorn, le talus d'éboulement s'élève à plus de 300m au-dessus du col du Pillon.

Tout le long du pied de l'Oldenhorn, le premier terrain que l'on rencontre en quittant les éboulis, est de la *cargneule* en amas épais et confus, sans stratification nette. Elle forme une bordure presque continue depuis le **Plan des Iles** jusqu'à **Reusch,** en restant toujours du côté S.-E. de la route, sauf un peu en amont de Reusch, où elle forme un petit monticule entre le *ruisseau d'Aiserin* et la dépression du col. Au delà de la petite plaine d'alluvion de Reusch, la zone continue et descend jusqu'au Châtelet (Gsteig).

Sur cette zone de *cargneule* s'appuie une grande épaisseur de *gypse;* celui-ci commence près du Plan des Iles, à la montée au col du Pillon. Le premier affleurement est visible dans le lit du ruisseau de Rettau, mais il paraît exister déjà plus bas, masqué par les dépôts erratiques. Le *gypse* se continue toujours à gauche (N.-O.) du sentier, jusqu'au point culminant du col où la nouvelle route le suit sur une certaine longueur; toutes les collines et petits rochers escarpés qui se montrent au N.-O. du chemin, en sont entièrement formés. Là où il n'affleure pas, il est trahi par des entonnoirs et c'est ainsi qu'on peut poursuivre ce terrain même au delà des chalets de Reusch, jusque dans le voisinage de Gsteig. M. Renevier en a encore trouvé une ancienne exploitation sous les alluvions dans le ruisseau d'Aegerten.

Une *nouvelle zone de cargneule*, bien moins épaisse que la première, suit cette zone de gypse au N.-O.; elle n'est pas même constante, car elle s'arrête déjà en face de Reusch et ne commence à se montrer que dans le voisinage des Moïlles, au N.-O. du point culminant du col. C'est ici, au pied de la Palette du Mont, que se trouve la partie la plus intéressante du col du Pillon.

Quoique toutes les couches plongent dans le même sens, au N.-NO., on constate successivement en montant vers le lac Rettau, après la cargneule une grande épaisseur de *toarcien*, puis de nouveau de la *cargneule*, en dessous du lac Rettau, du *gypse* à l'est du lac et une seconde fois du *toarcien* schisteux, suivi du *flysch* de la Palette du Mont. On retrouve une bande de cargneule non seulement entre le gypse et le toarcien, mais par places encore entre le toarcien et le flysch. Entre la cargneule et le gypse, il y a aussi sur un point du schiste gris un peu lustré, qui ne semble pas être toarcien.

Ces observations peuvent se faire facilement en descendant dans l'un ou l'autre des ravins qui sillonnent la pente en dessous de Rettau, d'Aiserin et des Moïlles.

Nous ne reprendrons pas la discussion sur l'âge respectif de ces terrains. La petite carte (Pl. VIII) en représente la répartition un peu plus exactement que cela n'était possible de le faire sur la carte au 1 : 100000. Les 4 profils (Pl. VI, fig. 9-12) en donnent la coupe dans le voisinage du point culminant; nous y avons représenté la cargneule et le gypse comme étant plus récents que le toarcien; pour ceux qui seraient d'avis contraire, il suffirait de changer la ligne pointillée au milieu de la fig. 11. Que les deux affleurements de toarcien soient des voûtes ou des synclinales, il reste toujours une chose bien certaine, c'est qu'il y a deux replis en forme de V ou de $\Lambda$ déjetés au S.-E. et totalement écrasés, de manière à avoir des jambages parallèles. Dans la direction de Reusch, la seconde zone de gypse s'arrête avec les deux bandes de cargneule qui l'accompagnent; les deux bandes de lias se réunissent en une large zone que l'on traverse en montant à Aiserin. Quelle que soit l'interprétation de ces replis, cette extinction de l'une des zones de gypse est également explicable.

Le lias s'abaisse ensuite et vient affleurer au bord du chemin du Pillon qui le suit à partir de Reusch jusque dans la proximité de Gsteig. Le contact du flysch et de lias est assez irrégulier. Tantôt il y a entre deux de la cargneule, comme c'est le cas près des Petites Moïlles, où plusieurs abondantes sources jaillissent sur la limite des deux terrains, tantôt le flysch repose directement sur le lias.

Les *dépôts glaciaires* sont très répandus aux alentours du col du Pillon. Le chemin qui conduit de l'hôtel des Diablerets au col, en traverse plusieurs lambeaux. L'un des plus importants se voit au-dessus de l'hôtel des Diablerets; il y a de nombreux cailloux nummulitiques, néocomiens et urgoniens, ces derniers nettement striés.

Entre Reusch et Gsteig, il y a beaucoup d'alluvions torrentielles au milieu desquelles affleurent les schistes toarciens et d'importants amas morainiques. Une moraine bien caractérisée, ayant la forme d'un monticule allongé et étroit, barre la vallée immédiatement en amont de Gsteig.

La **vallée de la Sarine** qui commence au Châtelet, en se dirigeant du S. au N. jusqu'à Gessenay, a une pente très faible. Entre ces deux points écartés de treize kilomètres environ, la différence de niveau n'est que de 178m; aussi les dépôts d'alluvions sont-ils déjà répandus dans le fond de la large vallée. Sur les flancs, il y a beaucoup de terrain glaciaire, formant une nappe irrégulière, partout où la pente n'est pas trop forte.

## SECONDE PARTIE

# RIVE GAUCHE DU RHONE

## ET DU LÉMAN

### A PARTIR DU COURS DU TRIENT JUSQU'A LA DRANSE

#### PRÉALPES DU CHABLAIS ET MASSIF DES DENTS DU MIDI

Les recherches dans cette partie des Alpes nous ont été considérablement facilitées par l'ouvrage de M. Alph. Favre, *Recherches géologiques dans les parties de la Savoie, du Piémont et de la Suisse, voisines du Mont-Blanc (58)*.

Le trait général de cette partie des Préalpes (exclusion faite des Dents du Midi) est une analogie excessivement frappante avec les chaînes de la rive opposée, analogie que nous avons déjà mise en évidence dans l'introduction à ce mémoire. Il semble toutefois que la disposition en chaîne d'une certaine longueur n'est pas aussi prononcée, au moins pour la partie orientale. Ici, comme pour la rive droite, les principales vallées sont *transversales* à la direction des chaînes.

Nous diviserons cette partie de notre travail en deux sections :

A. Les **Alpes du Chablais,** dont nous décrirons d'abord les *terrains*, sans nous étendre longuement sur leur nature générale, que nous avons déjà indiquée dans la description stratigraphique des terrains de la rive droite. Le second chapitre comprendra la *description orographique* de ces montagnes.

B. Le **massif de la Dent du Midi** et des **Tours Salières;** cette partie comprendra deux chapitres : *stratigraphie* et *description orographique.*

## A. PRÉALPES DU CHABLAIS

## CHAPITRE I

# DESCRIPTION DES TERRAINS DES ALPES DU CHABLAIS

### ENTRE LE RHONE ET LA DRANSE

### TERRAIN TRIASIQUE

Ces terrains se retrouvent sur la rive gauche du Rhône avec les allures que nous leur connaissons, sous forme de *gypse, calcaires et marnes dolomitiques*, accompagnés de *cargneules* et de *marnes rouges* à la partie supérieure.

*Gisements.*

Le massif du **Grammont** renferme de nombreux affleurements de roches dolomitiques se trahissant à la surface par leur aspect bréchiforme (cargneule).

On rencontre en montant depuis les Évouettes dans le couloir de la **Déro-chiaz** le gypse mêlé de marne rouge. Un autre gisement dans une position compliquée se trouve au **col de Lovenex** entre le vallon de ce nom et celui de Novel. De puissantes assises de calcaire dolomitique reposent là en discordance sur les bancs renversés du malm formant le jambage supérieur d'une synclinale presque couchée (Pl. XI, fig. 7). Malgré cette position anormale, il n'est pas douteux que ce sont là les épaisses assises de roches dolomitiques formant habituellement la base du rhétien, qui affleure du reste à une faible distance de cet endroit. A 150ᵐ environ en dessous du col, on rencontre les premiers bancs dolomitiques qui s'élèvent jusqu'au sommet de la montagne de Lovenex. Au bas des affleurements se trouve une nappe de cargneule, formée de débris recimentés de la dolomite. On constate partout aisément l'action des infiltrations et l'origine de cette cargneule paraît évidente par sa situation au pied des affleurements de la dolomite décomposée et désagrégée par l'action de l'eau. Par-dessus la roche homogène, on rencontre encore par places des lambeaux de cargneule. Il est possible ici de surprendre cette cargneule en voie de formation en suivant le parcours d'une petite source sortant de la roche dolomitique et traversant les débris éboulés à son pied. Cette cargneule est évidemment une brèche récente, sorte de tuf que rien ne distingue de la roche également bréchiforme formée *en place* aux dépens d'un lit de dolomite fendillée (page 19, etc.). Les calcaires dolomitiques sont gris, fendillés par des leptoclases, propriété très caractéristique pour cette roche. Les marnes sont de même couleur, souvent plus claires, presque blanchâtres; la stratification est très nette chez les deux.

Cette zone ne se prolonge pas au N.-O., mais on la retrouve au S.-E., sur la montée au **col de Darbon,** entre la Dent d'Oche et la Pointe du Sex; à Autan, la cargneule et les roches dolomitiques très décomposées affleurent dans le voisinage immédiat du rhétien, mais plus haut ils sont pincés entre le malm et le flysch (Pl. X, fig. 3).

Il y a plusieurs affleurements de roches dolomitiques dans le **vallon d'Oche** (Pl. X, fig. 2) et le long du col qui conduit d'Oche à **Vacheresse.** Dans ces deux endroits, ce terrain est loin d'être dans une situation bien nette. Au col d'Oche (Pl. X, fig. 5) il y a du flysch et du malm dans son voisinage immédiat, ce qui pourrait le faire assimiler à la cargneule éocène. A Oche, il affleure dans le voisinage du néocomien, tandis que sur Vacheresse il apparaît au milieu d'une voûte formant une petite arête à partir du village jusque vers les chalets des *Queffait,* où il vient toucher au flysch; le gypse se montre un peu plus bas à Trois-Nants et y a été exploité.

Le plus beau développement des dolomies triasiques s'observe dans les deux vallons qui descendent du **col de Vernaz.** Ces roches apparaissent en dessous du rhétien en assez grande épaisseur. Elles sont identiques sous tous les rapports à celles du Mont-Cubli sur Montreux et transformées en partie en cargneule. Cette dernière roche occupe le haut du col de Vernaz et se continue sous forme d'une zone ou nappe sur le flanc sud du vallon de Toper dans la direction de La Chapelle. Au fond de ce vallon est un pêle-mêle de blocs éboulés de roche dolomitique et de cargneule, formant parfois un agglomérat renfermant d'autres roches. Il ne serait pas étonnant qu'on découvrît aussi du gypse qui doit se trouver en dessous des couches dolomitiques; celles-ci se font remarquer facilement à mi-hauteur de la pente par leur teinte claire ou jaunâtre que prennent souvent aussi les roches rhétiennes qui leur sont directement superposées. Ailleurs il y a entre deux une zone de *marnes rouges et vertes* peu épaisses; et elle n'est pas visible au col de Vernaz. Cette marne rouge affleure un peu au S.-E. du col de Vernaz, au **col de Bise** entre les Cornettes et le Vorassey, au centre d'un repli aigu du terrain rhétien (*mr*, Pl. XI, fig. 4).

On cite encore de la *cargneule* au Mont-Chauffé, montagne située sur l'axe même du vallon de Vernaz. L'intérieur de cette montagne présente bien une roche bréchiforme, partout où la surface n'est pas couverte d'éboulis; ce n'est pas de la cargneule, mais une *brèche calcaire*, dont nous parlerons plus tard. Cette roche n'est pas sans analogie avec une brèche-cargneule affleurant au Pas de Conche.

Les bords du Léman présentent en dehors de la flle XVII un bon nombre d'affleurements de roches triasiques dans des situations absolument indubitables. M. le prof. Alph. Favre en a donné une description fort exacte et que nos recherches n'ont pu que confirmer sur tous les points (*58*, II, p. 77, etc.)

Près de **Brêt**, à l'ouest de St-Gingolph, il y a des affleurements étendus de marnes et calcaires gris dolomitiques exploités maintenant comme roche à ciment, de même que les terrains de même âge, sur la rive opposée (à l'entrée du vallon de la Tinière). Un peu plus à l'est de Brêt réapparaissent ces mêmes roches accompagnées de cargneule jaune et grossière. Celle-ci est indubitablement une roche de formation secondaire; elle a une disposition irrégulière et se compose de débris de toute nature, calcaires et roches dolomitiques, gris, jaunes, blanchâtres ou foncés. D'après ce que nous avons dit, nous laissons cette roche dans le trias, tout en convenant qu'elle devrait être classée parmi les terrains plus récents (quaternaire). Une seconde masse de roches triasiques se montre à l'ouest de **Meillerie** également en dessous du rhétien. En s'avançant de l'ouest à l'est on rencontre, comme l'a indiqué M. A. Favre (*58*, II, p. 77, Pl. V, fig. 5) : la *cargneule* en amas considérables (en réalité cette roche forme une nappe au pied des couches dolomitiques plus élevées; c'est de la cargneule secondaire).

Sur cette roche viennent s'appuyer des *marnes verdâtres et rougeâtres*, puis du *calcaire dolomitique* et de nouveau des *marnes verdâtres et rougeâtres*.

La présence de ces marnes est très caractéristique. On la rencontre presque partout entre les assises dolomitiques et le rhétien; vu sa faible épaisseur elle n'est pas toujours à découvert. Le gypse n'affleure nulle part dans le voisinage de ces roches dolomitiques; son existence n'est toutefois pas douteuse.


## TERRAIN RHÉTIEN


Parmi les nombreux affleurements de cet horizon, il faut citer d'abord ceux des environs de Meillerie, découverts par M. Alph. Favre (*58*, t. II, p. 77, etc.). Cet auteur cite un grand nombre d'autres gisements dans la vallée de la Dranse, et nous pouvons ajouter quelques nouvelles localités à la liste déjà connue.

Il faut remarquer que dans les descriptions de M. Alph. Favre, les deux niveaux distincts, l'étage *rhétien* et l'étage *hettangien*, sont confondus sous le nom d'*infralias,* nom qui ne revient de droit qu'à ce dernier; mais les descriptions très claires, jointes aux listes de fossiles données couche par couche, permettent facilement de les séparer. Nos explorations dans les carrières des environs de Meillerie ne nous ont pas fait faire de nouvelles trouvailles; nous avons pu constater l'absolue exactitude des coupes relevées par M. A. Favre.

La **carrière de la Balle** près Locon offre de beaux affleurements de rhétien; les couches plongent assez fortement, 40-45° au N.-O. vers le lac.

— 456 —

Dans six assises différentes, M. A. Favre cite de nombreux fossiles tous rhétiens. L'épaisseur des couches, indiquées comme étant de 200<sup>m</sup> est probablement exagérée par le fait que l'affleurement qui peut bien avoir cette longueur, est formé par des couches coupées très obliquement à la stratification; l'épaisseur du rhétien ne doit pas être bien supérieur à 70<sup>m</sup>. Peut-être M. Favre y avait-il compris aussi le calcaire hettangien qui surmonte le rhétien et affleure dans la partie occidentale de la carrière.

Les fossiles trouvés dans les couches *A-F* sont tous rhétiens et la coupe de ces divers niveaux correspond bien à celle de Plan-Falcon ou des Gorges du Chauderon. Il est évident que des recherches suivies, principalement dans le but de trouver des fossiles. augmenteront considérablement le nombre de ceux-ci :

A. *Marne d'un gris noir* avec *Leda percaudata*, Gumb., *Placunopsis alpina*, Winkl., *Placunopsis Revonii*, Stopp., *Pecten valoniensis*, Defr.

B. *Calcaire marneux* avec nombreux *coraux* et *Terebratula Gregaria*, Suess, *Cyrtina jungbrunnensis*, Petz.

C. Calcaires avec *Pecten valoniensis*, Defr. et *P. Hebertii*, Stopp.

D. Couches contenant la *Leda percaudata*, Gumb.

E.-F. *Couches mélangées;* les unes sont une *lumachelle* à *Avicula contorta*, les autres sont des *schistes argileux* noirs, friables avec quelques veines d'un dépôt ferrugineux. *Cardium rhæticum*, Winkl., *Nucula Meilleriæ*, Stopp., *Pecten Mortilleti*, Stopp., *P. valoniensis*, Defr. *Anomya Lemani*, Stopp [1].

Une seconde zone de rhétien affleure à l'ouest de Meillerie dans les **carrières du Maupas.**

Les couches 5 à 9 rentrent dans ce terrain tandis que la couche 10 représente manifestement l'étage hettangien. Les couches se poursuivent ici en ordre inverse, car elles appartiennent à une autre voûte, séparée de l'affleurement de Locon par du lias inférieur et du toarcien. M. Favre distingue ici :

*Calcaire bleu* et *marnes noires* (9) renfermant *Pecten Favrii*, Stopp. et *Plicatula intusstriata*, Emm.

---

[1] Nous avons substitué aux noms donnés par M. A. Favre les synonymes adoptés dans la première partie de ce mémoire. Il en sera de même dans les listes suivantes.

*Marne noire* et calcaire bleu noirâtre (8) avec *Modiola minuta* Goldf., *Placunopsis alpina*, Winkl., *Placunopsis Revonii*, Stopp., *Ostrea Haidingeriana*, Emm.

*Couches marneuses* (7) avec un banc de *calcaire jaunâtre* rempli de *Terebratula gregaria*, Suess.

*Calcaire gris*, contenant beaucoup de coraux (6).

*Marnes noires* et *jaunes* avec calcaires en rognons. Lumachelle à *Avicula contorta*, Portl. *Plicatula intustriata*, Emm.

Entre Thonon et le Pont de Bioge, le long de la **Dranse,** les roches rhétiennes se rencontrent dans une coupe très continue, également relevée par M. A. Favre. La succession des couches et la nature de la roche ne présentent pas de différence avec le rhétien de Meillerie. Les fossiles cités de cette localité sont : *Gervillia inflata*, Schafh., *Avicula contorta*, Portl., *Plicatula intustriata*, Emm.

Dans le massif du **Grammont** il y a bien des affleurements de terrain hettangien, mais les couches rhétiennes n'y sont pas souvent à découvert. Ce serait dans le couloir de la *Dérochiaz* qu'on aurait le plus de chance de les trouver, si les éboulis ne remplissaient pas toute cette dépression.

Au **col de Lovenex,** où il y a un si puissant développement des roches dolomitiques du trias, le rhétien est encore masqué par des éboulis, de la cargneule et peut-être aussi par une dislocation très visible (Pl. XI, fig. 7). Environ deux kilomètres plus à l'ouest, on trouve enfin, sur la montée des **chalets d'Autan,** un bel affleurement du rhétien. Ce terrain est dans une position fort extraordinaire. En contact au nord avec les assises verticales du lias inférieur recouvertes de malm horizontal, il se replie plusieurs fois, mais le plongement des couches est en général presque vertical, comme celui du lias. Ces accidents sont fort bien visibles sur le sentier qui conduit du chalet de l'Haut de Morge aux pâturages d'*Autan* ou de *Neuten* (croquis, Pl. XI, fig. 13).

Les premières couches que l'on rencontre en montant sont verticales, même un peu déjetées; ce sont des alternances de calcaire lumachellique et argilo-marneux. L'un des bancs succédant à une série de lits calcaires, est un vrai agglomérat de *Terebratula gregaria*, Suess. La surface des bancs étant un peu désagrégée, les fossiles se détachent facilement. L'intérieur du banc est au contraire fort dur (*calc. Ter. greg.*, Pl. X, fig. 13).

Une série d'environ dix mètres de *marnes*, puis vient ensuite des alternances de marnes et de *calcaire lumachellique* (*lum.*) en lits de 10-40 cm.
d'épaisseur, Les bancs de lumachelle, de couleur gris foncé, et d'une assez
grande dureté, sont très riches en fossiles; les uns sont pétris de valves de
*Placunopsis alpina*, Winkl., dont les tests à côtes très fines sont faciles à
reconnaître et auxquelles s'associent de nombreux *Pecten valoniensis* et l'*Avicula contorta*. Il y a des bancs où les valves de *Placunopsis* l'emportent sur les
autres fossiles, d'autres fois ce sont les *Pecten* qui l'emportent, ou bien la
lumachelle se compose presque entièrement de coquilles d'*Avicula contorta*.
Ces bancs de lumachelle reposent sur des couches *marneuses foncées* dessi-
nant très distinctement la forme d'une voûte régulière. Quelques mètres plus
en amont, les lits de lumachelle se retrouvent en ordre inverse (*lum*) et des
couches marneuses, imparfaitement visibles, leur succèdent en affectant vaguement la courbure d'une voûte. Tout cela se trouve sur le versant sud du
ravin. Plus en amont, il y a habituellement de la neige, laquelle ne disparaît
que très tard dans l'été. Mais la pente nord du ravin permet de poursuivre la
série des couches rhétiennes sans qu'il soit possible d'établir les relations
avec les assises que nous venons d'examiner. Il est certain qu'elles apparaissent à un autre niveau probablement inférieur. En montant du fond du ravin
vers le sentier d'Autan, on trouve d'abord des lits presque verticaux de
lumachelle et de marnes.

Un des bancs de lumachelle est rempli d'*Avicula contorta*. Plus haut,
sur le sentier même, il y a un autre banc remarquable, pétri de *Modiola
minuta*, de toutes les dimensions; quelques exemplaires sont même très
grands.

La position de ces couches est en somme peu claire. Du côté sud, elles
sont en contact avec le lias inférieur; au nord ce contact n'est visible que
plus bas. Vers les chalets d'Autan, des bancs de malm presque horizontaux
reposent sur la tête des couches verticales du lias inférieur et viennent
même toucher au rhétien.

Voici les fossiles que nous avons recueilli dans ce gisement; ils proviennent tous des divers bancs de lumachelle; les marnes qui affleurent ne nous
ont point fourni de fossiles :

*Leda percaudata,* Gumb.  
*Modiola minuta,* Goldf.  
*Plicatula intustriata,* Emm.  
   » *fissistriata,* Winkl.  
*Placunopsis alpina,* Winkl.  
*Avicula contorta,* Portl.

*Pecten valoniensis,* Defr.  
   » *Liebigi,* Winkl.  
*Terebratula gregaria,* Suess.  
*Cidaris,* spec.  
*Bactryllium striolatum,* Heer.  
(Ce dernier fossile provient d'une couche schisteuse.)

Cette zone se continue certainement encore plus au N.-O., mais la faible épaisseur de ce terrain, la dislocation qui coïncide avec la direction des couches et les roches éboulées, ne nous ont pas permis de découvrir d'autres affleurements.

Dans la **chaîne des Cornettes,** il y a lieu de distinguer deux zones de rhétien. Le cirque du **Crêtet** au pied N. du rocher des Cornettes offre deux anticlinales très distinctes sur l'arête des Bovardes de Bise. Au centre de l'une de ces voûtes affleurent les calcaires lumachelliques du rhétien qui sont riches en fossiles. L'*Avicula contorta* et le *Placunopsis alpina* les caractérisent suffisamment. Il ne nous a pas encore été possible de soumettre ces nouveaux gisements à une étude approfondie. Dans le prolongement de cette chaîne au N.-O. de la Cornette, se trouve l'arête de **Lachaux** correspondant à l'anticlinale aiguë des Bovardes de Bise. La lumachelle rhétienne y affleure du côté du col de Bise et renferme *Placunopsis alpina, Avicula contorta, Pecten valoniensis* (rh, Pl. XI, fig. 2, 4).

La série complète des couches du rhétien peut s'observer au **col de Vernaz.** Nous avons vu le centre du col occupé par la *dolomie* et la *cargneule.* En s'élevant sur l'arête sud à partir de la borne marquant la frontière, on rencontre à une faible distance des couches foncées alternativement calcaires et marneuses. Ce sont les premiers lits rhétiens; ils reposent directement sur le calcaire dolomitique et plongent au S.-S.E. sous le Pic de Vernaz (Pl. XI, fig. 6, et Pl. XII, fig. 1).

L'un des bancs de la base est riche en *Terebratula gregaria,* Suess. Puis viennent les bancs de lumachelle très bien caractérisés, avec *Avicula contorta,* Portl., *Pecten valoniensis,* Defr., etc. L'un de ces bancs est rempli de *Modiola minuta,* Goldf.

Une zone jaunâtre ferrugineuse suit plus haut, après avoir traversé environ 50<sup>m</sup> de couches; elle est suivie d'une assise de calcaire foncé assez marneux et jaune à la surface; il est pétri d'*Ostrea Haidingeriana* et de *Pecten valoniensis* brisés.

L'étage hettangien vient presque immndéiatement par-dessus.

Voici la liste des fossiles que nous avons recueillis dans ce gisement et que de nouvelles recherches augmenteraient considérablement :

<table>
<tr><td>*Cardita austriaca*, v. Hauer.</td><td>*Plicatula intustriaca*, Emm.</td></tr>
<tr><td>*Modiola minuta*, Goldf.</td><td>*Placunopsis alpina*, Winkl.</td></tr>
<tr><td>*Myophoria Evaldi*, Born.</td><td>*Anomia Mortilleti*, Stopp.</td></tr>
<tr><td>*Gervillia præcursor*, Qust.</td><td>*Ostrea Haidingeriana*, Emm.</td></tr>
<tr><td>*Avicula contorta*, Portl.</td><td>*Terebratula gregaria*, Suess.</td></tr>
<tr><td>*Pecten valoniensis*, Defr.</td><td></td></tr>
</table>

Sur le versant opposé de la vallée et du col de Vernaz, l'étage rhétien n'est pas visible. Les calcaires hettangiens y existent, et entre eux et le calcaire dolomitique du col, il y a habituellement, soit des éboulis soit de la cargneule. C'est sans doute un glissement qui a masqué le rhétien.

On trouve encore un gisement rhétien à l'origine de l'arête de Linleux en dessous des villages de **Torgon** et de **Revereulaz.** Deux bandes calcaires partent de la vallée du Rhône et ne se distinguent d'abord guère par leur relief; l'une forme plus haut la Pointe de Conche, l'autre le Signal de Linleux; entre deux se trouve le vallon d'Utane. Le torrent qui descend de ce vallon passe entre les deux villages cités et forme une belle cascade avant d'arriver dans la vallée. C'est un peu en dessous de cette cascade que le sentier à peine marqué venant de la fabrique de ciment, entame le terrain rhétien (Pl. X, fig. 6). Celui-ci est dans une position déjetée, resserré entre les deux massifs calcaires très rapprochés. Sous ce rapport, ce gisement rappelle la situation du rhétien dans la *vallée de la Grande-Eau*, s'ouvrant exactement vis-à-vis sur l'autre rive de la vallée du Rhône. On trouve ici à la fois la lumachelle et les marnes noires fossilifères. La position étant très confuse nous n'avons pas relevé la série des couches. Ce gisement nous a fourni :

| | |
|---|---|
| *Cardium cf. rhæticum,* Mer. | *Pecten valoniensis.* Defr. |
| *Avicula contorta,* Portl. | » *cf. barnensis,* Stopp. |
| *Placunopsis alpina,* Winkl. | *Bactryllium striolatum,* Heer. |

L'*Avicula contorta* est surtout abondant et bien conservé. La plupart des autres fossiles sont déformés et difficiles à identifier.

Une carrière, ouverte au bas du ravin pour l'exploitation de la roche à ciment, a mis à nu le terrain rhétien, marnes et calcaires, en contact discordant avec les couches à Mytilus. Nous y avons recueilli l'*Avicula contorta* et le *Terebratula gregaria*.

La rive droite du Rhône et du Léman, mieux connue que les montagnes du Chablais, a fourni un nombre bien plus considérable de fossiles. Le petit nombre que nous avons cité dans les listes qui précèdent démontrent l'identité complète de ce terrain dans les deux régions.

## TERRAINS LIASIQUES

### I. ÉTAGE HETTANGIEN

Cet étage se présente dans les Alpes du Chablais avec les mêmes caractères que sur la rive opposée du lac; peut-être un peu moins fossilifère, il constitue néanmoins un étage bien caractérisé, immédiatement supérieur au rhétien. A leur base les assises de cet étage sont de nature marneuse souvent grésiforme; vers le haut, on trouve des bancs régulièrement stratifiés de calcaire gris et homogène.

C'est encore dans les carrières de **Locon** et de **Meillerie** que ce terrain se trouve le mieux développé. Dans celle de la Balle près Locon, cet étage est représenté par un massif calcaire qui se distingue facilement du rhétien visible plus à l'est.

Il se trouve environ au milieu de la carrière. Les fossiles n'y abondent pas, à part le *Pecten valoniensis* qui recouvre souvent entièrement la surface de certains bancs.

Dans la carrière de Meillerie, l'assise 10 de la coupe de M. A. Favre représente sans contredit l'étage hettangien. C'est un calcaire esquilleux, bleu foncé avec rognons de silex. Les fossiles les plus caractéristiques sont : *Pecten valoniensis*, Defr. et *Lima valoniensis*, Defr.

Sur le versant sud du **Grammont,** aux *Placettes*, se trouve un gisement de calcaire hettangien, assez riche en fossiles.

La roche ne diffère pas de celle des autres gisements. L'assise hettangienne est foncée et marneuse; vers le bas les fossiles sont les plus nombreux, vers le haut elle est plutôt calcaire. Le musée de Lausanne possède de ce gisement les fossiles suivants :

| | |
|---|---|
| *Cypricardia porrecta?* Dum. | *Pecten Thiollierii*, Mart. |
| *Cardinia regularis*, Terq. | » *valoniensis*, Defr. |
| » *trigona*, d'Orb. | » *securis?* Dum. |
| *Modiola Morrisi*, Opp. | *Plicatula hettangiensis*, Terq. |
| » *ervensis*, Stopp. | » *cf. Baylei*, Terq. |
| *Pinna*, sp. | *Avicula sinemurensis*, d'Orb. |
| » cfr. *trigonata*. Mart. | *Ostrea sublamellosa*, R. et D. |
| *Lima tuberculata*, Terq. | *Spiriferina pinguis*, Ziet. |
| » *valoniensis*, Defr. | |

Tous ces fossiles caractérisent bien l'étage hettangien et se rapprochent de la faune de Taulan et de Plan-Falcon.

Nous ne connaissons pas d'affleurement certain de l'étage hettangien dans le vallon d'*Aulan*.

Ce terrain est bien mieux développé au **col de Bise** au pied du Rocher du Vorassey où affleure également le rhétien (*lh*, Pl. XI, fig. 2 et 4).

Le calcaire gris, en bancs minces et très réguliers, atteint une assez grande épaisseur. Les fossiles ne sont pas nombreux. Vers la base, il y a un lit de calcaire gris qui ne se distingue pas pétrographiquement des autres couches et qui renferme de nombreux exemplaires bien conservés de *Plicatula hettangiensis*, Terq. et de *Lima valoniensis*. Defr. Ces deux fossiles sont accompagnés d'une autre espèce de plicatule à côtes plus grosses et moins nombreuses mais de forme tout à fait voisine du *Pl. hettangiensis*. M. Renevier attribue cette espèce au *Pl. Baylei*, Terq.

L'étage hettangien doit se rencontrer également à l'arête des Bovardes de Bise où cependant nous ne l'avons pas encore constaté par ses fossiles.

Au **col de Vernaz** cet étage est formé par un calcaire homogène gris clair à l'extérieur que l'on voit former une saillie en-dessous de la case de la Callaz un peu au-dessus du passage. Les fossiles y sont rares; nous possédons de cet endroit un fragment de *Lima* ressemblant au *L. valoniensis*, Defr. et un Gastéropode voisin du genre *Natica*. Un banc affleurant plus bas, près des couches dolomitiques du trias, est jaune à sa surface et rempli d'Ostracés de formes mal définies. C'est peut-être l'*Ostrea anomala* (*Ostrea irregularis*, Munst. ?)

Sur le versant opposé (sud) au pied du Pic de Vernaz, ce terrain existe également, riche en *Pecten valoniensis*, etc.

Nous n'avons pas connaissance de l'existence d'une couche fossilifère du terrain hettangien dans le ravin sous Revereulaz; il n'est toutefois pas douteux qu'une partie de l'épaisse masse de calcaires et marnes foncés rentre dans cet étage.

### II. LIAS INFÉRIEUR ET MOYEN

Les carrières de la Balle près **Locon** et celles du Maupas et de la Balme près **Meillerie** ont fourni à M. Alph. Favre de nombreux fossiles du lias inférieur. La plus grande partie de la pierre exploitée provient du lias inférieur et de l'infralias (hettangien).

Ce sont des bancs de calcaire foncé, d'une teinte généralement gris bleuâtre qui se poursuivent le long du lac sur une grande étendue. M. Alph. Favre cite de la carrière de Locon :

| | |
|---|---|
| *Nautilus striatus*, d'Orb. | *Ammonites geometricus*, Phil. |
| *Ammonites Kridion*, Hell. | *Lima* sp. |
| » *fimbriatus*. Sow. | *Pecten* sp. |
| » *acteon*, d'Orb. | |

De la carrière du Maupas :

| | |
|---|---|
| *Ammonites Guibalinus*, d'Orb. | *Ammonites liasicus*, d'Orb. |
| » *planicosta*, Sow. | » *acteon*, d'Orb. |

La chaîne du **Grammont** jusqu'à la Dent d'Oche offre dans des plis rompus et érodés bien des affleurements de calcaire liasique inférieur. Comme sur la rive droite, le niveau le plus caractéristique est un calcaire spathique formé de débris de *Crinoïdes* et dans lequel les fossiles ne manquent pas entièrement, mais sont toujours brisés. On y rencontre fréquemment des débris de *Rhynchonelles*, de *Spiriferina*, etc. Il est probable qu'à force de chercher on finirait bien par réunir quelques fragments déterminables. Ce calcaire correspond au calcaire spathique de Rossinière (page 62) et au marbre, dit de la Tinière.

On rencontre le premier affleurement de cette roche dans le vallon de Novel, près de l'Haut de Morge, dans le ravin qui conduit à Lovenex. On y trouve d'abord en montant, des couches verticales d'une roche foncée grenue et siliceuse à rognons de silex disséminés. Cette roche est habituellement à la base du toarcien et si elle n'est pas toarcienne, elle doit appartenir au lias moyen. En dessous de cette roche se trouve le calcaire à Crinoïdes, bien caractérisé par sa texture spathique. Il est gris, puis jaunâtre et rouge, vers le bas il prend une teinte verte, par suite de l'apparition de nombreux grains verts mélangés aux débris spathiques (*calc. à Crin.*, Pl. XI, fig. 7).

Cette roche existe aussi en dessous des chalets d'Autan; le talus d'éboulement que l'on traverse pour arriver à ces chalets, en est entièrement formé. Elle se continue au S.-O. le long du pied de la Dent d'Oche, toujours avec les mêmes caractères et apparaît aussi au milieu d'un pli rompu entre le col de Novel et le pied de la Dent d'Oche (*li*, Pl. X, fig. 1).

A l'autre extrémité du massif, le ravin de la Dérochiaz et les flancs du N.-O. du Grammont offrent cette roche bien typique.

Dans la chaîne des **Cornettes,** le niveau du calcaire de la Tinière manque. Le calcaire foncé ou gris à rognons de silex y atteint par contre un immense développement et repose sur une grande épaisseur de calcaire gris faisant passage au calcaire hettangien.

La *première zone* de ce terrain, occupe une partie du **vallon de Tanay** surtout près du Crêtet, au pied des Cornettes de Bise et sur l'arête des Bovardes.

Le **col de Riss** en offre de beaux affleurements. Nous ne possédons malheureusement pas de fossiles de ce terrain pour attester si réellement il appartient au lias inférieur. Nous croyons qu'il faut le comprendre encore sous la désignation du lias moyen et inférieur (L m i sur la carte flle XVII) parce que, au col de Bise dans l'arête du Vorassey, ce terrain sépare le calcaire hettangien gris d'avec les schistes toarciens. La situation en cet endroit est très nette et peut bien servir à défaut de fossiles pour justifier l'âge que nous attribuons à la roche en question.

La *seconde zone* du lias inférieur occupe la vallée anticlinale de Vernaz. La roche à rognons siliceux y atteint une immense épaisseur sur le versant nord et passe vers le bas à une roche gris clair presque homogène, qui ne renferme que peu de silex ; ce sont ces deux assises qui représentent les couches 1 et 2 de la coupe que donne M. Alph. Favre du col de Vernaz (*58*, I, p. 96); il faut en déduire toutefois le calcaire hettangien.

Les assises sont renversées et c'est pour cette raison que le calcaire hettangien paraît se superposer au calcaire à rognons siliceux. Sur le versant sud de la vallée, cette roche continue à se montrer dans le contre-jambage de la voûte, ici en position normale.

Plusieurs affleurements bien visibles se trouvent sur la hauteur du **col de Morgins.** Ce sont des roches tantôt schisteuses, tantôt calcaires, de couleur foncée presque noire et qui portent au plus haut degré le caractère de klippes. Les divers affleurements ont dans leur ensemble l'apparence d'une sorte de voûte disloquée.

La cargneule est très répandue dans le voisinage de ces klippes. Un petit affleurement entre le lac de Morgins et les bains appartient à l'étage *sinémurien*, c'est le calcaire à *Gryphæa arcuata ;* la roche en couches verticales est absolument pétrie de ce fossile. Les schistes au N. du lac sur le versant de Châtel appartiennent plutôt au lias supérieur ou au dogger.


### III. LIAS SUPÉRIEUR (Toarcien)

Cet étage a dans le Chablais les mêmes caractères que dans les Préalpes vaudoises.

Ce sont en général des alternances de calcaires en couches minces et de marnes feuilletées qui prédominent vers le haut de l'étage. On ne peut pas séparer aisément ces assises d'avec le dogger qui les surmonte, car les fossiles sont rares; c'est à peine si l'on trouve de loin en loin une empreinte d'*ammonite falcifère* (*Am. radians*, etc.) ou quelques *Posidonomyes*. Le facies à fucoïdes se montre aussi dans cette région, toutefois avec une moins grande abondance de ces végétaux fossiles.

Sur la carte, le toarcien n'est pas distingué par une teinte spéciale, il est confondu ainsi que le dogger dans la même teinte que le lias inférieur (L m i).

Entre les carrières de **Meillerie** et de **Locon** la route et la voie ferrée traversent sur une grande longueur les schistes toarciens avec rares empreintes d'Ammonites (*Am. radians*, Schlot.). Leur épaisseur paraît très considérable, parce qu'ils occupent un pli synclinal en forme de V coupé obliquement par la route.

La chaîne du **Pic de Borée** présente ces couches à découvert dans la cluse que l'on franchit pour pénétrer dans le *Creux de Novel*.

Au col de Novel ces schistes s'interposent entre le calcaire spathique et les couches du bathonien.

Dans la chaîne de **Grammont,** il n'est pas possible de séparer le toarcien du dogger par suite du manque de fossiles. Pétrographiquement, il n'y a aucune différence entre les deux terrains.

Les assises d'une épaisseur considérable qui se trouvent entre le calcaire noir à rognons siliceux (qui est en partie peut-être déjà toarcien) et le malm, se composent de lits minces de calcaire foncé ou grenu, séparés de feuillets schisteux. Le terrain, dans tout son ensemble, a un aspect schisteux. On y trouve fréquemment des empreintes de *fucoïdes : Helminthopsis, Palæodictyon alpinum*, Heer, etc., qui se rencontrent ailleurs dans le toarcien. La séparation d'avec le dogger étant absolument impossible, nous avons désigné ce terrain dans les coupes et profils par

### IV. JURASSIQUE INFÉRIEUR — LIAS SUPÉRIEUR

Ces assises (Ji-Ls ou ji-ls) se voient le mieux dans la partie centrale de la chaîne du **Grammont,** en particulier dans le ravin de Volly sur Novel, dans le creux de Lovenex et surtout sur le passage entre Lovenex et le Crêtet. Le vallon de l'**Haut de Tanay** en offre de vastes affleurements, il existe sur le versant N. du vallon à *la Combe* et au Crêtet dans la superbe voûte entr'ouverte que traverse le col de Riss. Un calcaire spathique et oolithique qui affleure droit en dessous du malm de la pointe de Villand, paraît tenir lieu de bathonien (c. à Mytilus?); plus bas il n'y a que la roche schisteuse noire jusqu'au calcaire à rognons siliceux. La seconde voûte au pied des Cornettes de Bise offre ce même terrain très bien développé, jusqu'auprès du Roc Chambairy. Par places, en particulier au pied immédiat des Cornettes, on voit déjà un facies un peu différent, terrain dans lequel on a essayé à plusieurs reprises d'exploiter des feuillets charbonneux. C'est le premier indice des couches à Mytilus (bathonien) et quoique sans fossiles, ce terrain est très probablement le correspondant du dogger supérieur. Un glissement très manifeste des couches du malm a eu lieu tout le long du pied nord des Cornettes de Bise (voir Pl. XI, fig. 6); le malm a été poussé par-dessus les couches qui lui sont inférieures, et c'est pour cette raison peut-être que les couches à Mytilus paraissent faire défaut ici, tandis qu'elles existent à quelques kilomètres à l'ouest.

L'existence d'un filon de charbon au roc de Château d'Oche (Pl. X, fig. 3) paraît démontrer l'existence du facies des couches à Mytilus déjà dans cette région.

Sur le prolongement du Château d'Oche, *Les frêtes de Pelluaz* ne renferment que le terrain schisto-calcaire représentant à la fois le toarcien et le dogger.


## TERRAINS JURASSIQUES


### I. DOGGER A ZOOPHYCOS
Jurassique inférieur, couches de Klaus.

Ce terrain se voit le mieux et avec les caractères que nous lui connaissons, dans la voûte ouverte de l'**arête de Mémise**. On les traverse en passant par la route entre St-Gingolph et Novel. Il n'est pas rare d'y trouver des empreintes de *Zoophycos scoparius*, Oost. L'*Ammonites tripartitus* s'y rencontre également et sert à reconnaître ces assises.

La voûte du **Pic de Borée** offre ce terrain avec son développement absolument typique, semblable à celui de la chaîne du Mont-Cray sur la rive droite du Rhône. On en rencontre encore dans le petit repli des rochers des Aiguilles au pied de la Dent d'Oche et dans la chaîne du **Chenay** prolongement de l'arête de Borée.

D'après ce que nous avons dit dans le paragraphe précédent, il ressort que le facies des couches de Klaus s'éteint avec la chaîne de Borée. Dans celle du Grammont, le dogger se confond avec le lias supérieur et ce n'est qu'avec celle des Cornettes que la partie supérieure prend de nouveau un facies distinct, celui des *couches à Mytilus*.

## II. COUCHES A MYTILUS

L'abondance des fossiles a fait distinguer les couches à Mytilus dans le Chablais presque aussi anciennement que dans les Alpes vaudoises et bernoises. A plusieurs endroits, on a tenté l'exploitation de feuillets de charbon qui s'y trouvent. Les gisements étant peu accessibles et peu nombreux, nous n'avons pas pu réunir sur ce terrain un matériel aussi considérable et des observations aussi nombreuses que sur celles de la rive droite du Rhône. Nous avons cependant pu tirer de cette étude des conclusions qui confirment pleinement ce que nous avons dit sur l'âge de ces couches.

Nous verrons d'après les coupes que nous donnerons du col de Vernaz et du col de Bise que les *couches à Mytilus reposent sur le lias* et sont même souvent très voisines du lias inférieur.

Les gisements ont pour la plupart déjà été découverts et explorés par M. le prof. Alph. Favre qui y a fait de riches récoltes de fossiles.

L'un des plus intéressants est celui du *Mont-Chauffé*. Les autres sont ceux de la *Callaz* et de *Combre* dans la chaîne des Cornettes de Bise, et celui du Mont-Chenaux (Vorassey) entre le col de Bise et le vallon de Mens. Un peu plus au S.-O. se trouvent les intéressants gisements de *Darbon* au pied de la paroi semi-circulaire du Creux du Planey.

On a fait des essais d'exploitation de la houille dans une foule d'endroits. Au-dessus de Vionnaz et de Vouvry, à Combre dans le vallon de la Vernaz et à la Callaz un peu au-dessus du col de Vernaz, au Vorassey et dans plusieurs galeries ouvertes sur le pourtour du cirque du Planay près Darbon.

Dans son aspect général, ce terrain a absolument le même caractère que dans les Alpes vaudoises. Les fossiles sont les mêmes que dans ces derniers gisements. Il semble toutefois que ce terrain est en général moins puissant et que les divers horizons ne se retrouvent pas ici d'une manière aussi tranchée. Néanmoins, chaque fois que la série des assises permet de distinguer des successions de facies, on remarque que ces facies sont les mêmes et se succèdent dans le même ordre dans les Alpes vaudoises.

*Gisements.*

Nous décrirons successivement les gisements à partir des chaînes les plus rapprochées du bord des Alpes. Comme dans les Alpes vaudoises, ces assises se retrouvent dans plusieurs chaînes; seulement, au lieu d'avoir l'aspect très prononcé de klippes, ces arêtes présentent une forme généralement plus régulière, soit de voûte, soit d'anticlinales plus ou moins aiguës, combinées parfois avec des glissements ou des failles. Ce qui manque surtout à ces chaînes, c'est l'enveloppe de dépôts éocènes qui entourent et *recouvrent* souvent les plis jurassiques des préalpes romandes. Les couches à Mytilus se trouvent dans les chaînes suivantes :

1. La chaîne de Cheilon.
2. L'arête de la Chaux (Vorassey).
3. Le Mont-Chauffé et le Vallon de Vernaz (chaîne des Cornettes et pic de Vernaz).
4. Klippe de l'arête de Linleux.
5. Klippe de Treveneusaz.

La **chaîne de Cheilon** offre la forme d'une voûte très régulière; au-dessous d'une calotte de jurassique supérieur se trouve un noyau de dogger et de lias. Les couches à Mytilus ne se trouvent pas partout. Dans le prolongement S.-E. de ce pli, au col de Riss et tout le long du vallon de Tanay, jusqu'au Grammont, ce terrain n'existe pas et le calcaire compact du malm reposc directement sur les calcaires foncés schisteux et plaquetés à fucoïdes que nous avons désignés par *ji ls*, parce qu'ils reposent sur le lias inférieur. Ce sont ces calcaires qui servent de substratum aux couches à Mytilus, et, dans ce cas-là, il y a licu de les attribuer exclusivement au toarcien, quoique rien ne prouve qu'une partie soit encore d'âge bathonien. On remarque qu'aux endroits où existent les couches à Mytilus, les calcaires à fucoïdes sont moins épais que là où ce terrain fait défaut. Il y aurait donc lieu d'admettre qu'il y a eu contemporanéité entre les couches à Mytilus et les calcaires à fucoïdes avec la différence que ceux-ci ont déjà commencé à se former à l'époque toarcienne et ont continué pendant la formation du *facies local* des couches à Mytilus. C'est une supposition que nous avons déjà exprimée (p. 92). Il y a possibilité que des dislocations, telles que des glissements souvent très manifestes entre le malm et les couches inférieures moins résistantes, aient masqué les couches à Mytilus; ou bien celles-ci peuvent manquer par suite d'une *lacune stratigraphique*, puisqu'il y avait pendant leur formation des terres fermes assez étendues.

A son extrémité N.-O., la chaîne calcaire de Cheilon est entamée par une profonde échancrure appelée le **Creux du Planey** ayant l'aspect d'un amphithéâtre gigantesque dont le fond s'abaisse lentement vers la vallée de Darbon (ou vallée d'Arbon). C'est sur le pourtour de ce cirque au pied du massif calcaire du malm qui en forme la paroi qu'on a ouvert plusieurs mines pour l'exploitation de la houille des couches à Mytilus (Pl. XII, fig. 4). Elles sont peu puissantes et se composent des assises suivantes, mesurées à l'entrée de la galerie la plus orientale :

Le massif calcaire doit appartenir en entier au malm, il est surmonté des couches rouges crétacées. On trouve à sa base (Pl. XI, fig. 12) :

1. *Une assise marno-calcaire*, enlevée en partie par l'érosion, le calcaire supérieur formant saillie par-dessus. La roche est gris foncé, fétide, sans fossiles . . . . . .  $3^m$
2. *Calcaire marno-schisteux* gris, avec *Pholadomya texta*, Ag., *Ceromyes*, (*C. concentrica*, Sow., etc.), *Mytilus laitmairensis*, P. de Lor., *Terebratula ventricosa*, Ziet., *Ostrea vuargnensis*, P. de Lor., etc. . . . . . . . . . . . . . . . . . . . . . . . . . . . . . .  2 50
3. *Calcaire compact* avec *Ceromyes* et *Pholadomya texta*, Ag. . . . . . . . . . . . . . .  1 50
4. *Schiste gris foncé ou brunâtre*, délitable; dans son milieu il y a une zone de 10-15

cm. d'épaisseur, remplie de coquilles blanchies. Les coquilles les plus abondantes appartiennent à une espèce qui se rapproche beaucoup du *Cypricardia nuculiformis*, Mor. et Lyc.; d'autres plus petites ressemblant au *Cypricardia caudata*, Lyc. Les valves sont ouvertes et souvent encore en contact par leur charnière, ce qui prouve que ces animaux sont morts en place et n'ont pas été transportés par les vagues. La roche est en outre remplie d'une multitude incroyable de petites coquilles, peut-être des jeunes des précédentes, auxquelles se mêlent plus rarement: *Modiola imbricata*, Sow.; *Astarte rayensis*, de Lor.; *Natica minchinhamptonensis*, P. de Lor.; *Lima semicircularis*, Goldf.; Dents de *Pycnodus*, etc. . . . . . . . . . . . . . . . . . . . . . . . . . . . . . . . . . . . . . . . . . . . . . . . . . . . . . . . . . . . . 1

5. *Couche de charbon*, vraie houille, assez grasse et passablement pure dans le milieu    0 20

6. *Schistes* d'abord marneux, puis alternativement marneux et calcaires avec empreintes de fucoïdes (*Helminthopsis; Palæodictyon*, etc.). Cette assise est très épaisse et marque le commencement du toarcien qui présente absolument le même facies.

Il est possible que la partie supérieure de ces schistes à *Helminthopsis* appartiennent encore au dogger; cela paraît probable étant donné la très faible épaisseur des couches à Mytilus. Les assises appartenant à ce facies n'ont en effet qu'un peu plus de dix mètres d'épaisseur, tandis que la puissance moyenne des couches à Mytilus est de 60ᵐ au moins, là où tous les niveaux sont représentés. Ici cela n'est pas le cas, les couches 1, 2 et 3 pourraient représenter les niveaux A et B quoique les couches 2 et 3, épaisses de 4ᵐ dans leur ensemble renferment seuls des fossiles et que ce soient ceux que l'on trouve habituellement dans la couche B à Myes et à Brachiopodes.

La couche 4 et le charbon rentrent d'après leur aspect dans le facies que l'on trouve ailleurs (dans les Alpes vaudoises) dans le niveau C. Ceci nous montre qu'il est absolument impossible de faire cadrer les subdivisions des couches à Mytilus avec celles que nous avons établies pour les Alpes vaudoises. Malgré cette différence le facies général, la nature pétrographique des couches, autant que la faune, sont restés absolument les mêmes. La couche brune à fossiles avec tests blancs se retrouve aussi dans les Alpes vaudoises et bernoises, au Rocher de la Raye et à la Cluse près Boltigen.

Ajoutons encore que notre coupe est absolument d'accord avec celle que donne M. Alph. Favre d'après E. de Beaumont (58, t. II, p. 97).

**L'arête de Lachaux** est une voûte déjetée au N.-O. où les couches à
Mytilus affleurent dans un état assez disloqué (Pl. XI, fig. 2 et 4). Il y en a
deux bandes dans la partie comprise entre le vallon de Mens au pied du
Mont-Chauffé et le col de Bise. La bande nord offre de beaux affleurements
le long de l'arête du **Vorassey** faisant face au vallon de Bise et du côté
du col de Bise. Cette zone se fait reconnaître facilement de loin par un repli
en forme de N (Pl. XI, fig. 1, 2, 3, 4 et 5).

En montant des chalets de Bise par un couloir étroit qui traverse le
crétacé rouge et le malm, on trouve une coupe très complète des couches à
Mytilus; ce terrain se voit sur les deux flancs de la partie supérieure du ravin
et ces deux coupes se complètent parfaitement (voir Pl. XI, fig. 3 et 5 se rap-
portant aux coupes 2 et 4 dont la première représente la petite arête qui
sépare le ravin en question du vallon de Mens et la seconde, fig. 4, celle qui
le sépare du col de Bise).

Voici la coupe relevée sur cette dernière arête (Pl. XI, fig. 5).

A. 1. Série de *bancs minces fendillés* de calcaire gris . . . . . . . . . . . . . . . . . . . . .  $10^m$

B. 2. *Calcaire marneux* et alternances marneuses de couleur grise avec *Ceromya*
    *plicata*, Ag.; *Homomya valdensis*, P. de Lor.: *Pholadomya texta*, Ag.;
    *Mytilus laitmairensis*, P. de Lor.; *Trichites*, sp.; *Rhynchonella Orbignyana*,
    Opp.; *Terebratula ventricosa*, Ziet., etc . . . . . . . . . . . . . . . . . . . . . . . . . .  5-6

C. 3. *Calcaires et marnes gris*, alternant, avec *Hemicidaris alpina*, Ag. dans la cou-
    che supérieure . . . . . . . . . . . . . . . . . . . . . . . . . . . . . . . . . . . . . . . . . .  1

    4. Alternances nombreuses de *calcaires gris* et de *marnes schisteuses*. *Modiola*
    *imbricata*, Sow., *Ostrea costata*, *Hemicidaris alpina*, Ag . . . . . . . . . . . .  10-15

    5. *Calcaire compact* . . . . . . . . . . . . . . . . . . . . . . . . . . . . . . . . . . . . . .  3

D. 6, *Calcaire marno-schisteux* jaunâtre à l'extérieur, très décomposé et rempli
    de débris de *Modiola imbricata*, Sow.; *Astarte rayensis*, P. de Lor.; *Lima*
    *Schardii*, P. de Lor.; *Ostrea costata*, Sow,; *Ostrea vuargnensis*, P. de
    Lor., etc . . . . . . . . . . . . . . . . . . . . . . . . . . . . . . . . . . . . . . . . . . . . .  10

    7. *Calcaire compact* foncé . . . . . . . . . . . . . . . . . . . . . . . . . . . . . . . . .  4-5

E. 8. *Schistes* et *marnes* . . . . . . . . . . . . . . . . . . . . . . . . . . . . . . . . . . . . .  1-2

    9. *Charbon* . . . . . . . . . . . . . . . . . . . . . . . . . . . . . . . . . . . . . . . . . . . .  0 20

   10. *Grès siliceux* jaune à empreintes de plantes, argile terreux servant de base
    au charbon . . . . . . . . . . . . . . . . . . . . . . . . . . . . . . . . . . . . . . . . . . .  2-3

   11. *Brèche calcaire*, épaisseur variable . . . . . . . . . . . . . . . . . . . . . . . . . .  1-4

La couche de charbon a été mise à découvert sur le versant occidental du ravin par une fouille faite sans doute dans le but de l'exploiter. On la trouve aisément, grâce au repli aigu que fait le banc calcaire qui lui est superposé et qui se fait remarquer par sa couleur claire. Les grès à végétaux se voient le mieux sur l'arête occidentale sur Mens (Pl. XI, fig. 3).

Contrairement à ce que nous avons constaté au Creux du Planey, la succession des assises est presque absolument conforme à celle des couches à Mytilus des Alpes vaudoises. Nous avons placé en avant à gauche de la coupe qui précède et dans les profils fig. 3 et 5, les lettres correspondant aux niveaux établis pour le Pays d'Enhaut. Nous n'avons pas trouvé de fossiles dans le niveau A.

Le niveau B (couche 2) est tout particulièrement riche en *Myes* et *Brachiopodes*; cette couche renferme de plus le *Mytilus laitmairensis*. Le *Hemicidaris alpina* et le *Modiola imbricata* se trouvent surtout dans les couches 3 et 4 qui correspondraient ainsi au niveau E et les marnes à fossiles triturés qui lui servent de base, sont absolument identiques aux couches à *Astarte rayensis* et à *Polypiers* du Rocher de la Raye, de la Laitmaire et du Rubli (niveau D) et reposent ici comme là sur des marnes, argiles et grès, accompagnant des lits de charbon. L'épaisseur est un peu plus faible (à peine 50ᵐ).

Une seconde bande de couches à Mytilus se trouve en dessous du malm qui forme le second jambage de la voûte. Elle commence près des chalets de Mens et se continue jusque tout près du col de Bise où les éboulis la couvrent. La végétation et les roches éboulées ne la laissent affleurer que bien imparfaitement, de sorte que nous n'avons pas pu en relever la coupe complète laquelle ne doit guère différer de celle que nous venons de décrire.

Cette localité est d'une haute importance. Quoique assez disloquées sur le versant regardant le vallon de Bise, les couches à Mytilus se trouvent ici dans une situation excessivement nette quant à leur position par rapport aux terrains plus anciens. Loin de laisser l'incertitude que nous avons rencontrée dans tous les gisements des Alpes vaudoises, cette montagne offre la série absolument continue depuis le trias jusqu'au malm. En quittant les couches à Mytilus au petit col où affleure le charbon, on trouve, en montant, des schistes foncés, peu épais, du lias supérieur (*ls*) auxquels succède le calcaire à rognons siliceux du lias inférieur (*li*) formant un petit escarpement suivi lui-même du calcaire gris hettangien (*lh*) et le rhétien (*rh*); sur un point on voit, entre deux bandes de rhétien, une marne rouge. Sur l'autre versant la coupe qui est renversée, est des plus nettes : hettangien (*lh*), calcaire à rognons siliceux (*li*), schistes toarciens (*ls*) et enfin les couches à Mytilus suivies du malm. Ici il n'y a plus de doutes possibles, les couches à Mytilus reposent sur le toarcien et sont même dans une situation fort rapprochée du lias inférieur. La concordance de stratification est parfaite, les couches plongent dans le même sens, et si du côté de Bise la réduction du toarcien peut être attribuée à une dislocation ou à un étranglement, cela n'est pas possible sur le versant S.-E., où les schistes toarciens, avec empreintes de fucoïdes, occupent une épaisseur appréciable entre le calcaire à rognons siliceux et les couches à Mytilus. Comme nous l'avons déjà fait remarquer, le calcaire noir à silex représente bien le lias inférieur, parce qu'il repose directement sur le calcaire gris hettangien. Les couches à Mytilus sont sur ce point dans une position on ne peut plus claire [1].

Par leur situation intermédiaire entre le lias et le malm, ces couches forment la transition entre les faciès, caractères qui se retrouvent aussi dans leur faune.

Le **Mont-Chauffé** offre par son aspect une grande ressemblance avec les montagnes du Rubli dans le Pays d'Enhaut vaudois. Il est légèrement déjeté au nord ; les couches à Mytilus affleurent entre deux massifs de malm presque verticaux, et ce qui augmente encore la ressemblance de cette montagne avec le Rubli, on n'y constate qu'*une seule série* de couches à Mytilus, quoique le malm présente deux jambages formant une voûte écrasée. Le couloir au N.-E. de la montagne, en face du col de Vernaz est couvert

---

[1] Dans une brochure récente (*93*) M. le D^r V. Gilliéron conteste à nouveau l'âge bathonien des couches à Mytilus (voir déjà la note page 117 du présent mémoire) en critiquant cette fois la plupart des déterminations paléontologiques de M. P. de Loriol. M. Gilliéron pense que les couches à Mytilus devraient correspondre plutôt au callovien et à l'oxfordien inférieur, à juger au moins de leur *nature pétrographique*. Cependant, aucune des déterminations incriminées par ce savant ne l'a conduit à leur substituer un nom de fossile connu du callovien ou de l'oxfordien. Il résulterait de l'étude critique de M. Gilliéron que la faune des couches à Mytilus serait tout à fait nouvelle, ce qui n'empêche pas qu'elle a des affinités avec celle du bathonien et ne motive aucunement sa classification dans l'oxfordien inférieur.

d'éboulis jusqu'à la moitié environ de la hauteur de la montagne (Pl. XI, fig. 1 et Pl. XII, fig. 2).

Au bas d'une étroite cheminée se trouvent les premiers affleurements des couches à Mytilus, s'appliquant contre le jambage N. de la voûte de malm. On y trouve les couches suivantes :

1. Calcaire fendillé . . . . . . . . . . . . . . . . . . . . . . . . . . . . . . . . . . . . . . . . . . . . . . . . 6$^{m}$
2. Calcaire compact . . . . . . . . . . . . . . . . . . . . . . . . . . . . . . . . . . . . . . . . . . . . . . . 2
3. Calcaire marneux et marne grise avec *Rhynchonella Orbignyana*, Opp . . . . . . . . 0 30
4. Alternances de marnes et de calcaires compacts ; *Myes, Trichites, Hemicidaris alpina* . . . . . . . . . . . . . . . . . . . . . . . . . . . . . . . . . . . . . . . . . . . . . . . . . . . . . . 4
5. Alternances de marnes et de calcaires gris, sans fossiles . . . . . . . . . . . . . . . . 6
6. Marnes et calcaires jaunes avec quelques lits marneux remplis de *piquants d'oursins* (*Hemicidaris alpina*, Ag.), *Astarte rayensis* . . . . . . . . . . . . . . . . . . . . . 2
7. Banc calcaire . . . . . . . . . . . . . . . . . . . . . . . . . . . . . . . . . . . . . . . . . . . . . . . . . . 2 50
8. Marne remplie d'*Ostrea costata*, Sow. ; et, un peu plus bas, de tests blancs (comme la couche 4 du Creux du Planey) . . . . . . . . . . . . . . . . . . . . . . . . . . . 0 50
9. Marne remplie de débris de *Modiola imbricata*, Sow., avec quelques alternances peu calcaires . . . . . . . . . . . . . . . . . . . . . . . . . . . . . . . . . . . . . . . . . . . . . . . . . 2

C'est sur le prolongement de cette couche que se trouvent, plus haut dans la montagne, quelques nids ou lentilles de houille. Ce combustible n'existe pas au bas du couloir, mais la marne brune à débris de Modiola, etc., renferme des traces de charbon, indices du voisinage de la houille.

La série des couches à Mytilus est parfaitement normale; elle est un peu moins complète que dans l'arête de Lachaux. On voit que le haut de l'assise renferme surtout des *Myes* et des *Brachiopodes*, des *Hemicidaris* et des *Ostracés*. Vers le bas apparaissent enfin les couches à *fossiles triturés* suivies des lits si caractéristiques qui contiennent des fossiles à *tests blancs*, surmontant ailleurs le charbon. Il est probable que la série des couches à Mytilus n'est pas complète, car les lits de grès et d'argile manquent en dessous d'eux.

L'écrasement d'une partie des couches paraît évident, puisque la couche de charbon manque au bas du couloir et existe plus haut.

La série visible des couches est fortement disloquée; une faille transversale la fait reparaître après qu'on l'a déjà traversée une fois en montant.

Vers le haut du couloir, les couches sont plissées, froissées et redressées verticalement; les fossiles sont mal conservés et tout à fait écrasés.

La dernière couche fossilifère est en contact avec des assises de *calcaire bréchiforme* d'une épaisseur considérable, qui occupent au sud du couloir tout l'espace entre les couches à Mytilus et s'étend jusqu'au chalet de la Raye; il occupe le jambage S. du malm, c'est-à-dire la place où devrait se trouver la seconde série des couches à Mytilus (Pl. XI, fig. 1 et Pl. XII, fig. 2). On ne peut ranger ce calcaire dans les couches à Mytilus, mais on peut l'attribuer au malm duquel il ne se distingue du reste que par sa structure bréchiforme. Cette roche a un aspect blanc jaunâtre à sa surface, teinte que prennent en général les calcaires dolomitiques. Et en effet on y trouve quelques blocs, devenus vacuolaires, comme de la *cargneule*, par suite de la décomposition de certains fragments.

La structure de cette brèche est excessivement intéressante. C'est évidemment une brèche formée *en place*, aux dépens d'une roche primitivement homogène et compacte. On trouve de grands blocs de brèche, dont les nombreux fragments rectangulaires ou plus ou moins obliques sont disposés absolument comme des mosaïques ayant les interstices remplis d'un ciment homogène. La roche accuse ainsi elle-même son origine : c'était une roche primitivement compacte, qui fut brisée en fragments par des systèmes de fissures parallèles et ces fragments, de forme souvent assez régulière, ont été recimentés après s'être à peine déplacés. Quelquefois les débris ont été visiblement désorientés et mélangés, mais le ciment qui les réunit, est absolument homogène et ne laisse aucun vide entre les fragments.

Cette roche n'a aucun rapport avec les couches à Mytilus. Les bancs plongent parallèlement au jambage sud du malm, dont ils font partie. Des bancs franchement bréchiformes alternent souvent avec des lits homogènes de calcaire compact et dur et passent enfin au malm qui les surmonte. L'origine de cette roche paraît due à la pression résultant du plissement aigu auquel elle a été soumise.

Par suite de la dislocation accompagnée de flexion et de lamination, le calcaire au centre de la voûte s'est brisé et fragmenté; ces effets se sont manifestés d'une manière plus ou moins intense suivant le degré de dureté de la roche. Tantôt les fragments sont restés en place, tantôt ils se sont déplacés et mélangés. Plus tard des infiltrations sont venues ressouder les débris et c'est ainsi qu'a dû se former cette brèche énigmatique qui affleure si souvent en dessous des couches à Mytilus; nous l'avons vue sur la rive droite dans la chaîne des Gastlosen et nous la retrouverons encore sur d'autres points. Décomposée par les agents atmosphériques et les eaux d'infiltration, elle se transforme en cargneule absolument semblable à celle du trias. Il serait du reste possible que ces bancs d'aspect dolomitique n'appartinssent pas au malm, mais soient *inférieurs* aux couches à Mytilus, comme c'est effectivement le cas pour ceux des Gastlosen, du Rubli, etc., et alors la seconde série des couches fossilifères devrait se trouver entre le malm et cette brèche.

Au Mont-Chauffé correspond le **vallon de Vernaz** creusé dans le lias et le trias. Les couches à Mytilus existent sur ses deux versants et sont bien visibles, grâce à plusieurs exploitations de houille. En venant du col de Bise, le long du pied de la paroi des Cornettes, les couches fossilifères offrent plusieurs affleurements au haut des frêtes liasiques qui s'appuyent contre la calcaire (Pl. XII, fig. 1 et Pl, XI, fig. 6).

Un peu au-dessus du **col de Vernaz** on a ouvert une galerie pour exploiter un mince feuillet de houille schisteuse (*ch*). accompagnée de couches à fossiles triturés; on y reconnaît des débris d'*Astarte rayensis, Modiola imbricata*, etc. Ces couches sont presque en contact avec le malm et la partie supérieure des couches à Mytilus fait défaut. Étant déjetées, elles sont recouvertes par des schistes noirs toarciens avec quelques rares empreintes de fucoïdes suivis d'une grande épaisseur de calcaire noir à rognons siliceux (*li*).

La zone des couches à Mytilus s'élève tout le long entre la frête de la Callaz et le massif du malm, et s'abaisse ensuite dans une étroite cheminée pour s'élever de nouveau à la frête de **Combre,** où deux galeries ont été ouvertes pour exploiter des poches de houille de très bonne qualité.

Ici encore, le haut des assises à Mytilus ne se voit pas. Les couches à *Myes* et à *Brachiopodes* sont oblitérées par un glissement. La galerie principale est percée dans la direction du filon de houille; elle entame les couches qui en forment le mur et le toit. Ce sont des lits de calcaire gris devenant jaunâtre à l'air remplis de fossiles brisés. L'affleurement est en bonne partie recouvert d'éboulis, en sorte qu'il est impossible de poursuivre la coupe. Mais le matériel de déblais sorti de la mine, permet non seulement d'étudier la nature de la roche encaissante, mais encore de faire une riche récolte de fossiles. Les couches étant déjetées, le toit de la houille est formé par les schistes noirs que nous avons déjà rencontrés à Darbon et au Vorassey, ils sont suivis du calcaire grenu noir à rognons siliceux appartenant au lias. Le mur de la couche de houille a fourni des débris de plusieurs assises dont la nature pétrographique ne diffère en rien de celle des couches à fossiles triturés du Pays d'Enhaut.

On y trouve d'abord du schiste noir ou brun rempli de coquilles blanchies appartenant presque exclusivement à l'*Astarte rayensis;* on y trouve plus rarement la *Modiola imbricata* et des débris de *Lima.*

Un calcaire d'aspect un peu jaunâtre, mais gris à l'intérieur, est rempli de fragments de *Modiola imbricata,* d'*Ostrea costata* et de nombreux débris de piquants d'*Hemicidaris alpina* et d'articles de *Pentacrines.* Dans les parties plus marneuses, cette roche renferme quelques dents de *Strophodus,* une grande abondance de *Lima Schardti* et de nombreux *polypiers,* appartenant partiellement aux mêmes espèces que ceux du Rocher de la Raye et de la Laitmaire (Pays d'Enhaut).

M. le professeur F. Koby a eu l'obligeance d'examiner les échantillons que nous avons recueillis à Combre; il nous a communiqué la liste suivante, ajoutant qu'ici, plus encore qu'au Rocher de la Raye, ces polypiers ont un caractère *récent* très prononcé qui les rapproche beaucoup de ceux du jurassique supérieur. Ce sont :

| | |
|---|---|
| *Montlivaultia nor. sp.* | *Convexastraea Gillieroni,* Koby. |
| »          *Schardti,* Koby. | *Thamnastraea,* deux espèces nouvelles. |
| *Favia aff. eminens,* Koby. | |

En effet, la *Favia eminens,* à laquelle M. Koby attribue l'une des espèces de la Combe, se rencontre dans les couches coralligènes kimméridgiennes de Valfin.

D'après Gerlach, (*86, b.,* p. 15) la veine de Combre a cessé d'être en

— 479 —

exploitation depuis 1855. La galerie inférieure est maintenant obstruée, mais celle du milieu où ont été faites les observations qui précèdent est encore ouverte. C'est elle qui a fourni le plus de houille, laquelle remplissait des poches de 0,10 à 1ᵐ d'épaisseur et de 10 à 20ᵐ de longueur et de profondeur; ailleurs la couche était entièrement écrasée. Ainsi la galerie inférieure, profonde de 140ᵐ, n'a pas rencontré la moindre trace de houille, à cause de l'écrasement complet de la couche. L'ouvrage de Gerlach donne (p. 12-16) des détails intéressants sur des tentatives d'exploitation de houille, faites aux environs de Vouvry et qui ont toutes échoué.

Il y a entre le Signal de **Linleux** et la pointe de **Recon** (Pl. XII, fig. 1) une anticlinale rompue qui se poursuit du pas d'Utanc jusqu'à la vallée du Rhône pour aboutir entre les villages de Torgon et de Revereulaz à l'endroit où nous avons déjà constaté le rhétien (Pl. X, fig. 6). Les couches à Mytilus n'affleurent pas dans le haut du vallon, mais il existe entre la cargneule bréchiforme et le malm un terrain schisteux qui paraît en tenir lieu.

Les couches fossilifères commencent en dessous de **Revereulaz** (Pl. X, fig. 6) et se continuent le long de la vallée du Rhône jusque vers le village de **Vionnaz** en s'abaissant avec le massif du malm pour aboutir au niveau du cône de déjection du torrent de Mayen. On a ouvert plusieurs exploitations dans les couches inférieures qui renferment de faibles feuillets de charbon impur. On voit depuis la route entre Vouvry et Vionnaz les cônes de déblais de ces galeries à demi ensevelies maintenant (Pl. XVIII, fig. 1). Les assises se voient fort bien au haut du talus un peu au N.-O. de Vionnaz. Leur épaisseur totale peut atteindre environ 50ᵐ.

En dessous du massif de malm se montrent les bancs à *Myes* et *Brachiopodes*, marnes grises et calcaire marneux renfermant : *Pholadomya texta*, Ag., *Homomya* sp., *Terebratula ventricosa*, Ziet., *Rhynchonella Orbignyana*, Opp., *Ostrea vuargnensis*.

Une grande épaisseur de calcaires alternativement schisteux et compacts avec rares *Modiola imbricata*, Sow. et piquants d'*Hemicidaris alpina*, Ag., sépare ce niveau des lits surtout schisteux et marneux dans lesquels sont ouvertes les galeries, dont on compte 3 ou 4 le long du talus.

Le matériel sorti de la galerie la plus haute, la moins obstruée par les éboulements, provient des couches à *Astarte rayensis*. Le charbon exploité est terreux et se réduit presque à une espèce de schiste charbonneux peu propre à servir de combustible. Les marnes jaunes qui lui servent de base, ainsi que les bancs plus calcaires qui le surmontent, sont riches en fossiles. La surface des bancs paraît souvent comme pavée de valves bien conservées d'*Astarte rayensis*, de Lor., entremêlées d'*Ostrea costata*, Sow., de *Modiola imbricata*, Sow., en fragments et de valves de *Cypricardia* cf. *nuculiformis*, M. et L.

Le facies de ce terrain est bien celui des couches à Mytilus des Alpes vaudoises. Ce gisement permet de plus de s'assurer à nouveau de la superposition de ce terrain aux couches d'âge liasique. Car nous avons constaté à l'embouchure du torrent de Reverculaz le terrain rhétien avec fossiles et entre ce dernier et les couches à charbon, il y a tout au plus une épaisseur de 150$^m$ de couches liasiques en parfaite concordance.

Du côté opposé du ravin de Reverculaz, entre son embouchure et les fours à ciment, se trouve une carrière, ouverte dans le malm, surmonté par suite d'un renversement de couches à Mytilus renfermant l'*Ostrea costata* et des *polypiers*. Par-dessus vient le *rhétien* en discordance et également exploité.

Un gisement du plus haut intérêt existe dans le bas du vallon de la **Traversaz** au milieu de la klippe de **Treveneusaz.** Il se trouve au bord du ruisseau de la Traversaz, en dessous de Plex à 400$^m$ environ au-dessus de la vallée du Rhône (810$^m$ d'après une observation barométrique; Pl. XVIII, fig. 1). Les bancs de malm que l'on traverse pour y arriver, plongent au N.-O. 35° à 40°. Les couches à Mytilus ont été entamées par une fouille ayant pour but l'exploitation d'un faible feuillet de marne charbonneuse surmonté d'un massif calcaire très fissuré. Plus bas viennent des marnes et des lits schisteux et calcaires noirs devenant jaunes à la surface. Les fossiles trouvés là sont des valves bien caractérisées d'*Astarte rayensis* et d'*Ostrea costata* provenant des bancs qui entourent le feuillet charbonneux. Cet affleurement prouve bien certainement que la klippe de Treveneusaz est du malm. Ces couches doivent apparaître à nouveau dans la paroi bordant la vallée entre Vionnaz et La Muraz.

*Fossiles des couches à Mytilus.*

D = Darbon ; MCh = Mont-Chauffé; LC = La Chaux et Vorassey; C = Combre et Callaz.

Dents de *Strophodus,* sp. — C.

» *Pycnodus,* sp. — D.

» *Gyrodus,* sp. — D.

*Natica ranvillensis,* d'Orb. — D.

» *minchinhamptonensis,* P. de Lor. — D.

*Ceromya concentrica,* Sow. — D.

» *plicata,* Ag. — D. LC.

*Pholadomya texta,* Ag. — D. LC.

*Cypricardia cf. nuculiformis,* Morr. et Lyc. — D. MCh.

» cf. *caudata,* Lyc. — D.

*Astarte rayensis,* P. de Lor. — D. MCh. C.

*Mytilus laitmairensis,* P. de Lor. — D. LC.

*Modiola imbricata,* Sow. — D. LC, MCh. C.

*Lima semicircularis,* Goldf. — D.

» *Schardti,* P. de Lor. LC. C.

*Eligmus polytypus,* Deslch. — MCh.

*Ostrea costata,* Sow. — LC. MCh. C.

» *vuargnensis,* de Lor. — D. LC.

*Trichites,* sp. — LC. MCh.

*Terebratula ventricosa,* Ziet. — D. LC.

*Rhynchonella Orbignyana,* Opp. — LC. MCh.

» *spathica,* Lam. — MCh.

*Hemicidaris alpina,* Ag. — D. LC. MCh.

*Pentacrinus,* sp. — C.

*Montlivaultia* nov. sp. — C.

» *Schardti,* Koby. — D. C.

*Favia* aff. *eminens,* Koby. — C.

*Convexastraea Gillieroni,* Loby. — C.

*Thamnastraea,* 2 spec. nov. — C.

*Polypiers divers.* — MCh.

Des recherches ultérieures accroîtront certainement le nombre de çes fossiles; mais cette liste indique déjà la parfaite identité de cette faune avec celle de la rive droite du Rhône.

### III. MALM

Le malm de cette région offre absolument les mêmes caractères que dans les Alpes vaudoises.

La **chaîne** de **Borée** et de **Memise** renferme le facies que nous avons rencontré dans la chaîne du Mont-Cray.

A la base du massif calcaire se trouve une faible épaisseur de **calcaire noduleux oxfordien,** tantôt rouge, tantôt gris et dans lequel les fossiles sont rares. On le voit en dessous du Pic de Memise, du Pic Blanchard et sur le passage du chalet de Corniaux à Novel. M. Alph. Favre cite de cette couche *Am. plicatilis,* d'Orb. et *Aptychus lamellosus* (*A. sparsilamellosus,* Gumb.).

La carrière de la Vernaz (Pl. XI, fig. 9) est ouverte dans ces assises qui y ont une grande épaisseur.

Le massif calcaire du **jurassique supérieur** est formé d'un calcaire gris clair avec nombreux *rognons de silex;* il représente la zone à *Ammonites acanthicus* et le *Portlandien.* Comme sur l'autre rive, on y trouve le *Belemnites semisulcatus,* Munst.

Peu puissant dans l'arête de Borée, ce calcaire devient beaucoup plus épais et plus massif dans l'arête du **Grammont** et dans son prolongement le *Château d'Oche* et la *Dent d'Oche.*

La Belemnite que M. A. Favre cite de la Dent d'Oche est probablement le *B. semisulcatus,* seul fossile un peu commun dans cette assise. L'arête de *Pelluaz* est aussi flanquée au sud d'une couverture de malm assez peu épaisse, mais le calcaire noduleux oxfordien n'y paraît pas exister.

Dans les chaînes **plus intérieures,** le facies noduleux de l'oxfordien *manque certainement* et se confond avec le calcaire massif qui surmonte directement les couches à Mytilus.

Cela ressort d'une trouvaille faite par M. Alph. Favre d'une *Am. plicatilis* dans le calcaire gris du sommet de la Cornette de Bise (*58*, II, p. 97), lequel est formé par le malm renversé et reposant sur le crétacé (Pl. XI, fig. 6). Ce serait encore là une preuve qui démontre que les couches à Mytilus sont *plus anciennes que l'oxfordien.* Ce calcaire massif est le même que celui des Gastlosen, du Rubli, etc. Il est gris, compact, souvent assez foncé et répand alors au choc, surtout vers sa base, une odeur fétide. On peut en admirer la structure massive à la Dent de Villand, aux Cornettes, à la paroi du Mont-Chauffé, au Signal de Linleux et au Rocher de Conche.

Nous n'avons reconnu encore nulle part l'existence sur cette rive du Rhône, d'un facies coralligène semblable à celui de la Simmenfluh.

Dans toutes les chaînes où manque le calcaire noduleux oxfordien, il y a également absence du néocomien comme facies distinct; l'analogie de ces chaînes avec celles des Alpes vaudoises se retrouve, comme on le voit, jusque dans les détails.

Le malm forme encore la grande **klippe de Treveneusaz** ou **Bel-levue,** où il est recouvert par les couches rouges crétacées. C'est un calcaire gris plus ou moins foncé en bancs massifs qui forme dans une disposition presque verticale les deux arêtes de Treveneusaz. **M. Alph.** Favre a considéré cette roche comme lias et la carte géologique (f^lle XVII) l'indique encore par cette teinte. La superposition immédiate du crétacé rouge à cette roche ne permet pas de l'attribuer au lias et, de plus, la voûte entre les deux arêtes de Treveneusaz est bien manifeste vers le haut; ce n'est que vers le bas que la disposition en éventail pourrait faire supposer une synclinale. M. Alph. Favre cite des *Belemnites* dans cette roche (*58*, II, p. 125, Pl. IX, fig. 1), ce qui n'est pas un obstacle à ce qu'elle soit du jurassique supérieur. Le calcaire à Échinodermes semblable à celui du lias inférieur affleure au centre du vallon de Treveneusaz en un seul point sous les éboulis. Nous venons de constater du reste la superposition du malm de cette klippe aux couches à Mytilus et à charbon.

Cette klippe a une grande analogie dans sa structure et par la nature de la roche qui la constitue avec celle de l'arête du Mont d'Or à l'ouest du Col des Mosses (Ormonts).

## TERRAINS CRÉTACÉS

### I. NÉOCOMIEN

Ce n'est qu'entre la chaîne du Grammont-Dent d'Oche et le lac Léman que l'on rencontre ce terrain, reposant sur le malm et surmonté lui-même par les couches rouges du crétacé supérieur. Ses caractères pétrographiques sont les mêmes que dans la chaîne du Moléson et du Mont-Cray de la rive droite.

Il se compose de calcaires en couches minces avec ou sans intercalations marneuses, toujours très minces. Les lits calcaires sont remplis de rognons siliceux informes. Les fossiles sont très rares, ce sont des *Belemnites, Ammonites,* et *Aptychus.* M. Gilliéron, qui a examiné des fossiles trouvés dans les environs de Neuves, dans le haut du vallon de Novel, cite (87)

| | | |
|---|---|---|
| *Belemnites pistilliformis,* Blainv. | *Aptychus Didayi,* Coq. |
| »     *minaret,* Rasp. | »     *angulicostatus,* Pich. |
| »     *bipartitus,* Blnv. | »     *Serranonis,* Coq. |
| »     *Orbignyanus,* Duval, | |

Le néocomien s'élève sur les deux flancs du vallon de Mémise et de la Plaine et couronne les rochers du Blanchard (Pl. X, fig. 7, 8 et 9). On le retrouve parmi les replis du vallon de Neuves (Pl. X, fig. 1) et dans le vallon d'Oche, d'où il s'élève jusque sur l'arête de la Dent d'Oche (Pl. X, fig. 2 et 3).

Un phénomène analogue à celui que nous avons déjà constaté dans les chaînes des Préalpes vaudoises, se répète aussi ici; le néocomien s'arrête dans le vallon d'Oche; car ce terrain fait absolument défaut dans les chaînes plus intérieures, soit qu'il y ait lacune stratigraphique, soit qu'il se confonde avec le facies du malm ou avec celui des couches rouges crétacées, qui représent dans la plupart des chaînes le crétacé supérieur et moyen. Il n'est pas possible de se prononcer sur cette question. Nous nous bornons à remarquer que dans la chaîne de Borée, le néocomien a une très grande affinité avec le malm; il se confond avec lui vers la base, le passage de l'un à l'autre étant insensible. Vers le haut, il y a au contraire une *séparation très franche* entre le néocomien et les couches rouges qui appartiennent à tout un autre facies. Cette séparation est formée par un mince lit ferrugineux de couleur rouge, rempli de rognons siliceux, formant presque une couche continue.

Au pied nord de la Dent d'Oche, le néocomien se lie pétrographiquement davantage avec le jurassique qu'avec les couches rouges.

Nous ne pouvons pour le moment que renvoyer à ce que nous en avons dit dans la première partie (pages 169 et 170).

## II. COUCHES ROUGES CRÉTACÉES

Ce terrain se retrouve de ce côté du bassin du Léman avec des caractères *absolument identiques* à ceux que nous lui connaissons dans les montagnes de la rive opposée. L'analogie est complète et à tel point qu'en poursuivant ce terrain de chaîne en chaîne, on retrouve successivement l'image fidèle des mêmes variations de facies et d'aspect, décrites dans le chapitre VI de la première partie.

Près de deux cents échantillons de cette roche, examinés au microscope, nous ont révélé la présence des mêmes coquilles de Foraminifères (p. 173, etc.); sous ce rapport nous n'avons rien de nouveau à ajouter.

M. Gilliéron (87) cite un *Inoceramus Brunneri* trouvé dans ces couches rouges au col entre le Château d'Oche et la Dent d'Oche. Nous avons à enregistrer encore l'intéressante trouvaille faite par M. Pillet d'une superbe dent de *Carcharodon longidens* des couches rouges du pied sud du Mont-Chauffé, près d'Abondance.

La zone la plus rapprochée du lac Léman se trouve dans le **vallon de Mémise.** Superposée au néocomien, elle forme une longue bande, des chalets de Mémise jusqu'au Pic Blanchard.

Le flanc S.-E. de l'**arête du Pic de Borée** est recouvert d'une grande épaisseur de terrain, dont les allures rappellent d'une manière frappante les couches rouges du flanc S.-E. de la chaîne du *Mont-Cray* (vallée de Château-d'Oex) où elles plongent dans le même avec la même orientation (p. 175). Leur nature est généralement schisteuse; la couleur grise prédomine en haut et finit par disparaître vers le bas pour faire place au rouge après quelques enchevêtrements des deux teintes dans le milieu de l'assise. Enfin, à la limite du néocomien, on constate une zone très rouge formée de nombreux rognons siliceux, se touchant presque et noyés dans une marne très ferrugineuse.

Une zone de couches rouges peu épaisse et souvent interrompue, se poursuit le long du pied N.-O. de la Dent d'Oche.

Le crétacé rouge est très développé dans le **vallon d'Oche,** où il repose sur le néocomien et se termine au col entre le château d'Oche et la Dent d'Oche.

Cette zone est la continuation de celle qui commence au bord de la Dranse au-dessus de Vacheresse et se poursuit entre l'arête de Pelluaz et le Chenay par le vallon des Bœufs jusqu'au vallon d'Oche. A partir du Château d'Oche on ne la constate plus qu'avec peine, mais plus au N.-E., elle se retrouve, dans un état très réduit, près du sommet du *Mont de Lovenex* et ensuite sous le sommet du *Grammont.*

Ainsi que nous l'avons déjà constaté, les couches rouges reposent directement sur le malm dans toute la région située au S.-E. du Château d'Oche.

Tel est le cas de la zone qui occupe le **vallon de Tanay** dans toute sa longueur, remplit à 2000m d'altitude une petite synclinale de malm près du *Col de Riss* et réapparaît plus loin dans le vallon de Darbon.

Les couches rouges sont assez schisteuses dans la partie moyenne et inférieure et à leur base existe souvent une couche très ferrugineuse, épaisse de 10 cm. environ; elle est dans le voisinage immédiat du malm et séparé de celui-ci par une faible épaisseur de calcaire marneux rouge et gris, nettement tranché de la roche compacte du malm. Au Col de Riss, il y a parmi ces lits ferrugineux une couche formée de minerai de fer oxydé presque pur (Pl. XI, fig. 8).

M. le professeur Renevier (*175*), ayant constaté dans ce même vallon, près du chalet du Crêtet, le passage entre les couches rouges et une roche compacte grise qu'il considère être du malm, voit dans ce fait la preuve de la suite ininterrompue de la sédimentation entre le malm et les couches rouges et considère comme équivalent du néocomien la partie inférieure de ce dernier terrain. Cette observation semble au contraire prouver que le facies des couches rouges marque une phase nouvelle dans la sédimentation, en se distinguant nettement de celui du malm. A plusieurs endroits on croit même constater que les couches rouges pénètrent dans des anfractuosités ou poches du malm, comme si celui-ci avait été érodé. La couche de rognons siliceux de l'arête de Borée, a l'aspect d'être produite par un remaniement de rognons du néocomien. Quoi qu'il en soit, les couches rouges offrent partout un contact sans transition, soit avec le néocomien, soit avec le malm.

L'arête des **Cornettes de Bise** offre une grande épaisseur de couches rouges. Elles présentent ici absolument l'aspect de celles de l'arête des Gastlosen et des Tours d'Aï. Leur épaisseur est considérable et ne reste guère en dessous de 100-120m. On y distingue aussi trois niveaux. La roche reposant directement sur le malm gris et compact est un calcaire schisteux *rouge* assez épais, tantôt homogène, tantôt grenu. Du calcaire *gris* assez dur en lits peu épais forme le milieu, et vers le haut, on retrouve des couches *rouges* schisteuses, identiques à celles de la base. Il faut bien distinguer ces bancs gris du milieu de l'assise de ceux qui alternent presque régulièrement sur une très faible épaisseur avec les couches de couleur rouge ou pénètrent dans celles-ci. Les premiers ressemblent beaucoup au néocomien et sont de couleur gris pur, tandis que les seconds sont gris verdâtre. Ici, comme dans la chaîne des Gastlosen, les coquilles des Foraminifères sont absolument les mêmes dans tous les niveaux, le calcaire gris seulement renferme, comme celui de la gorge du Pissot et des Teises Joeurs (Monts Chevreuils) une abondance plus grande de *Textilaria* dont les coquilles sont rares dans la plupart des échantillons de calcaire rouge. Les deux niveaux inférieurs et supérieurs de ce dernier renferment, au contraire, les mêmes coquilles, parmi lesquelles une espèce de la forme d'une *Nonionine* à test épais et perforé, de même que les chambres carénées de la *Discorbina canaliculata*, sont tout à fait caractéristiques des couches rouges des deux rives.

Les assises rouges du pied du *Mont-Chauffé*, d'*Ubine* et d'*Antigny*, ont les mêmes caractères que celles des Cornettes et du Roc-Chambairy, dont elles sont la continuation.

Celles des vallons de **Savalne** et d'**Arvin** et du **Col de Conche**, près de la Brêtaz, n'offrent aucune différence avec l'aspect normal des couches rouges de la région du Rubli.

A partir de l'apparition de la *brèche du Chablais*, les affleurements de couches rouges crétacées sont très difficiles à distinguer d'une roche schisteuse, également rouge, appartenant au *flysch*. Nous l'avons déjà rencontrée au Pays d'Enhaut, où nous l'avons désignée *schiste rouge du flysch* (Er ou *flr*).

Cette distinction est d'autant plus délicate que ces deux roches sont souvent en contact, la roche éocène étant régulièrement superposée à la roche crétacée dont elle paraît être un produit de remaniement. Cependant sa nature très marneuse, parfois sableuse, la présence de grosses paillettes de mica et le toucher onctueux caractérisent spécialement la première, ainsi que l'absence des Foraminifères, toujours abondants, au contraire, dans la craie. La structure apparaît sous le microscope nettement détritique, tandis que la pâte qui entoure les Foraminifères dans les couches rouges crétacées, paraît homogène.

Au **Col de Croix**, une klippe de couches rouges crétacées apparaît au milieu du flysch, dont les premières couches, directement superposées à la craie, sont formées de schiste marneux rouge. Aux **Rochers de Bellevue** ou de **Treveneusaz,** la situation est absolument la même et la distinction entre les deux terrains est encore plus difficile à faire, la craie renfermant ici des paillettes de mica.

Mais sur une vingtaine d'échantillons recueillis et examinés au microscope, nous avons pu facilement reconnaître les couches crétacées par la présence des coquilles caractéristiques des Foraminifères et celles du flysch par l'absence de ces coquilles et la structure de la roche.

Aux Rochers de Bellevue, on constate à la base des couches rouges, dans le voisinage du malm, une faible épaisseur de *minerai de fer*, très semblable à celui de la Chenau-rouge du pied de la Gummfluh. Citons encore la singulière disposition des couches rouges crétacées au sommet de la pointe de Bellevue, où elles sont horizontales, reposant sur la tranche des bancs verticaux du malm (Pl. X, fig. 11 et 12).

Il y a quelques affleurements de couches rouges au milieu du flysch et de la brèche du Chablais ; tels sont ceux du pied de la **Pointe de Grange** au-dessus du Plan de Charmy (Pl. XIII, fig. 1 et 9) et vis-à-vis de la Ville de Nant, dans la vallée de la Chapelle.

## TERRAINS TERTIAIRES

Parmi les terrains tertiaires de cette partie des Alpes, c'est le *flysch* qui occupe le plus grand espace en pénétrant, sous forme de bandes allongées, au milieu des chaînes calcaires qu'il sépare souvent sur de grandes longueurs; il ne forme pas cependant des zones aussi régulières que celles que nous avons décrites sur la rive droite.

Nous décrirons à part deux terrains d'âge douteux qui, tout en se soudant intimement au flysch, occupent un niveau plus récent et représentent probablement un facies alpin du miocène le plus ancien.

### I. TERRAINS ÉOCÈNES

*(Flysch, brèches, poudingues, gypse et cargneule.)*

Nous distinguerons dans la formation éocène deux facies assez bien tranchés par leur nature pétrographique. Le flysch normal, formé exclusivement de roches arénacées, schisteuses et marneuses de couleur grise, rarement rouge, affleure le long des chaînes calcaires extérieures. Entre celles-ci et le val d'Illiez s'étend une vaste région dont les allures rappellent la région entre le Niesen et la chaîne de Chaussy (5me zone), mais la roche principale qui y affleure, au lieu d'être un conglomérat polygénique, est une brèche presque exclusivement calcaire (brèche du Chablais).

Comme dans les Alpes vaudoises, les formations éocènes sont souvent accompagnées de dépôts de *gypse* et de *cargneule* formant le long des klippes calcaires des zones assez continues ou apparaissant au milieu de l'éocène.

62

Nous décrirons les gisements de ces terrains en même temps que le flysch qui les renferme.

### I. *Lambeaux et zones de flysch entre les chaînes calcaires.*

Une zone de flysch occupait autrefois le vallon synclinal de **Tanay**. Elle n'est plus représentée que par quelques lambeaux épars. Un autre lambeau se trouve près de la **Pointe du Villand** à la hauteur du col de Riss (Pl. XI, fig. 6). Ce flysch, pincé entre les couches rouges, est formé de schistes marneux tendres de couleur grise et parsemé de paillettes de mica ; il y a aussi quelques feuillets sableux friables.

Cette même roche se montre au **col de Darbon** entre le rocher de Sex de Bise le Roc du Château d'Oche (Pl. X, fig. 3 et 4). C'est apparemment le prolongement indirect de cette zone ; la roche est également schisteuse et marneuse, appuyée contre les couches rouges verticales du pied du Sex. Un petit col qui conduit de Darbon à Oche (Pl. X, fig. 5) renferme du flysch schisteux en contact avec de la cargneule et du malm.

Une petite zone de flysch, aussi peu continue que celle de Tanay et de Darbon, se trouve dans le vallon synclinal de **Mémise** et dans celui de **Neuves.** Sa nature pétrographique est celle du flysch normal, schisteux, marneux avec grès tendres micacés souvent feuilletés.

La première bande de flysch un peu puissant apparaît sur le prolongement de la chaîne des Cornettes de Bise, à la montagne de **La Chaux** (Pl. XI, fig. 1). Ce flysch, très épais, commence au S.-SE. du vallon de Mens et se continue jusque vers les chalets d'Antigny en formant les montagnes d'Ubine et le sommet de la Chaux. Ce sont des schistes, des marnes feuilletées et sableux, des grès micacés, alternant avec des bancs de marnes dures homogènes quelquefois régulièrement fendillées et se brisant en morceaux polyédriques. Toutes ces roches sont de couleur grise et portent les caractères du flysch normal du Simmenthal. M. Alph. Favre qui a décrit cette masse de flysch (58, p. 106) en l'assimilant au macigno alpin, en cite des Fucoïdes qui ne sont en effet pas rares sur les feuillets schisteux ; ils appartiennent à diverses espèces du genre *Chondrites* et on trouve tout aussi facilement les ornementations contournées du *Helminthoidea labyrinthica.*

— 491 —

Une nouvelle zone flysch, fort peu large, commence au bord de la vallée du Rhône entre Vouvry et Vionnaz, au-dessus de l'exploitation de chaux hydraulique (Pl. X, fig. 6). Ce flysch schisteux et marneux est resserré entre deux arêtes calcaires et occupe le fond du **vallon de Savalne** et de Blanc-Sex (Blancet) jusqu'au col de Savalne, d'où il se continue à travers le vallon d'Arvin jusqu'à la Resse (Pl. XII, fig. 1). Le dernier lambeau de cette bande se retrouve à la **Raye** au pied S. du Mont-Chauffé (Pl. XI, fig. 1; Pl. XII, fig. 2). Sur le prolongement de cette bande de flysch se montre, entre la Ferrière et le Mont sur Abondance, un lambeau de *gypse* au milieu des schistes éocènes.

Une dernière zone de flysch normal se poursuit au sud de l'arête calcaire de Conche-Revereulaz. C'est une masse très puissante de roches schisteuses, marneuses, sableuses comme celle du Rodomont et du Hundsrück dans les Alpes vaudoises (page 190). On y rencontre des bancs de roches calcaires ou marnes durcies, homogènes en lits réguliers atteignant dans leur ensemble une assez grande épaisseur. Ces assises commencent au bord de la vallée et se continuent jusqu'au cours de la Dranse en formant la pointe de Recon.

C'est encore le vrai flysch ou macigno, avec ses nombreux fucoïdes. Nous y avons remarqué de beaux exemplaires des espèces suivantes :

*Chondrites Targionii,* Br. type (*genuinus* Br.).
    »       »    var. *arbuscula,* F.-O.
    »    *intricatus Fischeri,* Hr.
*Helminthoidea labyrinthica,* Hr.
*H. crassa,* Schafh.

Ce flysch se continue jusque dans le voisinage du **Signal de la Croix,** où l'on constate vers sa base une certaine épaisseur de *schiste marneux et argileux rouge-brique et micacé,* onctueux au toucher et très délitable. C'est la même roche que nous avons signalée au Rodomont et dans le vallon de la Gérine (page 192). Elle ne peut être confondue avec le calcaire schisteux rouge du crétacé. Ce dernier affleure tout près de là sous forme de *klippe*; il est reconnaissable à sa structure et à la présence des foraminifères, dont le flysch rouge ne renferme aucune trace.

C'est avec cette klippe de crétacé rouge que le facies du flysch normal s'arrête et au S.-E. vient la zone de la *brèche du Chablais*.

## 11. *Formation de la brèche du Chablais.*

Si nous rangeons ce terrain exclusivement dans l'éocène, ce n'est pas que cette classification nous satisfasse à tous les égards; mais elle a pour elle des faits qui la rendent excessivement probable.

En signalant pour la première fois cette roche énigmatique (*59*) comme terrain tout différent des roches secondaires du voisinage, M. Alph. Favre remarqua déjà sa disposition en fond de bateau ou d'une immense synclinale ainsi que sa grande épaisseur, atteignant 1300$^m$ et plus. Occupant tout l'espace entre les chaînes intérieures et les chaînes calcaires extérieures, ce terrain repose au S. sur le nummulitique et au N. sur le crétacé rouge.

Dès que ce terrain fut connu, Studer comprit qu'il devait être le correspondant du flysch de la grande zone du Niesen, dont la roche prédominante est aussi une brèche, quoique différente dans la composition. C'est d'après cette interprétation que fut coloriée la première édition de la carte géologique de la Suisse par Studer et Escher. Mais cette manière de voir ne prévalut point ; la question ne paraissait pas suffisamment approfondie. En effet, ce vaste terrain rempli de roches détritiques, présente dans son milieu, comme celui du flysch du Niesen, des affleurements de terrains liasique et jurassique ancien. Et la roche de nature surtout calcaire, à structure bréchiforme souvent presque effacée, rend très difficile sa séparation d'avec le lias. On comprend donc facilement l'embarras que devait créer la découverte de ces affleurements de calcaires certainement liasiques au milieu d'un énorme dépôt de composition assez peu différente par place. Nous avons déjà mentionné d'autre part la grande ressemblance entre les schistes éocènes souvent très foncés et le lias supérieur ou le jurassique inférieur.

N'ayant trouvé dans la brèche du Chablais, à part quelques fucoïdes, aucun fossile pouvant motiver sa réunion au macigno et n'osant pas la séparer du lias, seul terrain qui affleure dans son sein avec des fossiles certains, M. Favre se décida à réunir toute cette masse au terrain liasique en l'appelant *calcaire du Chablais.* C'est dans ce sens que fut coloriée la carte géologique de la Savoie et plus tard la deuxième édition de la carte géologique de Studer et Escher.

Cependant nous sommes arrivés à la conclusion que la brèche du Chablais n'est pas liasique. Elle doit être rapportée aux terrains éocènes, dont elle représente un facies très particulier. Nous n'y avons pas trouvé d'autres fossiles que des fucoïdes; mais les raisons qui nous engagent à revenir à l'opinion émise par Studer, sont trop nombreuses pour ne pas équivaloir à des preuves paléontologiques.

D'abord, la brèche du Chablais enveloppe non seulement des klippes liasiques, mais plus souvent encore des klippes de *dogger*, de *malm* et de *crétacé* tout comme le flysch du Niesen entoure les klippes que nous avons constatés dans la vallée des Ormonts (voir première partie page 93).

Elle n'est pas formée exclusivement de matériaux calcaires, il y a bien des roches de nature différente; on y trouve des fragments de quartzite et même, quoique plus rarement, des roches cristallines; elle renferme souvent des fragments de schiste noir ou gris comme dans le flysch du Niesen. Ce qui augmente encore l'analogie avec cette dernière formation, c'est le triage très régulier des débris suivant leur volume. Aux bancs de schiste qui séparent les lits détritiques, s'ajoutent, soit des assises de grès formées de grains calcaires et siliceux, soit de vrais conglomérats à fragments de la grosseur d'une noix et enfin de puissants massifs de brèche renfermant des blocs anguleux de plusieurs mètres de longeur: tous ces fragments sont réunis par un ciment calcaire et souvent juxtaposés sans lien visible. Dans leur disposition, ces roches rappellent ainsi au plus haut degré la masse éocène du *flysch du Niesen*, entre la chaîne de la Gummfluh et le massif de l'Oldenhorn. Quant à la texture de la roche, elle est encore identique au flysch du Niesen à l'exception de la nature pétrographique des roches composantes qui sont essentiellement calcaires; sous ce rapport, cette roche ne diffère en rien de la brèche calcaire que nous avons décrit dans la première partie (page 192, etc.) sous le nom de *brèche de la Hornfluh*; les deux roches sont parfaitement identiques; mais au lieu de n'occuper qu'une étroite zone, d'où se détachent des apophyses pénétrant entre les chaînes calcaires, la brèche du Chablais occupe en entier la place correspondante à la roche du Niesen. Ce dernier facies, caractérisé par des roches granitiques, des gneiss et schistes cristallins en blocs plus ou moins grands, ne manque pas dans le Chablais, mais il y occupe une région distincte resserrée entre l'arête de flysch des Voirons et l'arête liasique de la Pointe des Braffes.

C'est au **Mont-Vouan** que ce terrain s'observe le mieux et M. Alph. Favre en donne une excellente description, dont voici les principaux traits (*58*, t. II, p. 10). « La roche de cette colline est un vrai conglomérat, dont les cailloux et le ciment de grès offrent des éléments excessivement variés. Les cailloux sont des calcaires gris ou jaunâtres, des quartzites de diverses nuances, des schistes argileux, des schistes argilo-micacés, qui appartiennent au terrain houiller et renferment des traces de végétaux (Calamites, Neuropteris, Sphenopteris). On y trouve encore des grès à fucoïdes, des granits à mica noir, des protogines, des petrosilex plus ou moins micacés, des syénites à feldspath rose et une espèce de granit sans quartz, avec des cristaux de feldspath rose et du mica ou du talc vert. En général, la grosseur des cailloux qui y sont renfermés, ne dépasse pas celle de la tête, cependant on en voit quelques-uns de beaucoup plus considérables qui paraissent être des blocs erratiques de l'époque éocène. » M. Favre en a mesuré un de 2<sup>m</sup> et un second de 4<sup>m</sup> de longueur.

Cette description ne se rapproche-t-elle pas d'une manière frappante de celle que nous avons donnée de la brèche d'Aigremont et de Vers-l'Église aux Ormonts ? Voilà donc un facies semblable à celui du flysch du Niesen qui se trouve dans la première zone du flysch; car les Voirons, dont le Mont-Vouan n'est qu'une dépendance, sont le prolongement de la zone du Niremont.

Il est néanmoins remarquable que deux facies de flysch, semblables dans leurs allures, puissent se ressembler si peu dans leur composition. Et l'embarras, pour ne pas dire l'incertitude, dans laquelle se trouvait M. Alph. Favre en parlant de ce calcaire-brèche qu'il avait fini par ranger dans le lias, se trahit dans bien des passages. L'argument qui lui a paru décisif, c'est qu'à Matringe le calcaire-brèche repose sur le rhétien, et que, à bien des endroits, le contact avec le lias est évident. Tout récemment on a découvert au milieu de cette formation, près de *Taninges*, plusieurs **klippes granitiques** (*61*).

Un autre gisement, où le flysch affecte le facies du Niesen, se trouve en face de la Pointe de Marcelly, sur le prolongement de la zone de la brèche du Chablais. C'est au S.-E. de la **Pointe d'Orchex,** entre la vallée du Giffre et celle de l'Arve que vient se terminer la zone bréchoïde du Chablais, et avec elle la série des chaînes jurassiques, puisque au S.-O. de l'Arve le bord des Alpes est formé par les chaînes crétacées. « En allant au col de Châtillon, au S.-E. de la Pointe d'Orchex qui est liasique, on trouve, dit M. A. Favre (58, I, p. 457), du macigno alpin très semblable à la mollasse..... L'église de Châtillon est bâtie sur un calcaire brèche..... C'est une brèche ou poudingue formé de débris arrondis de calcaire, de quartz, ou de grès de natures diverses, cimentés par du calcaire. Les éléments sont quelquefois très gros et atteignent le volume d'un mètre cube. J'y ai reconnu un caillou de protogine, des pétrosilex, des quartz, des schistes chloriteux, des calcaires de divers âges, des schistes argileux, mais on ne peut y découvrir la moindre trace de fossiles. » Cette diagnose indique que cette roche est identique à la brèche du Niesen et pourtant elle fait partie de la zone de la brèche du Chablais.

Nous n'avons parlé jusqu'à présent que des contacts remarquables qu'il y a entre la brèche du Chablais et des terrains relativement anciens; contacts qui ont motivé sa classification dans le lias. On observe plus souvent encore le contact de cette roche avec des terrains récents, malm, crétacé et nummulitique.

Le vaste bassin qu'occupe cette formation est très bien limité; M. Alph. Favre en donne les contours avec une grande exactitude dans sa carte géologique de la Savoie où ce terrain est coloré en lias. En parlant de la vue superbe que l'on jouit depuis la pointe de Marcelly sur Taninges, ce savant exprime son admiration de l'aspect régulier que présente toute cette région. La sommité en question occupe à peu près le centre de cette large région et toutes les montagnes formées de la brèche calcaire s'échelonnent à perte de vue dans la direction du nord. « Ils présentent, dit M. A. Favre (58, II, p. 44), une série de pics, dont les escarpements sont tournés du côté du lac et dont les couches plongent en sens inverse. Dans la partie Est, au contraire, il y a une chaîne de pics, dont les escarpements sont tournés du côté des Alpes et dont les couches plongent du côté du lac, » en formant ainsi avec les bancs de la série précédente une synclinale très manifeste, soit une courbure en forme de bateau de grande régularité. On jouit d'un aspect à peu près semblable en se plaçant à l'extrémité nord de cette région au sommet de la Pointe de Grange.

En examinant le contact de cette brèche avec les terrains des chaînes intérieures, le long de la limite S.-E., on constate presque partout le fait que les bancs de brèches s'appuyent, avec un plongement plus ou moins fort, sur le revêtement éocène des chaînes crétacées; cela s'observe au col de la Golèze, au col de Couz, etc.

Souvent on remarque entre ces deux terrains des amas plus ou moins considérables de cargneule, quelquefois même du gypse, ce qui constitue une grande ressemblance avec la disposition qu'affectent les assises du flysch du Niesen le long de leur contact avec le pied des hautes Alpes calcaires des cols de la Croix et du Pillon, etc., jusque dans le voisinage du lac de Thoune.

Au N.-O. le contact n'est pas direct. Entre les massifs de brèche et les chaînes calcaires, il y a habituellement une épaisseur assez considérable de flysch normal, schistes gris, marnes, calcaires plaquetés avec fucoïdes, présentant le même plongement que la brèche. D'autres fois, c'est une petite arête de crétacé rouge qui sépare le bassin du flysch normal et celui de la brèche du Chablais. Ajoutons encore qu'à plus d'un endroit on constate au centre même de la brèche des affleurements de crétacé rouge, vraie roche calcaire à Foraminifères caractéristiques, ainsi que des klippes de jurassique supérieur.

Nous ne nous dissimulons point qu'il reste encore beaucoup à faire pour éclaircir complètement la situation de cette formation étrange. Il faudrait surtout étudier les rares fucoïdes que l'on y trouve et démontrer leur identité avec celles du flysch normal.

Comme la brèche de la Hornfluh et le flysch du Niesen, cette roche détritique a dû se former aux dépens de montagnes déjà existantes, soit dans son milieu sous forme d'îles, soit sur son bord sous forme de falaises. Beaucoup d'entre elles ont été entièrement nivelées et ne restent que sous forme de klippes presque sans relief, d'autres enfin, ont été ménagées, ce sont les klippes crétacées, sur lesquelles nous reviendrons ; elles démontrent avec évidence que la brèche du Chablais est de formation post-crétacée.

La brèche du Chablais forme des montagnes escarpées très élevées, égalant la hauteur des chaînes jurassiques qui forment sa limite au N.-O. De profondes vallées sont creusées dans son épaisseur. Les trois bras de la Dranse et leurs affluents en descendent pour se jeter dans le bassin du Léman, après avoir traversé, chacun en particulier, les chaînes calcaires extérieures.

Dans les pages suivantes nous exposerons succinctement les observations que nous avons faites dans la partie comprise entre le Rhône et la Dranse d'Abondance, en nous étendant parfois dans les régions plus éloignées de notre territoire, pour nous en servir de point de comparaison.

Trois massifs ou sections sont entièrement formés de cette roche :

1. *La chaîne de d'Onnaz* (Nona sur la carte) entre le col de la Croix et la Pointe du Corbeau.

2. *La chaîne du Chezery* entre le col de Morgins et le col de Couz.

3. *Le massif de la Pointe de Grange,* entre les deux bras de la Dranse d'Abondance.

**L'arête d'Onnaz** fait partie de la série de pics qui forme, depuis le col de Vernaz jusqu'au col de Morgins, la frontière de la Suisse et de la Savoie, en se poursuivant de là, sous un angle de 60° environ, dans la chaîne du Chezery jusqu'au col de Couz.

En quittant la *klippe crétacée* [1] qui forme le Signal de la Croix (1925$^m$), on trouve des schistes rouges et sur une faible épaisseur des schistes gris plus ou moins foncés et des grès ressemblant encore au flysch normal que nous avons déjà décrit. Ce terrain est suivi d'une certaine épaisseur d'une roche siliceuse fissurée et bréchiforme avec des lits d'un grès siliceux dur et compact comme un quartzite. Cette roche ne ressemble pas encore à la brèche que nous trouvons plus loin ; elle est accompagnée de calcaires blanchâtres

---

[1] Cette petite arête de crétacé rouge n'est pas sans analogie avec celle de Cananéen-Vanel dans la vallée de Rougemont, qui sépare le faciès de la brèche de la Hornfluh du flysch normal de Raveyres et du Rodomont.

peu épais d'aspect dolomitique. Au col de la Croix commence enfin la formation typique de la brèche calcaire.

Comme dans la brèche de la Hornfluh, les fragments qui la composent, présentent des angles vifs ou à peine émoussés. Le ciment qui les unit est si résistant que les cassures partagent généralement les fragments agglomérés ; à part les débris de couleur claire, les contours de ceux-ci ressortent peu nettement au milieu du ciment.

A l'extérieur, les fragments sont tantôt en partie isolés par l'action des agents atmosphériques et la structure bréchiforme est bien évidente. Les contours des fragments sont alors très nets, les uns sont blancs, d'autres jaunâtres et d'autres foncés et schisteux ; si les débris sont de même nature, la structure bréchiforme n'est pas très nette. La roche décomposée n'est pas sans analogie avec certaines cargneules, et il serait possible que bien des cargneules dérivent de brèches semblables à celles-ci. Les bancs de roche bréchiforme varient beaucoup d'aspect. Ils forment souvent des massifs épais de 2-4$^m$ ou bien ils sont peu épais et séparés par des lits schisteux encore plus faibles. En considérant un ensemble d'une certaine épaisseur, on constate que des séries d'assises bréchiformes sont ordinairement interrompues par des épaisseurs variables de roches schisteuses ou de calcaires plaquetés, souvent exploités comme ardoises.

En suivant l'arête qui relie le col de la Croix à la Pointe d'Onnaz, on peut constater toutes les variétés de cette roche ; depuis le grès calcaire à grain fin, jusqu'au conglomérat à gros fragments.

Le col de la Croix offre d'abord d'épais bancs de brèche, plus loin se montrent des lits de grès calcaires avec particules spathiques et tachetées de jaune, puis vient un grès quartzeux foncé et une assez grande épaisseur de schiste foncé. A la Pointe d'Onnaz, on observe de singuliers contournements qui paraissent indiquer que dans bien des cas la grande épaisseur de ce terrain doit être attribuée à des replis de ce genre (Pl. XIII, fig. 5).

En arrivant à la Pointe de *Zermeillon* qui domine le vallon de la Traversaz et le col du Chalet neuf, on a traversé le fond de bateau que forment les couches de brèche. Au col de la Croix le plongement était S.-E.; ici il est N.-O. La Pointe de Zermeillon est séparée de celle d'Onnaz par une zone marneuse, et, en descendant vers le col du Chalet neuf, on passe dans une épaisseur considérable de flysch normal qui forme le col de ce nom. Tout autour du petit lac qui occupe la hauteur du col, on trouve ce même terrain sous forme de grès foncés micacés ou gris avec des marnes et des schistes.

La klippe jurassique de **Treveneusaz** est entourée de toutes parts de dépôts bréchiformes éocènes auxquelles s'associe une certaine épaisseur de *gypse* et de *cargneule*, formant une bande presque continue entre le calcaire jurassique et la brèche éocène. La position de la cargneule et du gypse est bien claire. Le massif calcaire de Treveneusaz laisse affleurer dans son milieu le bathonien à Mytilus et la cargneule s'applique contre le côté opposé du malm, suivie du gypse et du flysch. La coupe est bien visible en dessus de **Vionnaz** où le gypse est exploité en souterrain. Une galerie de 80ᵐ de longueur pénètre dans la *cargneule* à une faible distance de son contact avec le malm vertical. Cette roche est d'abord confuse, bréchiforme et renferme des débris de nature variée, fragments dolomitiques, calcaires, grès, etc. Le gypse est de couleur grise et renferme également quelques fragments, soit dolomitiques, soit calcaires et des débris schisteux; son épaisseur paraît considérable. Il affleure avec les mêmes caractères plus haut à la *Traversaz*.

Entre le gypse de la Traversaz et les rochers de Treveneusaz, il y a des couches rouges crétacées et probablement aussi les schistes rouges et grises du flysch.

Au pied oriental de l'arête de Treveneusaz affleure du gypse recouvert en partie par les éboulis (Pl. X, fig. 11); à l'est de ce gypse se montre de la cargneule dolomitique et vacuolaire, mais à mesure que l'on s'approche de la petite arête arrondie qui domine **Praz-Perray** et **En Covy,** on constate une modification graduelle de la roche. Sur la pente entre Covy et Chansoz s'élèvent des petites collines formées d'une brèche décomposée très semblable à de la cargneule et que la carte indique aussi comme telle. En réalité c'est une roche polygénique renfermant des morceaux de calcaire, des roches siliceuses et dans laquelle des fragments dolomitiques décomposés ont laissé des vacuoles libres; à mesure que l'on s'avance vers l'est, la ressemblance avec de la cargneule s'efface de plus en plus et on est finalement en présence de la vraie brèche du Chablais avec ses fragments soit anguleux, soit arrondis de calcaires gris, noirs ou même rouges, comme la roche crétacée. Ce terrain forme un rocher au-dessus d'En Covy.

Après avoir examiné ce terrain, on ne peut plus conserver de doutes sur l'origine de la cargneule qui affleure au pied de la Treveneusaz. Elle doit dériver d'une brèche riche en fragments dolomitiques qui se sont décomposés et ont fourni la roche vacuolaire en question.

En considérant le contact de cette roche avec le gypse, on se demande involontairement s'il ne faut pas attribuer à ce terrain une certaine part dans la formation de la cargneule par suite de la décomposition de la brèche calcaire ou dolomitique. Le gypse a dû faciliter l'infiltration des eaux; ces eaux gypseuses ont pu avoir une action chimique sur la brèche dolomitique. En tous cas, nous constatons le passage graduel de la cargneule vacuolaire à la cargneule bréchiforme décomposée et de celle-ci à la brèche compacte du Chablais.

Le gypse du pied de Treveneusaz est absolument identique à celui des Charbonnières au pied du Mont-d'Or. Il est bien stratifié et riche en fragments gris, schisteux, marneux ou calcaires et en grains pulvérulents jaunes. Les parties plus pures renferment des traces de soufre.

Le col entre les Rochers de Treveneusaz et la Pointe du Corbeau offre un affleurement de cargneule entouré de flysch des deux côtés. Il paraît se relier à la cargneule de Chansoz. L'arête qui conduit de ce col aux Rochers de Treveneusaz (pointe de Bellevue) donne une série remarquable de flysch suivi de crétacé rouge (Pl. X, fig. 11 à gauche). En quittant la cargneule (*cng*), on trouve bientôt du flysch bien caractérisé par des schistes gris micacés et des grès de faible épaisseur (*fl*). Ils sont interrompus par quelques bancs d'un grès gris, semblable à de la mollasse miocène un peu grossière, puis ces mêmes schistes réapparaissent sur une assez grande épaisseur, à une faible hauteur déjà la couleur grise est interrompue par des traînées rouges qui deviennent peu à peu la teinte générale de la roche (*flr*). Ce schiste marneux micacé rouge est identique à celui que nous avons déjà rencontré au col de Croix, où il a la même épaisseur. Il se poursuit jusque tout près du sommet de l'arête où l'on voit son contact concordant avec le calcaire rouge du crétacé caractérisé par ses Foraminifères. Ainsi sur les deux bords du bassin la *brèche* repose sur du *flysch normal* et celui-ci s'appuie sur du *flysch rouge*, dont la base est le crétacé rouge. La superposition de toutes ces assises à des couches certainement crétacées n'est pas douteuse. La situation est ici tout aussi claire que celle de la brèche de la Hornfluh dans les Alpes vaudoises ; celle-ci est aussi séparée des couches crétacées qui lui servent de base par des schistes et des grès ayant l'aspect du flysch normal et renfermant en plus des fucoïdes éocènes. A défaut de fucoïdes, la présence des foraminifères dans les couches rouges crétacées de Bellevue est tout aussi concluante.

En s'élevant du col que nous venons de quitter, à la *Pointe du Corbeau*, on trouve d'abord les mêmes couches que de l'autre côté. Ce massif renferme surtout des grès, des schistes et vers le haut quelques bancs de brèche du Chablais, les couches plongent légèrement au S.-O.

Au *col de Morgins*, il y a une nouvelle interruption formée par la présence d'un groupe de klippes, offrant du terrain jurassique et du lias et dont nous parlerons plus tard ; constatons toutefois que ces klippes présentent dans leur ensemble la tendance à former les pièces d'une voûte disjointe entièrement entourée de flysch, de brèche calcaire et de cargneule.

**L'arête de la Pointe de Chezery,** que nous nommons d'après la pointe la plus élevée de l'extrémité S.-O. de son premier tronçon, présente l'aspect typique de la brèche du Chablais. Ce terrain s'élève en assises puissantes du fond de la vallée de Morgins plus de 2200m, en offrant toujours les mêmes alternances de massifs de grès grossier, de brèche à gros blocs anguleux avec des lits fort épais de calcaires plaquetés et de schistes ardoisiers. Les ardoises tirées de ces dernières couches sont en général assez mauvaises, excepté celles que l'on exploite dans le vallon d'Essert entre la Pointe de Grange et la chaîne de Chezery.

En montant du vallon de Morgins sur l'arête de Chezery, soit à la Pointe Becor ou la Crête de Gingea, on traverse successivement plusieurs de ces grands massifs de brèche à gros fragments et les lits de schistes qui les séparent.

Le *col de Chezery* à l'origine de la vallée de Morgins est creusé dans une zone marneuse et schisteuse puissante, comprise entre deux massifs de brèche (Pl. XIII, fig. 1). Les passages des Portes du Soleil et des Portes de l'Hiver offrent de belles occasions d'étudier ces roches et spécialement pour examiner les relations qui existent entre elles et les nombreux affleurements de *cargneule* que l'on y observe. Comme celle du pied de Treveneusaz, cette roche est une modification de la brèche elle-même. Nous avons déjà constaté que la roche bien moins calcaire de la brèche du Niesen prend dans certains cas, par exemple, au col de la Croix sur Bex dans l'arête au-dessus d'Ensex, l'aspect de la *cargneule*.

Les passages conduisant de Morgins au Val d'Illiez traversent tous les chaînons secondaires ou passent à leur pied. Le chaînon de la Roche Grise en est le principal. Il présente aussi une zone de cargneule qui se montre de distance en distance dans des affleurements alignés du N.-E. au S.-O., dans la direction du col de Couz. Elle affleure près de l'arête au-dessus des Chalets du Pas à l'ouest du Roc d'Ayerne (Pl. XIII, fig. 8). Entre la pointe du Grand-Conche et le Roc d'Ayerne, il y a deux zones de cargneule au milieu de la brèche et des schistes.

Au col de Couz et au col de la Golèze, la brèche du Chablais est aussi en contact avec de la cargneule, qui se termine au pied de la pointe du Fourneau (Pl. XV, fig. 2). Au col de Couz il y a un massif de poudingue tout près du calcaire nummulitique plongeant presque verticalement.

Après avoir franchi la chaîne de Chezery par le col de ce nom, on se trouve en présence de hautes montagnes, composées en entier de brèches et de schistes. Leur disposition est presque partout la même; elle est bien nette à la pointe Chavache (Pl. XIII, fig. 4) où les lits de brèche forment de nombreux replis, et plus à l'ouest, au col du Grand Graidon et au Roc d'Enfer, l'on constate de nouveau que la séparation entre le flysch normal et le facies bréchioïde est formé au N.-O. par une klippe crétacée, comme au col de Croix (Pl. XIII, fig. 2 et 3).

Au N.-E. du col de Chezery est le passage de Lens, d'où l'on passe, soit dans le vallon d'Essert, soit dans celui d'Abondance. Ce passage est creusé dans une large zone marneuse où prédominent des schistes gris, mais on y voit aussi des schistes marneux micacés rouges, comme ceux de la base du flysch. Ces schistes se continuent au N.-E.

**Le massif de la Pointe de Grange** offre de belles coupes de ce terrain. On y peut l'examiner dès sa base, au contact avec les couches rouges crétacées, jusqu'au sommet de la montagne. Des schistes rouges marneux apparaissent souvent au milieu de ce terrain, mais surtout vers la base. Ainsi en dessus du Plan de Charmy au sud d'Abondance, on voit nettement la superposition suivante :

On trouve d'abord au pied d'un petit abrupt, des couches rouges de la craie (*cr*) en contact avec du gypse (*gy*) d'une part et d'autre part avec du flysch (*fl*). Ces couches sont presque verticales (Pl. XIII, fig. 9 et fig. 1, à droite) un petit plateau couvert d'éboulis suit au-dessus et puis vient toute la série de la formation de la brèche. Il y a d'abord une grande épaisseur de schistes marneux et argileux, de couleur noire, grise et souvent rouge ou violacée (*sch. r. et n.*), puis une première assise de brèche qui se poursuit jusqu'à mi-hauteur de la montagne, où des schistes ardoisiers moins délitables que ceux de la base, les séparent du dernier massif de bancs de brèche qui constitue le sommet.

Quoique la disposition en fond de bateau paraisse très manifeste entre la chaîne de Chézery et la montagne de Grange, il est probable que des replis intérieurs donnent à cette masse une épaisseur apparente plus grande qu'elle n'est en réalité. Au sommet de la Pointe de Grange, on constate des replis, dont il est difficile d'expliquer les relations avec les bancs du reste de la montagne (Pl. XIII, fig. 6). Le versant S.-E. offre une disposition un peu différente. C'est là que se dessine la tendance du plongement vers le S.-E. en sens inverse aux bancs de l'arête de Chezery. En dessous des schistes ardoisiers (*sch. ard.*) exploités dans le vallon d'Essert, il y a au contact des bancs de brèche, une marne schisteuse rouge (*sch. r.*) qui est probablement la suite de la roche schisteuse du col de Lens.

Cette description de la brèche du Chablais est encore fort incomplète. Une étude détaillée de la région tout entière aurait un grand intérêt. Il y aurait à rechercher le mode de formation de la brèche, l'origine des matériaux qui la composent, et à délimiter exactement les klippes liasiques, jurassiques et crétacées qui s'y rencontrent depuis la vallée du Rhône jusqu'au cours du Giffre et de l'Arve. Il ne nous paraît guère douteux que le matériel détritique de cette roche élastique ne provienne des montagnes calcaires des environs, comme cela a été établi pour quelques parties du flysch des Ormonts et le flysch du Mont Vouant que nous avons cité (*58*, II, p. 10).

## II. GRÈS ET SCHISTES ROUGES PLUS RÉCENTS QUE LE FLYSCH

(miocène ancien?)

Deux affleurements de terrains très semblables dans quelques-uns de leurs caractères se montrent sur la rive gauche du Rhône; l'un entre *Saint-Gingolph* et *Bouveret*, l'autre sur presque toute la longueur du *val d'Illiez*. Ils diffèrent sensiblement des terrains désignés du nom de flysch et il y a tout lieu de le croire plus récent que ceux-ci.

### Grès et marnes rouges du Bouveret.

Ce terrain a été mentionné à plusieurs reprises sous le nom de *grès du Bouveret*. Il a été placé successivement dans le *trias*, le *miocène inférieur* et dans l'*éocène*. Il forme de Saint-Gingolph jusqu'au delà du Bouveret une bande à peine interrompue par la sortie du vallon de Frêtaz. Le plongement des bancs est S.-E. 30-40 et grâce à l'existence de plusieurs carrières et des tranchées creusées pour le passage de la route et du chemin de fer, il peut être aisément étudié.

On y trouve deux horizons dont l'inférieur est du *flysch éocène* bien caractérisé par ses *fucoïdes*, sa nature marno-schisteuse et ses bancs grésiformes. Le niveau supérieur de couleur alternativement rouge et grise est absolument identique au niveau *miocène inférieur* que nous avons décrit sous le nom de *mollasse rouge* de Vevey.

Lorsqu'on sort du village de Saint-Gingolph dans la direction du Bouveret, on ne tarde pas à rencontrer au bord du chemin et dans une tranchée de la voie ferrée, un terrain de couleur rouge composé de marnes schisteuses, au toucher onctueux, et de grès tendres rouges et gris, traversés parfois de trainées verdâtres; ces assises offrent une grande ressemblance avec les marnes qui affleurent du côté opposé du lac entre Vevey et Clarens. Comme là, le plongement est S.-E., de 30-40°. La situation de ce terrain est difficile à déterminer, car à Saint-Gingolph le torrent de la Morge coule sur le jurassique inférieur et le lias qui se poursuivent, au-dessus de cet affleurement, dans la colline du Frètaz; entre deux s'étendent des éboulis. Ce n'est pas sans hésitation que nous rangeons ce terrain dans le miocène, car nous ne possédons aucune preuve paléontologique. On n'y a trouvé aucun débris organique, sauf quelques restes de végétaux et des veinules de charbon que M. Alph. Favre cite dans les premières couches de grès au sortir du village de Saint-Gingolph (*58*, II, p. 81). M. B. Studer assimile ce terrain au *grès de Ralligen* (Ralligsandstein, miocène inférieur; *194*, p. 199), de même que la mollasse rouge de Vevey et de Clarens, ce qui est tout à fait conforme avec ce que nous venons de dire.

Ce premier lambeau de grès et marnes rouges s'arrête vers une grande carrière ouverte près de la maison du garde-voie. M. A. Favre la cite sous le nom de *carrière de Fenalet* (*58*, II, p. 84). On y trouve une épaisse série de bancs bien nets de grès fins, gris foncé, à délits marneux et schisteux. La surface des bancs est bosselée ou présente des dessins ramifiés en relief accompagnés de traînées noires brillantes et charbonneuses qu'il est facile de reconnaître pour des restes de végétaux. M. Alph. Favre cite plusieurs espèces de *fucoïdes* trouvés dans cette roche; nous avons récolté sur place bon nombre d'exemplaires du *Chondrites Targionii arbuscula*, F.-O., et un exemplaire se rapprochant beaucoup du *Ch. intricatus Fischeri*, Hr. Des empreintes plus épaisses appartiennent au *Ch. affinis*, Stbg. D'autres sont plus indistinctes. Cette roche appartient donc au *flysch éocène*, dont elle a du reste l'aspect. Elle diffère nettement de la roche rouge et se trouve sur plus d'un point en discordance avec celle-ci. M. R. Blanchet avait déjà attribué cette roche à ce terrain (*8a*, p. 8). D'après sa disposition elle paraît se superposer aux grès rouges, mais les terrains étant déjetés, il est évident qu'elle est intercalée entre les assises jurassiques du Grammont et la roche rouge qui borde son pied. La situation est donc ici tout à fait semblable au contact entre la mollasse rouge et le flysch dans le lit de la Baye de Clarens sous le village de Brent (p. 233; Pl. I, fig. 2).

L'âge de la roche de Fenalet une fois bien établi nous permet donc de soutenir avec plus de certitude la correspondance entre les grès rouges de Saint-Gingolph et ceux de Vevey qui, nous l'avons vu, sont dans une position absolument identique.

Entre la carrière du Fenalet et le village de Bouveret s'étend une nouvelle zone de grès et marnes rouges, identiques à ceux de Saint-Gingolph. C'est évidemment la suite de cette dernière, momentanément interrompue par l'apparition du flysch. Ces grès rouges sont séparés du flysch par le débouché du ravin de Frêtaz.

La route et la tranchée du chemin de fer mettent ce terrain à découvert près du chalet de la Forêt et à l'entrée du village du Bouveret. La ressemblance avec la mollasse rouge de Vevey est frappante.

Après avoir dépassé les premières maisons du village, on rencontre à droite une grande carrière dans laquelle on exploite une roche encore différente des précédentes. Ce sont d'épais bancs de grès gris, excessivement compacts ; leur grain grossier et les grandes paillettes de mica ne permettent pas de la confondre avec la roche de Fenalet, quoique la couleur soit la même. De nombreuses traînées charbonneuses traversent cette roche qui est exploitée comme pierre de construction et pierre à paver. Les massifs de grès compact alternent avec des épaisseurs assez considérables de lits moins massifs, de grès plus fins et plutôt marneux dans lesquels les feuillets de charbon et les restes de végétaux sont nombreux. Ces derniers, quoique indéterminables, affectent bien distinctement la forme de tiges et de feuilles de graminées ; ce sont dans tous les cas des *plantes terrestres*.

La carrière de Tavel, sur la rive opposée, nous fournit un point de comparaison entre cette roche et le terrain miocène. Les grès de cette carrière sont identiques à ceux du Bouveret, autant par leur structure que par les restes de végétaux qu'ils renferment. Une épaisse zone de grès et de marnes en lits peu épais les sépare de la mollasse rouge qui les surmonte (Pl. 1, fig. 2 et page 245).

La situation est la même au Bouveret. Les grès compacts plongent sous la mollasse rouge et le flysch, seulement le poudingue ne se voit nulle part, ni dans la carrière du Bouveret, ni dans deux autres carrières ouvertes du côté de Port Valais, l'une à gauche, au sortir du village, l'autre plus loin, à droite de la route. Les grès rouges apparaissent à nouveau entre ces deux dernières carrières.

L'âge de cette roche n'est pas douteux ; elle doit être envisagée comme étant, soit du même âge que les grès rouges qui la précèdent, soit le correspondant du grès de Tavel ; dans ce dernier cas, elle rentrerait bien certainement dans l'étage aquitanien.

### *Grès et schistes rouges du val d'Illiez.*

Sur la carte géologique, ce terrain est teinté, comme le grès du Bouveret, de la même couleur que le flysch. Cette formation locale qui a dans cette vallée une grande épaisseur, se compose de grès et de schistes rouges, gris, quelquefois noirâtres, dont la position et l'âge ont été longtemps une énigme pour les géologues. Ce terrain a été classé d'abord dans le néocomien par MM. Studer et Escher (*195*), puis dans le terrain triasique (*58*, II, 129); enfin, MM. De la Harpe et Renevier (*40*) l'ont classé, bien qu'avec doute, dans le flysch. M. Studer a mentionné ensuite l'analogie de ces roches avec les schistes et grès de Taninges.

Cette zone de terrain tertiaire suit le fond du val d'Illiez; elle commence sur la rive droite de la Vièze, près de Monthey, suit d'abord le pied des contreforts de flysch des Dents du Midi, pour passer ensuite sur la rive gauche où elle atteint entre Trois-Torrents, Morgins et Champéry, un très grand développement. Elle se trouve ainsi resserrée entre le flysch du pied de la Dent du Midi et la formation de la brèche du Chablais avec laquelle les schistes du val d'Illiez sont constamment en discordance, tandis que sur le versant opposé, il y a au contraire, parfaite concordance de stratification entre ces schistes et le flysch qui paraît les surmonter par suite du renversement des formations (Pl. XIII, fig. 1 et 8; Pl. XVIII, fig. 1 et 2).

Le plongement est constamment dirigé au S.-E. entre 40 et 50°; la brèche du Chablais plonge au contraire plutôt au N.-O. et NN.-O ou se trouve dans une position voisine de l'horizontale.

M. le prof. Alph. Favre donne une bonne description des terrains du val d'Illiez. En publiant sa carte géologique de la Savoie, ce savant range les schistes du val d'Illiez dans le trias, à cause de leur contact avec la cargneule et leur ressemblance avec les schistes rouges du trias. Une découverte, faite pendant l'impression de son ouvrage, lui permit de reprendre cette question à un nouveau point de vue. Il s'agissait de la trouvaille faite par M. le prof. Schnetzler de feuilles fossiles dans les schistes du val d'Illiez entre Morgins et Trois-Torrents (*185*).

Une exploitation d'ardoises, ouverte dans les grès rouges et gris, alternant avec des schistes rouges ou grisâtres, parfois lustrés, a amené cette importante découverte. M. le prof. Heer, à qui les fossiles trouvés par MM. Schnetzler et A. Favre furent soumis, y reconnut quatre espèces de plantes qui se trouvent, soit dans l'éocène récent, soit dans le miocène ancien. Ce qui placerait notre terrain sur la limite des deux. Ce sont :

| | |
|---|---|
| *Zizyphus Ungeri*, Heer. | *Sapindus aff. falciformis*, Ung. |
| *Podocarpus eocœnica*, Ung. | *Lycopodites*, Sp. |

Des écailles de *poissons* et des traces d'*annélides*.

Ce n'est donc pas sans raison que M. Alph. Favre reconnaît la ressemblance de ces couches avec le *grès du Bouveret* et avec la *mollasse rouge de Vevey* et les compare ensuite aux grès rouges de *Bonneville* et du pied du *Môle*.

Il existe une différence pétrographique entre ces différents terrains. La parfaite identité du grès rouge et gris du Bouveret et de Saint-Gingolph (le flysch à fucoïdes excepté) avec la mollasse rouge de Vevey n'est pas à méconnaître, mais il n'est pas de même avec les schistes et grès du val d'Illiez. Les bancs de grès sont à peu près les mêmes, mais les intercalations schisteuses, sont loin d'avoir la nature *friable* et *marneuse* de la roche de Bouveret et de Vevey; leur structure schisteuse et bien nette, la surface des feuillets est lustrée et leur emploi comme ardoises témoigne de leur nature franchement feuilletée. Cette différence s'explique d'elle-même, si l'on tient compte de la situation des deux gisements. Celui du Bouveret est au pied des Alpes et n'a pas eu à subir une pression plus considérable que la mollasse rouge de Vevey-Clarens. Les schistes et grès du val d'Illiez, au contraire, sont pincés entre deux massifs très élevés et ont dû subir, pendant la dislocation de ces montagnes, une pression énorme. Le flysch du pied de la Dent du Midi est déjeté par-dessus ce terrain et il supporte à son tour tout le massif crétacé de cette arête. Du côté opposé s'élèvent les arêtes massives de la brèche du Chablais qui ont très visiblement été poussées par-dessus ce terrain. La schistosité ne doit donc être attribuée qu'à la lamination extrême des bancs.

Les schistes du val d'Illiez pourraient être considérés comme étant de même âge que les grès et marnes rouges du Bouveret. Leur superposition au flysch est évidente. Il y a surtout lieu de bien distinguer ce terrain des schistes rouges, marneux et friables qui forment *la base* du flysch et dont nous avons mentionné plusieurs affleurements [1]. Ceux-ci sont superposés directement au crétacé supérieur, tandis que les schistes et grès rouges surmontent des bancs très épais de grès compacts (à Outre-Viège, Pl. XVIII, fig. 1) et ceux-ci sont séparés du néocomien par une forte épaisseur de flysch schisteux et de grès en lits minces. Y a-t-il lieu d'admettre une connexion entre les schistes du val d'Illiez et le miocène ancien (mollasse rouge) du plateau suisse ? Cela serait difficile à prouver. Il ne paraît pas douteux que la période de retrait de la mer éocène ait été accompagnée de la formation de lagunes sur le bord des continents en voie d'émersion.

Le val d'Illiez était peut-être l'emplacement d'un de ces bassins saumâtres; les feuilles fossiles indiquent indubitablement le voisinage de terres émergées. Il est de plus permis d'admettre que cette lagune communiquait par l'une ou l'autre des grandes vallées transversales (vallée du Rhône) alors en voie de formation, avec le bassin miocène. Le bouleversement extrême de cette contrée ne permet pas d'émettre à cet égard autre chose qu'une hypothèse.


## TERRAINS QUATERNAIRES

### I. DÉPOTS GLACIAIRES

Les amas de terrain erratique de cette région ont été déposés par l'ancien glacier du Rhône et quelques-uns de ses affluents. Les dépôts formés exclu-

---

[1] C'est par erreur que nous avons mentionné les schistes rouges de *Choucx* comme étant superposés au néocomien (page 192, ligne 19) une grande épaisseur de *flysch* les sépare (Pl. XVII, fig. 1).

sivement par le glacier du Rhône s'étendent, le long du pied de la montagne, dès le défilé de Saint-Maurice, jusqu'au plateau de Lajoux, où ils atteignent un développement considérable qui augmente encore dans la direction du S.-O. Ils pénètrent assez loin dans les vallées accessoires à celle du Rhône et on trouve encore, à la sortie de la vallée de la Dranse, des blocs isolés à des altitudes dépassant 1300m. Le niveau de l'ancien glacier était donc à peu près le même sur les deux rives du lac Léman.

Les dépôts des glaciers accessoires ne se montrent sans mélange que vers l'intérieur des vallées. Dans la vallée de la Dranse, par exemple, les blocs de protogine du massif du Mont-Blanc sont fort répandus aux environs de Vacheresse et de Bonnevaux et manquent à une faible distance en amont; il y a lieu de conclure à un refoulement du glacier de la Dranse par le glacier du Rhône, ce dernier ayant pénétré obliquement dans la vallée par-dessus les contreforts peu élevés du Chénay, etc.

Il est toujours facile de distinguer les dépôts locaux de ceux du grand glacier. L'absence de roches cristallines dans les premiers est un caractère assez certain et la *protogine* peut passer pour la roche la plus caractéristique des dépôts du glacier du Rhône; le poudingue de Valorsine est moins répandu dans cette région.

C'est aux environs de **Monthey** et déjà sur le plateau de la Vérossaz et de Cherve que le développement des dépôts erratiques commence à se montrer. Le glacier, fortement resserré au passage à travers la chaîne des Dents de Morcles-Dents du Midi, a pu prendre ici un certain développement. La moraine de Monthey est une des plus remarquables laissées par l'ancien glacier; elle se compose presque entièrement de blocs de protogine avec peu de blocs d'autre nature et bien plus petits. Il y en a de très grands; malheureusement ils diminuent d'année en année par suite de leur exploitation. Ils reposent à la surface du néocomien, de l'urgonien, du grès du val d'Illiez, ou bien sur le terrain morainique formé de débris plus petits, cailloutis et sables, dans lesquels ils sont souvent enfoncés. Plusieurs des plus grands sont devenus des monuments honorant le souvenir de plusieurs de nos savants éminents.

La moraine de Monthey a été décrite par de Charpentier dans son ouvrage devenu classique (*16,b*), plus tard par M. Renevier, à l'occasion du don fait à

— 511 —

la Société vaudoise des sciences naturelles de la *Pierre à Dzo* et de la *Pierre à Muguet* (*170*). Elle s'étend sur une longueur de 3 à 4 kilomètres de Monthey jusqu'au-dessus de Muraz où les blocs deviennent plus clairsemés. C'est une vaste accumulation de blocs de toutes dimensions dont les plus grands sont presque exclusivement de la protogine. Parmi les plus petits, il y en a aussi de gneiss, micaschiste, schiste chloriteux, etc. Maintenant encore, en montant dans la forêt de châtaigniers qui couvre la pente de la colline de Nairy, en dessus d'En-Place, on en rencontre un bon nombre.

De Charpentier a décrit et fait figurer plusieurs des plus gros blocs de cette moraine, en voici les plus remarquables :

La *Pierre des Marmettes* se trouve à quinze minutes de la ville de Monthey, a près de 20 mètres de longueur, sur 10 mètres de largeur et autant en hauteur; ce bloc ne cube guère moins de 2000 mètres. C'est de la plus belle protogine du massif du Mont-Blanc. Une maisonnette est bâtie sur le bloc même, ce qui le garantit contre l'exploitation (*16,b*, Pl. I).

La *Pierre à Dzo* qui est actuellement propriété de la Société vaudoise des sciences naturelles, gît au milieu des châtaigniers à 100 mètres environ au-dessus du niveau de la vallée. Elle est formée de protogine et se compose réellement de plusieurs blocs, l'un très grand de forme irrégulière est perché sur un autre retenu par un troisième bloc plus petit et fendu verticalement. Ce nom fait allusion à cette disposition bizarre (*170*, *16,b*, p. 141, Pl. 2). La Pierre à Dzo porte l'inscription :

A.-J. DE CHARPENTIER,
Don national 1853.
Transféré à la Société vaudoise des sciences naturelles 1875.

La *Pierre du Four* tire son nom du vide qu'on observe en dessous.

La *Pierre à Muguet*, propriété de la Société vaudoise des sciences naturelles, a été nommée par de Charpentier *Pierre à Mourguet*. C'est un groupe de blocs, dont deux sont très grands. Le plus volumineux, ayant plus de 20^m de long, s'appuie par l'une de ses extrémités sur le sol et par l'autre sur le second des blocs qui s'est fendu horizontalement dans sa partie supérieure. Il se trouve tout près de la Pierre du Four (*16,b*, Pl. 4, p. 140).

La *Pierre à Muguet* porte sur les diverses faces de la voûte les inscriptions suivantes :

Reipublicæ valesiæ
Donum 1853
Charpentier 1834, Venetz, 1829, Perraudin, 1815.

de plus une inscription identique à celle de la Pierre à Dzo.

La *Pierre à Milan*, décrite par de Charpentier se trouve au N. du précédent; d'après la description (*16,b*. p. 361), ce nom reviendrait à un autre bloc situé non loin au nord.

Le *Bloc Studer*, est devenu la propriété de la Société helvétique des sciences naturelles. C'est un don offert par M. Breganti entrepreneur par l'entremise de M. le D<sup>r</sup> Beck. Ce bloc un des plus grands, est situé à l'extrémité nord de la moraine et porte gravé le nom du vénéré géologue de Berne (Act. Soc. helv. sc. nat. 1871 et 1877, p. 360).

Le **val d'Illiez** a dû alimenter autrefois un glacier assez considérable, car à une certaine hauteur dans la vallée, à partir du village d'Illiez, on ne rencontre plus que du matériel local, composé de roches de la chaine des Dents du Midi, *néocomien, urgonien, flysch, nummulitique*, etc., avec une forte proportion de *schiste* et de *brèche du Chablais*.

Dès le village de **Muraz**, le glaciaire prend un développement assez considérable sur le flanc de la montagne; il pénètre dans les ravins surtout entre Vionnaz et Torgon.

L'entrée du *vallon de Vernaz* sur Vouvry offre de puissants dépôts en dessous de Miex, pendant que sur le plateau qui porte ce village, 800 à 1000<sup>m</sup>, sont disséminés de nombreux blocs erratiques de volume variable.

Sur la pente du **Grammont,** le glaciaire n'a pas eu beaucoup de prise et il se trouve au bas de la montagne mélangé et recouvert en partie d'éboulis. Il couvre une partie du petit plateau des Esserts sur le Bouveret et pénètre dans le ravin de Novel.

Pour bien se rendre compte de l'importance des dépôts erratiques, il faut les suivre, à partir d'**Évian**, jusque dans l'intérieur de la **vallée de la Dranse.** Ils forment une nappe très épaisse et à la fois régulière, sur tout ce vaste triangle qui s'étend entre le lac et le cours de la Dranse, de Lugrin à Chevenoz et se continue encore au S.-O. de la Dranse avec le même aspect. Des blocs erratiques assez volumineux sont disséminés à la surface de la nappe, tandis que des amoncellements de matériaux plus menus forment par places de véritables collines morainiques.

En partant d'Évian, on traverse le glaciaire dès le bord du lac. Au sud de *Neuvecelle*, sur la pente en dessous de Forchez, il y a de nombreux gros blocs de roches cristallines et de calcaire formant un amas très étendu. Cet amoncellement a bien la disposition d'une moraine et se continue jusque sur le plateau en dessus de *Forchez*; il apparaît bien dans la tranchée de la route, mais ne se reconnaît plus bien sur le plateau, le terrain étant moins en pente. On distingue cependant des gradins successifs en forme de terrasses glaciaires. Un gros bloc, long de 10^m et haut de 8^m, de gneiss granitique, à grands cristaux d'orthose, se voit entre Forchez et Poëse, à gauche du chemin, près des maisons de *Pierre-Grosse*.

Les maisons de Saint-Paul et de Saint-Joseph sont sur le glaciaire. Plus loin, le chemin longe une vraie moraine, de la *Bennaz* jusqu'un peu au delà de la *Chapelle*; au nord sont quelques petits lacs formés par des barrages glaciaires. Au delà de Saint-Joseph, la moraine renferme beaucoup de débris calcaires venus par le glacier de la Dent d'Oche qui a déposé la moraine latérale de Poëse.

La proportion des matériaux calcaires augmente en s'avançant vers Bernex. Le **Mont-Benant** est complètement couvert de glaciaire sur son flanc sud; les calcaires prédominent, quoiqu'on y trouve aussi quelques gros blocs isolés de roches cristallines. Le nombre de ceux-ci augmente vers le sommet du Mont-Benant, où a eu lieu la jonction du glacier du Rhône avec le glacier local. Les amas de cailloutis renferment des blocs de toute espèce et de toute grosseur. Le glaciaire est encore fort développé sur le versant N.-E. du Mont-Benant.

Au S. de *Bernex*, le glaciaire s'étend le long du chemin d'Oche. A *Maupasset*, il y a encore deux blocs de gneiss; le reste est du glaciaire local. Le chemin de Bernex à *Mémise* monte aussi sur le glaciaire qui commence au-dessus de *Creusat* et va jusqu'au col au pied du Mont-César; une moraine, formée de blocs surtout calcaires avec beaucoup de cailloux striés, s'étend jusqu'à La Joux.

Dans la **vallée de la Dranse,** les dépôts du glacier du Rhône sont très étendus. Ils recouvrent les deux flancs de la vallée, de Chevenoz jusqu'au delà de **Vacheresse.** Ils sont très puissants à *Tavérole* et s'élèvent très haut sur le flanc du **Mont-Chénay.** Il y a des blocs de granit près du chalet de Praliozat, à 1014^m. Il est certain que le glacier du Rhône a passé par-dessus le Mont-Chénay (1429^m) et a déposé ainsi les amas de blocs aux alentours de Vacheresse. Un bloc de granit protogine se trouve à 100<sup>m</sup> à peine en dessous du sommet près de la Grange du Chénay.

La montagne des Bœufs sur Vacheresse est parsemée de nombreux blocs de protogine; on en constate près de la Grange du Replan, aux granges inférieures de Lavonette, jusqu'à Trois-Nants. Il y a un grand nombre de blocs près de la *Revenette* au S.-E. de Vacheresse; on les exploite très activement pour la construction; un grand bloc a fourni une nouvelle meulière pour le Moulin du Tronchet près Bonnevaux.

De Revenette dans la direction de **Bonnevaux,** les matériaux locaux prédominent sur ceux du glacier du Rhône dans tous les dépôts morainiques du fond de la vallée. A Bonnevaux, il n'y a presque que des dépôts venus du haut de la vallée de la Dranse, sauf quelques blocs de protogine et de gneiss peu volumineux.

Les dépôts glaciaires s'élèvent jusqu'au **col de Corbier** sur Bonnevaux (1336<sup>m</sup>), où il a encore des blocs de protogine du Mont-Blanc. Le glacier du Rhône n'a pas pénétré dans la vallée bien au delà de Bonnevaux, car jusqu'à Abondance, on ne rencontre plus que des dépôts formés par le glacier de la **Dranse.** Ces dépôts forment des zones très régulières dans le fond et sur les deux flancs de la vallée; on les poursuit jusqu'à leur origine à une hauteur, variant, suivant la pente, entre 1400 et 1800<sup>m</sup>; ils renferment partout de nombreux cailloux striés.

Il n'est pas à supposer que le glacier du Rhône ait pénétré dans la vallée de la Dranse par une autre voie que celle passant par-dessus le Mont-Chénay et la montagne des Bœufs. Le massif du *Mont-Ouzon* (1880<sup>m</sup>) n'a pu être recouvert comme le Mont-Chénay et le Mont-Benant; il a détaché du grand glacier une branche assez faible, sans doute, qui est venue déposer les blocs que nous avons constatés au col du Corbier et d'autres qui sont répandus sur la pente de la vallée de Saint-Jean d'Aulph, au-dessus du village de Corbier. C'est le point le plus reculé que le glacier du Rhône a atteint.

Les autres passages ou cols qui font communiquer la vallée de la Dranse avec celle du Rhône sont tous trop élevés (1600-1900<sup>m</sup>) pour supposer un passage possible du glacier. Il n'y aurait que le col de Morgins, où cependant le glacier du Rhône n'a pu arriver à cause des glaces considérables descendant par le val d'Illiez.

## II. TERRAINS MODERNES

### *Éboulements et éboulis.*

Ces terrains atteignent, comme dans les montagnes de la rive droite, une extension très générale dans les chaînes calcaires et dans celles de la brèche du Chablais. Il n'est pas de crête et de rocher un peu escarpé et découpé qui ne soit bordé à son pied d'un amas de débris éboulés.

Les plus remarquables sont les beaux cônes et tâlus qui remplissent le vallon de **Treveneusaz** et descendent sur le versant sud et est, jusqu'au bord de la vallée du Rhône. La face N.-E. de ces rochers offre un cône d'une grande régularité; il se soude au talus continu qui borde ces rochers sur tout leur pourtour du côté est.

Le ravin de la **Dérochiaz** au-dessus des Évouettes, est totalement comblé d'éboulis formés de roches appartenant au malm, au dogger et au lias, avec des fragments de roches crétacées. Nous avons déjà cité et décrit le dépôt attribué au grand éboulement du **Tauredunum** et exposé notre manière de voir au sujet de son origine (page 274).

A part le ravin de la Dérochiaz, les éboulis forment de nombreux cônes et talus le long du pied du Grammont et des rochers du Blanchard autant que dans le vallon de Novel; le panorama (Pl. XVIII) donne la situation des principaux d'entre eux. Le grand éboulement de **Brêt** est surtout très apparent.

Le vallon de **Tanay** offre des talus d'éboulement très étendus au pied du Grammont et de la montagne de la Combe; à leur opposé le chaînon des Cornettes de Bise est bordé des deux côtés de masses éboulées considérables.

Dans l'intérieur des chaînes, il n'y a pas dans cette partie des Alpes des cônes d'éboulement aussi considérables que ceux de la chaîne de la Gummfluh et du Rubli; le grand cône d'éboulement du Mont-Chauffé (Pl. XII, fig. 2) est le seul qui se rapproche de leurs dimensions.

Dans le vallon de **Toper** et dans celui de **Vernaz,** les éboulis forment des talus presque continus et se confondent dans le bas avec les dépôts glaciaires; il en est de même dans la vallée de la Chapelle et dans ses vallons accessoires.

*Dépôts d'alluvion et cônes de déjections.*

Nous avons déjà donné les traits généraux de la plaine du Rhône et décrit les cônes de déjection des torrents qui se jettent dans le lac ou dans la plaine sur la rive droite. La rive gauche a tout à fait le même aspect. Entre Bex et Versvey, le Rhône coule presque exactement au milieu de la plaine d'alluvion. Dès la maison du *Motley*, le fleuve se dirige à l'est comme pour éviter un obstacle et arrive au pied immédiat de la montagne qu'il suit jusqu'à son embouchure dans le lac Léman.

Le cône d'éboulement des Évouettes et les déjections du torrent de la Dérochiaz lui font faire encore un contour appréciable.

Les cônes de déjection déposés par les divers torrents aboutissant dans la plaine sont d'une grande régularité; il est possible qu'ils aient été formés, en partie du moins, à une époque où la plaine du Rhône était encore occupée par le lac.

Le cône de la **Vièze** est le plus considérable; sa pente assez faible et les nombreuses constructions qui le recouvrent, ne permettent pas d'en saisir de suite les contours. Les déjections des torrents de la **Muraz**, de **Vionnaz** et de **Vouvry,** sont, les deux derniers surtout, très réguliers et s'étalent en forme d'éventail assez loin en avant dans la plaine. On est frappé par la circonstance, facile à expliquer d'ailleurs, que tous ces points ont été choisis pour l'établissement des villages, coïncidence qui se retrouve aux Évouettes, à Saint-Gingolph et sur la rive droite.

Les déjections de la **Morge,** supportant le village de Saint-Gingolph, sont très étendues, malgré la profondeur du lac à l'embouchure du torrent.

Il n'est guère de formation récente plus intéressante à étudier que le **delta de la Dranse** entre Thonon et Amphion. Cette rivière, sortant de la gorge étroite creusée dans l'erratique, les alluvions anciennes, etc., s'étale dans une plaine assez marécageuse en se divisant en plusieurs bras. L'étendue de son bassin hydrographique est bien en rapport avec celle de son delta qui a une superficie d'au moins 2 ¹/₄ kilomètres carrés. Sa forme a presque exactement celle d'un demi-cercle que la rivière divise en deux parties presque égales en suivant le rayon dans la direction S.-N.

La **vallée de la Dranse** est très profonde et son creusement est très avancé; par suite de la faible pente, on trouve dans le cours moyen des trois branches qui composent le torrent, des dépôts d'atterrissement alluvial assez étendus. La Dranse d'Abondance qui seule nous occupe, coule dès le village de Châtel dans une plaine d'alluvion bien caractérisée et qui se resserre un peu à la Ville du Nant pour s'élargir de nouveau à la Chapelle. Entre Abondance et Chevenoz, le fond de la vallée n'offre que peu d'alluvions, mais surtout du glaciaire; on y constate seulement les cônes de déjection des torrents de Bonnevaux et de l'Eau-Noire.

<hr>

# CHAPITRE II

## DESCRIPTION OROGRAPHIQUE ET GÉOLOGIQUE

### DES ALPES DU CHABLAIS ENTRE LE RHONE ET LA DRANSE

(Pl. X, XI, XII, XIII et XVIII.)

Les terrains affleurant dans cette partie du Chablais sont les suivants :

Alluvions, *a*.
Éboulements, *eb*.
Glaciaire, *gl*.
Éocène, flysch, *fl*; schiste, *sch*.
  »   brèche, *br*.
  »   grès et schiste rouges, *flr*.

Couches rouges crétacées, *cr.*
Néocomien, *ne.*
Jurassique supérieur, malm, *js.*
Oxfordien, *ox.*
Jurassique inférieur, c. de Klaus, *ji.*
       »        c. à Mytilus, *ji., c. à M.*
       »        lias supérieur, *ji ls.*
Lias supérieur, *ls.*
  » moyen et inférieur, *lmi.*
Hettangien, *lh.*
Rhétien, *rh.*
Marne rouge et verte, *mr.*    }
Cargneule et dolomie, *ca* et *dol.* } trias.

## MASSIF DE MÉMISE ET DE BORÉE

Ce massif s'élève entre le lac Léman, les vallons de Novel et de Berney et s'abaisse à l'ouest vers la vallée de la Dranse. Il renferme une série de replis du terrain jurassique, dont ceux du S.-E. forment les arêtes de Mémise et de Borée; les autres, au N.-O., sont fortement démantelés de leur enveloppe de jurassique supérieur et constituent le plateau incliné de **Thollon** et de **Lajoux** (1000-1100<sup>m</sup>) en bonne partie couverts d'une épaisse nappe de terrain glaciaire. Du côté du lac, ce plateau est assez escarpé, surtout dans la partie nord, où il est bordé par les Rochers de Meillerie.

Après les affleurements de *grès rouge* et de *flysch*, entre le Bouveret et Saint-Gingolph (page 504, etc.), on passe le long du lac par une série d'affleurements des terrains liasiques, du rhétien et du trias.

La coupe relevée par **M. Alph. Favre** traverse à deux reprises, mais en ordre inverse, toutes les assises, depuis le sinémurien jusqu'au trias qui affleure au delà de Meillerie. La rive du lac coupe ici obliquement un repli en forme de V, prouvant jusqu'à l'évidence que le bassin du Léman, loin d'être en accord avec les replis des terrains secondaires, doit être attribué à une grande fracture avec affaissement de la lèvre N; cela ressort bien certainement du contact de la mollasse rouge avec le lias à Saint-Gingolph, tandis qu'au Bouveret il y a du flysch entre deux.

En s'élevant du plateau de Tollon et de Lajoux, vers le vallon de Mémise, on traverse une coupe complète des couches jurassiques. Le dogger à *Zoophycos* forme le bas des **Rochers de Mémise** (1682ᵐ), dont la crête, souvent interrompue, se relie au *Pic Blanchard*, à l'extrémité orientale du massif. Cet escarpement est dirigé de l'ouest à l'est, en formant une légère courbure convexe du côté du Léman. Le **Mont-César** (1330ᵐ) le termine à l'ouest. La coupure la plus profonde est celle qui s'ouvre au-dessus de Leucon (Locon). Elle a son orifice supérieur entre les chalets de *Mémise* et celui de la *Plaine*. Une seconde coupure, non moins profonde, mais plus étroite, coupe les rochers entre le *Blanchard* et *Corniaux*.

Cette entaille a dans sa partie supérieure la forme d'un entonnoir et devient de plus en plus étroite dans la partie qui coupe l'escarpement jurassique, pour s'ouvrir enfin sur une pente rapide au-dessus de Brêt. C'est par ce couloir que s'est précipité un grand éboulement qui a atteint le lac entre Leucon et Saint-Gingolph. On voit encore nettement le point d'où il s'est détaché.

Le **vallon de Mémise** (1600ᵐ) est une synclinale en forme d'auge. Il renferme du crétacé rouge et du flysch, tandis que le néocomien couronne partout l'escarpement formé par le malm. Malgré l'action considérable de l'érosion, on peut poursuivre cette auge jusqu'aux pâturages du Blanchard, où il y a encore du crétacé rouge.

L'arête de Borée est une voûte jurassique entr'ouverte laissant affleurer le dogger, surmonté de l'oxfordien grumeleux. Le jambage nord du malm n'a qu'un faible relief; ses couches sont presque verticales, ainsi que celles du néocomien adossées contre le malm. Le jambage sud, formant la pente du vallon de Novel, constitue au contraire une arête aiguë, couronnée de néocomien et flanquée jusqu'à mi-hauteur environ, de couches rouges crétacées. Son point le plus élevé est nommé sur la carte **Pic de Borée,** on l'appelle aussi **Mont-Boru.**

Dans leur ensemble, ces montagnes offrent une grande analogie avec la partie orientale de la chaîne du Mont-Cray, entre le massif de Corjon et le Vanil noir. Le vallon de Mémise et de la Plaine rappelle la forme du vallon de Corjon, soit le repli médian de la chaîne du Mont-Cray. Enfin la voûte de Borée est aussi régulière que celle de l'arête des Tours, du Mont-Cray, etc. La ressemblance va même plus loin; nous avons constaté que la base des couches rouges crétacées était marquée par une zone de rognons siliceux, identique à celle de la vallée de Château-d'Œx. La structure de cette région est expliquée par les fig. 7, 8, 9 de la planche X. La fig. 7, Pl. XII, donne l'aspect de l'extrémité orientale du massif, au-dessus de Novel (Pl. XVII, fig. 6).

## MASSIF DE LA DENT D'OCHE

Ce massif constitue une région allongée qui s'élève entre les vallons de Bernex et de Novel et le vallon de Darbon. A la partie occidentale se soude le massif du Chenay et des Irables, s'élevant entre la vallée de la Dranse et le vallon d'Oche.

Le ravin d'Autan sépare le massif d'Oche de celui du Grammont qui en est la continuation. Ce dernier s'élève entre le Léman et le vallon de Tanay.

Le vallon supérieur de Novel, nommé **vallon de Neuves,** est encaissé entre la Dent d'Oche et l'arête de Borée; il communique avec celui de Bernex par le **Col de Neuves** ou de **Novel.** La structure du massif entre ce col et les pâturages de l'Haut de Morge est fort curieuse. Deux petites synclinales, séparées par une voûte aiguë, se continuent depuis les chalets de la Planche jusque vers Chermet. Près du col de Neuves, le pli nord, formant le col même, renferme du *flysch* pincé entre les *couches rouges* crétacées (voir Pl. X, fig. 1, *a—f*).

La petite arête des *Aiguilles,* crête de malm fort découpée en forme d'une série de pointes ou pics peu élevés, se poursuit depuis la Planche jusqu'au col de Neuves, où elle perd son relief. La seconde petite synclinale est resserrée entre le pied de l'escarpement de la Dent d'Oche et l'arête des Aiguilles. La disposition de ces replis n'est pas sans présenter des accidents. Ainsi, au dessus de Neuves, jusqu'au col, le malm du jambage nord de la voûte écrasée des Aiguilles, est constamment masqué par une faille; le crétacé rouge ou

— 521 —

bien le néocomien sont l'un ou l'autre en contact avec le dogger (fig. *a*, *b* et *c*). Plus à l'ouest, en s'avançant vers le vallon de Chermet, cette faille s'efface; il y a succession continue et concordance de stratification (fig. *e* et *f*). La voûte des Aiguilles s'entr'ouvre davantage, en laissant percer du lias inférieur (calcaire spathique du lias moyen) et, en dessous de celui-ci, de la dolomie (fig. *c* et *d*). Cela se voit sur l'arête qui relie le col de Neuves au pied de la Dent d'Oche; plus à l'ouest le lias disparaît (fig. *f*).

Le pli synclinal du pied de la Dent d'Oche est bien visible dans le vallon de la *Frasse*. Il a une disposition bien moins claire que l'autre. Une grande faille suit le pied de l'escarpement en mettant continuellement le flysch en contact avec de la cargneule ou du lias inférieur (calcaire spathique à crinoïdes). Il y a en outre en plus d'un endroit des glissements ou failles de moindre importance qui ont produit des contacts entre les couches rouges et le malm ou le jurassique inférieur (fig. *b*, *c*, *d* et *f*).

La masse calcaire de la **Dent d'Oche** (2225$^m$) est une voûte aiguë déjetée au N,; elle est incomplète du côté N., étant donné la faille que nous venons de signaler. Le sommet de l'arête est formé par le néocomien, qui accompagné de couches rouges crétacées recouvre tout le flanc sud de la montagne. Le néocomien s'élève même jusque sur l'arête à l'ouest du sommet; il en forme la crête à partir du *Rebollion d'Oche*, passage habituel pour se rendre au col de Neuves. Le sommet est jurassique, mais un peu à l'est, on retrouve le néocomien sur l'arête jusqu'au col au pied du Roc du Château.

Le **vallon d'Oche** est assez large à l'endroit où se trouvent les chalets de ce nom. Ici, on distingue fort bien les assises néocomiennes avec leur revêtement de couches rouges. Celles-ci forment deux bandes, dont l'une affleure le long du ruisseau d'Oche, tandis que l'autre se trouve plus haut sur la pente, séparée de la première par un repli du néocomien (Pl. X, fig. 2). En remontant au *Planchaux d'Oche*, du côté du col entre la Dent d'Oche et le Château d'Oche, ce dernier repli s'efface, et au col même, on ne voit plus qu'un coin de couches rouges entre les deux masses de néocomien et de jurassique (Pl. X, fig. 3 et 4).

Le **Château d'Oche,** porte un nom justifié par son escarpement vertical dominant le vallon de Novel. Le *malm* en grande épaisseur forme une paroi tournée au nord. Ce rocher a la forme d'une voûte tout à fait écrasée à jambages parallèles. Sa partie supérieure offre un plateau peu incliné, en partie gazonné.

Un affleurement de *charbon*, dont on a tenté l'exploitation, existe à son extrémité occidentale, indiquant ainsi l'existence du niveau des couches à Mytilus, dont nous ne connaissons toutefois pas de fossiles (Pl. X, fig. 3). A l'ouest, le massif du Château d'Oche passe à l'**arête de Pelluaz** ou **Peilliouaz** (1888ᵐ) dont les assises offrent, dans la partie sud, une forme assez régulièrement voûtée, pendant que le bord nord du chaînon est marqué par une *faille* qui met constamment en contact des assises dolomitiques avec le néocomien ou les couches rouges. Les premières paraissent appartenir par places au malm et sont souvent transformées en cargneule (Pl. X, fig. 2); sur d'autres points , ils sont interposés entre le dogger et le crétacé. Cette arête se poursuit jusqu'à la vallée de la Dranse au S. de Vacheresse où une bande de cargneule et de calcaire dolomitique, apparaît en dessous du jurassique inférieur le long du pied nord de la montagne; elle forme une petite arête entre les maisons du Villard et les chalets des Queffait. Près du col entre la vallée de la Dranse et celui d'Oche, on trouve du flysch, des couches rouges, puis une faible épaisseur de néocomien, du malm, et on arrive en montant vers la frête de Pelluaz, aux couches du dogger à *Zoophycos*. Les couches rouges que nous venons de voir sont la continuation de celles du *vallon des Bœufs* sur Vacheresse, dont la disposition en synclinale se dessine si distinctement au-dessus de Fontany près Vacheresse; elles se relient également à celles du vallon d'Oche.

En effet, lorsqu'on traverse la pente de Pelluaz pour arriver au chalet des *Combes,* on suit la direction des couches à une faible distance du contact du dogger et du malm redressé verticalement; en passant ensuite par un petit sentier au N.-E. des Combes, on peut descendre dans le vallon d'Oche pour trouver, tout près des chalets de la haute Ugine, la bande de couches rouges qui passe au sud des chalets d'Oche (Pl. X, fig. 2).

Aux Queffait, la cargneule et la dolomie touchent au flysch et aux couches rouges, tandis que le malm affleure juste à côté. Il y a près de *Trois-Nants* une ancienne exploitation de gypse au pied d'un rocher. A côté affleure une marne noire séparée du gypse par une certaine épaisseur de calcaire dolomitique.

Le massif de Pelluaz a pour contrefort la tête arrondie du Chénay, séparée seulement de celui-là par le vallon des Bœufs correspondant à celui d'Oche.

Le **Mont-Chénay** (1429m) est une voûte régulière placée sur l'axe du Mont-Borée (croquis, Pl. XII, fig. 8). Au delà de la vallée de Vacheresse, entre celle-ci et la vallée de Saint-Jean d'Aulph, se trouve le massif de la Forclaz et du Mont-Ouzon, dans lequel on retrouve la continuation des replis que nous venons de parcourir. L'extrémité N.O. de ce massif est intéressant par un repli en forme d'U des couches jurassiques entre le village de Belmont et les carrières de la Vernaz (Pl. XII, fig. 9).

Retournons au Château d'Oche pour poursuivre la transformation que subit la structure du massif en s'approchant du Grammont. La Dent d'Oche et le Château d'Oche présentent un profil bien distinct au col étroit où nous avons constaté le coin de craie rouge. A partir de ce point, la Dent d'Oche se confond avec la paroi du Château d'Oche, au bas de laquelle on constate encore une zone de couches rouges se poursuivant du côté de Novel; mais bientôt cette zone s'arrête aussi, et le massif du Château, se déchirant de plus en plus, se résout en un dédale de rochers près des pâturages d'Autan. Une coupure profonde, par laquelle descend le ruisseau d'Autan, s'ouvre au-dessus du chalet de l'Haut de Morge. Les rochers s'abaissent en gradins du côté du ravin.

En montant de l'Haut de Morge vers le **vallon d'Autan,** on voit à droite du sentier, au-dessus des couches verticales de lias inférieur et de rhétien, des bancs presque horizontaux de malm, recouvrant comme un chapeau les couches plus anciennes. Une fouille, faite dans le but d'exploiter des traces de charbon constatées en dessous du malm, a mis à découvert des lits sableux et gréseux rappelant l'aspect des terrains de la base des couches à Mytilus. La disposition de cette extrémité du massif n'est pas claire; mais nous verrons mieux encore combien elle est extraordinaire, en nous tournant de l'autre côté, vers le col de Lovenex (Pl. XI, fig. 7). Constatons encore qu'après avoir quitté le gisement du rhétien, dont nous avons donné la description (page 457), on trouve, près des chalets d'Autan, à côté du malm horizontal ou plongeant légèrement au N., des bancs dolomitiques et de la cargneule. En franchissant le col de Darbon, on les retrouve dans le voisinage du flysch et des couches rouges qui les bordent au sud, tandis qu'au nord il y a du malm (Pl. X, fig. 3, à droite). Le petit col (Porte d'Oche), par où l'on passe du vallon de Darbon dans celui d'Oche, offre ce même assemblage de dolomie (cargneule) de flysch et de malm, cette fois sans couches rouges (Pl. X, fig. 5). Tout cela est fort peu clair et nous ne pouvons nous expliquer les relations qu'il peut y avoir entre les roches, dolomies et cargneules, franchement triasiques à Autan et celles des cols de Darbon et d'Oche, où elles sont associées à du flysch. Si ce sont les mêmes roches, et cela paraît possible, il faudrait y voir le résultat de glissements analogues à ceux que nous allons trouver dans le massif de Lovenex, dépendant du Grammont.

## MASSIF DU GRAMMONT

Il commence par le petit **massif de Lovenex** (1882ᵐ), arête escarpée qui s'élève entre le vallon de Novel, le vallon de Lovenex et le col qui conduit à ces pâturages. Ce massif est séparé du Château d'Oche par la coupure de l'Haut de Morge que nous connaissons.

Vue des pâturages d'Autan, la montagne de Lovenex offre l'aspect d'un pli synclinal bien manifeste, dont les deux jambages, plongeant au S.-E., sont presque parallèles, et enveloppent un lambeau de couches rouges. C'est indubitablement le dernier vestige de la synclinale d'Oche. Le croquis (Pl. XI, fig. 7), en donne l'étonnante situation. Les bancs de malm du jambage nord se poursuivent régulièrement jusqu'à une faible distance du sentier qui conduit de l'Haut de Morge à Lovenex, en suivant à peu près le ravin.

A l'endroit où le sentier passe tout près du torrent, le lit de celui-ci permet de suivre sur une certaine longueur les bancs presque verticaux du calcaire gris et rose à crinoïdes (*calc. à crin.*) et le calcaire foncé à rognons siliceux du lias inférieur (*calc. à silex*). Le malm (*js*) vient presque horizontalement par-dessus à une très faible distance. Cela nous explique sans difficulté l'origine des lambeaux de malm reposant horizontalement sur ces mêmes terrains et sur le rhétien du côté opposé du ravin, près d'Autan. Le *jurassique inférieur* se voit très bien au-dessus de l'Haut de Morge au pied des rochers, tandis qu'en poursuivant le sentier, à travers les éboulis, on rencontre bientôt des masses considérables de dolomie et de cargneule (p. 452) que nous ne pouvons pas séparer de celles du trias, quoiqu'elles paraissent reposer sur le jurassique renversé; elles touchent d'autre part au *lias inférieur*, formant une pointe abrupte au milieu du col de Lovenex. Les assises dolomitiques s'élèvent par lambeaux jusque vers le sommet de la montagne de Lovenex, d'où l'on aperçoit la bande de couches rouges (*cr*) à ses pieds, où elle y détermine un faible replat.

Dans son ensemble, la structure de cette montagne est extraordinaire, mais s'explique assez bien en l'examinant du côté d'Autan. Il semble que les couches de malm se sont plissées autrement que le dogger et le lias qui leur servent de base. Un glissement s'étant produit pendant la formation des replis, la synclinale de malm a été poussée par-dessus les couches plus anciennes, peut-être déjà érodées. C'est, semble-t-il, du N.-NO. au S.-SE. que ce mouvement s'est effectué.

Le **vallon de Lovenex** (1632ᵐ) avec son charmant petit lac est encaissé entre de hautes arêtes calcaires (Pl. XII, fig. 2). Au nord se trouve la suite de l'arête du *Mont de Lovenex*, dont une pointe aiguë s'élève comme une pyramide très abrupte du côté N. Au S. est la pente ravinée de la *montagne de la Combe*, suite du Grammont, séparée de l'arête de la Dent de Villand par le col conduisant de Lovenex au *Crêtel*. Cette arête va jusque vers la montagne d'Autan, où le crêt de malm s'arrête pour reparaître plus loin dans le *Sex de Bise*.

La montagne de La Combe offre sur sa pente les assises épaisses du terrain jurassique inférieur et du lias (*ji ls*) qu'il n'est pas possible de séparer, faute de fossiles. Le fond du vallon est en partie couvert d'alluvions et son bord d'éboulis. Les chalets de Lovenex s'abritent derrière de grands blocs tombés probablement du haut de l'arête de la Combe.

Du point où nous avons pris le croquis (Pl. XII, fig. 2), on saisit en même temps la structure de la pente septentrionale du massif du Grammont avec ses alternances de malm et de couches rouges crétacées.

Un couloir très rapide sépare la montagne de Lovenex du **Grammont** (2176m); il commence au chalet de Volly et s'ouvre droit au-dessus du village de Novel, où les eaux qui s'y réunissent, se précipitent en cascade par-dessus le dernier massif de malm. On y arrive du vallon de Lovenex par un petit col, et, en le remontant, on trouve d'abord des *couches rouges* (*cr*), puis des calcaires gris massifs appartenant au malm, puis un lambeau assez considérable de couches rouges, plongeant au S.-SE. et buttant contre le *jurassique inférieur-lias supérieur* (*ji ls*). Ce contact se voit fort bien en dessous du chalet de Volly, au pied des pointes des *Jumelles* (Pl. XI, fig. 9). La pointe occidentale n'est qu'une partie détachée du flanquement de malm qui forme l'arête de la montagne de la Combe; ses bancs sont en discordance avec les couches du jurassique inférieur qui forment son soubassement; le contact du crétacé et du dogger ne peut s'expliquer que par une faille, dont l'affaissement de la pointe en question est sans doute une conséquence.

Le *Grammont* est une montagne escarpée au N.-NO., où plusieurs couloirs rapides descendent vers le bassin du Léman. Le plus large est le couloir de la *Chaux-Méni*, nom souvent appliqué à la montagne tout entière. Le sommet est du lias inférieur (*li*), puis vient en descendant du lias supérieur et du jurassique inférieur (*ls ji*); on constate ensuite une bordure supérieure de malm (*js*), puis une assez grande épaisseur de crétacé rouge (*cr*), formant une zone bien visible de loin sur tout le pourtour de la face N.-NO. Le malm vient en dessous puis une grande épaisseur de dogger et de lias, dont le bas est couvert d'éboulis. Ces assises forment ici plusieurs replis, dont il n'est pas possible de fixer la disposition, à défaut de points de repère, car le malm et les couches rouges qui pourraient servir à cet effet, sont complètement enlevés. Cette pente doit renfermer les contournements correspondant aux replis de la Dent d'Oche et de l'arête des Aiguilles.

La colline de **Frêtaz** (1182m) forme un petit contrefort au pied du Grammont. Elle est formée de *dogger* et de *lias inférieur*, ce dernier formant un escarpement. Le sentier de Frêtaz à Saint-Gingolph traverse tous ces terrains et permet de constater en un point un affleurement de *rhétien*, calcaire lumachelle à *Avicula contorta*, accompagné de schistes foncés.

Au pied de cette colline affleure la bande de *grès* et *schistes rouges* dits du Bouveret, accompagnés de *flysch* dans la carrière de Fénalet. Il y a évidemment une faille entre ces terrains tertiaires et le lias qui affleure plus haut. Un peu en dessus de la route, une zone de *calcaire dolomitique* et de *cargneule* forme la base du rhétien.

Les grès rouges réapparaissent au S.-E. de la sortie du vallon de Frêtaz; ils continuent jusqu'au Bouveret et pénètrent même dans la coupure transversale de la vallée du Rhône jusqu'à une faible distance de Port-Valais, en formant le petit plateau des Esserts, lequel est couvert dans sa partie supérieure de dépôts erratiques et d'éboulis qui masquent le contact entre le terrain tertiaire et le lias. Le plongement de ces assises tertiaires est S.-E. variant entre 30-40°; c'est donc le même que celui de la mollasse rouge de Vevey et du Basset.

Le petit rocher du *Port-Valais*, qui s'élève à une faible distance du pied de la montagne, est formé de bancs de dogger et de lias supérieur.

Du côté du Rhône, sur sa face E., le massif du Grammont est entamé par un profond dévaloir appelé la *Dérochiaz*, par où est descendu le grand éboulement dont nous avons déjà parlé (p. 274). Il n'y a que peu d'affleurements dans cette entaille, bordée de toutes parts de crêts de malm; son fond est comblé d'éboulis et les deux versants offrent dans leurs escarpements les calcaires à crinoïdes du lias inférieur, identique à celui de la Tinière. En traversant le fond de ce ravin à mi-hauteur environ, on trouve une faible veine de charbon dans le calcaire liasique qui forme la base du monticule entre le ravin et le lac, et, dans le ravin même, à 10 minutes plus haut, du *gypse* mêlé de *marne rouge* en position verticale.

Le *Rocher de la Porte du Sex* est du lias inférieur qui se poursuit sous forme d'un escarpement continu jusque vers le milieu du couloir. Le premier contrefort de l'arête de malm qui commence un peu plus haut, porte à son sommet un lambeau de craie rouge.

Le haut du Grammont est formé de terrains liasiques. Le lias inférieur, en partie représenté par le calcaire spathique sur la pente rapide qui s'abaisse du côté de Tanay, est bien à découvert. Des roches fossilifères foncées affleurent sur cette pente près du chalet des *Crosses*. Le gisement des *Placettes* qui n'en est pas éloigné a fourni des fossiles *hettangiens* nombreux. Un sentier conduit des Crosses à Volly et dans le ravin qui descend à Novel.

## CHAINE DES CORNETTES DE BISE

### ET VALLONS DE TANAY ET DE VOUVRY.

Le **vallon de Tanay** sépare le massif du Grammont de la chaîne des Cornettes de Bise; il est peu large et renferme dans sa partie inférieure un petit lac. Un dépôt d'alluvions forme une petite plaine entre le lac et les chalets. Le niveau de ce lac subit des variations considérables. Au printemps, il est en général très élevé et s'abaisse de quelques mètres durant l'été. Ce phénomène tient à son écoulement qui est souterrain. Pendant la fonte des neiges, le passage souterrain ne suffit pas, alors le niveau s'élève; lorsqu'il fait sec, il s'écoule plus d'eau qu'il n'en arrive. Il serait intéressant de rechercher le point où cette eau reparaît à la surface. Nous sommes portés à croire que les *grandes sources* qui jaillissent près de *Miex*, au bas d'une pente où affleure le crétacé rouge, sont les émissaires de ce lac. La fissure où les eaux disparaissent sous terre, se trouve à l'extrémité Est de ce lac et correspondrait à une fracture transversale de l'arête des Cornettes.

Le fond du vallon de Tanay est en partie comblé d'éboulements et de terrain glaciaire bien caractérisé dans le voisinage des chalets. Vers les chalets de l'Haut, il devient plus étroit et suit le fond d'une synclinale comblée de couches rouges et par places aussi de flysch. Ce terrain paraît avoir été plus étendu autrefois; on ne le trouve que rarement en place, mais ses débris ne manquent pas dans les dépôts glaciaires. Au delà des chalets de l'**Haut de Tanay** (1794ᵐ) et surtout au **Crêtet,** le vallon s'élargit considérablement en formant un vaste cirque bordé au N. par la *montagne de la Combe*, à l'ouest par l'arête des *Bovardes de Bise* et au S. par l'arête des *Cornettes*.

C'est là que se trouvaient le glacier réservoir et les névés du glacier de Tanay. Tout le sol en porte les traces, les roches moutonnées et les *lapiés* en sont les témoins irrécusables; la pente assez peu inclinée de la montagne de la Combe est labourée de sillons parallèles. Ces lapiés disparaissent peu à peu sous les éboulis depuis que la neige permanente ne les protège plus (Pl. XII, fig. 5). Dans le voisinage des chalets du Crêtet, sur des surfaces presque horizontales, il y a de beaux lapiés encore parfaitement conservés et à peine recouverts par la végétation.

Le côté Est du cirque du Crêtet offre un aspect des plus intéressants. Entre le dernier contrefort de malm des Cornettes de Bise (rocher du Plan-Berger) à gauche et l'arête de la Pointe de Villand, s'étend une arête transversale ondulée, nommée les **Bovardes de Bise;** on la franchit par le *Col de Riss* ou pas d'*Ugeon* (2081ᵐ) pour descendre du côté opposé dans le vallon de Bise. Cette arête (Pl. XII, fig. 6 et Pl. XI, fig. 6) est constituée de terrains en bancs minces, appartenant au dogger et au lias. Ils y dessinent deux replis très distincts. L'un, au pied de la Cornette de Bise, est très aigu et formé de bancs presque parallèles. Le second occupe presque toute la largeur de la pente, il simule d'abord une voûte des plus régulières, pendant que vers l'arête de Villand et au Pas d'Ugeon les couches plongent verticalement et sont même déjetées. L'intérieur des deux voûtes offre des affleurements du terrain rhétien.

Il est bon de constater ces deux replis si nets et si bien distincts par leurs formes, car nous retrouverons ces caractères dans les montagnes au N.-O., dont l'aspect extérieur est tout autre (montagnes de La Chaux et de Cheilon). Dans le croquis cité (Pl. XII, fig. 6) les couches visibles dans cette arête sont supposées plus à découvert qu'elles le sont réellement. Du côté nord (à droite), on voit la petite synclinale de Tanay s'élever jusqu'à la hauteur du Pas de Riss tandis que le malm de son aile nord forme l'arête de la Dent de Villand; cette dent, où le malm s'arrête, est formée par l'aile sud du pli; au pied nord affleurent les couches rouges crétacées et un petit lambeau de flysch (Pl. XI, fig. 6, à droite). Une arête peu accidentée, formée de dogger et de lias se continue de la Dent de Villand jusqu'au Sex de Bise; elle sépare le vallon de Bise de celui d'Autan; on la franchit par le passage de *Bémialet*.

Le **Sex de Bise** est un massif de malm assis sur le dogger et le lias et vient butter au col de Darbon contre un dédale de flysch, de cargneule et de crétacé rouge dont nous avons déjà parlé.

### Arête des Cornettes

C'est une arête très découpée qui prend naissance à l'origine du vallon de Tanay près des chalets de Tanay; elle se soude d'abord au Grammont et son extrême promontoire dominant la plaine du Rhône, est le rocher de la Porte du Sex près Chessel.

Jusqu'à l'Haut de Tanay, sa structure n'est pas excessivement claire. En montant de Vouvry à Miex, on traverse d'abord de grands dépôts erratiques; plus haut on arrive sur le malm, et aux premières maisons au contour de la route, aux couches rouges crétacées plongeant au S.-E. Cette bande commence au-dessus de Vouvry et se continue, en s'élevant en écharpe, jusqu'au-dessus des dernières maisons de Miex: on les suit sur le sentier qui conduit de Miex à Tanay, celui-ci les quitte à la hauteur du passage, pour traverser le malm et retrouver enfin la bande déjà décrite qui forme les rives du lac Tanay.

Au Signal de **Chambairy** (2200$^m$?) (Pl. XI, fig. 10), la structure devient déjà plus nette. Le sommet de l'arête est formé de *malm* (*js*) contre lequel s'appuient au S., le *dogger* et le *lias* (*ji*, *ls*) du vallon de la Vernaz. La pente du côté de Tanay offre en descendant du *crétacé* rouge et gris (*cr*), un second massif de malm, formant escarpement, du dogger (*ji*), un troisième massif de malm et enfin le crétacé rouge (*cr*) du fond du vallon. Le sommet de l'arête porte ainsi un pli synclinal comblé de crétacé rouge; une voûte entr'ouverte de malm laisse affleurer le dogger au milieu de la pente. Un peu plus à l'ouest, la structure de la partie culminante de l'arête est toujours la même, à part quelques différences dans le plongement des couches. Mais la voûte constatée s'entr'ouvre toujours davantage, en laissant percer bientôt non seulement les schistes foncés du dogger et du toarcien (*ji ls*), mais encore le calcaire siliceux du lias inférieur (*li*) (Pl. XI, fig. 11).

Un fait qui mérite d'être noté, c'est que dans les bancs fortement déjetés au N.-NO. qui forment la partie culminante de l'arête, il s'est produit à plus d'un endroit des *cassures transversales*, qui n'atteignent probablement pas une grande profondeur. Le mécanisme du déjettement est facile à entrevoir. Le massif de malm seul paraît avoir été atteint et il résulte de ces cassures que tantôt les couches rouges apparaissent du *côté nord*, tantôt du *côté sud* de l'arête calcaire, faisant croire à des zones parallèles de craie rouge, tandis que c'est toujours la même bande; le plongement se modifie en même temps. Ce sont peut-être des glissements analogues à celui de la montagne de Lovenex. Il se peut aussi que des lambeaux de couches rouges aient glissé sur la pente.

Au commencement de cirque du Crêtet, nous constatons un changement notable de la situation :

La synclinale du fond de la vallée, rejetée sur le flanc nord, devient très étroite. Le dogger et le lias de la voûte rompue s'étalent largement au fond du cirque et forment le contrefort du plateau accidenté qui s'étend entre le Roc Chambairy et les Cornettes, pour se retrouver, comme nous venons de le constater, avec deux plis sur l'arête des Bovardes. C'est ainsi que d'un repli à peine accusé du malm se développe une large zone de terrains jurassiques anciens deux fois repliés (comparez Pl. XI, fig. 10, 11 et 6). Aussi la synclinale du sommet de l'arête se modifie; elle s'élargit considérablement, en s'abaissant d'abord pour former la majeure partie d'un plateau élevé de 100 à 150ᵐ environ au-dessus du fond du vallon et qui se termine dans un petit cirque au pied de la Pointe de la Cornette. Le malm de l'aile nord, plus ou moins incliné, traverse ce plateau obliquement et forme enfin un escarpement à son bord sud; ce sont les rochers du **Plan-Berger** que l'on voit à gauche dans le croquis (Pl. XII, fig. 6 et Pl. XI, fig. 6). On constate à bien des endroits des glissements très nets entre le malm et les terrains plus anciens. Cela paraît en particulier être le cas au pied du Plan-Berger. Les couches rouges crétacées sont en partie recouvertes par les éboulis au pied immédiat des rochers; mais ailleurs, dans la plus grande largeur du plateau, elles sont bien à découvert dans les lapiés et les petits escarpements.

En comparant (Pl. XI, fig. 11) avec la moitié droite (nord) de fig. 6 (même planche), on se rend facilement compte des modifications successives que nous venons de constater. La structure du sommet des Cornettes en ressort fort bien. L'aile sud de la synclinale déjetée forme le sommet de la **Cornette de Bise** (2241ᵐ) et l'arête qui la relie au Roc Chambairy. La disposition du crétacé rouge est facile à saisir par les 3 profils échelonnés; l'escarpement du Plan-Berger est couronné d'un dernier lambeau de crétacé rouge schisteux. La *Petite Cornette* qui s'élève entre la Cornette de Bise et le Roc Chambairy, présente un escarpement de craie rouge (*cr*, Pl. XI, fig. 6); un peu plus à l'est est un passage qui conduit à la *mine de Combre*. En ce point, les couches rouges passent, par suite d'un déchirement du malm, sur le versant sud de l'arête; on en voit de grandes masses éboulées dans le vallon de la Vernaz.

### VALLON DE LA VERNAZ

Ce vallon anticlinal s'étend de Vouvry au *Col de Vernaz* et a pour correspondant au N.-O. de celui-ci, le ravin rapide de *Toper* ou de la *Callaz*. Sa structure est simple dans la partie inférieure; les dépôts erratiques, laissés par le glacier du Rhône, sont excessivement développés et se confondent avec les roches de provenance plus rapprochée. Jusqu'au col en question, les terrains liasiques et jurassiques inférieurs forment tout le sous-sol du vallon. Ils plongent régulièrement au S.-SE. et suivent l'axe du vallon d'érosion. La disposition en anticlinale n'est pas très nette, puisque sur les deux flancs le plongement est dirigé dans le même sens; au sud il est moins fort qu'au nord.

Le **col de Vernaz** (1890m, d'après une observation barométrique) offre des deux côtés une succession presque régulière des assises du malm jusqu'au trias. Le terrain rhétien, avec nombreux fossiles, affleure sur le versant sud; au centre du col, il y a des dolomies et de la cargneule.

L'aspect de la paroi des Cornettes de Bise est très extraordinaire du côté du petit vallon de Toper. Elle s'élève au milieu de son enveloppe de dogger (c. à Mytilus) et de lias comme pour former une gigantesque voûte d'une grande régularité apparente; mais en réalité elle est formée par une synclinale de malm qui présente de ce côté la courbure convexe démantelée des terrains qui l'étayaient et qui étaient déjetés par-dessus (Pl. XII, fig. 2). Le long du pied de la paroi, il y a de nombreux affleurements des couches à

Mytilus. Le charbon a été exploité à la **Callaz** et près du chalet de **Combre** où trois galeries ont été ouvertes (voir p. 477).

Le versant sud du vallon de Vernaz est bordé d'un escarpement de malm, s'appuyant sur les couches à Mytilus et le lias; le crétacé supérieur du vallon de Savalne le couronne par places. Aussi de ce côté-ci, on a fait plusieurs tentatives pour exploiter la houille du bathonien, mais sans succès (au Blancot ou Blanc-Sex et près de la Resse, en un endroit appelé Hautborne ou Saget au sud du col de Vernaz).

Le **vallon de Toper** (Taupert) ou de la **Callaz** est encaissé entre la paroi des Cornettes et les rochers de la Resse. Du col de Vernaz, on voit que le profil du Mont-Chauffé se place exactement sur l'axe de ce vallon qui devient transversal à partir du pied de cette montagne; il communique avec la *vallée d'Abondance* par une coupure transversale qui sépare le contrefort de la Raye (Mont-Chauffé) du petit vallon synclinal de la Resse (Pl. XII, fig. 1 et 2).

Presque au milieu du vallon de la Callaz, mais un peu au nord de l'axe du vallon, à l'endroit où la paroi de la Cornette domine le col de Bise, commence un rocher formé par un massif de malm couvert de sapins. Le nom de *Crêt Pereizeu* de la carte française doit s'y rapporter. Il s'abaisse avec un plongement régulier vers le fond du vallon, et, arrivé au pied du Mont-Chauffé, il se lie visiblement avec le malm du jambage nord absolument vertical de cette montagne, en formant une synclinale renfermant du crétacé rouge. Ce massif de malm repose sur les couches à Mytilus, et, quoique séparé de la Cornette, il n'est autre chose que l'aile nord (inférieure) de la synclinale du sommet de cette montagne correspondant au banc de malm qui forme le rocher de Plan-Berger. Il n'est pas facile de saisir cette relation de notre point de vue au col de Vernaz (Pl. XII, fig. 2).

La vue prise du Mont-Chauffé permet au contraire de s'en assurer bien positivement (Pl. XII, fig. 1). On y remarque le col de Vernaz, le vallon de la Callaz et à gauche le massif escarpé de la Cornette, en deçà de laquelle se montre le rocher en question, placé exactement sur la même ligne que les bancs escarpés de malm à la base de la Cornette. L'on hésite presque à admettre que cette large synclinale, entr'ouverte, qui forme le vallon de Vernaz et de Toper (Pl. XI, fig. 6) soit le même repli que la voûte totalement écrasée du Mont-Chauffé (Pl. XI, fig. 1) et que la crête des Cornettes et du Roc Chambairy soient dues au même phénomène orographique que le pli comblé du flysch qui s'encaisse entre la montagne de Lachaux et le Mont-Chauffé. Cependant nous constaterons ce fait avec plus de certitude encore en l'examinant du groupe du Mont-Chauffé et de Cheilon.

## LE MONT-CHAUFFÉ ET LA CHAUX

Vu du col de Vernaz, le **Mont-Chauffé** (2175$^m$) se présente de profil (Pl. XII, fig. 2). Il a la forme d'une voûte écrasée, dont le jambage sud plonge fortement au S.-SE., tandis que le jambage nord est formé comme le premier d'un massif de malm en position verticale. Entre deux se trouve le bathonien à Mytilus (Pl. XI, fig. 1). La structure de cette montagne a une grande analogie avec celle du chaînon du Rubli dans les Alpes vaudoises; les couches à Mytilus ne forment qu'une *seule série* de couches entre les deux massifs de malm; c'est la série appliquée contre le massif nord qui est visible; la seconde série a disparu par suite d'un glissement ou bien d'un écrasement. En montant dans le grand couloir creusé sur la face est de la montagne, on chemine d'abord sur un grand *cône d'éboulement*, au-dessus duquel on rencontre un premier affleurement des *couches à Mytilus* en position verticale, comme le malm; on les suit sur une bonne longueur en montant, mais elles s'arrêtent subitement et le malm, refoulé au sud par une petite faille à rejet horizontal, leur succède jusqu'à l'entrée de la cheminée rapide qui conduit au sommet. Les couches à Mytilus se retrouvent en ce point et offrent une coupe assez complète à droite de cette cheminée; elles sont verticales et même un peu déjetées au nord. La cheminée elle-même suit la limite entre les couches à Mytilus (c. à *Astarte rayensis*) et les bancs du jambage sud du malm. Les premières ne touchent pas directement au malm; il y a entre deux une assez grande épaisseur de brèche calcaire, dont nous avons déjà discuté l'origine en décrivant les couches à Mytilus de cette montagne (page 474). Nous sommes portés à croire que cette roche dérive des bancs du malm brisés et désagrégés pendant la dislocation et dont les fragments ont été recimentés ensuite. A partir du sommet du Mont-Chauffé (2175ᵐ), les couches à Mytilus suivent régulièrement le versant sud de la montagne en s'abaissant graduellement, sur une pente très rapide et couverte de rocailles, vers le village *d'Abondance*, où elles se perdent sous les éboulis. Une arête très escarpée des deux côtés les surmonte.

Un petit contrefort, couvert en partie de sapins, s'appuie contre le pied sud du Mont-Chauffé; il porte le chalet et les pâturages de la **Raye.** Il doit son origine à une petite synclinale comblée de crétacé rouge et de flysch; le repli du malm en forme de ⌣ se voit fort bien du col de Vernaz (Pl. XI, fig. 1 et Pl. XII, fig. 2).

Au pied N. du Mont-Chauffé se trouve la **Montagne de La Chaux** (1922ᵐ) qui en est séparée par le col et le vallon d'**Ubine.** Cette montagne est le prolongement du rocher du Vorsasey. Elle a pour base un pli anticlinal très aigu en forme de Λ. Le malm du jambage S. plonge de 40° au S.-SE., tandis que celui du jambage N. est vertical ou déjeté et forme un escarpement du côté du vallon de Bise.

Le **Vorassey,** appelé aussi **Mont-Chenaux,** est la partie de la montagne comprise entre le col de Bise et le petit vallon de Mens au pied du Mont-Chauffé. Il offre une structure très intéressante par suite de plusieurs replis curieux que l'on observe dans les *couches à Mytilus* qui forment, avec le lias et le rhétien, le noyau de la voûte. Nous avons déjà décrit la structure de cette montagne en fixant la position des couches à Mytilus par rapport aux terrains liasique et rhétien (p. 472). Un petit ravin ou cheminée qui descend vers le vallon de Bise ainsi que la pente tournée vers le col de Bise, offrent de beaux affleurements des *couches à Mytilus*; plus haut on trouve le *lias inférieur*, l'*hettangien* et le *rhétien* avec fossiles (voir Pl. XI, fig. 2, 3, 4 et 5 et pages 460 et 462).

Le vallon de **Mens** est presque entièrement comblé d'éboulements. La pente du côté du Vorassey offre une coupe assez nette des terrains que nous venons de citer. Sur un sentier qui relie les pâturages des deux côtés du crêt formé par le lias inférieur, il y a un petit lambeau de *flysch*, grès et schistes micacés en couches horizontales, appliquées contre la tranche du lias inférieur.

Si nous cherchons maintenant à relier cette montagne avec les replis que nous avons constatés dans le massif des Cornettes, nous arrivons à la conclusion que l'anticlinale du *Vorassey* et de la montagne de *La Chaux* est la suite de la *voûte aiguë de l'arête des Bovardes de Bise*, comme le rocher de malm du Vorassey (crêt Pereizeu) est le prolongement du rocher du Plan-Berger. La montagne de La Chaux elle-même a une structure bien définie sur la pente occidentale du vallon de Mens. Les couches à Mytilus et le lias sont toujours fortement repliés entre les deux massifs de malm au S. et au N.; mais le second de ceux-ci, en position presque verticale, butte contre la tranche du malm plongeant au S.-SE. 40°. Il est évident que le massif du malm a été poussé par-dessus le lias, dislocation que nous avons déjà constatée au pied de la Cornette, mais qui est ici encore bien plus évidente (Pl. XI, fig. 1). Un petit lambeau de malm paraît s'être détaché de l'escarpement en s'affaissant au milieu du vallon avec la craie rouge qui le surmonte; les chalets de Mens sont bâtis dessus (Pl. XI, fig. 1). Le malm de la montagne de la Chaux forme avec celui du pied N. du Mont-Chauffé une synclinale ayant la disposition d'un V. Elle est remplie de couches rouges crétacées et d'une grande épaisseur de flysch schisteux riche en *Fucoïdes* et *Helminthoïdes*. Certains lits de ce terrain se brisent en fragments cubiques et parallélipipèdes assez réguliers, phénomène dû, sans doute, à la dislocation de ce terrain. Le sommet du mont La Chaux est encore du flysch. Ce terrain se développe largement dans le vallon d'Ubine et se poursuit, à travers le col de la *Plagne du Mont*, qui coupe obliquement la chaîne du Mont-Chauffé, jusqu'au Mont sur Abondance. Il est curieux de constater que cette synclinale si bien accusée est le prolongement du pli synclinal du sommet de la Cornette de Bise et du Roc Chambairy.

La montagne de La Chaux étant surmontée de flysch, il y a lieu d'admettre que ce terrain remplissait autrefois le vallon synclinal de Bise. Si le flysch existait encore dans ce vallon, l'escarpement de La Chaux présenterait un aspect analogue à celui du chaînon du rocher de la Raye avec son massif de malm chevauché par-dessus les couches à Mytilus (Comparez Pl. XI, fig. 1 avec Pl. XVI, fig. 2, 4 et 6).

# LE MASSIF DE CHEILON

## ET LES VALLONS DE BISE ET DE DARBON

La montagne de Cheilon s'élève au N.-O. de la montagne de La Chaux au delà du vallon de Bise. Elle a la forme d'une voûte très régulière, dont le jambage N.-O. est toutefois bien près de la verticale, tandis que celui du S.-E. plonge de 35-40°; elle est évidemment la continuation de la *voûte régulière des Bovardes de Bise.*

Le **vallon de Bise** est fortement élargi dans sa partie supérieure; il prend son origine au *pas de Riss* (pas d'Ugeon); une branche latérale conduit au pied du *Sex de Bise*, à l'est duquel le *Pas de Bémialet* conduit aux pâturages d'Autan, tandis qu'à l'ouest du Sex est le *Pas de Florée* qui conduit dans le vallon de Darbon. Un troisième ravin passe entre la Cornette et le Vorassey et conduit au *col de Bise* ou *La Boche.* Ces divers vallons sont tous creusés dans le dogger, le lias et le rhétien.

A partir des Chalets de Bise, le vallon suit le fond de la synclinale entre les montagnes de Cheilon et de La Chaux. Le ruisseau de l'*Eau Noire* traverse d'abord un petit lac, le plus souvent à l'état de marais, et coule ensuite sur les couches rouges qui s'élèvent assez haut au pied du Vorassèy et de La Chaux pendant qu'elles s'arrêtent déjà au pied de la pente de Cheilon, dont le revêtement extérieur est formé par le malm crevassé et dénudé. Les couches rouges forment plusieurs petites collines et affleurements dans le vallon de Bise. Peu après sa sortie du lac, l'Eau Noire entame la couverture de malm de l'arête de Cheilon et coupe obliquement ce chaînon. Le pli synclinal, bien visible, s'élève au pied de la montagne de La Chaux et se continue à une assez grande hauteur jusqu'aux chalets d'Antigny, où affleurent les couches rouges et le flysch. Le ruisseau de l'Eau Noire, de son côté continue son cours oblique à travers la chaîne de Cheilon et la coupe enfin entièrement non loin de sa réunion avec le Nant de Darbon et avec la Dranse.

L'**arête de Cheilon** présente dans presque toute sa longueur une coupe sensiblement la même, rappelant la seconde voûte des Bovardes (Pl. XI, fig. 1). Sur son versant S.-E., du côté du vallon de Bise, il y a d'abord un revêtement de malm arrivant jusqu'au haut de l'arête. Près des chalets de Bise, ce manteau de malm est interrompu, et il n'en reste plus que des lambeaux isolés. Le versant N.-O. est totalement dénudé de malm le long d'un petit vallon qui chemine parallèlement à celui de Darbon, jusque vers les chalets de **Darbon**; le malm vertical forme, jusqu'au *Sex de Bise*, une petite arête séparant le vallon cité de celui de Darbon qui commence au lac de ce nom (Pl. X, fig. 4).

Près des chalets de Darbon, les deux vallons se réunissent. Le vallon synclinal de Darbon, renfermant des couches rouges et du flysch, devient très étroit et sert de passage au Torrent du Nant de Darbon ou Revenette qui passe entre les deux arêtes rapprochées de Pelluaz et de Cheilon. Après la réunion des deux vallons de Darbon, l'arête du Sex de Bise s'arrête, le massif de malm forme d'abord au S.-O. des chalets de Darbon un premier contrefort tendant à rejoindre l'escarpement de malm du haut de Cheilon et un peu plus loin on le voit former une voûte complète au pied de laquelle se trouve le **Creux de Planey** (Pl. XII, fig. 4). C'est un creux en forme d'amphithéâtre, ayant une sortie latérale vers le N.-O. communiquant avec le ravin du Nant. Une paroi de *malm*, haute de 80 à 100$^m$, le contourne et le fond, formé par le *lias*, est couvert de sapins et de taillis; des éboulis continus suivent le pied de l'escarpement. Ce dernier présente l'épaisseur totale du malm, car au bord supérieur apparaît une mince bordure de *crétacé rouge*. Au pied de l'escarpement, on a ouvert plusieurs galeries dans le but d'exploiter la *houille* des couches bathoniennes à Mytilus qui se poursuivent sur tout le pourtour du creux. L'érosion ayant enlevé le bathonien qui est plus délitable, il y a souvent des petites cavernes ou baumes au pied du massif calcaire. On a aussi exploité de la houille près de *la Fogière* sur Bonnevaux (*156, a* p. 378). Des mines du creux de Planey, on passe par un petit col (1800$^m$) pour arriver sur le versant S.-E. de l'arête. Le sentier suit à peu près les couches à Mytilus et passe près de plusieurs chalets, d'où l'on peut monter au sommet de la montagne par des déchirures dans le revêtement de malm qui est très dénudé et couvert de lapiés; en suivant cette pente vers l'est jusqu'à l'extrémité de la montagne, on revient vers les chalets de Bise par un sentier qui franchit d'abord le massif de malm par un passage très scabreux que les bergers nomment *passage des sept escaliers*.

## ARÈTE ENTRE LE COL DE VERNAZ ET TREVENEUSAZ

Cette arête s'élève entre la vallée du Rhône et celle de la Chapelle. Elle offre dans sa partie N.-O. plusieurs pointes dues à des plis du terrain jurassique, le milieu est formé de flysch et de brèche calcaire et la partie orientale se termine au-dessus du Val d'Illiez par les rochers de Treveneusaz. Du côté de l'ouest, la pente est très rapide, tandis que vers la vallée du Rhône, elle est plus douce et sillonnée de plusieurs ravins et vallons distincts.

Nous avons déjà parlé du **Pic de Vernaz** et de l'arête qui se détache de celui-ci vers la vallée du Rhône en séparant le vallon de Vernaz du vallon étroit de **Savalne** (Savalène) et du Blancet. Ce vallon est comblé de *flysch* s'appuyant sur les couches rouges du *crétacé*. Il devient très étroit au Blancet et se termine dans un ravin rapide, vrai couloir, au bord de la vallée du Rhône, près de la fabrique de ciment entre Vionnaz et Vouvry. On exploite la roche rouge foncé de la craie pour fabriquer du ciment, pendant qu'une bonne épaisseur de flysch remplit le ravin entre la carrière et le crêt de malm portant le village de Torgon.

La craie rouge exploitée a été analysée en 1869 par M. E. Schmidt, pharmacien à Montreux qui y a constaté :

*a*.) Matières insolubles dans l'acide chlorhydrique :

|                                         |        |
| --------------------------------------- | ------ |
| Acide silicique                         | 16,85  |
| Alumine et oxyde ferrique               | 13,30  |

*b*.) Matières solubles dans l'acide chlorhydrique :

|                                         |        |
| --------------------------------------- | ------ |
| Alumine et oxyde ferrique               | 5,40   |
| Carbonate de chaux                      | 53,40  |
| Magnésie et alcalis                     | traces |

L'eau varie de 9 à 17 °/₀.

L'analyse d'un autre échantillon donne un résultat assez semblable.

Des *chalets de Savalne*, on peut franchir l'arête par le pas de Savalne (2082m) qui conduit dans le vallon isolé et encaissé d'**Arvin**, où un petit lac étale ses eaux d'un vert sombre au pied d'un rocher calcaire, où affleurent les couches rouges de la craie.

Une petite arête de *flysch* sépare ce vallon des pâturages de la **Resse,** suite de la synclinale de Savalne. Le terrain s'abaisse et bientôt aussi le crétacé; le terrain jurassique forme finalement tout le pourtour de ce petit plateau qui ne mérite plus guère le nom de vallon. Le vallon transversal de Toper le sépare du monticule de la Raye qui lui correspond au pied S. du Mont-Chauffé (Pl. XI, fig. 1).

La Pointe du **Signal de Linleux** marque une seconde zone de calcaire jurassique arrivant au sommet de l'arête; elle forme avec celle de la **Pointe de Recon** une anticlinale très aiguë; entre deux se trouve le **vallon d'Utane.**

Les deux zones jurassiques se continuent jusqu'au bord du Rhône en restant plus ou moins distinctes, séparées, soit par des amas de cargneule et des terrains schisteux foncés (dogger et lias) qui apparaissent entre deux, soit par une dépression bien nette, comme c'est le cas dans le vallon d'Utane. Au bord du Rhône enfin, les deux rochers qui portent les villages de **Torgon** et de **Revereulaz,** en sont les extrêmes contreforts; entre deux descend un torrent qui se précipite par-dessus les couches du *lias* et du *rhétien* (p. 460). La carte géologique, indique ici du flysch. Le village de Revereulaz est bâti sur la craie rouge et sur l'erratique; à une faible distance affleure le flysch. Au bord de la vallée, on exploite des calcaires et des marnes rhétiens dans une carrière ouverte sur la limite de ce terrain et du malm accompagné de bathonien à Mytilus.

Nous avons déjà décrit le flysch de l'arête découpée qui se poursuit depuis le pas de Conche (1824ᵐ) jusqu'au col du Chalet Neuf au pied des rochers de Treveneusaz (page 497, etc.). Le flysch proprement dit s'étend entre le pas de Conche et la klippe crétacée de la **Croix.** Les couches s'appuyent presque verticalement contre le malm de l'arête de Conche. Elles forment la pointe de Recon (1964ᵐ). La klippe crétacée (1923ᵐ) est formée de calcaire rouge et gris en lits peu épais perçant presque verticalement au milieu du flysch et enveloppés de schistes rouges appartenant à ce dernier terrain. M. A. Favre fait déjà citation de cet affleurement en le distinguant des couches rouges du macigno (58, II, p. 125). Près de la **Ville du Nant,** au fond de la vallée, il y a un affleurement de calcaire jurassique que la carte indique comme lias

(L) mais qui paraît être plutôt du jurassique supérieur. Il est entouré d'un grand amas de *cargneule*.

À partir du **col de la Croix,** jusqu'au passage du Chalet Neuf, il n'y a que des couches éocènes, appartenant à la formation de la brèche calcaire. Leurs massifs épais forment des arêtes secondaires et des pointes rappelant beaucoup la forme de celles des montagnes de flysch du Niesen. Une pointe de 1939ᵐ domine le *col d'Arioullon*, d'où descend un étroit ravin, s'ouvrant au-dessus de Revereulaz. Une autre pointe a 2001ᵐ. La pointe d'*Onnaz* a plus de 2100ᵐ et la pointe de *Zermeillon* 1951ᵐ. Enfin, à l'extrémité de cette arête se trouve la pointe du **Corbeau** (1995ᵐ) qui domine le col de Morgins (1411ᵐ).

Il y a lieu d'admettre l'existence de plissements intérieurs dans les massifs de brèche, à juger d'un singulier contournement que l'on observe dans l'arête au S.-O. de la pointe d'Onnaz (Pl. XIII, fig. 5).

Les rochers de **Treveneusaz** ou de **Bellevue** (2045ᵐ) sont dans une situation fort énigmatique. D'après la pensée de M. Alph. Favre qui avait trouvé dans l'un des bancs de ces rochers calcaires des Pentacrines rappelant une espèce du lias, ce massif rocheux a été colorié en entier comme lias sur la flle XVII de la carte suisse; il appartient en réalité au malm. Malgré cette divergence, la coupe de M. Alph. Favre peut s'accorder avec la nôtre (Pl. X, fig. 11 et Pl. XVIII, fig. 1 et 2) en attribuant au malm ce qu'il rapporte au lias (58, II, p. 125, Pl. IX, fig. 1).

Les rochers de Treveneusaz sont une véritable *klippe,* analogue dans sa situation à celle du Mont-d'Or (Alpes vaudoises), et, comme cette dernière montagne, cette klippe est entourée de dépôts de gypse et de cargneule.

En montant du Chalet neuf vers la pointe de Bellevue, le point le plus élevé de Treveneusaz, on trouve d'abord de la cargneule sur le col entre le Corbeau et Bellevue; la pente que l'on gravit, pour arriver à cette dernière pointe, est formée de *flysch rouge,* à celui-ci succède le *crétacé rouge* et enfin le *malm,* calcaire gris, dont nous avons déjà parlé. Ce calcaire est presque vertical, mais à l'endroit où l'on atteint l'arête, il y a plusieurs dislocations; le crétacé rouge est contourné et des lambeaux isolés reparaissent sur l'arête de Bellevue même (2045ᵐ). De ce point on domine fort bien toute la situation de cette singulière montagne.

Le *vallon de Treveneusaz*, complètement comblé de roches éboulées, s'étend comme un cratère entre deux arêtes calcaires qui se joignent en forme de fer à cheval à l'endroit où nous nous trouvons. Les parois sont abruptes et celle de l'ouest est formée de bancs absolument verticaux de calcaire gris que dépasse de place en place un lambeau de crétacé rouge. Des débris nombreux de cette roche couvrent le pied occidental des rochers vers le chalet de la Traversaz. L'arête orientale est plus élevée; elle est déchiquetée et ne peut être suivie que sur une faible longueur. Les bancs, également jurassiques, sont déjetés à l'est et *simulent* ainsi avec les rochers précédents une synclinale qu'il convient plutôt d'expliquer par un pli anticlinal ayant une *disposition en éventail*, car les rochers que l'on trouve dans le fond, n'offrent pas la moindre trace, ni de néocomien, ni de crétacé supérieur. A la pointe de Bellevue la disposition en forme de *simple voûte* est nettement visible. Ces couches s'enfoncent sous le flysch de la pointe du Corbeau à l'endroit où a lieu la jonction des deux murailles calcaires. En suivant l'arête orientale, on trouve de distance en distance des lambeaux de craie rouge. Sur l'un des pics les plus élevés, formé de malm déjeté à l'est, repose un lambeau de *crétacé rouge* en position presque horizontale (croquis Pl. X, fig. **12** pris du côté du N.). Le chapeau de craie se distingue nettement du calcaire jurassique sur lequel il repose en discordance.

En descendant du côté de **Covy,** on passe sur la tête des couches jurassiques déjetées et au pied de l'arête, après avoir franchi une certaine largeur d'éboulis, on trouve du *gypse*, puis de la *cargneule* et enfin de la *brèche éocène* en partie modifiée en cargneule.

Dans sa coupe des rochers de Treveneusaz, M. A. Favre (*58*, Pl. IX, fig. 1) indique deux bancs (nos **2** et **2″**) renfermant des Bélemnites; ce sont les deux massifs de malm (*js*, Pl. X, fig. **11**). Le calcaire *gris* et *rougeâtre*, dont il indique la disposition un peu autrement que nous, n'est autre chose que le *crétacé rouge* (*cr*). Enfin le calcaire à crinoïdes peut seul être considéré comme liasique. Nous avons constaté en effet, au fond de la Combe de Treveneusaz, en un seul endroit, un affleurement de roche en place. C'est un calcaire fortement décomposé, grenu, ayant l'aspect du calcaire spathique à débris de crinoïdes du lias moyen. Il est ainsi bien évident que les rochers de Treveneusaz sont les deux jambages d'une voûte écrasée et entr'ouverte, entièrement disloquée et fortement érodée. Peut-être cette érosion a-t-elle commencé antérieurement à l'époque éocène, ainsi que le pourrait faire croire la curieuse disposition du crétacé au sommet de cette montagne? (Pl. X, fig. 11 et 12). On peut l'expliquer toutefois par une action mécanique, si, comme c'est à supposer, la dislocation de la voûte s'est faite au milieu du flysch.

Dans l'extrémité N. de l'arête existe un affleurement de *bathonien* entre les deux massifs de malm. Le torrent de la Traversaz coupe obliquement le massif occidental de malm, en aval de la Traversaz, et coule momentanément entre les deux arêtes calcaires. C'est au bord du torrent, à 810<sup>m</sup> d'altitude, qu'on a mis à découvert les *couches à Mytilus,* en faisant une fouille pour exploiter du charbon. Cette mine est appelée *mine de Cornillon* ou *Sous-Crétaz.* On y arrive de Vionnaz en suivant d'abord le torrent de la Pougneresse et en obliquant ensuite vers l'Est, pour arriver dans le ravin de la Traversaz un peu en amont d'*En Plex.* Plus bas, le torrent traverse de nouveau le massif calcaire pour suivre la limite entre le malm et le gypse. Le rocher vertical qu'il sépare ainsi du reste de la klippe, se nomme *Pointe de Cornillon.*

Nous avons vu que les rochers de Bellevue s'enfoncent sous le flysch sous forme d'une voûte du côté de la Pointe du Corbeau. En effet, au col du Corbeau on n'en voit plus qu'un amas de cargneule, dû peut-être à de la brèche calcaire décomposée.

Mais au delà de la Pointe du Corbeau, au **col de Morgins** (1411<sup>m</sup>), on rencontre une série de klippes, totalement entourées de flysch et de brèche calcaire, puisqu'elles se présentent entre deux tronçons d'une chaîne entièrement formée de brèche. Ces klippes calcaires sont séparées les unes des autres par du flysch et surtout par de la cargneule. Il y en a une à 150<sup>m</sup> de hauteur au-dessus du col au pied du Corbeau; elle paraît formée de malm. Une autre se trouve sur la route de la Chapelle au N. du col; c'est du calcaire gris massif, fétide (malm) plongeant au N. Des schistes foncés lui sont inférieurs et affleurent au col même. Un autre massif calcaire affleure au pied de l'arête de Becor à l'ouest du col; c'est encore du malm plongeant au N.-O. Mais à 500<sup>m</sup> environ du col, vers le sud, affleure le calcaire noir avec *Gryphœa arcuata.* Tous ces affleurements sont au milieu d'une épaisse enveloppe de brèche calcaire et de cargneule. La surface du sol est aussi couverte en bonne partie d'erratique. Les klippes dont nous venons de parler, se trouvent précisément sur la direction dans laquelle la voûte de Bellevue s'enfonce sous le flysch; elles indiquent en effet vaguement la forme d'une voûte et doivent appartenir à une seule voûte disloquée dont les diverses parties sont enveloppées dans l'éocène; les amas de cargneule sont des brèches décomposées formées par les débris de roches brisées pendant la dislocation. Beaucoup peuvent être attribués à des brèches éocènes décomposées.

## RÉGION DE LA BRÈCHE DU CHABLAIS

En dehors de la partie méridionale de l'arête que nous venons de décrire, la brèche du Chablais occupe une vaste région de chaînons irrégulièrement découpés, de massifs et de pics tout aussi élevés que les montagnes calcaires qui les entourent. Nous avons déjà parlé des allures générales des terrains qui constituent ces montagnes et constaté la grande ressemblance qu'il y a entre la région de la brèche du Chablais et celle du flysch du Niesen, qui occupe une position absolument analogue entre les chaînes calcaires extérieures et celles qui forment la bordure immédiate des Alpes cristallines (page 492).

### Arête de la Pointe de Chezery.

Cette arête commence au col de Morgins et se continue jusqu'au col de Couz, à la frontière suisse, en présentant un escarpement assez élevé du côté du S.-E.

Plusieurs chaînons ou arêtes moins élevés s'y rattachent au S.-E., ce sont : la petite arête de la *Roche Grise* (2155ᵐ) et celle des *Treis-Chaux* qui n'en est qu'une dépendance. Les klippes calcaires de la *Ripaille* et du *Roc d'Ayerne* se placent comme des contreforts à l'est de la partie S.-O. de l'arête.

L'arête la plus élevée commence au col de Morgins par une pente rapide et atteint bientôt, à la **Crête Gingea,** l'altitude de 2185m. Elle ne s'élève plus beaucoup et se poursuit, avec une direction presque exactement N.-NE.-S.-SO., jusqu'à la **Pointe de Chezery** (2281m). Les bancs de brèche y plongent assez régulièrement au N.-O. et les massifs de brèche forment alternativement des pics séparés par des cols, où affleurent les intercalations de terrains schisteux (Pl. XIII, fig. 1). A partir de la *Crête de Gingea,* on trouve successivement la *Pointe de Beccor* (2235m), la *Pointe de Cornebois* (2230m) et enfin la *Pointe de Chezery* ou *de Becrêt* (2281m), dominant le col de même nom.

Le **col de Chezery** (2100m) est une entaille peu profonde, mais assez large, séparant la Pointe de ce nom de celle de la Mossetta (2296m). Deux petits lacs, le lac *Vert* et le lac de *l'Hiver,* celui-ci un peu plus élevé que le premier, se trouvent sur la hauteur de ce col (Pl. XIII, fig. 1, à gauche). A mi-hauteur de la montée du col, du côté de la vallée de Morgins, on passe près d'une grande source appelée *Blanche-Fontaine.* C'est une vraie source vauclusienne. Le plateau accidenté du col de Chezery avec ses flaques de neige et les nombreux entonnoirs par où les eaux de fusion de la neige s'engouffrent, en forme la région collectrice. Il est possible que le petit lac inférieur, dont l'écoulement est très faible, relativement à la masse d'eau qu'il reçoit du lac de l'Hiver, fournisse à cette source une partie de ses eaux par une voie souterraine. De nombreux effondrements que l'on observe sur le plateau de Chezery dans le sol miné et rongé par les eaux, font supposer l'existence de cavernes ou réservoirs souterrains où les eaux du lac, comme celles des neiges, peuvent se rassembler et s'écouler enfin par la source de Blanche-Fontaine.

Du col de Chezery, il est aisé de se rendre dans la vallée de *Montriond* ou dans celle de *Lans d'Abondance* et à la Pointe de Grange. De la hauteur du lac Vert, on arrive au chalet de l'Hiver et au passage de la *Porte de l'Hiver;* le passage de la *Porte du Soleil* est plus bas et réunit la vallée de Morgins avec celle de Champéry.

A partir de la *Pointe de Mossetta* qui est au S.-E. de celle de Chezery, l'arête reprend son ancienne direction en s'alignant en même temps sur celle de la Roche grise (ou Pointe de l'Haut, 2155m) qui sépare la vallée de Morgins du val d'Illiez. On trouve successivement la Pointe du **Grand-Conche** (2160ᵐ), la *Pointe Patnali* (2243ᵐ) et celle de *Sur la Pierre* (2204ᵐ), enfin la **Pointe du Fourneau** (2313ᵐ) domine le **col de Couz** (1927ᵐ). C'est ici que les derniers bancs de brèche viennent s'appuyer contre le pied de la Vouille (chaîne des Dents du Midi) séparés du nummulitique par une faible épaisseur de poudingue et de flysch.

Dans cette dernière partie de la chaîne de brèche, le plongement est encore dirigé au N.-O. Cette disposition reste constante dans les deux petits chaînons de la **Roche Grise** et des **Treis-Chaux,** où les bancs de brèche paraissent superposés au flysch du val d'Illiez. Quelques accidents locaux font paraître le plongement tantôt plus fort, tantôt plus faible.

Au col de Couz, la brèche est fortement redressée, elle l'est encore davantage au pied de l'arête du Grand-Conche, près du chalet du Pas.

Dans les divers chaînons que nous venons de traverser, on rencontre de nombreuses zones ou affleurements de *cargneule*, intercalés, soit aux bancs de brèche, soit à des schistes marneux ou feuilletés, le plus souvent à ces derniers. La carte en indique deux zones très continues, cheminant presque parallèlement dès le col de Couz jusqu'à la vallée inférieure de Morgins. Si, comme on l'a pensé jusqu'alors, la cargneule est une roche triasique, on doit être à juste titre surpris de trouver cette roche avec une extension si régulière, en dehors de tout contact avec ses terrains anciens, au milieu d'une formation que nous avons définie comme terrain éocène. Il nous paraît donc probable que ces affleurements de cargneule sont, comme ceux d'*En Covy* et de *Chansoz* (page 499), le résultat de la décomposition de certains niveaux du calcaire brèche. Cette manière de voir explique en même temps l'alignement des affleurements en forme de longues zones, car la cargneule s'est évidemment formée aux dépens du même banc. Le plus grand nombre de ces affleurements se trouve aux alentours de Morgins.

**La source minérale de Morgins** est très appréciée; elle doit son fer sans doute au banc de cargneule duquel elle sort. Depuis que cette eau a été analysée par M. de Franc, en 1852, aucune nouvelle analyse n'en a été faite (*58*, II, p. 126; *30*, p. 133). Il y a encore une autre source ferrugineuse (Eau rouge) près de Morgins, et, autrefois, il y avait encore une source saline qui fut détruite par un éboulement.

En remontant la vallée de Morgins qui est encaissée entre la chaîne de Chezery et celle de la Roche Grise, pour arriver, soit à la Porte du Soleil, soit au Pas de Chezery, on peut aisément étudier la structure de la chaîne de Chezery. Le fond de la vallée est couvert d'éboulis et de terrain glaciaire, comme tous les environs de Morgins et du bas du val d'Illiez.

### La montagne de Grange (Pl. XIII, fig. 1).

Cette montagne a l'aspect d'une pyramide et élève son sommet isolé, la **Pointe de Grange,** à 2436ᵐ de hauteur, en dépassant tous les sommets voisins. Elle a une situation dégagée entre les vallons de l'*Essert* et du *Lans d'Abondance* au S.-E. et au S.-O. et des deux coudes de la *vallée de la Chapelle* au N.-E. et au N.-O.

On peut se rendre à cette montagne du col de Chezery que nous venons de quitter; en passant à l'origine de la vallée de Montriond, au pied de la *Pointe Chavache* qui est formée de brèche calcaire plongeant au S. (Pl. XIII, fig. 4). On traverse près des chalets du Lans, un col creusé dans les schistes marneux rouges du *flysch* et atteint l'arête sud de la montagne de Grange.

Toute cette pyramide est formée de brèche calcaire plongeant au N. et au N.-O. Sa structure n'est pas très claire; des bancs épais de brèche s'élèvent jusqu'au sommet et forment sur la face S.-E. de la montagne un gigantesque abrupt.

Plusieurs klippes existent au pied de cette montagne; elles sont formées, soit de terrain crétacé, soit de jurassique. Au-dessus du **Plan de Charmy,** au pied occidental de l'arête citée, existe un affleurement de crétacé rouge en bancs presque verticaux; dans le voisinage immédiat se trouve le gypse; des marnes schisteuses noires et violacées ou rouges, surmontées de brèche, viennent au-dessus (Pl. XIII, fig. 9). Il y a une nouvelle *klippe de craie* dans le ravin qui débouche sur le flanc oriental près de la *Ville du Nant,* l'affleurement se poursuit sur une grande longueur le long du ruisseau et paraît se bifurquer au pied d'un grand rocher de calcaire-brèche. Il correspond évidemment aux deux affleurements de la Pointe de la Croix et du Plan du

Charmy et fait partie de la zone de crétacé rouge qui se continue encore plus à l'ouest au col du Graidon (Pl. XIII, fig. 2).

Près de l'**Essert**, il y a une klippe de calcaire probablement jurassique quoique indiqué sur la carte comme lias. Sur le versant S.-E. de la montagne, il y a aussi des affleurements de schiste rouge éocène, ainsi qu'un vaste dépôt de gypse. Le sommet de la montagne de Grange présente des couches de brèche calcaire fortement repliées (Pl. XIII, fig. 1 et 6). Sur la pente S.-E., les bancs plongent au S.-E. pour se souder aux assises de l'arête de Chesery qui s'élève de l'autre côté du vallon d'Essert où l'on a ouvert plusieurs exploitations dans les schistes ardoisiers.

### Vallée de La Chapelle et d'Abondance.

Cette vallée commence au col de Morgins. La pente est très rapide dans la partie supérieure, mais dès le village de **Châtel**, la chute devient très faible. Entre ce dernier endroit et le village d'Abondance la différence de niveau est à peine de 200ᵐ, et le fond de la vallée est formé, sur toute cette longueur (12 kilomètres), de graviers charriés par la Dranse, tandis que sur les pentes s'étendent de larges terrasses glaciaires. De Châtel à la **Chapelle**, la vallée se dirige du S.-E. au N.-O. transversalement à la direction des chaînes calcaires. A la Chapelle, elle reçoit le torrent de Toper, sortant d'un profond ravin qui sépare le Mont-Chauffé du massif de la Resse; la Dranse suit dès lors la chaîne du Mont-Chauffé jusqu'à **Abondance,** où elle reprend exactement son ancienne direction et coupe, sans changement notable dans sa direction, tous les replis des terrains secondaires au fond d'une cluse composée, de plus de 10 kilomètres de longueur. On voit se succéder dans ce défilé tous les replis que nous avons constatés dans le massif du Mont-Chauffé, de Cheilon, de la Dent d'Oche et de Mémise. A Abondance, l'extrémité du Mont-Chauffé est déjà entamée par la Dranse; deux *klippes* en sont détachées et affleurent, au pied de la montagne de la Grange, sur la rive gauche, en dessous d'*Enquerne* et des *Frémoux.* Au Tronchet, la vallée coupe la synclinale d'Antigny. On traverse deux bandes de craie rouge, dont l'une, celle du côté de Saint-Joseph, est exploitée comme marbre rouge veiné de blanc, d'un bel effet. On passe à travers une belle voûte jusqu'à **Bonnevaux** et une synclinale avant d'arriver à **Vacheresse,** où s'ouvre la coupure de la voûte de Pelluaz, à laquelle succède le repli synclinal du vallon des Bœufs, dont le contour en V se dessine distinctement sur l'escarpement en amont du village. Trois replis se succèdent encore jusqu'à la sortie de la vallée, ceux de Chénay et des Irables. Les dépôts glaciaires ne permettent pas de les suivre sur la route.


## LE VAL D'ILLIEZ


Au pied N.-O. de la Dent du Midi s'étend le charmant val d'Illiez. C'est le passage habituel par où l'on se rend dans la vallée de Morgins, au massif des Dents du Midi et aux Dents-Blanches. Avant d'y pénétrer depuis la vallée du Rhône, on trouve à droite un affleurement étendu de terrain *néocomien* formant la **colline des Nairys,** où se voit le grand amas de blocs erratiques de la moraine de Monthey. Cet affleurement forme au bord de la vallée un escarpement assez élevé. Le plongement des couches est dirigé au S.-E. sur toute la longueur de la pente entre Muraz et Colombey, de même que dans le haut de la colline entre le hameau de Nairy, où l'affleurement commence, jusqu'à son extrémité sud au Foge (Pl. X, fig. 10). C'est un calcaire foncé renfermant le *Toxaster complanatus.* Près de Nairy, certains bancs sont recouverts de débris d'huîtres et d'autres coquilles absolument semblables à ceux que l'on voit à Haut-Serre près de Saint-Maurice. A **Colombey,** la roche a une texture cristalline et fournit un marbre foncé dur qui a donné lieu à une grande exploitation. Au-dessus du hameau d'**En Place,** on voit sur le néocomien un lambeau de calcaire *urgonien* blanc. C'est là que se trouve le plus grand nombre des blocs erratiques.

Le néocomien se montre sur une assez grande hauteur sur le sentier qui conduit à Chemenaux, au-dessus vient le *flysch (fl)* formé de grès, de schistes foncés et par places aussi de schistes rouges surmontés de la brèche décomposée d'En Covy, dont nous avons déjà parlé (page 499). Les schistes rouges se montrent surtout bien dans deux ravins qui descendent sur Muraz; un peu plus loin, ils touchent à la cargueule.

La petite ville de **Monthey** est construite sur le cône torrentiel de la Vièze qui est peu incliné et s'étale en éventail dans la vallée du Rhône. Les grands dépôts d'erratique qui l'entourent sont justement célèbres. Un dépôt continu d'argile glaciaire, de sables et de blocs s'étend sur les pentes inférieures de la montagne entre Outre-Vièze et Monthey, sur la rive gauche de la Vièze, et forme dans cette ville une moraine coupée par la rivière. Sur la rive gauche de ce torrent un autre dépôt s'étend dans la direction de la route qui mène à Champéry. Les exploitations de blocs de protogine du Mont-Blanc si nombreux parmi les châtaigniers aux alentours de Monthey, en ont fait disparaître déjà un grand nombre et bientôt il ne restera plus que ceux qui ont été dédiés au souvenir de DE CHARPENTIER, VENETZ et STUDER, et qui sont devenus la propriété de la Société helvétique et de la Société vaudoise des sciences naturelles.

La gorge, par laquelle la Vièze débouche dans la vallée du Rhône, est creusée dans les grès et marnes rouges plongeant de 30°-40° au S.-E. Le sentier de la rive gauche les suit jusqu'à Illiez, mais le glaciaire les recouvre fréquemment.

En face de **Trois-Torrents,** la rivière coule dans des grès compacts au-dessus desquels sont des grès plus schisteux passant à des marnes schisteuses d'un rouge très vif; ils sont parfois luisants ou lustrés; leur épaisseur est grande, et, grâce à leur facile décomposition, ils se trahissent par la coloration rouge que prend la terre qui les recouvre (Pl. XIII, fig. 10). On peut les poursuivre en face de Trois-Torrents jusqu'au chalet de *Bonavuataz* (1408$^m$) près duquel affleurent les grès rouges caractéristiques; ils conservent leur plongement S.-E. et les schistes prédominent beaucoup sur les grès. Ici commencent les schistes, marnes et grès de couleur grise ayant le caractère normal du flysch avec le même plongement. Il est clair, vu la position renversée de tous les terrains, que le flysch est inférieur au grès et aux schistes rouges du val d'Illiez.

Sur la rive gauche de la Vièze, on trouve entre Illiez et le grand ravin qui sépare cette commune de celle de Trois-Torrents, un amas de terrain glaciaire provenant de la vallée même avec beaucoup de blocs de calcaire-brèche sans mélange avec le terrain glaciaire du glacier du Rhône. Ce dernier ne dépasse pas le village de Trois-Torrents et suit, vers le nord, dans la direction de Chemenaux, une ligne qui aboutit au niveau, où le sentier de Covy se sépare de celui de Chemenaux. Dans le ravin de Chansoz, il y a de nouveau du terrain glaciaire local.

Les schistes et grès rouges forment une bande continue sur tout le versant nord du val d'Illiez. Le Nant de la Tine les entame profondément. Sur la rive droite de ce torrent, à 40 minutes environ de Morgins, se trouve la carrière d'ardoise dans laquelle ont été trouvé les feuilles fossiles, dont nous avons déjà parlé (*58*, II, 131; *185*).

Ces schistes intermédiaires entre le miocène ancien et le flysch éocène sont resserrés ici entre deux zones de cargneule, dont celle du sud s'arrête au Nant de la Tine. Les schistes fossilifères se soudent à la grande masse de schistes qui suivent la pente nord du val d'Illiez jusque vers Champéry. C'est peut-être la teinte rouge de ces schistes, rappelant celle des ardoises d'Angers et des Ardennes, qui a motivé des recherches et des tentatives de les exploiter comme ardoises; ils sont fort peu propres à cet usage, étant donné leur nature très calcaire et marneuse. Une grande exploitation a été ouverte près du hameau de *Mazery*, au bord de la route de Monthey à Trois-Torrents, et plusieurs autres existent sur le territoire de cette dernière commune.

Une exploitation a été ouverte au bord de la route de Champéry, au bas du grand ravin qui descend des *Creusets*, dans des schistes foncés se délitant facilement. C'est probablement de cette carrière aujourd'hui abandonnée que proviennent les beaux cristaux de quartz bipyramidés dont parle M. A. Favre (*58*, II, pag. 134). Il est probable que ces schistes foncés, qui sont au-dessous des schistes et grès rouges, appartiennent bien au flysch. En s'approchant de Champéry, on voit apparaître en dessous des calcaires gris et foncés, appartenant au terrain *néocomien* à *Toxaster complanatus*. La Vièze y a creusé son lit en forme de gorge. L'affleurement commence au hameau du *Pralet* et s'élargit de plus en plus. Ce néocomien offre nettement la disposition en forme de voûte perçant le flysch qui la recouvre. La voussure se distingue nettement de loin sur l'escarpement érodé, lorsqu'on descend de Champéry sur la route postale. La partie supérieure de cet affleurement appartient à l'urgonien qui se fait reconnaître à la couleur blanche et à la nature plus compacte de la roche; tout cet affleurement a été colorié sur la carte (flle XVII) comme néocomien (Pl. XVIII, fig. 1 et 2). Le village de **Champéry** est bâti en partie sur le néocomien qui offre juste vis-à-vis de grands escarpements très pittoresques.

A deux kilomètres en amont de Champéry, la vallée se divise en deux branches. La moins large, le **vallon de Barme ou Barmaz,** est sur l'axe du val d'Illiez. Il est creusé en partie dans le néocomien, suite de l'affleurement de Champéry; dans la partie supérieure et sur son pourtour affleure du flysch qui plonge au S.-E., le même plongement s'observe dans le flysch qui forme la colline, séparant le vallon de Barme de celui des **Creuses.** M. A. Favre a signalé dans cette colline un filon de *pyrite argentifère* de 1<sup>m</sup>,20 d'épaisseur (58, t. II, 279). Le vallon de **Berroix** qui forme la partie supérieure de celui de Barme, est entièrement dans le flysch. Il se termine à la *Ruvina-naira* ou *Ravine noire*, série de couloirs rapides, creusés dans le flysch et le nummulitique au pied de la voûte de la Vouille. On atteint facilement le col de Couz en traversant du bas de la Ruvina-naira la séparation entre les deux vallons (Pl. XV, fig. 2).

De Champéry au col de Couz, on suit habituellement le **vallon des Creuses ;** le passage du col n'est praticable que pour les mulets. Le chemin qui y conduit, suit le fond du vallon à gauche du ruisseau. Les terrains qui y affleurent sont des schistes argileux plus ou moins feuilletés et appartenant au flysch. Entre les rocs de la *Ripaille* et d'*Ayerne*, grands affleurements de terrain jurassique d'âge indéterminé, avec plongement presque vertical (klippes de dogger ou de malm), jaillit une *source sulfureuse* non loin du sentier qui suit le ravin séparant les deux rochers.

A partir du ravin qui descend de la Pesa, le plongement des couches jusqu'alors dirigé au S.-E., change et passe au N. ou N.-O. Les schistes luisants et feuilletés font place à des roches ayant les caractères du flysch normal accompagné de grès grossiers; on voit bien le prolongement de ces terrains dans la montagne de Barme et de Beroix. M. A. Favre remarque que ces bancs de grès grossiers ressemblent à ceux de la Dent de Valerette, des Voirons et de Molère près Boëge. Ils sont quartzeux et renferment des éléments très variés.

Le **col de Couz** (1970ᵐ) est encore dans le flysch qui a l'aspect d'un schiste feuilleté, se désagrégeant en plaquettes; on y remarque des lits de grès siliceux dur, le tout plongeant au N., sous de la cargneule accompagnée de calcaire dolomitique que surmonte le grand escarpement de la brèche du Chablais. Du côté sud du col, les schistes accompagnent un poudingue à petits cailloux arrondis et reparaissent plus loin sur l'arête, dans une position très redressée, à la Ruvina-naira (Pl. XV, fig. 2).

## B. **DENTS DU MIDI**

## CHAPITRE III

### DESCRIPTION DES TERRAINS

Les terrains sédimentaires se succèdent dans la chaîne des Dents du Midi dans le même ordre et avec les mêmes caractères que dans le massif des Dents de Morcles, dont nous possédons une description préliminaire due à M. le prof. Renevier (*169*). Nous aurons à comprendre dans notre description l'extrémité orientale du massif cristallin des Aiguilles Rouges, qui aboutit au bord de la vallée du Rhône, après avoir formé ses deux dernières sommités, le Luisin et le Salantin.

### TERRAINS CRISTALLINS DU LUISIN ET DU SALANTIN

Les roches constitutives de cette partie du massif des Aiguilles Rouges appartiennent essentiellement à des types divers de roches gneissiques, ayant une stratification bien accusée; elles sont en général très redressées et supportent sur la tête de leurs strates, les sédiments discordants du lias, du jura, etc., tandis que le carbonifère forme à l'est du massif une zone resserrée entre le massif des Aiguilles Rouges et celui du Mont-Blanc.

Au milieu de ces terrains apparaissent, sur bien des kilomètres de longueur, des filons ou zones de roches massives à structure granitique qu'il convient de désigner par le nom de *porphyre*.

Nous pouvons nous dispenser de répéter les nombreux détails donnés sur ces terrains par M. Alph. Favre (*58*, t. II, p. 341, etc.) et par Gerlach (*86,c*, p. 14, etc.); tout récemment, le D^r C. Schmidt a publié une étude très importante sur ces roches, renfermant en particulier des diagnoses pétrographiques faites avec beaucoup de soin (*184, b*, pages 443-463).

Nous nous contenterons donc de résumer ces données afin de compléter la description générale des montagnes qui avoisinent l'arête des Dents du Midi.

### Gneiss.

**Les gneiss** de cette partie des Aiguilles Rouges se divisent en bancs assez réguliers ayant souvent une structure franchement schistoïde. Le quartz et le feldspath sont de couleur blanche, tandis que le mica biotite de couleur brune détermine, suivant le degré de sa décomposition, l'aspect extérieur et la couleur de la roche (voir la diagnose de M. Schmidt, *184, b*, p. 447). Dans bien des endroits, et surtout le long de la zone de contact avec les roches sédimentaires, le gneiss est bien plus schistoïde et généralement coloré en rouge ou rose pâle, p. ex. au bas du torrent de Saint-Barthélemy, au col d'Émaney, etc. Gerlach donne des renseignements précis sur les gneiss et les roches granitiques et porphyroïdes que l'on rencontre sur le passage de Salvan par Van à Salanfe (*86, c*, p. 14).

### Porphyre.

**Les filons de porphyre** que l'on rencontre dans le massif des Aiguilles Rouges, sont visibles au Luisin et au Salantin.

M. A. Favre, qui en a parlé le premier, en cite un de 30^m d'épaisseur qui se trouve sur la rive gauche de la Sallanche au pied de la montée de Van à Salanfe. Gerlach, qui a déterminé le parcours d'un bon nombre de ces filons, a constaté que la roche se modifiait à partir du milieu du filon vers les bords *sans se confondre avec le gneiss* (*86, c*, p. 15). Ces deux auteurs définissent cette roche comme un *granit porphyroïde* qui doit être en connexion intime avec le noyau de granit qui se poursuit sur une grande longueur au milieu du massif.

Les diagnoses pétrographiques de M. Schmidt et surtout l'examen au microscope polarisant, jettent une nouvelle lumière sur la nature de ces roches. M. Schmidt arrive aussi à la conclusion que les filons de porphyre de Van, de Saint-Barthélemy et du Luisin, devaient être en rapport avec la formation du granit, et les considère comme étant des apophyses du noyau granitique (loc. cit., p. 452).

M. Schmidt a examiné de nombreux échantillons d'un filon de porphyre se trouvant près de **Van-d'Enhaut** et qu'il suppose être celui dont parle M. Alph. Favre (*58*, II. p. 343), et que Gerlach indique sur la feuille XII; en effet, en prolongeant ce filon sur la feuille XVII dans la direction N.-E., il aboutirait justement au point où se trouve le filon décrit par M. Schmidt.

Il y distingue plusieurs variétés de porphyre; le milieu du filon est habituellement rouge ou rose à grain grossier, tandis que, vers les bords, la roche devient plus compacte et prend un grain plus fin et une teinte grise. Voici les diagnoses des principales variétés décrites par M. Schmidt :

*Variété I.* La roche grise de la salbande se distingue nettement du gneiss qui l'encaisse; elle se compose d'une pâte fusible donnant au chalumeau un émail. Il y a de grandes paillettes de mica blanc argentin à contours hexagonaux. Des grains de feldspath rose, rarement en formes cristallines. Quartz hyalin ressortant moins bien que le feldspath et le mica de la pâte fondamentale.

L'examen microscopique a démontré que les grains de quartz renfermaient souvent des inclusions de liquides alignées en séries et des microlithes (apatite ou sillimanite). Le feldspath est, soit de l'orthose, soit de la plagioclase. Le mica est potassique et rentre par ses propriétés optiques dans les phlogopites. La pâte fondamentale de la roche se compose d'un magma microcristallin de quartz et de mica.

*Variété II.* Cette roche succède à la précédente à la salbande occidentale du filon; elle est de structure identique à la var. I. La pâte fondamentale est rouge brun, paraissant finement grenue sous la loupe. Le quartz et le muscovite sont comme dans var. I. Le feldspath rose est moins décomposé.

L'examen microscopique a démontré dans cette variété que le feldspath est à peine décomposé, c'est surtout de l'albite (feldspath sodique). La pâte fondamentale a la même texture que dans variété I. Sa couleur rouge est due à des grains et paillettes d'oligiste.

*Variété III.* Le type précédent ne se trouve pas sur le bord oriental du filon; le porphyre vert blanchâtre de la salbande devient de plus en plus grossier, et le muscovite est remplacé par des paillettes d'un minéral chloritique.

Le feldspath rouge ou blanc forme souvent des cristaux doubles suivant la loi de Carlsbad. Les grains de quartz sont grands et irréguliers. La zone de passage a à peine 1ᵐ de largeur. Les éléments de la pâte fondamentale présentent un grain sensiblement plus grossier.

*Variété IV*. Dans cette roche, formant le milieu du filon, les cristaux l'emportent sur la masse fondamentale qui a un grain encore plus grossier, bien visible et prend un éclat chatoyant par la présence de nombreuses petites paillettes de mica. Les cristaux de feldspath, rose clair, atteignent jusqu'à 2ᶜᵐ de longueur; il y a en outre des grains de quartz à arêtes arrondies, des paillettes d'un minéral vert chloritique déjà constaté et des lamelles de mica.

La structure absolument grenue de la pâte fondamentale de la roche nécessite de la définir comme *porphyre granitique* (microgranit). La coloration rouge est déterminée par des grains et des lamelles de fer oligiste.

Il résulte de la comparaison de ces divers types que le porphyre granitique du milieu du filon devient de plus en plus compact en s'approchant de la salbande et finit par devenir un vrai *quartzoporphyre*.

Nous devons à M. Schmidt la diagnose d'une *variété V* provenant de Van. Cette roche, non constatée en place, provient d'un bloc éboulé de la paroi du Luisin dominant la plaine de Van-d'Enhaut.

Elle a une pâte gris blanc, avec cristaux de feldspath de 5ᵐᵐ, et paillettes d'un mica brun foncé. Le quartz est en grains avec nombreuses inclusions liquides. Le feldspath orthose en cristaux maclés prédomine; peu de plagioclase en individus isolés, un peu plus grands. Le mica (biotite) présente sous le microscope un fort pléochroïsme; il fournit par décomposition de la chlorite.

La pâte de la roche est composée d'un mélange microcristallin de quartz, paillettes de muscovite et de feldspath. Cette roche forme par ses caractères un intermédiaire entre les variétés I et III, elle diffère de toutes par la présence de biotite non décomposée.

M. Schmidt a bien voulu examiner une série d'échantillons que nous avons recueillis au **Luisin**, près du col d'Émaney, où un filon de porphyre vient affleurer la pente qui domine sur la plaine de Salanfe, tout près de l'arête de la montagne. C'est probablement la suite de l'un des filons de Van-d'Enhaut; Gerlach l'indique sur la feuille XXII, exactement à l'endroit où nous l'avons constaté. De gros blocs éboulés recouvrent le pied des rochers. Les divers échantillons appartiennent aux variétés I, III et IV de Van-d'Enhaut, ce qui confirme encore la supposition de la connexion des deux affleurements.

M. Schmidt a découvert dans la gorge de **Saint-Barthélemy** plusieurs filons de porphyre traversant plus ou moins obliquement les strates des schistes cristallins. Un premier filon se rencontre sur le sentier de Norlot, nettement séparé des schistes cristallins, et, comme dans le filon de Van, la *roche de la salbande* ressemble beaucoup à la variété felsitique (n° I) quoique étant un peu plus foncée ; le feldspath est du plagioclase et le quartz est riche en inclusions liquides et en microlithes. La pâte de la roche a une texture microcristalline avec paillettes de mica. La roche du *milieu du filon* est semblable à celle de la variété III de Van ; elle est plus grossière que celle du bord.

Un nouveau filon bien plus large est signalé au fond de la gorge vers le second des trois ruisseaux qui se jettent entre Mex et *Norlot* dans le torrent de Saint-Barthélemy. Les variétés de roche constatées en place correspondent toutes à celles de Van, mais la situation par rapport aux schistes cristallins n'a pu être établie. M. Schmidt signale encore une roche foncée, brun rouge, peu dure, qui apparaît à l'état fragmentaire au milieu du porphyre. Il la définit avec doute comme roche semblable à la *minette* et pense que cela pourrait être encore une modification du porphyre, ou bien un filon de minette traversant celui du porphyre.

## TERRAIN CARBONIFÈRE

C'est à **Salvan** et près de Vernayaz qu'il est le plus aisé de suivre les assises du terrain carbonifère ; elles forment un coin entre le massif cristallin des Aiguilles Rouges et celui du Mont-Blanc, et vont se terminer dans la vallée de Chamonix. C'est la suite de la grande masse carbonifère qui s'étend de l'autre côté du Rhône entre Alesse et les Dents de Morcles.

Cette région étant en dehors de notre carte et déjà décrite avec détails par Gerlach, nous renvoyons à la description de ce dernier (*86, c*, page 11-13) et à notre croquis (Pl. XV, fig. 6 et Pl. XVIII, fig. 1) qui représente en même temps la disposition et la succession des assises carbonifères entre les deux massifs cristallins. Les schistes ardoisiers du terrain houiller ont donné lieu à des exploitations très fructueuses ; ils sont resserrés entre des massifs de poudingue de Valorsine qui forment la base du terrain carbonifère ; plusieurs massifs moins épais de poudingue et de grès compacts alternent avec les assises d'ardoises exploitables. Dans le massif de Salantin au N.-O., on voit la disposition du granit au milieu des schistes cristallins gneissiques. La fig. 7, Pl. XV, donne le croquis de la partie du terrain carbonifère traversée par les premiers lacets de la route de Salvan et comprise entre les points *a* et *b* du croquis inférieur, fig. 6. Il indique la succession des lits de poudingue, de schistes ardoisiers, et de grès renfermant dans leur milieu un lit peu important d'anthracite.

## TERRAINS TRIASIQUES

On trouve régulièrement, tout à la base des terrains sédimentaires des Alpes, à leur point de contact avec les schistes cristallins, un lit plus ou moins épais de grès grossier, souvent très compact, mais toujours franchement caractérisé comme *roche clastique*. C'est ce grès que l'on a nommé **grès arkose.** Ses caractères sont faciles à saisir; on y trouve presque toujours des débris bien reconnaissables des roches cristallines qu'il recouvre. Ce grès se voit fort bien au **col du Jora,** sur la montée au **col d'Émaney** (Pl. XV, fig. 3 et 4) et au **Luisin,** où il paraît recouvrir le filon de porphyre. Il renferme, dans cette dernière localité, des fragments de feldspath rose provenant certainement du porphyre qui lui sert de base. Il est naturel de ranger cette formation dans le trias, quoiqu'elle ne renferme aucun fossile justifiant cette classification.

A part le grès arkose, on peut ranger dans le terrain triasique deux assises qui le recouvrent presque partout.

A. **Les schistes rouges et verts,** de composition surtout argileuse. Ils sont très feuilletés, et atteignent une épaisseur de 6-10$^m$; la surface des feuillets est couverte de petites paillettes de mica et le toucher est onctueux; les teintes rouge et verte alternent irrégulièrement. Tantôt ils sont d'un vert sale, tantôt plus clairs; le rouge prédomine toutefois; c'est une teinte rouge sombre, couleur d'hématite. Ces schistes affleurent au col du Jora et sur la montée au col d'Émaney; au col même, ils atteignent un assez grand développement (Pl. XV, fig. 3 et 4). Aux mêmes localités affleurent aussi :

B. **La dolomie et la cargneule** qui se superposent aux schistes rouges et verts. La dolomie est une roche gris clair, bien stratifiée et se brisant facilement en petits fragments. La cargneule l'accompagne toujours sans occuper de place régulière par rapport aux calcaires dolomitiques; elle est sans doute un produit dérivant de ceux-ci. Ce niveau est le correspondant de ce qu'on appelle dans les Alpes de la Suisse orientale, *Röthidolomit.* D'après un fragment de gypse trouvé sur la montée au col d'Émaney, le trias est aussi accompagné de quelques nids, soit de gypse, soit d'anhydrite.


## TERRAINS JURASSIQUES


### Lias et dogger.

Les données que nous possédons sur ces terrains, ne nous permettent pas de les séparer. Le noyau de la voûte couchée des **Tours Salières** et l'intérieur de tous les replis du Mont-Ruan jusqu'au Buet sont formés d'une grande épaisseur de calcaire gris foncé en lits minces, devenant schisteux vers le haut au contact du malm. La partie schisteuse supérieure appartient au terrain *oxfordien* d'après des *Bélemnites* qu'on y trouve. Tout le reste représente le *dogger* et la partie tout à fait inférieure, le *lias.*

Les schistes que nous considérons comme oxfordiens, sont immédiatement suivis d'un épais massif de malm auquel succède le néocomien. Ils ont fourni à M. A. Favre une série de fossiles oxfordiens inférieurs et calloviens (*58,* II, p. 347).

Un guide a rapporté du sommet de la Tour Salière un *Ammonites plicatilis;* les schistes en question forment en effet une partie de ce sommet. Les schistes oxfordiens de Frête-de-Saille, dans le massif du Mœveran, sont le correspondant de notre terrain.

### MALM.

Le malm est représenté par un massif de calcaire gris plus ou moins clair. Il se distingue très nettement des schistes oxfordiens et du dogger de même que du néocomien qui le surmonte. Nous n'en connaissons point de fossiles à l'exception de quelques débris de *Belemnites;* sa position entre l'oxfordien et le néocomien confirme suffisamment l'âge que nous lui attribuons.


## TERRAINS CRÉTACÉS


### NÉOCOMIEN.

Ce terrain forme la masse principale de la chaîne des Dents du Midi et des Dents Blanches. Il atteint une épaisseur considérable, que des replis intérieurs nombreux et faciles à constater font paraître quelquefois énorme tout en rendant l'étude de la succession des couches très difficile.

Il est facile de distinguer dans ces assises plusieurs niveaux qui correspondent assez bien à ceux que M. Renevier a établis dans le massif des Dents de Morcles-Diablerets (*169*, page 22-25). Le néocomien à Céphalopodes signalé comme facies à part par M. Renevier, ne paraît pas exister comme tel dans la chaîne des Dents du Midi. Nous y avons observé :

I. *Les schistes néocomiens inférieurs.* Ce niveau affleure sur un grand nombre de points de l'arête même des Dents du Midi. Il forme toute l'arête depuis la plus haute sommité jusqu'à la gorge d'Encel. On peut le mieux l'étudier sur la montée de Salanfe au **col de Susanfe** et vers le pied de la Tour Salière; il forme toute la partie supérieure du col, tandis que dans la partie inférieure on trouve des couches plus récentes, grâce au renversement des formations. Ce sont des lits de schistes plus ou moins marneux, quelquefois feuilletés par suite de la forte compression; ils alternent avec des bancs peu épais de calcaires également foncés.

Sur l'arête de la Dent du Midi, nous y avons trouvé une *Ostrea Couloni* bien certaine, et une *Terebratula* pouvant être rapportée à la *Ter. Sueuri*, Pict.

II. *Le calcaire néocomien gris* forme une assise puissante de lits peu épais, ayant extérieurement une teinte gris clair, tandis que l'intérieur de la roche est plus foncé. Ce terrain forme l'extrême pointe de la plus haute cime et tout le **plateau de Susanfe.** Les fossiles y sont excessivement rares à l'exception des fragments de tiges et d'articles de *Crinoïdes* que l'on rencontre souvent, totalement écrasés, à la surface des bancs; ils appartiennent probablement au *Millericrinus valangiensis*, P. de Lor. C'est cette assise qui a fait penser à M. Alph. Favre que le terrain jurassique s'élevait jusqu'au sommet de la Dent du Midi; abstraction faite de sa position stratigraphique supérieure à un niveau à fossiles néocomiens, il n'est pas possible de la confondre avec le malm qui est bien plus massif.

III. *Le néocomien à Toxaster complanatus.* Ces bancs sont relativement les moins épais de tout l'étage. Ils en forment la partie supérieure et sont partout bien visibles au contact du massif urgonien. Les bancs, de **15-20 cm.** d'épaisseur, sont formés d'un calcaire grenu qui se colore extérieurement en brun jaune grâce à sa teneur en fer; de là le nom de *néocomien brun* que M. Renevier donne à cette roche. Entre les lits calcaires s'interposent des feuillets tout aussi épais de marnes foncées, schisteuses ou grenues.

Toute la partie inférieure de l'arête de la Dent du Midi est formée par cette assise; on la trouve au sommet des rochers de Gagnerie et du bas de la montée au col de Susanfe. Elle renferme partout le *Toxaster complanatus*, fossile qu'il est facile d'identifier mais que l'on parvient bien rarement à extraire en bon état. Nous avons constaté en outre dans ce niveau :

| | |
|---|---|
| *Dents de Picnodus.* | *Spongiaires.* |
| *Hinnites Renevieri,* Pict et Camp. | *Millericrinus valangiensis,* de Lor. |
| *Ostrea rectangularis,* Rœm. | Étoiles de mer du groupe des *Ophiures;* |
| » *tuberculifera,* Koch et Dunk. | un banc à délit schisteux en est totalement couvert. |

Il est certain que des nouvelles recherches augmenteront considérablement cette liste de fossiles. Ils montrent toutefois que ce niveau supérieur du néocomien correspond approximativement au *néocomien* moyen ou étage des *marnes d'Hauterive* (hauterivien). Les deux autres niveaux plus inférieurs sont probablement l'équivalent de l'étage valangien.

### URGONIEN ET RHODANIEN.

Ces deux étages se confondent dans les Alpes en un seul massif calcaire, tendance qui se manifeste déjà dans le Jura à l'approche de la chaine des Alpes (Perte du Rhône, Allonzier, Annecy).

**L'urgonien** présente un massif de calcaire blanc ou gris, épais de 60-80$^m$. Sa texture est absolument identique à celle de l'urgonien du Jura. Les coquilles des fossiles qu'il renferme, se dissimulent à la surface du calcaire homogène; ce sont des valves de *Requienia Ammonia*; le *Sphaerulites Blumenbachi* est ici bien plus rare; M. Renevier le cite de la Vouille et des Diablerets.

L'urgonien, ainsi que les étages supérieurs du crétacé, se rencontre sous forme d'une bande continue sur l'escarpement N.-O. de la Dent du Midi. Il forme un abrupt facile à voir de loin. A sa partie inférieure, en contact avec le néocomien, existe un niveau plutôt jaunâtre oolithique, renfermant d'épais piquants de *Cidarites* (*Cidaris clunifera*, Ag.); c'est fort probablement le représentant de l'urgonien inférieur (zone de la Russille).

Le **rhodanien** est facile à reconnaître à sa teinte un peu plus jaunâtre, souvent franchement jaune, ou, à défaut de ce caractère, à l'abondance plus ou moins grande d'*Orbitolina lenticularis*, petit foraminifère fossile qui se fait remarquer à la surface de la roche sous forme de petites écuelles ou de bosses, suivant la face qu'il présente. La roche en est souvent pétrie. Sur l'arête entre Soix et Châlin, il y a deux niveaux rhodaniens; le supérieur est un calcaire gris compact avec peu d'*Orbitolines* (épaisseur 12$^m$); l'inférieur, épais de 5$^m$, est jaune marneux par places et pétri d'Orbitolines par zones; puis vient le calcaire compact à *Requienia*. On cite de la Vouille *Pterocera pelagi* et *Holaster oblongus*.

## APTIEN.

Cet étage a une très faible épaisseur; il est formé par un grès compact, jaunâtre ou gris à grains verts; il y a aussi quelques lits schisteux. Les fossiles sont fort rares. MM. Renevier et De la Harpe citent l'*Ostrea aquila*. Nous en possédons un fragment de *Rhynchonelle (Rh. Gibbsiana?)* et un fort beau polypier d'un *Bryozoaire ramifié*. Épaisseur de l'étage aptien, 6^m.

## GAULT.

La nature de ce terrain est fort variable. Mais il est loin de fournir une récolte de fossiles aussi abondante que celles faites par M. Alph. Favre dans la chaîne voisine des Dents Blanches (Bosselan et Avoudruz) et par M. Renevier aux Diablerets. La roche siliceuse du gault ne ressemble guère à un grès facile à désagréger; la compression a si fortement agi que le grès a pris une structure semblable à un quartzite et présente une dureté extrême. Les fossiles se distinguent sous forme de taches noires à la surface de la roche devenue presque saccharoïde, n'était la teinte gris verdâtre ou vert foncé. Au point déjà cité à propos de l'aptien, le gault offre deux lits fossilifères de grès dur, vert foncé, épais chacun de 10 cm. Le reste est formé de grès plus tendres et de schistes. Total 2^m.

Au-dessus du glacier de Soix, toute l'épaisseur du gault est transformée en un lit très dur de grès compact à fossiles nombreux, mais absolument méconnaissables. Il est bien plus facile de s'en procurer parmi les blocs éboulés qui couvrent le pied de l'escarpement aux alentours du *lac Célaire* et du *lac Vert*. MM. Renevier et De la Harpe en ont recueilli un bon nombre; voici la liste qu'ils en donnent, complétée par nos propres trouvailles :

| | |
|---|---|
| *Belemnites minimus*, Lister. | *Pleurotomaria* cf. *Gibbsi*, Sow. |
| *Ammonites (Schloenbachia) varicosus*, Sow. | *Inoceramus concentricus*, Park. |
| »          »          *varians*, Sow, | »          *Salomoni*, d'Orb. |
| »          *(Acanthoceras) Mantelli*, Sow. | »          *sulcatus*, Park. |
| *Turrilites Morrisi*, Forbes. | *Plicatula Gurgitis*, Pict. et Rx. |
| *Trochus Hugianus*, Pict. et Rx. | *Rhynchonella latissima*, Sow. |
| *Avellana subincrassata*, d'Orb. | *Holaster lævis*, Deluc. |
| »          *incrassata*, Sow. | *Epiaster Ricordeanus*, d'Orb. |

Le musée de Lausanne possède de la *Barme* et des *Grandes Colombes* sur Berroix les fossiles suivants :

*Ammonites (Acanthoceras) dispar*, d'Orb.          *Terebratula Dutempleana*, d'Orb.
»          »          *Mantelli*, Sow.

Le gault est plus riche en fossiles au delà du col de Couz, à la Vouille; MM. Renevier, De la Harpe et Alph. Favre citent les fossiles suivants :

*Ammonites Milletianus*, d'Orb.          *Terebratula Dutempleana*, d'Orb.
»          *varicosus*, Sow.          *Rhynchonella sulcata*, Park.

Le gisement le plus riche est, sans contredit, celui du vallon de Bossetan. Le gault y est moins comprimé, de nature gréseuse, marneuse ou calcaire. M. Alph. Favre en a cité une série nombreuse, avec laquelle nous confondons dans la liste suivante, celle du Musée de Lausanne, également très nombreuse :

*Belemnites minimus*, List.
*Nautilus Montmollini*, Pul. et Camp.
»          *Clementinus*, d'Orb.
*Ammonites.*
A. (*Acanthoceras*) *Mantelli*, Sow.
»          *Bornatianus*, Pict.
»          *dispar*, d'Orb.
A. (*Hoplites*) cf. *Senebierianus*, Pict.
»          *auritus*, Sow.
»          *Deluci*, Brug.
»          cf. *interruptus*, Brug.
»          *tardefurcatus*, Leym.
A. (*Desmoceras*) *Timotheanus*, May.
»          *latidorsatus*, Mich.
»          *Beudanti*, Brong.
»          *Bourritianus*, d'Orb.
»          *Mayorianus*, d'Orb.
»          *Cleon*, d'Orb.
»          cf. *Parandieri*, d'Orb.
»          *Jurinianus*, d'Orb.

A. (*Schloenbachia*) *Coupei* Bus.
»          *Balmatianus*, Pict.
»          *varians*, d'Orb.
»          *inflatus*, Sow.
»          *varicosus*, Sow.
»          *Candollianus*, Pict.
»          *Hugardianus*, Sow.
A. (*Phylloceras*) *Velledæ*, Pict.
A. (*Lytoceras*) *Agassizii*, Pict.
*Scaphites Meriani*. Pict. et C.
»          *Hugardianus*, d'Orb.
»          *perarmatus*, Pict. et C.
»          *Saussureanus*. Pict.
*Hamites Desorianus*, Pict.
»          *Favrinus*, Pict.
»          *Studerianus*, Pict.
»          *flexuosus*, d'Orb.
»          *elegans*, d'Orb.
»          *virgulatus*, d'Orb.
»          *arrogans*, Gieb. (*H. elegans*, d'Orb.)

Hamites *intermedius*, Sow. (*H. attenuatus,* d'Orb.)
» *maximus*, Sow. (*H. rotundus,* d'Orb.)
» *duplicatus*, Pict. et C.
» *cf. compressus*, Pict. et C.
» *Charpentieri*, Pict.
» *attenuatus*, Sow.
Baculites *Gaudini*, Pict. et C.
Anisoceras *armatus*, Sow.
» *Saussureanus*, Pict.
Ptychoceras *gaultinus*, Pict.
Turrilites *Bergeri*, Brong.
» *Scheuchzerianus*, Bosc.
» *Morrisi*, Sharp.
» *Hugardianus*, d'Orb.
» *Gresslyi*, Pict. et C.
» *elegans*, d'Orb.
» *Escherianus?* Pict. et C.
» *Puzosianus*, d'Orb.
» *bituberculatus*, d'Orb.
» *tuberculatus*, Bosc.
Helicoceras *Robertianus*, d'Orb.
Avellana *valdensis*, Pict. et C.
» *Hugardiana*, d'Orb.
» *incrassata*, Sow.
» *alpina*, Pict. et Rx.
Murex, sp.
Pterocera *retusa*, Sow.
Aporrhais *marginata*, Sow.
» *Orbignyana*, Pict. et Rx.
Cerithium *mosense*, Buv.
» *excavatum*, Brong.
Natica *Clementina*, d'Orb.
» *gaultina*, d'Orb.
» *Favrina*, Pict. et Rx.
Scalaria *Rhodani*, Pict. et Rx.
Solarium *triplex*, Pict. et Rx.

Amites *Tolotianum*, Pict. et Rx.
» *cirroide*, Brong.
Turbo *Saxonneti*, Pict. et Rx.
» *Pictetianus*, d'Orb.
» *Golezianus*, Pict. et Rx.
» *Triboleti*, Pict. et C.
» *Coquandi*, Pict. et C.
Trochus *Buvignieri*, d'Orb.
» *conoideus*, Sow.
» *Gillieroni*, Pict. et C.
Pleurotomaria *Thurmanni*, Pict. et Rx.
» *vraconnensis*, Pict. et C.
» *alpina*, d'Orb.
» *cf. Regina*, d'Orb.
» *cf. Saussureana*, Pict et Rx.
» *Margueti*, Renv.
» *Gibbsi*, Sow.
Calyptraea *Sanctæ-Crucis*, Pict. et C.
Dentalium *medium*, Sow.
Petricola *Rhodani*, Pict. et Rx.
Neœra *cf. Sabaudiana*, Pict. et Rx.
Pholadomya *genevensis*, Pict. et Rx.
Thracia *rotunda*,
Venus *rotomagensis*, d'Orb.
Cyprina *Erveyensis*, d'Orb.
» *rostrata*, Sow.
Cardium *Constantii*, d'Orb.
» *alpinum*, Pict. et Rx.
» *Fizianum*, Pict. et C.
Lucina *arduennensis*, d'Orb.
Cardita *rotundata*, Pict. et Rx.
» *tenuicosta*, d'Orb.
» *Constantii*, d'Orb.
Opis *Hugardiana*, d'Orb.
Isocardia *crassicornis*, Ag.
Trigonia *aliformis*, Park.
» *Fittoni*, Desh.
Nucula *pectinata*, Sow.

Nacula Timotheana, Pict. et Rx.  
Isoarca obesa, d'Orb.  
Limopsis Lorioli, Rnv.  
Arca Favrina, Pict. et Rx.  
   »    nana ? d'Orb.  
   »    carinata, Sow.  
   »    Campicheana, Pict. et Rx.  
Cucullaea fibrosa, Sow.  
   »    obesa, Pict. et Rx.  
Crassatella Sabaudiana. Pict. et Rx.  
Pectunculus, alternatus, d'Orb.  
Leda Neckereana, Pict. et Rx.  
Mytilus Orbignyanus, Pict.  
Perna Rauliniana, d'Orb.  
Inoceramus sulcatus, Park.  
   »    concentricus, Park.  
   »    Salomoni, d'Orb.  
Lima Itieriana. Pict. et Rx.  
Pecten vraconnensis, Pict. et C.  
   »    Dutemplei? d'Orb.  
Vola Faucignyana. Pict. et Rx.  
Hinnites Studeri, Pict. et Rx.  
Plicatula Gurgitis, Pict. et Rx.  
Spondylus Brunneri, Pict. et Rx.  
   »    gibbosus, d'Orb.  
Ostrea Milletiana, d'Orb.  
Diceras Gaultina? Pict.

Exogyra conica, Sow.  
   »    canaliculata, Sow.  
   »    Rauliniana, d'Orb.  
Megerlea lima, Defr.  
Terebratula Dutempleana, d'Orb.  
   »    Lemanensis, Pict.  
Rhynchonella sulcata, Park.  
   »    Emerici? d'Orb.  
   »    Deluci, Pict.  
Holaster laevis, Ag.  
   »    subglobosus, Ag.  
   »    Perezi, Sism.  
   »    transversus, Ag.  
   »    Studeri, Ag.  
Hemiaster minimus, Ag.  
Discoidea rotula, Ag.  
   »    conica, Des.  
   »    cylindrica, Lk.  
Catopygus cylindricus, Ag.  
Echinoconus castanea, Brong.  
Epiaster polygonus, Ag.  
Pseudodiadema Rhodani, Ag.  
   »    Brongniarti, Des.  
Peltastes Studeri, Cott.  
Trochocyathus conulus, Phill.  
Polypiers et Spongiaires divers.

Tous ces fossiles sont du gault supérieur ou *étage vraconnien.*

Le musée de Lausanne renferme encore une petite série de fossiles attribués au gault inférieur ou étage albien; ce sont :

Am. (Acanthoceras) Milletianus, d'Orb.  
   »    mammillaris, Schl.  
Am. (Hoplites) regularis, Brug.  
   »    splendens, Sow.

Solarium Hugianum? Pict. et Rx.  
Aporrhaïs obtusa, Pict. et C.  
Cardita Constantii, d'Orb.  
Pecten Raulinianus, Pict. et Rx.

Des gisements tout aussi riches que ceux de Bossetan se trouvent dans le *vallon du Criou* au-dessus de Samoëns, dans le prolongement de la partie centrale des Dents du Midi.

### CÉNOMANIEN ET SÉNONIEN.

Une faible épaisseur de marne grise sépare le gault de la Dent du Midi d'un massif de calcaire gris clair, épais de 6-8$^m$, auquel succède le terrain sidérolithique, suivi du nummulitique. La marne tient lieu probablement du *cénomanien*, tandis que le calcaire gris représente plus certainement le *sénonien* ou *calcaire de Seewen*. Il a tout à fait l'habitat de ce dernier et, examiné au microscope, il présente le même aspect que les échantillons figurés par M. Kaufmann (Heer, *Monde primitif*, p. 241).

On a même cité à plusieurs reprises des fossiles sénoniens dans ces couches. M. Alph. Favre en indique de plusieurs localités de la Savoie (*58*, III, pag. 494).

## TERRAINS ÉOCÈNES

Toute la base de la Dent du Midi est formée de terrains éocènes. Ce socle s'élève du fond de la vallée d'Illiez jusqu'à une hauteur variant entre 2000-2600$^m$ d'altitude. L'épaisseur est donc considérable; la majeure partie en revient à la formation du flysch; puis vient le *calcaire nummulitique* et les schistes fossilifères qui l'accompagnent et enfin, en contact avec le terrain crétacé, une formation analogue au *sidérolithique* du Jura que nous réunissons encore par analogie aux terrains éocènes.

### SIDÉROLITHIQUE.

Cette formation est plus étendue à la Dent du Midi qu'on ne le croit ordinairement et elle y présente un intérêt tout spécial. M. Ph. De la Harpe a le premier attiré l'attention des géologues sur la présence de ce terrain dans les

Alpes; après l'avoir découvert en 1853 avec M. Renevier, il publia l'an suivant une note sur les observations faites aux alentours du lac Célaire (*39* et *40*).

Au-dessus du fond de la combe, où sont les petits lacs, le terrain sidérolithique forme une longue bande entre le nummulitique et la craie. Les blocs éboulés, dit M. De la Harpe, frappent surtout par leur densité plus grande. Ils renferment des grains inégaux, gros comme une lentille. Leur texture présente des couches concentriques, comme les pisolithes ferrugineux du Jura. Leur couleur est foncée et la roche est entremêlée de grains de quartz. D'autres fois, les grains de fer sont compris dans une pâte brun foncé. L'action de l'air a souvent rendu à ce minerai la couleur rouge vif ou jaune qui caractérise le minerai du Jura. Le gisement de ces blocs se trouve au-dessus du lac et M. De la Harpe constate qu'il est entre le gault et le crétacé supérieur. Cette disposition étonnante est possible, si l'on admet que le sidérolithique a pénétré entre le délit du gault et du calcaire de Seewen, ce qui paraît avoir été l'idée de l'auteur. Nous croyons qu'il avait pris pour le crétacé supérieur, un massif calcaire beaucoup plus puissant, appartenant au nummulitique (page 571). Des gisements semblables se montrent presque partout où l'on peut atteindre la limite entre le crétacé et le nummulitique.

La formation sidérolithique est ici, comme dans le Jura, une formation terrestre ou d'eau douce qui a dû être accompagnée d'effets érosifs très sensibles sur les terres émergées.

Aux Diablerets, M. Renevier a trouvé des fruits de *Chara* et des fossiles d'eau douce dans des calcaires accompagnant des grès ferrugineux, de même que de l'anthracite dérivant sans doute de végétaux terrestres. Quoique nous n'ayons pas d'observations de cette importance à signaler, la coupe suivante relevée sur l'arête entre Châlin et Soix (Pl. XIV, fig. 1 et 7) démontre suffisamment le mode de formation du terrain sidérolithique et des roches qui l'accompagnent :

Un massif de calcaire noir, appartenant au terrain nummulitique, borde, au-dessus du glacier de Soix, un couloir qui conduit sur l'arête du contrefort; immédiatement après vient la série des couches faisant partie de la formation sidérolithique; nous y avons mesuré :

— 570 —

1. *Poudingue calcaire* avec nodules calcaires et siliceux.................... 1$^{m}$20
2. *Marne sableuse jaune* verdâtre ou rousse......................... 0 40
3. *Poudingue-brèche* à matériaux calcaires, usés ou anguleux, réunis par un ciment marneux verdâtre, sableux plus ou moins calcaire au contact avec le lit précédent................................................. 5 —
4. *Grès jaune* et *marne ferrugineuse* (bolus)...................... 0 40
5. *Poudingue calcaire* compact........................... 2 —
6. *Grès vert-jaunâtre* ou *roux*, ferrugineux et sableux ou dur; parfois homogène et ayant l'aspect d'un bolus durci; il renferme des grains de fer pisolithiques et des grains de quartz translucide............................. 1 30
7. *Poudingue* formé de gros cailloux roulés, provenant évidemment du terrain urgonien.................................................. 4 —
8. *Couche de grès dur*, jaune et roux, quelquefois argileux, entremêlé de gros fragments de calcaire urgonien; l'épaisseur est variable, 0 à 0,50$^{m}$. Cette substance pénètre sous forme de veines dans le calcaire urgonien qui affleure en son contact avec ses fossiles typiques; elle remplit aussi des poches assez spacieuses dans le calcaire urgonien................................. 0 50

On constate ainsi que le terrain sidérolitique renferme à sa base des roches surtout ferrugineuses, dues sans doute à des émissions sidérothermales et offre des roches clastiques attestant franchement des actions érosives et ne pouvant être attribués qu'à des cours d'eau. Tout le crétacé supérieur, le gault, l'aptien, même l'étage rhodanien et une partie de l'urgonien, ont été enlevés. Les poches que le sidérolithique remplit dans le calcaire à *Requienia* et sa stratification bien concordante avec les autres assises, écartent d'emblée la supposition d'une faille. Le massif urgonien est ici très réduit, preuve de l'intensité de l'érosion, opérée par la formation des lits de poudingue. Le même fait doit se reproduire dans une bonne partie de l'arête qui se continue jusque vers la Cime de l'Est. Au pied de celle-ci, nous avons reconnu des fragments d'urgonien mêlés de matière ferrugineuse sidérolithique.

TERRAIN NUMMULITIQUE.

Les assises de ce terrain ont en général une teinte foncée, devenant plus claire au contact avec l'air. Ce sont des calcaires presque noirs et des schistes marneux. On distingue à la Dent du Midi trois niveaux :

I. Le *calcaire noir*, massif, épais de 25-30m, qui succède au calcaire de See-wen ou au sidérolitique. La roche est presque totalement dépourvue de fos-siles. Ce massif se distingue très facilement en dessous de l'escarpement urgonien.

II. *Marnes schisteuses* et *bancs calcaires* peu épais, remplis de fossiles ordi-nairement brisés et en grande abondance. MM. Renevier et De la Harpe citent à la base de cette couche un lit d'*anthracite*, qui n'existe pas partout, car nous n'avons su le trouver, ni au-dessus de Chalin, ni au-dessus de Soix. Ces marnes renferment une faune très nombreuse.

MM. Renevier et De la Harpe y ont recueilli un grand nombre de fossiles, ce sont (*40*) :

| | |
|---|---|
| *Natica angustata*, Grat. | *Cyrena convexa*, Brug. |
| *Turritella imbricataria*, Lamk. | *Cardium granulosum*, Lamk. |
| *Cerithium plicatum*, Brug. | *Arca Brongniarti*, Keb. et Renev. |
| » *elegans*, Dsh. | *Ostrea cyathula*, Lamk. |
| » *trochleare*, Lamk. | *Spatangus*, sp. |
| *Cytherea Vilanovæ*, Dsh. | |

La richesse de cette marne permettrait d'y recueillir une belle série de fossiles. Dans certains feuillets les *Cerithes* foisonnent littéralement. Épais-seur 20-25m.

III. *Bancs calcaires*, gris ou gris noir, bien stratifiés et séparés par des feuillets schisteux; ils sont riches en *Nummulites*, *Orbitoïdes* et *Lithothamnies*.

Suit enfin une série assez épaisse de schistes gris, qui passent insensible-ment au *flysch*. Épaisseur totale des deux assises, 20-30m. M. De la Harpe attribue au nummulitique une épaisseur totale de 70m ce qui s'accorde assez bien avec nos appréciations.

M. De la Harpe a étudié les nummulites du val d'Illiez et a constaté à la Ravine noire (*Ruvina naira*), près du col de Couz, un gisement très riche. Il y a constaté les espèces suivantes (*52. b*) :

| | |
|---|---|
| *Nummulites Bouillei*, DlHpe. | *Nummulites Fichteli*, Mich. |
| » *Tournoueri*, DlHpe. | » *Bouckeri*, DlHpe. |
| » *intermedia*, d'Arch. | |

### Flysch.

Le flysch du pied des Dents du Midi a une épaisseur très considérable que les replis intérieurs ne permettent pas d'apprécier exactement.

Il semble s'appuyer sur les schistes et grès du val d'Illiez qui affleurent à la Bonnavouatza et se continuent jusqu'à Chouex, où ils reposent sur d'épais massifs de grès (Pl. XVIII, fig. 1). Le ravin du Mauvoisin et la pente entre Chouex et la petite Dent de Valerette offrent les meilleures coupes du flysch.

Au-dessus des schistes rouges de Chouex, viennent des assises épaisses de schistes foncés et de grès gris foncé. Depuis le Serniat jusqu'à la pointe de Valerette se succèdent des assises de schistes interrompues de bancs épais de grès grossier gris foncé, à l'extérieur brun et vacuolaire. Ce grès se poursuit le long de l'arête entre la Petite-Dent et de celle des Valère, en devenant parfois un vrai *conglomérat* ou poudingue.

A la montée vers cette dernière cime, le flysch fait de nombreux replis en zigzag et les schistes y sont riches en fucoïdes (*Chondrites Targionii* et *intricatus*) et en *Helminthoïdes*.

Des schistes et calcaires plaquetés, alternant avec des lits peu épais de grès, forment tout le reste du flysch, jusqu'au pied de la Cime de l'Est, où l'on constate le contact avec le nummulitique.

En somme, ce flysch ne diffère en rien du flysch normal des Alpes vaudoises; il a en particulier une grande ressemblance avec celui du Hundsrück et du Rodomont (Pays d'Enhaut). Il diffère par contre considérablement des terrains tertiaires qui forment le flanc nord du val d'Illiez (grès et marnes rouges de Troistorrens et brèche du Chablais).


## TERRAINS QUATERNAIRES

### Erratique ou glaciaire.

Ces dépôts sont très étendus sur les bords de la vallée du Rhône, à Salvan et dans le bas du val d'Illiez. Ils appartiennent presque tous aux moraines, de l'ancien glacier du Rhône; mais il en est d'autres, formés par des glaciers locaux, en particulier dans le vallon de Salanfe et de Susanfe.

Les glaciers qui existent encore maintenant dans le massif des Dents du Midi, offrent, à part leurs moraines actuelles, encore de belles moraines anciennes. Le *glacier de Plan Névé* a déposé au N. de la plaine de Salanfe une superbe moraine, formée de grands blocs amoncelés, recouvrant le petit monticule qui sépare la plaine de ce nom de la petite plaine marécageuse et du lac qui se trouve un peu plus haut. La pente qui s'élève jusqu'au glacier, est couverte de débris qui vont rejoindre la moraine actuelle (*153*, t. II, p. 239 etc.) (Pl. XIV, fig. 2). Deux petits monticules morainiques s'élèvent au milieu de la plaine de Salanfe, déposés probablement par le glacier des Tours Salières. Les petits glaciers de Châlin et de Soix ont déposé des moraines frontales assez étendues dans les ravins où ils sont encaissés. Les glaces s'arrêtent aujourd'hui déjà dans le haut des ravins, mais les moraines descendent bien plus bas.

### FORMATIONS ACTUELLES.

Les plus importantes sont les magnifiques *cônes* et *talus d'éboulement* qui s'élèvent, sur des centaines de mètres de hauteur, sur la pente sud de l'arête des Dents du Midi, du pied des Tours Salières et des Rochers de Gagnerie. Mentionnons encore les *formations lacustres* qui ont fini par combler le lac de Salanfe, en le transformant en une plaine verdoyante et l'immense *cône de déjection du torrent de Saint-Barthélemi*, dont la formation est liée au souvenir de plusieurs catastrophes.

Ce cône de déjection occupe toute la largeur de la vallée, à partir de la sombre gorge de Saint-Barthélemi. Le Rhône et les voies de communication le contournent en décrivant un arc très accusé. Le Rhône en particulier a été refoulé jusqu'au pied des escarpements entre Morcles et Collonges. Ce sont des éboulements détachés successivement de la paroi de la Cime de l'Est et des Rochers de Gagnerie qui ont donné lieu à ces terribles avalanches de boue mélangée de débris solides, vraies coulées que l'étroite gorge a vomies subitement dans la vallée. Le plus ancien éboulement connu date de l'an 563; il est souvent cité sous le nom de chute du Tauredunum et les historiens indiquent la montagne éboulée sous le nom de Mont-Taurus ou montagne du Jora (voir page 276; *58*, t. II, p. 88, etc.). Un éboulement terrible eut lieu en 1636, il eut pour résultat un reflux du Rhône senti jusqu'à Riddes. Un éboulement plus récent s'est produit le 26 août 1835. Dès lors des mouvements consécutifs des matériaux répandus sur le cône, produisirent des interceptions répétées des voies de communication (*105, b.*, p. 60, etc.).

On parle encore de plusieurs éboulements qui ont eu lieu dans les environs de Saint-Maurice.

Les déjections du *Mauvoisin* sous la Vérossaz s'étendent jusque vers le milieu de la vallée. Ce torrent paraît avoir donné lieu à des débâcles semblables à ceux du Saint-Barthélemi quoique de moindre importance.

---

# CHAPITRE IV

## DESCRIPTION OROGRAPHIQUE ET GÉOLOGIQUE

Il n'y a guère de montagne plus admirée et plus caractéristique pour un pays que la fière et gracieuse arête des Dents du Midi qui s'élève dans le fond du paysage, lorsqu'on se trouve sur les rives du Léman entre Villeneuve et Vevey. Les poètes l'ont chantée et les écrivains-clubistes ont dépensé leur verve la plus vivante pour décrire cette superbe montagne qui dédommage le naturaliste, tout autant que le simple amateur de la belle nature, de la peine de l'avoir explorée (*101; b*, p. 1, etc. ; *153, b*, p. 201, etc.).

Les notions géologiques sur la *Dent du Midi* ne sont pas fort anciennes;

les plus importantes sont dues aux explorateurs que nous avons souvent cités, MM. Renevier et De la Harpe et surtout à M. Alph. Favre. La première coupe générale de la Dent du Midi a été faite par ce dernier géologue; il en explique la constitution par une grande voûte déjetée au N.-O.

Toute la montagne, actuellement dégagée de la plupart des terrains enveloppants, a pris un aspect déchiré et déchiqueté. L'arête elle-même, fort peu large, surtout à l'Est, ressemble à une muraille de terrain néocomien reposant sur un piédestal de roches éocènes. C'est que la voûte entrevue par M. Alph. Favre n'a laissé que fort peu de ses traces, et la montagne, telle que nous la voyions aujourd'hui, est une ruine, qui présente seulement des débris d'une masse très considérable.

Au massif des Dents du Midi s'ajoute au sud celui des *Tours Salières* qui participe à ce grand pli en voûte couché; il est séparé de l'arête des Dents du Midi et de la Dent de Bonnavaux, par la dépression des vallons de Susanfe et de Salanfe qui communiquent ensemble par le col de Susanfe; au S.-O., les deux arêtes se soudent et forment la chaîne des *Dents Blanches*. La masse jurassique des Tours Salières, suite de celle du Buet et du Taneverge, s'arrête à la plaine élevée de Salanfe que borde dès lors l'arête cristalline du Luisin, continuée par le Salentin. En somme, on peut définir ces montagnes en peu de mots : La voûte couchée de ce massif repose sur un soubassement éocène auquel le néocomien sert de base à son tour. Le néocomien du jambage inférieur de la voûte forme, plusieurs fois replié, l'arête des Dents du Midi, l'arête de Bonnavaux et les rochers de Gagnerie. La dépression du vallon de Susanfe n'atteint que le néocomien, tandis que celle de Salanfe met à découvert, en dessous du néocomien, le terrain éocène et atteint même le trias et le gneiss. Le noyau jurassique de la voûte est entièrement rejeté aux rochers du Mont Ruan et des Tours Salières. La voûte est compliquée de nombreux replis et s'appuie par sa base contre le massif cristallin des Aiguilles Rouges.

Par sa structure et la nature des assises qui le composent, notre massif forme le pendant de celui des Dents de Morcles qui s'élèvent de l'autre côté de la vallée du Rhône et dont M. Renevier a si bien élucidé la structure géologique. La vallée du Rhône qui les sépare, a mis à découvert leurs profils naturels qui, par leur analogie réciproque, rendent l'ancienne continuité des deux massifs très évidente.

### Versant au pied de la Cime de l'Est entre Monthey et Saint-Barthélemy.

Nous avons constaté la nature du fond du val d'Illiez, les deux affleurements de néocomien et l'immense épaisseur de flysch qui surmonte celui-ci jusqu'au pied immédiat de l'escarpement de la montagne.

En quittant les *schistes rouges* du val d'Illiez à **Chouex,** on rencontre sur la pente de la montagne du *flysch*, dont le plongement d'abord N.-E., passe bientôt au N.-O. Vis-à-vis de Massongex, sous Fontany, on voit les assises du *néocomien* plongeant faiblement au N.-O. et s'élevant du fond de la vallée (410ᵐ) jusqu'à l'altitude de près de 900ᵐ, à **Haut-Serre.** Ce terrain forme d'abord le rocher que traverse le tunnel du chemin de fer en aval de Saint-Maurice et se soude ici intimement au néocomien de la colline de la Tour de Duin, sur le côté opposé du défilé du Rhône. Au-dessus de **Saint-Maurice,** les assises néocomiennes, coupées à pic, forment une paroi escarpée de plus de 200ᵐ de hauteur, dans laquelle les bancs sont presque horizontaux avec un plongement à peine accusé au N.-O.

La structure de cette paroi apparaît clairement de loin, grâce à la végétation qui marque très distinctement le délit des bancs calcaires. Cet escarpement suit la vallée du Rhône, jusqu'à l'entrée de la gorge de Saint-Barthélemi. Le torrent du Mauvoisin qui descend d'un large ravin entre l'arête de la petite Dent et celle de Tanaire, coupe le néocomien entre Haut-Serre et Orgière, en formant une gorge étroite. Bientôt après, on trouve un peu plus au S.-E., à la base de l'escarpement néocomien, les premiers bancs du *jurassique*, lequel, devenant de plus en plus épais, forme la dernière partie de l'escarpement à l'entrée de la gorge de **Saint-Barthélemi,** pendant que le néocomien en s'amincissant, grâce à la transgression du flysch, finit par s'éteindre totalement en dessous de Mex. De l'autre côté de la gorge affleurent déjà les *schistes cristallins* du massif du Salantin (Aiguilles Rouges).

Nous constatons donc que les assises du néocomien et du jurassique de la base des Dents du Midi *buttent*, dans le vrai sens du mot, contre les terrains cristallins, car on constate que dans le voisinage du contact, entre les *Cases* (Mauvoisin) et l'entrée de la gorge de Saint-Barthélemi, les bancs jurassiques et néocomiens ont subi de nombreux contournements prouvant, jusqu'à évidence, qu'ils ont été *pressés* dans le sens de l'horizontale contre le massif cristallin à strates presque verticales (Pl. XVIII, fig. 1 et 5). Nous parlerons plus loin de la gorge de Saint-Barthélemi; la constatation que nous venons de faire nous servira de point de départ.

En montant, à l'entrée de la gorge de Saint-Barthélemi, à travers ces rochers, vers le village de Mex, on trouve des schistes rouges et des calcaires dolomitiques, plus haut, le jurassique sur une assez grande épaisseur, et ensuite le néocomien, calcaire schisteux gris foncé alternant avec des bancs compacts.

Le village de **Mex** est construit sur ces calcaires; au-dessus vient l'immense épaisseur de flysch, qui arrive presque à toucher les schistes cristallins, car ce terrain occupe tout le flanc gauche de la gorge de Saint-Barthélemi et s'élève de Mex ($1117^m$) jusqu'à la Pointe de Tanaire ($1878^m$) et de là au pied de la *Cime de l'Est* à $2500^m$ environ. On peut suivre au-dessus de l'escarpement de Mex le contact du néocomien et du flysch jusqu'au ravin du Mauvoisin, où une petite faille locale a légèrement redressé les bancs du néocomien sur la rive droite du torrent (Pl. XVIII, fig. 5). Le chemin des Cases à Haut-Serre, permet d'étudier avec détail la succession des bancs néocomiens. A mi-hauteur, un banc calcaire est rempli de débris de coquilles, de fragments d'huîtres et de cassures spathiques de restes d'Échinodermes, appartenant au *Toxaster complanatus*. A partir de Haut-Serre, le flysch ne suit plus le bord de l'escarpement. Il a été enlevé et le néocomien dénudé offre un plateau assez large, couvert en partie d'erratique, où s'étalent les villages de **Vérossaz,** *Poche, Daviaz* et *Cherve*. Au-dessous de Daviaz, le *Toxaster complanatus* est très répandu. Il est difficile de s'expliquer l'absence du terrain urgonien le long du contact avec le flysch autrement que par l'ablation. La présence d'un lambeau de ce terrain à Nairy rend cette supposition très problable[1].

---

[1] M. A. Favre a reconnu dans les murs du village de Mex des blocs de calcaire urgonien avec

M. Ph. De la Harpe de son côté pensait que le néocomien de la base de l'affleurement était de l'urgonien, parce qu'il avait trouvé dans cette roche foncée une *Requienia*; M. Renevier le conteste et nous pensons aussi que le renversement supposé par M. De la Harpe est inadmissible (*169*, p. 35).

Il paraît évident que toute l'épaissenr de flysch qui sépare le néocomien de Saint-Maurice des couches crétacées du sommet de la Dent du Midi, doit représenter une grande synclinale complètement couchée. Le néocomien du sommet devrait rejoindre celui qui se trouve à la base de la montagne en formant une courbure ayant la convexité tournée du côté du torrent de Saint-Barthélemi, mais nous avons vu que cette jonction n'a pas lieu, puisque le néocomien et le flysch touchent au gneiss.

### Versant nord-ouest de l'arête des Dents du Midi.

Il est facile de constater de loin déjà que les couches néocomiennes de la **Cime de l'Est,** vue de profil depuis Villars sur Bex ou depuis Morcles, sont recourbées en forme de ⊃, la convexité tournée du côté du nord (Pl. XIV, fig. 5); elles paraissent reposer sur l'urgonien légèrement recourbé en cuvette et coupé à pic des deux côtés de l'arête.

En montant de la Dent de Valère vers le pied de la Cime de l'Est, on rencontre dans le voisinage immédiat de celle-ci, le *nummulitique*, formant d'abord une pente rapide, où affleurent les schistes à *Cerithes*, avec fossiles nombreux; plus haut vient le calcaire foncé du nummulitique, formant un escarpement, au-dessus duquel se trouve l'urgonien en paroi inaccessible. Le gault et l'aptien paraissent manquer ici, car le sidérolithique qui s'éboule par-dessus le massif nummulitique, est mélangé de nombreux fragments urgoniens. Si, pour arriver au même point, on suit l'arête en partant du Serniet jusqu'à la Petite Dent et à la Dent de Valère, on parcourt la série de flysch que nous avons déjà décrit et on constate les nombreux replis intérieurs de ce terrain.

---

*Requienia Ammonia*, mais l'affleurement de cette roche est inconnu (elle est peut-être erratique et venue du haut du ravin) (*58*, II, page 290).

Au point où nous sommes arrivés, au pied de la Cime de l'Est, on peut suivre tout le pied de l'escarpement des Dents du Midi jusqu'au Pas d'Ancel, gorge profonde qui nous sépare de l'arête de Bonnavaux et que franchit le sentier de Susanfe. Cette façade présente un aspect magnifique vue du côté opposé, d'un point quelconque des hauteurs au-dessus de Champéry ou de Morgins. Nous en donnons l'aspect dans un croquis (Pl. XIV, fig. 1).

A gauche se trouve la *Cime de l'Est* ou *Dent noire du Midi*, 3180$^m$ (1), puis la *Forteresse*, 3164 (2) et la *Cathédrale*, 3166$^m$ (3), les deux très rapprochées. La *Dent jaune*, 3187$^m$ (4), probablement un éperon urgonien, se dresse comme une tour penchée vers le ciel; enfin une pointe non moins aiguë, appelée le *Doigt*, 3212$^m$ (5) précède le sommet le plus élevé, la *Dent du Midi* appelée sur la carte Dufour *Dent de Tschallan*, 3261$^m$ (6). A partir de ce point, l'arête s'abaisse rapidement d'abord, puis elle devient moins fuyante, et, après quelques arrêts, elle plonge rapidement vers la gorge d'Ancel.

Toute la partie supérieure, à part la Dent jaune [1] (Pl. XIV, fig. 7) est formée de *néocomien*, dont l'immense épaisseur de couches, environ 800$^m$, détermine au-dessus de la paroi urgonienne une partie moins inclinée, ravinée et traversée de couloirs de neige. L'*urgonien* tranche nettement du reste de la montagne par sa teinte plus claire, grise ou jaune. Le néocomien *au-dessus* et le nummulitique *en dessous*, sont plus foncés, souvent presque noirs. Plusieurs ravins assez larges découpent cette façade; ils offrent tous, avant d'entamer le socle de flysch de la montagne, une sorte de plateau ou cuvette, juste en dessous de l'escarpement urgonien. Les neiges qui s'y accumulent y ont formé plusieurs petits glaciers. Ce sont d'abord le ravin de *Châlin*, puis ceux de *Soix* et du *lac Célaire* sur Antémoz, les deux der-

---

[1] Le sommet de la **Dent jaune** appartient très probablement à l'*urgonien*; un échantillon de roche rapporté de cette sommité par M. de Trey, qui en a fait la première ascension (août 1879), semble le prouver. Cet échantillon nous a été communiqué; il se compose d'un fragment calcaire englobé dans une masse ferrugineuse noirâtre et traversé de fissures remplies de cette même matière. M. de Trey compare cette matière à des résidus de fonte de fer; elle colore sous forme d'une substance ocreuse toutes les roches calcaires du sommet de la Dent jaune, d'où celle-ci a reçu son nom (198, a).
Le *calcaire* semble en effet être *urgonien*; il est jauni à l'extérieur, gris blanchâtre en dedans et possède une structure oolithique, grenue et un peu spathique, tout à fait semblable à la roche de l'urgonien inférieur constatée au pied de l'escarpement. La *masse ferrugineuse* est sableuse et siliceuse, non calcaire; sa couleur noire et brunâtre; elle ressemble au plus haut degré aux roches sidérolithiques de Châlin, Soix et Célaire.

niers beaucoup plus larges que le premier; enfin vient celui de *Roslan*, qui s'ouvre du côté de la gorge d'Ancel, tandis que les torrents des trois autres se précipitent directement dans le val d'Illiez. Trois arêtes, s'élevant comme des contreforts jusqu'au haut de la montagne, séparent ces dépressions et permettent de suivre la succession des assises jusqu'au néocomien.

Le premier fait que l'on constate en étudiant le pied de l'arête calcaire, c'est que les terrains y sont complètement *renversés* et plongent faiblement au S.-E.; on suit la superposition du nummulitique au flysch et on trouve, en s'élevant, l'urgonien et le néocomien formant le sommet. Cette disposition reste constante jusqu'au Pas d'Ancel, nous n'y reviendrons donc pas. Suivons maintenant pas à pas ce que l'on observe en passant le long du pied de l'arête en partant du pied de la cime de l'Est.

Du col creusé entre le flysch et le nummulitique du pied de la cime de l'Est, on peut descendre dans un étroit couloir, resserré entre le glacier de **Châlin** et l'arête de Valère. On arrive enfin sur la moraine au pied du glacier, au-dessus d'un escarpement d'où l'on domine le chalet et les pâturages de Châlin et on constate à droite et à gauche des replis en zigzag sur les deux arêtes de flysch entre lesquelles le ravin est encaissé. Le torrent du glacier se précipite en cascade par-dessus l'escarpement; arrivé au chalet, on peut gravir l'arête au S.-E. et s'élever sur les deux glaciers de **Soix** qui ont deux sources et deux écoulements différents mais se soudent dans leur milieu. Ces petits glaciers du versant N.-O. de la Dent du Midi ne sont guère que de grands névés, formés par les neiges éboulées; ils forment toutefois des moraines bien grandes en comparaison de leur faible étendue. De ce point, on admire les formes régulières de la voûte de la Vouille et on a en face de soi, à gauche, le profil de la Dent la plus élevée, montrant le repli couché du néocomien (Pl. XIV, fig. 6).

Arrivé sur le glacier, on peut le remonter le long de son bord S.-E., où il touche les schistes du *nummulitique* et permet d'atteindre les lits fossilifères de ce dernier; ils plongent au S.-E., plus fortement déjà qu'au pied de la cime de l'Est. Après avoir atteint le massif calcaire de la base du nummulitique, on arrive à une étroite cheminée, dans laquelle on a un peu de peine à s'introduire, elle monte d'abord dans le calcaire compact, contourne sa base et suit enfin le contact de celui-ci avec le sidérolithique en s'élargissant considérablement. L'affleurement forme une pente très rapide; les couches s'élèvent obliquement sur la petite arête qui sépare la dépression de Chàlin de celle du glacier de Soix. On y constate les alternances répétées de grès siliceux ferrugineux du *sidérolithique* et de poudingue à galets urgoniens (page 570) et l'absence du crétacé supérieur et moyen, de même que de toute l'épaisseur du rhodanien. L'*urgonien* est assez réduit, et on peut franchir l'escarpement et atteindre les lits du *néocomien* à *Toxaster complanatus* (Pl. XIV, fig. 7).

En traversant le glacier dans sa largeur, on peut examiner le *gault*, grès dur, avec fossiles méconnaissables; il affleure le long du bord supérieur du glacier. On atteint l'arête dominant la combe où sont le **Lac vert** et le **Lac Célaire,** en montant dans un couloir creusé dans le flysch et les schistes nummulitiques (2151ᵐ). On y peut suivre la succession complète des assises, depuis le flysch avec *Fucoïdes* et *Helminthoïdes* et le nummulitique, jusqu'à l'urgonien (Pl. XV, fig. 1, et Pl. XIV, fig. 7). Nous avons vérifié l'exactitude des observations très intéressantes faites par MM. De la Harpe et Renevier dans cette localité, surtout au-dessus des deux petits lacs.

Cette large combe, couverte d'éboulis et d'anciennes moraines, ne contient pas de glacier, comme celle que nous venons de traverser; elle est plus profonde et ne renferme que quelques névés. La zone jaunâtre du rhodanien et le gault avec le crétacé supérieur, s'aperçoivent très nettement au-dessus des névés, au bas de la paroi urgonienne; ils sont accessibles sur plusieurs points. Les eaux de fusion de la neige se perdent sous les éboulis et viennent sourdre au pied de ceux-ci pour remplir les petits lacs mentionnés. Ceux-ci sont à une altitude de 1800ᵐ seulement, c'est-à-dire 200ᵐ plus bas que le glacier de Soix. De cette combe, on monte aisément sur une nouvelle arête au-dessus d'Antémoz (1964ᵐ); on domine de cette hauteur le ravin qui s'ouvre au-dessus de **Rostan** du côté de la gorge d'Ancel.

Un spectable saisissant se déroule sous les yeux du géologue qui descend sur l'arête par laquelle on arrive au fond du ravin de la Vièze, vers la cascade. Jusqu'alors les érosions avaient à peine entamé la couverture de flysch du pied immédiat de l'arête calcaire. Un obstacle invisible en a arrêté l'action, en déterminant à la partie supérieure des ravines, ces combes à fond plat, que nous avons décrites. Ici l'eau a creusé un ravin profond de plusieurs centaines de mètres au pied immédiat de la paroi. On voit d'abord le flysch et le nummulitique former en dessous de l'urgonien des replis et des courtournements gigantesques. Un repli convexe comme un bombement se fait surtout remarquer, les bancs ressemblent à des enveloppes multiples d'un corps cylindrique couché. Peu à peu cette enveloppe s'ouvre de plus en plus et l'on voit sortir d'en dessous une voûte couchée du terrain urgonien. Un lambeau éocène reste pincé entre deux bandes urgoniennes.

Ce repli se présente très nettement en profil sur la paroi Est du Pas d'Ancel et ressort d'autant mieux qu'on est plus éloigné de l'endroit même. Le croquis (Pl. XIV, fig. 8) en représente l'aspect depuis le chalet de l'Écho près d'Ayerne sur le versant opposé du val d'Illiez. A droite est l'arête de Bonnavaux, à gauche le ravin, dont nous avons parlé et au milieu, le profil du repli sur la partie évasée de la gorge, au-dessus de Rostan.

Le torrent de la *Saufflaz*, en sortant de cette gorge forme d'abord une superbe cascade par-dessus les bancs inférieurs du flysch, qui sont ici très compacts; elle traverse plus bas le petit vallon de Bonnavaux et passe par une nouvelle gorge creusée dans le flysch pour s'unir au ruisseau de Barme entre les deux affleurements du néocomien, dont nous avons parlé.

### Arète de Bonnavaux, La Vouille et les Dents Blanches.

**L'arête de Bonnavaux** (2479ᵐ) reproduit absolument la coupe de la façade de la Dent du Midi (Pl. XVIII, fig. 3 B et C). Le repli de l'urgonien constaté au-dessus de Rostan existe toujours à sa base, mais il s'enfonce bientôt sous le flysch et s'éteint probablement plus loin, à moins que ce soit lui qui devienne le pli de la Vouille, ce qui est encore douteux. L'abrupt urgonien qui forme constamment le premier gradin de l'escarpement de l'arête, surmonte le flysch du vallon de Barme qui, nous l'avons vu, est creusé dans sa partie inférieure dans le néocomien à *Toxaster* du second affleurement et que le flysch recouvre en discordance. Vers l'origine du vallon de **Berroix**, la situation se modifie considérablement. Dans la paroi de la Dent du Midi nous avons vu le néocomien former une voûte couchée avec une légère inflexion au sommet, comme si c'était un double pli (Pl. XIV, fig. 6); peu à peu, ces deux plis se distinguent; l'urgonien tend de plus en plus à se redresser et atteint enfin une position à peu près verticale près de la *Ruvina naira*. Au delà de celle-ci, il forme une voûte complète, régulière comme un dôme; elle elle est flanquée et couronnée même de *gault* et de *nummulitique*. Cette transformation ressort assez clairement du croquis (Pl. XIV, fig. 6). On y voit le passage successif de l'escarpement urgonien à la voûte de la Vouille. L'inflexion au sommet de la voûte du néocomien devient, nous semble-t-il, le vallon de Bossetan, formé d'une cuvette urgonienne remplie de gault et de nummulitique. Nous verrons plus loin quelle est l'origine de la voûte aiguë des Dents Blanches que l'on entrevoit à gauche du dessin.

Au *col de Couz*, les bancs de la Vouille sont exactement verticaux et se replient vers le haut pour devenir horizontaux (Pl. XV, fig. 2). Cette voûte régulière se poursuit jusqu'au col de la Golèze et plus loin du côté de Samoëns. Le mémoire de M. Alph. Favre (*58*, II, p. 271, Pl. XIV) renferme les documents les plus intéressants sur cette montagne bien différente de l'arête des Dents du Midi dont elle est néanmoins la continuation directe; elle est remarquable par sa structure régulière, par la richesse extraordinaire de ses gisements fossilifères et par la facilité avec laquelle on peut étudier les terrains qui la constituent. MM. Renevier et De la Harpe ont également donné de nombreux renseignements sur les terrains et la structure de cette montagne (loc. cit.).

Pour examiner les terrains qui constituent la paroi N.-O. de la **Vouille** ou **Tête Ronde,** il suffit de s'élever depuis le col de Couz vers le couloir de la *Ruvina naira* (Pl. XVIII, fig. 4). On trouve successivement le *nummulitique* avec ses fossiles habituels, le *crétacé supérieur*, le *gault* et l'*aptien*, les deux avec nombreux fossiles, enfin l'*urgonien* avec sa couverture jaune de calcaire *rhodanien à Orbitolina lenticularis* (Pl. XV, fig. 2). Des coupes analogues s'observent au *col de la Golèze* et sur la *Sardonnière*. Sur quelques points, la courbure latérale de la voûte est dénudée jusqu'à l'urgonien, en sorte que le sommet porte un lambeau de crétacé moyen et supérieur et de calcaire nummulitique qui le couvre, en stratification presque horizontale, comme un chapeau. Près de la Ruvina naira, la voûte serait entièrement couverte par le nummulitique, d'après les données de MM. Renevier et De la Harpe (loc. cit.). La partie occidentale de cette voûte est complètement dénudée et couverte de lapiès. Cela est particulièrement visible entre le col de la Golèze et le vallon de Bossetan. On y constate la parfaite fusion du calcaire *rhodanien* avec l'*urgonien*. Sans les *Orbitolines*, dont la surface est parsemée, il serait impossible de distinguer le rhodanien.

Le **vallon de Bossetan** est une *auge* en forme d'U, renfermant de l'*aptien*, du *gault*, de la *craie* et du *nummulitique*. Le gault surtout est excessivement riche en fossiles (58, Pl. XIV, fig. 6). Dans la partie supérieure du vallon que M. Alph. Favre nomme le col de Bossetan, le fond est moins fortement replié, les couches y sont presque horizontales. Le *Pas de la Béda* permet de franchir la paroi urgonienne et de descendre dans le vallon de Barme.

Entre la Dent de Bonnavaux et le Pas de la Béda s'étend une large région accidentée formée par le *néocomien* avec quelques lambeaux d'urgonien. C'est là que sont les pâturages de **Philippindin.** Cette région très accidentée et ravinée devient toujours plus étroite vers le S.-E. et se confond finalement avec l'escarpement de la Dent de Bonnavaux.

### Vallon de Susanfe jusqu'a la Dent du Midi.

Le passage à travers la gorge étroite de la Saufflaz par le **Pas d'Ancel** est très pittoresque et intéressant au point de vue géologique. En partant de Bonnavaux, on suit un sentier étroit sur une corniche de calcaire *nummulitique* et on s'élève ensuite, au bord de la gorge, dans les rochers urgoniens, ayant à sa gauche l'escarpement vertical qui borde le gouffre, où bouillonne le torrent. On monte environ 200 mètres, pour arriver à la partie inférieure du vallon de Susanfe. Les premiers 100 mètres se font dans l'*urgonien*; on passe ensuite dans le *néocomien*, très contourné. Le premier pli en forme de voûte infléchie au sommet est celui que nous avons déjà constaté au-dessus de Soix et d'Antémoz correspondant à la voûte de la Vouille de Bossetan. Suit un second repli, très aigu, que l'on constate à l'endroit, où l'on entre dans le vallon de Susanfe; nous le retrouverons encore plus tard ; enfin, en arrivant aux premiers escarpements, avant la réunion des deux ruisseaux, les lits néocomiens se relèvent une dernière fois pour former les monticules du vallon de Susanfe et le plateau rocheux qui s'étend entre le fond du vallon et la pente de la Dent du Midi.

L'aspect du **vallon de Susanfe** est saisissant. En face s'élève le Mont-Ruan avec ses glaciers et ses gradins escarpés ; à droite et à gauche sont les deux vallons de Susanfe, dont on s'explique difficilement la sortie latérale des eaux à travers une gorge qui coupe une arête haute de plus de 2400m. Il paraît certain qu'à l'époque où l'érosion a commencé à agir, les deux vallons étaient encore complètement comblés et l'endroit où passe maintenant la gorge de la Saufflaz était plus bas que le col de Susanfe, seule place, à 2400m, par où les eaux auraient pu s'écouler. Du fond du vallon S.-O. de Susanfe, dans le voisinage de l'abri du berger, on jouit d'un aspect superbe sur le fond du vallon entre le **col du Sagerou** et l'arête de Bonnavaux. Ce vallon se trouve sur le prolongement de la chaîne des Dents Blanches ; le dernier contrefort de cette arête couronne la paroi qui ferme le vallon (Pl. XIV, fig. 3). On y distingue un pli aigu en forme de ∧ penché au N. en dessous duquel sont encore de nombreux replis, le tout dans les bancs calcaires et schisteux du *néocomien ;* l'urgonien s'arrête déjà plus au S.-O. En se tournant du côté opposé, vers la Dent du Midi, ce n'est pas sans surprise que l'on reconnaît, au sommet de celle-ci, un pli *absolument identique* à celui des Dents Blanches, voûte aiguë en forme de ∧ déjeté du même côté, au N.-O. C'est le repli que nous avons déjà constaté en passant la gorge d'Ancel, car, en arrière, les bancs se relèvent en forme de V en donnant lieu au Col des Paresseux dont le pendant se retrouve en arrière des Dents Blanches (Comp. Pl. XIV, fig. 3 et Pl. XV, fig. 10).

La paroi du **Mont-Ruan** et des Tours Salières offre un grand intérêt. Elle commence au col du Sagerou ou du Chargerou qui passe sur le néocomien fortement replié. En dessous de celui-ci, déjà au bord du vallon de Susanfe, se montre le *malm,* massif calcaire perçant le néocomien en forme d'un pli coudé ; plusieurs replis de même forme se succèdent comme sur les marches d'un escalier, et, dans chacun d'eux, est pincé un lambeau de *néoco-*

*mien*, tandis que les couloirs permettent de constater en dessous du malm les *schistes oxfordiens* et le *dogger*. Telle est la structure de la *Pointe du Sagerou* et du *Mont-Ruan*, vus des pâturages de Susanfe sur la montée au col de ce nom (Pl. XIV, fig. 3). Aux Tours Salières, la façade N.-O. offre une structure tout à fait analogue à celle du Mont-Ruan qui fait partie du même massif; nous examinerons plus loin le profil naturel de cette montagne.

Tout en faisant ces observations, on arrive au pied de la montée qui conduit à la **plus haute des Dents du Midi,** à travers une région très dénudée, où les surfaces rocheuses sont entrecoupées de crevasses et de sillons comme les lapiés. Ce sont les bancs du *néocomien gris* à *Millericrinus cf. valangiensis* que M. Alph. Favre avait cru devoir attribuer au terrain jurassique. On les voit s'élever jusqu'au sommet de la plus haute cime, reposant sur le néocomien schisteux foncé. En gravissant l'arête au point où elle domine le lac Célaire, on dépasse bientôt le néocomien gris et trouve ensuite le néocomien schisteux qui se continue sur cette arête jusqu'au point où il faut contourner le rocher du sommet pour se diriger vers le Col des Paresseux. En suivant cette arête, on voit clairement la structure du plus haut sommet (Pl. XV, fig. 10). Les assises du calcaire gris forment à gauche un repli en forme de V penché au nord, puis vient le pli du sommet, ayant la forme d'un A, et enfin, les calcaires gris s'abaissent jusque vers le col de Susanfe pour se replier de nouveau en forme de V et constituer le contrefort du *Col des Paresseux*. Si nous y réunissons le repli continu du néocomien au-dessus du massif urgonien de l'escarpement à gauche, nous aurons ici la même série de plis qu'à la gorge de la Saufflaz. Ce qui paraît surtout évident, c'est que le pli aigu du sommet est absolument le même que celui qui couronne l'arête des Dents Blanches et que la petite synclinale de néocomien gris se voit encore au nord de l'extrémité des Dents Blanches et se confond plus loin avec le vallon de Bossetan.

Le sommet lui-même de la Dent du Midi est formé de bancs fortement inclinés de *néocomien gris;* on y arrive facilement depuis le Col des Paresseux, au-dessus duquel il s'élève encore de 220$^{\mathrm{m}}$. De ce point de vue, la structure des Dents Blanches ressort avec une clarté étonnante et il est facile de se rendre compte des modifications successives qu'a subies la chaîne que nous dominons. L'extrémité des Dents Blanches que nous avons vue depuis Susanfe, est dénudée de la couverture urgonienne qui donne plus loin à cette arête un aspect sauvage et déchiré. On croit voir encore un second repli, avec un petit lambeau urgonien s'interposant entre celui du vallon de Bosselan et le pli aigu du sommet. Du côté opposé, on a à ses pieds le plateau incliné du glacier de Plan-Névé avec sa moraine régulière. Les sommets des Dents du Midi le contournent comme une ceinture; elles paraissent toutes abruptes et déchirées. La roche *urgonienne* de la *Dent Jaune* se distingue nettement de la base de néocomien.

La descente sur le col de Susanfe se fait sur des éboulis et des rochers fortement décomposés. Le repli du néocomien gris est bien visible au bas du contrefort du Col des Paresseux. Les bancs plongeant d'abord au S.-E., deviennent verticaux et s'adossent ensuite avec le même plongement contre les couches de l'aile N. du pli. L'inflexion de ces bancs peut se poursuivre facilement le long de la pente inférieure au glacier de Plan-Névé, dans la direction des rochers de Gagnerie, sauf dans les points où ils sont recouverts de moraine et d'éboulis (Pl. XIV, fig. 2).

### VALLON DE SALANFE.

**Du col de Susanfe** (2450$^m$) entaillé dans le néocomien, entre la cime de la Dent du Midi et les Tours Salières, on domine le vallon de Salanfe avec sa plaine verdoyante, entouré par les Tours Salières, l'arête ravinée du Luisin, la masse sombre de Salantin et les rochers de Gagnerie avec leurs nombreux replis ; enfin, à gauche, au-dessus des moraines et des talus d'éboulement, se montre encore le bord du glacier de Plan-Névé et plus loin la Cime de l'Est (Pl. XIV, fig. 2).

Il est plus que probable que le col de Susanfe est marqué par une faille ; car les assises de néocomien gris qui se relèvent contre l'épaulement du Col des Paresseux, ne se montrent plus dans la descente vers la plaine de Salanfe, comme cela serait naturel. Le col lui-même est taillé dans le néocomien schisteux passablement replié comme le calcaire gris du côté nord du col; du côté sud, il plonge au S.-E., dans le même sens que le massif de malm qui se montre à une faible hauteur au-dessus du col au pied de la Tour Salière et se replie plusieurs fois jusqu'au sommet. Cette circonstance à elle seule ne permettrait pas de considérer ce calcaire gris comme étant d'âge jurassique. S'il n'est pas néocomien, comme nous le croyons, il ne peut être que d'âge urgonien, car il est bien certainement *supérieur* au néocomien marneux et schisteux, comme cela ressort clairement du croquis Pl. XV, fig. 10 et du profil Pl. XVIII, fig. 3.

Peu en dessous des schistes néocomiens, on entre dans une série de bancs alternativement calcaires et marneux qui se poursuivent jusque vers la petite plaine marécageuse entourée de moraines. Le couloir qui conduit jusqu'au bas de la pente, permet d'examiner ces assises à l'aise. Elles appartiennent au néocomien à *Toxaster complanatus;* leur plongement d'abord fortement S.-E. devient plus faible vers le S. Nous avons déjà cité les fossiles assez nombreux qu'il est possible d'y recueillir ; ils indiquent l'âge de la marne d'Hauterive. A la base de ces couches, on voit sortir par places un massif de *calcaire gris.*

Pour mieux s'assurer de la superposition, il faut se diriger vers le sud, du côté d'un petit monticule, coté 2200$^m$, qui est découpé dans les bancs de la base des Tours Salières, juste au bord de la plaine de Salanfe. Les bancs de néocomien deviennent ici presque horizontaux et l'on voit, peu au-dessus, le malm dans la même position se relever vers le col de Susanfe et y former le repli en forme de $\succ$ dont nous verrons plus tard encore mieux les contours (Pl. XVIII, fig. 3 A). Le sommet de ce monticule (Pl. XV, fig. 5) est encore du *néocomien* (6) ; ce sont les mêmes bancs que ceux que nous avons suivis dans le couloir. Mais en descendant vers la plaine de Salanfe, on trouve bientôt le massif *calcaire gris,* dont nous venons de signaler l'existence à la base du néocomien. On le voit ici dans toute son épaisseur qui n'est pas très considérable, 10-15$^m$ tout au plus (5). C'est une roche gris clair, homogène, dure, se divisant en plaquettes de 3-8 cm. d'épaisseur. Le néocomien au-dessus est schisteux et rempli de débris méconnaissables, pouvant être des fossiles. En dessous de ce calcaire vient un lit de *calcaire schisteux* teinté très vivement de *rouge* ou de *vert* (4). Cette roche n'est pas sans ressemblance avec les schistes rouges et verts du *crétacé supérieur* des chaînes extérieures. Des échantillons, examinés au microscope, ont montré que cette roche contenait des chambres de foraminifères tout à fait écrasées. Si ce niveau est bien de l'âge que nous lui supposons, le calcaire gris (5) représenterait l'*urgonien* dans un état de lamination extrême. Cette supposition devient très probable par le fait qu'une assez grande épaisseur (40-50$^m$) de *calcaire nummulitique* (3) vient immédiatement en dessous. Les bancs de calcaire noir sont pétris de *Nummulites* bien conservés, et il n'y a aucun doute possible sur l'âge de cette assise. Il n'en est pas de même pour les couches plus inférieures. Il y a d'abord un lit peu épais de gypse anhydrite très dur que l'on prendrait facilement pour du calcaire (2); puis vient une épaisseur assez grande de schistes et de bancs calcaires de faible épaisseur qui ressemblent au *nummulitique;* les feuillets schisteux renferment des débris qui paraissent être des fossiles. Il nous semble que ce terrain est aussi d'âge éocène, puisque le calcaire nummulitique le surmonte immédiatement.

Ce terrain descend jusqu'au bord de la plaine de Salanfe et en forme tout le pourtour du côté nord jusque dans le voisinage des **Chalets de Salanfe** où aboutit l'ancienne moraine du glacier de Plan-Névé. Cette pente a l'aspect d'une falaise due probablement aux érosions du lac qui devait occuper autrefois l'endroit où est maintenant cette plaine, large de 1000-1200 mètres, et longue de 3 kilomètres environ ; à part quelques petits amas de blocs erratiques, anciennes moraines des glaciers des Tours Salières, elle est d'une horizontalité parfaite et son fond est formé de sables et d'argiles stratifiés, souvent entamés par les ruisseaux qui la traversent en serpentant.

La constatation du terrain *nummulitique* au bord de la plaine de Salanfe est de la plus haute importance. Jusqu'à présent on avait cru cette région formée de terrain jurassique; elle est encore coloriée dans ce sens sur la feuille XVII et sur la feuille XXIII de l'atlas fédéral. Il est même probable que si la dépression de Salanfe était plus profonde, elle aurait mis à découvert, en dessous du nummulitique, le terrain du *flysch.* Les assises horizontales que nous venons d'énumérer, sont sans aucun doute la continuation de celles qui affleurent, en position renversée comme ici, sur la façade N.-O.

de la Dent du Midi où elles présentent la tête des couches avec un faible prolongement S.-E. Au-dessus de Soix, elles sont à environ 2300 mètres d'altitude et à Salanfe à 2000ᵐ seulement; ces deux altitudes s'accordent bien, étant donné le plongement des couches au premier de ces points. Un fait étrange est toutefois la faible épaisseur du néocomien que surmonte, à 350ᵐ au-dessus de la plaine, le malm en parfaite concordance de stratification. Il est encore bien plus étrange de trouver au bord opposé de la plaine les *gneiss* et les *schistes cristallins* appartenant au massif des Aiguilles Rouges. Ils s'élèvent avec un plongement N.-O. voisin de la verticale jusqu'à 2700 mètres dans le chaînon du Luisin et supportent les terrains sédimentaires des Tours Salières.

Gerlach a donné une bonne description du vallon de Salanfe, en particulier de la montée au **col d'Émaney** qui sépare le massif cristallin du Luisin du pied des Tours Salières (*86, c*, p. 16). Pour arriver à ce col, on suit presque constamment la zone de contact entre les schistes cristallins et les terrains sédimentaires qui les surmontent en discordance. Les *schistes cristallins* sont d'abord masqués par des lits de *calcaire dolomitique* et de *cargneule* que l'on suit jusqu'à un petit lac à 150ᵐ plus haut et dont les eaux vertes et limpides proviennent d'un torrent qui se précipite en cascade par-dessus un massif de gneiss; les eaux qui s'écoulent de ce lac, se perdent dans la cargneule et apparaissent de nouveau au bord de la plaine. Un peu à l'ouest, près du torrent qui descend du col d'Émaney, on trouve au-dessus du gneiss un banc de *grès arkose*, épais de 1-2ᵐ avec un plongement N.-O. de 35°. Le ruisseau coule juste sur la limite de l'arkose et des *schistes argileux rouges et verts* qui le surmontent (Pl. XV, fig. 3). Le *calcaire dolomitique* et la *cargneule* viennent plus haut, séparés par des éboulis des assises formant la base de l'escarpement des Tours Salières. La superposition discordante du grès arkose, etc., sur les strates du gneiss, est excessivement nette ; il arrive très souvent qu'un petit lambeau de grès repose en forme de chapeau sur la tête des couches de gneiss. Celui-ci est tantôt verdâtre, tantôt rouge ; dans ce dernier cas, il est pauvre en mica et devient plus schisteux (protogine rose).

Le profil du *col d'Émaney* (2457ᵐ) est très intéressant (Pl. XV, fig. 4). Il y a d'abord, au contact avec le gneiss, du *grès arkose* (1) avec grains roses de feldspath et de quartz, la roche elle-même a un aspect brunâtre. Les *schistes argileux rouges* et *verts* (2) suivent et forment presque toute la largeur du col en s'abaissant du côté des chalets d'Émancy. Au pied des Tours Salières viennent du *calcaire dolomitique* avec de la *cargneule* (3 et 4), puis une épaisseur assez grande de *calcaire plaqueté* sans traces de fossiles formant un premier petit abrupt (5). Ce calcaire fait probablement encore partie du trias comme la cargneule et les schistes argileux du col. Au-dessus de ce massif vient une assise de *grès schisteux* et de *schistes* absolument semblables au *flysch* (6); du calcaire noir, probablement *nummulitique* lui succède (7), puis un *massif de calcaire gris clair*, absolument semblable à la couche 5 de la coupe de Salanfe (Pl. XV, fig. 5) accompagné, comme là, d'un lit de *calcaire schisteux rouge et vert* (couches 8 et 9). Une épaisseur assez grande de *schiste gris* (10) avec débris méconnaissables de fossiles forme au-dessus de cet abrupt un petit plateau suivi d'un escarpement infranchissable formé par le *malm* (11). La couche 10 est évidemment du *néocomien*; elle est identique à la couche 6 de fig. 5, et se trouve sur le prolongement direct de celle-ci; la continuité des deux peut être constatée de loin, le long du pied de l'escarpement, de même que celle du malm (11). Au-dessus de ce dernier vient une grande épaisseur de *terrain schisteux* appartenant à l'*oxfordien* et au *dogger*; il forme presque toute la masse des Tours Salières.

En revenant du col d'Émancy à la plaine de Salanfe, on passe en dessous de l'affleurement du filon de *porphyre* qui se continue depuis le col d'Émaney jusqu'au vallon de Van à mi-hauteur environ de l'escarpement gneissique. On trouve l'affleurement de ce porphyre en suivant sur une petite longueur seulement la crête du Luisin à l'est du col d'Émaney.

Les eaux de la plaine de Salanfe forment en se réunissant le turbulent torrent de la *Salanche* qui se fraye un passage vers la plaine du Rhône à travers le **Vallon de Van,** séparant les masses gneissiques du Luisin et du Salantin. On peut fort bien se rendre compte du phénomène de desséchement successif de l'ancien lac de Salanfe, par l'approfondissement du lit du torrent à sa sortie du lac et le comblement de celui-ci par les matériaux amenés des alentours par les nombreux torrents et les glaciers. Entre le vallon de Van et celui de Salanfe est un étroit passage par où le torrent se précipite en formant mille cascades par-dessus les murailles de gneiss et plus bas de porphyre. A *Van d'Enhaut* le vallon s'élargit, puis il se rétrécit de nouveau avant *Van d'Enbas* (1186m). Ce petit vallon franchi, le torrent s'engouffre dans des gorges étroites comme des crevasses et en bondissant de rochers en rochers, il arrive dans la vallée du Rhône (454m) après avoir formé les deux superbes chutes du *Dalley* et de *Pisse-Vache*. Le massif du Luisin sépare le vallon de Van de celui de Salvan, creusé en partie dans les terrains carbonifères qui comblent la synclinale entre les massifs des Aiguilles Rouges et du Mont-Blanc. Le sentier de Van à Salvan traverse toute l'épaisseur du *gneiss* et du *granit* du Luisin et, à partir de Salvan jusqu'à la vallée du Rhône, le chemin suit constamment le terrain carbonifère (Pl. XV, fig. 6 et 7). Voir pour cette partie la description de Gerlach (*86, c*, p. 12, etc.).

### Le col du Jora et Gagnerie.

Revenons à la plaine de Salanfe pour prendre le passage du **col du Jora.** Le sentier s'élève doucement en suivant à peu près la surface des roches cristallines supportant les rochers de Gagnerie ; au col du Jora, taillé entre ces rochers et le massif cristallin du Salantin, le sentier se dirige au nord pour descendre par la gorge de St-Barthélemi jusqu'à la vallée du Rhône à Collonges (Pl. XIV, fig. 4; voir encore Alph. Favre, *58*, II, p. 344; Pl. XVII, fig. 6).

A une faible distance au-dessus des Chalets de Salanfe, on jouit d'une vue d'ensemble excessivement intéressante sur la paroi des **Tours Salières,** le col de Susanfe et la Dent du Midi. Si l'on s'y trouve de bon matin, peu après le lever du soleil, l'éclairage est le plus favorable et on peut alors, au moyen d'une lunette, poursuivre les nombreux replis de cette montagne que la lumière du soir permet à peine de distinguer. C'est d'après des dessins pris sur place qu'a été fait le profil de cette montagne (Pl. XVIII, fig. 3 A).

Nous avons vu qu'au bord de la plaine de Salanfe, les couches crétacées se superposent en *ordre renversé* au nummulitique et qu'au col d'Émaney, cette même série, suivie de malm et de dogger, reposait sur des assises réputées triasiques en contact avec le gneiss. Or, la vue d'ensemble que nous avons sous les yeux, permet de saisir avec une clarté peu commune, les relations entre les Tours Salières et la Dent du Midi. On suit avec toute facilité le massif de malm, depuis le col d'Émaney, où nous l'avons vu former un escarpement, jusqu'au col de Susanfe. Il plonge d'abord au N.-O., devient horizontal au-dessus de la plaine de Salanfe et se relève à l'approche du col de Susanfe ; là il se replie subitement en arrière et contourne en forme de ≻ un noyau d'oxfordien suivi plus haut d'un repli en ≺ renfermant un coin néocomien. Un nouveau repli en ≻, cette fois rompu à sa convexité, laisse affleurer l'oxfordien sur la face N.-O. des Tours Salières. Le malm revient par-dessus, plusieurs fois replié et forme les trois sommets des Tours Saliè. res ; le *Dôme* (3062m), la *Tour du milieu* (3156m), la *Tour Salière* (3227m).

Il y a donc du malm au haut et au bas de cette paroi ; elle se compose entièrement de terrain jurassique, qui, abstraction faite des petits replis, présente dans son ensemble un contournement en forme de ⊃, le noyau étant formé par les couches oxfordiennes et le dogger. Ce qui ressort avec le plus de clarté, c'est l'*arrêt total du malm* au col de Susanfe. Il ne peut y avoir aucune relation entre le malm et les calcaires gris du néocomien. La voûte jurassique que nous constatons est néanmoins bien dans la position que présumait M. Alph. Favre; seulement, au lieu de s'étendre jusqu'au sommet des Dents du Midi, elle se replie déjà au col de Susanfe. Il reste toutefois un point étrange : c'est l'épaisseur considérable du néocomien dans l'arête des Dents du Midi et sa faible puissance aux Tours Salières. Ce terrain y forme plusieurs grands replis (Pl. XVIII, fig. 2 et 3) ; mais de telle sorte, qu'étant donné l'arrêt complet du jurassique au col de Susanfe et l'existence du nummulitique au niveau de la plaine de Salanfe (1930m), il est impossible de supposer du terrain jurassique au centre des replis du néocomien ; on dirait une calotte de néocomien, décolée de sa base jurassique et repliée indépendamment de celle-ci. La faible épaisseur du néocomien au pied des Tours Salières forme donc un contraste frappant. La continuité des couches 6 à 10 de la coupe du col d'Émaney (Pl. XV, fig. 4) avec 1 à 6 de la coupe Pl. XV, fig. 5 est presque aussi facile à suivre que celle du malm ; par places seulement les assises sont cachées par des éboulis et des névés (Pl. XVIII, fig. 3).

La position de la série renversée de l'*éocène* jusqu'au *dogger*, au-dessus des trois assises supposées triasiques, est aussi difficile à expliquer.

L'étude que nous allons faire de la série de terrains entre le col du Jora et les **Rochers de Gagnerie,** nous conduira à un résultat peu différent, et tout aussi étrange ; ce sera une confirmation de notre coupe des Tours Salières. Les rochers de Gagnerie avaient été considérés jusqu'alors comme faisant partie de la masse jurassique des Tours Salières, à laquelle M. Alph. Favre avait rattaché encore le flysch de la pointe de Tanaire. La situation de ces rochers, entre l'arête des Dents du Midi (Cime de l'Est) et le massif cristallin du Salantin, pouvait motiver cette manière de voir ; le terrain jurassique manque toutefois aux rochers de Gagnerie. Voici la série des terrains observés par MM. Rittener et Schardt :

L'entaille du *col du Jora* (2275<sup>m</sup>) est dans la *cargneule* et les *roches dolomitiques* reposent sur les *schistes argileux rouges* et *verts* et le *grès arkose* qui s'applique en discordance sur le *gneiss* du Salantin. Le plongement est dirigé de 30-35° au N.-O. Ces couches présentent une identité absolue avec les trois assises du col d'Émaney, cette série est donc très constante. Où que l'on examine la base des terrains sédimentaires, on trouvera toujours ces trois couches au contact, soit avec le gneiss, soit avec le carbonifère, prouvant ainsi qu'on peut les ranger sans hésitation dans le trias. M. Alph. Favre cite une foule d'endroits où il les a constatés, tels sont le *Buet*, le *col du Salanton*, le *col d'Entraigue*, etc., jusqu'au sommet de l'*Aiguille rouge* (58, II, p. 324, 334, 341, etc., Pl. XVII, fig. 1, 2, 4, 5 ; Pl. XVI, fig. 4).

On trouve d'abord, au N.-O. du col du Jora, une petite saillie où affleurent des *schistes calcaires* remplis de grains, ressemblant à des débris de fossiles ; ils sont identiques à la couche 1 de la coupe de Salanfe (Pl. XV, fig. 5). Des schistes plus foncés suivent ; ils affleurent sur un col un peu plus bas que le col du Jora ; enfin, viennent des *calcaires gris* décomposés et un affleurement de cargneule peu large, suivi de schistes identiques à ceux du monticule au N.-O. du col. Un premier petit abrupt, au pied des rochers de Gagnerie, est formé de *calcaire grisâtre*, au-dessus duquel viennent des *calcaires foncés*, alternant avec de faibles intercalations marno-schisteuses ; ils appartiennent au nummulitique et correspondent à la couche 3 de Salanfe ; les *Nummulites* s'y trouvent en grande abondance. Environ 50 mètres plus haut, viennent les *schistes calcaires rouges et verts* correspondant à la *craie* et par-dessus, sur 30 mètres environ, un massif de calcaire fendillé et plaqueté que nous avons pris pour de l'*urgonien*. Le *néocomien à Toxaster* vient par-dessus et forme le sommet des Rochers de Gagnerie (2595ᵐ). Ce sommet est complètement décomposé; d'immenses blocs, entassés en complet désordre, forment le haut de cette arête abrupte des deux côtés. Il est probable que le terrain jurassique existait autrefois au sommet des Rochers de Gagnerie; il en a disparu et l'érosion n'a laissé que les assises que nous venons de traverser; il en résulte que la coupe de ces Rochers est identique à celle du pied des Tours Salières, et rendue plus évidente encore par la présence du *calcaire nummulitique* fossilifère. **M.** Rittener l'a constaté encore en suivant le pied des Rochers de Gagnerie pour se rendre au glacier de Plan-Névé et de là à la Cime de l'Est. Il affleure aussi au col entre cette cime et Gagnerie.

Vus depuis le col de Susanfe, les *Rochers de Gagnerie* offrent un profil naturel fort net, grâce à la couche de schiste rouge et vert qui se poursuit en dessous de l'urgonien et permet de constater plusieurs replis en zigzag à l'extrémité N. de la paroi (Pl. XIV, fig. 2).

Le profil (Pl. XVIII, fig. 1) montre leur structure et leur situation par rapport au massif du Salantin et de la Cime de l'Est. La face opposée des Rochers présente les mêmes replis, bien visibles du pied des Dents de Morcles (Pl. XIV, fig. 5).

La descente du col du Jora par la **Gorge de Saint-Barthélemi** n'offre que des observations propres à confirmer tout ce que nous venons de constater. La gorge, creusée dans toute sa longueur sur la limite du *gneiss* et des *terrains sédimentaires*, a d'abord une direction N. et prend à partir de Norlot une direction N.-E.

On peut constater encore le long de cette descente les replis des schistes rouges crétacés et de l'urgonien dans le haut de la paroi de Gagnerie. Le pied de celle-ci est formé de calcaire *nummulitique*, auquel s'associe bientôt du *flysch*, lequel devient de plus en plus épais, et se lie à celui de la *Pointe de Tanaire* qui forme le versant N.-O. de la gorge. Le versant sud, par contre, est formé presque entièrement par le *gneiss* du Salantin. Les recherches de M. C.

Schmidt (*184, b*) ont démontré que ce gneiss est traversé de plusieurs *filons de porphyre*. Il en a constaté deux : l'un non très loin de l'entrée de la gorge, l'autre vis-à-vis du second des trois torrents descendant du Tanaire.

## RÉSUMÉ

L'exploration du Ravin de Saint-Barthélemi nous a ramenés à notre point de départ. Ayant sous les yeux les profils et croquis (Pl. XIV, XV et XVIII), il sera facile maintenant de coordonner et de résumer en quelques mots toutes les observations faites.

En comparant les profils 1-3 (Pl. XVIII) avec le profil de la Dent de Morcles par M. Renevier (*169*), on constate une analogie frappante ; les deux se présentent sous forme d'une grande synclinale couchée de terrain éocène, supportant du crétacé renversé. Le profil des Dents de Morcles apparaît naturellement avec une grande netteté, vu du pied des Dents du Midi et les replis de l'urgonien du sommet sont bien visibles. Le profil des Dents du Midi diffère sur plusieurs points accessoires. Au lieu d'être *assis* sur le massif cristallin excavé en forme de cuvette, le pli synclinal des Dents du Midi est *acculé* contre le massif ; la jonction entre les terrains de la base et ceux du sommet est totalement oblitérée, comme écrasée par le massif cristallin ; ce contact anormal se voit le long de la gorge de Saint-Barthélemi, où le jurassique des rochers de Mex s'arrête au bas du ravin.

Le passage entre les différents profils est facile à saisir (Pl. XVIII, fig. 1-3). La distance entre le massif cristallin et le sommet de l'anticlinale couchée par-dessus le flysch est très restreinte à la cime de l'Est ; le noyau jurassique y a disparu. Plus au S.-O. l'espace entre les deux augmente, le jurassique moins écrasé gagne de place et a résisté à l'érosion (fig. 3 A). Il devient toujours plus puissant et forme au S.-O. des Tours Salières, le *Cheval-Blanc*, le *Buet*, etc.

Une modification analogue s'opère dans les replis du néocomien. A partir de la Dent de Bonnavaux, ils se développent en largeur et finissent par former une série de chaînons et d'arêtes distincts qui se poursuivent jusqu'au bord du Giffre et plus loin. Cette modification peut s'expliquer comme suit : Il y a à la Dent du Midi une série de replis écrasés du néocomien qui sont *entassés les uns sur les autres* (≣) tandis que plus au S.-O. ces plis, bien moins écrasés, se *succèdent les uns à côté des autres* (ʌʌ) avec un déjettement relativement faible. Il suffit de comparer les profils de la Dent du Midi (Pl. XVIII, fig. 2-3) avec celui des Dents Blanches-Vouille (Pl. XVIII, fig. 4) que nous extrayons de l'atlas de M. Alph. Favre, pour comprendre facilement la transformation qu'a subie la structure de la chaîne entre ces deux points.

# ÉVOLUTION GÉOLOGIQUE

Nous avons constaté plus d'une fois dans le cours de la description que nous venons de terminer, qu'il y a certaines relations entre le parcours des plissements et l'extension des facies géologiques. Il est possible ainsi de fixer l'âge précis du commencement des dislocations et de suivre l'influence que la variation de profondeur et le voisinage des côtes exercent sur le facies des sédiments.

Le résumé suivant d'une histoire géologique de la région décrite, donne les conclusions *théoriques* qu'il est possible de tirer de nos observations.

### *Ère primaire.*

Les DÉPÔTS ANTHRACIFÈRES avec plantes terrestres des Alpes valaisannes démontrent que cette région a participé au mouvement d'exondation très général dans l'Europe centrale pendant la période carbonifère. Il n'est guère possible de dire ce qui a précédé cette époque. Les schistes cristallins qu'il convient d'envisager comme étant d'origine sédimentaire, ont probablement été disloqués déjà avant cette époque, ainsi que cela paraît ressortir des discordances visibles entre le carbonifère, le trias, etc.

*Ère secondaire.*

La PÉRIODE TRIASIQUE offre dans les *chaînes intérieures* un caractère très uniforme par sa succession de *grès arkose*, de *schistes rouges et verts* et de *calcaires dolomitiques* avec *cargneule*. Dans les *chaînes extérieures*, les puissants dépôts de *gypse* et de *roches dolomitiques* ont été déposés dans les lagunes, dans lesquelles s'évaporaient des eaux marines et saumâtres. Les terres émergées en ce moment avaient peu de relief et les lagunes une profondeur assez faible.

Avec la PÉRIODE LIASIQUE commence une phase d'affaissement tout à fait générale. Les lagunes font place à un vaste océan, occupant presque toute l'Europe centrale et la chaîne des Alpes. Le premier terrain, l'étage *rhétien*, indique par son facies et ses fossiles une mer de faible profondeur. Il est suivi d'un dépôt, presque partout le même, de calcaires foncés à rognons de silex, interrompu par places par un facies à débris de crinoïdes ou de calcaire homogène renfermant des *Ammonites* et des *Brachiopodes*.

Avec l'étage TOARCIEN, essentiellement schisteux, commence un facies d'une grande uniformité pétrographique dans toute la région ; son facies pélagique est attesté par les *Ammonites* et les *Belemnites* très répandues. La direction de la chaîne des Alpes tend à s'ébaucher dès cette époque ; car le haut des dépôts toarciens prend par places un facies côtier, caractérisé par de nombreux fucoïdes à formes analogues aux Laminaires et qui se continue encore pendant l'époque du dogger.

L'ÉPOQUE DU DOGGER offre déjà des indices de chaînes de plissement disposées dans l'alignement des Alpes centrales, du N.-E. au S.-O. Ce sont des îles couvertes de végétaux terrestres, sur le bord desquelles se dépose le *facies côtier des couches à Mytilus* et plus au large le *facies à Laminaires des couches à fucoïdes*. Toute cette zone s'étend sur plus de **120** kilomètres de longueur le long de la chaîne des Gastlosen, Tours d'Aï et Mont-Chauffé et se retrouve dans quelques klippes plus à l'est. Des érosions se produisent sur les côtes de ces îles, et ont pour résultat la formation de lits de grès, brèches et poudingues.

Au delà de la zone des algues s'ouvre encore un vaste et profond océan, où des *Céphalopodes* nombreux se mélangent à des crinoïdes et des algues de grandes dimensions; c'est le facies des *couches de Klaus*. Ces dépôts sont interrompus seulement par quelques zones oolithiques.

Une différence de facies très marquée commence à se manifester entre les terrains des *chaînes extérieures*, et ceux des *chaînes intérieures* à partir de la fin de l'époque jurassique. Le bassin marin qui s'étendait jusqu'alors sur toute la région des Alpes, se divise en deux, par un accident sous-marin sans doute, établissant une grande différence de niveau entre la région où se déposent les terrains des hautes Alpes et ceux des chaînes extérieures ou Préalpes. Cette séparation suit l'alignement actuel des cols de Pillon, de la Croix, de Couz, de la Golèze, etc., et commence à se montrer pendant la formation du malm, qui, dans les hautes Alpes, se réduit à deux assises, dont l'une inférieure, *oxfordien schisteux*, se confond avec le facies du dogger, l'autre supérieure, est un simple massif calcaire.

Les chaînes extérieures offrent une grande variété dans les dépôts du malm; ce terrain varie de facies et d'épaisseur d'une chaîne à l'autre, prouvant que celles-ci commencent déjà à se dessiner sous l'eau sous forme d'inégalités modifiant la nature des sédiments. Dans la chaîne la plus extérieure se succèdent les terrains homogènes du *callovien*, le *facies noduleux de l'oxfordien*, les *calcaires homogènes du séquanien-kimmeridgien* et le *lithonique*, dont l'affinité avec le crétacé ancien n'est pas à méconnaître. Dans le groupe du Moléson-les-Verreaux, le facies noduleux de l'oxfordien a un grand développement, pendant que celles du Mont-Cray, Naye, Mémise et Borée n'en offrent qu'une bien faible épaisseur. Le malm supérieur qui s'y dépose, contraste par sa faible puissance avec les gros massifs calcaires des Gastlosen, Tours d'Aï, Mont-Chauffé et des divers klippes. Les fossiles font défaut et le facies reste le même de l'oxfordien jusqu'au portlandien. A cette dernière époque seulement, un *facies coralligène à Diceras* et *Nérinées*, venu du N.-E., fait invasion pendant une courte durée dans la mer uniforme du malm de cette région.

Dans la PÉRIODE CRÉTACÉE, la différence de forme des deux bassins accentue encore davantage le facies des sédiments qui se déposent de part et d'autre.

Dans le bassin du N.-O., grande uniformité des dépôts, *terrain pélagique à céphalopodes*, variant seulement d'épaisseur, suivant les inégalités du fond; tel est le caractère du NÉOCOMIEN des Préalpes; son épaisseur est très grande dans les chaînes du bord et diminue dans les chaînes plus intérieures pour s'éteindre totalement avec celle du Mont-Cray.

Dans la chaîne des *Diablerets* et des *Dents du Midi*, appartenant au bassin du S.-E., il y a une succession de sédiments très variés. Au *néocomien inférieur à céphalopodes* succède un étage correspondant à la *marne d'Hauterive*, puis l'*urgonien*, identique à celui du Jura. Ce bassin a la forme d'un golfe, dépendant du bassin jurassien; car au S.-O., entre Annecy et Chambéry, il y a continuité parfaite entre les sédiments des chaînes alpines et celles du Jura.

Le CRÉTACÉ MOYEN ET SUPÉRIEUR présente aussi une différence considérable de facies dans ces deux régions. Celle des chaînes extérieures, enfoncée sous une grande hauteur d'eau, se recouvre d'un manteau continu de vase rouge et grise, très homogène, composée de limon ferrugineux et de coquilles de *Foraminifères;* vrai facies abyssal, sans céphalopodes, avec de rares Échinides, Inocerames et dents de Poissons.

A l'est de la chaîne des Gastlosen, ce facies a commencé peut-être déjà à l'époque néocomienne; il est certain cependant qu'ailleurs des érosions ont eu lieu entre le dépôt de malm et celui de la craie rouge. Les terrains qui se déposent au S.-E. de la ligne de séparation, offrent successivement des facies et des faunes différentes; la formation de l'*aptien* et du *gault*, terrains à facies sableux et schisteux a été accompagnée d'un grand développement des céphalopodes et des gastéropodes. Le *cénomanien* et le calcaire *sénonien* rappellent davantage le facies à Foraminifères des Préalpes.

### Ère tertiaire.

Cette ère est celle de la dislocation presque générale de la chaîne des Alpes. Un bon nombre de plis calcaires, ceux des îles bathoniennes en particulier, prennent un relief réel et émergent sous forme de KLIPPES au milieu de la mer éocène. Les massifs cristallins du sud des Alpes émergent déjà et dominent tout le reste de la région en voie de dislocation, mais encore recouverte en bonne partie par les eaux.

Les *chaînes intérieures* dépassent pendant un certain temps la surface de la mer ÉOCÈNE; des éjections sidérothermales déposent des masses ferrugineuses analogues au *sidérolithique* du Jura, pénétrant dans les fissures des roches disloquées, pendant que des cours d'eau commencent déjà l'œuvre de l'érosion et que dans l'intérieur des terres émergées se développent quelques *formations d'eau douce* et sur leurs bords des lagunes à eaux saumâtres. Tout autour s'étend la mer NUMMULITIQUE, peu profonde, avec d'innombrables animaux. Le *grès de Taveyannaz*, avec ses feuilles de *plantes terrestres*, suit et enfin, le facies du FLYSCH recouvre tout de ses dépôts détritiques.

Pendant ce temps la *région des Préalpes*, au N.-O., avec ses nombreuses klippes crétacées et jurassiques, se modifie lentement. Au-dessus des amas considérables de gypses et de roches dolomitiques bréchiformes, rappelant l'époque triasique, se dépose partout le *flysch*, dans un océan peu profond, entrecoupé d'îles et d'isthmes et pénétrant sous forme de bras de mer parmi les chaînes émergées le long du pied des Hautes Alpes; mais le bord des Alpes, où les plis sont à peine ébauchés, reste encore occupé par une mer assez profonde. L'érosion agit fortement sur ces récifs isolés; les flots les attaquent et les réduisent sensiblement; beaucoup d'entre eux perdent leur couverture de crétacé et de malm.

Enfin les deux bassins entrent dans des conditions analogues et la mer du flysch s'étend sur la région des hautes Alpes en recouvrant de ses sédiments le calcaire nummulitique et le grès de Taveyannaz. Dans certaines parties des Préalpes, des roches cristallines en grands blocs se déposent en d'immenses amas, semblables à des moraines, au fond de la mer de flysch. Sont-ce des débris de klippes granitiques entièrement nivelées maintenant? ou faut-il admettre l'intervention de glaciers qui les auraient transportés des massifs cristallins du versant sud des Alpes qui renferment ces mêmes roches? Ailleurs, les blocs arrachés des klippes calcaires forment des brèches, soit entièrement calcaires, soit mélangées aux matériaux cristallins. Partout la mer est d'une profondeur peu considérable et les alternances innombrables de schistes, grès, marnes et poudingues témoignent des mouvements périodiques de la nappe et de l'effet érosif des vagues sur les côtes.

Vers la fin de l'époque éocène le bassin du flysch ressemble à une mer Méditerranée, parsemée de nombreux archipels formant des cordons que l'émersion croissante a fini par transformer en isthmes.

Les chaînes du Mont-Cray, Naye, Mémise, Borée, et celle des Gastlosen émergent à peine, pendant que celle du Moléson est plus élévée déjà ; le flysch n'y forme que de faibles dépôts. Au bord même, au contraire, le flysch a déposé de grandes épaisseurs de sédiments autour des plis à peine indiqués des terrains jurassiques et crétacés.

L'émersion totale des Alpes s'opère à l'origine de l'époque MIOCÈNE, pendant laquelle un golfe peu large, dépendant du bassin miocène, persiste sur l'emplacement de la vallée transversale du Rhône, en s'étalant dans le val d'Illiez où se déposent des schistes et des grès rouges. C'est une sorte de fiord pénétrant dans l'intérieur des chaînes de plissement couvertes déjà de quelque végétation. Pendant cette époque et encore après le dessèchement de ce golfe, le bassin miocène se couvre de sédiments également rouges (mollasse rouge) qui forment partout la base des terrains plus récents. Le Jura présente aussi les premières terres fermes et les cours d'eau qui en descendent, mélangeant leurs matériaux à ceux venus des Alpes.

Les plissements s'accentuent partout à la suite de l'émersion ; mais les voûtes sont encore régulières, en forme de simples bombements. La surface exondée n'est que peu accidentée ; les dépôts éocènes remplissent encore les longues cuvettes synclinales ou recouvrent totalement les plis des terrains secondaires, notamment dans la chaîne de Niremont, Pléiades, Gurnigel et dans la chaîne des Gastlosen jusqu'aux Tours d'Aï. Les chaînes du Chablais sont aussi en partie cachées sous le flysch. Dans les grands bassins éocènes, au milieu de la brèche du Chablais et de celle de Niesen, les klippes peu saillantes du Rubli, de la Gummfluh, de Treveneusaz, etc., sont interrompues sur de grandes longueurs par suite de leur complet nivellement. A part ces inégalités, la surface de la terre émergée présente une pente générale tournée du côté du bassin miocène.

Les cours d'eau se localisent sur cette surface et commencent l'œuvre de l'érosion. Les premières lignes d'écoulement se forment ; l'Aar, le Rhône et l'Arve tracent leur lit inférieur transversalement aux plissements des terrains secondaires et commencent à déposer dans le lac miocène des cônes de déjection toujours plus étendus, pendant que dans le bassin même se forment successivement les sédiments de la mollasse à charbon, de la mollasse grise puis de la mollasse marine.

Pendant ce temps, le bouleversement définitif de la chaîne des Alpes se prépare rapidement. Les plis s'accentuent toujours davantage et subissent vers la fin de l'époque miocène leurs dernières modifications. Ils s'écrasent, se déjettent et se renversent totalement. Les masses de terrains éocènes remplissant les synclinales, réagissent sur les voûtes qui sont écrasées latéralement ; d'autres, cachées sous le flysch, se rompent au sommet et se disloquent en forme de chevauchements bizarres, ou prennent, après avoir déjà subi de nombreuses érosions pendant l'époque éocène, les formes étranges de klippes aux trois quarts entourés du flysch.

Dans les hautes Alpes, les terrains secondaires forment des lacets allongés qui se contournent en position presque horizontale au-dessus des terrains éocènes plus récents. De nouveaux bombements des terrains cristallins s'ajoutent aux massifs déjà formés et augmentent la hauteur des sédiments déjà contournés.

C'est ainsi que les Alpes, tout en se plissant encore sous l'influence du refoulement, subissent déjà l'effet de l'érosion qui n'a cessé d'agir pendant toute l'époque miocène et se continue encore plus activement pendant l'époque quaternaire.


### *Époque quaternaire.*

Les sources des grands cours d'eau sont modifiées par l'érosion qui agit en même temps et plus activement encore sur le versant sud des Alpes, et empiète sur le réseau des cours d'eau dirigés au nord.

Le nombre des points d'attaque de ceux-ci augmente avec la formation des derniers plissements et renversements sur le bord nord des Alpes. Aux trois grands cours d'eau miocènes s'ajoutent d'autres, de moindre importance, mais dirigés aussi transversalement aux chaînes de plissement. De ce nombre est la Sarine avec ses deux bras, la Jogne et l'Hongrin, qui rappellent les trois bras de la Dranse dans les Alpes du Chablais. Tous ces cours d'eau déposent de grands amas de graviers stratifiés dans les lacs quaternaires, derniers vestiges des lacs miocènes. Le Rhône, en particulier, comble peu à peu le fiord profond du Léman qui pénètre jusqu'au delà de Monthey, à travers les chaînes des Préalpes. La grande profondeur du lac Léman, entre Vevey et Thonon, ne peut être attribuée à l'action de l'érosion. C'est un affaissement du sol même qui en est la cause, ainsi que l'atteste la faille entre Port-Valais et Saint-Gingolph. Le petit lac, par contre, pourrait être considéré comme un ancien lit d'érosion, barré avant l'époque glaciaire par les alluvions de l'Arve et plus tard par les moraines. L'ancienneté de la vallée du Rhône entre Montreux et Bex ressort de la direction convergente des chaînes calcaires; son creusement a commencé déjà avant le plissement définitif des terrains sédimentaires.

Il s'est passé un temps très long après l'émersion du bassin miocène, jusqu'à l'envahissement du plateau par les glaciers.

Cette époque préglaciaire est marquée par des atterrissements sous forme d'alluvions torrentielles, qui servent de base aux dépôts morainiques. Le creusement des vallées alpines s'est opéré durant cette période, ainsi que l'atteste le delta préglaciaire de la Dranse.

Les phénomènes qui ont accompagné l'époque glaciaire, ont déjà été fréquemment décrits et vont être l'objet d'une nouvelle description; cela nous dispense d'en parler ici. Les moraines glaciaires se déposent sur bien des points alternativement avec les alluvions torrentielles, pendant les oscillations de la période d'avancement et de retrait des glaciers.

Depuis le retrait des glaciers, la situation ne se modifie pas sensiblement. Dans les vallées alpines, l'érosion se localise peu à peu dans la région des sources. Sur le plateau, les dépôts glaciaires et les alluvions anciennes sont affouillés, de même que les terrains miocènes.

Le niveau du lac Léman, très élevé par suite des barrages glaciaires et alluviaux, déposés entre le pied du Jura et Genève, s'abaisse graduellement en raison de l'affouillement de ceux-ci. En prenant un niveau plus bas, il met à découvert sur ses berges des sédiments lacustres déposés au-dessus des graviers glaciaires (formation des terrasses). C'est sur la grève enfin, nouvellement formée, que s'établissent les premiers habitants de notre pays.

I.

| TERRAINS | Chaîne du Niremont. | Moléson — Verreaux.<br>Vallée de Grandvillars — Allière. | Mont-Cray — Naye[...] |
|---|---|---|---|
| **Éocène.** | Schiste feuilleté à traces charbonneuses et à ripple-marks du flysch; schistes et marnes à *Chondrites*; grès durs avec traces charbonneuses et poudingues. I<sup>re</sup> zone de flysch. | Quelques lambeaux de flysch, grès marneux et marnes schisteuses dans la vallée d'Allière et de Grandvillars. Au Moléson l'éocène a été enlevé par l'érosion. | Longue zone de flysch[...] chaîne et la suivante. Grès[...] poudingues à galets de sil[...] (poud. de la Mocausa). *Fu*[...] fréquents. II<sup>me</sup> zone du flys[...] |
| **Crétacé supérieur.** | Schiste calcaire gris, quelquefois rouge, avec *Foraminifères*. Quelques *Echinides*; grands *Inoceramus* près de Semsales. | Calcaire schisteux ou massif, grenu, de couleur rouge ou grise; avec *Foraminifères*. Très épais dans la vallée de Grandvillars et d'Allière. Manque au sommet du Moléson. | Roche de même nature [...] précédente chaîne; un peu pl[...] par places. Zone de rognons[...] contact avec le néocomien[...] nombreuses klippes dans le[...] II<sup>me</sup> zone. Pas d'autres foss[...] *Foraminifères*. |
| **Crétacé inférieur.**<br>(Néocomien) | 1. Néocomien à *Céphalopodes*. Calcaire homogène en lits réguliers avec schistes de même couleur. *Aptychus, Ammonites, Belemnites*.<br>2. A la base : marne foncée à *Ptéropodes* avec fossiles valangiens. | Grande épaisseur de néocomien à *Céphalopodes* avec les mêmes caractères qu'au Niremont. Zones de rognons siliceux dans les calcaires homogènes. Fossiles nombreux. | Calcaire en bancs peu épai[...] rognons siliceux informes et[...] fossiles très rares.<br>Épaisseur totale 50-60$^m$. |
| **Jurassique supérieur.**<br>(Malm) | 1. Calcaire tithonique gris avec *Ammonites* et *Terebratula Catulloi*.<br>2. Calcaire à *Am. acanthicus*.<br>3. Calcaire noduleux gris. } Oxfordien.<br>4. Calcaire à ciment. | 1. Calcaire tithonique gris, bancs réguliers à délit bleuâtre (*Terebratula Catulloi, Bel. semisulcatus*).<br>2. Calcaire à rognons siliceux gris, zone à *Am. acanthicus*.<br>3. Oxfordien noduleux gris.<br>4. Oxfordien noduleux rouge. | 1. Calcaire gris, peu puissan[...] rognons siliceux informe[...]<br>2. Oxfordien noduleux ro[...] épaisseur 10-15$^m$.<br>3. Schiste à *Belemnites hast*[...] *plicatilis*. |
| **Jurassique inférieur.**<br>(Dogger) | N'affleure pas. | 1. Bathonien; couches de Klaus; calcaire foncé, grenu, à alternances schisteuses. 200-300$^m$. *Am. tripartitus, Zoophycos scoparius*.<br>2. Bajocien à *Am. Murchisonæ* et *Am. tatricus*.<br>3. Zone à *Am. opalinus*; calcaire schisteux passant au toarcien. | 1. Bathonien; couches de [...] caire oolithique dans le [...] nant grenu plus bas. *Am.*[...] *Am. Parkinsoni* et *Zoop*[...] *rius*.<br>2. Bajocien à *Am. Murchi*[...] *phriesianus* et *tatricus*. |
| **Lias supérieur.**<br>(Toarcien) | N'affleure pas. | Schiste et calcaire peu dur, bleuâtre, jaunissant au contact de l'air; *Ammonites radians, Am. alensis; Posidonomya Bronni; Ichthyosaurus tenuirostris; Zoophycos scoparius*. | Schistes, calcaire foncé et[...] bleuâtre, avec *Helminthop*[...] *dictyon alpinum, Zoophycos*[...] Calcaire à *Posidonomya Br*[...] *monites*. |
| **Lias inférieur.**<br>(Sinémurien et hettangien) | N'affleure pas. | 1. Calcaire à débris de *Crinoïdes*, rose ou gris; *Lytoceras fimbriatus, Arietites Conybeari. Belemnites*.<br>2. Calcaire grenu, foncé, à grains siliceux.<br>3. Calcaire homogène bleuâtre et marnes hettangien à *Pecten valoniensis, Ostrea anomala*. | 1. Calcaire à débris de *C*[...] homogène, rose ou gris[...] *planicosta, Rhynchonella*[...] *ca*, etc.<br>2. Calcaire dolomitique à *R*[...]<br>3. Calcaire siliceux foncé.<br>4. L'étage hettangien ne se d[...] |
| **Rhétien.** | N'affleure pas. | 1. Calcaire foncé et alternances marneuses avec *Cardium rhæticum, Cardita austriaca*.<br>2. Calcaire à lumachelle et marnes. *Avicula contorta, Placunopsis alpina, Modiola minuta*. | 1. Calcaires et marnes schiste[...]<br>2. Lumachelle à *Avicula cont*[...] *nopsis alpina, Gervillia*[...]<br>3. Calcaire compact à *Sargo*[...] |
| **Trias.** | N'affleure pas. | 1. Marnes rouges et vertes.<br>2. Calcaires dolomitiques et cargneules au milieu des voûtes et le long de la faille, entre la chaîne du Niremont et le Moléson. | 1. Marnes verdâtres;[...]<br>2. Calcaire et marnes dolom[...] nes et blancs.<br>3. Gypse en grande épaisse[...] |

| Chaîne des Gastlosen et Chaîne des Tours d'Aï. | | Klippes de Rubli—Gummfluh et Vallée de la Grande-Eau. | Grande région du flysch du Niesen. |
|---|---|---|---|
| ...zone de flysch très puissant au S.-E. de la chaîne. Même roche que ...précédente. Épais massif de poudingue calcaire avec silex et grands ...grès foncé dans le haut du Hundsrück. IIIme zone. Quelques lami-...schiste argileux micacé rouge à la base. Dyke de *diabase* au milieu ...inférieurs. IIIme zone du flysch. | | 1. Grès et schistes du flysch normal à *Fucoïdes*. 2. Brèche calcaire compacte de la Hornfluh; foncée et fétide des deux côtés du chaînon du Rubli; gris clair au pied de la Gumm-fluh. 3. Gypse et cargneule en lambeaux isolés à la base. IVme zone. | 1. Brèche polygénique à roches cal-caires et cristallines très variées, renfermant des blocs de plusieurs mètres cubes. Gros bancs de grès de même composition, alternant avec des schistes à *Fucoïdes*. 2. Schiste et grès gris du flysch normal. 3. Cargneule et gypse à la base, sur le bord du bassin et autour des klippes. Vme Zone. |
| ...assise, composée de : ...schisteux rouge. ...gris en bancs réguliers. ...rouge un peu grenu, ren-...les mêmes *Foraminifères*; ...Gastlosen jusqu'aux Tours | Aux Rochers de la Braye, où la chaîne des Gastlosen passe à celle des Monts Chevreuils-Tours d'Aï, existe une seconde zone de crétacé; calcaire presque massif, tacheté de gris et de rouge, devenant schisteux vers le haut. | Calcaire schisteux rouge assez ho-mogène; nombreux *Foraminifères*. Quelques zones grises. Klippe crétacée au N.-O. du Rubli. Même roche à la Gummfluh, avec fer oxydé. | Enlevé par l'ablation pendant la formation du flysch. |
| ...avec le malm | Manque. ou représenté par la partie inférieure des couches ...grises, attribuées d'après leurs *Foraminifères* au crétacé supérieur.) Peut-être érosion du malm? | Manque. Confondu avec le malm ou avec les couches rouges. Peut-être érosion du malm? | Manque. |
| ...de 150-200m de calcaire ...gris clair, plus foncé vers ...fossiles manquent presque ...(Facies coralligène dans ...l'assise à la Simmenfluh.) | Massif encore plus épais, en bancs de 5-10m bien séparés. Pas de fossiles connus. (Tours d'Aï.) | Épais massif de calcaire compact; de couleur grise plus ou moins foncée au Rubli; facies coralligène dans le haut (Gessenay). Calcaire gris clair à la Gummfluh et au Mont d'Or. | Enlevé pendant la formation du flysch. |
| ...à *Mytilus* (bathonien). ...calcaire massif. ...marneux à *Myes* et *Bra-...schisteux à Modiola* et ...*Polypiers* et *Astartes*. ...grès, marnes, poudingues | Manque ou représenté par une partie des schis-tes et calcaires à *Helminthopsis laby-rinthica* et *Palæodictyon alpinum*. | Dans le chaînon du Rubli, couches à *Mytilus*, comme aux Gastlosen; manque au Rocher du Midi et au Mont d'Or et réapparaît dans la vallée de la Grande-Eau. A la Gummfluh, calcaire et marnes foncés; quelques *Ostracées*. | Calcaire bréchiforme, foncé et grenu avec *Belemnites* et *Terebratules* de la klippe d'En Oudioux, Rocher Mourga et Truchaude. Klippe du Chamossaire. |
| ...affleure pas. ...et calcaires foncés à la ...Simmenfluh.) | Schiste et calcaire foncé, en dalles, avec *Helminthopsis labyrinthica* et *Palæodictyon alpinum, Zoophycos sco-parius*. | N'affleure pas au Rubli et à la Gummfluh. Schiste et calcaire à *Helminthopsis* dans la vallée de la Grande-Eau. | Calcaire schisteux d'Aigremont, du Dard et d'En Biot. Une partie du Chamossaire. Schiste feuilleté toarcien du Col du Pillon, du Col de la Croix et de Bex-Arveyes. |
| ...affleure pas. | 1. Calcaire gris et foncé rempli de rognons siliceux. 2. Calcaire homogène formant escarpement au-dessus des marnes de l'hettangien à *Pecten valoniensis*. | Dans la vallée de la Grande-Eau : 1. Calcaires en bancs épais, siliceux et grenus. 2. Calcaire homogène foncé, grandes dalles avec *Pecten valoniensis*, *Lima valoniensis*. | Calcaire foncé à la klippe d'En Biot sous le Plan-au-Saviot (Grande-Eau). (Peut-être le calcaire de Saint-Triphon??). |
| ...affleure pas. | 1. Calcaire et marnes schisteuses. 2. Calcaire à *Rhabdophyllia lango-bardica*. 3. Lumachelle à *Avicula contorta, Placunopsis alpina*. | Dans la vallée de la Grande-Eau : 1. Calcaire et marnes foncées à *Avi-cula contorta, Pecten valoniensis, Modiola ervensis*. 2. Schiste à *Bactryllium striolatum* (Vuarguy). | N'affleure pas. |
| ...affleure pas. | 1. Marnes et calcaires dolomitiques de grande épaisseur, et amas de cargneule. 2. Gypse et anhydrite. | 1. Quelques bancs dolomitiques à la base du rhétien de la Grande-Eau. Le gypse n'affleure pas. | N'affleure pas. |

# Tableau comparatif des terrains des Préalpes du Chablais, entr[...]

| TERRAINS | Massif de Mémise-Borée. | Massif d'Oche et de Pelluaz. | Massif du Grammont. | Chaîne des Cornettes, Mon[...] et Cheilon. |
|---|---|---|---|---|
| **Éocène.** | Quelques lambeaux de flysch ; grès, schistes marneux, dans le vallon de Mémise et du Blanchard. | Flysch schisteux et grès marneux au col de Novel, au col d'Oche, au col des Queffaits et au Chenay. Zones autrefois continues réduites à l'état de lambeaux. | Grès compact gris à débris de végétaux et à traces de charbon, grès et marnes rouges du Bouveret et de St-Gingolph (*miocène ancien*).<br><br>Flysch, schistes et grès foncés à *Fucoïdes* de la carrière du Fenalet près St-Gingolph. | Flysch schisteux de l[...] Villand et autres lambeaux[...] Flysch, marnes, grès et s[...] *Helminthoïdes* du Mont-La[...] |
| **Crétacé supérieur.** | Calcaire schisteux rouge et gris verdâtre, avec nombreux *Foraminifères* de la craie. A la base de l'assise qui recouvre l'arête de Borée, se trouve un lit de rognons siliceux avec marne ferrugineuse. | Mêmes caractères que dans le vallon de Mémise. Les rognons siliceux manquent. Un *Inoceramus Brunneri* au Planchaux d'Oche. | Calcaire grenu, de couleur rouge foncé, en bancs épais, schisteux vers le haut et panaché de vert grisâtre. *Foraminifères* de la craie. | Grande épaisseur de calca[...] surmonté d'une assise de[...] gris ou gris verdâtre et d'un[...] lit rouge. Mêmes *Foramini*[...] tout. A la base quelques ni[...] nerai de fer. |
| **Crétacé inférieur.** (Néocomien) | Calcaire gris avec nombreux rognons siliceux. Fossiles rares. *Belemnites pistilliformis, bipartitus ; Aptychus,* etc. | Calcaire gris, en bancs peu épais, avec rognons siliceux ; se perd dans le prolongement N.-O. de la synclinale d'Oche. | Manque. (Confondu avec le malm ou représenté par une partie des couches rouges.) Peut-être érosion du malm. | Manque. (Confondu avec le malm[...] senté par une partie des[...] rouges.) Peut-être érosion du mal[...] |
| **Jurassique supérieur.** (Malm) | 1. Calcaire gris à rognons siliceux auquel se superpose à Mémise le calcaire tithonique gris, lequel ne se distingue pas à Borée. 2. Oxfordien ; calcaire noduleux rouge et gris avec fossiles. | Calcaire massif gris en grande épaisseur ; fossiles très rares. | Calcaire gris formant un grand massif; pas de fossiles. | Calcaire massif, gris ou l[...] présentant tout le malm. |
| **Jurassique inférieur.** (Dogger) | 1. Couches de Klaus, calcaires et marnes foncés, avec *Ammonites tripartitus* et *Am. Parkinsoni* (bathonien). 2. Probablement aussi du bajocien, comme dans les chaînes de la rive droite. | 1. Schiste gris et calcaire alternants. 2. A Autan et au château d'Oche, affleurements de charbon, indices de la présence du niveau des couches à Mytilus. | 1. Calcaire oolithique (bathonien). 2. Calcaire foncé schisteux avec empreintes de *Fucoïdes,* et lits calcaires plus ou moins épais atteignant une très grande épaisseur. (Jurassique inférieur-lias supérieur.) | Couches à Mytilus (batho[...] A. Calcaire marneux en lits[...] B. Calcaire marneux gris av[...] C. Calcaire avec *Hemicidar*[...] D. Calcaire schisteux à[...] polypiers. E. Brèche, charbon, grès,[...] |
| **Lias supérieur.** (Toarcien) | Calcaire schisteux et marneux. *Ammonites radians.* | Calcaire schisteux se confondant par ses caractères avec le dogger. | | Schiste calcaire et bancs fon[...] peu épais, de couleur fon[...] empreintes d'*Helminthopsis*[...] |
| **Lias inférieur.** (Sinémurien et hettangien) | 1. Calcaire à *Crinoïdes* rouge et gris. 2. Calcaire gris grenu à rognons siliceux. 3. Calcaire très épais, bleuâtre, à *Pecten valoniensis* (hettangien). | Calcaire à *Crinoïdes* au pied de la Dent d'Oche. Calcaire siliceux et calcaire foncé, avec rognons de silex. | 1. Calcaire à *Crinoïdes* rouge ou gris, avec *Spiriferina*. 2. Calcaire noir en lits irréguliers, rempli de rognons siliceux. 3. Hettangien, calc. et marnes foncés. | 1. Calcaire gris et grenu, s[...] 2. Calcaire foncé à rognons[...] 3. Calcaire gris bleuâtre[...] et homogène, avec fossile[...] giens. Quelques lits de f[...] |
| **Rhétien.** | 1. Marnes supérieures avec *Avicula contorta*. 2. Marnes et lumachelle avec *Avicula, Placunopsis, Terebratula Gregaria,* etc. | Marnes et lumachelle rhétiens, avec nombreux fossiles à Autan. Calcaire à *Terebratula Gregaria*. | Calcaire lumachelle à *Avicula contorta* et schistes à Frêtaz. | Calcaire lumachelle et n[...] *Avicula contorta, Placunop*[...] *diola minuta*, etc. |
| **Trias.** | Calcaire dolomitique jaune et amas de cargneule. | 1. Calcaire dolomitique blanc et jaune avec amas de cargneule. 2. Gypse. | 1. Marne rouge et verte. 2. Cargneule et dolomie. 3. Gypse avec marne rouge. | 1. Marne rouge. 2. Calcaire dolomitique et[...] cargneule. |

| Arête-klippe de Linleux-Conche. | Klippe de Treveneusaz. | Région de la brèche du Chablais. | Val d'Illiez. | Massif des Dents du Midi et des Tours Salières. |
|---|---|---|---|---|
| ... étroite de flysch, com-/ ... grès et de schistes avec/ ... continue depuis la/ ... du Rhône jusqu'à Sa-/ ... Arvin et la Resse./ ... Flysch de la Raye avec nid | Flysch schisteux autour de la klippe ; schiste rouge argileux et micacé au contact avec le crétacé à Treveneusaz et au Signal de la Croix. Gypse et cargneule à la base du flysch. | Grands massifs de brèche calcaire foncée, séparés par des assises schisteuses, reposant sur du flysch normal à *Fucoïdes* et celui-ci sur des schistes argileux rouges. Gypse et cargneule à la base. Cargneule souvent au milieu de la brèche. | Grès et schistes lustrés rouges et violacés du val d'Illiez, avec plantes terrestres (*miocène ancien*). Flysch, schistes, grès et poudingues du vallon des Creuses et du col de Couz. | 1. Flysch, composé de schistes à *Fucoïdes*, marnes, grès en gros bancs et poudingues formant tout le soubassement des Dents du Midi. 2. Schistes, calcaires à *Cérithes* et calcaires à *Nummulites*. 3. Sidérolithique. Grès siliceux et ferrugineux, poudingues; érosion locale de crétacé. |
| ... rouge schisteux,/ ... vallon de Savalne-/ ... de calcaire plaqueté/ ... gris au Signal de la | Calcaire schisteux et compact rouge et gris, appliqué contre le malm et formant la pointe du rocher de Bellevue. | Quelques klippes de calcaire plaqueté rouge et gris au Plan du Charmy, près la ville de Nant, etc. | Manque. Enlevé par l'ablation pendant la formation du flysch. | 1. Calcaire de Seewen, avec *Foraminifères* de la craie. 2. Schiste gris. 3. Gault, grès compact vert foncé ou noir; sur d'autres points très friable avec quelques lits schisteux. Fossiles abondants. |
| Manque. Même observation. | Manque. Même observation. | Manque. | 1. Urgonien calcaire gris compact. 2. Néocomien massif, calcaire gris foncé, à Nairy, Champéry et Barmaz. A la Vérossaz, l'urgonien a été enlevé pendant la formation du flysch. | 1. Schiste et grès dur gris verdâtre de l'aptien. 2. Calcaire jaunâtre du rhodanien à *Orbitolina lenticularis*. 3. Calcaire gris urgonien supérieur à *Requienia Ammonia*. 4. Néocomien brun à *Toxaster complanatus*. 5. Néocomien gris à *Millericrinus valangiensis*. 6. Néocomien marneux inférieur. *Ostrea Couloni*. |
| ... massif, gris ou/ ... comme aux Cornettes./ ... Chauffé le bas du/ ... est transformé en/ ... de dislocation. | Calcaire gris en lits réguliers, très décomposé. | Klippes du Roc d'Ayerne, de la Ripaille, de la Ville de Nant, etc. Partiellement enlevé pendant la formation du flysch. | N'affleure pas. (Klippes du Roc d'Ayerne et de la Ripaille.) | 1. Massif calcaire gris foncé, homogène sans fossiles. 2. Schiste gris, plus ou moins foncé, avec *Belemnites hastatus*. |
| ... Mytilus (bathonien)./ ... à *Myes* et *Bra-*/ ... à *Modiola*./ ... à schiste avec/ ... rayensis et char-/ ... exploitable. | Couches à Mytilus. Marnes et calcaires foncés renfermant l'*Astarte rayensis*; charbon non exploitable. Schiste foncé au Col de Morgins. | Affleure dans quelques klippes. Partiellement enlevé pendant la formation du flysch. | N'affleure pas. | Calcaire et schiste foncés. |
| ... calcaire foncé. | Invisible à cause des éboulis. Schiste foncé au col de Morgins. | Quelques klippes au pied de la montagne de Grange. | N'affleure pas. | Calcaire et schiste foncés. (Au Creux de Dzéman, au pied des Dents de Morcles, calcaire schisteux avec *Am. cfr. radians*.) |
| ... et marnes foncés;/ ... Arvin sous Revereulaz. | Calcaire très décomposé spathique. Au col de Morgins, calcaire noir en lits irréguliers à *Gryphaea arcuata*. | Pas d'affleurements dans notre région, sauf celui du col de Morgins. | N'affleure pas. | Existe peut-être dans la voûte couchée des Tours Salières. (Au creux de Dzéman, calcaire foncé en gros bancs dans le lit du ruisseau.) |
| ... foncée et calcaire/ ... avec *Avicula con-*/ ... *Cardium rheticum*, | N'affleure pas. | N'affleure pas. | N'affleure pas. | Existe peut-être aux Tours Salières. (Au creux de Dzeman, calcaire gris, jaune à l'extérieur, avec débris d'ossements et calcaire lumachelle; bone-bed.) |
| ... dolomitique et car- | N'affleure pas. | N'affleure pas. | N'affleure pas. | 1. Calcaire dolomitique gris jaune et cargneule (aussi à Dzeman). 2. Schiste argileux rouge et vert (avec gypse?). 3. Grès arkose, gris brun, reposant sur des schistes cristallins ou sur le carbonifère. |

# TABLE ALPHABÉTIQUE DES MATIÈRES ET DES LOCALITÉS



## A

Ablation de l'urgonien à l'époque éocène. 578.
Abläutschen, 378.
Age du flysch, 180.
Agittes, flysch, 394.
Afflon, coupe, trias et lias, 330.
Afforets, hettangien, 57; c. à Mytilus, 107.
Aigle, 430.
Aigremont, lias sup., 75; flysch et brèche, 203:
   430.
Aiguilles, arête, 520.
Aiserin, gypse, lias sup., 443.
Albeuve, gorge de la Marivue, 330, 331.
Alliaz, analyse de la source, 313; cargneule, 23.
Allière, vallée, 336; oxford. 187, flysch, 185.
Alluvions, 257; plaine du Rhône, 274, 516; de
   Salanfe, 583.
Amygdaloïde, v. diabase.
Analyse de l'eau de l'Alliaz, 313; de natrolyte, 427;
   de roche à ciment de Vouvry, 539. Eau de Ver-
   nex, 317.
Anderets, col des, 446.
Anteines d'En haut, 426.
Antigny, couches rouges, 548.
Aptien de la Dent du Midi, 563.
Aquitanien, 233.
Ardoisières d'Essert, 548; Trois-torrents, 508.
Arête de Chézery, brèche de l', 501; structure, 544.
   — des Cornettes de Bise, structure, 530.
   — des Dents du Midi, 586.
   — d'Ounaz, 497.
   — des Tours, 351.
   — de Treveneusaz, 539.
   — des Verreaux, 302.

Argile glaciaire, 248, 250.
Argnaulaz, barr. err. 393.
Arkose, grès, 594, 559, 590.
Arnon, lac, 446.
Arnenhorn, 443. 445.
Arpilles, 444.
Arrenaz, *voir* Plan d'
Arvin, craie rouge, 488; flysch, 491; vallon et lac,
   539.
Audon, Tours d'Aï, 404.
Autan, trias, 457; rhétien, 457, 523.
Avants, source, 321; plateau, 320; tuf, 378; gla-
   ciaire, 251; hettangien, 56.
Aveneyre, signal et arête, 364; Aveneyre, *js.* 90.
Ayerne, col d', flysch et klippes, 394.

## B

Baena, lias, 305.
Badausaz, *cr.* 404.
Bains (Etivaz), *gy.* et source sulf., 223.
Bajocien, 75; Moléson, 75, Verreaux, 79.
Balle, carrière, 455, 456.
Balme, rocher de la, 428.
Bar, Combaz du, 401, 402.
Barmaz, marais, 391, 393.
Basaz ou Base, 415, 420.
Bathonien, 82.
Baye de Clarens, flysch, 184; errat., 250; coupe
   298.
   — de Montreux, vallon, 316.
Beauveau, gypse, 17.
Becrêt, pointe, 545.
Bellechaux, *ji.* 84; coupe, 311.
Bellevue, v. Treveneusaz.
Bennaz, glac. 513.

Bemialet, passage, *ji. ls.* 529.
Bernex, glac. 513.
Berroix, flysch, 552; vallon, 582.
Béverêt, *ji.* 80.
Bévieux, Ichthiosaure, 334, 71, *ji.* 85.
Bex (et Pillon), 75; *gy* et *ca*, 225.
Biollet, *ji* 422.
Biot, *ls*, 75.
Bise, col, *cr*, 537; hett. 462.
Blancet, mine de houille, 533.
Blanchard, néoc. 484, 519.
Blanche-fontaine, source, 545.
Blanc-Sex, voir Blancet.
Blattihorn, flysch, 446.
Blocs erratiques, sous Chamosallaz, 252, au Corbier,
    514; au Mont-Benant, 513; au Chenay, 513; à
    Bonnevaux, 514; à Monthey, 511.
Bloc de granit à Aigremont, 137.
Bloc Studer, 512.
Blonay, poudingue miocène, 245.
Boche, la, v. col de Bise.
Bœufs, vallon des, 522.
Boltigen, mine de houille, 95.
Bolus bleu, sidérol. 325.
Bonaudon, vallon, *ji*, 357.
Bonebed, 47.
Bonnefontaine, combe, 309.
Bonnavaux, arête, néoc. 582.
Bonnavouataz, schistes et grès rouges, 558.
Bonnevaux, vallée, 549.
Borée, jur. infr. 468; structure, 519.
Bornes, sources, 425.
Bossetan, gault, 565.
Bourrati, torrent, 444.
Bouveret, mioc. anc. 504-506, flysch, 505.
Bornon, cargn. et dol. 23.
Bovardes de Bise, lias, 465; repli double, 529.
Braye et vallée de Château d'OEx, 381; plateau et
    rochers, 382.
Brecaca, 422.
Briaz, flysch, néoc. 293.
Brèche d'Aigremont, 203.
Brèche du Chablais, 492; composition, 498.
Brèche décomposée, 499.
Brèche de dislocation, 476.
Brèche de la Hornfluh, 192.
Brèche dolomitique de la Wandfluh, 98.
Brêt, trias, ca. et dol., 455.
Broye, erratique, 249.
Bugnion, cargn. 330.

C

Cagne, cargneule, 312.
Calcaire-brèche du Chablais, 492.
    — à ciment oxfordien, 88, 120.
    — coralligène, 146, 147.
    — à Crinoïdes du lias infr. 61, 63, 464.
    — néocomien gris à Crinoïdes, 562.
    — noir du nummulitique, 571.
    — rouge du lias, 62.
    — de Seewen, 568.
Callaz, la, mine, 533.
Cananéen, cr., 414.
Cape au Moine (Ormonts), 443.
    — de Moine, *ji*, 85; c. grum. oxf. 334.
Caractère des différentes régions alpines, 2, 3.
Cargneule d'aspect récent, 428.
Cargneule et dolomies, triasiques, 17; Moléson, 22;
    Rachevys, 23; Cagne, 23; Alliaz, 23; Cubli, 23;
    Bornon, 24; Chamby et Chaulin, 27; Les Vaux
    de Charnex, 27; vallée de la Tinière, 28; Tours
    d'Aï, 29; Grammont, 452; Utane, 479; Trois-
    Nants, 522, col d'Emaney, 591; col du Jora,
    594.
Cargneule dans la brèche du Chablais, 499, 502,
    546; Morgins, 543.
Cargneule dans le flysch, 218, 220; gisements, 221;
    Mont d'Or, 223; Sepey, 225; à Vionnaz, 499.
Cargneule et gypse du Pillon, 226; de Vionnaz,
    499.
Cargneule; origine et formation, 19.
    — des Gastlosen, 98.
    — rhétienne, 36.
Cases, les, replis et faille du néocomien, 577.
Cathédrale, sommet, 579.
Cassures transversales dans l'arête des Cornettes,
    530.
Cénomanien et sénonien, 568.
Cer ou Cerf, flysch, 401.
Cergnat, flysch, 428.
Cergnaules, jur. inf. 85.
Chable rouge, cr. et fl. 395.
Chabloz, klippe, 385.
Chaîne des Cornettes de Bise, 528.
    — des Gastlosen, 366, 370.
    — de la région de la brèche du Chablais, 501.
    — de la région du Niesen, 434.
    — du Mont-Cray, 342.
    — du Niremont-Pléiades, 280.

Chaîne du Rubli et Gummfluh, 405.
— du Vanil-noir, 345.
Chaînes courbées en arc de cercle, 3.
Chaînées, rhétien, 46 ; description, 361.
Chalets-vieux, 446.
Châlin, 579, 581.
Chambairy, cr., structure, 530.
Chamby, lias, cargneule et flysch, 323.
Chamossaire, lias sup., 75.
Champéry, néoc., 552.
Champriond, trias, 17 ; description, 398.
Charbon dans les c. de Klaus, 85, 87.
— dans les c. à Mytilus, au Château d'Oche, 522 ; Haut de Morges, 523, Vionnaz, 479, au Mont-Chauffé, 534 ; Perte à Bovay, Raye, 371. Voir encore c. à Mytilus, Mine, etc.
— dans la mollasse, 233 ; traces dans le grès de Tavel, 245 ; dans le grès du Bouveret, 506.
Charbonnières, coupe du pied du Mont-d'Or, 390 ; gypse et cargneule, 223.
Chargerou, voir Col du Sagerou.
Charmilles, 444.
Château au Chamois, cr. 419.
Château Cottier, klippe de cr. 385.
Château d'Oche, 521.
Château d'OEx, klippes de cr. 385.
Châtel-Commun, lambeaux de cr. 403.
Châtel-Saint-Denis, miocène, poudingues, 286 ; calc. à ciment, 88.
Châtelard, poud. mioc., 245.
Châtelet, 449.
Châtillon, pointe de ; grès de Chaussy, 442.
Chaudanne, source et gorge, 352.
Chaude, jur. inf. 90 ; col et vallon, 359.
Chauderon, gorge, rhétien, 33 ; descr. 317.
Chaulin, 301 ; lias sup. 323.
Chaussy, descr. chaîne, 434, 441 ; flysch de, 207.
Chaux, la, carrières malm, 287.
Chaux commune, ji ls, 392.
Chaux-dessus, lias inf. 60.
Chaux, Tours d'Aï, 404.
Chaux-Méni, ravin, 526.
Chavache, brèche calc. 502.
Chaz, Pierre du Moëllé, 391.
Cheilon, 537 ; c. à Myt. 469.
Chenau, rochers de la, Grande Eau, 429.
Chenaux, ravin, lias sup. 320 ; erratique à galets striés, 251.
Chenay, blocs errat., 513.
Chérésaulaz, vallon jur. inf., lias sup., 80, 85, 382.

Chérésaulaz, Ormonts, flysch, klippe, 438.
Chérésauletfaz, jur. inf. 85.
Chermet, faille, 521.
Cherve, néoc. 578.
Cheval brûlé, cargn. 308.
Chevalleyres, ravin, 296 ; malm, 131.
Chevauchement latéral, 375 ; au Rocher de la Raye, 371, etc.
Chézery, brèche éoc. 501.
Chillon, jur. inf. 91 ; polis glac. 253 ; éboulement, 358.
Chouex, flysch, 576.
Chuantze, klippe de cr. 388.
Cierne, voir Sierne.
Ciment, exploitation, 46.
Cime de l'Est, 578.
Clefs, coupe du lias, 304.
Cluse du Rio du Mont, 377.
— de Rossinière, 352.
— de la Tine, 346.
Col d'Arioullon, brèche, 541.
— d'Ayerne, fl. klippes de cr. 394.
— de la Basaz, 415 ; gy et ca, 415 ; descr. 420.
— de Bise, trias, 454 ; rhétien, 459 ; hettang., 462 ; c. à Myt. 472.
— de la Chenau, flysch, 442.
— de Chézery, brèche, 501 ; descript. 545.
— de la Croix, brèche, 541.
— de Couz, 546 ; flysch poudingue, 533.
— de Darbon, flysch, cr. et dol. 524 ; fl. 490 ; ca. et dol. 453.
— d'Emaney, trias, 559 ; coupe des terrains, 590.
— de la Forclettaz, cr. et fl. 391, 404.
— de Forcliaz, coupe, 329.
— de la Golèze, urg. et fl. 583.
— du Gros-Caudon, jur. inf. lias, 315, 334.
— de la Hochmatt, structure, 344.
— de Jaman, 339.
— du Jora, trias, 559, coupe des terrains, 592, 594.
— de Lovenex, dolom. et cargn. 524, 525.
— d'En Lys, malm et oxf., 329, 332.
— de Morgins, descr. klippes, 543.
— des Mosses, descr. 435.
— de Neuves, v. c. de Novel.
— de Novel, structure, failles, 520.
— des Paresseux, néoc. 586.
— du Pillon, lias sup. 76 ; gypse et cargn. 227 ; structure, 447.

Col de la Plagne du Mont, fl. 465.
— de Riss, jur. inf. lias sup., 465.
— des Ruvines, descr., 395.
— du Sagerou, néoc. replié, 585.
— de Soulemont, struct., 389.
— de Sonloup, lias sup., 319.
— de Susanfe, struct., 587.
— de Vernaz, cargn. et dol. 453; rhétien, 459; hettang. 463; lias inf., 465; c. à Myt., 477; struct. 532; vu du Mont-Chauffé, 533.
Colline de Nairy, néoc. 549.
Colombey, marbre dur du néoc. 549.
Combaz du Bar, cr. et ravin, 401, 402.
Combes sur Vacheresse, jur. inf., 527.
Combes les, Tours d'Aï, cr. et fl. 404.
Combe du lac Célaire, sidérol. gault. etc. 581.
— du Vanil-Noir, 350.
Combettes, ravin, 352.
Combettaz, dent de, v. Rocher de la Raye.
Comborchière, klippe, 401.
Combre, mine de charbon, c. à Myt. 477.
Cônes de déjection, rive droite, 207; Chablais, 517.
Conche, col de, cr. 488; fl. à fucoïdes, 491.
Conglomérat, de Chaussy, 207.
Contact des terr. sédimentaires avec les schistes cristallins, 577.
Corbeau, pointe du, flysch, brèche, 541.
Corbettes, mont, flysch et klippes, 289.
Corbeyrier, cargn. et gypse, 397; glaciaire, 253; éboulement, 398.
Corbier, col, blocs errat. 514.
Corjon, dogger, 90; malm, 146; descript. 352.
Corne, La, flysch, 444.
Corne-Aubert, jur. sup. cr. 369.
Corneaux, lias, 61; blocs errat. 250; source sulf. 301.
Cornebois, brèche calc. 545.
Cornettes de Bise, rhétien, 459; lias, 404; malm, 482; crétacé, 487; structure de l'arête, 528; du sommet, 531; vues du Mont-Chauffé, 533.
Corniaux, vallon, crétacé, 519.
Cornillon, mine, 543.
Côte aux Rayes, brèche calc., 408.
Couches de Klaus, 77, 82.
— à Mytilus de la rive droite, 94; comparaison des niveaux, 112; Faune, 113; du Chablais, 468.
Couches noduleuses de l'oxfordien, 122.
— rouges crétacées, rive droite, 170; du Chablais, 485.
Coulat, lias sup. 76.
Coullayes, les, klippes, 386.

Coumattaz, rochers de, c. à Myt. 111.
Coupe de la mollase à charbon, 235.
Courcys, rochers de malm, 335.
Craie à Gagnerie, à Salanfe, 589, 595.
Crau, jur. inf. 90; col descr. 354.
Crêt près Villeneuve, rhétien, 47; lias sup. 73; carrières et gisements de rhétien et trias, 361.
Crêt (Taboussel), poud. éoc. 189.
Crêt-Daillay, néoc. et cr. 395.
Crêt-Moryz (Dat), néoc. foss. 283.
Crêt-Pereizeu, malm, 533.
Crête Gingea, brèche, 345.
Crétacé supérieur, 170, 485, 568.
Crêtes, chalet, flysch, 293.
Crêtes, château, poudingues mioc. 245.
Crêtet, rhétien, 459; structure du cirque du, 528.
Crêts, vallée de Château d'Œx, klippe de cr. 385.
Creux du Planey, c. à Myt. 470; description, 538.
Creux rouge, c. à Myt. 103; descr. cr. 374.
Croix, la, klippe de cr. 488, 540.
Crosses, les, lias, 527.
Cubli, En Bornon, cargn. et dolom. 23, rhétien, 39.
Cuénix, cr. 401.
Cuves, jur. inf. 89; lias sup. 72.

**D**

Dalley, Tours d'Aï, jur. sup. 400.
Dalley, chute de la Salanche, 592.
Darbon, mines et vallon, 538.
Dat, malm, 128; néoc. 154; descr. coupe, 283.
Daviaz, néoc., 577.
Delta de la Dranse, 516.
Dent, (v. de Château d'Œx), klippe de cr. 384.
Dent de Jaman, oxf. coupe, 138; structure, 339.
— Jaune, urg. 579, 587.
— de Lys, jur. inf. 85.
— du Midi, aspect, 579; description, 574; terrains, 554; haute cime vue de l'arête, 586.
— Noire du Midi, 579.
— d'Oche, néoc. 484; structure, 521.
— de Ruth, descr. 368.
— de Savigny, js. descr. 369.
— Tschallan, 579.
— de Valère, fl. 578.
— de Villand, syncl. 529.
Dents-Blanches, 584, 585.
Dépôt ferrugineux, 422, 423.
Dérochiaz, trias, 452, 527, 515; descr. 527; éboulement, 275.

Derrière la Pierre, 389.
Description orograph. et géol. rive droite, 280 ; rive gauche, Chablais, 517. Dents du Midi, 574.
Dierdaz, gy. et cargn. 222, 424.
Diabase éruptive dans le flysch, 213.
Dislocations, failles etc. entre Oche et Borée, 520.
— du Mont-Chauffé, 534.
— du Rocher de la Raye, 371.
— du Rubli et des Roches à Pointes, 409.
Doggelisfluh, lacets du flysch, 445.
Dogger à Zoophycos, 77, 467.
— klippes de, 93.
Dolomie (v. cargneule).
Dolomie de Montreux, 28.
— cristallisée, 46.
Dôme, le, Tours Salières, 593.
Dorenaz (Paray), bathon. 87.
Dorffluh, malm, brèche éoc. 406.
Douvaz, rhét. 49 ; hett. 57.
— pointe de la, malm, 422.
Douves, 406.
Dovalles, malm, 328.
Dranse, rhétien, 457 ; delta, 516.
Drapel, flysch, 430.


**E**

Eau-Froide, vallée descript. 365, 394.
Eau-Noire, 537.
Éboulements subits, 275 ; Tauredunum (Derochiaz), 274 ; Dent du Midi, 573.
Éboulis, rive droite, 259, Chablais, 515.
Ecualtaz, cargn. et dol. 427.
Efflot de Veyge, jur. sup. 431.
Empreintes de plantes dans le grès du Bouveret, 506, dans le grès de Trois-Torrents, 508.
En Place, blocs errat. et urg. 549.
Enquerne, klippe, 548.
Entre deux Sex (Rubli), 406, c. à Myt. 409.
— (Tours d'Aï), cr. 391.
Entonnoirs dans le gypse, 425.
Entonnoir du ruisseau de Jaman, 339.
Eocène à Salanfe, 589 ; à Gagnerie, 594.
Erbivue, ravin, coupe des terrains, 304 ; glaciaire, 306.
Erratique, rive gauche, 247 ; Mosses, 435 ; Aigle, 429 ; Pillon, 449 ; Vuargny, 432 ; Plan de la Baye, 318.
— rive droite, 509 ; Monthey, 510 ; Val d'Illiez, 512, 550 ; Vouvry, 512 ; Dranse, 513 ; Dents du Midi, 473.

Erosion du crétacé et du malm à l'époque éocène, 150, 177 ; du crétacé à l'époque de la formation du sidérolithique, 570, 581.
Erpilles, c. à Myt. jur. sup. cr. 376.
Esserts, descr. 527 ; glac. 512.
Esel, jur. sup. 421.
Estavanens, fl. 185.
Etage, v. Terrain.
Etelay, cr. 396.
Etivaz, flysch, 201, 424, gypse et cargn. 223, 388 ; descr. 444.
Évian, glaciaire, 512.
Évolution géologique, 598.
Eythellaz, fl. 418.


**F**

Facies du dogger, 77, 92, 94.
Failles, Bouveret, 518 ; Mont-Cubli, 322, 326 ; des Pléiades, 295 ; entre Niremont et Moléson, 306 ; du R. de la Raye, 374, de Pelluaz, 522 ; du col de Novel, 520 ; du col de Susanfe, 587.
Failles chevauchées, v. Chevauchements.
Faune du rhétien, 50.
— du hettangien, 57.
— du lias inférieur, 62.
— du toarcien, 69.
— du dogger à Zoophycos, 80, 84, 86, 91.
— des c. à Mytilus, 113, 481, 478.
— de l'oxfordien, calc. à ciment, 121.
— de l'oxfordien, c. noduleuses, 124.
— de la zone à Am. Acanth. 132.
— du tithonique, 133, 144.
— de la c. à Ptéropodes, 162.
— du néocomien du Niremont, 162.
— du gault, 564, 565.
Fenalet, carr. flysch. 505.
Fénils, diabase, 213 ; descr. vallée, 378.
Feyday, cr. 404.
Filon de porphyre, v. Porphyre.
Floriettaz, flysch, 444.
Flot, coupe, 429.
Flugimaz, vallon descr. 370.
Flysch, div. Zones de la rive droite, 178.
— du Niesen, 199.
— rouge, 192, 497, 500.
— vallée de Vertchamp, 377.
— fossiles, 210.
— div. zones du Chablais, 490.
— de Saint-Gingolph (Fenalet), 506.

Flysch de la Dent du Midi, 572.
Fogire, mine de charb. 538.
Folly (Ormonts), 438.
Fontannaz-David, bloc. errat. 250.
Fontanney, 430.
Forclaz, glac. 512.
Forclettaz, col et chalet, 390, 401.
Formations actuelles, 257, 515, 573.
— de la brèche du Chablais, 492.
— des poudingues miocènes, 239.
Forteresse (sommet), 579.
Fossiles du flysch, 210.
— voir Faune.
— du miocène, 232, 234, 242, 244, 246.
Frachy, lias, 437.
Frasses, carg. 428.
Frémi, feuilles foss. 234.
Frémoux, klippe, 548.
Frêtaz, coll. rhétien ; 526, cargn. 526.
Fucoïdes du flysch, 210, 491, 572.

**G**

Gagnerie, néocomien et éocène, coupe, 594 ; vue de
la mine de Collonges, 595.
Galets impressionnés dans le poud. miocène, 241 ;
nature pétrographique, 244.
— mioc. dans le glac. 249.
Gastlosen, lias, 74 ; c. à Myt. 102 etc. malm, 147 ;
structure et cause de leur forme, 366, 369.
Gault, 564.
Gérignoz, c. à Myt. 103, 106, 381.
Gessenay, klippes, 407, malm corall. 148.
Glaciaire v. erratique.
Glacier de Châlin, 580.
— de la Dent d'Oche, 513.
— de la Dranse, 513.
— de la Grande-Eau, 254.
— de Plan Névé, 573.
— de la Sarine, 255.
— de Soix, 580.
Glaivaz, coll. gypse, 433.
Gleyrettaz, fl. err. 387.
Glion, rocher lias, 341.
Gorge d'Ancel (Saufflaz), 582.
— de Saint-Barthélemi, 576, 595.
— du Chauderon, rhétien, 33 ; hett. 54 ; descr.
317.
— de la Tourneresse, 382.
Grès-arkose, 559.

Grès-arkose de Chaussy, 207.
— à paver du Bouveret, 506.
— et marne rouge du Bouveret, 504, 527.
— et schiste rouge du Val d'Illiez, 507.
Gisements v. terrains.
Gneiss et schistes crist. des Aiguilles rouges, 555 ; à
Salanfe, 590.
Gor de la Planaz, source vauclusienne, 418.
Goueyraz, 344.
Gozzano, lias, 68.
Grammont, trias, 452 ; rhétien , 457 ; hett. 462 ; lias,
464 ; jur. inf. lias sup. 466 ; malm, 482 ; struct.
526 ; vu de Lovenex, cr. 575.
Grande Arpille, col, fl. 443.
Grand Caudon, jur. inf. 80, 85 ; lias, 70 ; descr. 315.
Grande-Eau, vallée, rhétien, 49, 432 ; hett. 57 ; lias,
74 ; c. à Myt. 107, 109, 110 ; malm, 149 ; gy et
cargn. éoc. 225 ; descr. klippes, 427.
Grand-Champ, source, 359.
Grand-Clé, 446.
Grand'Combe (Laitmaire) c. à Myt, 102, 105 etc.,
descr. 380.
— (Gummfluh), 422.
Grand-Creux (Gummfluh), 422.
Grand-Graidon, brèche, 502.
Grand-Meyel, 445.
Grand-Teyatzaux ou Teysachaux, jur. inf. 84.
Grands-Villards, klippe de cr., 386.
Grandvillars, callov. 89 ; tithon, 143 ; car. et descr.
335.
Granges d'OEx, plateau, fl. et err. 385.
Grevalets, rhét. 32 ; desc. 312.
Gros-Jable, éboulement, 424.
Gros-Martin, desc. 347, 348.
Gros-Merlaz, 847.
Gros-Mologi, coupe du lias et du trias, 311.
Gros-Páquier, gypse et entonnoirs, 425.
Gros-Plané, coupe, 308.
Gros-Rocher, jur. sup. 369.
Gros-Tzermont, lias inf. 305.
Granit du Habkerenthal, note, 208.
— porphyroïde, 555.
— du flysch, 204, 394.
Gresaleys, cargneule, 28.
Griesbachthal, v. Fénils.
Guédères, lias sup, 70.
Gummberg, 445.
Gummfluh, dogger, 112 ; malm, 149 ; brèche rouge,
178 ; cargn. éoc. 222 ; descr. 409, 421.
Gypse et cargneule, superposition, 14, 15 ; Moléson,

Wirtneren, 15; Pringy, 16; Yvorne, 17; Villeneuve, 16.
Gypse et cargneule dans le flysch, 218; Lécherette, 201, 223; Grande-Eau, 225; Pillon, 226; Sattel, 98, 369.
— Rive gauche, Traversaz, 499; Vionnaz et Treveneusaz, 499.

**H**

Habkerenthal, note, 208.
Hauta Crétaz, klippe et coupe, 428.
Hautandon, Dent. de, jur. inf. 90; malm, 142, descr. 337, 357.
Hautborne, houille, 333.
Hautferrus, coupe des terrains, 363.
Haut de Morges, anc. mine, 523.
Haut-Serre, néoc. 576.
Haut de Tanay, jur. inf. 467; descr. 529.
Herniaulaz, lias inf. sources, 359.
Hettangien, 53, 461.
Historique des c. à Myt. 95.
Hochmatt, col et massif, néoc. 168; cr. 175; fl. poud. 187; descr. 344.
Hommes de Praz-Cornet, 443.
Hongrin, source, 435, v. vallée.
Hornfluhgestein, 192.
Hornstein, 187.
Hôtel Byron, carr. d. l. lias, 360.
Houille des c. de Klaus. 85, 87.
— de c. à Myt. 95.
— de la mollasse, 233.
Hübschi, arête, fl. 378.
Hundsrück, fl. 190; descr. 378.

**I**

Introduction, 1.
Ile aux Tassons, hett. 57.

**J**

Jable, fl. 424.
Jaman, col et dent, dogger, 90; oxf. 138; malm, 141; vallon, lac et éboul., 337-338; entonnoir, 339.
Joncs, lac, err. 294.
Joux, la, plateau, 518.
Joux des Auvres, eb. oxf. 334.
Joux-derrière, klippe de malm, 289; coupe des terrains, 304.

Joux-Cergnat, pondingue éoc., 390.
Jorat, glac. 248.
Jumelles, pointes, malm disloqué, 526.
Jurassique inférieur, 76.
Jur. infér. lias sup. 466.
Jurassique supérieur, 119.

**K**

Kalberhöhni, fl. 416.
Karrenfeld, v. Lapié.
Klippes, signification du mot, 4.
Klippes de la rive droite : Cananéen, 417; Château d'OEx, 384; Gessenay, 407; Lapex, 345; Grande-Eau, 428; Ormonts, 438; col du Pillon, 449; aux Praises (Rougemont), 407; Videman, 417; *voir encore* : Chaîne des Gastlosen, Rubli, Gummfluh.
— de la rive gauche : Abondance, 548; Morgins, 543; Plan du Charmy, 503; Roc d'Enfer, 502; Ville du Nant, 540; *voir encore* : arête de Treveneusaz, Linleux, Conche.
— granitiques dans l'éocène, 209, 494.

**L**

Lac d'Aï, 402.
— d'Arvin, fl. cr. 539.
— de Bise, cr. 537.
— Célaire et lac vert, gault, 564; sidérol. 569; combe, descr. 579; coupe des terr. éoc. et crétac. 581.
— de l'Hiver, brèche, 545.
— de Jaman, éboul. 338.
— Lioson, barrage, 442.
— Lovenex, 525.
— Mayen, 402.
— Nairvaux, éboul. cr. 393.
— Pourri et lac Rond, barrage glaciaire, 393.
— Tanay, écoul. souterr. alluv. 528.
— Vert (col de Chézery), brèche, 545.
Lachaux, montagne, rhétien, 459; c. à Myt., 472, flysch, 490, descr. 535.
Laitmaire, c. à Myt. 102, 105, 108, 110; descr, 379.
La Joux, plateau, 518.
Lamination du néoc. au pied des Tours Salières, 593.
Lanteret, cargn. 315.
Lapex, klippe et flysch, 345.
Lapiés, Verreaux, 335; Morleys, 351; Tours d'Aï, 402, 403; Crêtet, 528.

Larrets, coupe, 429.
Layte, rhétien, 45; descr. 348.
Léchère, colline, coupe lias jur. 330.
Lécherette, gypse, 223.
Lens, passage, flysch rouge, 502.
Leucon, voir Locon.
Lévraz, pointe, malm, 350; ravin, 352.
Leyte, v. Layte.
Leyzay, gypse, cargn. 390.
Liasien, 59.
Lias inférieur rive droite, 59; rive gauche, 463.
— du Chamossaire, 75.
— supérieur rive gauche, 66; rive droite (Chablais), 465.
— et dogger des Tours Salières, 560.
— de Rossinière, 62, 353.
Lioson (Chaussy), brèche, 442.
— (Tours d'Aï), jur. inf. lias sup. 392.
Liboson, 358.
Linleux, malm, 540.
Locon (Locum), rhétien, 445; hett. 461; lias inf. 463.
Longevaux, jur. inf. 90; descrip. 357.
Lovenex, cargn. 452; descr. 524.
Luan, rhét. 48; hett. 56; glac. 253, 399; descr. 397.
Luisset, pointe, malm, 400.
Luisin, filons de porphyre, 557.
Lumachelle rhétienne, 31, v. terr. rhétien.
En Lunnery, malm, 358.
Lurquay, éb. 334.

**M**

Malm, rive gauche, 119; Chablais, 482; Tours Salières, 561.
Malatrait, faille, néoc. cr. fl. 365.
Maladeyre, moll. rouge, flle de Sabal, 233.
Marchzahn, malm, 369.
Marengo, cr. 407.
Mariaz, ravin, c. à Myt. 408.
Marivue, vallon, jur. inf. 80, 85; descr. 310, 331.
Marne à Ptéropodes, 153.
— rouge du flysch, 192, v. flysch rouge.
— schisteuse du nummulitique, 571.
Martignys, brèche calc. 414.
Massif de Cheilon, descr. 537.
— du Grammont, descr. 524.
— de Lovenex, descr. 524.
— de Mémise-Borée, descr. 518.
— du Moléson, descr. 302.

Massif de la Pointe de Grange, brèche, 502; descr. 547.
Maudens, coupe des terrains, 287.
Maupas, carr. rhét. 455.
Maupasset, blocs err. 513.
Mauvoisin, torrent, faille, 570; cône de déj. 574.
Mayen, montée à, cr. et malm, 401; lac, 402.
Meillerét, brèche, 440.
Meillerie, trias, 455; rhétien, 456; hett. et lias inf. 461, 463; lias sup. 466.
Mémise, dogger, 467; malm, 482; néoc. 484; cr. 485; descr. 519.
Mens, vallon, cr. et jur. sup. 535.
Merdasson, lias inf. 340.
Mérils, ravin, 352.
Mex, jur. sup. et flysch, 552.
Meyelsgrund, fl. 423.
Mézery, carrière, 551.
Miex, crét. sup. et sources, 528.
Mifory, jur. inf. 84.
Mines de charbon Callaz et Combre, 477, 533; Darbon, 538; Fogire, 538; Vionnaz, 479.
Minette, filon de, 558.
Minaudaz, brèche calc. 418.
Miocène, 228.
Miocène ancien du Bouveret, 504; du Val d'Illiez, 507.
Mionnaz, charbon mioc. 234.
Mocausagestein, 186.
Molard, klippe de calc. jur. sup., 283.
Moléson, rhét. 31; lias inf. 60; lias sup. 66; bathon. 84; malm, 135; néoc. 161; descr. 308; pied ouest du, 306.
Mollasse à charbon, 233.
— rouge de Vevey, 233; du Bouveret, 504.
Monchalon, c. à Myt. 380.
Mont, le, sommet, 426.
Mont-Arvel, lias, 60, malm, 146; descr. et coupe des terrains, 363.
Mont-Benant, glac. 513.
Mont-Cau, descr. 340.
— César. 519.
Mont-Chauffé, c. à Myt. 474; brèche de disloc. 476; structure, 534; vu du col de Vernaz, 534.
Mont-Chenaux, v. Vorassey et col de Bise.
Mont-Chénay, vu du col de Novel, 523.
Mont-Cray, trias, 16; lias inf. 61; lias sup. 71; malm, 143; néoc. 168; cr. 175; descr. 342, 349.
Mont-Cubli, terr. v. Cubly, descr. 319.
Mont-Cullan, jur. inf. 89, gis. foss. 91; descr. 347.

Mont-Folly, lias inf. 314.
Mont de Lovenex, descr. 525.
Mont-Molard, descr. 315.
Mont-d'Or, descr. 426 ; gy et carg. 223 ; malm, 149 ;
   natrolite, 427.
Mont-Ruan, descr. 585, vu de Salanfe, 586.
Mont-Vouan, poud. éoc. 494.
Montagne de la Combe, descr. 525.
   — de la Grange, brèche, 546.
   — aux Manges, c. à M. 376.
Montagnette, klippe de cr. 388.
Montbovon, vallée, cr. et néoc. 336.
Montérét, pointe, malm et néoc. 364.
Montée à la Dent du Midi, néoc. gris, 580.
Monthey, alluv. et glac. 550 ; glac. 510.
Montreux, calc. dol. 28 ; rhétien, 32, etc. hett. 54 ;
   néoc. 162, 303 ; glac. 251 ; descr. 316 ; source
   min. 317.
Morgins, lias et cargn. 465 ; source min. 546 ; klippes,
   504.
Morteys, v. vallée des.
Mosses, col, glac. 255 ; tourbe, 277 ; descr. 435.
Mossettaz, point de la, brèche, 545.
Mossettes, klippe de cr. 388.
Moulin Monod, mioc. à feuilles, 243.

**N**

Nairvaux, v. lac de.
Nant de la Tine, grès et schiste rouge, 551.
Natrolite du Mont d'Or, 427.
Naye, v. Rochers de, chaînon de, 350.
Nayry, néoc. 549.
Néocomien, rive droite, 150 ; Chablais, 484 ; Dent du
   Midi, 561.
   — brun à Toxaster, 562.
   — gris à Crinoïdes, 562.
   — schisteux inférieur, 562.
Neuvecelle, glac. 512.
Neuves, vallon, 520, v. col de Novel.
Niremont, jur. sup. 120, 127 ; néoc. 153 ; flysch,
   183 ; descr. 282.
Niveaux des c. à Myt. 98.
Nomenclature des Alpes, 4.
Nombrieux, jur. inf. lias, sup. 393.
Norlot, porphyre, 558.
Nummulites dans le flysch, 213.
Nummulitique, 570 ; Soix, 580 ; Salanfe, 589 ; Gagne-
   rie, 594.

**O**

Objection à l'âge bathonien des c. à Myt. 117.
Oche, cargn. 453 ; vallon et Dent d'Oche, descr. 521.
Ondine, jur. inf., 89.
Oolithe bathonienne, 87.
Orgevalettaz, ravin, malm, néoc. 333.
Orgevaux, lias, 321.
Origine de la brèche du Chablais, 503.
   — de la brèche de la Hornfluh, 189.
   — de la brèche de Chaussy, 208.
   — des matériaux du poudingue miocène, 246.
Ormonts, brèche polygénique éoc. 202-209 ; lias sup.
   203 ; glac. 254 ; descr. vallée, 436.
Oron, expl. charbon, 223.
Ortier, néoc. 364.
Oudioux, En, klippe jur. 93, 438.
Oxfordien, c. noduleuses, 120, 122.
   — schistes à Bélemnites, 591.

**P**

Paccoresse, coupe sur la route de la, 324 ; blocs
   errat. 259.
Paccot, jur. inf. 85 ; pointe de, 340, 381.
Pallette du Mont, fl. brèche, 444, 446.
Panex, lias sup. 75.
Pâquier Burnier, bajoc. 81.
Paray, dogger, 87 ; oxf. 145 ; pointe, 350 ; cirque
   descr. 352.
Paraz, brèche éoc. 443.
Paroi des Cornettes de Bise, 532.
Partage des eaux à Vert-Champ, 377.
Pas d'Ancel, v. gorge, 584.
   — de Florée, jur. inf. lias sup. 537.
   — de Riss, 529, 537, v. col de Riss.
   — de Savalne, fl. 539.
   — d'Ugeon, lias, 529, v. Col de Bise.
Passage de la cargneule à la brèche calcaire, 499.
Pèlerin, poudingue mioc. 239.
Pélève, coupe des terrains, 305.
Perte d'Aveneyre, v. Petit-Tour, passage.
Perte à Bovay, c. à Myt. 104, 369 ; emp. de végét.
   et charbon, 371.
Petite Bonnavaux, rhét. 32.
Petite Brenleyre, fl. 444.
Petit Clé, passage, fl. 446.
Petit Hongrin, vallon, flysch, cr. rouge, errat. 390.
Petit Jable, flysch, cargn. 424.
Petit Moléson, lias sup. 67 ; descr. 303.

Petit Teysachaux, lias, 308.
Petit-Tour, jur. inf. 90 ; passage, jur. sup. néoc. 364.
Philippindin, néoc. 584.
Pic de Vernaz, js. 539.
Pic Blanchard, js., néoc. 519.
Pichons, flysch, 185, 336.
Pied ouest du Moléson, descr. 306.
Pierre du Moëllé, gy. et cargn. 224 ; klippe de malm, 390 ; flysch, etc. 404.
Pierre-Percia, oxford. 137 ; descr. 329, 334.
Pierre à Dzo, 511.
Pierre grosse, 511.
Pierre des Marmettes, 511.
Pierre à Milan, 512.
Pierre à Muguet, 511.
Pierreuse, eb. 263, 418.
Pillon, col, lias sup. 76 ; gy. et cargn. 226 ; descr. 447.
Pissot, ravin, rhétien, 47 ; descr. 362.
Pissot, gorge de la Tourneresse, 382.
Pissevache, cascade, 592.
Placettes, hett. 527 ; descr. 462.
Plague du Mont, fl. 536.
Plagnière, calc. à cim. 120 ; jur. sup. 130 ; descr. 286.
Plaigne, lias sup. 320.
Plaine, vallon de la, cr. néoc. 519.
Plaine du Rhône, 274, 516.
— de Salanfe, alluv. et moraines, 589 ; gneiss, 590 ; coupe de l'éocène et du crétacé, 588.
Plambuit, gypse et cargn. 225.
Plan d'Arrenaz, jur. inf. 357.
Plan de la Baye, source, errat. 318.
Plan-Berger, cr. malm, 531.
Plan-Caudray, trias, 28 ; rhét. 47 ; descr. 361.
Plan du Charmy, cr. gy. et fl. 503.
Plan de la Douvaz, 420.
Plan Durand (Dorand), malm coralligène, 146, 358.
Plan d'Eythellaz, fl. 418.
Plan-Falcon, rhét. 48 ; hett. 50 ; descr. 490.
Plan des Iles, alluv. 447.
Plan du Laro, fl. 424.
Planachaux, jur. inf. 90 ; descr. 354.
Planaz, source, 418.
Planche, miroir de faille au Rubli, 409.
Planches, coupe des terrains, 355.
Planches du Sépey, 428.
Plancey, mines de charbon, 470.
Plantour, coll. de malm, 433.

Plateau de Susanfe, néoc. gris, 562.
— de Thollon, jur. inf. lias errat. 518.
Pléiades, malm, 131 ; néoc. 161 ; descr. 294.
Plissements du flysch à Chalin, 580 ; à Praz Cornet, 443.
Plex, jur. sup. 543.
Poche, néoc. 577.
Pointe à l'Aiguille, néoc. malm, 364.
— Beccor, brèche calc. 545.
— Chavache, brèche, 547.
— de Chézery, brèche, 501.
— de la Combe, malm. 422.
— de Grange, brèche calc. 502 ; ardoise, 503.
— d'Orchex, poudingue éocène, 495.
— de Patnali, brèche, 546.
— de Recon, malm, 540.
— du Sagerou, malm et néoc. 586.
— de Tanaire, flysch, 595.
Polis glaciaires de Chillon, 253.
Polypiers, gisement, R. de la Raye, 376.
Pont Dégraz, malm, néoc. 366.
Pont de la Frenière, gisement de fucoïdes, 436.
Pont de la Tine, c. à Myt. 107.
Pont Turrian, klippe de cr. 385.
Pontelle, lias sup. 70 ; jur. inf. 80.
Pontets, lias sup. 70 ; descr. 320.
Ponty, rhét. 49 ; hett. 57 ; c. à Myt. 107 ; descr. 431.
Porphyre du Luisin et du Salantin, 555, 591.
Port-Valais, lias sup. 527.
Porte de l'Iliver, brèche, 501, 545.
Porte d'Oche, cargn. fl. et malm, 524.
Porte de Savigny, malm et cr. 369.
Porte du Sex, lias inf. 527.
Porte du Soleil, brèche, 545, 501.
Potzé di Gaulès, cb. 422.
Poudingue de Chaussy, 202 ; dans le glac. 252.
— de la Mocausa, 186, 188, 190.
— miocène, 239.
— de la rive gauche de la Veveyse, 244.
— rouge d'Outre-Rhône, 248.
— de Valorsine, 248.
Prafonde, ji. ls. 400.
Praises, Pont, cr. 407.
Pralet, val d'Illiez, néoc. 551.
Pralet, massif du, descr. 311.
Praz, passage, malm, cr. 369.
— pr. Grandvillars, jur. inf. 91.
— de Cray, vu du repli du Mt-Cray, 349.
Praz Montaise, mines de charbon, 235.

Prayouds, malm, 128; descr. 284.

Prés d'Aveneyre, néoc. 364.

Prés-Charbon, cr. 407.

Pré-Girard, cr. 396.

Prétan, jur. inf. lias sup., 400.

Pringy, gypse, 16.

Protogine du flysch, 202; prot. erratique, v. errat. rive gauche.

Pucelles, Pointe des, malm, 369.

Pueys, ravin des, rhétien, 32; lias, 68; coupe des terrains, 306.

## Q

Quartz, crist. bipyramidé, 551.

Quéffait, ca, fl. cr, 522.

## R

Raccords, cr. 407.

Rachevys, rhétien, 31.

Raffevex, v. Col de Chaude.

Rantons, klippe de cr. 388.

Raveyre, fl. 379.

Ravins de la face N. des Dents du Midi, 579.

Ravin de Chalin, 580.

— de la Chavaz, coupe, 348.

— des Creusets, brèche, source sulf. 551.

— de l'Ondine, jur. inf. 347.

— de Rostan, replis du flysch, 581.

— de la Taouna, tith. cr. 349.

— de Volly, cr. et faille, 526.

Ravine noire, v. Ruvina naira.

Raye, Rocher de la, 374, v. Rocher.

Raye, Chablais, 491; fl. et cr. 535.

Rayes, la côte aux, brèche calc. 408.

Rebollion d'Oche, passage, cr. 521.

Recon, rochers, malm, 540.

Région de la brèche du Chablais, 544.

Reichenstein, brèche calc. et cr., 378.

Repli double aux Bovardes de Bise, 529.

Replis de la brèche du Chablais, 503.

— de l'éocène et du crétacé à Rostan, 581.

— du flysch à Praz Cornet, 443.

— de Gagnerie, 595.

— du malm et du jur. inf. aux Tours Salières, 592.

— du malm et du néoc. au Mt-Ruan, 586.

Renaudes, cône de déjection, 395, 398.

Renversement des terrains à la Dt du Midi, 579.

Resse, fl. 491, 540; exploit. de charbon, 533.

Restes organiques du flysch, 210.

Résumé de la structure du massif des Dents du Midi, 596.

Rettau, gy. et cargn. 448.

Reusch, alluv. cargn. 448.

Revenette, blocs errat. 513.

Reverenlaz, rhét. 460, c. à Myt. 479, descr. 540.

Rhétien, rive gauche, 30; Chablais, 455.

Rhodanien, 563.

Riondanaire, carr. jur. sup., 131; marne à Ptérop., 154; descr. 291.

Riondaz, jur. sup. 400.

Rionze, v. Grande Eau.

Roc d'Enfer, brèche et klippe de cr. 502.

Roche, js et néoc. 366, 396.

Roche Grise, brèche, 545.

Roches cristall. dans la brèche d'Aigremont, 204.

— éruptives du Griesbachthal, 213.

Rocher, au, Ormonts, klippe jur. 93, 438.

— de la Balme, cargn. 428.

— à Chien, jur. sup. 381.

— de Glion, descr. 341.

— de la Djinnaz, descr. 351.

— du Midi, struct. 414; jur. sup. 415.

— Mourga, klippe, 93, 438.

— Plat, structure, 406, 413; terr. v. Rubli.

— à Pointes, structure, 409; coupe des c. du sommet, 410; terrains, v. Rubli.

— Pourri, structure 414, terr. voir Rubli.

— de la Raye, c. à Myt. 103, 106, 108, 110; structure, 374.

— de Truchaud, klippe, 93.

Rochers d'Aveneyre, jur. sup. 90.

— de la Braye, descr. 382.

— de la Chenau, Grande-Eau, 429.

— de Gagnerie, 594, 595.

— de Mémise, 519.

— de Naye, jur. inf. 90; jur. sup. 146; néoc. 169; cr. 175, descript. 356.

— de Neuves, v. Aiguilles, Arête.

Rodomont, flysch, 190, 378.

Rodosex, cr. 415.

Rodovanel, cr. 387.

Rogivue, tourbe, 277.

Rosali, lias sup. 312.

Rossière, cr. fl. 396.

Rossinière, lias inf. 62; lias sup. 72; jur. inf. 81; descr. 352-354.

Rouge Pierre, klippe de cr. 384.

Rouvenaz, cr., 401.
Rubli, c. à Myt. 104, 108, 110; malm, 148; descr. 405, 406.
Rubloz, vallon, brèche calc. 416.
Rudersbergfluh, v. Dent de Ruth.
Ruhrbach, 378.
Ruisseau rouge, 336.
Ruvina-naira, fl. et num. 552, 571.
Ruvines, col. fl. et cr. 189, 395.
Rytte, vallon, 406, 407.

**S**

Sagerou, col. néoc. plissé, 585.
Saget, charbon expl. 533.
Saint-Barthélemi, gorge. filon de porphyre, 557; cône de déjection et éboulements, 573.
Saint-Gingolph, moll. rouge, 504.
Saint-Légier, poudingue mioc. 245.
Saint-Maurice, jur. sup. 570, néoc. 576.
Saint-Saphorin, feuilles foss. 244.
Salantin, sch. crist. 554.
Salettes, lias, 70; jur. inf. 85.
Sallanche. torr. 591.
Saltrio, lias inf. 63.
Salvan, carbonif. 558.
Sarine, Cluse à Enney, 329.
   — vallée, all. 449.
Sardonnière, coupe de terr. crét. 583.
Sarze, passage, cr. 395.
Sasset, brèche éoc. 439.
Sattel, gypse, 98; bathon. à Myt. etc. 369.
Sattelberg, 370.
Saufflaz, cascade, 582.
Sauges, éboul. 377; c. à Myt. 375.
Saumont, jur. sup. 294.
Sautaz, jur. inf. 355.
Savalne, cr. 488; fl. 491; descr. 539.
Savigny, Dent et Col, 369.
Schiste ardoisier, 498.
   — à Bactryllium, rhét. 432.
   — à charbon, 112, v. c. à Myt.
   — à Helminthopsis, lias sup. jur. inf. 74, 92, 466.
   — à fucoïdes, *voir* flysch.
   — néocomien inf. 561.
   — oxfordien, 560.
   — à Posidonomyes, 73.
   — calcaire rouge et vert, craie, 594, 590.
   — rouge et vert de Troistorrents, 549.

Schiste rouge et vert du trias, 559.
Schlendibach, fl. 378.
Schneit, fl. schiste, 378.
Schweinsberg, fl. à Num. 213.
Seeberghorn, fl. 440.
Selle des Morteys, jur. inf. et sup. 351.
Sepey, cargn. 225; brèche, v. brèche d'Aigremont.
Sex de Bise, jur. sup. 425, 429.
Sex-Blanc, 402.
Sex que Pliau, tuf. 277.
Siaz, jur. sup. 406, 415.
Sidérolithique, bolus bleu sur Corneaux, 325.
   — Dent du Midi, 568, 581.
Sierne au Boucle, lias sup. 68; descr. 293.
   — au Cuir, col. 380.
   — Goncet, cr. 408.
   — Picats, poud. éoc. 187.
   — de Praz-Cornet, fl. 444.
   — Raynaud, klippe jur. sup. 425, 388.
Signal de Chambairy, struct. 530.
   de Linleux, malm, 540.
Silex corné, flysch, 187.
Simmenfluh, malm corall. 148.
Sinémurien, 59.
Soix, sidérol. 569, v. glacier.
Solagne, lias sup. 70.
Sollard, coupe du rhétien, 40, 322.
Sonchaux, oxf. 358; néoc. 169; cr. 175; descr. dé- jettement des couches, 360.
Sonlemont, col de cr. fl. poud. 388.
Sonlemont, oxf. et jur. inf. 89, 91, 349.
Sonloup, col, lias sup. 320, 321.
Sonnaz, cr. 427; cargn. et dol. 224.
Sotodoz, cr. et néoc. 357.
Souacho, v. Tzonatzau.
Source de l'Alliaz, 313.
   — des Avants, 320.
   — de Blanchefontaine, 545.
   — de la Chaudanne, 352.
   — de l'Église de Montreux, 341.
   — de Corneaux (sulfureuse), 304.
   — des Creuses (sulfureuse), 532.
   — minérale de Montreux, 317.
   — minérale de Morgins, 546.
   — de la Planaz, 448.
   — de la Toveyre, 341.
   — sulf. de Villeneuve, 17, 363.
Staldenegg, fl. 446.
Standhorn, fl. 378.
Stratigraphie des c. à Myt. 97.

Studelhorn, fl. 446.
Substratum des c. à Myt. 98.
Sur Combe, jur. sup. néoc. 350.
Sur la Pierre, brèche, 546.

**T**

Tableau schématique de la disposition des chaines, 11.
— du terr. miocène, 231.
Tabousset, cr. 356, 388; poud. éoc. 189.
Tanay (Chablais) fl. 490, cr. 486; jur. inf. 467; lac
et descr. 528.
— (Tour d'Aï), jur. inf. 392.
Taninges, klippe granit. 209.
Taouna, gorge tit. néoc. 335.
Tarent, brèche, 441, 443.
Taulan, rhét. 32; hett. 54; descr. 318.
Tauredunum, éboulement, 274, 574.
Tavel carr. poud. mioc. et grès à charbon, 245.
Teis, klippe, 93, 438.
Teises-Jœurs, fl. et cr. 387.
Tenasses, tourbe, 277.
Terrain carbonifère, Salvan, 558.
Terrains crétacés, rive droite, 151.
— crétacés du Chablais, 484.
— crétacés, Dent du Midi, 568.
Terrains cristallins, 554.
Terrains éocènes, rive droite, 178.
— éocènes, Chablais, 489.
— éocènes, Dent du Midi, 570.
Terrain glaciaire, rive droite, 247; Chablais, 509;
Dent du Midi, 572.
Terrains jurassiques, Chablais, 467.
— jurassiques des Tours Salières, 560.
— jurassiques infér. rive droite, 76.
— jurassiques supér. rive droite, 119.
— liasiques, rive droite, 53; Chablais, 461.
— miocènes, 228, Chablais, 504.
— modernes, rive droite, 257, Chablais, 515; Dt
du Midi, 572.
Terrain rhétien, rive droite, 30.
— rhétien, Chablais, 455.
— triasique, rive droite, 14.
— triasique, Chablais, 452.
— triasique, Dent du Midi, 559.
Terrasse lacustre, 272.
Terreaux, rhét. 46.
Tésailles, descr. 387.
Tête de Cananéen, brèche, 414.
— de la Minaudaz, brèche, 418.

Tête-Ronde, *voir* Vouille.
Teysachaux ou Teyatzaux, lias sup. 67; descr. 308;
Thollon, plateau, descr. 518.
Tine, gorge, jur. inf. 91.
Tinière, vallée, trias, 16, 28; rhét. 45; hett. 56;
lias inf. marbre, 62, 64; glac. 253; cône de dé-
jection, 270; descr. 359.
Toarcien, v. lias sup.
Tompey, rocher de malm, 393.
Toper, vallon, 533, v. Callaz.
Torgon, rhétien, 460.
Tornettaz, brèche, descr. 443.
Tour, la, moll. rouge, 232.
Tours d'Aï, chaîne, trias, 17, 29; rhét. 48; lias inf.
64; lias sup. 74, 92, malm, 148; cr. 177; descr.
391; sommet, 402.
— des Bimmis, malm, 351.
— de Dorenaz, jur. inf. 87; descr. 351.
— de Famélon, 403.
— de Mayen, descr. 402.
— du Milieu, 593.
— Salières, jurassique, 592; descr. 592.
Tourbe, 277.
Tovère (Toveyre), source et tuf, 279,341.
Traversaz, c. à Myt. 480; gypse, 499.
Treis-Chaux, brèche, 546.
Tremettaz, jur. inf. 84, v. Teysachaux.
Trevenensaz, jur. inf. 480; malm, 483; gy et cargn.
499; cr. 488; flysch rouge, 500; descr. de la
klippe, 541.
Trias, v. terrain triasique.
Trois-Nant, gypse, 522.
Trois-Torrents, grès et schistes, 507; descr. 550.
Tronc d'arbre fossile, mioc. 242.
Trou, passage, 369.
Truchaud, klippe, 438.
Tuf, 277.
Tuffière des Avants, 278.
Tzao-i-Bots, brèche, 195; klippe jurass. et cr. 196.
Tzouatzo, jur. inf. 84; descr. 310.

**U**

Ubine, col et vallon, cr. fl. 535.
Urgonien, 563, à Gagnerie, 595; Dent jaune, 579.
Utane, vallon et col, cargn. 479.

**V**

Vacheresse, bloc err. 513; cargn. 453; descr. 549.

Val d'Illiez, grès et schistes, 507 ; descr. 549, 551.
Vallée d'Abondance, descr. 548.
— de Château d'OEx, fl. 188, descr. 381, 383.
— de la Dranse, 548.
— de l'Etivaz, 424, v. Etivaz.
— des Fénils, 378, v. Fénils.
— de la Grande-Eau, descr. 427, v. Grande-Eau, Vuargny, Ponty, etc.
— de l'Hongrin, descr. 355.
— de Lens d'Abondance, descr. 545.
— de la Manche, descr. 378.
— de Montbovon, flysch, 185 ; néoc. 167 ; descr. 336.
— de Montriond, 545.
— des Morteys, descr. 350, v. Morteys.
— des Ormonts, descr. 436, v. Ormonts, Sepey, etc.
— de la Sarine, glac. 256 ; struct. 335.
— de la Tinière, v. Tinière.
— de Vert-Champ, fl. 185 ; descr. 377 ; v. Vert-Champ.
Valleyre, gypse, 362.
Vallon d'Arvin, cr. et fl. lac, 589.
— d'Autan, rhét. 457 ; descr. 523.
— de Barmaz, néoc. 552.
— de Bise, cr. lac, 537.
— de Bossetan, crét. num. 584.
— des Bœufs, cr. fl. 522.
— de la Callaz, v. v. de Toper et Callaz.
— des Creuses, fl. 552.
— de Darbon, malm, mine, 538, v. Darbon et Planey.
— d'Essert, ardoise, 502.
— de la Floriettaz, fl. 444.
— de la Gérine, repli du flysch, 381.
— Lioson, fl. lac, 442.
— Lovenex. descr. 525, v. Lovenex.
— de Mémise, 519, v. Mémise.
— de Mens, cr. 535.
— de Novel, 520, v. col de Novel.
— d'Oche, descr. 521 ; cr. 486 ; cargn. 453.
— de la Plaine, cr. 519.
— du Rytte, 417.
— de Savalne, fl. cr. 539.
— de Susanfe, néoc. 584.
— de Tanay, 528, v. Tanay.
— de Toper, c. à Myt. 532 ; descr. 532, v. Callaz.
— de Treveneusaz, 542, v. Treveneusaz.
— d'Ubine, 535.
— d'Utane, cargn. 479, 540.

Vallon de Van, v. Van.
— de Vernaz, 532, v. Vernaz et col de Vernaz.
Van d'Enhaut, porphyre, 556, 592.
Vanel, brèche et cr. 177 ; descr. 379.
Vanil noir, 345, 350.
Variolite, v. diabase.
Vauferrus, v. Hautferrus.
Vausseresse, pointe, 350 ; ravin, 552.
Vaux de Praz-Cornet, replis du flysch. 443.
Veillarde, fl. 395.
Vélard, cargn. 428.
Vernaz, vallon c. à Myt. 477. v. col de Vernaz.
Vernaz la, repli du jurass. 523.
Verraye, ravin, 342.
Verraz, flysch, 416.
Verreaux, lias sup. 70 ; jur. inf. 85 ; malm, 136 ; néoc. 167 ; arête descr. 328, 335.
Verdaz, 377.
Vérrossaz, néoc. 577.
Versant du pied de la cime de l'Est, 570.
— N.-O. des Dents du Midi, 578.
Vers la Chapelle, v. Etivaz.
Vers-Cort, cargn. 398.
Vers l'Église, brèche éoc, 206 ; descr. 438.
Vers les Jordans, cr. 336.
Vers-Vey, éb. 266 ; descr. 395.
Vert-Champ, klippes, 345.
Vevey, mol. rouge, 233.
Veveyse, glac. 249.
Veveyse de Châtel, malm, 130 ; néoc. 160 ; coupe des terrains, 287, 289.
— de Fégires, malm, 131 ; néoc. 160 ; m. à ptérop, 154 ; coupe des terrains, 292 ; glac. 312.
Veyge-Leysin, descr. 401.
Veytaux, rhét. 45.
Villars-sous-Mont, gorge de Praz, 330.
Villaz, coupe du ravin, 307.
Ville du Nant, klippes, 540, 547.
Villeneuve, gypse, 16 ; dol. cargn. 28 ; rhét. 45 ; source sulf. 363 ; grotte du Sex, 362, v. Tinière.
Vide-Combe, cr. descr. 382.
Videmann, fl. et brèche, 194 ; descr. 416, v. Tzao-i-Bots.
Videmanette, c. à Myt. 111 ; descr. 443.
Villand, dent. fl. 490.
Vionnaz, mines, c. à Myt. 479.
Voëtes, fl. 437.
Volly, ravin, cr. faille, 526.
Vorassey, rhét. (col de Bise) 459 ; hett. 462 ; c. à Myt. 472 ; descr. 535.

Vouille, 583, 568, vue de Soix, 580.
Vuargny, rhét. 49; c. à Myt. 107, 110; descr. 432.
Vuavre, car. malm, 130.
Vudalles, coll. jur. sup. 328.
Vue de la Dent du Midi, 586, 587.

### W

Walleg, 446.
Wandfluh, jur. sup. 369.
Wildenboden, 421.
Wildenmann, v. Vidoman.
Wimmis, lias, 99; fa. corallig. malm, 148.
Wytenberghorn, brèche éoc. 445.

### Y

Yacca, brèche éoc. 414.
Yvorne, gypse, 17; lias sup. 74; absence des c. à
Myt. 100; descr. glac. 397.

### Z

Zermeillon, brèche calc. éoc. 499.
Zone à Am. Humphriesianus, etc. 82.
— à Am. opalinus, 78.
— à Am. oxynotus, 63.
— à Gryphæa Cymbium, 63.
— à Laminaires, 82.
Zones de flysch, 187.

# LISTE ALPHABÉTIQUE DES FOSSILES CITÉS

**A**

Acacia Parschlugiana, Ung. 244.
Acer angustilobatum, 282.
Acme, sp. 277.
Acteon albensis, d'Orb. 155.
Acteonina icaunensis, Pict. et Camp. 155.
  — infracretacea, Ost. 155.
Actinofungia arzierensis, de Lor. 158.
Acrocidaris minor, Ag. 157.
Alnus gracilis, Ung. 244.
Ammonites [1].
A. (Harpoceras) aalensis, Ziet. 68, 69, 71, 76, 80.
— (Aspidoceras) acanthicus, Op. 129, 131, 132, 133.
— (Aegoceras) Actaeon, d'Orb. 463.
— (Lytoceras) Adeloides, Kud. 84, 86, 91.
— (Lytoceras) Agassizii, Pict. 565.
— (Simoceras) Agrigentinus, Gem. 129, 133.
— (Stephanoceras) altus, Haan, 69.
— (Oleostephanus) anceps, Rein., 86, 92.
— (Stephanoceras) anguinus, Rein., 69.
— (Hoplites) angulicostatus, d'Orb. 164.
— (Stephanoceras) annulus, Sow. 69.
— (Peltoceras) arduennensis, d'Orb. 125, 135.
— (Hoplites) Arnoldi, Pict. et Camp. 164.
— (Harpoceras) arolicus, Opp. 125, 128, 137, 142.
— (Oleostephanus) Astierianus, d'Orb. 164, 167.
— (Hoplites) auritus, Sow. 565.
— (Aspidoceras) babeanus, d'Orb. 125.
— (Perisphinctes) Bachmanni, E. Favre, 125.
— (Stephanoceras) Backariæ, Sow. 85, 86, 92.

A. (Schlœnbachia) Balmatianus, Pict. 565.
— (Perisphinctes) banaticus, Zitt. 86.
— (Perisphinctes) basilicæ, E. Favre, 130, 131, 132, 133.
— belus, d'Orb. 164.
— (Phylloceras) benacensis, Cat. 122, 129.
— (Peltoceras) berrensis, d'Orb. 164.
— (Desmoceras) Beudanti, Brongn. 565.
— (Olcostephanus) bidichotomus, d'Orb. 164.
— (Harpoceras) bifrons, Brug. 69.
— (Peltoceras) bimammatus, Qnst. 125, 128.
— (Aegoceras) bipunctatus, Rœm. 65.
— (Perisphinctes) birmensdorfensis, Mœsch. 125, 142.
— (Arietites) bisulcatus, Brug. 65.
— (Stephanoceras) Blagdeni, Sow. 86.
— (Acanthoceras) Bornatianus, Pict. 565.
— (Desmoceras) Bourritianus, d'Orb. 565.
— (Stephanoceras) Brackenridgii, Sow. 86, 91.
— (Perisphinctes) Calisto, d'Orb. 134.
— (Oppelia) callicerus, Op. 121, 125, 128.
— (Schloenbachia) Candollianus, Pictet, 565.
— (Haploceras) carachteis, Zeuschn. 129, 133.
— (Perisphinctes) carpathicus, Zitt. 134.
— (Olcostephanus) Carteroni, d'Orb. 164.
— (Desmoceras) Cassida, d'Orb. 164.
— (Phylloceras) castellanensis, d'Orb. 164.
— (Schloenbachia) catenatus, Sow. 64.
— (Aspidoceras) caudonensis, E. Favre, 125.
— (Desmoceras) Cleon, d'Orb. 565.
— (Perisphinctes) colubrinus, Rein, 125, 133, 134.
— (Oppelia) compsus, Op. 129, 131, 133.

---

[1] La subdivision du grand genre *Ammonites* n'étant pas également appliquée par tous les auteurs, nous donnons sous le nom *Ammonites*, la liste alphabétique de tous les Ammonitides, à l'exception des genres déroulés (Crioceras, Scaphites, Hamites, Turrilites, etc.). Les noms des sous-genres sont placés entre parenthèses d'après la subdivision adoptée dans la paléontologie de Zittel.

A. (Harpoceras) cnf. concavus, Sow. 81.
— (Aspidoceras) contemporaneus, E. Favre, 133.
— (Perisphinctes) contiguus, Cat. 133.
— (Arietites) Conybeari, Sow. 61, 64, 65.
— (Lytoceras) cornucopiæ, Sow. (Y. et B.), 67, 69.
— (Stephanoceras) coronatus, Schloth. Brgn. 86.
— (Harpoceras) costulæ, Rein, 67, 80.
— (Schlœnbachia) Cupei, Sharpe, 565.
— (Hoplites) Cryptoceras, d'Orb. 164, 168.
— (Schlœnbachia) cultratus, Oost. 163.
— (Aspidoceras) cyclotus, Op. 129, 133.
— Dalmasi, Pict. 155.
— datensis, Oost. 155.
— (Hoplites) Deluci, Brug. 565.
— (Oppelia) dentatus, Rein, 133.
— (Stephanoceras) Deslongchampsii, d'Orb. 91.
— (Cœloceras) Desplacei, d'Orb. 69.
— (Hoplites?) Didayanus, d'Orb. 164.
— (Desmoceras) difficilis, d'Orb. 164, 168.
— (Stephanoceras) dimorphus, d'Orb. 86, 91.
— (Acanthoceras) dispar. d'Orb. 565.
— (Phylloceras) disputabilis, Zitt. 84, 86.
— (Aspidoceras) dornasensis, E. Favre, 125.
— (Simoceras) Doublieri, d'Orb. 130, 133.
— (Hoplites?) Dumasianus, d'Orb. 164.
— (Lytoceras) Duvalianus, d'Orb. 163.
— (Haploceras) Erato, d'Orb. 125, 128, 137-141.
— (Lytoceras) Eudesianus, d'Orb. 86.
— (Olcostephanus) Eudoxus, d'Orb. 133.
— (Peltoceras) Eugenii, d'Orb. 125.
— (Oppelia) Fallauxi, Op. 134.
— (Simoceras) Favaraensis, Gem. 130, 132.
— (Oppelia?) Favrei, Oost. 164.
— (Lytoceras) fimbriatus, Sow. 60, 62, 63; 463.
— (Phylloceras) flabellatus, Neum. 84, 86, 91.
— (Oppelia) flexuosus, Op. 125, 128.
— (Oppelia) Frotho, Op. 129, 130, 132, 133.
— (Oppelia) fuscus, Qnst. 86.
— (Arietites) geometricus, Phil. 463.
— (Stephanoceras) Gervillei, Sow. 86.
— (Haploceras) Grasianus, d'Orb. 155, 164.
— (Peltoceras) gruyerensis, E. Favre, 125.
— (Amaltheus) Guibaldianus, d'Orb. 463.
— (Harpoceras) hecticus, d'Orb. 85, 86.
— (Holcodiscus) Heeri, Oost. 164.
— (Harpoceras) Henrici, d'Orb. 125.
— (Simoceras) Herbichei, v. Hau, 132, 133.
— (Phylloceras) heterophylloides, Opp. 84.
— (Phylloceras) heterophyllus, Opp. 84.
— (Oppelia) Holbeini, Op. 129, 131, 132, 133.

A. (Phylloceras) Homairii, d'Orb. 86.
— (Aspidoceras) Hominalis, E. Favre, 121.
— (Lytoceras) Honoratianus, d'Orb. 163.
— (Schlœnbachia) Hugardianus, Sow. 565.
— (Holcodiscus) Hugi, Oost. 164.
— (Stephanoceras) Humphriesianus, Sow. 80, 81, 85, 86, 90, 91.
— (Aspidoceras) hybonotus, Op. (Ben), 129, 133.
— (Holcodiscus) incertus, d'Orb. 164.
— (Schlœnbachia) inflatus, Sow. 565.
— infracretaceus, Oost. 155.
— (Hammatoceras) insignis, Schloth. 68.
— (Hoplites) cf. interruptus, Brug, 565.
— (Phylloceras) isotypus, Ben, 131, 132.
— (Olcostephanus) Jeannoti, d'Orb. 164.
— (Psiloceras) Johnstoni, Sow. 57.
— (Desmoceras) Jurinianus, d'Orb. 565.
— (Arietites) Kridion, Hehl. 65, 463.
— (Phylloceras) Kochi, Opp. 133.
— (Harpoceras) Krakovianus, Neum. 86.
— (Phylloceras) Kudernatschi. v. Hau, 84, 86.
— (Desmoceras) latidorsatus, Mich. 565.
— (Hoplites) Leopoldinus, d'Orb. 163.
— (Arietites) liasicus, d'Orb. 463.
— (Lytoceras) lepidus, d'Orb. 163.
— (Desmoceras) ligatus, d'Orb. 164.
— (Stephanoceras) linguiferus, d'Orb. 86.
— (Schloenbachia) longispinus, Sow. 129, 133.
— (Perisphinctes) Lorioli. Zitt. 134, 144.
— (Phylloceras) Loryi, Mun. Chal. 129, 132, 133.
— (Perisphinctes) Lucingensis, E. T. 125, 128.
— (Stephanoceras) macrocephalus, Schloth, 91.
— (Hoplites) Malbosi, Pict. 155.
— (Acanthoceras) mammillaris. Schloth, 567.
— (Phylloceras) Manfredi, Opp. 125, 128.
— (Acanthoceras) Mantelli, Sow. 564, 565.
— (Perisphinctes) Martinsi, d'Orb. 85, 86, 92.
— (Desmoceras) Mayorianus, d'Orb. 565.
— (Schlœnbachia?) Mazylæus, Coq. 164.
— (Phylloceras) mediterraneus, Neum. 121, 125, 129, 131, 132, 133, 137, 139, 141, 143, 145.
— (Acanthoceras) Milletianus, d'Orb. 567.
— (Phylloceras) molesonensis, E. Favre, 125.
— (Holeodiscus?) Moussoni, Oost. 163, 167.
— (Harpoceras) Murchisonæ, Sow. 79, 84.
— (Hoplites) neocomiensis, d'Orb. 164, 168.
— (Phylloceras) Nilssoni, Heb. 72.
— (Oppelia) nobilis, Neum. 132.
— (Harpoceras) Normannianus, d'Orb. 67.
— (Phylloceras), nov. sp. 69.

A. (Aspidoceras) Oegir, Op. 125, 139.
— (Haploceras) oolithicus, d'Orb. 84, 86.
— (Harpoceras) opalinus, Schloth (Rein), 79, 80.
— (Lytoceras) Orsini, Gem. 129, 133, 139, 144.
— (Amaltheus) oxynotus, Qnst. 59, 60.
— (Desmoceras) Parandieri, d'Orb. 163, 565.
— (Parkinsonia) Parkinsoni, Sow. 86, 90, 91.
— (Psiloceras) planorbis, Sow. 57.
— (Aegoceras) planicosta, Sow. 62, 463.
— (Sutneria) platynotus, Rein, 129, 133.
— (Perisphinctes) plicatilis, d'Orb. (Sow.) 121, 125, 128, 137, 143, 482, 560.
— (Phylloceras) plicatus, Neum. 125.
— (Lytoceras) polyanchomenum, Gem. 125.
— (Phylloceras) polyolcus, Ben. 129, 132.
— (Perisphinctes) Pralairei, E. Favre, 121, 139.
— (Parkinsonia) privasensis, Pict. 155.
— (Hoplites) cf. progenitor, Op. 134.
— (Olcostephanus) pronus, Op. 134.
— (Oppelia) pseudoflexuosus, E. Favre, 132, 133.
— (Phylloceras) ptychoicus, Qnst. 133.
— (Oppelia) pugilis, Neum. 131.
— (Lytoceras) quadrisulcatus, d'Orb. 133, 163.
— (Harpoceras) radians, Schloth. (Rein), 466.
— (Harpoceras) radiosus, Seeb. 69.
— (Hoplites) radiatus, Brug. 164.
— (Arietites) raricostatus, Zitt. 62, 64, 65.
— (Stephanoceras) rectelobatus, v. Han, 86.
— (Hoplites) regularis, Brug. 567.
— (Perisphinctes) Richteri, Op. 134.
— (Phylloceras) Rouyanus, d'Orb. 163.
— (Aspidoceras) rupellensis, d'Orb. 125.
— (Hoplites) Rutimeyri, Oost. 164.
— (Phylloceras) Saxonicus, Neum. 125.
— (Hoplites) Senebierianus, Pict. 565.
— (Harpoceras) serpentinus, Rein, 69, 71.
— (Phylloceras) silesiacus Op. Mojs, 133.
— (Hoplites) splendens, Sow. 567.
— (Lytoceras) strangulatus, d'Orb. 163.
— (Lytoceras) sublimbriatus, d'Orb. 163, 167.
— (Phylloceras) subobtusus, Kud. 86, 91.
— (Harpoceras) subplanatus, Op. 69, 72.
— (Oppelia) subradiatus, d'Orb. 91.
— (Lytoceras) sutilis, Op. 133.
— (Hoplites) tardefurcatus, Leym. 565.
— (Phylloceras) tatricus, Pusch. 79, 80, 81.
— (Oppelia) tenuilobatus, Op. 133.
— (Sinuoceras) teres, Neum. 133.
— (Phylloceras) Thetis, d'Orb. 163.
— (Harpoceras) thouarsensis, d'Orb. 69.

A. (Desmoceras) Timotheanus, May, 565.
— (Phylloceras) tortisulcatus, d'Orb. 121, 125, 128, 129, 130, 131, 132, 133, 141, 142, 145.
— (Oppelia) trachinotus, Op. 132, 133.
— (Perisphinctes) transitorius, Op. 134.
— (Peltoceras) transversarius, Qnst. 125.
— (Olcostephanus) trimerus, Op. 129, 133.
— (Lytoceras) tripartitus, d'Orb. 84, 90, 92, 468.
— (Harpoceras) undulatus, Stahl, 69.
— (Schloenbachia) varians, d'Orb. 564, 565.
— (Schloenbachia) varicosus, Sow. 564, 565.
— (Phylloceras) velledæ, Pict. 565.
— (Phylloceras) viator, d'Orb. 84, 86, 91.
— (Phylloceras) Zignodianus, d'Orb. 84, 86, 91.
Amphistegina, sp. 158.
Analina arista, Stopp. 50.
Ancyloceras Ischeri, E. Favre, 125.
— spec. 125.
Anisocardia laitmairensis, de Lor. 116.
Anisoceras armatus, Sow. 566.
— Saussureanus, Pict. 566.
Annélides, traces dans le grès du Val d'Illiez, 508.
Anomya Favrii, Stopp. 52.
— Lemani, Stop. 456.
— Mortilleti, Stop. 460.
— Picteti, Stop. 52.
— spec. 34.
Antedon infracretaceus, Oost. 157.
Apiocrinus, fragments, 62.
— spec. 92.
Aporrhais marginata, Sow. 566.
— obtusa, Pict. et Camp. 567.
— Orbignyana, Pict. et Camp. 566.
Aptychus angulicostatus, Pict. 165, 484.
— Beyrichi, Op. 132, 134, 138, 144.
— Didayi, Coq. 165, 167, 168, 484.
— cfr. exsculptus, Schaur. 134.
— latus, Op. 125, 128, 129, 130-134, 136-138, 144.
— lythensis, Qnst. 69.
— punctatus, Voltz, 129-134, 136-139, 144.
— Meyrati, Oost. 125.
— cf. Mortilleti, Pict. 168.
— obliquus, Qnst. 129, 130, 131. 133.
— radians, Coq. 165, 167.
— sanguinolarius, Qnst. 69.
— Serranonis, Coq. 165, 167, 484.
— sparsilamellosus, Gumb. 125, 128. 132, 133, 482.
— Studeri, Oost. 155, 165, 167.
— spec. du lias sup. 80.

Arca aubersonensis, Pict. et Camp. 156.
— Brongniarti, Heb. et Renev. 571.
— Campicheana, Pict. et Roux, 567.
— carinata, Sow. 567.
— Favrina, Pict. et Rx. 567.
— nana? d'Orb. 567.
— cf. Pratti, Morr. et Lyc. 110.
— hettangiensis, Terq. 58.
— Lycetti, Moore, 35, 51.
— Sanctæ Crucis, Pict. et Camp. 156.
Arcomya Schardti, de Lor. 115.
Aspidium Meyeri, Heer (ou Escheri Hr.) 246.
Aspidorhynchus genevensis, Pict. 163.
Astarte elongata, d'Orb. 156.
— Germani, Pict. et Camp. 156.
— Marcousana, Pict. et Camp. 156.
— rayensis, de Lor. 105, 106, 116, 471, 475-478, 480, 481.
— spec. du lias sup. 73.
Astrocoenia Renevieri, Koby, 117.
— spec. nov. 158.
Avellana alpina, Pict. et Rx. 566.
— Hugardiana, d'Orb. 566.
— incrassata, Sow. 564, 566.
— subincrassata, d'Orb. 564.
— valdensis, Pict. et Camp. 566.
Avicula Arveli, Renev. 51.
— contorta, Park. 31-37, 40, 45-47, 51, 457, 459-461.
— Deshayesi, Terq. 58.
— Sinemurensis, d'Orb. 58, 462.
Aximus, voir Myophoria.

**B**

Bactryllium striolatum, Heer, 49, 52, 432, 459, 461.
Baculites Gaudini, Pict. et Camp. 566.
— neocomiensis, d'Orb. 164.
— Renevieri, Oost. 164.
Balanocrinus subteres, Munst. 134.
Banksia longifolia, Heer, 234.
Baryphyllia glomerata, Koby, 117.
— nov. spec. 158.
Belemnites acuarius, Schl. 69.
— apicicurvatus, Blo. 69.
— argovianus, May. 124, 131, 132.
— baculoides, Oost. 86.
— bicanaliculatus, Blv. 63.
— bipartitus, Blv. 154, 163, 166, 484.
— Blainvillei, d'Orb. 81.

Belemnites charmouthensis, May. 69, 71.
— conophorus, Op. 133.
— datensis, Gill. 133.
— dilatatus, Blv. 163, 166, 168.
— Dionysii, E. Favre, 121, 124.
— dispar, May. 130, 132.
— ensifer, Pill. 132, 133.
— fallax, May. 69, 80.
— ferox, May. (apicicurvatus Blv.) 71.
— Gemellaroi, Zitt. 133.
— Gillieroni, May. 91.
— hastatus, Blv. 121, 124, 128, 135, 137, 139, 140, 141, 142, 143, 145.
— latus, Blv. 155, 163, 168.
— longissimus, Mull. 71.
— Lorioli, Oost. 121, 124.
— Minaret, Rasp. 484.
— minimus, List. 564, 565.
— monsalvensis, Gill. 121, 124, 128.
— Mülleri, Gill. 124, 128.
— neirivensis, E. Favre, 124.
— niger, List. 64.
— Orbignyanus, Duval. (Blv.) 163, 484.
— paxillosus, Schl. 69.
— Pilleti, Pict. 133.
— pistilliformis, Blv. 135, 163, 168, 169, 484.
— polygonalis, Blv. 163.
— redivivus, May. 121.
— Sauvanausus, d'Orb. 86, 124, 135.
— semisulcatus, Munst. 124, 131, 132, 137, 138, 146.
— strangulatus, Op. 133.
— tithonicus, Op. 133.
— tripartitus, Schloth. 73.
— umbilicatus, Blv. 69.
— Zeuschneri, Op. 133.
— spec. 62, 73, 93.
— spec. dans l'oxfordien, 560.
Bœuf, deux dans l'errat. 249.
Bourgueticrinus Oosteri, de Lor. 457.
Bryozoaire ramifié de l'aptien, 564.
Bulimus lubricus, Brug. 278.

**C**

Calyptraea Sanctæ-Crucis, Pict. et Camp. 566.
Cardiaster Gilliéroni, de Lor. 636.
Cardinia regularis, Terq. 58.
— similis, Ag. 58.
— spec. 37.

Cardita Austriaca, v. Hau. 35, 37, 42, 50, 460.
— Constantii, d'Orb. 566, 567.
— rotundata, Pict. et Roux, 566.
— cfr. Studeriana, de Lor. 155.
— tenuicosta, d'Orb. 566.
Cardium alpinum, Pict. et Roux, 566.
— cognatum, Lycett. 116.
— Constantii, d'Orb. 566.
— Fizianum, Pict. et Rx. 566.
— granulosum, Lamk. 571.
— Jaccardi, Pict. et Camp. 155.
— laitmairense, de Lor. 110, 116.
— Maillardi, de Lor. 116.
— Phillipianum, Dunk. 58.
— regulare, Terq. 50, 51.
— rhæticum, Dunk. 35, 50, 456, 460.
— spec. 38, 42.
Carcharodon longidens, 485.
Carpinus grandis, Ung. 244.
Carychium minimum, Müll. 278.
Casianella inæquiradiata, Schafflt. 51.
Catopygus cylindricus, Ag. 567.
Cerithium aubersonense, Pict. et Camp. 155.
— elegans, Dest. 571.
— excavatum, Brong. 566.
— Mosense, Buv. 566.
— plicatum, Brong. 571.
— trochleare, Lamk. 571.
— spec. 578.
Ceromya concentrica, Sow. 108, 110, 115, 470, 481.
— lens, Ag. 115.
— laitmairensis, P. de Lor. 115.
— Pittieri, P. de Lor. 115.
— plicata, Ag. 115, 472, 481.
Cestracionthe, spec. 50.
Chama, spec. 156.
Chenopus laitmairensis, de Lor. 115.
Chondrites affinis, Stb. 205, 212, 505.
— cæspitosus, F-O. 212.
— divaricatus, F-O. 71.
— inclinatus, Brug. 212.
— intricatus (Brong.), Heer, 197, 205, 212.
— intricatus Fischeri, Heer, 212, 491, 505, 572.
— intricatus genuinus, Heer, 212.
— liasicus, Heer, 52.
— patulus, F-O. 212.
— Targionii, Br. 212, 491, 572.
— Targionii arbuscula, F-O. 212, 491, 505.
— Targionii genuinus, Br. 212.
— Targionii expansus, F-O. 212.

Cidaris clunifera, Ag. 563.
— filograna, Ag. 126.
— friburgensis, de Lor. 165.
— lineolata, Cott. 157.
— meridanensis, Cott. 157.
— pretiosa, Des. 157.
— punctatissima, Ag. 165.
— pustulosa, Gras. 157.
— spinigera, Cott. 157.
— spec. 459.
Cinnamomum lanceolatum, Ung. 244, 246.
— polymorphum, Br. 242, 244, 246.
— spectabile, Heer, 232, 244.
— spec. 232.
Clausilia spec. 277.
Clupea antiqua, Pict. 163.
— voironensis, Pict. 163.
Codonosmilia elegans, Koby, 117.
Collyrites friburgensis, Oost. 126-130, 131-134.
— Voltzii, Ag. 126, 128, 131, 133.
Colobodus varius, Gieb. 47, 50, 636.
Convexastraea alveolata, Koby, 117.
— Gillieroni, Koby, 117, 478, 481.
— Schardti, Koby, 117.
— nov. spec. 117.
Corbis Lycetti, de Lor. 116.
Corbula alpina, Winkl. 50.
— Pichleri, Zitt. 134.
Crassatella Sabaudiana, Pict. et Roux, 567.
Crinoïdes, débris de, 60, 61.
— spec. ind. lias, 464.
— spec. ind. jur. inf. 86.
Crioceras Couloni, Oost. 164.
— dilatatus, d'Orb. 164.
— Duvalianus, d'Orb. 164, 167.
— Emerici, d'Orb. 164, 167.
— Escheri, Oost. 165.
— Fourneli, Ast. 165.
— gigas, Sow. 165.
— Heeri, Oost. 165.
— Hillsii, Sow. 165.
— Honnorati, d'Orb. 165.
— Jourdani, Oost. 165.
— Lardyi, Oost. 165.
— Matheronianus, d'Orb. 165.
— Meriani, Oost. 165.
— Morloti, Oost. 165.
— Perezianus, d'Orb. 164.
— Picteti, Oost. 165.
— pulcherrimus, d'Orb. 165.

Crioceras Quenstedti, Oost. 165.
— Sabaudianus, Pict. et de Lor. 165.
— Tabarelli, Oost. 165.
— Van der Heckei, Ost. 165.
— villersianus, Oost. 165.
Crossognathus Sabaudianus, Pict. 163.
Crustacés, 154.
Crustacé, bouclier céphalothoracique, 92.
Cryptocœnia Lorioli, Koby, 117.
— tenuistriata, Koby, 117.
Cuculæa fibrosa, Sow. 567.
— obesa, Pict. et Rx. 567.
Cupulochonia cupuliformis, From. 158.
— exquisita, de Lor. 158.
— nummularis, de Lor. 158.
Cyclocrinus Renevieri, de Lor. 157.
Cyclolithes tintinnabulum, Qust. 69.
Cyperites alternans, Heer, 244.
— Blancheti, Heer, 232.
— Chavannesi, Heer, 244.
Cypricardia cf. caudata, Lyc. 471, 481.
— Marcygnyana, Mart. 50.
— nuculiformis, Morr. et Lyc. 116, 416, 471,
480, 481.
— porrecta, Dum. 50, 462.
— cf. rostrata, Morr. et Lyc. 416.
— trigona, d'Orb. 462.
Cyprina Ervyensis, d'Orb. 566.
— rostrata, Sow. 566.
Cyrena convexa, Brong. 571.
Cyrtina Jungbrunnensis, Petz. 52, 456.
Cytherea Vilanovæ, Desk. 571.

**D**

Dapedius, sp. 70.
Daphnogene Ungeri, Heer, 244.
Dentalium medium, Sow. 566.
— valangicnse, Pict. et Camp. 155.
Desmacanthus cloacinus, Qust. 50.
Diademopsis serialis, Ag. 59.
Diceras Gaultina? Pict. 567.
— spec. 148.
Dimorphastræa spec. nov. 117.
Diplocœnia decemradiata, Koby, 119.
— spec. 158.
Discoelia porosa, de From. 158.
Discoidea conica, Des. 567.
— cylindrica, Ag. 567.
— rotula, Ag. 567.

Discorhina canaliculata, 174, 487.
Dryandroides lævigata. Heer, 244.
Dysaster calceolus, Oost. 165.

**E**

Echinoconus castanea, Brong. 567.
Elephas, 249.
Eligmus polytypus, Desl. 110, 116, 481.
Emarginula neocomiensis. Pict. et Camp. 155.
— valangiensis, Pict. et Camp. 155.
Entroques, 60.
Epiaster polygonus, Ag. 567.
— Ricordeanus, d'Orb. 564.
Etoiles de mer, ophiures, 562.
Eugenia Hæringiana, 244.
Eugeniacrinus Dionysii, Oost. 121.
Eugnathus, spec. 70.
Exogyra canaliculata, Sow. 567.
— conica, Sow. 567.
— Rauliniana, d'Orb. 567.

**F**

Favia aff. eminens, Koby. 478, 481.
— ornata, Koby, 117.
Fucoides du flysch, 212, 536, 587.
— indét. du jurass. inf. 86.
— du lias, 74, 92, 466.
Fusicellaria, spec. 157.

**G**

Gasteropodes, près Roche, 396.
Gervillia crenatula, Qust. 51.
— inflata, Schafh. 37, 38, 47, 51.
— ornata, Moore, 51.
— praecursor, Qust. 37, 51, 460.
— spec. 43.
Globigerina, spec. 158.
Glyptostrobus Ungeri, Heer. 234, 246.
Goniopygus decoratus, Desor. 157.
Gresslya truncata, Ag. 115.
Grewia cordata, Heer, 234.
Gryphaea arcuata, Lam. 464.
Gyrodus, spec. dents c. à M. 481.

**H**

Halymenites flexuosus, F.-O. 212.

Halymenites lumbricoides, Heer, 212.
Hamites arrogans, Gieb. (H. elegans d'Orb.), 565.
— attenuatus, Sow. 566.
— Charpentieri, Pict. 566.
— cinctus, d'Orb. 164.
— compressus, Pict. et Camp. 566.
— Desorianus, Pict. 565.
— duplicatus, Pict. et Camp. 566.
— elegans, d'Orb. 565.
— Emmericianus, d'Orb. 164.
— Favrinus, Pict. 565.
— flexuosus, d'Orb. 565.
— friburgensis, Oost. 164.
— (Ptychoceras) gaultinus, Pict. 566.
— Hamus, Qnst. 164.
— intermedius, Sow. (H. attenuatus d'Orb.), 566.
— maximus, Sow. (H. rotundus d'Orb.), 566.
— Meyrati, Oost. 164.
— Morloti, Oost. 164.
— néocomiensis, d'Orb. 164.
— Renevieri, Oost. 164.
— subnodosus, Rœm. 164.
— virgulatus, d'Orb. 565.
— Studerianus, Pict. 565.
Helcion infracretaceum, Oost. 155.
—. subquadratum, d'Orb. 155.
Helicoceras Robertianus, d'Orb. 566.
Helix arbustorum, Linn. 278.
— plebeia, Mich. 278.
— pulchella, Drap. 278.
— rotundata, Müll. 278.
— sylvatica, Drap. 278.
— spec. 235, 277.
Helminthoidea crassa, Heer, 213, 491.
— labyrinthica, Heer, 213, 490, 491, 572.
Helminthopsis, intermedia, Heer, 71, 74.
— labyrinthica, Heer, 71, 74, 466.
Hemiaster minimus, Ag. 567.
Hemicidaris alpina, Ag. 106, 108, 109, 112, 117, 472, 475, 478, 479, 481.
— Meriani, Oost. 165.
— Meyrati, Oost. 165.
— ovulum, d'Orb. 165.
Heteraster oblongus, Ag. 563.
Heteropora, spec. 157.
Hinnites abjectus, Morr. et Lycett. 116.
— Renevieri, Pict. et Camp. 562.
— Studeri, Pict. et Roux, 567.
Holaster lævis, Deluc (Ag), 564, 567.
— Perezi, Sism. 567.

Holaster Studeri, Ag. 567.
— subglobosus, Ag. 567.
— transversus, Ag. 567.
Homomya laitmairensis, de Lor. 109, 115.
— valdensis, de Lor. 109, 115, 471.
— ventricosa, Ag. 73.
Hynniphoria globularis, Suess. 134.

I

Ichthyosaurus tenuirostris, Corryb. 68, 69, 71.
— spec. du lias, 334.
Idmonea pinnata, Rœm. 157.
Inoceramus Brunneri, Oost. 485.
— concentricus, Park. 564, 567.
— Cuvieri, Brong. 636.
— Falgari, Heer, 69.
— Oosteri, E. Favre, 125.
— Salomoni, d'Orb. 564, 567.
— sulcatus, Park. 564, 567.
— undulatus, 68, 69, 71.
— spec. 80, 166.
Isoarca obesa, d'Orb. 567.
Isocardia crassicornis, Ag. 566.

J

Janira cf. atava, d'Orb. 168.
— (Vola) Fancignyana, Pict. et Roux, 567.
— valangiensis, Pict. et Camp. 156.
Juglans bilinica, Ung. 244.

L

Lagena ovalis, Kfm. 173.
— spaerica, Kfm. 173.
Lastraea styriaca, Ung. 244, 246.
Latosmeandra, sp. 158.
Laurus primigenia, Ung. 244.
Leda Neckeriana, Pict. et Roux, 567.
— percaudata, Gumb. 35-37, 51, 456, 459.
Lepidotus maximus, Wagn. 133, 146.
Leptolepis Bronni, Oost. 70.
— spec. 70.
Leptophyllia spec. nov. 117.
Lima arzierensis, de Lor. 156.
— cardiiformis. Sow. 109, 116.
— exquisita, de Lor. 156.
— Germani, Pict. et Camp. 156.
— gigantea, Sow. 58.

Lima geminata, Pict. et Camp. 156.
— Haussmanni, Dunk. 58.
— hettangiensis, Terq. 54, 58.
— impressa, Morr. et Lyc. 116.
— infracretacea, Oost. 156.
— Itieriana, Pict. et Roux, 567.
— longa, Rœm. 156.
— néocomiensis, d'Orb. 156.
— Nicoleti, Pict. et Camp. 156.
— plicata, Ag. 110, 116.
— rigidula, Phill. 116.
— Schardti, de Lor. 109, 116, 472, 478, 481.
— semicircularis, Goldf. 116, 471, 481.
— subdupla, Stop. 51.
— tuberculata, Terq. 54, 58, 59, 462.
— Tombeckiana, d'Orb. 156.
— undulata, Desh. 156.
— valoniensis, Defr. 55, 56, 58, 59, 462, 463.
— vigneulensis, Pict. et Camp. 156.
— spec. 86, 463.
Limopsis Lorioli, Renev. 567.
Lithodomus ornatus, Pict. et Camp. 152.
Loliginites bollensis, Qnst. 70.
Lucina arduennensis, d'Orb. 566.
— arenacea, Terq. 58.
— laitmairensis, de Lor. 116.
— vermicularis, Pict. et Camp. 155.
Lycopodites, spec. 408.

**M**

Macropoma, spec. 70.
Mactra Oosteri, Renev. 57.
Megalodon, spec. 32, 51.
Megerlea lima, Defr. 567.
— Wahlenbergi, Zeuschn. 134.
Metaporhinus convexus, Cat. 134.
Micraster breviporus, Ag. 636.
Microsolena, spec. nov. 117.
Millericrinus amaltheus, Qnst. 59.
— Oosteri, de Lor. 157.
— valangiensis, de Lor. 157, 562.
Modiola ervensis, Stopp. 51, 58, 462.
— glabrata, Dunk. 49, 51.
— imbricata, Sow. 105, 106, 108, 109, 111, 116, 471, 477-481.
— minuta, Goldf. 37, 38, 42, 43, 51, 457, 459, 460.
— Morrisii, Op. 462.
— Schafhäutli, Stur. 51.
— Sowerbyana, d'Orb. 108, 116.

Monopleura valangiensis, Pict. et Camp. 81, 156.
Montlivaultia Bachmanni, Koby, 117.
— Gillieroni. Koby, 117.
— Schardtli, Koby, 117, 475, 481.
— nov. spec. 478, 481.
Munsteria, spec. 213.
Murex, spec. 566.
Myoconcha psilonoti, Qnst. 58.
Myophoria concentrica, Moore, 51.
— depressa, Moore, 51.
— elongata, Moore, 51.
— Emmerichi, Winkl. 35, 51.
— Ewaldi, Born. 35, 51, 460.
Mytilus Carteroni, d'Orb. 156.
— laitmairensis, de Lor. 109-111, 116, 470, 472, 481.
— Orbignyanus, Pict. 567.
— Morrisi, Opp. 58.
— Sanctæ-Crucis, Pict. et Camp. 156.
— striatus, Gill. = Modiola imbricata, 113.

**N**

Neærea cf. Picteti, Zitt. 134.
— Sabaudiana, Pict. et Roux, 566.
Natica angustata, Gras. 571.
— Clementina, d'Orb. 566.
— Favrina, Pict. et Roux, 566.
— gaultina, d'Orb. 566.
— minchinhamptonensis, de Lor. 108, 115, 481.
— cfr. ranvillensis, d'Orb. 115, 481.
— spec. hettang. 463.
Nautilus Clementinus, d'Orb. 565.
— franconicus, Op. 124.
— Montmollini, Pict. et Camp. 565.
— neocomiensis, d'Orb. 163.
— toarcensis, d'Orb. 69.
— spec. jur. inf. 86, 91.
Neoschizodus = Myophoria.
Nerinea valdensis, Pict. et Camp. 155.
Nerinées, 148.
Neritina Ferrusaci, 238.
Niso cfr. Roissyi, d'Arch. 115.
Nodosaria linearis, Rœm. 158.
Notidanus, spec. 124, 163.
Nonionina Escheri, Kaufm. 173.
— globulosa, Ehrb. 173.
Nonionines, 487.
Nucula Bocconis, Stop. 50.
— Meilleriæ, Stop. 456.

Nucula navis, Piette, 58.
— pectinata, Sow. 566.
— Timotheana, Pict. et Roux, 567.
Nummulites Bouckeri, De la Harpe, 571.
— Bouillei, De la Harpe, 571.
— Fichteli, Mich. 571.
— intermedia, d'Arch. 571.
— Oosteri, De la Harpe, 243.
— Partschi, De la Harpe, 243.
— Tournouerei, De la Harpe, 571.
Nummulites à Gagnerie, 594.
— à Salaufe, 589.

### O

Odontaspis infracretacea, Oost. 154.
— sichelensis, Oost. 154.
Oligostegina lævigata, Kaufm. 173.
Ophiures du néocomien, 562.
Opis cloacinus, Qnst. *voir* Myophoria.
— neocomiensis, d'Orb. 155.
Orbitolina lenticularis, 563, 583, 584.
Ostrea anomala, v. O. sublamellosa.
Ostrea aquila, 564.
— Boussingaulti, d'Orb. 156.
— costata, Sow. 105, 106, 108, 109, 112, 116,
472, 475, 480, 481.
— cyatula, Lam. 571.
— Haidingeriana, Eumer. 36, 39, 51, 457, 460.
— irregularis, Munst. — O. sublamellosa var. anomala.
— Milletiana, d'Orb. 567.
— cf. Mœschi, Sow. 116.
— rectangularis, Rœm. 562.
— Rhodani, Dunk. 58.
— cfr. Sowerbyana, Morr et Lyc. 116.
— sublamellosa, var. anomala, R. et D. 54, 55,
58, 59, 462.
— Tinierei, Renev. 52.
— tuberculifera, Koch. et Dunk. 562.
— Vuargnensis, de Lor. 111, 116, 470, 472,
479, 481.

### P

Palæodictyon alpinum, Heer, 71, 74, 466.
— textum, Heer, 212.
Paludina tentaculata, L. 274.
Pecten alpinus, d'Orb. 165.
— Archiaci, d'Orb. 156.

Pecten cf. barnensis, Stop. 461.
— Cottaldinus, d'Orb. 156.
— datensis, Oost. 156.
— dornasensis, E. Favre, 126.
— Dutemplei, d'Orb. 567.
— Euthymi, Pict. 156.
— Falgari, Mer. 51.
— Heberti, Stop. 456.
— infracretaceus, Oost. 156.
— Liebigi, Winkl. 37, 51, 459.
— Luani, Renev. 51.
— lugdunensis, Mich. 51, 58.
— Mortilleti, Stop. 456.
— pilatensis, E. Favre. 126.
— Raulinianus, Pict. et Roux, 567.
— securis, Dum. 58, 462.
— Thiollierei, Mart. 58, 462.
— tumidus, Pict. 69.
— valoniensis, Defr. rhét. 35-37, 40, 47, 49, 51,
461-7, 463.
— valoniensis, Defr. hettang. 54-56, 58, 59,
456, 459-461.
— vraconnensis, Pict. et Camp. 567.
— Winkleri, Stopp. 37, 42, 51.
— spec. jur. sup. 396; jur. inf. 86, 90; lias inf.
62, 463.
Pectunculus alternatus, d'Orb. 567.
Peltastes stellulatus, Des. 157.
— Studeri, Cott. 567.
Pentacrinus bavaricus, Winkl. 32, 52.
— neocomiensis, Des. 157, 165.
— spec. ind. 107, 117, 400, 481.
Perna infracretacea, Qnst. 58.
— Rauliniana, d'Orb. 567.
— cf. rugosa, Lyc. 108.
Petricola Rhodani, Pict. et Roux, 566.
Pholadomya Crowcombeana, Moore, 50.
— dicerata, Hartm. (Ziet), 65, 69.
— genevensis, Pict. et Rx. 566.
— Lariana, Stop. 50.
— prima, Qnst. 57.
— texta, Ag. 109, 115, 470, 472, 479, 481.
Phœnicites spectabilis, Ung. 244.
Phylloceras helveticus, Descr. 165.
— Oosteri, Lor. 165.
Picnodus, dents, 562.
Pinna Hartmanni, Ziet. 69.
— semistriata, Terq. 58.
— trigonata, Terq. 58, 462.
— spec. hettang. 462.

Pinus palæostrobus, Eh. 244.
Placunopsis alpina, Winkl. 31, 32, 36-46, 52, 456-461.
— Revonii, Stop. 456, 457.
— Schafhäutli — Pl. alpina.
Planorbis marginatus, Drap. 274.
— spec. 235.
Plesiosaurus, dents des c. à Myt. 115.
Pleuromya crassa, Ag. 57, 73.
— elongata, Ag. 115.
— Dunkeri, Terq. 57.
— Ritteneri, de Lor. 115.
— striatula, Ag. 57.
Pleurotomaria alpina, d'Orb. 566.
— Gibbsi, Sow. 564, 566.
— Margueti, Renev. 566.
— cf. Regina, d'Orb. 566.
— Saussureana, Pict. et Rx. 566.
— Thurmanni, Pict. et Rx. 566.
— vraconensis, Pict. et Camp. 566.
Plicatula asperima, d'Orb. 156.
— Baylei, Terq. 58.
— Beryx, 51.
— fissistriata, Winkl. 38, 51, 459, 461, 462.
— Gurgitis, Pict. et Roux, 564, 567.
— hettangiensis, Terq. 54, 55, 58, 59, 462.
— intusstriata, Emmer. 35, 40, 51, 58, 457, 459, 460.
Podocarpus cocœnica, Ung. 568.
Poissons, écailles dans le grès du Val d'Illiez, 508.
Pollicipes Bronni, Rœm. 154.
Polypiers, rhétien, 32; c. à Myt. 105, 106, 478, 481; du gault. 567; de Roche jur. sup. 396.
Populus balsamoides, Gop. 246.
— heliandrum, Ung. 234.
— mutabilis, Heer, 246.
— nigra, 274.
Posidonomya alpina, Gras. 85, 86, 90, 91, 92.
— Bronni, Goldf. 69, 72, 75, 76.
— spec. 67, 80, 466.
Proboscina Jaccardi, de Lor. 157.
Pseudodiadema Caroli, de Lor. 157.
— incertum, de Lor. 157.
— Brongniarti, Des. 567.
— Rhodani, Ag. 567.
Pseudomelania Deshayesi, Terq. 57.
— Jaccardi, Pict. et Camp. 155.
— Jobæ, Terq. 57.
Pterocera pelagi, d'Orb. 563.

Pterocera retusa, Sow. 566.
Pteromya costalula, Desh. 116.
Pteropodes, 153.
Ptychoceras, v. Hamites.
Pycnodus, dents c. à Myt. 481.

## Q

Quercus Charpentieri, Heer, 246.

## R

Requienia ammonia, Goldf. (Math.), 563.
— erratique, 389.
Rhabdocidaris Herculis, Des. 121.
— spinosa, Ag. 126.
— spec. ind. 157.
Rhabdophyllia langobardica, Stop. 52.
Rhamnus Gaudini, Heer. 244.
Rhynchonella belemnitica, Qnst. 62.
— Calderini, Parona, 62.
— capillata, Zitt. 134.
— Colombi, Renev. 52, 54, 56, 58.
— Deluci, Pict. 567.
— Desori, de Lor. 157.
— discoidalis, Parona, 62.
— Emerici, d'Orb. 567.
— fastigiata, Gill. 121, 126.
— fimbria, Sow. (Rh. furcillata, v. B.), 72, 636!
— cf. Gibbsiana, Sow. 564.
— latissima, Sow. 564.
— Maillardi, Haas, 58.
— cf. Malbosi, Pict. 134.
— monsalvensis, Gill. 121, 126.
— Orbignyana, Op. 110, 117, 475, 479, 481.
— plicatissima, Qnst. 58.
— spathica, Lamk. 117, 484.
— spoliata, Suess. 134.
— sulcata, Park. 567.
— tatrica, Zeusch. 134.
— variabilis, Schloth. var. triplicata, Phill. 62.
— spec. ind. jur. inf. 94; du lias inf. 464.
Rhyncholenthis Brunneri, Oost. 121, 124.
— Cardinauxi, Oost. 163.
— Escheri, Oost. 124.
— fragilis, Pict. et de Lor. 163.
— Meriani, Oost. 167.
— Sabaudiana, Pict. et de Lor. 163.
— Picteti, Oost. 163.

**S**

Sabal Lamanonis, Hr. 232.
— mayor, Ung. 232.
— feuille, 232.
Salix longa, Brong. 234.
— media, Heer, 234.
Sapindus aff. falciformis, Ung. 508.
Sargodon tomicus, 47, 50, 636.
Saurichtys acuminata, Ag. 50.
— albensis, d'Orb. 155.
— Rhodani, Pict. et Roux, 566.
Scaphites Meriani, Pict. 565.
— Hugardianus, d'Orb. 565.
— peramatus, Pict. et Camp. 565.
— Saussureanus, Pict. 565.
Sepia, spec. 67.
Sequoia Langsdorfi, Heer, 242.
Serpula antiquata, Sow. 154.
— gordialis, Schl. 154.
— parvula, Goldf. 154.
— quadrilatera, Goldf. 154.
— spec. 149.
Sideles Morlotti, Oost. 163.
Siphonocœlia cylindrica, E. de From. 158.
Solarium cirroide, Brong. 566.
— Hugianum, Pict. et Roux, 567.
— Tolotianum, Pict. et Roux, 566.
— triplex, Pict. et Roux, 566.
Solemya Voltzii, Rœm. 69.
Solen Deshayesi, Terq. 58.
Spatangus, spec. 571.
Spathodactylus neocomiensis, Pict. 162.
Sphærulites Blumenbachi, 563.
Sphenodus impressus, Zitt. 133, 144.
— longidens, Ag. 124, 131, 132, 144.
— Picteti, Renev. 50.
Spiriferina pinguis, Zitt. 462.
— spec. lias inf. 464.
Spirulina æqualis, Rœm. 158.
Stomatopora, granulata, M. Edw. 157.
Spondylus bellulus, de Lor. 156.
— Brunneri, Pict. et Roux, 567.
— Delallarpei, Renev. 58.
— gibbosus, d'Orb. 567.
— complanatus, d'Orb. 156.
— Rœmeri, Desh. 156.
— velatus, Goldf. 62.
Spongiaires indét. 562.

Strophodus, dents, du bett. 57 ; c. à Myt. 107, 115, 478, 481.

**T**

Tancredia Schardti, de Lor. 116.
Taonurus flabelliformis, F.-O. 213, v. Zoophycos.
Taxodium dubium, 234, 256.
Terebratula biauriculata, d'Orb. 157.
— Bilimici, Sucss. 134.
— Biskidensis, Zeuschn. 134.
— Bonei, Zeuschn. 129, 133, 134.
— Carpathica, Zitt. 134.
— Catulloi, Pict. 144.
— Datensis, E. Favre, 134.
— diphya, var. Catulloi, Pict. 144.
— diphyoides, d'Orb. 165, 167, 168.
— Dutempleana, d'Orb. 567.
— Euthymi, Pict. 134.
— Gregaria, Suess. 32, 52, 456, 457, 459-461.
— hippopus, var. supracretacea, Oost. 157.
— Janitor, Pict. 129, 133, 134.
— Lemanensis, Pict. 567.
— perforata, Piette, 54, v. Waldheimia.
— cfr. rupicola, Zitt. 126.
— ventricosa, Zitt. 110, 116, 470, 472, 479, 481.
— spec. ind. 94, 90.
Tetragonolepis, spec. 70.
Textilaria globulosa, Ehrb. 173, 487.
Thamnastræa, spec. nov. 117, 478, 481.
Thecidium valangiense, de Lor. 157.
Thecosmilia Schardti, Koby, 117.
Theobaldia circinalis, Heer, 74.
Thracia rotunda, 566.
Thuites Itieri, 107, 111, 117.
Toxaster complanatus, Des. 549, 551, 562.
Tremospongia valangiensis, de Lor. 158.
Trichites, spec. c. à Myt. 117, 475, 481.
Triptera infracretacea, Oost. 155.
— ornata, Oost. 155.
Trochocyathus conulus, Phil. 567.
Trochoseris, spec. 158.
Trochus Buvignieri, d'Orb. 566.
— conoideus, Sow. 566.
— Gillieroni, Pict. et Camp. 566.
— Hugianus, Pict. et Roux, 565.
Turbo Coquandi, Pict. et Camp. 566.
— Golezianus, Pict. et Roux, 566.
— Pictetianus, d'Orb. 566.
— Saxoneti, Pict. et Roux, 566.

Turbo Triboleti, Pict. et Camp. 566.
— valdensis, Pict. et Camp. 155.
— spec. 62.
Turrilites Balmatianus, Pict. 566.
— Bergeri, Brong. 566.
— elegans, d'Orb. 566.
— Escherianus?, Pict. et Camp. 566.
— Gresslyi, Pict. et Camp. 566.
— Hugardianus, d'Orb. 566.
— Morrisi, Sharp. 564, 566.
— Scheuchzerianus, Bosc. 566.
— tuberculatus, Bosc. 566.
Turritella Dunkeri, Terq. 57.
— imbricataria, Lamk. 571.

## U

Unicardium Pittieri, de Lor. 116.
— valdense, de Lor. 116.
— rubliense, de Lor. 116.
Unio, spec. 235.
Ursus spelacus, 278.

## V

Valvata piscinalis, Fer. 274.

Végétaux fossiles, Porte à Bovay, 371.
Vénus obesa, d'Orb. 155.
— rotomagensis, d'Orb. 566.

## W

Waldheimia Maudelslohi, Opp. 116.
— obovata, Sow. 116.
— perforata, Piette, 54, 56, 58.
— pseudojurensis, Leym. 157.
— psilonoti, Qust. 56, 58.
— Reimanni, v. Buch, 58.
— Waterhousi, Dav. 62.
Widdringtonia helvetica, Heer, 234.
Widdringtonites liasinus, Heer, 60.
Woodwardia Rössneriana, Ung. 246.

## Z

Zamites Renevieri, Heer, 101, 103, 104, 111, 117.
Zizyphus Ungeri, Heer, 508.
Zonites nitens, Gmel. 278.
Zoophycos scoparius, Thiol. lias sup. 65, 70, 74, 86, 90, 91.
— scoparius, Thiol. jur. inf. 89, 92, 468.

# ERRATA

Page   9  ligne  13 *lisez*  Rochers de Neuves ou Arête des Aiguilles.
»     26   »   32  »   Chamby *au lieu de* Chambly.
»     50   »   29  »   *Cardium regulare* au lieu de *Cardium regularis.*
»     54   »   27  »   *Lima valoniensis* au lieu de *Lima hettangiensis.*
»     93   »   14  »   Rocher de Truchaud *au lieu de* Trocher de ruchaud.
»    129   »   25  »   Qnst. *au lieu de* Quast.
»    130   »    5  »   pl. 11, fig. 5 *au lieu de* pl. 11, fig. 4.
»    133   »   16  »   *Terebratula janitor*, Pict.
»    144   »   25  »   *Aptychus latus*, Park. au lieu de *Apt. punctatus*, Voltz.
»    162   »    9  »   fig. 15 b *au lieu de* fig. 16.
»    174   »    7  »   Euganées *au lieu de* Euganées.
»    231   »   20  »   Linnées *au lieu de* Linnées.
»    276   »   19  »   barrage de la vallée *au lieu de* barrage du Rhône.
»    292   »   20  »   Fégires *au lieu de* Figires.
»    346   »   32  »   fig. 12 *au lieu de* fig. 10.
»    347   »   10  »   fig. 12 *au lieu de* fig. 10.
»    388   »   20  »   fig. 2 *au lieu de* fig. 22.
»    504   »    8  »   de les croire plus récents *au lieu de* de le croire plus récent.
»    520   »    7  »   pl. XVIII, fig. 6 *au lieu de* pl. XVII, fig. 7.
»    525   » 20 et 32 »  fig. 3 *au lieu de* fig. 2.
»    533   »    6  »   Blancet *au lieu de* Blancot.
»    566   »    1  »   *Solarium* au lieu de *Hamites.*

— 636 —

# ADDENDA

Page 17. D'après M. de Vallière (204 a), une source salée à 19 % a été trouvée à Villeneuve en 1810.

Page 62. Ajoutez à la liste des fossiles du lias inférieur de Rossinière :

*Rhynchonella fimbria*, Sow. (*Rh. furcillata*, v. Buch.)

Page 113, ligne 2. D'après une communication verbale de M. Gilliéron, nous avons cru comprendre que le *Mytilus striatus* (Goldf.) Gill. était le même fossile que le *Mytilus laitmairensis* de Lor., c'est la *Modiola imbricata* Sow. que M. Gilliéron nomme *Myt. striatus*; l'association de ce fossile à la faune du niveau C. est donc tout à fait normale et l'observation à ce sujet n'a plus sa raison d'être.

Page 174. M. Renevier (177) a indiqué la présence de fossiles du crétacé supérieur à Semsales; un grand Inoceramus (*Inoc. Cuvieri*, Brong.) a été acquis par le musée de Lausanne. M. Gilliéron a cité à plusieurs reprises des fossiles du crétacé supérieur dans la chaîne du Niremont (*Cardiaster Gillieroni*, de Lor.; *Micraster breviporus*, Ag. 108).

Page 252, ligne 20. D'après la carte vaudoise, f⁰ IX, le col de Jaman est à 1520ᵐ, ce qui fait une différence de 54ᵐ avec le chiffre tiré de la carte fédérale. Le bloc erratique sous Chamossallaz ne peut donc pas être venu par ce col. Nous avons retrouvé des fragments plus petits de la roche de Chaussy à 10ᵐ environ plus haut que le grand bloc; cette même roche est très répandue sous Paccot et aux Gresalleys.

Page 257, ligne 25, lisez : dont il n'existe pas un seul fragment dans les dépôts du glacier du Rhône de ce côté de la vallée, tandis.....

Page 302, ligne 22. Le flysch affleure à Montreux sous les maisons de Vernex-Dessous et dans le ravin des Vaux de Charnex, en aval et en amont de la voie ferrée. Une vigne plus profondément labourée que les autres l'a mis récemment à découvert en amont du chemin de fer entre Montreux et Clarens, derrière la campagne Ormond.

Page 393, ligne 18. C'est au temps d'extrême sécheresse seulement que le ruisseau de Jaman est complètement à sec entre l'entonnoir et les Cases. A la fonte des neiges, l'eau qui s'engouffre dans l'entonnoir, ressort déjà une distance de 200ᵐ environ à 25-30ᵐ plus bas, en formant une dizaine de sources jaillissant avec force par des fissures du malm. Quand l'eau diminue, deux ou trois de ces ouvertures donnent de l'eau et le ruisseau disparaît plus bas sous les éboulis pour reparaître aux Cases.

Page 456. La carrière de la Balle entre Locon et Meillerie, nous a fourni encore :

*Sargodon tomicus*, Plien. et

*Colobodus varius*, Gieb.

Page 530, ligne 14. Le sentier qui conduit de Miex dans l'extrémité S.-E. du vallon de Tanay, en passant à travers le contrefort qui domine la Porte du Sex, permet de constater encore dans cette arête très étroite et sur le point de s'arrêter, les deux replis de la chaîne des Cornettes. Après avoir franchi au-dessus de Miex une immense épaisseur de craie rouge, on arrive dans un petit vallon où sont échelonnés trois fénils. Une arête de jurassique suit; après l'avoir franchie, on trouve en descendant dans un second vallon ou petit plateau, où est un chalet, un lambeau de flysch et ensuite des couches rouges qui se continuent jusqu'au-dessus du rocher qui domine les Evouettes. Ce second vallon est le prolongement de celui du lac Tanay; la présence du flysch est surtout remarquable (Pl. XVIII, fig. 6).

# MATÉRIAUX

POUR LA

# CARTE GÉOLOGIQUE DE LA SUISSE

PUBLIÉS PAR LA COMMISSION GÉOLOGIQUE DE LA SOCIÉTÉ HELVÉTIQUE DES SCIENCES NATURELLES

AUX FRAIS DE LA CONFÉDÉRATION

VINGT-DEUXIÈME LIVRAISON

I

## DESCRIPTION GÉOLOGIQUE

DES

PRÉALPES DU CANTON DE VAUD ET DU CHABLAIS JUSQU'A LA DRANSE

ET DE LA

CHAINE DES DENTS DU MIDI

FORMANT LA PARTIE NORD-OUEST DE LA FEUILLE XVII

PAR

## ERNEST FAVRE & HANS SCHARDT

# ATLAS

# EXPLICATION DES PLANCHES

## CARTE GÉOLOGIQUE DU PAYS D'ENHAUT

La topographie de cette carte a été obtenue par un report sur pierre d'une partie de la feuille IX de la carte au 1 : 50000 publiée par le bureau topographique du canton de Vaud.

Les couleurs et monogrammes géologiques sont à peu près les mêmes que ceux de la feuille XVII de l'atlas géologique de la Suisse.

### PLANCHE I

*Fig. 1, 2, 3, 4 et 6,* sont des petits profils sans échelle déterminée à travers le ravin de la Veveyse et montrent la discordance entre la mollasse ronge et le poudingue. P. 233, 246.

Le profil *fig. 2,* visible le long de la Baye de Clarens, permet de supposer que les grès grossiers et le poudingue sont contenus dans un pli synclinal déjeté de la mollasse ronge. P. 233, 245, 297, 505.

*Fig. 5* montre la disposition du poudingue miocène au pied du chaînon des Pléiades, sur un point situé au S. du profil *fig. 1.* P. 245.

*Fig. 7.* Petit profil local de la formation du poudingue. P. 240 et 243.

*Fig. 8.* Affleurement de poudingue, grès et marne à feuilles, sous l'église de Châtel-St-Denis. P. 242.

## PLANCHES II à XIII

Ces planches renferment de nombreux petits croquis, des coupes et profils souvent sans échelle déterminée et dessinés pour la plupart sur le terrain ; leur valeur est donc tout à fait locale, mais d'autant plus réelle, qu'ils permettent un contrôle plus rigoureux.

Les signes et abréviations employés dans ces planches sont les suivants :

| | | | | |
|---|---|---|---|---|
| *al*, | alluvions, | | *js*, | jurassique supérieur, malm, |
| *eb*, | éboulis, | | *ti*, | tithonique, |
| *gl*, | glaciaire, | | *Ac*, | zone à *Am. Acanthicus*, |
| *pd*, | poudingue miocène, | | *ox* ou *oxf*, | oxfordien, |
| *m*, | mollasse, grès, | | *ji*, | jurassique inférieur, dogger, |
| *fl*, | flysch éocène, | | *ji, c. à Myt.*, | couches à Mytilus, |
| *sch*, | schiste, *ard*, ardoise, | | *ji ls*, | jurassique inférieur-lias supérieur, |
| *gr*, | grès, | | *ls*, | lias supérieur, toarcien, |
| *poud*, | poudingue, | | *li*, | lias moyen et inférieur, |
| *cgl*, | conglomérat, | | *lh*, | hettangien, |
| *br*, | brèche, | | *rh*, | rhétien à *Avicula contorta*, |
| *h*, | brèche de la Hornfluh, | | *tr*, | trias, |
| *gy*, | gypse, | | *mr*, | marnes rouges et vertes. |
| *ca* ou *cgn*, | cargneule, | | *ca*, | cargneule, |
| *cr*, | crétacé rouge, | | *d, dol., calc. dol.*, | calcaires dolomitiques, |
| *ne*, | néocomien, | | *gy*, | gypse. |
| *npt*, | marne à Ptéropodes, | | | |

Les planches coloriées VII, VIII et XII ont chacune une légende spéciale.

## PLANCHE II

*Fig. 1.* Coupe du ravin du Dat au sud de Semsales. P. 154, 283.

*Fig. 2.* Profil à l'échelle de 1 : 12500 de Sᵗ-Martin au Niremont, passant entre Semsales et Châtel-Sᵗ-Denis. P. 284.

*Fig. 3.* Coupe du pied du Niremont aux Prayouds. Au lieu de Crêt *lisez* Crêt-Moryz. P. 128, 284.

*Fig. 4 a.* Coupe du flanc sud du Niremont, le long de la rive droite de la Veveyse de Châtel. *Fig. 4 b* donne la coupe en suivant le lit du Torrent. Échelle 1 : 12500. P. 130, 286.

*Fig. 5.* Croquis de la carrière de Plagnière près Châtel-S^t-Denis, visible dans *fig. 4 b.* P. 130, 286, 288.

*Fig. 6 a.* Coupe le long de la Veveyse de Châtel en suivant la rive gauche du torrent. *6 b,* coupe parallèle un peu plus haut, sur le flanc N. du Mont Corbettes. Échelle 1 : 12500. P. 289-291.

*Fig. 7.* Partie plus détaillée de *fig. 6 a.* P. 290.

*Fig. 8, 9, 10 et 11.* Petits profils du pied du Mont Corbettes, entre Châtel-S^t-Denis et le pont de Fégires. P. 292.

*Fig. 12.* Profil d'ensemble du Mont Corbettes et du ravin de la Veveyse de Fégires (flanc droit). Échelle 1 : 25000. P. 293, 294.

*Fig. 13.* Profil par le sommet des Pléiades. Échelle 1 : 25000. P. 296.

*Fig. 14.* Coupe le long du ravin des Chevalleyres. P. 294-296.

*Fig. 15 a.* Repli du néocomien sous le Signal au S. des Pléiades. P. 299.

*Fig. 15 b.* Replis du néocomien dans le ravin de la Baye de Clarens en amont de Brent. P. 299; p. 162 (indiqué sous *fig. 16* au lieu de *15 b*).

*Fig. 16.* Replis du flysch dans le même ravin. P. 300.


PLANCHE III


*Fig. 1.* Coupe par les affluents de l'Afflon au N.-E. du Moléson. P. 305.

*Fig. 2.* Coupe locale montrant la faille entre le Niremont et le massif du Moléson. P. 301.

*Fig. 3.* Coupe entre le pied du Moléson et le vallon de Praz, par le gros Tzermont. P. 305-306.

*Fig. 4.* Faille et klippes de malm entre le Moléson et le Niremont. P. 289, 304.

*Fig. 5.* Coupe du lias et du rhétien dans le ravin des Pueys. P. 306.

*Fig. 6.* Coupe du sommet du Moléson et du versant N.-O. jusqu'au gros Plané. P 308.


PLANCHE IV


*Fig. 1.* Coupe entre le pied du Moléson et le vallon de la Laurensaz, sur Albeuve. P. 310.

*Fig. 2, 3, 4.* Coupes montrant les modifications successives du haut du massif du Moléson, entre la pointe de Tremettaz et le sommet (pl. III, *fig. 6*). P. 310.

*Fig. 5.* Coupe le long de la nouvelle route des Avants entre le Bornon et le Sollard, à l'échelle de 1 : 1250. A.-E. détails des points les plus disloqués. Voir : Trias p. 26 ; série rhétienne p. 39-45 ; lias inférieur, p. 61 ; structure et dislocations, p. 322.

*Fig. 6.* Coupe entre le lias et le flysch sur Chaulin. P. 27, 301, 323.

*Fig. 7.* Profil du mont Cubli, à l'échelle de 1 : 25000. P. 322.

*Fig. 8.* Coupe du toarcien, du lias inférieur et du trias le long de la route de l'Alliaz sur la face N.-O. du mont Cubli. P. 61, lias 324-327.

*Fig. 9.* Profil d'ensemble entre les Pléiades et la vallée d'Allière. P. 316, 334.


PLANCHE V


*Fig. 1.* Coupe par la Dent de Broc et le col de Forcliaz sur Estavanens. P. 329.

*Fig. 2 et 3.* Coupes entre la vallée de la Sarine et les combes de la Vaudallaz et de la Laurensaz sur Villars-sous-Mont. P. 330.

*Fig. 4.* Faille dans le lias inférieur de la carrière des Avants. P. 320.

*Fig. 5.* Repli dans le massif de Hautaudon entre le vallon de Bonaudon et le vallon de Jaman. P. 338.

*Fig. 6.* Profil par le massif de Hautaudon et le chaînon de Naye. P. 337-338, 357.

*Fig. 7.* Repli du néocomien dans la gorge de la Taouna à l'Est de Grandvillars. P. 335, 349.

*Fig. 8.* Pli en U du crétacé à Montbovon. P. 175, 336.

*Fig. 9 A.* Profil entre le col de Chaude et celui d'Ayerne. P. 364 ; klippe de *cr* du col d'Ayerne, p. 394.

*Fig. 9 B* montre la structure de la Pointe à l'Aiguille au S. du passage d'Aveneyre, p. 365.

*Fig. 10.* Coupe du versant N.-E. de la vallée de la Tinière, p. 363.

*Fig. 11.* Repli médian de la chaîne de Cray vu du sommet de l'Aiguille de la Vausseresse (non de la Lévraz). Remplacer dans la figure le mot Vausseresse par Lévraz. P. 349.

*Fig. 12.* Profil entre la vallée de Montbovon et le ravin de l'Ondine. P. 346-347 (indiqué sous *fig. 10*).

*Fig. 13.* Croquis de la paroi occidentale du cirque de Paray au N. de Château d'Œx, pris des pâturages de Paray. Voir *eb*, p. 261 ; descr. p. 350-352.

*Fig. 14 A.* Croquis de la disposition du lambeau de lias supérieur dans la carrière supérieure près du Crét, sur Villeneuve (le nom Clos du Moulin, qui se trouve sur la carte se rapporte à une localité située plus à l'ouest). *14 B*, dispositions semblables du rhétien dans la seconde carrière ; p. 361.

*Fig. 15.* Profil entre Malatrait et les Agittes par la vallée de l'Eau-froide. P. 365.

*Fig. 16.* Profil du col d'Ayerne au Sepey. P. 401.

*Fig. 17.* Profil du ravin de Vers-Vey par le cirque de Corbeyrier à la vallée de la Grande-Eau. P. 397, 401.

*Fig. 18 à 22.* Coupes échelonnées le long du ravin, entre le col des Ruvines et Vers-Vey, montrant l'écrasement successif de la synclinale, voir encore *fig. 17*, à gauche. Remplacer dans *fig. 22 fl* par *cr.* P. 395-397.

*Fig. 23.* Coupe de la pente rocheuse au pied de la Tour Famelon jusqu'au ravin des Combes. P. 403-404.

*Fig. 24.* Coupe le long de la route entre les Grands Rochers et le Vuargny. V. de la Grande-Eau. P. 432.

## PLANCHE VI

*Fig. 1.* Coupe le long de la gorge du Pissot sur la route de l'Étivaz. Coupe parallèle prenant un peu plus haut au N. par Videcombaz et les Rochers de la Braye. P. 176, 383.

*Fig. 2.* Partie de la synclinale de flysch de la *fig. 1.* P. 383.

*Fig. 3.* Entonnoirs dans la masse de gypse à la Lécherette au N.-O. de la route du Col des Mosses. P. 425.

*Fig. 4.* Profil à travers le Rocher Pourri et la Tête de Cananéen. Brèche de la Hornfluh (Eh). P. 193 ; structure, p. 414.

*Fig. 5.* Coupe du ravin de la Gérine entre Gérignoz et Paccot près Château-d'Œx. Flysch, p. 192 ; structure, p. 381.

*Fig. 6.* Profil entre le pied du Chamossaire et la Grande-Eau près Exergillod, Gypse, p. 225 ; descr. p. 429.

*Fig. 7 et 8.* Coupes du pied N.-O. du Mont d'Or, à la Pierre du Moëllé et aux Charbonnières. Gypse et cargn., p. 223-224. Structure, p. 390, 426.

*Fig. 9-12.* Profils de la region culminante du col du Pillon entre Rettau et Aiserin. Lias, p. 76. Gypse et cargneule, p. 226 ; structure, p. 447.

*Fig. 13.* Coupe du pied du Biollet à l'ouest de la Gummfluh (*flh.* = brèche de la Hornfluh). P. 418.

*Fig. 14.* Croquis de la Roche fendue, pris à l'est du passage conduisant à la Croisette. Note au bas de la page 375.

## PLANCHE VII[1]

*Fig. 1.* Vue de la Dent de Jaman et du massif de Hautaudon, prise des rochers des Verreaux à 200 m. environ au-dessus du col de Jaman. Éboulements, p. 260 ; structure, p. 338-340.

[1] Dans la légende de cette planche, le lithographe a fait quelques fautes d'orthographe que le lecteur corrigera facilement.

— 8 —

*Fig. 2.* Vue du massif des Tours d'Aï, prise des Charbonnières, au pied du Mont d'Or. P. 391, 403.

*Fig. 3.* Structure du Rocher à Chien près du Pont de Gérignoz ; croquis pris du sentier de Ramaclé. P. 381.


## PLANCHE VIII

*Fig. 1.* Vue des Rochers à Pointes, prise de la seconde sommité (ouest) du Rocher Plat. P. 410.

*Fig. 2* La chaîne de Cray entre Les Mérils et Paray, vue prise au-dessus des Leyssalets. P. 352.

*Fig. 3.* Le Rocher de la Raye vu du sommet de la Laitmaire. P. 374.

*Fig. 4.* Profils du Rocher de la Raye, se succédant à partir du sommet sur l'arête qui s'abaisse au S.-O. vers la Montagne aux Manges. P. 374-375.

*Fig. 5. a. b. c. et fig. 6.* Profils de la petite arête entre le Perte à Bovay et le Rocher de la Raye. Voir : Corne Aubert, p. 369 ; structure de la petite arête, p. 371-373.

La légende de fig. 4-5 se trouve sur pl. VII.

Carte du col du Pillon. Voir : Lias, p. 76 ; gypse et cargneule, p. 226 ; description, p. 447.


## PLANCHE IX

*Fig. 1.* Replis du massif de brèche et des schistes et calcaires plaquetés de la chaîne de Chaussy entre le Tarent et Praz-Cornet. P. 443.

*Fig. 2.* Bloc de granit dans un banc de schiste intercalé entre deux lits de brèche près Aigremont. P. 203, 437.

*Fig. 3.* Aspect du sommet de la Cape au Moine du col de la Grande Arpille. P. 443.

*Fig. 4.* Structure des deux sommets de la Cape au Moine. P. 443.

*Fig. 5.* Flysch découpé par l'érosion. P. 443.

— 9 —

PLANCHE X

*Fig. 1.* Profils échelonnés le long du vallon de Neuves jusqu'au col de Novel et le vallon de Bernex, montrant les modifications successives des terrains formant le pied de la Dent d'Oche, l'arête des Aiguilles (Rochers de Neuves) et le col de Novel. Voir : lias, 464 ; structure, p. 520-521.

*Fig. 2.* Profil par la Dent d'Oche et l'arête de Pelluaz. P. 484, 521-522.

*Fig. 3.* Profils par le Château d'Oche et la Porte d'Oche. P. 453, 490, 521-522.

*Fig. 4.* Profil par l'arête de Cheilon et le vallon de Darbon. P. 454, 490, 521.

*Fig. 5.* Col de la Porte d'Oche. P. 453, 490, 524.

*Fig. 6.* Profil entre Reverculaz et Vouvry. Rhétien, p. 460 ; C. à Myt. p. 479 ; description, p. 491.

*Fig. 7 et 8.* Profils du vallon de Mémise. P. 484, 518-520.

*Fig. 9.* Profil du vallon de Corniaux et du Blanchard. P. 484, 518-520.

*Fig. 10.* Coupe des terrains entre Treveneusaz et En Place près Monthey. P. 549.

*Fig. 11.* Profil transversal de la klippe de Treveneusaz. Crétacé, p. 488 ; gypse et cargneule, p. 499-500 ; structure, p. 541-542.

*Fig. 12.* Le sommet de Bellevue (Treveneusaz), vu du N.-E., montrant la disposition discordante du crétacé rouge sur le malm redressé. P. 542.

PLANCHE XI

*Fig. 1.* Profil par le mont Chauffé, La Chaux et Cheilon. Voir : C. à Myt., p. 472-475 ; brèche du Mont Chauffé, p. 476 ; flysch, p. 490-491 ; description, p. 534-537.

*Fig. 2, 3, 4, 5.* Profils de l'arête du Vorassey qui relie La Chaux au col de Bise. Voir aux mêmes endroits que pour *fig. 1.*

*Fig. 6.* Profil par le Pic de Vernaz, les Cornettes de Bize jusqu'à la Dent de Villand. Trias, p. 453 ; rhétien, p. 459 ; c. à Myt., p. 477 ; description, 529-531.


II

*Fig. 7*. Profil entre le mont de Lovenex et le Crétet, faisant suite à la partie N.-N.-O. de la *fig. 6*. L'orientation de cette figure est renversée. La ligne pointillée indique le parcours du sentier de Novel à Lovenex. Voir : trias, p. 452 ; lias, p. 464 ; descr., p. 523-524.

*Fig. 8*. Filon de fer oxydé dans le crétacé rouge sur la montée au col de Bise entre le Crétet et Bise. P. 486.

*Fig. 9*. Profil des Pointes des Jumelles, croquis pris du ravin du Volly. P. 526.

*Fig. 10*. Profil par l'arête des Cornettes, les Jumelles et Volly. P. 526, 528, 530-531.

*Fig. 11*. Profil par le Roc Chambairy et la montagne de la Combe. P. 530-531.

*Fig. 12*. Coupe des couches à Mytilus à la Mine de Darbon (Creux du Planey). P. 470.

*Fig. 13*. Gisement du terrain rhétien dans le ravin d'Autan ; croquis pris du sentier entre l'Haut de Morge et les chalets d'Autan. P. 457.


## PLANCHE XII


*Fig. 1*. Vue prise du haut du cône d'éboulement du mont Chauffé, à l'entrée inférieure de la cheminée qui conduit au sommet. Terrains, p. 459, 477-479 ; description, p. 533-535, 540.

*Fig. 2*. Vue prise du col de Vernaz ; au premier plan se trouve un profil passant par le vallon du Toper. Les chalets sont ceux du Toper et non ceux de la Callaz. Terrains, p. 475-476, 491 ; description, p. 532-535.

*Fig. 3*. Vallon de Lovenex vu du col de Lovenex. P. 525.

*Fig. 4*. Creux du Planey ; vue prise du sentier venant de Darbon. Terrains, p. 470 ; Description, p. 538.

*Fig. 5*. Vue prise du contrefort au pied N.-O. des Cornettes de Bise. P. 528-529.

*Fig. 6*. Arête des Bovardes de Bise et cirque du Crétet, vue prise des pâturages du Crétet. P. 529-532.

*Fig. 7*. Extrémité de l'arête de Borée et des Rochers du Blanchard, vue prise en dessus de Novel. P. 520.

*Fig. 8*. Le mont Chénay vu du col de Neuves. P. 523.

*Fig. 9*. Repli en U du jurassique sous Belmont. P. 523.

## PLANCHE XIII

*Fig. 1.* Profil passant du Val d'Illiez par le massif de la Roche Grise, le col de Chézery et la vallée de Morgins à la Pointe de Grange ; Échelle d'environ 1 : 25000. Terrains, p. 489, 501, 503, 507 ; description, p. 545-547.

*Fig. 2.* Profil au N.-O. du Roc d'Enfer par le col de Graidon. P. 502, 547.

*Fig. 3.* Profil à la suite du précédent. P. 502.

*Fig. 4.* Croquis du massif de Chavache pris sur le passage du col de Chézery au vallon de Lens d'Abondance. P. 402, 547.

*Fig. 5.* Bancs de brèche du Chablais fortement repliés près de la Pointe d'Onnaz. P. 498.

*Fig. 6.* Sommet de la Pointe de Grange, vue de l'arête sur les Chaux. P. 503, 547.

*Fig. 7.* Profil entre le val d'Illiez et la vallée de Morgins. P. 551.

*Fig. 8.* Coupe locale des bancs de brèche calcaire s'appuyant sur les schistes du Val d'Illiez. P. 502, 507.

*Fig. 9.* Coupe au pied de la Pointe de Grange entre Les Chaux et le Plan du Charmy. P. 489, 503, 547.

*Fig. 10.* Grès et schistes du Val d'Illiez près Trois-Torrents. P. 550.

## PLANCHE XIV

*Fig. 1.* Façade N.-O. des Dents du Midi ; vue prise des pentes au-dessus de Morgins. Sidérolithique, p. 569 ; description, p. 579.

*Fig. 2.* Vue prise du pied des rochers au-dessous du col des Paresseux, sur la descente du col de Susanfe. P. 573, 587, 595.

*Fig. 3.* Fond du vallon de Susanfe vu du plateau au pied de la Dent du Midi. P. 585-586.

*Fig. 4.* Vue montrant la superposition discordante des terrains sédimentaires de Gagnerie, au schiste métamorphique du Salantin. P. 592.

*Fig. 5.* Vue prise de la cabane de la mine de Collonges, sur le versant Est de la vallée du Rhône, 1000 m. d'altitude. P. 578, 595.

*Fig. 5 b.* La cime de l'Est vue de Gryon, p. 578.

*Fig. 6.* Vue du prolongement des Dents du Midi, prise du haut du passage entre Chalin et le glacier de Soix. P. 580, 583-584.

*Fig. 7.* Profils naturels des contreforts de la façade N.-O. des Dents du Midi. Croquis pris de Bonnavaux. P. 569, 579-581.

*Fig. 8.* Contournement de l'urgonien au-dessus de Rostan, à l'entrée de la gorge d'Ancel ; vue prise au Nord d'Ayerne. P. 582.

## PLANCHE XV

*Fig. 1.* Profil des terrains formant le soubassement des Dents du Midi entre le val d'Illiez et l'escarpement. P. 581.

*Fig. 2.* Profil du col de Couz et du pied de la Vouille. P. 502, 552, 583.

*Fig. 3.* Superposition discordante du trias sur le gneiss métamorphique ; montée de Salanfe au col d'Emaney. P. 559, 590.

*Fig. 4.* Coupe des terrains entre le col d'Emaney et l'escarpement des Tours Salières. P. 559, 590-591.

*Fig. 5.* Coupe des terrains formant le monticule qui s'élève entre la plaine de Salanfe et le col de Susanfe. P. 588-589.

*Fig. 6.* A. Partie supérieure du vallon de Van. B. Profil par la gorge du Trient par Salvan, le Sex des Granges au Salantin. C. Même profil plus bas, le long de la vallée du Rhône. P. 558, 592.

*Fig. 7.* Partie comprise entre *a* et *b* de *fig. 6* C. P. 558, 592.

*Fig. 8 et 9.* Profils de l'arête de Bonnavaux et du vallon de Barmaz. P. 582.

*Fig. 10.* Le sommet de la Dent du Midi vu de l'arête entre Susanfe et la combe du lac Célaire. P. 585-586.

Les planches XVI et XVII renferment des profils transversaux, à l'échelle de 1 : 50000, des montagnes de la rive droite du Léman et du Rhône. La légende (pl. XVII) est la même pour toutes les figures. Les couleurs et monogrammes sont à peu près les mêmes que ceux de la carte. Ces profils suivent des lignes faciles à retrouver sur la carte. Nous avons indiqué par des pointillés les parties invisibles et les relations *supposées* des terrains. Ces profils présentent ainsi la réalité avec le moins de théorie possible.

— 13 —

PLANCHE XVI

*Fig. 1.* Trois profils successifs à travers la chaîne des Gastlosen et la région du flysch du Hundsrück, entre le Hochmatt et le col des Saanenmöser. La ligne de base est à 500 m. pour *fig. 1* A. qui passe par l'arête du Sattelberg, entre le vallon de la Flugimaz et la vallée transversale de la Jogne ; la Wandfluh qui domine le col du Treu, se trouve un peu plus au S.-O. La direction du profil est presque en ligne droite du N.-N.-O. au S.-S -E. — *Fig. 1.* B. est un profil passant par la Hochmatt et la Dent de Ruth jusqu'au Schwarzensee sur Gessenay. La ligne de base représente le niveau de la mer. L'orientation du profil qui suit une ligne droite, se rapproche davantage du N.-O. au S.-E. — *Fig. 1.* C., dessinée 1000 m. plus bas (la ligne de base est à 1000 m.), passe du vallon de la Flugimaz par la Dent de Savigny à la vallée des Fenils, dont le nom n'est pas inscrit sur le profil. Voir : Hochmatt, p. 344 ; vallon de la Flugimaz et Pralet, p. 370 et 377 ; arête des Gastlosen, Dent de Ruth, etc. p. 369 ; Hundsrück, p. 378.

*Fig. 2.* Profil suivant une ligne droite de la Dent de Broc, par Folliéran et le Rocher de la Raye, jusqu'à Gessenay. Orientation du N.-O. au S.-E. Voir : Dent de Broc et Forcliaz, p. 329 ; Vallée de Montélon, 348 ; Folliéran et Morteys, 350 ; les Tours, 351 ; Vert Champ, 377 ; Rocher de la Raye, 371-375 ; Rodomont, 378 ; Gessenay, 407.

*Fig. 3.* Profil N.-S. des Rochers à Pointes et du chaînon de la Gummfluh. Voir : R. à Pointes, p. 409 ; Martigny, p. 414 ; Comborsin, p. 416 ; Pointe de la Combe, p. 422.

*Fig. 4.* Profil allant du bord des Alpes jusqu'à la vallée de la Sarine, en amont de Gstaad. L'orientation de ce profil est O.-N.-O. à E.-S.-E. entre le plateau et l'arête des Gastlosen et devient ensuite N.-O. à S.-E. Voir : Semsales et Niremont, p. 282 ; Région du Moléson, p. 302 ; Chaîne du mont Cray, p. 345-350 ; Gastlosen, p. 376 ; Rodomont, p. 378 ; Côte aux Rayes, Dorffluh et Kalberhöhni, p. 407, 408, 416, 421.

*Fig. 5.* Profil du Rubli. N.-O. à S.-E. P. 409, 418.

*Fig. 6.* Profil transversal allant du bord des Alpes (Semsales) jusqu'au col du Pillon, au pied de la chaîne de l'Oldenhorn. L'orientation est O.-N.-O. à E.-S.-E. de Semsales à la Pointe de Paray, puis N.-O. à S.-E. jusqu'au Rubli. A partir de la Gummfluh, il est orienté du N. au S. Voir : Niremont, p. 282 ; Moléson, p. 308 ; Dovalles, p. 330 ; Chaîne du mont Cray, p. 349-351 ; Laitmaire, p. 379 ; Cananéen, p. 414 ; Rocher-Plat, p. 413-414 ; Videman, p. 417 ; Gummfluh, p. 422 ; Gros Jable, p. 424 ; Flysch du Niesen, p. 445 ; Pillon, p. 447.

Les *fig. 6* A et B. sont des profils du mont Laitmaire, dirigés de l'O. à l'E., obliquement à l'axe du grand profil, fig. 6, qu'ils coupent suivant les lignes pointillées A et B. Voir p. 379.

*Fig. 7.* Profil passant par la partie subalpine du Plateau et les Alpes, jusqu'à la vallée de Château-d'Œx. Orientation O.-N.-O. à E.-S.-E. des Essertes au Clot ; la ligne du profil passe un peu au S. du Moléson et au N. de Château-d'Œx. Voir : Plateau, p. 228 etc. ; Niremont, p. 282 ; Tremettaz, p. 308 ;

Verreaux, p. 330-332; Vallée de la Sarine, p. 335; Chaîne du Mont Cray, p. 348-349; vallée de Château-d'Œx, p. 384.


## PLANCHE XVII

*Fig. 1.* Profil transversal du bord des Alpes jusqu'au pied de la Chaîne de l'Oldenhorn. De Fruence au Mont Cray, ce profil est orienté de l'O.-N.-O. à l'E.-S.-E. et de là jusqu'aux Ormonts, du N.-O. au S.-E. La cluse de Rossinière se trouve un peu au S. de la ligne du profil. Le profil du Rocher du Midi-Etivaz est un peu au nord et suit une ligne courbe passant des Moulins, par les Rochers de la Braye, au Rocher du Midi et revenant vers le sud par les Rochers de Coumattaz. Le profil A-B est surélevé de 500ᵐ; sa ligne de base est au niveau de la mer; il suit une ligne allant du N.-O. au S.-E. La partie du col du Gros Jable est un peu au N.-E. de la ligne du profil. Voir : Mont Corbettes, p. 292; Col des Joncs, p. 294; Grevalets, p. 310-312; Dent de Lys, p. 331-332; Allière, p. 336; Mont Cray et Cluse de Rossinière, p. 349, 362; Vallée du Château d'Œx, p. 384; Rochers et Plateau de la Braye, p. 382; Rocher du Midi, p. 414-415. Col de la Base, p. 420; La Douvaz (Gummfluh), p. 422; Col du Gros Jable et vallée de l'Etivaz, p. 424, 444; Région du flysch du Niesen et Ormonts, p. 444-447.

*Fig. 2.* Profil de la région subalpine du Plateau et des chaines des Préalpes jusqu'au pied des Diablerets. Du mont Pèlerin jusqu'à la Cape de Moine, la direction du profil est O.-N.-O. à E.-S.-E.; jusqu'aux Tésailles, la direction dévie un peu plus vers le sud, le col de Crau restant un peu au sud de la ligne; à partir de Tésailles jusqu'aux Ormonts, l'orientation est N.-O. à S.-E. Voir : Pèlerin, p. 239; Veveyse, p. 233, 246; Pléiades, p. 294-296; Alliaz, p. 313; Mont Folly, Mont Molard, p. 314; Vallon de Chéresaulaz, p. 332; Cape de Moine, p. 334; V. d'Allière, p. 336; Massif de Corjon-Planachaux, p. 353; Soulemont, La Chuantze-Tésailles (monts Chevreuils), p. 387; Col des Mosses, p. 425, 435; Région du flysch du Niesen, p. 436, 440-442.

*Fig. 3.* Profil de la région du Moléson à la vallée des Ormonts. Jusqu'aux Rochers d'Aveneyre, l'orientation est N.-O. à S.-E., de là, la ligne du profil fait une légère courbure et revient vers le sud pour passer par le signal de Chaussy et aboutit, avec une direction N.-S., à la vallée des Ormonts. Voir : La Plaigne, p. 320; Verreaux, p. 335; Jaman, p. 338-339; Hautaudon, p. 337; Naye, p. 357; Chaude, p. 359; Aveneyre, p. 364; Leyzay, p. 391; Charbonnières, p. 390; mont d'Or, p. 426; Col des Mosses, p. 435; Chaussy, p. 441; Ormonts, p. 436-437.

*Fig. 4.* Profil à travers le rocher d'Aigremont jusqu'au pied du mont d'Or; orientation N.-O. à S.-E. Ce profil coupe la fig. 3 suivant la ligne pointillée A.-B. P. 436-437.

*Fig. 5.* Série de profils se succédant sur le versant N.-E. de la vallée transversale du Rhône et du Léman. Ces profils sont pour la plupart parallèles et dirigés du N.-N.-O. au S.-S.-E. La coupe du plateau des Avants est celle visible le long de la nouvelle route; orientation O. à E. Le petit profil du Lac Pourri et du Lac Rond au Col d'Ayerne est surélevé de 500 m. Tous les autres profils sont à leur niveau respectif. Voir : Mont Cubli, la Plaigne et Montreux, p. 316-327; Gresalleys, Glion, Jaman, Merdasson, p. 338-342; Naye, Sonchaux, p. 357; Col de Chaude, Tinière, Mont Arvel, p. 359-366; col d'Ayerne, p. 392-394; Tour d'Aï-Veyge, p. 397-405; Vallée de la Grande-Eau, p. 427-434; Chamossaire, p. 440; Gypse de la Grande-Eau et d'Ollon, p. 225.

## PLANCHE XVIII

Cette planche renferme des profils des Alpes du Chablais et du Bas-Valais à l'échelle de 1 : 50000 (*fig. 1, 2, 3, 4*) et deux vues; la légende est la même que celle des pl. XVI et XVII et se trouve sur pl. XVII, sauf quelques additions qui se rapportent exclusivement à cette planche. L'orientation des profils est inverse à celle des profils des Alpes vaudoises, c. à d. du S.-S.-E. au N.-N.-O.

*Fig. 1.* Profils transversaux du massif des Dents du Midi et des Alpes du Chablais montrant la structure du versant S.-E. de la vallée du Rhône et du Léman. Tous les profils sont dessinés à leur niveau respectif. Voir : Salvan, p. 558; vallon de Van et Salantin, p 591; Col du Jora et Gagnerie, p. 594; Mex, p. 576; Cime de l'Est, p. 578; Val d'Illiez, p. 549; Arête entre le col de Vernaz et Treveneusaz, p. 539 etc. ; Vernaz, p. 532; Roc Chambairy et Tanay, p. 528-531 ; Grammont et Bouveret, p. 507, 526.

*Fig. 2.* Profil transversal passant par la Dent Jaune, à l'Est de la plus haute cime des Dents du Midi, et les Préalpes du Chablais jusqu'au lac Léman, suivant une ligne sensiblement parallèle au profil 1. Dans la partie N.-N.-O., des Cornettes de Bise jusqu'au Château d'Oche, le profil supérieur suit le partage d'eau entre le Rhône et la Dranse. Orientation, S.-S.-E. à N.-N.-O. Voir : Luisin et Salanfe, p. 589; Dents du Midi, p. 580, 586; Val d'Illiez, p. 549; Région de la brèche du Chablais, p. 544; Morgins, p. 543; Pointe de Grange, p. 547; Mont Chauffé, p. 534; Cornettes de Bise, p. 528; Cheilon, p. 537; Massif de la Dent d'Oche, p. 520; Massif de Mémise et de Borée, p. 518.

*Fig. 3 A.* Profil passant du S. au N. par le massif des Tours Salières et la plus haute cime des Dents du Midi, un peu au S.-O. du précédent. P. 584, 593.

*Fig. 3 B et C.* Profils de l'arête de Bonnavaux au S.-O. du précédent profil; le niveau est abaissé de 500 m. par rapport à la ligne de base. P. 582.

*Fig. 4.* Profil par les Dents Blanches et le Col de Couz d'après M. Alph. Favre et complété jusqu'aux Hautforts. P. 583.

*Fig. 5.* Replis du néocomien et du jurassique visibles entre St-Maurice et le ravin de Saint-Barthélemi ; croquis pris de la route en face de l'escarpement. P. 577.

*Fig. 6.* Panorama pris du second étage du collége de Montreux. Même légende que pour les profils fig. 1-3. Renvois aux mêmes pages du texte.

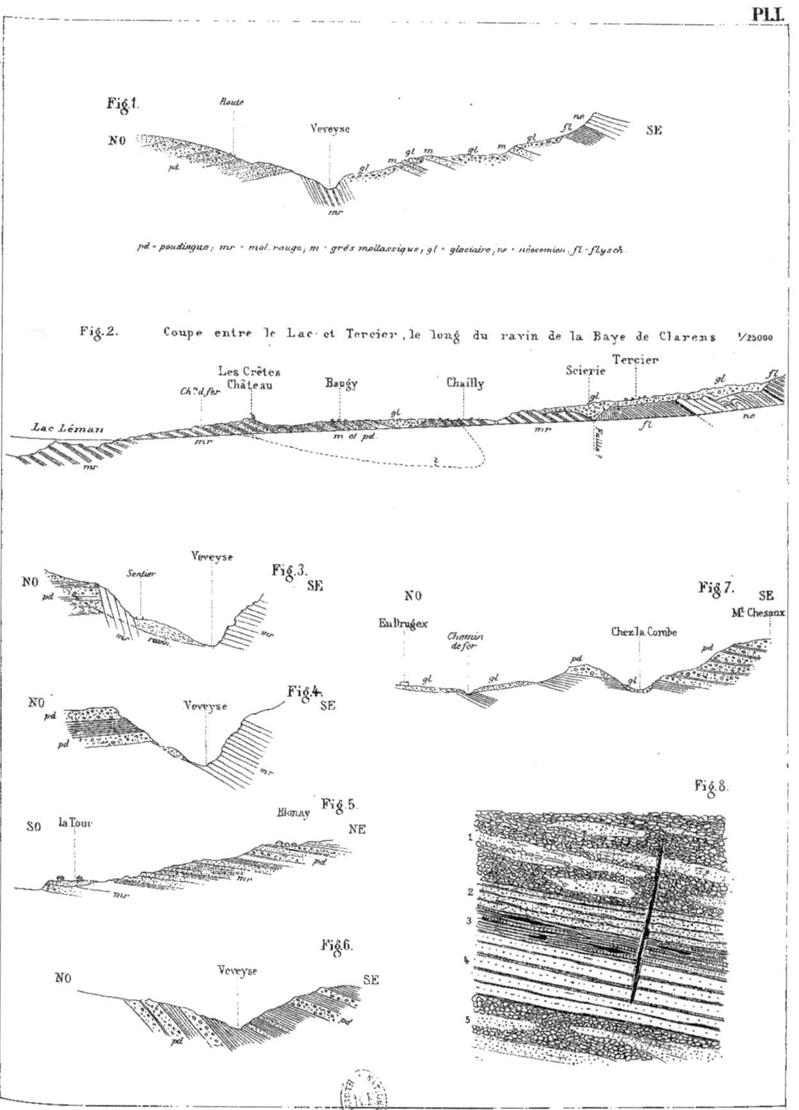
Fig.1.
Route
NO
Veveyse
ne
fl
SE
gl m gl m gl m gl fl
gl m
pd
mr
pd = poudingue; mr = mol. rouge; m = grés mollassique; gl = glaciaire; ne = néocomien; fl = flysch.
Fig.2. Coupe entre le Lac et Tercier, le long du ravin de la Baye de Clarens ¹/₂₅₀₀₀
Les Crêtes
Château
Baugy
Chailly
Scierie
Tercier
gl
fl
Ch? d. fer
gl
Lac Léman
gl
ne
m et pd.
mr
mr
fl
Faille?
fl
mr
mr
Fig.3.
Veveyse
NO
Sentier
SE
pd
m
ravin
mr
NO
Fig.7.
SE
Mt Chesaux
Eu Drugex
Chemin
de fer
Chez la Combe
pd
gl
pd
gl
gl
Fig.4.
NO
Veveyse
SE
pd
pd
mr
Fig.8.
Fig.5.
la Tour
Blonay
SO
NE
pd
mr
mr
1
2
3
4
5
Fig.6.
NO
Veveyse
SE
pd
pd
Wurster, Randegger & Cie Winterthur.

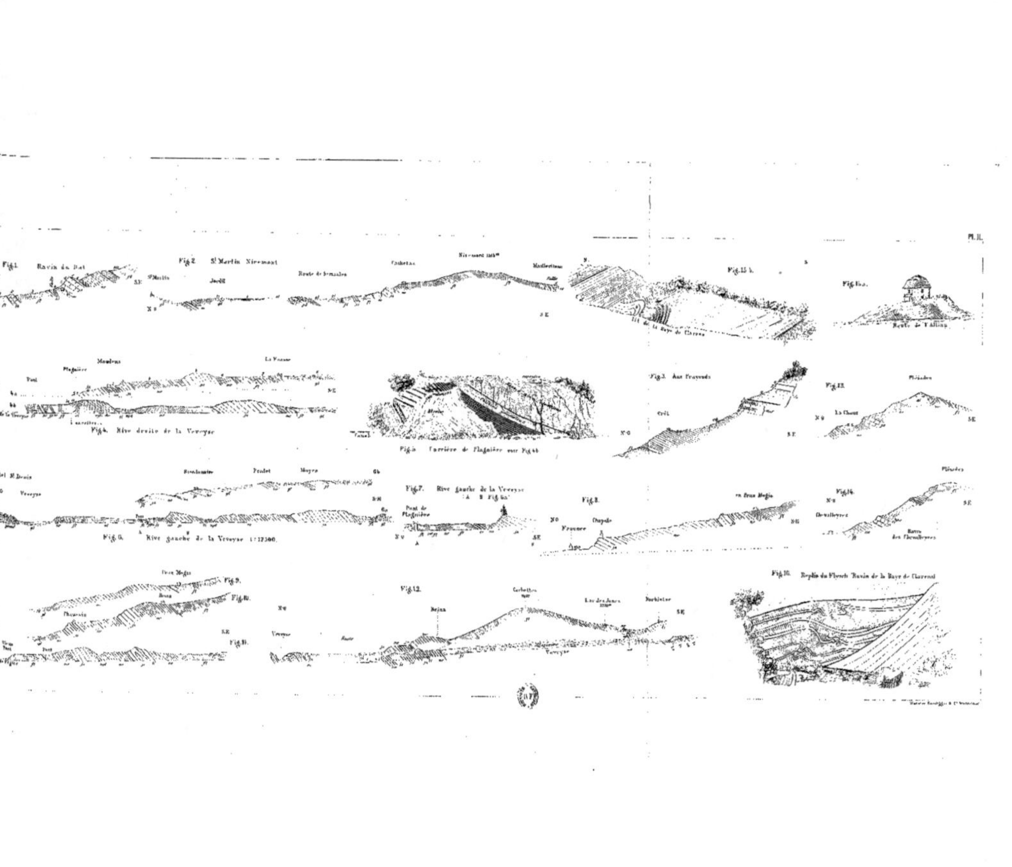

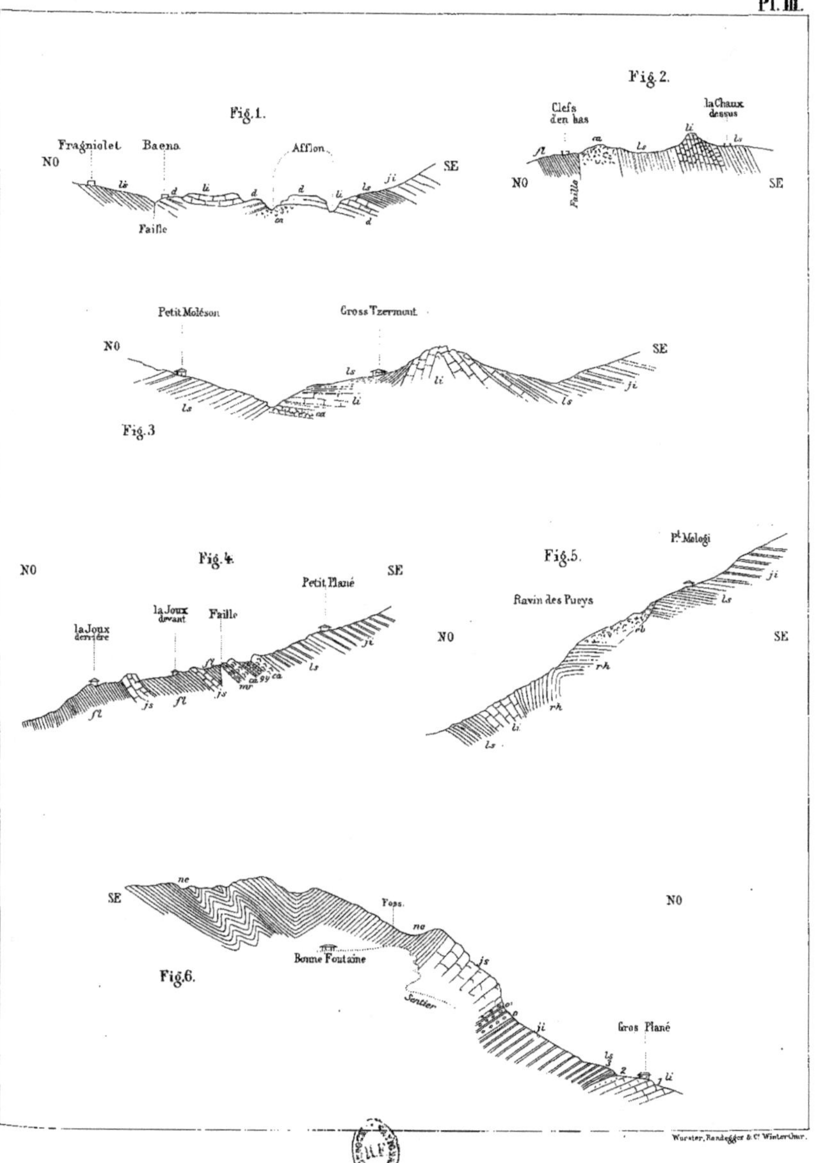
Fig.1.
Fragniolet
Baena
Afflon
NO
SE
Faille
Fig.2.
Clefs den bas
la Chaux dessus
NO
SE
Faille
Fig.3
Petit Moléson
Cross Tzermout
NO
SE
Fig.4.
NO
SE
la Joux derrière
la Joux devant
Faille
Petit Plané
Fig.5.
Ravin des Pueys
P.t Melogi
NO
SE
Fig.6.
ne
SE
Foss.
ne
Bonne Fontaine
Sentier
Gros Plané
NO

Fig.5. Coupe et dislocations du terrain Rhétien et du Lias sur la route des Avants, entre le Bernon et le Sallard.
Rhétien
PL.IV.

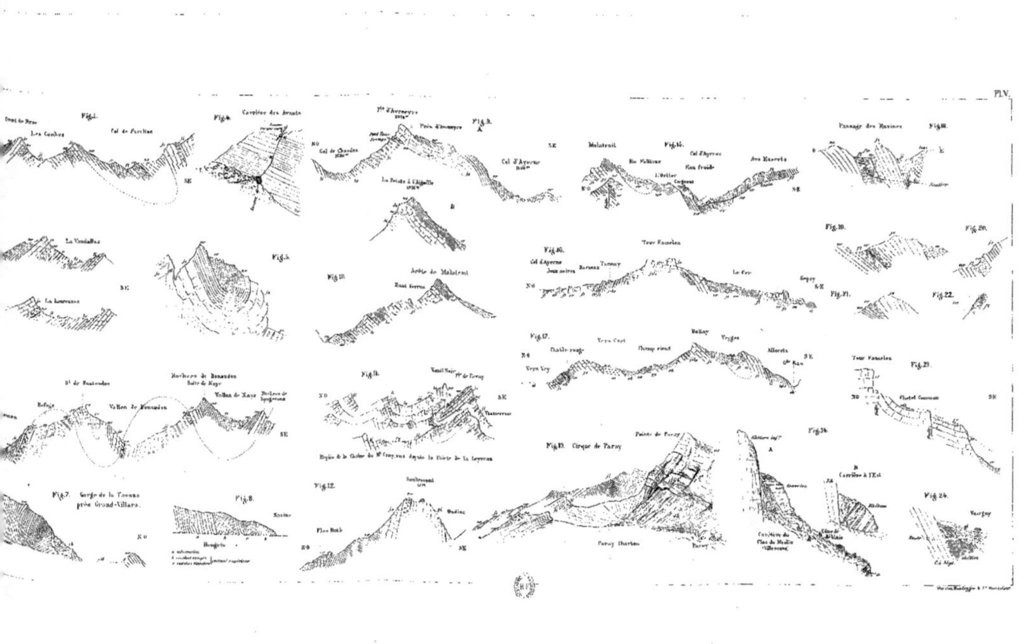

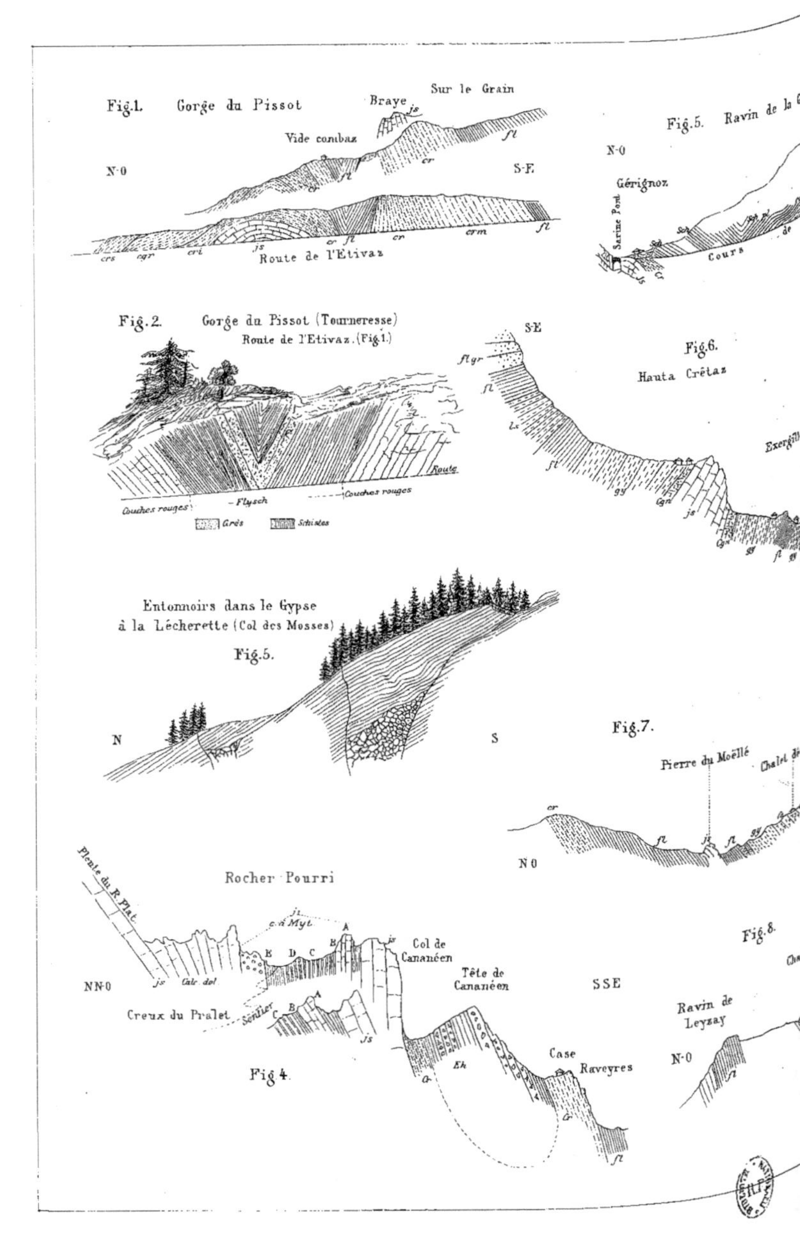

Fig.1. Gorge du Pissot
Sur le Grain
Braye
Vide combaz
N-0
S-E
Route de l'Etivaz
Fig.2. Gorge du Pissot (Tourneresse)
Route de l'Etivaz. (Fig.1.)
Couches rouges
Flysch
Couches rouges
Route
Grès
Schistes
Entonnoirs dans le Gypse
à la Lécherette (Col des Mosses)
Fig.5.
N
S
Rocher Pourri
Pente du R. Plat
Col de
Cananéen
Tête de
Cananéen
NN-0
Creux du Pralet
Sentier
Case
Raveyres
Fig 4.
Fig.5. Ravin de la
N-0
Gérignoz
Sarine Pont
Cours
S-E
Fig.6.
Hauta Crêtaz
Exergille
Fig.7.
Pierre du Moëllé
Chalet
N 0
Fig.8.
SSE
Ravin de
Leyzay
N-0

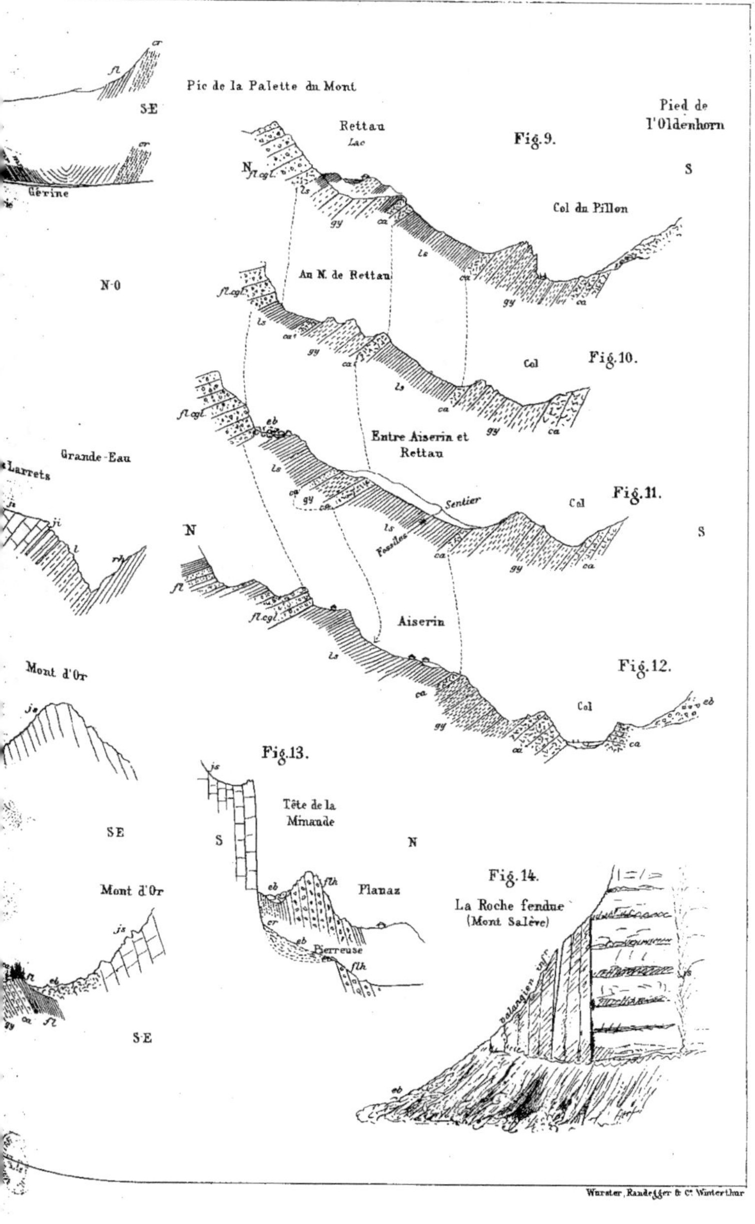
Pic de la Palette du Mont
Pied de
l'Oldenhorn
SE
Gérine
Rettau
Lac
Fig. 9.
S
Col du Pillon
N
An N. de Rettau
N-O
Col
Fig. 10.
Grande-Eau
Entre Aiserin et
Rettau
Larrets
N
Col
Fig. 11.
Sentier
S
Fossiles
Aiserin
Mont d'Or
Fig. 12.
Col
Fig. 13.
Tête de la
Minaude
SE
S
N
Mont d'Or
Fig. 14.
Planaz
La Roche fendue
(Mont Salève)
Pierreuse
SE

Fig.1.
La Dent de Jaman, vue depuis les Verreaux. 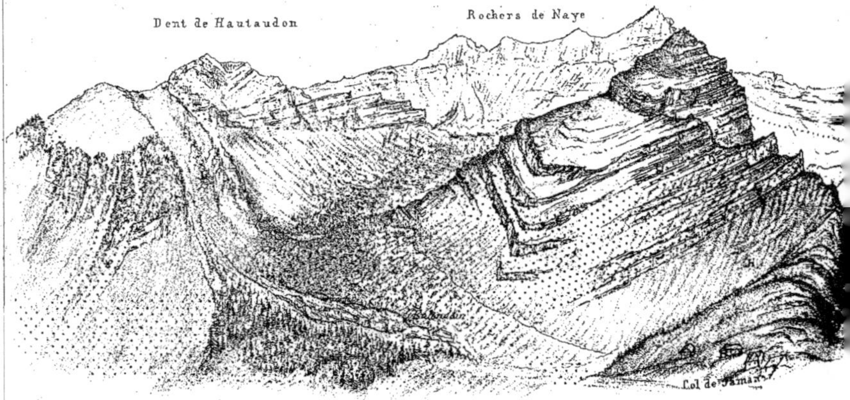
Dent de Hautaudon
Rochers de Naye
Col de Jaman
Tours de Mayen et de Famelon
Fig.2. Vue prise des Ch
Pied du Mont d'Or
Col de la Forclettaz
Châtel-commun
Pierre du Moëllé

Fig. 3.     Le Rocher à Chien près Gérignoz

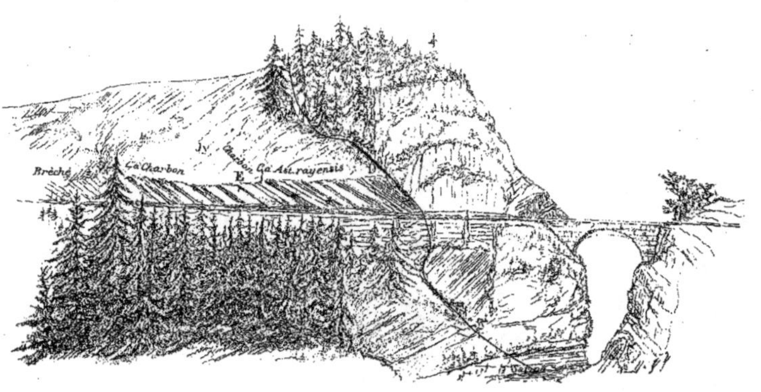


ères (pied du Mont d'Or)

Leyzay

Légende des couleurs pour Pl. VII & VIII.

Eboulis...        *        fossiles.

Alluvions et cônes de dejectiones.

Glaciaire.

Flysch (Schistes, grès etc).

Brèche de la Hornfluh.

Gypse.

Cargneule (I) et Dolomie (II).

Couches rouges crétacées.

Néocomien.

Jurrassique supr (calcaire compct.).

Oxfordien (couches noduleuses).

Ji    Jurrassique inférr à Zoophycos.

Jy    Couches à Mytilus et calcres dolr.

Lias supérieur

Lias inferieur

———    Ligne de contact mécanique, faille etc.

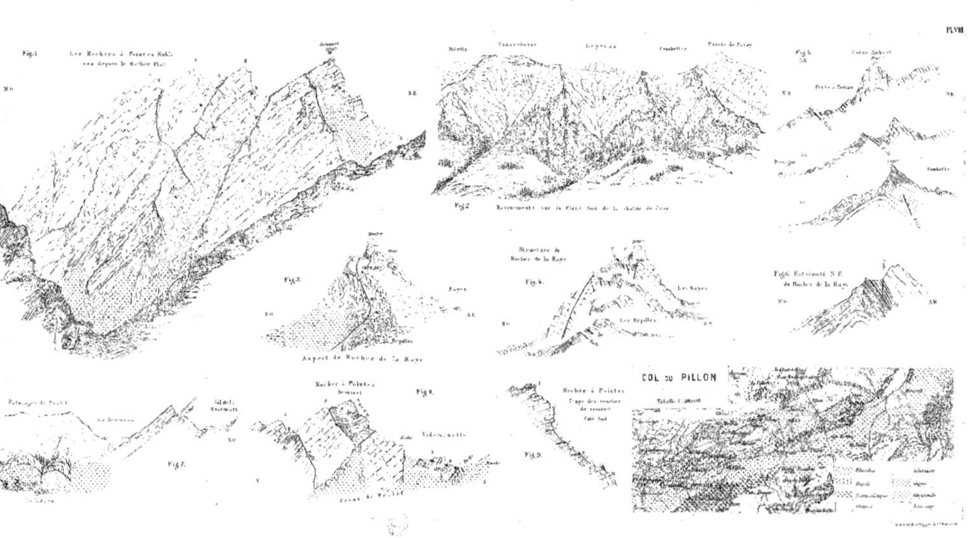
PL.VIII
COL DU PILLON

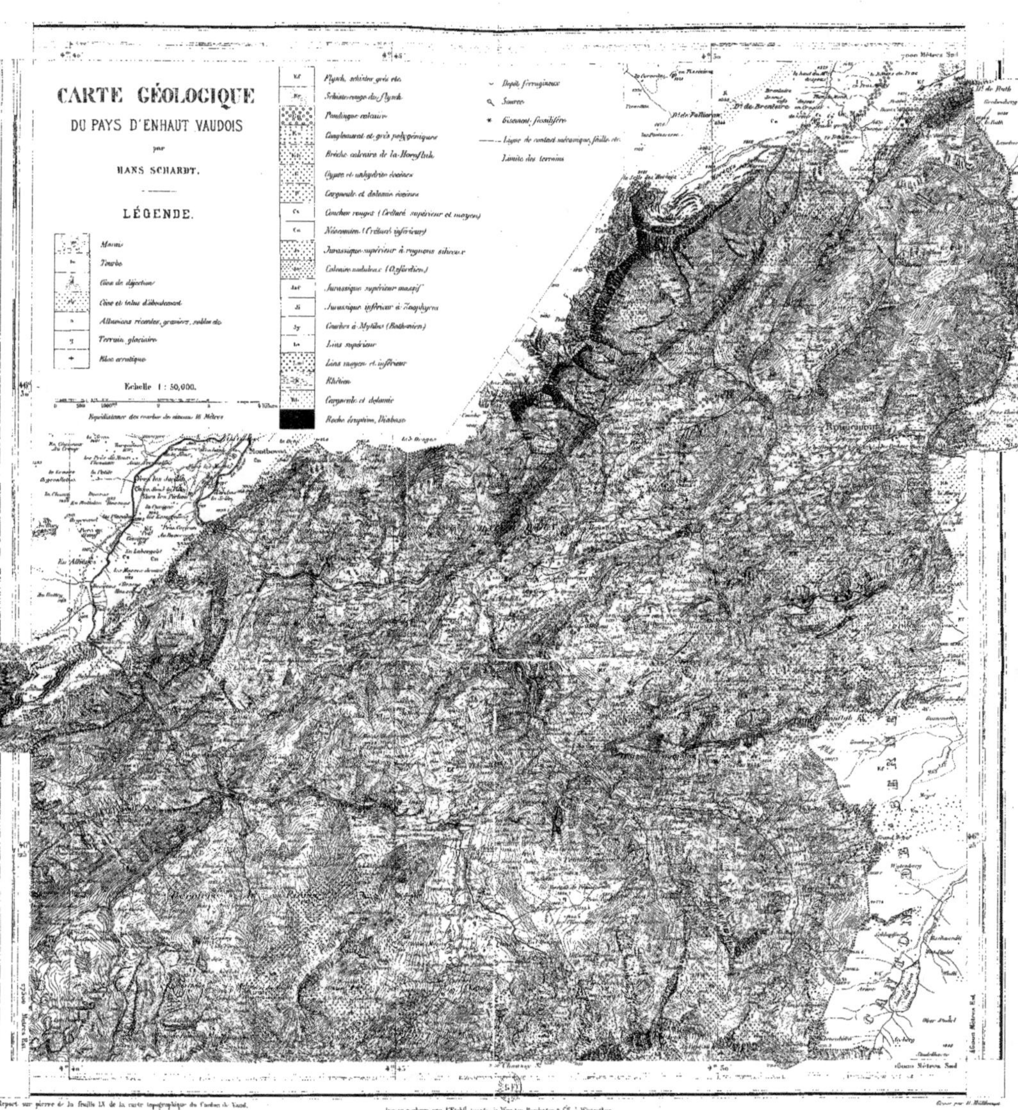

CARTE GÉOLOGIQUE
DU PAYS D'ENHAUT VAUDOIS
par
HANS SCHARDT.

LÉGENDE.

Marais
Tourbe
Cône de déjection
Cône et talus d'éboulement
Alluvions récentes, graviers, sable etc.
Terrain glaciaire
Bloc erratique

Echelle 1 : 50,000.
Equidistance des courbes de niveau 16 Mètres

Flysch, schistes gris etc.
Schistes rouges du flysch
Poudingue calcaire
Conglomérat et grès polygénique
Brèche calcaire de la Hornfluh
Gypse et anhydrite éocènes
Cargneule et dolomie éocènes
Couches rouges (Crétacé supérieur et moyen)
Néocomien (Crétacé inférieur)
Jurassique supérieur à rognons siliceux
Calcaire noduleux (Oxfordien)
Jurassique supérieur massif
Jurassique inférieur à Zoophycos
Couches à Mytilus (Bathonien)
Lias supérieur
Lias moyen et inférieur
Rhétien
Cargneule et dolomie
Roche éruptive, Diabase

Dépôts ferrugineux
Source
Gisement fossilifère
Ligne de contact subtramique, faille etc.
Limite des terrains

Replis et contournements du Flysch
sur la paroi Est de la Vaux de Praz Cornet (Chaussy).

Fig. 1.

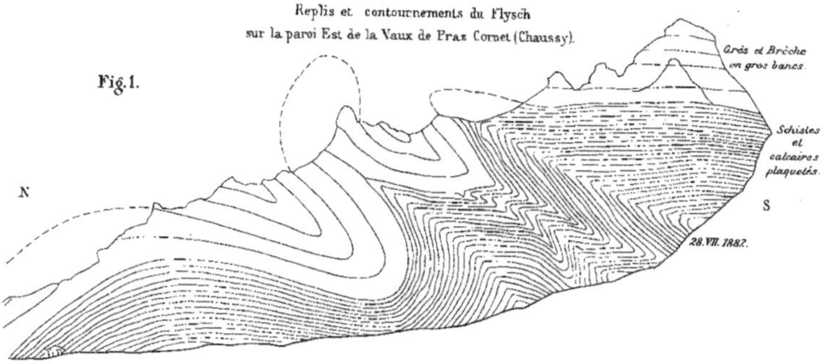
Grès et Brèche en gros bancs.
Schistes et calcaires plaquetés.
N
S
28.VII.1882.

Fig. 2.

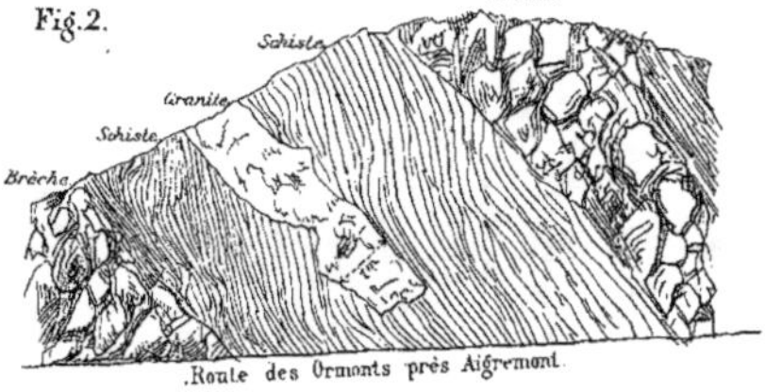
Brèche.
Schiste.
Granite.
Schiste.
Brèche.

Route des Ormonts près Aigremont.

Fig. 3.

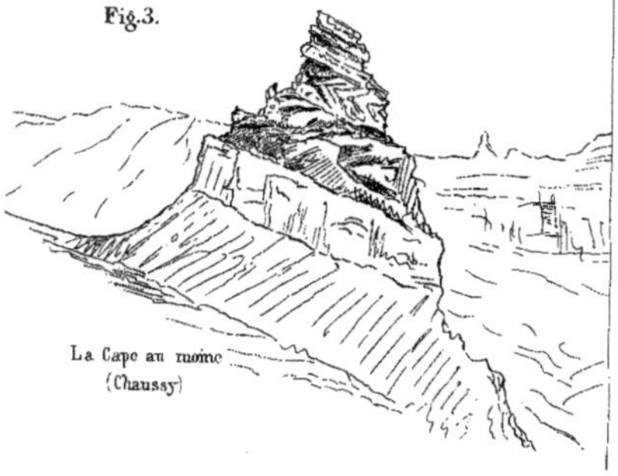

La Cape au moine
(Chaussy)

Hommes de Praz Cornet
(Flysch de Chaussy)

Fig. 5.

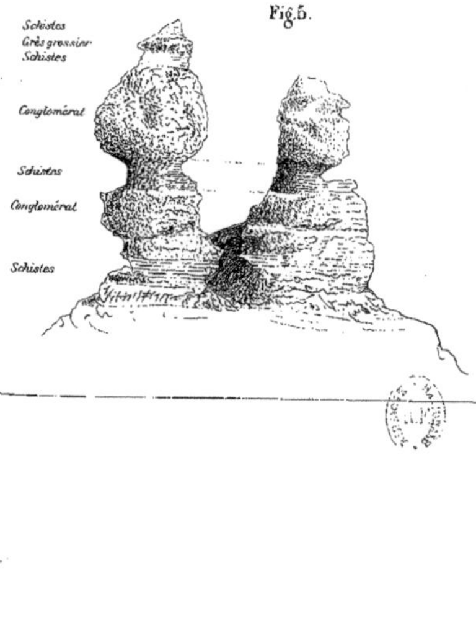
Schistes
Grès grossier
Schistes
Conglomérat
Schistes
Conglomérat
Schistes

Fig. 4.

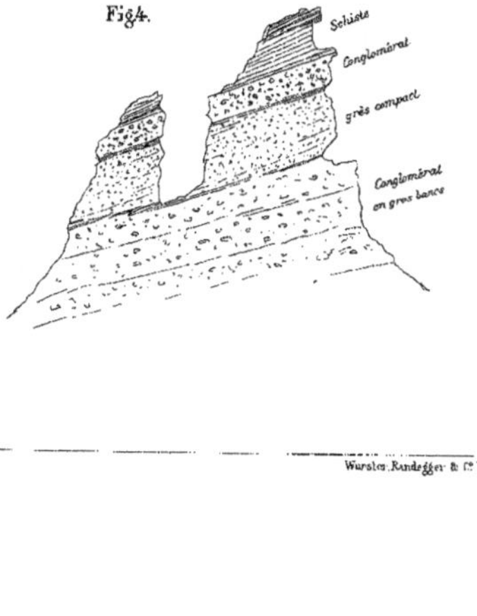
Schiste
Conglomérat
grès compact
Conglomérat en gros bancs

Wurster, Randegger & Cie Winterthur.

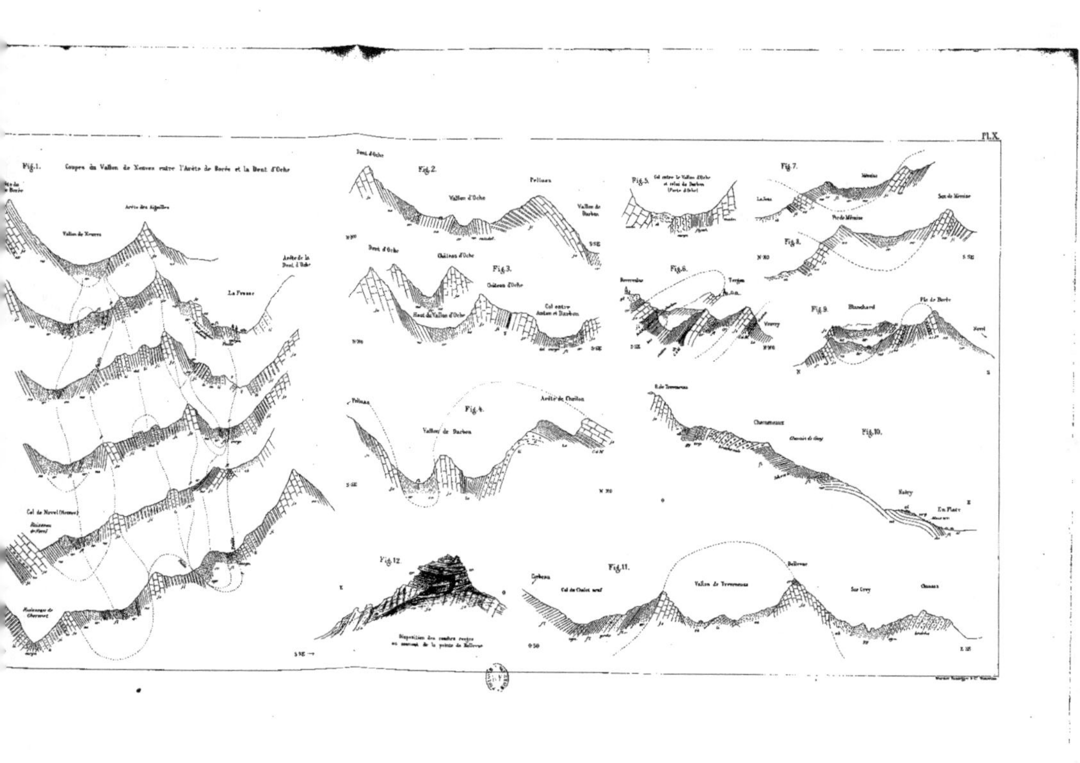
Pl. X
Fig. 1. Coupe du Vallon de Nenves entre l'Arête de Borée et la Dent d'Oche
Fig. 2.
Fig. 3.
Fig. 4.
Fig. 5.
Fig. 6.
Fig. 7.
Fig. 8.
Fig. 9.
Fig. 10.
Fig. 11.
Fig. 12.

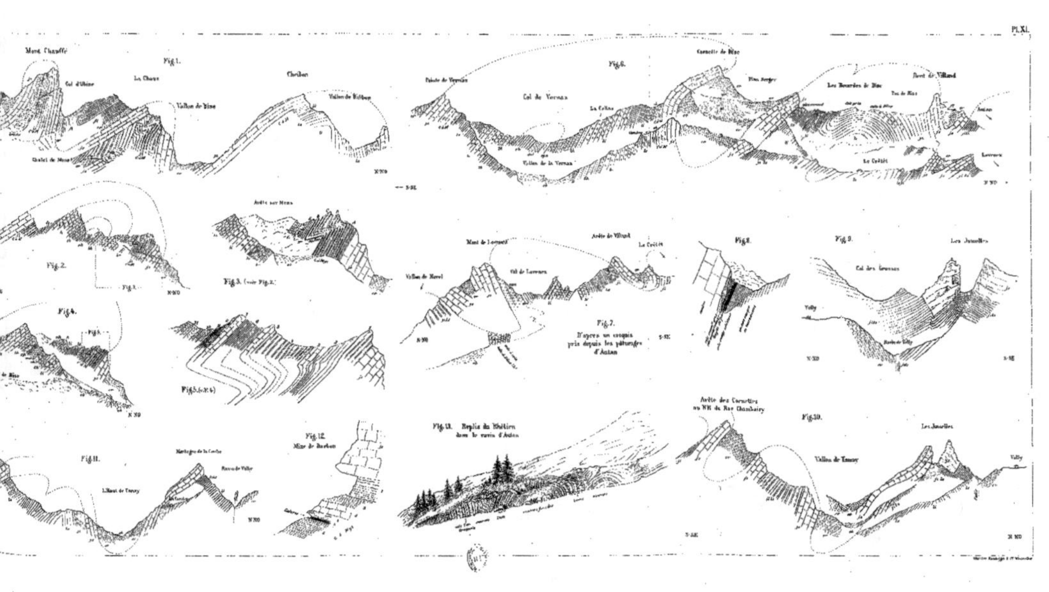

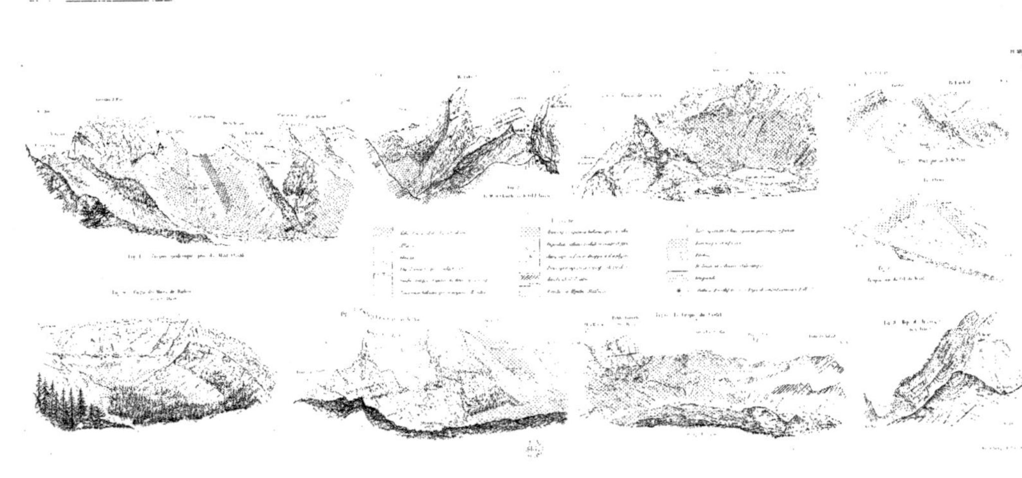

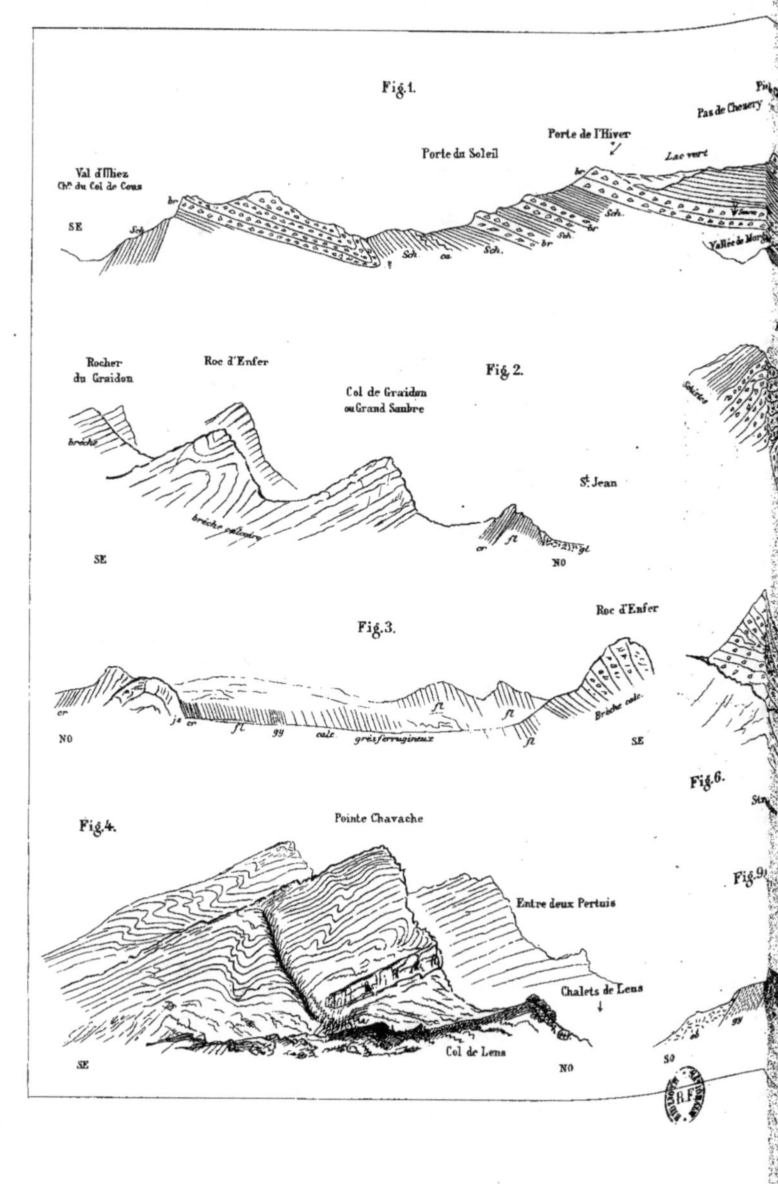

Fig.1.
Pas de Chezery
Porte de l'Hiver
Porte du Soleil
Lac vert
Val d'Illiez
Ch. du Col de Cous
br
SE
Sch
Sch
ca
Sch
br
Sch
br
Vallée de Morg

Fig.2.
Rocher
du Graidon
Roc d'Enfer
Col de Graidon
ou Grand Sambre
brèche
Schistes
St Jean
brèche
cr
ft
SE
NO

Fig.3.
Roc d'Enfer
cr
cr
je
cr
ft
gy
calc
grès ferrugineux
ft
ft
Brèche calc.
NO
SE
Fig.6.

Fig.4.
Pointe Chavache
Entre deux Pertuis
Fig.9.
Chalets de Lens
SE
Col de Lens
NO
SO
gy

Pl. XIII.

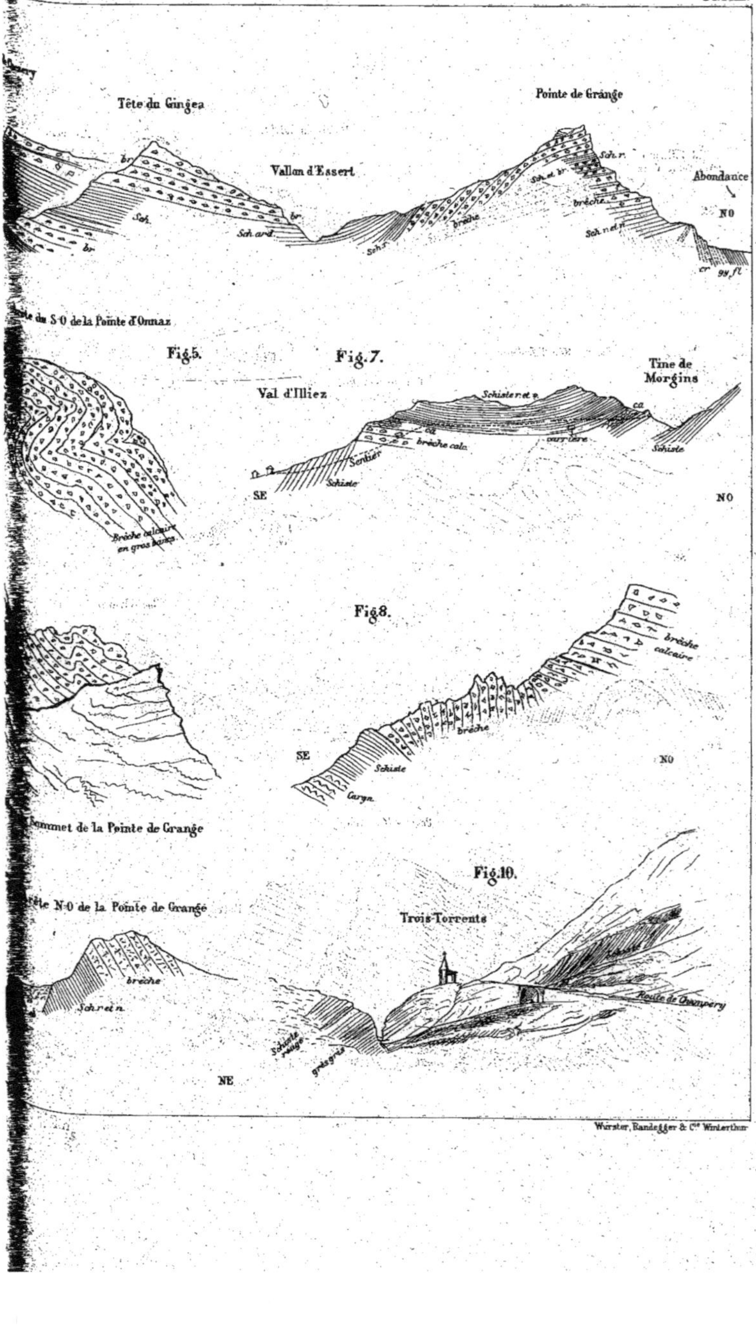

Tête du Gingea
Pointe de Grange
Vallon d'Essert
br
br
Sch. ard.
Sch.
br
Sch.
Sch. r.
Sch. et br.
brèche
Sch. n et r.
Abondance
NO
cr. gr. fl.

Fig. 5.
Fig. 7.
Côte du S.O de la Pointe d'Onnaz
Val d'Illiez
Schister et g.
Tine de Morgins
ca
ca
brèche cala.
carrière
Schiste
SE
Sentier
Schiste
Schiste
NO
Brèche calcaire
en gros bancs.

Fig. 8.
brèche
calcaire
brèche
SE
Schiste
NO
Caryn.
Sommet de la Pointe de Grange

Fig. 10.
Côte N.O de la Pointe de Grange
Trois-Torrents
brèche
Sch. et n
Schiste rouge
grauyne
Route de Champery
NE

Wurster, Randegger & C.ie Winterthur

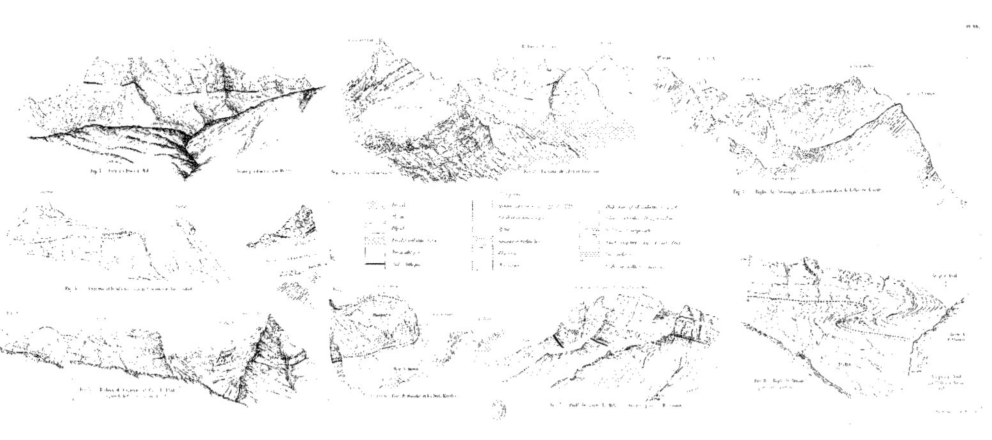

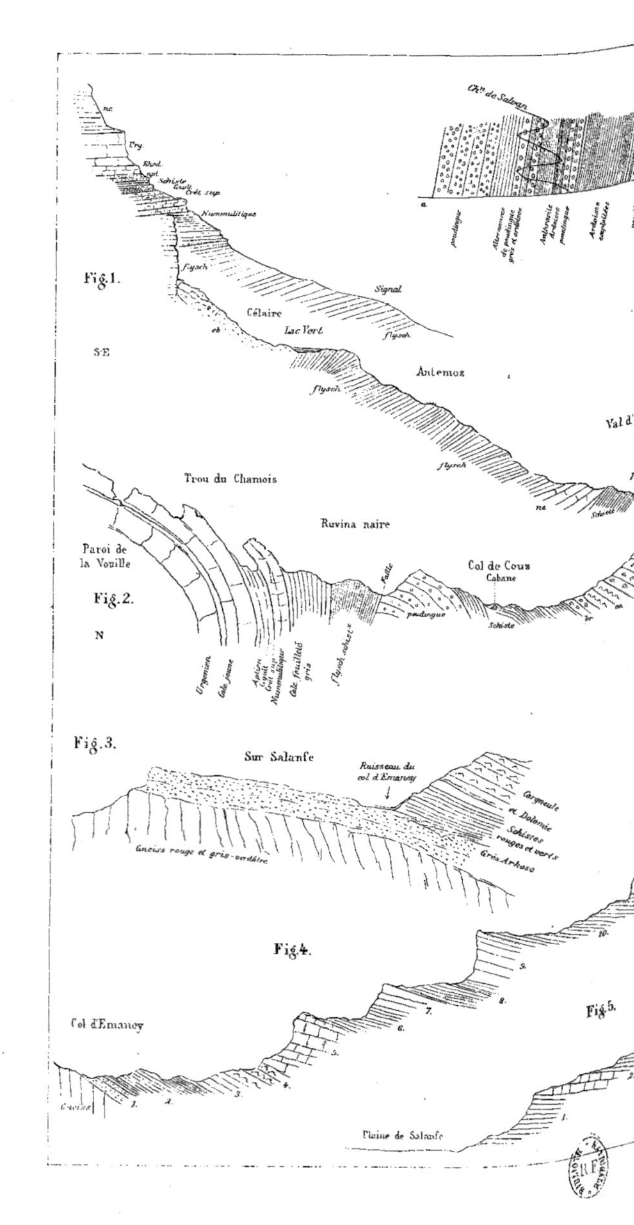

Fig.1.
S.E
Cry.
Rhod.
cgl.
Schiste
Gault
Crét. sup.
Nummulitique
Flysch
Célaire
Lac Vert
eb
Signal
flysch
Antemoz
flysch
flysch
Ch.º de Salan
Val d'
ne
Schisté
poudingue
Alternances de poudingue gris et ardoise
Anthracite schiste poudingue
Ardoise anthracifère

Fig.2.
N
Paroi de la Vouille
Trou du Chamois
Ruvina naire
Faille
Col de Coux
Cabane
poudingue
Schiste
Urgonien
Gale jaune
Aptien
Gault
Crét. sup.
Nummulitique
Calc. feuilleté gris
flysch schiste

Fig.3.
Sur Salanfe
Ruisseau du col d'Emaney
Carqneule et Dolomie
Schistes rouges et verts
Gris Arkose
Gneiss rouge et gris-verdâtre

Fig.4.
Col d'Emaney
Gneiss
1.  2.  3.  4.  5.

Fig.5.
Plaine de Salanfe
10.
9.
8.
7.
6.

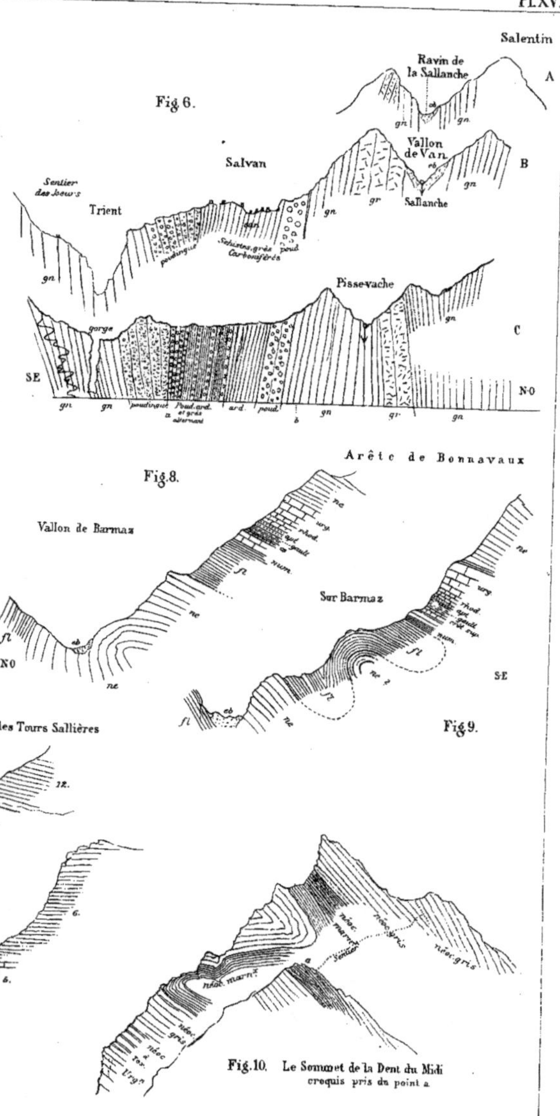
Fig 6.
Salentin
Ravin de la Sallanche
A
Salvan
Vallon de Van
B
Sentier des boeu's
Trient
Sallanche
gn
gn
Schistes.grès poud.
poudingue
Carbonifères
Pisse-vache
gn
C
gorge
SE
NO
gn gn poudingue Poud.ard. ard. poud.
et grès
alternant
b gr gn
Arête de Bonnavaux
Fig.8.
Vallon de Barmaz
ne
rhet.
dét.
inf.
lias
num.
ne
Sur Barmaz
ury
rhet
dét.
gault
fl
inf. sup.
NO
eb
num.
ne ?
SE
fl
ne
ne ?
fl
ne
fl
eb
ne
ed des Tours Sallières
12.
11.
6.
néoc.
marn.
néoc.gris
néoc.gris
Urg.
6.
néoc. marn.
néoc.
gris
néoc.
tor.
Urg?
Fig.10.   Le Sommet de la Dent du Midi
crequis pris du point a

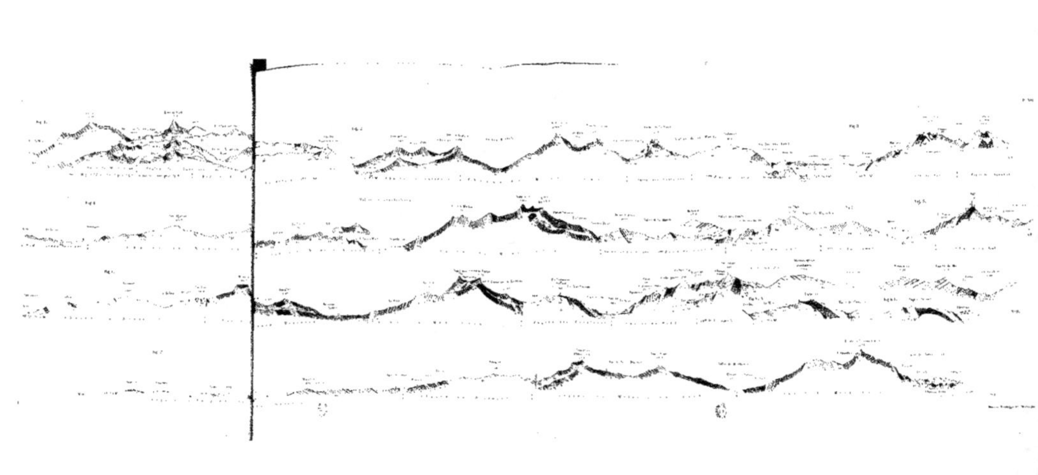

Légende des couleurs pour PLANCHE XVII.

Fig. — Panorama géologique des Montagnes du Chablais, près du Collège de Montreux.